PHYSIK FÜR TECHNISCHE BERUFE

Ausgabe B
auf der Grundlage des Internationalen Einheitensystems (SI)

von

DR. FRITZ HEYWANG

Professor an der Fachhochschule Nürnberg

DR. HANS SCHMIEDEL† UND DR. JOHANNES SÜSS†

unter Mitarbeit von

DR. DR. GERHARD POHL

Oberstudienrat in Hamburg

2., durchgesehene Auflage

HANDWERK UND TECHNIK

HT 1113

Inhaltsverzeichnis

Zu dieser Ausgabe B (Best.-Nr. HT 1113) **auf der Grundlage des Internationalen Einheiten-systems (SI)** ist weiterhin die bisherige Ausgabe (Best.-Nr. HT 1111) lieferbar.

ISBN 3.582.**01113**.5

Verlag Handwerk und Technik G.m.b.H., Hamburg 76, Postfach 760148 — 1976
Gesamtherstellung: Hamburger Druckereigesellschaft Kurt Weltzien K.G., Hamburg 76

Vorwort

Die verbindliche Einführung des internationalen Einheitensystems (SI) zwang die Verfasser, das seit Jahrzehnten weit verbreitete Lehrbuch „Physik für technische Berufe" weitgehend zu überarbeiten, so daß die vorliegende Neuausgabe B entstand.

Die Zielsetzung der Neufassung ist unverändert geblieben: Das Buch soll einen einzügigen Lehrgang der Physik enthalten und einen solchen Stoffumfang haben, daß — abgesehen von einigen Spezialgebieten — alle physikalischen Grundkenntnisse, die für technische Berufe von Bedeutung sind, behandelt werden. Um den Stoff praxisnah zu gestalten, sind an vielen Stellen Hinweise auf Anwendungen in der Technik eingefügt. Natürlich geben diese nur einen Überblick und können die Fachliteratur zu den einzelnen Anwendungsgebieten nicht überflüssig machen. Die Hinweise sollen im Gegenteil den Zugang zur Fachliteratur erleichtern und zu ihrem Studium anregen.

Zur Herleitung der physikalischen Gesetze dienen zum Teil kurze, mit Abb. versehene Versuchsbeschreibungen, zum Teil mathematische Ableitungen. Dabei wird auch, besonders wo exakte Definitionen es verlangen, von der höheren Mathematik Gebrauch gemacht. Diese Stellen können von einem Benutzer, der mit der Infinitesimalrechnung nicht vertraut ist, überschlagen werden, so daß das Buch auch für technische Berufe und Ausbildungsstätten brauchbar ist, die sich nicht mit höherer Mathematik befassen.

Zur Veranschaulichung des Stoffes dienen mehr als 800 Abbildungen und zur Vertiefung mehr als 300 Aufgaben, von denen ein Teil als Musterbeispiele vollständig durchgerechnet ist. Von einer noch weitergehenden Vermehrung der Aufgaben konnte abgesehen werden, da sich in der im gleichen Verlag erscheinenden **„Aufgabensammlung zur Physik"** eine ausreichende Anzahl von Aufgaben findet, die sich nach Auswahl, Anordnung und Schwierigkeitsgrad dem vorliegenden Buch anpassen.

Zahlreiche Tabellen geben eine Vorstellung von der Größe physikalischer Konstanten und ermöglichen das Rechnen mit ihnen. Die Formelzeichen und Einheiten der im Buch verwendeten physikalischen Größen sind auf den Seiten 561—563 in einer Tabelle zusammengestellt. Eine ausführliche Sammlung aller im Buch abgebildeten Formeln findet der Leser in dem im gleichen Verlag erscheinenden Buch: „Berber/Kacher/Meyer, **Formeln und Tabellen zur Physik"**.

Gedankt sei allen, die durch Zuschriften ihr Interesse an unserem Buch zeigten oder wertvolle Anregungen gaben, und dem Verlag für seine Bemühungen um die äußere Gestaltung des Buches.

Die Verfasser

EINLEITUNG

Arbeitsgebiet, Einteilung und Arbeitsweise der Physik

a) Arbeitsgebiet. Das Wort P h y s i k stammt aus dem Griechischen (physis = Natur) und bedeutet ursprünglich soviel wie **Naturwissenschaft.** Als diese aber so anwuchs, daß sie sich in mehrere Teilwissenschaften aufspaltete, bezeichnete man mit „Physik" nur noch den Teil der Naturwissenschaft, der Vorgänge in der unbelebten Natur behandelt, soweit sie nicht mit Stoffänderungen verbunden sind. Alle Vorgänge, bei denen Stoffänderungen auftreten, gehören in das Gebiet der C h e m i e. So ist das Schmelzen von Eisen ein physikalischer, das Verbrennen von Eisen in Sauerstoff ein chemischer Vorgang. Die Trennung von Physik und Chemie ist nicht immer scharf durchzuführen. Es gibt Vorgänge, die mit gleichem Recht beiden Wissenschaften zugeteilt werden können.

b) Einteilung. Die Physik wird je nach der Eigenart der zu untersuchenden Naturerscheinungen in mehreren Teilgebieten behandelt:

Mechanik (Kräftelehre)
Wärmelehre
Schwingungslehre und Akustik (Lehre vom Schall)

Optik (Lehre vom Licht)
Elektrizitätslehre
Atom- und Kernphysik

c) Arbeitsweise der Physik. Die Erforschung der physikalischen Vorgänge beruht auf der **Beobachtung der Natur.** Oft entstehen dabei Schwierigkeiten, weil viele Vorgänge gleichzeitig ablaufen und sich gegenseitig beeinflussen. Dann lenkt der Physiker in **Versuchen** den Ablauf der Vorgänge so, daß er die zu untersuchenden Größen und ihre gegenseitige Abhängigkeit genau beobachten und messen kann. Aus einer großen Zahl von Versuchen sucht er schließlich die geltenden Gesetzmäßigkeiten zu erkennen.

Die physikalischen Größen

a) Die physikalischen Größen und ihre Messung. Alle physikalischen Vorgänge beruhen auf der Änderung von **physikalischen Größen.** Viele, wie z. B. Länge, Rauminhalt, Kraft, Zeit, sind aus dem täglichen Leben bekannt. Um sie zahlenmäßig zu erfassen, muß man sie **messen.**

Jedes Messen ist ein Vergleichen mit einer Einheit.

Deshalb braucht man zur Ausführung einer Messung
1. eine genau festgelegte E i n h e i t (Maßeinheit),
2. ein M e ß g e r ä t, an dem man das Ergebnis der Messung ablesen kann.

Die Wahl des Meßgerätes und die Ausführung der Messung hängen weitgehend von der zu erzielenden M e ß g e n a u i g k e i t ab. Sie wird dadurch gekennzeichnet, daß man angibt, welchen Bruchteil des zu messenden Wertes die Unsicherheit ausmacht. Oft muß man sich mit Genauigkeiten von einigen Prozent begnügen. Bei Präzisionsversuchen wird aber eine höhere Genauigkeit von 10^{-3}, 10^{-4} oder sogar bis 10^{-6} verlangt.

b) Kennzeichnung physikalischer Größen. Jede gemessene physikalische Größe läßt sich durch einen **Zahlenwert** und die dazugehörige **Einheit** (Maßeinheit) kennzeichnen. In Formeln verwendet man zur Abkürzung die **Formelzeichen.** Das sind durch den Deutschen Ausschuß für Einheiten und Formelgrößen (AEF) festgelegte Buchstaben, z. B. s = Wegstrecke, V = Volumen, t = Zeit. Diese Buchstaben werden im Druck zum Unterschied von ebenso abgekürzten Maßeinheiten kursiv bezeichnet, z. B. s = Wegstrecke, s = Sekunde; t = Zeit, t = Tonne.

Das Formelzeichen kennzeichnet eine physikalische Größe vollständig; es enthält also zugleich den Zahlenwert und die Einheit.

Deshalb steht neben einem Formelzeichen **nie** eine Einheit. Dagegen erfordert eine Zahlenangabe **immer** die zu ihr gehörige Einheit. Ein leichtfertiges Weglassen hat Mißverständnisse und verhängnisvolle Fehler zur Folge.

Hat eine Strecke die Länge 6 m, so ist sie das 6fache der Einheit 1 m. Daher kann man schreiben:

$$s = 6 \cdot 1\,\text{m} = 6\,\text{m}$$

Zahlenwert und Einheit sind durch Multiplikation miteinander verbunden. Eine physikalische Größe ist das Produkt aus Zahlenwert und Einheit.

c) Das Rechnen mit physikalischen Größen. Mit physikalischen Größen darf man wie mit den durch Buchstaben gekennzeichneten Größen der Algebra rechnen. Ihre Regeln gelten dann auch für die Teilfaktoren, für die Zahlenwerte und die Einheiten. Dabei ist die Beachtung folgender Grundsätze wichtig:

1. Die Summe oder Differenz zweier Größen hat nur dann einen Sinn, wenn sie gleiche Einheit haben.
2. Man bildet das Produkt oder den Quotienten zweier physikalischer Größen, indem man die Zahlenwerte **und** die Einheiten multipliziert oder dividiert.
3. Zur Umrechnung auf eine andere Einheit darf man die gegebene Einheit durch den ihr entsprechenden Wert der neuen Einheit ersetzen. Man darf also z. B. für 1 m den Wert 100 cm oder für 1 h den Wert 3600 s einsetzen.

Beispiele:
1. Berechnen Sie das Volumen V eines Balkens mit der Länge $l = 3$ m, der Breite $b = 10$ cm und der Höhe $h = 15$ cm.
$V = l\,b\,h = 3\,\text{m} \cdot 10\,\text{cm} \cdot 15\,\text{cm} = 450\,\text{m cm cm}$
$\quad = 450 \cdot 10\,\text{dm} \cdot 0,1\,\text{dm} \cdot 0,1\,\text{dm} = 45\,\text{dm}^3$
2. Formen Sie die Geschwindigkeit $v = 21,6$ km/h in die Einheit m/s um.
$$v = 21,6\,\frac{\text{km}}{\text{h}} = 21,6 \cdot \frac{1000\,\text{m}}{3600\,\text{s}} = 6\,\frac{\text{m}}{\text{s}}$$

In beiden Beispielen wird nicht nur der Zahlenwert, sondern auch die Einheit des Ergebnisses berechnet.

Man erhält die Einheit einer aus einer physikalischen Formel hervorgehenden physikalischen Größe, indem man alle Einheiten der in der Formel auftretenden Größen algebraisch zusammenfaßt.

Um nach dieser Methode die Einheit neu eingeführter physikalischer Größen zu berechnen, bedient man sich einer Gleichung, die nur Einheiten enthält. Als Symbol der Einheit verwendet man dabei das Formelzeichen in einer eckigen Klammer, z. B.:

$$[v] = \frac{[s]}{[t]} = \frac{\text{km}}{\text{h}} \quad \text{oder} \quad [v] = \frac{[s]}{[t]} = \frac{\text{m}}{\text{s}}$$

11

MECHANIK I
Mechanik der festen Körper

1.1. Die physikalischen Größen der Mechanik und ihre Messung

1.1.1. Messung von Längen, Flächen und Rauminhalten

a) Längenmessung. Im Internationalen Einheitensystem (SI) ist die Grundeinheit für alle Messungen von Strecken (Längen, Breiten, Höhen, Dicken, Durchmessern usw.) das **Meter** (m). Zur eindeutigen und unveränderlichen Festlegung wurde das Meter auf die Wellenlänge einer bestimmten Lichtart bezogen:

> **Das Meter ist das 1 650 763,73fache der im Vakuum gemessenen Wellenlänge des roten Kryptonlichtes.**

Von ihm leiten sich weitere Längenmaße nach dem Dezimalsystem ab:

1 Kilometer (km) = 1000 m	1 Zentimeter (cm) = 0,01 m
1 Dezimeter (dm) = 0,1 m	1 Millimeter (mm) = 0,001 m

Das Meter und die letzten drei Einheiten haben die Umrechnungszahl 10.

Zur Ableitung größerer und kleinerer Einheiten aus einer Grundeinheit nach dem Dezimalsystem können bei allen physikalischen Einheiten folgende Vorsilben verwendet werden:

Vorsilben zur Vergrößerung und Verkleinerung einer Einheit

Deka (da)	für das	10-fache	Dezi (d)	für den	10. Teil
Hekto (h)	für das	100-fache	Centi (c)	für den	100. Teil
Kilo (k)	für das	1000-fache	Milli (m)	für den	1000. Teil
Mega (M)	für das	10^6-fache	Mikro (μ)	für den	10^6. Teil
Giga (G)	für das	10^9-fache	Nano (n)	für den	10^9. Teil
Tera (T)	für das	10^{12}-fache	Piko (p)	für den	10^{12}. Teil

Es bedeuten also:

    1 Hektometer (hm) = 100 m
    1 Megohm (MΩ) = 10^6 Ω
    1 Pikofarad (pF) = 10^{-12} F

Die folgenden in der Literatur noch von früher her auftretenden Einheiten, die in Zukunft nicht mehr verwendet werden sollen, sind umgerechnet in SI-Einheiten:

    1 Lichtjahr = $9,4 \cdot 10^{12}$ km
    1 Mikron (μ = 1 μm = 10^{-3} mm
    1 Millimikron (mμ) = 1 nm = 10^{-6} mm
    1 Zoll ($''$) = 25,4 mm
    1 Angströmeinheit (Å) = 0,1 nm = 10^{-7} mm
    1 X-Einheit (XE) = 0,1 pm = 10^{-10} mm

Als **Meßgeräte** für Längenmessungen dienen: **Maßstab** und **Bandmaß** mit einer Ablesegenauigkeit von 1 mm, die **Schublehre** mit der Noniusteilung (Abb. 1) für eine Genauigkeit von 0,1 mm, die **Mikrometerschraube** (Abb. 2) für eine Genauigkeit von 0,01 mm. Für vertikale Strecken dient das **Kathetometer,** für den Durchmesser von Kugeln das **Sphärometer,** für Dicken die **Meßuhr.** Auch diese Geräte lassen eine Ablesegenauigkeit von 0,01 mm zu.

Die **Schublehre** (Meßschieber) (Abb. 1) ist ein Maßstab mit einer in Millimeter geteilten Hauptskala und einer verschiebbaren Hilfsteilung, dem **Nonius** (nach dem latinisierten Namen des portugiesischen Erfinders Nunez), bei der 9 mm in 10 Intervalle eingeteilt sind. Daher beträgt der Abstand zweier Noniusteilstriche nur 0,9 mm. Die ganzen Millimeter liest man auf dem Hauptmaßstab gegenüber der Nullmarke des Nonius ab. Der Noniusstrich, der mit einer Marke der Hauptteilung übereinstimmt, gibt die Zehntelmillimeter an.

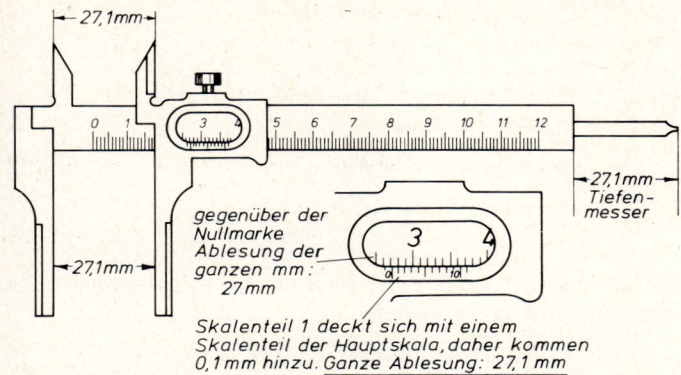

gegenüber der
Nullmarke
Ablesung der
ganzen mm:
27 mm

Skalenteil 1 deckt sich mit einem
Skalenteil der Hauptskala, daher kommen
0,1 mm hinzu. Ganze Ablesung: 27,1 mm

Abb. 1. Schublehre

Bei der **Mikrometerschraube** (Bügelmeßschraube) (Abb. 2) verschiebt eine volle Umdrehung die Schraube um 0,5 mm. Bei einer fünfzigstel Umdrehung wird daher die Schraube um 0,01 mm in ihrer Achse verschoben. Die Bruchteile einer Umdrehung kann man an einer in 50 Intervalle eingeteilten Trommel ablesen. Damit der zu messende Gegenstand nicht von der Schraube zusammengepreßt wird und dabei seine Abmessungen verändert, wird die Schraube nicht unmittelbar, sondern durch Vermittlung eines federnden Mitnehmers gedreht.

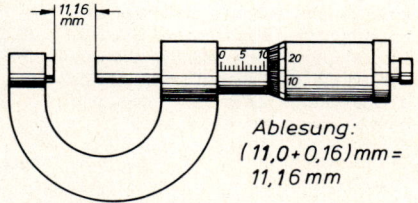

Ablesung:
(11,0 + 0,16) mm =
11,16 mm

Abb. 2. Mikrometerschraube

Befinden sich der zu messende Gegenstand und der Maßstab räumlich nicht unmittelbar beieinander, so kann bei schräger Blickrichtung ein Ablesefehler, die **Parallaxe,** auftreten. Man kann sie durch einen Spiegelmaßstab (Abb. 3) vermeiden, indem man Auge, Meßmarke und das Spiegelbild des Auges in eine Linie bringt.

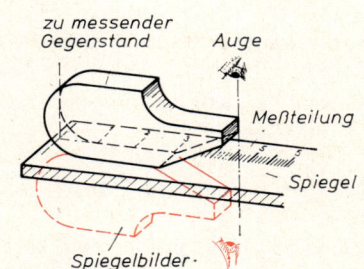

Abb. 3. Spiegelmaßstab

b) Flächenmessung. Die Grundeinheit für die Flächenmessung ist das Quadratmeter (m²). Aus ihm ergeben sich nach dem Dezimalsystem andere Flächeneinheiten:

1 km² = 100 ha = 10 000 a = 1 000 000 m²

1 m² = 100 dm² = 10 000 cm² = 1 000 000 mm²

Die Umrechnungszahl ist immer 100.

Regelmäßige Flächen werden nicht gemessen, sondern berechnet, nachdem man Längen gemessen hat. Unregelmäßig begrenzte Flächen kann man durch Wägen der ausgeschnittenen Figur und Vergleich mit einem aus dem gleichen Papier ausgeschnittenen Quadratdezimeter oder durch Auszählen der Quadrate auf Millimeterpapier ermitteln.

Einen guten Näherungswert für den Inhalt einer Fläche erhält man nach der Simpsonschen Regel (Abb. 4). Man teilt die Fläche durch parallele Linien $y_0, y_1, \ldots y_n$ in eine gerade Anzahl Streifen von der gleichen Breite a ein. Dann ist der Inhalt der Fläche:

$$A = \frac{a}{3}\,(y_0 + 4\,y_1 + 2\,y_2 + 4\,y_3 + 2\,y_4 + \ldots$$
$$+ 4\,y_{n-1} + y_n)$$

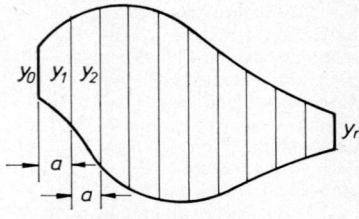

Abb. 4. Simpsonsche Regel

Die unmittelbare Ausmessung einer unregelmäßig umrandeten Fläche kann man mit einem **Planimeter** (Abb. 5) ausführen.

Ein fester Pol ist über ein Gelenk und einen verstellbaren Arm mit einem Stift oder einer Lupe verbunden. Ein im Gesichtsfeld der Lupe markierter Punkt wird längs des Randes um die zu messende Fläche geführt. Dabei kann man die Drehung eines Rädchens an einem Umdrehungszählwerk ablesen. Die Fläche ergibt sich als das Produkt aus der Länge des verstellbaren Armes a des Stiftes oder der Lupe und dem Drehweg des Rädchens.

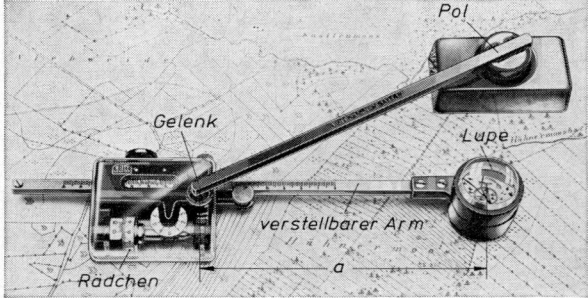

Abb. 5. Planimeter

c) Messung von Rauminhalten. Die Grundeinheit für die Volumenmessung ist das Kubikmeter (m^3).

$$1\ m^3 = 1000\ dm^3$$
$$1\ dm^3 = 1000\ cm^3$$
$$1\ cm^3 = 1000\ mm^3$$

Die Umrechnungszahl ist immer 1000.

Bei Flüssigkeiten werden noch benutzt:

$$1\ \text{Liter (l)} = 1\ dm^3$$
$$1\ \text{Hektoliter (hl)} = 100\ l = 0,1\ m^3$$
$$1\ \text{Milliliter (ml)} = 1\ cm^3$$

Bei regelmäßigen festen Körpern berechnet man das Volumen aus ihren Abmessungen nach den Formeln der Stereometrie.

Bei Flüssigkeiten kann man den Rauminhalt unmittelbar mit **Meßzylindern** messen. Genauer sind **Bürette** (Abb. 6) und **Pipette** (Abb. 7). Ein bestimmtes stets gleiches Flüssigkeitsvolumen kann man mit einem **Pyknometer** (Abb. 8) abgrenzen.

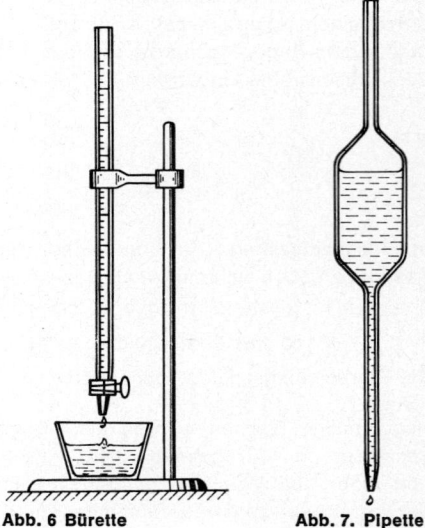

Abb. 6 Bürette   Abb. 7. Pipette

Das Volumen eines unregelmäßigen festen Körpers kann man aus dem Ansteigen der Flüssigkeitsoberfläche bestimmen, wenn man ihn in einen teilweise mit Flüssigkeit gefüllten Meßzylinder eintaucht (Abb. 9).

Genauere Volumenbestimmungen lassen sich durch Berechnung aus der mit einer Waage genau meßbaren Masse eines Körpers und seiner Dichte (1.1.2. d) oder mit Hilfe der Auftriebskraft (2.1.4. b) ausführen.

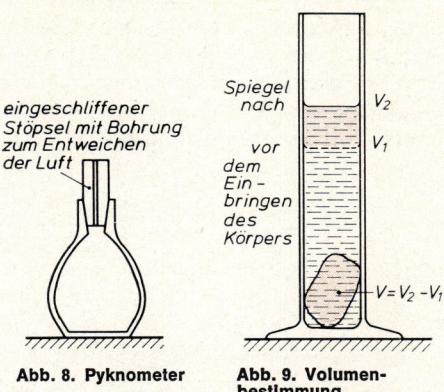

Abb. 8. Pyknometer   Abb. 9. Volumen-
bestimmung

1.1.2. Materieinhalt, Gewicht und Masse eines Körpers

a) Der Materieinhalt. Ebenso wichtig wie die äußeren Abmessungen und der Rauminhalt eines Körpers ist die in ihm enthaltene Stoff- oder **Materiemenge,** wofür man im täglichen Leben meist die Bezeichnungen „Menge" oder „Gewicht" verwendet. Bei allen Lebensmitteln, Brenn- und Rohstoffen der Wirtschaft kommt es auf die Menge der Materie an, damit sie den von ihnen gewünschten Zweck erfüllen. Der Materieinhalt einer Stoffmenge bleibt gleich, wenn von ihr nichts weggenommen und nichts zu ihr hinzugefügt wird, aber auch dann, wenn sie in ihrer äußeren Form oder ihrem Rauminhalt verändert wird und wenn sie von einem Ort an einen anderen gebracht wird. Ein Maß für den Materieinhalt muß deshalb bei diesen Veränderungen gleich bleiben.

b) Die Gewichtskraft. Jeder Gegenstand und jede Materiemenge wird von der Erde angezogen. Die Größe der Erdanziehungskraft wird im täglichen Leben ebenso wie die Materiemenge als „Gewicht" bezeichnet. Um sie deutlicher als Kraft zu kennzeichnen, verwendet die Physik die Bezeichnung **„Gewichtskraft".** Da sie mit zunehmender Materiemenge wächst, läge es nahe, die Gewichtskraft als Maß für die Materiemenge zu verwenden. Da jedoch die Gewichtskraft eines Körpers bei unverändertem Materieinhalt mit zunehmender Entfernung vom Erdmittelpunkt abnimmt oder in einem Raumfahrzeug nach dem Brennschluß der Raketen sogar vollständig verschwindet, ist die Gewichtskraft nicht als Maß der Materiemenge geeignet.

c) Die Masse. Die Größe, die geeignet ist, um als Maß der Materiemenge zu dienen, ist die **Masse.** Ihre kennzeichnende Eigenschaft, die Trägheit, die auch zu ihrer Definition verwendet wird, kann erst in 1.3.3. c behandelt werden. Vorläufig genügt es festzustellen, daß die Masse alle oben gestellten Bedingungen für ein Maß der Materiemenge erfüllt. Die Masse eines Körpers bleibt gleich, solange seine Materiemenge nicht verändert wird; sie ist auch unabhängig vom Ort, an dem sich der Körper befindet. Deshalb dürfen wir zunächst für „Materiemenge" einfach das Wort „Masse" setzen.

Als Einheit der Masse dient das Kilogramm (kg); das ist die Masse eines in Paris aufbewahrten Platin-Iridium-Zylinders von 39 mm Durchmesser und 39 mm Höhe. Seine Masse stimmt überein mit der Masse, die bei 4 °C in 1 dm³ Wasser enthalten ist. Als größere bzw. kleinere Masseneinheiten werden verwendet:

1 Tonne (t) = 1000 kg   1 kg = 1000 g   1 g = 1000 mg

Zur Bestimmung der Masse benützt man meistens Balkenwaagen (1.4.4. f). Dazu wird der Körper auf eine Waagschale gelegt, während auf die andere Schale so viele geeichte Wägestücke kommen, bis die Waage spielt. Dann haben Körper und Wägestücke gleiche Masse.

d) Die Dichte. Bei verschiedenem Material ist die in 1 cm³ enthaltene Masse nicht dieselbe. Statt durch unmittelbares Auswiegen eines Würfels von 1 cm Kantenlänge kann man dieses Ergebnis auch finden, indem man die Gesamtmasse einer Materie durch ihren Rauminhalt dividiert. Bei allen aus gleichem Material bestehenden Körpern erhält man den gleichen Quotienten, den man als die **Dichte** dieses Materials mit dem Formelzeichen ϱ bezeichnet.

$$\text{Dichte} = \frac{\text{Masse}}{\text{Volumen}} \qquad \varrho = \frac{m}{V}$$

Die Einheit der Dichte erhält man aus der Einheitengleichung:

$$[\varrho] = \frac{[m]}{[V]} = \frac{\text{kg}}{\text{m}^3} \text{ oder } \frac{\text{kg}}{\text{dm}^3} \text{ oder } \frac{\text{g}}{\text{cm}^3}$$

Da die Masse eines Körpers vom Ort unabhängig ist, gilt das Gleiche auch von der Dichte, solange das Volumen sich nicht ändert. Daher ist die Dichte eine kennzeichnende Eigenschaft eines jeden Stoffes. Da 1 dm³ Wasser die Masse 1 kg besitzt, hat Wasser die Dichte $\varrho = 1 \text{ kg/dm}^3$. Oft muß man zwischen der Dichte eines reinen Stoffes ohne Luftzwischenräumen und der Dichte von porigen und aufgeschütteten Materialien, der **Rohdichte** bzw. der **Schüttdichte** unterscheiden.

Dichte in t/m³, kg/dm³ oder g/cm³

Platin	21,4	Aluminium	2,7	Natrium	0,98
Gold	19,3	Duraluminium	2,6 ... 2,8	Schmieröl	0,9
Quecksilber	13,6	Kalkstein		Eichenholz	0,7 ... 1,0
Blei	11,3	(Marmor)	2,5 ... 2,8	Buchenholz	0,7 ... 0,9
Silber	10,5	Kronglas	2,4 ... 2,7	Alkohol	0,8
Kupfer	8,9	Porzellan	2,2 ... 2,5	Benzin	0,7
Messing	8,4 ... 8,7	Beton	1,8 ... 2,8	Kiefernholz	0,4 ... 0,8
Stahl	7,8	Magnesium	1,74	Kork	0,24
Grauguß	7,2	Kunststoffe	1,0 ... 1,8	Luft	0,001293
Zink	6,9 ... 7,2	Mauerwerk		Wasser- bei 0 °C u.	
Flintglas	3,1 ... 3,9	Ziegel	1,4 ... 1,5	stoff 1013 mbar	0,000091

Schüttdichten bzw. Rohdichten in kg/dm³

Erde	1,3 ... 2,0	Steinkohlen	1,0 ... 1,2	Leichtbau-	
Sand, Kies		Koks	0,5 ... 0,7	platten	0,4 ... 0,6
trocken	1,4 ... 1,6			Glaswolle	0,2 ... 0,4
Sand, Kies, feucht	1,6 ... 1,8	Torf (trocken)	0,3 ... 0,5	Schaumstoff	0,02 ... 0,04

Beispiele und Aufgaben:

1. Ein Ziegelstein mit der Länge $l = 24$ cm, der Breite $b = 11,5$ cm und der Höhe $h = 7,1$ cm besitzt die Masse $m = 3,1$ kg. Wie groß ist seine Dichte?
$$V = l\,b\,h = 24 \text{ cm} \cdot 11,5 \text{ cm} \cdot 7,1 \text{ cm} = 1960 \text{ cm}^3 = 1,96 \text{ dm}^3$$
$$\varrho = \frac{m}{V} = \frac{3,1 \text{ kg}}{1,96 \text{ dm}^3} = 1,58 \, \frac{\text{kg}}{\text{dm}^3}$$

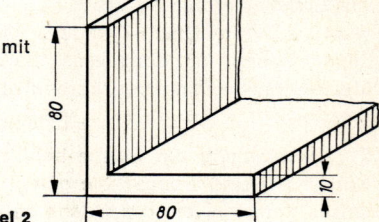

Maße in mm

2. Berechnen Sie die Masse eines Trägers aus Winkelstahl mit dem in Abb. 1 gegebenen Querschnitt und 2,2 m Länge.
$$A = 0,8 \text{ dm} \cdot 0,1 \text{ dm} + 0,7 \text{ dm} \cdot 0,1 \text{ dm} = 0,15 \text{ dm}^2$$
$$V = A\,l = 0,15 \text{ dm}^2 \cdot 22 \text{ dm} = 3,3 \text{ dm}^3$$

Dichte aus der Tabelle: $\varrho = 7,8 \text{ kg/dm}^3$
$$m = V \varrho = 3,3 \text{ dm}^3 \cdot 7,8 \text{ kg/dm}^3 = 25,74 \text{ kg}$$

Abb. 1. Zu Beispiel 2

3. Welchen Durchmesser hat eine Stahlkugel mit der Masse 200 g ($\varrho = 7.8$ g/cm³)?   (3,66 cm)

4. Ein Pyknometer (Abb. 1.1.1. (8.)) wiegt leer 17,3 g, gefüllt mit Wasser 42,6 g und mit Petroleum 37,8 g. Berechnen Sie die Dichte des Petroleums.   (0,81 g/cm³)

5. Aus welchem Material besteht ein Zylinder von 32 mm Durchmesser und 59,1 mm Höhe, wenn seine Masse 400 g beträgt?   ($\varrho = 8.4$ g/cm³, Messing)

1.1.3. Winkelmessung

Im SI werden Winkel im Bogenmaß gemessen, nämlich durch den Quotienten aus dem Bogen b und dem Radius r eines Kreissektors, der den Winkel als Zentriwinkel enthält: $\alpha = b/r$. Die Einheit, 1 **Radiant** (rad) ist der Winkel, bei dem Bogen und Radius gleich sind. Da das Bogenmaß als Quotient zweier Strecken eine unbenannte Verhältniszahl ist, darf man, besonders bei zusammengesetzten Benennungen, „rad" weglassen, ohne daß ein Fehler entsteht.

In der praktischen Winkelmessung wird meist das Grad (°), nämlich der 90. Teil eines rechten Winkels verwendet:

1 rechter Winkel $= 90°$ $1° = 60' = 3600''$
$1° = 0,01745$ rad   1 rad $= 57,3°$

Meist ist eine dezimale Unterteilung des Grades vorteilhaft, weil dadurch das Rechnen mit Winkeln vereinfacht wird. Beispiel:
$15° \; 17' \; 24'' = 15° \; 17,4' = 15,290°$

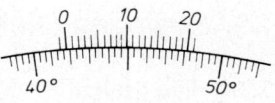

Ablesung 41° 49'

Abb. 1. Noniusablesung bei einem Winkelteilkreis

Manchmal, vor allem in der Landesvermessung, verwendet man den 100. Teil eines rechten Winkels als Gon (gon):
1 rechter Winkel $= 100$ gon, 1 gon $= 1000$ mgon
1 gon $= 0,01571$ rad

Zur Winkelmessung verwendet man Teilkreise. Wie bei der Schublehre kann man auch hier durch einen Nonius die Ablesegenauigkeit erhöhen (Abb. 1). Für die Arbeit in der Werkstatt eignen sich besonders Winkelmeßlehren mit einem in beliebiger Lage festklemmbaren Schenkel (Abb. 2).

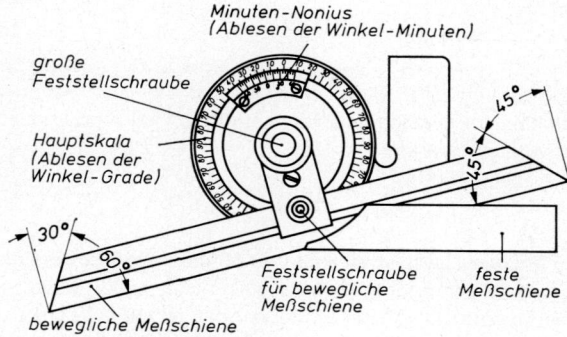

Abb. 2. Universalwinkelmesser

1.1.4. Zeitmessung

Als Einheit der Zeitmessung dient die Sekunde (s). Zu ihrer Festlegung diente bis 1969 die Drehung der Erde um ihre Achse, die aufgrund langjähriger Beobachtungen als sehr gleichmäßig erkannt worden war. Verbesserte Messungen zeigten jedoch, daß sich die Dauer der Erddrehung infolge der Reibung beim Wechsel der Gezeiten und durch den Aufprall von

21113

Meteoriten in langen Zeiten um winzige Beträge verlangsamt. Deshalb wird seit 1969 die Sekunde auf die Periodendauer einer bestimmten Lichtschwingung bezogen, die nach unseren heutigen Kenntnissen als völlig unveränderlich betrachtet werden muß:

1 Sekunde ist das 9 162 631 770fache der Periodendauer einer bestimmten vom Element Cäsium ausgesandten Strahlung.

Als größere Einheiten dienen: der Tag (d), die Stunde (h) und die Minute (min):

$$1\,d = 24\,h \qquad 1\,h = 60\,min \qquad 1\,min = 60\,s$$

Fast immer dient zur Zeitmessung eine Uhr. Ihr Lauf wird bei Pendeluhren durch die gleichbleibende Dauer einer Pendelschwingung, bei Stand- und Taschenuhren durch eine Drehschwingung geregelt. Für längere Zeiten liefern gute Uhren sehr genaue Zeitmessungen. Für kürzere Zeiten verwendet man Stoppuhren.

1.2. Bewegungslehre (Kinematik)

1.2.1. Die gleichförmige geradlinige Bewegung

a) Die gleichförmige Längsbewegung. Bewegt sich ein Körper so, daß er in gleichen Zeitabschnitten auf geradliniger Bahn gleiche Strecken zurücklegt, so bezeichnet man seine Bewegung als **gleichförmig.** Der Quotient aus dem zurückgelegten Weg s und der für ihn benötigten Zeit t ist seine Geschwindigkeit v:

$$v = \frac{s}{t} \qquad\qquad s = v\,t$$

Die Einheit einer Geschwindigkeit ist daher der Quotient aus einer Längen- und einer Zeiteinheit. Im allgemeinen verwendet man $[v] = $ m/s oder cm/s, bei Fahrzeugen des Verkehrs bevorzugt man km/h.

$$1\,\frac{km}{h} = \frac{1}{3,6}\,\frac{m}{s} \qquad\qquad 1\,\frac{m}{s} = 3,6\,\frac{km}{h}$$

b) Mittlere Geschwindigkeit und Momentangeschwindigkeit. Nur selten erfolgt eine Bewegung genau gleichförmig. Es wäre z. B. nicht richtig, aus der Angabe, daß ein Auto in 3 Stunden 180 km zurücklegte, zu schließen, daß es auf der ganzen Strecke die Geschwindigkeit 60 km/h besaß. Je nach den Straßen- und Verkehrsverhältnissen war die Geschwindigkeit bisweilen größer oder kleiner als 60 km/h. Der Quotient aus Weg und Zeit liefert bei einer nicht gleichförmigen Bewegung nur die **mittlere Geschwindigkeit** $v_m = s/t$. Den Gegensatz zu ihr bildet die Geschwindigkeit in einem bestimmten Punkt, die man schlechthin als Geschwindigkeit oder auch als **Momentangeschwindigkeit** bezeichnet. Man kann sie genähert bestimmen, wenn man in der Nähe des Punktes eine kleinere Wegstrecke Δs markiert und die Zeit Δt mißt, die zum Durchlaufen der Strecke benötigt wird. Wenn sich keine Schwierigkeiten beim Messen sehr kurzer Zeiten ergäben, würde man nach diesem Verfahren die Momentangeschwindigkeit um so genauer erhalten, je kleiner die Meßstrecke Δs genommen wird und je kürzer sich daher die Zeit Δt ergibt.

Der hier mit Worten beschriebene Übergang zu immer kleineren Weg- und Zeitintervallen entspricht genau dem Grenzübergang, der in der Mathematik zur Definition des Differentialquotienten führt. Deshalb kann man die Momentangeschwindigkeit auch festlegen durch:

$$v = \lim_{\Delta t \to 0} \frac{\Delta s}{\Delta t} = \frac{ds}{dt}$$

c) Das Weg-Zeit- und Geschwindigkeit-Zeit-Diagramm. Den Zusammenhang zwischen Weg, Zeit und Geschwindigkeit erkennt man sehr übersichtlich aus graphischen Darstellungen.

Beim Weg-Zeit-Diagramm wird nach rechts der Quotient aus der Zeit t und einem zweckmäßig gewählten Zeitmaßstab M_t und nach oben der Quotient aus dem Weg s und einem Wegmaßstab M_s angetragen (Abb. 1). Bei gleichförmiger Bewegung liegen die Punkte für zusammengehörige Werte von Weg und Zeit auf einer Geraden. Ihre Neigung, gemessen durch den Tangens des Winkels α wächst mit der Geschwindigkeit v; denn aus der Abb. ergibt sich:

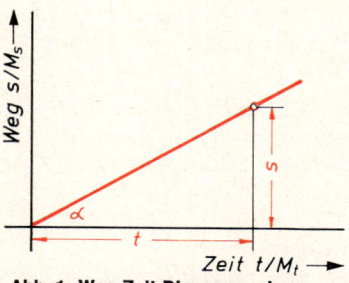

Abb. 1. Weg-Zeit-Diagramm einer gleichförmigen Bewegung

$$\tan \alpha = \frac{s/M_s}{t/M_t} \sim \frac{s}{t} = v$$

Das Weg-Zeit-Diagramm wird bei den graphischen Fahrplänen der Eisenbahn (Abb. 2) angewendet. Beim Aufstellen der Fahrpläne zeichnet man zunächst die graphischen Pläne. Mit ihrer Hilfe kann man leicht Kreuzungen, Überholungen und Aufenthalte festlegen oder Sonderzüge einlegen.

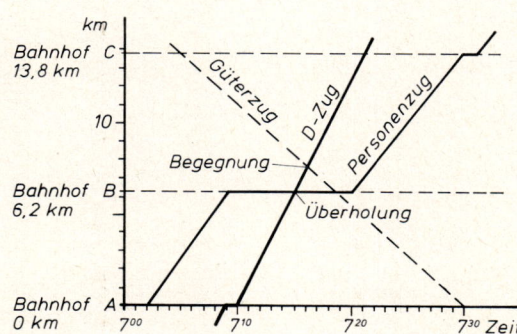

Abb. 2. Graphischer Fahrplan

Bei nichtgleichförmiger Bewegung ist die entstehende Linie keine Gerade, sondern eine Kurve mit der Funktionsgleichung $s = s(t)$ (Abb. 3). Auch hier ist der Tangens des Neigungswinkels der Kurve in jedem Punkt ein Maß für die wechselnde Momentangeschwindigkeit; denn es ist je nach den Maßstäben auf den Achsen:

$$\tan \alpha \sim \lim_{\Delta t \to 0} \frac{\Delta s}{\Delta t} = \frac{ds}{dt} = v$$

(In Abb. 3 und in allen weiteren Diagrammen werden, wie auch in der Praxis, die Maßstäbe nicht mehr ausdrücklich vermerkt. Sie gehen, wie z. B. in Abb. 2, aus den Beschriftungen der Achsen hervor.)

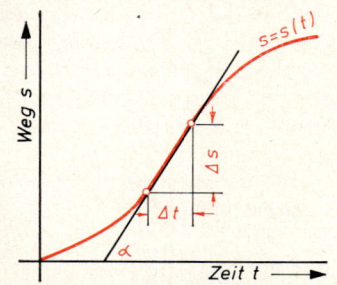

Abb. 3. Weg-Zeit-Diagramm einer ungleichförmigen Bewegung

2*

Im **Geschwindigkeit-Zeit-Diagramm** werden auf den Achsen Zeit und Geschwindigkeit aufgetragen. Weil bei der gleichförmigen Bewegung die Geschwindigkeit stets gleich bleibt, entsteht bei ihr eine zur Zeitachse parallele Gerade. Der Inhalt des Rechtecks zwischen den Achsen und der Geraden ist $v\,t$. Er entspricht daher dem bis zur Zeit t zurückgelegten Weg $s = v\,t$.

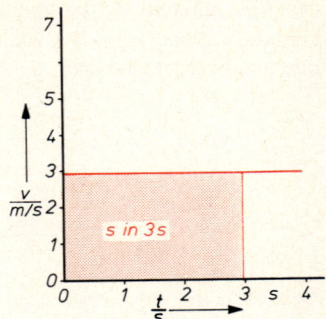

Abb. 4. Geschwindigkeit-Zeit-Diagramm einer gleichförmigen Bewegung

Dieses Ergebnis gilt auch bei nicht gleichförmiger Bewegung. Denn aus $v = \dfrac{ds}{dt}$ folgt $ds = v\,dt$ oder $s = \int v\,dt$. In einem v-t-Diagramm stellt aber dieses Integral die Fläche zwischen der Kurve $v = v(t)$ und der t-Achse dar (Abb. 5).

In der Technik findet das v-t-Diagramm oft Anwendung, besonders bei ungleichförmigen Bewegungen, z. B. bei Anfahr- und Bremsvorgängen, weil das Diagramm die Veränderungen der Geschwindigkeit gut ersehen läßt.

Beispiel:
Ein Auto benötigt für eine Strecke von 250 km $4^{1}/_{4}$ Stunden. Wie groß ist seine mittlere Geschwindigkeit? Welche Zeit braucht das Auto bei dieser Geschwindigkeit für 196 km?

$$v = \frac{s}{t} = \frac{250\ \text{km}}{4{,}25\ \text{h}} = 58{,}8\ \frac{\text{km}}{\text{h}} = 16{,}3\ \frac{\text{m}}{\text{s}}$$

$$t = \frac{s}{v} = \frac{196\ \text{km}}{58{,}8\ \text{km/h}} = 3{,}33\ \text{h} = 3\ \text{h}\ 20\ \text{min}$$

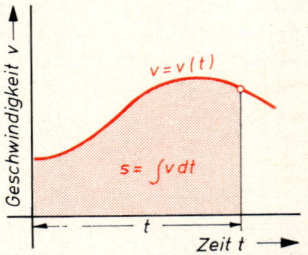

Abb. 5. Geschwindigkeit-Zeit-Diagramm einer nicht gleichförmigen Bewegung

1.2.2.   Die gleichförmige Kreis- und Drehbewegung

a) Bahngeschwindigkeit und Umlaufzeit. Die in 1.2.1 eingeführten Gleichungen gelten nicht nur für eine geradlinige, sondern für jede Bewegung, die mit gleichbleibender Geschwindigkeit zurückgelegt wird. Wenn ein Rad sich um eine Achse mit unveränderter Drehgeschwindigkeit dreht, so beschreibt jeder Punkt des Rades einen Kreis, den er mit gleichbleibender Geschwindigkeit durchläuft. Weil aber ein äußerer Punkt auf einem größeren Kreis umläuft als ein innerer, ist auch seine Geschwindigkeit größer. Das gleiche gilt bei jedem Gegenstand, der sich um eine Achse dreht.

Die Bahngeschwindigkeit eines Punktes ist um so größer, je weiter er von der Drehachse entfernt ist.

Deshalb kann man bei einem umlaufenden Körper keine für alle Punkte geltende Drehgeschwindigkeit angeben.

Dagegen haben alle Punkte die gleiche Umlaufzeit T. Wenn T in Sekunden gemessen ist, gibt der reziproke Wert $n = 1/T$ die Anzahl der vollen Umdrehungen in 1 s an; n heißt deshalb die **Drehfrequenz** (früher: Drehzahl):

$$n = \frac{1}{T} \qquad\qquad [n] = \text{s}^{-1}$$

Man kann die Bahngeschwindigkeit eines umlaufenden Punktes mit diesen Größen in Beziehung setzen, wenn man in die Gleichung $v = s/t$ für s den Kreisumfang $d\,\pi$ und für t die Umlaufzeit $T = 1/n$ einsetzt:

$$v = \frac{d\,\pi}{T} = d\,\pi\,n$$

Meist wird n auf die Minute bezogen und hat dann die Benennung U/min oder einfach min^{-1}. Setzt man dann d in m ein, so ergibt sich v in m/min. Wünscht man jedoch v in m/s, so ist n durch Division mit 60 in die Drehfrequenz mit der Einheit s^{-1} umzuformen und dann einzusetzen.

b) Die Winkelgeschwindigkeit. Statt der Drehfrequenz n kann man auch die Winkelgeschwindigkeit ω als Maß für die Umlaufgeschwindigkeit verwenden. Entsprechend der Festlegung der linearen Geschwindigkeit bezeichnet man als Winkelgeschwindigkeit den Quotienten aus einem zurückgelegten Drehwinkel φ und der dazu benötigten Zeit t:

$$\text{Winkelgeschwindigkeit } \omega = \frac{\varphi}{t} \qquad\qquad \varphi = \omega\,t$$

Meist wird φ im Bogenmaß eingesetzt. Für einen Umlauf ist $\varphi = 2\,\pi$ und $t = T = 1/n$. Daher kann man die Winkelgeschwindigkeit berechnen nach:

$$\text{Winkelgeschwindigkeit } \omega = \frac{2\,\pi}{T} = 2\,\pi\,n$$

Während n im allgemeinen je Minute angegeben wird, bezieht man ω meist auf die Sekunde. Deshalb muß man n vor dem Einsetzen durch Division mit 60 in die Drehfrequenz je Sekunde umrechnen. Aus $v = d\,\pi\,n = 2\,r\,\pi\,n$ und $\omega = 2\,\pi\,n$ folgt die oft gebrauchte Beziehung:

$$v = r\,\omega \qquad\qquad \omega = \frac{v}{r}$$

Die Umfangsgeschwindigkeit ist bei den Rädern eines Wagens gleich der Fahrgeschwindigkeit, bei den Rollen oder bei der Seiltrommel eines Kranes gleich der Seilgeschwindigkeit.

Beispiel:
Welche Umfangsgeschwindigkeit, welche Winkelgeschwindigkeit und welche Drehfrequenz hat das Rad eines Kraftfahrzeuges, das einen Durchmesser von 680 mm hat und mit einer Geschwindigkeit von 80 km/h fährt?
Umfangsgeschwindigkeit = Fahrgeschwindigkeit = 80 km/h = 22,2 m/s

$$\omega = \frac{v}{r} = \frac{22,2 \text{ m/s}}{0,34 \text{ m}} = 65,4 \text{ s}^{-1} \qquad\qquad n = \frac{\omega}{2\,\pi} = \frac{65,4 \text{ s}^{-1}}{2\,\pi} = 10,4 \text{ s}^{-1} = 624 \text{ min}^{-1}$$

1.2.3. Die gleichmäßig beschleunigte Bewegung

a) Die Beschleunigung. Nicht jede Bewegung erfolgt mit gleichbleibender Geschwindigkeit. Bei zunehmender Geschwindigkeit ist die Bewegung **beschleunigt,** bei abnehmender Geschwindigkeit **verzögert.** Den Quotienten aus der Geschwindigkeitsänderung und der dazu benötigten Zeit nennt man die **Beschleunigung** a:

$$\text{Beschleunigung} \quad a = \frac{v_e - v_a}{t}$$

Daraus ergibt sich als Einheit der Beschleunigung $[a] = \dfrac{m/s}{s} = \dfrac{m}{s^2}$

Wenn die Geschwindigkeitszunahme während der Zeit t in mehreren gleichen Zeitintervallen nicht gleich ist, erhält man aus der Gleichung nur den Mittelwert der Beschleunigung während der Zeit t. Um die Momentanbeschleunigung in einem bestimmten Zeitpunkt zu finden, nimmt man an diesem Punkt ein möglichst kleines Zeitintervall Δt und die in ihm entstehende Geschwindigkeitsänderung Δv. Dann erhält man ähnlich wie in 1.2.1 bei der Momentangeschwindigkeit:

$$\text{Momentanbeschleunigung} \quad a = \lim_{\Delta t \to 0} \frac{\Delta v}{\Delta t} = \frac{dv}{dt} = \frac{d^2 s}{dt^2}$$

b) Die gleichmäßig beschleunigte Bewegung. Bleibt die Beschleunigung konstant, so nennt man die Bewegung gleichmäßig beschleunigt. Die Geschwindigkeit ändert sich dann in jeder Sekunde um $a \cdot 1$ s. Ist v_0 die Geschwindigkeit zur Zeit $t = 0$, so hat sie nach der Zeit t den Wert:

$$v = v_0 + a t$$

Da die Geschwindigkeit gleichmäßig anwächst, ist ihr Mittelwert:

$$v_m = \frac{v_0 + v}{2} = \frac{v_0 + v_0 + a t}{2} = v_0 + \frac{a}{2} t$$

Damit erhält man nun nach der Gleichung $s = v_m t$ den zurückgelegten Weg:

$$s = \frac{v_0 + v}{2} t = v_0 t + \frac{a}{2} t^2$$

Berechnet man aus der Gleichung für v die Zeit und setzt sie in die Gleichung für s ein, so findet man die häufig gebrauchte Beziehung:

$$v = \sqrt{v_0^2 + 2 a s}$$

c) Das *v-t*-Diagramm der gleichmäßig beschleunigten Bewegung. Abb. 1 stellt das zur gleichmäßig beschleunigten Bewegung gehörige *v-t*-Diagramm dar. Wegen der gleichmäßigen Zunahme der Geschwindigkeit ergibt sich eine Gerade, die in der Zeit *t* vom Anfangswert v_0 zum Wert *v* ansteigt. Die Steigung der Geraden ist ein Maß für die Beschleunigung. Denn bei jedem Maßstab auf den Achsen gilt:

$$\tan \alpha \sim \frac{v - v_0}{t} = a$$

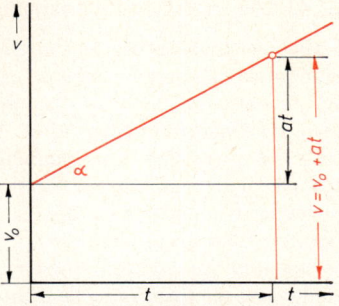

Auch hier ist die Fläche unter der Geraden der zurückgelegte Weg. Man berechnet ihn als Trapez oder als Summe aus einem Rechteck und einem Dreieck. Dabei erhält man die beiden schon oben angegebenen Formeln für *s*.

Abb. 1. v-t-Diagramm einer gleichmäßig beschleunigten Bewegung

d) Die gleichmäßig beschleunigte Bewegung aus der Ruhe. Beginnt die Bewegung aus der Ruhe, so ist $v_0 = 0$ zu setzen, und man erhält aus den obigen Formeln:

$$v = at \qquad s = \frac{a}{2} t^2 \qquad v = \sqrt{2as}$$

Das dazugehörige *v-t*-Diagramm ergibt jetzt eine Gerade durch den Koordinatenanfangspunkt (Abb. 2).

Das *s-t*-Diagramm liefert wegen der quadratischen Beziehung $s = \frac{a}{2} t^2$ eine Parabel (Abb. 3). Wegen der Schwierigkeit, eine Parabel genau zu konstruieren, wird dieses Diagramm selten benutzt.

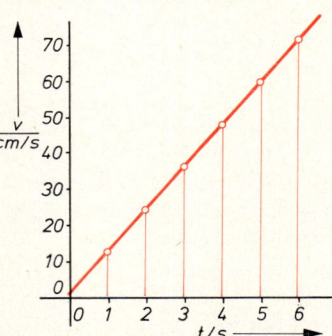

Abb. 2. v-t-Diagramm einer gleichmäßig beschleunigten Bewegung mit $v_a = 0$

Beispiele und Aufgaben:

1. Ein Eisenbahnzug soll aus der Ruhe in 50 s auf eine Fahrgeschwindigkeit von 60 km/h gebracht werden. Wie groß ist die notwendige Beschleunigung, und wie weit fährt der Zug dabei?

$$v = 60 \frac{km}{h} = \frac{60 \cdot 1000}{3600} \frac{m}{s} = 16,67 \frac{m}{s}$$

$$a = \frac{v}{t} = \frac{16.67 \text{ m/s}}{50 \text{ s}} = 0,33 \frac{m}{s^2}$$

$$s = \frac{v_0 + v}{2} t = \frac{0 + 16,67 \text{ m/s}}{2} \cdot 50 \text{ s} = \frac{833,3}{2} \text{ m} = 416,7 \text{ m}$$

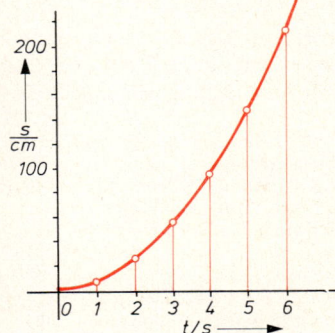

2. Ein Auto durchfährt eine Kurve mit 20 km/h. Danach wird es 6 s lang mit 1,5 m/s² beschleunigt. Berechnen Sie die Endgeschwindigkeit und die Beschleunigungsstrecke.
(52,4 km/h, 60,3 m)

Abb. 3. s-t-Diagramm einer gleichmäßig beschleunigten Bewegung mit $v_a = 0$

3. Ein Pkw fährt 30 m hinter einem Lkw, beide mit einer Geschwindigkeit von 54 km/h. Zum Überholen beschleunigt der Pkw mit 1,25 m/s², bis er eine Geschwindigkeit von 72 km/h besitzt, die er bis zum Ende des Überholvorganges beibehält. Gleichzeitig geht er auf die linke Fahrbahn, fährt am Lkw vorbei und geht 60 m vor diesem wieder auf die rechte Fahrbahn. Welche Strecke erfordert der ganze Überholvorgang?
(390 m)

4. Ein Flugzeug braucht zum Abheben vom Boden eine Geschwindigkeit von 180 km/h. Welche mittlere Beschleunigung benötigt es auf seinem 900 m langen Startweg, und wie viele Sekunden nach dem Beginn des Startens hebt es sich vom Boden?
(1,39 m/s², 36 s)

1.2.4. Die gleichmäßig verzögerte Bewegung

a) Die gleichmäßig verzögerte Bewegung. Bei einer verzögerten Bewegung nimmt die Geschwindigkeit ab; deshalb ist $\Delta v = v_2 - v_1$ negativ. Daher wird auch die Beschleunigung $a = \Delta v/\Delta t$ negativ. Um nicht mit negativen Beschleunigungen rechnen zu müssen, führt man ihren negativen Wert als **Verzögerung** $a' = -a$ ein, der dann bei einer verzögerten Bewegung positiv ist. Die Gleichungen der gleichmäßig verzögerten Bewegung erhält man aus denen der gleichmäßig beschleunigten Bewegung, indem man a durch $-a'$ ersetzt.

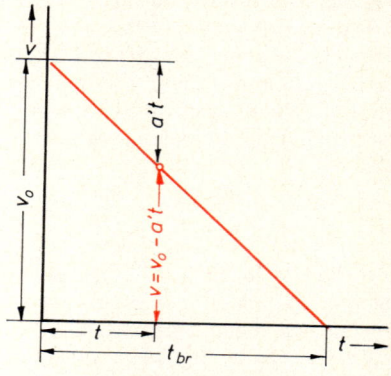

Abb. 1. v-t-Diagramm einer gleichmäßig verzögerten Bewegung

$$v = v_0 - a't$$
$$s = \frac{v_0 + v}{2}\, t = v_0\, t - \frac{a'}{2}\, t^2$$
$$v = \sqrt{v_0^2 - 2a's}$$

b) Bremszeit und Bremsweg. Die Geschwindigkeitsabnahme kann so weit gehen, daß die Bewegung zum Stillstand kommt. Dann wird $v = 0$, und man findet die Bremszeit t_{br} aus der ersten Gleichung:

$$0 = v_0 - a'\, t_{br} \qquad\qquad t_{br} = \frac{v_0}{a'}$$

Den Bremsweg s_{br} erhält man aus der dritten Gleichung, wenn man $v = 0$ setzt:

$$0 = v_0^2 - 2a'\, s_{br} \qquad\qquad s_{br} = \frac{v_0^2}{2a'}$$

Der Bremsweg wird also um so kürzer, je größer die Bremsverzögerung ist, er wächst aber mit dem Quadrat der Anfangsgeschwindigkeit.

Abb. 2 veranschaulicht die Verhältnisse beim Anhalteweg eines Autos. Während der Reaktionszeit von etwa 1 s fährt der Wagen noch ungebremst mit der Geschwindigkeit v_0 weiter. Der Reaktionsweg ist also $s_1 = v_0 \cdot 1$ s. Dem anschließenden Bremsweg $s_2 = s_{br} = v_0^2/2a'$ wurde die Verzögerung $a' = 5$ m/s^2 zugrunde gelegt, so daß sich ergibt:

$$s_2 = \frac{v_0^2}{10 \text{ m/s}^2}$$

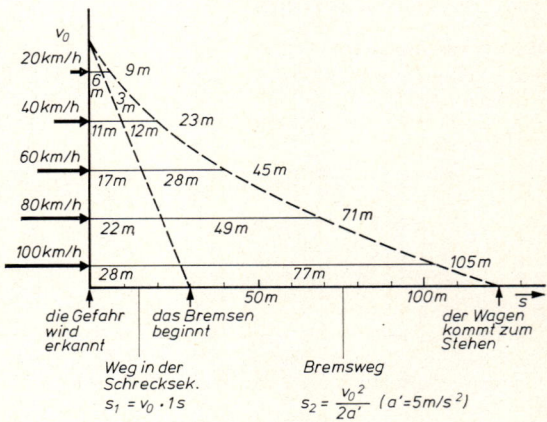

Abb. 2. Anhalteweg eines Autos

Aufgaben:

1. Welche Verzögerung müssen die Bremsen eines Autos hervorrufen, wenn es bei einer Geschwindigkeit von 50 km/h auf 15 m zum Stehen gebracht werden soll? (6,43 m/s^2)

2. Wie viele m vor einer Kurve muß der Fahrer eines Autos mit der Verzögerung $a' = 2$ m/s^2 bremsen, um seine Geschwindigkeit von 72 km/h auf 36 km/h zu vermindern? (75 m)

1.2.5. Freier Fall und senkrechter Wurf

a) Der freie Fall. Man kann leicht beobachten, daß die Geschwindigkeit eines frei fallenden Körpers, z. B. eines Steines, zunimmt; der freie Fall ist also eine beschleunigte Bewegung. Zur genaueren Untersuchung führt man folgenden Versuch aus:

Ein etwa 80 cm langer Stab ist mit einem unbelichteten Streifen Kopierpapier überzogen, dessen graue Oberfläche sich überall, wo sie feucht wird, verfärbt. Ein kleiner Wasserbehälter, der seitlich eine Spritzöffnung besitzt, rotiert genau mit 50 U/s (Frequenz des Wechselstromes, kontrolliert durch den Reflex einer Glimmlampe an zwei Nocken der Spritzdüse, der ruhig stehen muß). Fällt der Stab neben dem rotierenden Spritzgefäß frei herunter, so zeichnen sich auf dem Filmstreifen eine Reihe von Spritzmarken auf (Abb. 1 rechts), deren Entfernungen von der Ausgangsmarke genau gemessen werden können. Die Differenzen zwischen je zwei Marken sind die Wege in 0,02 s. Daraus findet man die Geschwindigkeiten und aus deren Zunahme die Beschleunigung.

Der Versuch zeigt, daß beim freien Fall die Beschleunigung konstant ist und den Betrag $g = 9,81$ m/s² hat.

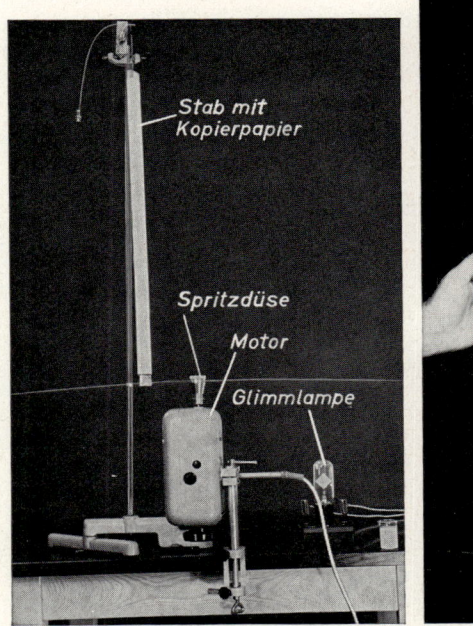

Abb. 1. Versuch zur Bestimmung der Fallbeschleunigung

> **Der freie Fall ist eine gleichmäßig beschleunigte Bewegung mit der Beschleunigung $g = 9,81$ m/s².**

Die Größe der Fallbeschleunigung ist nicht an allen Orten die gleiche: sie nimmt bis zum Äquator hin auf 9,78 m/s² ab und wächst gegen die Pole auf 9,84 m/s². Als Normwert wurde $g = 9,80665$ m/s² festgesetzt. In Mitteleuropa kann man mit dem auf 2 Dezimalen gerundeten Wert $g = 9,81$ m/s² rechnen.

Der obige Satz scheint nicht zu gelten, wenn man einen leichten Körper, z. B. ein Blatt Papier, fallen läßt. Dies ist jedoch nur eine Folge des Luftwiderstandes. Ein Versuch mit einer luftleer gepumpten Fallröhre zeigt, daß in ihr eine Flaumfeder und eine Holzkugel nebeneinander mit gleicher Beschleunigung herunterfallen.

> **Im luftleeren Raum fallen alle Körper mit der gleichen Beschleunigung.**

Die Formeln des freien Falles ergeben sich jetzt aus denen der gleichmäßig beschleunigten Bewegung mit $v_0 = 0$, indem man die Beschleunigung a durch die Fallbeschleunigung g und den Weg s durch die Fallhöhe h ersetzt:

$$v = g\,t \qquad\qquad h = \frac{v}{2}t = \frac{g}{2}t^2 \qquad\qquad v = \sqrt{2\,g\,h}$$

Diese Formeln lassen sich jedoch nur anwenden, wenn der Luftwiderstand vernachlässigt werden darf, also nur bei Gegenständen mit verhältnismäßig kleiner Angriffsfläche für den Luftwiderstand und bei nicht zu großen Fallgeschwindigkeiten.

b) Der senkrechte Wurf abwärts. Erteilt man einem Körper die Geschwindigkeit v_0 nach unten, so wird diese Anfangsgeschwindigkeit durch die Erdanziehungskraft mit der Beschleunigung g vergrößert. Es entsteht ein senkrechter Wurf nach abwärts. Die Gleichungen findet man aus denen der beschleunigten Bewegung, indem man a durch g und s durch h ersetzt:

$$v = v_0 + g\,t \qquad h = \frac{v_0 + v}{2}\,t = v_0\,t + \frac{g}{2}\,t^2 \qquad v = \sqrt{v_0{}^2 + 2\,g\,h}$$

c) Der senkrechte Wurf aufwärts. Bei einer nach oben gerichteten Anfangsgeschwindigkeit v_0 entsteht ein senkrechter Wurf aufwärts. Seine Gleichungen folgen aus denen der verzögerten Bewegung, indem man a' durch g und s durch h ersetzt:

$$v = v_0 - g\,t \qquad h = \frac{v_0 + v}{2}\,t = v_0\,t - \frac{g}{2}\,t^2 \qquad v = \sqrt{v_0{}^2 - 2\,g\,h}$$

Der Bremszeit entspricht hier die Steigzeit t_{st} und dem Bremsweg die Steighöhe h_{st}:

$$t_{st} = \frac{v_0}{g} \qquad\qquad h_{st} = \frac{v_0{}^2}{2\,g}$$

Fällt ein Körper aus der Höhe h_{st} frei herab, so erhält man nach den Formeln des freien Falles:

$$h_{st} = \frac{g}{2}\,t^2 \qquad t = \sqrt{\frac{2\,h_{st}}{g}} = \sqrt{\frac{2\,v_0{}^2}{g\,2\,g}} = \frac{v_0}{g} = t_{st}$$

$$v = \sqrt{2\,g\,h_{st}} = \sqrt{2\,g\,\frac{v_0{}^2}{2\,g}} = v_0$$

Das Herabfallen dauert also ebenso lange wie das Steigen. Der Körper trifft mit derselben Geschwindigkeit unten auf, mit der er nach oben geworfen wurde.

Auch beim Wurf gelten alle angegebenen Formeln nur, solange der Einfluß des Luftwiderstandes vernachlässigt werden darf.

Beispiele und Aufgaben:

1. Ein Stein wird mit der Anfangsgeschwindigkeit $v_0 = 16$ m/s senkrecht in die Höhe geworfen. Wie groß sind die Steigzeit und die Steighöhe? Welche Zeit vergeht bis zum Aufschlag auf dem Boden, der 2 m unter dem Abwurfpunkt liegt ($g \approx 10$ m/s²)?

Steigzeit: $\quad t_{st} = \dfrac{v_0}{g} = \dfrac{16\ \text{m/s}}{10\ \text{m/s}^2} = 1,6$ s

Steighöhe: $\quad h_{st} = \dfrac{v_0{}^2}{2\,g} = \dfrac{256\ \text{m}^2/\text{s}^2}{20\ \text{m/s}^2} = 12,8$ m

Fallstrecke: $\quad h' = 12,8\ \text{m} + 2\ \text{m} = 14,8$ m

Fallzeit t' aus: $\quad h' = \dfrac{g}{2}\,t'^2 \qquad t' = \sqrt{\dfrac{2\,h'}{g}} = \sqrt{\dfrac{29,6\ \text{m}}{10\ \text{m/s}^2}} = 1,72$ s

Gesamtzeit: $\quad t = t_{st} + t' = 3,32$ s

2. Wie tief ist ein Schacht, wenn man den Aufschlag eines hinunterfallenden Steines nach 3,2 s hört ($g = 9,81$ m/s², Schallgeschwindigkeit $c = 340$ m/s)?

    (46,06 m)

3. Aus welcher Höhe ist ein Stein heruntergefallen, wenn er für die letzten 5 m vor dem Aufschlag 0,2 s braucht ($g \approx 10$ m/s²)?

    (33,8m)

4. Ein senkrecht nach unten geworfener Gegenstand trifft in 12 m Tiefe mit einer Geschwindigkeit von 17 m/s auf dem Boden auf. Mit welcher Geschwindigkeit wurde er abgeworfen, und wie groß ist seine Fallzeit ($g = 10$ m/s²)?

    (7 m/s, 1 s)

1.2.6. Zusammensetzung von Wegen und Geschwindigkeiten

a) Weg und Geschwindigkeit als Vektoren. Wenn ein Körper sich von einem Ausgangspunkt aus bewegt, ist der zurückgelegte Weg erst dann genau definiert, wenn seine **Länge**
und seine **Richtung** angegeben sind. Dies wird besonders augenfällig, wenn zwei Wege
gleicher Länge von demselben Punkt ausgehen; denn sie decken sich nur dann, wenn auch
ihre Richtungen übereinstimmen. In ähnlicher Weise braucht man auch bei einer Geschwindigkeit oder einer Beschleunigung die Angabe ihrer Größe und ihrer Richtung. In der
Physik bezeichnet man alle Größen, die erst durch Betrag und Richtung genau festgelegt
sind, als **Vektoren.**

> **Der zurückgelegte Weg, die Geschwindigkeit und die Beschleunigung eines Körpers
> sind Vektoren.**

Während das einfache Formelzeichen nur den Betrag eines Vektors angibt, kennzeichnet man
eine physikalische Größe als Vektor, indem man über das Formelzeichen einen Pfeil setzt. Es
bedeuten daher s die Länge eines Weges und v die Größe einer Geschwindigkeit, aber
$\vec{s}$ und $\vec{v}$ die Vektoren eines Weges oder einer Geschwindigkeit. Vektoren können auch in
Gleichungen verwendet werden; eine Vektorengleichung sagt dann aus, daß ihre beiden
Seiten nicht nur hinsichtlich ihres Betrages, sondern auch hinsichtlich ihrer Richtungen übereinstimmen. So folgt z. B. aus der Vektorengleichung $\vec{s} = \vec{v}\,t$ nicht nur, daß der Weg s gleich
dem Produkt $v\,t$ ist, sondern auch, daß die Richtungen der Vektoren $\vec{s}$ und $\vec{v}$ gleich sind (da
die Zeit t kein Vektor ist, hat $\vec{v}\,t$ die gleiche Richtung wie $\vec{v}$).

**b) Zusammensetzung von Wegen und Ge-
schwindigkeiten.** Bei dem Kran in Abb. 1 kann
die Laufkatze zwei zueinander senkrechte Bewegungen ausführen: Sie kann sich allein längs
der Kranbrücke oder quer dazu durch eine Verschiebung der Brücke bewegen. Die Geschwindigkeit der ersten Bewegung sei durch den
Vektor $\vec{v_1}$, die Geschwindigkeit der zweiten Bewegung durch den Vektor $\vec{v_2}$ gekennzeichnet.
Wenn nur eine der Bewegungen abläuft, erreicht
die Laufkatze nach der Zeit t entweder über
den Weg $\vec{s_1} = \vec{v_1}\,t$ den Punkt B oder über den
Weg $\vec{s_2} = \vec{v_2}\,t$ den Punkt C. Wenn beide Bewegungen gleichzeitig ablaufen, bewegt sich die
Laufkatze längs des Diagonalweges nach dem
Punkt D. Obwohl beide Wege ausgeführt werden, ist die zurückgelegte Strecke $s = $ AD kürzer als die Summe der Wege s_1 und s_2.

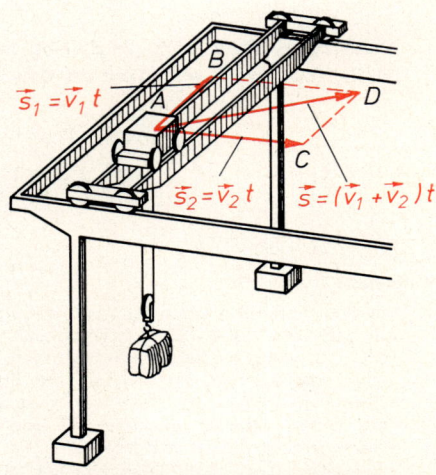

**Abb. 1. Zusammensetzung zweier Bewegungen
bei einer Kranbrücke mit einer Laufkatze**

Dieses Ergebnis entspricht genau den Regeln der Vektorrechnung, nach denen zwei
Vektoren addiert werden, indem man sie als Pfeile darstellt und diese unter Beibehaltung
ihrer Richtungen aneinanderfügt. In vektorieller Schreibweise gilt dann:

$$\vec{s} = \vec{s_1} + \vec{s_2} = (\vec{v_1} + \vec{v_2})\,t$$

Schreibt man für $\vec{s}$ auch das Produkt aus der Gesamtgeschwindigkeit $\vec{v}$ und der Zeit t, so erhält man $\vec{v}\,t = (\vec{v_1} + \vec{v_2})\,t$. Man kann mit der Zeit t kürzen und findet, daß man bei einem Körper, der mehrere Bewegungen gleichzeitig ausführt, nicht nur den Weg, sondern auch die Gesamtgeschwindigkeit nach Größe und Richtung erhält, indem man seine Teilgeschwindigkeiten vektoriell addiert.

> **Erfolgen zwei Bewegungen eines Körpers gleichzeitig, so erhält man den Gesamtweg und die Gesamtgeschwindigkeit durch vektorielle Addition der Teilwege und Teilgeschwindigkeiten.**

c) Die Relativgeschwindigkeit. Wenn zwei Körper sich vom gleichen Ausgangspunkt in gleicher Richtung mit verschiedenen Geschwindigkeiten v_1 und v_2 bewegen, so ist ihre gegenseitige Entfernung die Differenz der zurückgelegten Wege: $\Delta s = s_1 - s_2 = (v_1 - v_2)\,t$. Sie entfernen sich dann gegenseitig, also relativ zueinander, mit der **Relativgeschwindigkeit** $v_{rel} = v_1 - v_2$.

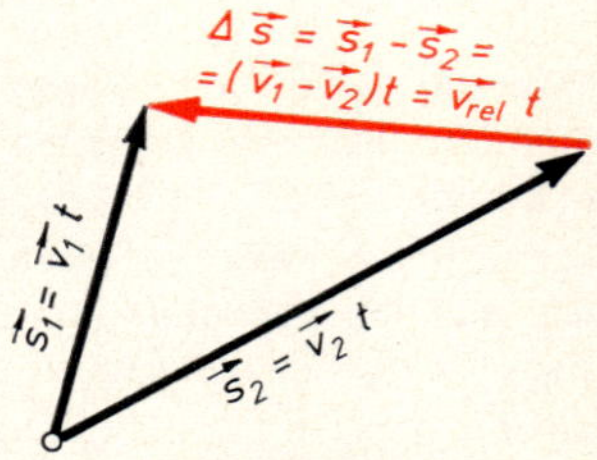

Dieses nur bei gleichen Richtungen gültige Ergebnis kann man nach Abb. 2 für Geschwindigkeiten mit beliebigen Richtungen verallgemeinern, wenn man die beiden Wege bzw. Geschwindigkeiten als Vektoren einsetzt:

$$\vec{s} = \vec{s_1} - \vec{s_2} = (\vec{v_1} - \vec{v_2})\,t = \vec{v_{rel}}\,t \qquad \vec{v_{rel}} = \vec{v_1} - \vec{v_2}$$

Abb. 2. Relativbewegung

> **Wenn zwei Körper sich gleichzeitig mit den Geschwindigkeiten $\vec{v_1}$ und $\vec{v_2}$ bewegen, ist die Relativgeschwindigkeit die Differenz der Geschwindigkeitsvektoren.**

Aufgaben:

1. Ein Boot überquert einen Fluß von der Breite 180 m quer zur Strömung (Abb. 3). Welche Gesamtgeschwindigkeit erhält es, wenn es durch seinen Antrieb eine Geschwindigkeit von 7,2 km/h erreicht und der Fluß mit der Geschwindigkeit 5,4 km/h strömt. Wie lange dauert die Überfahrt, welche Strecke legt dabei das Boot zurück und um welche Strecke wird es abgetrieben?

   (2,5 m/s, 90 s, 225 m, 135 m)

2. Auf zwei Straßen, die sich rechtwinklig kreuzen, nähern sich zwei Autos der Kreuzung mit den Geschwindigkeiten $v_1 = 40$ km/h und $v_2 = 50$ km/h. Bestimmen Sie die Relativgeschwindigkeit nach Größe und Richtung.

   (64 km/h, $\sphericalangle (v_1\, v_{rel}) = 51,3°$)

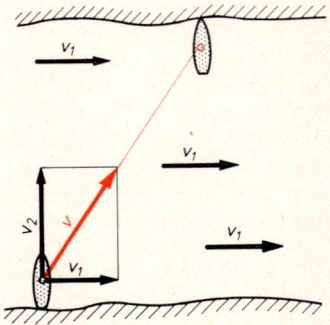

Abb. 3. Parallelogramm der Geschwindigkeiten bei einem Boot auf einem Fluß

1.2.7. Der schiefe Wurf

Beim schiefen Wurf setzen sich eine gleichförmige Bewegung in Richtung der Anfangsgeschwindigkeit und eine vertikal nach unten gerichtete, beschleunigte Bewegung infolge der Erdanziehungskraft zusammen. Man kann nach Abb. 1 die Wurfbahn punktweise konstruieren, indem man die Wege der Teilbewegungen nach den einzelnen Sekunden vektoriell addiert.

Genauer ist die Berechnung in einem Koordinatensystem aus den rechtwinkligen Komponenten der Teilbewegungen nach der Vektorrechnung. Hierbei benützt man den Satz:

Man erhält die Komponenten einer Vektorsumme, indem man die Summe der Teilkomponenten berechnet.

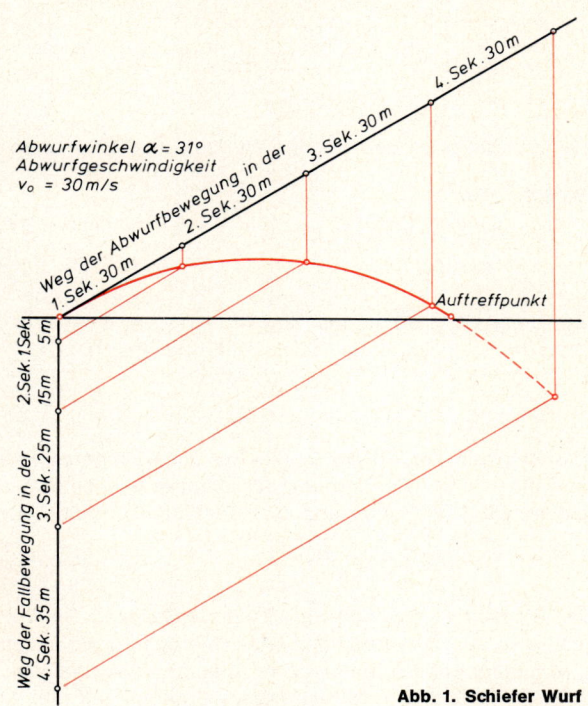

Abwurfwinkel $\alpha = 31°$
Abwurfgeschwindigkeit
$v_0 = 30\,m/s$

Abb. 1. Schiefer Wurf

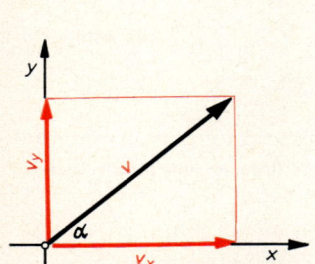

Abb. 2. Zerlegung eines Vektors in rechtwinklige Komponenten

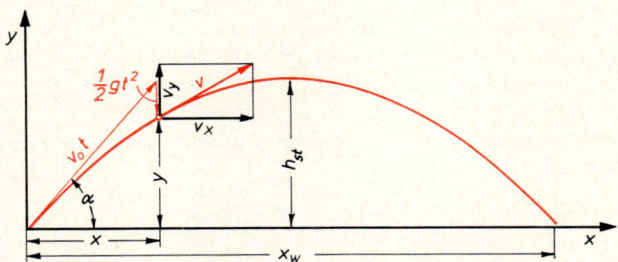

Abb. 3. Schiefer Wurf im Koordinatensystem

Die Komponenten eines Vektors findet man nach Abb. 2 durch Multiplikation seines Betrages mit dem Cosinus bzw. Sinus des Winkels, den er mit der x-Achse einschließt:

$$v_x = v \cos\alpha, \quad v_y = v \sin\alpha$$

Aus Abb. 3 erhält man für Weg- und Geschwindigkeitskomponenten der Teilbewegungen eines Wurfes, der unter einem Winkel α gegen die horizontale x-Achse erfolgt:

29

Gleichförmige Bewegung

$v_{1x} = v_0 \cos \alpha$ $v_{1y} = v_0 \sin \alpha$

$x_1 = v_0\, t \cos \alpha$ $y_1 = v_0\, t \sin \alpha$

Beschleunigte Bewegung

$v_{2x} = 0$ $v_{2y} = -g\,t$

$x_2 = 0$ $y_2 = -\dfrac{g}{2}\,t^2$

Die Komponenten des schiefen Wurfes sind die Summen dieser Teilkomponenten:

Schiefer Wurf

$$v_x = v_0 \cos \alpha \qquad v_y = v_0 \sin \alpha - g\,t \qquad v = \sqrt{v_x^2 + v_y^2}$$

$$x = v_0\, t \cos \alpha \qquad y = v_0\, t \sin \alpha - \frac{g}{2}\,t^2$$

Die Steigzeit t_{st} erhält man, indem man $v_y = 0$ setzt, und die Steighöhe h_{st}, indem man den Wert der Steigzeit in die Gleichung für y einsetzt:

$$t_{st} = \frac{v_0 \sin \alpha}{g} \qquad\qquad h_{st} = \frac{v_0^2 \sin^2 \alpha}{2\,g}$$

Die Zeit, bis der Körper in die Ausgangswaagerechte zurückkehrt, nennt man Wurfzeit t_w und die Horizontalentfernung des dann erreichten Punktes die Wurfweite x_w. t_w findet man, indem man $y = 0$ setzt, und x_w, indem man t_w in die Gleichung für x einsetzt:

$$t_w = \frac{2\,v_0 \sin \alpha}{g} \qquad\qquad x_w = v_0 \cos \alpha \, \frac{2\,v_0 \sin \alpha}{g} = \frac{v_0^2 \sin 2\alpha}{g}$$

Die Wurfzeit ist doppelt so groß wie die Steigzeit. Bei Vernachlässigung des Luftwiderstandes sind also auch beim schiefen Wurf (wie beim senkrechten Wurf) die Steigzeit und die Fallzeit gleich lang. Bei unveränderlicher Anfangsgeschwindigkeit ist die Wurfweite am größten, wenn $\sin 2\alpha = 1$ und $\alpha = 45°$ ist. Dieses Ergebnis gilt nur, wenn der Auftreffpunkt mit dem Ausgangspunkt in einer Waagerechten liegt. Bei höher gelegenem Auftreffpunkt erzielt man die größte Wurfweite erst über, bei tiefer gelegenem Auftreffpunkt (z. B. beim Kugelstoß) schon unter 45°. Da Abwurfpunkt und Auftreffpunkt fast immer verschiedene Höhe haben, läßt sich die Formel für x_w nur selten anwenden.

Im lufterfüllten Raum verringern sich infolge des Luftwiderstandes Wurfweite und Wurfhöhe, die Wurfbahn ist unsymmetrisch; der absteigende Teil ist stärker gekrümmt als der aufsteigende und der Auftreffwinkel β größer als der Abwurfwinkel α (Abb. 4).

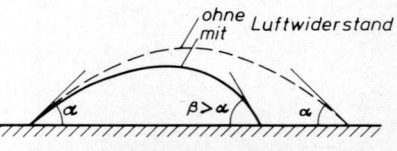

Abb. 4. Wurfbahn im lufterfüllten Raum

1.3. Die Kraft

1.3.1. Eigenschaften einer Kraft

a) Wirkungen einer Kraft. Ein schon behandeltes Beispiel für eine Kraft ist die Erdanziehungs- oder Gewichtskraft. Aus dem täglichen Leben und der Technik sind zahlreiche andere Kräfte bekannt. Man erkennt sie an ihren Wirkungen: Eine Kraft kann einen beweglichen Körper in Bewegung versetzen, seine Geschwindigkeit vergrößern oder vermindern. Bei einem befestigten Körper ruft eine Kraft Formänderungen hervor. Manchmal sind diese allerdings so klein, daß sie erst durch genaue Messungen nachgewiesen werden können.

> **Eine Kraft ist die Ursache einer Bewegungs- oder einer Formänderung.**

b) Die Kraft als Vektor. Ein beweglicher Körper setzt sich immer in d e r Richtung in Bewegung, oder er wird in d e r Richtung beschleunigt, in der die Kraft wirkt. Auch die Formänderung, z. B. bei einem eingespannten Stab, ist von der Richtung der Kraft abhängig. Daher braucht man zur vollständigen Kennzeichnung einer Kraft die Angabe ihrer Größe und ihrer Richtung.

> **Die Kraft ist ein Vektor.**

Als Vektor läßt sich jede Kraft durch einen Pfeil darstellen, dessen Länge die Größe der Kraft und dessen Richtung die Richtung der Kraft kennzeichnet.

Die Wirkung einer Kraft hängt im allgemeinen auch vom Angriffspunkt ab. In Abb. 1 greifen gleiche Kräfte an einem Gegenstand an; während die Kraft F_1 ihn fest auf die Unterlage drückt, kippt ihn die Kraft F_2. Dagegen rufen die in der gleichen Linie angreifenden Kräfte F_3 und F_4 die gleiche Wirkung hervor.

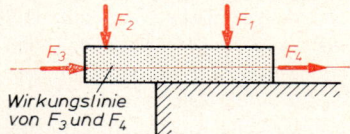

Abb. 1. Kraft und Angriffspunkt

> **Die Wirkung einer Kraft ändert sich nicht, wenn ihr Angriffspunkt in der Wirkungslinie verschoben wird.**

c) Beispiele von Kräften. Zunächst ist es die **Kraft unserer Muskeln,** mit denen wir an den Gegenständen unserer Umwelt verschiedene Beschleunigungen und Formänderungen hervorrufen können. Für physikalische Versuche ist sie wenig geeignet, da sie schwer zu messen ist und bei der Wiederholung des Versuches nur schwer in gleicher Größe und Richtung angesetzt werden kann.

Eine zweite Kraft ist die **Gewichtskraft.** Nach 1.1.2. b ist sie am gleichen Ort proportional zum Materieinhalt bzw. zur Masse eines Körpers. Sie ist stets lotrecht nach unten gerichtet. Mit einem über eine Rolle geführten Faden kann man ihre Wirkung fast ohne Verlust in jede andere Richtung lenken. Da sich die Gewichtskraft sehr genau messen läßt, eignet sie sich für Versuche, in denen meßbare Kräfte benötigt werden.

Hier muß auch schon die Reibungskraft erwähnt werden, die in 1.3.5. genauer behandelt wird. Sie entsteht bei jedem Vorgang, bei dem zwei sich berührende Gegenstände eine gegenseitige Relativbewegung ausführen. Wenn die Bewegung nicht mehr angetrieben wird, entsteht bei den Gegenständen eine Verzögerung, also eine negative Beschleunigung. Die Reibung hemmt den Ablauf aller mechanischen Vorgänge und beeinträchtigt die Genauigkeit der Messungen.

1.3.2. Das Trägheitsgesetz

a) Die Trägheit. Wird eine Schüssel mit Wasser rasch in Bewegung versetzt, so fließt das Wasser am rückwärtigen Rand der Schüssel über. Bringt man dagegen die bewegte Schüssel plötzlich zum Stillstand, so läuft das Wasser vorn über. Beim raschen Anfahren eines Autos wird ein Fahrgast nach hinten in den Sitz gepreßt. Umgekehrt fällt er nach vorn, wenn das Auto plötzlich bremst. Aus diesen Beobachtungen erkennen wir eine Eigenschaft, die jedem Körper zukommt und die man seine **Trägheit** nennt. Sie wird durch das **Trägheitsgesetz** formuliert:

> **Jeder Körper hat das Bestreben, seinen Bewegungszustand beizubehalten, d. h. im Zustand der Ruhe ruhig zu bleiben und bei einer bestimmten Geschwindigkeit diese unverändert und geradlinig beizubehalten.**

Die Änderung des Bewegungszustandes erfolgt also bei einem Körper nie von allein; dazu ist als Ursache eine Kraft nötig. Da jede Änderung des Bewegungszustandes durch eine Beschleunigung gekennzeichnet ist, ergibt sich auch hier die schon erkannte Tatsache, daß jede Beschleunigung eine Kraft als Ursache hat.

Wenn auf einen Körper keine Kraft wirkt, so bewegt er sich geradlinig mit unveränderter Geschwindigkeit weiter. Diese Erkenntnis ist zunächst nicht selbstverständlich. Alle Bewegungen, die in der Natur vorkommen oder die der Mensch erzeugt, benötigen eine Antriebskraft, um sich gleichförmig fortzusetzen. Jeder bewegte Gegenstand auf der Erde, der sich selbst überlassen wird, kommt nach kürzerer oder längerer Zeit zum Stillstand. Daher war man lange der Meinung, daß eine gleichförmige Bewegung nur unter dem Einfluß einer stetig wirkenden Kraft möglich sei. Erst Galilei[1] erkannte den wahren Sachverhalt. Die Ursache der Geschwindigkeitsabnahme bei einer scheinbar kräftefreien Bewegung ist die Reibung. Die erforderliche Kraft dient zunächst zur Überwindung der Reibungskraft. Reicht sie dazu eben aus, so heben sich Antriebskraft und Reibungskraft gegenseitig auf. Erst dann ist die Bewegung kräftefrei, und es entsteht eine gleichförmige Bewegung.

b) Der Trägheitswiderstand. Jeder Körper widersetzt sich einer Beschleunigung mit einem Widerstand, den man selbst leicht feststellen kann, wenn man die Kraft mit den eigenen Muskeln ausübt, z. B. wenn man einen Handwagen anschiebt oder abbremst. Dieser durch die Trägheit eines Körpers hervorgerufene Widerstand ist eine Kraft, die wir als **Trägheitswiderstand** bezeichnen.

Er entsteht bei jeder Materie, die beschleunigt wird. Man definiert diejenige Eigenschaft eines Körpers, die für die Größe des Trägheitswiderstandes maßgebend ist, als **Masse**. Die Versuche des folgenden Abschnittes 1.3.3. werden zeigen, daß sie dieselbe Größe ist, die schon in 1.1.2. c eingeführt wurde. Der Trägheitswiderstand hängt aber nicht nur von der Materiemenge ab. Schon einfache Beobachtungen zeigen, daß auch die Größe der Beschleunigung eine Rolle spielt. Auch hierüber soll der folgende Abschnitt Einzelheiten aufzeigen.

---

[1] Galileo G a l i l e i , 1564 bis 1642, Prof. in Pisa und Padua, fand die Fallgesetze, konstruierte das nach ihm benannte Fernrohr und entdeckte mit ihm die Jupitermonde und Saturnringe. Er fand seine Erkenntnisse nicht aus spekulativen Überlegungen, sondern aufgrund von Naturbeobachtungen und Experimenten.

1.3.3. Das Grundgesetz der Dynamik

a) Der Zusammenhang zwischen Kraft und Beschleunigung. Nach Beobachtungen des täglichen Lebens ist die Beschleunigung, die eine Kraft hervorruft, um so größer, je größer die

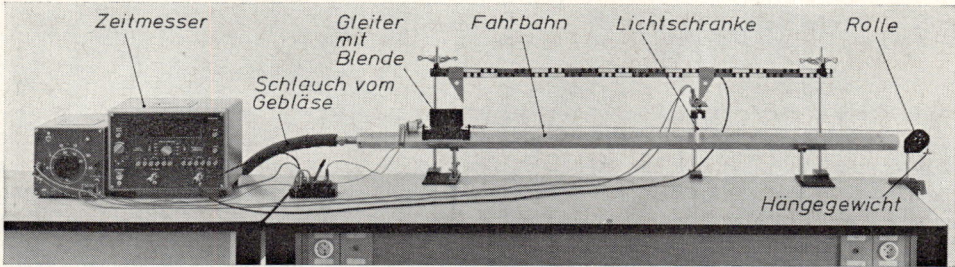

Abb. 1. Luftkissenfahrbahn

Kraft und je kleiner die träge Masse des zu bewegenden Körpers sind. Um den gesetzmäßigen Zusammenhang zwischen der bewegenden Kraft, der bewegten Masse und der entstehenden Beschleunigung zu finden, führen wir einen Versuch mit einer Luftkissenfahrbahn aus.

Eine Luftkissenfahrbahn (Abb. 1) besteht aus einem Vierkantrohr mit einem Querschnitt nach Abb. 2. Aus Düsen an den beiden oberen Seiten entströmt Luft, die mit einem Gebläse ins Rohr geleitet wird. Dadurch bildet sich zwischen dem Rohr und einem Gleiter ein Luftkissen, auf dem dieser nahezu reibungsfrei gleiten kann. Mit einem Hängegewicht setzen wir ihn in Bewegung und messen die Zeit t, die der Gleiter vom Beginn der Bewegung für eine Strecke s bis zu einer Lichtschranke braucht. Ein elektronisches Zeitmeßgerät mißt genau die Zeit, bis die Lichtschranke von der am Gleiter angebrachten Blende unterbrochen wird. Es ent-

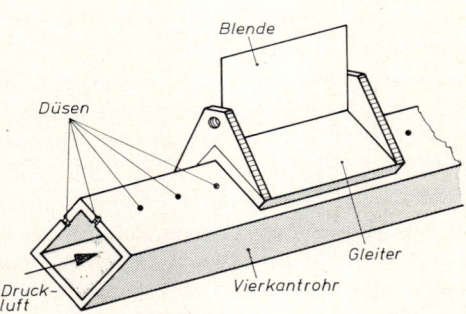

Abb. 2. Schnitt durch die Luftkissenfahrbahn

steht eine beschleunigte Bewegung, deren Beschleunigung sich aus $a = 2\,s/t^2$ berechnet. Verändert man die Kraft, indem man verschiedene Hängegewichte verwendet, und die Masse, indem man auf den Gleiter eine Zusatzmasse auflegt, so erhält man folgende Ergebnisse:

1. **Bei gleicher Masse ist die Beschleunigung proportional zur Kraft.**
2. **Bei gleicher Kraft ist die Beschleunigung umgekehrt proportional zur Masse.**

Beide Ergebnisse lassen sich in e i n e r Aussage zusammenfassen: $a \sim F/m$. Wir wollen nun die bisher noch nicht eingeführte Einheit der Kraft so wählen, daß in dieser Aussage statt des Proportionalitätszeichens ein Gleichheitszeichen gesetzt werden darf. Die dadurch entstehende Gleichung ist das

Grundgesetz der Dynamik: $\quad a = \dfrac{F}{m} \qquad F = m\,a$

Die Beschleunigung ist aber nicht nur dem Betrag nach der Quotient aus der Kraft und der Masse, sondern ihre Richtung deckt sich stets mit der Richtung der verursachenden Kraft. Deshalb kann man das Gesetz auch als Vektorgleichung schreiben:

$$\vec{F} = m\,\vec{a}$$

b) Die Einheit der Kraft. Im SI werden alle Einheiten der Mechanik auf die Basiseinheiten kg, m und s bezogen. Damit die Gleichung $F = m\,a$ gilt, muß daher im SI diejenige Kraft die Krafteinheit darstellen, die bei der Masse 1 kg die Beschleunigung 1 m/s² hervorruft. Nach dem englischen Naturforscher Newton[1], der das Grundgesetz der Dynamik gefunden hat, erhielt diese Krafteinheit den Namen **Newton** (N). Durch Einsetzen in die Gleichung erhält man die Beziehung zu den Basiseinheiten:

$$[F] = [m]\,[a] \qquad 1\,\text{N} = 1\,\text{kg} \cdot 1\,\frac{\text{m}}{\text{s}^2} = 1\,\frac{\text{kg m}}{\text{s}^2}$$

Um nun eine Beziehung zwischen der Masse eines Körpers und seiner Gewichtskraft zu erhalten, wendet man das Grundgesetz der Dynamik auf den freien Fall an. Bei ihm wird die Masse m von der Gewichtskraft G beschleunigt, wobei nach 1.2.5. stets die Fallbeschleunigung $g = 9{,}81$ m/s² entsteht. Durch Einsetzen in das Grundgesetz erhält man:

$$G = m\,g$$

Nach dieser Gleichung kann man aus der Masse eines Körpers seine Gewichtskraft berechnen. Für einen raschen Überschlag, bei dem man sich mit dem Näherungswert $g \approx 10$ m/s² begnügen kann, benötigt man keine Rechenhilfsmittel. Ein Stein von der Masse 1,65 kg hat z. B. die Gewichtskraft $G = 16{,}2$ N $\approx 16{,}5$ N, oder ein Mensch mit der Masse 70 kg hat die Gewichtskraft $G = 687$ N ≈ 700 N.

Früher wurde im technischen Maßsystem die Krafteinheit 1 kp verwendet. 1 kp ist die Kraft, mit der die Masse 1 kg an einem Ort, an dem die Fallbeschleunigung ihren Normwert besitzt, von der Erde angezogen wird. 1 kp ist also 9,81 mal größer als 1 N, das nur eine Beschleunigung von 1 m/s² erzeugt. Daher gelten die Umrechnungsgleichungen:

$$1\,\text{kp} = 9{,}81\,\text{N} \qquad\qquad 1\,\text{N} = 0{,}102\,\text{kp}$$

c) Definition der Masse. Die Gleichung $m = F/a$, die man aus dem Grundgesetz der Dynamik erhält, stellt die allgemeingültige Definition der Masse dar:

> **Die Masse eines Körpers ist der Quotient aus einer Kraft und der Beschleunigung, die sie bei dem Körper hervorruft.**

Diese Definition gilt auch dann noch, wenn eine Kraft, wie es in der Atomphysik vorkommt, Teilchen beschleunigt, die, wie z. B. die Elektronen, nicht aus der Materie im Sinne der Chemie bestehen.

---

[1] Isaak N e w t o n , 1643 bis 1727, englischer Naturforscher. Er begründete unter anderem die Infinitesimalrechnung, fand die mechanischen Grundgesetze und Eigenschaften der Lichtausbreitung.

Beispiele und Aufgaben:

1. Welche Zugkraft muß eine Lokomotive entwickeln, um einen Zug von der Masse 200 t auf horizontaler Schiene bei einem Fahrwiderstand von 30 kN in 1 min aus der Ruhe auf eine Fahrgeschwindigkeit von 54 km/h zu beschleunigen? Welche Strecke legt er dabei zurück?

   Endgeschwindigkeit: $v = 54$ km/s $= 15$ m/s

   Beschleunigung: $a = v/t = 0,25$ m/s²

   Beschleunigungskraft: $F = m\,a = 200\,000$ kg $\cdot 0,25$ m/s² $= 50\,000$ N $= 50$ kN

   Gesamtkraft = Beschleunigungskraft + Fahrwiderstand $= 50$ kN $+ 30$ kN $= 80$ kN

   Zurückgelegter Weg $s = \dfrac{a}{2}\,t^2 = \dfrac{1}{2} \cdot 0,25\,\dfrac{m}{s^2} \cdot 3600\,s^2 = 450$ m

   oder $s = \dfrac{v}{2}\,t = 7,5\,\dfrac{m}{s} \cdot 60\,s = 450$ m

2. Ein Körper mit der Masse 20 kg soll in 1 s bei gleichmäßiger Beschleunigung 80 cm hoch gehoben werden. Welche Kraft ist dazu erforderlich, und welche Endgeschwindigkeit erreicht der Körper?

   Erforderliche Beschleunigung: $a = \dfrac{2\,s}{t^2} = \dfrac{1,6\ m}{1\ s^2} = 1,6\,\dfrac{m}{s^2}$

   Beschleunigungskraft: $F_b = m\,a = 20$ kg $\cdot 1,6\,\dfrac{m}{s^2} = 32$ N

   Hubkraft: $F_h = m\,g = 20$ kg $\cdot 9,81\,\dfrac{m}{s^2} = 196,2$ N

   Gesamtkraft: $F = F_b + F_h = 228,2$ N

   Endgeschwindigkeit: $v = a\,t = 1,6$ m/s² $\cdot 1$ s $= 1,6\,\dfrac{m}{s}$

   oder: $v = \sqrt{2\,a\,s} = \sqrt{2 \cdot 1,6\ m/s^2 \cdot 0,8\ m} = 1,6\,\dfrac{m}{s}$

3. Welche Kraft müssen die Bremsen eines Autos ($m = 1300$ kg) erzeugen, um es bei einer Geschwindigkeit von 54 km/h nach einem Bremsweg von 18 m zum Stillstand zu bringen?   (8125 N)

4. Mit welcher Kraft muß ein Stein ($m = 0,6$ kg) auf einer Strecke von 0,9 m senkrecht nach oben beschleunigt werden, damit er danach noch 10 m in die Höhe fliegt? Wie groß ist die Gesamtkraft, die der Werfer beim Abwurf aufwenden muß?   (65,4 N, 71,3 N)

5. Wie lange dauert der Ruck, mit dem ein Kran eine Last mit der Masse 2000 kg auf die Hubgeschwindigkeit 0,4 m/s beschleunigt, wenn am Haken eine Hubkraft von 24 000 N wirksam ist?

   (0,183 s)

1.3.4. Die Federkraft

Die von einer Kraft an einem Körper hervorgerufene Formänderung wird bei zunehmender Kraft ebenfalls größer. Aus einer Versuchsreihe mit der in Abb. 1 dargestellten Schraubenfeder findet man als Zusammenhang zwischen der Kraft und der entstehenden Formänderung das **Federgesetz:**

Kraft und Formänderung einer Feder sind zueinander proportional.

$$F = D\,s$$

s ist dabei die Verlängerung der Feder. Die Konstante *D* heißt **Federkonstante** mit der Einheit N/m oder N/cm.

Das Gesetz gilt auch für andere elastische Körper, z. B. aus Stahl oder Gummi, solange eine Grenze, die Proportionalitätsgrenze, nicht überschritten wird (1.8.2. d).

Nach diesem Gesetz kann man Kräfte messen, indem man die Verlängerung einer geeichten Feder an einer Skala abliest. Nach diesem Grundsatz sind die Federkraftmesser (Abb. 2) und Federwaagen gebaut.

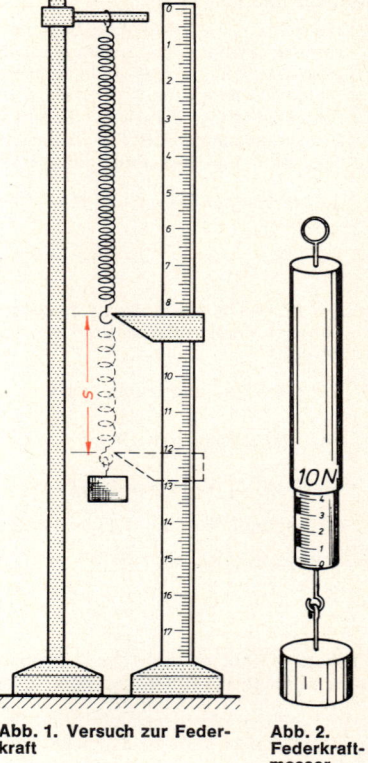

Abb. 1. Versuch zur Feder-kraft

Abb. 2. Federkraft-messer

Beispiele und Aufgaben:

1. Die Pufferfeder eines Eisenbahnwagens wird von der Kraft $F_1 = 12\,kN$ um $s_1 = 32\,mm$ zusammengedrückt. Berechnen Sie die Federkonstante. Welche Kraft F_2 drückt die Feder um 84 mm zusammen?

   Federkonstante: $D = \dfrac{F_1}{s_1} = \dfrac{12\,000\,N}{32\,mm} = 375\,\dfrac{N}{mm}$

   Kraft F_2: $\qquad F_2 = D\,s_2 = 375\,\dfrac{N}{mm} \cdot 84\,mm = 31{,}5\,kN$

2. Eine Feder hat bei einer Zugkraft $F_1 = 25\,N$ eine Gesamtlänge $l_1 = 17\,cm$ und bei einer Zugkraft $F_2 = 40\,N$ eine Gesamtlänge $l_2 = 20\,cm$. Wie lang ist die Feder, wenn keine Zugkraft wirkt, und wie groß ist ihre Federkonstante?　　　　　　　　($l_0 = 12\,cm$, $D = 5\,N/cm$)

3. Welche Längenänderung entsteht bei zwei gleichen Federn mit der Federkonstante 1,2 N/cm, wenn ein Körper von 9,6 N Gewichtskraft nach Abb. 3

   a) an eine der beiden Federn,

   b) an das verbundene Ende beider nebeneinander befestigten Federn,

   c) an die untere der beiden aneinander befestigten Federn gehängt wird?

   　　　　　　　　　　　(a) 8 cm, b) 4 cm, c) 16 cm)

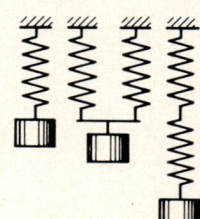

Abb. 3. Zu Aufgabe 3

1.3.5. Die Reibung

a) Eigenschaften der Reibung. Überläßt man einen auf horizontaler Unterlage in Bewegung gesetzten Körper sich selbst, so kommt er nach einer gewissen Zeit zur Ruhe. Die Ursache dieser Geschwindigkeitsabnahme ist eine Kraft, die entgegen der Bewegungsrichtung wirkt. Da der Körper nur mit der Unterlage in Berührung kommt, kann die Kraft nur beim „Reiben" an der Unterlage entstehen. Man bezeichnet sie deshalb als **Reibungskraft** F_R.

Eine Bewegung erfolgt erst dann ohne Geschwindigkeitsabnahme, wenn man an dem Körper eine Kraft in der Bewegungsrichtung angreifen läßt, die gerade die hemmende Wirkung der Reibung aufhebt. Darauf beruht der in Abb. 1 dargestellte Versuch, um die Reibungskraft zu messen. Aus ihm ergibt sich:

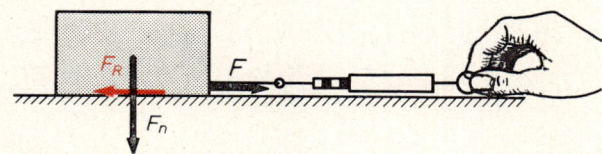

1. Die Reibungskraft ist proportional zu der senkrecht auf die Reibungsflächen wirkenden Normalkraft.

Abb. 1. Messung der Reibung

2. Die Reibungskraft ist von der Größe der reibenden Flächen unabhängig.

3. Die Reibungskraft hängt ab vom Material und der Beschaffenheit der reibenden Flächen und der Art der Bewegung.

Reibungskraft: $F_R = \mu\, F_n$

Der Faktor μ heißt **Reibungszahl;** sie gibt an, welchen Bruchteil der Normalkraft F_n die Reibungskraft F_R ausmacht. Sie ist eine unbenannte Verhältniszahl.

b) Abhängigkeit der Reibungszahl von der Art der Reibung.
Die Reibungskraft wird durch die Unebenheiten verursacht, die selbst eine polierte Fläche noch besitzt, was man bei genügender Vergrößerung erkennen kann (Abb. 2). Deshalb ist die

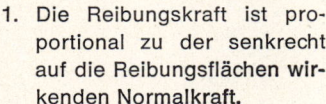

Abb. 2. Ursache der Reibungskraft

Reibungskraft bei glatten Flächen geringer als bei rauhen. Sie läßt sich vermindern, wenn man die Flächen mit einem Schmiermittel überzieht. Dann füllt eine Schicht des Schmiermittels die Unebenheiten aus, so daß die Bewegung nicht mehr zwischen den reibenden Flächen, sondern zwischen den Schichten des Schmiermittels vor sich geht. Dieser sog. Schmiermittelfilm darf bei den auftretenden Drücken und Geschwindigkeiten nicht durchreißen. Bei Metallen verwendet man Öle, Fette und Graphit, bei Holz Seife.

Ein ruhender Körper setzt sich erst in Bewegung, wenn eine angreifende Kraft einen Mindestwert überschreitet, den man als **Haftreibungskraft** $F_{R0} = \mu_0 F_n$ bezeichnet. Sie ist größer als die Reibung während der Bewegung. Bei kleineren Kräften bleibt der Körper in Ruhe. Für die Kraft F, die den Körper dann festhält, kann man nur die Ungleichung $F \le \mu_0\, F_n$ angeben, aber keinen genauen Wert berechnen. Sonst hat die Geschwindigkeit der Bewegung nur einen geringen Einfluß, den man meistens unberücksichtigt läßt.

Die Reibung läßt sich noch wesentlich vermindern, wenn man die eine Fläche nicht über die andere hinweg g l e i t e n , sondern mit Walzen oder Rädern darüber r o l l e n läßt. Obwohl dabei die Reibungskraft auf andere Weise als beim Gleiten entsteht, gilt auch bei der rollenden Reibung die Gleichung $F_R = \mu_r F_n$. Dabei sind für μ_r die Rollwiderstandszahlen einzusetzen, die viel kleiner sind als die Reibungszahlen für gleitende Reibung. Bei guten Kugellagern läßt sich die Rollwiderstandszahl auf weniger als 0,001 vermindern. Deshalb versieht man alle Fahrzeuge mit Rädern und stattet alle wichtigen Lager einer Maschine mit **Kugel-** oder **Rollenlagern** aus.

Bei Straßenfahrzeugen setzt sich der Fahrwiderstand, abgesehen vom Luftwiderstand, aus der Reibungskraft am Umfang der Räder auf der Straße und der Reibungskraft in den Naben zusammen. Auch hier gilt die Gleichung $F_R = \mu_f F_n$, wobei μ_f die Fahrwiderstandszahl ist, die beide Reibstellen berücksichtigt.

Mittelwerte für Reibungszahlen bei Haftreibung und bei gleitender Reibung
(Im Einzelfall können merkliche Abweichungen auftreten.)

Stoffe	Haft-reibg.	trock.	ge-schmiert	Stoffe	Haft-reibg.	trock.	ge-schmiert
Stahl auf Stahl	0,25	0,15	0,06	Holz auf Holz			
Stahl auf Grauguß	0,25	0,20	0,08	(‖ zur Faser)	0,4	0,3	0,2
Stahl auf Bronze				Holz auf Holz			
(Gleitlager)	0,25	0,20	0,05	(⊥ zur Faser)	0,5	0,4	0,2
Stahl auf Holz	0,5	0,4	0,1	Holz auf Stein			
Stahl auf Stein				oder Beton	0,9	0,75	
oder Beton	0,8	0,7	naß	Stein auf Beton	1,0	0,9	
Stahl auf Eis			0,013	Gummi auf Asphalt	0,9	0,85	naß 0,45
(Schlittschuh)				Gummi auf Glatteis		0,15	
Stahl auf Leder				Gummi auf Schnee-			
(Treibriemen)	0,6	0,3		glätte		0,25	

Fahrwiderstandszahlen (Im Einzelfall können merkliche Abweichungen auftreten.)

Fuhrwerk auf Erdweg	$> 0,1$	Eisenbahn (hochliegende Schienen)	0,003
Fuhrwerk auf Pflaster	0,06	Straßenbahn (eingelassene Schienen)	0,006
Fuhrwerk auf gewalzter Straße	0,04	Auto auf Asphalt oder Teerstraße	0,03
Fuhrwerk auf Asphalt oder Teer	0,03	Auto auf Pflaster	0,04

c) Nutzanwendung der Reibung. Meistens ist die Reibung eine störende Nebenerscheinung. Daher sucht die Technik sie so weit wie möglich zu vermindern.

Manchmal ist aber die Reibung unbedingt erforderlich. Ohne Reibung könnten wir beim Stehen und Gehen keinen Halt finden, wie z. B. bei Glatteis, wenn die Reibungszahl nur etwa den sechsten Teil ihres sonstigen Wertes hat. Eine Lokomotive könnte ohne Reibung zwischen den Schienen und den Rädern die Wagen nicht ziehen. Die Fahrzeuge des Verkehrs werden durch Reibungskräfte gebremst. Gegenstände werden mit Hilfe von Reibungskräften befestigt; ein Nagel wird z. B. durch Reibungskraft im Holz festgehalten. Auch der Maschinenbau macht sich beim Riemenantrieb, beim Reibtrieb oder bei Reibungskupplungen die Reibung zunutze. In solchen Fällen sucht man die Reibungskraft zu erhöhen, z. B. durch Sandstreuen bei Glatteis, durch Profile auf Reifen und Schuhsohlen, durch Bremsbeläge bei Bremsbacken, durch Keilrillen bei Keilriemen.

Beispiele und Aufgaben:

1. Welche Kraft ist bei einem Auto ($m = 2400$ kg) zur Überwindung der Reibung auf horizontaler Straße erforderlich a) beim Anfahren ($\mu_0 = 0,04$), b) beim Fahren ($\mu = 0,025$)? ($g \approx 10$ m/s²) Auf horizontaler Straße ist die Gewichtskraft zugleich Normalkraft $F_n = m\,g = 24$ kN.
   Haftreibung: $F_{R0} = \mu_0 F_n = 0,04 \cdot 24$ kN $= 0,96$ kN $= 960$ N
   Bewegungsreibung: $F_R = \mu F_n = 0,025 \cdot 24$ kN $= 0,60$ kN $= 600$ N

2. Welche Masse muß eine Lokomotive mindestens haben, damit sie sich selbst und 30 Wagen von je 20 t ziehen kann, wenn die Fahrwiderstandszahl 0,003 und die Gleitreibungszahl 0,2 betragen? Weshalb muß die Lokomotive in Wirklichkeit eine weit größere Masse haben? ($g \approx 10$ m/s²)
   (9137 kg; beim Anfahren und auf Steigungen wird eine größere Zugkraft gebraucht.)

3. Wie groß ist der Bremsweg eines Autos, das bei einer Geschwindigkeit von 18 km/h und einer Reibungszahl 0,05 ohne Betätigung der Bremsen ausrollt? ($g \approx 10$ m/s²)   (25 m)

1.4. Gleichgewicht von Kräften

1.4.1. Gegenkraft und Gleichgewicht

a) Gegenkraft. Läßt sich ein Körper in der Wirkungslinie einer angreifenden Kraft nicht bewegen, so kann sie nur eine Formänderung hervorrufen. Sobald diese entstanden ist, tritt wieder ein Ruhezustand ein, obwohl die Kraft weiter wirkt. Die äußere Kraft kann jetzt keine neue Wirkung mehr hervorrufen, weil eine von der Befestigungsstelle des Körpers ausgeübte **Gegenkraft** sie ausgleicht. Bei Versuchen nach Abb. 1 und 2 kann man die Gegenkraft mit der Hand spüren. Die Zunahme der Formänderung hört auf, wenn die Gegenkraft ebenso groß ist wie die angreifende Kraft.

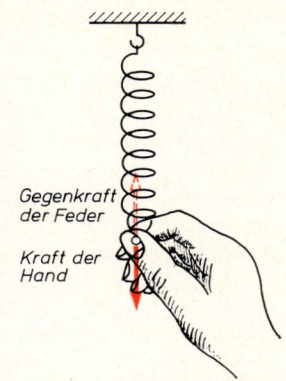

Abb. 1. Gegenkraft bei einer Feder

> **Kraft und Gegenkraft sind gleich, aber entgegengesetzt gerichtet (Reaktionsprinzip).**

Wird ein Körper festgehalten, so entsteht die Gegenkraft an der Befestigungsstelle ganz von selbst. Eine Kraftwirkung ohne das Entstehen einer Gegenkraft ist unmöglich. Deshalb ist der Faden in den Abb. 3 und 4 gleich gespannt. Im ersten Falle entstehen Kraft und Gegenkraft durch die beiden Hängegewichte. Im zweiten Falle ersetzt die bei der Befestigungsstelle an dem Stab von selbst entstehende Gegenkraft das zweite Hängegewicht.

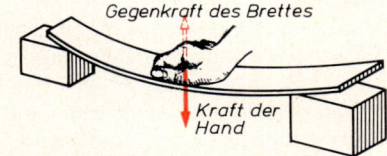

Abb. 2. Gegenkraft bei einem Brett

b) Gleichgewicht. Greift an einem befestigten Körper eine Kraft an, so steht er nicht mehr unter der Einwirkung dieser Kraft allein, sondern auch unter der Einwirkung der Gegenkraft. Da die beiden Kräfte sich gegenseitig aufheben, entsteht keine Bewegung, sondern nur die zur Erzeugung der Gegenkraft notwendige Formänderung.

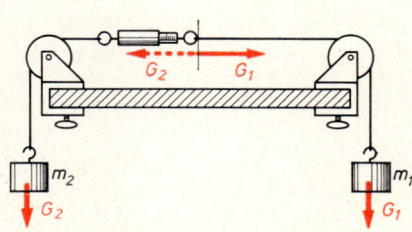

Abb. 3. Spannkraft in einem Faden, erzeugt von zwei Hängegewichten

> **Heben sich zwei oder mehrere Kräfte in ihrer Wirkung auf, so stehen die Kräfte im Gleichgewicht.**

Fast alle Körper unserer Umgebung befinden sich nicht deshalb in Ruhe, weil keine Kräfte auf sie einwirken, sondern weil alle an ihnen angreifenden Kräfte im Gleichgewicht stehen.

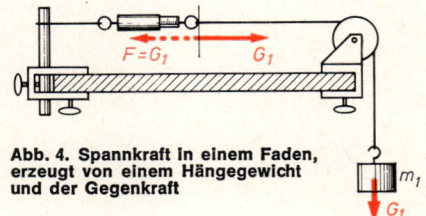

Abb. 4. Spannkraft in einem Faden, erzeugt von einem Hängegewicht und der Gegenkraft

Eine Gegenkraft kann man sogar feststellen, wenn ein Körper nicht befestigt ist, so daß als Folge der angreifenden Kraft eine Beschleunigung entsteht. Diese Gegenkraft ist dann der schon in 1.3.2. b genannte Trägheitswiderstand.

1.4.2. Zusammenfassung, Zerlegung und Gleichgewicht von Kräften im gleichen Angriffspunkt

a) Parallele Kräfte. Hängen an einem Kranhaken zwei Lasten (Abb. 1), so braucht man zum Festhalten eine Kraft, die der Summe der beiden Gewichtskräfte entspricht. Die Wirkung der beiden parallelen Kräfte ist also die gleiche, wie wenn eine Kraft, deren Größe die Summe der beiden Kräfte ist, angreifen würde. Bei entgegengesetzt parallelen Kräften ist die Gesamtkraft gleich der Differenz der angreifenden Kräfte. Die Gesamtkraft mehrerer Kräfte bezeichnet man als ihre **Resultierende**.

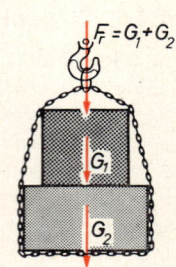

> **Greifen parallele Kräfte in einem Punkt an, so ist die Resultierende bei gleichgerichteten Kräften ihre Summe, bei entgegengesetzt gerichteten Kräften ihre Differenz.**

Abb. 1. Wirkung zweier paralleler Kräfte

Aus diesem Satz folgt auch die Bedingung, unter der zwei Kräfte im Gleichgewicht stehen: Ihre Resultierende muß Null sein. Das ist aber nur möglich, wenn die beiden Kräfte gleich groß und entgegengerichtet sind.

Da man den Angriffspunkt einer Kraft beliebig in der Wirkungslinie verschieben kann, gilt das obige Ergebnis nicht nur für parallele Kräfte in einem Punkt, sondern auch für parallele Kräfte in der gleichen Wirkungslinie.

> **Zwei Kräfte, die im gleichen Punkt oder in der gleichen Wirkungslinie angreifen, stehen nur dann im Gleichgewicht, wenn sie gleich groß und entgegengerichtet sind.**

b) Nicht parallele Kräfte. In einem Versuch nach Abb. 2 wirken schräg nach oben in verschiedenen Richtungen die Kräfte F_1 und F_2 und nach unten die Kraft F'. Die Größe der Kräfte ist durch die angehängten Gewichtsstücke bestimmt. Zeichnet man die Kräfte als Pfeile, so erhält man einen einfachen geometrischen Zusammenhang. Da der Punkt A in Ruhe ist, muß die Resultierende F_r von F_1 und F_2 entgegengesetzt gleich zur Kraft F_r' sein. Trägt man in der Zeichnung F_r in entgegengesetzter Richtung und gleicher Größe wie F_r' an, so kann man feststellen, daß die Pfeile F_1 und F_2 ein Parallelogramm bestimmen, in dem F_r die Diagonale ist.

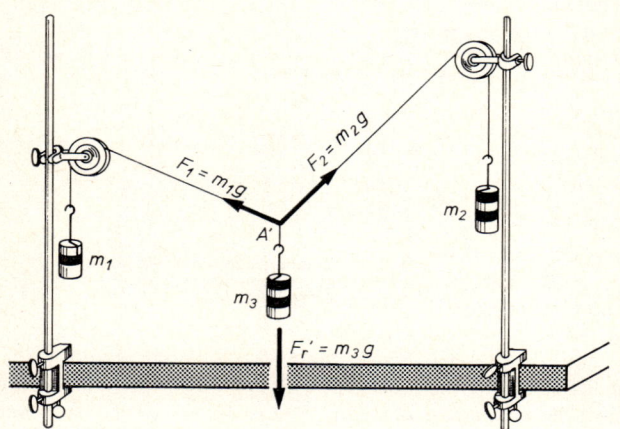

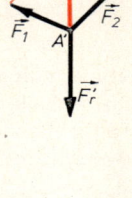

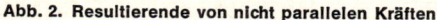

Abb. 2. Resultierende von nicht parallelen Kräften

Für die zeichnerische Bestimmung der Resultierenden zweier nicht paralleler Kräfte erhält man daher den Satz vom **Parallelogramm der Kräfte:**

Die Resultierende von zwei an einem Punkt unter einem Winkel angreifenden Kräften erhält man nach Größe und Richtung als Diagonale in dem durch die beiden Kräfte bestimmten Parallelogramm.

Dieses Ergebnis folgt auch unmittelbar aus der Vektoreigenschaft der Kräfte. Da Vektoren addiert werden, indem man ihre Pfeile unter Beibehaltung ihrer Richtungen aneinanderfügt, findet man geometrisch die Resultierende zweier Kraftvektoren, indem man an den Pfeil der ersten Kraft den der zweiten nach Größe und Richtung anfügt. Abb. 3 zeigt, daß sich auf diese Weise die gleiche Resultierende ergibt wie bei der Konstruktion mit dem Parallelogramm:

$$\vec{F_r} = \vec{F_1} + \vec{F_2}$$

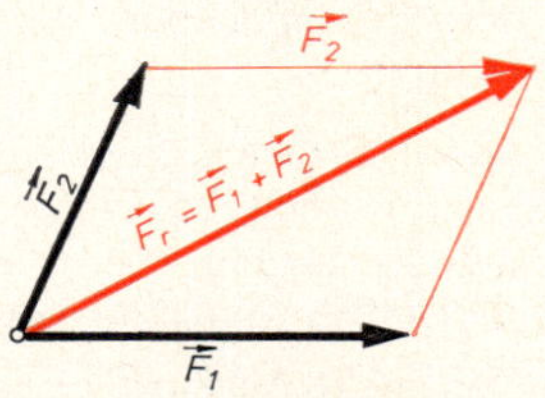

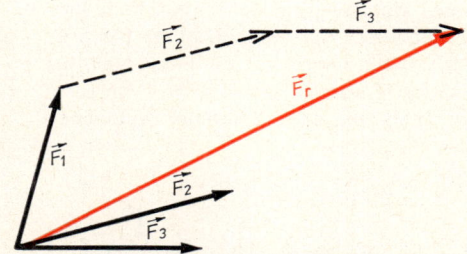

Abb. 3. Vektoraddition zweier Kräfte

Die Regeln der Vektoraddition gelten auch für mehr als zwei Vektoren. Die Figur, die sich beim Zusammensetzen der Kräftepfeile ergibt, heißt **Krafteck** (Abb. 4). Man erhält daraus den folgenden Satz über die Zusammenfassung von mehreren Kräften:

Abb. 4. Krafteck bei mehreren Kräften

Man findet die Resultierende von mehreren in einem Punkt angreifenden Kräften, indem man sie als Pfeile darstellt und diese dann unter Beibehaltung ihrer Größe und Richtung aneinanderfügt. Der Pfeil vom Ausgangspunkt bis zur Spitze der letzten Kraft stellt die Resultierende dar.

$$\vec{F_r} = \vec{F_1} + \vec{F_2} + \vec{F_3} \dots$$

Soll bei mehreren Kräften Gleichgewicht herrschen, so muß die Resultierende Null sein. Daher muß bei der Konstruktion des Kraftecks der Endpunkt der letzten Kraft mit dem Angriffspunkt zusammenfallen.

Mehrere an einem Punkt angreifende Kräfte stehen im Gleichgewicht, wenn das aus ihnen gebildete Krafteck geschlossen ist.

c) Kräftezerlegung. Ebenso wichtig wie die Bestimmung der Resultierenden von mehreren Kräften ist die Bestimmung unbekannter Teilkräfte oder **Komponenten,** wenn die Resultierende bekannt ist. Meistens sind die Richtungen der Teilkräfte gegeben, und ihre Größe wird gesucht. Dann zieht man durch den Endpunkt der Resultierenden Parallele zu diesen

Richtungen. Dadurch entsteht ein Parallelogramm, dessen Seiten die Teilkräfte darstellen (Abb. 5). Ist aber eine Teilkraft nach Größe und Richtung gegeben, so stellt der Pfeil, der ihre Spitze mit der Resultierenden verbindet, die gesuchte andere Komponente dar (Abb. 6).

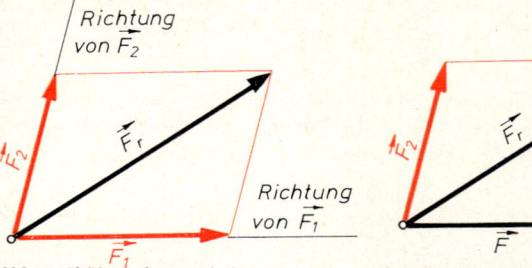

Abb. 5. Kräftezerlegung bei gegebenen Richtungen

Abb. 6. Kräftezerlegung bei einer unbekannten Komponente

Abb. 7 zeigt als Beispiel die Kräftezerlegung beim Kurbeltrieb eines Kolbenmotors. Die Kräftezerlegung erklärt auch, wie in gewissen Fällen Teilkräfte entstehen, die die ursächlichen Kräfte an Größe übertreffen. Dies ist immer der Fall, wenn zwischen den Teilkräften ein Winkel von nahezu 180° liegt, z. B. bei einer Last, die an einem horizontal ausgespannten Seil aufgehängt ist (Abb. 8). Ähnliche Fälle liegen vor bei einer Last, die mit einer Tragkette an einem Kranhaken hängt (Abb. 9), oder bei einer Kniehebelpresse (Abb. 10).

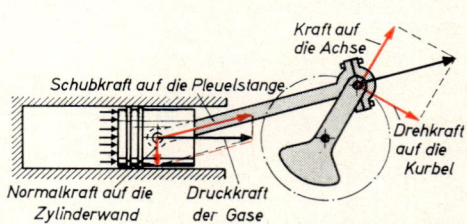

Abb. 7. Kräfte beim Kurbeltrieb eines Kolbenmotors

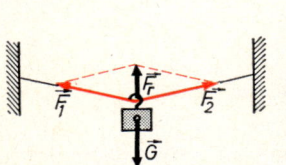
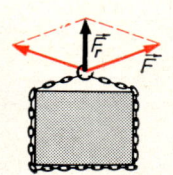
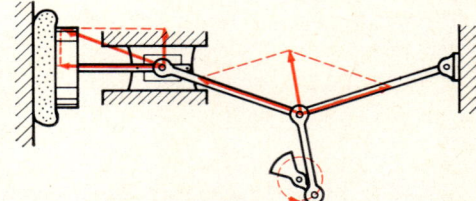

Abb. 8. Große Seitenkräfte beim Aufhängen eines Gegenstandes (Straßenlampe) an einem gespannten Seil

Abb. 9. Spannkraft in einer Kette

Abb. 10. Kniehebelpresse

d) Rechnerische Bestimmung der Resultierenden mehrerer Kräfte. Um die Resultierende mehrerer Kräfte auch durch Rechnung zu bestimmen, zerlegt man alle Kräfte in einem rechtwinkligen Koordinatensystem in x- und y-Komponenten (Abb. 11).

$$F_x = F \cos \alpha \qquad\qquad F_y = F_1 \sin \alpha$$

Da sich nach den Regeln der Vektorrechnung die Komponenten einer Vektorsumme ergeben, indem man die Komponenten der Summanden addiert, erhält man folgendes Rechenschema:

$$F_{1x} = F_1 \cos \alpha_1 \qquad\qquad F_{1y} = F_1 \sin \alpha_1$$
$$F_{2x} = F_2 \cos \alpha_2 \qquad\qquad F_{2y} = F_2 \sin \alpha_2$$

$$\dotsb\dotsb\dotsb\dotsb \qquad\qquad \dotsb\dotsb\dotsb\dotsb$$

$$F_{rx} = F_{1x} + F_{2x} + \dots \qquad F_{ry} = F_{1y} + F_{2y} + \dots$$
$$\text{oder } F_{rx} = \Sigma F_x \qquad\qquad F_{ry} = \Sigma F_y$$

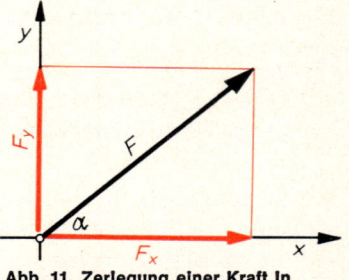

Abb. 11. Zerlegung einer Kraft in rechtwinklige Komponenten

Aus den Komponenten findet man die Größe der Resultierenden und ihren Winkel gegen die x-Achse:

$$F_r = \sqrt{F_{rx}^2 + F_{ry}^2} \qquad \tan \alpha_r = \frac{F_{ry}}{F_{rx}}$$

Soll Gleichgewicht herrschen, so muß die Resultierende Null sein, was nur möglich ist, wenn ihre Komponenten jede für sich Null ist:

$$\Sigma F_x = F_{1x} + F_{2x} + \ldots = 0 \qquad \Sigma F_y = F_{1y} + F_{2y} + \ldots = 0$$

Bei der rechnerischen Lösung einer **Kräftezerlegung** ist der Weg je nach den Angaben verschieden. Oft kann man die gesuchten Kräfte trigonometrisch aus dem Krafteck berechnen. In anderen Fällen benutzt man die Ähnlichkeit des Kraftecks zu einem bekannten Dreieck oder bei rechtwinkligen Figuren den Lehrsatz des Pythagoras.

Beispiele und Aufgaben:

1. Bei der Kurve einer Straßenbahn sind drei Haltedrähte der Oberleitung im gleichen Punkt A eines Hauses verankert. Größe und Richtung der Zugkräfte sind aus der Abb. 12 ersichtlich. Berechnen Sie Größe und Richtung der Gesamtkraft.

$F_1 = 1050 \text{ N}$ $\alpha_1 = 90°$
$F_2 = 1500 \text{ N}$ $\alpha_2 = 40°$
$F_3 = 1200 \text{ N}$ $\alpha_3 = -20°$

$F_{1x} = 0 \text{ N}$ $F_{1y} = 1050 \text{ N}$
$F_{2x} = 1149 \text{ N}$ $F_{2y} = 964 \text{ N}$
$F_{3x} = 1127 \text{ N}$ $F_{3y} = -410 \text{ N}$

$F_{rx} = 2276 \text{ N}$ $F_{ry} = 1604 \text{ N}$

$$F_r = \sqrt{2276^2 + 1604^2} \text{ N} = 2786 \text{ N}$$
$$\tan \alpha = \frac{1604 \text{ N}}{2276 \text{ N}} \qquad \alpha = 35{,}2°$$

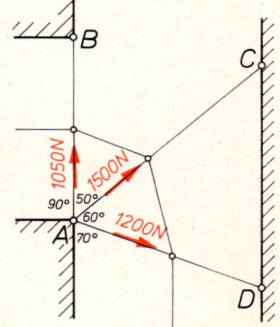

Abb. 12. Zu Beispiel 1

2. Eine Stehleiter (Abb. 13) steht auf geneigtem Boden. Wie verteilt sich die Gewichtskraft $G = 700 \text{ N}$ einer oben stehenden Person auf die beiden Leiterteile?

Aus den gegebenen Winkeln ergibt sich ein Krafteck mit den Winkeln 10°, 30° und 140° (Abb. 15). Aus ihm folgt nach dem Sinussatz:

$$\frac{700 \text{ N}}{\sin 140°} = \frac{F_1}{\sin 10°} = \frac{F_2}{\sin 30°}$$
$$F_1 = 189 \text{ N} \qquad F_2 = 544 \text{ N}$$

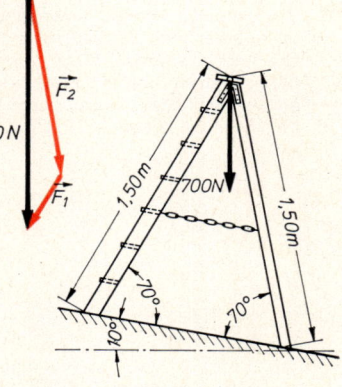

Abb. 13. Zu Beispiel 2

43

3. Bei einem Wandkran hat die Zugstange eine Länge von 3,5 m, die Strebe eine Länge von 5 m. Die Wandbefestigungen liegen 1,85 m übereinander. Welche Zug- und Druckkraft ruft eine Last von 74 kN in den Stangen hervor (Abb. 15)? $(F_Z = 140 \text{ kN}$
$F_D = 200 \text{ kN})$

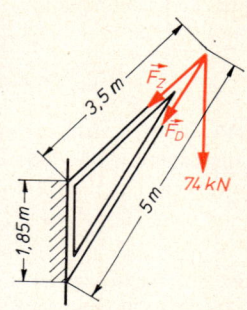

Abb. 15. Zu Aufgabe 3

4. Eine Last von 960 N ist an einem Gerüst aus zwei horizontalen und einer schrägen Stange befestigt (Abb. 16). Wie groß sind die dadurch in den Stangen hervorgerufenen Kräfte?
$(F_A = F_B = 450 \text{ N}, F_C = 1200 \text{ N})$

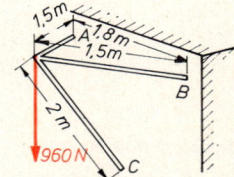

Abb. 16. Zu Aufgabe 4

5. An der Spitze eines 12 m hohen Mastes üben die befestigten Leitungen Zugkräfte von 4800 N, 1920 N und 2880 N aus. Unter welcher Richtung muß ein 14,4 m langes, schräges Drahtseil verankert werden, damit an der Mastspitze keine horizontale Kraft wirksam wird? Wie groß ist die Zugkraft im Seil (Abb. 17)?
$(\alpha = 8,91 \approx 9°, F_Z = 2567 \text{ N})$

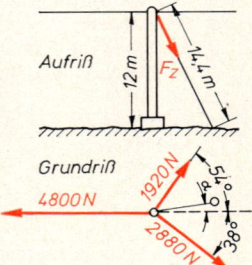

Abb. 17. Zu Aufgabe 5

6. Zwei gleiche Federn haben eine Federkonstante $D = 7 \text{ N/cm}$ und im unbelasteten Zustand eine Länge $l_0 = 20$ cm. Sie sind in gleicher Höhe an zwei 30 cm voneinander entfernten Punkten aufgehängt und am unteren Ende verbunden (Abb. 18). Wie groß ist ein am Verbindungspunkt aufgehängtes Gewichtsstück, wenn es diesen Punkt um 3,8 cm senkt?   (28,3 N)

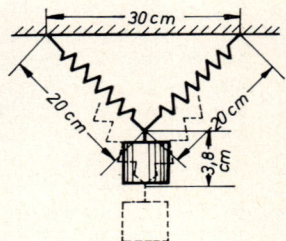

Abb. 18. Zu Aufgabe 6

1.4.3. Kräfte mit verschiedenen Angriffspunkten

a) Auffinden der Resultierenden und ihrer Wirkungslinie. Zu zwei Kräften, die an verschiedenen Punkten eines Körpers angreifen, kann man die Resultierende durch Zeichnung finden, wenn man von dem Grundsatz Gebrauch macht, daß eine Kraft in ihrer Wirkungslinie beliebig verschoben werden darf.

In Abb. 1 greift die Kraft F_1 in A, die Kraft F_2 in B an. Man verlängert beide Wirkungslinien, bis sie in P zum Schnitt kommen. Von diesem Punkt aus trägt man auf den Wirkungslinien die mit F_1 und F_2 gleich großen Kräfte F_1' und F_2' an. Nach dem Satz vom Kräfteparallelogramm faßt man diese dann zu einer Resultierenden F_r' mit der Wirkungslinie PC zusammen. Den Angriffspunkt der Resultierenden kann man nun beliebig auf ihrer Wirkungslinie, z. B. in C selbst wählen, so daß F_r die Resultierende darstellt.

Aus diesem Verfahren geht hervor, daß die Resultierende die gleiche Größe und Richtung hat, wie wenn die Teilkräfte im gleichen Punkt angreifen würden. Deshalb gelten auch die Gleichungen von 1.4.2. d, um Größe und Richtung der Resultierenden zu berechnen. Um auch die Lage der Wirkungslinie zu berechnen, benutzt man die Gleichungen der allgemeinen Gleichgewichtsbedingungen (1.4.8. a).

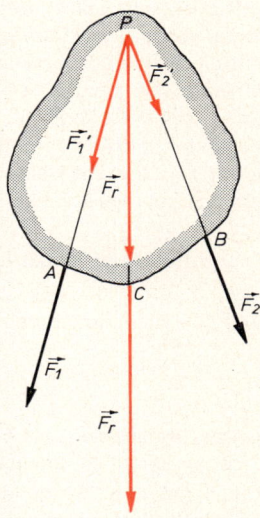

Abb. 1. Resultierende zweier nicht in einem Punkt angreifenden Kräfte

1.4.4. Drehmoment und Hebelgesetz

a) Das Drehmoment. Wenn ein Körper an einer Achse befestigt ist, können angreifende Kräfte bei ihm keine Längsbewegung, sondern nur eine Drehung um die Achse hervorrufen. Man nennt einen solchen Körper einen Hebel. Besonders häufig sind die Fälle, bei denen die Kraft in einer zur Achse senkrechten Ebene liegt und bei denen der Durchstoßpunkt der Achse durch diese Ebene als Drehpunkt erscheint.

Aus Versuchen mit einer Hebelstange, die durch eine Spiralfeder in einer Ausgangslage gehalten wird (Abb. 1), ergibt sich, daß die Drehwirkung wächst, wenn die Größe der angreifenden Kraft erhöht wird und wenn die Entfernung des Angriffspunktes vom Drehpunkt zunimmt. Wenn die Kraft auf der Verbindungslinie von ihrem Angriffspunkt zum Drehpunkt senkrecht steht, ist das Produkt aus der Kraft und der Entfernung des Angriffspunktes vom Drehpunkt, dem **Hebelarm,** ein Maß für die Drehwirkung. Man bezeichnet das Produkt als **Drehmoment.**

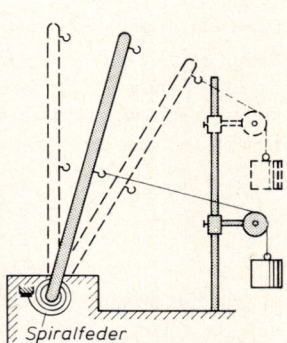

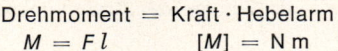
Spiralfeder

Abb. 1. Größe der Drehwirkung

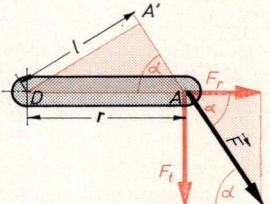

Abb. 2. Drehmoment einer schräg wirkenden Kraft

$$\text{Drehmoment} = \text{Kraft} \cdot \text{Hebelarm}$$
$$M = F\,l \qquad [M] = \text{N m}$$

Greift aber die Kraft F schräg zur Verbindungslinie zwischen dem Angriffspunkt A und dem Drehpunkt D an (Abb. 2), so kann sie nicht ganz zur Wirkung kommen, weil sich der Angriffspunkt nur auf einer Kreislinie um den Drehpunkt bewegen kann. Nur die Tangentialkomponente F_t wirkt drehend, während die Radialkomponente F_r eine Zugkraft auf den Hebel und die Achse ausübt. Das Drehmoment ist also $M = F_t\, r$. Verschiebt man die Kraft in ihrer Wirkungslinie nach A', so daß sie auf DA' senkrecht steht, so ist das Drehmoment $M = F\, l$. Dabei ist l die Länge des Lotes vom Drehpunkt auf die Wirkungslinie der Kraft. Daß beide Momente gleich sind, folgt aus der Ähnlichkeit der gekennzeichneten Dreiecke: $F : F_t = r : l$ oder $F\, l = F_t\, r$. Die obige Definition des Drehmoments gilt also immer, wenn man als Hebelarm das Lot l verwendet:

Der Hebelarm ist die Länge des Lotes vom Drehpunkt auf die Wirkungslinie der Kraft.

Da $l = r \sin \alpha$, findet man M aus F, r und dem Winkel α zwischen r und F aus der Gleichung:

$$M = F\, l = r\, F \sin \alpha$$

b) Das Drehmoment als Vektor. Jedes Drehmoment sucht eine Drehung um eine bestimmte Achse hervorzurufen, die nach Abb. 3 auf der Ebene der Vektoren $\vec{r}$ und $\vec{F}$ senkrecht steht. Weil dadurch das Drehmoment eine unmittelbare Beziehung zu dieser Achsenrichtung hat, erwies es sich als zweckmäßig, es als einen Vektor aufzufassen, dessen Größe durch den Betrag des Moments gegeben ist und dessen Richtung so in die Achsenrichtung fällt, daß sie mit dem Drehsinn eine Rechtsschraube bildet.

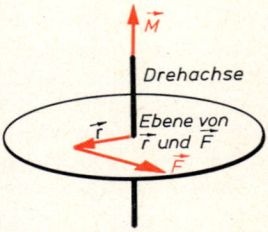

Abb. 3. Das Drehmoment als Vektor

Nach den Regeln der Vektorrechnung ist das Vektorprodukt $r \times F$ ein Vektor von der Größe $r\, F \sin \alpha$, der auf $\vec{r}$ und $\vec{F}$ senkrecht steht. Da dies genau die Eigenschaften des Drehmomentenvektors sind, kann man diesen einfach als Vektorprodukt von $\vec{r}$ und $\vec{F}$ darstellen:

$$\vec{M} = \vec{r} \times \vec{F}$$

c) Das Hebelgesetz. Die Bedingungen dafür, daß ein Hebel, an dem Kräfte angreifen, sich im Gleichgewicht befindet, ersieht man aus den Versuchen mit einer Hebelstange (Abb. 4). Sie bleibt in Ruhe, wenn die Summe der rechtsdrehenden Drehmomente ebenso groß ist wie die der linksdrehenden Drehmomente.

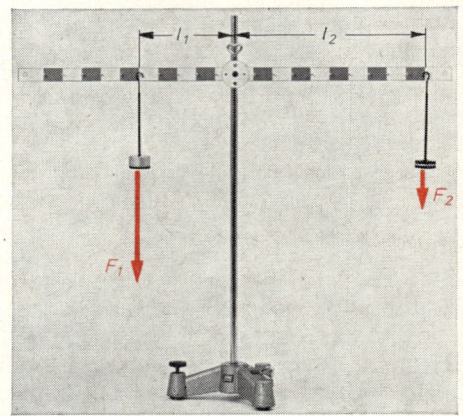

Abb. 4. Versuch zum Hebelgesetz

An einem Hebel herrscht Gleichgewicht, wenn die Summe der Drehmomente der rechtsdrehenden Kräfte ebenso groß ist wie die Summe der Drehmomente der linksdrehenden Kräfte.

1. Form des Hebelgesetzes: $\boxed{\Sigma M_r = \Sigma M_l}$

Unterscheidet man rechts- und linksdrehende Momente durch das Vorzeichen, so muß die (algebraische) Summe der Momente Null sein.

An einem Hebel herrscht Gleichgewicht, wenn die Summe aller Drehmomente Null ist.

2. Form des Hebelgesetzes: $\boxed{\Sigma M = 0}$

d) Wirkungen eines Kräftepaares. Eine Kraft, die auf einen drehbaren Körper einwirkt, erzeugt im allgemeinen ein Drehmoment und eine Kraftwirkung auf die Achse. Verändert man die Lage der Achse, so ändern sich im allgemeinen der Hebelarm und mit ihm das von der Kraft erzeugte Drehmoment.

Hat man dagegen zwei gleiche, entgegengesetzte parallele Kräfte, die in einer zur Achse senkrechten Ebene an verschiedenen Punkten eines Körpers angreifen, ein sog. **Kräftepaar,** so heben sich die von beiden Kräften in den Lagern der Achse hervorgerufenen Auflagekräfte auf.

Ein Kräftepaar erzeugt keine Beanspruchung der Achslager.

Das Drehmoment eines Kräftepaares ist immer dasselbe, wo auch die Drehachse liegt; es hat für die Kräfte $F_1 = F_2 = F$ bei dem gegenseitigen Abstand l ihrer Wirkungslinien (Abb. 5) den Wert:

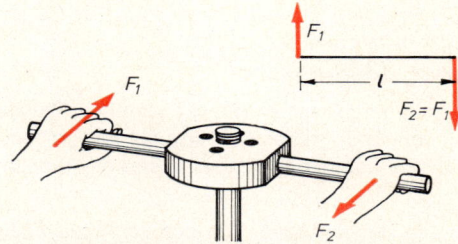

Drehmoment eines Kräftepaares:
$$M = F\,l$$

Abb. 5. Kräftepaar bei einem Gewindeschneider

Dies ist sofort ersichtlich, wenn die Drehachse durch eine der beiden Wirkungslinien geht. Liegt sie aber außerhalb, etwa in D_1 (Abb. 6), so ist das Moment:

$$M = F_1\,(l + s_1) - F_2\,s_1 = F\,l$$

Liegt sie zwischen F_1 und F_2, etwa in D_2, so ist das Moment:

$$M = F_1\,s_2 + F_2\,(l - s_2) = F\,l$$

Das Moment ist also stets gleich.

Ein Kräftepaar stellt unabhängig von der Lage des Drehpunktes stets das gleiche Drehmoment dar.

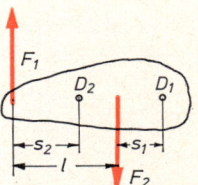

Abb. 6. Unabhängigkeit des Drehmomentes eines Kräftepaares von der Lage des Drehpunktes

e) Hebelarten und Anwendungen. In der Technik gibt man dem Hebel meist die Form eines geraden oder abgewinkelten Stabes. Hat ein stabförmiger Hebel seinen Drehpunkt an einem Ende, so heißt er e i n s e i t i g e r H e b e l , hat er ihn nicht am Ende, so spricht man von einem z w e i s e i t i g e n H e b e l . Der winkelförmige Hebel heißt kurz W i n k e l h e b e l (Abb. 7).

Das Hebelgesetz gibt die Möglichkeit, mit kleinen Kräften, die mit langem Hebelarm angreifen, an einer anderen Stelle des Hebels mit einem kurzen Hebelarm große Kraftwirkungen auszuüben. Deshalb findet der Hebel im täglichen Leben und in der Technik vielfache Anwendung. Beispiele dafür sind die in Abb. 8 und 9 dargestellte Hebelbremse und das Sicherheitsventil.

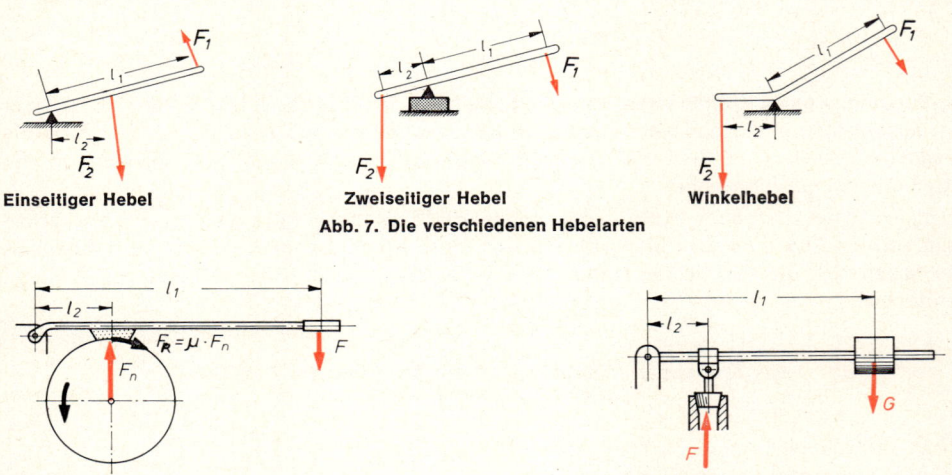

Einseitiger Hebel   **Zweiseitiger Hebel**   **Winkelhebel**

Abb. 7. Die verschiedenen Hebelarten

Abb. 8. Hebelbremse   **Abb. 9. Sicherheitsventil**

Man kann mit einem Hebel auch einen Weggewinn erzielen, wenn man eine Kraft mit kleinem Hebelarm angreifen läßt und sie mit großem Hebelarm zur Auswirkung bringt. Beispiele dafür sind der menschliche Arm und die Typenhebel einer Schreibmaschine.

f) Die Hebelwaagen. Von den verhältnismäßig ungenauen Federwaagen abgesehen, beruhen alle Waagen auf dem Hebelgesetz. Die einfachste Bauart ist die gleicharmige B a l k e n - w a a g e (Abb. 10). Bei den T a f e l w a a g e n ist schon ein System von Hebeln erforderlich, damit das Wägegut an einer beliebigen Stelle der Waagschale aufgelegt werden kann und diese beim Spielen der Waage horizontal bleibt. Bei der römischen S c h n e l l w a a g e (Abb. 11) wird ein Laufgewichtstück verschoben und dadurch die Länge des einen Hebel-

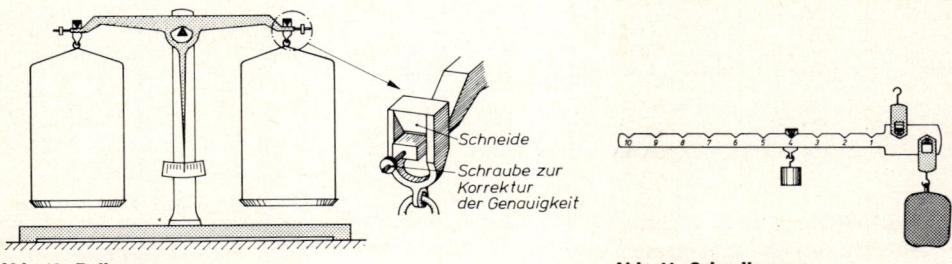

Schneide

Schraube zur Korrektur der Genauigkeit

Abb. 10. Balkenwaage   **Abb. 11. Schnellwaage**

48

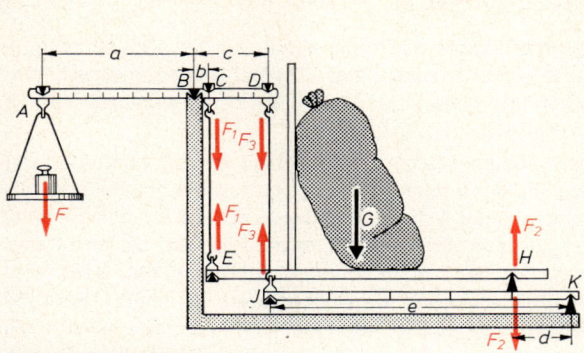

Abb. 12. Dezimalwaage

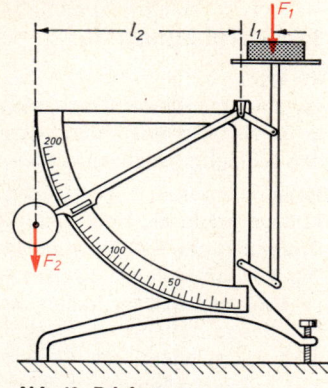

Abb. 13. Briefwaage

armes geändert, während auf der Lastseite an einem unveränderlichen Hebelarm verschiedene Lasten aufgehängt werden können. Die D e z i m a l - oder B r ü c k e n w a a g e (Abb. 10) besitzt zwei Hebel. Beim oberen wählt man als Verhältnis der Hebelarme $a : b : c$ = 10 : 1 : 5, beim unteren Hebel $d : e$ = 1 : 5. Dann kann die Last an jeder beliebigen Stelle der Brücke aufgelegt werden. Sie bleibt horizontal, und die Masse der Gewichtsstücke ist nur $1/_{10}$ der aufgelegten Last. Die B r i e f w a a g e (Abb. 13) verwendet einen Winkelhebel, bei dem die unbekannte Gewichtskraft F_1 an einem nur wenig veränderlichen Hebelarm l_1 mit der gleichbleibenden Gewichtskraft F_2 an dem sehr veränderlichen Hebelarm l_2 im Gleichgewicht ist. Das gleiche Prinzip verwendet die N e i g u n g s w a a g e (Abb. 14). Die größeren Gewichtsstücke werden auf die Gewichtsschale aufgelegt. Das darüber hinausgehende Gewicht des Wägeguts hebt das Gegengewicht eines Winkelhebels wie bei der Briefwaage, so daß man seine Größe an einer Skala ablesen kann.

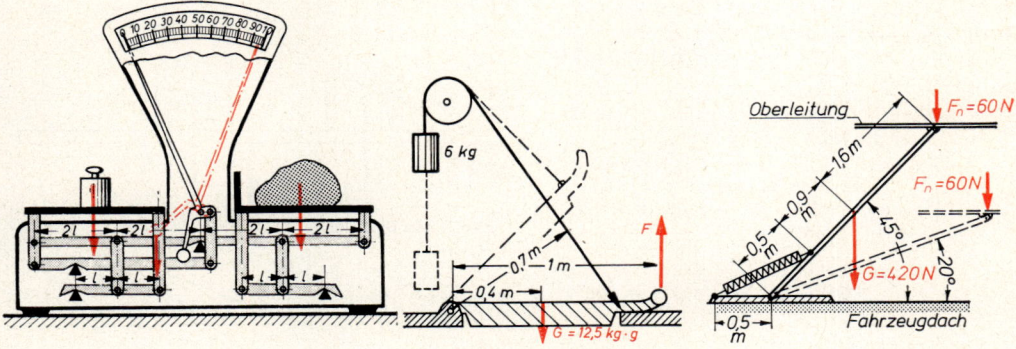

Abb. 14. Neigungswaage   Abb. 15. Zu Aufgabe 1   Abb. 16. Zu Aufgabe 2

Aufgaben:

1. Um einen Deckel (Abb. 15) mit der Masse 12,5 kg leichter öffnen zu können, ist er mit einer Ausgleichsmasse von 6 kg versehen. Welche Kraft F ist am Handgriff notwendig, um den Deckel zu heben? Warum fällt er aus der Öffnungsstellung auch ohne eine am Handgriff haltende Kraft nicht zurück?   (7,85 N; der Hebelarm von G hat sich verkleinert.)

2. Welche Federkonstante D muß die Spannfeder eines Straßenbahnstromabnehmers (Abb. 16) haben, wenn die Andruckkraft zwischen Abnehmerrolle und Oberleitung in beiden gezeichneten Stellungen den gleichen Wert F_n = 60 N haben soll?   (D = 899 N/cm ≈ 900 N/cm)

1.4.5. Auflagerkräfte

Eine sehr häufige Aufgabe in der Technik besteht darin, die Kräfte an den Unterstützungspunkten irgendeines Gegenstandes, z. B. eines Balkens, eines Trägers oder einer Maschinenachse zu bestimmen, denn Abmessungen und Material der Auflager richten sich nach den an den Auflagepunkten wirkenden Auflagerkräften.

Ist ein Körper, z. B. ein Träger, an zwei Stellen gelagert, so faßt man ihn zur Ermittlung der Auflagerkräfte als Hebel auf. Da beide Auflagerkräfte unbekannt sind, wird ein Auflager als Drehpunkt gewählt. Dadurch wird das von dieser Auflagerkraft verursachte Drehmoment Null. Die Auflagerkraft am zweiten Auflager ist dann die Kraft, die erforderlich ist, um den Hebel im Gleichgewicht zu halten, wenn man sich das zweite Auflager entfernt denkt. Dann wird das zweite Auflager als Drehpunkt gewählt und die erste Auflagerkraft bestimmt. Als Probe wird anschließend die Summe aller vertikalen Kräfte gebildet. Gibt man den nach oben wirkenden Kräften ein positives, den nach unten wirkenden ein negatives Vorzeichen, so muß sich Null ergeben.

Beispiele und Aufgaben:

1. Ein Brett mit einer Eigengewichtskraft 240 N (Angriffspunkt in der Mitte) und einer Länge von 4 m ist an beiden Enden unterstützt (Abb. 1). Auf ihm befinden sich 1 m vom linken Ende eine Last von 300 N und 1,5 m vom rechten Ende eine Last von 400 N. Berechnen Sie die Auflagerkräfte auf beiden Seiten.

Betrachtet man das rechte Ende B als Drehpunkt und bezeichnet man die am linken Ende A erforderliche Kraft als F_A, so gilt folgende Momentengleichung (Abb. 2 a):

$$F_A \cdot 4\,\text{m} = 300\,\text{N} \cdot 3\,\text{m} + 240\,\text{N} \cdot 2\,\text{m}$$
$$+ 400\,\text{N} \cdot 1,5\,\text{m}$$
$$4\,F_A = (900 + 480 + 600)\,\text{N} = 1980\,\text{N}$$
$$F_A = 495\,\text{N}$$

Ähnlich erhält man mit dem Drehpunkt A für die Kraft F_B (Abb. 2 b):
$$F_B \cdot 4\,\text{m} = 300\,\text{N} \cdot 1\,\text{m} + 240\,\text{N} \cdot 2\,\text{m}$$
$$+ 400\,\text{N} \cdot 2,5\,\text{m}$$
$$4\,F_B = (300 + 480 + 1000)\,\text{N} = 1780\,\text{N}$$
$$F_B = 445\,\text{N}$$

Probe: 495 N + 445 N = 940 N
300 N + 240 N + 400 N = 940 N

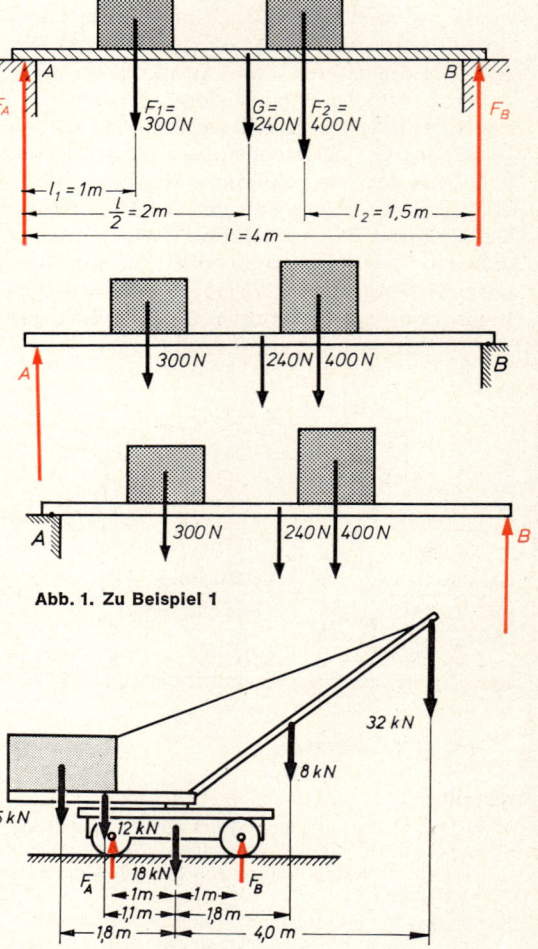

Abb. 1. Zu Beispiel 1

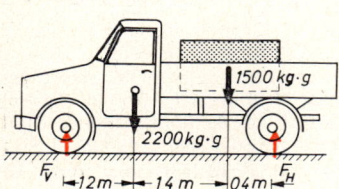

Abb. 2. Zu Aufgabe 2

Abb. 3. Zu Aufgabe 3

2. Ein LKW besitzt ohne Ladung die Masse 2200 kg. Er hat eine Last von 1500 kg geladen. Wie groß sind die Auflagerkräfte auf der Vorder- und Hinterachse (Abb. 2)? (F_V = 14,9 kN, F_H = 21,4 kN)

3. Wie groß sind die Auflagerkräfte des in Abb. 3 dargestellten Kranes auf den beiden Achsen ohne und mit Nutzlast? (ohne Last: F_A = 53,4 kN, F_B = 9,6 kN, mit Last: F_A = 5,4 kN, F_B = 8,96 kN)

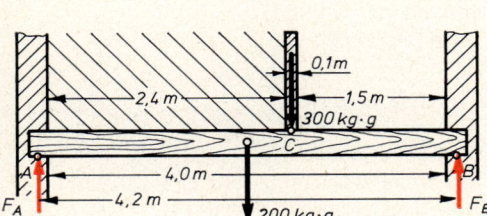
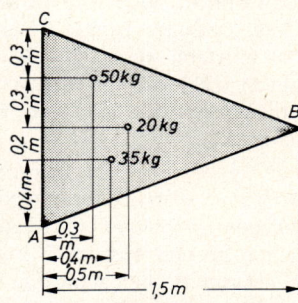

Abb. 4. Zu Aufgabe 4   **Abb. 5. Zu Aufgabe 5**

4. In einem Bau lasten auf einem Träger von der Masse 200 kg zwischen A und C eine Quermauer (Abb. 4) aus Schwemmstein (ϱ = 1,2 kg/dm³) von 10 cm Stärke und 2,5 m Höhe und in C die Gewichtskraft 300 kg · g eines Stückes einer Längsmauer. Berechnen Sie die Auflagerkräfte in A und B ($g \approx 10$ m/s²). (F_A = 7,15 kN, F_B = 5,05 kN)

5. Eine horizontale, dreieckige Platte (m = 20 kg) mit dem in Abb. 5 dargestellten Grundriß trägt zwei Lasten von 35 kg und 50 kg. Berechnen Sie die Auflagerkräfte in A, B und C ($g \approx 10$ m/s²). (F_A = 328 N, F_B = 260 N, F_C = 462 N)

6. Eine Last von 300 kg ist am Ende eines 3,4 m langen Trägers (Abb. 6) mit der Eigenmasse 120 kg befestigt. Welche Ausgleichsmasse m ist am anderen Ende des Trägers anzubringen, damit die Auflagerkraft F_B den Betrag 2500 N nicht überschreitet? Welche Kraft F_A übt dann das Auflager A aus ($g \approx 10$ m/s²)? (m = 225 kg, F_A = 3950 N)

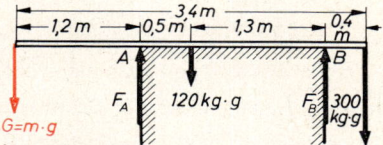
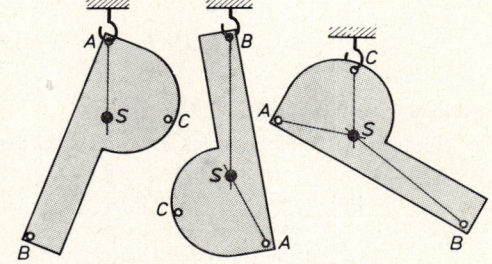

Abb. 6. Zu Aufgabe 6

1.4.6. Der Schwerpunkt

Wird ein Körper nacheinander an verschiedenen Punkten drehbar aufgehängt, so stellt er sich jedesmal so ein, daß ein gleichbleibender fester Punkt senkrecht unter dem Angriffspunkt liegt. Dieser Punkt ist der Angriffspunkt der Resultierenden aus der Schwerkraft aller Masseteilchen des Körpers; denn nur ein Punkt mit dieser Eigenschaft wird aus jeder Lage durch das Drehmoment der Schwerkraft in eine Lage senkrecht unter dem Aufhängepunkt gedreht (Abb. 1). Da in ihm die gesamte Schwerkraft des ganzen Körpers angreift, nennt man ihn den **Schwerpunkt** und alle durch ihn gehenden Geraden **Schwerlinien**.

Abb. 1. Bestimmung des Schwerpunktes

4*

Im Schwerpunkt kann man sich die ganze Masse eines Körpers vereint denken.

Wird ein Körper im Schwerpunkt unterstützt, so hat die Schwerkraft in jeder beliebigen Lage den Hebelarm Null; daher befindet sich der Körper auch in jeder Lage im Gleichgewicht.

Man spricht auch vom Schwerpunkt einer Fläche oder einer Linie. Darunter versteht man den Schwerpunkt des Körpers, der entsteht, wenn die Fläche oder die Linie sehr dünn, aber gleichmäßig mit Masse belegt wird. Die Schwerkraft ist dann proportional zum Inhalt der Fläche bzw. zur Länge des Linienstückes.

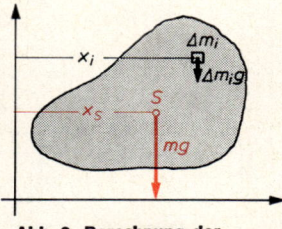

Zur Berechnung der Schwerpunktslage denkt man sich den Körper in einem Koordinatensystem (Abb. 2) in kleine Masseteilchen Δm_1 eingeteilt. An jedem greift der Schwerkraftanteil $\Delta m_1 g$ an und erzeugt in bezug auf den Koordinatenanfangspunkt das Drehmoment $g\, x_1\, \Delta m_1$. Das Moment der im Schwerpunkt vereinten Gesamtmasse muß ebenso groß sein wie die Summe aller Teilmomente:

Abb. 2. Berechnung der Schwerpunktswege

$$m\,g\,x_S = g\,x_1\,\Delta m_1 + g\,x_2\,\Delta m_2 + \ldots = g\,\Sigma\,x_1\,\Delta m_1$$

Das Ergebnis wird um so genauer, je kleiner die Masseteilchen gewählt werden. Beim Grenzübergang geht die Summe in ein Integral über, und man erhält, wenn man noch mit g kürzt:

$$x_S = \frac{1}{m}\int x\,dm \qquad \text{und analog:} \qquad y_S = \frac{1}{m}\int y\,dm, \qquad z_S = \frac{1}{m}\int z\,dm$$

Alle drei Gleichungen kann man vektoriell zusammenfassen: $\vec{r_S} = \frac{1}{m}\int \vec{r}\,dm$. Liegt der Schwerpunkt im Koordinatenanfangspunkt, so muß $\vec{r_S} = 0$ werden, und auch das Integral $\int \vec{r}\,dm$ muß verschwinden.

Bei symmetrischen Körpern liegt der Schwerpunkt auf der Symmetrieachse. Setzt sich ein Körper aus Teilen mit bekannten Einzelschwerpunkten zusammen, so braucht man keine Integrale, sondern findet die Schwerpunktkoordinaten aus der ersten Gleichung, die sich bei gleichartigem Material oder gleichem Querschnitt vereinfacht:

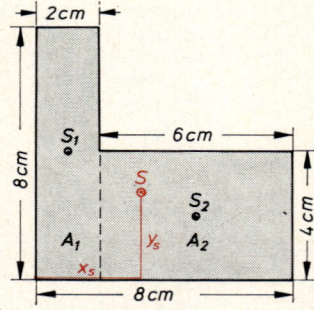

Abb. 3. Zu Beispiel 1

$$x_S = \frac{1}{m}\,\Sigma\,x_i\,\Delta m_i = \frac{1}{V}\,\Sigma\,x_i\,\Delta V_i = \frac{1}{A}\,\Sigma\,x_i\,\Delta A_i = \frac{1}{l}\,\Sigma\,x_i\,\Delta l_i$$

Beispiele und Aufgaben:

1. Bestimmen Sie die Lage des Schwerpunktes der in Abb. 2 dargestellten Fläche:

$$A = 2\,cm \cdot 8\,cm + 6\,cm \cdot 4\,cm = 40\,cm^2$$

$$x_s = \frac{16\,cm^2 \cdot 1\,cm + 24\,cm^2 \cdot 5\,cm}{40\,cm^2} = \frac{136\,cm^3}{40\,cm^2} = 3,4\,cm$$

$$y_s = \frac{16\,cm^2 \cdot 4\,cm + 24\,cm^2 \cdot 2\,cm}{40\,cm^2} = \frac{112\,cm^3}{40\,cm^2} = 2,8\,cm$$

2. Berechnen Sie die Lage des Schwerpunktes in dem in Abb. 4 dargestellten Doppelquader.
   ($x = 21{,}25$ cm, $y_s = 16{,}87$ cm, $z_s = 38{,}75$ cm)

3. Ein Türblatt (Abb. 5) aus Holz ($\varrho_1 = 0{,}7$ kg/dm³) hat die Dicke 3 cm und ist auf der einen Kante mit einer Eisenschiene von 0,8 cm² Querschnitt ($\varrho_2 = 7{,}8$ kg/dm³) beschlagen. Welche Neigung nimmt die Kante AB ein, wenn das Türblatt in A aufgehängt wird? ($\alpha = 22{,}45°$)

4. Aus einer Kreisscheibe mit dem Radius 20 cm ist ein kreisförmiges Loch vom Radius 10 cm ausgeschnitten, so daß die Mittelpunkte von Scheibe und Loch den Abstand d besitzen. Wie groß ist d zu wählen, damit der Schwerpunkt der Ringscheibe auf den Rand des Loches fällt? ($d = 7{,}5$ cm)

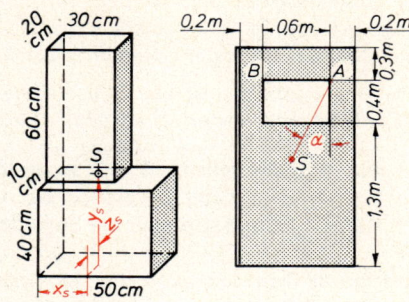

Abb. 4. Zu Aufgabe 2   **Abb. 5. Zu Aufgabe 3**

1.4.7. Gleichgewichtsarten und Standfestigkeit

a) Gleichgewichtsarten. Die Kenntnis des Schwerpunktes hilft uns den Zustand des Gleichgewichtes näher zu untersuchen. Ein Körper befindet sich im Gleichgewicht, wenn er trotz angreifender Kräfte in Ruhe bleibt. Da aber bei jedem Körper die Erdanziehungskraft im Schwerpunkt angreift und ihn nach unten zu bewegen sucht, kann nur Gleichgewicht herrschen, wenn der Schwerpunkt sich nicht nach unten bewegen kann. Wenn ein Körper nicht befestigt, sondern nur auf seine Unterlage aufgesetzt oder gelegt ist, sind für die noch möglichen Bewegungen folgende drei Fälle zu unterscheiden:

1. Alle möglichen Bewegungen heben den Schwerpunkt. Daher kehrt der Körper wieder in die Ausgangslage zurück, sobald er frei gelassen wird. Beispiele sind eine Kugel in einer vertieften Schale und ein Rad mit einer Zusatzmasse im tiefsten Punkt (Abb. 1). Diese Art des Gleichgewichtes heißt **stabil.** Sie ist überall erforderlich, wo Gegenstände sicher in Ruhe bleiben sollen.

2. Alle möglichen Bewegungen lassen die Höhe des Schwerpunktes unverändert. Der Körper befindet sich auch in der neuen Lage im Gleichgewicht. Beispiele sind eine Kugel auf horizontaler Ebene und eine um seine Achse drehbares Rad (Abb. 2). Diese Art des Gleichgewichtes heißt **indifferent.** Sie wird verwendet, wenn Gegenstände beweglich sein sollen, z. B. bei Fahrzeugen oder bei drehbaren Achsen.

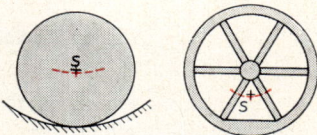

Abb. 1. Stabiles Gleichgewicht

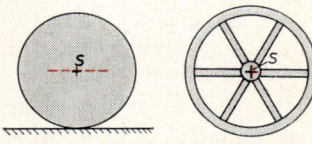

Abb. 2. Indifferentes Gleichgewicht

3. Alle möglichen Bewegungen senken nach einem kurzen waagerechten Anfangsweg die Lage des Schwerpunktes. Beispiele sind eine Kugel auf dem höchsten Punkt einer gewölbten Unterlage und ein Rad mit einer Zusatzmasse im höchsten Punkt (Abb. 3). Läßt man dann den Körper frei, so entfernt er sich noch weiter aus der Ausgangslage. Diese Art des Gleichgewichtes heißt **labil.** Aus ihr entfernt sich ein Körper bei der geringsten Erschütterung; deshalb ist sie technisch unbrauchbar.

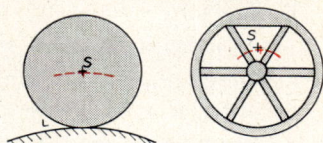

Abb. 3. Labiles Gleichgewicht

53

b) Standfestigkeit. Alle Körper, bei denen der Schwerpunkt über der Unterstützungsfläche liegt, befinden sich im stabilen Gleichgewicht; denn der Schwerpunkt wird beim Umkippen um die Kippkanten der Unterstützungsfläche gehoben.

Die Standfestigkeit ist aber nicht immer gleich groß. Ein Quader steht auf seiner größten Seitenfläche viel fester als auf seiner kleinsten.

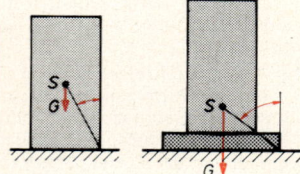

> **Die Standfestigkeit ist um so größer, je tiefer der Schwerpunkt liegt, je größer die Gewichtskraft des Körpers ist und je größer die Standfläche ist.**

Abb. 4. Erhöhung der Standfestigkeit

Oft macht man von allen drei Möglichkeiten zur Erhöhung der Standfestigkeit Gebrauch. Gibt man einem Gegenstand einen breiten, schweren Fuß (Abb. 4), so wird gleichzeitig der Schwerpunkt gesenkt, die Gewichtskraft erhöht und die Standfläche vergrößert.

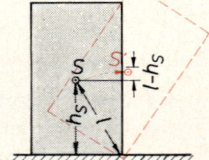

Ein Maß für die Standfestigkeit ist die kleinste zum Umkippen um die Kippkante erforderliche Arbeit (1.5.1. a). Da der Schwerpunkt des Körpers um die Strecke $l - h_S$ (Abb. 5) gehoben werden muß, ist die Kipparbeit:

$$W_k = G\,(l - h_S)$$

Abb. 5. Berechnung der Kipparbeit

Alle drei oben genannten Maßnahmen vergrößern die Kipparbeit. Eine Erhöhung der Gewichtskraft vermehrt den Faktor G, eine Erweiterung der Standfläche vergrößert l, ein Senken des Schwerpunktes vermindert h_S.

c) Kippsicherheit. Eine richtige Beurteilung der Standfestigkeit ist aber nur möglich, wenn man sie mit den Beanspruchungen vergleicht, denen sie ausgesetzt ist. Die äußeren Kräfte, die einen Gegenstand umzukippen suchen, erzeugen um die Kippkante ein Kippmoment. Entgegen wirkt das von der Gewichtskraft des Körpers erzeugte Standmoment. Der Quotient beider Momente ist die **Kippsicherheit** ν (lies nü):

$$\textbf{Kippsicherheit} = \frac{\text{Standmoment}}{\text{Kippmoment}} \qquad \nu = \frac{M_{st}}{M_k}$$

Die Kippsicherheit muß möglichst groß sein. Weil das äußere Kippmoment gegeben ist, braucht man dazu ein großes Standmoment (breite Standfläche und große Gewichtskraft).

Beispiele und Aufgaben:

1. Ein Holzquader ($\varrho = 0{,}7$ kg/dm³) mit den Abmessungen $a = b = 16$ cm, $h = 30$ cm steht auf seiner quadratischen Grundfläche. Wie groß ist die Kipparbeit? Welche Kippsicherheit besitzt er, wenn in der Höhe $h_1 = 25$ cm eine horizontale Kraft $F = 8$ N angreift (Abb. 6)?

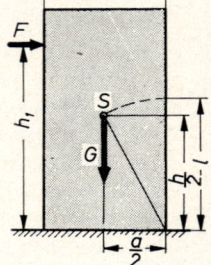

$G = V \varrho\, g = (1{,}6 \cdot 1{,}6 \cdot 3)$ dm³ $\cdot\, 0{,}7$ kg/dm³ $\cdot\, 9{,}81$ m/s² $= 52{,}74$ N

$l = \frac{1}{2}\sqrt{a^2 + h^2} = 17$ cm $\qquad\qquad h_s = \frac{h}{2} = 15$ cm

Kipparbeit: $W_k = G\,(l - h_s) = 52{,}74$ N $\cdot\, 2$ cm $= 105{,}5$ N cm

Standmoment: $M_{st} = G\,\dfrac{a}{2} = 52{,}74$ N $\cdot\, 8$ cm $= 422$ N cm

Kippmoment: $M_k = F\,h_1 = 8$ N $\cdot\, 25$ cm $= 200$ N cm

Kippsicherheit: $\nu = M_{st}/M_k = \mathbf{2{,}11}$

Abb. 6. Zu Beispiel 1

2. Berechnen Sie für den Kran der Aufg. 1.4.5. (3) die Kippsicherheit gegenüber dem Kippmoment der angehängten Last.   ($M_{st} = 106{,}8$ kN m, $M_k = 96$ kN m, $\nu = 1{,}11$)

1.4.8. Die allgemeinen Gleichgewichtsbedingungen

a) Die Gleichgewichtsbedingungen. Soll sich ein Körper, an dem mehrere Kräfte in verschiedenen Punkten angreifen, im Gleichgewicht befinden, so muß zunächst die Resultierende aller Kräfte Null sein. Wäre diese Bedingung nicht erfüllt, so würde die Resultierende eine Beschleunigung hervorrufen und den Körper in eine Längsbewegung (Translation) versetzen. Ein Körper, der sich im Gleichgewicht befindet, darf sich auch nicht drehen. Dazu ist erforderlich, daß die Summe aller Drehmomente um einen beliebig gewählten Drehpunkt Null wird. Wäre nämlich diese Bedingung nicht erfüllt, so würde das resultierende Moment den Körper in eine Drehung (Rotation) um den betreffenden Punkt versetzen. Beide Voraussetzungen zusammen ergeben die **allgemeinen Gleichgewichtsbedingungen:**

Greifen an einem Körper mehrere Kräfte in beliebigen Punkten an, so steht er im Gleichgewicht, wenn

1. die Resultierende aller Kräfte und

2. die Summe aller Drehmomente um einen beliebigen Drehpunkt Null sind.

Bei den meisten auftretenden Aufgaben liegen die Kräfte in einer Ebene, oder die Aufgabe läßt sich in mehrere Teile zerlegen, bei denen alle Kräfte in einer Ebene liegen. Für die mathematische Formulierung der Gleichgewichtsbedingungen führt man in dieser Ebene ein Koordinatensystem ein. Bezeichnet man die Kräfte mit F_1, F_2, ..., ihre Komponenten mit F_{1x}, F_{2x}, ...; F_{1y}, F_{2y} ... und die Hebelarme in bezug auf einen beliebigen Drehpunkt mit l_1, l_2 ..., so erhält man folgende Gleichungen:

1. Summe der horizontalen Kräfte ist Null:
$\Sigma F_x = 0$ oder: $F_{1x} + F_{2x} + F_{3x} + \ldots = 0$

2. Summe der vertikalen Kräfte ist Null:
$\Sigma F_y = 0$ oder: $F_{1y} + F_{2y} + F_{3y} + \ldots = 0$

3. Summe der Drehmomente ist Null:
$\Sigma M = 0$ oder: $F_1 l_1 + F_2 l_2 + F_3 l_3 + \ldots = 0$

b) Anwendung der Gleichgewichtsbedingungen zum Lösen von Aufgaben. Mit den drei Gleichungen der Gleichgewichtsbedingungen kann man bei einem Körper drei Unbekannte berechnen, z. B. die Größe oder die Richtung von Kräften oder die Koordinaten eines Angriffspunktes. Statisch bestimmt sind nur Aufgaben mit drei Unbekannten, wenn ein starrer Körper vorliegt, an dem in einer Ebene Kräfte angreifen. Besteht ein Körper aus mehreren nicht starr verbundenen Teilen, so ist die Aufgabe in mehrere Teilaufgaben für jeden Teilkörper zu zerlegen. Ist ein Körper nicht starr, so ist die Aufgabe erst mit der Theorie der elastischen oder plastischen Formänderungen lösbar.

Alle statisch bestimmten Aufgaben eines starren Körpers lassen sich mit den allgemeinen Gleichgewichtsbedingungen lösen.

Bei solchen Aufgaben arbeitet man am zweckmäßigsten nach folgenden Richtlinien:

1. Man fertigt eine übersichtliche Zeichnung des Gegenstandes an, dessen Gleichgewichtsbedingungen durchgerechnet werden sollen.

2. In die Zeichnung trägt man alle auf den Gegenstand wirkenden Kräfte ein, aber n i c h t die Gegenkräfte, mit denen der Gegenstand auf seine Auflagestellen wirkt. Deshalb sind alle Pfeilspitzen in d e r Richtung zu zeichnen, in der sie auf den Gegenstand wirken.

3. Von allen Kräften bestimmt man die x-Komponenten und setzt ihre Summe gleich Null.
1. Gleichung: $\Sigma F_x = 0$
Dabei entnimmt man die richtigen Vorzeichen am besten der Zeichnung.

4. Das Gleiche führt man mit den y-Komponenten durch. 2. Gleichung: $\Sigma F_y = 0$

5. Man wählt einen zweckmäßigen Drehpunkt. Am besten legt man ihn auf die Wirkungslinie einer unbekannten Kraft oder sogar in den Schnittpunkt der Wirkungslinien zweier unbekannter Kräfte. Diese haben dann den Hebelarm Null und treten in der dritten Gleichung nicht auf.

6. Man bildet die Momente a l l e r Kräfte um den gewählten Drehpunkt und achtet besonders darauf, daß als Hebelarme stets die L o t e vom Drehpunkt auf die Wirkungslinien der Kräfte zu nehmen sind.

7. Man setzt die Summe aller Drehmomente gleich Null. 3. Gleichung: $\Sigma M = 0$
Die Vorzeichen ergeben sich wieder aus der Zeichnung.

8. Aus den drei Gleichungen bestimmt man nach den Methoden der Algebra die drei Unbekannten.

Manchmal kann man auch die Gleichung der x- oder y-Komponenten weglassen und stattdessen noch eine Momentengleichung um einen zweiten Drehpunkt ansetzen.

c) Das Prinzip von D'Alembert. Der französische Mathematiker D'Alembert (1717 bis 1783) hat gezeigt, wie man die allgemeinen Gleichgewichtsbedingungen auch auf dynamische Aufgaben anwenden und mit ihnen Fragen nach Auflagerkräften, Angriffspunkten oder Kraftrichtungen auf ähnliche Weise beantworten kann wie in der Statik.

Wenn mehrere Kräfte $F_1, F_2, \ldots$ an einem Körper angreifen, so sind die Komponenten der Resultierenden F_r (1.4.2. d):

$$F_{rx} = F_{1x} + F_{2x} + \ldots \qquad\qquad F_{ry} = F_{1y} + F_{2y} + \ldots$$

Die dynamische Grundgleichung für beide Koordinaten lautet dann:

$$F_{1x} + F_{2x} + \ldots = m\, a_x \qquad\qquad F_{1y} + F_{2y} + \ldots = m\, a_y$$

Der entstehenden Beschleunigung widersetzt sich der Körper mit dem Trägheitswiderstand F_{tr}. Als Gegenkraft ist der Trägheitswiderstand entgegengesetzt gleich zur Resultierenden F_r der angreifenden Kräfte:

$$F_{trx} = -F_{rx} = -m\, a_x \qquad\qquad F_{try} = -F_{ry} = -m\, a_y$$

Führt man nun in die dynamische Grundgleichung statt der Glieder $m\, a_x$ und $m\, a_y$ den Trägheitswiderstand ein, so erhält man:

$$F_{1x} + F_{2x} + \ldots F_{trx} = 0 \qquad\qquad F_{1y} + F_{2y} + \ldots F_{try} = 0$$

Diese Gleichungen unterscheiden sich von den ersten beiden Gleichungen der allgemeinen Gleichgewichtsbedingungen nur durch die Komponenten des Trägheitswiderstandes. Weil dieser seine Ursache in der trägen Masse eines Körpers hat, liegt sein Angriffspunkt im Schwerpunkt, solange die Beschleunigung bei allen Masseteilchen die gleiche ist. Daher deckt sich seine Wirkungslinie oft nicht mit der der Resultierenden der übrigen angreifenden Kräfte.

Wenn aber die Wirkungslinien mehrerer Kräfte sich nicht in einem Punkte schneiden, benötigt man noch als dritte Gleichgewichtsbedingung die Drehmomentengleichung und erhält so den als D'Alembertsches Prinzip bezeichneten Satz:

Jede dynamische Aufgabe kann mit den allgemeinen Gleichgewichtsbedingungen gelöst werden, wenn man den äußeren angreifenden Kräften im Schwerpunkt des bewegten Körpers noch den Trägheitswiderstand hinzufügt.

$$F_{1x} + F_{2x} + \ldots + F_{trx} = 0 \qquad F_{1y} + F_{2y} + \ldots + F_{try} = 0$$
$$F_1 \, l_1 + F_2 \, l_2 + \ldots + F_{tr} \, l_S = 0$$

Beispiele und Aufgaben: (Statik: 1–7, Dynamik: 8–11)

1. Berechnen Sie die Kräfte in den Verankerungen des in Abb. 1 dargestellten Wandkranes, der bei A durch ein Ringlager (nur für horizontale Beanspruchungen) und bei B durch ein Zapfenlager (für beliebige Beanspruchungen) gehalten ist.

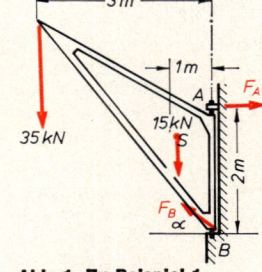

Horizontale Kräfte: $F_A - F_{Bx} = 0 \quad F_A = F_{Bx}$

Vertikale Kräfte: $F_{By} - 35\ \text{kN} - 15\ \text{kN} = 0 \quad F_{By} = 50\ \text{kN}$

Drehmomente um B: $F_A \cdot 2\ \text{m} - 15\ \text{kN} \cdot 1\ \text{m} - 35\ \text{kN} \cdot 3\ \text{m} = 0$

$$F_A = 60\ \text{kN} \quad F_{Bx} = 60\ \text{kN}$$
$$F_B = \sqrt{F_{Bx}^2 + F_{By}^2} = 78{,}1\ \text{kN}$$
$$\tan \alpha = \frac{F_{By}}{F_{Bx}} = \frac{50\ \text{kN}}{60\ \text{kN}} \qquad \alpha = 39{,}8°$$

Abb. 1. Zu Beispiel 1

2. Berechnen Sie die Kraft F_2 und die Kraft F_A an der Achse, die für das Gleichgewicht des in Abb. 2 dargestellten Winkelhebels erforderlich sind.

Drehmomente um A:

$450\ \text{N} \cdot 300\ \text{mm} = F_2 \cdot 540\ \text{mm} \quad F_2 = 250\ \text{N}$

Horizontale Kräfte:

$F_{Ax} = F_{1x} = 450\ \text{N} \cos 60° = 225\ \text{N}$

Vertikale Kräfte:

$F_{Ay} = F_{1y} + F_{2y} = 450\ \text{N} \sin 60° + 250\ \text{N} = 640\ \text{N}$

$$F_A = \sqrt{F_{Ax}^2 + F_{Ay}^2} = 679\ \text{N} \qquad \tan \alpha = \frac{640\ \text{N}}{225\ \text{N}} \qquad \alpha = 70{,}6°$$

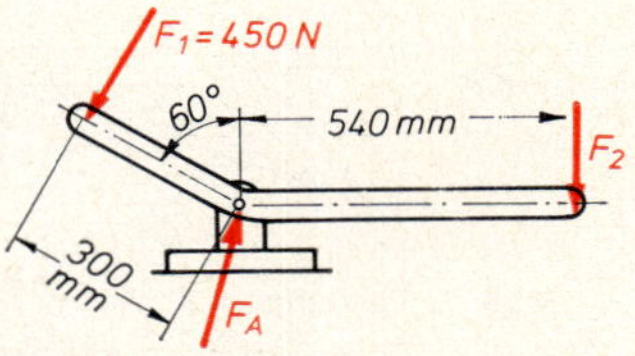

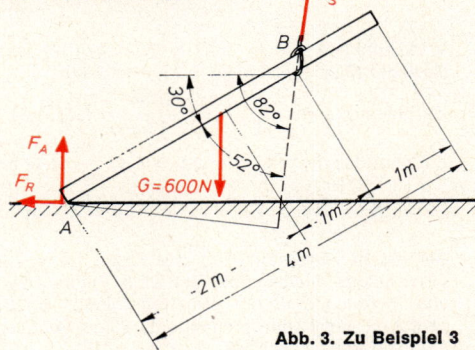

Abb. 2. Zu Beispiel 2

3. Ein 4 m langer Balken von der Gewichtskraft 600 N wird im Punkt B mit einem Seil hochgezogen (Abb. 3). In einem bestimmten Zeitpunkt liegt das untere Ende in A noch auf der Erde, der Balken bildet mit der Waagerechten einen Winkel von 30°, und das Seil zieht unter einem Winkel von 82° gegen die Waagerechte. Berechnen Sie die Zugkraft F_s im Seil, die vertikale Auflagekraft F_A und die Mindestgröße der Reibungszahl μ, wenn der Balken nicht wegleitet.

Horizontale Kräfte:

$F_R = F_s \cos 82°$

Vertikale Kräfte:

$F_A = 600\ \text{N} - F_s \sin 82°$

Drehmomente um A:

$F_s \cdot 3\ \text{m} \sin (82° - 30°) = 600\ \text{N} \cdot 2\ \text{m} \cos 30°$

$F_s = 439{,}6\ \text{N}$

$F_R = 439{,}6\ \text{N} \cos 82° = 61{,}2\ \text{N}$

$F_A = 600\ \text{N} - 439{,}6\ \text{N} \sin 82° = 164{,}7\ \text{N}$

$$\mu = \frac{F_R}{F_n} = \frac{F_R}{F_A} = \frac{61{,}2\ \text{N}}{164{,}7\ \text{N}} = 0{,}371$$

Abb. 3. Zu Beispiel 3

4. Ein Brett AB (Abb. 4, Gewichtskraft 60 N) ist mit zwei Seilen befestigt. Wo muß ein Körper mit der Gewichtskraft 180 N aufgelegt werden, damit das Brett mit den Seilen die Winkel 30° und 60° einschließt und sich selbst in horizontaler Lage befindet? Wie groß sind dann die Seilkräfte F_A und F_B?
$$(x = 0,2 \text{ m}, F_A = 120 \text{ N}, F_B = 208 \text{ N})$$

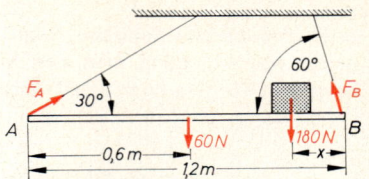

Abb. 4. Zu Aufgabe 4

5. Ein Träger (Abb. 5) besteht aus gleichartigen Stangen mit einer längenbezogenen Masse von 12 kg/m. Von seinen beiden Auflagen darf das rechte maximal mit einer Normalkraft $F_B = 500$ N beansprucht werden. Welches ist die größte Kraft, die vertikal in C angreifen darf? $(F_C = 984 \text{ N})$

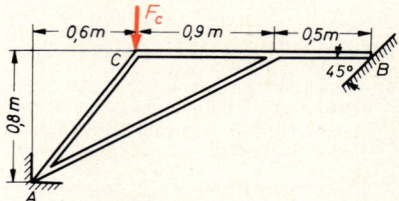

Abb. 5. Zu Aufgabe 5

6. Eine Leiter (Abb. 6) mit der Gewichtskraft 150 N liegt in A mit der Reibungszahl $\mu_A = 0,8$ und in B mit $\mu_B = 0,4$ auf. Wie weit darf eine Person ($G_2 = 700$ N) hinaufsteigen, ohne daß die Leiter ausgleitet?
$$(F_A = 367 \text{ N}, F_B = 525 \text{ N}, x = 2,70 \text{ m})$$

7. Ein Hebel ($G = 150$ N) ruht auf einer Kante und wird in B mit einem Seil gehalten. Es ist AB = AC = l (Abb. 7). Berechnen Sie für $\alpha = 18°$ die Größe der im Seil erforderlichen Kraft F_B. Wie groß ist die Reibungszahl μ_0 in A, wenn der Hebel bei einer geringen Vergrößerung des Winkels in A zu rutschen anfängt?
$$(F_B = 72,2 \text{ N}, \mu_0 = 0,49)$$

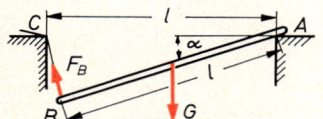

Abb. 7. Zu Aufgabe 7

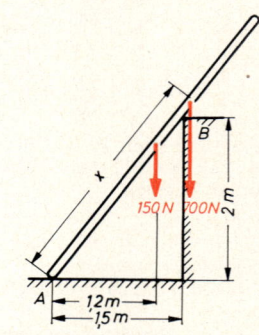

Abb. 6. Zu Aufgabe 6

8. Eine Hängegewicht $m_1 = 0,5$ kg setzt mittels eines über eine Rolle geführten Fadens eine Masse $m_2 = 1,2$ kg in Bewegung, so daß sie mit der Reibungszahl $\mu = 0,25$ auf einer horizontalen Unterlage gleitet (Abb. 8). Berechnen Sie Zeitdauer und Endgeschwindigkeit für eine Strecke $s = 0,8$ m und die Zugkraft im Faden (Masse von Rolle und Faden ist zu vernachlässigen).

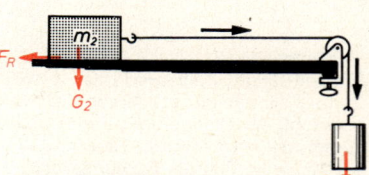

Abb. 8. Zu Beispiel 8

Wirksame Kraft: $F = G_1 - \mu\,G_2 = g(m_1 - \mu\,m_2) = 9,81 \text{ m/s}^2\,(0,5 - 0,25 \cdot 1,2) \text{ kg} = 1,96 \text{ N}$
Bewegte Masse: $m = m_1 + m_2 = 1,7$ kg

Beschleunigung: $a = \dfrac{F}{m} = \dfrac{1,96 \text{ N}}{1,7 \text{ kg}} = 1,15\ \dfrac{\text{m}}{\text{s}^2}$ \qquad Zeitdauer: $t = \sqrt{\dfrac{2s}{a}} = 1,18$ s

Endgeschwindigkeit: $v = a\,t = 1,15\ \dfrac{\text{m}}{\text{s}^2} \cdot 1,18 \text{ s} = 1,36\ \dfrac{\text{m}}{\text{s}}$

Zugkraft im Faden: $F_F = m_2\,a + F_R = 1,2 \text{ kg} \cdot 1,15\ \dfrac{\text{m}}{\text{s}^2} + 0,25 \cdot 1,2 \text{ kg} \cdot 9,81\ \dfrac{\text{m}}{\text{s}^2} = 4,32 \text{ N}$

9. Bei einem Kugelstoß wird die Kugel ($m = 7,25$ kg) auf einer unter 35° geneigten Strecke von 1,7 m Länge gleichmäßig auf eine Endgeschwindigkeit von 8,5 m/s beschleunigt. Welche Größe und Richtung muß die vom Kugelstoßer aufzuwendende Kraft haben? Wie weit wird die Kugel gestoßen, wenn der Abstoßpunkt 2,1 m über dem Boden liegt und sich 0,5 m vor dem Rand des Abstoßkreises befindet? (203 N, 51,7°, 9,18 m)

10. Eine Last von 600 kg hängt an dem um eine Trommel (d_1 = 12 cm) gewickelten Seil eines Lastaufzuges. An eine mit der Trommel fest verbundene Bremsscheibe (d_2 = 40 cm) wird ein Bremsklotz mit der Reibungszahl 0,5 angedrückt. Nach welcher Zeit erreicht die Last eine Sinkgeschwindigkeit v = 5 m/s, wenn die Kraft F_1 am Bremshebel 240 N beträgt? Wie groß muß danach die Kraft F_2 am Bremshebel sein, damit die Geschwindigkeit unverändert bleibt? Auf welcher Strecke wird schließlich die Last zum Stillstand gebracht, wenn der Bremshebel mit 450 N angezogen wird (Masse von Trommel und Bremsscheibe ist zu vernachlässigen)?

(2,76 s, 294,3 N, 2,41 m)

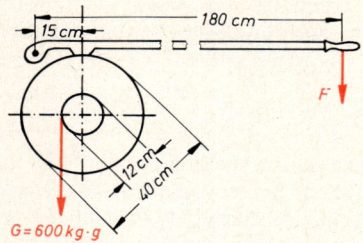

Abb. 9. Zu Aufgabe 10

11. Ein Quader (Grundfläche 0,6 · 0,6 m², Schwerpunktshöhe 0,5 m) steht auf einem Wagen mit einer Kante von 0,6 m Länge parallel zur Fahrrichtung. Die Reibungszahl seiner Standfläche ist 0,4. Bei welcher Beschleunigung a_1 des Wagens fängt der Quader an zu rutschen, und bei welcher Beschleunigung a_2 kippt er um, wenn das Rutschen verhindert wird?   (3,92 m/s², 5,89 m/s²)

1.5. Arbeit und Leistung

1.5.1. Die mechanische Energie

a) Die mechanische Arbeit und ihre Berechnung. Im täglichen Leben bezeichnet man alle Arten von nutzbringender Tätigkeit als Arbeit. Auch die Physik verwendet diese Bezeichnung; aber ihre Bedeutung deckt sich nicht immer mit der des täglichen Lebens. So bezeichnet man es auch in der Physik als eine Arbeit, wenn z. B. ein Gegenstand hochgehoben wird, wenn ein Brett gehobelt, ein Werkstück gefeilt oder eine Feder gespannt wird. Alle diese Beispiele sind dadurch gekennzeichnet, daß ein Widerstand, nämlich die Erdanziehungskraft, die Reibungskraft, der Zusammenhalt des Materials oder die Federkraft, längs einer Wegstrecke überwunden wird. Diese Kennzeichen verwendet die Physik zur Definition ihres Arbeitsbegriffes. Da die Arbeit sowohl mit der Größe des überwundenen Widerstandes als auch mit der Länge des Weges wächst, wird für die physikalische Größe „Arbeit" folgende Definition verwendet:

> **Die mechanische Arbeit ist das Produkt aus einem überwundenen Widerstand und der Wegstrecke, längs der er überwunden wird.**

Danach gehört z. B. die „geistige Arbeit" nicht zum Begriff der physikalischen Arbeit, weil bei ihr keine Kraft erforderlich ist. Auch, wenn jemand eine Last ruhig in der Hand hält, verrichtet er im physikalischen Sinn keine Arbeit; er benötigt zwar zur Überwindung der Erdanziehung eine Kraft, sie wird aber nicht längs eines Weges überwunden.

Aus der Definition der mechanischen Arbeit ergibt sich unmittelbar eine Formel zu ihrer Berechnung. Da die erforderliche Kraft ebenso groß sein muß wie der zu überwindende Widerstand, bildet man einfach das Produkt aus der Kraft F und dem Weg s: $W = F s$. Wenn aber die Kraft, die zur Verrichtung der Arbeit nötig ist, nicht die gleiche Richtung hat wie der Weg, sondern mit ihm den Winkel α einschließt, kann nur die in die Wegrichtung

59

fallende Komponente $F_s = F \cos \alpha$ zur Überwindung des Widerstandes dienen. Daher lautet die auch in diesem Fall gültige Gleichung zur Berechnung der mechanischen Arbeit W:

$$W = F_s\, s = F \cos \alpha\, s \qquad\qquad [W] = N\, m = \frac{kg\, m^2}{s^2} = J$$

Aus dieser Gleichung erhält man als Arbeitseinheit das $N\, m$, das auch als Joule[1] (J) (sprich: dschul) bezeichnet wird. Zwischen der früheren Einheit des technischen Maßsystems, dem kp m, und dem Joule besteht die Beziehung:

$$1\, kp\, m = 9,81\, J \qquad 1\, J = 0,102\, kp\, m$$

Die bisher angegebene Formel gilt nur, wenn die Kraftkomponente F_s auf dem ganzen Weg einen konstanten Wert hat. Um die Arbeit auch zu berechnen, wenn die Kraft sich längs des Weges ändert, zerlegt man den Weg in kleine Teilstücke Δs_1, Δs_2, ..., in denen sich die Kraft nur noch wenig verändert. Hat sie in den einzelnen Wegstücken die Mittelwerte F_{s_1}, F_{s_2}, ..., so sind die in ihnen verrichteten Teilbeträge der Arbeit: $F_{s_1} \Delta s_1$, $F_{s_2} \Delta s_2$, ... Durch Addition dieser Teilbeträge erhält man einen Näherungswert der Gesamtarbeit, der um so genauer ist, je kleiner die Wegintervalle gewählt werden. Man erhält also die Arbeit durch den Grenzübergang $\Delta s \to 0$, der in der Mathematik zum Integral führt.

$$W = \lim_{\Delta s \to 0} \Sigma\, F_s\, \Delta s = \int F_s\, ds = \int F \cos \alpha\, ds$$

Um einen Gegenstand hochzuheben, muß dessen Gewichtskraft G längs des Höhenunterschiedes h überwunden werden, daher ist die **Hubarbeit** $W_{hub} = G\, h$. Beim Verschieben eines Gegenstandes auf horizontaler Unterlage muß nur die Reibungskraft $F_R = \mu\, F_n = \mu\, G$ auf dem Weg s überwunden werden, deshalb ist die **Verschiebearbeit** $W_v = F_R\, s = \mu\, G\, s$. Beim Spannen einer Feder muß die veränderliche Kraft $F = D\, s$ aufgewandt werden. Daher ist die **Spannarbeit** einer Feder: $W_s = \int D\, s\, ds = \frac{1}{2} D\, s^2$.

Auch bei der Beschleunigung eines Körpers wird eine Arbeit verrichtet, denn der Trägheitswiderstand wird längs der Beschleunigungsstrecke überwunden. Wenn z. B. ein Körper aus der Ruhe bis zu einer Geschwindigkeit v beschleunigt wird, muß die Kraft $F = m\, a$ längs der Beschleunigungsstrecke wirksam sein, für die man aus der Formel $v = \sqrt{2\, a\, s}$ erhält: $s = v^2/2\, a$. Die **Beschleunigungsarbeit** ist daher: $W = F\, s = m\, a\, \frac{v^2}{2\, a} = \frac{1}{2} m\, v^2$. Sie ist also nur durch die Masse und die Endgeschwindigkeit des Körpers bedingt und unabhängig davon, ob z. B. eine kleine Kraft längs einer großen Beschleunigungsstrecke oder eine große Kraft längs einer kurzen Strecke wirksam ist.

b) Potentielle Energie. Verrichtet man an einem Gegenstand eine Hubarbeit, so erleidet er äußerlich keine Veränderung. Der hochgehobene Gegenstand besitzt jedoch eine Fähigkeit, die er zuvor nicht hatte. Sehr deutlich sieht man das beim Antriebsgewichtsstück einer Uhr. Nur das hochgehobene Gewichtsstück kann die Uhr antreiben, also eine Arbeit verrichten. Ein äußeres Kennzeichen dieser Arbeitsfähigkeit ist die veränderte Lage des gehobenen Gewichtsstückes. Man nennt allgemein jede Fähigkeit, Arbeit zu verrichten, **Energie** E, und die aufgrund der veränderten Lage gewonnene Arbeitsfähigkeit **Energie der Lage** oder **potentielle Energie**.

---

[1] James J o u l e , 1818 bis 1839, Bierbrauer und Amateurphysiker in London, bestimmte genaue Werte für die Umrechnung von mechanischer Energie in Wärmeenergie.

Sieht man von Reibungsverlusten ab, so könnte ein hochgehobener Gegenstand beim Herabsinken über einen Faden und eine Rolle einen gleichschweren Körper um dieselbe Höhe hinaufheben. Die Arbeitsfähigkeit ist also ebenso groß wie die Arbeit, die zuerst nötig war, um den Gegenstand in die betreffende Höhe zu heben.

$$\text{Potentielle Energie eines gehobenen Körpers } E_{pot} = G\,h$$

Auch eine gespannte Feder besitzt eine Arbeitsfähigkeit. Wenn sie sich entspannt, kann sie an jeder Stelle des Entspannungsweges genau mit der Kraft auf einen anderen Körper einwirken, die zum Spannen erforderlich war. Ihre Arbeitsfähigkeit ist daher ebenso groß wie die Spannarbeit.

$$\text{Potentielle Energie einer gespannten Feder } E_{pot} = \frac{1}{2}\,D\,s^2$$

Wenn ein gehobener Körper nicht daran gehindert wird, fällt er nach unten; eine gespannte Feder entspannt sich, wenn es ihr möglich ist. In beiden Fällen vermindert sich die potentielle Energie des betreffenden Körpers. Ein Gleichgewichtszustand kann nur eintreten, wenn sich die potentielle Energie nicht mehr vermindern kann.

Im Gleichgewicht ist die potentielle Energie eines Körpers ein Minimum.

c) Kinetische Energie. Auch ein Gegenstand, der sich in Bewegung befindet, hat eine Arbeitsfähigkeit, die er im Zustand der Ruhe nicht aufweist. Ein Stein kann auf weichem Erdreich liegen, ohne tief einzusinken; fällt er aber auf die gleiche Stelle, so sinkt er ein und überwindet längs dieser Strecke den Widerstand des Bodens; er verrichtet dabei eine Arbeit. Ein Hammer kann durch seine Gewichtskraft einen Nagel nicht in ein Brett treiben; der gleiche rasch auftreffende Hammer schlägt aber den Nagel ein Stück in das Brett hinein. Diese durch den Bewegungszustand eines Körpers hervorgerufene Arbeitsfähigkeit heißt **kinetische Energie.** Da der Körper mit der Geschwindigkeit v in der Lage ist, eine Bremskraft $F_{br} = m\,a$ längs des Bremsweges $s_{br} = v^2/2\,a$ zu überwinden, berechnet sich seine Arbeitsfähigkeit, also die kinetische Energie, nach der Formel:

$$E_{kin} = F_{br} \cdot s_{br} = \frac{1}{2}\,m\,v^2$$

Beispiel: Vergleichen Sie die kinetische Energie einer Straßenwalze ($m = 6$ t) bei einer Geschwindigkeit von 3,6 km/h mit der eines Geschosses von 20 g Masse bei einer Geschwindigkeit von 900 m/s.

Straßenwalze: $E_{kin} = \frac{1}{2} \cdot 6000 \text{ kg } (1 \text{ m/s})^2 = 3000\,\dfrac{\text{kg m}^2}{\text{s}^2} = 3000 \text{ J}$

Geschoß: $E_{kin} = \frac{1}{2} \cdot 0,02 \text{ kg } (900 \text{ m/s})^2 = 8100\,\dfrac{\text{kg m}^2}{\text{s}^2} = 8100 \text{ J}$

Die kinetische Energie des Geschosses übertrifft also trotz der kleinen Masse die der Dampfwalze, weil der Einfluß der Geschwindigkeit überwiegt.

1.5.2. Der Satz von der Erhaltung der Energie

a) Die Erhaltung der mechanischen Arbeit.
Wenn die Kraft F_1 einen Hebel am Kraftarm l_1 dreht, so legt der Angriffspunkt einen Weg s_1 zurück (Abb. 1). Der Hebel wird dadurch in die Lage versetzt, am Arm l_2 einen Widerstand F_2 längs des Wegstückes s_2 zu überwinden. Die Arbeit der angreifenden Kraft ist: $W_1 = F_1 s_1$, die am Widerstand verrichtete Arbeit ist: $W_2 = F_2 s_2$. Da beide Sektoren in der Abb. geometrisch ähnlich sind, gilt die Verhältnisgleichung:

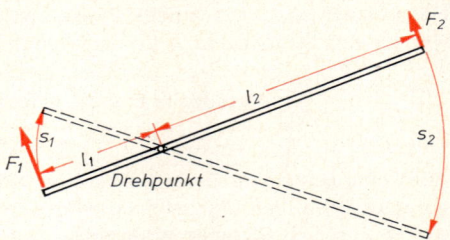

Abb. 1. Arbeit an einem Hebel

$$l_1 : l_2 = s_1 : s_2 \quad \text{oder} \quad s_2 = s_1 \frac{l_2}{l_1}$$

Nach dem Hebelgesetz besteht zwischen der Kraft F_1 und dem Widerstand F_2 die Beziehung: $F_1 l_1 = F_2 l_2$ oder $F_2 = F_1 \frac{l_1}{l_2}$. Setzt man diese Ausdrücke in die am Hebelarm l_2 ausgeführte Arbeit ein, so erhält man:

$$W_2 = F_2 s_2 = F_1 \frac{l_1}{l_2} \cdot s_1 \frac{l_2}{l_1} = F_1 s_1 = W_1$$

Die erforderliche Arbeit, um den Widerstand F_2 längs der Strecke s_2 zu überwinden, ist genau die gleiche, ob sie am Arm l_1 oder am Arm l_2 verrichtet wird. Wenn der Hebel sich reibungsfrei bewegt, geht dabei keine Arbeit verloren.

Das gleiche Ergebnis erhält man auch bei allen anderen mechanischen Vorrichtungen und Vorgängen. Nie ist die an der Last ausgeführte Arbeit größer als die von der angreifenden Kraft verrichtete. Sieht man von den durch die Reibung verursachten Verlusten ab, so sind beide Arbeiten gleich. Während mehrerer Jahrhunderte versuchten zahlreiche Mechaniker, Bastler und Gelehrte vergebens ein „perpetuum mobile", nämlich eine Maschine zu bauen, mit der Arbeit erzeugt werden kann. Aus der Erfahrung dieser tausendfachen Versuche folgt der Satz:

> **Durch keine mechanische Vorrichtung läßt sich Arbeit gewinnen. Bei Vernachlässigung der Reibungsverluste sind aufgewandte und erzielte Arbeit gleich.**

Bei Vernachlässigung von Reibungsverlusten bleibt die mechanische Arbeit erhalten.

b) Der Satz von der Erhaltung der Energie. Mechanische Arbeit kann nie gewonnen werden und nur durch Reibung verloren gehen, sie läßt sich aber in potentielle oder kinetische Energie umwandeln. Bei der Untersuchung dieser Energiearten ergab sich, daß die Arbeitsfähigkeit, also die Energie, eines gehobenen Gewichtsstückes, einer gespannten Feder oder eines bewegten Körpers bei Vernachlässigung der Reibungsverluste ebenso groß sind wie die zum Heben, Spannen oder Beschleunigen erforderliche Arbeit. Bei diesen Vorgängen wird mechanische Arbeit in potentielle oder kinetische Energie umgewandelt. Auch potentielle Energie kann sich in kinetische Energie umwandeln und umgekehrt, z. B. beim freien Fall oder beim Wurf nach oben. Bei allen Energieumwandlungen ist die entstehende Energie, abgesehen von den durch Reibung verursachten Verlusten, ebenso groß wie die verbrauchte Energie. Faßt man die mechanische Arbeit, die potentielle und die kinetische Energie unter dem Begriff **mechanische Energie** zusammen, so kann man das gefundene Ergebnis als **Satz von der Erhaltung der Energie** formulieren.

Bei keiner mechanischen Vorrichtung und keinem mechanischen Vorgang kann Energie erzeugt werden oder — abgesehen von Verlusten durch Reibung — verloren gehen. Energie kann nur umgewandelt werden.

Alle Geräte, die der Umwandlung von mechanischer Energie dienen, nennt man Maschinen. (In späteren Abschnitten wird die Bezeichnung auch für Vorrichtungen verwendet, die andere Energiearten, z. B. Wärme oder elektrische Energie, in mechanische Arbeit umwandeln.)

c) Anwendungen. Der Satz von der Erhaltung der Energie gibt die Möglichkeit, bei manchen Vorgängen eine Aussage über das Ergebnis zu machen, ohne daß alle Einzelheiten des dazwischen liegenden Ablaufs bekannt sein müssen. Ein Beispiel dafür ist die Endgeschwindigkeit, die ein Körper erhält, der ohne wesentliche Reibung Höhe verliert. Ist seine Anfangsgeschwindigkeit v_a, die Endgeschwindigkeit v_e, so ergibt die Abnahme der potentiellen Energie die Zunahme der kinetischen Energie:

$$\frac{1}{2} m v_a^2 + m g h = \frac{1}{2} m v_e^2 \quad \text{oder:} \quad v_e = \sqrt{v_a^2 + 2 g h}$$

insbesondere, wenn $v_a = 0$: $\qquad\qquad\qquad\qquad v_e = \sqrt{2 g h}$

Die letzte schon beim freien Fall gefundene Formel gilt also immer, wenn ein anfangs ruhender Körper ohne merkliche Reibung Höhe verliert.

Beispiel: Eine als Pendel an einem 1,2 m langen Faden aufgehängte Masse wird um 60° aus der Vertikalen ausgelenkt und dann freigegeben. Mit welcher Geschwindigkeit passiert sie den tiefsten Punkt ihrer Kreisbahn?

Höhenunterschied: $\quad h = l(1 - \cos\alpha) = 1,2\,\text{m}\,(1 - 0,5) = 0,6\,\text{m}$

Endgeschwindigkeit: $v = \sqrt{2 g h} = \sqrt{2 \cdot 9,81\frac{\text{m}}{\text{s}^2} \cdot 0,6\,\text{m}} = 3,43\,\frac{\text{m}}{\text{s}}$

1.5.3. Leistung und Wirkungsgrad

a) Die Leistung. Die von einer Maschine verrichtete Arbeit ist nur bedingt durch die Größe der Kraft und die Länge des Weges. Für den wirtschaftlichen Nutzen der Maschine ist aber auch maßgebend, in welcher Zeit eine Arbeit ausgeführt wird. Im täglichen Leben spricht man von einer hohen **Leistung,** wenn eine Arbeit in kurzer Zeit verrichtet wird. Entsprechend wurde in der Physik festgesetzt:

Die Leistung ist der Quotient aus der Arbeit und der für sie benötigten Zeit.

Wenn in einem Zeitintervall Δt die Arbeit ΔW verrichtet wird, errechnet sich daher die Leistung P in diesem Zeitintervall aus der Gleichung:

$$\text{Leistung} = \frac{\text{Arbeit}}{\text{Zeit}} \qquad P = \frac{\Delta W}{\Delta t}$$

Die Leistung in einem bestimmten Zeitpunkt erhält man um so genauer, je kürzer das Intervall Δt ist, das man bei diesem Zeitpunkt auswählt. Beim Grenzübergang $\Delta t \rightarrow 0$ geht der angegebene Quotient in den Differentialquotient über:

$$P = \lim_{\Delta t \to 0} \frac{\Delta W}{\Delta t} = \frac{dW}{dt}$$

Setzt man hier für den Arbeitsanteil $dW = F_s\, ds$ und beachtet man, daß $ds/dt = v$ ist, so erhält man eine weitere Möglichkeit zur Berechnung der Leistung:

$$P = \frac{F_s\, ds}{dt} = F_s\, v$$

Aus allen Gleichungen erhält man für die Einheit **Watt**[1] (W) der Leistung den folgenden Zusammenhang zu anderen Einheiten:

$$[P] = W = \frac{J}{s} = \frac{N\,m}{s} = \frac{kg\,m^2}{s^3} \qquad\qquad 1000\,W = 1\,kW$$

Aus der Umstellung dieser Gleichung folgt $1\,J = 1\,Ws$; deshalb wird die Arbeitseinheit $1\,J$ sehr oft auch als 1 Wattsekunde bezeichnet. Zur Umrechnung der früheren technischen Einheiten in die angegebenen SI-Einheiten dienen die Beziehungen:

$$1\,\frac{kp\,m}{s} = 9{,}81\,W \qquad\qquad 1\,PS = 75\,\frac{kp\,m}{s} = 736\,W = 0{,}736\,kW$$

b) Mittlere Leistung. Oft genügt es, die mittlere Leistung in einem längeren Zeitabschnitt zu berechnen. Man erhält sie, indem man die gesamte in dieser Zeit verrichtete Arbeit W durch die Zeit t dividiert:

$$P_m = \frac{W}{t}$$

Ersetzt man hier die Arbeit W durch $F_s\, s$, so tritt der Quotient s/t auf, der die mittlere Geschwindigkeit während der Zeit t darstellt:

$$P_m = \frac{W}{A} = \frac{F_s\, s}{A} = F_s\, v_m$$

Diese Gleichung ist auch noch brauchbar, wenn sich die Kraft F_s während der Zeit t ändert; man ersetzt sie dann durch ihren Mittelwert F_{sm}:

$$P_m = F_{sm}\, v_m$$

c) Der Wirkungsgrad. Da bei allen mechanischen Vorrichtungen oder Maschinen Reibung auftritt, ist die an der Last verrichtete Arbeit um den zur Überwindung der Reibungskraft verbrauchten Arbeitsbetrag kleiner als die der Maschine zugeführte Arbeit.

Das Verhältnis der Nutzarbeit zur zugeführten Arbeit ist der Wirkungsgrad. Er ist stets kleiner als 1.

$$\text{Wirkungsgrad } \eta = \frac{\text{Nutzarbeit}}{\text{zugeführte Arbeit}}$$

[1] James W a t t , 1736 bis 1819, englischer Ingenieur, baute die erste brauchbare Dampfmaschine.

Da die Nutzarbeit fast immer in derselben Zeit verrichtet wird, in welcher der Maschine Arbeit zugeführt wird, erhält man den Wirkungsgrad auch als Verhältnis der Leistungen.

$$\textbf{Wirkungsgrad } \eta = \frac{\text{Nutzleistung}}{\text{zugeführte Leistung}}$$

Erfolgt die Arbeitszufuhr bei einer Maschine während einer anderen Zeit als die Entnahme der Nutzarbeit, so gilt die letzte Gleichung nicht.

Beispiele und Aufgaben:

1. Eine Maschine soll eine Last (Masse $m = 600$ kg) um $s = 10,5$ m heben. Berechnen Sie die dazu nötige Arbeit. Welche Zeit braucht dazu ein Motor bei einer Leistung $P = 0,9$ kW, wenn dabei zur Überwindung der Getriebereibung eine Arbeit von 10 kJ erforderlich ist? Welchen Wirkungsgrad weist die Maschine auf?

   Nutzarbeit: $\qquad W_n = m\,g\,h = 600 \text{ kg} \cdot 9,81 \text{ m/s}^2 \cdot 10,5 \text{ m} = 61,8 \text{ kJ}$

   Zugeführte Arbeit: $W = 61,8 \text{ kJ} + 10 \text{ kJ} = 71,8 \text{ kJ}$

   Erforderliche Zeit: $\quad t = \dfrac{W}{P} = \dfrac{71,8 \text{ kJ}}{0,9 \text{ kW}} = 80 \text{ s}$

   Wirkungsgrad: $\qquad \eta = \dfrac{61,8 \text{ kJ}}{71,8 \text{ kJ}} = 0,86 = 86 \%$

2. Ein Quader (Abb. 1) von der Masse $m = 4$ kg kann mit einer Reibungszahl $\mu = 0,4$ auf horizontaler Unterlage gleiten. Welche unter dem Winkel 30° nach oben ziehende Kraft ist nötig, um ihn mit gleichbleibender Geschwindigkeit zu verschieben? Welche Arbeit wird dabei auf einer 2,5 m langen Strecke verrichtet? (Zugkraft 14,7 N, Arbeit 31,8 J)

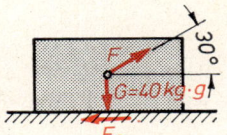

Abb. 1. Zu Aufgabe 2

3. Eine Gütermenge von 3,6 t soll aus einem Hof in einen 7,5 m höher gelegenen Speicher gebracht werden. Berechnen Sie den nötigen Arbeitsaufwand. Wie groß sind der Gesamtarbeitsaufwand, die mittlere Leistung, die Momentanleistung während eines Arbeitsganges und der Wirkungsgrad, wenn die Arbeit

   a) von einem Arbeiter ($m = 70$ kg, Tragfähigkeit 50 kg) ausgeführt wird, der zum Aufsteigen 1 min benötigt, danach aber zum Neubeladen 6,5 min Pause macht,

   b) von einem Aufzug ($m = 600$ kg, Tragfähigkeit 1200 kg) ausgeführt wird, der alle 6 min beladen mit einer Geschwindigkeit von 0,8 m/s hochfahren kann?
   $$(W = 265 \text{ kJ} \quad \text{a) } W_1 = 636 \text{ kJ}, P_{m1} = 19,6 \text{ W}, P_1 = 147 \text{ W}, \eta_1 = 41,7 \%$$
   $$\text{b) } W_2 = 397 \text{ kJ}, P_{m2} = 368 \text{ W}, P_2 = 14130 \text{ W}, \eta_2 = 66,7 \%)$$

4. Ein Arbeiter dreht eine Kurbel (Armlänge 25 cm) mit einer Umfangskraft $F = 150$ N. Wie groß ist seine Leistung bei 30 U/min? (0,118 kW)

5. Welche Geschwindigkeit erzielt ein Auto ($m = 1000$ kg) bei einer an die Räder abgegebenen Leistung von 30 kW, das bei einer Reibungszahl $\mu = 0,03$ und einem Luftwiderstand von 900 N auf horizontaler Straße fährt? (90,5 km/h)

1.5.4. Geneigte Ebene, Keil und Schraube

a) Schiefe Ebene. Soll ein schwerer Körper auf einen Wagen befördert werden, so ist es oft leichter, ihn auf schrägen Bohlen oder Balken hinaufzuschieben oder hinaufzurollen, als ihn hinaufzuheben. Eine solche Vorrichtung bezeichnet man als **schiefe** oder **geneigte Ebene.** Die notwendige Kraft ist von der Neigung der Ebene abhängig. Den Zusammenhang zwischen den auftretenden Kräften findet man aus einem Kräfteparallelogramm (Abb. 1). Man zerlegt die Gewichtskraft G des Körpers in eine parallel zur geneigten Ebene hinabtreibende Kraft, die **Hangabtriebskraft** F_H und eine senkrecht zur Ebene wirkende Normalkraft F_n. Die Hälfte des Kräfteparallelogramms ist ähnlich zum Neigungsdreieck der Ebene. Daraus ergibt sich:

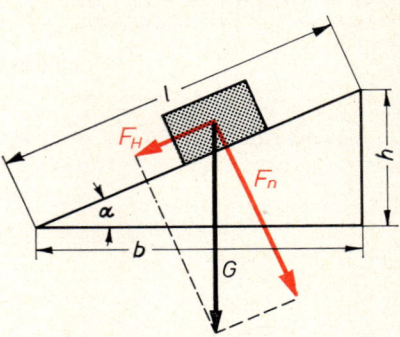

Abb. 1. Kräfte bei der schiefen Ebene

$$F_H = G\,\frac{h}{l} = G \sin\alpha \qquad F_n = G\,\frac{b}{l} = G \cos\alpha$$

Aus $F_R = \mu\,F_n$ folgt nun: $\quad F_R = \mu\,G\,\dfrac{b}{l} = \mu\,G \cos\alpha$

Um einen Körper die geneigte Ebene ohne Beschleunigung hinaufzuziehen, müssen Hangabtriebskraft und Reibungskraft überwunden werden. Die erforderliche Zugkraft ist also:

$$F' = F_H + F_R = G\,\frac{h+\mu\,b}{l} = G\,(\sin\alpha + \mu \cos\alpha)$$

Wenn ein Körper ohne Zugkraft eine schiefe Ebene hinaufgleitet, verursacht diese Kraft nach dem Grundgesetz der Dynamik die Verzögerung:

$$a' = \frac{F'}{m} = g\,\frac{h+\mu\,b}{l} = g\,(\sin\alpha + \mu \cos\alpha)$$

Beim Hinabgleiten vermindert die Reibung die Wirkung der Hangabtriebskraft. Die notwendige Festhaltekraft ist daher:

$$F = F_H - R = G\,\frac{h-\mu\,b}{l} = G\,(\sin\alpha - \mu \cos\alpha)$$

Ohne Festhaltekraft entsteht beim Hinabgleiten die Beschleunigung:

$$a = \frac{F}{m} = g\,\frac{h-\mu\,b}{l} = g\,(\sin\alpha - \mu \cos\alpha)$$

b) Reibungswinkel. Ist die Neigung einer Ebene gerade so groß, daß ein Körper gleichmäßig hinabgleitet, wenn er durch einen kleinen Stoß in Bewegung versetzt worden ist, dann ist die Hangabtriebskraft F_H ebenso groß wie die Reibungskraft F_R. In diesem Fall bezeichnet man den Neigungswinkel als Reibungswinkel ϱ. Bei kleinerem Neigungswinkel bleibt der Körper in Ruhe, bei größerem nimmt seine Geschwindigkeit zu. Die Größe des Reibungswinkels findet man aus der Beziehung $F_H = F_R$, wenn man α durch ϱ ersetzt:

$$G \sin\varrho = \mu\,G \cos\varrho \qquad \text{oder:} \qquad \tan\varrho = \mu$$

Viele Untersuchungen über die Reibung lassen sich mit dem Reibungswinkel einfacher durchführen als mit der Reibungszahl. Die geneigte Ebene bietet das beschriebene, einfache Verfahren zur Bestimmung von Reibungswinkeln bzw. von Reibungszahlen. Beim Aufschütten von losen Massen bildet sich von selbst der Reibungswinkel aus und wird dann als S c h ü t t - oder B ö s c h u n g s w i n k e l bezeichnet.

Schüttwinkel

Steinkohle, Koks	45°	Sand, Kies (erdfeucht)	30°	Braunkohle	35°
Steinschotter, Erze	40°	Gartenerde (erdfeucht)	25°	Getreide	30°

c) Der Keil. Der Keil ist als Hilfsmittel zum Aufspalten von Holz bekannt. Bei jedem Schlag wirkt auf den Rücken b des Keils eine Kraft; dabei drücken die Seiten s_1 und s_2 das Holz senkrecht zu ihrer Fläche auseinander (Abb. 2). Beim symmetrischen Keil mit $s_1 = s_2$ sind die Seitenkräfte F_{n1} und F_{n2} gleich. Sie erzeugen eine große Reibung, so daß man die Reibungskräfte nicht vernachlässigen darf. Aus den Gleichgewichtsbedingungen zwischen der auf den Keilrücken wirkenden Kraft F, den auf die Seitenflächen wirkenden Normalkräften des zu spaltenden Materials und den entlang der Seitenflächen wirkenden Reibungskräften erhält man:

$$F = 2\,F_n \sin\alpha + 2\,F_R \cos\alpha = 2\,F_n (\sin\alpha + \mu \cos\alpha) \qquad F_n = \frac{F}{2\,(\sin\alpha + \mu \cos\alpha)}$$

Zum Teilen eines Materials kann man nur ungünstig Kräfte verwenden, die entlang der Oberfläche wirken, weil sie keinen Angriffspunkt finden. Mit einem Keil kann man aber dazu Kräfte verwenden, die normal gegen die Oberfläche geführt werden und die bei kleinem Keilwinkel und kleiner Reibungszahl sogar noch vergrößert werden. Deshalb haben das Messer und alle Werkzeuge zur Spanabnahme an der Schneide die Form eines Keils, z. B. der Meißel, der Hobel, der Bohrer, Dreh- und Hobelstähle.

Beim Herausziehen eines Keils haben die Kräfte F, F_{R1} und F_{R2} umgekehrte Richtung, so daß man erhält:

$$F' = 2\,F_n\,(\mu \cos\alpha - \sin\alpha)$$

Bei großem μ und kleinem Reibungswinkel ist diese Kraft F' groß, so daß ein eingeklemmter Keil nur schwer entfernt werden kann. Deshalb verwendet man ihn auch zum Verkeilen von Rädern auf Wellen oder von Stützpfosten. Ähnlich wird ein eingeschlagener Nagel fest im Material gehalten.

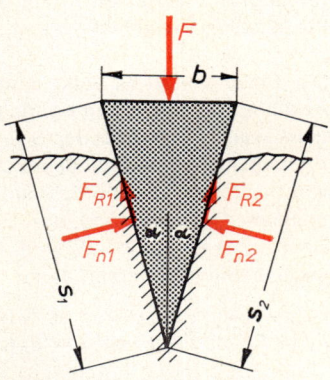

Abb. 2. Kräfte beim Keil

d) Die Schraube. Eine Schraubenlinie entsteht, wenn man ein rechtwinkliges Dreieck um einen Zylinder wickelt (Abb. 3). Schneidet man längs der Schraubenlinie in den Zylinder eine Vertiefung, so entsteht eine **Schraube.** Nach der Art der Einkerbung unterscheidet man scharfgängige (Abb. 4) und flachgängige Schrauben (Abb. 3 und 5). Je nach dem Windungssinn bezeichnet man ihr Gewinde als Rechtsgewinde (Abb. 3 und 5) oder als Linksgewinde.

Bei allen Schrauben ist die Reibung so groß, daß man sie nicht vernachlässigen darf. Bei scharfgängigen Schrauben

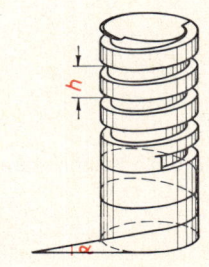

Abb. 3. Entstehung einer Schraube

5*

ist sie größer als bei flachgängigen. Deshalb verwendet man für Bewegungsspindeln nur flachgängige Gewinde.

Den auf einer Mantellinie gemessenen Abstand zweier Windungen der Schraubenlinie bezeichnet man als G a n g h ö h e *h*. Aus dem äußeren Gewindedurchmesser d_1 und dem Kerndurchmesser d_2 findet man den mittleren Durchmesser *d* und den Steigungswinkel α:

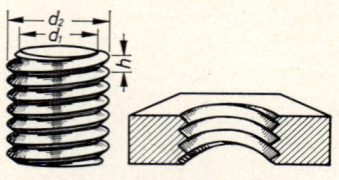

Abb. 4. Scharfgängige Schraube mit Mutter

$$d = \frac{d_1 + d_2}{2} \qquad \tan \alpha = \frac{h}{d\,\pi} = \frac{h}{2\,r\,\pi}$$

Wenn man eine Schraube z. B. mittels eines Schraubenschlüssels mit dem Moment $F_1\,l$ (Abb. 5) dreht, so entsteht an der Schraube eine Umfangskraft $F_3 = F_1 \dfrac{l}{r}$ mit dem Hebelarm $r = d/2$. Die Beziehung zwischen dieser Umfangskraft F_3 und der längs der Schraubenachse zu überwindenden Gegenkraft F_2 findet man aus Abb. 6. Sie stellt die in eine Ebene abgewickelte Windung einer Schraube und ihrer Mutter dar. Die längs der ganzen Berührungslinie verteilten Kräfte darf man sich in e i n e m Punkt zusammengefaßt denken.

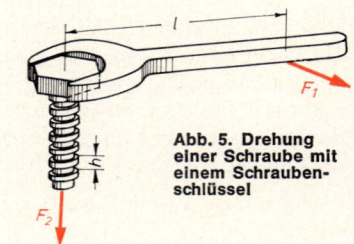

Abb. 5. Drehung einer Schraube mit einem Schraubenschlüssel

Die Umfangskraft F_3 wirkt dann in der *x*-Richtung, die Axialkraft F_2 in Richtung der negativen *y*-Achse entgegen dem axialen Vorschub der Schraube. Senkrecht zur Berührungslinie zwischen Schraube und Mutter wirkt die von der Mutter auf die Schraubenflanke ausgeübte Normalkraft F_n, und längs der Berührungslinie wirkt die Reibungskraft $F_R = \mu\,F_n = F_n \tan \varrho$. Aus den Gleichgewichtsbedingungen folgt dann:

$$F_3 = F_n \sin \alpha + F_R \cos \alpha = F_n (\sin \alpha + \tan \varrho \cos \alpha)$$
$$F_2 = F_n \cos \alpha - F_R \sin \alpha = F_n (\cos \alpha - \tan \varrho \sin \alpha)$$

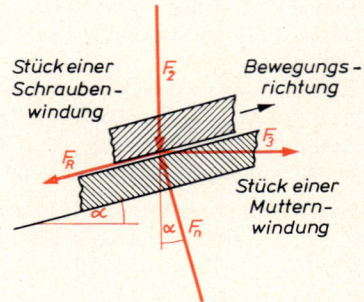

Abb. 6. Kräfte bei einer Schraube

Wenn man durch Division beider Gleichungen F_n eliminiert, folgt daraus:

$$F_3 = F_2 \frac{\sin \alpha + \tan \varrho \cos \alpha}{\cos \alpha - \tan \varrho \sin \alpha} = F_2 \tan (\alpha + \varrho)$$

Aus der Umfangskraft F_3 findet man die am Hebelarm l erforderliche Drehkraft F_1:

$$\boxed{F_1 = F_2 \tan (\alpha + \varrho)\,\frac{r}{l}}$$

Für die Festhaltekraft ändert sich nur das Vorzeichen von ϱ:

$$\boxed{F_1' = F_2 \tan (\alpha - \varrho)\,\frac{r}{l}}$$

Bei einer Schraube ist der Steigungswinkel α fast immer kleiner als der Reibungswinkel ϱ. Schon bei Gleichheit dieser beiden Winkel wird die Festhaltekraft Null. Es bedarf also dann – und erst recht, wenn $\varrho > \alpha$ ist, – überhaupt keiner Kraft mehr, um die Schraube festzuhalten.

Eine Schraube mit $\alpha < \varrho$ ist selbsthemmend.

Aufgaben:

1. Auf einer Schrotleiter von 2,6 m Länge, die auf einen 1 m hohen Wagen gelegt ist, wird ein Faß von 60 kg Masse bewegt. Welche Kraft ist bei einer Reibungszahl $\mu = 0,1$ zum Hinaufrollen und zum Festhalten erforderlich? $(F = 281\ N,\ F' = 172\ N)$

2. Um einen Wagen ($m = 420$ kg) eine Steigung hinaufzuziehen, braucht man eine Zugkraft von 1100 N; um ihn festzuhalten, nur 580 N. Berechnen Sie den Steigungswinkel und die Reibungszahl. $(\alpha = 11,8°,\ \mu = 0,0645)$

3. Welche Verzögerung a' erleidet ein Wagen beim Hinauffahren auf eine schiefe Ebene ($\sin\alpha = 0,03$, $\cos\alpha \approx 1$) bei einer Reibungszahl $\mu = 0,02$? Welche Geschwindigkeit hat er nach 50 m noch, wenn er am unteren Ende der schiefen Ebene die Geschwindigkeit 27 km/h hatte? Wie weit fährt er hinauf, und nach wieviel Sekunden kommt er wieder ans untere Ende zurück? $(a' = 0,49\ m/s^2,\ v_e = 2,68\ m/s,\ t_{aufw} = 15,3\ s = 57,3\ m$
   $a = 0,098\ m/s^2,\ t_{abw} = 34,2\ s,\ t_{ges} = 49,5\ s)$

4. Ein Messer hat eine Klinge von 15 mm Breite und 1,8 mm Rückenstärke. Es soll ein Material mit einer Kraft $F_n = 60$ N trennen. Berechnen Sie die dazu auf dem Messerrücken erforderliche Kraft ohne und mit Berücksichtigung der Reibung ($\mu = 0,2$). $(7,2\ N,\ 31,2\ N)$

5. Ein Keil ($b = 3$ cm, $s = 15$ cm) wird mit einem Schlag, der auf den Rücken eine Kraft $F = 200$ N ausübt, zwischen zwei Gegenstände geklemmt, an denen er eine Reibung mit $\mu = 0,5$ erfährt. Mit welcher Kraft drückt er auf die Gegenstände? Welche Kraft braucht man zum Herausziehen? $(167\ N,\ 133\ N)$

6. Mit welcher Kraft muß man einen Schraubenschlüssel ($l = 12$ cm) drehen, um bei einer Ganghöhe von 2 mm und einem mittleren Durchmesser von 16 mm bei der Reibungszahl 0,15 eine Axialkraft von 1000 N zu erzielen? $(F_1 = 12,7\ N)$

7. Welche Kraft übt eine Klemmschraube in Achsenrichtung aus, wenn sie mit einem Schraubenzieher von einem Moment 0,8 N m angezogen wird ($\mu = 0,12$, $r = 5$ mm, $h = 1$ mm)? $(F_2 = 1050\ N)$

1.5.5. Die einfachen Maschinen

a) Feste und lose Rolle. Eine Rolle ist eine um ihre Achse drehbare Scheibe mit einer in den Rand eingeschnittenen Schnurlaufrille. Die Achse ist in einer Gabel oder „Flasche" gelagert. Ist diese befestigt, so nennt man die Vorrichtung eine feste Rolle; ist die Flasche beweglich, eine lose Rolle.

Die **feste Rolle** (Abb. 1) kann man als einen gleicharmigen Hebel auffassen:

$$F_1 \frac{d}{2} = F_2 \frac{d}{2} \quad \text{oder:} \quad \boxed{F_1 = F_2}$$

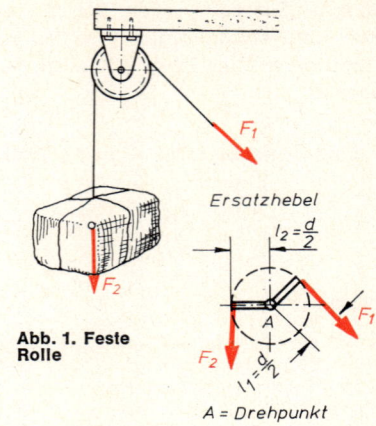

Ersatzhebel

Abb. 1. Feste Rolle

A = Drehpunkt

> **Eine feste Rolle verändert nicht die Größe, sondern nur die Richtung einer Kraft.**

Wegen der bei jeder Rolle auftretenden Reibung ist die zum Hochziehen notwendige Kraft etwas größer und die zum Festhalten dienende Kraft kleiner als die Last. Die Reibungskraft kann bei einer guten Rolle bis auf etwa 1 % der auf die Achse wirkenden Kraft vermindert werden.

Bei einer **losen Rolle** hängt die Last an der Gabel, während die Rolle von dem um sie laufenden Seil getragen wird (Abb. 2). Dadurch verteilt sich die Gesamtlast auf beide Seilstücke. Wenn man die Reibung vernachlässigt, betragen daher die Kräfte in den beiden Seilstücken je die Hälfte von der Gewichtskraft der Last. Das gleiche Ergebnis folgt, wenn man die lose Rolle als Hebel auffaßt:

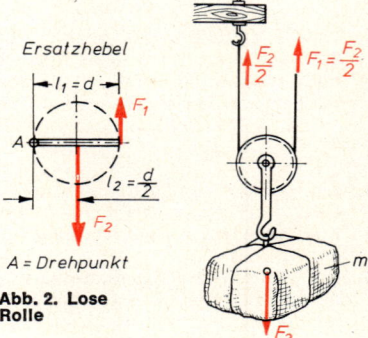

Ersatzhebel

A = Drehpunkt

Abb. 2. Lose Rolle

$$F_1 d = F_2 \frac{d}{2} \quad \text{oder:} \quad \boxed{F_1 = \frac{F_2}{2}}$$

> **Bei einer losen Rolle ist die Kraft gleich der halben Gewichtskraft der Last.**

b) Der Rollenflaschenzug. Der einfachste Flaschenzug ist der Rollenflaschenzug (Abb. 3). Er besteht aus einer oder mehreren festen und losen Rollen, die je in einer Gabel befestigt sind. Meistens sind es gleich viele feste und lose Rollen, und die Zahl der verbindenden Seilstücke ist ebenso groß wie die Rollen. Die Gewichtskraft F_2 der Last verteilt sich gleichmäßig auf alle Seilstücke. Deshalb ist die für das Gleichgewicht notwendige Kraft F_1 am Ende des freien Seilendes bei n Tragseilen nur der n-te Teil der Kraft F_2:

$$\boxed{\text{Gleichgewichtskraft} = \frac{\text{Gewichtskraft der Last}}{\text{Zahl der Tragseile}} \qquad F_1 = \frac{F_2}{n}}$$

Der Weg der Zugkraft ist n-mal so groß wie der der Last, weil alle n Tragseile um den Lastweg verkürzt (bzw. verlängert) werden müssen.

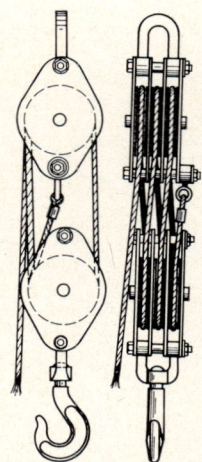

Abb. 3. Rollenflaschenzug

c) Der Differentialflaschenzug. Statt eines Rollenflaschenzuges wird oft, besonders wenn er mit Hand bedient werden soll, ein Differentialflaschenzug verwendet (Abb. 4). Bei ihm wird statt der einfachen festen Rolle eine Doppelrolle benutzt. Weil ein Seil leicht rutschen könnte, verwendet man eine Kette, die in entsprechende Vertiefungen am Umfang der Rollen eingreift. Die beiden fest verbundenen Rollen sind im Durchmesser nur wenig verschieden. Die Kette wird auf der einen Seite hochgezogen, auf der anderen herabgelassen. Für den Gleichgewichtsfall gilt nach dem Hebelgesetz:

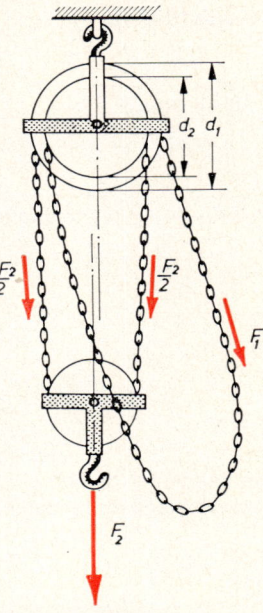

$$\frac{F_2}{2}\frac{d_2}{2} + F_1\frac{d_1}{2} = \frac{F_2}{2}\frac{d_1}{2} \qquad \boxed{F_1 = F_2\frac{d_1 - d_2}{2\,d_1}}$$

Man kann bei kleinem Unterschied von d_1 und d_2 einen starken Kraftgewinn erzielen. Da aber der Weg der Kette in demselben Maße größer wird und auf diesem großen Weg überall Reibung auftritt, erzielt man nur einen Wirkungsgrad von etwa 45 ... 60 %.

Abb. 4. Differential-flaschenzug

d) Das Wellrad. Oft wird das Seil, das eine Last trägt, nicht mit der Hand gezogen, sondern auf eine Trommel aufgewickelt, die mit einer Handkurbel oder einem Motor angetrieben wird. Die Kraft greift an der Kurbel oder an einem fest mit der Trommel verbundenen Rad an. Eine solche Einrichtung wird als **Wellrad** bezeichnet (Abb. 5).

Aus der Gleichheit der Drehmomente um die Achse des Wellrades findet man die Beziehung zwischen der Kraft F_1 an der Kurbel bzw. am Umfang des Antriebsrades und der Kraft F_2 an der Trommel:

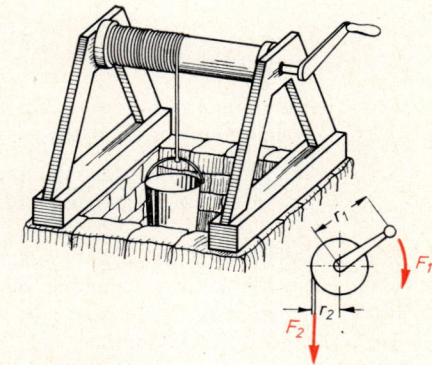

$$F_1\,r_1 = F_2\,r_2 \qquad F_1 = F_2\frac{r_2}{r_1} = F_2\frac{d_2}{d_1}$$

Abb. 5. Wellrad

Auch hier entspricht der Verkleinerung der erforderlichen Kraft eine Vergrößerung des Weges.

e) Räderwerke. Um die Antriebskraft noch zweckmäßiger anzuwenden, treibt man bei großen Lasten die Trommel nicht unmittelbar an, sondern über ein **Räderwerk,** z. B. ein Zahnradgetriebe (Abb. 6). Dabei wirken die Zähne des Zahnrades Z_1 mit der am Umfang wirkenden Kraft F_{u1} an der Eingreifstelle auf die Zähne des Rades Z_2, die im Falle des Gleichgewichtes mit der gleich großen Gegenkraft F_{u2} entgegenwirken. Nach dem Hebelgesetz erhält man die beide Achsen:

1. Achse (Rad 1):

$$F_1\, l_1 = F_{u2}\frac{d_{01}}{2} \qquad F_{u2} = F_1\frac{2\, l_1}{d_{01}}$$

2. Achse (Rad 2):

$$F_{u1}\frac{d_{02}}{2} = F_2\, l_2 \qquad F_{u1} = F_2\frac{2\, l_2}{d_{02}}$$

Weil $F_{u2} = F_{u1}$ ist, folgt nun:

$$F_1\frac{l_1}{d_{01}} = F_2\frac{l_2}{d_{02}} \qquad F_1 = F_2\frac{l_2}{l_1}\frac{d_{01}}{d_{02}}$$

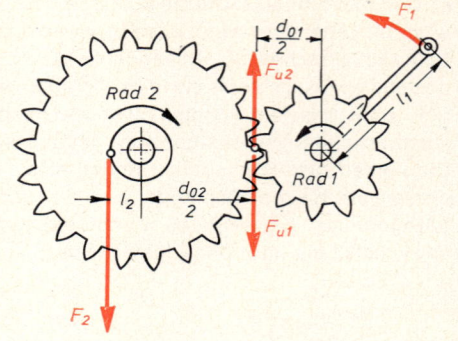

Abb. 6. Zahnradgetriebe

Die Zahnräder drehen sich mit den Drehfrequenzen n_1 und n_2. Weil sie aneinander abrollen, sind die Wege am Umfang gleich. Deshalb gilt:

$$2\, r_1\, \pi\, n_1 = 2\, r_2\, \pi\, n_2 \qquad \frac{n_1}{n_2} = \frac{r_2}{r_1} = \frac{d_2}{d_1}$$

Drehfrequenzen und Radien (oder Durchmesser) stehen im umgekehrten Verhältnis. Da sich bei Zahnrädern die Zähnezahlen wie die Radien verhalten, können beim Verhältnis, dem **Übersetzungsverhältnis** i, auch die Zähnezahlen eingesetzt werden.

Übersetzungsverhältnis:

$$i = \frac{\text{Drehfrequenz des treibenden Rades}}{\text{Drehfrequenz des getriebenen Rades}}$$

$$i = \frac{\text{Zähnezahl des getriebenen Rades}}{\text{Zähnezahl des treibenden Rades}}$$

Zur Übertragung einer Drehbewegung von einer Achse zur anderen kann man auch Reibräder, Riemen- oder Kettentriebe verwenden. Bei Zahn- und Reibrädern ist der Drehsinn beider Räder entgegengesetzt, beim Riemen- und Kettentrieb ist er gleich. Man kann aber auch durch gekreuzten Riementrieb gegenläufigen Drehsinn erzeugen (Abb. 7). Allgemein gilt bei jeder Übertragung:

> **Von einer Achse zur anderen werden gleiche Umfangskräfte, auf der gleichen Achse werden gleiche Drehmomente übertragen.**

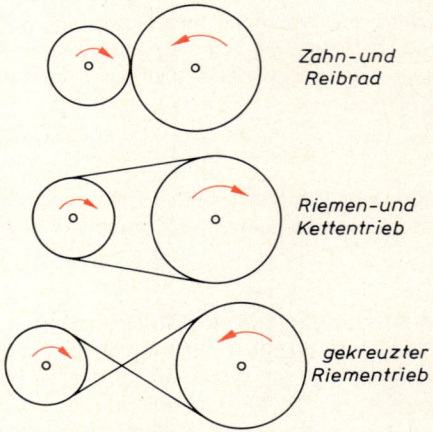

Zahn- und Reibrad

Riemen- und Kettentrieb

gekreuzter Riementrieb

Abb. 7. Drehsinn bei verschiedenen Räderwerken

f) Schneckentrieb und Schraubenflaschenzug. Das Schneckengetriebe (Abb. 8) gibt ein besonders günstiges Übersetzungsverhältnis. Wenn sich die Schnecke einmal um ihre Achse dreht, rückt die nächste Windung an die Stelle der vorhergehenden, so daß das Zahnrad um einen Zahn gedreht wird. Hat das Zahnrad die Zähnezahl z, so ergeben erst z Umdrehungen der Schnecke e i n e Umdrehung des Zahnrades.

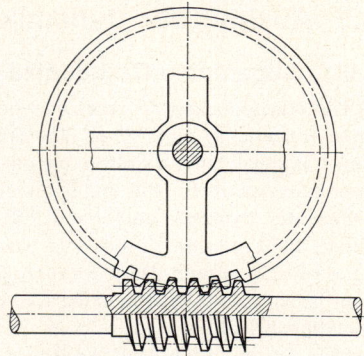

> Das Übersetzungsverhältnis für ein Schneckengetriebe ist also $i = z$.

Abb. 8. Schneckengetriebe

Beim **Schraubenflaschenzug** (Abb. 9) wird die Achse einer Schnecke S mit einer Antriebskette über ein Kettenrad K_2 gedreht. Die Schnecke treibt das Zahnrad Z und das mit ihm verbundene Kettenrad K_1. Die Tragkette ist mit beiden Enden an der Gabel befestigt und läuft über das Kettenrad K_1 und die lose Rolle R, an deren Gabel die Last hängt. Die Rolle hat das Übersetzungsverhältnis $i_1 = 2$, das Schneckengetriebe $i_2 = z$. Dazu kommt das Übersetzungsverhältnis der beiden Kettenräder $i_3 = d_2/d_1$. Das Gesamtübersetzungsverhältnis ist das Produkt der Teilübersetzungen:

$$i = i_1\, i_2\, i_3 = 2\, z\, \frac{d_2}{d_1}$$

Man verwendet Übersetzungsverhältnisse zwischen 30 und 100. Der Schraubenflaschenzug ist wegen des verwendeten Schneckentriebes selbsthemmend. Wegen dieses Vorteils ist er der zum Heben schwerer Lasten auf Baustellen ohne Kran am meisten benutzte Handflaschenzug, obwohl sein Wirkungsgrad wegen des Schneckentriebes unter 50 % bleibt.

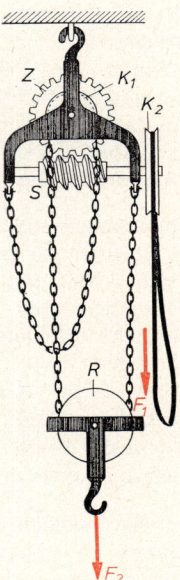

Abb. 9. Schraubenflaschenzug

Aufgaben:

1. Ein Rollenflaschenzug mit vier Tragseilen dient zum Hochheben einer Last von 2400 N.

   a) Wie groß ist die erforderliche Zugkraft bei Vernachlässigung der Verluste? Wie groß ist sie bei einem Wirkungsgrad von 90 % und bei Berücksichtigung der Gewichtskraft der unteren Rolle und Gabel von 80 N?
   (600 N, 689 N, 22,05 kJ, 122,5 W)

   b) Welche Arbeit und Leistung sind aufzuwenden, um die Last in 3 min 8 m hochzuziehen?
   (600 N, 689 N, 22,05 kJ, 122,5 W)

2. Bei einem Schraubenflaschenzug sind die Durchmesser $d_1 = 40$ cm, $d_2 = 72$ cm und die Zähnezahl $z = 20$. Berechnen Sie das Übersetzungsverhältnis und die erforderliche Zugkraft F_1, um eine Last mit der Gewichtskraft $F_2 = 6$ kN bei einem Wirkungsgrad von 70 % zu heben.
   ($i = 72$, $F_1 = 119$ N)

1.6. Ausbau der Dynamik

1.6.1. Allgemeine Grundsätze der Dynamik

a) Die Newtonschen Axiome. Aus dem **Trägheitsgesetz** geht hervor, daß bei keinem Körper ohne Einwirkung einer Kraft eine Bewegung entsteht, sondern daß bei ihm der vorhandene Bewegungszustand erhalten bleibt. Wenn aber an einem Körper Kräfte angreifen, deren Resultierende nicht Null ist, dann entsteht eine Beschleunigung, die sich nach dem **Grundgesetz der Dynamik** berechnen läßt. Das Grundgesetz gilt zunächst nur für einen Massenpunkt, während alle Körper aus einer Ansammlung von Massenpunkten bestehen, zwischen denen Kräfte wirken. Da jede angreifende Kraft von einem weiteren Körper ausgeht, benötigt man auch eine Aussage über die Wechselwirkung mehrerer Massen. Diese finden wir im **Reaktionsprinzip,** wonach jeder Körper, der eine Kraft ausübt, selbst von einer ebenso großen Gegenkraft getroffen wird.

Es ist das große Verdienst **Isaak Newtons,** in diesen drei Gesetzen die Grundlage der gesamten Mechanik erkannt zu haben. Alle drei Gesetze sind durch die Erfahrung oder durch Experimente gesichert. Newton setzte ihre Gültigkeit in seinem Werk über die mathematischen Prinzipien der Naturwissenschaft (philosophiae naturalis principia mathematica) voraus und leitete aus ihnen mit mathematischen Hilfsmitteln alle weiteren Gesetze ab. Auf diese Weise baut sich die gesamte Mechanik auf diesen drei Gesetzen auf. Da ihre Richtigkeit vorausgesetzt, also gleichsam gefordert wird, bezeichnet man sie als die **Newtonschen Axiome der Mechanik** (griech.: axioein = fordern).

b) Erhaltungssätze. Der **Satz von der Erhaltung der Energie** gestattet bei reibungsarmen Vorgängen Aussagen zu machen, selbst wenn man den Ablauf der Vorgänge im einzelnen nicht kennt. Der Erhaltungssatz verschafft also einen raschen Überblick über zahlreiche Vorgänge. Dies gilt auch von anderen Erhaltungssätzen, die in der Physik auftreten. Die tägliche Erfahrung läßt uns z. B. den Satz von der Erhaltung der Masse als ein nahezu selbstverständliches Gesetz erscheinen. Im folgenden Abschnitt wird ein weiterer Erhaltungssatz aus der Mechanik abgeleitet werden. Auch in anderen Gebieten der Physik gibt es noch Erhaltungssätze, die bei der Forschung vor allem bei der über die Elementarteilchen (der kleinsten Teilchen, aus denen sich alle Materie und Energie zusammensetzt) eine große Bedeutung erlangt haben (7.4.8.).

c) Reversibilität und Irreversibilität. Nach dem Satz von der Erhaltung der Energie wird die Arbeit, die aufgewendet wird, um einen Körper reibungslos von einem Punkt an einen anderen zu bringen, in kinetische und potentielle Energie umgewandelt. Wenn der Körper zum Ausgangspunkt zurückgebracht wird, werden die Energien wieder frei, so daß der ursprüngliche Zustand wieder entsteht. Ein solcher Vorgang ist umkehrbar oder **reversibel.** Dies gilt aber nicht mehr, wenn ein Teil der aufgewandten Arbeit zur Überwindung von Reibung verbraucht wird. Da diese Arbeit nicht als potentielle oder kinetische Energie gespeichert wird, läßt sie sich nicht mehr in mechanische Arbeit zurückverwandeln. Dann läßt sich ein Vorgang nicht mehr umkehren, er ist **irreversibel.** Da alle wirklich ablaufenden Vorgänge mit Reibung verbunden sind, verlaufen sie irreversibel, so daß es streng genommen keine reversiblen Vorgänge gibt.

d) Die Kausalität. Wenn sich zwei Körper im gleichen Zustand befinden und an ihnen die gleichen Kräfte angreifen, so entsteht bei ihnen auch der gleiche mechanische Vorgang. Diese Erkenntnis kann man in folgendem Satz formulieren:

Gleiche Ursachen haben stets gleiche Wirkungen.

Da die mechanischen Gesetze bekannt sind, müßte man aus einem Anfangszustand, bei dem alle Eigenschaften und Begleitumstände bekannt sind, den Folgezustand berechnen können. Lediglich die Unmöglichkeit, alle Begleitumstände hinreichend zu erfassen, verhindert eine sichere Voraussage. Diesen Zusammenhang zwischen Ursache und Wirkung bezeichnet man als **Kausalität** (lat.: causa = Ursache). Sie ist nicht nur in der Mechanik, sondern in der ganzen Physik erfüllt, wenn die beteiligten Körper nicht zu kleine Massen besitzen und wenn nicht zu kleine Energiebeträge ausgetauscht werden. In 7.2.3. d werden wir erkennen, daß dem Kausalitätsprinzip im atomaren Bereich Grenzen gesetzt sind.

1.6.2. Impulssatz und Stoß

a) Der Impulssatz. Wenn auf einen Körper eine Kraft einwirkt, ändern sich seine Geschwindigkeit und gleichzeitig auch die Größe $m\,v$. Ihre Änderung hängt in einfacher Weise von dem Produkt $F\,t$ aus der Kraft und ihrer Einwirkungszeit ab. Wenn nämlich die Kraft konstant ist, erhält man aus der Geschwindigkeitsgleichung der gleichmäßig beschleunigten Bewegung:

$$\vec{v_e} = \vec{v_a} + \vec{a}\,t \qquad\qquad \vec{a} = \frac{v_e - v_a}{t}$$

Setzt man diesen Ausdruck in das Grundgesetz der Dynamik ein, so ergibt sich:

$$\vec{F} = m\,\frac{\vec{v_e} - \vec{v_a}}{t} \qquad\qquad \vec{F}\,t = m\,\vec{v_e} - m\,\vec{v_a}$$

Man kann (mit Hilfe der Integralrechnung) zeigen, daß die letzte Gleichung auch bei einer veränderlichen Kraft gültig bleibt, wenn man für $\vec{F}$ ihren Mittelwert $\vec{F}_m$ einsetzt. Bezeichnet man das Produkt $\vec{F}\,t$ aus der Kraft und ihrer Wirkungszeit als **Kraftstoß** und das Produkt $m\,\vec{v}$ aus einer Masse und ihrer Geschwindigkeit als **Impuls,** so erhält man die **erste Form des Impulssatzes:**

$$\vec{F}_m\,t = m\,\vec{v_e} - m\,\vec{v_a}$$

Die Änderung des Impulses einer Masse ist gleich dem auf sie ausgeübten Kraftstoß.

Wenn ein Körper mit der Masse m_1 auf einen anderen mit der Masse m_2 einwirkt, so ist nach dem Reaktionsgesetz die Kraft F_1 auf den ersten Körper stets entgegengesetzt gleich der Kraft F_2 auf den zweiten Körper: $F_2 = -F_1$. Da die Einwirkungszeit von Kraft und Gegenkraft gleich ist, erhält man aus der ersten Form des Impulssatzes

$$\vec{F_1}\,t = m_1\,\vec{v_{1e}} - m_1\,\vec{v_{1a}}$$
$$\vec{F_2}\,t = -\vec{F_1}\,t = m_2\,\vec{v_{2e}} - m_2\,\vec{v_{2a}}$$

Aus beiden Gleichungen folgt durch Addition:

$$0 = m_1\,\vec{v_{1e}} - m_1\,\vec{v_{1a}} + m_2\,\vec{v_{2e}} - m_2\,\vec{v_{2a}}$$

Durch Umstellung erhält man die **zweite Form des Impulssatzes:**

$$m_1\,\vec{v_{1a}} + m_2\,\vec{v_{2a}} = m_1\,\vec{v_{1e}} + m_2\,\vec{v_{2e}}$$

Die Summe der Impulse zweier Körper vor einer Einwirkung ist ebenso groß wie die Summe der Impulse nach der Einwirkung.

Die Kräfte zwischen den beiden Massen übertragen also nur eine Impulsänderung vom einen zum anderen Körper; der Gesamtimpuls der beiden Partner bleibt dabei unverändert. Dies ist der Inhalt des Satzes von der **Erhaltung des Impulses:**

Beim Fehlen von äußeren Kräften bleibt der Gesamtimpuls eines Systems erhalten.

b) Der gerade, zentrale Stoß. Ist die Wechselwirkung zwischen zwei Körpern von kurzer Dauer, so bezeichnet man sie als **Stoß.** Die Wirkungslinie der Stoßkräfte ist die Stoßnormale. Wenn diese durch die Schwerpunkte beider Körper geht, nennt man einen Stoß zentral. Sind beide Anfangsgeschwindigkeiten parallel zur Stoßnormale, so handelt es sich um einen geraden, bilden sie schiefe Winkel mit der Stoßnormalen, um einen schiefen Stoß. Zunächst werden nur zentrale, gerade Stöße behandelt.

Da hier alle auftretenden Kräfte und Geschwindigkeiten in e i n e r Geraden liegen, kann man die Vektorpfeile weglassen; man muß dann aber entgegengesetzte Richtungen durch das Vorzeichen unterscheiden.

Im allgemeinen sind die Stoßkräfte nicht bekannt und lassen sich wegen der kurzen Dauer auch schwer messen. Deshalb kann man die dynamische Grundgleichung nicht gut anwenden. Dagegen sind alle in der zweiten Impulsgleichung auftretenden Massen und Geschwindigkeiten meßbar. Daher werden Stöße immer mit dieser Gleichung behandelt. Sind alle Geschwindigkeiten bekannt, so kann man aus der ersten Impulsgleichung einen Schluß auf die Stoßzeit und die mittlere Stoßkraft ziehen. Die Impulsgleichung allein genügt aber noch nicht zur vollständigen Berechnung des Stoßvorganges, da meist beide Endgeschwindigkeiten unbekannt sind. Die zweite Gleichung findet man aus der Art des Stoßes, ob er unelastisch, teilweise elastisch oder elastisch erfolgt.

c) Der unelastische Stoß. Bei unelastischen Körpern werden die Berührungsstellen beider Körper verformt. Dazu ist Arbeit erforderlich, die auf Kosten der kinetischen Energie des stoßenden Körpers verrichtet wird. Der stoßende Körper wird verzögert, der gestoßene beschleunigt. Wenn beide Körper gleiche Geschwindigkeit angenommen haben, hört die weitere Verformung auf. Da sie sich aber bei einem unelastischen Körper nicht wieder zurückbildet, treten keine Kräfte mehr auf, die die Körper wieder trennen. Sie bleiben nach dem Stoß vereint und bewegen sich mit gleicher Endgeschwindigkeit. Es ist dann:

$$v_{1e} = v_{2e} = v_e$$

Damit erhält man aus dem Impulssatz:

$$m_1 \, v_{1a} + m_2 \, v_{2a} = (m_1 + m_2) \, v_e \qquad\qquad v_e = \frac{m_1 \, v_{1a} + m_2 \, v_{2a}}{m_1 + m_2}$$

Da zur Formänderung und Erwärmung der Stoßstellen Energie verbraucht wird, ist die kinetische Energie der beiden Körper nach dem Stoß kleiner als die vor dem Stoß.

d) Der elastische Stoß. Bei elastischen Körpern tritt zunächst ebenfalls eine Verformung ein, bis beide Körper wie beim unelastischen Stoß gleiche Geschwindigkeit haben. Dann nehmen sie aber wegen ihrer Elastizität wieder ihre ursprüngliche Form an, wobei die elastischen Kräfte noch einmal die gleiche Geschwindigkeitsänderung hervorrufen. Daher ist die Geschwindigkeitsänderung genau doppelt so groß wie beim unelastischen Stoß:

$$v_{1e} - v_{1a} = 2 \, (v_e - v_{1a}) \qquad\qquad v_{1e} = 2 \, v_e - v_{1a}$$
$$v_{1e} = \frac{2 \, m_1 \, v_{1a} + 2 \, m_2 \, v_{2a} - m_1 \, v_{1a} - m_2 \, v_{1a}}{m_1 + m_2}$$

$$v_{1e} = \frac{m_1 - m_2}{m_1 + m_2} \, v_{1a} + \frac{2\,m_2}{m_1 + m_2} \, v_{2a}$$

In ähnlicher Weise erhält man auch die Endgeschwindigkeit des gestoßenen Körpers:

$$v_{2e} = \frac{m_2 - m_1}{m_1 + m_2} \, v_{2a} + \frac{2\,m_1}{m_1 + m_2} \, v_{1a}$$

Da hier die Formänderungsenergie nur kurze Zeit gespeichert wird, dann aber wieder zur Beschleunigung abgegeben wird, bleibt beim elastischen Stoß die Summe der kinetischen Energien vor und nach dem Stoß unverändert.

Unelastischer Stoß und vollelastischer Stoß sind Grenzfälle, die selten zu verwirklichen sind. Die in der Technik zu untersuchenden Stöße sind meistens teilweise elastisch (halbelastische Stöße), bei denen die Endgeschwindigkeiten zwischen den Werten der behandelten Grenzfälle liegen. Die Abb. 1 und 2 zeigen den Vergleich eines unelastischen und eines elastischen Stoßes zweier gleicher Massen.

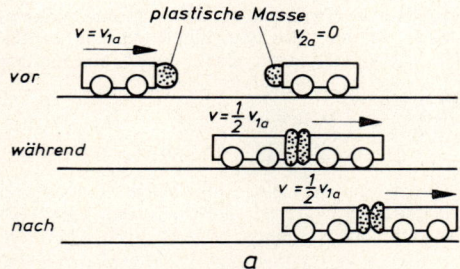

Abb. 1. Unelastischer Stoß zweier gleicher Massen

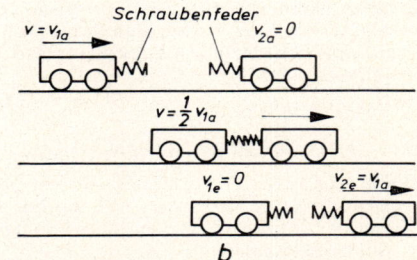

Abb. 2. Elastischer Stoß zweier gleicher Massen

e) Schiefer und nicht zentraler Stoß. Wenn die Bewegungsrichtungen und die Richtung der Stoßkräfte nicht übereinstimmen, liegt ein schiefer Stoß vor. In diesem Fall zerlegt man die Geschwindigkeiten in bezug auf die Tangente und Normale an der Stoßstelle in eine Tangential- und eine Normalkomponente (Abb. 3). In der Normalrichtung erfolgt die Berechnung der Endgeschwindigkeiten wie beim geraden (elastischen oder unelastischen) Stoß. In der Tangentialrichtung bleiben die Geschwindigkeitskomponenten beider Körper unverändert.

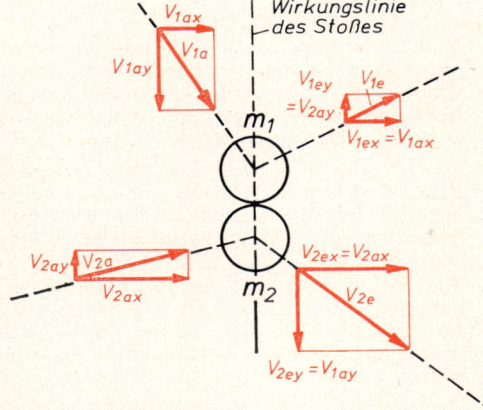

Abb. 3. Schiefer Stoß zweier gleicher Massen

Noch verwickelter werden die Verhältnisse, wenn die Wirkungslinie der Stoßkraft nicht durch die Schwerpunkte der stoßenden Körper geht, dann entstehen Drehmomente, so daß die Körper durch den Stoß in Rotation versetzt werden (Effet beim Billardspiel).

f) Anwendung des Impulssatzes auf die Raketenbewegung. Besondere Bedeutung hat der Impulssatz für die Raketenbewegung. Wenn von der Rakete der Strahl der Verbrennungsgase mit großer Geschwindigkeit nach hinten ausgestoßen wird, muß die Rakete ihre Geschwindigkeit nach vorn erhöhen, damit der Gesamtimpuls unverändert bleibt. Der Impuls der Gase ist ebenso groß wie die Impulszunahme der Rakete.

Die Antriebskraft F, den sog. Schub, und die Beschleunigung erhält man aus der ersten Impulsgleichung und der dynamischen Grundgleichung. Wird in einem Zeitintervall Δt die Masse Δm an Verbrennungsgasen mit der Strahlgeschwindigkeit v_s (relativ zur Rakete) ausgestoßen, so gilt:

$$F \, \Delta t = \Delta m \, v_s \qquad F = v_s \, \frac{\Delta m}{\Delta t} \qquad a = \frac{F}{m} = \frac{v_s}{m} \frac{\Delta m}{\Delta t}$$

Weil die Gesamtmasse m der Rakete während der Brennzeit abnimmt, ist die Beschleunigung nicht konstant. Um daraus die Endgeschwindigkeit zu berechnen, die eine Rakete erreicht, wenn der Brennstoff verbraucht ist, benötigt man die Integralrechnung.

Beispiele und Aufgaben:

1. Eine Masse von 1 kg stößt mit einer Geschwindigkeit von 5 m/s unelastisch auf eine ruhende Masse von 5 kg. Welche Geschwindigkeit haben beide Massen nach dem Stoß? Mit welcher Geschwindigkeit müßte die zweite Masse der ersten entgegenkommen, damit beide Massen zur Ruhe kommen?

   Endgeschwindigkeit: $v_e = \dfrac{m_1 \, v_{1a} + m_2 \, v_{2a}}{m_1 + m_2} = \dfrac{1 \text{ kg} \cdot 5 \text{ m/s}}{6 \text{ kg}} = 0{,}83$ m/s

   Aus $v_e = 0$ folgt: $m_1 \, v_{1a} = - m_2 \, v_{2a} \qquad\qquad v_{2a} = -1$ m/s

2. Ein Geschoß von 8 g Masse wird mit der Geschwindigkeit $v = 900$ m/s aus einem Gewehr von 5 kg Masse abgeschossen. Mit welcher Geschwindigkeit wird das Gewehr zurückgestoßen? Mit welcher mittleren Kraft muß die Schulter den Gewehrkolben abfangen, um ihn nach 4 cm zum Stillstand zu bringen?

   Impulssatz: $0{,}008$ kg $\cdot 900$ m/s $= 5$ kg v_{2e} $\qquad\qquad v_{2e} = 1{,}44$ m/s

   Berechnung der Bremskraft F aus dem Energiesatz:

   $$F \, s = \frac{1}{2} \, m \, v^2 \qquad\qquad F = \frac{m \, v^2}{2 \, s} = \frac{5 \text{ kg} \cdot (1{,}44 \text{ m/s})^2}{2 \cdot 0{,}04 \text{ m}} = 129{,}6 \text{ N}$$

3. Eine Pistolenkugel ($m_1 = 8$ g) wird zur Bestimmung ihrer Geschwindigkeit in eine Sandkiste ($m_2 = 20$ kg) hineingeschossen, die an einem 4 m langen Draht als Pendel aufgehängt ist. Welche Geschwindigkeit hat die Kugel beim Einschuß, wenn das Pendel danach 6 cm ausschlägt? (Berechnen Sie aus dem Ausschlag die Höhe h, um welche die Kiste gehoben wird, und dann aus $v = \sqrt{2 \, g \, h}$ die Anfangsgeschwindigkeit.) (237 m/s)

4. Zwei Kugeln ($m_1 = 50$ g, $m_2 = 200$ g) sind an gleichlangen Fäden als Pendel aufgehängt und berühren sich in der Ruhelage. Wie weit schlagen beide Kugeln nach dem Stoß aus, den die erste elastisch auf die zweite ausübt, wenn sie 20 cm aus der Ruhelage entfernt und dann freigegeben wurde? (Die Fadenlänge sei wesentlich größer als der Ausschlag.) ($s_1 = 12$ cm, $s_2 = 8$ cm)

5. Ein Lkw ($m_1 = 3000$ kg) soll einen Pkw ($m_2 = 1000$ kg) abschleppen. Beide Wagen stehen unmittelbar hintereinander und sind durch ein 4 m langes, elastisches Perlonseil miteinander verbunden. Der Lkw fährt mit der konstanten Beschleunigung 0,5 m/s² an. Wenn sich das Seil spannt, setzt sich der Pkw mit einem Ruck in Bewegung ($\mu = 0{,}03$). Nach welcher Zeit und welcher Strecke strafft sich das Seil zum zweiten Male? ($g \approx 10$ m/s²)   (5 s und 11,25 m nach dem ersten Stoß)

6. Auf einem geneigten Gleis (sin $\alpha = 0{,}07$, cos $\alpha \approx 1$) rollt ein Wagen ($m_2 = 2000$ kg) mit der Reibungszahl 0,02 hinab. 8 s später passiert ein zweiter Wagen ($m_1 = 8000$ kg) die Ablaufstelle mit der Geschwindigkeit 5 m/s bei gleicher Reibungszahl. Wann und wo holt der zweite Wagen den ersten ein, so daß sie mit einem elastischen Pufferstoß aufeinanderprallen? Welchen Abstand haben die Wagen 5 s nach dem Stoß? ($g \approx 10$ m/s²)   (24 s und 144 m nach der Abfahrt des ersten Wagens, Abstand 5 m)

1.6.3. Zentripetal- und Zentrifugalkraft

a) Kreisbewegung und Zentripetalkraft. Wenn keine Kraft auf einen bewegten Massenpunkt einwirkt, so erfolgt seine Bewegung gleichförmig in geradliniger Bahn. Soll er auf einer Kreisbahn umlaufen, so muß eine Kraft quer zur Bewegungsrichtung angreifen. Verläuft ihre Wirkungslinie schräg zur Bahn, so kann man sie in eine Tangential- und eine Normalkomponente zerlegen (Abb. 1). Die Tangentialkomponente erzeugt je nachdem, ob sie gleichsinnig oder entgegengesetzt zur Umlaufsrichtung angreift, eine Beschleunigung oder eine Verzögerung. Für die gleichförmige Kreisbewegung darf keine

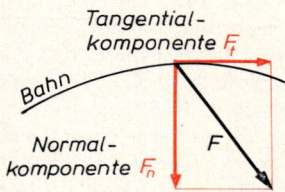

Abb. 1. Zerlegung einer Querkraft

Tangentialkomponente auftreten, deshalb muß die Kraft immer senkrecht zur Bewegungsrichtung angreifen. Ihre Wirkungslinie geht also durch das Kreiszentrum. Deshalb heißt sie **Zentripetalkraft** (lat.: petere = zu erreichen suchen). Bei Fahrzeugen in einer Kurve wird sie z. B. von der Reibung der eingeschlagenen Räder am Boden hervorgerufen.

Da die Richtung von jedem Bahnpunkt zum Mittelpunkt eine andere ist, wählt man zur Ableitung einer Beziehung zwischen Bahnradius, Geschwindigkeit und Zentripetalkraft ein so kurzes Zeitintervall Δt, daß in ihm die Richtungsänderung vernachlässigt werden darf. Wenn die Zentripetalkraft F_p auf einen ruhenden Körper einwirkt, so ruft sie die Radialbeschleunigung $a_r = F_p/m$ hervor, und der Körper bewegt sich in der Zeit Δt um die Strecke $AD = \dfrac{a_r}{2} \Delta t^2$ gegen den Kreismittelpunkt (Abb. 2). Da der Körper aber umläuft, legt er währenddessen den Weg $AC = v \Delta t$ zurück. Nach dem Parallelogramm der Wege gelangt der Körper nach dem Zeitintervall Δt an den Punkt B. Dieser liegt nur dann auf dem Kreis mit dem Radius r, wenn nach dem Höhensatz in dem rechtwinkligen Dreieck AEB gilt:

$$AD \cdot DE = BD^2$$

Dabei ist: $BD = AC = v \Delta t$

und: $AD = \dfrac{a_r}{2} \Delta t^2$

Wegen der kurzen Zeit darf man $DE \approx AE = 2\,r$ setzen und erhält:

$$\frac{a_r}{2} \Delta t^2 \, 2\,r = (v \Delta t)^2$$

Daraus findet man die Zentripetalbeschleunigung a_r und nach dem Grundgesetz der Dynamik die Zentripetalkraft F_p:

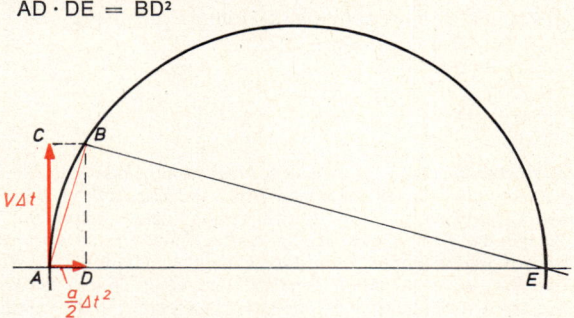

Abb. 2. Berechnung der Zentripetalbeschleunigung

$$a_r = \frac{v^2}{r}$$

$$F_p = m\,a_r = m\,\frac{v^2}{r}$$

b) Die Fliehkraft. Da jede Masse nach dem Trägheitsgesetz bestrebt ist, sich geradlinig weiterzubewegen, setzt sie der Zentripetalkraft einen Trägheitswiderstand entgegen. Nach dem Reaktionsprinzip ist dieser ebenso groß wie die Zentripetalkraft und läßt sich daher auch nach der obigen Formel berechnen. Seine Richtung ist ihr aber entgegengesetzt und vom Zentrum weggerichtet. Deshalb heißt die Trägheitskraft in diesem Fall auch **Zentrifugalkraft** oder **Fliehkraft** F_f.

$$F_f = m\,\frac{v^2}{r}$$

c) Drehbewegung. Wenn ein ausgedehnter Körper, z. B. ein Maschinenteil, sich um eine Achse dreht, führt zwar jeder seiner Massepunkte eine Kreisbewegung aus, beim ganzen Körper spricht man jedoch von einer **Drehbewegung.** Der Hauptunterschied zur Kreisbewegung besteht darin, daß die einzelnen Punkte je nach ihrer Entfernung von der Drehachse verschiedene Geschwindigkeit besitzen. Dagegen besitzen alle Teile des umlaufenden Körpers die gleiche Winkelgeschwindigkeit ω. Mit ihr kann man nach 1.2.2. b die Geschwindigkeit der einzelnen Massepunkte ausdrücken: $v = r\,\omega$. Für jedes Masseteilchen Δm berechnet man den Anteil an der Fliehkraft nach der oben abgeleiteten Formel $\Delta F_f = \Delta m\, v^2/r$. Ersetzt man v durch $r\,\omega$ und berücksichtigt man, daß $\Delta \vec{F_f}$ ein Vektor in Richtung des Radius $\vec{r}$ ist, so erhält man:

$$\Delta F_f = \Delta m\, \frac{r^2\,\omega^2}{r} = \Delta m\, r\, \omega^2 \quad \text{oder vektoriell:} \quad \Delta \vec{F_f} = \vec{r}\, \omega^2\, \Delta m$$

Die resultierende Gesamtfliehkraft erhält man daraus durch Aufsummieren aller $\Delta \vec{F_f}$, wobei beim Grenzübergang zu immer kleineren Masseteilchen ein Integral entsteht: $\vec{F_f} = \omega^2 \int \vec{r}\, dm$

Da nach 1.4.6. $\int \vec{r}\, dm = r_s\, m$ ist, erhält man:
$$\vec{F_f} = \omega^2\, \vec{r_s}\, m$$

Die Größe der Fliehkraft berechnet sich daher mit Hilfe der Entfernung r_s des Schwerpunktes von der Drehachse. Der Angriffspunkt der Fliehkraft liegt dagegen nicht im Schwerpunkt, sondern hängt von der räumlichen Masseverteilung des Körpers ab. Bei Körpern, deren Eigenabmessungen wesentlich kleiner sind als ihre Entfernung von der Achse, greift jedoch die Fliehkraft nahezu im Schwerpunkt an. In anderen Fällen ist die Bestimmung des Angriffspunktes eine Aufgabe der Integralrechnung.

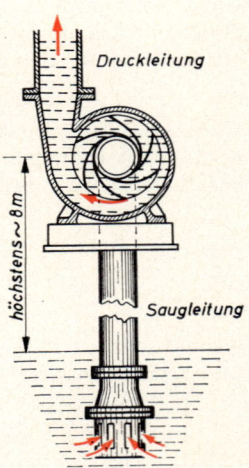

Abb. 3. Kreiselpumpe

d) Anwendungen. Eine wichtige Anwendung findet die Fliehkraft in der Kreisel- oder Schleuderpumpe (Abb. 3). Ein Laufrad mit (im Vergleich zur Drehrichtung) nach rückwärts gebogenen Schaufeln versetzt das Wasser im Pumpengehäuse in rasche Rotation. Teils durch die schräg nach außen wirkende Kraft der Schaufeln, teils durch die Fliehkraft wird das Wasser nach außen gedrückt und steigt in die am Umfang angebrachte Druckleitung. Der an der Achse entstehende verminderte Druck saugt das Wasser durch das in der Mitte einmündende Saugrohr an. Da die Pumpe nicht so kräftig saugt wie die Kolbenpumpen, soll die Saughöhe möglichst kurz sein. Im Weg des gesaugten Wassers befinden sich keine Ventile oder eingedichteten Kolben; deshalb eignet sich die Pumpe auch für verschmutzte Abwässer.

Soll ein Auto durch eine Kurve fahren, so entstehen infolge des Lenkeinschlages bei den Vorderrädern Querkräfte, die es aus der bisherigen Fahrtrichtung ablenken. Die Wirkungslinie dieser Kräfte geht durch die Auflagepunkte der Vorderräder. In der Kurve entsteht die Fliehkraft, deren Wirkungslinie weiter hinten und höher verläuft. Dadurch entstehen um die Längsachse ein Kippmoment (Abb. 4) und um die Vertikalachse ein Schleudermoment (Abb. 5). Das Auto kann die Kurve nur stabil durchfahren, wenn diese Momente durch Gegendrehmomente ausgeglichen werden. Ein solches Moment um die Längsachse entsteht dadurch, daß die Auflagekräfte F_i auf der Innenseite kleiner werden als die auf der Außenseite F_a, so daß die Wirkungslinie ihrer Resultierenden weiter außen verläuft als die des Gewichtes. Wenn bei zu schnellem Fahren durch eine Kurve das Standmoment der Auflagekräfte nicht ausreicht, überschlägt sich der Wagen. Das stabilisierende Moment um die Vertikalachse entsteht durch weitere Querkräfte an den Hinterrädern, so daß die Resultierende aller Querkräfte in der gleichen Vertikalebene liegt wie die Fliehkraft. Wenn bei zu raschem Fahren durch eine Kurve oder bei glatter Straße die Querkräfte bei den Hinterrädern zu klein sind, kommt der Wagen ins Schleudern.

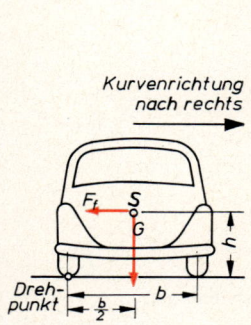

Abb. 4. Kippmoment der Fliehkraft

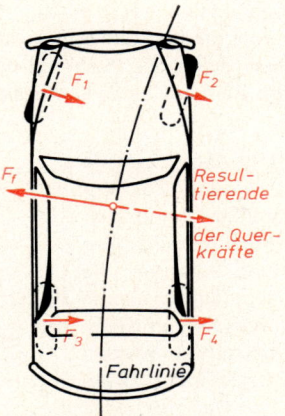

Abb. 5. Schleudermoment der Fliehkraft

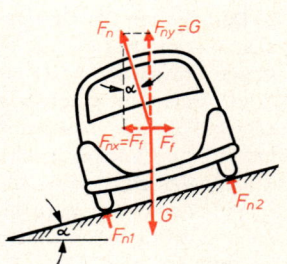

Abb. 6. Überhöhungswinkel

Bei einer Überhöhung der Außenseite der Kurve hat die Normalkraft des Bodens eine der Fliehkraft entgegengesetzte Horizontalkomponente F_{nx} (Abb. 6). Entspricht der Überhöhungswinkel α der Gleichung $\tan \alpha = F_f/G$, so stehen die Kräfte G, F_f und F_n genau im Gleichgewicht.

Bei rascher Rotation von Maschinenteilen können die Fliehkräfte sehr groß werden. Deshalb muß der Maschinenbauer darauf achten, daß alle Befestigungen die auftretenden Kräfte aushalten. Wenn in jedem zur Achse senkrechten Querschnitt der Schwerpunkt genau auf der Achse liegt, treten zwar durch die Fliehkraft innere Spannungen auf, aber die resultierenden Kräfte auf die Achslager verschwinden.

Beispiele und Aufgaben:

1. Eine Schaufel am Laufrad einer Dampfturbine hat die Masse 100 g und den Schwerpunktsabstand 40 cm von der Achse. Wievielmal übertrifft die entstehende Fliehkraft die Gewichtskraft der Schaufel bei einer Drehfrequenz $n = 3000$ U/min?
$\omega = 2 \pi n = 314\ s^{-1}$
$F_f = m\,r_s\,\omega^2 = 0,1\ \text{kg} \cdot 0,4\ \text{m} \cdot 314^2\ s^{-2} = 3950\ \text{N}$, also etwa das 4000fache von $G = m\,g = 0,98\ \text{N}$.

2. Welche Fliehkraft wirkt auf einen Motorradfahrer (Gesamtmasse 180 kg), der mit 36 km/h durch eine Kurve mit dem Krümmungsradius 30 m fährt? Unter welchem Winkel muß er sich schräg nach innen neigen? (600 N, 18,8°)

3. Auf einer Schiffsschaukel erreicht jemand gerade einen vollen Überschlag. Wievielmal größer als ihr Gewicht ist die Kraft, die die Person im tiefsten Bahnpunkt nach unten zieht?
$(F = G + F_f = 5\,G)$

4. Ein Eisenbahnwagen ($m = 12\,000$ kg, Spurbreite 1,34 m, Schwerpunktshöhe 1,5 m) fährt mit 36 km/h durch eine Kurve mit dem Krümmungsradius 100 m. Wie groß sind die Auflagekräfte F_i und F_a auf die innere und die äußere Schiene? Welche Überhöhung ist notwendig, damit die Auflagekräfte auf beiden Seiten gleich sind? Welches wäre die größte Geschwindigkeit, mit der die nicht überhöhte Kurve ohne Kippgefahr durchfahren werden kann?
$(F_i = 45,43\ \text{kN}, F_a = 72,29\ \text{kN}, \alpha = 5,8°, v_{max} = 75,3\ \text{km/h})$

5. Die Kurven einer Rennbahn mit $r = 20$ m sollen für eine Geschwindigkeit von 40 km/h überhöht werden. Welcher Überhöhungswinkel ist erforderlich? Welches ist die größte Geschwindigkeit, die in dieser Kurve ohne Gleiten möglich ist, wenn die Reibungszahl für seitliches Gleiten $\mu = 0,7$ (oder Reibungswinkel $\varrho = 35°$) beträgt?
$(\alpha = 32,2°,\ v_{max} = \sqrt{g\,r\,\tan(\alpha + \varrho)} = 77,7\ \text{km/h})$

1.6.4. Die Corioliskraft

a) Kräfte auf einem rotierenden System. Bewegungen, die auf einem rotierenden System, z. B. auf der Erde, ablaufen, erfahren infolge der Drehung des Systems eine Ablenkung. Man kann diese in bezug auf das rotierende System nur dann nach der dynamischen Grundgleichung beschreiben, wenn man außer der Fliehkraft noch eine andere Trägheitskraft einführt. Nach ihrem Entdecker trägt sie den Namen **Corioliskraft.**

b) Berechnung der Corioliskraft. In Abb. 1 befinde sich in A ein Körper, der mit der ganzen Zeichenebene um die Achse D eine Drehbewegung ausführt. Außerdem möge er sich noch mit einer Geschwindigkeit v in einer Richtung bewegen, die mit AD den Winkel α bildet. Nach einem kurzen Zeitintervall Δt, in dem alle zurückgelegten Kreisbogen noch als geradlinig betrachtet werden können, würde er im ruhenden System nach B gelangen, so daß AB $= v\,\Delta t$ ist. Da sich aber

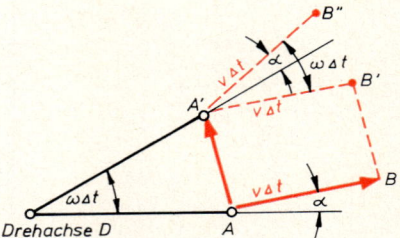

Abb. 1. Größe der Corioliskraft

gleichzeitig das System mit der Winkelgeschwindigkeit ω dreht, kommt der Ausgangspunkt A nach A′ und der Körper nach B′, was sich aus dem Wegparallelogramm ABB′A′ ergibt. Ein mitbewegter Beobachter erwartet jedoch, daß der Körper in der eingeschlagenen Richtung (Winkel α gegen den Radius AD) die Strecke $v\,\Delta t$ zurücklegt und nach B″ kommt. Da er aber nach B′ gelangt, hält er die Ablenkung B″B′ für die Folge einer Kraft F_C, welche die Beschleunigung $a_C = F_C/m$ hervorruft. Die Ablenkung ist dann ein beschleunigt zurückgelegter Weg: B′B″ $= \frac{1}{2}\,a_C\,\Delta t^2$. Da A′B′ $= v\,\Delta t$ ist und mit A′B″ den Winkel $\omega\,\Delta t$ einschließt, erhält man für die gleiche Strecke den Wert B′B″ $= v\,\omega\,\Delta t^2$. Durch Vergleich findet man:

$$\frac{a_C}{2}\,\Delta t^2 = v\,\omega\,\Delta t^2 \qquad a_C = 2\,v\,\omega \qquad F_C = m\,a_C = 2\,m\,v\,\omega$$

Erfolgt die Bewegung nicht in einer Ebene senkrecht zur Drehachse, so ändert sich an der Ableitung nichts, wenn man von der beliebig gerichteten Geschwindigkeit v nur ihre senkrecht zur Drehachse gerichtete Komponente $v' = v\sin\varphi$ (Abb. 2) einsetzt. Die Geschwindigkeitskomponente v'' parallel zur Achse verändert den erhaltenen Ausdruck für die Corioliskraft nicht. Man erhält also:

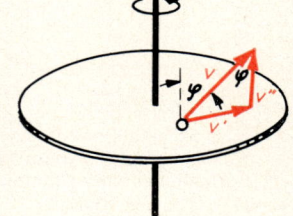

Abb. 2. Zerlegung einer Geschwindigkeit in Komponenten parallel und senkrecht zur Achse

$$F_C = 2\,m\,v\,\omega\sin\varphi$$

Die Corioliskraft ist also proportional zur Winkelgeschwindigkeit der Drehung um die Achse, zur Masse und zu der senkrecht auf der Achse stehenden Geschwindigkeitskomponente des Körpers.

c) Die Corioliskraft auf der Erdoberfläche. Vergrößert sich bei radialer Bewegung die Entfernung eines Körpers von der Achse, so gelangt er von einer Stelle kleinerer zu einer Stelle größerer Rotationsgeschwindigkeit und bleibt daher hinter der Drehung zurück. Vermindert er seine Entfernung von der Achse, so kommt er der Drehung voraus. Erfolgt eine Bewegung auf der Erdoberfläche, die sich von Westen nach Osten dreht, so ergibt sich auf der Nordhalbkugel bei einer Nord-Süd-Bewegung eine Ablenkung nach Westen, bei einer Süd-Nord-Bewegung eine nach Osten, also in beiden Fällen eine Rechtsabweichung.

Bei tangentialer Bewegung nach Osten addieren sich beide Geschwindigkeiten zu einer erhöhten Rotationsgeschwindigkeit; die erhöhte Fliehkraft lenkt den Körper von der Achse weg nach Süden. Bei einer Bewegung nach Westen wird die Rotationsgeschwindigkeit kleiner. Bei der dadurch verkleinerten Fliehkraft erfolgt die Ablenkung zur Achse hin, also nach Norden. Auch in diesen Fällen ergibt sich stets eine Ablenkung nach rechts.

Jeder Körper, der sich auf der Nordhalbkugel der Erde bewegt, erfährt eine Rechtsablenkung.

Auf der Südhalbkugel ergibt sich eine Linksablenkung. Die Größe der Ablenkstrecke berechnet man in allen Fällen aus der Coriolisbeschleunigung und der Zeit: $s = a_C \dfrac{t^2}{2}$.

1.6.5. Die beschleunigte Drehbewegung um eine feste Achse

a) Die Grundgleichung der beschleunigten Drehbewegung. Wenn die an einem um eine Achse drehbaren Körper angreifenden Drehmomente nicht im Gleichgewicht stehen, so lassen sie sich zu einem resultierenden Moment M zusammenfassen. Dieses Moment ändert die Drehgeschwindigkeit des Körpers. Entsprechend der Beschleunigung bei der Längsbewegung bezeichnet man den Quotienten aus der Änderung der Winkelgeschwindigkeit ω und der dafür benötigten Zeit als **Winkelbeschleunigung** α:

$$\alpha = \frac{\omega - \omega_0}{t} \qquad\qquad [\alpha] = \frac{s^{-1}}{s} = s^{-2}$$

Weil $\omega = v/r$ ist, findet man aus dieser Definition auch eine Beziehung zwischen der Längsbeschleunigung und der Winkelbeschleunigung:

$$\alpha = \frac{v/r - v_0/r}{t} = \frac{1}{r}\frac{v - v_0}{t} = \frac{a}{r}$$

Genau wie ω ist auch α bei allen Punkten eines starren Körpers gleich groß.

Um den Zusammenhang zwischen einem Drehmoment und der entstehenden Winkelbeschleunigung zu finden, verwenden wir das D'Alembertsche Prinzip (1.4.8. c). Die beiden Gleichungen für das Gleichgewicht der Kräfte braucht man nur, um die Auflagekräfte der Achse zu berechnen. Dagegen findet man aus der Gleichgewichtsbedingung zwischen dem äußeren Drehmoment und den Drehmomenten aller Trägheitskräfte die gewünschte Beziehung. Weil die Beschleunigung aller Punkte je nach ihrer Entfernung von der Achse verschieden ist, denkt man sich den ganzen Körper in kleine Masseteilchen Δm_i (Index i = 1, 2, 3 ...) mit den Entfernungen r_i von der Achse zerlegt. Ihre Trägheitskräfte sind dann $\Delta F_{tr\,i} = -a_i\,\Delta m_i$ und ihre Drehmomente $\Delta M_i = -r_i\,a_i\,\Delta m_i$. Setzt man für a_i überall nach der obigen Gleichung $a_i = r_i\,\alpha$, so lautet die Gleichgewichtsbedingung für die Drehmomente:

$$M - \Sigma r_i\,a_i\,\Delta m_i = 0 \quad \text{oder} \quad M = \alpha\,\Sigma r_i^2\,\Delta m_i$$

Beim Grenzübergang zu immer kleineren Masseteilchen geht die Summe in das Integral $J = \int r^2\,dm$ über, das man als **Trägheitsmoment** des Körpers in bezug auf die Drehachse bezeichnet. Mit ihm vereinfacht sich die obige Gleichung und man erhält die

Grundgleichung der Drehbewegung: $M = J\,\alpha$

Diese Gleichung entspricht dem Grundgesetz der Dynamik $F = m\,a$. Die Kraft als Ursache einer Beschleunigung wird ersetzt durch das Drehmoment als Ursache einer Winkelbeschleunigung. Der Längsbeschleunigung entspricht die Winkelbeschleunigung und der trägen Masse das Trägheitsmoment.

b) Das Trägheitsmoment. Bei einfachen Körpern findet man das Trägheitsmoment durch Auswerten des Integrals

$$J = \int r^2 \, dm$$

Sein Wert ändert sich mit der Achsenentfernung der einzelnen Masseteilchen und ist daher von der Lage und Richtung der Achse abhängig. Trägheitsmomente um eine durch den Körperschwerpunkt gehende Achse seien durch den Index S als J_S gekennzeichnet. In Abb. 1 sind einige Trägheitsmomente angegeben.

Das Gesamtträgheitsmoment von zusammengesetzten Körpern ist nach der Definition die Summe aus den Teilträgheitsmomenten.

Geht die Drehachse nicht durch den Schwerpunkt, so findet man das Trägheitsmoment J aus dem Trägheitsmoment J_S um eine parallele Schwerpunktsachse nach dem **Satz von Steiner:**

$$J = J_S + m \, s^2$$

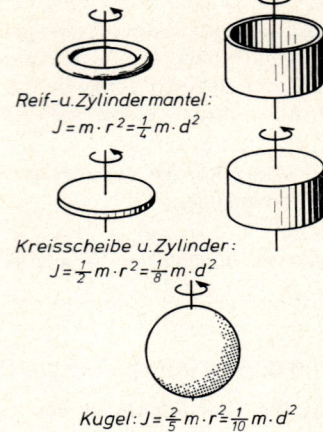

Reif- u. Zylindermantel:
$$J = m \cdot r^2 = \tfrac{1}{4} m \cdot d^2$$

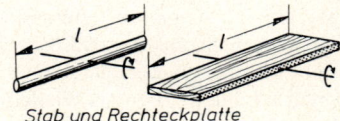

Kreisscheibe u. Zylinder:
$$J = \tfrac{1}{2} m \cdot r^2 = \tfrac{1}{8} m \cdot d^2$$

Kugel: $J = \tfrac{2}{5} m \cdot r^2 = \tfrac{1}{10} m \cdot d^2$

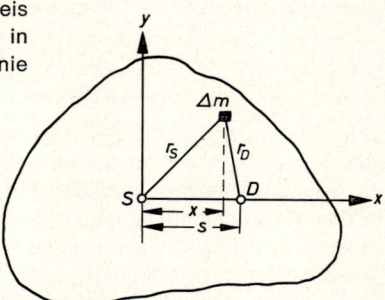

Stab und Rechteckplatte
$$J_s = \tfrac{1}{12} m l^2$$

Abb. 1. Trägheitsmomente

Dabei ist s der Abstand der beiden Achsen. Zum Beweis legt man den Anfangspunkt eines Koordinatensystems in den Schwerpunkt und die x-Achse in die Verbindungslinie zum Drehpunkt D (Abb. 2). Dann ist

$$J = \int r_D^2 \, dm \qquad\qquad J_S = \int r_S^2 \, dm$$

Nach dem erweiterten pythagoräischen Lehrsatz gilt:

$$r_D^2 = r_S^2 + s^2 - 2 \, s \, x$$

Deshalb erhält man:

$$J = \int r_S^2 \, dm + \int s^2 \, dm - \int 2 \, s \, x \, dm$$
$$= \int r_S^2 \, dm + s \int dm - 2 \, s \int x \, dm$$

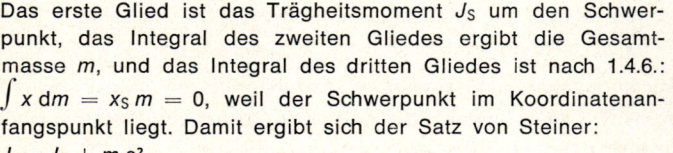

Abb. 2. Zum Satz von Steiner

Das erste Glied ist das Trägheitsmoment J_S um den Schwerpunkt, das Integral des zweiten Gliedes ergibt die Gesamtmasse m, und das Integral des dritten Gliedes ist nach 1.4.6.: $\int x \, dm = x_S \, m = 0$, weil der Schwerpunkt im Koordinatenanfangspunkt liegt. Damit ergibt sich der Satz von Steiner: $J = J_S + m \, s^2$.

Mit ihm erhält man z. B. das Trägheitsmoment eines rechteckigen Brettes von der Länge l um seine kurze Seite:

Drehachse

$r = s$

$d \ll r$ \qquad $J = m s^2 = m r^2$

Abb. 3. Trägheitsmoment eines Körpers um eine weit außen liegende Achse

$$J_S = \frac{1}{12} m \, l^2 \qquad\qquad s = \frac{l}{2}$$

$$J = J_S + m \, s^2 = \frac{1}{12} m \, l^2 + m \, \frac{l^2}{4} = \frac{1}{3} m \, l^2$$

84

Hat ein Körper einen Durchmesser, der klein ist im Vergleich zur Entfernung r seines Schwerpunktes von der Drehachse, so kann man J_S gegen das zweite Glied $m\,s^2$ vernachlässigen und erhält $J \approx m\,s^2 = m\,r^2$ (Abb. 3).

Man kann das Trägheitsmoment auch auf die Weise berechnen, daß man sich alle Masseteilchen in eine solche mittlere Entfernung r_i von der Achse gebracht denkt, daß das Produkt aus der Gesamtmasse m und dem Quadrat dieser Entfernung genau das Trägheitsmoment ergibt. Dann gilt $J = m\,r_i^2$, wobei r_i als Trägheitsradius bezeichnet wird.

c) Analogie zwischen Translation und Rotation. Bei gegebenem Moment M und bekanntem Trägheitsmoment J findet man aus der Grundgleichung $M = J\,\alpha$ die Winkelbeschleunigung. Beträgt die Winkelgeschwindigkeit am Anfang einer Drehbewegung ω_0, so wächst sie in der Zeit t an auf:

$$\omega = \omega_0 + \alpha\,t$$

Den zurückgelegten Drehwinkel φ erhält man als Produkt aus der mittleren Winkelgeschwindigkeit ω_m und der Zeit t:

$$\varphi = \omega_m\,t = \frac{\omega_0 + \omega}{2}\,t = \omega_0\,t + \frac{\alpha}{2}\,t^2$$

Auch diese Gleichungen entsprechen den in 1.2.3. abgeleiteten Gleichungen der beschleunigten Translationsbewegung.

Die in einem rotierenden Körper enthaltene Bewegungsenergie, die Rotationsenergie E_{rot}, setzt sich aus der kinetischen Energie aller Masseteilchen zusammen:

$$E_{rot} = \int \frac{1}{2}\,v^2\,dm$$

Setzt man hierin $v = r\,\omega$, so erhält man:

$$E_{rot} = \frac{1}{2}\,\omega^2 \int r^2\,dm = \frac{1}{2}\,\omega\,J$$

$$\boxed{E_{rot} = \frac{1}{2}\,J\,\omega^2}$$

Auch diese Gleichung entspricht der Gleichung für die kinetische Energie der Längsbewegung $E_{kin} = \frac{1}{2}\,m\,v^2$, wobei wieder, wie bei der Grundgleichung, das Trägheitsmoment der Masse entspricht.

Diese Analogie gilt allgemein. Es entsprechen den in der folgenden Tabelle links stehenden Größen der Längsbewegung die rechts stehenden Größen der Drehbewegung:

Aus jeder Gleichung der Längsbewegung entsteht durch Einsetzen der entsprechenden Größen eine Gleichung der Drehbewegung.

So folgt z. B. aus der Formel für den Bremsweg $s_{br} = v_0^2/2\,a'$ die Formel für den Bremswinkel $\varphi_{br} = \omega_0^2/2a'$, oder aus $P = F\,v$ die Leistungsformel $P = M\,\omega$.

Sich gegenseitig entsprechende Größen der					
Längsbewegung (Translation)			Drehbewegung (Rotation)		
Weg	s	m	Drehwinkel	φ	—
Zeit	t	s	Zeit	t	s
Geschwindigkeit	v	$\mathrm{m\,s^{-1}}$	Winkelgeschwindigkeit	ω	$\mathrm{s^{-1}}$
Beschleunigung	a	$\mathrm{m\,s^{-2}}$	Winkelbeschleunigung	α	$\mathrm{s^{-2}}$
Kraft	F	$\mathrm{N = kg\,m\,s^{-2}}$	Drehmoment	M	$\mathrm{Nm = kg\,m^2\,s^{-2}}$
Masse	m	kg	Trägheitsmoment	J	$\mathrm{kg\,m^2}$
Mechanische Arbeit	W	$\mathrm{J = kg\,m^2\,s^{-2}}$	Arbeit eines Drehmoments	W	$\mathrm{J = kg\,m^2\,s^{-2}}$
kinetische Energie	E_{kin}	$\mathrm{J = kg\,m^2\,s^{-2}}$	Rotationsenergie	E_{rot}	$\mathrm{J = kg\,m^2\,s^{-2}}$
Impuls	p	$\mathrm{kg\,m\,s^{-1}}$	Drehimpuls	L	$\mathrm{kg\,m^2\,s^{-1}}$
Leistung	P	$\mathrm{W = kg\,m^2\,s^{-3}}$	Leistung	P	$\mathrm{W = kg\,m^2\,s^{-3}}$

d) Der Drehimpuls. Dem Impuls $\vec{p} = m\,\vec{v}$ der Translationsbewegung entspricht bei der Drehbewegung der Drehimpuls $\vec{L} = J\,\vec{\omega}$. Ihm kommt eine besondere Bedeutung zu. Das gegenseitige Entsprechen ist aber nur vollständig, wenn auch der Drehimpuls und nach der Gleichung $\vec{L} = J\,\vec{\omega}$ die Winkelgeschwindigkeit als Vektoren aufgefaßt werden. Das Drehmoment $\vec{M}$ ist nach 1.4.4. b ein Vektor, dessen Richtung auf der Kraft $\vec{F}$ und dem Hebelarm $\vec{l}$ senkrecht steht. Die Richtung des Vektors $\vec{L}$ erkennt man aus der Gleichung, die seine Entstehung unter dem Einfluß eines konstanten Moments $\vec{M}$ kennzeichnet: $\vec{L} = J\,\vec{\omega} = \vec{M}\,t$. Daraus geht hervor, daß $\vec{L}$ bzw. $\vec{\omega}$ die gleiche Richtung besitzen wie $\vec{M}$. Bei konstantem Drehmoment fällt dessen Richtung in die Achse der entstehenden Drehbewegung.

Winkelgeschwindigkeit und Drehimpuls sind Vektoren, deren Richtung in die Drehachse fällt.

Überträgt man den Impulssatz $\vec{F}\,t = m\,\vec{v_e} - m\,\vec{v_a} = \vec{p_e} - \vec{p_a}$ auf die Drehbewegung, so erhält man $\vec{M}\,t = (J\,\vec{\omega})_e - (J\,\vec{\omega})_a = \vec{L_e} - \vec{L_a}$. Aus dieser Gleichung geht hervor, daß bei der Drehung um eine festgehaltene Achse, wobei $\vec{\omega_e}$ und $\vec{\omega_a}$ die Richtung dieser Achse besitzen, auch der Vektor $\vec{M}$ in diese Achse fallen muß. Hat das äußere Moment eine andere Richtung, so kann nur die Komponente wirksam werden, die in die Drehachse fällt. Ist die Drehachse nicht festgehalten, so erzeugt ein Drehmoment, dessen Richtung nicht in die momentane Drehachse des Körpers fällt, eine Änderung der Achsenrichtung. Dieser Vorgang wird in 1.6.6. b genauer untersucht.

Aus der Gleichung $\vec{M}\,t = \vec{L_e} - \vec{L_a}$ folgt aber auch, daß beim Fehlen eines äußeren Drehmoments der Drehimpuls unverändert bleibt: $\vec{L_e} = \vec{L_a}$. Analog zum Satz von der Erhaltung des Impulses bei der Translationsbewegung kann man daher auch den Satz von der **Erhaltung des Drehimpulses** formulieren:

Beim Fehlen eines äußeren Drehmoments bleibt der Drehimpuls eines Körpers unverändert.

Während aber der Impuls eines Körpers wegen der konstanten Masse nur bei gleichbleibender Geschwindigkeit unverändert bleibt, kann der Drehimpuls auch bei wechselnder Winkelgeschwindigkeit konstant bleiben, weil das Trägheitsmoment durch Verschieben von Teilmassen gleichzeitig in entgegengesetztem Sinn verändert werden kann. Dies soll durch einige Versuche veranschaulicht werden.

Eine Versuchsperson (Abb. 3) steht auf einem Drehschemel und trägt in jeder Hand ein Gewichtsstück von 1 kg. Während er diese nah an seinen Körper hält, läßt er sich in Drehung versetzen. Streckt er dann die Hände mit den Gewichtsstücken nach außen, so nimmt die Drehgeschwindigkeit auf etwa $1/3$ des ursprünglichen Wertes ab.

Bei einem weiteren Versuch nimmt die Person, während sie ruhend auf dem Drehschemel steht, das Vorderrad eines Fahrrades in die Hand, das um eine horizontale Achse rotiert. Sobald die Person die Radachse in eine vertikale Richtung dreht, beginnt sie sich selbst auf dem Drehschemel zu drehen, und zwar in einem Drehsinn, der dem des Rades entgegengesetzt ist. Die Drehung hört sofort auf, wenn die Achse des Rades wieder in die horizontale Achse gebracht wird.

Die Erklärung der Versuche folgt aus der Erhaltung des Drehimpulses $\vec{L} = J\,\vec{\omega}$. Beim ersten Versuch erhöht sich das Trägheitsmoment der Versuchsperson beim Ausstrecken der Arme mit den Gewichtsstücken von etwa 0,5 kg m² auf 1,5 kg m². Da $J\omega$ dem Betrag nach gleich bleibt, muß sich ω entsprechend vermindern. Beim zweiten Versuch ist anfangs der Drehimpuls um die vertikale Achse des Drehschemels Null. Beim Drehen der Radachse in die vertikale Achse kommt der Drehimpuls des Rades in die Achsenrichtung des Schemels. Da aber der Gesamtimpuls unverändert Null bleiben muß, dreht sich die Person im entgegengesetzten Drehsinn.

Von diesen Eigenschaften des Drehimpulses machen Ballettänzer(innen) oder Eisläufer(innen) Gebrauch, wenn sie eine Pirouette drehen. Zuerst geben sie sich bei ausgebreiteten Armen und einem ausgestreckten Bein eine bestimmte Drehgeschwindigkeit. Wenn sie dann durch Einziehen der Arme und Aufrichten des Körpers ihr Trägheitsmoment verkleinern, wächst die Winkelgeschwindigkeit auf ein Vielfaches des Ausgangswertes an, und die Person dreht sich rasch um ihre Vertikalachse. Danach kann sie durch Ausstrecken der Gliedmaßen die Pirouette wieder rasch beenden.

e) Gleichzeitiger Ablauf von Translation und Rotation. Wenn Fahrzeuge oder Maschinen bewegt werden, müssen die angreifenden Kräfte oft gleichzeitig Translations- und Rotationsbewegungen hervorrufen. Längs- und Winkelgeschwindigkeit stehen dabei immer in einem gesetzmäßigen Zusammenhang, der z. B. bei einem rollenden Rad durch die Gleichung $v = r\,\omega$ gegeben ist. Beim Beschleunigen müssen dann Translations- und Rotationsenergie erhöht werden. Zur Berechnung der entstehenden Geschwindigkeiten läßt sich günstig der Energiesatz heranziehen. Die Gesamtbewegungsenergie eines Körpers ist dann die Summe aus der kinetischen Energie der im Schwerpunkt vereinigten Masse und der Rotationsenergie um den Schwerpunkt (vgl. Beisp. 2).

Beispiele und Aufgaben:

1. Ein Schwungrad ($m = 10\,000$ kg, $r_\mathrm{i} = 1{,}5$ m) läuft in einem Lager von $d = 240$ mm Durchmesser mit der Reibungszahl $\mu = 0{,}02$. Es wird 5 min mit einem Moment $M_\mathrm{a} = 1800$ Nm angetrieben. Welche Drehfrequenz erreicht es? Wie lange dauert der Auslauf nach dem Abschalten des Antriebes? Welche Arbeit hat der Motor abgegeben?

Beschleunigungsmoment: $M_1 = M_\mathrm{a} - \mu\,m\,g\,d/2 = 1800$ Nm $- 1962$ N $\cdot$ 0,12 m $= 1564$ Nm

Trägheitsmoment: $J = m\,r_\mathrm{i}^2 = 10\,000$ kg $\cdot$ 1,5² m² $= 22\,500$ kg m²

Impulssatz: $M_1\,t = J\,(\omega_\mathrm{e} - \omega_\mathrm{a})$; aus ihm findet man die

Endwinkelgeschwindigkeit: $\omega_\mathrm{e} = \omega_\mathrm{a} + \dfrac{M_1\,t_1}{J} = 0 + \dfrac{1564 \text{ N m} \cdot 300 \text{ s}}{22\,500 \text{ kg m}^2} = 20{,}85 \text{ s}^{-1}$

Enddrehfrequenz: $n_\mathrm{e} = \omega_\mathrm{e}/2\pi = 3{,}32$ s⁻¹ $= 199{,}2$ min⁻¹

Da die Impulszunahme während der Beschleunigung ebenso groß ist wie die Impulsabnahme beim Auslauf, findet man mit dem Bremsmoment $M_2 = 236$ Nm die Auslaufzeit aus:

$$M_1\,t_1 = M_2\,t_2 \qquad t_2 = 33{,}2 \text{ min}$$

Abgegebene Arbeit:

$$W = M_\mathrm{a}\,\varphi = M_\mathrm{a}\,\frac{\omega_\mathrm{e}}{2}\,t_1 = 1800 \text{ N m} \cdot \frac{20{,}86}{2} \text{ s}^{-1} \cdot 300 \text{ s} = 5632 \text{ kJ}$$

2. Ein Fahrzeug (Gesamtmasse $m = 200$ kg) wird von einer Kraft $F = 250$ N auf horizontaler Straße bei einer Reibungszahl $\mu = 0,05$ angetrieben. Welche Beschleunigung entsteht dabei, wenn die der Räder je $m_r = 5$ kg, ihr Durchmesser $2\,r = 80$ cm und ihr Trägheitsradius $r_i = 0,36$ m beträgt?

Energiesatz: $F\,s = \dfrac{1}{2}\,m\,v^2 + \dfrac{1}{2}\,J\,\omega^2 + F_R\,s$ $\qquad F_R = \mu\,m\,g$ $\qquad J = 4\,m_r\,r_i^2 = 2,592$ kg m²

Dividiert man durch s, so kann man mit den Beziehungen $v^2 = 2\,a\,s$ und $\omega = v/r$ umformen:

$v^2/2\,s = a \qquad\qquad \omega^2/2\,s = a/r^2$

$F - F_R = (m + \dfrac{J}{r^2})\,a \qquad a = \dfrac{250\ \text{N} - 98,1\ \text{N}}{200\ \text{kg} - 16,2\ \text{kg}} = 0,702\ \dfrac{\text{m}}{\text{s}^2}$

3. Ein Schleifstein (Durchmesser 60 cm, Breite 15 cm, $\varrho = 2,36$ kg/dm³) wird von einem Moment von 4 N m angetrieben und läuft mit einer Drehfrequenz von 90 U/min bei einem Reibungsmoment von 1 N m. Wie lange kann man eine Axt mit der Kraft 30 N bei einer Reibungszahl $\mu = 0,5$ andrücken, bis die Drehfrequenz um 20 % abgenommen hat, und wie lange dauert es danach, bis die ursprüngliche Drehfrequenz wieder erreicht ist? $\qquad (t_1 = 5,66$ s, $t_2 = 2,83$ s$)$

4. Ein Stahlzylinder ($m = 20$ kg) vom Durchmesser 16 cm dreht sich um seine Achse und wickelt dabei auf seinem Umfang einen Faden auf, an dem eine Masse von 5 kg hängt. Anfangs beträgt die Drehfrequenz 500 U/min. Wann tritt Umkehr der Drehrichtung ein und wie hoch steigt die Masse? $\qquad (t = 1,281$ s $\approx 1,3$ s, $h = 2,68$ m$)$

5. Ein Gerät braucht zu seinem Betrieb eine mittlere Leistung von 2 W. Da als Antrieb in jeder Sekunde nur ein kurzer 0,05 s dauernder Impuls zur Verfügung steht, wird von ihm ein Schwungrad angetrieben, aus dessen Rotationsenergie das Gerät während der übrigen Zeit von 0,95 s zwischen zwei Antriebsimpulsen seinen Energiebedarf deckt. Dabei soll die Drehfrequenz des Schwungrades von anfangs 3000 U/min nicht mehr als 10 % absinken. Welches Trägheitsmoment muß es haben? Welchen Durchmesser muß man ihm geben, wenn es als Stahlzylinder ($\varrho = 7,8$ kg/dm³) mit $h = r/2$ ausgebildet wird? $\qquad (J = 2035$ g cm², $r = 3,19$ cm$)$

6. Ein Auto ($m_1 = 1000$ kg) fährt mit 18 km/h und läßt sich bei einer Fahrwiderstandszahl $\mu = 0,03$ ausrollen. Auf die Räder ($r = 0,4$ m, $r_i = 0,35$ m) entfallen $m_2 = 60$ kg. Nach welcher Strecke kommt das Auto zum Stillstand? Welcher Fehler ergäbe sich bei Vernachlässigung der Drehenergie der Räder? $\qquad (44,4$ m, Fehler 4,6 %$)$

1.6.6. Die Drehbewegung um eine freie Achse. Der Kreisel

a) Die allgemeine Bewegung als Zusammensetzung von Translation und Rotation. Ist F die resultierende Gesamtkraft aller an einem Körper angreifenden Kräfte, so erfährt dieser eine Beschleunigung $a = \dfrac{F}{m}$ und beschreibt eine beschleunigte Längsbewegung. Dabei entsteht ein Trägheitswiderstand $F_{tr} = -m\,a = -F$, dessen Angriffspunkt im Schwerpunkt des Körpers liegt. Die Resultierende und der Trägheitswiderstand bilden ein Kräftepaar, dessen Drehmoment eine Rotation hervorruft.

> **Eine allgemeine Bewegung setzt sich daher aus einer Translation und einer Rotation zusammen.**

Eine reine Translation entsteht nur dann, wenn das Kräftepaar kein Drehmoment besitzt. Dies ist aber nur möglich, wenn die Wirkungslinie der Resultierenden mit der des Trägheitswiderstandes zusammenfällt.

> **Eine reine Translation entsteht, wenn die Wirkungslinie der Resultierenden aller an einem Körper angreifenden Kräfte durch seinen Schwerpunkt geht.**

Greifen dagegen Kräfte an, die wie z. B. ein Kräftepaar die Resultierende Null, aber ein Drehmoment haben, so entsteht eine reine Drehung ohne Translation.

Eine reine Rotation entsteht, wenn die an einem Körper angreifenden Kräfte die Resultierende Null, aber ein von Null verschiedenes Drehmoment besitzen.

b) Der Kreisel. Eine allgemeine Bewegung kann sich erst ausbilden, wenn ein Körper genügend Bewegungsmöglichkeiten besitzt; es darf z. B. keine Drehachse durch zwei Lager festgehalten sein. Einen rotierenden Körper, dessen Achse höchstens in einem Punkt gelagert ist, bezeichnet man als **Kreisel**. Wenn ein Kreisel sich um eine beliebige Achse dreht, entstehen im allgemeinen Fliehkräfte, die den Kreisel aus dieser Achse zu kippen suchen (Abb. 1). Ist aber die Massenverteilung eines Kreisels symmetrisch zur Drehachse, dann sind auch die Fliehkräfte symmetrisch verteilt und erzeugen kein Drehmoment.

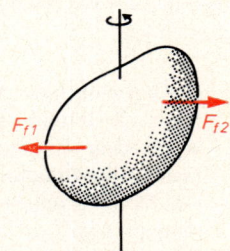

Abb. 1. Kippmoment der Teilfliehkräfte bei einer Rotation um eine nicht freie Achse

Um solche **freie Achsen** kann ein Kreisel rotieren, ohne daß sich die Lage der Achse im Raum ändert. Jede geometrische Symmetrieachse eines Körpers ist eine freie Achse. Es gibt aber auch freie Achsen, die keine Symmetrieachsen sind. Die mathematische Untersuchung zeigt, daß jeder Körper drei im Raum aufeinander senkrecht stehende freie Achsen besitzt. Der Körper kann aber nur um diejenige stabil rotieren, in bezug auf die er das größte Trägheitsmoment hat. Um die Achse, in bezug auf die er das kleinste Trägheitsmoment hat, ist eine Rotation nur bei kleinen Störungen stabil, um die mit dem mittleren Trägheitsmoment ist sie jedoch labil. Bei einer Rotation um diese Achse kippt der Körper bei der geringsten äußeren Einwirkung und dreht sich dann um die Achse des größten Trägheitsmoments. Rotiert z. B. ein langer Zylinder um seine Längsachse, so kippt er bei einem kleinen Anstoß um und dreht sich dann um die stabile Querachse (Abb. 2).

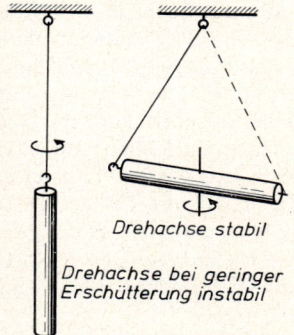

Drehachse stabil

Drehachse bei geringer Erschütterung instabil

Abb. 2. Stabile und instabile freie Achse eines langen Zylinders

Versucht man die Richtung der Achse eines rotierenden Kreisels zu ändern, so treten eigenartige Trägheitswirkungen auf. Greift z. B. in Abb. 3 an der Kreiselachse AB ein Kräftepaar F_1, F_2 während eines kurzen Zeitintervalls Δt an, so dreht sich die Achse nicht, wie man erwartet, im Drehsinn des Kräftepaares (A nach vorn, B nach hinten), sondern um eine dazu senkrechte Achse (A nach oben, B nach unten).

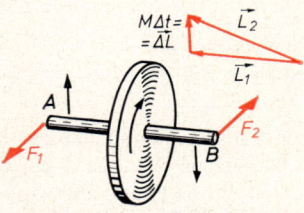

Abb. 3. Wirkungen eines Kräftepaares auf einem Kreisel

Um die neue Richtung der Kreiselachse zu bestimmen, benützt man die Vektoreigenschaften des Drehmoments und des Drehimpulses. In Abb. 3 ist $\vec{L_1}$ der Drehimpuls, den der Kreisel infolge seiner Rotation besitzt. Das Kräftepaar F_1, F_2 besitzt ein nach oben gerichtetes Drehmoment $\vec{M}$. Nach der Gleichung des Drehimpulses $\vec{M}\,\Delta t = \Delta\vec{L} = \vec{L_2} - \vec{L_1}$ erhält man den neuen Drehimpulsvektor, bei dem die Drehachse nicht mehr horizontal verläuft, sondern bei A nach oben, bei B nach unten ausweicht. Die Richtungsänderung ist um so größer, je größer die Impulsänderung $\Delta\vec{L} = \vec{M}\,\Delta t$ im Vergleich zum ursprünglichen Moment $L_1 = J\,\vec{\omega}$ ist.

Auf die Achse eines mit der Spitze auf der Erde ruhenden Kreisels, der etwas schräg steht, wirkt infolge der Schwerkraft ein Kräftepaar ein. Die Kreiselachse unterliegt daher der genannten Richtungsänderung. Da die Spitze des Kreisels vom Boden festgehalten wird, wandert die Achse auf einem Kegelmantel in der aus Abb. 4 ersichtlichen Weise. Dieser Vorgang wird als **Präzession** bezeichnet.

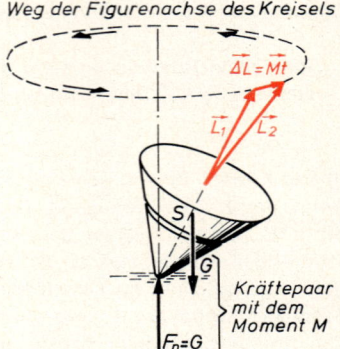

Ein um eine freie Achse rotierender Kreisel setzt jeder Änderung seiner Achsenrichtung einen Widerstand entgegen, der um so größer ist, je rascher die Rotation erfolgt. Bei einem angreifenden Moment weicht die Achse senkrecht zur Kraftrichtung aus.

Abb. 4. Entstehung der Präzession bei einem Kinderkreisel

c) Anwendungen. In vielen Fällen bedient sich die Technik dieser stabilisierenden Wirkung des Kreisels. Damit weder an der Halterung angreifende äußere Kräfte noch die Gewichtskraft oder Trägheitskräfte ein Drehmoment auf den Kreisel ausüben können, lagert man den Kreisel in einer kardanischen Aufhängung (Abb. 5). Die Kreiselachse AB kann sich in zwei Ringen um zwei aufeinander senkrecht stehende Achsen CD und EF drehen, die sich im Schwerpunkt des Kreisels schneiden. Wenn man die Achse EF in einem Fahrzeug lagert, kann die Kreiselachse ihre Richtung im Raum beibehalten, während das Fahrzeug seine Fahrtrichtung beliebig ändert.

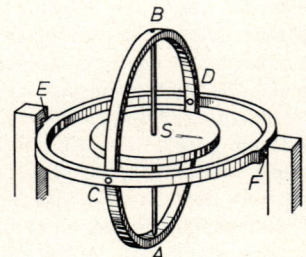

Abb. 5. Kardanische Aufhängung

Eine solche Vorrichtung gibt als **künstlicher Horizont** dem Flugzeugführer die horizontale Richtung an, wenn er bei Nacht oder über den Wolken keinen Horizont sieht oder wenn beim Kurvenflug die Resultierende aus Schwerkraft und Fliehkraft nicht mehr vertikal verläuft.

Beim **Wendezeiger** läuft ein Kreisel in der Längsachse des Flugzeuges. Die Kräfte, die beim Kurvenflug auf die Lager ausgeübt werden, geben ein Maß für die Größe und Schnelligkeit der Drehung.

Besondere Bedeutung hat der **Kreiselkompaß** von Anschütz und Martiessen erhalten (Abb. 6). Er ist ein elektrisch angetriebener, schnell laufender Kreisel K ($n \approx 20\,000$ U/min), der starr mit einer Windrose R und dem ringförmigen Schwimmer S verbunden ist. Mit dem von Quecksilber getragenen Schwimmer kann sich der Kreisel um eine vertikale Achse drehen. Da der Kreiselschwerpunkt tief liegt, ist die Windrosenachse stets zum Erdmittelpunkt gerichtet. Wenn das Schiff fährt, ändert sich die Lotrichtung langsam von Ort zu Ort. Das dabei von der Schwerkraft auf den Kreisel ausgeübte Drehmoment zwingt den Kreisel, stets seine Achse in die Richtung eines Meridians einzustellen.

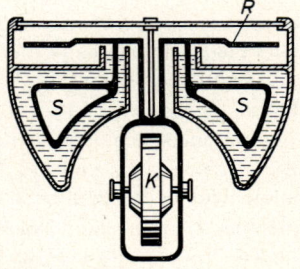

Abb. 6. Kreiselkompaß

1.7. Die Gravitation

1.7.1. Das Gravitationsgesetz

a) Die allgemeine Gravitation. Die Gewichtskraft ist eine zum Erdmittelpunkt gerichtete Kraft. Sie erzeugt an der Erdoberfläche der Erde in einer Entfernung von 6370 km vom Erdmittelpunkt eine Beschleunigung von 9,81 m/s². Der Mond bewegt sich auf einer nahezu kreisförmigen Bahn um die Erde. Daher muß er unter dem Einfluß einer zum Erdmittelpunkt gerichteten Zentripetalkraft stehen. Aus dem Radius $r = 384\,000$ km der Mondbahn und der Umlaufzeit $T = 27,3$ d kann man die Zentripetalbeschleunigung berechnen:

$$a = r\,\omega^2 = r\,4\,\pi^2/T^2 = 0,00272 \text{ m/s}^2,$$

die 3600 mal kleiner ist als die Fallbeschleunigung an der Erdoberfläche.

Newton erkannte, daß die Gewichtskraft an der Erdoberfläche und die Zentripetalkraft der Mondbewegung zwei Sonderfälle ein- und derselben Kraft sind, die von der Masse der Erde ausgeht und zum Erdmittelpunkt gerichtet ist. Da die von dieser Kraft hervorgerufene Beschleunigung in der Mondentfernung, die das 60fache des Erdradius beträgt, nur den 3600. Teil ihres Wertes an der Erdoberfläche besitzt, muß die Kraft mit dem Quadrat der Entfernung vom Erdmittelpunkt abnehmen: $F \sim 1/r^2$

Nach dem Reaktionsprinzip wird aber nicht nur der Mond von der Erde, sondern mit derselben Kraft auch die Erde vom Mond angezogen. Eine Bestätigung dafür ist die Erscheinung der Gezeiten, die in 1.7.2. näher betrachtet wird. Da die Erde alle Gegenstände an ihrer Oberfläche und auch Massen im Weltenraum anzieht und diese wiederum die Erde anziehen, muß die Anziehung zwischen zwei Massen eine allgemeine Eigenschaft aller Massen sein. Aus der Tatsache, daß die Gewichtskraft auf der Erde proportional zur Masse des angezogenen Körpers ist, und aus dem Reaktionsprinzip folgt, daß die allgemeine Anziehungskraft zu beiden beteiligten Massen proportional ist: $F \sim m_1\,m_2$

Man bezeichnet diese allgemeine Massenanziehung als **Gravitation** (lat.: gravis = schwer). Nach den erschlossenen Eigenschaften läßt sich die Größe der Gravitationskraft mit einer Proportionalitätsgröße, der **Gravitationskonstante** f, aus dem **Gravitationsgesetz** berechnen.

Gravitationsgesetz: $F_g = f\,\dfrac{m_1\,m_2}{r^2}$ $\qquad\qquad f = 6,670 \cdot 10^{-11}\,\dfrac{\text{m}^3}{\text{kg s}^2}$

---

b) Bestimmung der Gravitationskonstante. Der Wert der Gravitationskonstante läßt sich nach dem Gravitationsgesetz aus einem Versuch mit der Drehwaage (Abb. 1) bestimmen. Sie besteht aus zwei durch eine dünne Stange verbundenen kleinen Bleikügelchen. Die Stange hängt in horizontaler Lage in der Mitte drehbar an einem Torsionsdraht, der schon durch winzige Drehmomente verdrillt wird. Den entstehenden Torsionswinkel kann man mit Hilfe eines Lichtstrahles ablesen, der von einem an dem Torsionsdraht befestigten Spiegel abgelenkt wird.

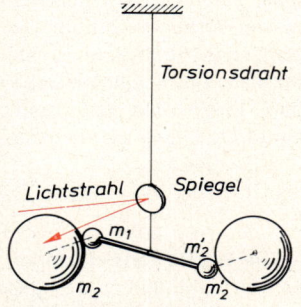

Abb. 1. Bestimmung der Gravitationskonstante

Werden in die Nähe der beiden Bleikügelchen m_1 und m_1' ohne Erschütterung zwei große Massen m_2 und m_2' herangebracht, so erzeugt die Massenanziehung zwischen den Kugeln ein Drehmoment, das den Hebel der Drehwaage in Bewegung setzt. Bei dem Versuch können alle beteiligten Massen und ihre gegenseitigen Entfernungen gemessen werden. Da sich die Kraft aus der Ablenkung ergibt, sind alle Größen des Gravitationsgesetzes bekannt, so daß sich die einzige Unbekannte, nämlich die Gravitationskonstante f daraus berechnen läßt.

Das folgende Beispiel zeigt, daß die Gravitationskraft zwischen zwei Gegenständen auf der Erdoberfläche so klein ist, daß man sie im allgemeinen vernachlässigen darf. Bei den großen Massen der Himmelskörper im Weltenraum, wo keine Reibung ihre Wirkung beeinträchtigt, spielt sie dagegen eine entscheidende Rolle.

Beispiel:
Welche Anziehungskraft entsteht, wenn bei dem Versuch zur Bestimmung der Gravitationskonstante die kleine Kugel eine Masse von 40 g und die große eine von 2 kg besitzt und die Kugelmittelpunkte 6 cm voneinander entfernt sind. Vergleichen Sie die Kräfte bei den Kugeln und bei zwei Lokomotiven von je 400 t in 4 m Entfernung.

$$F_1 = 6{,}67 \cdot 10^{-11} \frac{2 \cdot 0{,}04}{0{,}06^2}\,N = 1{,}48 \cdot 10^{-9}\,N \qquad\qquad F_2 = 6{,}67 \cdot 10^{-11} \frac{(4 \cdot 10^5)^2}{4^2} = 0{,}667\,N$$

c) Das Gravitationsfeld. Infolge der Gravitation erfährt jede Masse, die in die Umgebung einer anderen Masse gebracht wird, eine Anziehung. Wird die erste Masse an irgendeiner Stelle ruhend sich selbst überlassen, so wird sie von der dort herrschenden Gravitationskraft beschleunigt und bewegt sich in Richtung auf die andere Masse. Man könnte die Anziehung als eine Fernwirkung dieser Masse betrachten. Es hat sich jedoch für das Verständnis solcher in die Ferne reichenden Wirkungen als fruchtbar erwiesen, wenn man annimmt, daß sich die Wirkung durch den Raum ausbreitet und daß dabei jeder Punkt des Raumes besondere Eigenschaften erhält, die der leere Raum zuvor nicht besaß, z. B. die Eigenschaft, auf eine hineingebrachte Masse eine Kraft auszuüben. In der Physik bezeichnet man einen solchen Raum mit besonderen Eigenschaften als ein **Feld** oder in unserem Fall, bei dem er Träger der Gravitationswirkungen ist, als ein **Gravitationsfeld.**

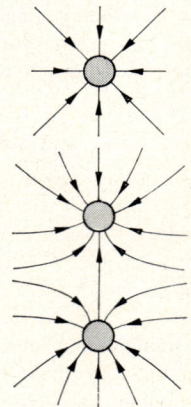

Ein Gravitationsfeld ist nicht sichtbar, man kann es aber durch sog. Feldlinien veranschaulichen. In jedem Punkt des Feldes hat die Gravitationskraft eine bestimmte Richtung, die sich mit der Richtung deckt, in der eine Probemasse beschleunigt wird. Denkt man sich diese Richtungen in jedem Punkt eines Feldes gezeichnet, so kann man daraus Linien zusammensetzen, längs denen sich die Probemasse bewegen würde. Diese Linien nennt man Feldlinien. Abb. 2 zeigt das Feldlinienbild einer einzelnen und zweier benachbarten Massen. Die Feldlinien geben überall die Richtung der Kraft an. Aber auch ihre Größe kann man ablesen, denn sie ist um so größer, je enger die Linien zusammenlaufen.

Abb. 2. Feldlinien zweier Gravitationsfelder

d) Die Gravitationsfeldstärke. Die Gravitationskraft ist proportional zu der Masse m_1, die das Feld erzeugt, und zu der Masse m_2, die in das Feld gebracht wird. Bildet man den Quotienten $\dfrac{F_g}{m_2} = f\,\dfrac{m_1}{r^2}$, so ist dieser von m_2 unabhängig und kennzeichnet das von der Masse m_1

erzeugte Feld. Man benutzt deshalb diesen Quotienten als **Gravitationsfeldstärke** zur Beschreibung des Gravitationsfeldes. Als Quotient aus der Gravitationskraft und der an eine Stelle gebrachten Masse stellt sie die Beschleunigung dar, die dort eine beliebige Masse erfährt. Wir verwenden deshalb das Formelzeichen a_g:

$$\text{Gravitationsfeldstärke: } a_g = \frac{F_g}{m_2} = f\frac{m_1}{r_2} \qquad [a_g] = \frac{N}{kg} = \frac{m}{s^2}$$

Die Gravitationsfeldstärke ist als Beschleunigung ein Vektor. Im Feld einer Punktmasse ist sie stets nach dem Ort des Massenpunktes gerichtet. In anderen Feldern hängt ihre Größe und Richtung von der räumlichen Verteilung der Massen ab. Wenn die Gravitationsfeldstärke bekannt ist, berechnet sich die Gravitationskraft auf eine Masse m nach der einfachen Formel:

$$F_g = a_g\, m$$

e) Das Gravitationspotential. Statt mit Hilfe der Gravitationsfeldstärke kann man ein Gravitationsfeld auch mit einer anderen Größe beschreiben. Um die Arbeit zu berechnen, die erforderlich ist, um eine Masse m im Feld einer anderen Masse m_1 von einem Punkt P_1, der von m_1 die Entfernung r_1 hat, an einen Punkt P_2, der von m_1 die Entfernung r_2 hat, zu bringen, wählen wir zuerst einen radialen Weg von P_1 nach P' und dann den Weg $P'\,P_2$ längs eines Kreises um das Massenzentrum m_1 (Abb. 3).

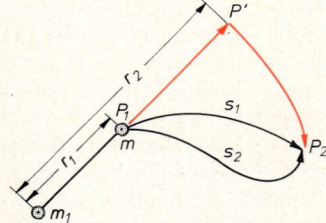

Abb. 3. Arbeit im Gravitationsfeld

Der erste Arbeitsbetrag ergibt sich aus dem Integral:

$$W_1 = \int F_s\, ds = \int_{r_1}^{r_2} F_r\, dr = \int_{r_1}^{r_2} f\frac{m\,m_1}{r^2}\, dr = f\,m\,m_1\left(\frac{1}{r_1} - \frac{1}{r_2}\right)$$

Längs des zweiten Wegabschnitts wird dagegen die Arbeit $W_2 = 0$ benötigt, da die Komponente der Gravitationskraft längs des Kreisbogens $P'\,P_2$ überall Null ist. Die gesamte Arbeit ist daher:

$$W = W_1 + W_2 = f\,m\,m_1\left(\frac{1}{r_1} - \frac{1}{r_2}\right)$$

Es läßt sich mathematisch zeigen, daß wir das gleiche Ergebnis erhalten hätten, wenn wir das Integral längs der direkten Verbindung $P_1\,P_2$ oder längs eines beliebigen anderen Weges (z. B. s_1 oder s_2) zwischen P_1 und P_2 berechnet hätten. Physikalisch folgt dies auch aus dem Satz von der Erhaltung der Energie. Wäre nämlich z. B. die Arbeit längs des Weges s_2 größer als die längs des Weges s_1, so könnte man beim Bewegen einer Masse längs des geschlossenen Weges von P_1 über s_1 nach P_2 und danach über s_2 nach P_1 zurück auf dem Rückweg eine größere Arbeit gewinnen, als auf dem Hinweg aufgewendet werden mußte. Man hätte also eine Arbeit gewonnen, ohne daß sonst in dem Feld eine Veränderung entstanden wäre. Da dies nach dem Energieerhaltungssatz unmöglich ist, muß die Arbeit auf allen Wegen gleich sein. Sie hat also auf allen Wegen den Wert:

$$W = f\,m\,m_1\left(\frac{1}{r_1} - \frac{1}{r_2}\right)$$

Dieser Ausdruck läßt sich vereinfachen, wenn man als Gravitationspotential V die Größe einführt:

$$\text{Gravitationspotential: } V = -f\frac{m_1}{r}$$

Für die Arbeit erhält man nun den einfachen Ausdruck:

$$W = m\,(V_2 - V_1)$$

Die Arbeit bei der Bewegung einer Masse im Gravitationsfeld ist das Produkt aus der Masse m und dem Unterschied des Gravitationspotentials zwischen dem Endpunkt und dem Ausgangspunkt der Bewegung.

Das Gravitationspotential ist im Gegensatz zur Gravitationsfeldstärke ein Skalar. Als Maßeinheit erhält man:

$$V_2 - V_1 = \frac{W}{m} \qquad\qquad [V] = \frac{[W]}{[m]} = \frac{J}{kg}$$

Ein Feld ist gekennzeichnet, wenn man in jedem Punkt das Gravitationspotential kennt. Eine Übersicht über alle diese Werte erhält man, wenn man Punkte gleichen Potentials verbindet und dadurch im Raum die Äquipotentialflächen oder bei ebenen Darstellungen die Äquipotentiallinien erhält. Bei der Bewegung längs einer Äquipotentialfläche ändert sich das Potential nicht; daher ist die verrichtete Arbeit Null. Es ist dabei auch keine Gravitationskraft zu überwinden. Ihre Richtung, die durch den Verlauf der Feldlinien gekennzeichnet ist, steht daher immer auf den Äquipotentialflächen senkrecht (Abb. 4).

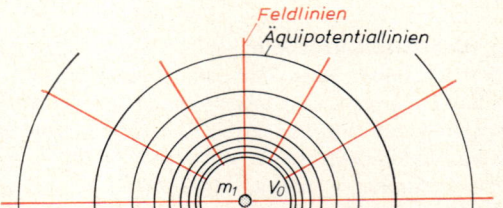

Abb. 4. Äquipotential- und Feldlinien

Feldlinien und Äquipotentialflächen stehen im ganzen Gravitationsfeld aufeinander senkrecht.

Berechnet man den Wert des Potentials längs einer Feldlinie und trägt sie graphisch auf, so erhält man bei einer Masse (z. B. der Erde) die Kurve der Abb. 5. Da das Potential der Quotient aus der Arbeit und der Masse ist, ist der Höhenunterschied der Kurve zwischen zwei Punkten P_1 und P_2 ein Maß für die Arbeit $W_1 - W_2$, die beim Übergang von P_1 nach P_2 gewonnen wird. Je höher die Kurve verläuft, desto größer ist die potentielle Energie, die eine Masse an dieser Stelle gespeichert hat. Die Neigung der Kurve ist ein Maß für die Kraft, die dort auf eine Masse einwirkt.

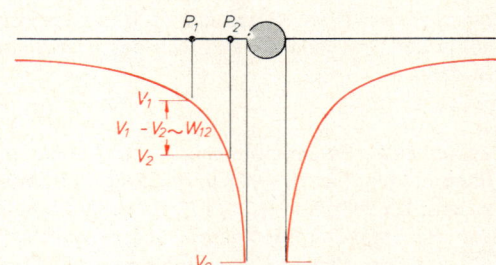

Abb. 5. Gravitationspotential der Erde

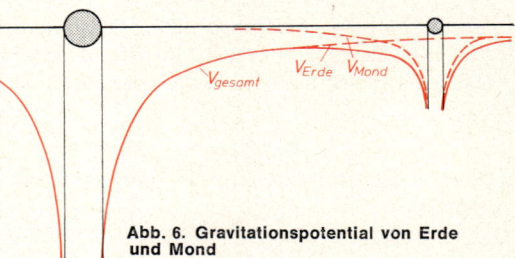

Abb. 6. Gravitationspotential von Erde und Mond

Bei mehreren Massen überlagern sich die Potentialkurven. Abb. 6 zeigt z. B. die Kurve des Gravitationspotentials von Erde und Mond (nicht maßstäblich). Man erkennt deutlich, in welchem Bereich die Gravitation eine zur Erde bzw. eine zum Mond gerichtete Resultierende hat.

1.7.2. Wirkungen der Gravitation

a) Die Planetenbewegung. Schon im Altertum suchte man die Bewegung der Planeten zwischen den Fixsternen zu beschreiben und ihren Lauf vorauszusagen. Mehrere Astronomen, darunter Hipparch (um 150 v. Chr.) und Ptolemäus (um 150 n. Chr.), versuchten diese Aufgabe zu lösen. Das von ihnen aufgestellte Weltbild stellte die ruhende Erde in den Mittelpunkt und benötigte zur Erklärung der Planetenbewegung ein kompliziertes System von zusammengesetzten Kreisbewegungen. Trotzdem konnte keine gute Übereinstimmung mit den Beobachtungen erzielt werden.

Im ganzen Mittelalter hielt man am Ptolemäischen Weltbild fest, bis Kopernikus (1473—1543), angeregt durch die Schriften des Aristarch (um 250 v. Chr.) ein neues „heliozentrisches" Weltbild entwarf. Nach ihm umkreisen alle Planeten, zu denen auch die Erde gehört, die ruhende Sonne; nur der Mond umläuft die Erde. Hundert Jahre später fand Kepler[1] (1571—1630) aus genauen Beobachtungen des Planeten Mars die Gesetzmäßigkeiten der Planetenbewegung, die in den **Keplerschen Gesetzen** zum Ausdruck kommen.

> **Die Bahnen der Planeten sind Ellipsen, in deren einem Brennpunkt die Sonne steht.**
>
> **In gleichen Zeiten überstreicht die Verbindungslinie Sonne— Planet gleiche Flächen (Abb. 1).**
>
> **Bei zwei Planeten mit den Umlaufszeiten T_1 und T_2, deren Bahnellipsen die großen Halbachsen a_1 und a_2 haben, gilt die Beziehung: $T_1^2 : T_2^2 = a_1^3 : a_2^3$**

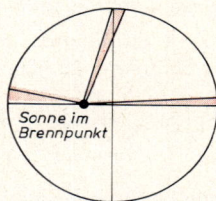

Sonne im Brennpunkt

Abb. 1. Zu den Keplerschen Gesetzen

Bei der Aufstellung seiner Gesetze ahnte Kepler schon, daß zwischen ihnen ein ursächlicher Zusammenhang bestehen müsse und daß dieser auf einer von der Sonne ausgehenden Kraft beruhe.

Erst die Entdeckung der Gravitation und der dynamischen Gesetze durch Newton (1643—1727) machte den Weg frei, die Bewegung der Planeten als Folge der auf sie wirkenden Anziehungskraft der Sonne zu erkennen. Setzt man die Grundgleichung der Dynamik für einen Planeten an, so folgen daraus die beiden ersten Keplerschen Gesetze unmittelbar durch Integration, und das dritte Gesetz erhält man, wenn man die Ergebnisse bei zwei Planeten vergleicht.

Da die Planeten nicht nur der Anziehungskraft der Sonne, sondern auch der gegenseitigen Anziehungskraft unterworfen sind, weichen ihre wirklichen Bahnen von den Keplerschen Ellipsen um geringe Beträge, die sog. Störungen, ab.

b) Weltraumfahrt. Um einen Körper von der Erdoberfläche zu irgendeinem anderen Himmelskörper zu bringen, muß die Erdanziehung überwunden werden. Die erste Teilaufgabe besteht darin, einen Körper auf eine Erdumlaufbahn zu bringen, auf der er außerhalb der Erdatmosphäre ohne Luftwiderstand die Erde längere Zeit ohne Antrieb umkreisen kann. Zu

---

[1] Johannes K e p l e r , 1571 bis 1630, Astronom in Graz und Prag, entdeckte die Gesetze der Planetenbewegung und beschrieb den Bau des astronomischen Fernrohres.

diesem Zweck muß er mit einer Rakete hochgetragen und auf eine solche Geschwindigkeit beschleunigt werden, daß die Erdanziehungskraft in dieser Höhe von mindestens $r = 6500$ km vom Erdmittelpunkt genau die Zentripetalkraft für eine Umlaufbahn mit diesem Radius darstellt.

Die Erdbeschleunigung g in dieser Höhe erhält man aus der Verhältnisgleichung:

$$g : g_0 = r_0{}^2 : r^2 \qquad g = g_0 \left(\frac{r_0}{r}\right)^2 = 9{,}81 \frac{m}{s^2} \cdot \left(\frac{6370 \text{ km}}{6500 \text{ km}}\right)^2 = 9{,}42 \frac{m}{s^2}$$

Da die Zentripetalbeschleunigung auf der Umlaufbahn genau diesem Wert entsprechen muß, findet man die erforderliche Geschwindigkeit aus:

$$\frac{v^2}{r} = g \qquad v = \sqrt{r\,g} = \sqrt{6\,500\,000 \text{ m} \cdot 9{,}42 \frac{m}{s^2}} = 7820 \frac{m}{s} = 28\,300 \frac{km}{h}$$

Ein in eine solche Bahn gebrachtes Raumschiff umkreist also die Erde auf einer Bahn vom Umfang $2\,r\,\pi \approx 41\,000$ km in etwa 1,5 Stunden.

Um es aber ganz aus dem Anziehungsbereich der Erde zu lösen, benötigt es eine höhere Energie, die ihm während der Brennzeit der einzelnen Raketenstufen als kinetische Energie übertragen werden muß. Läßt man Energieverluste durch den Luftwiderstand außer Ansatz, so ist die Geschwindigkeit, die einen Körper an der Erdoberfläche befähigen würde, sich beliebig weit von der Erde zu entfernen, die sog. **Fluchtgeschwindigkeit** v_f. Wenn ein Körper diese Geschwindigkeit besitzt, muß seine kinetische Energie $\frac{1}{2}\,m\,v^2$ ebenso groß sein wie die Arbeit, die nötig ist, um den Körper von der Erdoberfläche in eine unendlich große Entfernung zu befördern. Es gilt daher:

$$\frac{1}{2}\,m\,v_f{}^2 = \int_{r_0}^{\infty} F\,dr = \int_{r_0}^{\infty} m\,g \left(\frac{r_0}{r}\right)^2 dr = -\left[m\,g\,\frac{r_0{}^2}{r} \right]_{r_0}^{\infty} = m\,g_0\,r_0 \qquad v_f = \sqrt{2\,g_0\,r_0} = 11{,}2 \frac{km}{s}$$

Von einer schon erreichten Umlaufbahn aus ist die Fluchtgeschwindigkeit etwas kleiner, z. B. von der oben behandelten Umlaufbahn aus nur 11,06 km/s.

> **Ein Raumschiff kann nur dann die Erde verlassen, wenn es beim Brennschluß der Raketen die an der erreichten Stelle nötige Fluchtgeschwindigkeit erzielt.**

Um danach die weitere Bahn eines Raumschiffes berechnen und kontrollieren zu können, müssen die sich nach Größe und Richtung dauernd ändernden Anziehungskräfte aller benachbarten Himmelskörper berücksichtigt werden. Die dazu nötigen Rechnungen sind so umfangreich, daß sie in der erforderlichen Schnelligkeit nur mit elektronischen Rechenanlagen bewältigt werden können.

c) Die Gezeiten. Es ist allgemein bekannt, daß das Auftreten von Ebbe und Flut eine Folge der Anziehungskraft des Mondes auf die Erde ist. Aus dieser Erklärung geht aber nicht unmittelbar hervor, warum sich auch auf der vom Mond abgewandten Seite der Erde eine Flutwelle bildet. Die Anziehung des Mondes bewirkt auch bei der Erde eine Umlaufbewegung, deren Zentrum jedoch noch im Innern der Erde liegt. Bei diesem Umlauf entsteht eine Zentrifugalbeschleunigung, die auf der ganzen Erde den gleichen Wert hat und vom Mond weggerichtet ist. Die Gravitationsbeschleunigung des Mondes ist auf der ihm zugewandten Seite der Erde wegen der geringeren Entfernung vom Mond größer, auf der vom Mond abgewandten Seite wegen der größeren Entfernung vom Mond kleiner als die Fliehbeschleunigung. Abb. 2 zeigt, wie aus beiden Beschleunigungen eine resultierende Beschleunigung entsteht, die im ersten Fall zum Mond, im zweiten Fall von ihm weggerichtet ist. Die Beschleunigungen erzeugen Kräfte, die auf beiden Seiten der Erde eine Flutwelle verursachen. Durch die Form der Küsten wird die Ausbildung der Flutwelle behindert oder ihre Ausbreitung gehemmt, so daß an manchen Küsten zum Teil erhebliche Verzögerungen auftreten.

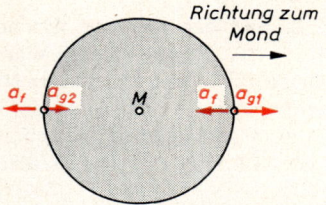

Abb. 2. Entstehung der Gezeiten

1.8. Die Stoffeigenschaften fester Körper

1.8.1. Der Aufbau fester Materie

a) Die Bausteine der Materie. Jeder Stoff läßt sich teilen; wenn er homogen ist, d. h. wenn er aus einheitlichem Material besteht, haben die entstehenden Teile dieselben kennzeichnenden Stoffeigenschaften wie der Ausgangskörper. Bei mechanischer Teilung lassen sich die Teilchen bald nicht mehr verkleinern, aber mit anderen Hilfsmitteln, z. B. durch Auflösen, kann man die Teilung noch weiter fortsetzen. So kann man z. B. mit einer Spur des roten Farbstoffes Eosin von etwa 1 mg noch den ganzen Wasserinhalt eines Eimers rot färben. Selbst ein Kaffeelöffel vom Inhalt dieses Eimers genügt, um nach dem Verteilen in einem zweiten Eimer eine eben noch feststellbare Rotfärbung hervorzurufen.

Ein anderer Versuch zeigt aber, daß die Teilbarkeit doch eine Grenze hat. Ein Tropfen Öl erzeugt auf der Oberfläche einer mit Wasser gefüllten Schüssel einen Ölüberzug, der an der veränderten Lichtreflexion leicht zu erkennen ist. Nimmt man aus dieser Ölschicht einen Tropfen und bringt ihn auf eine zweite Schüssel mit Wasser, so hört die Ausbreitung der Ölschicht auf, bevor die ganze Schüssel bedeckt ist. Die Ölschicht erfüllt dann nur ein scharf begrenztes, kreisförmiges Stück der Oberfläche. Sie besteht dann nur aus einer Lage von kleinsten Ölteilchen, die sich nicht mehr noch dünner anordnen können. Solche kleinste Teilchen eines Stoffes bezeichnet man als **Moleküle.**

Mit chemischen Hilfsmitteln lassen sich aber auch die Moleküle in noch kleinere Teilchen aufspalten, die jedoch im allgemeinen nicht mehr die Stoffeigenschaften des ursprünglichen Stoffes besitzen. Die Moleküle der zahllosen verschiedenen Stoffe bestehen aus wenigen solchen noch kleineren Teilchen, den **Atomen** der chemischen Elemente, von denen in der Natur 89 verschiedene Arten vorkommen.

b) Größe und Masse der Atome und Moleküle. In 7.1.1. wird gezeigt, wie man die Größe und Masse der Atome und Moleküle messen kann. Die wichtigsten Angaben hierüber müssen aber schon jetzt gemacht werden.

Das kleinste und leichteste Atom ist das des Wasserstoffs. Sein Durchmesser beträgt 0,106 nm, seine Masse $1,67 \cdot 10^{-24}$ g; sie liegen damit weit unter der Sichtbarkeitsgrenze mit einem Mikroskop. Die anderen Atome haben größere Massen, deren gegenseitiges Verhältnis durch die **relativen Atommassen** A_r (früher Atomgewichte) angegeben wird. So findet man

z. B. aus der relativen Atommasse des Wasserstoffs $A_{rH} = 1,008$ und des Sauerstoffs $A_{rO} = 16$, daß die Masse eines Sauerstoffatoms etwa 16 mal so groß ist wie die eines Wasserstoffatoms. Die **relative Molekülmasse** M_r (früher: das Molekulargewicht) ist die Summe der relativen Atommassen der in einem Molekül enthaltenen Atome. Die Masse, die ein Atom mit der relativen Atommasse 1 hätte, wählt man als die **atomare Masseneinheit** $u = 1,66 \cdot 10^{-27}$ kg. Dann sind die Massen anderer Atome bzw. Moleküle:

$$m_{At} = A_r\, u \qquad m_M = M_r\, u$$

c) Die Stoffmenge. In einigen physikalischen Gesetzen benötigt man die Zahl der in einer Materiemenge enthaltenen Teilchen, z. B. der Atome oder Moleküle. Diese Zahl wurde in der Physik als **Stoffmenge** n eingeführt (die Bezeichnung ist ungünstig gewählt, besser wäre „Teilchenzahl"). Wegen der Winzigkeit der Teilchen ergeben sich schon bei verhältnismäßig kleinen Stoffmengen sehr große Teilchenzahlen. Deshalb faßt man eine bestimmte Anzahl zusammen und benützt ihre Gesamtheit als Maßeinheit der Stoffmenge. Dazu geeignet ist die bei allen Stoffen gleiche Zahl von Atomen bzw. Molekülen, die in einer Stoffmenge von soviel g enthalten ist, wie die relative Atom- bzw. Molekülmasse angibt. Die dadurch festgelegte Einheit führt die Bezeichnung **Mol** (mol). Die Zahl der in einem Mol enthaltenen Atome bzw. Moleküle wurde zuerst im Jahre 1865 von J. Loschmidt bestimmt und wird deshalb oft Loschmidtsche Zahl genannt. Da sie die Zahl der Teilchen je mol angibt, versieht man sie mit der Benennung 1/mol und bezeichnet sie als **Avogadrokonstante** N_A, weil Avogadro schon vor Loschmidt die große Bedeutung dieser Größe erkannt hatte.

$$N_A = 6,0225 \cdot 10^{23}\ 1/\text{mol}$$

Mit dieser Zahl läßt sich das Mol präzise definieren:

Ein Mol ist die Stoffmenge eines Systems aus $6,023 \cdot 10^{23}$ Teilchen (z. B. Atomen, Molekülen, Ionen oder Elektronen).

Bezeichnet man mit N die Gesamtzahl der Atome bzw. Moleküle eines Stoffes, so erhält man die in mol gemessene Stoffmenge n aus:

$$n = N/N_A$$

d) Kohäsion und Adhäsion. Damit die einzelnen Atome oder Moleküle einen festen Körper bilden können, müssen zwischen ihnen Kräfte wirksam sein, die sie in ihrer gegenseitigen Lage festhalten. Die Anziehungskräfte zwischen den Molekülen des gleichen Körpers nennt man **Kohäsion,** zwischen den Molekülen zweier verschiedener Körper **Adhäsion.** Leichte Teilchen können infolge dieser Kräfte an anderen Gegenständen haften, z. B. Staub an einer Oberfläche, eine Flüssigkeit an den Wänden eines Gefäßes. Die Kraft zwischen zwei einzelnen Molekülen ist sehr klein. Daß man zur Teilung eines Körpers in vielen Fällen recht erhebliche Kräfte braucht, kommt daher, daß zahllose Moleküle voneinander gerissen werden müssen. Weil die Molekularkräfte nur sehr geringe Reichweite haben, läßt sich ein geteilter Körper nicht wieder zusammenfügen; denn die meisten Moleküle lassen sich nicht mehr auf den erforderlichen geringen Abstand zusammenführen. Um die Kohäsion wirksam werden zu lassen, darf der Molekülabstand nicht mehr als etwa 50 nm betragen. Nur bei geschliffenen Berührungsflächen kann man eine genügende Anzahl von Molekülen auf diese geringe Entfernung nähern, daß die Flächen aneinander haften, z. B. bei zwei Glasplatten oder zwei Endmaßstäben.

e) Härte. Die Kohäsion bewirkt den Zusammenhalt eines festen Körpers. Sie verhindert aber auch, daß fremde Gegenstände seine Oberfläche verletzen, eindrücken oder in den Körper eindringen. Diese Eigenschaft eines Körpers, seine **Härte,** ist für alle technischen Anwendungen sehr wichtig. Sie ist nicht bei allen Materialien gleich. Wenn ein Stoff die Oberfläche eines anderen ritzen kann, so ist er härter als der andere.

Nach diesem Grundsatz wurde die **Mohssche Härteskala** aufgestellt:
1. Talk, 2. Gips, 3. Kalkspat, 4. Flußspat, 5. Apatit, 6. Feldspat, 7. Quarz, 8. Topas, 9. Korund, 10. Diamant.

Ein Körper ritzt jeden weicheren Stoff und wird von jedem härteren geritzt. Nach dieser Regel läßt sich ein zu prüfender Gegenstand in die 10 Stufen der obigen Skala einreihen. Die einzelnen Stufen der Härteskala sind verschieden hoch. Die Technik verwendet andere Härtebestimmungsmethoden, z. B. die von Brinell, bei der die Fläche eines kreisförmigen Eindrucks, den eine Stahlkugel bei einer bestimmten Kraft im Werkstück hinterläßt, als Maß für die Härte genommen wird.

1.8.2. Wirkungen äußerer Kräfte auf die innere Struktur fester Stoffe

a) Plastizität und Elastizität. Wenn an einem festen Körper an einer Stelle eine äußere Kraft einwirkt, so geben die unmittelbar getroffenen Moleküle der Kraft nach und entfernen sich aus der Ruhelage. Auch viele Nachbarmoleküle werden verschoben, und es entsteht eine Formänderung. Bei **plastischen** Körpern bildet sich eine neue Gleichgewichtslage, so daß kein Bestreben mehr vorhanden ist, in die Ausgangslage zurückzukehren. Die Formänderung bleibt daher bestehen. Bei **elastischen** Körpern bildet sich kein neuer Gleichgewichtszustand. Die Formänderung bleibt nur, solange die äußere Kraft einwirkt. Nach ihrem Verschwinden geht der Körper in seine ursprüngliche Form zurück.

b) Spannung und Druck. Während eine äußere Kraft auf einen elastischen Körper einwirkt, befindet sich der Teil, der eine Formänderung erleidet, in einem **Spannungszustand.** Er unterscheidet sich vom Normalzustand dadurch, daß die molekularen Kräfte der Kohäsion und Adhäsion erst zusammen mit den von der äußeren Einwirkung verursachten Kräften im Gleichgewicht stehen. Im Bereich des Spannungszustandes wirkt auf jedes Flächenstückchen außer den Molekularkräften noch eine von außen hervorgerufene Kraft. Sie ist vom Ort und der Ausrichtung des Flächenstückchens abhängig und wächst proportional zu dessen Flächeninhalt. Der Quotient aus dieser Kraft und der Größe des Flächenstückes wird als **Spannung** σ (lies sigma) bezeichnet:

$$\sigma = F/A \qquad F = \sigma A$$

Je nach der Art der Spannung bezeichnet man sie als Zug- oder Druckspannung, je nach ihrer Richtung zu der ins Auge gefaßten Fläche als Normal- oder Tangentialspannung.

Wenn die äußere Kraft auf den Körper drückt, bezeichnet man den entstehenden Spannungszustand präziser als Druckzustand. Die Moleküle werden zusammengedrängt und suchen ihre Abstände wieder zu vergrößern. An der Oberfläche des Körpers hat daher die Spannung eine nach außen gerichtete Normalkomponente, die man als **Druck** p bezeichnet. Da er durch die von außen einwirkende Kraft hervorgerufen wird, wächst er proportional zu deren Normalkomponente F_n. Weil er aber mit der Größe A der von der Kraft getroffenen Fläche abnimmt, kann man den Druck als Quotient aus der Normalkraft und der von ihr getroffenen Fläche berechnen:

$$p = \frac{F_n}{A} \qquad\qquad F_n = p\,A$$

Nach dieser Definition der Spannung und des Druckes erhält man eine Spannungs- oder Druckeinheit, wenn man den Quotienten aus einer Kraft- und einer Flächeneinheit bildet. Die Druckeinheit des SI, das Pascal (Pa), ist daher:

$$1\ Pa = [F]\,/\,[A] = 1\ N/m^2$$

Da diese Einheit für die im täglichen Leben und in der Technik auftretenden Drücke in den meisten Fällen sehr klein ist, wird häufig die ebenfalls zum SI gehörende 10^5mal größere Einheit 1 Bar (bar) verwendet: $1\ bar = 10^5\ N/m^2 = 10\ N/cm^2$. Die frühere Druckeinheit des technischen Maßsystems, die Atmosphäre (at) entspricht ungefähr 1 bar: $1\ at = 1\ kp/cm^2 = 9{,}81\ N/cm^2 \approx 1\ bar$.

Bei großen Auflageflächen erzeugen selbst schwere Lasten nur kleine Drücke. Davon macht man Gebrauch, wenn man Skier benutzt, um nicht so tief in den weichen Schnee einzusinken. Umgekehrt rufen bei kleinen Flächen schon geringe Kräfte hohe Drücke hervor. Übt man z. B. auf eine Nadel mit einer Spitze von $(0{,}1\ mm)^2$ eine Kraft von 1 N aus, so entsteht ein Druck $p = 1\ N/(0{,}1\ mm)^2 = 100\ N/mm^2 = 1000\ bar$. Diese starke Druckerhöhung bei Spitzen oder Schneiden nennt man Spitzen- oder Schneidenwirkung. Sie wird bei Pfählen, Nägeln, Ahlen, Bohrern, Messern und anderen Schneidwerkzeugen angewendet.

c) **Kompressibilität**. Ein allseitiger äußerer Druck vermindert im allgemeinen das Volumen eines Körpers. Ein Maß für diese Zusammendrückbarkeit ist die Kompressibilität α. Sie ist der Quotient aus der relativen Volumenabnahme $-\Delta V/V$ ($-$ Zeichen, damit dieser Ausdruck trotz des negativen ΔV positiv ist) und der Druckerhöhung Δp, die zu ihrer Erzeugung notwendig ist. Der reziproke Wert der Kompressibilität ist der **Kompressionsmodul** K, der verwendet wird, um den Widerstand eines Körpers gegen Volumenänderungen zu kennzeichnen:

$$\alpha = -\frac{\Delta V}{V\Delta p} \qquad [\alpha] = bar^{-1} \qquad K = -V\frac{\Delta p}{\Delta V} \qquad [K] = bar\ oder\ \frac{N}{mm^2}$$

d) **Festigkeit.** Ein Körper behält seinen Zusammenhalt, solange die zwischen seinen Molekülen bestehende Kohäsion nicht von einer äußeren Kraft überwunden wird. Wenn aber die auf ein Molekül wirkende Kraft größer wird als dessen Kohäsion zu den Nachbarmolekülen, bricht der Körper. Der durch die Kohäsion bedingte Widerstand gegen eine Zerstörung ist seine Festigkeit. Ein Maß für sie ist die Größe der Spannung, bei der ein Bruch erfolgt.

Welche Wirkungen eine zunehmende Zugspannung an einem Stahldraht hervorruft, zeigt ein Dehnversuch, bei dem durch ein langsames Vergrößern der Zugkraft die Spannung bis zum Zerreißen erhöht wird. Zur Veranschaulichung ist die bei einer bestimmten Dehnung ε:

$$Dehnung = \frac{Längenzunahme}{Ausgangslänge}, \qquad \varepsilon = \frac{\Delta l}{l}$$

entstehende Spannung für einen Draht aus Baustahl (St 37) graphisch aufgetragen (Abb. 1). Anfangs wächst die Zugspannung proportional zur Dehnung und ergibt einen geradlinigen Verlauf der Kurve. Bei der Proportionalitätsgrenze P hört dieser einfache Zusammenhang auf.

Die Dehnung wird größer, als sie aus einem weiteren geradlinigen Verlauf der Kurve folgen würde. Von der Streck- oder Fließgrenze S an verlängert sich der Draht ohne Erhöhung der Zugkraft; das Material fängt an zu fließen. Erhöht man die Zugkraft noch weiter, so wächst die Spannung wieder bis zu einem Betrag (Punkt B), den man als Bruchspannung bezeichnet, bei der der Körper seine innere Festigkeit verliert. Er dehnt sich noch ein Stück weiter, wobei die Spannung wieder etwas absinkt, und zerreißt (Punkt Z). Die zuletzt gemessene Spannung ist die Zerreißspannung.

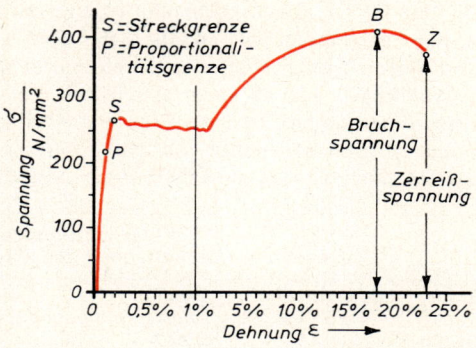

Abb. 1. Spannung und Dehnung bei Stahl (St 37)

Je nach der Art, wie die äußeren Kräfte angreifen, unterscheidet man verschiedene Festigkeiten, z. B. Zugfestigkeiten bei Seilen, Druckfestigkeit bei Mauerwerk, Biegefestigkeit bei Trägern, Drehungs- oder Torsionsfestigkeit bei Achsen, Knickfestigkeit bei Stützen, Scherfestigkeit bei einem Material, an dem wie bei einer Schere zwei gleiche, entgegengesetzt gerichtete Kräfte in geringem seitlichen Abstand angreifen.

1.8.3. Berechnung elastischer Formänderungen

a) Das Hookesche Gesetz und die Dehnung. Unterhalb der Proportionalitätsgrenze gilt bei allen elastischen Formänderungen das Hookesche[1] Gesetz. In vereinfachter Form wurde es schon in 1.3.4. experimentell abgeleitet. Die dort eingeführte Federkonstante D läßt jedoch nicht erkennen, wie die Formänderung vom Material und von der geometrischen Form des Körpers abhängt.

Aus Dehnungsversuchen mit Probekörpern verschiedenen Materials und verschiedener Form findet man, daß die Längenzunahme Δl proportional zur dehnenden Kraft F, proportional zur Ausgangslänge l, umgekehrt proportional zum Querschnitt A und abhängig vom Material ist. Diese Ergebnisse faßt das **Hookesche Gesetz** in mathematischer Form zusammen:

$$\Delta l = \frac{l}{E\,A}\,F$$

Zur Berücksichtigung der Abhängigkeit vom Material tritt in dieser Gleichung eine Konstante, der **Elastizitätsmodul** E, auf. Seine Bedeutung kann man besser erkennen, wenn man die Gleichung nach E auflöst; daraus folgt auch seine Einheit:

$$E = \frac{l\,F}{\Delta l\,A} \qquad [E] = \frac{m\,N}{m\,mm^2} = \frac{N}{mm^2}$$

---

[1] Robert H o o k e , 1635 bis 1703, Prof. in London, ein Zeitgenosse Newtons, befaßte sich mit wissenschaftlichen Untersuchungen und fand das oben angeführte Gesetz.

Ein Maß für den Elastizitätsmodul ist also die Kraft, die die Länge eines Drahtes vom Querschnitt 1 mm² verdoppeln könnte; denn dann sind $l/\Delta l = 1$ und $A = 1$ mm², und der Zahlenwert dieser Kraft in N stimmt überein mit dem Zahlenwert des Elastizitätsmoduls in N/mm². In Wirklichkeit gibt es kaum einen Stoff, der sich so weit ausdehnen ließe; meist reißt er schon lange vorher, und die Proportionalitätsgrenze ist weit überschritten. Der Elastizitätsmodul ist groß bei Stoffen, bei denen man, wie z. B. bei Stahl, große Kräfte zur Dehnung braucht, und klein bei leicht verformbaren Stoffen, wie z. B. bei Gummi.

Elastizitätsmodul in N/mm²
(je nach der Beschaffenheit des Materials sind Abweichungen möglich)

Stahl	$2,1 \cdot 10^5$	Glas	$0,6 \cdot 10^5$	Holz (parallel z. Faser)	$0,1 \cdot 10^5$
Kupfer	$1,15 \cdot 10^5$	Natursteinmauerwerk	$0,25 \cdot 10^5$	Ziegelmauerwerk	$0,1 \cdot 10^5$
Grauguß	$1,0 \cdot 10^5$	Blei	$0,16 \cdot 10^5$	Gummi	5
Aluminium	$0,67 \cdot 10^5$	Beton	$0,14 \cdot 10^5$		

Schreibt man das Hookesche Gesetz in der Form $\dfrac{\Delta l}{l} = \dfrac{F}{E\,A}$, so kann man seine Schreibweise vereinfachen, wenn man die Dehnung $\varepsilon = \Delta l/l$ und die Zugspannung $\sigma = F/A$ einführt:

$$\varepsilon = \frac{\sigma}{E} \qquad\qquad \sigma = \varepsilon\,E$$

Das Hookesche Gesetz gilt nicht nur für Formänderungen durch Zug, sondern auch für Verkürzungen durch Druckkräfte. Der Elastizitätsmodul ist jedoch nicht bei allen Stoffen für den ganzen Bereich der zulässigen Spannungen gleich. Manchmal (z. B. für Beton) hat er für Zug einen anderen Wert als für Druck.

b) Biegung. Wenn eine äußere Kraft quer zu einem Stab oder Träger angreift, ruft sie bei ihm eine Biegung hervor (Abb. 1). Die oberen Schichten werden dabei gedehnt, so daß eine Zugspannung entsteht, die unteren gedrückt, so daß eine Druckspannung entsteht. Dazwischen liegt eine Schicht, die neutrale Faser, die keine Längenänderung erfährt. Sie schneidet den Querschnitt in einer Schwerlinie. Die Zug- und Druckspannungen erzeugen ein Drehmoment, das mit dem Moment der äußeren Kraft im Gleichgewicht steht. Die Krümmung des Stabes ist proportional zum Drehmoment der äußeren Kraft. Aus dieser Überlegung folgt (mit Hilfe der Differential- und Integralrechnung) die Form der Biegelinie, aus der sich die Durchbiegung f berechnen läßt. Sie ist proportional zur biegenden Kraft und zur 3. Potenz der Länge, umgekehrt proportional zum Elastizitätsmodul des Materials und zum Flächenträgheitsmoment J_A des Querschnitts (2.1.3. b). Dazu kommt noch ein Zahlenfaktor, der davon abhängt, wo die Kraft angreift und ob die Enden des Trägers frei aufliegen oder **ob sie**

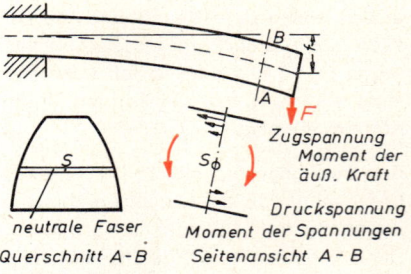

Abb. 1. Biegung

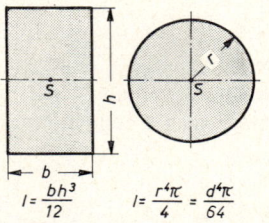

$$I = \frac{bh^3}{12} \qquad I = \frac{r^4\pi}{4} = \frac{d^4\pi}{64}$$

Abb. 2. Flächenträgheitsmomente

eingespannt sind. Man erhält

bei freier Auflage und Last in der Mitte (Abb. 3a):
$$f = \frac{F\,l^3}{48\,E\,J_A}$$

bei einseitiger Einspannung und Last am Ende (Abb. 3b):
$$f = \frac{F\,l^3}{3\,E\,J_A}$$

Das Flächenträgheitsmoment J_A ist dabei (Abb. 2)
für einen rechteckigen Querschnitt: $J_A = b\,h^3/12$
für einen kreisförmigen Querschnitt: $J_A = r^4\,\pi/4$

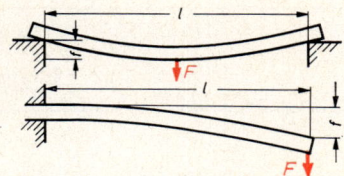

Abb. 3. Freier und eingespannter Träger

c) Torsion. Greift an einem eingespannten Stab oder Draht ein Drehmoment um dessen Achse an (Abb. 4), so ruft es in ihm eine Verdrillung oder Torsion hervor. Der Verdrillungs- oder Torsionswinkel φ ist proportional zum angreifenden Moment und zur Länge l, aber umgekehrt proportional zur 4. Potenz des Radius und zu einer Materialkonstante, dem Gleitoder Torsionsmodul G:

$$\varphi = \frac{2\,M\,l}{G\,\pi\,r^4}$$

Für Stahl ist der Gleitmodul $G_{st} = 80\,000$ N/mm².

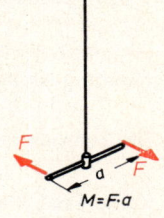

Abb. 4. Torsion

Aufgaben:

1. Welche Längenänderung erleidet ein Stahldraht von 2 mm Durchmesser und 4 m Länge, an dem eine Zugkraft von 250 N angreift ($E = 210\,000$ N/mm²)?   (1,5 mm)

2. Welche Spannung ist nötig, um an einem Betonblock eine Längenänderung von 0,1 % zu erzeugen ($E = 14\,000$ N/mm²)?   (14 N/mm²)

3. Eine Zugstange ($l = 7,7$ m, $E = 210\,000$ N/mm²) soll mit 175 kN belastet werden. Welcher Querschnitt ist nötig, wenn die Spannung 90 N/mm² nicht überschreiten darf? Wie groß ist die entstandene Verlängerung?   (19,4 cm², 3,3 mm)

4. Welche Durchbiegung ruft eine Last von 100 N hervor, die in der Mitte eines 8 mm starken, runden Stahlstabes hängt, wenn die Enden des 1,2 m langen Stabes frei aufliegen ($E = 210\,000$ N/mm²)?   (85,2 mm)

2.1. Ruhende Flüssigkeiten

2.1.1. Allgemeine Eigenschaften der Flüssigkeiten

a) Beweglichkeit der Flüssigkeitsteilchen. Während die einzelnen Teilchen eines festen Körpers starr zusammenhalten, können sie bei einer Flüssigkeit leicht gegenseitig verschoben oder getrennt werden. Diese Tatsache beruht auf der leichten Beweglichkeit der einzelnen Flüssigkeitsteilchen. Daher folgen sie dem Zug der Erdanziehungskraft und füllen jedes zur Verfügung gestellte Gefäß von unten her. Eine Flüssigkeit paßt sich der Form des Gefäßes an.

> **Die Teilchen einer Flüssigkeit sind gegenseitig leicht verschiebbar.**

b) Kompressibilität. Das Volumen einer Flüssigkeit läßt sich durch äußeren Druck nur sehr wenig verändern. Deshalb sind die Kompressibilität (1.8.2. c) sehr klein und der Kompressionsmodul als ihr reziproker Wert sehr groß.

Die Tabelle zeigt, wie klein die Kompressibilität der Flüssigkeiten im Vergleich zu der eines Gases ist, bei dem sich bei gewöhnlichem Druck der Wert 1 bar^{-1} ergibt.

Kompressibilität einiger Flüssigkeiten in bar^{-1}		
Wasser bei 1 . . . 20 bar 0,000 050	Alkohol	0,000 111
Wasser bei 20 . . . 100 bar 0,000 048	Glycerin	0,000 021
Wasser bei 100 . . . 500 bar 0,000 044	Quecksilber	0,000 004

Bei Wasser sind also etwa 200 bar nötig, um das Volumen um 1 % zu verkleinern. Beim Aufhören des Druckes nimmt die Flüssigkeit sofort wieder ihr ursprüngliches Volumen an. Flüssigkeiten besitzen Volumenelastizität. Wegen des geringen Wertes der Zusammendrückbarkeit kann man sie meist vernachlässigen.

> **Eine Flüssigkeitsmenge hat keine feste Gestalt, sie hat aber ein unveränderliches Volumen.**

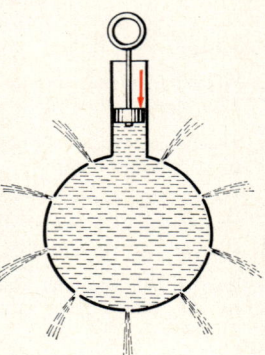

Abb. 1. Druckausbreitung nach allen Seiten

c) Das Gesetz der Druckausbreitung. Die leichte Beweglichkeit der Flüssigkeitsteilchen hat zur Folge, daß eine nur auf einen Punkt wirkende Kraft bei einer Flüssigkeit nicht zur Wirkung kommen kann. Das getroffene Teilchen kann wegen seiner Beweglichkeit ausweichen. Daher läßt man Kräfte nur durch Vermittlung von Flächen fester Körper, z. B. durch einen Kolben auf Flüssigkeiten einwirken. Durch den Kolben wird die Kraft F gleichmäßig auf seiner ganzen Fläche A wirksam. Bei den am Kolben anliegenden Flüssigkeitsteilchen entsteht dann ein Druck $p = F/A$.

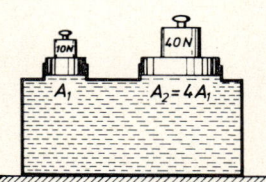

Abb. 2. Größe des sich ausbreitenden Druckes

Sie übertragen ihn wegen ihrer Beweglichkeit nach allen Seiten auf die Nachbarteilchen. Deshalb wird der Druck an allen Stellen und nach allen Richtungen in der eingeschlossenen Flüssigkeit wirksam. Ein Versuch nach Abb. 1 zeigt die Ausbreitung des Druckes nach allen R i c h t u n g e n. Mit einem Gefäß nach Abb. 2 läßt sich nachweisen, daß die G r ö ß e des Druckes unverändert bleibt.

In einer Flüssigkeit pflanzt sich der Druck nach allen Seiten in gleicher Größe fort.

d) Anwendungen der Druckausbreitung. Die Tatsache, daß bei gleichem Druck die Kraftwirkung auf verschieden große Flächen proportional zu deren Inhalt ist, bildet die Grundlage zum Bau der **Flüssigkeits-** oder **hydraulischen Pressen** (Abb. 3). In einem Zylinder mit dem kleinen Querschnitt A_1 bewegt sich der Kraftkolben mit der Kraft F_1. Sie erzeugt einen Druck $p = F_1/A_1$. Dieser Druck pflanzt sich in einen Zylinder mit dem größeren Querschnitt A_2 fort und erzeugt an dem in ihm beweglichen Lastkolben die Kraft:

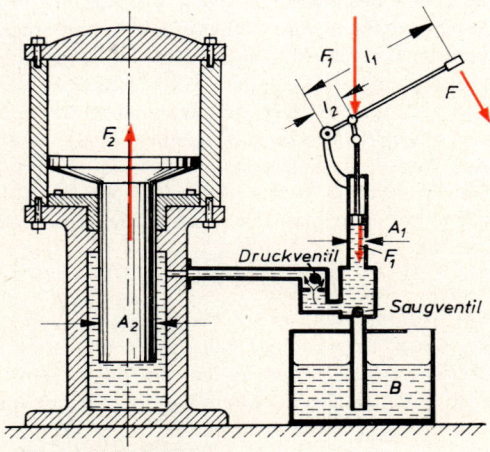

$$F_2 = p\,A_2 = F_1 \frac{A_2}{A_1}$$

Abb. 3. Flüssigkeitspresse

Das Ventil V_1 sorgt dafür, daß beim Senken des Kraftkolbens keine Flüssigkeit in den Vorratsbehälter B zurückfließen kann, das Ventil V_2, daß beim Heben des Kraftkolbens keine Flüssigkeit aus dem Zylinder mit dem Lastkolben in den Zylinder mit dem Kraftkolben zurückströmt.

Mit großen Flüssigkeitspressen kann man viele Tätigkeiten der Metallbearbeitung langsam ausführen, die sonst nur durch Hämmern und Schlagen möglich wären; sie eignen sich auch gut zum langsamen Heben von schweren Lasten.

Ein Gegenstück zur Flüssigkeitspresse ist der **Druckwandler** (Abb. 4). Während bei der Presse sich z w e i Kolben in e i n e m Flüssigkeitsbehälter befinden, sind beim Druckwandler z w e i Flüssigkeitsbehälter durch e i n e n Kolben mit zwei Teilen von verschiedenem Querschnitt getrennt. Der Kolben befindet sich im Gleichgewicht, wenn $F_1 = F_2$ ist, wenn also gilt:

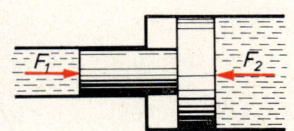

Abb. 4. Druckwandler

$$p_1 A_1 = p_2 A_2 \qquad \text{oder} \qquad p_2 = p_1 \frac{A_1}{A_2}$$

Die Drücke werden im Verhältnis der Querschnitte verändert. So kann man Drücke von mehreren Bar mit einem offenen Wassermanometer messen.

Aufgaben:

1. Ein starkwandiger Zylinder ist vollständig mit Wasser gefüllt ($\alpha = 0{,}000\,05$ bar^{-1}) und wird mit einem Schraubdeckel verschlossen. Bei kräftigem Anziehen der Deckelschraube wird das Flüssigkeitsvolumen um 0,05 % vermindert. Mit welcher Kraft drückt das Wasser auf den Deckel ($A = 3$ cm²)?   (300 N)

2. Bei einer handbetriebenen Flüssigkeitspresse hat der Arm des Handhebels eine Länge von 75 cm. 10 cm von seinem Drehpunkt ist die Stange zur Bewegung des Kraftkolbens mit dem Durchmesser $d_1 = 40$ mm befestigt. Der Lastkolben hat den Durchmesser $d_2 = 320$ mm. Welche Kraft übt der Lastkolben aus, wenn der Kraftkolben am Handgriff mit 120 N nach unten gedrückt wird? Um welche Strecke verschiebt sich der Kolben nach oben, wenn der Handgriff zehnmal um 24 cm nach unten bewegt wird?   (57,6 kN, 0,5 cm)

2.1.2. Der hydrostatische Druck

a) Größe des hydrostatischen Druckes. In jeder ruhenden Flüssigkeit kommt zu dem durch äußere Kräfte hervorgerufenen Druck noch der von der Gewichtskraft der übereinanderliegenden Flüssigkeitsschichten hervorgerufene Druck hinzu. Er wird hydrostatischer Druck genannt. Seine Größe läßt sich aus folgender Überlegung berechnen (Abb. 1): Auf ein horizontales Flächenstück A, das sich in einer Tiefe h unter der Wasseroberfläche befindet, lastet eine Flüssigkeitssäule mit der Gewichtskraft $G = mg = V \varrho g = A h \varrho g$. Sie erzeugt auf der Grundfläche der Flüssigkeitssäule den Druck $p = G/A = h \varrho g$.

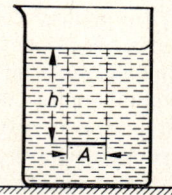

Abb. 1. Größe des hydrostatischen Druckes

Hydrostatischer Druck: $p = h \varrho g$

Der hydrostatische Druck hängt also nur von der Dichte und Höhe einer Flüssigkeit ab. Da der Druck sich in einer Flüssigkeit nach allen Seiten fortpflanzt, wirkt er mit seinem vollen Betrag auch nach den Seiten und oben. Seine Größe nimmt von der Flüssigkeitsoberfläche nach unten zu. Die Zunahme beträgt z. B. bei Wasser auf jeden Meter:

$$p = h \varrho g = 1 \text{ m} \cdot 1000 \, \frac{\text{kg}}{\text{m}^3} \cdot 9{,}81 \, \frac{\text{m}}{\text{s}^2} = 9810 \, \frac{\text{N}}{\text{m}^2} = 0{,}0981 \text{ bar} \approx 0{,}1 \text{ bar}$$

Dieselbe Druckzunahme wird in flüssigem Eisen (z. B. in einem LD-Konverter) schon nach einer geringeren Höhe erreicht:

$$h = \frac{p}{\varrho g} = \frac{9810 \text{ N/m}^2}{7800 \text{ kg/m}^3 \cdot 9{,}81 \text{ m/s}^2} = \frac{1000}{7800} \text{ m} = 12{,}8 \text{ cm}$$

Nach der Gleichung $p = h \varrho g$ ist der Druck einer Flüssigkeitssäule durch Angabe ihrer Dichte und der Höhe festgelegt. Man kann daher Flüssigkeitshöhen zur Angabe von Drücken verwenden. Am häufigsten werden Wassersäulen bei kleinen und Quecksilbersäulen bei größeren Drücken verwendet. Zur Umrechnung in die SI-Einheiten verwendet man die Beziehungen:

$$1 \text{ cm Wassersäule} \triangleq 0{,}01 \text{ m} \cdot 1000 \, \frac{\text{kg}}{\text{m}^3} \cdot 9{,}81 \, \frac{\text{m}}{\text{s}^2} = 98{,}1 \text{ Pa} = 0{,}981 \text{ mbar} \approx 1 \text{ mbar}$$

$$1 \text{ mm Quecksilbersäule} \triangleq 0{,}001 \text{ m} \cdot 13\,600 \, \frac{\text{kg}}{\text{n}^3} \cdot 9{,}81 \, \frac{\text{m}}{\text{s}^2} = 133{,}3 \text{ Pa} = 1{,}333 \text{ mbar} \approx \frac{4}{3} \text{ mbar}$$

Für 1 mm Quecksilbersäule wurde bis jetzt die Bezeichnung 1 Torr verwendet. Es gilt also:
1 Torr = 4/3 mbar.

b) Kommunizierende Gefäße. Wenn mehrere mit der gleichen Flüssigkeit gefüllte Gefäße unterhalb des Flüssigkeitsspiegels eine Verbindung besitzen (Abb. 2), so wirkt dort von der einen Seite der Druck $p_1 = h_1 \varrho g$ des ersten Gefäßes, von der anderen Seite der Druck $p_2 = h_2 \varrho g$ des zweiten Gefäßes. Beim Gleichgewicht muß $p_1 = p_2$, also auch $h_1 = h_2$ sein. Man erhält daraus für solche **kommunizierende Gefäße** die Bedingung:

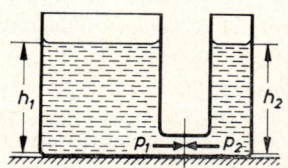

Abb. 2. Kommunizierende Gefäße

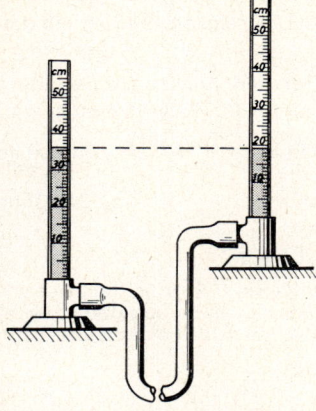

In kommunizierenden Gefäßen, die mit der gleichen Flüssigkeit gefüllt sind, steht diese in allen Gefäßen gleich hoch.

Diese Tatsache findet oft Anwendung, z. B. bei Wasserstandsmessern an Dampfkesseln, bei dem als Geruchsverschluß dienenden Siphon an Ausgüssen. Auch in Gefäßen, die durch einen Schlauch verbunden sind, stehen die Flüssigkeiten gleich hoch. Deshalb kann man eine Anordnung nach Abb. 3 als Schlauchkanalwaage verwenden, um z. B. auf einer Baustelle an zwei mehrere Meter voneinander entfernten Stellen Punkte gleicher Höhe festzulegen. Haben beide Gefäße eine Höheneinteilung, so ergibt der Unterschied der beiden Ablesungen an den Flüssigkeitsspiegeln den Höhenunterschied der beiden Meßstellen. Auch eine Wasserleitung stellt ein weitverzweigtes System von kommunizierenden Röhren dar.

Enthalten zwei verbundene Gefäße verschiedene Flüssigkeiten (Abb. 4), die sich nicht mischen, so folgt aus der Gleichgewichtsbedingung $h_1 \varrho_1 g = h_2 \varrho_2 g$:

$$h_1 : h_2 = \varrho_2 : \varrho_1$$

Die Dichten verhalten sich also umgekehrt wie die Höhen über der Trennfläche. Ist eine der Dichten bekannt, so läßt sich mit einer solchen Anordnung die andere Dichte bestimmen.

Abb. 3. Schlauchkanalwaage

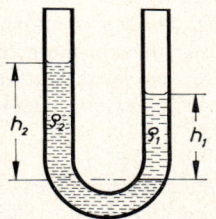

c) Ausbildung der Oberfläche. Dem hydrostatischen Druck ist es zuzuschreiben, daß eine ruhende Flüssigkeit eine horizontale Oberfläche annimmt. Ist z. B. aus irgendeinem Anlaß an einer Stelle einer Flüssigkeit die Oberfläche nicht horizontal (Abb. 5), so kann man von einer Horizontalebene aus Flüssigkeitssäulen abgrenzen, die verschiedene Höhen h_1, h_2 ... haben. Der Druck in der Horizontalebene ist dann dort am größten, wo auch h am größten ist. Dadurch wird die Flüssigkeit gezwungen, nach den Seiten wegzufließen, wo kleinerer Druck herrscht, bis sich der Druck ausgeglichen hat und die Oberfläche bei gleichen Höhen senkrecht auf der Richtung der Schwerkraft steht.

Abb. 4. Kommunizierende Gefäße mit verschiedenen Flüssigkeiten

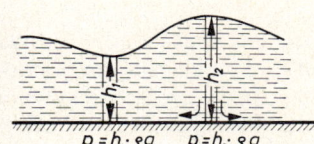

$$p = h_1 \cdot s\,g \qquad p = h_2 \cdot s\,g$$

Abb. 5. Entstehung einer horizontalen Oberfläche

Wirken noch andere Kräfte, z. B. auch Trägheitskräfte auf die Flüssigkeitsteilchen, so lassen sich ähnliche Schlüsse für die Richtung der Resultierenden aus diesen Kräften und der Schwerkraft ausführen. Man erhält dann den Satz:

Eine freie Flüssigkeitsoberfläche stellt sich stets senkrecht zur Richtung der Resultierenden der an der betreffenden Stelle auf die Flüssigkeit wirkenden Kräfte ein.

Rotiert z. B. ein Gefäß mit einer Flüssigkeit, so steht die Oberfläche an jeder Stelle senkrecht auf der Resultierenden aus der Schwerkraft G und der Fliehkraft F_f. Ist die Rota-

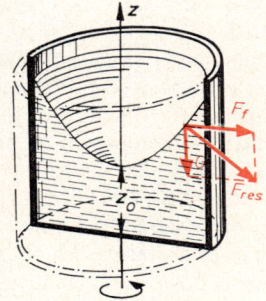

Abb. 6. Oberfläche einer rotierenden Flüssigkeit

tionsachse zugleich die z-Achse (Abb. 6), so wirken in der Entfernung r von der Achse auf ein Flüssigkeitsteilchen mit der Masse m die Kräfte:

$$F_z = -G = -mg \qquad\qquad F_r = F_f = m\omega^2 r$$

Für den Richtungswinkel der Resultierenden gilt daher: $\tan \alpha_1 = -g/(\omega^2 r)$. Die Meridiankurve der Flüssigkeitsoberfläche muß darauf senkrecht stehen. Ihre Steigung ist daher: $\tan \alpha_2 = \dfrac{dz}{dr} = \dfrac{\omega^2 r}{g}$. Daraus folgt durch Integration für die Meridiankurve die Parabelgleichung $z = \dfrac{\omega^2}{2\,g} r^2 + z_0$. Die Oberfläche ist daher ein Rotationparaboloid.

Aufgabe:

In einem U-Rohr befindet sich unten Quecksilber ($\varrho = 13{,}6$ g/cm³). Auf der einen Seite ist 12 cm hoch Wasser, auf der anderen 20 cm hoch Öl ($\varrho = 0{,}9$ g/cm³) aufgefüllt. Welchen Höhenunterschied haben die Spiegel in beiden Schenkeln?

(Der Ölspiegel liegt 7,56 cm über dem Wasserspiegel)

2.1.3. Kräfte einer Flüssigkeit auf die Flächen ihres Behälters

Infolge des statischen Druckes $p = h \varrho g$ wirkt auf jedes Flächenstück A, an das eine Flüssigkeit grenzt, die Druckkraft $F = A\,p$. Unter der Wirkung dieser Druckkraft stehen alle Wände eines Flüssigkeitsbehälters und alle Gegenstände in einer Flüssigkeits, z. B. Mauern von Staustufen, Rohre von Wasserleitungen, Taucher, U-Boote. Je nach der Fläche, auf welche die Kraft wirkt, unterscheidet man die Bodendruckkraft, die Seitendruckkraft und die Aufdruckkraft.

a) Die Bodendruckkraft. Am einfachsten ist die Berechnung der Bodendruckkraft F_B auf den horizontalen Boden eines Flüssigkeitsbehälters. Weil h überall denselben Wert hat, ist auch der Druck $p = h \varrho g$ konstant, und man erhält:

> **Bodendruckkraft:** $F_B = A\,h\,\varrho\,g$

Hat das Gefäß senkrechte Wände, so ist $A\,h$ das mit Flüssigkeit gefüllte Volumen V_{Fl}, und $A\,h\,\varrho\,g$ ist die Gewichtskraft G_{Fl} der Flüssigkeitsfüllung. Nach der Formel $F_B = A\,h\,\varrho\,g$ hängt die Größe der Bodendruckkraft nur vom Inhalt der Bodenfläche, der Höhe und der Dichte der Flüssigkeit ab. Daß das Flüssigkeitsvolumen und die Form des Gefäßes keinen Einfluß auf die Bodendruckkraft haben, zeigt ein Versuch mit der Pascalschen Waage (Abb. 1). Bei gleicher Flüssigkeitshöhe und gleicher Bodenfläche muß an alle Gefäße der bewegliche Boden mit der gleichen Kraft angedrückt werden, damit die Flüssigkeit nicht ausfließt.

Bei dem sich nach oben erweiternden Gefäß wird ein Teil der Flüssigkeit von den schrägen Wänden getragen; dagegen erscheint es widersinnig (hydrostatisches Paradoxon [griech.] = Widersinn), daß bei dem enger werdenden Gefäß die Bodendruckkraft größer ist als die Gewichtskraft der im Gefäß enthaltenen Flüssigkeitsmenge. Die Erscheinung findet ihre Erklärung durch die Kraft, die von den oberen waagerechten bzw. schrägen Wänden nach unten auf die Flüssigkeit ausgeübt wird und die dadurch ihre Gewichtskraft scheinbar vergrößert.

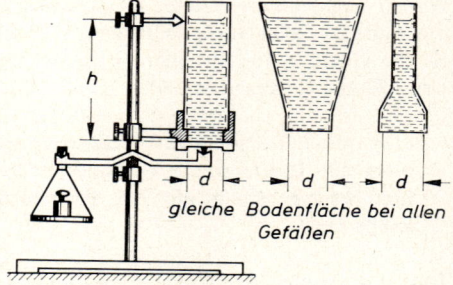

gleiche Bodenfläche bei allen Gefäßen

Abb. 1. Pascalsche Waage

b) Die Seitendruckkraft. Bei den Seitenwänden nimmt der Druck von der Flüssigkeitsoberfläche nach unten gleichmäßig zu. In Abb. 2 ist die Größe des Boden- und Seitendruckes durch die verschiedene Länge von kleinen Pfeilen veranschaulicht.

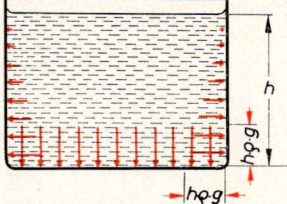

Abb. 2. Größe des Boden- und Seitendruckes

Um die Größe der Druckkraft auf ein bestimmtes Flächenstück einer Seitenwand zu berechnen, zerlegt man es wegen des von oben nach unten zunehmenden Druckes in schmale horizontale Streifen, in denen jeweils die Höhe als konstant betrachtet werden darf. Dann findet man die Seitendruckkraft als Grenzwert der Summe der Teilkräfte:

$$F_S = \lim_{\Delta A \to 0} \Sigma \Delta A \, h \, \varrho \, g = \varrho \, g \int h \, dA$$

In 1.4.6. wurde gezeigt, daß $\int x \, dA = x_S A$ ist; in analoger Weise ergibt sich hier das Produkt aus dem Inhalt A der Seitenfläche und dem Abstand h_S ihres Schwerpunktes von der Flüssigkeitsoberfläche:

$$\boxed{\text{Seitendruckkraft: } F_S = A \, h_S \, \varrho \, g}$$

Die Wirkungslinie der Seitendruckkraft geht aber nicht durch den Schwerpunkt der Fläche A, sondern verläuft tiefer, weil die auf ein Teilflächenstück wirkende Kraft unten überall größer, oben aber überall kleiner als der Mittelwert ist.

Der Punkt, durch den die Wirkungslinie der Seitendruckkraft geht, heißt D r u c k m i t t e l p u n k t. Seine Lage findet man aus der Überlegung, daß das Gesamtdrehmoment um eine in der Flüssigkeitsoberfläche gelegene Achse unverändert bleiben muß, wenn man die in den Streifen ΔA_1, ΔA_2, ... angreifenden Teilkräfte durch die ganze im Druckmittelpunkt angreifende Seitendruckkraft ersetzt (Abb. 3). Ist h_D die Tiefe des Druckmittelpunktes, so muß also gelten:

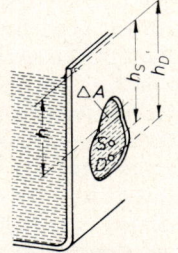

Abb. 3. Lage des Druckmittelpunktes der Seitendruckkraft

$$F_S \, h_D = \lim_{\Delta A \to 0} \Sigma \Delta A \, p \, h = \int p \, h \, dA$$

Weil $F_S = A \, h_S \, \varrho \, g$ und $p = h \, \varrho \, g$ ist, folgt:

$$A \, h_S \, \varrho \, g \, h_D = \varrho \, g \int h^2 \, dA \qquad h_D = \frac{1}{A \, h_S} \int h^2 \, dA$$

Das Integral entspricht genau dem, das in 1.6.5. b zur Berechnung des Trägheitsmoments diente. Es sind nur die Masseteilchen dm durch die Flächenstückchen dA und die Entfernung von der Achse durch den Abstand von der Oberfläche zu ersetzen. Deshalb nennt man das hier auftretende Integral das Flächenträgheitsmoment J_A:

$$J_A = \int h^2 \, dA$$

Zur Berechnung von Seitendruckkräften braucht man am häufigsten das Trägheitsmoment für eine rechteckige und eine kreisförmige Fläche (Abb. 4) und den Satz von Steiner (1.6.5. b):

Rechteck: $J_{AS} = \dfrac{1}{12} A \, h^2$

Kreisfläche: $J_{AS} = \dfrac{1}{4} A \, r^2 = \dfrac{d^4 \pi}{64}$

Satz von Steiner: $J_A = J_{AS} + A \, h_S^2$

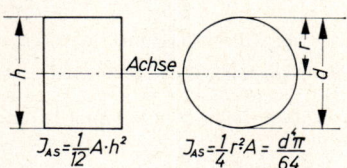

Abb. 4. Flächenträgheitsmoment eines Rechtecks und eines Kreises

Damit erhält man zur Berechnung der Höhe des Druckmittelpunktes:

$$h_D = \frac{J_A}{A\,h_S} + h_S = \frac{J_{AS}}{A\,h_S}$$

Der Druckmittelpunkt liegt also stets tiefer als der Schwerpunkt.

Bei einer sich bis zur Flüssigkeitsoberfläche erstreckenden rechteckigen Seitenfläche ist $J_A = \frac{1}{3}A\,h^2$ und $h_S = \frac{h}{2}$, daher findet man für h_D: $h_D = \frac{A\,h^2}{3}\cdot\frac{2}{A\,h} = \frac{2}{3}h$

Der Druckmittelpunkt für die ganze Seitenfläche eines rechteckigen Behälters liegt also in 2/3 der Höhe unter der Flüssigkeitsoberfläche.

Die Seitendruckkräfte können große Beträge annehmen. Deshalb müssen z. B. die Wehre und Staumauern bei Stauseen sorgfältig berechnet und ausreichend bemessen werden.

c) Die Aufdruckkraft. Eine Flüssigkeit drückt auch nach oben auf jede Deckfläche, wenn die Flüssigkeit an irgend einer anderen Stelle höher steht (Abb. 5). Ist h der Höhenunterschied zwischen der Deckfläche und dem Flüssigkeitsspiegel, so berechnet man die Aufdruckkraft nach derselben Formel wie die Bodendruckkraft.

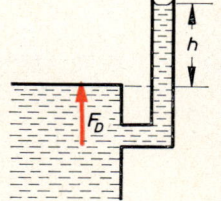

Aufdruckkraft: $F_D = A\,h\,\varrho\,g$

Abb. 5. Größe der Aufdruckkraft

Die Aufdruckkraft spielt bei Gießformen eine wichtige Rolle, wenn das flüssige Metall im Einguß und Steigtrichter höher eingefüllt ist als bis zur Trennebene zwischen Unter- und Oberkasten (Abb. 6). Die Aufdruckkraft sucht den Deckel abzuheben. Bei der großen Dichte der flüssigen Metalle können vor allem bei großen, flächigen Gußstücken starke Kräfte auftreten. Manchmal übersteigen sie die Gewichtskraft des fertigen Gußstückes. Sie müssen durch Verklammern der Kästen oder Auflegen von Gewichtsstücken auf den Oberkasten abgefangen werden.

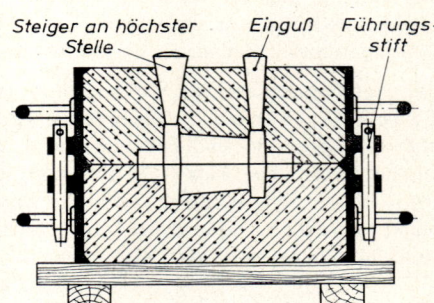

Steiger an höchster Stelle   Einguß   Führungs-stift

Abb. 6. Schnitt durch einen Gießereiformkasten

Beispiele und Aufgaben:

1. In der Seitenwand eines Behälters, der 36 cm hoch mit Wasser gefüllt ist (Abb. 7), befindet sich unmittelbar über dem Boden eine $b = 15$ cm breite und $h = 18$ cm hohe rechteckige Öffnung. Berechnen Sie Größe und Angriffspunkt der Seitendruckkraft.

$$h_S = 27\text{ cm} \qquad A = b\,h = 270\text{ cm}^2 \qquad J_{AS} = \frac{1}{12}A\,h^2 = 7290\text{ cm}^4$$

$$F_S = A\,h_S\,\varrho\,g = 270\text{ cm}\cdot 27\text{ cm}\cdot 1\,\frac{g}{\text{cm}^3}\cdot 9,81\,\frac{\text{cm}}{\text{s}^2} = 71,5\text{ N}$$

$$h_D = h_S + \frac{J_{AS}}{A\,h_S} = 27\text{ cm} + \frac{7290\text{ cm}^4}{270\text{ cm}^2\,27\text{ cm}} = 28\text{ cm}$$

Der Druckmittelpunkt liegt 1 cm unter dem Flächenschwerpunkt.

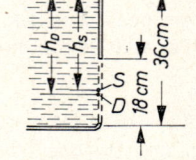

Abb. 7. Zu Beispiel 1

2. Berechnen Sie die Seitendruckkraft auf drei kreisförmige Öffnungen ($d = 12$ cm), deren Mittelpunkte 0,5 m, 1 m und 2 m unter der Wasseroberfläche in der Seitenwand eines Behälters angebracht sind. Wie tief liegt in jedem Fall der Druckmittelpunkt unter dem Mittelpunkt der Öffnung? (55,4 N, 110,8 N, 221,6 N; 1,8 mm, 0,9 mm, 0,45 mm)

3. Welche Kraft ist notwendig, um den Schieber eines Wehres ($G = 1400$ N), der einen 1,8 m breiten, 1,2 m tiefen Zuflußkanal absperrt, bei einer Reibungszahl $\mu = 0,35$ aus seiner tiefsten Stellung hochzuziehen? Wie groß ist die Kraft, wenn der Schieber 60 cm hochgezogen ist? (5850 N, 2512 N)

2.1.4. Der Auftrieb

a) Das Gesetz des Archimedes. Die in 2.1.3. behandelten Druckkräfte treffen nicht nur die Wände eines Flüssigkeitsbehälters, sondern auch jeden Körper, der in eine Flüssigkeit eintaucht. Die Kräfte nehmen nach unten zu. Deshalb ist ihre Resultierende nicht Null, obwohl sie von allen Seiten auf den Körper drücken.

Am einfachsten kann man die Resultierende bei einem prismatischen Körper mit der Grundfläche A und der Höhe h berechnen (Abb. 1). Der Druck ist durch kleine Pfeile sichtbar gemacht. Die in gleicher Höhe angreifenden Anteile der Seitendruckkraft heben sich gegenseitig auf. Dagegen wirkt auf die Grundfläche nach oben eine stärkere Kraft als auf die Deckfläche nach unten. Deshalb ist die Resultierende F_A, die **Auftriebskraft** oder einfach der **Auftrieb,** nach oben gerichtet:

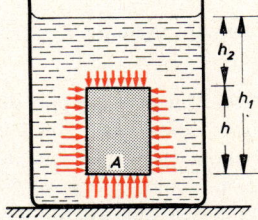

Abb. 1. Entstehung des Auftriebes

$$F_A = A\,h\,\varrho_{Fl}\,g - A\,h_2\,\varrho_{Fl}\,g = A\,\varrho_{Fl}\,g\,(h_1 - h_2) = A\,h\,\varrho_{Fl}\,g$$

Daraus erhält man, weil $A\,h = V$ und $V\,\varrho_{Fl}\,g = G_{Fl}$ die Gewichtskraft der verdrängten Flüssigkeit ist, das Gesetz des Archimedes[1].

> **Auftriebskraft:** $F_A = V\,\varrho_{Fl}\,g = G_{Fl}$

Es läßt sich mit der Integralrechnung nachweisen, daß dieses Ergebnis auch für einen beliebig geformten Körper gültig ist.

> **Wenn ein Körper in eine Flüssigkeit eintaucht, erfährt er einen nach oben gerichteten Auftrieb, der ebenso groß ist wie die Gewichtskraft der von ihm verdrängten Flüssigkeitsmenge.**

Da der Auftrieb durch das Verdrängen der Flüssigkeit entsteht, geht seine Wirkungslinie durch den Schwerpunkt des verdrängenden Volumens. Taucht ein homogener Körper ganz ein, so ist dies auch der Schwerpunkt des verdrängenden Körpers.

b) Bestimmung des Volumens und der Dichte mit dem archimedischen Gesetz. Nach der Formel für die Auftriebskraft $F_A = V\,\varrho_{Fl}\,g$ kann man bei einem Körper das Volumen berechnen, wenn man die Auftriebskraft und die Dichte der benutzten Flüssigkeit kennt. Am einfachsten verwendet man eine **hydrostatische Waage** (Abb. 2) mit einem kurzen und einem langen Schalengehänge. Der zu untersuchende Körper wird an die kurze Waagschale gehängt. Man kann ihn so in Luft, aber auch beim Eintauchen in eine Flüssigkeit wiegen. Ist m_L die Masse der Gewichtsstücke, die in Luft das Gleichgewicht halten, wofür man oft kurz sagt, das „Gewicht in Luft" und entsprechend m_{Fl} das Gewicht in der Flüssigkeit", so ist die

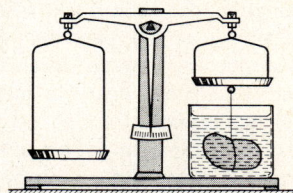

Abb. 2. Hydrostatische Waage

---

[1] A r c h i m e d e s , gest. 212 v. Chr. in Syrakus. Er verbesserte die Berechnung des Kreisumfanges und -inhaltes und fand viele mathematische und physikalische Gesetze. Während der Belagerung von Syrakus durch die Römer erfand er physikalische Verteidigungsmaschinen. Er wurde bei der Einnahme von einem römischen Soldaten getötet. Er war der bedeutendste Mathematiker und Physiker des Altertums.

Auftriebskraft: $F_A = (m_L - m_{Fl}) g$. Da er zugleich die Gewichtskraft der verdrängten Flüssigkeit ist, erhält man:

$$V \varrho_{Fl} g = (m_L - m_{Fl}) g$$

Daraus ergibt sich das Volumen: $V = \dfrac{m_L - m_{Fl}}{\varrho_{Fl}}$

Mit dem Volumen erhält man auch die Dichte: $\varrho = \dfrac{m_L}{V} = \dfrac{m_L \varrho_{Fl}}{m_L - m_{Fl}}$

Einen leichten Körper, der in der Flüssigkeit nicht untergeht, kann man mit einem schweren Körper von bekannter Masse und bekanntem Volumen verbinden. Aus dem Volumen des vereinigten Körpers findet man das Volumen des zu untersuchenden Körpers, indem man das des bekannten Körpers abzieht. Stoffe, die in Wasser löslich sind, wiegt man in anderen Flüssigkeiten.

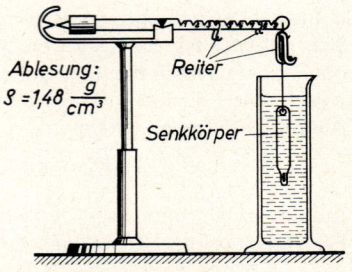

Ablesung: $\vartheta = 1{,}48\,\dfrac{g}{cm^3}$

Reiter

Senkkörper

Zur Bestimmung der Dichte einer Flüssigkeit wiegt man einen Probekörper in Luft, in Wasser und in der Flüssigkeit. Aus den drei Massen m_L, m_W und m_{Fl} erhält man den Auftrieb in Wasser F_{AW} und in der Flüssigkeit F_{AFl}:

Abb. 3. Mohrsche Waage

$$F_{AW} = (m_L - m_W) g = V \varrho_W g$$

$$F_{AFl} = (m_L - m_{Fl}) g = V \varrho_{Fl} g$$

Durch Division beider Gleichungen findet man:

$$\varrho_{Fl} = \frac{m_L - m_{Fl}}{m_L - m_W} \varrho_W$$

Einfacher als mit der hydrostatischen Waage kann man die Dichte von Flüssigkeiten mit der **Mohrschen Waage** bestimmen (Abb. 3). Man verwendet immer denselben Senkkörper. In Luft spielt die Waage. Taucht der Senkkörper in eine Flüssigkeit, so wird die entstehende Auftriebskraft durch Anhängen von Reitern am Waagebalken ausgeglichen. Die Kerben im Waagebalken sind so abgeglichen, daß jeder Reiter eine Dezimalstelle abzulesen gestattet.

Ungenauer, aber noch rascher arbeitet man mit der S e n k w a a g e oder dem **Aräometer** (Abb. 4). Weil der Auftrieb in einer schweren Flüssigkeit größer ist als in einer leichten, sinkt ein nicht untergehender Körper in einer Flüssigkeit um so tiefer ein, je kleiner ihre Dichte ist. Ein Aräometer ist ein unten beschwerter Senkkörper, der am langen, dünnen oberen Teil mit einer nach der Dichte geeichten Skala versehen ist. Die Dichte einer Flüssigkeit liest man an der Stelle ab, bis zu der die Skala in die Flüssigkeit eintaucht. Die Teilung hat ungleiche Intervalle, unten trägt sie die großen, oben die kleinen Zahlen.

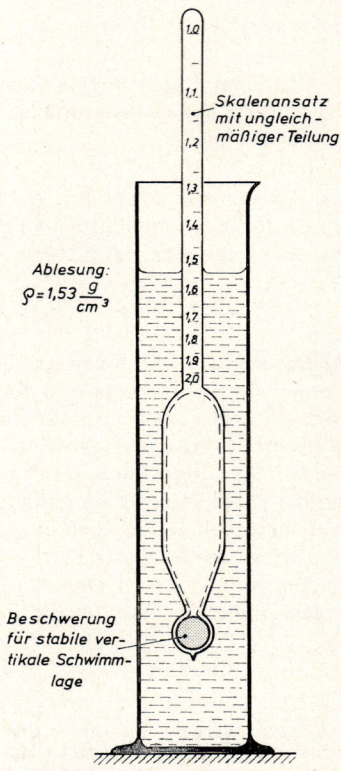

Skalenansatz mit ungleichmäßiger Teilung

Ablesung: $\varrho = 1{,}53\,\dfrac{g}{cm^3}$

Beschwerung für stabile vertikale Schwimmlage

Abb. 4. Aräometer

Für besondere Zwecke sind manche Aräometer unmittelbar nach dem Prozentgehalt der Flüssigkeit an Alkohol, Zucker oder anderen gelösten Stoffen geeicht. Auch die Säureprüfer der Akkumulatoren sind Aräometer.

Beispiele und Aufgaben:

1. Welche Auftriebskraft erfährt eine Kugel von 50 mm Durchmesser in Glycerin ($\varrho_{Fl} = 1{,}26$ g/cm³)?

$$F_A = V \varrho_{Fl} g = \frac{d^3 \pi}{6} \varrho_{Fl} g = \frac{125 \pi \, \text{cm}^3}{6} \cdot 1{,}26 \, \frac{\text{g}}{\text{cm}^3} \cdot 981 \, \frac{\text{cm}}{\text{s}^2} = 0{,}809 \, \text{N}$$

2. Ein Stück Steinsalz wiegt in Luft 187 g, in Petroleum ($\varrho_{Fl} = 0{,}8$ g/cm³) 118 g. Wie groß ist seine Dichte? (2,17 g/cm³)

3. Ein Prisma mit dreieckiger Grundfläche ($a = 8$ cm, $b = 7$ cm, $c = 5$ cm, $A = 17{,}32$ cm²) ist so in Wasser eingetaucht, daß sich seine Grundfläche 10 cm und seine Deckfläche 4 cm unter der Wasseroberfläche befinden. Berechnen Sie die auf alle Flächen wirkenden Kräfte und die Auftriebskraft. Zeigen Sie, daß sich die Kräfte auf die drei Seitenflächen gegenseitig aufheben. (Kräfte auf die Grundfl. 1,698 N, Deckfl. 0,68 N, Seitenfl. 3,29 N, 2,88 N, 2,06 N, Auftrieb: 1,02 N)

2.1.5. Sinken, Schweben, Schwimmen

a) Bedingungen für das Sinken, Schweben und Schwimmen. Ist die Auftriebskraft eines Körpers kleiner als seine Gewichtskraft, so **sinkt** er in der Flüssigkeit nach unten. Sind Auftriebs- und Gewichtskraft gleich, so heben sich die beiden Kräfte auf, und der Körper kann in jeder Tiefe der Flüssigkeit **schweben.** Wenn aber die Auftriebskraft die Gewichtskraft übertrifft, **schwimmt** der Körper. Bei homogenen Körpern ohne Hohlräume kann man aus einem Vergleich der beiden Formeln $G = V \varrho_K g$ und $F_A = V \varrho_{Fl} g$ folgende einfache Bedingung angeben:

Ein Körper sinkt, wenn $\varrho_K > \varrho_{Fl}$, er schwebt, wenn $\varrho_K = \varrho_{Fl}$, er schwimmt, wenn $\varrho_K < \varrho_{Fl}$ (ϱ_K = **Dichte des Körpers,** ϱ_{Fl} = **Dichte der Flüssigkeit**).

Im Falle des Schwimmens erzeugt die Resultierende aus der Auftriebs- und der Gewichtskraft bei einem ganz eingetauchten Körper eine Bewegung nach oben. Sobald er aber auftaucht, verdrängt er eine kleinere Flüssigkeitsmenge, und der Auftrieb nimmt ab. Der Körper kommt ins Gleichgewicht, wenn die von dem noch übrig gebliebenen Eintauchvolumen V_1 erzeugte Auftriebskraft ebenso groß ist wie die Gewichtskraft des Körpers. In dieser Lage schwimmt der Körper. Daher lautet die **Schwimmbewegung:**

$$G = m g = V_1 \varrho_{Fl} g \quad \text{oder:} \quad \boxed{m = V_1 \varrho_{Fl}}$$

b) Stabilität der Schwimmlage. Auch beim Schwimmen gibt es eine stabile, indifferente und labile Gleichgewichtslage. Die Anschauung lehrt, daß ein Holzquader auf seiner breitesten Fläche stabil, auf seiner kleinsten Fläche in labiler Lage schwimmt. Die Stabilität der Schwimmlage ist für Schiffe besonders wichtig. Aus Abb. 1 kann man hierfür eine geometrische Bedingung finden. Wenn das Schiff durch Wellenschlag oder Wind aus der ersten Lage in die zweite gekippt wird, erzeugt das Kräftepaar aus G und F_A ein Drehmoment. Würde der Schwerpunkt S_1 des verdrängenden Volumens auf der Symmetrielinie des Schiffes liegen bleiben, so würde dieses Moment das Schiff noch weiter umkippen, und die Schwimmlage wäre labil. Weil sich aber beim Kip-

Abb. 1. Stabilität der Schwimmlage eines Schiffes

pen das verdrängende Volumen links vermindert und rechts vermehrt, liegt danach auch der Punkt S_1 weiter rechts. Die dort angreifende Auftriebskraft kann ein aufrichtendes Moment erzeugen, das die Schwimmlage stabilisiert. Damit ein solches Moment entsteht, muß die Wirkungslinie der Auftriebskraft bei jeder Neigung des Schiffes die Symmetrielinie oberhalb des Schwerpunktes S schneiden. Der Schnittpunkt heißt das **Metazentrum** eines Schiffes. Seine Lage ändert sich bei kleinen seitlichen Neigungen des Schiffes nur wenig, so daß man sie messen und berechnen kann. Dabei ergibt sich, daß die Stabilität um so besser wird, je breiter das Schiff in der Wasserlinie ist, je kleiner seine Wasserverdrängung ist und je tiefer sein Schwerpunkt liegt. Bei Seeschiffen liegt das Metazentrum 0,3 m . . . 1 m über dem Schiffsschwerpunkt.

Aufgaben:

1. In welchem Gewichtsverhältnis stehen ein Holzstück ($\varrho_1 = 0{,}6$ g/cm³) und eine Stahlplatte ($\varrho_2 = 7{,}8$ g/cm³), wenn beide Körper miteinander verbunden in Wasser gerade schweben? (17 : 13)

2. Ein oben offenes, zylindrisches Stahlgefäß ($d = 20$ cm, $h = 10$ cm, $\varrho = 7{,}5$ g/cm³) taucht beim Schwimmen auf Wasser 9 mm tief ein. Wie groß ist die Wandstärke? (0,4 mm)

2.1.6. Stoffeigenschaften der Flüssigkeiten

a) Kohäsion und Oberflächenspannung. Obwohl bei Flüssigkeiten die Kräfte zwischen den einzelnen Molekülen kleiner sind als bei festen Körpern, ist doch noch eine gewisse Kohäsion vorhanden, die die Moleküle eng gepackt zusammenhält. Manche bei Flüssigkeiten auftretende Erscheinungen finden dadurch ihre Erklärung.

Jedes Molekül unterliegt der Anziehung der Nachbarmoleküle, deren Bereich in Abb. 1 durch Kreise angedeutet ist. Beim Molekül M_1 wirkt die Kohäsion zu den Nachbarmolekülen gleichmäßig nach allen Seiten, alle Kräfte heben sich auf. Beim Molekül M_2 und noch mehr bei M_3 fehlen einige Nachbarmoleküle, weil sie sich nahe oder ganz an der Oberfläche befinden. Bei ihnen ergibt sich eine Resultierende der Kohäsion ins Innere der Flüssigkeit. Infolge des ins Innere gerichteten

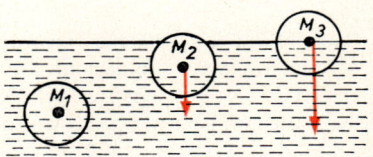

Abb. 1. Entstehung der Oberflächenspannung

teten Zuges besitzen Moleküle an der Oberfläche eine größere potentielle Energie als Moleküle im Innern. Da die Reichweite der Kohäsion nur sehr gering ist ($\approx 10^{-5}$ cm), hat nur eine dünne Schicht von Molekülen erhöhte Energie, so daß diese proportional zur Oberfläche ist. Da sich nach 1.5.1. b die potentielle Energie stets zu vermindern sucht, haben alle Flüssigkeiten das Bestreben, ihre Oberfläche zu verkleinern. Bildet man zwischen einem U-förmigen Drahtbügel und einem Draht, der an ihm in zwei Ösen leicht verschiebbar ist, eine Flüssigkeitslamelle, so sucht sie sich mit einer Kraft F_K zusammenzuziehen, um die Oberfläche zu verkleinern. Mit einem angehängten kleinen Gewichtsstück läßt sich diese Kraft messen (Abb. 2). Den Quotienten aus dieser Kraft F_K und der Länge $2\,l$ (vorne und hinten!) des Flüssigkeitsrandes benutzt man als Maß für die Oberflächenspannung und bezeichnet sie als **Kapillaritätskonstante** $\alpha = F_K/2\,l$.

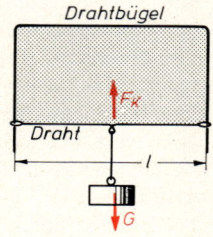

Abb. 2. Messung der Kapillarität

Kapillaritätskonstanten (Oberflächenspannungen) in mN/m			
Quecksilber an Luft	480	Quecksilber an Wasser	382
Wasser an Luft	75	Petroleum an Wasser	49
Petroleum an Luft	30	Öl an Wasser	30
Öl an Luft	33	Quecksilber an Öl	308

Wenn sich zwischen einer vorgegebenen Umrandung eine Flüssigkeitshaut bildet, nimmt sie stets die Form einer „Minimalfläche", nämlich einer Fläche kleinsten Inhalts an.

Fallende Wassertropfen bilden wegen der Oberflächenspannung Tropfen, die nur deshalb keine Kugeln (nämlich Körper, die ein gegebenes Volumen mit der kleinsten Oberfläche umschließen) sind, weil sie vom Luftwiderstand in die Tropfenform gebracht werden. Stoßen drei Oberflächen zusammen (Abb. 2), so können nur dann stabile Verhältnisse eintreten, wenn die drei Oberflächenspannungen im Gleichgewicht stehen, z. B. bei einem Petroleumtropfen auf Wasser. Bei einem Öltropfen auf Wasser ist das nicht möglich; deshalb zerfließt er und bedeckt in dünner Schicht ein großes Stück der Wasseroberfläche. Verunreinigungen oder auch Zusätze bestimmter Stoffe zu reinen Flüssigkeiten können die Oberflächenspannung stark vermindern. Darauf beruht die Wirkung der Netzmittel, die in kleinen Beigaben die Oberflächenspannung des Wassers verkleinern und seine Netzwirkung verbessern.

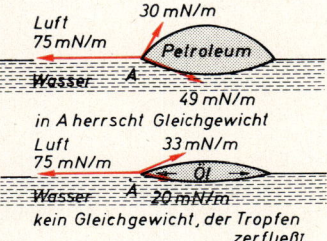

Abb. 3. Petroleum- und Öltropfen auf Wasser

b) Adhäsion und Kapillarität. An den Flächen fester Körper unterliegen die Flüssigkeitsmoleküle der von den Molekülen der Wand ausgehenden **Adhäsion.** Dieser kommt bei den Schmiermitteln eine große technische Bedeutung zu. Infolge der Adhäsion haftet das Öl an den Laufflächen der Lager und Wellen und vermindert dadurch die Reibung. Selbst bei längerem Betrieb bleibt ein etwa 0,01 mm dicker Ölfilm erhalten.

In Gefäßen ruft die Adhäsion an der Oberfläche die Meniskusbildung hervor. Weil meist die nach den festen Wänden gerichtete Adhäsion größer ist als die ins Innere der Flüssigkeit gerichtete Kohäsion, wird die Flüssigkeit am Rand nach oben gezogen (Abb. 4 a).

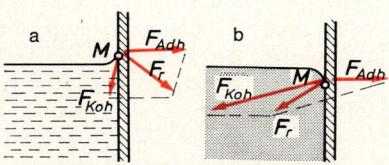

Abb. 4. Entstehung eines Meniskus bei Wasser und Quecksilber

In engen Röhren, den Kapillaren, kann der Zug so groß sein, daß die Flüssigkeit in der Röhre hochsteigt, und zwar um so höher, je enger die Röhre ist (Abb. 5 a). Übertrifft aber die Kohäsion der Flüssigkeit, wie z. B. beim Quecksilber, die Adhäsion zur Gefäßwand (Abb. 4 b), so wölbt sich der Rand nach unten und bewirkt, daß die Oberfläche in den Kapillaren tiefer steht als in der Umgebung (Abb. 5 b). Man bezeichnet das Ansteigen bzw. das Absinken des Flüssigkeitsspiegels in engen Röhren als **Kapillarität.** Auf ihr beruht das Aufsaugen von Flüssigkeiten durch Schwämme und andere poröse Stoffe.

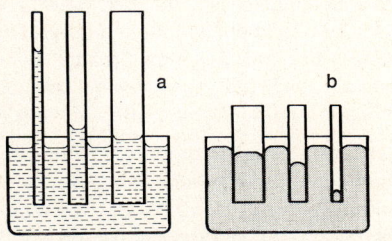

Abb. 5. Kapillarität bei Wasser und Quecksilber

c) Lösungsvermögen und Diffusion. Die leichtbeweglichen Flüssigkeitsmoleküle schieben sich leicht zwischen die Moleküle von fremden Stoffen, die in die Flüssigkeit gebracht werden. Ist die Adhäsion zwischen den Molekülen der Flüssigkeit und denen des Fremdkörpers größer als dessen Kohäsion, so zerteilen die Flüssigkeitsmoleküle nach und nach den ganzen Fremdkörper; er wird von der Flüssigkeit aufgelöst. In ähnlicher Weise können sich auch zwei Flüssigkeiten vermischen, aber nur, wenn die gegenseitige Adhäsion die Kohäsion überwindet (z. B. bei Alkohol und Wasser). Im anderen Falle lassen sich die Flüssigkeiten nicht mischen (Öl mit Wasser).

Den Vorgang, daß die Moleküle eines Stoffes wegen ihrer Beweglichkeit in einen anderen eindringen und sich in ihm lösen oder mit ihm mischen, bezeichnet man als **Diffusion**. Sie verläuft um so rascher, je beweglicher die eindringenden Moleküle sind und je größer der bestehende Konzentrationsunterschied ist. Bei Flüssigkeiten erfolgt der Diffusionsvorgang sehr langsam und benötigt oft Tage.

d) Osmose. Die Diffusion hat immer das Bestreben, die Konzentration des diffundierenden Stoffes in allen Teilen des Lösungsmittels auszugleichen. Gibt man z. B. Wasser in eine Zuckerlösung, so entsteht durch die Diffusion schließlich im ganzen Bereich eine Lösung gleichmäßiger Konzentration. Wenn man den Ausgleichsvorgang verhindert, indem man z. B. in ein Gefäß mit reinem Lösungsmittel einen Behälter mit Lösung einführt (Abb. 6), dessen Boden aus einer halbdurchlässigen Membran besteht, die zwar die Moleküle des Lösungsmittels, aber nicht die der gelösten Substanz hindurchläßt, so entsteht in der Lösung ein Überdruck, der **osmotischer Druck** genannt wird.

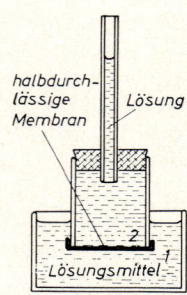

Abb. 6. Messung des osmotischen Druckes

Die Moleküle des gelösten Stoffes treffen nur von der Seite 2 auf und erzeugen daher einen einseitigen von der Seite 2 zur Seite 1 gerichteten Teildruck. Anfangs ist auch der Druck des Lösungsmittels auf beiden Seiten nicht ausgeglichen, denn von der Seite 1 treffen ausschließlich Moleküle des Lösungsmittels auf, während von der Seite 2 zwischen den Molekülen des Lösungsmittels auch Moleküle des gelösten Stoffes auftreffen, so daß dort der Teildruck der Moleküle des Lösungsmittels kleiner ist als auf der Seite 1. Infolge des Überdruckes dringen Moleküle des Lösungsmittels in die Lösung ein und treiben sie in der angesetzten Röhre in die Höhe. Dieser Vorgang setzt sich so lange fort, bis der Teildruck des Lösungsmittels infolge der größeren Flüssigkeitshöhe auf der Seite 2 denselben Wert erreicht wie der Druck des Lösungsmittels auf der Seite 1. Im Gleichgewichtszustand heben sich daher die Teildrücke des Lösungsmittels auf beiden Seiten der Membran auf. Der osmotische Druck ist der Überdruck des gelösten Stoffes; seine Größe ist dann durch die Steighöhe im Kapillarrohr gekennzeichnet: $p_{os} = h \varrho g$. Der osmotische Druck wächst mit der Konzentration der Lösung und der Temperatur; er kann Werte von mehreren bar annehmen.

Die Zellwände bei organischen Geweben verhalten sich gegenüber wässerigen Lösungen wie halbdurchlässige Membrane. So können die Zellen durch ihre Wände Wasser aufnehmen, ohne Zellinhalt zu verlieren. Das aufgenommene Wasser gibt ihnen Frische und Halt. Bei zu starkem Anstieg kann der osmotische Druck die Zellwände sprengen; deshalb platzen Früchte bei anhaltendem Regenwetter.

2.2. Gleichgewicht bei Gasen

2.2.1. Allgemeine Eigenschaften der Gase

a) Dichte der Gase. Die Gase sind nicht wie die festen und flüssigen Stoffe greifbar und meist nicht sichtbar. Nur wenige Gase sind durch ihren Geruch oder ihre Farbe erkennbar. Deshalb weist man sie am besten nach, indem man zeigt, daß eine Gasmenge eine genau bestimmbare Gewichtskraft bzw. Masse hat.

In Abb. 1 ist eine Metallhohlkugel an einer Feder aufgehängt. Ihre Stellung wird durch Schattenwurf auf einem Schirm genau vermerkt. Vollgepumpt dehnt sie die Feder stärker als bei geöffnetem Ventil. Nach dem Absaugen der Luft mit einer Luftpumpe ist die Dehnung der Feder noch kleiner.

Aus der Gewichtskraft G und dem Volumen V findet man die Dichte des Gases nach:

$$\varrho = \frac{m}{V} = \frac{G/g}{V} = \frac{G}{g\,V}$$

Weil der Rauminhalt der Gase vom Druck und der Temperatur abhängt, sind Dichteangaben in Tabellen stets für den **Normalzustand** angegeben, bei dem der Druck 1,013 bar und die Temperatur 0 °C betragen. Da die Zahlenwerte bei der Einheit kg/dm³ sehr klein sind, verwendet man besser die Einheit g/dm³; auch die folgende Tabelle verwendet diese Einheit.

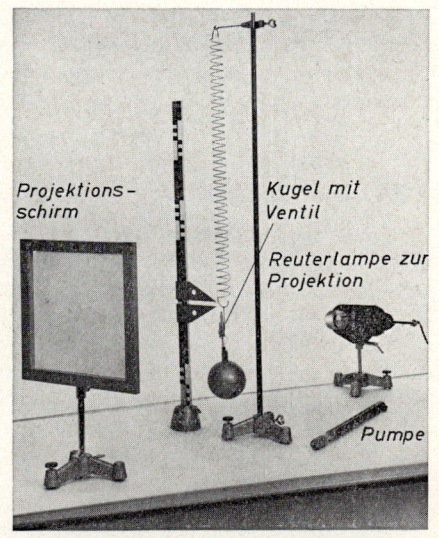

Projektions-schirm

Kugel mit Ventil

Reuterlampe zur Projektion

Pumpe

Abb. 1. Nachweis der Masse eines Gases (oben: Versuchsanordnung, unten: Versuchsdurchführung mit Projektion)

Dichte einiger Gase beim Normalzustand (0 °C und 1,013 bar) in g/dm³							
Chlor	3,21	Sauerstoff	1,429	Stickstoff	1,252	Helium	0,177
Kohlendioxid	1,98	Luft	1,293	Stadtgas	0,688	Wasserstoff	0,089

b) Die Grundeigenschaften der Gase. Bei Gasen ist die Beweglichkeit ihrer Moleküle noch größer als bei den Flüssigkeiten, denn es bestehen fast keine Kräfte mehr, die zwei Moleküle gegenseitig zusammenhalten oder an einen bestimmten Ort binden. Daher füllt eine Gasmenge jeden zur Verfügung gestellten Raum sofort ganz aus. Eine Gasmenge kann nur in einem abgeschlossenen Behälter zusammengehalten werden. Auf seine Wände übt sie einen Druck aus. Dieses Ausdehnungsbestreben eines Gases heißt seine Expansion. Das Volumen eines Gases ist also nicht durch die Gasmenge selbst, sondern durch ihren Behälter bestimmt.

Eine Gasmenge hat eine bestimmte Masse, aber weder eine bestimmte Gestalt noch ein bestimmtes Volumen.

Alle Folgerungen, die bei Flüssigkeiten aus der Beweglichkeit der Moleküle gezogen werden, gelten auch bei Gasen. Der Druck breitet sich nach allen Seiten in unverminderter Stärke aus. Es gibt einen von der Eigengewichtskraft der Gase erzeugten statischen Druck, der von oben nach unten zunimmt und bei einem in dem Gas befindlichen Körper einen Auftrieb erzeugt. Dagegen sind wegen der Zusammendrückbarkeit einige bei Flüssigkeiten gültige Gesetze bei Gasen nicht anwendbar.

2.2.2. Der Luftdruck

a) Größe des Luftdruckes. Die Oberfläche der festen Erdkugel ist überall von einer Lufthülle umgeben. Wie in einer Flüssigkeit lastet daher auf jedem von der Luft umgebenen Körper der vom Gewicht der Luft hervorgerufene statische Druck, den man als Luftdruck p_L bezeichnet. Auf jeden cm² wirkt er mit einer Kraft, die so groß ist wie die Gewichtskraft einer Luftsäule mit dem Querschnitt 1 cm², die hinaufreicht bis zu den äußersten Höhen, in denen noch eine Atmosphäre feststellbar ist. Die erste Messung des Luftdruckes gelang dem italienischen Physiker Torricelli[1] mit einem Versuch nach Abb. 1.

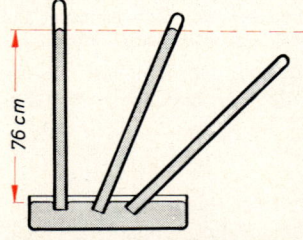

Man füllt eine dünne, etwa 1 m lange Röhre mit Quecksilber, verschließt das offene Ende mit dem Finger und bringt sie mit der Öffnung nach unten in eine offene Quecksilberschale. Dort gibt man die Öffnung wieder frei. Das Quecksilber fließt nur zu einem kleinen Teil aus, in der Röhre bleibt eine Säule von mehr als 70 cm Höhe über dem Spiegel der Wanne zurück. Der Höhenunterschied bleibt gleich, wenn man die Röhre nach der Seite neigt.

Abb. 1. Versuch zur Bestimmung des Luftdruckes

Die Höhe der Quecksilbersäule, die dem Luftdruck entspricht, ist nicht immer gleich, sie ändert sich mit dem Wetter und der Höhenlage des Beobachtungsortes. In Meereshöhe beträgt ihr Mittelwert 760 mm. Dieser Mittelwert wird als Druck p_0 beim **Normalzustand** verwendet:

$$p_0 = h \varrho g = 0{,}76 \, \text{m} \cdot 13\,595 \, \frac{\text{kg}}{\text{m}^3} \cdot 9{,}81 \, \frac{\text{m}}{\text{s}^2} = 101\,300 \, \frac{\text{N}}{\text{m}^2} = 1013 \, \text{mbar} = 1{,}013 \, \text{bar}$$

Beim Wetterdienst wird der Luftdruck meist in mbar angegeben. Die frühere Einheit 1 Torr ≙ 1 mm Quecksilbersäule ist in mbar umgerechnet: 1 Torr = 1,333 mbar.

Oft braucht man den Unterschied (Über- oder Unterdruck) gegen den äußeren Luftdruck p_L. Da dieser etwa als 1 bar angenommen werden darf, erhält man den Druckunterschied aus den Gleichungen

Überdruck: $p_\ddot{u} = p - p_L \approx p - 1 \, \text{bar}$ Unterdruck: $p_u = p_L - p \approx 1 \, \text{bar} - p$

b) Die barometrische Höhenformel. Der Luftdruck nimmt mit zunehmender Höhe ab, weil er dann nur noch von den Luftmassen erzeugt wird, die über der Meßstelle liegen. An der Erdoberfläche beträgt die Abnahme bei der Dichte $\varrho_0 = 1{,}293 \, \text{kg/m}^3$ auf 10 m Höhenunterschied:

$$\Delta p = \Delta h \, \varrho_0 \, g = 10 \, \text{m} \cdot 1{,}293 \, \text{kg/m}^3 \cdot 9{,}81 \, \frac{\text{m}}{\text{s}^2} = 126{,}8 \, \text{N/m}^2 = 1{,}268 \, \text{mbar}.$$ Die Abnahme erfolgt aber nicht gleichmäßig und läßt sich nur bei Luftschichten kleiner Höhe auf diese Weise berechnen. Mit abnehmendem Druck wird ϱ nach oben immer kleiner. Daher vermindert sich die Druckabnahme bei gleichen Schichthöhen nach oben. Sie beträgt z. B. von 0 m auf 100 m etwa 12 mbar, dagegen von 5000 m auf 5100 m nur noch 6,7 mbar.

---

[1] Evangelista Torricelli, 1608 bis 1647, Prof. in Florenz, bestimmte die Größe des Luftdruckes und erfand das Barometer.

Zur Berechnung des Luftdruckes p_L in der Höhe h kann man die **barometrische Höhenformel** verwenden:

$$p_L = p_0 \cdot 10^{-h/h'} \quad \text{oder} \quad h = h' \log \frac{p_0}{p_L}$$

$$\text{wobei } h' = 18\,400 \text{ m}$$

Normatmosphäre	
h in m	p_L in mbar
0	1 013
100	1 001
200	989
300	977
400	966
500	955
600	943
700	932
800	921
900	910
1 000	899
2 000	795
3 000	701
5 000	540
10 000	264
20 000	55

Bei großen Höhenunterschieden (mehr als etwa 1000 m) liefert die barometrische Höhenformel nur ungenaue Werte, weil in ihr die Veränderungen der Lufttemperatur und der stofflichen Zusammensetzung nicht berücksichtigt sind. Den mittleren Luftdruck in großen Höhen entnimmt man am besten einer Tabelle der Normatmosphäre, die als Mittel aus vielen Messungen zusammengestellt worden ist.

c) Die Barometer. Alle Geräte zum Messen des Luftdruckes heißen Barometer. Die genauesten sind auch heute noch die **Quecksilberbarometer,** die auf dem bei Abb. 1 beschriebenen Versuch von Torricelli beruhen. Man unterscheidet dabei Gefäßbarometer und Heberbarometer. Weniger genau, aber handlicher sind die Dosen- und Röhrenbarometer.

Das G e f ä ß b a r o m e t e r (Abb. 2) besitzt eine feste Skala, an der man den Höhenunterschied der Quecksilberoberflächen im unteren Gefäß und in der Röhre ablesen kann. Die Ablesung ergibt den Luftdruck in mbar. Man nimmt dabei die Ungenauigkeit in Kauf, daß auch die Quecksilberoberfläche im Gefäß sich um kleine Beträge hebt und senkt, je nachdem bei sinkendem Luftdruck Quecksilber aus der Röhre zurückfließt oder bei steigendem Luftdruck eindringt.

Beim H e b e r b a r o m e t e r (Abb. 3) läßt sich entweder die Röhre oder der Maßstab verstellen, so daß der Nullpunkt der Skala immer genau am Quecksilberspiegel liegt.

Beim D o s e n b a r o m e t e r (Abb. 4) ist eine ausgepumpte und luftdicht verschlossene Dose von einer starken Feder gespannt. Beim Ansteigen des Luftdruckes wird die Dose etwas zusammengedrückt, beim Sinken entspannt sie sich. Die kleinen Bewegungen des Dosendeckels werden durch ein Hebelsystem vergrößert und auf einen Zeiger übertragen.

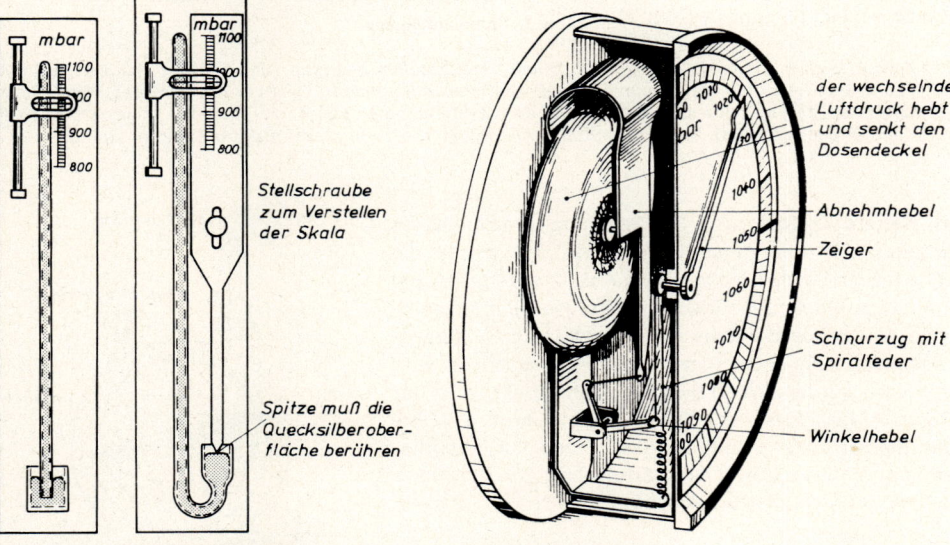

Abb. 2.
Gefäß-
barometer

Stellschraube
zum Verstellen
der Skala

Spitze muß die
Quecksilberober-
fläche berühren

Abb. 3. Heberbarometer

der wechselnde
Luftdruck hebt
und senkt den
Dosendeckel

Abnehmhebel

Zeiger

Schnurzug mit
Spiralfeder

Winkelhebel

Abb. 4. Dosenbarometer

Beim R ö h r e n b a r o m e t e r (Abb. 5) wird die Tatsache ausgenutzt, daß eine gebogene Röhre auf ihrer Außenseite eine größere
Fläche besitzt als auf der Innenseite. Daher erfährt die Außenseite
vom Luftdruck eine stärkere Kraftwirkung, und die Röhre krümmt
sich immer mehr, wenn der Luftdruck steigt. Die Bewegung der
beiden Röhrenenden dreht einen gezahnten Sektor, der seine Drehbewegung auf einen Zeiger überträgt.

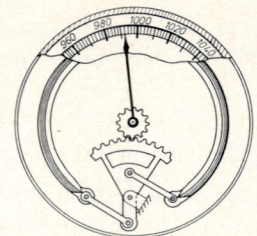

Abb. 5. Röhrenbarometer

2.2.3 Das Vakuum und die Luftpumpen

**a) Ältere Methoden zur Herstel-
lung eines Vakuums.** Beim Torricellischen Versuch entsteht über
dem Quecksilber in der geschlossenen Röhre ein Raum, in den
keine Luft eindringen kann, der
also, abgesehen von einigen
Quecksilberatomen, vollkommen
leer ist. Einen solchen Raum
nennt man ein **Vakuum.** Um einen
größeren luftleeren Raum herzustellen, als es der Torricellische
Versuch gestattet, verwendet man
Luftpumpen. Die älteste, heute
nur noch bei kleinen Versuchen
angewendete Luftpumpe ist die
K o l b e n l u f t p u m p e (Abb. 1).

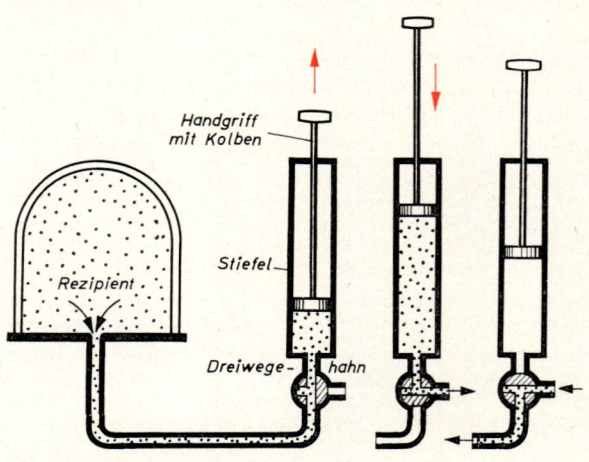

Abb. 1. Kolbenluftpumpe

Ein Kolben wird in einem Zylinder, dem „Stiefel", nach außen gezogen, während der Hahn so gestellt
ist, daß in den freiwerdenden Raum Luft aus dem auszupumpenden Behälter nachströmen kann. Beim
Zurückstoßen des Kolbens öffnet der Hahn den Zylinder nach außen, so daß die „abgesaugte" Luft
nach außen gedrückt wird. Mit jedem Stoß der Luftpumpe wird der Luftdruck im Behälter kleiner.

b) Neuere Luftpumpen. Rascher und zweckmäßiger
arbeiten die rotierenden Luftpumpen, von denen die
D r e h s c h i e b e r p u m p e in Abb. 2 gezeigt ist. Sie
enthält in einem zylindrischen Gehäuse eine exzentri-
sche Welle, aus der zwei Scheiben S_1 und S_2 heraus-
ragen und von einer Feder gegen die Gehäusewand
gedrückt werden. Wenn sich die Welle dreht, wird der
Raum A vergrößert, der Raum B verkleinert, also bei
der Eintrittsöffnung Luft angesaugt und zur Austrittsöffnung hinausgedrückt. Man erreicht mit solchen Pumpen ein Vakuum bis zu 0,003 mbar.

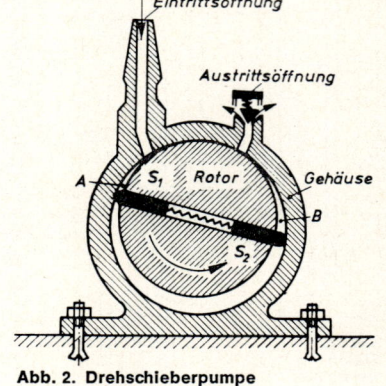

Abb. 2. Drehschieberpumpe

Oft wird die billige und rasch saugende W a s s e r s t r a h l p u m p e verwendet, die jedoch nur ein Vakuum von einigen mbar herzustellen erlaubt (2.3.3. c).

Für ein Hochvakuum benutzt man die genannten Pumpen nur als Vorpumpen und verbessert das von ihnen erzeugte Vorvakuum mit einer Hochvakuumpumpe. Am häufigsten verwendet man die in 2.2.9. c behandelte D i f f u s i o n s p u m p e.

2.2.4. Anwendungen des Vakuums

a) Die Magdeburger Halbkugeln. Der Überdruck des äußeren Luftdruckes gegenüber einem Vakuum kann große Kräfte hervorrufen, wenn er auf große Flächen wirkt. 1654 führte Otto

von Guerike[1] aus Magdeburg auf dem Reichstag zu Regensburg einen Versuch mit zwei „Magdeburger Halbkugeln" vor (entsprechend dem Modell in Abb. 1). Je acht kräftige Pferde an beiden Seiten konnten die Halbkugeln nicht auseinanderreißen.

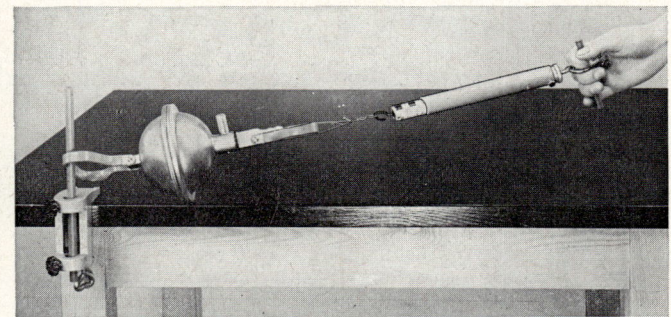

Abb. 1. Magdeburger Halbkugeln

b) Die Heber. Ist ein luftleerer oder luftverdünnter Raum durch eine Flüssigkeit von der Außenluft getrennt, so läßt der Luftdruck die Flüssigkeit in diesen Raum hineinströmen oder in ihm hochsteigen. Es herrscht erst dann Gleichgewicht, wenn der Druck der innen höher stehenden Flüssigkeit den Überdruck der äußeren Luft ausgleicht. Darauf beruhen einige Laborgeräte zum Umgang mit Flüssigkeiten und alle Flüssigkeitspumpen.

Ein S t e c h h e b e r (Abb. 2) ist eine beiderseits offene Röhre. Beim Eintauchen dringt Flüssigkeit in ihr hoch, bis der Spiegel außen und innen gleich hoch steht. Verschließt man sie oben mit dem Zeigefinger und hebt sie aus der Flüssigkeit, so sinkt der Spiegel im Innern ein wenig, im Raum darüber wird die Luft etwas verdünnt, und der Druckunterschied zwischen außen und innen verhindert ein weiteres Ausfließen, solange die obere Öffnung verschlossen bleibt. Ähnlich wie der Stechheber wirkt die in der Mitte erweiterte P i p e t t e (Abb. 3).

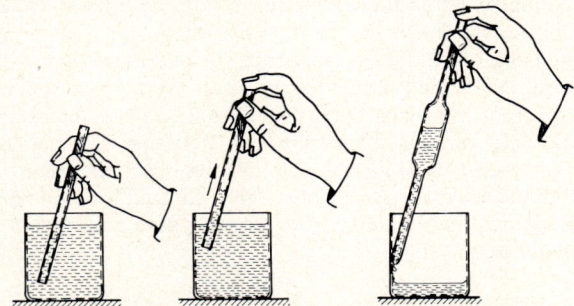

Abb. 2. Modell eines Stechhebers   **Abb. 3. Pipette**

---

[1] Otto von G u e r i k e, 1602 bis 1686, Bürgermeister von Magdeburg, erfand die Luftpumpe und beschäftigte sich mit Reibungselektrizität.

Mit einem S a u g h e b e r (Abb. 4) kann man eine Flüssigkeit aus einem hochstehenden Gefäß ausfließen lassen. Solange in das Überfließrohr (oder den Schlauch) keine Luft kommt, fließt die Flüssigkeit aus der tieferen Öffnung.

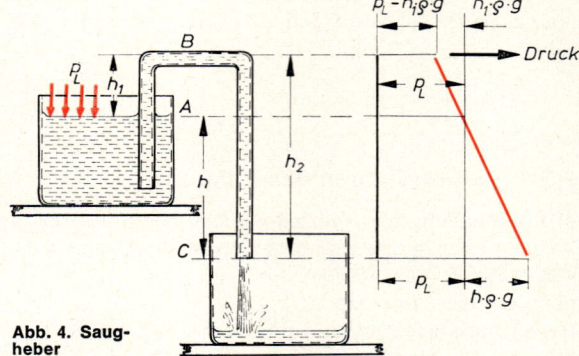

Auf dem Wasserspiegel bei A lastet der Luftdruck p_L. Da in die mit Wasser gefüllte Röhre keine Luft eindringen kann, herrscht bei B der Druck $p_L - h_1 \varrho g$. Von B an steigt der Druck nach unten wieder an. Er ist bei C: $p_L - h_1 \varrho g + h_2 \varrho g = p_L + h \varrho g$. An der Öffnung C herrscht also ein Überdruck $h \varrho g$ über dem Luftdruck p_L und läßt das Wasser ausströmen. Der Überdruck ist unabhängig vom Luftdruck, aber ohne ihn würden der Wasserfaden in der Röhre zerreißen und Blasen auftreten.

Abb. 4. Saugheber

c) Wasserpumpen. Auch die Wasserpumpen benutzen den Luftdruck, um Grundwasser an die Erdoberfläche emporzuheben. Die S a u g p u m p e (Abb. 5) besitzt ein Steigrohr mit Kolbenraum, Kolben und zwei Ventilen. Beim Hochziehen des Kolbens entsteht im Raum A eine Luftverdünnung, so daß der äußere Luftdruck Wasser nachströmen läßt, solange der Höhenunterschied gegenüber dem Grundwasserspiegel kleiner als 10 m bleibt. Wegen schlechter Dichtung des Kolbens oder Reibungsverlusten beim Nachströmen darf man jedoch beim Bau von Saugpumpen nicht über etwa 8 m hinausgehen. Wenn man danach den Kolben nach unten drückt, schließt sich das Ventil B, so daß das Wasser nicht mehr zurückfließen kann und durch das Ventil C nach oben aus dem Raum A entweichen muß. Nach einigen Pumpenschlägen ist oben so viel Wasser, daß es zur Ausflußöffnung hinausströmt.

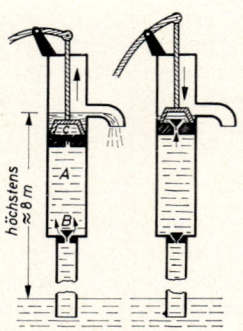

Abb. 5. Saugpumpe

Bei der anderen Bauweise, der D r u c k p u m p e (Abb. 6), ist der Kolben nicht durchbohrt. Im Raum A ist unterhalb des Kolbens ein Steigrohr angesetzt, in das das Wasser gedrückt wird. Der Vorteil dieser Pumpe liegt darin, daß das Wasser im Steigrohr nicht vom Luftdruck, sondern vom Kolben nach oben gedrückt wird. Deshalb kann das Steigrohr auch beliebig lang sein, wenn die Antriebskraft des Kolbens ausreicht, um das Wasser in die gewünschte Höhe zu drücken. Lediglich die Höhe des Kolbens über dem Grundwasser darf etwa 8 m nicht übersteigen.

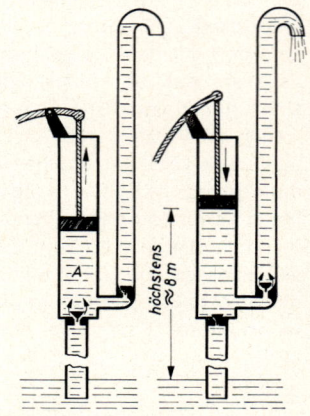

Abb. 6. Druckpumpe

Um das stoßweise Arbeiten der Flüssigkeitsdruckpumpen auszugleichen, kann man in das Steigrohr einen W i n d k e s s e l einbauen (Abb. 7). Das ist ein größeres, druckfestes Gefäß, in das die Flüssigkeit stoßweise hineingepumpt wird, während sich darüber ein großes Luftvolumen befindet. Da bei diesem nur kleine Druckschwankungen auftreten, erfolgt das Ausströmen ins Steigrohr fast gleichmäßig.

Eine andere in der Technik sehr häufig angewendete Wasserpumpe, die Kreiselpumpe, benutzt die Wirkung der Zentrifugalkraft (1.6.3. d).

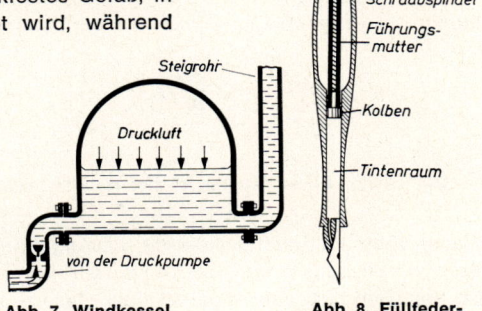

Abb. 7. Windkessel   **Abb. 8. Füllfederhalter**

Ähnlich wie bei den Pumpen im großen ist z. B. der Vorgang beim Füllen eines Füllfederhalters (Abb. 8) im kleinen. Auch das Atmen der Lunge beruht auf der Erzeugung eines Unterdruckes durch das Erweitern des Brustkorbes.

2.2.5. Der Druck eines eingeschlossenen Gases

a) Das Boyle-Mariottesche Gesetz. Wenn man eine eingeschlossene Gasmenge zusammenpreßt, steigt ihr Druck, wenn man sie ausdehnt, nimmt ihr Druck ab. Zur zahlenmäßigen Überprüfung dieser Erfahrungstatsache bestimmt man bei einer Gasmenge, die in einem Zylinder mit dichtschließendem Kolben in verschiedene Volumina eingeschlossen werden kann (Abb. 1), zusammengehörige Werte für den Druck und das Volumen. Achtet man darauf, daß bei allen Messungen die Temperatur unverändert bleibt, so erhält man das von dem Engländer Boyle 1660 und von dem Franzosen Mariotte 1667 entdeckte **Boyle[1]-Mariottesche[2] Gesetz:**

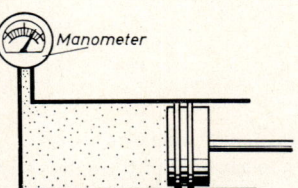

Abb. 1. Versuch zur Ableitung des Boyle-Mariotteschen Gesetzes

> **Bei gleichbleibender Temperatur ist das Produkt aus dem Druck und dem Volumen eines eingeschlossenen Gases in allen Zuständen gleich.**

$$p_1 V_1 = p_2 V_2 \quad \text{oder:} \quad p V = \text{const}$$

Trägt man verschiedene zusammengehörige Werte von Druck und Volumen in ein Koordinatensystem ein, so liegen alle Punkte auf einer gleichseitigen Hyperbel (Abb. 2).

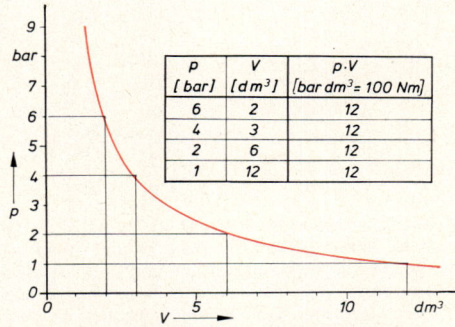

p [bar]	V [dm³]	$p \cdot V$ [bar dm³ = 100 Nm]
6	2	12
4	3	12
2	6	12
1	12	12

Abb. 2. p-V-Diagramm zum Boyle-Mariotteschen Gesetz

[1] Robert B o y l e , 1627 bis 1691, Physiker und Chemiker in London.
[2] Edme M a r i o t t e , 1627 bis 1684, Physiker in Paris, entdeckte das von Boyle gefundene Gesetz unabhängig von ihm einige Jahre später.

b) Änderung der Dichte. Da eine Druckänderung nur das Volumen, aber nicht die Masse einer Gasmenge beeinflußt, muß bei einer Druckzu- oder -abnahme die Dichte des Gases auch zu- oder abnehmen. Ersetzt man im Boyleschen Gesetz $p_1 V_1 = p_2 V_2$ die Volumina durch $V_1 = m/\varrho_1$ und $V_2 = m/\varrho_2$, so kann man mit m kürzen und erhält:

$$\frac{p_1}{\varrho_1} = \frac{p_2}{\varrho_2} \qquad \text{oder} \qquad \frac{p}{\varrho} = \text{const}$$

Die Dichte eines Gases ist bei gleichbleibender Temperatur proportional zum Druck.

Wegen ihrer Veränderlichkeit hat die Angabe der Dichte eines Gases nur dann einen Sinn, wenn gleichzeitig Druck und Temperatur vermerkt sind. Damit dies nicht immer erforderlich ist, beziehen sich alle Angaben über Gase — soweit nichts anderes vermerkt ist — auf den Normalzustand beim Druck $p_0 = 1{,}013$ bar und der Temperatur $\vartheta_0 = 0\ ^\circ\text{C}$.

Beispiele und Aufgaben:

1. In einer waagerechten, an einem Ende zugeschmolzenen, dünnen Glasröhre wird ein 36 cm langer Luftraum von einem 300 mm langen Quecksilberfaden ($\varrho = 13{,}6$ g/cm³) abgeschlossen. Welche Länge nimmt der Luftraum ein, wenn die Röhre in vertikaler Lage mit der Öffnung nach oben, mit der Öffnung nach unten oder in eine Neigung von 45° mit der Öffnung nach unten gebracht wird? Der äußere Luftdruck entspricht dem Druck einer Quecksilbersäule von 735 mm. (Der gleichbleibende Querschnitt kürzt sich in allen Gleichungen.)

   a) Öffnung nach oben:
   $$p_1 = p_L = 735\ \text{mm}\ \varrho\, g \qquad p_2 = p_L + 300\ \text{mm}\ \varrho\, g = 1035\ \text{mm}\ \varrho\, g$$

   $$p_1 l_1 = p_2 l_2 \qquad l_2 = l_1 \cdot \frac{p_1}{p_2} = 36\ \text{cm} \cdot \frac{735}{1035} = 25{,}6\ \text{cm}$$

   Vertikale Lage, Öffnung nach unten: $p_3 = (735 - 300)\ \text{mm}\ \varrho\, g = 435\ \text{mm}\ \varrho\, g$

   $$p_1 l_1 = p_3 l_3 \qquad l_3 = l_1 \frac{p_1}{p_3} = 36\ \text{cm}\ \frac{735}{435} = 60{,}8\ \text{cm}$$

   Schräge Lage: $p_4 = (735 - 300 \sin 45°)\ \text{mm}\ \varrho\, g = 523\ \text{mm}\ \varrho\, g$

   $$p_1 l_1 = p_4 l_4 \qquad l_4 = l_1 \frac{p_1}{p_4} = 36\ \text{cm}\ \frac{735}{523} = 50{,}6\ \text{cm}$$

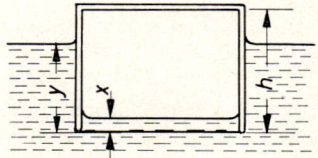

2. Ein unten offenes Gefäß (Abb. 3) hat eine Gewichtskraft von 40 N, eine Höhe $h = 52$ cm und eine Grundfläche von 100 cm². Es wird mit der Öffnung nach unten auf eine Wasseroberfläche gebracht, ohne daß die enthaltene Luft entweicht. Bis zu welcher Tiefe y taucht es ins Wasser ein und bis zu welcher Höhe x steigt das Wasser im Innern hoch ($p_L = 1$ bar, $g \approx 10$ m/s²)? ($x = 2$ cm, $y = 42$ cm)

Abb. 3. Zu Aufg. 2.

3. Berechnen Sie mit der barometrischen Höhenformel die mittlere Dichte der Luft in 1000 m Höhe ($\varrho_0 = 1{,}293$ g/dm³). (1,142 g/dm³)

2.2.6. Die Manometer

Die Druckmeßgeräte bezeichnet man als **Manometer.** Ihre Wirkungsweise kann ähnlich wie bei einem Quecksilberbarometer (2.2.2. c) auf dem Druck einer Flüssigkeitssäule, auf der vom Druck hervorgerufenen Volumenänderung einer eingeschlossenen Gasmenge oder auf der Formänderung eines elastischen Körpers beruhen.

Bei kleinen Drücken benutzt man ein o f f e n e s   F l ü s s i g - k e i t s m a n o m e t e r (Abb. 1). Das ist ein beiderseits offenes, zum Teil mit einer Flüssigkeit gefülltes U-Rohr. Am einen Ende schließt man den Raum an, in dem der zu messende Druck herrscht. Der Höhenunterschied der Flüssigkeitssäulen in beiden Schenkeln ist das Maß für die Differenz zwischen dem zu messenden Druck und dem äußeren Luftdruck.

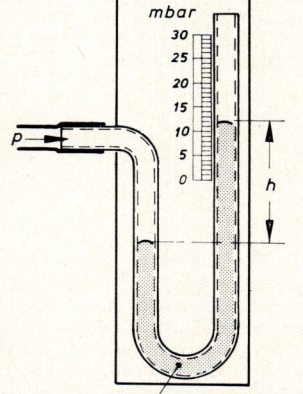

Eine genauere bzw. einfachere Ablesung gestatten die beiden Sonderformen eines offenen Flüssigkeitsmanometers. Für besonders kleine Drücke bis zu einigen 100 Pa verwendet man gern ein M i k r o m a n o m e t e r (Abb. 2). Es ist ein offenes Flüssigkeitsmanometer, dessen Meßschenkel nur eine geringe Neigung hat. Wird eine kleine Druckdifferenz an die Enden gelegt, so entsteht ein kleiner Höhenunterschied zwischen den Flüssigkeitsspiegeln in den beiden Schenkeln, der an dem schwach geneigten Rohr vergrößert abgelesen werden kann.

Quecksilber als Manometerflüssigkeit
Abb. 1. Offenes Flüssigkeitsmanometer

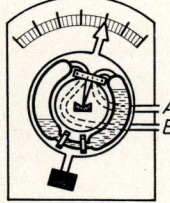

Abb. 3. Ringwaage

Bei der R i n g w a a g e (Abb. 3) wird die zu messende Druckdifferenz mit den Anschlüssen A und B verbunden. Der Druckunterschied verschiebt in der Ringröhre die Flüssigkeit, welche die mit den Anschlüssen A und B verbundenen Räume trennt. Die Verlagerung des Flüssigkeitsschwerpunktes dreht das ganze Ringgefäß mit seinem Zeiger, so daß man die Druckdifferenz einfach an einer Skala ablesen kann.

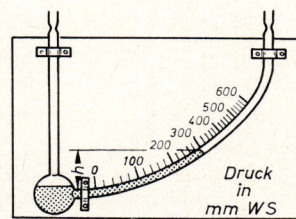

Abb. 2. Mikromanometer

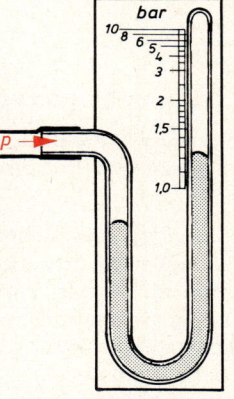

Bei großen Drücken würde ein offenes Flüssigkeitsmanometer sehr unhandlich, da ja 1 bar etwa 10 m Wassersäule entspricht. Dann verwendet man ein g e s c h l o s s e n e s   M a n o m e t e r (Abb. 4). Es besteht aus einer auf der einen Seite zugeschmolzenen U-Röhre, in der ein kleines Gasvolumen von einer Sperrflüssigkeit eingeschlossen ist. Schließt man am anderen Ende der Röhre den zu messenden Druck an, so wird das Gasvolumen nach dem Boyle-Mariotteschen Gesetz verkleinert. Die Trennstelle zwischen dem Gas und der Sperrflüssigkeit zeigt an einer geeichten Skala den angelegten Druck an. Die Teilung der Skala wird für zunehmende Werte des Druckes immer enger.

Abb. 4. Geschlossenes Flüssigkeitsmanometer

Die technischen Manometer arbeiten ähnlich wie die Dosen- und Röhrenbarometer (2.2.2. c). Beim P l a t t e n - f e d e r m a n o m e t e r (Abb. 5) wird die Durchbiegung einer gewellten elastischen Stahllamelle, beim R ö h r e n - f e d e r m a n o m e t e r (Abb. 6) die vom Druck veränderte Krümmung einer gebogenen Röhre durch Übertragung auf einen Zeiger an einer geeichten Skala ablesbar gemacht.

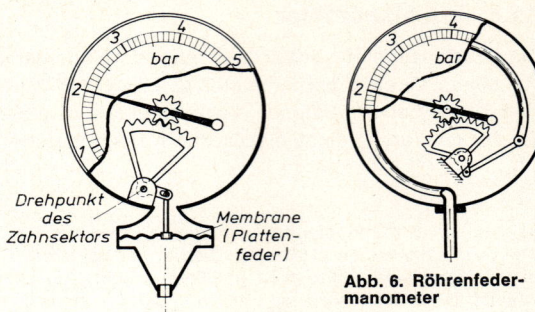

Abb. 6. Röhrenfeder-manometer

Abb. 5. Plattenfedermanometer

Für die kleinsten Drücke benutzt man das Manometer von M a c L e o d (Abb. 7), das noch Drücke von kleinen Bruchteilen eines mbar zu messen gestattet. In A wird das zu messende Vakuum angeschlossen, so daß beide Schenkel A und B auf denselben Druck ausgepumpt werden. Hebt man dann die Kugel C mit dem Quecksilbervorrat nach oben, so füllt sich der Schenkel A wegen des kleinen in ihm herrschenden Druckes fast auf die Höhe des Spiegels in C mit Quecksilber. Im Schenkel B wird der Gasrest aus der Kugel D nach oben zusammengedrückt. Dabei wächst sein Druck im Verhältnis der Volumenabnahme. Das verminderte Volumen V_1 und den Druck p_B kann man ablesen.

Der gesuchte Druck ist dann: $p_A = p_B \dfrac{V_1}{V_0}$

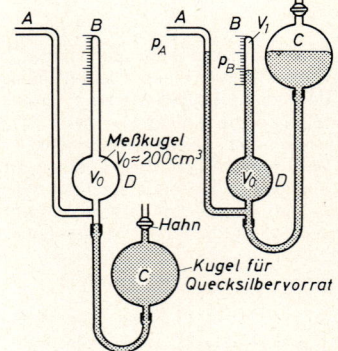

Abb. 7. Manometer von Mac Leod

Aufgabe:
Ein an einem Ende zugeschmolzenes U-Rohr soll als Manometer dienen. Bei einem äußeren Druck von 1 bar steht die Quecksilberfüllung in beiden Schenkeln gleich hoch und schließt ein Luftvolumen von 18 cm Länge ein. In welcher Entfernung vom zugeschmolzenen Ende ist die Marke für 2 bar anzubringen?   (10,1 cm)

2.2.7. Anwendungen verdichteter Gase

a) Druckpumpen für Gase. Um Gasmengen auf höheren Druck zu bringen, verwendet man Druckpumpen und Kompressoren, die durch Volumenminderung den erhöhten Druck erzeugen.

Die bekannteste Druckluftpumpe ist die **Fahrradpumpe** (Abb. 1). Bei ihr wirkt die am Kolben angebrachte Lederdichtung als selbsttätiges Ventil. Am anderen Ende läßt das Ventil die verdichtete Luft in den Fahrradschlauch einströmen, verhindert aber ihr Entweichen.

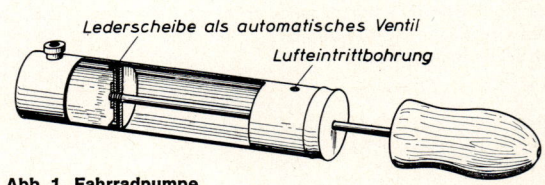

Abb. 1. Fahrradpumpe

Beim **Kompressor** (Abb. 2) bewegt ein maschinell angetriebener Exzenter einen oder bei doppelt wirkenden Ausführungen zwei Kolben. Dadurch wird über selbständig wirkende Ventile Luft angesaugt, danach in den Zylindern von den Kolben verdichtet und durch die ebenfalls selbsttätigen Auslaßventile dorthin geleitet, wo sie als Preßluft benötigt wird. Bei diesen schnellaufenden Maschinen läßt sich

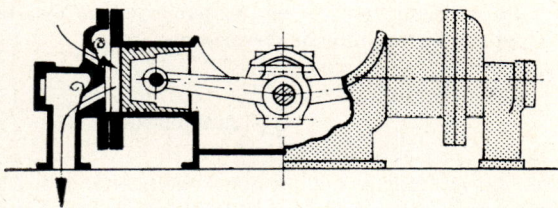

Abb. 2. Kompressor

der Enddruck nicht nach dem Boyleschen Gesetz berechnen, weil die Luft bei der raschen Kompression beträchtlich erwärmt wird.

Zur Erzeugung kleiner Druckunterschiede, z. B. um Gase durch Öffnungen und Rohrleitungen zu befördern, verwendet man Schraubenflügel (z. B. bei Ventilatoren), Schleudergebläse (ähnlich wie bei der Schleuderpumpe 1.6.3. d) oder Rootgebläse (Abb. 3).

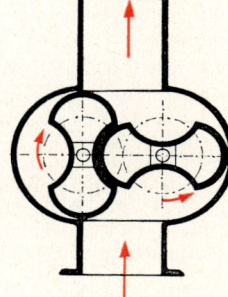

Abb. 3. Rootgebläse

b) Andere Anwendungen verdichteter Gase. Um größere Gasmengen in nicht zu umfangreichen Behältern transportieren zu können, füllt man sie unter Drücken bis zu 150 bar in Stahlflaschen. Eine mittlere Flasche mit einem Rauminhalt von 40 l faßt also etwa 6000 l des Gases bei 1 bar.

Bei der Gasentnahme kann man an einem Manometer den Druck des Inhalts ablesen und daraus die noch enthaltene Gasmenge erkennen. Die Entleerung erfolgt über ein Druckminderventil. Um Verwechslungen zu vermeiden, sind die Farbanstriche genormt: für Sauerstoff blau, Stickstoff grün, Wasserstoff rot, Acetylen gelb, Druckluft grau.

Bei den **Sprühdosen** dient der Überdruck eines Gases dazu, um eine Flüssigkeit durch eine feine Düse auszutreiben und zu zerstäuben. Über ein teilweise mit Flüssigkeit gefülltes Druckgefäß wird ein Treibgas (Luft oder halogenisierte Kohlenwasserstoffverbindungen) eingepumpt, so daß ein erhöhter Druck entsteht. Eine besondere Ausführungsform ist die **Spritzflasche** des Chemikers (Abb. 4), bei der der Überdruck durch Hineinblasen erzeugt wird, oder der **Siphon,** in dem der Druck durch eingeleitetes, komprimiertes Kohlendioxid entsteht, das das Getränk zum Hahn ausströmen läßt. Auch der Windkessel (2.2.4. c) ist ein großes Druckgefäß.

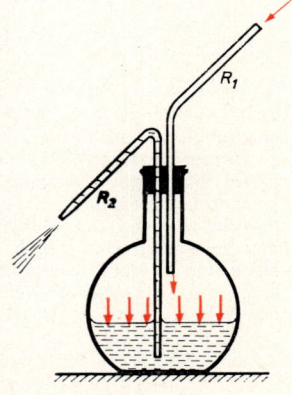

Abb. 4. Spritzflasche

2.2.8. Der Auftrieb in Gasen

a) Berechnung der Auftriebskraft. Da der Auftrieb eine Folge des von oben nach unten zunehmenden statischen Druckes ist, erfährt jeder Körper in einem Gas, insbesondere in Luft, eine Auftriebskraft. Zur Berechnung gilt das gleiche Gesetz wie bei Flüssigkeiten.

> **Die Auftriebskraft, die ein Körper in einem Gas erfährt, ist gleich der Gewichtskraft der von ihr verdrängten Gasmenge.**

$$\text{Auftriebskraft:} \quad F_A = V \varrho_{Gas}\, g$$

Weil die verdrängten Luftmengen wegen der kleinen Dichte der Luft nur eine kleine Gewichtskraft haben, vermindert die Auftriebskraft die Gewichtskraft eines in Luft befindlichen Körpers nur wenig. Man darf ihn fast immer vernachlässigen. Bei genauen Wägungen kann es jedoch erforderlich werden, daß man zur Feststellung der wahren Masse eines Körpers die unverminderte, wahre Gewichtskraft bestimmt. Dabei muß man nicht nur die Auftriebskraft des Körpers, sondern auch die der zum Wiegen dienenden Gewichtssteine berücksichtigen.

Beispiel:

Auf einer Waage wird ein Aluminiumkörper ($\varrho_1 = 2,8$ g/cm³) mit Messinggewichten ($\varrho_2 = 8,6$ g/cm³) gewogen. Berechnen Sie die wahre Masse des Körpers unter Berücksichtigung der Auftriebskraft in Luft ($\varrho_L = 1,25$ g/dm³), wenn sich die Waage in Luft bei einer Gewichtsauflage von 155,415 g im Gleichgewicht befindet. (Die Gewichtsstücke sind für das Vakuum geeicht.)

Auftriebskraft des Aluminiumkörpers: Auftriebskraft der Gewichtsstücke:

$$F_{A1} = V_1\, g\, \varrho_L = m_1\, g\, \frac{\varrho_L}{\varrho_1} \qquad\qquad F_{A2} = V_2\, g\, \varrho_L = m_2\, g\, \frac{\varrho_L}{\varrho_2}$$

Die Waage steht bei den um die Auftriebskraft verminderten scheinbaren Gewichtskräften im Gleichgewicht:

$$m_1\, g - m_1\, g\, \frac{\varrho_L}{\varrho_1} = m_2\, g - m_2\, g\, \frac{\varrho_L}{\varrho_2} \qquad m_1 = m_2\, \frac{1 - \varrho_L/\varrho_2}{1 - \varrho_L/\varrho_1} \approx m_2 \left(1 - \frac{\varrho_L}{\varrho_2} + \frac{\varrho_L}{\varrho_1}\right)$$

$$m_1 = 155,415\ \text{g}\ (1 - 0,000\,145 + 0,000\,447) = 155,462\ \text{g}$$

b) Die Gaswaage (Abb. 1). Den in verschiedenen Gasen wechselnden Auftrieb eines Körpers kann man benutzen, um deren Dichte zu messen. In einem Behälter ist ein verschlossener Gasballon an einem als Zeiger dienenden Hebel durch ein Gegengewicht so austariert, daß er sich in einem Gas mittlerer Dichte im Gleichgewicht befindet. Das Gefäß wird leergepumpt und mit dem zu untersuchenden Gas gefüllt. Durch Feinregulierung des Druckes stellt man wieder Gleichgewicht her. Mit dem Boyleschen Gesetz kann man die Dichte von dem abgelesenen Druck auf Normaldruck umrechnen.

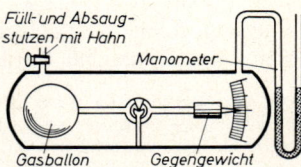

Abb. 1. Gaswaage

c) Anwendung des Auftriebes für Luftballone. Wenn die Gewichtskraft eines Gegenstandes kleiner ist als die Gewichtskraft der von ihm verdrängten Luft, so kann er in Luft aufsteigen. Das ist nur möglich bei einem Gas, das leichter ist als Luft, z. B. bei Wasserstoff oder Helium, das von einer Hülle eingeschlossen ist, deren Gewichtskraft kleiner ist als der Auftrieb des Gases. Bevor das Flugzeug das beherrschende Luftverkehrsmittel wurde, konstruierte man Luftballone, die bei einer Luftverdrängung von mehreren 1000 m³ einen so großen Auftrieb erzeugten, daß Menschen mit ihnen aufsteigen konnten. Da sie aber, auch wenn sie in der Form der Zeppeline mit Antrieb und Steuereinrichtung versehen waren, nur verhältnismäßig langsam fliegen konnten und allen Wechselfällen des Windes und des Wetters ausgesetzt waren, spielen sie heute in der Luftfahrt keine Rolle mehr. Sie werden fast nur noch als unbemannte Versuchsballone (z. B. in der Wettererkundung) verwendet.

2.2.9. Stoffeigenschaften der Gase

a) Kohäsion und Adhäsion. Die frei umherfliegenden Moleküle eines Gases kommen bei ihren Zusammenstößen nur so kurz in den Wirkungsbereich der gegenseitigen Anziehung, daß die Kräfte nicht ausreichen, um die Moleküle festzuhalten. Deshalb gibt es bei Gasen keine Erscheinungen, die auf die Kohäsion oder Adhäsion zurückzuführen sind.

b) Die Diffusion. Dagegen bewirkt die freie Beweglichkeit der Moleküle, daß zwei verschiedene Gase sich viel rascher durchdringen und Konzentrationsunterschiede ausgleichen als Flüssigkeiten. Nach 2.1.6. c ist dies die Erscheinung der **Diffusion.** Die Moleküle eines Gases diffundieren immer von den Stellen, wo ihre Dichte am größten ist, nach den Stellen, wo ihre Dichte am kleinsten ist. Stattdessen kann man auch sagen: Sie diffundieren von den Stellen, wo ihr Anteil am Gesamtdruck, ihr Partialdruck, am größten ist, zu den Stellen, wo er am kleinsten ist. Die Diffusion erfolgt bei Gasen mit leichten Molekülen, z. B. bei Wasserstoff, schneller als bei Gasen mit schweren Molekülen. Sogar durch die Poren von Trennwänden hindurch findet sie statt, und zwar um so stärker, je größer der Druckunterschied des Gases auf beiden Seiten der Wand ist. An der Oberfläche von Flüssigkeiten diffundieren auch Gasmoleküle in die Flüssigkeit hinein und bleiben in ihr gelöst.

c) Diffusionspumpen. Die Diffusion von Gasen benutzt man bei den wirksamsten Hochvakuumpumpen, den Diffusionspumpen. Abb. 1 zeigt eine **Quecksilberdiffusionspumpe.**

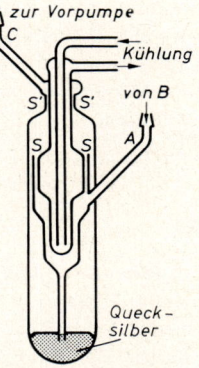

Abb. 1. Quecksilber-diffusionspumpe

Bei A wird der zu evakuierende Behälter B angeschlossen. Durch eine mit C verbundene Vorpumpe wird im Behälter und im Raum der Pumpe ein gutes Anfangsvakuum hergestellt. Aus dem Behälter B diffundieren durch das Rohr A und den Ringspalt S die Moleküle des Gasrestes, z. B. der Luft, in die Pumpe. Der Vorgang setzt sich fort, solange man dafür sorgt, daß diese Moleküle sofort wieder entfernt werden, so daß bei S der Partialdruck der Luft geringer als im Behälter ist.

Dazu heizt man den unteren Teil der Pumpe und verdampft das dort befindliche Quecksilber. Der Quecksilberdampfstrom reißt alle aus S herausdiffundierenden Luftmoleküle mit sich nach oben. Wegen ihrer hohen Molekülmasse erfahren die Quecksilbermoleküle bei Zusammenstößen nur kleine Richtungsänderungen, so daß nur wenige durch S nach unten diffundieren. Damit aber auch diese nicht in den Behälter B gelangen, wird das Innere der Pumpe gekühlt. Das wieder flüssig gewordene Quecksilber fließt entlang des Kühlrohres nach unten und vereinigt sich mit der Quecksilberreserve. Die Kühlung im zweiten Ringspalt S′ verhindert, daß das Quecksilber am oberen Ende der Pumpe von der Vorpumpe abgesaugt wird. Auch dort schlägt sich der Quecksilberdampf nach seiner Kondensation am Kühlrohr nieder und fließt nach unten zurück. Nur die hereindiffundierenden Luftmoleküle werden von der Vorpumpe abgesaugt. Auf diese Weise kommen immer neue Moleküle des Luftrestes aus dem zu evakuierenden Behälter, ohne daß Quecksilbermoleküle dorthin gelangen.

Ähnlich arbeitet die *Öldiffusionspumpe,* bei der statt des Quecksilbers leichter verdampfbares Öl verwendet wird.

Eine Diffusionspumpe kann nicht selbständig ein Vakuum erzeugen; sie kann aber ein von der Vorpumpe geschaffenes Ausgangsvakuum bis zu einem Druck von 10^{-7} mbar verbessern.

2.3. Dynamik der Flüssigkeiten und Gase

2.3.1. Allgemeines über die Strömung von Flüssigkeiten und Gasen

a) Ähnlichkeit der Verhältnisse bei strömenden Flüssigkeiten und Gasen. Sowohl ruhende wie auch strömende Flüssigkeiten sind nicht zusammendrückbar. Dagegen läßt sich das Volumen von eingeschlossenen Gasen durch Druck verändern. Bei einer Strömung darf man aber auch ein Gas als nicht zusammendrückbar betrachten, wenn seine Geschwindigkeit kleiner als die Schallgeschwindigkeit ist. Die Druckänderungen sind dann bei strömenden Gasen so klein (vgl. 2.3.2. c), daß keine wesentlichen Volumenänderungen auftreten. Man darf sie vernachlässigen, so daß zwischen Gas- und Flüssigkeitsströmung kein wesentlicher Unterschied mehr besteht. Für strömende Flüssigkeiten und Gase gelten daher die gleichen Gesetzmäßigkeiten. In den folgenden Abschnitten versteht man deshalb unter dem Wort „Flüssigkeit" sowohl eine Flüssigkeit wie ein Gas. Im Gebiet der Überschallgeschwindigkeit, bei Explosionen oder bei sehr starker Verdünnung (z. B. bei weniger als 0,1 mbar in Röhren von mehr als 1 mm Durchmesser) ist eine gemeinsame Behandlung nicht mehr möglich.

b) Ideale Flüssigkeiten. Bei jeder Strömung tritt an den Wänden des Behälters und zwischen den Flüssigkeitsteilchen Reibung auf. Bei Gasen und manchen Flüssigkeiten ist sie jedoch wegen der leichten Verschiebbarkeit der einzelnen Teilchen nicht groß. Man erhält dann eine wesentliche Vereinfachung der bei der Strömung geltenden Formeln, wenn man die Reibung vernachlässigt. Deshalb bezeichnet man eine nicht zusammendrückbare und reibungslos gedachte Flüssigkeit als **ideale Flüssigkeit.** In ihr würde eine Flüssigkeitsschicht an der anderen reibungslos vorübergleiten. In Wirklichkeit gibt es keine solche Flüssigkeit. Die für sie abgeleiteten Gesetze können jedoch als Näherung bei Gasen und reibungsarmen Flüssigkeiten angewendet werden. Bei anderen Flüssigkeiten erzielt man erst Übereinstimmung mit der Wirklichkeit, wenn man den Gleichungen Glieder hinzufügt, die den Einfluß der Reibung erfassen.

c) Stromlinien und stationäre Strömung. Gibt man zu einer strömenden Flüssigkeit geeignete kleine Teilchen mit möglichst geringem Unterschied der Dichte, so kann man den Strömungszustand der Flüssigkeit an der Bewegung der Teilchen erkennen. Photographiert man mit kurzer Belichtungszeit, so erzeugt jedes Teilchen je nach seiner Geschwindigkeit einen kürzeren oder längeren Strich. Die einzelnen Striche kann man zu geschlossenen Linien zusammensetzen, die man **Stromlinien** nennt. Wird eine Strömung eingeengt, wie es z. B. eintritt, wenn sich ein Rohr verjüngt, so liegen dort auch die Stromlinien enger beieinander. Bei Erweiterung des Querschnittes vergrößert sich ihr Abstand.

Bei vielen Strömungen ist das Bild der Stromlinien zu verschiedenen Zeiten immer dasselbe. Bei solchen Strömungen bleibt an jedem Punkt die Geschwindigkeit der vorüberfließenden Teilchen nach Größe und Richtung gleich. Ein Beobachter hat also immer dasselbe Strömungsbild vor Augen. Man nennt eine solche Strömung **stationär.** Bei ihr sind alle Größen der Flüssigkeitsströmung (Druck, Geschwindigkeit, Reibung, Durchflußmenge) von der Zeit unabhängig. Ändern sie sich mit der Zeit, so spricht man von einer nichtstationären Strömung.

2.3.2. Abhängigkeit der Strömungsgeschwindigkeit von Querschnitt und Druck bei einer idealen Flüssigkeit

a) Die Kontinuitätsgleichung. Durchströmt eine Flüssigkeit eine Röhre mit veränderlichem Querschnitt (Abb. 1), so muß sich auch die Durchflußgeschwindigkeit ändern. Weil eine Flüssigkeit sich nicht zusammendrücken läßt, muß das in einer Zeit t durch den Querschnitt A_1 strömende Flüssigkeitsvolumen V_1 ebenso groß sein wie das durch den Querschnitt A_2 strömende Volumen V_2. Sind v_1 und v_2 die Strömungsgeschwindigkeiten an den Stellen A_1 und A_2, so legen die Flüssigkeitsteilchen in einer bestimmten Zeit t die Wege $s_1 = v_1 t$ bzw. $s_2 = v_2 t$ zurück, und man erhält die Volumina:

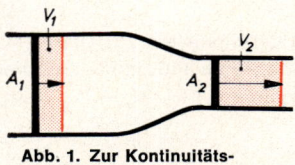

$$V_1 = A_1 s_1 = A_1 v_1 t \qquad\qquad V_2 = A_2 s_2 = A_2 v_2 t$$

Abb. 1. Zur Kontinuitätsgleichung

Aus $V_1 = V_2$ folgt nun die wichtige, als **Kontinuitätsgleichung** bezeichnete Beziehung:

$$A_1 v_1 t = A_2 v_2 t \qquad \text{oder:} \qquad v_1 : v_2 = A_2 : A_1$$

> **In einer Rohrleitung mit wechselndem Querschnitt verhalten sich die Strömungsgeschwindigkeiten umgekehrt wie die Rohrquerschnitte.**

Bei weiten Querschnitten ist also die Geschwindigkeit klein, bei Engstellen groß.

b) Das Gesetz von Bernoulli. Wenn bei einer Strömung die Reibung vernachlässigt werden darf, folgt aus dem Energiesatz eine grundlegende Beziehung zwischen den Größen, die die Strömung kennzeichnen. An allen Stellen in einer von einer Flüssigkeit durchströmten Röhre herrscht ein Druck, z. B. an der Stelle A_1 (Abb. 2) der Druck p_1 und an der Stelle A_2 der Druck p_2. Wenn nun von der nachfolgenden Flüssigkeit der Querschnitt A_1 an die Stelle A_1' geschoben wird, so wird dabei die Arbeit $W = F_1 s_1 = p_1 A_1 \cdot s_1 = p_1 V$ verrichtet.

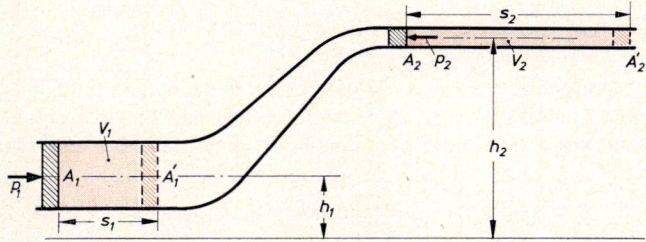

Abb. 2. Zur Ableitung des Bernoullischen Gesetzes

Betrachtet man die Flüssigkeitsmenge zwischen den Querschnitten A_1 und A_2, so dient diese Arbeit W zur Verrichtung mehrerer Teilarbeiten:

1. Der Querschnitt A_2 wird gegen den Druck p_2 an die Stelle A_2' geschoben, so daß das Volumen zwischen A_2 und A_2' den gleichen Betrag V hat wie das Volumen zwischen A_1 und A_1'. Die dazu erforderliche Arbeit W_1 ist:

$$W_1 = F_2 s_2 = p_2 A_2 \cdot s_2 = p_2 V$$

2. Eine Flüssigkeitsmenge vom Volumen V wird von der Höhe h_1 in eine Lage mit der Höhe h_2 gebracht. Die dazu dienende Hubarbeit W_2 ist:

$$W_2 = G (h_2 - h_1) = V \varrho\, g (h_2 - h_1)$$

3. Die unten befindliche Flüssigkeitsmenge hat die Geschwindigkeit v_1 und daher die kinetische Energie $E_{kin\,1} = m\,v_1^2/2$. Da unten diese Flüssigkeitsmenge verdrängt wird, dringt oben eine gleiche Flüssigkeitsmenge in das obere Volumen mit der Geschwindigkeit v_2 und der kinetischen Energie $E_{kin\,2} = m\,v_2^2/2$ ein. Zur Erhöhung der kinetischen Energie ist die Arbeit W_3 erforderlich:

$$W_3 = \frac{1}{2}\,m\,v_2^2 - \frac{1}{2}\,m\,v_1^2$$

Wenn man die zur Überwindung der Reibung längs der Röhrenwandung und zwischen den einzelnen Flüssigkeitsteilchen nötige Energie vernachlässigen darf, erhält man aus der Beziehung $W = W_1 + W_2 + W_3$:

$$p_1\,V = p_2\,V + V\varrho\,g\,h_2 - V\varrho\,g\,h_1 + \frac{1}{2}\,m\,v_2^2 - \frac{1}{2}\,m\,v_1^2$$

Schreibt man für die Masse $m = V\varrho$, so kann man die ganze Gleichung mit dem Volumen V kürzen und erhält:

$$p_1 = p_2 + \varrho\,g\,h_2 - \varrho\,g\,h_1 + \frac{1}{2}\,\varrho\,v_2^2 - \frac{1}{2}\,\varrho\,v_1^2$$

In übersichtlicherer Anordnung ist dies das Strömungsgesetz von Bernoulli[1]:

$$p_1 + \varrho\,g\,h_1 + \frac{1}{2}\,\varrho\,v_1^2 = p_2 + \varrho\,g\,h_2 + \frac{1}{2}\,\varrho\,v_2^2$$

Das Gesetz gilt nicht nur bei der Strömung in einer Röhre, sondern auch bei einer frei fließenden Flüssigkeit; denn auch dort strömen die Flüssigkeitsteilchen in S t r o m f ä d e n wie in Röhren nebeneinander, ohne sich zu mischen.

Sind bei einer Strömung h_1 und h_2 gleich oder nur wenig verschieden, so heben sich die beiden Glieder $\varrho\,g\,h_1$ und $\varrho\,g\,h_2$ fast auf, so daß man ihren Einfluß vernachlässigen kann. Von dieser Vereinfachung macht man vor allem bei Gasen Gebrauch, weil dort auch die geringe Dichte den Betrag dieser Glieder vermindert. In diesen Fällen hat also das Bernoullische Gesetz die vereinfachte Form:

$$p_1 + \frac{1}{2}\,\varrho\,v_1^2 = p_2 + \frac{1}{2}\,\varrho\,v_2^2$$

c) Der Staudruck. Wird an einer Stelle eine horizontal strömende Flüssigkeit gestaut, daß sie dort zum Stillstand kommt, so bezeichnet man den dadurch entstehenden Überdruck $p_2 - p_1$ als Staudruck p_s. Man berechnet ihn, indem man in der Bernoullischen Gleichung $v_2 = 0$ setzt.

$$\text{Staudruck:}\quad p_s = p_2 - p_1 = \frac{1}{2}\,\varrho\,v_1^2$$

Weil das Glied $\frac{1}{2}\,\varrho\,v^2$ den Staudruck angibt, den man an einer Stelle, an der die Geschwindigkeit v herrscht, durch Abbremsen der Strömung erzeugen kann, bezeichnet man es allgemein, auch an nicht gestauten Stellen, als Staudruck. Bei horizontaler Strömung kann man das Bernoullische Gesetz dann auch formulieren:

Längs eines horizontalen Stromfadens ist die Summe aus dem Druck p und dem Staudruck $\frac{1}{2}\,\varrho\,v^2$ konstant.

---

[1] Daniel B e r n o u l l i , 1700 bis 1782, geb. in Basel, Prof. in Petersburg.

Mit dem Staudruck kann man nun auch zahlenmäßig prüfen, bis zu welcher Größe die Druckunterschiede bei strömenden Gasen anwachsen können. Man erhält z. B. für Luft (ϱ = 1,25 kg/m³) bei der hohen Geschwindigkeit v = 40 m/s (mehr als die Windstärke 12 eines Orkans):

$$p_s = \frac{1}{2} \varrho \, v^2 = \frac{1}{2} \cdot 0{,}125 \, \frac{kg}{m^3} \cdot 1600 \, \frac{m^2}{s^2} = 1000 \, \frac{kg \, m/s^2}{m^2} = 1000 \, Pa = 0{,}01 \, bar$$

Selbst bei dieser hohen Strömungsgeschwindigkeit ist der Druckunterschied nur etwa 1 % des normalen Luftdruckes. Dementsprechend klein sind auch die Volumenunterschiede. Deshalb ist es berechtigt, auch strömende Gase als fast unzusammendrückbar zu betrachten.

Beispiele und Aufgaben:

1. Ein Gartenschlauch mit dem Innendurchmesser d_1 = 12,7 mm endet in einem Mundstück, dessen Innendurchmesser sich bis zur Öffnung auf d_2 = 5 mm verengt. Beim Eintritt in das Mundstück hat das Wasser gegenüber der Umgebung einen Überdruck von 1,8 bar. Berechnen Sie die Ausströmgeschwindigkeit v_2 des Wasserstrahles, wenn die Reibungsverluste in der Düse vernachlässigt werden. In welcher Entfernung x trifft der Strahl auf den Boden, wenn die Düse sich mit horizontaler Achse in der Höhe y = 1 m über dem Boden befindet?

   Nach dem Gesetz von Bernoulli und der Kontinunitätsgleichung, angesetzt für den Anfang und das Ende der Düse, gilt:

   $$p_1 + \frac{1}{2} \varrho \, v_1^2 = p_2 + \frac{1}{2} \varrho \, v_2^2 \qquad \text{oder:} \quad \frac{1}{2} \varrho \, (v_2^2 - v_1^2) = p_1 - p_2$$

   $$v_2 A_2 = v_1 A_1 \qquad \text{oder:} \qquad v_1^2 = v_2^2 \left(\frac{d_2}{d_1}\right)^4$$

   Setzt man v_1^2 in die erste Gleichung ein, so erhält man:

   $$v_2^2 \left[1 - \left(\frac{d_2}{d_1}\right)^4\right] = \frac{2}{\varrho} (p_1 - p_2)$$

   $$\frac{d_1}{d_2} = \frac{5 \, mm}{12{,}7 \, mm} = 0{,}394 \qquad \frac{2}{\varrho} = \frac{2 \, m^3}{1000 \, kg} = 0{,}002 \, \frac{m^3}{kg}$$

   $$p_1 - p_2 = 1{,}8 \, bar = 1{,}8 \cdot 10^5 \, N/m^2$$

   Durch Einsetzen dieser Werte in die obige Gleichung findet man v_2:

   $$v_2^2 = \frac{0{,}002 \, m^3/kg \cdot 1{,}8 \cdot 10^5 \, N/m^2}{1 - 0{,}394^4} = \frac{360 \, m^2/s^2}{0{,}976} = 369 \, \frac{m^2}{s^2} \qquad v_2 = 19{,}2 \, \frac{m}{s}$$

   Horizontaler Wurf: $x = v_2 \, t$ $\qquad\qquad$ $y = -\frac{g}{2} t^2 = -1 \, m$

   $$t = \sqrt{\frac{2 \, m}{9{,}81 \, m/s^2}} = 0{,}45 \, s \qquad x = 19{,}2 \, \frac{m}{s} \cdot 0{,}45 \, s = 8{,}65 \, m$$

2. Welcher Druckunterschied entsteht (bei Vernachlässigung der Reibung) zwischen den Enden eines Rohrstückes, dessen Querschnitt sich von 15 cm² auf 5 cm² verengt, wenn je Sekunde 1,8 Liter Benzin (ϱ = 0,7 kg/dm³) hindurchfließen? (0,0403 bar)

3. Ein 20 cm hohes trichterförmiges Gefäß verjüngt sich von einem oberen Durchmesser d_1 = 12 cm zu einem unteren Durchmesser d_2 = 2 cm. Welcher Druckunterschied herrscht zwischen dem oberen und dem unteren Querschnitt, wenn es

   a) ganz mit ruhendem Wasser gefüllt ist,
   b) wenn je Sekunde 0,3 Liter Wasser hindurchströmen? (0,0196 bar, 0,0150 bar)

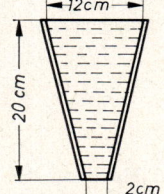
Abb. 3. Zu Aufg. 3.

2.3.3. Anwendungen des Gesetzes von Bernoulli

a) Entstehung einer Saugwirkung. Aus der letzten Formulierung des Bernoullischen Gesetzes geht hervor, daß überall dort ein großer Druck herrscht, wo die Strömungsgeschwindigkeit klein ist, und ein kleiner Druck, wo die Strömungsgeschwindigkeit groß ist. Nach der Kontinuitätsgleichung ist die Geschwindigkeit an Engstellen groß. Dort herrscht daher immer, entgegengesetzt zu einer weit verbreiteten falschen Annahme, eine Druckminderung. Man kann sie sichtbar machen, wenn man an ein Rohr mit einer Engstelle mehrere dünne Rohre als Flüssigkeitsmanometer ansetzt (Abb. 1). Die Steighöhe kennzeichnet den dort herrschen- den Druck. Man erkennt (außer der stetigen Druckabnahme durch Reibung, 2.3.6. c) den

starken Druckabfall an der Engstelle. Diese Tatsache gibt die Erklärung, weshalb bei manchen Strömungen Saugwirkungen entstehen.

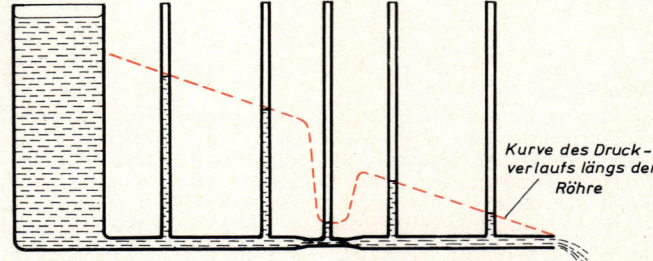

Kurve des Druck- verlaufs längs der Röhre

Abb. 1. Abnahme des Druckes an einer Engstelle

Bläst z. B. ein Sturm gegen ein Haus (Abb. 2), so werden die in der Nähe des Bodens an- kommenden Luftmassen abgebremst. Im Gebiet A herrschen daher kleine Geschwindigkeiten und erhöhter Druck. Da aber die Luftmassen weiter oben über das Dach ausweichen müssen, entstehen an der Stelle B eine Querschnittsverengung und eine Geschwindigkeitserhöhung. Diese bewirkt eine Druck- erniedrigung, so daß über dem Dach ein Unterdruck ent- steht. Ihm ist es zuzuschreiben, daß bei starkem Sturm das Dach nicht eingedrückt, sondern abgehoben wird.

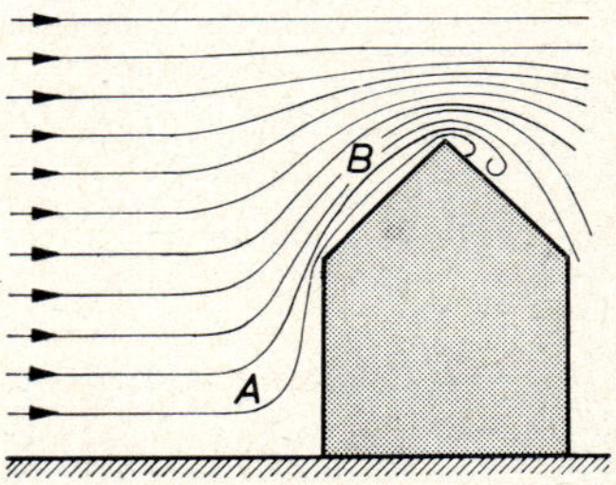

Abb. 2. Sog über einem Dach

Noch augenfälliger erkennt man die Saugwirkung bei der als hydrodynamisches Paradoxon bezeichneten Erscheinung (Abb. 3).

Aus einer Düse strömt Druckluft durch den schmalen Raum zwi- schen einer angesetzten und einer darunter befindlichen Platte. In dem Gebiet A_1 A_2 am Rand der Platten herrscht der Luftdruck. Daher ist an der Engstelle rings um die Einströmöffnung B, an der die Luft viel rascher strömt, der Druck kleiner als der Luft- druck. Die untere Platte wird nicht, wie man erwarten sollte, vom Luftstrom weggeblasen, sondern mit einer solchen Kraft ange- zogen, daß sie sogar noch einen angehängten Gewichtsstein tragen kann.

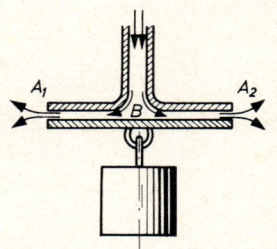

Abb. 3. Hydrodynamisches Paradoxon

b) Messung der Strömungsgeschwindigkeit. Das Bernoullische Gesetz gibt die Möglichkeit, Geschwindigkeiten von strömenden Flüssigkeiten und Gasen zu bestimmen. Beim Durchfluß von Flüssigkeiten durch Rohrleitungen verwendet man dazu hauptsächlich das **Venturirohr**

(Abb. 4). Es besteht aus einer Düse, bei der der Druckunterschied zwischen der weitesten und der engsten Stelle
mit einem Flüssigkeitsmanometer gemessen werden kann.
Dann gilt nach dem Gesetz von Bernoulli:

$$p_1 + \frac{1}{2}\varrho\,v_1{}^2 = p_2 + \frac{1}{2}\varrho\,v_2{}^2$$

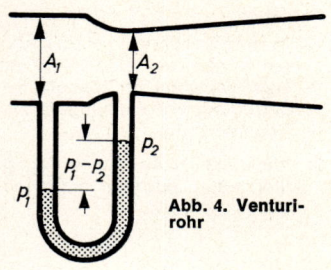

Abb. 4. Venturi-
rohr

Nach der Kontinuitätsgleichung ist $v_2 = v_1 \dfrac{A_1}{A_2}$ oder, wenn
das Flächenverhältnis A_1/A_2 mit q bezeichnet wird: $v_2 = q\,v_1$.
Durch Einsetzen in die Bernoullische Gleichung folgt nun:

$$v_1{}^2 \frac{1}{2}\varrho\,(q^2 - 1) = p_1 - p_2 \qquad v_1 = \sqrt{\frac{2\,(p_1 - p_2)}{\varrho\,(q^2 - 1)}}$$

Mit diesem Wert von v_1 kann man auch den Volumenstrom
$\dot{V}$, nämlich die Durchflußmenge je Sekunde, berechnen:
$\dot{V} = A_1\,v_1$.

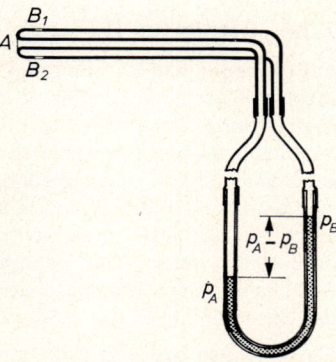

Bei offenen Strömungen bestimmt man die Strömungsgeschwindigkeit einfacher mit dem **Prandtlschen[1] Staurohr**
(Abb. 5). Die Punkte A und B sind durch das Innere eines
schmalen röhrenförmigen Körpers mit einem Manometer
verbunden. A ist der Staupunkt, an dem der Flüssigkeits-
strom auf die Geschwindigkeit Null abgebremst wird. Dann
gilt nach dem Bernoullischen Gesetz:

$$p_A + 0 = p_B + \frac{1}{2}\varrho\,v_B{}^2 \qquad v_B = \sqrt{\frac{2}{\varrho}\,(p_A - p_B)}$$

Abb. 5. Prandtlsches Staurohr

c) Andere Anwendungen. Beim S c h i f f s v e n t i l a t o r
(Abb. 6) strömt die Außenluft in der Nähe der Öffnung mit
erhöhter Geschwindigkeit vorbei; der dadurch erzeugte
Unterdruck saugt die Luft aus dem Schiffsinnern. In der
W a s s e r s t r a h l p u m p e (Abb. 7) erhöht der eintreten-
de Wasserstrom in der Düse und der darauffolgenden Querschnittsverengung seine Geschwindigkeit. Dadurch wird die
Luft aus dem Saugrohr angesaugt. Ähnlich entsteht im
V e r g a s e r des Ottomotors das
Kraftstoffluftgemisch.   Der Luftstrom saugt an einer Engstelle bei
großer Geschwindigkeit Kraftstoff
aus der Kraftstoffdüse, wobei dieser gleichzeitig fein zerstäubt wird.

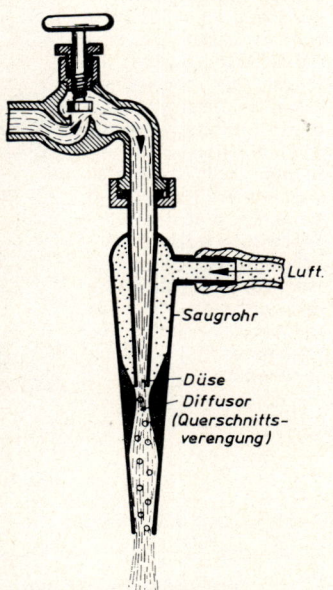

Luft.

Saugrohr

Düse
Diffusor
(Querschnitts-
verengung)

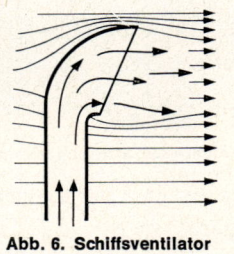

Abb. 6. Schiffsventilator

Abb. 7. Wasserstrahlpumpe

---

[1] Ludwig P r a n d t l , 1875 bis 1953, Prof. in Göttingen, Begründer der wissenschaftlichen Strömungs-
forschung.

Aufgaben:

1. In eine Leitung für eine Flüssigkeit mit der Dichte 0,9 g/cm³ von 160 mm Innendurchmesser wird ein Venturirohr eingebaut, dessen engster Querschnitt einen Durchmesser von 100 mm besitzt. Dabei entsteht am Manometer ein Druckunterschied von 160 mbar. Berechnen Sie ohne Berücksichtigung von Reibungsverlusten die mittlere Strömungsgeschwindigkeit in der Leitung und den Volumenstrom.   (v = 2,53 m/s, v = 50,8 dm³/s)

2. Wie groß ist der Staudruck, den ein Prandtlsches Staurohr anzeigt, das an einem mit 900 km/h fliegenden Flugzeug angebracht ist? Die Dichte der Luft in der Flughöhe kann mit 1 kg/m³ angesetzt werden.   (0,3125 bar)

2.3.4. Die innere Reibung

a) Entstehung und Berechnung der inneren Reibung. Bei der Strömung einer wirklichen (nicht idealen) Flüssigkeit tritt immer Reibung auf. Sie entsteht aber nicht nur an den Berührungsflächen der Flüssigkeit mit den Röhren und Behältern oder zwischen der Flüssigkeit und den hindurchbewegten Gegenständen, sondern auch im Innern der Flüssigkeit, wo Schichten verschiedener Strömungsgeschwindigkeiten aneinander vorübergleiten. Deshalb bezeichnet man sie zum Unterschied gegen die äußere Reibung bei festen Körpern als **innere Reibung.** Man spürt sie als Widerstand, wenn man einen Körper durch eine Flüssigkeit bewegt. Darauf beruht auch der in Abb. 1 dargestellte Versuch, mit dem man die Abhängigkeit der inneren Reibung von der Größe der Fläche, von den Eigenschaften der strömenden Flüssigkeiten und der Geschwindigkeit der Bewegung untersuchen kann.

Ein Wagen, an dem eine Platte befestigt ist, kann von einem Hängegewicht auf einer Fahrbahn gezogen werden. Unter ihm befindet sich eine schmale, mit Wasser oder Öl gefüllte Wanne, die so weit gehoben werden kann, daß die Platte zum Teil oder ganz eintaucht. Die eine Hälfte der Wanne ist 12 mm, die andere nur 6 mm breit. Bei gleichförmiger Bewegung ist die vom Hängegewicht erzeugte Zugkraft ebenso groß wie die Reibung der Platte. Bei größerem Hängegewicht wächst die Geschwindigkeit. Sie nimmt aber ab, wenn die Platte tiefer eintaucht und wenn sie vom breiteren in den schmäleren Teil der Wanne übergeht.

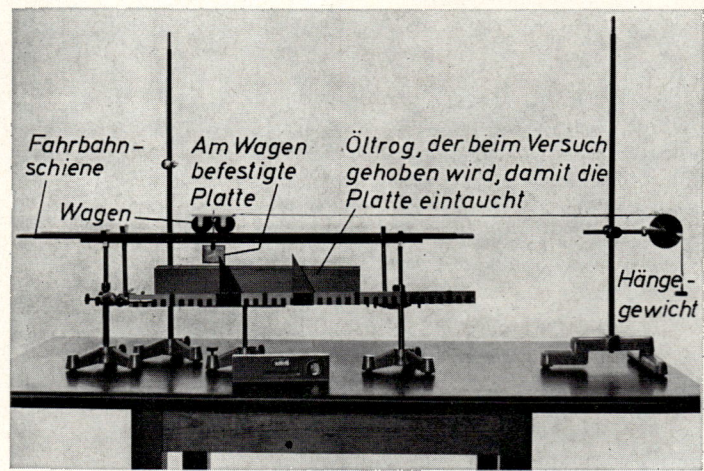

Abb. 1. Versuch zur Messung der inneren Reibung

Diese Versuche bestätigen die Theorie, nach der die innere Reibung abhängt

1. von der Zähigkeit η der Flüssigkeit,
2. von der Größe der Berührungsfläche zwischen Körper und Flüssigkeit,
3. von dem Quotienten $\Delta v/\Delta d$ aus der Geschwindigkeitsabnahme Δv und der Dicke Δd einer der mitbewegten Fläche benachbarten Schicht, in der die Geschwindigkeitsabnahme Δv erfolgt.

Die unmittelbar an der Fläche anliegenden Flüssigkeitsteilchen haften infolge der Adhäsion ganz an der Fläche und nehmen deren Geschwindigkeit an. Jede folgende Schicht bleibt dagegen etwas zurück. Bei ebenen Berührungsflächen nimmt die Geschwindigkeit der Flüssigkeitsteilchen auf einer gewissen Dicke d vom vollen Betrag v gleichmäßig auf den Wert Null ab (Abb. 2). Dann kann man den Quotienten $\frac{\Delta v}{\Delta d}$ durch den Bruch $\frac{v}{d}$ ersetzen.

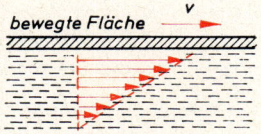

Abb. 2. Lineare Geschwindigkeitsabnahme bei der Mitnahme einer Flüssigkeit von einer hindurchbewegten Fläche

Daraus erhält man dann die Formel für die innere Reibung:

$$R_i = \eta \, A \, \frac{\Delta v}{\Delta d} \quad \text{oder} \quad R_i = \eta \, A \, \frac{v}{d}$$

Die in dieser Formel auftretende **Zähigkeit** oder **Viskosität** η ist eine wichtige Materialkonstante. Sie hat bei leicht fließenden Flüssigkeiten (Äther, Benzin, auch noch bei Wasser) kleine, bei zäh fließenden (Glyzerin, Schmieröl, Teer) große Werte. Sie ist ein Maß für die zwischen den einzelnen Flüssigkeitsmolekülen herrschende Kohäsion. Die Zähigkeit nimmt mit steigender Temperatur stark ab. Ihre Einheit im SI erhält man aus:

$$[\eta] = \left[\frac{R_i \, d}{A \, v}\right] = \frac{N\,m}{m^2 \, m/s} = \frac{N\,s}{m^2} = \frac{kg}{m\,s}$$

Für die frühere Einheit 1 Poise (P) gilt die Umrechnung:

$$1\,P = 1\,\frac{g}{cm\,s} = 0{,}1\,\frac{kg}{m\,s} \qquad 1\,cP = 0{,}01\,P = 0{,}001\,\frac{kg}{m\,s}$$

Zähigkeit einiger Stoffe in kg/m s

Wasser bei 0 °C	0,00179	Luft bei 0 °C	0,000017	Schmieröl bei 20 °C	0,1 ... 1,2
Wasser bei 20 °C	0,00101	Luft bei 20 °C	0,000018	Schmieröl bei 80 °C	0,02 ... 0,25
Wasser bei 50 °C	0,00055	Alkohol bei 0 °C	0,0018	Teer bei 20 °C	ca. 100
Wasser bei 100 °C	0,00028	Alkohol bei 20 °C	0,0012	Schmierseife bei 20 °C	ca. 4000
Äther bei 20 °C	0,00024	Glyzerin bei 20 °C	1,50	Pech bei 20 °C	ca. $3 \cdot 10^7$

Man erkennt einen großen Unterschied zwischen den Formeln zur Berechnung der äußeren und der inneren Reibung:

Äußere Reibung: $R_a = \mu \, F_n$ \qquad Innere Reibung: $R_i = \eta \, A \, \frac{v}{d}$

Die äußere Reibung wächst mit der Normalkraft, die auf die innere Reibung keinen Einfluß hat. Dagegen wächst die innere Reibung mit der Fläche und der Geschwindigkeit, von denen die äußere Reibung unabhängig ist.

Meist ist es schwierig, für die Dicke d der teilweise mitbewegten Schicht einen genauen Wert zu erhalten. Aus dem Energiesatz kann man jedoch für sie eine obere Grenze ableiten. Die Arbeit, die infolge der inneren Reibung zur Bewegung einer rechteckigen Fläche $A = l\,b$ um die Strecke s erforderlich ist, beträgt $W = R_i \, s = \eta \, l\,b \, \frac{v}{d}\,s$. Solange hierdurch nur die in der Übergangsschicht befindliche Flüssigkeit teilweise mitbewegt wird und keine Energieverluste auftreten, muß diese Arbeit im wesentlichen ihren Gegenwert in der kinetischen Energie der mitgeführten Flüssigkeit finden.

Zerlegt man nach Abb. 3 die Übergangsschicht in dünne Lamellen von der Dicke dy bzw. der Masse dm_i = ϱ s b dy, die mit der Geschwindigkeit v_i = $v \frac{y}{d}$ mitgeführt werden, so erhält man die Energie, die bei der Bewegung um die Strecke s auf die Schichten übertragen wird:

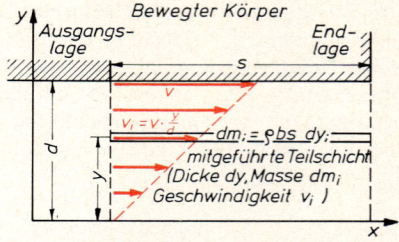

Abb. 3. Berechnung der Dicke der mitgeführten Schicht

$$E_{kin} = \lim \Sigma \frac{1}{2} v_i^2 \, dm_i = \int_0^d \frac{1}{2} \left(\frac{v\,y}{d}\right)^2 \varrho \, b \, s \, dy =$$

$$= \frac{1}{6} v^2 \, d \, \varrho \, b \, s$$

Aus der Bedingung $E_{kin} \leq W$ erhält man nun für d:

$$d^2 \leq \frac{6\,\eta\,l}{\varrho\,v} \qquad\qquad d \leq \sqrt{\frac{6\,\eta\,l}{\varrho\,v}}$$

Meist setzt man $d \approx \sqrt{\frac{\eta\,l}{\varrho\,v}}$, wobei l die Länge des bewegten Körpers ist.

Die Gleichung zur Berechnung der inneren Reibung gilt nur so lange, als die Flüssigkeit ohne Wirbel in Schichten (Lamellen) aneinander vorübergleitet. Wenn bei größerer Geschwindigkeit Wirbelbildung einsetzt, sind andere Formeln anzuwenden (2.3.5. c). Man bezeichnet Strömungen ohne Wirbelbildung als schleichend oder **laminar,** Strömungen mit Wirbelbildung als **turbulent.**

b) Die Stokessche Widerstandsformel. Für eine laminar durch eine Flüssigkeit bewegte Kugel konnte Stokes auf theoretischem Weg für d den Wert $\frac{2}{3}$ r finden. Da als Fläche die Kugeloberfläche $A = 4\,r^2\,\pi$ einzusetzen ist, erhält man:

$$R_i = \eta \cdot 4\,r^2\,\pi \cdot \frac{3\,v}{2\,r} = 6\,\pi\,r\,\eta\,v = 3\,\pi\,d\,\eta\,v$$

Die Stokessche Widerstandsformel bildet die Grundlage für manche Apparate zur Zähigkeitsmessung, z. B. für das unten beschriebene Höpplersche Viskosimeter.

c) Das Gesetz von Hagen-Poiseuille. Besonders oft ist der Volumenstrom, nämlich die je Sekunde durch eine Röhre strömende Flüssigkeitsmenge, zu berechnen, der von der in der Röhre herrschenden inneren Reibung abhängt. Solange die Strömung laminar ist, nimmt dabei die Geschwindigkeit vom Rand, wo eine Flüssigkeitshaut an der Rohrwand in Ruhe bleibt, bis zur Mitte zu. Die Abhängigkeit der Geschwindigkeit vom Achsenabstand r findet man aus einer Gleichgewichtsbetrachtung für den Teil der Röhre, der innerhalb der Entfernung r von der Achse liegt (Abb. 4). Da der Druckunterschied Δp zwischen den Enden der Röhre die Strömung verursacht, muß die vom Druck hervorgerufene Kraft den inneren Widerstand am Mantel des Teilzylinders überwinden.

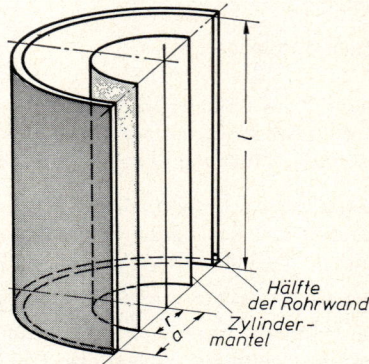

Abb. 4. Ableitung des Gesetzes von Hagen-Poiseuille

Der Unterschied der Druckkräfte auf die Endfläche ist $\Delta F = r^2 \pi \, \Delta p$, die innere Reibung am Zylindermantel ist $R_i = -2 \, r \, \pi \, l \, \eta \, \dfrac{dv}{dr}$, wobei das $-$Zeichen erforderlich ist, weil $\dfrac{dv}{dr}$ stets negativ ist. Aus $\Delta F = R_i$ folgt nun:

$$\Delta p \, r^2 \, \pi = -2 \, r \, \pi \, l \, \eta \, \frac{dv}{dr}$$

$$v = -\int \frac{r \, \Delta p}{2 \, l \, \eta} \, dr = -\frac{r^2 \, \Delta p}{4 \, \eta \, l} + C$$

Die Integrationskonstante ergibt sich aus der Bedingung, daß die Geschwindigkeit am Rande, also für $r = a$, den Wert Null annimmt, zu $C = \dfrac{a^2 \, \Delta p}{4 \, \eta \, l}$, so daß man für die Geschwindigkeit erhält:

$$v = \frac{\Delta p}{4 \, \eta \, l} \, (a^2 - r^2)$$

Trägt man die Geschwindigkeiten der einzelnen konzentrischen Schichten als Pfeile an, so liegen die Endpunkte nach diesem Ergebnis auf einer Parabel (Abb. 5).

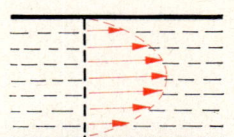

Den durch die Röhre fließenden Volumenstrom $\dot{V}$, nämlich den Quotienten aus dem durchströmenden Flüssigkeitsvolumen und der benötigten Zeit erhält man durch Integration über den ganzen Querschnitt:

Abb. 5. Parabolische Geschwindigkeitsverteilung bei der laminaren Strömung einer Flüssigkeit durch ein Rohr

$$\dot{V} = \int\limits_{0}^{a} \frac{\Delta p}{4 \, l \, \eta} \, (a^2 - r^2) \, 2 \, r \, \pi \, dr = \frac{a^4 \, \pi \, \Delta p}{8 \, l \, \eta}$$

Dies ist das Gesetz von Hagen-Poiseuille für den Volumenstrom, der laminar beim Druckunterschied Δp eine Röhre von der Länge l und dem Radius a durchsetzt.

d) **Messung der Zähigkeit.** Dieses Gesetz wird bei einigen Geräten, z. B. beim Englerschen Viskosimeter, zur Messung der Zähigkeit verwendet. Man mißt die Zeit, die ein bestimmtes Flüssigkeitsvolumen braucht, um bei meßbarem Druckunterschied durch eine Röhre mit bekannten Abmessungen zu fließen. Dann sind alle Größen des Hagen-Poiseuilleschen Gesetzes bekannt bis auf die Viskosität η, so daß sie daraus berechnet werden kann.

Häufiger wird heute das **Höpplersche Viskosimeter** benutzt (Abb. 6), weil das Arbeiten mit ihm oder mit anderen auf dem gleichen Prinzip beruhenden Geräten an Einfachheit und Genauigkeit das Messen mit anderen Geräten übertrifft.

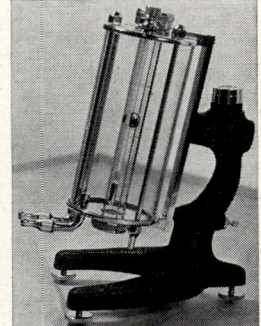

In einer schwach geneigten Röhre sinkt eine Kugel nach unten. Zum Konstanthalten der Temperatur befindet sie sich in einem Wasserbad, dessen Temperatur mit einem Thermostaten auf gleicher Höhe gehalten wird. Aus der Fallzeit läßt sich die Zähigkeit ermitteln. Durch Anwendung von Kugeln mit verschiedenem Durchmesser kann man mit demselben Gerät die Zähigkeit von Gasen und sehr zähen Stoffen messen.

Abb. 6. Höpplersches Viskosimeter

Beispiele und Aufgaben:

1. Berechnen Sie die Zähigkeit eines Schmieröls ($\varrho_1 = 0{,}9\ \text{g/cm}^3$), in dem eine Aluminiumkugel ($\varrho_2 = 2{,}8\ \text{g/cm}^3$) vom Durchmesser 3 mm eine Fallstrecke $h = 24$ cm in 18 s durchfällt.

   Nach einer kurzen Anlaufstrecke wird die Bewegung der Kugel gleichförmig. Dann ist der nach der Stokesschen Formel berechenbare innere Widerstand gleich der Differenz aus dem Gewicht und dem Auftrieb der Kugel:

$$G = \frac{d^3\,\pi}{6}\varrho_1\,g \qquad F_{\mathrm{A}} = \frac{d^3\,\pi}{6}\varrho_2\,g \qquad R_{\mathrm{i}} = 6\,\pi\,r\,\eta\,v = 6\,\pi\,r\,\eta\,\frac{h}{t}$$

aus $R_{\mathrm{i}} = G - F_{\mathrm{A}}$:

$$\eta = \frac{d}{18}\cdot\frac{t}{h}\,g\,(\varrho_2 - \varrho_1) = \frac{(0{,}3\ \text{cm})^2}{18}\cdot\frac{18\ \text{s}}{24\ \text{cm}}\cdot 981\ \frac{\text{cm}}{\text{s}^2}\cdot 1{,}9\ \frac{\text{g}}{\text{cm}^3} =$$

$$= 7\ \frac{\text{g}}{\text{cm s}} = 0{,}7\ \frac{\text{kg}}{\text{m s}}$$

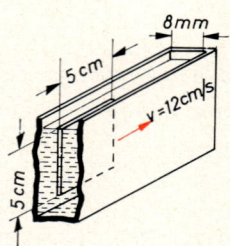

2. Durch eine mit Öl gefüllte Wanne von 8 mm lichter Breite wird in Längsrichtung eine dünne Platte von $5 \cdot 5\ \text{cm}^2$ mit einer Kraft von 0,1 N gezogen. Wie groß ist die Zähigkeit, wenn dabei eine Geschwindigkeit von 12 cm/s entsteht? (Abb. 7)   (0,67 kg/m s)

Abb. 7. Zu Aufg. 2.

3. In einer Flüssigkeitsbremse werden 20 cm³ Glycerin ($\eta = 1{,}5$ kg/m s) durch eine 12,5 cm lange Röhre von 2,5 mm Durchmesser bei einem mittleren Druckunterschied von 1,6 bar gepreßt. Berechnen Sie die Zeitdauer des Vorganges.   (24,4 s)

4. Mit welcher Geschwindigkeit sinken Nebeltröpfchen vom Durchmesser 10 μm zu Boden, wenn die Zähigkeit der Luft $18 \cdot 10^{-6}$ kg/m s beträgt? Weshalb führt eine analoge Rechnung mit der Stokesschen Formel bei Regentropfen von einigen mm Durchmesser zu falschen Resultaten?   (3,0 mm/s; keine wirbelfreie Bewegung)

2.3.5. Turbulenz und Strömungswiderstand

a) Strömungsverlauf bei verschiedenen Geschwindigkeiten. Die innere Reibung tritt überall auf, wo Schichten verschiedener Geschwindigkeiten aneinander vorbeigleiten, also vor allem in den Grenzschichten zwischen Flüssigkeiten und festen Körpern. In ihnen wird zur Überwindung der inneren Reibung ein Teil der Strömungsenergie verbraucht. Bei kleinen Geschwindigkeiten ist die innere Reibung klein. Dann sind auch die von ihr verursachten Energieverluste und die Änderungen des Druckes und der Geschwindigkeit so klein, daß die aneinander vorbeigleitenden Flüssigkeitsschichten nicht zerrissen werden. Sie gleiten glatt aneinander vorbei, und die Strömung ist **laminar**.

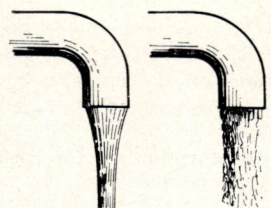

Abb. 1. Laminare und turbulente Strömung aus einem Wasserhahn

Wenn aber bei größerer Geschwindigkeit die Reibung stärker wird, so ändert sich das Strömungsbild merklich. Es entstehen Wirbel; die Strömung wird **turbulent.** Dreht man z. B. einen Wasserhahn (Abb. 1) nur wenig auf, so fließt das Wasser ruhig und glatt heraus; wenn man aber weiter aufdreht, fängt die Strömung beim Überschreiten einer bestimmten Geschwindigkeit an, unruhig zu werden und Wirbel zu bilden. Noch besser zeigt ein Stromfädengerät (Abb. 2) diesen Übergang.

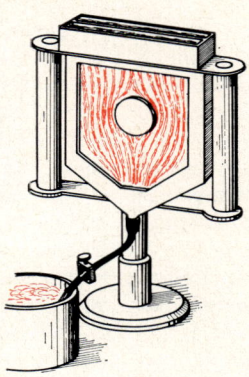

Aus zwei Behältern strömt in den engen Zwischenraum zwischen zwei Glasplatten von oben durch eine Reihe von feinen Öffnungen klares und rot gefärbtes Wasser, und zwar klares durch die erste, dritte, ... rotes durch die zweite, vierte, ... Öffnung. Die Ausflußgeschwindigkeit der beiden Flüssigkeiten kann man mit einer Schlauchklemme regulieren. Ist kein Hindernis im Gefäß, so sind die Stromfäden als parallele rote Linien zu sehen. Auch bei einem Hindernis tritt keine Vermischung der beiden Farben, sondern ein gleichmäßiges Ausweichen der Stromfäden nach beiden Seiten auf. Dreht man aber die Schlauchklemme auf und erhöht dadurch die Durchflußgeschwindigkeit, so treten von einer bestimmten Geschwindigkeit an plötzlich Wirbel auf, und beide Farben werden völlig vermischt.

Abb. 2. Stromfädengerät

b) Entstehung der Wirbel. Das Zustandekommen der Wirbel wird am leichtesten durch einen Vergleich mit einem mechanischen Vorgang verständlich.

Rollt eine Kugel durch eine Mulde (Abb. 3), so verliert sie beim Hinunterrollen potentielle Energie und erhöht dabei ihre Geschwindigkeit. Beim Hinaufrollen nimmt die Geschwindigkeit wieder ab und wäre ohne Reibung im Punkte C ebenso groß wie im Ausgangspunkt A. Bei kleiner Reibung kommt die Kugel zwar noch den Hang hinauf, aber die Geschwindigkeit ist in C kleiner als zuvor in A. Wird aber der Energieverlust durch Reibung noch größer, so reicht die in B gewonnene kinetische Energie nicht mehr aus, um den Hang nach C hinaufzurollen. In einem Punkt D ist die Geschwindigkeit auf den Wert Null gesunken, und die Kugel rollt in die Mulde zurück.

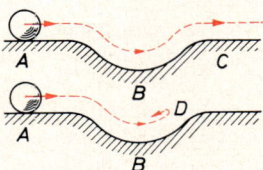

Abb. 3. Mechanischer Vergleich zur Erklärung der Wirbelbildung

Ganz entsprechend sind die Verhältnisse, wenn eine Flüssigkeit ein Hindernis, z. B. einen Zylinder, umströmt (Abb. 4). Bei B_1 und B_2 entstehen Engstellen, in denen sich nach der Kontinuitätsgleichung die Geschwindigkeit erhöht und der Druck abnimmt. Ohne Reibung wären aber bei C Geschwindigkeit und Druck wieder ebenso groß wie in A. Bei kleiner Reibung treten zunächst nur unwesentliche Änderungen ein. Wenn aber bei größerer Geschwindigkeit die innere Reibung zunimmt, tritt schließlich der Fall auf, daß die Flüssigkeitsteilchen in B_1 und B_2 nicht mehr genügend kinetische Energie haben, um gegen den höheren Druck in C anzulaufen. Ihre Geschwindigkeit nimmt ab und

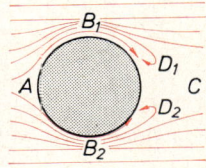

Abb. 4. Wirbelbildung beim Umströmen eines Zylinders

141

erreicht an einer Stelle, z. B. in D_1 oder D_2 den Wert Null, so daß die Flüssigkeitsteilchen umkehren und zurückströmen müssen. Beim Umkehren geraten sie in Rotation und bilden einen **Wirbel.** Die vorher laminare Strömung ist turbulent geworden. Die nacheinander auf beiden Seiten entstehenden Wirbel werden von der äußeren Strömung mitgenommen und bilden hinter dem Hindernis eine sog. Wirbelstraße (Abb. 5).

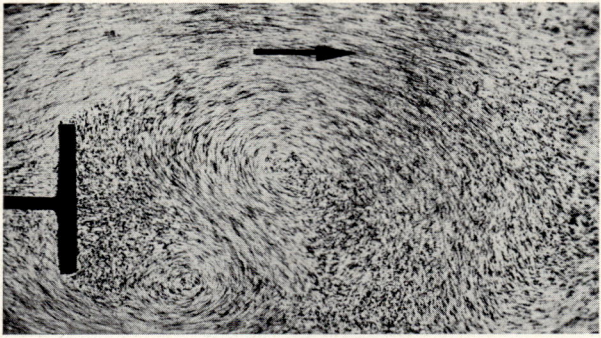

Abb. 5. Wirbelstraße hinter einer Platte

c) Der Strömungswiderstand und seine Berechnung. Da bei diesem Vorgang ein großer Teil der Strömungsenergie verbraucht wird, steigt der Druck p_2 in C (Abb. 4) nicht mehr auf den Ausgangswert p_1 in A an. Der Druckunterschied zwischen der Vorder- und Rückseite erzeugt bei dem umströmten Gegenstand den **Strömungswiderstand.**

Zur Berechnung seiner Größe betrachtet man einen Gegenstand (Abb. 6), der durch eine ruhende Flüssigkeit gezogen wird. Um ihn mit gleichbleibender Geschwindigkeit zu ziehen, muß eine Kraft angewendet werden, die genau den Strömungswiderstand F_w überwindet. Auf einer Strecke s ist dazu die Arbeit $F_w s$ erforderlich. Hinter dem Gegenstand wird dadurch in einem Volumen $A_0 s$ die anfangs ruhende Flüssigkeit in wirbelnde Bewegung versetzt. A_0 ist dabei der in der Bewegungsrichtung gesehene Quer-

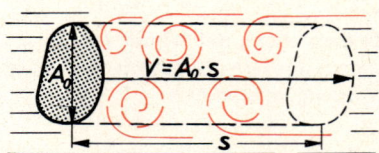

Abb. 6. Zur Berechnung des Strömungswiderstandes

schnitt des Gegenstandes, seine **Stirnfläche.** Nimmt man zunächst an, daß die Geschwindigkeit der wirbelnden Flüssigkeitsteilchen etwa der Bewegungsgeschwindigkeit v entspricht, so ist die auf die Flüssigkeit übertragene kinetische Energie:

$$E_{kin} = \frac{1}{2} m v^2 = \frac{1}{2} A_0 s \varrho v^2$$

Bei ungünstiger Form des Gegenstandes hat jedoch das von Wirbeln angefüllte Volumen einen größeren, bei günstiger Form einen kleineren Querschnitt als A_0. Je nach der Gestalt des Gegenstandes unterscheidet sich auch die Geschwindigkeit der wirbelnden Teilchen mehr oder weniger von der Geschwindigkeit des Gegenstandes. Diese Abweichungen berücksichtigt man durch einen unbenannten Faktor c_w. Dann erhält man aus dem Satz von der Erhaltung der Energie:

$$F_w s = c_w \frac{1}{2} \varrho v^2 A_0 s$$

Daraus folgt nach dem Kürzen mit s:
$$F_w = c_w \frac{1}{2} \varrho v^2 A_0$$

Die Größe c_w heißt der **Widerstandsbeiwert.** Er läßt sich nur für wenige Körper theoretisch berechnen, deshalb wird er aus Strömungsversuchen bestimmt. Er ist vor allem von der

Form des Körpers abhängig. Verschieden große Gegenstände, die geometrisch ähnlich sind und in entsprechenden Richtungen angeströmt werden, haben gleiche Widerstandsbeiwerte. Bei breiten kantigen Gegenständen ist c_w groß, bei abgerundeten, nach hinten spitz zulaufenden ist c_w klein. Den kleinsten Wert hat c_w bei einem tropfenförmigen S t r o m - l i n i e n k ö r p e r (Abb. 7). Die nachstehende Tabelle enthält einige wichtige Widerstandsbeiwerte:

Widerstandsbeiwerte c_w

Halbkugel, Öffnung nach vorn	1,3 . . . 1,6	Zylindrische Strebe	0,6 . . . 1,0
Halbkugel, Öffnung nach hinten	0,3 . . . 0,4	Stromlinienförmig	
Ebene, dünne Kreisplatte	1,1 . . . 1,3	verkleidete Strebe	0,12 . . . 0,20
Kugel	0,25 . . . 0,45	Lastauto	0,6 . . . 1,2
Flugzeugrumpf	0,15 . . . 0,20	Personenauto	0,35 . . . 0,5
Stromlinienkörper	0,056	Rennauto	0,25 . . . 0,35

Besondere Bedeutung hat der Strömungswiderstand bei der Luftfahrt. Für die Dichte der Luft bei mittleren Lufttemperaturen und Höhen bis zu 1000 m kann man mit genügender Genauigkeit den Wert $\varrho \approx 1{,}25 \ \frac{kg}{m^3}$ verwenden.

Abb. 7. Stromlinienkörper

d) Anwendungen. Nach der Widerstandsformel wächst der Strömungswiderstand mit dem Quadrat der Geschwindigkeit. Bei Körpern mit großer Geschwindigkeit muß man daher ganz besonders darauf achten, daß die äußere Form zweckmäßig ist und einen kleinen c_w-Wert aufweist. Man sucht sie deshalb bei Schnellverkehrsmitteln (Flugzeug, Auto, Schnelltriebwagen der Eisenbahn) der Stromlinienform anzupassen. Geschosse haben keine Stromlinienform. Für sie gilt die Widerstandsformel nicht mehr, da ihre Geschwindigkeit größer als die Schallgeschwindigkeit ist.

Bisweilen ist es auch nötig, den Widerstand möglichst hoch zu halten. Ein Beispiel dafür ist der Fallschirm. Er gleicht einer nach vorn offenen Halbkugel, weist also einen sehr hohen Widerstandsbeiwert auf. Auch das zur Messung der Windgeschwindigkeit benutzte S c h a l e n - k r e u z a n e m o m e t e r (Abb. 8) ist nach diesem Grundsatz gebaut. Da der Luftwiderstand einer nach vorn offenen Halbkugel größer ist als einer nach hinten offenen, dreht sich das Gerät im Windstrom, und zwar um so schneller, je rascher der Windstrom ankommt.

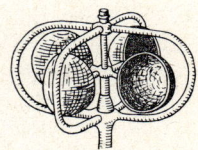

Abb. 8. Schalenkreuzanemometer

e) Grenze zwischen laminarer und turbulenter Strömung und Reynoldssche Zahl. Bei geringen Geschwindigkeiten ist eine Strömung laminar, und der Widerstand berechnet sich nach der Formel für die innere Reibung $R_i = \eta \, A \, v/d$. Bei größerer Geschwindigkeit wird die Strömung turbulent; dann ist für den Strömungswiderstand die Formel $F_w = c_w \frac{1}{2} \varrho \, v^2 \, A_0$ zu verwenden.

Für viele technische Aufgaben ist es wichtig, die Grenze für die beiden Arten der Widerstandsberechnung zu kennen.

Bei laminarer Strömung gleiten die Flüssigkeitsteilchen in Schichten aneinander vorbei. Die zwischen ihnen auftretende innere Reibung ist eine Folge der dabei zu überwindenden Kohäsion. Da hierbei keine Teilchen beschleunigt werden, stehen beide Kräfte im Gleichgewicht, und die innere Reibung ist ein Maß für die in der Flüssigkeit herrschende Kohäsion. Bei turbulenter Strömung ist der Strömungswiderstand, der von den mit großem Geschwindigkeitsunterschied vorbeifließenden Teilchen hervorgerufen wird, so groß, daß er bei den getroffenen Teilchen die Kohäsion überwindet und sie in Rotation versetzt. An einer Stelle tritt daher dann Turbulenz ein, wenn dort der Strömungswiderstand größer ist als die (durch die innere Reibung meßbare) Kohäsion, wenn also $F_w > R_i$ ist. Um nun für die Gesamtströmung rings um einen Körper eine Aussage zu machen, überträgt man die obige zunächst nur für einzelne Punkte geltende Beziehung auf den Strömungswiderstand und die innere Reibung des ganzen Körpers:

$$F_w > R_i \qquad \text{oder} \qquad c_w \frac{1}{2} \varrho \, v^2 A_0 > \eta \, \frac{A\,v}{d}$$

Setzt man hier nach der Abschätzung in 2.3.4.a. $d \approx \sqrt{\dfrac{\eta\,l}{v\,\varrho}}$ ein, so folgt:

$$c_w \frac{1}{2} \varrho \, v^2 A_0 > \eta \, A \, v \sqrt{\frac{v\,\varrho}{\eta\,l}} \qquad \sqrt{\frac{\varrho\,v\,l}{\eta}} > \frac{2\,A}{c_w\,A_0} \qquad \frac{\varrho\,v\,l}{\eta} > \left(\frac{2\,A}{c_w\,A_0}\right)^2$$

Da der rechts stehende Ausdruck bei geometrisch ähnlichen Körpern stets den gleichen Wert hat, erfolgt der Übergang von laminarer zu turbulenter Strömung bei verschieden großen, aber geometrisch ähnlichen Körpern immer für den gleichen Wert des Bruches $\dfrac{\varrho\,v\,l}{\eta}$. Von diesem Ausdruck, der das Verhältnis zwischen Kohäsions- und Beschleunigungskräften in der Flüssigkeit für die geometrische Form des betreffenden Körpers kennzeichnet, hängt der Charakter jeder Strömung ab. Der Engländer Reynolds hat 1833 diese Bedeutung des Bruches $\varrho\,v\,l/\eta$ erkannt. Deshalb bezeichnet man ihn als **Reynoldssche Zahl.** Sie ist eine unbenannte Verhältniszahl. Man kann sie durch Einführung der **kinematischen Zähigkeit** $v = \eta/\varrho$ (Einheit m²/s oder cm²/s) noch vereinfachen:

$$\textbf{Reynoldssche Zahl:} \quad Re = \frac{v\,l\,\varrho}{\eta} = \frac{v\,l}{v}$$

In der Formel tritt die Länge l des Körpers in der Strömungsrichtung auf. Stattdessen kann man auch irgend eine andere leicht meßbare Strecke (z. B. den Durchmesser einer Röhre oder einer Kugel) wählen. Dadurch ändert sich der Wert der Reynoldsschen Zahl nur um einen konstanten Faktor. Bestimmte Strömungsformen treten jetzt bei einem geänderten, aber bei allen ähnlichen Körpern gleichen Wert der Reynoldsschen Zahl ein.

Für jede Körperform gibt es einen kritischen Wert Re_{krit} der Reynoldsschen Zahl, bei dem der Übergang von laminarer zu turbulenter Strömung erfolgt. Am wichtigsten ist Re_{krit} für den Durchfluß durch Röhren. Setzt man dabei für l den Röhrendurchmesser, so ist $Re_{krit} = 2300$. Ist Re kleiner, so erfolgt der Durchfluß laminar nach dem Gesetz von Hagen-Poiseuille (2.3.4. c). Bei anderen Körperformen sind die kritischen Reynoldsschen Zahlen meist kleiner und lassen sich nur von Fall zu Fall experimentell bestimmen.

Kinematische Zähigkeiten in cm²/s					
Wasser bei 20 °C	0,01	Luft bei 20 °C u. 1013 mbar	0,15	Öl	ca. 1

f) Messung des Strömungswiderstandes.
Bei Flüssigkeiten mißt man den Strömungswiderstand durch Schleppversuche in einem Becken. Bei Gasen ist es einfacher, einen ruhenden Körper in einen Strom des betreffenden Gases zu bringen. Bei Luft verwendet man dazu einen **Windkanal** (Abb. 9), in dem die Luft durch eine Luftschraube angetrie-

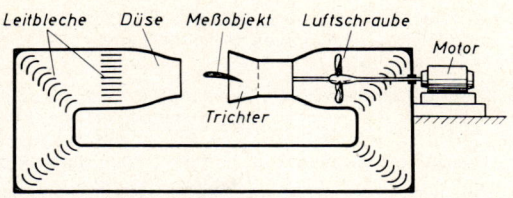

Abb. 9. Schnitt durch einen Windkanal

ben wird. In einer Düse wird die Geschwindigkeit erhöht und durch wabenförmig angebrachte Leitbleche in parallele Stromfäden gelenkt. Je nach der Antriebsleistung kann man verschiedene Strömungsgeschwindigkeiten herstellen. In den großen, fest errichteten Windkanälen der aerodynamischen Versuchsanstalten erzeugt man Windgeschwindigkeiten bis über 100 m/s.

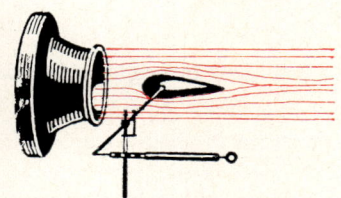

Um im Windkanal den Luftwiderstand zu messen, bedient man sich einer geeigneten Waage (Abb. 10). Der Prüfkörper wird an einem beweglichen Hebel befestigt und in den Luftstrom des Kanals gebracht. Mit dem Betrag der Hebelübersetzung kann man aus der Federkraft die Größe des Luftwiderstandes berechnen.

Abb. 10. Waage zur Messung des Strömungswiderstandes im Windkanal

g) Modellversuche. Bei der Entwicklung neuer Autos, Schiffe oder Flugzeuge sind oft Widerstandsmessungen an großen Bauteilen erforderlich. Dabei ist es wünschenswert, die Versuche an verkleinerten, geometrisch ähnlichen Modellen auszuführen. Damit beim Modell die entsprechenden Widerstandsverhältnisse gelten, müssen die Versuche bei der gleichen Reynoldsschen Zahl durchgeführt werden, die beim wirklichen Objekt gültig ist. Die Verkleinerung des Modells vermindert in $Re = v\,l/\nu$ den Betrag von l; deswegen muß entweder v vergrößert oder ν verkleinert werden. Bei Modellversuchen an Flugzeugen oder Flugzeugteilen sind hier jedoch Grenzen gesetzt. Benutzt man auch beim Modell Luft, so bleibt ν gleich. Eine beliebige Vergrößerung der Geschwindigkeit im Windkanal ist aber technisch nicht möglich; in der Nähe der Schallgeschwindigkeit (340 m/s) hört ohnehin die Gültigkeit der bisher benutzten Gleichungen auf. In diesen Schwierigkeiten liegt auch der Grund, weshalb immer größere Windkanäle gebaut werden.

Beispiele und Aufgaben:

1. Ein Lastkraftwagen ($m = 3,6$ t, $A_0 = 4,2$ m²) fährt mit einer Motorenleistung von 45 kW, die mit einem Wirkungsgrad von 60 % auf die Räder übertragen wird. Er erzielt dabei auf horizontaler Straße bei $\mu = 0,03$ und einer Luftdichte von 1,25 kg/m³ eine Fahrgeschwindigkeit von 60 km/h. Welchen Widerstandsbeiwert hat das Fahrzeug?

$$P = \left(\frac{1}{2}\varrho\,v^2\,A_0\,c_w + \mu\,G\right)v$$

$P = 0,6 \cdot 45\ \text{kW} = 27\,000\ \text{N m/s}$ $\mu\,G = 0,03 \cdot 3600\ \text{kg} \cdot 9,81\ \text{m/s}^2 = 1059\ \text{N}$ $v = 16,7\ \text{m/s}$

$$\frac{1}{2}\varrho\,v^2\,A_0 = \frac{1,25\ \text{kg}}{2\ \text{m}^3}\cdot\left(16,7\,\frac{\text{m}}{\text{s}}\right)^2\cdot 4,2\ \text{m}^2 = 730\ \text{N}$$

$27\,000\ \dfrac{\text{N m}}{\text{s}} = (730\ \text{N} \cdot c_w + 1060\ \text{N})\,16,7\ \dfrac{\text{m}}{\text{s}}$ $c_w = 0,767$

2. Ein Schleppkahn mit der Wasserverdrängung 320 m³ schwimmt mit einer im Wasser liegenden Stirnfläche von 8 m² und einem Widerstandsbeiwert $c_w = 0,11$. Welche Kraft ist erforderlich, um ihn mit einer Geschwindigkeit von 9 km/h zu schleppen? Berechnen Sie zum Vergleich die Kraft, die benötigt würde, um die gleiche Last auf einer Straße bei $\mu = 0,03$ gleichförmig zu bewegen.
(2,75 kN, 94,2 kN)

3. Welche Motorenleistung benötigt ein Pkw ($m = 1000$ kg, $\mu = 0,03$, $A_0 = 2$ m², $c_w = 0,38$) für eine Geschwindigkeit von 36 km/h, 72 km/h, 108 km/h bei einer Luftdichte von 1,25 kg/m³?

(3,42 kW, 9,69 kW, 21,66 kW)

4. Welche Geschwindigkeit kann ein Pkw auf horizontaler Straße bei einer Nutzleistung von 45 kW erzielen? Auf welchen Betrag vermindert sie sich bei einer Steigung von 10 %? ($m = 1,2$ t, $\mu = 0,04$. $A_0 = 2,4$ m², $c_w = 0,4$, $\varrho = 1,25$ kg/m³, $\sin \alpha = 0,1$, $\cos \alpha \approx 1$) (Die auftretende Gleichung 3. Grades löse man am besten durch Probieren.) (130,0 km/h, 83,3 km/h)

5. Bei welcher Strömungsgeschwindigkeit beginnt die Wirbelbildung in einem einzölligen Rohr ($d = 25,4$ mm) bei Wasser ($\eta_1 = 0,001$ kg/m s) und bei Öl ($\eta = 0,1$ kg/m s, $\varrho = 0,9$ kg/dm³)?

($v_{\text{krit }1} = 9$ cm/s, $v_{\text{krit }2} = 10$ m/s)

2.3.6. Der Energieverlust infolge der Reibung

a) Einführung der Druckhöhen. Dividiert man in der Bernoullischen Gleichung alle Glieder durch das Produkt $\varrho\,g$, so erhalten sie die Dimension einer Strecke:

$$\frac{p_1}{\varrho\,g} + h_1 + \frac{v_1{}^2}{2\,g} = \frac{p_2}{\varrho\,g} + h_2 + \frac{v_2{}^2}{2\,g} \quad \text{oder:} \quad \frac{p}{\varrho\,g} + h + \frac{v^2}{2\,g} = \text{const}$$

Hierin bezeichnet man das Glied $p/(\varrho\,g)$ als Druckhöhe h_p, denn es stellt die Höhe der Flüssigkeitssäule dar, die den in der Flüssigkeit herrschenden Druck kennzeichnet. Das zweite Glied stellt die Ortshöhe h_0 dar; das letzte Glied $v^2/2\,g$ nennt man Geschwindigkeitshöhe (Stauhöhe) h_{st}, denn es ist die Höhe, aus der ein Körper herabfallen müßte, um die am Meßpunkt herrschende Geschwindigkeit zu erhalten.

> **Bei jeder Strömung einer idealen Flüssigkeit ist die Summe aus der Druckhöhe, der Ortshöhe und der Geschwindigkeitshöhe konstant.**

b) Die Verlusthöhe. Nur selten kann man die durch die Reibung bedingten Verluste vernachlässigen. Die Reibung verbraucht längs einer Stromlinie einen Teil der Energie. Deshalb bleibt die Summe aus der Druckenergie, der potentiellen Energie und der kinetischen Energie längs einer Stromlinie nicht konstant, sondern sie nimmt je nach der Größe der Verluste mehr oder minder schnell ab. Ebenso nimmt aber auch die Summe der drei oben eingeführten Druckhöhen ab. Die durch die Reibungsverluste bedingte Abnahme der gesamten Druckhöhe bezeichnet man als Verlusthöhe h_v. Mit ihr lautet dann das Bernoullische Gesetz für beliebige Flüssigkeiten:

> **Längs eines von einer Flüssigkeit durchströmten Rohres ist die Summe aus Ortshöhe, Druckhöhe, Geschwindigkeitshöhe und Verlusthöhe konstant.**

$$h_0 + h_p + h_{st} + h_v = \text{const}$$

In Röhren ist die Verlusthöhe proportional zur Länge und umgekehrt proportional zum Durchmesser. Die Rauhigkeit der Innenfläche hat bei laminarer Strömung keinen Einfluß, weil sich eine dünne Flüssigkeitshaut an die Innenseite des Rohres legt und alle Unebenheiten ausgleicht. Dagegen macht sie sich bei turbulenter Strömung bemerkbar. Auch Geschwindigkeit und Zähigkeit der strömenden Flüssigkeit beeinflussen die Größe der Verlusthöhe. Abb. 1 gibt ihren Verlauf für ein zölliges Wasserrohr von 1 m Länge bei verschiedenen Geschwindigkeiten. Bei Querschnitts- und Richtungsänderungen oder Rohrverzweigungen treten Verluste auf, die oft an den betreffenden Stellen die Verlusthöhe rasch anwachsen lassen. Die Angabe aller Formeln zur Berechnung der Verlusthöhe würde hier zu weit führen.

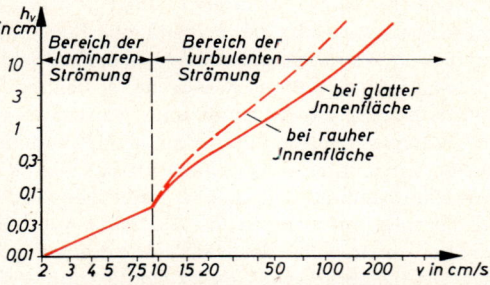

Abb. 1. Verlusthöhe in einem zölligen Rohr von 1 m Länge für Wasser von 20 °C

c) Der Druckverlauf. Man kann die Druckhöhen bei der Strömung durch eine Röhre experimentell veranschaulichen. Schließt man an die Ausflußöffnung des in Abb. 2 dargestellten Gefäßes ein waagerechtes Rohr von gleichbleibendem Querschnitt an, das mit einer Anzahl Steigröhren versehen ist, so ist die Steighöhe in ihnen die an der betreffenden Stelle herrschende Druckhöhe $h_1 = p/(\varrho\,g)$. Hält man die Wasserhöhe im Gefäß durch entsprechenden Zufluß aufrecht, so wird die Strömung stationär,

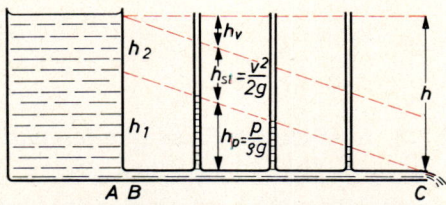

Abb. 2. Druckverlauf längs eines waagerechten Rohres mit gleichbleibendem Querschnitt

und die Enden der Steighöhen liegen auf einer unverändert bleibenden, schrägen Geraden. Der Druck bzw. die Druckhöhe nimmt also gegen das Rohrende hin gleichmäßig ab. Das obere Ende der Gerade trifft das Gefäß an einer Stelle, die um die Höhe h_2 unter dem Flüssigkeitsspiegel liegt. Um die Bedeutung von h_2 zu erkennen, schreiben wir das Bernoullische Gesetz für die Stellen A und B unmittelbar vor und nach dem Anschluß der Röhre an den Behälter an. In A ist die Höhe $h = h_p$ bis zur Oberfläche die Druckhöhe, in B ist sie nach den obigen Ausführungen h_1. Die Ortshöhen sind in A und B gleich. Wegen der geringen Geschwindigkeit im Behälter darf die Geschwindigkeitshöhe in A vernachlässigt werden. Auch den Reibungsverlust längs der kurzen Strecke AB kann man vernachlässigen. Dann gilt:

$$h + h_o + 0 = h_1 + h_o + h_{st} \quad \text{oder} \quad h_{st} = h - h_1 = h_2$$

h_2 ist also die Geschwindigkeitshöhe $h_{st} = v^2/2\,g$. Weil die Rohrweite sich nicht ändert, bleiben nach der Kontinuitätsgleichung auch die Geschwindigkeit und die Geschwindigkeitshöhe längs des ganzen Rohres gleich. Was bis zur Spiegelhöhe fehlt, ist die Verlusthöhe h_v, die von A bis C längs der Röhre gleichmäßig anwächst.

Abb. 3 gibt die Verhältnisse bei einem geneigten Rohr mit veränderlichem Querschnitt wieder. Man erkennt deutlich die verstärkte Zunahme der Verlusthöhe bei der Rohrverengung A, bei der Rohrkrümmung B und besonders an der Stelle C, an der sich der Querschnitt plötzlich verkleinert. Die Geschwindigkeitshöhe ist an engen Stellen größer als an weiten. Entsprechend nimmt die Druckhöhe an den Engstellen ab.

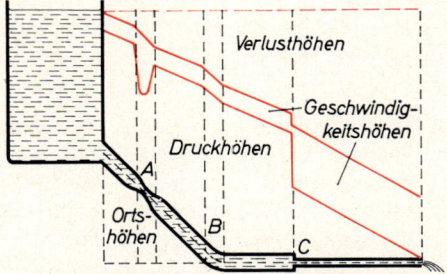

Abb. 3. Druckverlauf längs eines geneigten Abflußrohres mit veränderlichem Querschnitt

d) Regelung eines Gasstromes durch Druckabfall. Den Druckabfall benutzt man bei der selbsttätigen Regelung des Heizgas-
stromes in Warmwasserbereitern (Abb. 4). Bringt man im Was-
serzuflußrohr eine Stauschraube an, so fällt an der entstehenden Verengung der Druck ab, und zwar um so mehr, je größer
der Wasserstrom ist. Führt man je ein Verbindungsrohr von
Stellen vor und hinter der Stauschraube in eine Kapsel, in der
sich eine Membran befindet, so bleibt diese in Ruhe, wenn der
Wasserhahn geschlossen ist. Sie biegt sich aber mehr oder
weniger durch, wenn der Hahn viel oder wenig Wasser durch-
läßt. Die Membran regelt durch eine in ihrer Mitte angebrachte
Stange den Gasstrom.

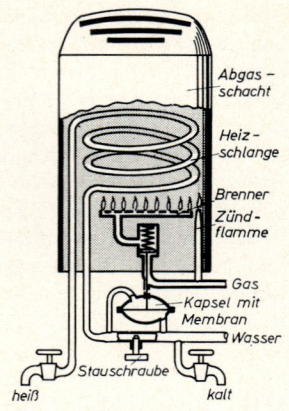

Abb. 4. Warmwasserbereiter

2.3.7. Ausfluß von Flüssigkeiten und Gasen

a) Die Ausflußgeschwindigkeit. Das Bernoullische Gesetz gibt die Möglichkeit, die Geschwindigkeit zu berechnen, mit der eine Flüssigkeit oder ein Gas aus einer kleinen Öffnung eines
Gefäßes ausströmt. Die Strömungsgeschwindigkeit ist am Spiegel eines weiten Gefäßes so
klein, daß man sie vernachlässigen darf. Der Druck ist am Spiegel und auch an der Ausflußöffnung gleich dem äußeren Luftdruck p_L. Die Verlusthöhe ist im weiten Teil des Gefäßes verschwindend klein, die an der engen Öffnung
sei zunächst außer acht gelassen. Dann erhält man durch Anwendung
des Bernoullischen Gesetzes auf den Flüssigkeitsspiegel und die um
die Höhe h tiefer liegende Ausflußöffnung das **Ausflußgesetz von
Torricelli** (Abb. 1):

$$h + \frac{p_L}{\varrho\,g} = \frac{p_L}{\varrho\,g} + \frac{v^2}{2\,g} \quad \text{oder:} \quad \boxed{v = \sqrt{2\,g\,h}}$$

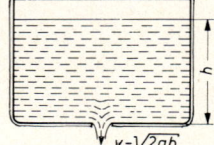

**Abb. 1. Ausfluß aus
einer Bodenöffnung**

> **Die ausfließende Flüssigkeit hat bei Vernachlässigung der Reibung genau dieselbe
> Geschwindigkeit wie ein aus der Höhe des Flüssigkeitsspiegels frei herabfallender
> Körper.**

Die Reibung an der Ausflußöffnung bewirkt, daß die Ausflußgeschwindigkeit kleiner ist. Bei
Wasser beträgt die Minderung nur wenige Prozent, bei zähen Flüssigkeiten ist dagegen die
Geschwindigkeit manchmal nur ein kleiner Bruchteil des aus dem Torricellischen Gesetz
berechneten Wertes.

b) Der Volumenstrom. Wird der Flüssigkeitsspiegel auf gleicher Höhe gehalten, so ist die
Ausflußgeschwindigkeit konstant. Das in einer Sekunde ausströmende Flüssigkeitsvolumen,
der **Volumenstrom** $\dot{V}$, ist dann in einer Flüssigkeitssäule mit der Ausflußöffnung A als Querschnitt und der Geschwindigkeit v als Höhe enthalten. Bei einer reibungsfreien Flüssigkeit
erhält man für diesen Volumenstrom:

$$\boxed{\dot{V}_0 = A\sqrt{2\,g\,h}}$$

Der wirkliche Volumenstrom $\dot{V}$ ist kleiner, denn die Geschwindigkeit ist wegen des Reibungsverlustes an der Öffnung kleiner als $\sqrt{2\,g\,h}$. Dazu kommt, daß auch der Querschnitt A nicht voll ausgenutzt wird (Abb. 2). Infolge des seitlichen Einströmens der Flüssigkeitsteilchen schnürt sich der Querschnitt ein, so daß die wirksame Öffnung A_1 kleiner als A ist. Beide Minderungen berücksichtigt man durch die Ausflußziffer μ:

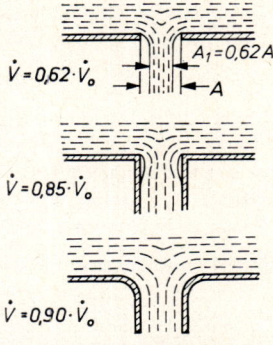

$$\dot{V} = \mu\,\dot{V}_0 = \mu\,A\sqrt{2\,g\,h}$$

Beim Ausfluß von Wasser aus einer scharfkantigen Öffnung beträgt $\mu = 0{,}62$. Durch Abrunden oder durch ein angesetztes kurzes Ausflußrohr läßt sich die Ausflußziffer erhöhen (Abb. 2). Bei zähen Flüssigkeiten ist die Ausflußmenge viel kleiner.

Abb. 2. Ausfluß bei verschieden geformten Öffnungen

c) Seitlicher Ausfluß. Die angestellten Überlegungen gelten unverändert auch für den Ausfluß aus einer seitlichen Öffnung. Nach dem Ausfließen beschreiben die einzelnen Flüssigkeitsteilchen die Bahn eines waagerechten Wurfes. Die Ausflußgeschwindigkeit ist zugleich die Anfangsgeschwindigkeit des Wurfes, also bei Vernachlässigung der Verluste: $v_a = \sqrt{2\,g\,h}$.

Aus den Gleichungen des horizontalen Wurfes kann man die Sprungweite s berechnen. Das ist die horizontale Entfernung, in der der ausfließende Flüssigkeitsstrahl auf eine horizontale Ebene trifft, die in der Höhe h_2 unter der Ausflußöffnung liegt; es ergibt sich bei Vernachlässigung der Reibungsverluste $s = 2\sqrt{h_1\,h_2}$ (Abb. 3). Bei gegebener Gesamthöhe h des Flüssigkeitsspiegels über der Auftreffebene erzielt man die größte Sprungweite, wenn $h_1 = h_2 = h/2$ ist. Infolge der Reibung ist sie jedoch oft merklich kleiner.

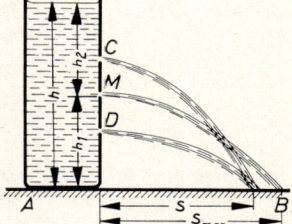

Abb. 3. Seitlicher Ausfluß und Sprungweite

Befindet sich zwischen Behälter und Ausflußöffnung ein Rohr, so ist im Torricellischen Ausflußgesetz und den anderen Gleichungen statt der Höhe des Flüssigkeitsspiegels über der Öffnung nur die an der Öffnung vorhandene Geschwindigkeitshöhe einzusetzen (Abb. 4).

d) Ausströmen von Gasen aus engen Öffnungen. Befindet sich in einem Behälter Gas unter einem Druck p, so findet man auch hier die Ausströmgeschwindigkeit aus dem Bernoullischen Gesetz. Die Reibungsverluste dürfen bei einem Gas vernachlässigt werden. Im Innern des Behälters herrschen die Geschwindigkeit Null und der Druck p, an der Öffnung der Luftdruck p_L. Daher gilt:

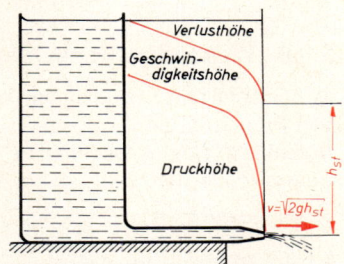

Abb. 4. Ausflußgeschwindigkeit aus einem Rohr mit Düse

$$\frac{p}{\varrho\,g} = \frac{p_L}{\varrho\,g} + \frac{v^2}{2\,g} \qquad v = \sqrt{\frac{2}{\varrho}\,(p - p_L)} = \sqrt{\frac{2\,p_{ü}}{\varrho}} \qquad (p_{ü} = \text{Überdruck})$$

Strömen zwei verschiedene Gase, die unter dem gleichen Druck stehen, aus gleichen Öffnungen aus, so erhält man:

Ausströmgesetz von Bunsen: $v_1 : v_2 = \sqrt{\varrho_2} : \sqrt{\varrho_1}$

Da sich die Ausflußzeiten für eine bestimmte Gasmenge umgekehrt wie die Ausflußgeschwindigkeiten verhalten, kann man das obige Ausströmgesetz auch umformen:

$$t_1 : t_2 = \sqrt{\varrho_1} : \sqrt{\varrho_2} \qquad \text{oder:} \qquad \varrho_1 : \varrho_2 = t_1{}^2 : t_2{}^2$$

Diese Gleichung wird zur Bestimmung der Dichte von Gasen verwendet.

e) Die Reaktionskraft. Strömt aus einer seitlichen Öffnung eines Gefäßes Flüssigkeit aus, so erfährt das Gefäß eine Kraftwirkung, die als R e a k t i o n s k r a f t bezeichnet wird. Ihre Größe berechnet man nach dem Impulssatz.

Fließt eine Wassermasse m mit der Geschwindigkeit v aus, so gilt:

$$F\,t = m\,v \qquad \text{oder:} \qquad F = \frac{m\,v}{t} = \frac{V \varrho\, v}{t}$$

Mit $v = \sqrt{2\,g\,h}$ und $V/t = \dot V = A\,\sqrt{2\,g\,h}$ erhält man daraus:

$$F = \dot V \varrho\, g = A\,\sqrt{2\,g\,h} \cdot \varrho \cdot \sqrt{2\,g\,h} = 2\,A\,h\,\varrho\,g$$

Das ist die doppelte Größe der auf diese Fläche wirkenden Seitendruckkraft. Die Reaktionskraft wird bei Wassersprühern (Segnersches Wasserrad, Abb. 5) angewendet. Sie ist wichtig für die Berechnung von Turbinen und Raketen.

Abb. 5. Segnersches Wasserrad

Aufgaben:
1. Ein Behälter ist 2,5 m hoch mit Wasser gefüllt. 1,5 m unter dem Flüssigkeitsspiegel befindet sich eine kleine Öffnung von 6 cm² Querschnitt. Berechnen Sie unter Vernachlässigung aller Verluste die Ausflußgeschwindigkeit, den Volumenstrom und die Sprungweite.   (5,43 m/s, 3,26 dm³/s, 2,45 m)
2. Ein mit Wasser gefülltes Becken entleert sich durch ein horizontales, zölliges, 1 m langes Rohr, in dem eine Verlusthöhe von 35 cm entsteht. Das Rohr ist unten am Becken angebracht; seine Austrittsöffnung liegt 80 cm unter dem Wasserspiegel. Berechnen Sie die Ausflußgeschwindigkeit.   (2,97 m/s)
3. Ein 20 cm hoch mit Wasser gefüllter Behälter (Abb. 6) besitzt unten eine Abflußöffnung. An ihr ist eine unter 45° nach unten geneigte Rinne angebracht. An welcher Stelle trifft der Wasserstrahl die Rinne?   ($x = y = 0{,}8$ m)

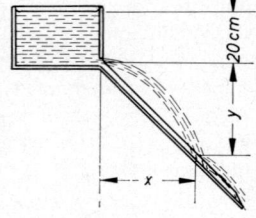

Abb. 6. Zu Aufg. 3.

2.3.8. Wasserkraftmaschinen

a) Leistung einer strömenden Wassermenge. Beim Herabfließen großer Wassermassen aus den Bergen in die Täler oder zum Meer werden große Beträge an potentieller Energie frei. Durchfließt eine Wassermenge von der Masse m ein Gefälle von der Höhe h, so ist die freiwerdende potentielle Energie $W = m\,g\,h$. Wenn dabei diese Masse in der Zeit t durch einen Querschnitt der Leitung oder des Flusses fließt, entsteht die Leistung $P = \dfrac{m\,g\,h}{t} = \dfrac{V \varrho\, g\, h}{t}$. Bei den Wasserkraftmaschinen, die diese Leistung nutzbar machen, rechnet man oft mit dem Massenstrom $\dot m = \dfrac{m}{t}$ oder dem Volumenstrom $\dot V = \dfrac{V}{t}$. Mit ihnen läßt sich die Leistung schreiben:

$$P = \dot m\, g\, h = \dot V \varrho\, g\, h$$

Um die Energie des in Flüssen talwärts strömenden Wassers auszunutzen, wurden seit Jahrhunderten bei Mühlen und Sägewerken Wasserräder verwendet. Da die mit ihnen erreichbaren Drehfrequenzen klein und schlecht regulierbar sind und da sich keine großen Leistungen erzielen lassen, werden sie nicht mehr gebaut. Die Technik nutzt die Energie des Wassers fast ausschließlich mit Turbinen aus.

Bei Flußkraftwerken muß man beachten, daß das Wasser schon bei der Ankunft am oberen Ende des Wehres infolge der Strömungsgeschwindigkeit v eine kinetische Energie besitzt, die ebenfalls in mechanische Arbeit umgewandelt werden kann. Die Gesamtenergie bzw. Gesamtleistung ist dann:

$$W = E_{pot} + E_{kin} = V \varrho g h + \frac{1}{2} V \varrho v^2 = \frac{1}{2} V \varrho (2 g h + v^2) \qquad P = \frac{W}{t} = \frac{1}{2} \dot{V} \varrho (2 g h + v^2)$$

b) Stoßkraft eines Wasserstrahles. Trifft ein Wasserstrahl mit dem Volumenstrom $\dot{V}$ und der Geschwindigkeit v auf eine Turbinenschaufel, die wir uns zunächst feststehend denken, so wirkt auf sie eine Kraft. Da sie ruhig bleibt, wird keine Energie abgegeben, und das Wasser hat auch nach der Ablenkung die Geschwindigkeit v. Wir wenden nun auf den Wasserstrahl den Impulssatz in der ersten Form an. Bei einer Ablenkung nach zwei Seiten (Abb. 1) sind die entstehenden Impulse in der y-Richtung entgegengesetzt

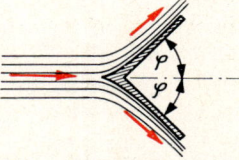

Abb. 1. Zur Berechnung der Stoßkraft

gleich, so daß sich keine y-Komponente der Kraft ergibt. Dagegen erhält man in der x-Richtung:

$$m v = m v \cos \varphi + F t \qquad F = \frac{m v}{t} (1 - \cos \varphi) = \dot{V} \varrho v (1 - \cos \varphi)$$

Bewegt sich die Schaufel mit der Geschwindigkeit v_s, so gelten die obigen Betrachtungen noch, wenn wir sie auf ein Koordinatensystem übertragen, das sich mit der Schaufel bewegt; denn nur in ihm erfolgt die Richtungsänderung des Strahles um den Winkel φ. Wenn man v durch die Relativgeschwindigkeit $v_{rel} = v - v_s$ ersetzt, erhält man für F das gleiche Ergebnis wie oben:

$$F = V \varrho (v - v_s) (1 - \cos \varphi)$$

Die Leistung der sich mit der Geschwindigkeit v_s bewegenden Schaufel ist dann:

$$P = F v_s = V \varrho v_s (v - v_s) (1 - \cos \varphi)$$

Das Wasser überträgt daher keine Leistung, wenn die Schaufel ruhig ist ($v_s = 0$), aber auch, wenn die Schaufel sich ebenso schnell bewegt wie der Wasserstrahl ($v = v_s$). Am größten ist die übertragene Leistung für $v_s = v/2$.

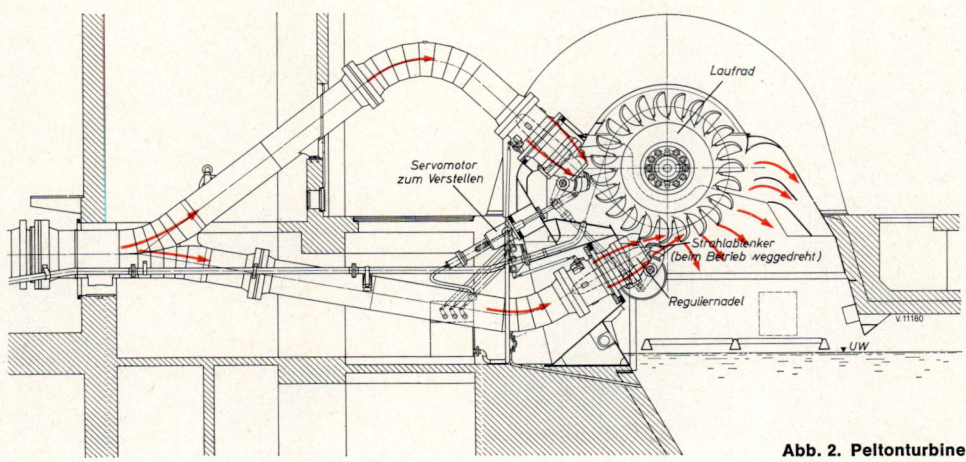

Abb. 2. Peltonturbine

c) Die Wasserturbinen. Die Stoßkraft eines Wasserstrahles oder -stromes wird mit Turbinen ausgenutzt. Gegenüber den Wasserrädern weisen sie eine hohe Drehfrequenz, einen besseren Wirkungsgrad, einen geringeren relativen Platzbedarf und hohe Betriebssicherheit auf. Sie bestehen im wesentlichen aus einem mit Schaufeln besetzten Laufrad, einem Leitapparat, der das Wasser den Laufradschaufeln unter den besten Bedingungen zuführt, und einem Regler, der die zufließende Wassermenge dem Energiebedarf anpaßt. Je nach der zur Verfügung stehenden Fallhöhe verwendet man verschiedene Turbinenarten.

Abb. 3. Laufrad einer Peltonturbine

Die **Peltonturbine** (Abb. 2) braucht einen freien Wasserstrahl mit großer Geschwindigkeit, zu dessen Erzeugung ein hohes Gefälle (mehr als 100 m) erforderlich ist. Das Betriebswasser tritt als freier Strahl aus einer Düse in den Hohlraum der doppellöffelförmigen Schaufeln des Laufrades (Abb. 3), die in der Mitte eine scharfe Schneide haben. Der Wasserstrahl wird geteilt und nach beiden Seiten um fast 180° abgelenkt. Dabei überträgt er bis zu 88 % seiner Energie auf das Rad und erteilt ihm eine hohe Drehfrequenz. Eine verstellbare Reguliernadel gestattet, die günstigste Stärke und Geschwindigkeit des Wasserstrahles einzustellen.

Bei kleineren Höhenunterschieden eignet sich die **Francisturbine** besser (Abb. 4, 5, 6). Der Wasserzustrom läßt sich mit drehbaren Leitschaufeln regulieren. Weil sich die Kanäle zwischen den Leitschaufeln verengen, steigt in ihnen die Geschwindigkeit an. Das Wasser treibt ein mit vielen Schaufeln versehenes Turbinenrad an und fließt durch den Absaugkanal ab. Die Achse des Turbinenrades kann wie in Abb. 4 und 5 horizontal oder auch vertikal liegen.

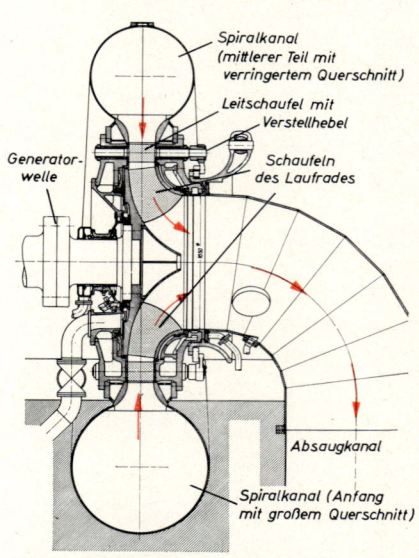

Spiralkanal (mittlerer Teil mit verringertem Querschnitt)

Leitschaufel mit Verstellhebel

Generatorwelle

Schaufeln des Laufrades

Absaugkanal

Spiralkanal (Anfang mit großem Querschnitt)

Abb. 4. Schnitt durch eine Francisturbine

Abb. 5. Francisturbine

Abb. 6. Laufrad einer Francisturbine

Um auch bei geringem Gefälle unter 10 m noch eine hohe Drehfrequenz zu erzielen, verwendet man **Kaplanturbinen** (Abb. 7). Ihr Leitwerk ähnelt dem einer Francisturbine. Das Laufrad gleicht jedoch einer Schiffsschraube mit wenigen Flügeln. Wenn der Wasserzustrom durch Verstellen der Leitschaufeln geregelt wird, muß gleichzeitig der Anstellwinkel der Schraubenflügel geändert werden (Abb. 8). Dieser doppelten Einstellmöglichkeit verdankt die Kaplanturbine ihre Verwendbarkeit auch bei kleinen Fallhöhen von nur wenigen Metern.

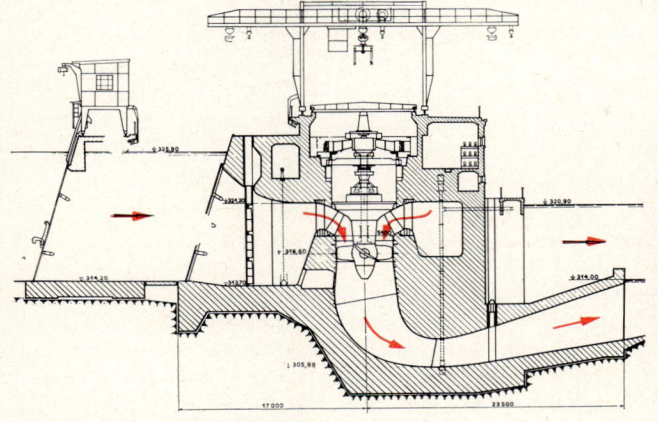

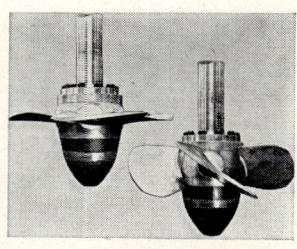

Abb. 8. Laufrad einer Kaplanturbine in zwei verschiedenen Stellungen

Abb. 7. Schnitt durch eine Kaplanturbine

Aufgaben:

1. Ein Fluß von 60 m Breite und einer mittleren Tiefe von 1,8 m strömt mit einer Geschwindigkeit von 1,25 m/s. Er ist durch ein Wehr von 3,6 m Höhe gestaut. Welche Leistung entwickelt die darüber stürzende Wassermenge?   (4870 kW)

2. Welche Fallhöhe ist erforderlich, damit eine Turbine bei einem Volumenstrom von 22 m³/s und einem Wirkungsgrad von 85 % eine Leistung von 1500 kW abgeben kann?   (8,17 m)

2.3.9. Der Quer- und Auftrieb

a) Entstehung des Quer- und Auftriebes. Wird ein Körper umströmt, der zur Strömungsrichtung nicht symmetrisch ist, so sind die Verengungen der Stromfädenquerschnitte nicht auf allen Seiten gleich. Daher gibt es nach dem Bernoullischen Gesetz Druckunterschiede, die eine seitliche Kraft auf den Körper zur Folge haben. Die Resultierende dieser seitlichen Kräfte nennt man den **Quertrieb.** Ein Versuch nach Abb. 1 mit einem Ball im Luftstrom zeigt deutlich die Entstehung und Wirkung des Quertriebes.

Abb. 1. Quertrieb bei einem Ball im Luftstrom

Kommt der Ball an den unteren Rand des schräg gerichteten Luftstromes, so weicht dieser zum größten Teil nach oben aus, so daß dort eine Querschnittsverengung entsteht. Der Druck ist dann oben kleiner als unten und erzeugt einen schräg nach oben gerichteten Quertrieb, der verhindert, daß der Ball seitlich aus dem Luftstrom herausfällt.

Besonders wichtig ist der Quertrieb in der Luftfahrt. Die Tragflügel der Flugzeuge haben solche Profile, daß der Quertrieb nach oben gerichtet ist und das Fliegen des Flugzeuges ermöglicht. In diesem Fall bezeichnet man den Quertrieb als **dynamischen Auftrieb** F_a. In

Abb. 2 ist die Entstehung des Auftriebes bei einem Tragflügelprofil veranschaulicht. Am vorderen Ende (Gebiet A) wird die Luft zum Teil gestaut; es entsteht ein Überdruck. Die Form des Profils, das nach oben stärker gewölbt ist als nach unten, macht den Strömungsverlauf unsymmetrisch. Wie aus den eingezeichneten Strömungslinien ersichtlich ist, verengt sich an der Oberseite des Tragflügels der Abstand der Stromlinien, wäh-

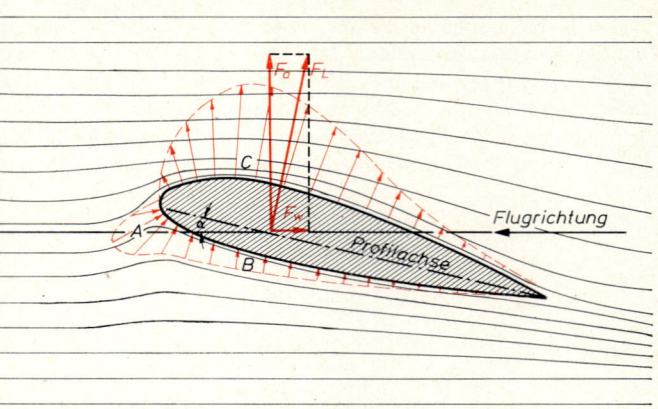

Abb. 2. Entstehung des Auftriebes bei einem Tragflügelprofil

rend er sich an der Unterseite etwas erweitert. Dadurch entsteht unten ein geringer Überdruck (Gebiet B) und an der Oberseite infolge der erhöhten Strömungsgeschwindigkeit eine starke Druckminderung, ein „Sog". Die Resultierende aller Kräfte in der Strömungsrichtung ist der Strömungswiderstand F_w, aller quer gerichteten Kräfte ist der Auftrieb F_a. Er übertrifft bei Tragflügelprofilen den Strömungswiderstand, der durch die stromlinienförmige Verkleidung sehr klein gehalten wird, bei weitem. Die gesamte Luftkraft F_L findet man aus F_w und F_a mit einem Kräfteparallelogramm.

b) Berechnung des Auftriebes. Da der Auftrieb nach dem Bernoullischen Gesetz auf gleiche Weise wie der Widerstand entsteht, erhält man für ihn auch eine ähnliche Formel. Es ist nur der Widerstandsbeiwert c_w durch den Auftriebsbeiwert c_a zu ersetzen:

$$F_w = c_w A_0 \frac{1}{2} \varrho v^2 \qquad F_a = c_a A_0 \frac{1}{2} \varrho v^2 \qquad F_L^2 = F_w^2 + F_a^2$$

In der Luftfahrt bezieht man die Widerstands- und Auftriebsbeiwerte nicht auf die Stirnfläche A_0, sondern auf den Flächeninhalt A' der Tragflügel. Bezeichnet man die darauf bezogenen Beiwerte mit c_w' und c_a', so lauten die Formeln:

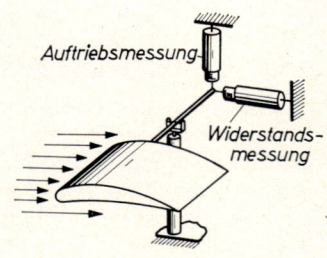

Auftriebsmessung

Widerstandsmessung

$$F_w = c_w' A' \frac{1}{2} \varrho v^2 \qquad F_a = c_a' A' \frac{1}{2} \varrho v^2$$

Im Windkanal kann man gleichzeitig F_w und F_a messen und daraus c_w' und c_a' bestimmen, wenn man sich statt der einfachen Waage in Abb. 2.3.5 (10) einer Zweikomponentenwaage (Abb. 4) bedient.

Abb. 3. Zweikomponentenwaage

c) Bedeutung des Anstellwinkels. In Abb. 2 bildet die Längsachse des Tragflügelprofils mit der Strömungsrichtung einen kleinen Winkel α. Wird er geändert, so verändern sich auch die Komponenten F_w und F_a der Luftkraft. Schon bei einem kleinen negativen Anstellwinkel α entsteht ein Auftrieb.

Abb. 4. Luftströmung bei kleinem Anstellwinkel des Tragflügels

Er wächst mit der Vergrößerung des Anstellwinkels, solange die Strömung nicht
von der Oberfläche des Tragflügels abreißt
(Abb. 4). Dies tritt bei zu starker Vergrößerung des Anstellwinkels ein; der Zwischenraum zwischen der strömenden Luft und
der Tragfläche füllt sich mit Wirbeln (Abb. 5),
und der Auftrieb nimmt rasch ab. Da sich
Widerstand und Auftrieb mit dem Anstellwinkel ändern, sind auch die Widerstands-
und Auftriebsbeiwerte von α abhängig.

**Abb. 5. Abreißen der Luftströmung bei großem Anstell-
winkel des Tragflügels**

d) Magnuseffekt. Eine unsymmetrische Umströmung läßt sich
auch erzeugen, indem man den Körper, z. B. einen Zylinder
im Luftstrom rotieren läßt. Die innere Reibung nimmt die
Stromfäden an der Oberfläche mit (Abb. 7). Auf der einen
Seite entsteht eine Engstelle der Stromfäden und dadurch
ein verminderter Druck. Der Zylinder erfährt einen Quertrieb
F_Q senkrecht zur Luft- oder Flüssigkeitsströmung. Die Entstehung eines Quertriebes aus einer Rotation bezeichnet man
als **Magnuseffekt.**

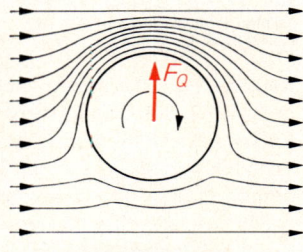

Abb. 7. Magnuseffekt

Aufgaben:

1. Welchen Auftrieb erzeugt ein Tragflügel mit $c_a' = 0,42$ bei einer Fläche $A' = 60$ m² und einer
   Geschwindigkeit von 450 km/h bei einer Luftdichte $\varrho = 1,2$ kg/m³?   (23,6 kN)
2. Wie groß ist der Auftriebsbeiwert, wenn ein Flugzeug ($m = 18\,000$ kg) bei einem Tragflächen-
   inhalt von 54 m² und einer Luftdichte von 1,1 kg/m³ eine Geschwindigkeit von 540 km/h erreicht?
   (0,264)

2.3.10. Die physikalischen Grundlagen der Luftfahrt

a) Das Polardiagramm und seine Bedeutung. Der mit den Tragflächen erzeugte dynamische
Auftrieb gibt die Möglichkeit für eine Luftfahrt mit Flugzeugen, die schwerer sind als Luft.
Seine Ausnutzung hat sich als günstiger erwiesen als die des statischen Auftriebes mit
Ballonen und Luftschiffen.

Die Grundlage für die Beurteilung der Flugeigenschaften
eines Flugzeugs bilden genaue Messungen von c_w'- und
c_a'-Werten für Flugzeugteile und ganze Flugzeuge bei
verschiedenen Anstellwinkeln. In der Tabelle sind gemessene c_w'- und c_a'-Werte eines Sportflugzeugs angegeben. Man erkennt die niedrigen Beträge des Widerstandsbeiwertes und sein Anwachsen bei großen Anstellwinkeln. Die Auftriebsbeiwerte sind wesentlich größer
und wachsen zunächst ebenfalls mit dem Anstellwinkel,
nehmen aber bei zu großem Anstellwinkel (Abreißen der
Strömung) wieder ab. In Abb. 1 und 2 sind c_w' und c_a'
als Funktion des Anstellwinkels graphisch aufgetragen.

Einen besseren Überblick als die Einzeldarstellungen
von c_w' und c_a' gibt das schon von dem Begründer der
dynamischen Luftfahrt Otto Lilienthal (1848 bis 1896) ver-

\multicolumn{3}{c}{Widerstands- und Auftriebs-beiwerte eines Sportflugzeugs}
α	c_w'	c_a'
— 8°	0,061	—0,22
— 6°	0,036	—0,08
— 4°	0,018	0,06
— 2°	0,015	0,20
0°	0,018	0,34
2°	0,025	0,48
4°	0,035	0,61
6°	0,048	0,75
8°	0,064	0,88
10°	0,083	1,01
12°	0,104	1,10
14°	0,128	1,15
16°	0,160	1,16
18°	0,201	1,13

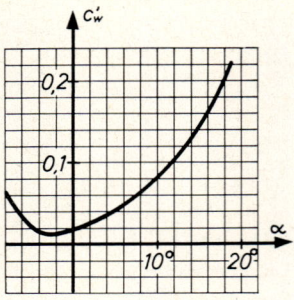

Abb. 1. Abhängigkeit des Widerstandsbeiwertes c_w' vom Anstellwinkel α

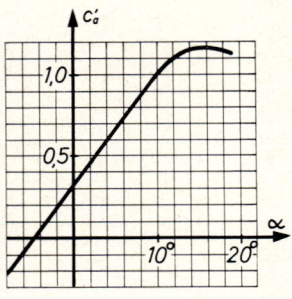

Abb. 2. Abhängigkeit des Auftriebsbeiwertes c_a' vom Anstellwinkel α

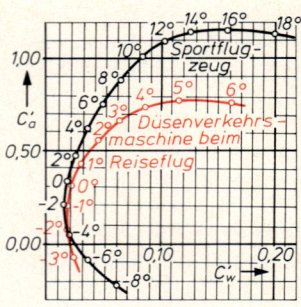

Abb. 3. Polardiagramm

wendete Polardiagramm (Abb. 3). In ihm werden zusammengehörige Werte von c_w' und c_a' in dem für die Luftfahrt in Frage kommenden Bereich des Anstellwinkels in einer einzigen Kurve dargestellt. Man trägt den c_w'-Wert als Abszisse und den c_a'-Wert als Ordinate in ein Achsenkreuz ein und erhält so für jeden Anstellwinkel einen Punkt. Verbindet man alle derartigen Punkte, so erhält man die Polare des betreffenden Flugzeugs. Da die Form des Flugzeugs bzw. der Tragflächen und die Fluggeschwindigkeit (besonders nahe bei oder über der Schallgeschwindigkeit) die Werte von c_w' und c_a' beeinflussen, gelten für das gleiche Flugzeug beim Starten, beim Reiseflug oder beim Landen (ausgefahrene Landeklappen) verschiedene Polaren. Um die Bedeutung des Polardiagramms zu veranschaulichen, werden aus der in Abb. 3 dargestellten Polaren eines Sportflugzeugs einige Flugeigenschaften abgelesen. Zum Vergleich enthält die Abb. auch die Polare eines Düsenverkehrsflugzeugs.

1. Der Widerstandsbeiwert ist am kleinsten bei einem Anstellwinkel $\alpha = -2°$. Er wächst an, sowohl wenn der Anstellwinkel nach der positiven als auch nach der negativen Seite hin geändert wird.

2. Der Auftriebsbeiwert nimmt zu bis etwa zu einem Anstellwinkel $\alpha = 16°$, der kritischer Anstellwinkel genannt wird. Bei ihm reißt die Strömung ab [Abb. 2.3.9. (6)], womit eine beträchtliche Erhöhung des Strömungswiderstandes verbunden ist. Beim Anstellwinkel $\alpha = 0°$ hat der Auftrieb schon einen positiven Wert. Sogar bei kleinen negativen Anstellwinkeln ist noch Auftrieb vorhanden. Erst bei größeren negativen Anstellwinkeln (unter $-5°$) verschwindet der Auftrieb.

3. Beim Gleitflug wird unten gezeigt, daß der Gleitwinkel φ, unter dem ein Flugzeug beim Flug ohne Motor in ruhiger Luft sinkt, bestimmt ist durch $\tan \varphi = c_w' / c_a'$. In einem Polardiagramm, bei dem c_w' und c_a' in gleichem Maßstab angetragen sind, kann man den Gleitwinkel φ unmittelbar ablesen. Verbindet man den zu einem Anstellwinkel gehörigen Kurvenpunkt mit dem Koordinatenanfangspunkt, so entspricht der Winkel zwischen der Verbindungslinie und der Ordinatenachse genau dem Winkel φ. Den Anstellwinkel für den kleinsten Gleitwinkel findet man, indem man vom Koordinatenanfangspunkt eine Tangente an die Polare zieht. Im vorliegenden Fall liegt der günstigste Anstellwinkel etwa bei $-1°$.

b) Der Antrieb der Flugzeuge. Die zum Antrieb eines Flugzeugs nötige Vortriebs- oder Schubkraft entsteht bei allen Antriebsarten nach der ersten Form des Impulssatzes (1.6.2. a) dadurch, daß ein Massestrom (Luft, Verbrennungsgase) $\dot{m} = \dfrac{dm}{dt}$ mit großer Geschwindigkeit nach hinten ausgestoßen wird. Bezeichnet man mit v_0 seine Geschwindigkeit vor und mit v_s seine Geschwindigkeit nach dem Ausstoß, so ist die dabei entstehende Schubkraft:

$$F_s = \dot{m}\,(v_s - v_0)$$

Je nach der Art, wie der Massestrom von v_0 auf v_s beschleunigt wird, unterscheidet man den Luftschrauben-, den Düsen- und den Raketenantrieb.

Der Luftschraubenantrieb. Zum Antrieb bei Geschwindigkeiten bis zu etwa 700 km/h dient die Luftschraube (Propeller). Sie besteht aus zwei bis fünf Flügelblättern, die mit einer Drehfrequenz bis zu 2000 U/min angetrieben werden. Ein Flügelblatt kann man sich als ein Stück einer Schraubenfläche vorstellen. Wie der Querschnitt AB (Abb. 4) zeigt, liegt die im Drehsinn vorauseilende Kante A auch in der Flugrichtung weiter vorn. Der Steigungswinkel wächst zur Achse hin. Der Querschnitt des Luftschraubenblattes hat die Form eines Tragflächenprofils. Der beim Umlauf entstehende Quertrieb ist für das Flugzeug die Schraubenzugkraft F_s.

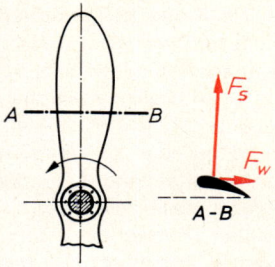

Abb. 4. Luftschraube

Bei Fluggeschwindigkeiten von mehr als 700 km/h erreicht die Umlaufgeschwindigkeit der Propellerspitzen die Schallgeschwindigkeit. Dann gelten die bisher benutzten Formeln und Überlegungen nicht mehr, und der Wirkungsgrad der Luftschraube sinkt ab. Deshalb benutzt man bei Flugzeugen, die eine Geschwindigkeit von mehr als 700 km/h entwickeln sollen, den Düsenantrieb oder bei Raketen den Rückstoßantrieb.

Beim **Strahl-** oder **Düsenantrieb** (Abb. 5) dringt durch die vordere Öffnung des Triebwerks Luft ein. Ihre Menge ist besonders bei kleinen Fluggeschwindigkeiten für den Antrieb eines Flugzeugs zu gering, und in großen Höhen ist die Luftdichte zu klein. Deshalb muß sie zuerst in einem Verdichter oder durch Stauwirkung komprimiert werden, wobei sie sich schon stark (längs einer Polytrope 3.3.5. e) erhitzt. Danach wird Treibstoff eingespritzt und in der Brennkammer verbrannt. Bei den heißen Verbrennungsgasen entsteht ein hoher Druck, der das Gas aus der Schubdüse austreten läßt. Diese hat zuerst abnehmenden Querschnitt, so daß sich nach dem Kontinuitätsgesetz die Geschwindigkeit erhöht und nach dem Gesetz von Bernoulli der Druck vermindert. Im engsten Querschnitt erreichen die Gase Schallgeschwindigkeit. Danach können sie nicht mehr als inkompressibel angesehen werden, so daß das Gesetz von Bernoulli nicht mehr angewendet werden kann. Man erzielt mit dem noch vorhandenen Druck eine weitere Geschwindigkeitssteigerung, wenn man danach im letzten Teil der Düse den Querschnitt wieder zunehmen läßt. Mit einem solchen Düsenantrieb lassen sich Flugzeuggeschwindigkeiten bis zu einem Mehrfachen der Schallgeschwindigkeit (bis zu mehreren „Mach") erzielen.

Wenn kein Luftsauerstoff zur Verfügung steht, so muß man z. B. bei Raumflügen den **Raketenantrieb** verwenden (Abb. 6). Eine Rakete führt in ihrem Innern sowohl den Treibstoff wie auch zur Verbrennung nötigen Sauerstoff mit sich, wobei man je nach Art des Treibstoffs Feststoff- und Flüssigkeitsraketen unterscheidet. Die Verbrennungsgase erreichen sehr hohe Temperaturen (bis über 3000 K) und große Drücke (bis 150 bar), so daß in der Schubdüse starke Antriebskräfte entstehen. Da eine Rakete ganz unabhängig vom Sauerstoff der Außenluft ist, stellt sie den einzigen möglichen Antrieb für Raumfahrzeuge dar.

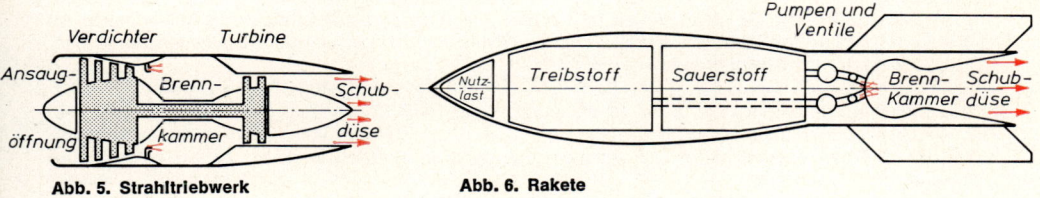

Abb. 5. Strahltriebwerk

Abb. 6. Rakete

c) Die Kräfte bei verschiedenen Arten des Fluges. Bei horizontalem Flug wirken auf das Flugzeug insgesamt drei Kräfte: die Gewichtskraft G, die Vortriebskraft F_s und die Luftkraft F_L (Abb. 7). Zerlegt man die Luftkraft in den Auftrieb F_a und den Widerstand F_w, so erkennt man, daß Gleichgewicht herrscht, wenn $F_a = G$ und $F_w = F_s$ sind. Unter dem Widerstand F_w ist der Gesamtwiderstand des Flugzeugs zu verstehen. Er setzt sich aus dem Trag-flächenwiderstand F_{w1} und dem Widerstand F_{w2} der übrigen Flugzeugteile zusammen: $F_w = F_{w1} + F_{w2}$. Fehlt bei abge-stellten Triebwerken oder beim Segelflugzeug die Vortriebs-kraft F_s, so bewegt sich das Flugzeug im Gleitflug (Abb. 8). Es wirken nur zwei Kräfte auf das Flugzeug, die Gewichts-kraft G und die Luftkraft F_L. Da G stets vertikal nach unten wirkt, muß im Falle des Gleichgewichtes F_L vertikal nach

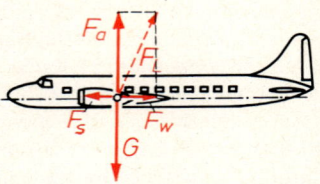

Abb. 7. Kräfte beim waagerechten Flug

oben gerichtet sein. Das ist nur möglich, wenn Flugzeug und Flugbahn unter einem Winkel, dem Gleitwinkel φ, gegen die Horizontale geneigt sind. Der Luftwiderstand F_w ist die in der Flugbahn wirkende Komponente von F_L; F_a hat jetzt nicht mehr die Bedeutung des vertikal nach oben gerichteten Auftriebes, sondern eines senkrecht auf der Flugbahn stehenden Quertriebes.

Der Gleitwinkel φ ist zugleich der Winkel zwischen F_L und F_a. Man kann ihn daher be-rechnen aus:

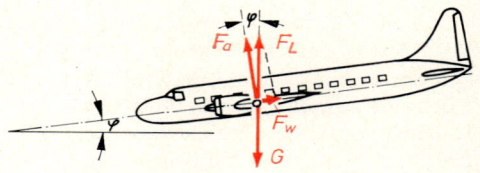

$$\tan \varphi = \frac{F_w}{F_a} = \frac{c_w' \, A' \, p_{st}}{c_a' \, A' \, p_{st}} = \frac{c_w'}{c_a'}$$

Abb. 8. Kräfte bei Gleitflug

Ein Flugzeug sinkt um so langsamer und kann daher eine um so größere Strecke im Gleitflug zurücklegen, je kleiner der Gleitwinkel φ bzw. das Verhältnis c_w' / c_a' ist. Den Anstellwinkel für den günstigsten Gleitwinkel kann man aus dem Polardiagramm ablesen. Bei Segelflugzeugen kann der Gleitwinkel bis zu 2,5 ° vermindert werden.

Beim Kurvenflug wirkt außer der Luftkraft F_L, der Vortriebskraft F_s (beide sind in Abb. 9 nicht sichtbar, weil sie schräg bzw. senkrecht auf der Zeichenebene stehen) und der Ge-wichtskraft G noch die Fliehkraft F_f auf das Flugzeug. G und F_f kann man zu einer Resultierenden F_r zu-sammenfassen. Zerlegt man nun die Luftkraft F_L in ihre Teilkräfte F_w und F_a (wovon F_w nicht in der Abb. sichtbar ist), so kann der Auftrieb F_a nur dann der schräg wirkenden Kraft F_r das Gleichgewicht halten, wenn auch F_a schräg gerichtet ist und das Flugzeug schief in der Kurve liegt.

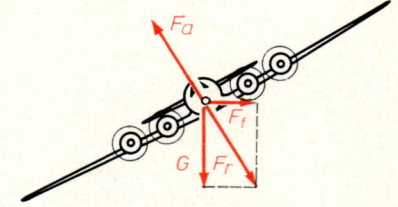

Abb. 9. Kräfte beim Kurvenflug

Aufgaben:

1. Ein Verkehrsflugzeug ($m = 125$ t) fliegt horizontal. Die Tragflächen haben einen Inhalt von 260 m². Für das ganze Flugzeug ist $c_w' = 0{,}025$, $c_a' = 0{,}375$. Schätzen Sie nach Abb. 3 den erforderlichen Anstellwinkel. Welche Geschwindigkeit ist für den Flug erforderlich (Luftdichte in Reisehöhe $\varrho = 0{,}44$ kg/m³)? Welchen Schub entwickelt dabei das Triebwerk? Unter welchem Gleitwinkel sinkt das Flugzeug nach dem Abstellen der Triebwerke?

    ($\alpha = 0{,}4°$, $v = 239$ m/s $= 861$ km/h, $F_s = 81{,}75$ kN, $\varphi = 3{,}8°$)

2. Ein Flugzeug ($m = 3000$ kg, $A' = 20$ m²) fliegt durch eine Kurve mit dem Krümmungsradius $r = 500$ m. Dabei muß es seine Tragflächen unter einem Winkel von 70° nach innen neigen. Welche Geschwindigkeit hat das Flugzeug, und welchen Auftriebswert c_a' haben seine Trag-flächen ($\varrho = 1{,}2$ kg/m³)?

    ($v = 418$ km/h, $c_a' = 0{,}532$)

WÄRMELEHRE

3.1. Die Temperatur und ihre Messung

3.1.1. Die Temperatur

a) Wärme und Temperatur. Alle Gegenstände unserer Umwelt befinden sich in einem Wärmezustand. Schon ohne Meßgeräte kann man mit dem Gefühl feststellen, ob ein Gegenstand kalt, lauwarm oder heiß ist. Diese Eigenschaftswörter beziehen sich auf die physikalische Größe, die den Wärmezustand eines Körpers kennzeichnet und die wir als **Temperatur** bezeichnen. Eine genaue Definition der als „Wärme" bezeichneten physikalischen Größe folgt erst in 3.6.1. a.

Die Temperatur ist die den Wärmezustand eines Körpers kennzeichnende Größe.

b) Die Maßeinheiten der Temperatur. Zum Messen der Temperatur benutzt man in den meisten Ländern der Erde die nach **Celsiusgraden** ($^\circ$C) eingeteilte Skala. Ihr Nullpunkt $0\,^\circ$C liegt beim Gefrierpunkt, die Marke $100\,^\circ$C beim Siedepunkt des Wassers (beim Normaldruck $p_0 = 1{,}013$ bar). Für Temperaturen in Celsiusgraden dient das Formelzeichen ϑ (Theta). Für die Physik wichtiger ist jedoch die **thermodynamische Temperaturskala** von **Lord Kelvin**[1]. Ihre Einheit, das **Kelvin** (K) entspricht genau dem Celsiusgrad. Die Zählung der Kelvinskala beginnt jedoch beim Punkt $-273{,}15\,^\circ$C, dem absoluten Nullpunkt (3.2.4. d). Deshalb bezeichnet man die auf diese Weise gemessene Temperatur als **absolute Temperatur** T:

$$T = 273{,}15\,\text{K} + \vartheta \approx 273\,\text{K} + \vartheta$$

Die Unterteilung der Kelvinskala, ausgehend von den Fixpunkten $273{,}15\,\text{K} \,\triangleq\, 0\,^\circ$C und $373{,}15\,\text{K} \,\triangleq\, 100\,^\circ$C ist unabhängig vom Bau der Temperaturmeßgeräte durch einen thermodynamischen Vorgang festgelegt.

In den englisch sprechenden Ländern wird auch noch die Fahrenheitteilung ($^\circ$F) benutzt. Bei ihr entspricht dem Eispunkt $32\,^\circ$F und dem Siedepunkt des Wassers $212\,^\circ$F. Zur Umrechnung einer Temperaturangabe in Celsiusgraden (ϑ_C) in eine in Fahrenheitgraden (ϑ_F) oder umgekehrt gelten folgende Formeln:

$$\vartheta_F = \frac{9}{5}\,\vartheta_C + 32^\circ \qquad \vartheta_C = (\vartheta_F - 32^\circ)\,\frac{5}{9}$$

c) Übersicht über die Temperaturmessung. Die Temperaturempfindung der Haut ist nicht sehr genau und läßt sich leicht täuschen. Überdies ist es gar nicht möglich, hohe Temperaturen ohne Schmerzempfindung mit der Hand zu prüfen. Deshalb verwendet man zur Bestimmung der Temperatur Meßgeräte, die **Thermometer** oder **Pyrometer** genannt werden. Sie beruhen auf Stoffeigenschaften, die sich mit der Temperatur gesetzmäßig ändern und leicht meßbar sind. Unter den vielen Eigenschaften der Körper, die temperaturabhängig sind, haben sich vor allem für die Temperaturmessung geeignet erwiesen: Änderungen der Ab-

---

[1] Lord K e l v i n , vor seiner Erhebung in den Adelsstand William Thomson, bedeutender englischer Physiker in Glasgow, 1824 bis 1907, fand wichtige Gesetze der Wärmelehre und führte die absolute Temperatur ein.

messungen und des Rauminhaltes, Änderungen des elektrischen Widerstandes, Entstehen einer Thermospannung und die Wärmestrahlung. Abb. 1 gibt einen Überblick über die Bereiche der in der Technik hauptsächlich verwendeten Temperaturmeßgeräte.

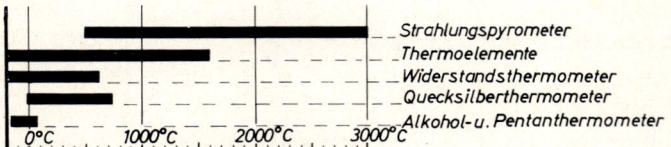

Strahlungspyrometer
Thermoelemente
Widerstandsthermometer
Quecksilberthermometer
Alkohol- u. Pentanthermometer

0 °C   1000 °C   2000 °C   3000 °C

Abb. 1. Meßbereiche der Temperatur-meßgeräte

3.1.2. Flüssigkeits- Metall- und Gasthermometer

a) Flüssigkeitsthermometer. Die bekannteste Änderung, die ein Stoff bei einer Temperaturzunahme erfährt, ist die Zunahme seiner äußeren Abmessungen und seines Volumens. Sie ist bei Flüssigkeiten bedeutend größer als bei festen Stoffen. Darauf beruht der Bau der **Flüssigkeitsthermometer.**

Bei dem am häufigsten benutzten **Quecksilberthermometer** verwendet man eine kleine Quecksilbermenge, die in eine Glaskugel mit angeschmolzener Haarröhre (Kapillare) eingeschlossen wird. Zwischen seinem Gefrierpunkt (− 39 °C) und seinem Siedepunkt 357 °C) dehnt sich das eingeschlossene Quecksilber so gleichmäßig aus, daß man von den Fixpunkten aus eine gleichmäßige Unterteilung anbringen kann. Die Quecksilberthermometer sind verwendbar von − 39 °C bis etwa 300 °C und mit einer Gasfüllung über dem Quecksilber, das die Verdampfung verhindert, noch höher hinauf bis etwa 700 °C. Für tiefere Temperaturen (bis − 70 °C) verwendet man eine Alkohol- oder Pentanfüllung.

In Krankheitsfällen benutzt man das **Fieberthermometer** zum Messen der Körpertemperatur. Am oberen Ende der Quecksilberkugel hat die Kapillare eine Engstelle, durch die sich das Quecksilber zwar langsam ausdehnen kann, an der jedoch der Quecksilberfaden beim Zusammenziehen abreißt. Deshalb kann man die gemessene Körpertemperatur auch dann noch ablesen, wenn das Thermometer sich schon einige Zeit in kühler Umgebung befindet. Zu einem neuen Gebrauch muß der Quecksilberfaden durch „Herunterschlagen" mit dem übrigen Quecksilber in Verbindung gebracht werden.

Die höchste und tiefste Temperatur während eines Zeitraumes zeigt ein **Maximum-Minimum-Thermometer** (Abb. 1). In den oberen Teilen eines U-Rohres befinden sich Füllungen aus Alkohol bzw. aus Alkoholdampf in Luft, die im unteren Teil durch einen Quecksilberfaden getrennt sind. Bei Erwärmung dehnt sich die ganze Füllung aus und verkleinert das Alkoholdampfvolumen. Die Skalen sind so geeicht, daß beide Enden des Quecksilberfadens die augenblickliche Temperatur erkennen lassen. Zwei kleine Eisenstäbe werden vom Quecksilber vor sich her geschoben, während der Alkohol sie beim Zurückgehen des Quecksilbers umfließt. Sie kennzeichnen die äußersten Stellungen des Quecksilberfadens und damit die höchste und tiefste erreichte Temperatur. Für eine neue Messung müssen die Stäbchen wieder mit einem Magneten an den Quecksilberfaden herangeschoben werden.

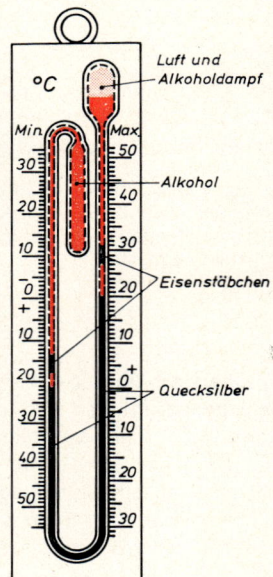

°C

Luft und Alkoholdampf

Min   Max

Alkohol

Eisenstäbchen

Quecksilber

Abb. 1. Maximum-Minimum-Thermometer

Das **Beckmannthermometer** (Abb. 2) dient zum genauen Messen von Temperaturdifferenzen. Seine Teilung umfaßt nur 5 oder 6 K, die in 0,01 K eingeteilt sind. Man kann aber dieses 5-K-Intervall an jede Stelle der Temperaturskala, z. B. von 8 °C bis 13 °C oder von 47 °C bis 52 °C usw. verlegen. Zu diesem Zweck läßt man durch Erwärmen einen mehr oder minder großen Teil der Quecksilbermenge durch die Kapillare der Hauptteilung in ein Röhrchen mit einer Hilfsteilung steigen. Durch einen schwachen Stoß bringt man den Quecksilberfaden an der Trennstelle zum Abreißen. Ist die in der Hauptkapillare verbliebene Quecksilbermenge groß, so liegt das 5-K-Intervall bei einer niedrigen, ist die Menge klein, so liegt es bei einer höheren Temperatur. Das Gerät gestattet kleine Temperatur d i f f e r e n z e n sehr genau zu messen, es eignet sich aber nicht für absolute Temperaturbestimmungen.

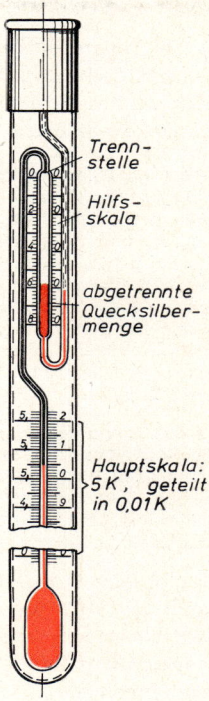

Abb. 2. Beckmannthermometer

b) Metallthermometer. Auf der unterschiedlichen Wärmeausdehnung zweier Metalle beruht das **Bimetallthermometer** (Abb. 3).

Ein dünner Streifen aus zwei aufeinandergelöteten Metallen (z. B. Zink und Kupfer) ist zu einer Spirale gebogen. Da Zink sich stärker ausdehnt als Kupfer, krümmt das auf der Außenseite angebrachte Zink beim Erwärmen die Spirale stärker. Das Ende der Spirale überträgt seine Bewegung auf einen Zeiger vor einer Ableseskala. Das Bimetallthermometer ist auch zum automatischen Aufschreiben der Temperatur in Thermographen oder zum Auslösen eines elektrischen Kontaktes beim Überschreiten einer bestimmten Temperatur brauchbar.

c) Gasthermometer. Auch die Ausdehnung der Gase wird in den **Gasthermometern** zur Temperaturmessung verwendet. Sie weisen die geringsten Abweichungen von der thermodynamischen Temperaturskala (3.1.1. b) auf. Da aber ihre Handhabung umständlich ist, verwendet man sie nur zur Eichung anderer Thermometer in den Eichanstalten.

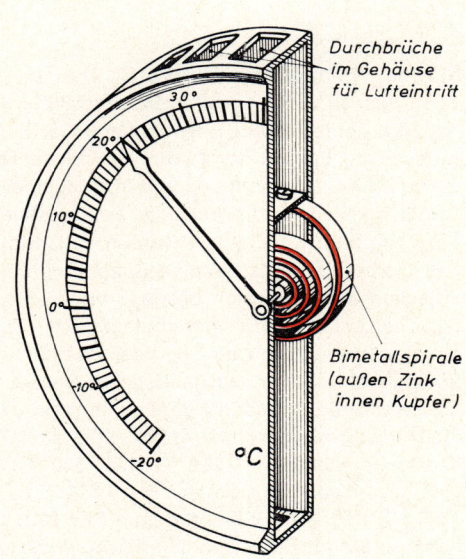

Abb. 3. Bimetallthermometer (Gehäuse zur Hälfte entfernt)

3.1.3. Elektrische Thermometer

a) Das Widerstandsthermometer (Abb. 1) beruht auf der Tatsache, daß der elektrische Widerstand eines Metalldrahtes mit steigender Temperatur wächst. In einem Stromkreis ergeben sich dadurch Stromänderungen, die an einem Strommesser abgelesen werden können.

Eine Niederspannungsquelle schickt Strom durch zwei Stromkreise mit den Widerständen R_1 und R_2. In beiden Stromkreisen befinden sich gleiche Spulen, die den Zeiger nach entgegengesetzten Seiten abzulenken suchen. Sind R_1 und R_2 genau gleich, so sind auch die Ströme in den beiden Kreisen gleich, und der Zeiger bleibt in der Mitte stehen. Bringt man nun den Widerstand R_2 an die Stelle, an der die Temperatur gemessen werden soll, so ändert er sich je nach der dort herrschenden Temperatur. Damit ändert sich auch der Strom in dem betreffenden Kreis, und der Zeiger erhält einen Ausschlag, den man nach Celsiusgraden eicht. Die beschriebene Schaltung macht das Gerät von Schwankungen der elektrischen Spannung unabhängig.

Da das Thermometer mit elektrischem Strom arbeitet, können die Meßstelle (der Widerstand R_2) und die Ablesestelle (der Strommesser) räumlich getrennt sein. Daher eignen sich Widerstandsthermometer auch für Fernmessungen. Zwischen −50 °C und 600 °C sind Widerstandsthermometer mit Platinwiderständen so genau, daß sie in der Physikalisch-Technischen Bundesanstalt als Eichthermometer verwendet werden.

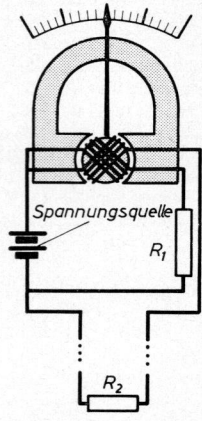

Abb. 1. Elektrisches Widerstandsthermometer

Es gibt auch Stoffe, deren elektrischer Widerstand mit steigender Temperatur abnimmt; man nennt sie NTC-Widerstände (engl.: **n**egative **t**emperature **c**oefficient). Da bei ihnen die Widerstandsänderung größer ist als bei Metallen, können die Stromänderungen mit weniger empfindlichen Geräten gemessen werden. Die NTC-Widerstände eignen sich auch für Kontaktthermometer zur Messung der Oberflächentemperaturen bei festen Körpern.

b) Das Thermoelement (Abb. 2). Das thermoelektrische Pyrometer oder, wie es meist vereinfacht bezeichnet wird, das **Thermoelement** benötigt keine äußere Spannungsquelle. Es verwendet zur Temperaturmessung die bei der Berührung zweier verschiedener Metalle entstehende Kontaktspannung, die stark temperaturabhängig ist (6.2.4. f). Bringt man daher die Lötstelle zweier Metalle an die Stelle, an der die Temperatur gemessen werden soll, während die anderen Enden kalt bleiben, so entsteht eine Spannung, die der Temperaturdifferenz zwischen der erwärmten Lötstelle und den kalten Enden proportional ist. Die entstehende thermoelektrische Spannung wird an einem empfindlichen, nach Celsiusgraden geeichten Strommesser abgelesen. Es eignen sich nur solche Zusammenstellungen von zwei Metallen, bei denen die Spannung genügend groß ist und mit der Temperatur gleichmäßig zunimmt. Die gebräuchlichsten Zusammenstellungen sind Kupfer-Konstantan (− 200 °C bis 600 °C), Silber-Konstantan (bis 650 °C), Eisen-Konstantan (bis 800 °C), Nickel-Nickelchrom (bis 1150 °C) und Platin-Platinrhodium (bis 1600 °C). Thermoelemente eignen sich gut für Fern- und Oberflächenmessungen.

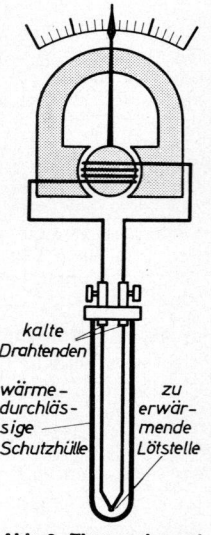

kalte Drahtenden

wärmedurchlässige Schutzhülle

zu erwärmende Lötstelle

Abb. 2. Thermoelement

3.1.4. Temperaturbestimmung aus Strahlungsmessungen

Die von einem glühenden Körper ausgehende Strahlung hängt nach Intensität (Stefan-Boltzmannsches Gesetz 3.5.4. d) und Farbe (Wiensches Verschiebungsgesetz 3.5.4. f) von der Temperatur des strahlenden Körpers ab. Daher kann man auch aus einer Strahlungsmessung mit einem **Strahlungspyrometer** die Temperatur bestimmen. Da die Wärmestrahlung bei niedrigen Temperaturen schwach ist, lassen sich die Pyrometer erst für Temperaturen über etwa 600 °C anwenden.

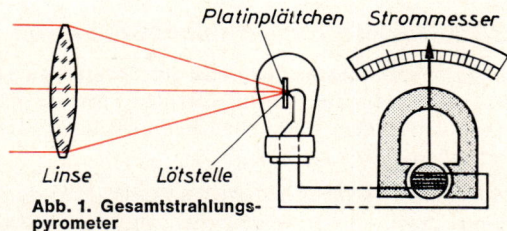

a) Gesamtstrahlungspyrometer (Abb. 1). Bei diesen Geräten wird die auf eine Linse oder einen Spiegel fallende Strahlung eines Körpers in dem von ihnen erzeugten optischen Bild vereinigt. Dort wird sie von einem geschwärzten Platinplättchen absorbiert, so daß sich eine an ihm angebrachte Lötstelle erwärmt. Um Störungen zu vermeiden, befinden sich das Plättchen und die Lötstelle in einem teilweise evakuierten Kolben. Der

Abb. 1. Gesamtstrahlungs-pyrometer

entstehende Thermostrom wird an einem nach Celsiusgraden geeichten Strommesser abgelesen. Dabei wird, von geringen Verlusten abgesehen, die gesamte auf das Platinplättchen fallende Wärmestrahlung gemessen.

b) Die Teilstrahlungspyrometer (optische Pyrometer) benutzen zur Temperaturmessung nur einen Teil der Wärmestrahlung. Man vergleicht die Helligkeit der zu messenden Strahlung in einer bestimmten Lichtfarbe (meist rot) mit der eines Normalstrahlers (z. B. einer Glühlampe). Die zur Messung dienende Farbe filtert man mit einem in den Strahlengang gesetzten Farbglas aus, das alle anderen Farben verschluckt. Damit man beim Vergleich bei Bild und Glühlampe gleiche Helligkeit erzielen kann, muß entweder die zu messende Strahlung oder der Normalstrahler verändert werden können. Statt mit dem Auge kann der Strahlungsvergleich auch mit einer Photozelle erfolgen, die mittels einer

rotierenden Lochscheibe abwechselnd Licht von der zu messenden Strahlungsquelle oder vom Normalstrahler erhält.

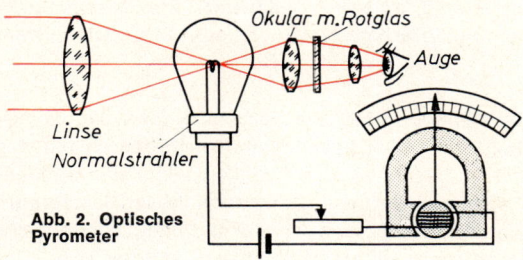

Abb. 2 zeigt ein Pyrometer mit veränderlichem Normalstrahler. Mit einem Widerstand wird der durch einen Glühfaden fließende Strom so lange verändert, bis das Bild des Fadens in einem Okular ebenso hell erscheint wie das Bild des zu messenden Strahlers. Den Strommesser für den Glühfadenstrom eicht man nach Celsiusgraden.

Abb. 2. Optisches Pyrometer

c) Glühfarben. Auch ohne Instrumente ist eine angenäherte Temperaturbestimmung aus der Glühfarbe möglich. Bei etwa 500 °C beginnt ein Körper zunächst eine dunkelrote Strahlung auszusenden, deren Farbe sich mit zunehmender Temperatur allmählich ändert. Bei 900 °C wird sie hellrot, bei 1100 °C orange, bei 1300 °C gelb, bei 1500 °C weiß, bei 2000 °C grünlich und bei 3000 °C bläulich, so daß ein geübtes Auge aus der Farbe der Strahlung einen Schluß auf die Temperatur ziehen kann.

Die von den Pyrometern bestimmten Temperaturen müssen nicht unbedingt die der strahlenden Körper sein. Da die Eichung der Pyrometer nach den Strahlungsgesetzen erfolgt, erhält man zunächst die Temperatur, die ein „schwarzer Körper" haben müßte, um die betreffende Strahlung auszusenden. Da ein nicht schwarzer Körper erst bei höherer Temperatur die gleiche Strahlungsintensität aufweist wie ein schwarzer Körper, liegt die wirkliche Temperatur höher als die gemessene. So sendet z. B. eine glühende Wolframfläche von 1500 °C gleiche Strahlung aus wie ein schwarzer Körper von 1420 °C. Ein Strahlungspyrometer würde in diesem Falle die letztere Temperatur anzeigen, während die wirkliche Temperatur 1500 °C beträgt.

Auch die sich aus der Glühfarbe ergebende Temperatur kann von der wirklichen Temperatur abweichen. Nach der Glühfarbe scheint ein Körper, der besonders viele rote Strahlen aussendet, kälter,
ein Körper, der besonders grüne oder blaue Strahlen aussendet, heißer zu sein, als es seiner wirklichen Temperatur entspricht.

3.1.5. Andere Temperaturmeßverfahren

a) Temperaturbestimmung aus der Schmelztemperatur. Die meisten Stoffe schmelzen immer
bei derselben aus vielen Versuchen genau gemessenen und in Tabellen verzeichneten
Temperatur. Man kann daher aus dem Schmelzen eines Probekörpers auf seine Temperatur
schließen.

Auf dieser Tatsache beruht die Beurteilung der Temperatur mit den
Segerkegeln in der keramischen Industrie. Sie sind dreiseitige Pyra-
miden aus Schmelzen von Quarz, Tonerde und Metalloxiden. Ihre
Erweichungstemperatur wird durch Umbiegen der Pyramidenspitze
angezeigt (Abb. 1). Durch verschiedene Zusammensetzungen stellt
man Segerkegel mit Schmelzpunkten zwischen 600 °C und 2000 °C
in Stufen von 20 K bis 40 K her. Man wählt unter den einzelnen gekennzeichneten Kegeln denjenigen, dessen Schmelzpunkt am genauesten die zu überwachende Temperatur anzeigt.

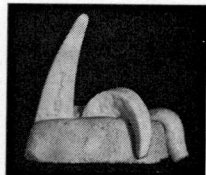

Abb. 1. Segerkegel

In ähnlicher Weise werden **Schmelzlegierungen** verwendet. Sie haben eine ihrer Zusammensetzung entsprechende Schmelztemperatur und werden in kleinen Tiegeln der zu bestimmenden Temperatur ausgesetzt. Zur Bestimmung der Oberflächentemperatur eines Körpers
kann man **Schmelzsalze** von bekannter Schmelztemperatur in Form von Körnchen aufstreuen.

b) Wärmeempfindliche Farbstoffe. Gewisse chemische Substanzen zeigen bei einer, manche
sogar bei zwei bestimmten Temperaturen einen plötzlichen Farbumschlag. Man verwendet
sie in Lösungen zum Tränken von Papierstreifen oder als Farbanstriche für Motorenteile,
Lager und Getriebe. Der Vorteil dieser **Temperaturmeßfarben** liegt vor allem darin, daß nicht
nur die Temperatur in einem Punkt, sondern die Temperaturverteilung am ganzen damit
bestrichenen Werkstück erkannt werden kann. Der Anwendungsbereich liegt zwischen etwa
40 °C und 650 °C.

Temperatur des Farbumschlages					
Quecksilber-Silberjodid	35 °C	Schwefel	112 °C	Pyrogallol	133 °C
Metaphenylendiamin	105 °C	Schellack	115 °C	Dinitroanilin	170 °C

164

3.2. Die Wärmeausdehnung

3.2.1. Die Ausdehnung fester Körper

a) Die Längenausdehnung. Bei einer Temperaturerhöhung dehnen sich die Körper nach allen Seiten aus und nehmen einen größeren Rauminhalt ein. Je nach der Art des Stoffes ist die Ausdehnung verschieden groß. Betrachtet man zunächst nur die Ausdehnung in einer Richtung, etwa die eines Stabes in seiner Längsrichtung, so kann man die dabei geltenden Gesetzmäßigkeiten mit der Anordnung der Abb. 1 untersuchen.

Ein Versuchsstab wird in einem Wasserbad erhitzt. Er liegt dabei mit dem einen Ende in einem Lager fest auf, während das andere Ende gegen einen Tasthebel stößt. Die Längenausdehnung muß man durch eine Hebelübersetzung oder durch eine optische Spiegelablesung vergrößern, da sie sonst wegen ihres geringen Betrages nicht gemessen werden könnte. Bei der Auswertung der Messung muß auch die Ausdehnung des Gefäßes berücksichtigt werden.

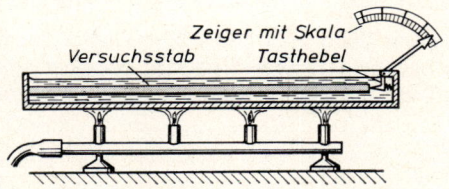

Abb. 1. Messung der Längenausdehnung

Aus dem Versuch ergibt sich, daß die Längenzunahme Δl proportional zur Temperaturerhöhung $\Delta \vartheta = \Delta T$ ist. Bei verschieden langen Stäben erweist sie sich proportional zur Länge l, so daß man schreiben kann $\Delta l = \alpha \, l \, \Delta T$. Hierin ist α eine Materialkonstante, die als **Längenausdehnungskoeffizient** bezeichnet wird. Da er auch beim gleichen Stoff bei verschiedenen Temperaturen nicht genau den gleichen Wert hat, benützt man zur allgemeinen Definition den Differentialquotienten:

$$\text{Längenausdehnungskoeffizient: } \alpha = \frac{1}{l}\frac{dl}{dT} \qquad [\alpha] = \frac{m}{m\,K} = \frac{1}{K} = K^{-1}$$

> **Der Längenausdehnungskoeffizient ist der Quotient aus der relativen Längenänderung $\frac{dl}{l}$ und dem Temperaturunterschied dT.**

Bei festen Stoffen und nicht zu großen Temperaturänderungen ist die Längenänderung wegen der kleinen Werte von α so klein, daß man l durch die Ausgangslänge l_0 bei 0 °C und entsprechend den Temperaturunterschied gegen 0 °C durch die Celsiustemperatur ϑ ersetzen kann. Dann erhält man für die Längenänderung:

$$\Delta l = \alpha \, l_0 \, \vartheta$$

Die Länge l_ϑ bei der Temperatur ϑ erhält man als Summe aus der Länge l_0 und der Längenausdehnung Δl:

$$l_\vartheta = l_0 + \Delta l = l_0 \, (1 + \alpha \, \vartheta)$$

Sind l_1 und l_2 die Längen eines Gegenstandes bei den Temperaturen ϑ_1 und ϑ_2, so findet man $l_1 = l_0 \,(1 + \alpha \, \vartheta_1)$ und $l_2 = l_0 \,(1 + \alpha \, \vartheta_2)$. Zur unmittelbaren Berechnung von l_2 aus l_1 setzt man l_0 aus der ersten Gleichung in die zweite ein. Weil α sehr klein ist, kann man den entstehenden Bruch noch vereinfachen:

$$l_2 = l_1 \frac{1 + \alpha \, \vartheta_2}{1 + \alpha \, \vartheta_1} \approx l_1 \,[1 + \alpha \,(\vartheta_2 - \vartheta_1)] = l_1 \,(1 + \alpha \, \Delta \vartheta)$$

165

Bei festen Körpern, die alle sehr kleine Werte von α haben, braucht man daher l_0 gar nicht zu berechnen, sondern man benutzt die vereinfachten Formeln:

$$\Delta l = l_1 \, \alpha \, \Delta\vartheta \qquad l_2 = l_1 \, (1 + \alpha \, \Delta\vartheta)$$

Feste Körper haben sehr kleine Ausdehnungskoeffizienten. Bei sehr genauen Messungen kann man feststellen, daß die Längenausdehnungskoeffizienten temperaturabhängig sind. So steigt α für Stahl von $12 \cdot 10^{-6} \, K^{-1}$ bei Zimmertemperatur auf $17 \cdot 10^{-6} \, K^{-1}$ bei 500 °C. Man gibt deshalb Mittelwerte an. Für die meisten Körper sind im Bereich von 0 °C bis 100 °C die Abweichungen vom Mittelwert sehr gering und brauchen kaum berücksichtigt zu werden.

Einige Stoffe, z. B. Leder oder Gummi, ziehen sich bei Erwärmung zusammen, bei ihnen ist α negativ. Gußeisen zieht sich bei einer Abkühlung nach starker Erhitzung nicht wieder vollständig auf seine Ausgangsabmessungen zusammen.

Mittlere Längenausdehnungskoeffizienten zwischen 0 °C und 100 °C in K^{-1}

Celluloid	0,0000100	Aluminium	0,0000240	Glas	0,0000085
Polyvinylchlorid	078	Messing	184	Porzellan	45
Zink	30	Kupfer	165	Holz, quer zur Faser	30...60
Blei	29	Flußstahl	120	Holz, parallel zur Faser	2... 6
Zinn	23	Gußeisen	104	Invar (Ni-Fe-Legierung)	16
Elektron	24	Platin	090	Quarzglas	5

b) Volumenausdehnung. Selbstverständlich dehnt sich ein Gegenstand nach jeder Dimension ebenso aus wie in der Länge. Dadurch ergibt sich eine Volumenzunahme ΔV, die sich ähnlich berechnen läßt wie die Längenausdehnung. Dabei muß der Längenausdehnungskoeffizient α durch den Raumausdehnungskoeffizienten γ ersetzt werden.

$$\text{Raumausdehnungskoeffizient:} \quad \gamma = \frac{1}{V}\frac{dV}{dT}$$

Der Raumausdehnungskoeffizient γ ist der Quotient aus der relativen Volumenänderung dV/V und dem Temperaturunterschied dT.

Da auch die Werte von γ bei festen und flüssigen Stoffen sehr klein sind, kann man dieselben Vereinfachungen verwenden wie bei den Formeln der Längenausdehnung:

$$\Delta V = V_0 \, \gamma \, \vartheta \qquad V_\vartheta = V_0 \, (1 + \gamma \, \vartheta) \qquad V_2 = V_1 \, (1 + \gamma \, \Delta\vartheta)$$

Bei einem Würfel mit der Seitenlänge l_0 ergibt sich bei der Erwärmung von 0 °C auf die Temperatur ϑ der neue Rauminhalt $V_\vartheta = l_0^3 \, (1 + \alpha \, \vartheta)^3 = V_0 \, (1 + 3\,\alpha\,\vartheta + 3\,\alpha^2\,\vartheta^2 + \alpha^3\,\vartheta^3)$, wobei die höheren Potenzen von $\alpha\,\vartheta$ wegen ihrer Kleinheit vernachlässigt werden dürfen. Der neue Rauminhalt ist also $V_\vartheta = V_0 \, (1 + 3\,\alpha\,\vartheta)$. Ein Vergleich mit der Formel $V_\vartheta = V_0 \, (1 + \gamma \, \vartheta)$ zeigt, daß $\gamma = 3\,\alpha$ ist. Da eine genau entsprechende Ableitung auch bei jeder anderen Körperform möglich ist, gilt allgemein:

Der Raumausdehnungskoeffizient γ ist das Dreifache des Längenausdehnungskoeffizienten α.

Weil für die festen Körper meist nur der Längenausdehnungskoeffizient von Bedeutung ist, geben die Tabellen für sie die Längenausdehnungskoeffizienten an.

Der Hohlraum eines Gefäßes verringert sich genau so, als ob er mit dem Material gefüllt wäre, aus dem das Gefäß besteht.

Weil das Volumen zunimmt, vermindert sich die Dichte eines Körpers mit wachsender Temperatur. Hat ein Körper von der Masse m bei 0 °C den Rauminhalt V_0 und die Dichte ϱ_0, bei der Temperatur ϑ den Rauminhalt V_ϑ und die Dichte ϱ_ϑ, so folgt aus $m = V_\vartheta\,\varrho_\vartheta = V_0\,\varrho_0$, wenn man $V_\vartheta = V_0\,(1 + \gamma\,\vartheta)$ einsetzt:

$$\varrho_\vartheta = \frac{\varrho_0}{1 + \gamma\,\vartheta}$$

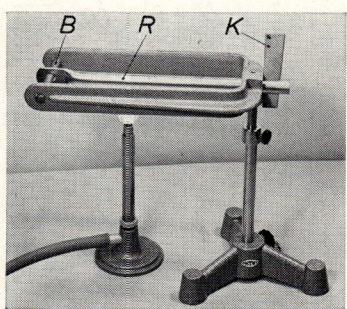

Abb. 2. Sprengen eines Bolzens durch Thermospannung

c) **Wärmespannungen.** Sind Gegenstände fest eingespannt, so daß sie sich bei Temperaturänderungen nicht zusammenziehen oder ausdehnen können, so treten in ihnen **Wärmespannungen** auf. Daß dabei große Kräfte wirksam werden, zeigt der folgende Versuch (Abb. 2).

Zwischen einem kräftigen Bügel wird mit einer Bunsenflamme ein Messingrohr R erhitzt. Das eine Ende des Rohres umspannt einen im Bügel gelagerten Bolzen B. Das andere Ende wird nach dem Erhitzen mit einem Keil fest eingeklemmt. Beim Abkühlen sucht sich das Rohr zusammenzuziehen und wirkt mit einer solchen Zugkraft auf den spröden Bolzen, daß er trotz seiner Stärke von 8 mm gesprengt wird.

Wenn man die Gleichung für eine elastische Verformung aus 1.5.3. a $\varepsilon = \Delta l/l = \sigma/E$ ($\sigma =$ Spannung, $E =$ Elastizitätsmodul) mit der Gleichung für die Wärmeausdehnung $\Delta l/l = \alpha\,\Delta\vartheta$ zusammenfaßt, erhält man die Gleichung zur Berechnung der Wärmespannung $\sigma/E = \alpha\,\Delta\vartheta$ oder:

$$\sigma = \alpha\,E\,\Delta\vartheta$$

Aus ihr geht hervor, daß die Größe der Wärmespannung von der Länge und dem Querschnitt des Stabes unabhängig ist und nur vom Material und der Temperaturerhöhung bedingt wird. Die auftretende Wärmespannung darf die Spannung der Elastizitätsgrenze nicht überschreiten, sonst tritt eine bleibende Verformung ein. Noch höhere Wärmespannungen können das Material zerstören.

Die Wärmespannungen werden in vielen Fällen nutzbar gemacht. Eisenreifen werden in glühendem Zustand aufgezogen und sitzen nach dem Erkalten mit großer Kraft fest. Einzupassende Metallteile werden stark gekühlt und eingefügt. Bei gewöhnlicher Temperatur pressen sie sich von innen fest an.

d) **Die Wärmeausdehnung in der Technik.** Die Wärmeausdehnung muß überall berücksichtigt werden, wo Gegenstände größeren Temperaturwechseln unterworfen sind. In Heißdampfleitungen baut man Ausdehnungsbogen (Abb. 3) ein. Zwischen den einzelnen Schienen einer Gleisanlage werden Zwischenräume gelassen. Erst in den letzten Jahren ist es gelungen, lange Schienen zusammenzuschweißen und die auftretenden Spannungen durch fest im Boden verankerte Beton-

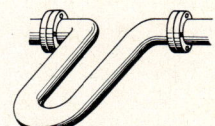

Abb. 3. Ausdehnungsbogen einer Heißdampfleitung

schwellen aufzufangen. Bei Auflagern von Brücken wird ein Zwischenraum für das Spiel der Wärmeausdehnung gelassen. Besonders wichtig ist die Berücksichtigung der Wärmeausdehnung bei Teilen von Wärmekraftmaschinen, weil dort besonders starke Temperaturänderungen auftreten.

Für besondere Gegenstände, bei denen keine Wärmeausdehnungen auftreten dürfen, z. B. für Uhrenpendel, benutzt man die Nickel-Eisen-Legierung Invar. Auch Ahornholz in Faserrichtung und Quarz haben sehr kleine Ausdehnungskoeffizienten. Für höchste Anforderungen läßt man zwei Ausdehnungen so gegeneinander arbeiten, daß sie sich aufheben. Abb. 4 zeigt das Pendel einer Präzisionsuhr; seine Länge bleibt konstant, weil die Ausdehnung des langen Invarstabes nach unten ebenso groß ist wie die des kurzen Messingrohres nach oben.

Maßstäbe werden stets für 20 °C geeicht. Bei niedrigen Temperaturen sind ihre Ablesungen zu groß, bei höheren zu klein. Zur Korrektur sind die Ablesungen mit dem Faktor $1 + \alpha \, (\vartheta - 20 \,°C)$ zu multiplizieren.

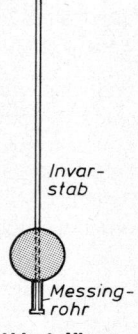

Invar-
stab

Messing-
rohr

Abb. 4. Uhrenpendel mit vollständigem Ausgleich der Wärmeausdehnung

Zwei verschiedene Stoffe lassen sich nur dann dauerhaft und dicht untereinander verbinden, wenn sie gleiche Wärmeausdehnung aufweisen. Sonst lockert die unterschiedliche Ausdehnung bei dem steten von äußeren Einflüssen verursachten Temperaturwechsel mit der Zeit auch eine anfänglich feste Verbindung. So kann man nur deshalb Stahlbeton herstellen, weil Stahl und Beton fast gleiche Ausdehnungskoeffizienten haben. Auch die Stromzuführungsdrähte zu Elektroden im Innern von Hochvakuumröhren müssen gleiche Ausdehnungskoeffizienten haben wie Glas. Je nach der Glassorte verwendet man Platin, Molybdän oder Legierungen dieser Metalle. Beim Glasquetschfuß der Glühlampen ist es gelungen, Kupfermanteldrähte einzuführen, ohne daß bei den wechselnden Temperaturen Undichtigkeiten entstehen.

Bei Stoffen mit verschiedenen Ausdehnungskoeffizienten lockert sich die Verbindung bei starken Temperaturunterschieden, z. B. bei Email auf Stahlblech. Dagegen lassen sich sehr dünne Metallstreifen mit stark verschiedenen Ausdehnungskoeffizienten fest verbinden. Solche **Bimetallstreifen** krümmen sich bei Erwärmung so, daß das sich stärker ausdehnende Metall sich nach außen wölbt. Sie werden zur Temperaturmessung (3.1.2. b) und bei Temperaturregelschaltungen verwendet.

Aufgaben:

1. Eine 360 m lange Leitung aus Stahlrohr ($\alpha = 14 \cdot 10^{-6} \, K^{-1}$) wird von Heißdampf ($\vartheta = 470 \,°C$) durchströmt. Welche Längenausdehnung ergibt sich gegenüber einer Ausgangstemperatur von 20 °C? Nach wieviel m ist jeweils ein Ausdehnungsbogen einzubauen, der eine Ausdehnung um 25 cm aufnehmen kann? (2,27 m, nach je 39,7 m)

2. Eine Lampe hängt über der Mitte einer 10 m breiten Straße. Wie weit hängt sie im Sommer bei 30 °C durch, wenn sie im Winter bei −15 °C um 20 cm durchhängt ($\alpha = 12 \cdot 10^{-6} \, K^{-1}$)? (25,9 cm)

3. Um welchen Betrag nimmt die Länge $l = 30$ m einer Schiene zu, wenn sie sich von −20 °C auf +40 °C erwärmt ($\alpha = 12 \cdot 10^{-6} \, K^{-1}$)? Welche Spannung entsteht, wenn die Schiene keinen Spielraum zur Ausdehnung hat ($E = 210\,000 \, N/mm^2$)? ($\Delta l = 2{,}16$ cm, $\sigma = 151 \, N/mm^2$)

4. Ein Ring hat bei 20 °C einen Durchmesser von 59,95 mm. Er soll auf eine Welle von 59,99 mm Durchmesser aufgeschrumpft werden. Zu diesem Zweck muß man ihn auf 60,00 mm weiten. Auf welche Temperatur muß er gebracht werden ($\alpha = 12 \cdot 10^{-6} \, K^{-1}$)? (89,5 °C)

3.2.2. Die Ausdehnung der Flüssigkeiten

a) Die Raumausdehnungskoeffizienten der Flüssigkeiten. Die Wärmeausdehnung von Flüssigkeiten ist größer als die von festen Körpern; deshalb läßt sie sich auch leichter nachweisen. Erwärmt man einen mit gefärbtem Alkohol gefüllten Glaskolben nur geringfügig, so steigt die Flüssigkeit in einem aufgesetzten Kapillarrohr. Da Flüssigkeiten keine feste Form haben, kann man bei ihnen nur Raumausdehnungskoeffizienten bestimmen.

Raumausdehnungskoeffizienten von Flüssigkeiten in K^{-1}

Äther	0,00160	Öl	0,00070	Wasser bei 10 °C	0,00009
Alkohol	0,00110	Schwefelsäure	0,00055	Wasser bei 20 °C	0,00020
Benzol	0,00120	Glycerin	0,00050	Wasser bei 30 °C	0,00030
Petroleum	0,00092	Quecksilber	0,00018	Wasser bei 40 °C	0,00039

b) Die Anomalie des Wassers. Während sich die meisten Flüssigkeiten fast regelmäßig ausdehnen, macht das Wasser eine Ausnahme. Es nimmt bei 4 °C das kleinste Volumen ein und dehnt sich von dieser Temperatur nicht bloß bei Erwärmung, sondern auch bei Abkühlung aus. Diese Abweichung von der bei den anderen Stoffen gültigen Regel bezeichnet man als die Anomalie des Wassers. Bei einer Erwärmung ist die Ausdehnung anfangs gering und wächst mit zunehmender Temperatur (Abb. 1). Weil Wasser bei 4 °C seinen kleinsten Rauminhalt einnimmt, ist seine Dichte bei dieser Temperatur am größten. Bei langsamer Abkühlung sinkt daher Wasser von 4 °C nach unten, während die kälteren Schichten und das noch leichtere Eis oben bleiben.

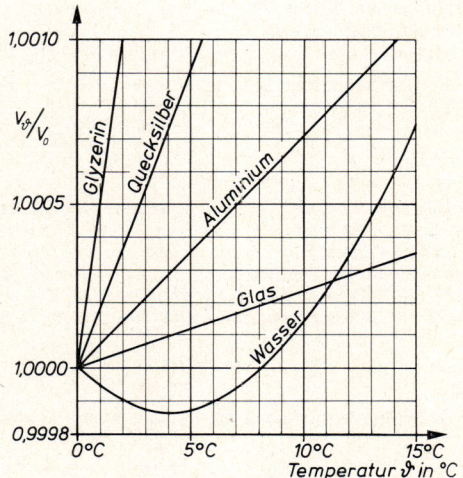

Abb. 1. Die Anomalie des Wassers

Diese Erscheinung hat die bedeutsame Folge, daß im Winter ruhiges Wasser (Seen und langsam fließende Flüsse) nur an der Oberfläche zufriert, während in der Tiefe das Wasser mit der Temperatur 4 °C flüssig bleibt. Ohne diese Besonderheit des Wassers wäre höheres organisches Leben in ihm unmöglich.

c) Relative Ausdehnungskoeffizienten. Wird eine Flüssigkeit in einem Gefäß erwärmt, so dehnt sich zugleich mit der Flüssigkeit auch das Gefäß aus, und der Anstieg der Flüssigkeitsoberfläche wird nur durch die Differenz beider Volumenzunahmen hervorgerufen. Die relative Volumenzunahme ist dann:

$$\Delta V_{rel} = \Delta V_{Fl} - \Delta V_{G} = V \, \Delta \vartheta \, (\gamma_{Fl} - \gamma_{G}) = V \, \Delta \vartheta \, \gamma_{rel}$$

γ_{rel} ist der relative Ausdehnungskoeffizient der Flüssigkeit in dem betreffenden Gefäß. Man erhält ihn als Differenz der Ausdehnungskoeffizienten der Flüssigkeit und des Gefäßes. So findet man z. B. den relativen Ausdehnungskoeffizienten des Quecksilbers in Glas:

$$\gamma_{rel} = \gamma_{Hg} - \gamma_{Gl} = (180 - 25) \cdot 10^{-6} \, K^{-1} = 155 \cdot 10^{-6} \, K^{-1}$$

d) Fadenkorrektur bei einem Quecksilberthermometer. Die Angaben eines Thermometers sind nur dann genau, wenn sich das ganze Thermometer in einer Umgebung mit der zu messenden Temperatur befindet. Ragt aber ein Teil des Quecksilberfadens von der Grenztemperatur ϑ_{gr} (Abb. 2) in eine kühlere Umgebung, so ist die abgelesene Temperatur ϑ_a zu niedrig. Man kann die richtige Temperatur ϑ erhalten, wenn man den herausragenden Teil des Quecksilberfadens von der Fadentemperatur ϑ_f auf die Temperatur ϑ erwärmt. Dabei dehnt sich das Volumen des in der Kapillare enthaltenen Quecksilbers relativ zum Glas aus. Dessen Ausgangsvolumen ist $V_1 = A\,s\,(\vartheta_a - \vartheta_{gr})$, wobei A der Kapillarenquerschnitt und s die Länge eines Skalenteils ist. Die Volumenzunahme ist dann: $\Delta V = V_1\,\gamma_{rel}\,(\vartheta - \vartheta_f) = A\,s\,(\vartheta_a - \vartheta_{gr})\,\gamma_{rel}\,(\vartheta - \vartheta_f)$. Diese Volumenzunahme läßt den Quecksilberfaden von ϑ_a auf ϑ ansteigen; sie ist also $\Delta V = A\,s\,(\vartheta - \vartheta_a)$. Durch Gleichsetzen beider Ausdrücke für ΔV erhält man für die Fadenkorrektur:

$$\vartheta - \vartheta_a = \gamma_{rel}\,(\vartheta_a - \vartheta_{gr})\,(\vartheta - \vartheta_f)$$

Hier kann man noch rechts ϑ durch die wenig davon abweichende abgelesene Temperatur ϑ_a ersetzen und statt der schwer zu bestimmenden Fadentemperatur ϑ_f die Temperatur ϑ_u der Umgebung einsetzen. Dann lautet die Formel für die Fadenkorrektur:

$$\vartheta - \vartheta_a = \gamma_{rel}\,(\vartheta_a - \vartheta_{gr})\,(\vartheta_a - \vartheta_u)$$

Für Quecksilber in Glas ist $\gamma_{rel} = 1/6300 \text{ K}^{-1}$, daher gilt für diesen häufigsten Fall:

$$\vartheta - \vartheta_a = \frac{(\vartheta_a - \vartheta_{gr})\,(\vartheta_a - \vartheta_u)}{6300 \text{ K}}$$

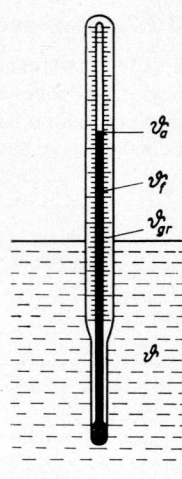

Abb. 2. Fadenkorrektur

e) Barometerkorrektur auf 0 °C. Beim Quecksilberbarometer wird der Luftdruck p_L durch die Höhe h einer Quecksilbersäule nach der Formel $p_L = h\,\varrho\,g$ gemessen. Da sich die Dichte des Quecksilbers mit der Temperatur ändert, ergeben sich verschiedene Höhen, wenn man den gleichen Luftdruck bei verschiedenen Temperaturen abliest. Deshalb müssen alle Ablesungen von Quecksilberbarometern auf die Temperatur 0 °C bezogen werden. Da eine bei der Temperatur ϑ abgelesene Höhe h_ϑ denselben Luftdruck anzeigen soll wie die bei 0 °C geltende Höhe h_0, gilt:

$$p_L = h_0\,\varrho_0\,g = h_\vartheta\,\varrho_\vartheta\,g \qquad\qquad h_0 = h_\vartheta\,\frac{\varrho_\vartheta}{\varrho_0}$$

Daraus ergibt sich nach der in 3.2.1. b angegebenen Formel für ϱ_ϑ:

$$h_0 = \frac{h_\vartheta}{1 + \gamma\,\vartheta} \qquad\text{wobei:}\quad \gamma = 180 \cdot 10^{-6} \text{ K}^{-1}$$

Aufgaben:

1. Auf einen mit Petroleum gefüllten Glaskolben ($\gamma_{Gl} = 25 \cdot 10^{-6} \text{ K}^{-1}$) vom Inhalt 72 cm³ ist eine Kapillare ($d = 2$ mm) aufgesetzt. Bei einer Erwärmung von 17,0 °C auf 23,7 °C steigt die Flüssigkeitssäule in der Kapillare um 136 mm. Welchen Ausdehnungskoeffizienten hat das Petroleum?
   (0,00091 K⁻¹)

2. Eine Warmwasserheizung enthält bei 10 °C 650 dm³ Wasser. Welchen Rauminhalt muß das Ausdehnungsgefäß dieser Heizung mindestens haben, damit bei einer Wassertemperatur von 80 °C kein Wasser überläuft (mittlerer Ausdehnungskoeffizient des Wassers zwischen 10 °C und 80 °C: $\gamma_W = 0,0004 \text{ K}^{-1}$, von Stahl $\alpha_{St} = 0,000012 \text{ K}^{-1}$)?
   (16,56 dm³)

3. Ein Beckmannthermometer (3.1.2. Abb. 2) hat einen Quecksilbervorrat von 4,3 cm³. Welchen Durchmesser muß die Kapillare haben, damit man die Skala nach 0,01 K mit 0,5 mm-Intervallen einteilen kann ($\gamma_{Hg} = 180 \cdot 10^{-6} \text{ K}^{-1}$, $\gamma_{Gl} = 25 \cdot 10^{-6} \text{ K}^{-1}$)?
   (0,13 mm)

4. Ein Thermometer zeigt eine Temperatur von 280 °C an. Seine Kapillare befindet sich vom Skalenteil 60 °C an in einer Umgebung von 25 °C. Welche Korrektur ist an der Ablesung anzubringen ($\gamma_{rel} = 1/6300 \text{ K}^{-1}$)?
   (8,9 K)

5. Bei einer Temperatur von 21 °C wird an einem Barometer eine Höhe der Quecksilbersäule von 754 mm abgelesen. Wie groß ist der Luftdruck ($\gamma_{Hg} = 180 \cdot 10^{-6} \text{ K}^{-1}$)?
   (1001 mbar)

3.2.3. Die Ausdehnung der Gase

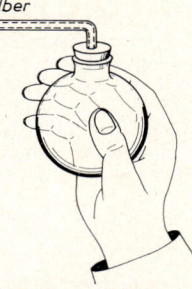

Quecksilber

a) Der Raumausdehnungskoeffizient der Gase. Die Gase dehnen sich bei Erwärmung mehr und gleichmäßiger aus als die festen und flüssigen Stoffe. Zum Nachweis genügt die Erwärmung des Luftinhaltes eines Glaskolbens (Abb. 1), der durch einen Quecksilbertropfen in einer waagerechten Kapillare abgeschlossen ist. Der Tropfen verschiebt sich schon bei einer geringen Erwärmung des Kolbens mit der Hand. Dabei bleibt der äußere Luftdruck konstant.

Bestimmt man die Raumausdehnungskoeffizienten verschiedener Gase bei gleichbleibendem Druck, so erhält man bei allen fast den gleichen Wert:

Abb. 1. Wärmeausdehnung der Luft

$$\gamma = 0,00366 \; K^{-1} = \frac{1}{273 \; K}$$

> **Alle Gase dehnen sich bei gleichbleibendem Druck bei Erwärmung um 1 K um 1/273 des Volumens aus, das sie bei 0 °C einnehmen.**

b) Das Gesetz von Gay-Lussac. Weil der Wert des Ausdehnungskoeffizienten bei Gasen viel größer ist als bei festen und flüssigen Stoffen, darf man die dort gültige Näherungsformel nicht anwenden. Wegen des bei allen Gasen gleichen Wertes von γ läßt sich aber auch hier eine vereinfachte Formel ableiten, um aus dem Volumen eines Gases bei einer Ausgangstemperatur das bei einer anderen Temperatur und gleichem Druck zu berechnen.

Mit dem oben gefundenen Wert von γ erhält man:

$$V_\vartheta = V_0 \left(1 + \frac{\vartheta}{273 \; K}\right) = V_0 \frac{273 \; K + \vartheta}{273 \; K}$$

Im Zähler des Bruches steht die in Nr. 3.1.1. b eingeführte absolute Temperatur T. Setzt man diese ein und bezeichnet man die 0 °C entsprechende Temperatur 273 K als T_0, so erhält man:

Gesetz von Gay-Lussac: $\dfrac{V}{T} = \dfrac{V_0}{T_0}$ = const. (bei gleichem Druck)

Da der Bruch bei gleichem Druck immer denselben Wert hat, gilt auch für zwei Volumina bei verschiedenen Temperaturen: $V_1/T_1 = V_2/T_2$.

3.2.4. Die Zustandsgleichung der Gase

a) Das Boyle-Gay-Lussacsche[1] Gesetz. Beim Gay-Lussacschen Gesetz gilt die Bedingung, daß der Druck konstant bleibt. Beim Boyleschen Gesetz muß die Temperatur unverändert bleiben. Meistens ist keine dieser beiden Bedingungen erfüllt, sondern es ändern sich gleichzeitig der Druck und die Temperatur. Die dann gültige Gesetzmäßigkeit findet man aus Versuchen mit einem Gerät nach Abb. 1.

---

[1] Gay Lussac, 1778 bis 1850 in Paris, erforschte als Physiker und Chemiker die Gasgesetze.

In der linken Glasröhre steht ein abgeschlossenes Gasvolumen unter dem Druck einer Quecksilberfüllung, den man durch Heben oder Senken der rechten Röhre verändern kann. Die linke Röhre befindet sich in einem mit Wasser von beliebiger Temperatur gefüllten Zylindermantel. Man mißt zu verschiedenen Drücken p und Temperaturen T das dazugehörige Volumen V.

Aus den Versuchen ergibt sich, daß der Bruch $\frac{pV}{T}$ bei allen Zustandsänderungen einer Gasmenge konstant bleibt. Das gleiche Ergebnis läßt sich aus dem Boyleschen und Gay-Lussacschen Gesetz ableiten. Dabei benutzt man den Erfahrungssatz, daß der Endzustand eines Gases von dem Weg, auf dem er erreicht wird, unabhängig ist. Ändert sich daher ein Zustand, gekennzeichnet durch die Größen p_1, V_1, T_1 in einen zweiten mit den Größen p_2, V_2, T_2, so kann man den Übergang in zwei Schritten ausführen, von denen der eine bei gleichbleibender Temperatur (isotherm), der andere bei konstantem Druck (isobar) verläuft. Der nach dem ersten Schritt erreichte Zwischenzustand hat dann mit dem Anfangszustand die gleiche Temperatur T_1, mit dem Endzustand den gleichen Druck p_2 und ein Volumen V'. Man erhält folgende Übersicht:

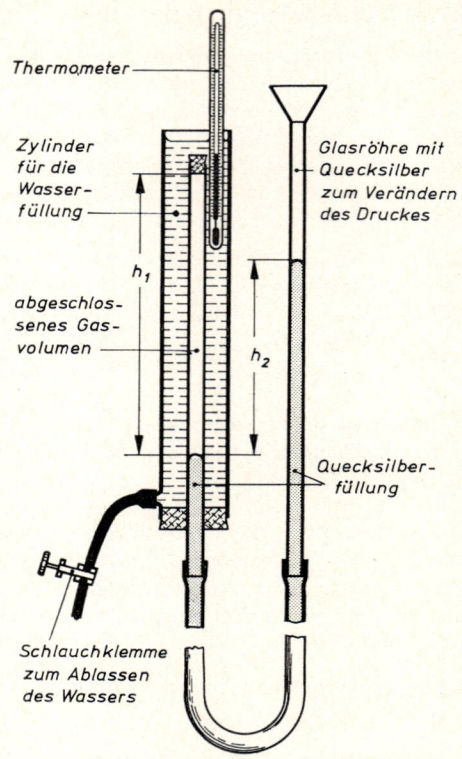

Thermometer

Zylinder für die Wasserfüllung

Glasröhre mit Quecksilber zum Verändern des Druckes

h_1

abgeschlossenes Gasvolumen

h_2

Quecksilberfüllung

Schlauchklemme zum Ablassen des Wassers

Abb. 1. Gerät zur Ableitung des Boyle-Gay-Lussacschen Gesetzes

1. p_1 V_1 T_1 ↓ Übergang bei gleicher Temperatur
2. p_2 V' T_1 ↓ Übergang bei gleichem Druck
3. p_2 V_2 T_2 ↓

Für den ersten Übergang gilt das Boylesche Gesetz: $p_1 V_1 = p_2 V'$. Für den zweiten Übergang gilt das Gay-Lussacsche Gesetz: $\frac{V'}{T_1} = \frac{V_2}{T_2}$. Dividiert man die erste Gleichung durch T_1 und multipliziert man die zweite Gleichung mit p_2, so kann man die Ausdrücke $\frac{p_2 V'}{T_1}$ aus beiden Gleichungen gleichsetzen und findet das **Boyle-Gay-Lussacsche Gesetz,** in dem das Zwischenvolumen V' nicht mehr vorkommt und das für jede Zustandsänderung eines Gases gilt:

$$\frac{p_1 V_1}{T_1} = \frac{p_2 V_2}{T_2} = \text{const.}$$

Ändern sich bei einer Gasmenge Druck, Temperatur und Volumen, so behält der Bruch $\frac{pV}{T}$ stets den gleichen Wert.

Im Boyle-Gay-Lussacschen Gesetz sind als Sonderfälle folgende Gesetze enthalten: Für **isotherme** Zustandsänderungen bei gleichbleibender Temperatur $T_1 = T_2$ das Boylesche Gesetz:

$p_1 V_1 = p_2 V_2$, für **isobare** Zustandsänderungen bei gleichbleibendem Druck $p_1 = p_2$ das Gay-Lussacsche Gesetz: $\dfrac{V_1}{T_1} = \dfrac{V_2}{T_2}$, für **isochore** Zustandsänderungen bei gleichbleibendem Volumen $V_1 = V_2$ das ebenfalls nach Gay-Lussac benannte Gesetz: $\dfrac{p_1}{T_1} = \dfrac{p_2}{T_2}$. Ersetzt man das Volumen durch $\dfrac{m}{\varrho}$ und kürzt mit der unveränderten Masse des Gases, so erhält man eine Form des Boyle-Gay-Lussacschen Gesetzes, welche die Umrechnung der Dichte gestattet:

$$\frac{p_1}{\varrho_1 T_1} = \frac{p_2}{\varrho_2 T_2}$$

Nach diesen Gleichungen läßt sich ϱ auf den Normalzustand eines Gases von 0 °C = 273,15 K und 1,013 bar umrechnen. In Tabellen werden alle Angaben über Gase nur mit Bezug auf diesen Normalzustand angegeben.

b) Der Spannungskoeffizient. Nach dem Boyle-Gay-Lussacschen Gesetz nimmt bei einem Gas mit steigender Temperatur bei konstantem Druck das Volumen, bei konstantem Volumen der Druck zu. Ähnlich, wie man die Volumenzunahme durch den Raumausdehnungskoeffizienten $\gamma = \dfrac{1}{V_0}\dfrac{dV}{dT}$ kennzeichnet, führt man zur Berechnung der Druckzunahme den Ausdruck $\beta = \dfrac{1}{p_0}\dfrac{dp}{dT}$ als Spannungskoeffizienten ein. Aus $\dfrac{V_1}{V_0} = \dfrac{T_1}{T_0}$ und $\dfrac{V_2}{V_0} = \dfrac{T_2}{T_0}$ folgt durch Subtraktion $\dfrac{\Delta V}{V_0} = \dfrac{\Delta T}{T_0}$, oder, wenn man zu Volumen- bzw. Temperaturdifferentialen übergeht $\dfrac{dV}{V_0} = \dfrac{dT}{T_0}$. Durch Einsetzen erhält man für den Ausdehnungskoeffizienten $\gamma = \dfrac{dV}{V\,dT} = \dfrac{1}{T_0} = \dfrac{1}{273\ \text{K}}$, was mit dem oben angegebenen experimentellen Ergebnis übereinstimmt. Ebenso findet man aus $\dfrac{p_1}{p_0} = \dfrac{T_1}{T_0}$ und $\dfrac{p_2}{p_0} = \dfrac{T_2}{T_0}$ durch Subtraktion $\dfrac{\Delta p}{p_0} = \dfrac{\Delta T}{T_0}$ bzw. $\dfrac{dp}{p_0} = \dfrac{dT}{T_0}$. Durch Einsetzen findet man für den **Spannungskoeffizienten:**

$$\beta = \frac{1}{p_0}\frac{dp}{dT} = \frac{1}{T_0} = \frac{1}{273\ \text{K}}$$

Ausdehnungskoeffizient und Spannungskoeffizient haben bei allen Gasen den gleichen Wert.

c) Die Gaskonstante und die allgemeine Zustandsgleichung der Gase. Der Bruch $\dfrac{p\,V}{T}$ hat für alle Zustände der gleichen Gasmenge denselben Wert. Bei verschiedenen Mengen des gleichen Gases ist er proportional zu der Masse. Man kann also schreiben: $\dfrac{p\,V}{T} = m\,R_s$. Die hier benutzte Konstante R_s heißt die spezifische Gaskonstante. Sie hat für jedes Gas einen bestimmten Wert, wobei man statt des Index s das entsprechende chemische Zeichen setzt, z. B. R_H, R_O, R_{CO}. Die Einheit der Gaskonstanten folgt aus dem Bruch:

$$[R_s] = \left[\frac{p\,V}{m\,T}\right] = \frac{(\text{N/m}^2)\ \text{m}^3}{\text{kg K}} = \frac{\text{N m}}{\text{kg K}} = \frac{\text{J}}{\text{kg K}}$$

Spezifische Gaskonstanten in J/(kg K)					
Wasserstoff	4123	Luft	287,0	Wasserdampf	461,8
Helium	2078	Kohlenoxid	269,9	Ammoniak	488,0
Stickstoff	296,7	Kohlendioxid	188,8	Argon	208,1
Sauerstoff	260,0	Methan	518,6	Krypton	99,3

Beseitigt man in dem Bruch pV/T den Nenner, so erhält man die für beliebige Zustände eines bestimmten, durch die Gaskonstante R_s gekennzeichneten Gases gültige **Zustandsgleichung** des betreffenden Gases:

$$pV = m R_s T$$

Diese Gleichung läßt sich umformen, daß sie eine für alle Gase gültige Form annimmt, wenn man das besonders in der Chemie wichtige Gesetz von Avogadro berücksichtigt:

Gleiche Volumina von Gasen enthalten bei gleichem Druck und gleicher Temperatur die gleiche Anzahl von Molekülen oder Atomen.

Da 1 mol eines Gases stets die gleiche Anzahl von Molekülen enthält, die durch $N_A = 6{,}023 \cdot 10^{23}/\text{mol}$ gegeben ist, muß nach diesem Gesetz jedes Mol eines Gases bei gleichem Druck und gleicher Temperatur das gleiche Volumen einnehmen. Beim Normalzustand $p_0 = 1{,}013$ bar und $T_0 = 273{,}15$ K ergibt sich für dieses Normalmolvolumen:

Normalmolvolumen $V_{m0} = 22{,}41 \text{ dm}^3/\text{mol} = 22{,}41 \text{ m}^3/\text{kmol}$

Berechnet man daher den Bruch pV/T für 1 mol verschiedener Gase, so muß sich bei allen in jedem beliebigen Zustand derselbe Wert ergeben, den man als **allgemeine Gaskonstante** R (ohne Index) bezeichnet. Ihren Wert erhält man aus den Zustandsgrößen des Normalzustandes und dem Normalmolvolumen:

$$R = \frac{p_0 V_{m0}}{T_0} = \frac{1{,}013 \cdot 10^5 \text{ N/m}^2 \cdot 0{,}02241 \text{ m}^3/\text{mol}}{273{,}15 \text{ K}} \approx 8{,}314 \, \frac{\text{N m}}{\text{mol K}} = 8{,}314 \, \frac{\text{J}}{\text{mol K}}$$

Da R den Wert des Bruches pV/T für 1 mol darstellt, hat dieser für eine beliebige in mol gemessene Stoffmenge n den Wert $pV/T = nR$. Daraus erhält man die für beliebige Zustände aller Gase gültige **allgemeine Zustandsgleichung der Gase:**

$$pV = n R T$$

Die Beziehung zwischen der spezifischen und der allgemeinen Gaskonstante erhält man, wenn man in der spezifischen Zustandsgleichung die Masse m durch die Stoffmenge n ausdrückt und dann mit der allgemeinen Zustandsgleichung vergleicht. Da die molare Masse $m_m = M_r \cdot 1 \text{ g/mol}$ ist, erhält man die in mol gemessene Stoffmenge n aus:

$$\text{Stoffmenge } n = \frac{m}{m_m} = \frac{m \text{ mol}}{M_r \cdot 1 \text{ g}}$$

Setzt man den sich hieraus ergebenden Ausdruck $m = n M_r \text{ g/mol}$ in die spezifische Gasgleichung ein, so folgt:

$$pV = n M_r \frac{\text{g}}{\text{mol}} R_s T$$

Durch Vergleich mit der allgemeinen Gasgleichung $pV = n R T$ erhält man:

$$R_s M_r \frac{\text{g}}{\text{mol}} = R \quad \text{oder} \quad R_s = \frac{R}{M_r} \frac{\text{mol}}{\text{g}}$$

Für Wasserstoff mit $M_r = 2{,}016$ erhält man z. B. in Übereinstimmung mit der Tabelle:

$$R_H = \frac{8{,}314 \text{ J} \cdot \text{mol}}{2{,}016 \text{ mol K g}} = 4{,}123 \, \frac{\text{J}}{\text{g K}} = 4123 \, \frac{\text{J}}{\text{kg K}}$$

Der tiefere Grund, weshalb der Bruch $p V/T$ nicht für gleiche Massen, sondern für die gleiche Molekülzahl stets denselben Wert annimmt, folgt aus der kinetischen Theorie der Wärme (3.6.2. d).

Besonders bei höheren Drücken und tiefen Temperaturen erfüllen sehr viele Gase die allgemeine Gasgleichung nicht mehr genau. Die Abweichungen werden um so größer, je näher man der Verflüssigung des betreffenden Gases kommt. Ein Gas, das die allgemeine Zustandsgleichung genau erfüllt, ein **„ideales Gas",** gibt es nicht. Aber Wasserstoff, Helium, Sauerstoff und Luft verhalten sich in weitem Bereich nahezu wie ideale Gase.

d) Der absolute Nullpunkt. Kühlt man ein Gas unter konstantem Druck auf 0 K $\triangleq$ −273 °C ab, so nimmt das Volumen — die Gültigkeit der allgemeinen Gasgleichung vorausgesetzt — auf Null ab. Bei noch weiterer Abkühlung müßte das Volumen negativ werden. Da es kein negatives Volumen gibt, folgerte man daraus, daß 0 K $\triangleq$ −273 °C die tiefste denkbare Temperatur, den **absoluten Nullpunkt,** darstellt. Obwohl diese Schlußweise nicht zwingend ist, da sich alle Gase vor dem Erreichen der Temperatur 0 K verflüssigen, wird das Ergebnis durch die kinetische Gastheorie und vor allem durch das Experiment bestätigt. Der genaue Wert des absoluten Nullpunktes ist —273,15 °C. Man kann ihn nie ganz erreichen, aber ihm mit besonderen Methoden sehr nahe kommen. Die tiefste erreichte Temperatur beträgt nur wenig mehr als 0,001 K.

Aufgaben:

1. In einer Gasflasche von 40 dm³ Inhalt wird bei 10 °C Sauerstoff bis zu einem Überdruck von 10 bar eingefüllt (Luftdruck p_L = 1 bar). Wie viele Liter kann man bei 25 °C und 1020 mbar daraus entnehmen?   (415 dm³)

2. In einem druckfesten Behälter mit 0,5 dm³ Inhalt wird zu der enthaltenen Luft 24 g Trockeneis (CO_2) gebracht und verschlossen. Welcher Innendruck ergibt sich nach dem Verdampfen des Trockeneises bei 27 °C?   (27,2 bar + p_L)

3. 6,7 g eines Gases nehmen bei 20 °C und 960 mbar ein Volumen von 10 dm³ ein. Wie groß ist das Volumen bei Normalbedingungen? Welche Dichte hat es bei Normalbedingungen? Welches Gas ist es?   (V_0 = 8,83 dm³, ϱ_0 = 0,758 g/dm³, Ammoniak)

4. 1 m³ Luft enthält 4 mg Krypton (R_{Kr} = 99,3 J/mol K). Wie viele m³ Luft müssen verarbeitet werden, um die Kryptonmenge zu gewinnen, die zur Füllung einer Glühlampe (V = 65 cm³) bei 400 mbar und 24 °C nötig sind?   (88 mg, 22 m³)

3.3. Die Wärme als Energie

3.3.1. Die Wärmemenge und ihre Äquivalenz zu mechanischer Arbeit

a) Die Wärmemenge. Die Erfahrung lehrt, daß man zur Erwärmung eines Stoffes „Wärme" braucht, und zwar um so mehr, je größer die Stoffmenge und die Temperaturerhöhung sind. In dieser Feststellung bedeutet Wärme nicht den durch die Temperatur gekennzeichneten Zustand eines Stoffes, sondern etwas, was in meßbarer Weise von einem Wärmeerzeuger, z. B. einer Gasflamme, auf einen Stoff übertragen wird. In diesem Sinn verwendet man präziser die Bezeichnung **Wärmemenge.**

Man darf annehmen, daß z. B. die gleichmäßig brennende Flamme eines Bunsenbrenners in jeder Sekunde die gleiche Wärmemenge erzeugt. Deshalb kann man aus der Zeit, die man braucht, um mit einem solchen Brenner bei Stoffen mit verschiedener Masse bestimmte Temperaturerhöhungen hervorzurufen, auf die Größe der erforderlichen Wärmemenge schließen. Solche Versuche bestätigen die eingangs angegebene Erfahrung:

> **Die Wärmemenge, die zur Erwärmung einer Stoffmenge dient, ist proportional zur Masse des Stoffes und zur Temperaturerhöhung.**

Sie hängt aber auch von der Art des Stoffes ab, der erwärmt wird. So braucht man z. B. für die gleiche Temperaturerhöhung bei 1 kg Wasser wesentlich länger als bei 1 kg Tetrachlorkohlenstoff. Ebenso braucht man verschiedene Zeiten, um bei 1 kg Blei oder bei 1 kg Eisen die gleiche Temperaturerhöhung zu erzeugen.

Mit einer von der Eigenart der Stoffe abhängigen Proportionalitätskonstante c kann man alle gefundenen Abhängigkeiten in der folgenden Gleichung für die Wärmemenge Q zusammenfassen.

$$Q = m\,c\,\varDelta\vartheta = m\,c\,\varDelta T$$

Nach dieser Gleichung ist $c = \dfrac{Q}{m\,\varDelta\vartheta}$ der Quotient aus einer Wärmemenge, der Masse des erwärmten Stoffes und der hervorgerufenen Temperaturerhöhung; sie heißt die **spezifische Wärmekapazität** des Stoffes. Genauere Angaben über ihre Messung und ihre Größe folgen nach der Einführung der Einheiten in 3.3.2.

b) Wärmemenge und mechanische Arbeit. Wenn man in einem Topf mit einem Deckel Wasser erwärmt, entsteht Wasserdampf, der imstande ist, den Deckel hochzuheben. Die Zuführung von Wärme hat also den Topfinhalt in die Lage versetzt, mechanische Arbeit zu verrichten. Nach dem Satz von der Erhaltung der Energie kann irgend eine Vorrichtung nur dann mechanische Arbeit verrichten, wenn ihr zuvor oder gleichzeitig Energie zugeführt wird. Da aber dem Topf nichts anderes als Wärme zugeführt wurde, muß die erforderliche Energie mit der Wärme zugeführt worden sein.

In der Mechanik wurde festgestellt, daß die von einer Vorrichtung abgegebene mechanische Arbeit nur dann der zugeführten Arbeit entspricht, wenn die zur Überwindung der Reibungskraft nötige Arbeit vernachlässigt wird. Beim Auftreten von Reibung geht mechanische Arbeit verloren, während sich die reibenden Gegenstände an den Reibflächen erwärmen. Man ist veranlaßt anzunehmen, daß die verlorene mechanische Arbeit in der Reibungswärme enthalten ist.

Nach diesen Überlegungen liegt die Vermutung nahe, daß eine Wärmemenge zugleich einen Energiebetrag darstellt und daß Wärmemenge und mechanische Energie ineinander umgewandelt werden können. Man könnte die Wärmemenge und die mechanische Arbeit als verschiedene Erscheinungsformen der physikalischen Größe Energie betrachten, wenn es sich zeigen ließe, daß einer bestimmten mechanischen Arbeit stets die gleiche Wärmemenge entspricht. Dieser Nachweis kann durch Versuche mit einer Vorrichtung nach Abb. 1 erbracht werden.

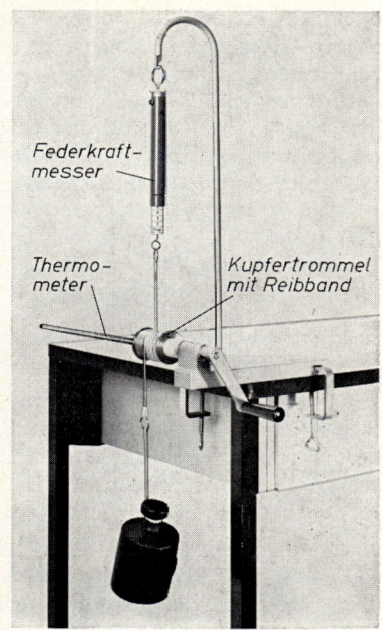

Eine drehbare Trommel enthält eine Wasserfüllung, deren Temperatur an einem Thermometer abgelesen werden kann. Beim Drehen an der Kurbel entsteht bei der um die Trommel geschlungenen Schnur eine solche Reibung, daß das Gewichtsstück sich vom Boden hebt. Dann ist die Reibungskraft, abgesehen von der geringen Spannkraft, die der Federkraftmesser anzeigt, ebenso groß wie dessen Gewichtskraft. Bei jeder Umdrehung wird infolge der Überwindung der Reibung längs des Trommelumfanges eine Arbeit verrichtet. Zugleich entsteht Wärme, die die Temperatur der Wasserfüllung der Trommel erhöht. Berechnet man aus mehreren Versuchen mit verschiedener Zahl der Umdrehungen oder verschiedener Wasserfüllung jeweils die Arbeit, die erforderlich ist, um 1 g Wasser um 1 K zu erwärmen, so erhält man stets (abgesehen von Versuchsungenauigkeiten) den gleichen Betrag von 4,19 J.

Abb. 1. Bestimmung des mechanischen Wärmeäquivalents

Ähnliche Versuche wurden seit 1843 ausgeführt, als der Engländer Joule[1] zum ersten Male die Umwandlung von Reibungskraft in Wärme experimentell messend untersuchte. Da alle derartigen Versuche zum gleichen Ergebnis führten, ist die Annahme berechtigt, daß jede mechanische Arbeit einer bestimmten Wärmemenge entspricht und umgekehrt.

Die Wärmemenge ist eine Energieart.

c) Die Einheit der Wärmemenge. Wegen dieses Ergebnisses kann man die Wärmemenge auch als Wärmeenergie bezeichnen. Man benötigt für sie keine besondere Einheit, sondern man verwendet zu ihrer Messung die nach Joule benannte allgemeine Energieeinheit des SI, das Joule (J).

Früher benützte man die Wärmemenge, die bei 1 g Wasser eine Temperaturerhöhung um 1 K erzeugt, als besondere Einheit der Wärmemenge und bezeichnete sie als 1 Kalorie (cal). Dadurch war bei jeder Umwandlung von Wärme in eine andere Energieart eine lästige Umrechnung in eine andere Energieeinheit erforderlich. Durch die Festsetzung, daß auch die Wärmemenge in J gemessen werden soll, werden solche Umrechnungen überflüssig. Wenn die Einheiten 1 cal oder 1 kcal noch auftreten, kann man sie in SI-Einheiten umrechnen:

$$1 \text{ cal} = 4.1868 \text{ J} \qquad 1 \text{ kcal} = 4186,8 \text{ J} \qquad 1 \text{ J} = 0,239 \text{ cal}$$

[1] James J o u l e , 1818 bis 1889, Bierbrauer und Amateurphysiker in London, bestimmte genaue Werte für die Umrechnung von Wärme und elektrischer Energie in mechanische Energie.

d) Der erste Hauptsatz. Da jede Wärmemenge einer mechanischen Arbeit und jede mechanische Arbeit einer Wärmemenge entspricht, lassen sich diese beiden Energiearten nicht voneinander trennen. Der Satz von der Erhaltung der Energie muß auf beide Energiearten ausgedehnt werden. Dann entfällt auch die Beschränkung auf reibungslos ablaufende Vorgänge. Die Notwendigkeit, den Satz von der Erhaltung der Energie auch auf die Wärme auszudehnen, wurde zum ersten Male von Robert Mayer[1] 1842 erkannt und später von Helmholtz[2] genau formuliert. Heute bildet er als der **erste Hauptsatz der Wärmelehre** ein Fundament der Physik. In späteren Abschnitten werden noch andere Energiearten, z. B. Licht, Schall, elektrische Energie, Atomkernenergie auftreten. Der erste Hauptsatz umschließt alle diese Energiearten.

> **Energie kann weder gewonnen werden noch verloren gehen; jede Energieart kann aber in andere Energiearten umgewandelt werden.**

Wird einem Körper eine Wärmemenge zugeführt, so kann er dadurch eine äußere Arbeit verrichten, oder er kann die Wärme dazu verwenden, um seine Temperatur zu erhöhen oder seinen inneren Aufbau zu ändern. Die letztgenannten Energiebeträge, die im Innern eines Körpers gespeichert sind, bezeichnet man als seine **innere Energie** U.

Wie sich die zugeführte Wärme auf die äußere Arbeit und die innere Energie verteilt, hängt von den Zustandsgrößen des Körpers, z. B. vom Druck, Volumen oder von der Temperatur, ab. Da sich diese infolge der Wärmezufuhr auch ändern, wechselt im allgemeinen auch die Aufteilung einer größeren, zugeführten Wärmemenge während ihrer Aufnahme. Um bei der mathematischen Formulierung des ersten Hauptsatzes von diesen Änderungen unabhängig zu sein, beschränkt man sich auf eine so kleine zugeführte Wärmemenge dQ, daß dadurch die Zustandsgrößen noch nicht wesentlich geändert werden. Dann sind auch die Anteile der äußeren Arbeit dW und der inneren Energie dU klein. Da ihre Summe der zugeführten Wärme entsprechen muß, lautet die Formulierung des ersten Hauptsatzes:

$$dQ = dU + dW$$

Um aus dieser Gleichung weitere Erkenntnisse zu ziehen, müssen die Änderungen dU und dW durch die Zustandsgrößen des betreffenden Stoffes ausgedrückt werden. Für die weitere Behandlung der Gleichung braucht man in den meisten Fällen die Hilfsmittel der höheren Mathematik.

3.3.2. Mischungsversuche

a) Die Mischungsregel. Erfahrungsgemäß gleichen Stoffe, die miteinander in Berührung gebracht werden, ihre Temperaturen gegenseitig an. Besonders rasch erfolgt der Temperaturausgleich bei Flüssigkeiten, weil bei ihnen der Wärmeaustausch duch Mischen am schnellsten erfolgt. Da während dieses Vorganges keine Wärme in eine andere Energieart umgewandelt

---

[1] Robert M a y e r , 1814 bis 1878, Arzt in Heilbronn, fand die Gesetzmäßigkeit der Umwandlung von mechanischer Arbeit in Wärme.
[2] Hermann v. H e l m h o l t z , 1821 bis 1894 in Berlin, bedeutender Physiker. Er machte Untersuchungen über Schall- und Farbempfindungen und formulierte den Satz von der Erhaltung der Energie exakt.

wird, muß die vom wärmeren Stoff abgegebene Wärmemenge ebenso groß sein wie die vom kälteren Stoff aufgenommene Wärmemenge. Diese Aussage ist der Inhalt der Mischungsregel:

> Abgegebene Wärmemenge = Aufgenommene Wärmemenge

b) Ausführung von Mischungsversuchen in einem Kalorimeter. Bei allen Mischungsversuchen werden kleine Wärmemengen an die Umgebung abgegeben oder von ihr aufgenommen. Weil diese sich schwer genau berechnen lassen, müssen sie meist vernachlässigt werden. Um trotzdem genaue Meßergebnisse zu erzielen, sucht man den Wärmeaustausch mit der Umgebung möglichst klein zu halten, indem man die Mischung in einem **Kalorimeter** (Abb. 1) durchführt. Das ist ein meist mit Wasser gefülltes Gefäß, das nach außen gut gegen Wärmeverluste isoliert ist.

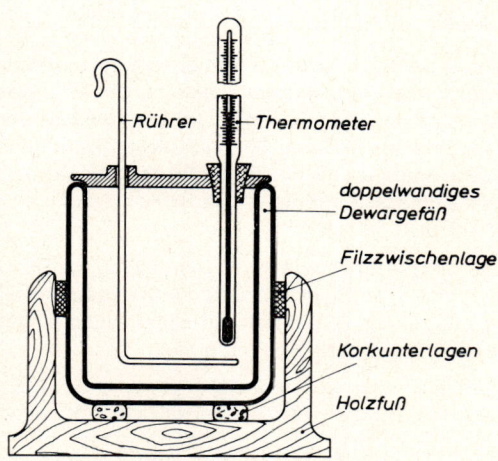

Bei einem Mischungsversuch gibt der warme Stoff nur einen Teil seiner Wärme an die Kalorimeterfüllung ab, ein anderer Teil wird von der Apparatur (Gefäßwand, Deckel, Thermometer, Rührer) aufgenommen. Die Wärme, die die Apparatur aufnimmt, berücksichtigt man durch den Ausdruck $C\,(\vartheta_m - \vartheta_2)$, wobei C als Wärmekapazität des Kalorimeters bezeichnet wird. Dann lautet die Mischungsgleichung:

$$m_1\,c_1\,(\vartheta_1 - \vartheta_m) = (m_2\,c_2 + C)\,(\vartheta_m - \vartheta_2)$$

Abb. 1. Schnitt durch ein Kalorimeter

c) Messung der spezifischen Wärmekapazitäten. Nach ihrer Definition $c = Q/(m\,\Delta\vartheta)$ und dem Ergebnis des Versuchs in 3.3.1. b hat Wasser die spezifische Wärmekapazität:

$$c = \frac{4{,}19\ \text{J}}{1\ \text{g} \cdot 1\ \text{K}} = 4{,}19\ \frac{\text{J}}{\text{g K}}$$

Die oben entwickelte Kalorimetergleichung gibt die Möglichkeit, andere spezifische Wärmekapazitäten aus Mischungsversuchen zu bestimmen, wenn die Wärmekapazität C des Kalorimeters und die spezifische Wärmekapazität c_2 der Kalorimeterflüssigkeit bekannt sind.

Bei Gasen kann man mit einem Kalorimeter nach Abb. 1 nicht auskommen, weil die Gasmengen, die eine meßbare Temperaturänderung hervorrufen können, ein zu großes Volumen einnehmen. Man benutzt dann ein Durchflußkalorimeter (Abb. 2).

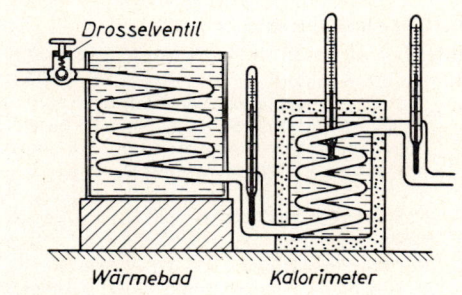

Eine Gasmenge, deren Druck durch ein Drosselventil geregelt werden kann, wird in einem Erwärmungsbad erhitzt. Danach strömt es langsam durch das Kalorimeter. Man bestimmt den Temperaturanstieg der Kalorimeterfüllung und die Temperaturabnahme des Gases an den Thermometern beim Ein- und Austritt.

Abb. 2. Durchflußkalorimeter

3.3.2. Mischungsversuche

Spezifische Wärmekapazitäten zwischen 0 °C und 100 °C in J/(g K)			
Flüssigkeiten	Metalle	andere feste Stoffe	Gase (bei konst. Druck)
Wasser 4,19	Aluminium 0,89	Eis 2,0	Wasserstoff 14,3
Alkohol 2,43	Stahl 0,48 ... 0,67	Erdreich 1,3 ... 2,5	Helium 5,2
Glycerin 2,39	Nickel 0,44	Mauerwerk 0,8 ... 2,0	Wasserdampf 1,9
Aceton 2,18	Messing 0,39	Holz 1,0 ... 1,7	Stickstoff 1,05
Petroleum 2,13	Kupfer 0,38	Porzellan 0,92	Luft 1,0
Benzol 1,72	Silber 0,23	Glas 0,8	Sauerstoff 0,92
Öl 1,9 ... 2,1	Platin 0,134	Gummi 1,4 ... 2,1	Kohlendioxid 0,84
Quecksilber 0,138	Blei 0,130		Chlor 0,5

Es ist bemerkenswert, daß (abgesehen von Wasserstoff und Helium) das Wasser die größte spezifische Wärmekapazität besitzt. Um eine Wassermenge zu erwärmen, braucht man daher eine größere Wärmemenge als zur gleichen Temperaturerhöhung bei einer ebenso großen Menge eines anderen Stoffes. Umgekehrt enthält eine erwärmte Wassermenge eine größere Wärmemenge und kühlt sich langsamer ab als andere Stoffe. Die günstige Wirkung großer Wassermassen auf das Klima ist zum Teil eine Folge der hohen spezifischen Wärmekapazität (3.4.2. a).

Die Metalle haben dagegen eine kleine spezifische Wärmekapazität. Sie können daher rasch erwärmt oder abgekühlt werden. Die spezifische Wärmekapazität ist für verschiedene Temperaturbereiche nicht gleich. Im allgemeinen nimmt sie gegen den absoluten Nullpunkt ab und wächst bei steigender Temperatur.

Mittlere spezifische Wärmekapazität von Eisen in J/(g K)		
zw. 0 °C und 100 °C 0,482	zw. 0 °C und 700 °C 0,666	zw. 0 °C und 1300 °C 0,702
zw. 0 °C und 300 °C 0,528	zw. 0 °C und 900 °C 0,712	zw. 0 °C und 1500 °C 0,700
zw. 0 °C und 500 °C 0,574	zw. 0 °C und 1100 °C 0,705	Schmelzpunkt bei 1535 °C

Weitere Einzelheiten über die spezifischen Wärmekapazitäten der Gase folgen in 3.6.3.

Alle Angaben der Tabellen beziehen sich auf die Erwärmung bei konstantem Volumen. Die spezifische Wärmekapazität für eine Erwärmung, bei der sich der Stoff ausdehnt, ist größer. Bei festen Körpern ist der Unterschied wegen der sehr kleinen Wärmeausdehnung unbedeutend, bei Gasen ist er dagegen stets zu beachten. Die Begründung dafür und die Berechnung der spezifischen Wärmekapazitäten bei konstantem Volumen bzw. bei konstantem Druck für die Gase folgen in 3.3.5. c und 3.6.3.

Beispiele und Aufgaben:
(Bei allen Aufgaben ist für Wasser $c = 4,19$ J/(g K) einzusetzen.)

1. Ein Messingblock ($m_1 = 125$ g) wird auf $\vartheta_1 = 100$ °C erwärmt und dann in ein Messingkalorimeter ($m_2 = 75$ g) gebracht. Dabei erwärmt sich die Wasserfüllung ($m_3 = 180$ g) von $\vartheta_2 = 12$ °C auf $\vartheta_m = 17$ °C. Wie groß ist die spezifische Wärmekapazität des Messings?
Abgegebene Wärmemenge: $Q_1 = m_1 c_1 (\vartheta_1 - \vartheta_m) = 125$ g $\cdot c_1 \cdot 83$ K $= 10375 c_1$ g K
Aufgenommene Wärmemenge: $Q_2 = (m_2 c_1 + m_3 c_3)(\vartheta_m - \vartheta_2)$
$= (75$ g $\cdot c_1 + 180$ g $\cdot 4,19$ J/(g K)$) 5$ K
Nach der Mischungsregel muß $Q_1 = Q_2$ sein:
$10375 c_1$ g K $= 375 c_1$ g K $+ 3770$ J $c_1 = 0,377$ J/g K

2. Ein Kalorimeter enthält 84,5 g Wasser von 12,9 °C. Wie groß ist seine Wärmekapazität, wenn nach dem Einfüllen von weiteren 57,7 g Wasser mit der Temperatur 21,2 °C eine Endtemperatur von 15,7 °C entsteht?
(121 J/(g K))

180

3. In einem Kalorimeter (C = 110 J/K) befinden sich 190 g Wasser von 11 °C. Welche Mischungstemperatur erhält man, wenn ein auf 100 °C erwärmter Messingstab von 16 mm Durchmesser und 10 cm Länge (ϱ = 8,4 g/cm³, c = 0,385 J/(g K)) eingebracht wird? (16,96 °C)

4. Zur Bestimmung ihrer spezifischen Wärmekapazität leitet man eine Stickstoffmenge durch ein Wärmebad und danach durch ein Durchflußkalorimeter (C = 1000 J/K für das Gefäß und die Rohrschlange). In ihm sinkt die Temperatur des Stickstoffs von 55,4 °C auf 24,3 °C, während die der Wasserfüllung (m = 2,8 kg) von 14,9 °C auf 19,1 °C ansteigt. Am Ende wird der Stickstoff bei einem Unterdruck von 11 mbar gegenüber einem Luftdruck von 972 mbar aufgefangen. Er füllt dann ein Volumen von 1555 dm³. Berechnen Sie die spezifische Wärmekapazität des Stickstoffs (R_N = 296,7 J/(kg K)). (1,015 J/(g K))

5. Eine Kalorimeterapparatur hat zusammen mit ihrer Wasserfüllung von 12,4 °C die Masse 178 g. Nachdem eine Wassermenge von 23 °C hinzugegossen worden ist, steigen die Temperatur auf 17,3 °C und die Gesamtmasse auf 244 g. Danach wird ein auf 98 °C erwärmtes Messingstück (m = 54 g) hineingebracht. Es entsteht eine Mischungstemperatur von 20,0 °C. Berechnen Sie die spezifische Wärmekapazität des Messings. (0,384 J/(g K))

3.3.3. Wärmequellen

a) Natürliche und künstliche Wärmequellen. Die wichtigste Wärmequelle für alles Leben auf der Erde ist die Sonne. Sie strahlt in einer Sekunde auf jeden Quadratmeter der Erde, der von der Sonne unmittelbar senkrecht getroffen wird, 1,3 kJ (Solarkonstante). Weil allerdings ein großer Teil von Wolken reflektiert oder beim Durchgang durch die Atmosphäre absorbiert wird, gelangt davon im Mittel nur etwa die Hälfte unmittelbar auf den Erdboden. Bis jetzt wird diese große, praktisch unerschöpfliche Energiequelle noch kaum ausgenützt, weil sich Wärme wirtschaftlicher aus der Verbrennung verschiedener Brennstoffe gewinnen ließ. Seitdem man aber weiß, daß die Brennstoffvorräte der Erde nicht unerschöpflich sind, sucht man die Möglichkeiten zur Ausnützung der Sonnenenergie zu erforschen.

b) Verbrennungswärme und Brennwert. Bei vielen chemischen Reaktionen, besonders bei der Verbrennung entsteht Wärme; man bezeichnet sie als Reaktions- bzw. als **Verbrennungswärme.** Da nicht alle Heizstoffe bei der Verbrennung gleicher Mengen auch dieselbe Wärmemenge abgeben, kennzeichnet man ihre Wärmeerzeugung durch ihren **Brennwert** (früher: oberer Heizwert). Er ist der Quotient aus einer Verbrennungswärme und der zu ihrer Erzeugung nötigen Stoffmenge. Ein anschauliches Maß für den Brennwert ist die Wärmemenge, die bei der Verbrennung von 1 kg eines Brennstoffes (oder bei Gasen von der bei Normalbedingungen in 1 m³ enthaltenen Gasmenge) entsteht. Die Einheit ist deshalb J/kg oder bei Gasen J/Nm³ (J je Norm-m³).

Die gesamte Verbrennungswärme, die bei der Verbrennung einer Brennstoffmenge erzeugt wird, findet man als Produkt aus dem Brennwert H und der Masse m des Brennstoffes bzw. des Normalvolumens V_0 des brennbaren Gases.

$$\text{Verbrennungswärme: } Q = m\,H \quad \text{oder:} \quad Q = V_0\,H \text{ (bei Gasen)}$$

Wenn bei einer Verbrennung (z. B. von Substanzen, die Wasserstoff enthalten) Wasserdampf entsteht oder wenn die zu verbrennende Substanz Wasser enthält, so wird ein Teil der Verbrennungswärme zur Verdampfung des Wassers verbraucht (3.4.2.). Die Wärmeabgabe nach außen ist deshalb um diesen Betrag geringer. Vom Brennwert muß man daher die Verdampfungswärme des enthaltenen oder entstehenden Wassers abziehen, um den ausnutzbaren Teil des Brennwertes, den Heizwert (früher: den unteren Heizwert) zu erhalten.

181

Brennwerte einiger Brennstoffe

Feste Stoffe	kJ/kg	Flüssige Stoffe	kJ/kg	Gase	kJ/m³
Anthrazit	35 000 ... 36 000	Gasöl	42 000 ... 43 500	Propan	94 000
Steinkohle	30 000 ... 35 000	Benzin	42 000 ... 43 500	Acetylen	57 000
Braunkohle		Diesel-		Stadtgas	14 600 ... 17 500
(Brikett)	16 500 ... 20 000	kraftstoff	41 500 ... 42 000	Kohlenoxid	12 500
Holz (luft-		Petroleum	40 000 ... 42 000	Wasserstoff	10 100
trocken)	14 500 ... 16 000	Benzol	40 000 ... 41 000	Wassergas	10 050
Torf (lufttrocken)		Heizöl	38 000 ... 41 000	Erdgas	35 000
Aluminium	30 000	Spiritus	26 000 ... 27 000		
Eisen	5 650				

c) Entzündungs- und Verbrennungstemperatur. Um sich mit Sauerstoff verbinden zu können, braucht jeder Stoff eine ihm eigene **Entzündungstemperatur.** Von ihr unterscheidet sich die beim Verlauf der Verbrennung entstehende **Verbrennungstemperatur.** Diese ist um so höher, je größer der Brennwert des Brennstoffes, je rascher der Ablauf der Verbrennung und je geringer die Wärmeverluste an die Umgebung sind. Bei der Verbrennung von Knallgas kann man 2000 °C, bei der von Aluminium 3000 °C erreichen. Bei technischen Feuerungen regelt man die Verbrennungstemperatur und -geschwindigkeit durch Veränderung der Luftzufuhr. Braucht man besonders hohe Temprraturen, wie z. B. in den Hochöfen, so kann man die zur Verbrennung nötige Luft vorwärmen.

Bei Thermit, einem Gemisch aus Aluminium- und Eisenoxidpulver, entsteht eine besonders hohe Verbrennungstemperatur, weil keine Verbrennungsgase entstehen, die die Wärme abführen (Thermitschweißen). Die Verbrennung hört auf, wenn ein brennbarer Stoff unter seine Entzündungstemperatur abgekühlt wird; darauf beruhen viele Löschmethoden. Bei Schaumlöschmitteln wird dagegen vom Brennstoff die Luft ferngehalten.

Entzündungstemperaturen einiger Stoffe in °C

Steinkohle	350 ... 400	Benzin	480 ... 550	Propan	510
Braunkohle	300 ... 400	Petroleum	400 ... 450	Stadtgas	560
Koks	450 ... 600	Benzol	680 ... 720	Kohlenoxid	610
Holz	200 ... 300	Spiritus	430 ... 470	Wasserstoff	510

d) Bestimmung des Brennwertes. Zur Messung des Brennwertes benutzt man eine **Kalorimeterbombe** (Abb. 1). Eine gemessene Menge des zu untersuchenden Stoffes wird in einem starkwandigen Stahlgefäß in reinem Sauerstoff elektrisch entzündet und verbrannt. Das Stahlgefäß steht dabei in einem mit Wasser gefüllten Kalorimeter. Bei flüssigen und gasförmigen Stoffen nimmt man die Bestimmung in einem Junkerschen Kalorimeter vor, in dem die Wärme an durchströmendes Wasser abgegeben wird. Aus der Menge und der Erwärmung des Kühlwassers kann der Brennwert errechnet werden.

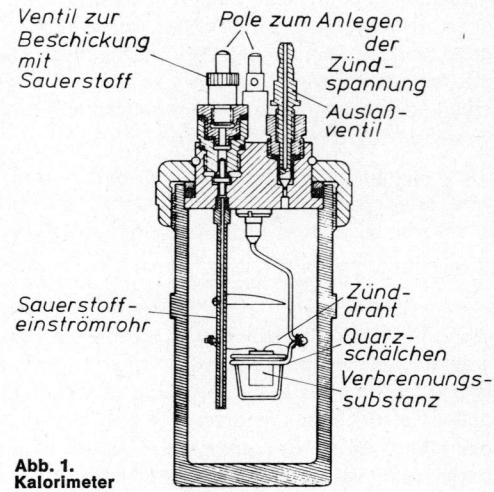

Abb. 1.
Kalorimeter

Beispiele und Aufgaben:

1. Welche Brikettmenge m_1 ($H = 17\,500$ kJ/kg) muß zur Erwärmung von $m_2 = 120$ kg Wasser von
   12 °C auf 60 °C verbrannt werden, wenn $\eta = 40\,\%$ der Verbrennungswärme zur Erwärmung des
   Wassers ausgenutzt werden können?
   Erzeugte Wärmemenge: $Q_1 = m_1\,H = 17\,500$ kJ/kg $\cdot\,m_1$
   Ausgenutzte Wärmemenge: $Q_2 = \eta\,Q_1 = 7000$ kJ/kg $\cdot\,m_1$
   Verbrauchte Wärmemenge: $Q_3 = m_2\,c\,(\vartheta_2 - \vartheta_1) = 120$ kg $\cdot\,4{,}19$ kJ/kg K $\cdot\,48$ K $= 24\,100$ kJ
   Da $Q_2 = Q_3$ sein muß, folgt: 7000 kJ/kg $\cdot\,m_1 = 24\,100$ kJ $m_1 = 3{,}44$ kg

2. Wie groß ist der Wirkungsgrad einer Gasflamme, die zum Erwärmen eines Gefäßes mit 1,6 kg
   Wasser von 12 °C auf 60 °C 4,5 min brennen muß (Verbrauch der Flamme 8 dm³/min,
   $H = 17\,500$ kJ/kg)?   (51,1 %)

3. In einem Verbrennungskalorimeter (C von Kalorimeter und Bombe $= 1360$ J/K) werden 0,872 g
   Kohle verbrannt. Der mitverbrennende Zünddraht erzeugt eine Wärmemenge von 42 J. Welchen
   Brennwert hat die Kohle, wenn die Temperatur der Wasserfüllung ($m = 3250$ g) um 1,905 K steigt?
                                                                                       (32 650 kJ/kg)

4. Stadtgas hat einen Brennwert von 16 000 kJ/m³ bei Normalbedingungen. Wie groß ist die Verbrennungswärme von 1 m³ bei 26 °C und 960 mbar und bei -15 °C und 1030 mbar?
                                                                              (13 850 kJ, 17 230 kJ)

5. In einer Kalorimeterbombe ($V = 180$ cm³, C mit Kalorimeter und Wasserfüllung $= 15\,280$ J/K)
   werden 1,260 g Kohle ($H = 32\,250$ kJ/kg) zu Kohlendioxid ($R = 188{,}8$ J/kg K) verbrannt. Welche
   Endtemperatur entsteht bei einer Ausgangstemperatur von 16,020 °C? Welchen Druck erzeugt das
   entstehende CO_2?   ($\Delta\vartheta = 2{,}660$ K, $\vartheta_2 = 18{,}680$ °C, $p = 14{,}15$ bar)

3.3.4. Der thermodynamische Zustand

a) Unter dem **thermodynamischen Zustand** einer Stoffmenge versteht man die Gesamtheit
ihrer inneren Eigenschaften, die von der äußeren Form unabhängig sind. Alle physikalischen
Größen, die einen solchen Zustand kennzeichnen, nennt man **Zustandsgrößen.** Sie nehmen
immer denselben Wert an, wenn die gleiche Stoffmenge in den gleichen Zustand gebracht
wird. Die Dichte eines Stoffes z. B. ist also eine Zustandsgröße; dagegen ist der Inhalt der
Oberfläche keine Zustandsgröße. Zwei Zustandsgrößen, die sich zur Kennzeichnung eines
Zustandes besonders eignen, sind die Temperatur und der Druck. Andere Größen, die ebenfalls von der äußeren Form einer Stoffmenge unabhängig sind, wie z. B. das Volumen, sind
proportional zur Masse der Stoffmenge. Dividiert man diese Größen durch die Masse, so
erhält man die entsprechenden spezifischen Zustandsgrößen, z. B. das spezifische Volumen
$v = V/m = 1/\varrho$. Im Gleichgewichtsfall nehmen die spezifischen Zustandsgrößen für jeden
beliebigen Teil einer homogenen Stoffmenge den gleichen Wert an. Wenn man sie in den
Gleichungen der Thermodynamik verwendet, so vereinfachen sich diese, weil die Masse
nicht mehr explizit auftritt. Die allgemeine Gasgleichung (3.2.4. c) $p\,V = m\,R_s\,T$ kann man
mit dem spezifischen Volumen auch schreiben $p\,v = R_s\,T$.

Es ist ein Erfahrungssatz, daß bei einem homogenen Stoff schon die Angabe von nur zwei
Zustandsgrößen genügt, um einen Zustand festzulegen; alle anderen Zustandsgrößen besitzen dann von selbst die ihnen zukommenden Werte und können nicht mehr willkürlich
gewählt werden. Legt man z. B. für eine Gasmenge den Druck und die Temperatur fest, so
hat sie immer das gleiche spezifische Volumen. Es bestehen daher zwischen den Zustandsgrößen Abhängigkeiten, die jedoch meist so kompliziert sind, daß sie sich nur selten durch
einfache mathematische Gleichungen ausdrücken lassen. Wenn dies möglich ist, erhält man
eine **Zustandsgleichung,** die es erlaubt, aus zwei gegebenen Zustandsgrößen andere zu
berechnen. Zu den wenigen Stoffen, für die sich eine Zustandsgleichung angeben läßt,
gehören vor allem die idealen Gase, für die schon die Zustandsgleichung $p\,V = m\,R_s\,T$ oder
$p\,v = R_s\,T$ angegeben wurde.

Da schon zwei Zustandsgrößen einen Zustand kennzeichnen, ist er in einem Koordinaten- system, auf dessen Achsen die beiden gegebenen Zustandsgrößen aufgetragen sind, durch einen Punkt festgelegt. Solche Darstellungen von thermodynamischen Zuständen bezeichnet man als **Zustandsdiagramme.**

b) Zustandsänderungen. Wenn ein Stoff einer Änderung seines Zustandes unterworfen wird, durchläuft sein Zustand im Zustandsdiagramm eine Linie oder Kurve, die den Anfangszustand über die Zwischenzustände mit dem Endzustand verbinden. Da der Wert einer Zustandsgröße nur vom Zustand abhängt, ist ihre Änderung nur durch den Anfangs- und Endzustand bedingt und vom Verbindungsweg unabhängig.

> **Die Änderung einer Zustandsgröße zwischen zwei Zuständen ist vom Verbindungsweg der entsprechenden Punkte im Zustandsdiagramm unabhängig.**

Durchläuft ein Stoff eine Zustandsänderung, deren Endzustand mit dem Anfangszustand zusammenfällt, einen sog. **Kreisprozeß,** so haben alle Zustandsgrößen gleiche Anfangs- und Endwerte, und ihre Änderungen sind Null. Dieses Ergebnis läßt sich umkehren:

> **Wenn sich eine physikalische Größe bei einem beliebigen Kreisprozeß nicht ändert, so ist sie eine Zustandsgröße.**

c) Die innere Energie als Zustandsgröße. Die in 3.3.1. d eingeführte innere Energie U besitzt die eben genannte Eigenschaft. Denn wenn ihre Änderung vom Weg im Zustandsdiagramm abhängig wäre, so könnte man einen ersten Weg wählen, bei dem der Stoff während der Überführung in den Endzustand nur wenig Energie aufnimmt, um sie als innere Energie zu speichern. Danach könnte man ihn auf einem anderen Weg wieder in den Ausgangszustand zurückbringen, auf dem die innere Energie mehr abnimmt, so daß ein größerer Energie- betrag frei würde, als er auf dem ersten Weg benötigt wurde. Auf diese Weise hätte der Stoff einen Kreisprozeß ausgeführt, bei dem sich sonst nichts ändert, als daß ein Energiebetrag gewonnen würde. Dies ist aber nach dem ersten Hauptsatz unmöglich. Die Änderung der inneren Energie muß daher bei jedem beliebigen Kreisprozeß Null sein. Deshalb ist sie und ebenso die spezifische innere Energie $u = U/m$ eine Zustandsgröße.

3.3.5. Zustandsänderungen eines idealen Gases

a) Die innere Energie eines idealen Gases. Wird ein Gas einer Zustandsänderung unter- worfen, so ändert sich dabei im allgemeinen auch sein Energieinhalt. Zur Erhöhung der Temperatur muß im allgemeinen Energie zugeführt werden, ebenso zur Vergrößerung des Volumens, weil dabei gegen den von außen wirkenden Druck Arbeit verrichtet wird. Dagegen ist die zur Überwindung molekularer Kräfte nötige Energie sehr klein, weil die Gasmoleküle einen großen gegenseitigen Abstand haben, in dem die Kohäsionskräfte praktisch bedeu- tungslos sind. Bei einem idealen Gas (3.2.4. c) vernachlässigt man diese Kräfte ganz. Nur dann gilt die Zustandsgleichung $p V = m R_s T$ bzw. $p V = n R T$ für jede Temperatur und jeden Druck, während bei einem wirklichen Gas in der Nähe der Verflüssigungstemperatur merkliche Abweichungen von dieser Gleichung auftreten.

Da bei einem idealen Gas zur Überwindung von molekularen Kräften keine Energie nötig ist, besteht seine ganze innere Energie nur aus seinem Wärmeinhalt. Die Änderung der inneren Energie ist daher die Wärmemenge, die man einem Gas bei unverändertem Volumen zuführen muß, um seine Temperatur zu erhöhen. Kennzeichnet man die spezifische Wärmekapazität, die ein Gas bei einer Temperaturerhöhung mit konstantem Volumen besitzt, als c_v, so erhält man für die Änderung der inneren Energie:

$$dU = m\, c_v\, dT$$

(Obwohl dabei das Volumen V konstant gehalten wird, wird als Index nach DIN 1304 ein kleines v verwendet.)

b) Die äußere Arbeit eines Gases. Vergrößert ein Gas sein Volumen, so muß dabei eine Arbeit gegen den äußeren Druck verrichtet werden. Ist dV so klein, daß der Druck während der Volumenzunahme als konstant betrachtet werden darf, so erhält man (Abb. 1):

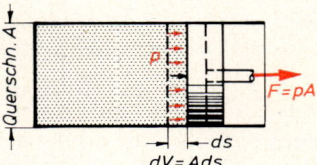

$$dW = F\, ds = p\, A\, ds = p\, dV$$

Abb. 1. Äußere Arbeit eines Gases

Daraus erhält man die gesamte Arbeit bei einer endlichen Volumenänderung:

$$W = \int_{V_1}^{V_2} p\, dV$$

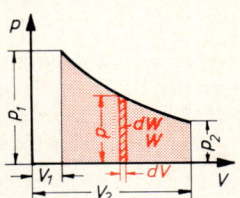

Zeichnet man das p-V-Zustandsdiagramm eines Gases, so werden aufeinanderfolgende Punkte einer Zustandsänderung durch ein Kurvenstück gekennzeichnet. Der Druck p ist die eine Koordinate, dV ist die Änderung der anderen Koordinate bei einer kleinen Volumenzunahme (Abb. 2). Das Produkt $dW = p\, dV$ ist daher der Inhalt

Abb. 2. Äußere Arbeit im p-V-Diagramm

eines schmalen Streifens zwischen der Kurve und der V-Achse. Bei einer größeren Volumenänderung ist dann die Arbeit die Summe dieser Streifen, also der Inhalt des Flächenstückes zwischen der Kurve und der V-Achse.

> **In einem p-V-Diagramm ist das Flächenstück unter der vom Gas durchlaufenen Zustandskurve ein Maß für die von ihm verrichtete äußere Arbeit.**

Benutzt man die gefundenen Ergebnisse für die innere Energie und die äußere Arbeit, so nimmt die Gleichung des ersten Hauptsatzes für ein ideales Gas folgende Form an:

$$dQ = m\, c_v\, dT + p\, dV$$

c) Die isobare Zustandsänderung. Bei einer isobaren Zustandsänderung ($p = $ const.) ist die Zustandskurve eines Gases im p-V-Diagramm eine zur V-Achse parallele Gerade (Abb. 3). Die äußere Arbeit ist dann:

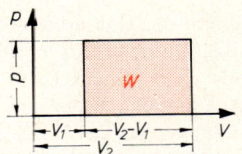

$$W = \int_{V_1}^{V_2} p\, dV = p\, (V_2 - V_1)$$

Abb. 3. Arbeit bei isobarer Zustandsänderung

Dieser Ausdruck läßt sich nach der Zustandsgleichung für ein ideales Gas umformen:

$$p\,V_1 = m\,R_s\,T_1 \qquad\qquad p\,V_2 = m\,R_s\,T_2$$
$$W = p\,(V_2 - V_1) = m\,R_s\,(T_2 - T_1) = m\,R_s\,\varDelta T$$

Die von außen zugeführte Wärme muß nicht nur die Temperatur des Gases erhöhen, sondern es auch zu der eben berechneten äußeren Arbeit befähigen. Während für eine Erwärmung bei konstantem Volumen nur die innere Energie erhöht werden muß, benötigt man also für eine Erwärmung bei konstantem Druck noch dazu Energie für die Verrichtung der äußeren Arbeit. Daher ist die spezifische Wärmekapazität zur Erhöhung der Temperatur bei konstantem Volumen c_v kleiner als die spezifische Wärmekapazität zur Erhöhung der Temperatur bei konstantem Druck c_p. Robert Mayer fand aus dieser Verschiedenheit den ersten Hauptsatz. Umgekehrt folgt aus ihm eine wichtige Beziehung zwischen den beiden spezifischen Wärmekapazitäten. Die für eine isobare Erwärmung notwendige Wärmemenge ist $dQ = m\,c_p\,dT$. Setzt man diesen Ausdruck und den oben gefundenen Wert für dW in die Gleichung des ersten Hauptsatzes für ideale Gase ein, so folgt:

$$m\,c_p\,dT = m\,c_v\,dT + m\,R_s\,dT \qquad \text{oder:} \qquad \boxed{c_p - c_v = R_s}$$

Bezeichnet man die auf 1 mol bezogenen molaren Wärmekapazitäten mit $C_{mv} = m_m\,c_v$ bzw. $C_{mp} = m_m\,c_p$ (m_m = molare Masse), so gilt entsprechend:

$$\boxed{C_{mp} - C_{mv} = R}$$

d) Die isotherme Zustandsänderung. Bei isothermen Zustandsänderungen ist $dT = 0$; daher folgt aus dem ersten Hauptsatz $dQ = p\,dV$. Die zugeführte Wärmemenge ist also ebenso groß wie die nach außen verrichtete Expansionsarbeit.

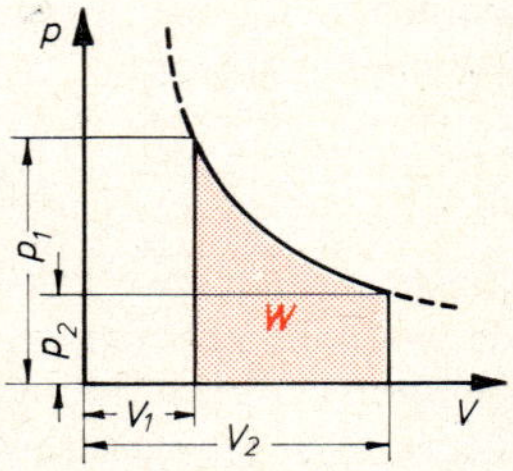

Die Kurve im p-V-Diagramm ist nach dem Boyleschen Gesetz eine gleichseitige Hyperbel. Die Arbeit ist gekennzeichnet durch die krummlinig begrenzte Fläche unter der Kurve. Ihren Inhalt erhält man aus der Integralrechnung:

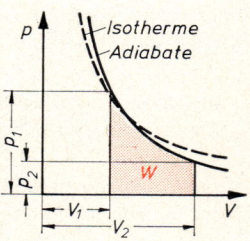

Abb. 4. Arbeit bei isothermer Zustandsänderung

$$W = \int_{V_1}^{V_2} p\,dV = m\,R_s\,T \int_{V_1}^{V_2} \frac{dV}{V} = m\,R_s\,T\,\ln\frac{V_2}{V_1}$$

e) Die adiabatische Zustandsänderung. Von besonderer Bedeutung sind Zustandsänderungen, die ohne Wärmeaustausch mit der Umgebung ablaufen. Sie treten bei Gasen auf, die sich in wärmeundurchlässigen Behältern befinden. Deshalb bezeichnet man sie als **adiabatische** Zustandsänderungen (griech.: adiabatos = undurchlässig). Auch sehr rasch ablaufende Vorgänge sind fast adiabatisch, weil in der kurzen Zeit kein Wärmeaustausch stattfinden kann.

Abb. 5. Isotherme und Adiabate

Wenn ein Gas adiabatisch komprimiert wird, erhöht sich seine Temperatur (Fahrradpumpe), weil die beim Zusammenpressen an ihm verrichtete Arbeit als innere Energie aufgespeichert wird. Umgekehrt kühlt sich ein Gas bei einer adiabatischen Entspannung ab, weil es die Ausdehnungsarbeit auf Kosten seiner inneren Energie verrichten muß. Infolge der Abkühlung steht es danach unter kleinerem Druck als bei isothermer Entspannung. Im p-V-Diagramm (Abb. 5) verläuft deshalb die adiabatische Zustandskurve, die sog. Adiabate, steiler als die Isotherme.

Da kein Wärmeaustausch mit der Umgebung stattfindet, ist $dQ = 0$, und es folgt aus dem ersten Hauptsatz folgende Bedingungsgleichung einer Adiabate: $m\, c_v\, dT + p\, dV = 0$. Mit Hilfe der Zustandsgleichung $p\, V = m\, R_s\, T$ kann man die Temperatur T eliminieren:

$$m\, T = \frac{p\, V}{R_s} \quad \text{oder durch Differentiation:} \quad m\, dT = \frac{p\, dV + V\, dp}{R_s}$$

Durch Einsetzen folgt nun: $\quad c_v\, \dfrac{p\, dV + V\, dp}{R_s} + p\, dV = 0$ oder: $\quad c_v\, V\, dp + p\, (c_v + R_s)\, dV = 0$

Daraus folgt nach einer Division durch das Produkt $c_v\, p\, V$:

$$\frac{dp}{p} + \frac{c_v + R_s}{c_v}\, \frac{dV}{V} = 0$$

Setzt man nach 3.3.5. c $\dfrac{c_v + R_s}{c_v} = \dfrac{c_p}{c_v}$ und bezeichnet man das Verhältnis der spezifischen Wärmekapazitäten bei konstantem Druck und konstantem Volumen als **Poissonsche Konstante** $\varkappa = \dfrac{c_p}{c_v}$, so erhält man:

$$\frac{dp}{p} + \varkappa\, \frac{dV}{V} = 0 \quad \text{oder durch Integration:} \quad p\, V^{\varkappa} = \text{const.}$$

Dies ist die **adiabatische Zustandsgleichung** oder das **Poissonsche Gesetz:**

$$p\, V^{\varkappa} = \text{const.} \qquad \text{oder:} \qquad p_1\, V_1^{\varkappa} = p_2\, V_2^{\varkappa}$$

Aus der Poissonschen Gleichung kann man mit der Zustandsgleichung andere Beziehungen ableiten, die von p bzw. von V frei sind. Durch Einsetzen

von $p = m\, R_s\, T/V$ folgt: $\quad T_1\, V_1^{\varkappa-1} = T_2\, V_2^{\varkappa-1} = \text{const.}$

und von $V = m\, R_s\, T/p$ folgt: $\quad T_1/p_1^{\varkappa-1} = T_2^{\varkappa}/p_2^{\varkappa-1} = \text{const.}$

Weil wegen der adiabatischen Isolation von außen keine Wärme zugeführt wird, kann das Gas nur auf Kosten seiner inneren Energie äußere Arbeit verrichten. Diese ist daher zugleich die Änderung der inneren Energie:

$$W = m\, c_v\, (T_2 - T_1)$$

Streng genommen gibt es keine adiabatischen Vorgänge, weil sich der Wärmeaustausch mit der Umgebung auch bei noch so guter Isolation und noch so raschem Ablauf nicht ganz unterbinden läßt. Deshalb muß man zur exakten Berechnung von wirklichen Vorgängen den Exponenten $\varkappa$ durch einen etwas kleineren n ersetzen, so daß die Gleichung $p\, V^n = \text{const.}$ verwendet wird. Die Vorgänge nennt man **polytrop** und die Zustandskurve im p-V-Diagramm eine **Polytrope.** Die Gleichungen einer Polytrope erhält man aus denen einer Adiabate, wenn man $\varkappa$ durch n ersetzt.

f) Bestimmung von c_p, c_v und $\varkappa$. Während c_p nach der in 3.3.2. c angegebenen Methode bestimmt werden kann, stößt eine unmittelbare Messung von c_v auf große Schwierigkeiten, weil eine durch ein Durchflußkalorimeter strömende Gasmenge sich schwer auf konstantem Volumen halten läßt. Man bestimmt deshalb das Verhältnis $c_p/c_v = \varkappa$ und berechnet daraus mit Hilfe von c_p das unbekannte c_v. Zur Bestimmung von $\varkappa$ dient in günstiger Weise der Versuch von Clement-Desormes (Abb. 6).

Das zu untersuchende Gas befindet sich in einem großen Glasballon, an dem ein Manometer und ein Hahn angebracht sind. Mit einer Pumpe wird dem Behälter eine kleine zusätzliche Gasmenge zugeführt, so daß der Innendruck den Luftdruck um den Betrag $p_1 = h_1\, \varrho\, g$ übertrifft. Stellt man dann durch kurzes Öffnen des Hahnes einen adiabatischen Druckausgleich her, so kühlt sich das Gas zunächst ab. Danach steigt der Druck infolge des Temperaturausgleichs durch die Glaswand des Ballons wieder an, so daß am Manometer der Überdruck $p_2 = h_2\, \varrho\, g$ abgelesen wird. Eine mathematische Ableitung ergibt zur Berechnung von $\varkappa$ die einfache Beziehung: $\varkappa = \dfrac{h_1}{h_1 - h_2}$

Eine andere Methode zur Bestimmung von $\varkappa$ beruht auf der Messung der Schallgeschwindigkeit in dem betreffenden Gas (4.3.1. c).

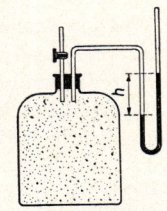

Abb. 6. Versuch von Clement-Desormes

3.3.5. Zustandsänderungen eines idealen Gases

g) Die folgende Tabelle gibt einen Überblick über die Gleichungen, Wärme- und Arbeitsbeträge, die bei den verschiedenen Zustandsänderungen idealer Gase auftreten.

Zustands-änderung	Gleichung ohne T	Gleichung ohne p	Gleichung ohne V	Mechanische Arbeit W_{mech}	Zugeführte Wärme ΔQ
isochor	$V_1 = V_2$	$V_1 = V_2$	$\dfrac{p_1}{T_1} = \dfrac{p_2}{T_2}$	0	$m c_v (T_2 - T_1)$
isobar	$p_1 = p_2$	$\dfrac{V_1}{T_1} = \dfrac{V_2}{T_2}$	$p_1 = p_2$	$p (V_2 - V_1)$	$m c_p (T_2 - T_1)$
isotherm	$p_1 V_1 = p_2 V_2$	$T_1 = T_2$	$T_1 = T_2$	$m R_s T \ln \dfrac{V_2}{V_1}$	$m R_s T \ln \dfrac{V_2}{V_1}$
adiabat	$p_1 V_1^{\varkappa} = p_2 V_2^{\varkappa}$	$T_1 V_1^{\varkappa-1} = T_2 V_2^{\varkappa-1}$	$\dfrac{p_1^{\varkappa-1}}{T_1^{\varkappa}} = \dfrac{p_2^{\varkappa-1}}{T_2^{\varkappa}}$	$-m c_v (T_2 - T_1)$	0
polytrop	$p_1 V_1^{n} = p_2 V_2^{n}$	$T_1 V_1^{n-1} = T_2 V_2^{n-1}$	$\dfrac{p_1^{n-1}}{T_1^{n}} = \dfrac{p_2^{n-1}}{T_2^{n}}$	$-\dfrac{m R_s}{n-1}(T_2 - T_1)$	$\dfrac{m R_s (\varkappa - n)}{(n-1)(\varkappa - 1)}(T_2 - T_1)$

Aufgaben:

1. Der Kolben eines Kompressors vermindert das Volumen der aufgenommenen Gasmenge ($V_1 = 1{,}8$ dm³, $p_1 = 1$ bar, $\vartheta_1 = 17\,°C$) bis zum Öffnen des Austrittsventils auf 0,2 dm³. Welcher Druck und welche Temperatur entstehen bei der adiabatischen Kompression des Gases ($\varkappa = 1{,}4$)?
($p_2 = 21{,}65$ bar, $\vartheta_2 = 425\,°C$)

2. Welcher Druck und welche Temperatur entstehen vor dem Einspritzen des Kraftstoffs in einem Dieselmotor, wenn die bei 40 °C und 1 bar eingelassene Luft ($\varkappa = 1{,}4$) adiabatisch auf den 13. Teil ihres Ausgangsvolumens komprimiert wird?
(36,2 bar, 873 K $= 600\,°C$)

3.4. Änderungen des Aggregatzustandes

Die Stoffe treten in drei verschiedenen Zuständen: fest, flüssig und gasförmig auf, die man als **Aggregatzustände** bezeichnet. Bei festen Körpern können die Atome nur Schwingungen um eine feste Gleichgewichtslage ausführen. Bei Flüssigkeiten können die Moleküle ihren Platz verändern. Bei Gasen besitzen sie eine solche Energie, daß sie die gegenseitige Anziehung ganz überwinden. Zur Umwandlung in einen anderen Zustand muß man einem Stoff Energie, meist in Form von Wärme, zuführen oder entziehen. Beim Zuführen dient sie dazu, die Energie der einzelnen Atome oder Moleküle zu erhöhen, daß sie die gegenseitige Anziehungskraft überwinden (innere Arbeit) und um — besonders beim Übergang in den gasförmigen Zustand — das Volumen zu vergrößern (äußere Arbeit). Die zur Umwandlung nötigen Wärmemengen heißen auch latente Wärmen.

3.4.1. Schmelzen und Erstarren

a) Schmelzpunkt und Schmelzwärme. Bringt man ein Stück Eis in ein Gefäß und führt gleichmäßig Wärme zu, so steigt die Temperatur des Eises zuerst auf 0 °C. Dann bleibt sie fast unverändert, bis alles Eis geschmolzen ist. Diese Temperatur ist der **Schmelzpunkt.** Während das Eis schmilzt, ruft die zugeführte Wärme keine Temperaturerhöhung hervor, sondern verwandelt nur Eis von 0 °C in Wasser von 0 °C. Bildet man den Quotienten aus der gesamten zum Schmelzen nötigen Wärmemenge und der Masse des geschmolzenen Eises, so erhält man die **spezifische Schmelzwärme** des Eises. Auf gleiche Weise legt man die spezifische Schmelzwärme anderer Stoffe fest.

> **Die spezifische Schmelzwärme ist der Quotient aus der zum Schmelzen dienenden Wärmemenge und der Masse des geschmolzenen Stoffes.**

Ein anschauliches Maß der spezifischen Schmelzwärme ist die Wärmemenge, die zum Schmelzen von 1 kg eines Stoffes benötigt wird. Ihren Wert bestimmt man aus Mischungsversuchen. Die gesamte zum Schmelzen einer Stoffmenge m nötige Wärmemenge Q findet man aus der spezifischen Schmelzwärme q nach der Gleichung:

$$Q = m q$$

Entzieht man einer Flüssigkeit Wärme, so erstarrt sie. Die entzogene Erstarrungswärme entspricht der Schmelzwärme und die Erstarrungstemperatur dem Schmelzpunkt.

Nicht alle Stoffe haben einen festen Schmelzpunkt. Manche haben die Eigenschaft, daß sie mit steigender Temperatur, wie z. B. Paraffin zwischen 50 °C und 110 °C, allmählich weich werden. Metallegierungen, die, wie z. B. die des Eisens, diese Eigenschaften aufweisen, eignen sich zum Schweißen. Kunststoffe, die beim Erwärmen verformbar werden, heißen Thermoplaste.

Schmelz- und Erstarrungstemperaturen bei 1,013 bar in °C

Kohlenstoff (Graphit)	3540	Silber	960	Seewasser	−2,5
Wolfram	3380	Aluminium	658	Glycerin	−19
Iridium	2454	Zink	419	Quecksilber	−38,9
Platin	1773	Blei	327	Toluol	−94,5
Flußstahl	1350 ... 1450	Zinn	232	Äther	−118
Grauguß	1200	Benzol	5,5	Stickstoff	−210
Kupfer	1083	Wasser	0	Sauerstoff	−219

Spezifische Schmelz- und Erstarrungswärme in J/kg

Wasser	333	Stahl	276	Blei	26,4	Sauerstoff	13,8
Aluminium	323	Wolfram	193	Stickstoff	25,5	Quecksilber	11,7

b) Volumenänderungen beim Schmelzen und Erstarren. Die meisten Stoffe nehmen im geschmolzenen Zustand einen größeren Rauminhalt ein; der feste Stoff sinkt dann in seiner eigenen Flüssigkeit nach unten. Einige Stoffe bilden eine Ausnahme; sie verkleinern ihr Volumen beim Schmelzen und schwimmen auf ihrer Schmelzflüssigkeit. So beträgt die Dichte von Eis nur 0,91 kg/dm³. Deshalb schwimmen Eisberge und ragen je nach ihrer Gestalt nur $1/_7$ bis $1/_9$ ihrer Höhe über die Wasseroberfläche.

Da flüssige Metalle beim Erstarren ihren Rauminhalt verkleinern („schwinden"), entstehen dabei leicht Schwindungshohlräume oder Lunker. Damit ein Gußstück nach dem Erkalten die richtigen Abmessungen erhält, müssen die Gußformen um einen Bruchteil, das sog. Schwundmaß, z. B. bei Flußstahl um $1/_{64}$, größer sein.

189

c) Abhängigkeit des Schmelzpunktes vom Druck. Der Schmelzpunkt ist druckabhängig. Bei Stoffen, die sich beim Schmelzen ausdehnen, steigt der Schmelzpunkt mit zunehmendem Druck. Dagegen schmelzen Stoffe, die sich beim Übergang in den flüssigen Zustand zusammenziehen, unter hohem Druck schon bei niedriger Temperatur. Eis nimmt z. B. ein größeres spezifisches Volumen ein als Wasser. Daher kann man es durch Anwendung hoher Drücke auch unter 0 °C zum Schmelzen bringen. Bei einer Druckerhöhung um 1 bar erniedrigt sich der Schmelzpunkt um 0,0075 K.

Hängt man um einen Eisblock an einem dünnen Stahldraht ein Gewichtsstück (Abb. 1), so schmilzt das Eis unter der Auflagestelle wegen des dort herrschenden hohen Druckes, und der Draht sinkt immer tiefer in den Eisblock hinein. Über dem Draht gefriert das Schmelzwasser sofort wieder, so daß der Eisblock nach dem Durchschmelzen des Drahtes unversehrt ist. Die gleiche Erscheinung spielt neben anderen Eigenschaften des Eises für die Möglichkeit des Schlittschuhlaufens eine Rolle.

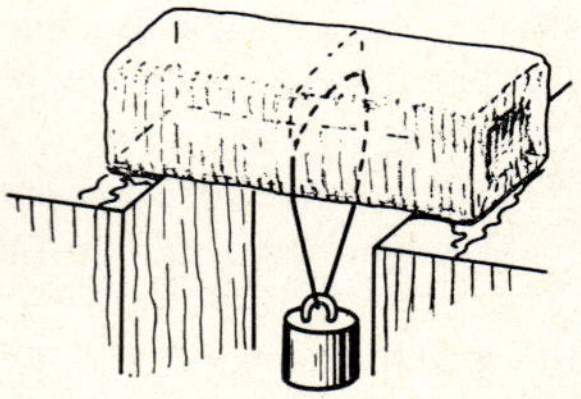

Bei den meisten Stoffen ist die Veränderlichkeit des Schmelzpunktes so klein, daß man sie vernachlässigen darf.

Abb. 1. Durchschmelzen eines Eisblockes

d) Unterkühlung. Das Erstarren nimmt seinen Ausgang von Stellen, die sich durch Verunreinigungen, Kanten des Gefäßes oder eines in der Flüssigkeit enthaltenen Gegenstandes von ihrer Umgebung unterscheiden. Fehlen solche Stellen, z. B. in ruhigem, luftfreiem, gereinigtem Wasser, so kann es mehrere Grade unter dem Erstarrungspunkt abkühlen, ohne zu gefrieren. Man spricht dann von Erstarrungsverzug oder Unterkühlung. Durch eine geringe Erschütterung kann sie aufgehoben werden. Es gefriert dann sofort so viel Wasser, daß die dabei freiwerdende Schmelzwärme die ganze Masse auf 0 °C erwärmt.

e) Lösungskälte und -wärme, Schmelzpunkt von Lösungen. Wenn sich feste Stoffe in Flüssigkeiten lösen, so müssen seine Moleküle ähnlich getrennt werden wie beim Schmelzen. Die Arbeit zum Trennen der Moleküle wird dabei der Umgebung entzogen und erzeugt dort die Lösungskälte. In einigen Fällen treten allerdings noch weitere Reaktionen auf, die Energie abgeben, so daß sich das Lösungsmittel erwärmt.

Der Schmelzpunkt einer Lösung liegt tiefer als der des reinen Lösungsmittels. Die Gefrierpunktserniedrigung ist proportional zur Konzentration des gelösten Stoffes. Meerwasser gefriert erst bei −2,5 °C, gesättigte Kochsalzlösung erst bei −21 °C. Auch manche Metalllegierungen schmelzen bei tieferen Temperaturen als ihre Bestandteile. Während z. B. reines Blei bei 327 °C und reines Zinn bei 232 °C schmelzen, besitzt Schnellot, das aus 47 % Blei und 53 % Zinn legiert ist, den Schmelzpunkt 197 °C.

Zeichnet man den zeitlichen Verlauf der Temperatur beim Erstarren auf, so unterscheiden sich die Kurven, je nachdem man einen einheitlichen Stoff oder eine Legierung untersucht. Bei einem einheitlichen Stoff sinkt die Temperatur zuerst bis zum Erstarrungspunkt, dort bleibt die Temperatur unverändert, während immer größere Teile der Flüssigkeit fest werden (Abb. 2). Erst, wenn alles erstarrt ist, sinkt die Temperatur weiter ab. Die gleiche Erstarrungskurve haben auch besondere Legierungen, bei denen die Bestandteile in einem bestimmten Mischungsverhältnis stehen und die man als eutektische Legierungen bezeichnet. Der Erstarrungspunkt liegt bei ihnen tiefer als der beider Bestandteile.

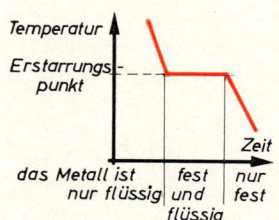

Abb. 2. Erstarrungskurve eines Metalls

Bei Legierungen dagegen, bei denen die Bestandteile in einem anderen als dem eutektischen Verhältnis stehen, beginnt das Festwerden damit, daß zuerst der Bestandteil erstarrt, der im Vergleich zur eutektischen Mischung im Überschuß vorhanden ist. Gleichzeitig macht die Erstarrungskurve einen Knick und wird flacher (Abb. 3). Ist das Restgemisch eutektisch geworden, so erstarrt es bei einer gleichbleibenden Erstarrungstemperatur. Der Erstarrungsvorgang erstreckt sich also über einen Temperaturbereich

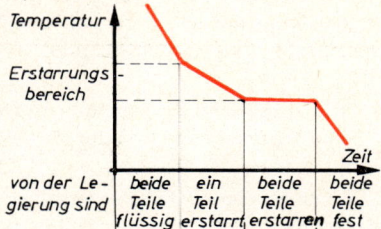

Abb. 3. Erstarrungskurve einer nichteutektischen Zweistofflegierung

f) Kältemischungen. Am einfachsten kann man mit Eis eine Kühlung hervorrufen. Sie genügt, wenn keine Temperaturen unter 0 °C notwendig sind. Stärker kühlt Trockeneis (festes Kohlendioxid) mit einer Temperatur von etwa −80 °C.

Man kann aber auch die Lösungskälte ausnutzen. Bringt man Salz in Eis und Wasser, so sucht das Salz sich im Wasser zu lösen und bringt das Eis zum Schmelzen. Die dazu nötige Wärme wird der Umgebung entzogen, so daß man mit einer solchen Kältemischung die Umgebung bis auf etwa −20 °C abkühlen kann. Noch tiefere Temperaturen (bis −40 °C) erzielt man mit Eis und Calciumchlorid. Beim Auflösen von Ammoniumsulfat in Wasser braucht man kein Eis; die Lösungskälte senkt die Temperatur bis zu −30 °C.

Aufgaben:

1. In einem Kalorimeter ($C = 92$ J/K) befinden sich 258 g Wasser von 21 °C. Bringt man ein Stückchen Eis von 25 g und −8 °C hinein, so entsteht nach dem Schmelzen eine Endtemperatur von 12,4 °C. Welche spezifische Schmelzwärme hat das Eis ($c = 2,1$ J/(g K))?   (335 J/K)

2. Mit einer Benzinflamme soll bei einem Wirkungsgrad von 50 % 5 kg Schnee von −15 °C geschmolzen ($c = 2,1$ kJ/(kg K)) und daraus Wasser von 80 °C bereitet werden. Wieviel Benzin muß verbrannt werden ($q = 333$ kJ/kg, $H = 42\,700$ kJ/kg)?   (163,9 g)

3. Ein Eisblock von 1,2 kg und der Temperatur −10 °C wird in 2 kg Wasser von 32 °C gebracht. Wieviel Eis bleibt übrig, wenn keine Wärme aus der Umgebung aufgenommen wird ($c = 2,1$ kJ/(kg K), $q = 333$ kJ/kg)?   (0,471 kg)

3.4.2. Verdampfen und Kondensieren

a) Siedepunkt und Verdampfungswärme. Den Übergang vom flüssigen zum gasförmigen Aggregatzustand bezeichnet man als **Verdunsten,** wenn er langsam an der Oberfläche einer Flüssigkeit vor sich geht, und als **Sieden,** wenn er rasch unter Blasenbildung in der ganzen Flüssigkeit abläuft. Während das Verdunsten bei jeder Temperatur erfolgt, muß zum Sieden eine bestimmte Temperatur, der **Siedepunkt,** erreicht werden.

Erwärmt man eine Wassermenge mit einer gleichmäßig brennenden Bunsenflamme, so steigt die Temperatur zunächst fast gleichmäßig an. Wenn aber bei 100 °C das Sieden beginnt, hört der Temperaturanstieg auf. Die dann noch weiter zugeführte Wärme dient nur zur Umwandlung von Wasser in Wasserdampf. Bildet man den Quotienten aus der zugeführten Wärmemenge und der von ihr verdampften Wassermenge, so erhält man die **spezifische Verdampfungswärme** des Wassers. Auf ähnliche Weise definiert man auch bei anderen Stoffen die spezifische Verdampfungswärme:

> **Die spezifische Verdampfungswärme ist der Quotient aus der zum Verdampfen dienenden Wärmemenge und der Masse der verdampften Flüssigkeit.**

Ein anschauliches Maß der spezifischen Verdampfungswärme ist die Wärmemenge, die zum Verdampfen von 1 kg eines Stoffes benötigt wird. Aus der Stoffmenge m und der spezifischen Verdampfungswärme r erhält man die zu ihrer Verdampfung notwendige Wärmemenge:

$$Q = m\,r$$

Der Siedevorgang ist umkehrbar. Kühlt man Dampf ab, so verflüssigt er sich bei der gleichen Temperatur, bei der er beim Erwärmen verdampft. Die dabei frei werdende Wärmemenge ist ebenso groß wie die Verdampfungswärme. Statt „Siedepunkt" und „Verdampfungswärme" verwendet man dann die Bezeichnungen **„Kondensationspunkt"** und **„Kondensationswärme".**

Die Verdampfungs- bzw. die Kondensationswärme bestimmt man aus Mischungsversuchen. Abb. 1 zeigt eine diesem Zweck dienende Apparatur.

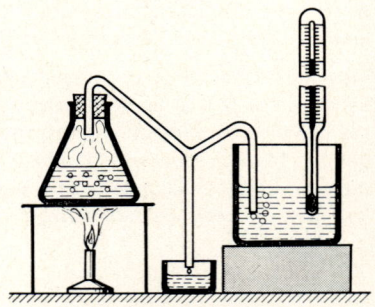

Abb. 1. Bestimmung der Kondensationswärme

Spezifische Verdampfungswärme bei 1,013 bar in kJ/kg

Wasser	2256	Äther	377	Stickstoff	199
Alkohol	854	Quecksilber	284	Wasserstoff	465
Benzol	393	Sauerstoff	213	Helium	25

Beim Verdampfen tritt eine große Volumenvermehrung ein. Wasserdampf von 100 °C nimmt z. B. 1685 mal so viel Raum ein wie Wasser von 100 °C. Dabei müssen die Kohäsionskräfte vollständig überwunden werden, und die Luft muß aus dem neu zu gewinnenden Volumen verdrängt werden. Die hierzu nötige Energie erklärt die hohen Werte der Verdampfungswärme.

Siedepunkte bei 1,013 bar in °C

Wolfram	5900	Quecksilber	357	Kohlendioxid (Sublimation)	−78
Graphit	4350	Glycerin	290	Sauerstoff	−183
Stahl	2800	Wasser	100	Argon	−186
Kupfer	2582	Benzol	80	Stickstoff	−196
Aluminium	2327	Alkohol	78	Wasserstoff	−253
Blei	1750	Äther	35	Helium	−269

Unter allen angeführten Stoffen hat das Wasser die größte Schmelz- und Verdampfungswärme. Diese Wärmemengen werden in der Natur benötigt, wenn Schnee und Eis schmelzen oder wenn an der Oberfläche des Meeres und der Binnengewässer Wasser verdunstet. Dadurch wird bei starker Sonneneinstrahlung ein großer Teil der Wärme verbraucht und die Hitze gemildert. Die gleichen Wärmemengen werden aber auch frei, wenn Wasser gefriert oder Dampf kondensiert.

Daher kann die Temperatur in der Nähe des Meeres oder von großen Seen nicht so rasch absinken wie im Innern des Festlandes (Land- und Seeklima (Abb. 2). Berücksichtigt man noch die Bemerkungen in 3.3.2. c über die hohe spezifische Wärmekapazität und in 3.2.2. b über die unregelmäßige Ausdehnung des Wassers, so erkennt man die hohe Bedeutung, die den besonderen Wärmeeigenschaften des Wassers in der Natur zukommt.

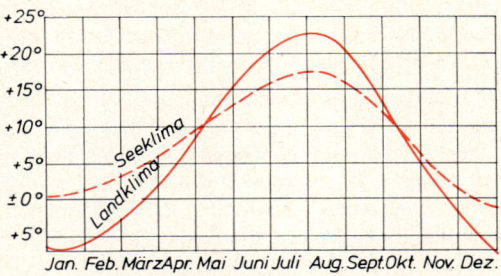

Abb. 2. Jahrestemperaturkurve bei Land- und Seeklima

b) Der Siedepunkt von Lösungen liegt höher als der des reinen Lösungsmittels. Die Siedepunktserhöhung ist proportional zur Konzentration des gelösten Stoffes. Bei langsamem Erwärmen verdampft zuerst nur das Lösungsmittel, beim Rückstand erhöht sich die Konzentration, und der gelöste Stoff scheidet sich ab. Dieser Vorgang findet Anwendung zur Gewinnung von Salz aus Salzsole.

c) Besonderheiten des Verdampfungsvorganges. Ähnlich wie der Schmelzverzug entsteht auch der **Siedeverzug,** wenn eine Flüssigkeit trotz Überschreitung des Siedepunktes nicht zu sieden anfängt. Er tritt z. B. bei gut gereinigten Gefäßen und reinem, luftfreiem Wasser ein, weil in ihm keine Ansatzstellen zur Bildung der ersten Dampfbläschen vorhanden sind. Durch eine kleine Erschütterung kann dann das Sieden plötzlich ausgelöst werden und zu stürmischer und deshalb gefährlicher Dampfbildung führen. Um den Siedeverzug zu vermeiden, bringt man vorher Metallspäne oder Tonscherben in das Gefäß. Ihre Kanten und Poren sind Ansatzstellen zur Dampfbildung.

d) Die Abhängigkeit des Siedepunktes vom Druck. Der Dampfdruck. Siedepunkt und Verdampfungswärme ändern sich mit dem Druck. Diese Tatsache findet ihre Erklärung, wenn man die molekularen Vorgänge beim Verdunsten und Verdampfen untersucht.

Bei den unregelmäßigen Schwingungsbewegungen der Moleküle kommt es immer wieder vor, daß einzelne Moleküle durch Stöße eine solche Energie erhalten, daß sie dem Anziehungsbereich der Nachbarmoleküle entweichen können. Befinden sich solche Moleküle an der Flüssigkeitsoberfläche, so können sie die Flüssigkeit verlassen und als Gasmoleküle frei umherfliegen. Den Austritt dieser Moleküle kann man im großen als einen Druck, den **Dampfdruck,** feststellen. Bei Wärmezufuhr wächst die mittlere Energie der Moleküle. Daher wird auch die Zahl der Moleküle größer, die in den dampfförmigen Zustand übergehen können, so daß der Dampfdruck mit zunehmender Temperatur rasch anwächst.

Solange der Dampfdruck noch unter dem Luftdruck liegt, erfolgt der Übergang der Moleküle in den Gaszustand nur an der Oberfläche; die Flüssigkeit **verdunstet.** Der Vorgang verläuft um so rascher, je mehr Moleküle die Möglichkeit haben, sich von der Flüssigkeit zu trennen. Die Verdunstung wächst daher mit zunehmender Oberfläche und steigender Temperatur. Sie wächst aber auch, wenn die Wahrscheinlichkeit, daß frei gewordene Moleküle in die Flüssigkeit zurückkehren, kleiner wird, wenn also die freien Moleküle z. B. von einem Luftzug weggeführt werden. Die zur Verdunstung nötige Wärme wird der Flüssigkeit und der Umgebung entzogen. Dadurch entsteht die Verdunstungskälte, die man bei feuchter Kleidung oder besonders stark beim Verdunsten eines Tropfens Äther auf der Hand feststellen kann. Ein unglasiertes Tongefäß mit Wasser hat wegen des an den Poren der Oberfläche verdunstenden Wassers eine um mehrere Grade niedrigere Temperatur als die Umgebung. Man kann solche Gefäße zum Frischhalten von Speisen verwenden.

Wird bei weiterer Wärmezufuhr der Dampfdruck so weit erhöht, daß er ebenso groß wird wie der äußere Luftdruck, so können die verdampfenden Moleküle auch im Innern der Flüssigkeit Blasen bilden und aufsteigen. Die Flüssigkeit **siedet.** Weil der Dampfdruck gesetzmäßig mit der Temperatur steigt, wird die Gleichheit von Dampfdruck und äußerem Luftdruck bei einer genau bestimmten Temperatur, dem Siedepunkt, erreicht. Steigt der Luftdruck, so erhöht sich auch der Siedepunkt und umgekehrt.

Eine Flüssigkeit siedet, wenn ihr Dampfdruck gleich dem äußeren Druck ist. Der Siedepunkt ändert sich daher mit dem Druck.

Da der Luftdruck nach oben abnimmt, siedet das Wasser auf hohen Bergen schon bei Temperaturen unter 100 °C. Auf etwa 300 m Erhebung kommt eine Siedepunktserniedrigung um 1 K. Das Weichkochen der Speisen beruht darauf, daß der Dampfdruck des Wassers bei 100 °C die harten Zellwände zerreißt. Bei den niedrigen Siedepunkten auf hohen Bergen erreicht der Dampfdruck nicht mehr den dafür erforderlichen Wert, so daß dort die Speisen nicht mehr gar gekocht werden können. Man verwendet dann Dampfdruckkochtöpfe, bei denen sich ein Dampfauslaßventil erst bei einem einstellbaren Druck öffnet.

Da beim Siedepunkt der äußere Druck und der Dampfdruck gleich sind, ist die Abhängigkeit des Siedepunktes vom Druck zugleich auch die Abhängigkeit des Dampfdruckes von der Temperatur. Ihre Darstellung ist die Dampfdruckkurve. Sie ist für Wasser in Abb. 3 dargestellt. Die Bedeutung des Punktes K, bei dem die Kurve endet, wird in 3.4.4. b erläutert. Tabelle und Kurve zeigen das immer raschere Anwachsen des Dampfdruckes bei zunehmender Temperatur. Bei Zuständen, deren durch Druck und Temperatur gekennzeichneter Punkt in Abb. 3 über der Dampfdruckkurve liegt, ist der Stoff flüssig, wenn er darunterliegt, gasförmig. Bringt man eine Flüssigkeit in einen Zustand unter der Kurve, so verdampft sie, bringt man Dampf in einen darüber liegenden Zustand, so kondensiert er. Nur in Zuständen längs der Kurve können flüssige und gasförmige Phase stabil nebeneinander bestehen.

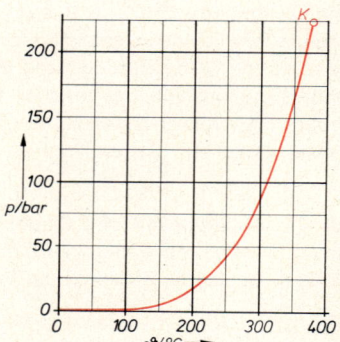

Abb. 3. Dampfdruckkurve des Wassers

Siedepunkt ϑ des Wassers in °C								Dampfdruck p des Wassers bei der Temperatur ϑ in °C			
beim Druck p_L in mbar				beim Druck p in bar							
p_L	ϑ	p_L	ϑ	p	ϑ	p	ϑ	ϑ	p (mbar)	ϑ	p (bar)
100	45,8	920	97,3	2	120,2	40	250,3	0	6	90	0,701
200	60,1	940	97,9	3	133,5	50	263,9	10	12	100	1,013
300	69,1	960	98,5	4	143,6	75	290,5	20	23	125	2,32
400	75,9	980	99,1	5	151,8	100	311,5	30	42	150	4,76
500	81,4	1000	99,6	7,5	167,8	125	327,8	40	74	175	8,92
600	85,9	1020	100,1	10	179,9	150	342,1	50	123	200	15,55
700	90,0	1040	100,6	15	198,3	175	354,6	60	199	250	39,78
800	93,5	1060	101,1	20	212,4	200	365,7	70	312	300	85,92
900	96,7	1080	101,5	30	233,8	221,29	374,15	80	474	374,15	221,29

Auch ein fester Stoff hat eine Dampfdruckkurve. Erreicht sein Dampfdruck den äußeren Druck unterhalb des Schmelzpunktes, so **sublimiert** er, d. h. er geht unmittelbar vom festen in den gasförmigen Zustand über. Die Sublimation ist leicht zu beobachten bei festem Kohlendioxid (Trockeneis) oder bei Jod. Daß geringe Schneemengen auch ohne Tauwetter verschwinden, ist ebenfalls eine Folge der Sublimation.

In dem durch den Schnittpunkt der beiden Dampfdruckkurven gekennzeichneten Zustand können fester, flüssiger und gasförmiger Aggregatzustand gleichzeitig stabil bestehen. Man nennt ihn den **Tripelpunkt;** für Wasser liegt er bei 0,0075 °C und 6,47 mbar.

e) Kältemaschinen. Bei Verminderung des Druckes kann eine Flüssigkeit so rasch verdampfen, daß durch die Entziehung der dazu nötigen Verdampfungswärme eine starke Temperaturerniedrigung eintritt. Auf dieser Kühlwirkung einer verdampfenden Flüssigkeit beruhen die Kältemaschinen. Damit das Kältemittel einen Kreislauf ausführen kann, muß es nach dem Verdampfen durch Kompression oder Absorption wieder kondensiert werden.

Bei der **Kompressionskältemaschine** (Abb. 4) verdampft das Kältemittel (Ammoniak, Methylchlorid, Schwefeldioxid, Freon CF_3Cl) im Verdampfer unter niedrigem Druck und verbraucht dadurch Wärme, die dem Kühlraum entzogen wird. Der entstandene Dampf wird im Kompressor auf hohen Druck gebracht und im Kondensator kondensiert. Die dabei entstehende Wärme wird durch Kühlung beseitigt. Um den zur Verdampfung nötigen niedrigen Druck zu erreichen, entspannt man die noch unter hohem Druck stehende Flüssigkeit in einem Druckminderventil R.

Bei der **Absorptionskältemaschine** (Abb. 5) unterliegt das Kältemittel demselben Kreislauf wie bei der Kompressionsmaschine. Anstelle des Kompressors ist jedoch ein zweiter Kreislauf eingeschaltet, den eine Absorptionsflüssigkeit durchläuft. Der im Verdampfer entstehende Dampf des Kältemittels wird im Absorber von einer Flüssigkeit absorbiert, die dann durch eine Pumpe dem Kocher zugeleitet wird. Durch Erwärmen des Kochers trennt man das absorbierte Gas wieder von der Flüssigkeit. Es strömt in den von außen gekühlten Kondensator, während die reine Flüssigkeit wieder zum Absorber zurückgeht. Kocher und Kondensator arbeiten unter demselben niedrigen Druck. Die Pumpe braucht zu der geringen Verdichtung nur wenig Energie. Als Kältemittel dient meist eine Wasser-Ammoniak-Lösung, in Trockenabsorptionsanlagen ein Calciumchlorid-Ammoniak-Gemisch.

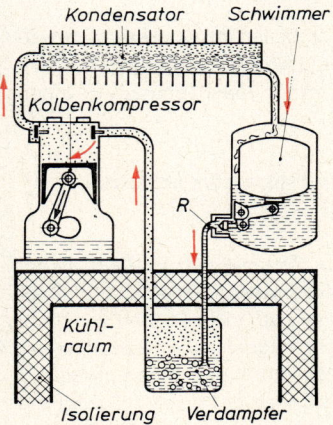

Abb. 4. Schema einer Kompressions-kältemaschine

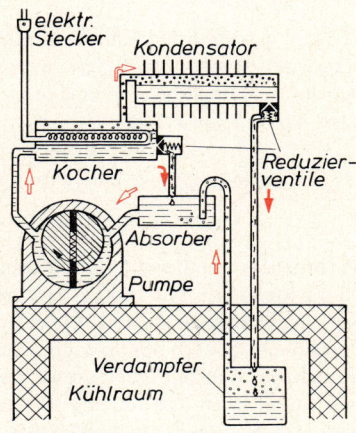

Abb. 5. Schema einer Absorptions-kältemaschine

Aufgaben:

1. In einem Kalorimeter (C = 146,5 J/K) befinden sich 270 g Wasser von 12 °C. Nach dem Einleiten von 5,4 g Wasserdampf von 100 °C ist die Temperatur auf 23 °C gestiegen. Berechnen Sie die spezifische Verdampfungswärme des Wassers.   (2278 kJ/kg)

2. Eine siedende Wassermenge bleibt noch 5 min auf einer Gasflamme mit einem Verbrauch von 8 dm³/min und einem Wirkungsgrad von 50 % stehen (H = 17 500 kJ/m³). Wieviel Wasser verdampft in dieser Zeit (r = 2256 kJ/kg)?   (155 g)

3. Dem Kondensator einer Dampfmaschine strömen in einer Stunde 100 kg Wasserdampf von 100 °C und 2400 kg Kühlwasser von 14 °C zu. Mit welcher Temperatur fließt das Kühlwasser ab (r = 2256 kJ/kg)?   (39 °C)

3.4.3. Gesättigte und ungesättigte Dämpfe

a) Entstehung gesättigten Dampfes. Beim Verdampfen einer Flüssigkeit in einem geschlossenen Behälter bildet sich über der Flüssigkeit eine Dampfatmosphäre, deren Dichte so lange zunimmt, als noch weiter Flüssigkeit verdampft. Während beim Verdampfen Moleküle von der Flüssigkeit in den Dampfraum übertreten, kommt es mit zunehmendem Druck des darüber befindlichen Dampfes immer häufiger vor, daß auch Dampfmoleküle wieder in die Flüssigkeit eintauchen und dort festgehalten werden. Beide Vorgänge kommen ins Gleichgewicht, wenn der Druck des Dampfes über der Flüssigkeit ebenso groß geworden ist wie der Dampfdruck der Flüssigkeit. Noch mehr Dampf kann in dem Raum nicht bestehen; denn dann wäre der Druck des Dampfes höher als der Dampfdruck der Flüssigkeit, so daß ein Teil des Dampfes wieder kondensieren müßte.

> **Flüssigkeit und Dampf können nur dann in einem Raum stabil nebeneinander bestehen, wenn der Druck des Dampfes ebenso groß ist wie der Dampfdruck der Flüssigkeit.**

In diesem Falle bezeichnet man den Dampf als **gesättigten Dampf** und seinen Druck als **Sättigungsdruck.**

> **Der Sättigungsdruck des Dampfes ist gleich dem Dampfdruck der Flüssigkeit bei derselben Temperatur.**

Jeder mit seiner Stammflüssigkeit in Verbindung stehende Dampf ist im Gleichgewichtszustand ein gesättigter Dampf. Den Quotienten aus einer gesättigten Dampfmenge und dem von ihr erfüllten Raum nennt man die **Sättigungsmenge.** Sie hat für jede Temperatur einen ganz bestimmten Wert.

> **Sättigungsdruck und Sättigungsmenge sind nur von der Temperatur abhängig.**

b) Ungesättigter Dampf. Jeder Dampf, dessen Druck unter dem Sättigungsdruck liegt, nennt man ungesättigt. Wenn noch weitere Flüssigkeit verdampfen kann, verwandelt er sich allmählich in gesättigten Dampf. Er kann nur ungesättigt bleiben, wenn er nicht mehr mit seiner Flüssigkeit in Verbindung steht. Aus gesättigtem Dampf entsteht ungesättigter Dampf, wenn er sich bei gleicher Temperatur ausdehnt, weil dann sein Druck unter den Sättigungsdruck sinkt. Man kann aber auch ungesättigten Dampf erhalten, indem man gesättigten Dampf bei gleichem Volumen erwärmt. Dabei steigt zwar der Druck des Dampfes an; er bleibt aber unter dem mit wachsender Temperatur viel rascher ansteigenden Sättigungsdruck.

Bei gleicher Temperatur ist der Druck von gesättigtem Dampf größer als der von ungesättigtem Dampf.

Alle Verhältnisse bei gesättigten und ungesättigten Dämpfen lassen sich mit einer Dampfdruckröhre (Abb. 1) experimentell untersuchen.

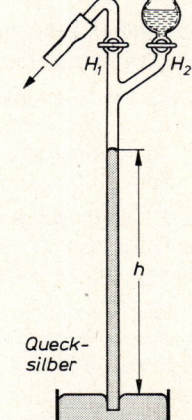

Eine etwa 1 m lange Röhre taucht unten in Quecksilber; oben ist sie mit einer Luftpumpe und einem Flüssigkeitsbehälter verbunden und durch Hähne verschließbar. Man pumpt zuerst bei geschlossenem Hahn H_2 luftleer und schließt dann auch den Hahn H_1. Dann entspricht die Höhe der Quecksilbersäule dem äußeren Luftdruck. Läßt man nun durch den Hahn H_2 etwas Flüssigkeit, z. B. Wasser oder Äther, einfließen, so verdampft diese sofort vollständig, und die Quecksilbersäule sinkt. Läßt man weitere Flüssigkeit nachfließen, so verdampft schließlich die Flüssigkeit nicht mehr vollständig. Es bleibt ein Rest, und die Quecksilbersäule sinkt kaum mehr weiter. Es ist Sättigung eingetreten. Neigt man die Röhre, so bleibt die vertikal gemessene Höhe der Quecksilbersäule und damit der Druck in dem abgeschlossenen Volumen gleich. Weil aber der Raum kleiner wird, kondensiert ein Teil der Flüssigkeit. Daran ändert sich nichts, wenn man noch einige Tropfen Flüssigkeit nachgibt. Die Flüssigkeit verdampft aber, wenn man sorgfältig erwärmt, und gleichzeitig sinkt auch die Quecksilbersäule wieder.

Abb. 1. Dampfdruckröhre

c) Dampfbildung bei Anwesenheit anderer Gase. Da der Gleichgewichtszustand nur vom gegenseitigen Austausch der Moleküle von Flüssigkeit und Dampf abhängt, kann er durch die Anwesenheit anderer Gase nicht verändert werden. Gleichgewicht tritt also auch dann erst ein, wenn der Anteil des Gesamtdruckes, der von der verdampften Flüssigkeit herrührt, ebenso groß wie deren Dampfdruck ist. Die Anwesenheit eines fremden Gases vermindert nur die Verdampfungsgeschwindigkeit, so daß es dann länger dauert, bis der Gleichgewichtszustand erreicht wird.

Befinden sich in einem Behälter zwei Flüssigkeiten, so verdampfen beide, bis der Teildruck jedes Dampfes den Dampfdruck seiner Flüssigkeit erreicht. Der Gesamtdruck beider Dämpfe ist dann die Summe aus den beiden Dampfdrücken.

Sättigungsdruck und Sättigungsmenge sind unabhängig von der Anwesenheit anderer Gase im gleichen Raum.

d) Druck und Energieinhalt von gesättigtem Wasserdampf. Besondere Bedeutung hat der gesättigte Dampf des Wassers, weil er bei vielen Wärmekraftmaschinen als Arbeitsgas verwendet wird.

Um Wasserdampf von 100 °C und etwa 1 bar Druck ohne Verbindung mit heißem Wasser auf 2 bar zu bringen, muß man bei unverändertem Volumen die absolute Temperatur etwa verdoppeln. Man muß also bis auf etwa 473 °C erhitzen. Befindet sich aber der Dampf in einem Kessel in Verbindung mit heißem Wasser, so verdampft bei weiterem Erwärmen neues Wasser, und der Druck steigt schon bei 120 °C (s. Dampfdrucktab.) auf 2 bar. Bei 200 °C erreicht der Druck fast 15,55 bar und bei 300 °C nahezu 86 bar. Um also hohe Drücke bei nicht allzu hohen Temperaturen zu erzielen, eignet sich gesättigter Dampf weit besser als ungesättigter. Da bei der Entstehung von Dampf aus siedendem Wasser immer noch viele Flüssigkeitsteilchen mitgerissen werden, ist der Dampf noch mit feinen Wassertröpfchen durchsetzt und wird als **Naßdampf** bezeichnet. Bei weiterer Wärmezufuhr verdampft mit dem Rest der

Flüssigkeit auch der Wassergehalt des Dampfes. Ist dieser Zustand erreicht, so spricht man von **Sattdampf.** Erst wenn die ganze Wassermenge in Sattdampf verwandelt und kein flüssiges Wasser mehr vorhanden ist, kann die Temperatur des Dampfes ansteigen. Den entstehenden überhitzten, aber nicht gesättigten Dampf nennt man **Heißdampf.**

Zur Erzeugung des Wasserdampfes wird eine große Energie benötigt. Sie wird als Wärme nacheinander mit verschiedener Wirkung zugeführt:

Die **Flüssigkeitswärme** ist die Wärmemenge, die erforderlich ist, um das Wasser von 0 °C bis zur Siedetemperatur zu erwärmen.

Die **Verdampfungswärme** wird gebraucht, um das Wasser bei unveränderter Temperatur in Sattdampf überzuführen.

Die **Überhitzungswärme** dient dazu, den Sattdampf noch über die Siedetemperatur zu erwärmen.

Abb. 2 gibt einen Überblick über die entstehende Temperatur, wenn einem kg Wasser bei 15 bar Druck eine bestimmte Wärmemenge zugeführt wird. Als Gesamtwärme zur Erzeugung der einzelnen Dampfarten findet man aus der Abb.:

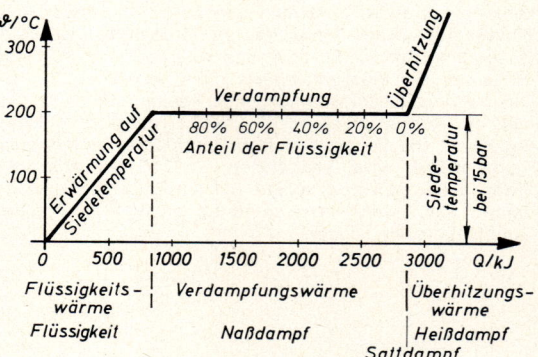

Abb. 2. Diagramm zur Dampferzeugung

Druck p in bar	Temperaratur ϑ in °C	Flüssigkeitswärme in kJ/kg	innere Verdampfungswärme in kJ/kg	äußere	gesamte	Gesamtwärme H des Dampfes in kJ/kg
1	99,6	417,3	2087,2	169,3	2256,5	2673,8
2	120,2	504,5	2023,3	176,8	2200,1	2704,6
5	151,8	639,9	1920,2	186,8	2107,0	2746,8
10	179,9	762,2	1822,0	193,3	2015,3	2777,5
20	212,4	908,0	1695,6	197,0	1892,6	2800,6
50	263,9	1153,8	1450,4	190,4	1640,8	2794,6
100	311,5	1407,0	1152,4	165,8	1318,2	2725,6
150	342,1	1608,9	869,5	130,2	999,7	2610,5
221,3	374,1	2099,7	0	0	0	2099,7

Zusammensetzung der Gesamtwärme von 1 kg gesättigtem Wasserdampf

e) Die Enthalpie. Der als Gesamtwärme eingeführte Energiebetrag wird auch als Enthalpie H bezeichnet. In ihr ist die gesamte Energie enthalten, die notwendig ist, um eine Stoffmenge in ihren durch die Zustandsgrößen p, V, T gekennzeichneten Zustand zu bringen. Diese Energie besteht aus der inneren Energie U und der Verdrängungsarbeit pV, die erforderlich ist, um die Stoffmenge aus ihrem Volumen zu verdrängen. Bildet man die stoffbezogenen spezifischen Größen, indem man durch die Masse m dividiert, so verwendet man als Formelzeichen die entsprechenden kleinen Buchstaben:

Enthalpie: $H = U + pV$ $[H] = $ kJ

spezifische Enthalpie: $h = u + pv$ $[h] = $ kJ/kg $[u] = $ kJ/kg $[v] = $ m³/kg

Nach dieser Definition findet man die gesamte Energie, die als Wärme oder mechanische Arbeit einer Stoffmenge zugeführt wird, um sie von einem Zustand in einen anderen überzuführen, indem man die Differenz zwischen der Enthalpie am Ende und der am Anfang bildet.

Die Gesamtenthalpie des Dampfes setzt sich zusammen aus der Enthalpie der Flüssigkeit bei der entsprechenden Temperatur und der Verdampfungswärme. Die Verdampfungswärme kann man noch aufteilen in die innere Verdampfungswärme zur Überwindung der Kohäsion und die äußere Verdampfungswärme zur Vergrößerung des Volumens. Alle diese Teilbeträge sind für 1 kg Wasserdampf in der Tabelle angegeben.

3.4.4. Die Zustandsgleichung realer Gase und die Gasverflüssigung

a) Die Isothermen eines realen Gases. Die Gleichung $pV = m R_s T$ oder nach einer Division durch m: $pv = R_s T$ gilt nur für ein ideales Gas. In dieser Gleichung sind weder das Eigenvolumen der Gasmoleküle noch die zwischen ihnen wirkende Kohäsion berücksichtigt. Da aber die Kondensation eines Gases gerade eine Folge der Kohäsion ist, gibt die Gleichung keinen Hinweis auf die Möglichkeit einer Gasverflüssigung.

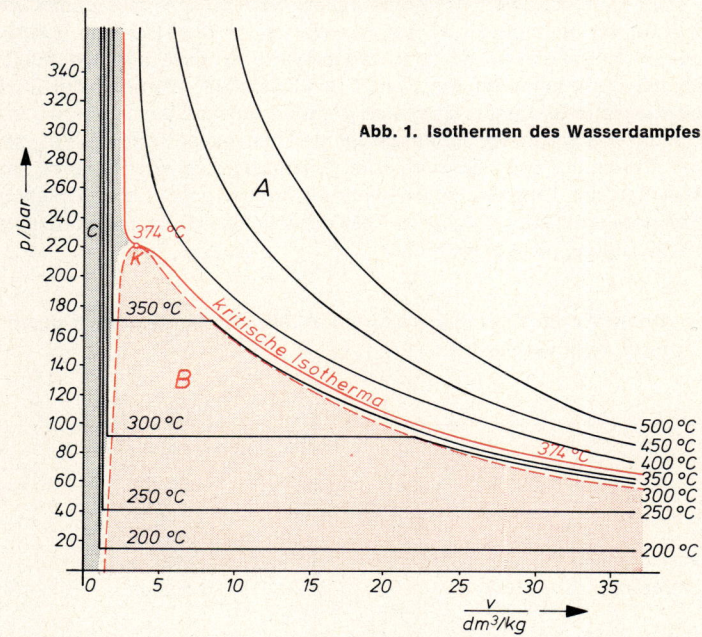

Abb. 1. Isothermen des Wasserdampfes

Da sich alle wirklichen Gase verflüssigen lassen, weicht ihr Verhalten von dem eines idealen Gases ab.

Verfolgt man die isotherme Kompression eines idealen Gases, so liegen in einem p-V-Diagramm alle Zustände auf einer gleichseitigen Hyperbel (4.3.5. d). Die Isothermen eines wirklichen Gases weichen davon ab. In Abb. 1 sind als Beispiel die Isothermen des Wasserdampfes dargestellt. Während die Isotherme für 500 °C noch etwa das Aussehen einer gleichseitigen Hyperbel hat, nehmen die Isothermen für niedrigere Temperaturen einen ganz anderen Verlauf. Bei 300 °C z. B. ruft eine Druckerhöhung von 60 bar auf 70 bar eine Volumenabnahme hervor, die ungefähr dem Boyleschen Gesetz entspricht. Aber schon bei 80 bar ist die Volumenabnahme stärker, als sie sich aus dem Boyleschen Gesetz ergeben würde. Steigt aber der Druck über den Wert des Sättigungsdruckes (bei 300 °C 87,6 bar), so ist das Gas nicht mehr stabil, sondern beginnt zu kondensieren. Versucht man den Druck zu erhöhen, so sinkt er sofort wieder auf den Wert des Sättigungsdruckes, während immer größere Teile des Dampfes kondensieren. Die Isotherme ist jetzt eine beim konstanten Wert des Sättigungsdruckes verlaufende Gerade. Wenn das spezifische Volumen auf 1,3 dm³/kg abgenommen hat, ist schließlich kein Dampf mehr, sondern nur noch Flüssigkeit vorhanden. Eine weitere Volumenverminderung ist wegen der geringen Zusammendrückbarkeit des Wassers selbst mit hohen Drücken fast unmöglich. Deshalb geht die Isotherme fast senkrecht nach oben. Im wesentlichen das gleiche Verhalten zeigen alle Isothermen unter 374 °C. Bei ihnen beginnt nur die Verflüssigung mit zunehmender Temperatur bei höherem Druck und kleinerem Volumen. Das geradlinige Stück wird immer kürzer, bis es bei der Isotherme für 374 °C auf einen Punkt K zusammengeschrumpft ist.

b) Der kritische Punkt. Der Punkt K heißt der **kritische Punkt;** die in ihm gültigen Zustandsgrößen sind der kritische Druck p_k, das spezifische kritische Volumen v_k und die kritische Temperatur T_k bzw. ϑ_k. Komprimiert man z. B. Wasserdampf längs der kritischen Isotherme, so steigt der Druck auf den Wert $p_k = 221,3$ bar, und das spezifische Volumen nimmt auf $v_k = 3,04$ dm³/kg ab. Sind diese Werte erreicht, so verwandelt sich auf einmal der gesamte, stark komprimierte Dampf in Flüssigkeit. Während bei niedrigen Temperaturen der Kondensationsvorgang längs des geraden Stückes der Isotherme erfolgt und sich unter dem Dampf eine scharf von ihm abgetrennte Flüssigkeitsmenge bildet, geschieht die Verflüssigung am kritischen Punkt auf einmal im ganzen Bereich des Dampfes. Im kritischen Punkt ist das Volumen des Dampfes gleich dem der daraus entstehenden Flüssigkeit. Bei Isothermen für Temperaturen über T_k gibt es kein geradliniges Stück mit konstantem Druck; daher ist eine Verflüssigung nicht mehr möglich.

Oberhalb der kritischen Temperatur läßt sich ein Gas auch durch noch so hohe Drücke nicht mehr verflüssigen.

Kritische Daten einiger Gase							
Stoff	ϑ_k (°C)	p_k (bar)	v_k (dm³/g)	Stoff	ϑ_k (°C)	p_k (bar)	v_k (dm³/g)
Wasser	374,1	221,3	3,04	Luft	(−140,7	36,5	3,2)
Äther	193,8	34,8	3,78	Stickstoff	−147,1	32,8	3,2
Kohlendioxid	31,0	71,3	2,17	Wasserstoff	−239,9	12,5	32,3
Sauerstoff	−118,8	48,8	2,32	Helium	−267,9	2,21	14,5

Das p-v-Diagramm wird durch die Umgrenzungslinie des Gebietes, in dem die Isothermen geradlinig verlaufen, und durch den linken Teil der kritischen Isotherme in drei Teilgebiete A, B und C zerlegt. A ist das Gebiet des Gases (des überhitzten Dampfes), B ist das Koexistenzgebiet von Gas und Flüssigkeit (Gebiet des Naßdampfes), C ist das Gebiet der Flüssigkeit (des Wassers).

c) Die Van-der-Waalssche Zustandsgleichung. Van der Waals[1] gelang es, die Gasgleichung durch zwei Zusatzglieder so abzuändern, daß sie alle Erscheinungen der Gasverflüssigung und des kritischen Punktes zu berechnen gestattet.

---

[1] Von der W a a l s , 1837 bis 1923, Prof. in Amsterdam.

Durch große Drücke läßt sich nur das Volumen zwischen den Molekülen verkleinern; das Eigenvolumen V_e der Moleküle bleibt auch bei den höchsten Drücken übrig. Bezeichnet man mit $b = V_e/m$ das spezifische Eigenvolumen des Gases, so wird das spezifische zusammendrückbare Volumen $v - b$; das in der Gasgleichung $p\,v = R_s\,T$ für v einzusetzen ist.

Das andere Van-der-Waalssche Zusatzglied berücksichtigt die Kohäsion. Wenn durch Komprimieren das Volumen eines Gases so weit verkleinert wird, daß sich die Moleküle häufig im gegenseitigen Anziehungsbereich befinden, so wird das Volumen nicht nur vom äußeren Druck, sondern auch von der gegenseitigen Anziehung der Moleküle vermindert. Der Druck wird dadurch scheinbar vergrößert. Die anziehenden Kräfte nehmen mit abnehmendem Volumen, also proportional $1/v$ zu. Ihre Gesamtwirkung ist aber dazu noch proportional zur Zahl der Moleküle in einem bestimmten Volumen, also ebenfalls proportional zu $1/v$. Um beide Abhängigkeiten zu berücksichtigen, ersetzte van der Waals in der Gasgleichung p durch das Glied $p + \dfrac{a}{v^2}$:

> **Van-der-Waalssche Zustandsgleichung:** $\left(p + \dfrac{a}{v^2}\right)(v - b) = R_s\,T$

Eine Isotherme der Van-der-Waalsschen Gleichung hat den in Abb. 2 dargestellten Verlauf. Das Gas kann allerdings bei der Kompression ihrem gewundenen Verlauf nicht ganz folgen; denn wenn der Druck über den Sättigungsdruck steigt, beginnt das Gas sich zu verflüssigen. Nur in einem Gedankenversuch kann man das Gas längs der ganzen Isotherme weiter komprimieren. Bei steigendem Druck nimmt dann das Volumen immer weiter ab. Dabei kommen die Moleküle schließlich überall in den Bereich der Kohäsion. Diese zieht das Gas zusammen, so daß der von außen erforderliche Druck sogar abnimmt. Im tiefsten Punkt der Isotherme sind alle Moleküle durch die Kohäsion zur Flüssigkeit verbunden, und der Druck steigt wieder rasch an, weil die Flüssigkeit ihr Volumen nicht mehr vermindern kann.

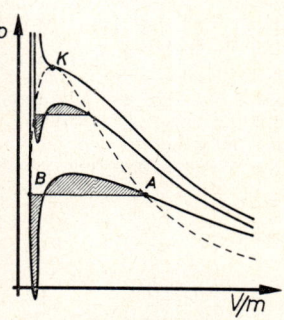

Abb. 2. Van-der-Waalssche Isothermen

Der Arbeitsaufwand, der notwendig ist, um das Gas bei dem Gedankenversuch längs der Isotherme von A nach B (Abb. 2) zu bringen, muß ebenso groß sein wie der Arbeitsaufwand längs der wirklich durchlaufenen Geraden. Diese Arbeitsbeträge werden aber nach 3.3.5. b durch die Flächenstücke zwischen der Kurve bzw. zwischen der Geraden und der V-Achse dargestellt. Die Gerade, längs der die Verflüssigung erfolgt, muß also die Kurve so schneiden, daß die beiden schraffierten Flächenstücke gleich sind.

d) Der Joule-Thomson-Effekt. Um ein Gas zu verflüssigen, muß man ihm so viel Wärme entziehen, daß die Temperatur mindestens unter die kritische Temperatur sinkt. Dazu kann man die adiabatische Entspannung verwenden, bei der das Gas auf Kosten seiner inneren Energie gegen den äußeren Druck Arbeit verrichtet. Wenn aber ein Gas schon vorgekühlt ist und seine Moleküle so eng benachbart sind, daß die Kohäsion wirksam ist, so ist neben der äußeren Arbeit auch noch die innere Arbeit zur Überwindung der Kohäsion zu verrichten. Wenn die Moleküle schon sehr eng gepackt sind, übertrifft die innere Arbeit die äußere weit.

Deshalb kühlt sich ein Gas stark ab, wenn es sich aus einem Zustand starker Verdichtung, bei dem die Kohäsion wirksam ist, ausdehnt. Nach seinen Entdeckern heißt dieser Effekt der **Joule-Thomson-Effekt.** Er ist um so größer, je tiefer die Ausgangstemperatur schon vor dem Entspannen ist.

e) Die Verflüssigung der Gase. Der Joule-Thomson-Effekt gibt die Möglichkeit, auch Gase zu verflüssigen, deren kritischer Punkt weit unter 0 °C liegt. Die technische Durchführung erfolgt in dem von **Linde** konstruierten **Gegenstromapparat.**

Zuerst wird das eingeführte Gas, z. B. Luft, im Kompressor stark verdichtet. Die entstehende Temperaturerhöhung wird im Kühler abgeführt. Dann strömt das Gas durch den Gegenstromapparat zum Drosselventil. Dort kommen die Moleküle so eng zusammen, daß beim folgenden Entspannen der Joule-Thomson-Effekt eine starke Abkühlung hervorruft. Das kalte Gas wird durch den Mantel des Gegenstromapparates geleitet und kühlt dabei das nachkommende Gas vor, so daß bei ihm der Joule-Thomson-Effekt noch wirksamer wird. Nach kurzer Zeit ist durch das Zusammenwirken von Vorkühlung und Joule-Thomson-Effekt die Temperatur so weit gesunken, daß ein Teil des Gases kondensiert und sich im Auffanggefäß sammelt.

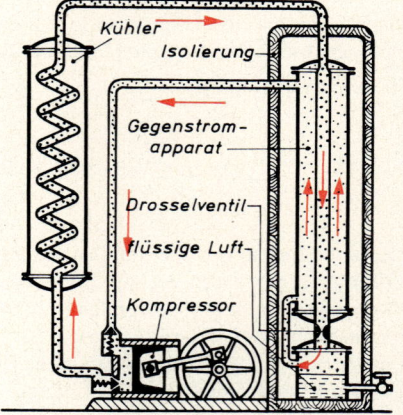

Abb. 3. Lindescher Gegenstromapparat

Bei den hierbei erreichten tiefen Temperaturen verändern viele Stoffe ihre Eigenschaften: Gummi wird glashart, die Zugfestigkeit eines Drahtes wächst, Alkohol läßt sich nicht mehr entzünden, der Widerstand elektrischer Leiter wird praktisch Null (Supraleitung).

3.4.5. Die Luftfeuchtigkeit

a) Absolute und relative Feuchtigkeit. An der Oberfläche des Meeres und anderer Gewässer verdunstet stets Wasser. Deshalb enthält die atmosphärische Luft überall große Mengen an Wasserdampf. Um ihren Dampfgehalt zu bestimmen, leitet man ein gemessenes Luftvolumen durch einen Stoff, der die Feuchtigkeit absorbiert (Calciumchlorid, konzentrierte Schwefelsäure) und bestimmt seine Massenzunahme. Dividiert man die gefundene Wassermenge durch das Volumen, in dem sie enthalten war, so erhält man die **absolute Feuchte** ϱ_D (Dichte des in der Luft enthaltenen Wasserdampfes) mit der Einheit g/m³.

Im allgemeinen ist die Luft nicht mit Feuchtigkeit gesättigt. Ein Luftvolumen kann so viel Wasserdampf aufnehmen, bis dessen Partialdruck den Dampf- bzw. den Sättigungsdruck des Wasserdampfes bei der herrschenden Temperatur erreicht. Das Vorhandensein der Luft hat darauf keinen Einfluß. Berechnet man die **Sättigungsmenge** ϱ_s, die 1 m³ bei verschiedenen Temperaturen aufnehmen kann, so ergeben sich die Werte:

Sättigungsdruck p_s und Sättigungsmenge ϱ_s des Wasserdampfes

ϑ (°C)	p_s (mbar)	ϱ_s (g/m³)	ϑ (°C)	p_s (mbar)	ϱ_s (g/m³)	ϑ (°C)	p_s (mbar)	ϱ_s (g/m³)	ϑ (°C)	p_s (mbar)	ϱ_s (g/m³)
−25	0,7	0,6	5	8,7	6,8	15	17,1	12,8	25	31,7	23,0
−20	1,0	0,9	6	9,3	7,3	16	18,2	13,6	26	33,6	24,4
−15	1,7	1,4	7	10,0	7,8	17	19,4	14,5	27	35,7	25,8
−10	2,6	2,1	8	10,7	8,3	18	20,6	15,4	28	37,8	27,2
−5	4,0	3,2	9	11,5	8,8	19	22,0	16,3	29	39,9	28,7
0	6,1	4,8	10	12,3	9,4	20	23,4	17,3	30	42,4	30,3
1	6,6	5,2	11	13,1	10,0	21	24,9	18,3	35	56,2	39,6
2	7,1	5,6	12	14,0	10,7	22	26,4	19,4	40	73,7	51,1
3	7,6	6,0	13	15,0	11,4	23	28,1	20,6	45	95,8	65,4
4	8,1	6,4	14	16,0	12,1	24	29,8	21,8	50	123,3	83,0

Teilt man die absolute Feuchtigkeit durch die Sättigungsmenge, so ergibt sich die **relative Feuchte** $f_r = \varrho_0/\varrho_s$; man gibt sie meistens in % an. Wendet man die allgemeine Zustandsgleichung der Gase $p_D = \varrho_D R T$ bzw. $p_s = \varrho_s R T$ an, was allerdings wegen der Nähe des Kondensationspunktes nur bedingt zulässig ist, so erhält man durch Division:

$$f_r = \varrho_D/\varrho_s = p_D/p_s$$

b) Kondensation der Luftfeuchtigkeit. Weil die Sättigungsmenge bei niedriger Temperatur kleiner wird, kann Luft, die nicht mit Wasserdampf gesättigt ist, durch Abkühlen gesättigt werden. Wird die Temperatur noch weiter gesenkt, so muß sich der überschüssige Wasserdampf ausscheiden. Die Temperatur, bei der die Sättigung erreicht wird und die Ausscheidung des Dampfes als kleine Tröpfchen beginnt, heißt **Taupunkt.**

Befinden sich feste Körper in der Nähe der Abkühlungsstelle, so bilden sich an seiner Oberfläche die ersten Tröpfchen, z. B. die Tautropfen an Blättern und Gräsern nach einer nächtlichen Abkühlung. In Wohnungen beschlagen an kalten Tagen die Fenster, weil in ihrer Nähe infolge des starken Wärmeverlustes an den dünnen Glasscheiben die Temperatur stark absinkt. Bei ungenügender Wärmeisolierung eines Hauses kann die Innentemperatur der Wände unter den Taupunkt sinken. Dann schlägt sich an ihnen Feuchtigkeit nieder und bildet das sog. Schwitzwasser.

Bei der Abkühlung von großen Luftmassen scheidet sich das Wasser nicht nur an den angrenzenden festen Körpern ab, sondern es bilden sich überall im Raum feine Tröpfchen, die als Wolken oder Nebel sichtbar werden. Daher beträgt die relative Feuchte in Regenwolken oder im Nebel 100 %. Kurz vor einem Niederschlag steigt die relative Feuchtigkeit an. Aber auch dabei entstehen die ersten Nebeltröpfchen an Kondensationskernen (Staubkörnchen, Ionen), die in der Luft schweben. Deshalb bildet sich Nebel in Industriegegenden mit staubhaltiger Luft leichter als auf freiem Land (Londoner Nebel). Fehlen die Kondensationskerne, wie z. B. in großen Höhen, so kann die Temperatur einige Grad unter den Taupunkt sinken, ohne daß Nebelbildung einsetzt. Werden Kondensationskerne in eine solche Atmosphäre gebracht, so bilden sich an ihnen rasch zahlreiche Nebeltröpfchen (Kondensationsstreifen bei den Auspuffgasen eines Flugzeuges, Wilsonkammer 7.4.3. a).

c) Bedeutung der Luftfeuchtigkeit. Die größte Bedeutung hat die Luftfeuchtigkeit für das Wetter (3.4.6.). Aber auch die Arbeitskraft und das Wohlergehen des Menschen hängen von der Luftfeuchtigkeit ab. Relative Feuchten unter 60 % empfinden wir als trocken, über 75 % bei warmem Wetter als schwül, bei kaltem als naßkalt. Eine richtige Luftfeuchtigkeit ist auch wichtig bei der Lagerung vieler Güter (Kaffee, Getreide, Tabak, Holz), bei verschiedenen Trocknungsprozessen (von Holz, Lacken, Kunstharzen), beim Spinnen und Weben und für die Isolation von elektrischen Leitungen. Bei Klimaanlagen wird daher nicht nur die Temperatur, sondern auch die Luftfeuchtigkeit in einem als günstig erkannten Bereich konstant gehalten.

d) Feuchtigkeitsmeßgeräte. Die Geräte, mit denen man die Feuchtigkeit mißt, heißen **Hygrometer** oder **Psychrometer.**

Das einfachste, das **Haarhygrometer** (Abb. 1), beruht darauf, daß ein entfettetes Haar sich in feuchter Luft verlängert. Die Längenzunahme ist dabei fast unabhängig von der Temperatur und nur durch die relative Feuchte bedingt. Ein Hebelsystem überträgt die Längenänderung auf einen Zeiger, der dadurch unmittelbar die Feuchte abzulesen gestattet. Die Genauigkeit dieser Geräte ist nicht sehr groß.

Bei dem **Taupunktshygrometer** (Abb. 2) wird eine polierte Fläche durch Ätherverdunstung in einem Behälter abgekühlt. Wenn die Temperatur den Taupunkt erreicht, beschlägt die Platte.

Die Sättigungsmenge beim Taupunkt ist zugleich die absolute Feuchte. Durch Vergleich mit der Sättigungsmenge bei der herrschenden Lufttemperatur erhält man die relative Feuchte. Mit einem Taupunktshygrometer kann man eine gute Genauigkeit erzielen.

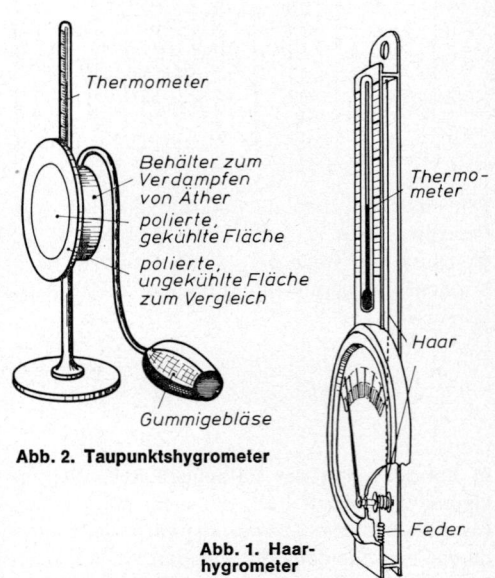

Abb. 2. Taupunktshygrometer

Abb. 1. Haarhygrometer

Ein **Psychrometer** besteht aus zwei genau gleichen Thermometern. Bei einem ist der Quecksilberbehälter mit feuchtem Mull umwickelt. Infolge der Verdunstungskälte zeigt es eine tiefere Temperatur an. Da die Verdunstung um so rascher erfolgt, je geringer die relative Feuchte der Umgebung ist, kann man aus der entstehenden Temperaturdifferenz die relative Feuchte ermitteln. Für genaue Messungen muß Luft mit einem Ventilator vorbeigeblasen werden, oder die Thermometer müssen durch dauernde Bewegung (Herumschleudern) in immer neue Luftbereiche gebracht werden, da sonst die Verdunstung langsamer erfolgt.

Es gibt auch chemische Substanzen, die bei wechselnder Feuchte ihre Farbe ändern. Diese kann dann als ein annäherndes Maß für die Feuchte benutzt werden.

Beispiele und Aufgaben:

(Bei den Aufgaben ist die Tabelle aus Abschnitt 3.4.5. a zu verwenden.)

1. Ein Taupunktshygrometer befindet sich in einem Raum mit der Temperatur $\vartheta_1 = 18{,}7\ ^\circ$C. Wenn die Platte anfängt zu beschlagen, zeigt das Thermometer die Temperatur $\vartheta_2 = 13{,}7\ ^\circ$C. Welche absolute und relative Feuchte herrscht in dem Raum?
    Sättigungsmenge beim Taupunkt ϑ_2: $\varrho_{s2} = 11{,}9$ g/m³
    Dies ist zugleich die absolute Feuchte.
    Sättigungsmenge bei der Raumtemperatur ϑ_1: $\varrho_{s1} = 16{,}0$ g/m³
    Relative Feuchte: $\dfrac{\varrho_{s1}}{\varrho_{s2}} = \dfrac{11{,}9}{16{,}0}\ 100\ \% = 74{,}4\ \%$

2. In einem Zimmer mit der Temperatur 22 °C beginnen die Fensterscheiben bei einer Glastemperatur von 15 °C eben zu beschlagen. Wie groß ist der gesamte Wassergehalt in dem Zimmer mit den Abmessungen 4 · 6 · 2,5 m³, und welche relative Feuchte herrscht darin?   (768 g, 66 %)

3. Bei einer Temperatur 20 °C herrscht in einem Raum die relative Feuchte 70 %. Welche Temperatur müssen die Wandinnenflächen mindestens haben, damit sich kein Schwitzwasser bildet?   (14 °C)

4. Wieviel Regen kann aus einem Luftraum mit den Abmessungen 4 km · 2 km · 0,5 km niedergehen, wenn er beim Beginn der Wolkenbildung eine Temperatur von 18 °C aufweist und sich danach auf 8 °C abkühlt? Welche Niederschlagshöhe ergibt sich, wenn die Wolke während des Regens am selben Ort bleibt?   (28 400 t, 3,55 mm)

5. Nach einem Sonnentag kühlt sich eine bodennahe Luftschicht von etwa 20 m Höhe bei einer relativen Feuchte von 70 % von 22 °C auf 7 °C ab. Wieviel Wasser fällt als Tau auf 1 m² Boden? Um wieviel Grad könnte man die Luftschicht mit der frei werdenden Kondensationswärme erwärmen (ϱ_{Luft} = 1,25 kg/m³, c_p = 1 kJ/kg K, r (bei 7 °C) = 2480 kJ/kg)?   (115,6 g, 11,46 K)

3.4.6. Grundlagen der Wetterkunde

a) Die Entstehung der wichtigsten Witterungserscheinungen. Die Ursache aller Witterungsvorgänge bildet die Sonnenstrahlung. Wo sie auf die Erde fällt, entsteht eine Erwärmung, die sich auf die darüberliegenden Luftschichten überträgt. Über Wasser ist sie geringer als über Land, in Äquatornähe stärker als in polaren Gegenden. Sie wechselt periodisch mit der Tages- und Jahreszeit. Die verschieden erwärmten Luftmassen haben verschiedene Dichte; daher ist der Luftdruck in Warmluftgebieten kleiner als in Kaltluftgebieten. Die Druckunterschiede suchen sich auszugleichen und verursachen dadurch die Luftströmungen und Winde.

Diese kommen aus einem Gebiet hohen Druckes, aus einem **Hoch,** und strömen nach Gebieten niedrigen Druckes, nach einem **Tief.** Sie werden von der Corioliskraft auf der nördlichen Halbkugel nach rechts abgelenkt, so daß die Umgebung eines Hoch- bzw. Tiefdruckgebietes die in Abb. 1 gezeichneten Windrichtungen aufweist. Orte gleichen Druckes sind durch Linien, die **Isobaren,** verbunden. Die Windrichtung verläuft nicht senkrecht zu ihnen, sondern beim Hoch spiralig im Uhrzeigersinn nach außen, beim Tief gegen den Uhrzeigersinn nach innen.

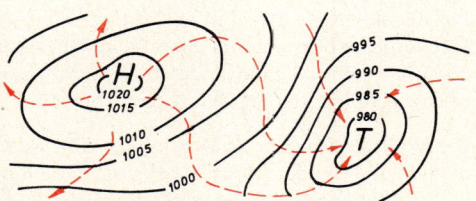

Abb. 1. Windrichtungen in der Umgebung eines Hoch- und eines Tiefdruckgebietes

Wo leichte, warme Luft aufsteigt, vermindert sich der Luftdruck, so daß dort ein Tief entsteht. Mit dem nach oben abnehmenden Luftdruck entspannt sich die Luft und kühlt sich infolgedessen ab. Im Mittel beträgt die Temperaturabnahme 0.65 ... 0.7 K je 100 m. Bei dieser Temperaturabnahme steigt die relative Feuchtigkeit, bis sich nach der Sättigung Wolken bilden und der verdichtete Wasserdampf als Niederschlag zur Erde fällt. Sinken dagegen schwere, kalte Luftmassen nach unten, so steigt der Luftdruck, und es entsteht ein Hoch. Die Luft erwärmt sich, und ihre Aufnahmefähigkeit für Wasser wird größer. Vorhandene Wolken lösen sich auf.

> **Die meisten Niederschläge fallen in der Nähe eines Tiefdruckgebietes; in einem Hochdruckgebiet herrscht meist schönes, wolkenloses Wetter.**

Das Aufsteigen von feuchten Luftmassen erfolgt auch auf den dem Meere zugewandten Seiten von Gebirgen. In Mitteleuropa sind das vor allem die Westhänge. Daher fallen dort leichter Niederschläge (Steigungsregen) als in der Ebene und auf der Ostseite der Gebirge (Regenschatten).

Mit diesen Vorgängen hängt auch die Entstehung des **Föhns** zusammen. Wenn Luftmassen ein hohes Gebirge, z. B. maritime Luftmassen bei einer Luftströmung aus dem Südwesten die Alpen überqueren, geben sie beim Aufsteigen einen großen Teil ihrer Feuchtigkeit als Steigungsregen ab. Infolge der frei werdenden Kondensationswärme wird die mit dem Aufsteigen verbundene Abkühlung gemildert. Daher übertrifft der Temperaturanstieg beim nachfolgenden Absinken der trockenen Luft die Abkühlung beim Aufsteigen. Es dringen dann vom Süden kommende trockene, warme Luftmassen als sog. Föhn in die Alpentäler und das Alpenvorland ein, die schönes Wetter bewirken, aber bei manchen Menschen auch Mattigkeit, Kopfweh, Schlaflosigkeit und Gereiztheit hervorrufen.

b) Die großräumigen Witterungszonen und Luftströme.
Wegen der starken Erwärmung am Äquator steigt dort Luft nach oben, während in Bodennähe dauernd Luft von höheren Breiten gegen den Äquator strömt. Von der Corioliskraft wird sie abgelenkt und bildet unter dem Namen Nordost- bzw. Südostpassat eine stetige Luftströmung nördlich und südlich des Äquators. In großen Höhen fließt die aufgestiegene Warmluft nach Norden und Süden ab (Abb. 2). Diese Antipassatströmung findet nach dem Abkühlen der Luftmassen beim 35. bis 40. Breitengrad ihr Ende. Weil die dort herabsinkenden Luftmassen kühler sind, entstehen Hochdruckgebiete großer Beständigkeit. Ausläufer aus diesem subtropischen Hochdruckgürtel beeinflussen oft das Wetter der anschließenden gemäßigten Zonen.

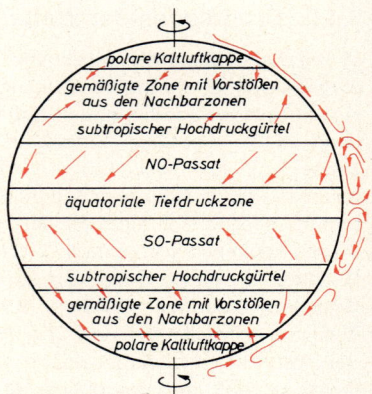

Abb. 2. Witterungszonen und Luftströme der Erde

Die geringe Sonneneinstrahlung an den Polen läßt dort Kaltluftkappen hohen Druckes entstehen. Aus ihnen strömen oft Ausläufer mit kalter Polarluft gegen die gemäßigten Zonen vor und können dort wetterbestimmend werden wie die Ausläufer aus dem subtropischen Gürtel.

c) Die wichtigsten Wettererscheinungen Mitteleuropas.
In der gemäßigten Zone begegnen sich die Vorstöße aus dem polaren Kaltluftbereich und dem subtropischen Hochdruckgürtel. Sie erzeugen dort oft wechselnde Luftströmungen und häufige Änderung des Witterungscharakters. Wo sich polare Kaltluft und maritime Warmluft treffen, entsteht eine Front. Eine anfängliche kleine Unregelmäßigkeit in der Frontlinie kann das Vordringen einer Warmluftzunge nach Nor-

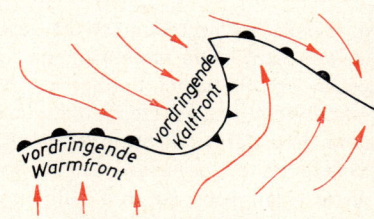

Abb. 3. Entstehung einer Zyklone

den und daneben das Einströmen von Kaltluft nach Süden bewirken (Abb. 3). Die leichte Warmluft schiebt sich über die schwere Kaltluft.

An der Spitze der Warmluftzunge steigt die Warmluft nach oben und erzeugt ein Tiefdruckgebiet, das wegen seiner Ähnlichkeit mit einem Wirbel als **Zyklone** bezeichnet wird. Abb. 4 zeigt den Verlauf der Isobaren und einen Schnitt durch einen solchen Warmlufteinbruch. Seine Fronten bewegen sich in Richtung der Luftströmungen. Dabei gleitet die Warmluft an der Vorderseite mit flachem Winkel über die am Boden bleibende Kaltluft. Sie kühlt sich beim Aufsteigen ab, und es kommt zu einer charakteristischen Wolkenbildung. Zuerst erscheinen in großer Höhe Federwolken. Sie verdichten sich immer mehr und verursachen schließlich als Schichtwolken verbreitete Niederschläge. Das Vordringen der Kaltfront erfolgt rascher. Die kalten Luftmassen dringen auf der Rückseite des Sektors in hoher Schicht vor

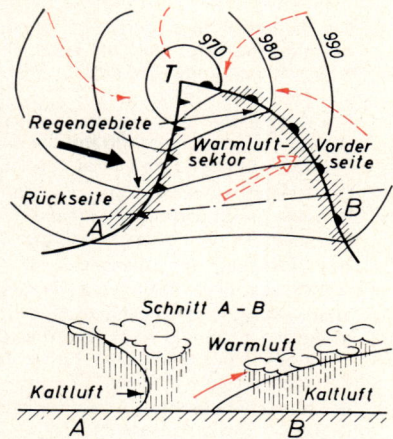

Abb. 4. Kartenbild und Schnitt durch eine Zyklone

und zwingen die Warmluft zu raschem Aufsteigen. Dabei kommt es zu rasch aufquellenden Haufenwolken und schauerartigem Regen. Die schneller vordringende Rückseite schiebt sich schließlich bis zur Vorderseite. Bei der Vereinigung wird die Warmluft ganz vom Boden abgedrängt, und das Tief beginnt sich zu füllen.

Dieser typische Verlauf des Wetters mit dem Durchziehen von kürzer oder länger dauernden Zyklonen bestimmt in den gemäßigten Zonen häufig die Witterung. Das gilt vor allem im Frühjahr und Spätherbst (April- und Novemberwetter), wenn keine ausgeprägten Temperaturgegensätze zwischen dem Atlantik im Westen und den Festlandsgebieten im Osten bestehen. Das ausgeprägte Festlandsklima Innerasiens verursacht dort im Sommer eine starke Erwärmung und im Winter eine starke Abkühlung der Luftmassen. Dadurch entsteht oft im Sommer und Spätsommer über Rußland und Innerasien ein ausgedehntes, lang beständiges Tiefdruckgebiet, im Winter ein Hochdruckgebiet. Im Sommer bestimmen dann längere Zeit vom Atlantik zum Festlandstief vordringende Meeresluftmassen das Wetter, im Winter entströmen dem Hoch kalte Ostwinde, die in Mitteleuropa langdauernde Kälteperioden erzeugen.

d) Die Wettervorhersage ist die Hauptaufgabe der wissenschaftlichen Wetterforschung, der Meteorologie. Aus langjährigen Beobachtungen und Aufzeichnungen ergeben sich gesetzmäßige Aufeinanderfolgen von bestimmten Wetterlagen. Die für das Wetter in Mitteleuropa so wichtigen Tiefdruckgebiete oder Zyklone folgen fast immer bestimmten Zugstraßen, die durch die Bodengestaltung bedingt sind (Abb. 5), so daß man aus ihrer gegenwärtigen Lage einen Schluß auf ihren weiteren Weg ziehen kann. Eine gute Kenntnis all dieser Zusammenhänge erlaubt, aus einer bestimmten Ausgangswetterlage mindestens für kurze Zeit eine ziemlich zutreffende Aussage über die weitere Wetterlage zu machen.

Um alle Angaben, die eine augenblickliche Wetterlage bestimmen, leicht überblicken zu können, werden sie in einer Wetterkarte (Abb. 6) eingetragen. Aus ihnen zieht man in den Wetterwarten Schlüsse auf das Wetter in den folgenden Stunden und veröffentlicht sie als Wetterberichte.

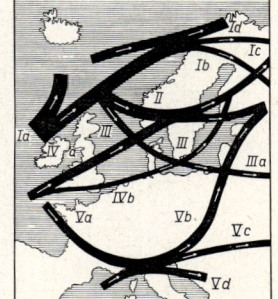

Abb. 5. Zugstraßen der Zyklone

Eine Wetterkarte enthält folgende Angaben (Abb. 7):

1. Der **Luftdruck** wird durch Zahlenangaben, gemessen in mbar, eingetragen. Orte gleichen Luftdruckes sind durch Linien, die Isobaren, verbunden. Aus ihnen erkennt man die Lage der Hoch- und Tiefdruckgebiete.

2. Die **Temperatur** wird durch Zahlenangaben (in °C) neben den Ortszeichen eingetragen. Über See sind oft zwei Zahlen vermerkt. Die obere ist die Lufttemperatur, die untere die Wassertemperatur.

3. Die **Fronten** zwischen Kalt- und Warmluft sind nach Verlauf und Bewegungsrichtung durch Linien mit Zackenbogen angegeben. Bei ihnen liegen die Hauptniederschlagsgebiete.

4. Die **Bewegung der Luftmassen** ist durch Pfeile angedeutet. Sie lassen auch einen Schluß auf die Bewegung der Fronten zu.

5. **Windrichtung** und **Windstärke** sind durch kleine gefiederte Pfeile gekennzeichnet, die mit dem Wind fliegen und deren Spitze im Ortskreis liegt. Jede halbe Fieder bedeutet eine Windstärke in der Beaufortskala (Abb. 8).

6. Die **Himmelsbedeckung** erkennt man aus dem Anteil, der bei dem Ortskreis schwarz ausgefüllt ist.

7. Die **Niederschläge** werden durch eine Reihe von Sonderzeichen neben den Ortschaften vermerkt.

Kurzfristige Wettervorhersagen erreichen heute schon einen hohen Grad an Zuverlässigkeit. Für mehrere Tage, Wochen oder Monate sind so viele Einflüsse maßgebend, daß ihre Berücksichtigung nur schwer möglich ist. Sichere langfristige Wettervoraussagen sind daher nur selten möglich.

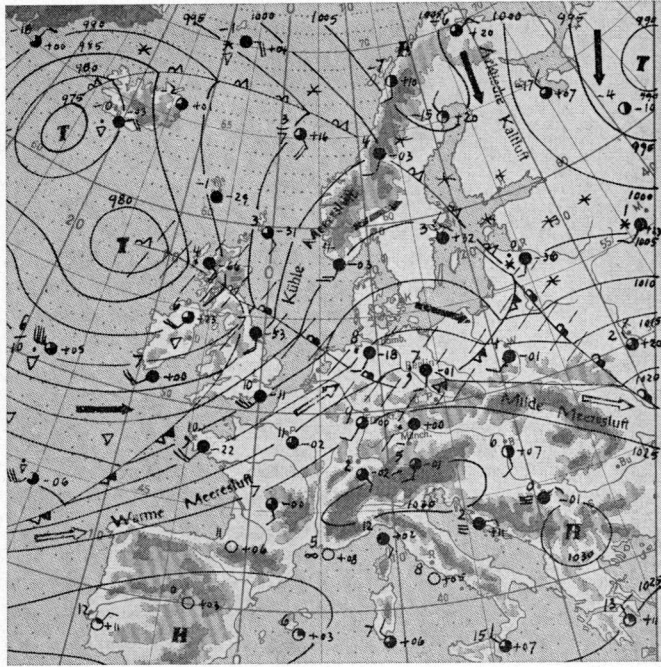

Abb. 6. Wetterkarte

1. Luftdruck

12 O Frankfurt
Luftemperatur in Frankfurt 12°C
$\frac{10}{11}$ O Helgoland
Lufttemperatur auf Helgoland 10°C
Wassertemperatur 11°C

2. Temperatur

am Boden vordringende
Kaltfront   Warmfront

Fronten in   sich übereinander-
großer Höhe   schiebende Kalt- und
              Warmluftfront

3. Fronten

Kaltluft   Warmluft

4. Bewegung der Luftmassen

SO-Wind   O-Wind
Stärke 1   Stärke 6

N-Wind   Windstille
Stärke 3

5. Windstärke und Windrichtung

O unbedeckt   ◑ halbbedeckt

◔ heiter   ◕ wolkig

● ganz bedeckt

6. Himmelsbedeckung

≡ Nebel   ▽ Schauer
● Regen   △ Graupeln
∮ Nieseln   ▲ Hageln
✳ Schnee   ⌐ Gewitter
∞ Dunst   ///// Nieder-
                    schlagsgebiet

7. Niederschläge

Abb. 7. Zeichen der Wetterkarte

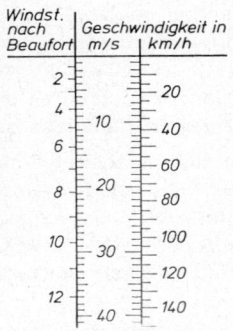

Windst. nach Beaufort	Geschwindigkeit in	
	m/s	km/h
2		20
4	10	40
6		60
8	20	80
10	30	100
		120
12	40	140

Abb. 8. Beaufortskala

3.5. Die Ausbreitung der Wärme

Die Ausbreitung der Wärme kann auf drei verschiedene Arten erfolgen:

1. durch **Wärmeströmung** oder **-konvektion,** bei der eine Stoffmenge mit ihrem Wärmeinhalt von einer Stelle an eine andere strömt,
2. durch **Wärmeleitung,** bei der die Wärme von Molekül zu Molekül übertragen wird, ohne daß diese ihren Ort verändern.
3. durch **Wärmestrahlung** ähnlich der Lichtstrahlung, ohne daß irgendein Stoff die Vermittlung übernehmen muß.

Meistens erfolgt eine Wärmeübertragung nicht nach einer der drei Möglichkeiten allein, sondern es treten zwei oder alle drei Übertragungsarten gleichzeitig auf. Wenn z. B. ein Heizkörper ein Zimmer erwärmt, wird ihm die Wärme durch Konvektion des warmen Wassers zugeführt; durch Wärmeleitung gelangt sie an die Oberfläche, und schließlich wird sie durch Konvektion, Leitung und Strahlung an die Umgebung abgegeben.

3.5.1. Wärmeströmung oder -konvektion

a) Eigenschaften der Wärmeströmung. Bei der Wärmeströmung ist als Träger eine bewegte Stoffmenge erforderlich. Deshalb tritt sie nur bei leicht beweglichen Stoffen, also bei Flüssigkeiten und Gasen auf. Die beförderte Wärmemenge ist proportional zur bewegten Stoffmenge, zum Temperaturunterschied, zur Strömungsgeschwindigkeit und zur Dauer des Vorganges. Fast alle in der Technik auftretenden Wärmeströmungsprobleme sind Aufgaben der Strömungslehre.

b) Wärmeströmungen in der Natur. In der Natur treten Wärmeströmungen im großen auf. Das in der Äquatorzone zwischen Westafrika und Südamerika erwärmte Wasser des atlantischen Ozeans strömt am Golf von Mexiko vorbei, wird nach Nordosten umgelenkt und erwärmt als Golfstrom die ganze Westküste Europas.

In kleinerem Maßstab sind fast alle Witterungserscheinungen mit einem Wärmeaustausch durch Wärmeströmungen verbunden. Jede von der Sonnenstrahlung hervorgerufene Erwärmung der Erdoberfläche überträgt sich auf die Luft. Die warmen Luftströme steigen auf, und kalte strömen am Boden nach.

Da sich das Land stärker erwärmt als das Wasser, steigen an den Küsten tagsüber die über dem Land erwärmten Luftmassen nach oben, und unten strömt kühle Luft als Seebrise vom Meer nach. Nachts strömt bei der stärkeren Abkühlung des Landes der Wind von der Küste zum Meer (Abb. 1).

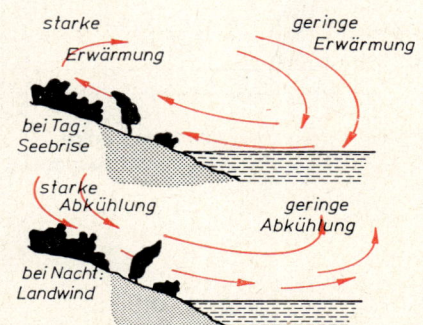

Abb. 1. Entstehung von See- und Landwind an der Küste

c) Anwendungen. Eine wichtige Anwendung der Wärmeströmung bilden die Heizanlagen. Bei einer Warmwasserheizung (Abb. 2) steigt in den Zuleitungsrohren das im Heizofen erwärmte Wasser wegen seiner geringeren Dichte hoch, während das abgekühlte, schwerere Wasser in den Rücklaufrohren wieder zum Ofen zurücksinkt. So wird in einem stetigen Kreislauf die im Ofen erzeugte Wärme in alle Räume des Hauses gebracht. Auch die Verteilung der Wärme im Zimmer selbst erfolgt durch Wärmeströmung. Die Luft erwärmt sich am Ofen oder am Heizkörper und steigt dann wegen ihrer verminderten Dichte hoch, während die abgekühlte Luft an anderen Stellen wieder heruntersinkt.

Steht der Ofen oder der Heizkörper weitab vom Fenster (Abb. 3), so befindet sich am Boden stets eine Schicht kalter Luft. Werden aber die Heizkörper unter den Fenstern aufgestellt (Abb. 4), so wird die durch die Fugen einströmende oder durch Abkühlung an den Glasscheiben entstehende Kaltluft sofort erwärmt und steigt auf. Dadurch kann sich am Boden keine Schicht von nichterwärmter Luft bilden.

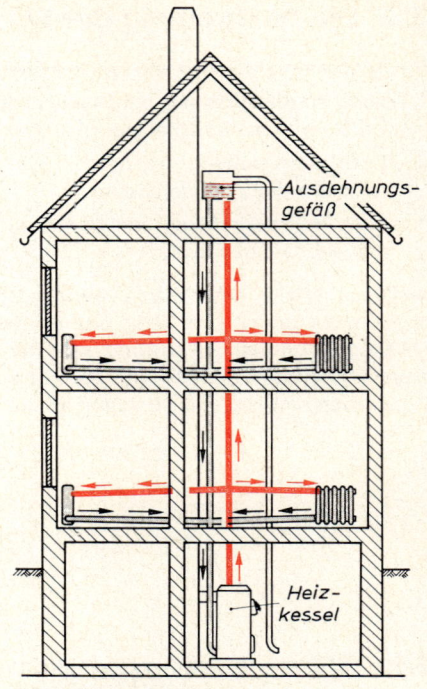

Abb. 2. Warmwasserheizung

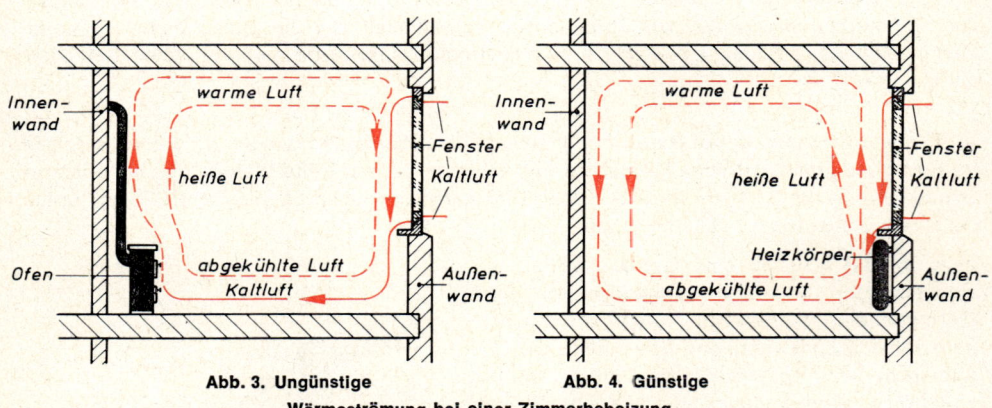

Abb. 3. Ungünstige   **Abb. 4. Günstige**
Wärmeströmung bei einer Zimmerbeheizung

3.5.2. Wärmeleitung

a) Die Wärmeleitzahl. Bei der Wärmeleitung wird die Wärme von Stoffteilchen zu Stoffteilchen übertragen, ohne daß diese ihren Ort verändern. Deshalb kann die Wärmeleitung auch in festen Stoffen vor sich gehen. In Gasen ist die Wärmeleitung sehr klein, weil ihre Moleküle zu wenig in gegenseitige Berührung kommen. Auch die festen Stoffe weisen große Unterschiede in der Wärmeleitfähigkeit auf.

Erwärmt man gleich große mit Quecksilberjodid bestrichene Stäbchen verschiedener Stoffe an einem Ende in einem Wasserbad (Abb. 1), so kann man das Fortschreiten der Erwärmung daran erkennen, daß sich die Farbe des Anstriches von gelb nach braun verändert. Am schnellsten verfärbt sich der Anstrich des Kupferstabes und danach der des Aluminiumstabes. Bis auch am Holzstab an seinem unteren Ende eine Verfärbung zu erkennen ist, sind die Anstriche der Metallstäbe schon ganz oder zum größten Teil braun geworden.

Das Maß für die unterschiedliche Fähigkeit der Stoffe zur Wärmeleitung ist die **Wärmeleitfähigkeit** λ.

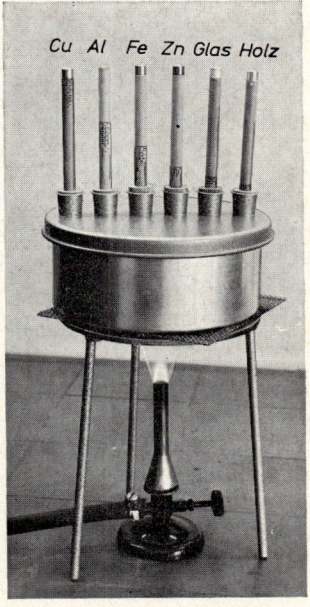

Abb. 1. Versuch zur Wärmeleitung

Die Wärmeleitfähigkeit gibt an, welche Wärmemenge von der einen Seite eines Körpers von 1 m² Querschnitt und 1 m Stärke bei einem Temperaturunterschied von 1 K zur anderen Seite geleitet wird.

Die Einheit im SI ist W/(m K). Wenn noch die frühere Einheit kcal/(m h K) angegeben ist, rechnet man nach der folgenden Gleichung in die SI-Einheit um:

$$1\,\frac{\text{kcal}}{\text{m h K}} = \frac{4187\,\text{W s}}{\text{m} \cdot 3600\,\text{s} \cdot \text{K}} = 1{,}163\,\frac{\text{W}}{\text{m K}}$$

Die Metalle sind die besten Wärmeleiter, weil bei ihnen die Wärme vor allem von den in ihrem Innern leicht beweglichen Elektronen übertragen wird. Deshalb verwendet man immer dort Metalle, wo eine gute Wärmeleitung stattfinden soll, z. B. bei Kupferkesseln oder Kupferröhren in Heißwassergeräten. Auch Stahlrohre haben noch eine gute Wärmeleitfähigkeit. Sie

Wärmeleitfähigkeit λ bei Zimmertemperatur in W/(m K)

Silber	411	Blei	35	Ziegel-	
Kupfer	3,95 … 370	Quecksilber	8	mauerwerk	0,9 … 0,7
Aluminium	230 … 200	Natursteine		Hochlochziegel	0,8 … 0,7
Duralumin	175 … 160	schwer (Granit, Basalt)	3,2 … 2,7	Hohlblocksteine	0,6 … 0,4
Zink	115 … 110	leicht (Kalk-, Sand-		Ton- und	
Messing	115 … 80	stein)	2,6 … 1,75	Lehmboden	1,4 … 1,2
Nickel	58	Kesselstein	2,3 … 0,3	Sandboden	1,2 … 0,9
Eisen (rein)	58	Eis	2,3 … 2,2	Erdreich	
Stahl	45 … 35	Beton	1,5 … 0,8	(locker)	0,7 … 0,5
Stahl		Porzellan	1,0 … 0,9	Holz	0,35 … 0,07
(hochlegiert)	30 … 15	Glas	1,0 … 0-7	Gummi	0,25 … 0,12
				Kunststoffe	0,35 … 0,12
				Wasser	0,6

wird aber bedeutend verschlechtert, wenn sich auf der Rohrwand ein Kesselsteinbelag bildet. Steine und Erden haben um so größere Wärmeleitfähigkeit, je höher ihre Dichte ist. Die geringe Wärmeleitfähigkeit des Wassers wird augenfällig gezeigt durch einen Versuch (Abb. 2), bei dem sich in einer Glasröhre längere Zeit zugleich siedendes Wasser und unten ein Eisstückchen befindet.

Schlechte Wärmeleiter dienen in der Technik und im Bauwesen zur Isolierung gegen Wärmeverluste oder, wie man auch sagt, zur Wärmedämmung. Abgesehen vom Vakuum ist ruhende Luft der beste Wärmeisolator. Sobald jedoch größere Räume mit Luft erfüllt sind, entsteht eine Wärmeströmung, so daß man nicht mehr mit der reinen Wärmeleitfähigkeit λ, sondern mit einer erhöhten Äquivalentleitfähigkeit λ' rechnen muß. Die Schutzwirkung der meisten Wärmedämmstoffe beruht weitgehend auf der in den Poren enthaltenen Luft. Deshalb nimmt auch die Wärmeisolation ab, wenn eindringende Feuchtigkeit die Luft verdrängt oder, wenn dichte Packung die Zahl und Größe der Poren vermindert. Mit zunehmender Temperatur wächst der Wärmeaustausch, und die Schutzwirkung wird geringer. Daß die Wärmedämmstoffe zugleich auch eine große Schallschluckung (3.3. c) haben, hat ihre Anwendung gefördert.

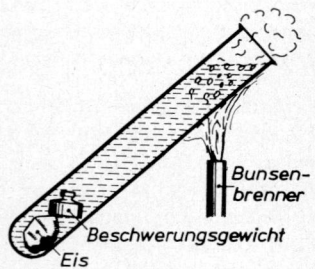

Abb. 2. Wärmeleitfähigkeit des Wassers

Wärmeleitfähigkeit λ von Gasen und Wärmeschutzstoffen in W/(m K) (Mittelwerte)

Gase	ϑ (° C)	λ	Schutzstoffe	ϱ (kg/dm³)	λ
Wasserdampf	100	0,025	Porenbeton	0,6	0,23
Wasserstoff	0	0,28	Porenbeton	1,0	0,35
Kohlendioxid	0	0,015	Leichtbauplatten	0,4	0,09
Luft (ruhend,	−30	0,021	Kork-, Strohplatten	0,2	0,06
Schichtdicke unter	0	0,023	Schlacken- und	0,18	0,05
5 mm)	50	0,028	Glaswolle	0,36	0,06
	100	0,031	Hartschaumstoff	0,03	0,035
	200	0,037	Kunststoff	0,95 . . . 1,2	0,175 . . . 0,30
	300	0,043	Baumwolle	0,08	0,05
	d (cm)	λ'	Asbest (lose)	0,5	0,15
			Asbest (gepreßt)	0,7	0,23
Luft (bei Zirkulations-	0,5	0,05	Holz (trocken)	0,5	0,15
möglichkeit)	1	0,07	Holz (trocken)	0,7	0,21
$0\,°\text{C} < \vartheta < 50\,°\text{C}$	2	0,12	Holz (trocken)	0,9	0,25
$0,02\,\text{m} < d < 0,15\,\text{m}$	5	0,30	Holz (feucht)	0,7 . . . 0,9	0,25 . . . 0,35
$\lambda \approx 6\,\dfrac{\text{W}}{\text{m}^2\,\text{K}} \cdot d$	10	0,60	Schnee (frisch)	0,1	0,05
	15	0,92	Schnee (festgetreten)	0,6	bis 1,2
	20	1,40			

Die Wärmeisolation mit Wärmeschutz- oder -dämmstoffen findet verbreitete Anwendung. Heißdampfkessel und -leitungen werden mit Glaswolleschichten umgeben, feuersichere Schränke haben Doppelwände, die mit Asche oder Schlacke ausgefüllt sind. Hauswände werden mit Glaswolle, Leichtbauplatten oder Hartschaumstoff (Styropor) isoliert. Bei Kühlhäusern verwendet man dicke Schichten aus Glaswolle. Doppelfenster nützen die geringe Leitfähigkeit wenig bewegter Luftschichten aus. Der beste Wärmeschutz ist ein Vakuum, das überhaupt keine Wärmeleitfähigkeit aufweist. Darauf beruht der Bau von Thermosflaschen und Dewargefäßen; sie haben eine doppelte Wandung, deren Zwischenraum luftleer gepumpt ist und bei denen durch Versilberung auch die Wärmestrahlung vermindert ist.

b) Berechnung der durch Wärmeleitung übertragenen Wärmemenge. Wenn an den beiden Seiten einer Trennwand (Abb. 3) verschiedene Temperaturen herrschen, ist die von der einen zur anderen Seite geleitete Wärmemenge Q proportional **zur** Wärmeleitfähigkeit λ des Wandmaterials, zum Flächeninhalt A des Wandstückes, zur Dauer t des Wärmeleitvorganges und zur Temperaturdifferenz $\Delta\vartheta = \vartheta_1 - \vartheta_2$ auf beiden Seiten und umgekehrt proportional zur Wanddicke d. Daraus ergibt sich die Formel:

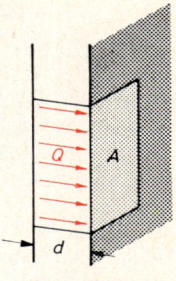

$$Q = \frac{\lambda\, A\, t\, \Delta\vartheta}{d} \qquad [\lambda] = \left[\frac{Q\, d}{A\, t\, \Delta\vartheta}\right] = \frac{Ws \cdot m}{m^2\, s\, K} = \frac{W}{m\, K}$$

Abb. 3. Wärme-
leitung durch
eine Trennwand

Streng genommen gilt die Formel nur, wenn die Wärme, wie in Abb. 3, parallel durch die Trennwand geleitet wird und der Temperaturunterschied unverändert bleibt. In Fällen, bei denen diese Bedingungen nicht erfüllt sind, benötigt man für eine exakte Berechnung der Wärmeleitung die höhere Mathematik. Manchmal kann aber die angegebene Formel auch in solchen Fällen noch brauchbare Näherungsergebnisse liefern.

Umschließt z. B. die Wand, durch die die Wärme geleitet wird, einen Raum (Abb. 4), so ist die Innenfläche A_i kleiner als die Außenfläche A_a. Wenn beide Flächen sich nicht zu sehr unterscheiden und man für A die Mittelfläche A_m einsetzt, erhält man aus der obigen Formel noch gute Näherungswerte. Auch wenn sich die Temperaturdifferenz um einen geringen Betrag ändert, kann man die Formel noch verwenden, wobei man für $\Delta\vartheta$ den Mittelwert der Temperaturdifferenz einsetzt.

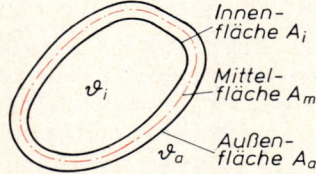

Abb. 4. Wärmeleitung durch eine
geschlossene Fläche

3.5.3. Wärmeübergang und Wärmedurchgang

a) Wärmeübergang. In einer homogenen Wand, durch die senkrecht zu ihrer Oberfläche Wärme geleitet wird, erfolgt die Temperaturabnahme $\Delta\vartheta = \frac{Q}{\lambda\, A\, t}\, d$ von der wärmeren zur kälteren Seite gleichmäßig mit der Zunahme der Schichtdicke d (Abb. 1). Besteht eine Wand aus mehreren Schichten, so verläuft die Temperaturabnahme in gut leitenden Stoffen langsamer als in Wärmeisolierstoffen (Abb. 1). Wenn die Trennwand aber an einen flüssigen oder gasförmigen Stoff grenzt, entsteht in der Grenzschicht eine Strömung. Die Wärmeübertragung erfolgt dann nicht nur durch Wärmeleitung, sondern auch durch Wärmeströmung. Außerdem verursacht der in dieser Grenzschicht entstehende Temperaturunterschied noch eine Wärmestrahlung (3.5.4.). Die gesamte, sich aus allen drei Teilen zusammensetzende Wärmeübertragung einer Oberfläche auf eine Flüssigkeit oder ein Gas bezeichnet man als **Wärmeübergang.**

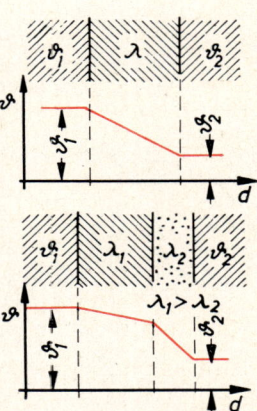

Abb. 1. Temperaturverlauf
bei der Wärmeleitung durch
feste Stoffe

213

Hat man z. B. einen Behälter mit warmem Wasser, der durch eine Wand von der umgebenden Luft getrennt ist (Abb. 2), so kühlt sich an der Innenseite der Wand das Wasser ab und sinkt nach unten, während warmes Wasser aus dem Innern des Behälters nachströmt. An der Außenseite steigt die erwärmte Luft hoch, und von unten strömt kältere Luft nach.

Infolge der Strömung bleiben in den beiden Grenzschichten die Temperaturunterschiede $\Delta\vartheta_i$ (innen) und $\Delta\vartheta_a$ (außen) bestehen. Von der gesamten Temperaturdifferenz $\Delta\vartheta = \vartheta_1 - \vartheta_2$ liegt nur noch ein Teil $\Delta\vartheta_w$ zwischen den Oberflächen der Wand. Die Summe aller Teiltemperaturdifferenzen ergibt den gesamten Temperaturunterschied $\Delta\vartheta = \Delta\vartheta_i + \Delta\vartheta_w + \Delta\vartheta_a$.

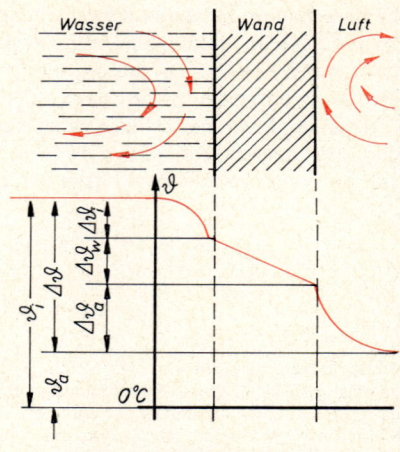

Abb. 2. Wärmeübergang und Wärmedurchgang

Zur Berechnung des Wärmeüberganges an den Grenzflächen führt man einen **Wärmeübergangskoeffizienten** α ein, der angibt, welche Wärmemengen von 1 m² der Fläche in 1 s übertragen wird, wenn der in der Grenzschicht entstehende Temperaturunterschied 1 K beträgt. Die Einheit des Wärmeübergangskoeffizienten ist W/(m² K).

Die Größe des Wärmeübergangskoeffizienten wächst mit der in der Grenzschicht der Flüssigkeit oder des Gases entstehenden Strömung, aber auch mit der bei steigender Temperatur immer stärker auftretenden Wärmestrahlung. Bei kleinen Temperaturunterschieden entnimmt man den Wärmeübergangskoeffizienten einer Tabelle, bei hohen Temperaturen verwendet man wegen der auftretenden Wärmestrahlung die Angaben in 3.5.4. e.

Wärmeübergangskoeffizienten α in W/(m² K)				
Wasser bei 20 °C			Flüssigkeiten, ruhend, bei 20 °C	
ruhend	$v = 0$	300 ... 600	Quecksilber 3500	Bei Strömung
sehr langsam strömend	$v < 0{,}1$ m/s	600 ... 2500	Alkohol 175	wachsen die
langsam strömend	$v < 1$ m/s	2500 ... 5000	Petroleum 120	Werte ähnlich
strömend	$v > 1$ m/s	5000 ... 7000	Öl (leicht flüssig) 30	an wie bei
siedend ($\vartheta > 100$ °C)		4000 ... 7000	Glycerin 18	Wasser
Luft bei $\Delta\vartheta$	waagerechte Trennfläche	vertikale Trennfläche	Mittelwert bei wechselnder Luftbewegung und Temperaturdifferenz für Hauswände	
5 K	5	4	innen, Wärmeübergang nach unten 6	
10 K	6	5	innen, Wärmeübergang horizontal	
20 K	7	6	oder nach oben 8	
50 K	9	7	außen, in mittlerer Wohnlage 25	
100 K	11	8	außen, in windausgesetzter Lage (Gebirge, Küste) 30 ... 60	

Die bei einem Wärmeübergang von einer Wandfläche auf eine Flüssigkeit oder ein Gas übertragene Wärmemenge berechnet sich nun mit dem Wärmeübergangskoeffizienten nach der
Formel:

$$\boxed{Q = \alpha\, A\, t\, \Delta\vartheta} \qquad [\alpha] = \left[\frac{Q}{A\, t\, \Delta\vartheta}\right] = \frac{\mathrm{W\,s}}{\mathrm{m^2\, s\, K}} = \frac{\mathrm{W}}{\mathrm{m^2\, K}}$$

b) Wärmedurchgang. Jede Wärmemenge, die vom Innern eines Behälters auf die Umgebung
übergeht, muß zuerst durch die Grenzschicht auf der Innenseite der Wand, dann durch die
Trennwand selbst und schließlich durch die äußere Grenzschicht hindurchgehen. Da sich bei
gleichbleibender Temperaturverteilung nirgends Wärme aufspeichern kann, muß der hindurchgehende Wärmestrom $\dot{Q} = Q/t$ bei allen Flächen und Schichten gleich sein. Kennzeichnet man die Innenfläche durch den Index i, die Außenfläche durch a und die Wand durch
w, so gelten die Gleichungen:

$$\dot{Q} = \alpha_i\, A\, \Delta\vartheta_i \qquad\qquad \dot{Q} = \frac{\lambda_w}{d_w}\, A\, \Delta\vartheta_w \qquad\qquad \dot{Q} = \alpha_a\, A\, \Delta\vartheta_a$$

Multipliziert man die Gleichungen mit $\frac{1}{\alpha_i}, \frac{d_w}{\lambda_w}, \frac{1}{\alpha_a}$ und addiert sie dann, so folgt:

$$\dot{Q}\left(\frac{1}{\alpha_i} + \frac{d_w}{\lambda_w} + \frac{1}{\alpha_a}\right) = A\,(\Delta\vartheta_i + \Delta\vartheta_w + \Delta\vartheta_a) = A\,\Delta\vartheta$$

Setzt man für den Klammerausdruck auf der linken Seite $1/k$, wobei man k als **Wärmedurchgangskoeffizienten** bezeichnet, so gelten zur Berechnung von Q, Q und k die folgenden
Gleichungen:

$$\boxed{\dot{Q} = k\, A\, \Delta\vartheta \qquad Q = \dot{Q}\, t = k\, A\, t\, \Delta\vartheta \qquad \frac{1}{k} = \frac{1}{\alpha_i} + \frac{d_w}{\lambda_w} + \frac{1}{\alpha_a}}$$

Zur Berechnung der einzelnen Temperaturdifferenzen löst man die drei Ausgangsgleichungen
nach den Temperaturunterschieden auf:

$$\Delta\vartheta_i = \frac{\dot{Q}}{A}\frac{1}{\alpha_i} \qquad \Delta\vartheta_w = \frac{\dot{Q}}{A}\frac{d_w}{\lambda_w} \qquad \Delta\vartheta_a = \frac{\dot{Q}}{A}\frac{1}{\alpha_a}$$

Setzt man hier den aus der Gleichung für $\dot{Q}$ folgenden Wert $\frac{\dot{Q}}{A} = k\,\Delta\vartheta$ ein, so folgt:

$$\Delta\vartheta_i = \frac{k}{\alpha_i}\Delta\vartheta \qquad \Delta\vartheta_w = \frac{k\, d_w}{\lambda_w}\Delta\vartheta \qquad \Delta\vartheta_a = \frac{k}{\alpha_a}\Delta\vartheta$$

oder: $\qquad \Delta\vartheta_i : \Delta\vartheta_w : \Delta\vartheta_a : \Delta\vartheta = \frac{1}{\alpha_i} : \frac{d_w}{\lambda_w} : \frac{1}{\alpha_a} : \frac{1}{k}$

Besteht eine Trennwand aus mehreren Schichten, so bleibt die ganze Ableitung gültig. In
der Gleichung für $\frac{1}{k}$ tritt lediglich für jede Schicht ein weiteres Glied $\frac{d}{\lambda}$ hinzu:

$$\frac{1}{k} = \frac{1}{\alpha_i} + \frac{d_1}{\lambda_1} + \frac{d_2}{\lambda_2} + \ldots + \frac{1}{\alpha_a}$$

Oft kommt es vor, daß in dieser Gleichung ein oder mehrere Glieder im Vergleich zu den
anderen so klein sind, daß man sie vernachlässigen darf.

Die Gleichungen des Wärmedurchganges entsprechen genau den Gleichungen bei in Reihe geschalteten elektrischen Widerständen. Der Temperaturunterschied steht für die Spannung, der Wärmestrom
Q für den elektrischen Strom. Die Ausdrücke $d/(\lambda A)$, $1/(\alpha A)$ und $1/(kA)$ entsprechen den elektrischen
Widerständen. Deshalb bezeichnet man sie auch als Wärmeleitwiderstand, Wärmeübergangswiderstand
und Wärmedurchgangswiderstand. Wie in der Elektrizitätslehre kann man dann den Satz aufstellen:

**Der gesamte Wärmedurchgangswiderstand einer Trennwand ist die Summe aus den Wärme-
übergangswiderständen und den Wärmeleitwiderständen.**

Beispiele und Aufgaben:

1. Welche Wärmemenge strömt je Stunde von außen durch die Wände, Decken und den Boden (zusammen 216 m²) eines Kühlraumes im Innern eines Hauses ($\alpha_i = \alpha_a = 8$ W/(m² K)), wenn bei einer Außentemperatur von 18 °C im Innern eine Kühltemperatur von −20 °C aufrecht erhalten wird, a) bei 25 cm starken Wänden ($\lambda = 0{,}7$ W/(m K)) b) bei einer zusätzlichen Isolierung mit einer 20 cm dicken Schicht aus Glaswolle ($\lambda = 0{,}05$ W/(m K))?

   a) $\dfrac{1}{k_1} = \left(\dfrac{1}{8} + \dfrac{0{,}25}{0{,}7} + \dfrac{1}{8}\right) \dfrac{\text{m}^2\,\text{K}}{\text{W}} = 0{,}607 \dfrac{\text{m}^2\,\text{K}}{\text{W}}$ $\qquad k_1 = 1{,}647 \dfrac{\text{W}}{\text{m}^2\,\text{K}}$

   $Q_1 = 1{,}647 \dfrac{\text{W}}{\text{m}^2\,\text{K}} \cdot 216\ \text{m}^2 \cdot 38\ \text{K} \cdot 1\ \text{h} = 13{,}52\ \text{kW h}$

   b) $\dfrac{1}{k_2} = \left(\dfrac{1}{8} + \dfrac{0{,}25}{0{,}7} + \dfrac{0{,}20}{0{,}05} + \dfrac{1}{8}\right) \dfrac{\text{m}^2\,\text{K}}{\text{W}} = 4{,}607 \dfrac{\text{m}^2\,\text{K}}{\text{W}}$ $\qquad k_2 = 0{,}217 \dfrac{\text{W}}{\text{m}^2\,\text{K}}$

   $Q_2 = 0{,}217 \dfrac{\text{W}}{\text{m}^2\,\text{K}} \cdot 216\ \text{m}^2 \cdot 38\ \text{K} \cdot 1\ \text{h} = 1{,}78\ \text{kW h}$

   Die einströmende Wärme vermindert sich also durch die Isolierung etwa auf den achten Teil.

2. Berechnen Sie den Wärmedurchgangskoeffizienten für die Wand eines Heizkörpers aus Stahlguß ($d_W = 4$ mm, $\lambda_W = 47$ W/(m K)) bei den Wärmeübergangskoeffizienten $\alpha_i = 1200$ W/(m² K) und $\alpha_a = 7$ W/(m² K). Zeigen Sie, daß nahezu der ganze Temperaturunterschied an der Grenzschicht der Luft liegt, so daß man den Einfluß der Gußwand und der Flüssigkeitsgrenzschicht vernachlässigen könnte. ($k = 6{,}96$ W/(m² K) $\approx \alpha_a$, $\Delta\vartheta_a = 0{,}994\ \Delta\vartheta$)

3. Durch ein Stahlrohr von 2 mm Wandstärke ($\lambda = 45$ W/(m K)) wird Wasser geleitet, das von Flammengasen erhitzt wird. Vergleichen Sie den Wärmedurchgangskoeffizienten des blanken Rohres mit dem, der sich ergibt, wenn sich ein 3,5 mm starker Belag von Kesselstein ($\lambda = 0{,}7$ W/(m K)) gebildet hat ($\alpha_i = 2500$ W/(m² K), $\alpha_a = 140$ W/(m² K)).
   (132 W/(m² K), 90,5 W/(m² K))

4. Ein zylinderförmiges Gefäß ($d = 180$ mm, $h = 150$ mm) soll im Innern die konstante Temperatur 0 °C erhalten. Zu diesem Zweck wird es mit einer Mischung von 0,3 kg Eis und Wasser von 0 °C gefüllt und allseitig mit einem Filzmantel 14 mm Stärke ($\lambda = 0{,}07$ W/(m K)) umgeben ($\alpha_a = 6$ W/(m² K)). Wie lange bleibt die Temperatur konstant, wenn sich das Gefäß in einer Umgebung von 17 °C befindet ($q_{Eis} = 333$ kJ/kg)?
   (3,76 h = 3 h 46 min)

5. In einem Glaskolben mit einer Oberfläche von 2 dm² befindet sich eine Wasserfüllung. In diese werden je Minute 0,15 g Wasserdampf von 100 °C eingeleitet ($r = 2256$ kJ/kg). Welche Gleichgewichtstemperatur stellt sich nach einiger Zeit ein (Wandstärke $d = 2$ mm, $\lambda_{Glas} = 0{,}9$ W/(m K), $\alpha_i = 1000$ W/(m² K), $\alpha_a = 7$ W/(m² K), Außentemperatur 18 °C)?
   (62,1 °C)

6. Ein Warmwasserspeicher hat die Form eines Zylinders von 40 cm Innendurchmesser und 120 cm Länge. Er ist mit einer Isolierschicht ($d = 6$ cm, $\lambda = 0{,}07$ W/(m K)) umgeben und ganz mit Wasser von 75 °C gefüllt. Um wieviel Grad kühlt sich sein Inhalt bei einer Außentemperatur von 20 °C in 1 h ab ($\alpha_a = 7$ W/(m² K))?
   (0,675 K)

7. Welches ist der höchste Wärmedurchgangskoeffizient, bei der in einem Raum noch keine Schwitzwasserbildung eintritt, wenn die Innentemperatur 20 °C, die Außentemperatur −15 °C und die relative Feuchte 70 % betragen ($\alpha_i = 8$ W/(m² K), verwenden Sie die Tabelle in 3.4.5. a)?
   (1,37 W/(m² K))

8. Eine Mauer ($d = 25$ cm, $\lambda_1 = 0{,}75$ W/(m K)) soll mit einer Leichtbauplatte ($\lambda_2 = 0{,}075$ W/(m K)) so isoliert werden, daß bei Zimmertemperatur von 20 °C und einer relativen Feuchte von 75 % sich kein Schwitzwasser bildet, wenn die Außentemperatur −15 °C, $\alpha_i = 8$ W/(m² K) und $\alpha_a = 20$ W/(m² K) betragen. Welche Stärke muß die Leichtbauplatte erhalten (verwenden Sie die Tabelle in 3.4.5. a)?
   (3 cm)

3.5.4. Die Wärmestrahlung

a) Das Wesen der Wärmestrahlung. Die dritte Möglichkeit der Wärmeübertragung ist die Wärmestrahlung. Man bemerkt sie z. B., wenn Sonnenstrahlen auf die Haut fallen. Da sich zwischen der Sonne und der Erde leerer Raum befindet, kann die Wärme weder durch Strömung noch durch Leitung, sondern nur — wie das Licht — durch Strahlung zur Erde gelangen. Die Wärmestrahlen breiten sich geradlinig aus, wie man mit einem dazwischengehaltenen Schirm nachweisen kann. Während sich bei Wärmeströmung und -leitung die Wärme nur langsam ausbreitet, entsteht die Wärmewirkung der Strahlung selbst in großer Entfernung von der Strahlungsquelle praktisch sofort, wenn den Strahlen der Weg freigegeben wird, bzw. wenn die Strahlung einsetzt.

Bei einem Körper von Zimmertemperatur ist die Wärmestrahlung gering. Sie nimmt aber mit wachsender Temperatur außerordentlich stark zu. Wenn ein Körper zum Glühen gebracht wird, sendet er mit den Wärmestrahlen auch sichtbares Licht aus. Eine scharfe Temperaturgrenze für das Einsetzen der Lichtaussendung läßt sich nicht angeben. Auch die Lichtstrahlen erzeugen Wärmewirkungen. Wärmestrahlen und Licht breiten sich nach den gleichen Gesetzen aus. Es besteht zwischen beiden Strahlungsarten kein wesentlicher Unterschied; beide gehören zu den elektromagnetischen Wellen und unterscheiden sich nur durch ihre Wellenlänge. Die im folgenden behandelten Gesetze gelten ebenso für Licht- wie für Wärmestrahlen.

> **Die Wärmestrahlen sind elektromagnetische Wellen, die von einem Körper infolge seines Temperaturzustandes ausgesandt werden.**

b) Reflexion, Absorption und Durchlässigkeit. Wenn Wärmestrahlen auf einen Körper fallen, so können sie von ihm zurückgeworfen (reflektiert), verschluckt (absorbiert) oder durchgelassen werden. Die Anteile der ankommenden Strahlung, meist in Prozenten ausgedrückt, bezeichnet man als:

$$\text{Reflexionsgrad } \varrho = \frac{\text{reflektierte Strahlung}}{\text{ankommende Strahlung}}$$

$$\text{Absorptionsgrad } \alpha = \frac{\text{absorbierte Strahlung}}{\text{ankommende Strahlung}}$$

$$\text{Transmissionsgrad } \tau = \frac{\text{durchgelassene Strahlung}}{\text{ankommende Strahlung}}$$

Die Summe der drei Anteile ergibt die gesamte Strahlung, deshalb ist $\varrho + \alpha + \tau = 1$. Die Werte für ϱ, α und τ sind von der Wellenlänge der Strahlung abhängig. Für sichtbares Licht findet man sie in der Tabelle in 5.1.1. d. Wasser ist für Wärmestrahlen fast undurchlässig, während Licht gut durch Wasser dringt. Steinsalz dagegen läßt mehr als 90 % der Wärmestrahlung durch. Blei reflektiert sichtbares Licht nur zum Teil, Wärmestrahlen fast vollständig. Mit einer lichtdurchlässigen Alaunplatte lassen sich fast alle Wärmestrahlen zurückhalten.

Ein Körper, der fast alles sichtbare Licht absorbiert, erscheint uns schwarz. Entsprechend bezeichnet man einen Körper, der **alle** auffallenden Strahlen absorbiert, als **vollkommen schwarz.** Einen solchen Körper gibt es in der Natur nicht. Selbst schwarzer Samt und Ruß haben noch ein Reflexionsvermögen von 2...5 %. Praktisch vollkommen schwarz ist jedoch eine kleine Öffnung in einem Hohlraum, dessen Innenwände gut geschwärzt sind (Abb. 1). Die hineinfallende Strahlung wird

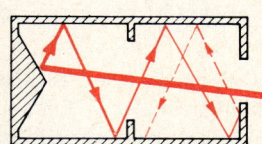
Abb. 1. Verwirklichung eines schwarzen Strahlers

an den Wänden vielmals zurückgeworfen; dabei verliert sie jedesmal den größten Teil ihrer Energie. Nach mehreren Reflexionen kommt praktisch keine Strahlung mehr aus der Öffnung heraus.

c) Die spezifische Ausstrahlung. Die von einer Fläche abgestrahlte Wärme Q wächst mit ihrem Inhalt A und der Zeit t. Man nennt den Quotienten $Q/(A\,t)$ ihre spezifische Ausstrahlung M. Sie wächst stark mit der Temperatur. Der folgende Versuch zeigt aber auch, daß die Ausstrahlung um so höher ist, je größer der Absorptionsgrad der Fläche ist.

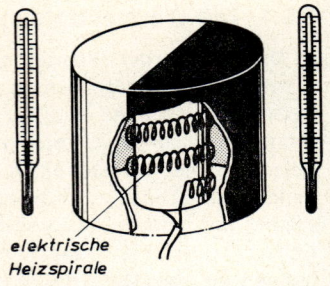

Ein hohler Aluminiumzylinder wird von einer in seinem Innern angebrachten elektrischen Heizspirale erhitzt. Seine Außenfläche ist zur Hälfte blank poliert, zur Hälfte geschwärzt. Ein Thermometer vor der geschwärzten Seite steigt rascher an als eines vor der blanken Seite.

elektrische Heizspirale

Abb. 2. Zusammenhang zwischen Ausstrahlung und Absorption

Diese Tatsache läßt sich auch durch eine einfache Überlegung begründen. Es ist eine Erfahrungstatsache, daß sich Temperaturunterschiede durch Ausbreitungsvorgänge der Wärme stets auszugleichen suchen, aber nie von selbst entstehen. Befinden sich in einem abgeschlossenen, auf gleicher Temperatur gehaltenen Behälter zwei Körper mit verschiedenem Absorptionsgrad, so verschluckt der eine mehr von der auf ihn fallenden Strahlung als der andere. Es würde sich ein Temperaturunterschied bilden. Da dies unmöglich ist, muß der stärker absorbierende Körper auch mehr Wärme abstrahlen. Dies ist das Strahlungsgesetz von Kirchhoff[1].

Ausstrahlung und Absorption sind zueinander proportional.

Demnach besitzt ein vollkommen schwarzer Körper, der den größten Absorptionsgrad $\alpha = 1$ aufweist, auch die größte Ausstrahlung M_0. Ist α der Absorptionsgrad irgendeines Körpers und M seine Ausstrahlung, so gilt $M : M_0 = \alpha : 1$. Daraus erhält man die Gleichung des Kirchhoffschen Gesetzes:

$$M = \alpha\,M_0$$

Diese Gleichung gilt für jede Temperatur und Wellenlänge. Beim gleichen Körper können sich aber alle in der Gleichung auftretenden Glieder mit der Temperatur und Wellenlänge ändern.

Da sich ein Loch in einem Hohlraum wie das Oberflächenstück eines vollkommen schwarzen Körpers verhält, ist die aus seiner Öffnung austretende Strahlung praktisch gleich der Ausstrahlung eines vollkommen schwarzen Körpers. Die aus der Öffnung eines Ofens austretende „Hohlraumstrahlung" unterscheidet sich daher kaum von einer „schwarzen Strahlung". Unter der „schwarzen Temperatur" eines Körpers versteht man die Temperatur, die ein schwarzer Körper haben müßte, um die gleiche Strahlung auszusenden wie der Gegenstand. Die wahre Temperatur ist höher, weil alle Körper eine geringere spezifische Ausstrahlung haben als ein schwarzer Körper.

d) Abhängigkeit der Gesamtstrahlung von der Temperatur. Das Gesetz zur Berechnung der gesamten von einer Fläche ausgestrahlten Energie wurde von Stefan[2] und Boltzmann[3] gefunden. Nach diesem **Stefan-Boltzmannschen Gesetz** ist die spezifische Ausstrahlung eines schwarzen Körpers $M_0 = \sigma\,T^4$, wobei die darin auftretende **Strahlungskonstante** σ den Wert

[1] Gustav Robert K i r c h h o f f , 1824 bis 1887, Prof. in Berlin, entdeckte das obige Strahlungsgesetz, begründete die Spektralanalyse und fand Gesetzmäßigkeiten bei elektrischer Stromverzweigung.
[2] Joseph S t e f a n , 1835 bis 1893, Prof. in Wien.
[3] Ludwig B o l t z m a n n , 1844 bis 1906, Prof. in Prag, München, Leipzig und Wien. Er fand grundlegende Gesetzmäßigkeiten der Wärme und der kinetischen Gastheorie.

hat: $\sigma = 5{,}67 \cdot 10^{-8}$ W/(m² K⁴). Für die gesamte, von einer Fläche A eines Körpers bei der Temperatur T in der Zeit t abgestrahlte Energie W (bzw. Wärmemenge Q) erhält man nach der Definition der spezifischen Ausstrahlung $W = Q = M A t$ und dem Kirchhoffschen Gesetz $M = \alpha M_0$ den folgenden Ausdruck $W = M A t = M_0 \alpha A t = \sigma \alpha A t T^4$. Bezeichnet man den Mittelwert des Absorptionsgrades α für Strahlungen aller Wellenlängen hier als Emissionsgrad ε, so erhält man:

Stefan-Boltzmannsches Gesetz: $W = \sigma \varepsilon A t T^4$ $\sigma = 5{,}67 \cdot 10^{-8}$ W/m² K⁴

Für die Anwendung des Gesetzes bei technischen Wärmestrahlungen wird der Faktor 10^{-8} meist von der Konstanten σ weggenommen und mit der Temperatur eingesetzt:

$$W = 5{,}67 \frac{\text{W}}{\text{m² K⁴}} \, \varepsilon \, A \, t \left(\frac{T}{100}\right)^1$$

Emissionsgrad ε einiger Stoffe

Ruß	0,96	Ölfarbe	0,90	Stahl (gerostet)	0,65
Rußfarbe	0,94	Glas	0,89	(blank)	0,08
Erdreich	0,93	Papier	0,88	Kupfer (oxidiert)	0,6
Mauerwerk	0,93	Holz	0,88	(poliert)	0,04
Verputz	0,93	Beton	0,88	Aluminium (oxidiert)	0,4
Porzellan	0,93	Mennige	0,88	(poliert)	0,04
Wasser	0,92	Heizkörperlack	0,88	Wolfram bei 2500 °C	0,3
Emaille	0,92	Aluminiumbronze	0,55	Gold, Silber (poliert)	0,02

Von der bei der Temperatur T_1 ausgestrahlten Energie ist die aus der Umgebung mit der Temperatur T_2 aufgenommene Energie abzuziehen. Faßt man beide Beträge zu einer Formel zusammen, so erhält man:

$$W = \sigma \, \varepsilon' \, A \, t \, (T_1^4 - T_2^4)$$

Hier darf man für ε' den Emissionsgrad des ersten Strahlers unverändert einsetzen, wenn die Umgebung weit entfernt ist oder ein kleines Reflexionsvermögen besitzt. Bei naher Umgebungsfläche mit großem Reflexionsgrad ist ε' kleiner als ε.

Das Stefan-Boltzmannsche Gesetz bildet die Grundlage für die Temperaturmessung mit den Gesamtstrahlungspyrometern (3.1.4. a).

Weil die Gesamtstrahlung mit der 4. Potenz der absoluten Temperatur ansteigt, wird bei hohen Temperaturen viel mehr Wärme durch Strahlung als durch Wärmeleitung und -konvektion abgegeben.

Wenn keine hohe Genauigkeit erforderlich ist, kann man bei Temperaturen über 1000 °C für die meisten Körper ($\varepsilon \approx 0{,}9$) den Anteil der Wärmeleitung und -konvektion vernachlässigen. Abb. 3 zeigt, welchen Anteil die Wärmestrahlung bei einer Umgebungstemperatur von 20 °C an der gesamten Wärmeabgabe einer Fläche hat.

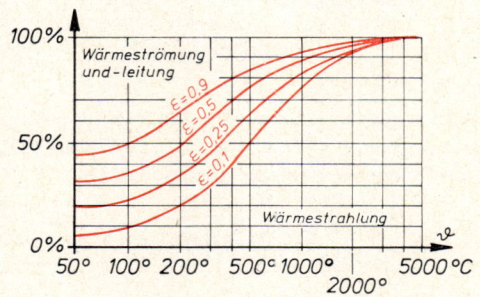

Abb. 3. Anteil der Wärmestrahlung am gesamten Wärmeübergang bei 20 °C Umgebungstemperatur

e) Wärmeübergang bei großem Strahlungsanteil. Wenn ein großer Teil des Wärmeüberganges durch Strahlung erfolgt, wäre eine Tabulierung der von Stoff und Temperatur abhängigen Wärmeübergangskoeffizienten zu umständlich. In diesem Falle setzt man $\alpha = \alpha' + \alpha_s$, wobei α' der nur wenig von der Temperatur abhängige Wärmeübergangskoeffizient durch Leitung und Konvektion ist und α_s den stark temperaturabhängigen **Strahlungsübergangskoeffizienten** darstellt. Seinen Wert findet man aus dem Stefan-Boltzmannschen Gesetz:

$$Q = \alpha_s A t (T_1 - T_2) = \sigma \varepsilon A t (T_1{}^4 - T_2{}^4)$$

Mit der Beziehung $T_1{}^4 - T_2{}^4 = (T_1 - T_2)(T_1{}^3 + T_1{}^2 T_2 + T_1 T_2{}^2 + T_2{}^3)$ folgt nun:

$$\alpha_s = \varepsilon \sigma (T_1{}^3 + T_1{}^2 T_2 + T_1 T_2{}^2 + T_2{}^3) = \varepsilon \sigma a_s$$

In dieser Gleichung hängt der Temperaturbeiwert a_s des Strahlungsübergangskoeffizienten nur noch von den Temperaturen T_1 und T_2 ab. Für die Umgebungstemperaturen $\vartheta_2 = 20\,°C$ (293 K) und $\vartheta_2 = 100\,°C$ (373 K) erhält man die nachstehende Tabelle.

Temperaturbeiwert $a_s \cdot 10^{-8}$ in K³ ($\vartheta_1 = $ Temp. des Strahlers, $\vartheta_2 = $ Temp. der Umgebung)

ϑ_1 in °C	100	150	200	250	300	350	400	450	500	600	700	800	900	1000
$\vartheta_2 = 20\,°C$	1,5	1,9	2,4	3,0	3,7	4,5	5,4	6,4	7,5	10,0	13,1	17,0	21,6	27,2
$\vartheta_2 = 100\,°C$	2,1	2,5	3,1	3,7	4,4	5,2	6,2	7,2	8,4	11,3	14,6	18,7	23,4	29,0

Bei anderen Temperaturen benötigt man ausführlichere Tabellen oder man berechnet a_s nach der oben angegebenen Gleichung. Sind ϑ_1 und ϑ_2 nicht bekannt, so verwendet man einen geschätzten Wert; die dadurch entstehende Ungenauigkeit von a_s ist im allgemeinen nicht groß. Hat man a_s aus einer Tabelle gefunden, so berechnet man $\alpha_s = \varepsilon \sigma a_s$ und $\alpha = \alpha' + \alpha_s$. Diesen Wärmeübergangskoeffizienten kann man dann in allen Gleichungen aus 3.5.3. verwenden.

f) Abhängigkeit der Strahlung von der Wellenlänge. Die Gesamtstrahlung eines schwarzen Körpers verteilt sich nicht gleichmäßig auf alle Wellenlängen. Die Teilstrahlung mit sehr kurzen und sehr langen Wellen ist energieärmer; dazwischen liegt ein Maximum der Energieausstrahlung (Abb. 4). Diese experimentell schon lange bekannte Abhängigkeit konnte erst 1900 von Max Planck[1] theoretisch begründet und formuliert werden. Die nach ihm benannte Strahlungsformel gibt den Anteil dP_s der Gesamtstrahlung, der auf ein Wellenlängenintervall $d\lambda$ trifft:

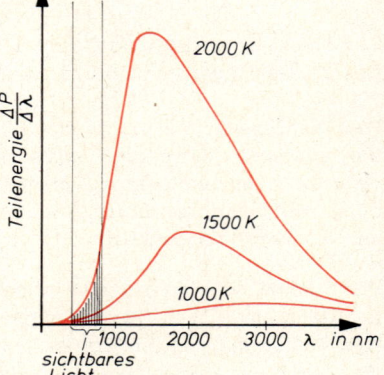

Plancksches Strahlungsgesetz	$dP_s = \dfrac{C}{\lambda^5 (e^{c/\lambda T} - 1)} A\, d\lambda$

$e = 2{,}718$, $C = 0{,}37 \cdot 10^{-15}$ W m²
$c = 1{,}438$ cm K

Die Lage des Maximums in der Strahlungskurve rückt mit wachsender Temperatur zu kürzeren Wellenlängen **(Wiensches Verschiebungsgesetz):**

$$\lambda_{max}\, T = 0{,}2896 \text{ cm K}$$

Abb. 4. Verteilung der Strahlung eines schwarzen Körpers auf die Wellenlängen

---

[1] Max Planck, 1858 bis 1947, Prof. in Berlin, fand im Quantengesetz die Grundlage für die theoretische Behandlung der Atomphysik und das nach ihm benannte Strahlungsgesetz.

Erst über 3500 K fällt das Maximum in das rote Ende des sichtbaren Spektrums und bei der Temperatur der Sonnenoberfläche von 5800 K in den Bereich, in dem das Auge die größte Empfindlichkeit besitzt.

Bei wirklichen Körpern weicht die Energieverteilung von der sich nach der Planckschen Formel ergebenden ab (Abb. 5). Da seine Emission immer kleiner ist als die eines schwarzen Körpers, liegt die Energieverteilungskurve stets unter der zur gleichen Temperatur gehörenden Planckschen Kurve.

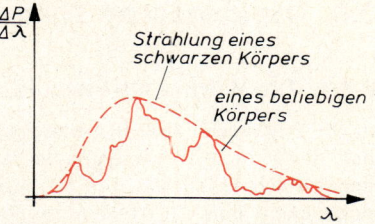

Abb. 5. Energieverteilung bei der Strahlung eines wirklichen Körpers

g) Strahlungsmessung. Als Geräte zur Strahlungsmessung benutzt man:

Thermosäulen. Mehrere Thermoelemente (3.1.3. b) werden so in Reihe geschaltet, daß sich die Spannungen, die von der Erwärmung durch die auffallende Strahlung an den Lötstellen hervorgerufen werden, addieren. Den Thermostrom mißt man mit einem empfindlichen Meßgerät.

Bolometer. Ein berußter Platindraht wird der zu messenden Strahlung ausgesetzt. Die entstehende Erwärmung ändert seinen elektrischen Widerstand (3.1.3. a). Die dadurch in einem Stromkreis hervorgerufene Stromänderung liest man an einem genauen Strommesser ab.

Radiometer (Abb. 6). Die zu messende Strahlung fällt auf die geschwärzte Seite eines Plättchens. Zusammen mit einer Ausgleichsmasse hängt es an einem feinen Quarzfaden. Der Rückstoß der aufprallenden Moleküle ist auf der erwärmten, geschwärzten Seite heftiger als der auf der kälteren, blanken Seite. Er erzeugt eine Torsion des Fadens und dreht einen an ihm befestigten Spiegel. Die Ablenkung eines darauf fallenden Lichtstrahles ist ein Maß für die auffallende Strahlung.

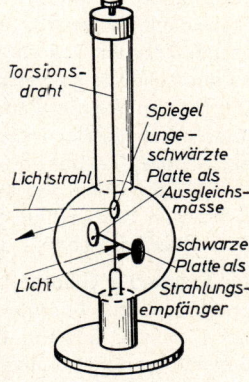

Abb. 6. Radiometer

Beispiele und Aufgaben:

1. Auf welchen Bruchteil vermindert sich die gesamte Wärmeabgabe eines Warmwasserbehälters von der Temperatur 100 °C an die Umgebung mit der Temperatur 20 °C, wenn er durch eine Isolierschicht von 10 cm Stärke ($\lambda = 0,06$ W/m² K) gegen Wärmeverluste geschützt wird ($\alpha' = 6$ W/m² K, $a_{s1} = 1,5 \cdot 10^8$ K³, $a_{s2} = 1,0 \cdot 10^8$ K³, $\varepsilon = 0,9$)?

$\alpha_{s1} = \varepsilon \sigma a_{s1} = 0,9 \cdot 1,5$ K³ $\cdot 5,67$ W/m² K $= 7,65$ W/(m² K)

$\alpha_{s2} = \varepsilon \sigma a_{s2} = 0,9 \cdot 10$ K³ $\cdot 5,67$ W/m² K $= 5,50$ W/(m² K)

$\alpha_1 = \alpha' + \alpha_{s1} = 13,65$ W/m² K $\alpha_2 = \alpha' + \alpha_{s2} = 11,10$ W/m² K

$k_1 = \alpha_1 = 13,65$ W/m² K

$\dfrac{1}{k_2} = \dfrac{d}{\lambda} + \dfrac{1}{\alpha_2} = 1,757 \ \dfrac{\text{m}^2 \ \text{K}}{\text{W}}$ $k_2 = 0,569$ W/m² K

$Q_2 : Q_1 = k_2 : k_1 \approx 0,04 : 1$ Durch die Isolierung sinkt die Wärmeabgabe auf 4 %.

2. Welche Leistung muß einer Glühlampe zugeführt werden, damit die Temperatur der Glühwendel 2500 °C beträgt? Wärmeleitung, Wärmekonvektion und Wärmeaufnahme aus der Umgebung können vernachlässigt werden. Die strahlende Oberfläche der Wendel ist 0,45 cm², $\varepsilon = 0,35$.   (52,8 W)

3. Die Sonne strahlt wie ein schwarzer Körper von der Temperatur 5700 K. Berechnen Sie die je Sekunde von ihr ausgestrahlte Energie (Sonnenradius $0,7 \cdot 10^6$ km). Wie groß ist die Solarkonstante, das ist der Wärmestrom, der beim Fehlen der Luftabsorption und senkrechtem Strahleneinfall auf 1 m² der Erdoberfläche trifft (Entf. Erde—Sonne $150 \cdot 10^6$ km)? Bei welcher Wellenlänge liegt das Maximum der Strahlungsintensität, wenn das Sonnenspektrum etwa die Energieverteilung eines schwarzen Strahlers aufweist? $(3,69 \cdot 10^{26}$ W, 1,305 kW, 507 nm)

4. Ein Transformator, der eine Leistung von 1,8 MW umformt, arbeitet mit einem Wirkungsgrad von 98 %. Die durch den Verlust entstehende Wärme soll die Temperatur der Ölfüllung von 640 dm³ nicht über 80 °C erwärmen. Wie groß muß das Ausdehnungsgefäß mindestens sein, wenn der Transformator bei 10 °C eben gefüllt ist ($\gamma_{rel} = 0,0007$ K⁻¹)?
Wie groß muß die wärmeabgebende Oberfläche mindestens sein, wenn die Umgebungstemperatur 20 °C beträgt ($\alpha_i = 35$ W/(m² K), $\alpha'_a = 7$ W/(m² K), $a_s = 1,4 \cdot 10^8$ K³)?

$(V_{ausd.} = 31,4$ dm³, $A = 59,6$ m²)

3.6. Die kinetische Theorie der Wärme

3.6.1. Die Wärme als Energie der Molekularbewegung

a) Die Brownsche Molekularbewegung. Die Wärme eines Körpers stellt einen Energiebetrag dar, der in dem Körper enthalten ist. Daraus geht aber nicht hervor, wie diese Energie bei den kleinsten Teilchen des Körpers, bei seinen Molekülen, in Erscheinung tritt. Mit dem Auge kann man die Verhältnisse nicht untersuchen, da die Moleküle kleiner sind als die kleinsten im Mikroskop sichtbaren Teilchen. Trotzdem hat das Mikroskop geholfen, diese Tatsache zu klären. Der Botaniker Brown (1773—1853) erkannte bei Untersuchungen mit stark vergrößernden Mikroskopen, daß sehr kleine Teilchen (Größe etwa 10^{-3} mm), die in einer Flüssigkeit schweben, unregelmäßige, zuckende Bewegungen ausführen, gerade als ob sie ununterbrochen von verschiedenen Seiten gestoßen würden. Diese Bewegungen werden um so deutlicher, je kleiner die Teilchen sind, und um so heftiger, je höher die Temperatur steigt. Um die Erscheinung zu erklären, muß man annehmen, daß die Moleküle aller Stoffe sich dauernd in regelloser Bewegung befinden. Dabei stoßen sie häufig elastisch aufeinander und auf andere Teilchen, die sich zwischen ihnen befinden. Bei großen Teilchen ist die Wirkung der Stöße zu klein, als daß man sie feststellen könnte, bei kleinen, gerade noch im Mikroskop sichtbaren Körperchen erkennt man jedoch ein feines, unregelmäßiges Zittern. Nach ihrem Entdecker bezeichnet man die Erscheinung als **Brownsche Molekularbewegung.**

Die **kinetische Theorie der Wärme** macht nun die Annahme, daß die einem Körper zugeführte und als innere Energie gespeicherte Wärme aus der kinetischen und potentiellen Energie der Moleküle besteht. Bei Gasen ist dies fast nur die kinetische Energie der regellosen Bewegung der frei umherfliegenden Moleküle. Im Vergleich zu dieser Energie darf die potentielle Energie im Feld der gegenseitigen Anziehungskräfte vernachlässigt werden. Auch die bei einem aus mehreren Atomen bestehenden Molekül möglichen Schwingungen der einzelnen Atome im Molekülverband benötigen bei normaler Temperatur keinen nennenswerten Energiebetrag. Dagegen entstehen in festen und flüssigen Stoffen Schwingungen, welche die Atome um ihre Ruhelage ausführen, in der sie durch die gegenseitigen Anziehungskräfte festgehalten werden. Ihre Gesamtenergie setzt sich aus der kinetischen Energie der Bewegung und der potentiellen Energie im Feld der Anziehungskräfte zusammen.

> **Die innere Energie ist die kinetische und potentielle Energie der Molekularbewegung.**

b) Beschreibung einiger Erscheinungen nach der kinetischen Wärmetheorie. Bei Erwärmung nimmt die Energie der Moleküle zu. Bei festen und flüssigen Stoffen vergrößert sich dabei die Schwingungsweite der Atome. Die Untersuchung der molekularen Bindung zeigt, daß dann die in einem Molekül vereinigten Atome im Zeitmittel einen größeren gegenseitigen Abstand einnehmen. Die Moleküle werden also etwas größer und brauchen mehr Platz. Nach außen merkt man das als W ä r m e a u s d e h n u n g .

Bei Gasen bewirkt die Erwärmung eine Erhöhung der mittleren kinetischen Energie der Moleküle. Treffen sie auf eine feste Wand, so prallen sie elastisch zurück und übertragen bei dem Stoß einen Impuls auf die Wand. Die Gesamtheit dieser Impulse macht sich als D r u c k auf die Wand bemerkbar. Mit steigender Temperatur werden die Impulse heftiger, und der Druck nimmt zu. Einzelheiten hierzu folgen in 3.6.2.

Bei Flüssigkeiten überlagert sich den Schwingungen der Atome noch eine relativ langsame Translationsbewegung der Moleküle. Besonders energiereichen Molekülen gelingt es an der Oberfläche, über den Anziehungsbereich der anderen Moleküle hinauszuschwingen, so daß sie die Flüssigkeit verlassen können. Diese Erscheinung läßt sich als V e r d u n s t e n beobachten. Wenn ein fester Körper in eine Flüssigkeit gebracht wird, so dringen Flüssigkeitsmoleküle infolge ihres Bewegungszustandes zwischen die des festen Körpers. Umgekehrt lösen sich manche Moleküle des Körpers aus ihrem Verband heraus. Nach und nach verschwindet der feste Körper ganz, und seine Moleküle befinden sich zwischen denen der Flüssigkeit. Der feste Stoff hat sich in der Flüssigkeit g e l ö s t .

Befinden sich zwei verschiedene Flüssigkeiten oder Gase im gleichen Raum, so führt die Molekularbewegung zur Mischung beider Stoffe. Bei Flüssigkeiten mit der langsamen Translationsbewegung ihrer Moleküle dauert der Mischungsvorgang länger als bei Gasen mit ihren schnell fliegenden Molekülen. Diesen Vorgang beobachtet man als D i f f u s i o n .

So lassen sich zwanglos viele Erscheinungen durch die kinetische Wärmetheorie qualitativ erklären. Um aber quantitative Aussagen zu erhalten, muß man auf die Atome und Moleküle physikalische Gesetze anwenden. Dazu muß man ihre Eigenschaften kennen, die sich jedoch wegen der winzigen Größe der unmittelbaren Beobachtung entziehen. Man bedient sich deshalb einer **Modellvorstellung,** die den Molekülen ganz bestimmte Eigenschaften zuschreibt, so daß man die physikalischen Gesetze anwenden kann. Die aufgrund eines solchen Modells gefundenen Ergebnisse bedürfen natürlich stets der experimentellen Prüfung, da die Denkmodelle nie alle Eigenschaften der Wirklichkeit erfassen.

Im folgenden Kapitel wird gezeigt, daß das experimentell schon längst bekannte Boylesche Gesetz sich ohne Schwierigkeit aus der kinetischen Theorie der Wärme ergibt, wenn man sich die Moleküle als kleine, elastische Kugeln vorstellt, deren Eigenabmessungen vernachlässigt werden dürfen und die keine gegenseitigen Kohäsionskräfte besitzen.

3.6.2. Das Boylesche Gesetz und die Geschwindigkeit der Moleküle

a) Der Druck eines Gases. Grenzt ein Gas an eine Wand, so übertragen seine aufprallenden Moleküle auf die ganze Fläche in so rascher Folge Impulse, daß sie nicht einzeln festgestellt werden, sondern ihre Gesamtwirkung als Druck bemerkbar wird, dessen Größe berechnet werden soll.

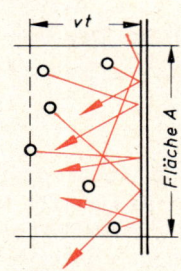

Eine Wand mit der Fläche A steht senkrecht zur x-Achse (Abb. 1). Auf sie treffen die Moleküle, die eine positive x-Komponente der Geschwindigkeit haben. Wegen der regellosen Geschwindigkeitsverteilung sind das im Mittel die Hälfte der Moleküle. Beim elastischen Aufprall ändert die x-Komponente der Geschwindigkeit ihr Vorzeichen, so daß ein Molekül mit der Masse m_M den Impuls $m_M (v_x - (-v_x)) = 2 m_M v_x$ auf die Wand überträgt.

Abb. 1. Entstehung des Gasdruckes

Alle auftretenden Moleküle ordnen wir nun nach der Größe der x-Komponente der Geschwindigkeit. Es mögen je Volumeneinheit n_i Moleküle die Geschwindigkeitskomponente v_{xi} besitzen. Wenn wir nun zunächst die Wirkung von Zusammenstößen zwischen den Molekülen außer acht lassen, so kommen in der Zeit t alle Moleküle mit der Geschwindigkeitskomponente v_{xi} zum Aufprall, deren Abstand von der Wand kleiner als $v_{xi} t$ ist, die sich also in einem Volumen $A v_{xi} t$ befinden. Der gesamte von diesen Molekülen übertragene Impuls ist dann $\frac{1}{2} n_i \cdot A v_{xi} t \cdot 2 m_M v_{xi} = m_M A t n_i v_{xi}^2$. Den Gesamtimpuls aller Moleküle erhält man als Summe dieser Impulse bei Molekülen aller möglichen v_{xi}-Komponenten. Nach dem Impulssatz folgt dann: $F t = A m_M t \Sigma n_i v_{xi}$. Daraus ergibt sich für den Druck:

$$p = \frac{F}{A} = m_M \Sigma n_i v_{xi}^2$$

223

3.6.1. Die Wärme als Energie der Molekularbewegung

Die hier auftretende Summe kann man mit dem Mittelwert aller Geschwindigkeitsquadrate, dem **mittleren Geschwindigkeitsquadrat** $\overline{v^2}$ ausdrücken. Nach der Definition eines Mittelwertes ist: $\overline{v^2} = \frac{1}{n} \Sigma n_i v_i{}^2$, wobei n die Molekülzahldichte aller Moleküle ist. Nach der Komponentenzerlegung einer Geschwindigkeit gilt immer die Gleichung $v_i{}^2 = v_{xi}{}^2 + v_{yi}{}^2 + v_{zi}{}^2$ und daher für $\overline{v^2}$:

$$\overline{v^2} = \frac{1}{n} \Sigma n_i (v_{xi}{}^2 + v_{yi}{}^2 + v_{zi}{}^2) = \frac{1}{n}\Sigma n_i v_{xi}{}^2 + \frac{1}{n}\Sigma n_i v_{yi}{}^2 + \frac{1}{n}\Sigma n_i v_{zi}{}^2 = \overline{v_x{}^2} + \overline{v_y{}^2} + \overline{v_z{}^2}$$

Wegen der regellosen Geschwindigkeitsverteilung ist keine Richtung bevorzugt; deshalb müssen die mittleren Geschwindigkeitsquadrate der Geschwindigkeitskomponenten gleich sein: $\overline{v_x{}^2} = \overline{v_y{}^2} = \overline{v_z{}^2}$, so daß aus der obigen Gleichung folgt:

$$\overline{v^2} = \overline{v_x{}^2} + \overline{v_y{}^2} + \overline{v_z{}^2} = 3\,\overline{v_x{}^2} \qquad \overline{v_x{}^2} = \overline{v_y{}^2} = \overline{v_z{}^2} = \frac{1}{3}\overline{v^2}$$

Setzt man dieses Ergebnis in die Gleichung für den Druck ein, und berücksichtigt man, daß das Produkt $n\,m_M$ die gesamte Masse aller Moleküle in einer Volumeneinheit, also die Dichte ϱ darstellt, so erhält man:

$$p = n\,m_M \frac{1}{3}\overline{v^2} = \frac{1}{3}\varrho\,\overline{v^2}$$

Dieses Ergebnis ändert sich nicht, wenn man berücksichtigt, daß zahlreiche Moleküle auf dem Weg zur Wand mit anderen zusammenstoßen, denn nach dem Satz von der Erhaltung des Impulses wird der Impuls bei den Zusammenstößen vom gestoßenen Molekül übernommen und unverändert weiter zur Wand übertragen. Auch der Umstand, daß schräg fliegende Moleküle aus dem Nachbarbereich in das Volumen $A\,v_{xi}\,t$ eindringen, wird dadurch ausgeglichen, daß im Mittel ebenso viele Moleküle aus dem Volumen in die Umgebung austreten.

b) Das Boylesche Gesetz. Wenn man das Volumen V eines Gases mit seinem Druck $p = \frac{1}{3}\varrho\,\overline{v^2}$ multipliziert und beachtet, daß $V\varrho$ die Masse m des enthaltenen Gases ist, erhält man:

$$pV = \frac{1}{3}V\varrho\,\overline{v^2} = \frac{1}{3}m\,\overline{v^2} = \frac{2}{3}\cdot\frac{1}{2}m\,\overline{v^2} = \frac{2}{3}E_{kin}$$

Das Produkt pV ist also zwei Drittel der kinetischen Energie aller in dem Volumen enthaltenen Moleküle. Nach der kinetischen Wärmetheorie ist diese zugleich die in dem Gas gespeicherte Wärme. Da diese sich bei konstanter Temperatur nicht ändert, muß auch das Produkt pV unverändert bleiben. Das ist aber die Aussage des Boyleschen Gesetzes.

c) Die Geschwindigkeit der Moleküle. Vergleicht man die eben gefundene Form des Boyleschen Gesetzes mit der Gleichung eines idealen Gases, so erhält man:

$$pV = \frac{1}{3}m\,\overline{v^2} = \frac{2}{3}E_{kin} = m\,R_s\,T = \frac{m}{m_m}R\,T$$

Sowohl aus der Gleichung $p = \frac{1}{3}\varrho\,\overline{v^2}$ wie aus dieser Gleichung kann man den quadratischen Mittelwert $\sqrt{\overline{v^2}}$ der Geschwindigkeit berechnen, der jedoch nicht mit dem Mittelwert $\overline{v}$ der Geschwindigkeiten übereinstimmt (s. unten):

$$\sqrt{\overline{v^2}} = \sqrt{\frac{3p}{\varrho}} \qquad \sqrt{\overline{v^2}} = \sqrt{3R_s\,T} = \sqrt{\frac{3R\,T}{m_m}}$$

Der letzte Ausdruck zeigt, daß Gasmoleküle großer Masse im Mittel kleinere Geschwindigkeit besitzen und daß die mittlere Geschwindigkeit der Gasmoleküle mit der Wurzel aus der absoluten Temperatur wächst.

Beispiel:

Berechnen Sie nach beiden Formeln den quadratischen Mittelwert der Geschwindigkeit von Sauerstoffmolekülen bei 0 °C.

($\varrho = 1{,}429$ kg/m³, $R_0 = 260$ J/kg K, $p = 1{,}013$ bar)

$$v = \sqrt{\frac{3 \cdot 1{,}013 \cdot 10^5 \text{ N/m}^2}{1{,}429 \text{ kg/m}^3}} = 461 \, \frac{\text{m}}{\text{s}}$$

$$v = \sqrt{3 \cdot 260 \, \frac{\text{kg m}^2/\text{s}^2}{\text{kg K}} \cdot 273 \text{ K}} = 461 \, \frac{\text{m}}{\text{s}}$$

Quadratische Mittelwerte der Geschwindigkeit von Gasmolekülen in m/s

Sauerstoff	0 °C	461
Stickstoff	0 °C	493
Wasserstoff	0 °C	1845
Wasserdampf	100 °C	719
	300 °C	892
	500 °C	1035

Die angegebenen Werte sind die quadratischen Mittelwerte der Geschwindigkeit. Die wirklichen Geschwindigkeiten der Moleküle verteilen sich über alle Beträge von Null bis zu sehr großen Geschwindigkeiten. Bei den zahlreichen Zusammenstößen ändern sich die Geschwindigkeiten der beteiligten Moleküle. In den meisten Fällen wird die Geschwindigkeit des langsameren Moleküls erhöht, die des schnelleren vermindert. Bei besonderen, selten vorkommenden schiefen Stößen (Abb. 1.6.2., 3.) kann es jedoch vorkommen, daß das schnellere Molekül nach dem Stoß noch schneller, das langsamere noch langsamer wird. Daher sind auch bei der Geschwindigkeitsverteilung die selten entstehenden kleinen und sehr großen Geschwindigkeiten nur sehr wenig vertreten, während die mittleren Geschwindigkeiten sehr häufig sind. Abb. 2 zeigt dies in einem Diagramm. Die Kurve hat ein Maximum, das die am häufigsten auftretende **wahrscheinlichste Geschwindigkeit** v_w kennzeichnet. Bei zunehmender Temperatur verschiebt sich das Häufigkeitsmaximum zu größeren Geschwindigkeiten.

Etwas größer ist die **mittlere Geschwindigkeit** $v = \frac{1}{n} \sum n_i \, v_i = 1{,}128 \, v_w$, und noch größer ist der schon eingeführte quadratische Mittelwert der Geschwindigkeit $\sqrt{v_2} = 1{,}225 \, v_w$.

Die Geschwindigkeit der Moleküle läßt sich mit der in Abb. 3 schematisch angezeigten Apparatur experimentell bestimmen.

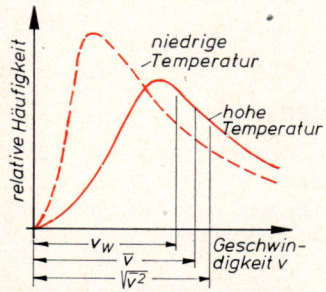

Abb. 2. Geschwindigkeitsverteilung der Moleküle eines Gases

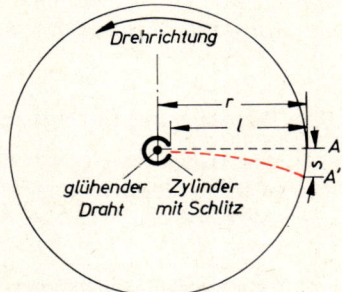

Abb. 3. Messung der Molekulargeschwindigkeit

Ein Metalldraht, der elektrisch glühend gemacht werden kann, ist in einen Zylinder mit einer schmalen Schlitzblende eingebaut. Die ganze Anordnung befindet sich in einem zweiten, weiten Zylinder, der gut evakuiert wird. Bei ruhender Apparatur treffen vom glühenden Draht verdampfende Moleküle durch die Blende hindurch den äußeren Zylinder in A. Wird aber die ganze Anordnung in Rotation versetzt, so bleibt der Molekülstrahl etwas gegen A zurück und trifft erst in A' auf. Während die

Moleküle von der Blende bis zum äußeren Zylinder die Strecke l zurücklegen, dreht sich dieser um die Strecke $AA' = s$. Die dazu benötigte Zeit berechnet man aus der Drehfrequenz n und erhält:

$$t = \frac{s}{2\,r\,\pi\,n} \qquad v = \frac{l}{t} = \frac{2\,r\,\pi\,n\,l}{s}$$

Die Meßergebnisse decken sich vollständig mit den Rechnungsresultaten.

d) Die mittlere Energie eines einzelnen Moleküls. Dividiert man die Gleichung $\frac{2}{3}\,E_{kin} =$

$\frac{m}{m_m}\,R\,T = n\,R\,T$ durch das Produkt aus der Stoffmenge n und der Avogadroschen Konstante

N_A, so erhält man $\frac{2}{3}\,\frac{E_{kin}}{n\,N_A} = \frac{R}{N_A}\,T$. Hier ist $n\,N_A$ die Gesamtzahl der in dem Gas enthaltenen Moleküle, und der Bruch $E_{kin}/(n\,N_A)$ stellt den Mittelwert $\overline{E_{kin\,M}}$ der kinetischen Energie eines Einzelmoleküls dar; der rechts entstehende Bruch wird als Boltzmannsche Konstante k bezeichnet.

$$\boxed{\text{Boltzmannkonstante } k = \frac{R}{N_A} = 1{,}38 \cdot 10^{-23}\,\frac{J}{K}}$$

Mit dieser Konstante erhält man für die mittlere bzw. wahrscheinlichste Energie eines Moleküls:

$$\overline{E_{kin\,M}} = \frac{3}{2}\,k\,T \qquad\qquad E_{kin\,w} = \frac{1}{2}\,k\,T$$

Da in dieser Gleichung keine Größe vorkommt, die sich auf die Eigenart verschiedener Moleküle bezieht, ist die mittlere Energie aller Moleküle bei gleicher Temperatur gleich. Massereichere Moleküle haben kleinere, masseärmere Moleküle größere mittlere Geschwindigkeiten.

Die mittlere Energie der Moleküle ist nur durch die Temperatur bedingt.

Nach diesem Ergebnis ist die gesamte Energie eines Gases nur durch dessen Temperatur und die Anzahl seiner Moleküle bestimmt; die Masse der einzelnen Moleküle hat keinen Einfluß. Nach der Gleichung $p\,V = \frac{2}{3}\,E_{kin}$ gilt die gleiche Aussage für das Produkt $p\,V$. Dies ist der Grund, warum die Gasgleichung die Stoffmenge n enthält, welche die Anzahl der Teilchen kennzeichnet, während die Schreibweise mit der Masse m nur bei gleichartigen Molekülen verwendbar ist (3.2.4. c).

3.6.3. Berechnung der spezifischen Wärmekapazitäten

a) Die spezifischen Wärmekapazitäten von einatomigen Gasen. Zur Erwärmung eines Gases bei konstantem Volumen braucht man die Wärmemenge $Q = m\,c_v\,\Delta T$. Bei einem Gas, dessen Moleküle aus e i n e m Atom bestehen (z. B. bei Edelgasen oder Metalldämpfen), dient diese Wärmemenge ausschließlich zur Erhöhung der Translationsenergie $E_{kin} = \frac{3}{2}\,m\,R_s\,T$ der Moleküle, so daß man erhält:

$$m\,c_v\,\Delta T = \Delta E_{kin} = \frac{3}{2}\,m\,R_s\,\Delta T \quad \text{oder:} \quad c_v = \frac{3}{2}\,R_s$$

Aus der spezifischen Wärmekapazität c_v bei konstantem Volumen erhält man die spezifische Wärmekapazität c_p bei konstantem Druck nach der in 3.3.4. c abgeleiteten Beziehung:

$$c_p - c_v = R_s \qquad c_p = c_v + R_s = \frac{5}{2}\,R_s$$

Aus den beiden Ergebnissen erhält man für das in 3.3.4. e benötigte Verhältnis $\varkappa$ der spezifischen Wärmekapazitäten:

$$\varkappa = c_p/c_v = 5/3 = 1{,}67$$

In der Chemie verwendet man statt der auf die Masse bezogenen Wärmekapazitäten meist die auf die Stoffmenge bezogenen molaren spezifischen Wärmekapazitäten C_{mp} und C_{mv}. Man erhält sie, indem man die auf die Masse bezogene spezifische Gaskonstante R_s durch die auf ein Mol bezogene allgemeine Gaskonstante R ersetzt:

$$C_{mp} = \frac{5}{2} R = 20{,}785 \frac{J}{mol\ K} \qquad C_{mv} = \frac{3}{2} R = 12{,}471 \frac{J}{mol\ K} \qquad C_{mp} - C_{mv} = R = 8{,}314 \frac{J}{mol\ K}$$

Da R für alle Gase denselben Wert hat, ergibt sich der bemerkenswerte Satz:

Alle einatomigen Gase besitzen die gleichen molaren spezifischen Wärmekapazitäten.

b) Die Freiheitsgrade der Energie. Die Translationsenergie besteht aus den drei Anteilen $E_{kin} = \frac{1}{2} m v_x^2 + \frac{1}{2} m v_y^2 + \frac{1}{2} m v_z^2$, die bei den Stößen gegenseitig Beträge austauschen, im einzelnen aber völlig beliebige Beträge annehmen können. Zur Kennzeichnung dieser Tatsache spricht man von drei **Freiheitsgraden** der kinetischen Energie der Translation. Nach dem Ergebnis des letzten Abschnitts verteilt sich die gesamte Energie im Mittel gleichmäßig auf die Anteile der Freiheitsgrade. Man erhält daher den Satz:

Der mittlere Energieanteil $\overline{E}_0$ eines jeden Freiheitsgrades ist gleich.

Er beträgt: $\overline{E}_0 = \frac{1}{3} \overline{E}_{kin} = \frac{1}{2} m R_s T = \frac{1}{2} n R T$ und seine Änderung: $\Delta \overline{E}_0 = \frac{1}{2} n R \Delta T$

c) Die molaren spezifischen Wärmekapazitäten von mehratomigen Gasen. Mehratomige Moleküle bestehen aus einigen, durch Bindungskräfte zusammengehaltenen Atomen. Wenn bei einem Stoß eines der Atome getroffen wird, entsteht außer der Translation auch eine Rotation des Moleküls. Bei den Stößen wandeln sich daher Anteil der Translationsenergie in Rotationsenergie um und umgekehrt. Deshalb muß bei einer Erwärmung auch die Rotationsenergie vermehrt werden. Da die Winkelgeschwindigkeit $\vec{\omega}$ als Vektor in Richtung der Drehachse aufgefaßt werden kann (1.6.5. d), hat sie die Komponenten ω_x, ω_y, ω_z. Bezeichnet man die Trägheitsmomente des Moleküls um die Achsen mit J_x, J_y, J_z, so kann man die Rotationsenergie in die Anteile $E_{rot} = \frac{1}{2} J_x \omega_x^2 + \frac{1}{2} J_y \omega_y^2 + \frac{1}{2} J_z \omega_z^2$ aufspalten.

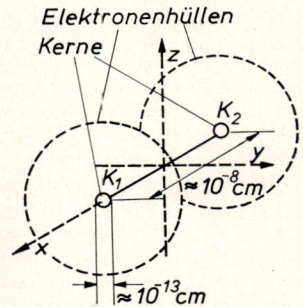

Bei einem zweiatomigen Molekül kann man die x-Achse in die Verbindungslinie der beiden Atomkerne K_1 und K_2 (Abb. 1) legen. Da der Kerndurchmesser mit etwa 10^{-13} cm im Vergleich zum Abstand der beiden Kerne mit etwa 10^{-8} cm sehr klein ist und da die Elektronenhülle nur eine verschwindend kleine Masse besitzt, ist auch das Trägheitsmoment J_x um die x-Achse verschwindend klein, so daß man es vernachlässigen kann. Die Rotationsenergie hat hier nur zwei willkürlich wählbare Anteile. Die Gesamtenergie eines solchen Moleküls besitzt also zu den drei Freiheitsgraden der Translation noch zwei Freiheitsgrade der Rotation. Daher findet man für die molaren spezifischen Wärmekapazitäten eines zweiatomigen Gases:

Abb. 1. Trägheitsmomente eines zweiatomigen Moleküls

$$C_{vm} = \frac{5\,\Delta E_0}{n\,\Delta T} = \frac{5}{2}\,R = 20{,}75\,\frac{J}{mol\,K}, \quad C_{pm} = C_{vm} + R = \frac{7}{2}\,R = 29{,}10\,\frac{J}{mol\,K},$$

$$\frac{C_{pm}}{C_{vm}} = \frac{c_p}{c_v} = \varkappa = \frac{7}{5} = 1{,}4$$

Bei drei- und mehratomigen Molekülen gibt es im allgemeinen keine Achse mit verschwindendem Trägheitsmoment. Deshalb kommen bei ihnen zu den drei Freiheitsgraden der Translation noch drei Freiheitsgrade der Rotation. Für ihre molaren spezifischen Wärmekapazitäten folgt daher:

$$C_{vm} = \frac{6}{2}\,R = 3\,R = 24{,}94\,\frac{J}{mol\,K}, \quad C_{pm} = 4\,R = 33{,}26\,\frac{J}{mol\,K}, \quad \frac{C_{pm}}{C_{vm}} = \frac{c_p}{c_v} = \varkappa = \frac{4}{3} = 1{,}33$$

Die folgende Tabelle zeigt die gute Übereinstimmung zwischen Theorie und Wirklichkeit. Abweichungen lassen sich mit der Quantentheorie und aus den Schwingungen der Atome im Molekül erklären.

Molare spezifische Wärmekapazitäten von Gasen

Gas	C_{mv} in J/mol K	C_{mp} in J/mol K	$\varkappa$	Gas	C_{mv} in J/mol K	C_{mp} in J/mol K	$\varkappa$
Helium	12,60	20,72	1,66	Luft	20,93	29,07	1,40
Argon	12,60	20,81	1,66	Kohlenoxid	20,93	29,16	1,40
Wasserstoff	20,40	27,72	1,41	Kohlendioxid	28,71	36,06	1,30
Stickstoff	20,80	26,67	1,40	Ammoniak	29,13	35,00	1,31
Sauerstoff	20,93	26,18	1,40	Methan	29,26	34,51	1,32

d) Die molaren spezifischen Wärmekapazitäten der festen Stoffe. Bei der Erwärmung von festen Stoffen wird die schwingende Bewegung aller einzelnen Atome verstärkt. Diese benötigen dazu aber nicht nur eine Vermehrung ihrer kinetischen, sondern auch ihrer potentiellen Energie. Da die Schwingungen in jeder Richtung erfolgen und die zugehörigen Anteile der kinetischen und potentiellen Energie jeden Wert annehmen können, ergeben sich hier drei Freiheitsgrade der kinetischen und drei Freiheitsgrade der potentiellen Energie. Für die molare spezifische Wärmekapazität von atomar aufgebauten Festkörpern, wie z. B. von Metallen, ergibt sich daraus $C_m = C_{vm} = 3\,R$. Dies ist die **Regel von Dulong-Petit**, die bei vielen Metallen gut erfüllt ist. Einige Stoffe zeigen aber Abweichungen, die z. B. bei Diamant sehr groß sind. Diese können aber ebenfalls durch die Quantentheorie erklärt werden. Bei festen chemischen Verbindungen ist die gesamte molare spezifische Wärmekapazität die Summe aus den Wärmekapazitäten der in ihren Molekülen vereinigten Atome.

3.6.4. Mittlere Stoßzahl und mittlere freie Weglänge

a) Mittlere Stoßzahl. Bei ihrer Bewegung erfahren die Gasmoleküle untereinander zahlreiche Zusammenstöße. Den Quotienten aus der mittleren Anzahl dieser Zusammenstöße eines Moleküls mit einem anderen und der Zeit, in der sie erfolgen, bezeichnet man als **mittlere Stoßzahl** z. Zu ihrer Berechnung betrachten wir die Moleküle als Kugeln mit dem Durchmesser d und nehmen zur Vereinfachung zunächst an, daß sich alle Moleküle in Ruhe befinden und nur das eine, das wir ins Auge fassen, sich mit der Geschwindigkeit $\overline{v}$ zwischen den anderen hindurchbewegt. Auf seinem Weg stößt das Molekül immer dann mit einem anderen zusammen, wenn dessen Mittelpunkt von der Bahn des ersten einen kleineren Abstand als d hat (Abb. 1). In einer Zeit t trifft es also auf die Moleküle, die sich in dem Zylindervolumen $V = d^2\,\pi\,\overline{v}\,t$ befinden. Wenn wir die Molekülzahldichte mit n' bezeichnen, ist ihre Anzahl $n'\,V = n'\,d^2\,\pi\,\overline{v}\,t$, und diese Zahl muß genau der Anzahl zt der Stöße entsprechen: $zt = d^2\,\pi\,\overline{v}\,t\,n'$ oder $z = d^2\,\pi\,\overline{v}\,n'$. Wenn wir die anfangs gemachte Annahme fallen lassen und bei allen Molekülen Bewegung zulassen,

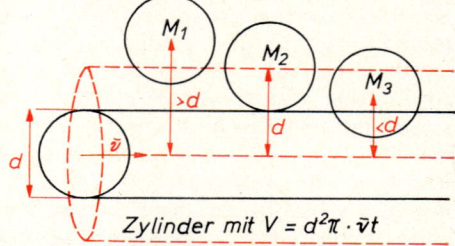

Abb. 1. Zur Berechnung der mittleren Stoßzahl

bleibt die Ableitung unverändert; es ist nur die mittlere Geschwindigkeit $\overline{v}$ durch den Mittelwert $\overline{v}_{rel}$ der Relativgeschwindigkeit zu ersetzen, wodurch sich das Ergebnis um den Faktor $\sqrt{2}$ ändert.

$$\text{Mittlere Stoßzahl:}\quad z = n'\, d^2\, \pi\, \overline{v_{rel}} = \sqrt{2}\, n'\, d^2\, \pi\, \overline{v}$$

b) Die mittlere freie Weglänge. Dividiert man den mittleren Weg in der Zeit t durch die Anzahl der in dieser Zeit stattfindenden Stöße, so erhält man die mittlere freie Weglänge $\overline{l}$, die ein Molekül zwischen zwei Stößen zurücklegt.

$$\text{Mittlere freie Weglänge:}\quad \overline{l} = \frac{\overline{v}\, t}{z\, t} = \frac{1}{\sqrt{2}\, n'\, d^2\, \pi}$$

Weil n' mit abnehmendem Druck ebenfalls kleiner wird, wächst dabei die mittlere freie Weglänge. Während z. B. die freie Weglänge in Luft bei Normaldruck etwa 10^{-5} cm beträgt, wächst sie in einem Vakuum von 0,1 Pa auf etwa 10 cm, so daß in einem Gefäß von solchen Abmessungen die Moleküle im Mittel von Wand zu Wand fliegen können. Verschiedene physikalische Vorgänge, z. B. die innere Reibung oder die Wärmeleitungen in Gasen hängen von der freien Weglänge ab; ihre Untersuchung würde hier aber zu weit führen.

3.7. Erzeugung mechanischer Energie aus Wärme

3.7.1. Der zweite Hauptsatz

Da jede Wärmemenge einen Energiebetrag darstellt, müßte sich nach dem ersten Hauptsatz jede Wärmemenge vollständig in eine andere Energieart und jede ander Energieart vollständig in Wärme umsetzen lassen. Es zeigt sich, daß dies wohl zutrifft, wenn eine Energieart in Wärme verwandelt werden soll, daß es aber nicht möglich ist, den g a n z e n Wärmeinhalt einer Stoffmenge in eine andere Energieart, z. B. in mechanische Arbeit, überzuführen. Die Ursache liegt im Wesen der Wärme, die durch die Energie der Molekularbewegung dargestellt ist. Wird ein Körper von technisch verwendbaren Abmessungen bewegt, so befinden sich infolge des inneren Zusammenhaltes stets alle Moleküle im gleichen Bewegungszustand, und die kinetische Energie kann nach außen hin wirksam werden. Bei der Wärmebewegung der Moleküle sind die Richtungen und Geschwindigkeiten regellos verteilt. Wegen dieser Unordnung kann ihre kinetische Energie ohne besondere Vorrichtungen keine mechanischen Wirkungen hervorrufen.

> **Überführung von mechanischer Energie in Wärme bedeutet also Verwandlung von geordneter Bewegung in ungeordnete, die Überführung von Wärme in mechanische Energie die Umwandlung von ungeordneter Bewegung in geordnete.**

Es ist aber ein Erfahrungssatz, der sich mit der Wahrscheinlichkeitsrechnung auch beweisen läßt, daß ein ungeordneter Zustand viel leichter aus einem geordneten entsteht als umgekehrt. Dieser Erkenntnis trägt der **zweite Hauptsatz der Wärmelehre** Rechnung, den man folgendermaßen formulieren kann:

> **Jeder physikalische Vorgang erfolgt in der Richtung, daß der Endzustand wahrscheinlicher ist als der Anfangszustand.**

So gleichen sich Temperaturgegensätze immer von selbst aus, aber sie entstehen nicht von selbst. Bei einer Temperaturdifferenz sind die Moleküle größerer kinetischer Energie an der einen, die kleinerer kinetischer Energie an einer anderen Stelle vereinigt, also in einem gewissen Sinn geordnet. Nach dem Ausgleich sind alle kinetischen Energien regellos verteilt. Die Wärmeübertragung erfolgt durch elastische Stöße der Moleküle, bei denen im allgemeinen Moleküle mit großer kinetischer Energie einen Teil ihrer Energie auf Moleküle mit kleinerer Energie übertragen. Der umgekehrte Vorgang, daß sich ein Gas von selbst entmischt, daß sich also schnellere Moleküle in einem Raumteil, langsamere in einem anderen Raumteil ansammeln und sich so von selbst eine Temperaturdifferenz bildet, ist völlig unwahrscheinlich.

Wenn also Körper verschiedener Temperaturen an einem Vorgang beteiligt sind, so kann ohne äußere Einwirkung ein Wärmeübergang nur in der Richtung erfolgen, daß er die anfängliche Temperaturdifferenz auszugleichen sucht. Solche Vorgänge sind daher nicht umkehrbar oder **irreversibel** (genau wie die mit Reibung ablaufenden Vorgänge in der Mechanik 1.6.1. c). Eine **reversible** Übertragung von Wärme wäre ein Wärmeübergang ohne Temperaturgefälle, bei dem die Wärme ebenso gut in der einen wie in der anderen Richtung übertragen werden könnte. Da aber gerade eine Temperaturdifferenz die Ursache einer Wärmeübertragung ist, müßten reversible Vorgänge unendlich langsam ablaufen. Sie lassen sich also nie vollkommen verwirklichen. Wenn bei physikalischen Überlegungen reversibel übertragene Wärmemengen benötigt werden, kennzeichnet man sie als Q_{rev}, $\varDelta Q_{rev}$ oder dQ_{rev}.

3.7.2. Der Carnotsche Kreisprozeß und der thermodynamische Wirkungsgrad

a) **Umwandlung von Wärme in mechanische Arbeit.** Es ist eine Aufgabe der Technik, die in der Natur zur Verfügung stehenden Energien dem Menschen nutzbar zu machen. Wärme läßt sich leicht aus Verbrennungsvorgängen gewinnen; dagegen liefert die Natur nur selten ausnutzbare mechanische Energie. Da aber der Mensch zur Erleichterung seiner Arbeit gerade solche Energie braucht, sucht die Technik Maschinen zu bauen, die Wärme in mechanische Arbeit umwandeln.

Dazu benutzt man ein Gas, weil bei ihm der Druck, den man durch Wärmezufuhr erhöht, einen Kolben in einem Zylinder verschieben und dabei mechanische Arbeit verrichten kann. Um die in einem Heizkessel einem Gas zugeführte Wärme in mechanische Nutzarbeit umzuwandeln, muß das Gas möglichst ohne Energieverluste einen Kolben in einem Zylinder so weit nach außen bewegen, bis die Temperatur des Gases wieder auf den Ausgangswert abgenommen hat. Für eine technische Anwendung muß ein solcher Vorgang beliebig oft wiederholt werden können, da ein einmaliger Kolbenweg nur eine begrenzte mechanische Arbeit zur Verfügung stellt.

> **Jeder Maschine, die längere Zeit mechanische Arbeit liefern soll, muß ein periodischer Vorgang zugrunde liegen.**

Zu diesem Zweck muß der Kolben wieder in die Ausgangsstellung zurückgebracht werden. Dabei muß das Gas entweder aus dem Zylinder entfernt oder wieder komprimiert werden. Die dazu nötige Arbeit wird von der gewonnenen mechanischen Arbeit genommen, so daß die Nutzarbeit kleiner ist als die anfangs aufgenommene Wärme. Der französische Ingenieur Carnot (1796–1832) untersuchte solche periodischen Vorgänge, sog. Kreisprozesse, und konnte zeigen, daß es grundsätzlich unmöglich ist, mit periodisch arbeitenden Maschinen die gesamte aufgenommene Wärme in mechanische Arbeit umzuwandeln. Er fand den nach ihm benannten idealisierten Kreisprozeß, dessen Wirkungsgrad von keiner wirklichen Maschine übertroffen werden kann.

b) **Der Carnotsche Kreisprozeß.** Als Arbeitsgas wählte Carnot ein ideales Gas, weil bei ihm keine Energie zur Überwindung molekularer Anziehungskräfte verbraucht wird. Während des ganzen Prozesses werden alle endlichen Temperatursprünge vermieden, da der dabei auftretende Ausgleich den Ertrag an mechanischer Energie auf Kosten der Wärme vermindern würde. Es werden also alle Wärmebeträge reversibel übertragen. Wärmeleitungs-, Wärme-strahlungs- und Reibungsverluste werden vollkommen vernachlässigt. Das Arbeitsgas durch-läuft eine periodische Zustandsänderung aus zwei isothermen und zwei adiabatischen Vorgängen (Abb. 1).

1. Isotherme Ausdehnung AB: Im ersten Teil des Prozesses übernimmt das Arbeitsgas aus einem großen Wärmebehälter, dessen Temperatur sich dabei nicht ändert, eine Wärmemenge. Damit währenddessen die Temperatur des Gases konstant bleibt, muß es sich ausdehnen und gibt dabei nach außen eine mechanische Arbeit W_1 ab, die genau der aufgenommenen Wärmemenge Q_1 entspricht.

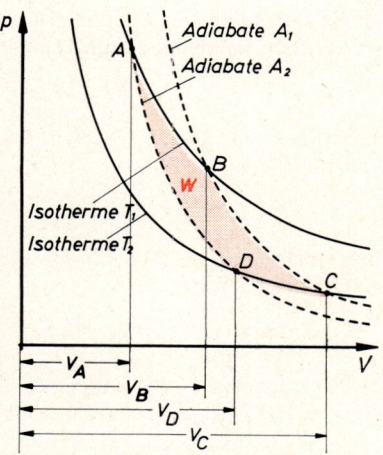

2. Adiabatische Ausdehnung BC: Um noch mehr mechanische Arbeit zu gewinnen, sperrt man die Wärmezufuhr und läßt das Gas sich adia-batisch ausdehnen. Dabei verrichtet es wieder mechanische Arbeit, diesmal auf Kosten des Wärme-inhaltes. Deshalb sinkt seine Temperatur von T_1 auf den niedrigeren Wert T_2. Damit der gewonnene Betrag an mechanischer Arbeit möglichst groß wird, wählt man T_2 so niedrig wie möglich (Temperatur der Umgebung oder des Kühlwassers).

Abb. 1. Der Carnotsche Kreisprozeß

3. Isotherme Kompression CD: In den beiden ersten Abschnitten wurde Wärme in mechanische Arbeit umgewandelt, und das Volumen des Arbeitsgases nahm zu. Für einen periodischen Vorgang muß das Gas wieder auf das Ausgangsvolumen zusammengedrückt werden. Wenn man denselben Weg zurück-ginge, brauchte man auch wieder die gesamte gewonnene mechanische Arbeit. Deshalb darf man die Temperatur nicht wieder adiabatisch ansteigen lassen. Um zur Rückführung des Kolbens möglichst wenig mechanische Energie zu verbrauchen, muß der Weg im p-V-Dia-gramm möglichst nahe an der V-Achse verlaufen. Da man aber ohne zusätzliche Kühlung (die wieder Energie benötigen würde) nicht unter die Temperatur T_2 kommen kann, ist der günstigste Rückweg die Isotherme bei der Temperatur T_2. Die bei der jetzt folgenden Kompression aufgewandte mechanische Arbeit W_2 darf daher die Temperatur nicht erhöhen. Deshalb muß gleichzeitig eine ebenso große Wärmemenge Q_2 an einen zweiten Wärme-behälter mit der Temperatur T_2 abgegeben werden.

4. Adiabatische Kompression DA: Um ganz zum Ausgangspunkt zurückzu-kehren, muß schließlich die Temperatur wieder auf den Wert T_1 erhöht werden. Man führt dies auf der Adiabate aus, die zum Ausgangspunkt zurückläuft. Die Kompressionsarbeit erhöht die Temperatur des Gases.

Das Gas ist nun wieder in seinem Anfangszustand. Es hat zwischen A und B Energie als Wärme aufgenommen. Ein Teil davon muß aber zwischen C und D wieder als Wärme bei niedriger Temperatur abgegeben werden. Nur die Differenz dieser beiden Wärmemengen kann als mechanische Arbeit nach außen abgeführt werden.

Im p-V-Diagramm der Abb. 1 stellt die Fläche unter dem Kurvenstück ABC die bei der Expansion gewonnene, die Fläche unter dem Kurvenstück CDA die bei der Kompression benötigte Arbeit dar. Die gewonnene Nutzarbeit ist als Differenz dieser beiden Arbeiten durch das Kurvenviereck ABCD dargestellt.

Nach Tab. 3.3.5. g lassen sich die aufgenommenen und abgegebenen Energiebeträge berechnen. Längs der Isothermen AB und CD findet man:

$$Q_1 = W_1 = m\,R_s\,T_1 \ln\frac{V_B}{V_A} \qquad\qquad Q_2 = W_3 = m\,R_s\,T_2 \ln\frac{V_D}{V_C}$$

Längs der Adiabaten BC und DA ergibt sich: $W_2 = m\,c_v(T_2 - T_1) = W_4$, da beide Kurvenstücke zwischen den gleichen Temperaturen verlaufen. Daher ist die gewonnene Arbeit:

$$W = W_1 + W_2 - W_3 - W_4 = m\,R_s\left(T_1 \ln\frac{V_B}{V_A} - T_2 \ln\frac{V_D}{V_C}\right)$$

Nach der vom Druck p freien Adiabatengleichung erhält man für den Quotienten der Volumina:

$$\frac{V_C}{V_B} = \left(\frac{T_1}{T_2}\right)^{\frac{1}{\varkappa - 1}} = \frac{V_D}{V_A} \quad\text{oder}\quad \frac{V_D}{V_C} = \frac{V_A}{V_B} \quad\text{bzw.}\quad \ln\frac{V_D}{V_C} = -\ln\frac{V_B}{V_A}$$

Setzt man dieses Ergebnis in die Gleichung für W ein, so erhält man für die Nutzarbeit den einfachen Ausdruck:

$$W = Q_1 - Q_2 = m\,R_s \ln\frac{V_B}{V_A}(T_1 - T_2)$$

c) Der thermische Wirkungsgrad. Da die gesamte zugeführte Energie aus der Wärme $Q_1 = m\,R_s\,T_1 \ln(V_B/V_A)$ besteht, ergibt sich für den Wirkungsgrad des Carnotprozesses:

> **Thermischer Wirkungsgrad:** $\eta_{th} = \dfrac{W}{Q_1} = \dfrac{Q_1 - Q_2}{Q_1} = \dfrac{T_1 - T_2}{T_1} = 1 - \dfrac{T_2}{T_1}$

Beim Carnotschen Kreisprozeß kann also nur ein Teil der bei der Temperatur T_1 aufgenommenen Wärme in mechanische Arbeit umgewandelt werden, der Rest muß wieder als Wärme bei der niedrigeren Temperatur T_2 zurückgegeben werden. Der thermische Wirkungsgrad ist nur durch die Temperaturen T_1 und T_2 bestimmt.

Es läßt sich zeigen, daß die Verhältnisse bei jeder wirklichen Wärmekraftmaschine ungünstiger, nie aber günstiger liegen als beim Carnotschen Kreisprozeß; daher ist der oben angegebene thermische Wirkungsgrad ein Idealfall, der nie ganz erreicht werden kann. Wegen der Ausgleichsvorgänge für Temperatur und Druck, wegen der Verluste durch Wärmestrahlung und -leitung, wegen der auftretenden Reibung ist der wirklich erzielte Wirkungsgrad bei allen Maschinen kleiner als der thermische.

Wie der Ausdruck für η_{th} zeigt, läßt sich der thermische Wirkungsgrad nur durch die Erhöhung von T_1 oder die Erniedrigung von T_2 verbessern. Die zweite Möglichkeit läßt sich wegen der schwierigen Erzeugung niedriger Temperaturen nur in beschränktem Maße ausnutzen. Die erste Möglichkeit dagegen kennzeichnet die Entwicklung aller Wärmekraftmaschinen seit ihrer Erfindung.

Man hat also das folgende Ergebnis des Carnotschen Kreisprozesses:

> **Aus Wärme kann mit einer periodisch arbeitenden Maschine nur mechanische Arbeit gewonnen werden, wenn gleichzeitig ein Teil der Wärmemenge von einer höheren auf eine tiefere Temperatur gebracht wird.**

d) Die Bedeutung des Temperaturunterschiedes für die Umwandlung der Wärmeenergie in mechanische Arbeit läßt sich vergleichen mit der des Höhenunterschiedes bei der Ausnutzung der in einer Wassermenge enthaltenen potentiellen Energie. Das folgende Beispiel zeigt, daß sich bei zu kleinem Höhenunterschied selbst ein großer Energiebetrag nicht ausnutzen läßt.

Steht in einem See mit 1000 m² Oberfläche das Wasser 10 cm über dem Abflußpegel, so ist in dieser Wasserschicht ein Energiebetrag von $5 \cdot 10^{10}$ J enthalten. Wegen des geringen Gefälles kann man damit aber keine Turbine betreiben; die Energie ist daher technisch wertlos. Dagegen könnte man den gleichen Energiebetrag bei 10 m Gefälle und entsprechend geringerer Wassermenge gut technisch ausnutzen. Ähnlich ist eine Wärmemenge um so wertvoller, je höher das zur Verfügung stehende Temperaturgefälle ist.

e) Wärmepumpe und Kühlmaschine. Da beim Carnotprozeß alle Vorgänge reversibel ablaufen, läßt er sich umkehren. Dann wird einem Behälter B_2 bei der niedrigen Temperatur T_2 die Wärmemenge Q_2 entzogen und dann nach einem Arbeitsaufwand W einem Behälter B_1 bei der höheren Temperatur T_1 die Wärmemenge $Q_1 = Q_2 + W$ zugeführt. Dem Behälter B_2 wird also Wärme entzogen, dem Behälter B_1 Wärme zugeführt. Betrachtet man den Behälter B_1, so stellt die Vorrichtung eine **Wärmepumpe** dar, bei der Wärme unter einem Arbeitsaufwand von einer niederen auf eine höhere Temperatur gebracht wird. Für den Behälter B_2 ist dagegen die Vorrichtung eine **Kühlmaschine.** Beide Wirkungen des umgekehrten Carnotprozesses werden technisch ausgenützt.

Alle Kühlmaschinen arbeiten im wesentlichen nach diesem Prinzip; man verwendet lediglich als Arbeitssubstanz ein Kühlmittel, das bei dem Temperaturintervall seinen Aggregatzustand ändert, weil durch Ausnutzung der Kondensationswärme bei kleiner Stoffmenge eine große Wärmemenge befördert werden kann (3.4.2. d). Die Verwendung als Wärmepumpe kann mit der als Kühlmaschine gekoppelt werden. Bei einer Eislaufbahn oder einem Kühlhaus wird an der einen Stelle Wärme entzogen, auf höhere Temperatur gebracht und zum Beheizen von Verwaltungsräumen verwendet.

In beiden Fällen erhält man besondere Wirkungsgrade, wenn man unter ihm den Quotienten aus der Nutzenergie und der aufgewandten Energie versteht. Bei der Wärmepumpe ist die dem Behälter B_1 zugeführte Wärme $Q_1 = Q_2 + W$ die Nutzenergie; aufgewandt wird nur die mechanische Arbeit W. Daher ist der Wirkungsgrad:

$$\eta_p = \frac{Q_1}{W} = \frac{Q_1}{Q_1 - Q_2} = \frac{T_1}{T_1 - T_2} = \frac{1}{\eta_{th}}$$

Der Wirkungsgrad der Wärmepumpe ist daher der reziproke Wert des Wirkungsgrades beim Carnotprozeß und daher stets größer als 1. Er kann sehr groß werden, wenn die Temperaturstufe $T_1 - T_2$ klein ist.

Bei der Kühlmaschine sind Q_2 die Nutzenergie und W ebenfalls die aufgewandte Arbeit. Daher erhält man:

$$\eta_K = \frac{Q_2}{W} = \frac{Q_2}{Q_1 - Q_2} = \frac{Q_1 - Q_1 + Q_2}{Q_1 - Q_2} = \frac{T_1}{T_1 - T_2} - 1 = \frac{1}{\eta_{th}} - 1$$

Auch dieser Wirkungsgrad ist bei kleiner Temperaturstufe im allgemeinen größer als 1. Bei wirklich ausgeführten Maschinen ist natürlich der Wirkungsgrad kleiner, da sie nicht reversibel arbeiten und deshalb der erforderliche Arbeitsaufwand größer ist als der theoretisch berechnete.

3.7.3. Die Entropie

a) Definition der Entropie. Unter allen Energiearten nimmt die Wärme eine Sonderstellung ein. Die anderen Energiearten lassen sich vollständig in Wärme überführen, die Wärme aber immer nur teilweise in andere Energien. Die beste Ausnutzung der Wärme bei der Umwandlung in mechanische Arbeit stellt der Carnotsche Kreisprozeß dar oder ähnliche Vorgänge, bei denen der gleiche Wirkungsgrad erreicht wird.

Nennt man die bei der Temperatur T_1 reversibel entnommene Wärmemenge $\Delta Q_{rev\,1}$, die bei der Temperatur T_2 wieder reversibel abgeführte Wärmemenge $\Delta Q_{rev\,2}$, so ist die in mechanische Arbeit umgewandelte Wärmemenge $\Delta Q_{rev\,1} - \Delta Q_{rev\,2}$. Nach dem thermischen Wirkungsgrad gilt bei solchen Vorgängen:

$$\frac{\Delta Q_{rev\,1} - \Delta Q_{rev\,2}}{\Delta Q_{rev\,1}} = \frac{T_1 - T_2}{T_1} \qquad \text{oder} \qquad \frac{\Delta Q_{rev\,1}}{T_1} = \frac{\Delta Q_{rev\,2}}{T_2}$$

Kennzeichnet man die zugeführte Wärmemenge durch ein positives, die abgeführte Wärmemenge durch ein negatives Vorzeichen, so ist das Vorzeichen rechts zu ändern:

$$\frac{\Delta Q_{rev\,1}}{T_1} = -\frac{\Delta Q_{rev\,2}}{T_2} \qquad \text{oder} \qquad \frac{\Delta Q_{rev\,1}}{T_1} + \frac{\Delta Q_{rev\,2}}{T_2} = 0$$

Man führt nun als **Entropie** S eine physikalische Größe ein, deren Änderung durch $\Delta S = \Delta Q_{rev}/T$ gegeben ist. Aus der obigen Gleichung folgt dann, daß bei allen Vorgängen mit dem Wirkungsgrad des Carnotschen Kreisprozesses die Summe der Entropieänderungen Null ist und daher die Gesamtentropie der beteiligten Stoffe unverändert bleibt. Bei einer reversibel aufgenommenen Wärmemenge muß die Temperatur des Wärme abgebenden Stoffes und des aufnehmenden Stoffes gleich sein. Deshalb ist in dem Bruch $\Delta Q_{rev}/T$ stets durch die Temperatur des Stoffes zu dividieren, dessen Entropieänderung bestimmt werden soll. Da sich aber — abgesehen von isothermen Wärmeübertragungen, wie sie beim Carnotprozeß stattfinden — bei der Übertragung einer endlichen Wärmemenge die Temperatur ändert, darf man bei der Definition der Entropieänderung nur infinitesimal kleine Wärmebeträge betrachten, bei deren Aufnahme sich die Temperatur nicht ändert:

$$\text{Entropieänderung: } \mathrm{d}S = \frac{\mathrm{d}Q_{rev}}{T} \qquad\qquad \text{Entropie: } S = \int \frac{\mathrm{d}Q_{rev}}{T}$$

Bei einem idealen Gas ist die Auswertung des Integrals mit Hilfe des ersten Hauptsatzes $\mathrm{d}Q = m\,c_v\,\mathrm{d}T + p\,\mathrm{d}V$ und der Zustandsgleichung $p/T = m\,R_s/V$ leicht möglich:

$$S = \int \frac{\mathrm{d}Q_{rev}}{T} = \int \frac{m\,c_v\,\mathrm{d}T + p\,\mathrm{d}V}{T} = m\,c_v \int \frac{\mathrm{d}T}{T} + m\,R_s \int \frac{\mathrm{d}V}{V} = m\,(c_v \ln T + R_s \ln V)$$

Auch bei festen und flüssigen Stoffen kann man die Integration ausführen, wenn c_v als konstant angesehen werden darf und man die winzige Volumenänderung, die bei der Wärmeaufnahme erfolgt, vernachlässigt:

$$S = \int \frac{\mathrm{d}Q_{rev}}{T} = \int \frac{m\,c_v\,\mathrm{d}T + p\,\mathrm{d}V}{T} \approx m\,c_v \int \frac{\mathrm{d}T}{T} = m\,c_v \ln T$$

b) Entropieänderung bei reversiblen Vorgängen. Nach dem ersten Hauptsatz ist die bei einer Wärmeübertragung abgegebene und aufgenommene Wärmemenge gleich: $\mathrm{d}Q_{rev\,1} = -\mathrm{d}Q_{rev\,2}$. Da bei reversiblen Vorgängen auch $T_1 = T_2$ sein muß, gilt dann:

$$\mathrm{d}S = \frac{\mathrm{d}Q_{rev\,1}}{T_1} + \frac{\mathrm{d}Q_{rev\,2}}{T_2} = \frac{\mathrm{d}Q_{rev\,1}}{T_1} - \frac{\mathrm{d}Q_{rev\,1}}{T_1} = 0$$

Sind die Vorgänge nicht rein thermisch, sondern z. T. oder ganz mechanisch, so darf bei reversiblem Ablauf (1.6.1. c) keine Reibungswärme entstehen. Daher ist dann $\mathrm{d}Q_{rev} = 0$ und auch $\mathrm{d}S = \mathrm{d}Q_{rev}/T = 0$.

Bei allen reversiblen Vorgängen bleibt die Entropie des Gesamtsystems unverändert.

c) Entropieänderung bei irreversiblen Vorgängen. Die in der Natur oder bei technischen Vorrichtungen ablaufenden Vorgänge sind nie reversibel, sondern stets irreversibel. Bei mechanischen Vorgängen entsteht Reibung, thermische Vorgänge beruhen auf einem Temperatur- oder Druckausgleich, Mischungsvorgänge gleichen Konzentrationsunterschiede aus. Die dabei entstehenden Entropieänderungen sollen nacheinander untersucht werden.

Wenn Wärme aus einer anderen Energieart (z. B. auch aus chemisch gespeicherter Energie bei einer Verbrennung oder aus mechanischer Arbeit bei der Reibung) entsteht, überträgt sie sich auf die beteiligten Stoffe. Für alle ist die Wärmeaufnahme dQ_{rev} positiv, und deshalb ist auch die gesamte Entropieänderung dS die Summe aller einzelnen Entropieänderungen: $dS = \Sigma\, dQ_{rev}/T > 0$.

Beim Temperaturausgleich gibt ein Stoff bei der höheren Temperatur T_1 die Wärmemenge dQ an einen kälteren Stoff mit der Temperatur T_2 ab. Dann ist $dS_1 = -\dfrac{dQ}{T_1}$ und $dS_2 = \dfrac{dQ}{T_2}$. Die gesamte Entropieänderung $dS = dS_1 + dS_2 = -\dfrac{dQ}{T_1} + \dfrac{dQ}{T_2}$ ist dann wegen $T_1 > T_2$ stets positiv: $dS > 0$.

Beim Ausgleich eines endlichen Druckunterschiedes kühlt sich das expandierende Gas zunächst adiabatisch ab, während sich das andere Gas bei der Kompression erwärmt. Da bei adiabatischen Vorgängen kein Wärmeaustausch stattfindet, ändert sich dabei die Entropie nicht. Danach gleicht sich aber der entstandene Temperaturunterschied aus, wobei nach den voranstehenden Ausführungen eine positive Änderung der Gesamtentropie entsteht: $\Delta S > 0$.

Etwas schwieriger ist die Untersuchung eines Mischungsvorganges. In zwei benachbarten Behältern mit dem Inhalt V_1 bzw. V_2 befinden sich zwei verschiedene Gase bei gleichem Druck p und gleicher Temperatur T (Abb. 1). Nach außen seien beide Behälter adiabatisch isoliert. Wird die Trennwand beseitigt, so durchmischen sich beide Gase infolge der Diffusion ohne Temperatur- oder Druckänderung. Da sich die Mischung nicht rückgängig machen läßt, ist der Vorgang irreversibel. Das erste Gas dehnt sich dabei isotherm vom Volumen V_1 auf das Gesamtvolumen $V = V_1 + V_2$

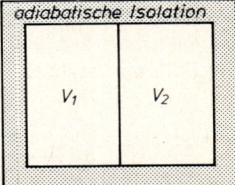

Abb. 1. Zur Entropieänderung eines Diffusionsvorganges

aus, wobei der Druck auf den Wert $p_1 = p\,\dfrac{V_1}{V}$ und analog der des zweiten Gases auf $p_2 = p\,\dfrac{V_2}{V}$ sinkt. Die Summe der Partialdrücke ist wieder der Ausgangsdruck: $p_1 + p_2 = p\left(\dfrac{V_1}{V} + \dfrac{V_2}{V}\right) = p\,\dfrac{V_1 + V_2}{V_1 + V_2} = p$. Dabei verrichtet das erste Gas gegen den Druck des zweiten eine Arbeit $\Delta W_1 = m_1 R_{s_1} T \ln \dfrac{V}{V_1}$, so daß es sich wegen der Energieabgabe abkühlen müßte. Gleichzeitig verrichtet aber auch das zweite Gas gegen den Druck des ersten eine Arbeit $\Delta W_2 = m_2 R_{s_2} T \ln \dfrac{V}{V_2}$. Diese beiden Arbeitsbeträge werden jeweils dem anderen Gas zugeführt und verhindern eine Abkühlung, so daß der Vorgang isotherm abläuft. Die Wärmeaufnahme der beiden Gase ist dann $\Delta Q_1 = \Delta W_2$ und $\Delta Q_2 = \Delta W_1$. Da alle Vorgänge bei der Temperatur T ablaufen, erhält man die Entropieänderung:

$$\Delta S = \Delta S_1 + \Delta S_2 = \frac{\Delta Q_1}{T} + \frac{\Delta Q_2}{T} = m_2 R_{s_2} \ln \frac{V}{V_2} + m_1 R_{s_1} \ln \frac{V}{V_1} > 0$$

Das gleiche Ergebnis erhält man aus der Formel für die Entropie eines idealen Gases, wenn man beachtet, daß $T_1 = T_2 = T$ ist:

$$\Delta S = \Delta S_1 + \Delta S_2 = m_1\, c_{v1} \ln \frac{T}{T_1} + m_1\, R_{s1} \ln \frac{V}{V_1} + m_2\, c_{v2} \ln \frac{T}{T_2} + m_2\, R_{s2} \ln \frac{V}{V_2}$$

$$= m_1\, R_{s1} \ln \frac{V}{V_1} + m_2\, R_{s2} \ln \frac{V}{V_2} > 0$$

Auch bei diesem irreversiblen Vorgang ist die Gesamtentropieänderung positiv, obwohl es zunächst den Anschein hat, als ob keine Wärmebeträge ausgetauscht würden.
Faßt man alle Betrachtungen zusammen, so erkennt man den Satz:

> **Bei allen irreversiblen Vorgängen nimmt die Gesamtentropie aller beteiligten Stoffe (des abgeschlossenen Systems) zu.**

Eine positive Entropieänderung ist also ein Kennzeichen der Irreversibilität. Da alle in der Natur ablaufenden Vorgänge irreversibel sind, gilt der folgende Zusammenhang mit dem zweiten Hauptsatz (3.7.1.):

> **Alle Naturvorgänge verlaufen so, daß die Gesamtentropie aller beteiligten Stoffe zunimmt.**

Die Entropie ermöglicht es daher auch, dem zweiten Hauptsatz die folgende mathematische Form zu geben:

$$\Delta S > 0$$

Bei jeder Wärmekraftmaschine muß die Entropie zunehmen, da sie sonst nicht betriebsfähig wäre. Weil aber jede Entropiezunahme durch einen Vorgang bedingt ist, bei dem sich eine Wärmemenge der Umwandlung in mechanische Arbeit entzieht, bedeutet eine Entropiezunahme eine unerwünschte Verminderung des Wirkungsgrades. Daher ist es erstrebenswert, die Entropiezunahme so klein wie möglich zu halten.

3.7.4. Der Wirkungsgrad einer Wärmeenergiemaschine

a) Definition der verschiedenen Wirkungsgrade. Bei allen Maschinen, die Wärme in mechanische Arbeit umwandeln, ist der Wirkungsgrad nicht nur — wie in der Mechanik — durch Reibungsverluste bedingt, sondern er läßt sich grundsätzlich nicht über den durch die Temperaturen T_1 (im Kessel oder nach der Verbrennung im Zylinder) und T_2 (im Kondensator oder beim Auspuff) festgelegten thermischen Wirkungsgrad $\eta_{th} = \dfrac{T_1 - T_2}{T_1}$ steigern.

Der wirkliche Wirkungsgrad ist immer kleiner als η_{th}. Schon die Verluste durch Wärmekonvektion, -leitung und -strahlung bedingen eine Verminderung des Wirkungsgrades. Daher wird z. B. bei einer Kolbenmaschine im Zylinder eine kleinere Leistung an den Kolben abgegeben, als sie der erzeugten Heizleistung des verbrannten Kraftstoffes entspricht. Wegen der Messung der an den Kolben abgegebenen Leistung mit einem Indikator (s. unten) bezeichnet man sie als die indizierte Leistung und den am Kolben erzielten Wirkungsgrad als **inneren Wirkungsgrad** der Maschine.

$$\textbf{Innerer Wirkungsgrad:} \quad \eta_i = \frac{\text{indizierte Leistung}}{\text{Heizleistung}}$$

Die Nutzleistung ist aber noch kleiner, denn im Getriebe der Maschine treten noch Reibungs-verluste auf, so daß die Leistung, die man beim Abbremsen der letzten Achse der Maschine messen kann, kleiner ist als die indizierte Leistung. Den Wirkungsgrad des Getriebes be-zeichnet man als **mechanischen Wirkungsgrad.**

$$\text{Mechanischer Wirkungsgrad:} \quad \eta_m = \frac{\text{Nutzleistung}}{\text{indizierte Leistung}}$$

Vergleicht man nun die Nutzleistung mit der zugeführten Heizleistung, so erhält man den **wirtschaftlichen** oder **effektiven Wirkungsgrad.**

$$\text{Wirtschaftlicher Wirkungsgrad:} \quad \eta_{eff} = \frac{\text{Nutzleistung}}{\text{Heizleistung}}$$

Aus den angegebenen Festsetzungen folgt die Beziehung $\eta_{eff} = \eta_i \cdot \eta_m$.

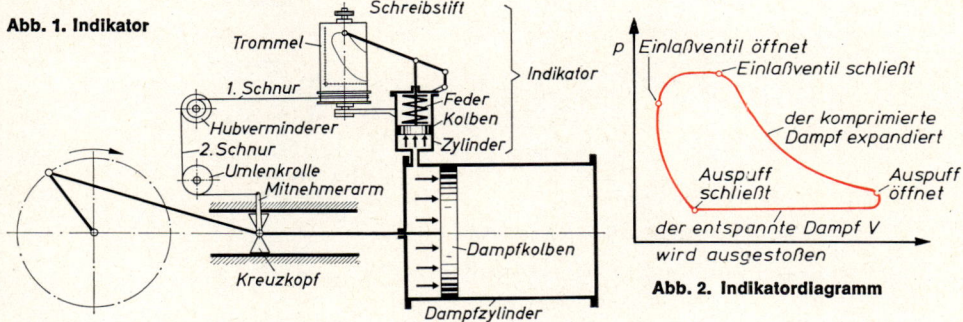

Abb. 1. Indikator

Abb. 2. Indikatordiagramm

b) Messung der indizierten Leistung. Die bei einer Kolbenmaschine im Zylinder an den Kolben ab-gegebene Leistung kann man unmittelbar messen. Dies geschieht mit einer Vorrichtung, die auto-matisch ein *p-V*-Diagramm des ablaufenden Vorganges aufzeichnet und die man einen Indikator nennt (Abb. 1). Der jeweilige Druck hebt den Indikatorkolben gegen den Federdruck an. Ein Schnurzug überträgt die Kolbenbewegung auf eine Schreibtrommel. So sind die Vertikalverschiebung des Schreibstiftes ein Maß für den Druck und die Horizontalverschiebung ein Maß für das Volumen. Aus dem Flächeninhalt des bei einer vollen Periode aufgezeichneten Diagramms kann man die auf den Kolben übertragene Arbeit ablesen (Abb. 2).

3.7.5. Wärmeenergiemaschinen

Es gibt mehrere Vorrichtungen — man nennt sie **Wärmeenergiemaschinen** —, die die bei der Verbrennung von Kraftstoffen frei werdende Wärme in mechanische Arbeit umwandeln. Da ihr Wirkungsgrad in erster Linie vom Unterschied zwischen der Eingangs- und Ausgangs-temperatur des Arbeitsgases abhängt, ist die technische Entwicklung vor allem dadurch ge-kennzeichnet, diese Temperaturdifferenz zu erhöhen, daneben aber auch dadurch, den wirt-schaftlichen Wirkungsgrad durch immer neue Verbesserungen dem thermischen möglichst anzunähern. Im folgenden seien nur die hauptsächlichen Typen der Wärmeenergiemaschinen erwähnt.

a) Die Kolbendampfmaschine. Im Jahre 1769 konstruierte James Watt eine Maschine, die Wärme in mechanische Arbeit umwandelte. Ein Kolben wurde in einem Zylinder von Wasser-dampf durch einen Steuermechanismus hin- und herbewegt. Eine Kurbel mit Schwungrad wandelte die Hin- und Herbewegung in eine Drehbewegung um. Da bei Watt die Temperatur des Wasserdampfes nur wenig über 100 °C $\approx$ 380 K, die des Auspuffes noch mindestens bei 50 °C $\approx$ 330 K lag, war der thermische Wirkungsgrad etwa 14 %; der erreichte wirtschaftliche Wirkungsgrad lag bei 2 %.

Trotz zahlreicher Verbesserungen ließ sich selbst bei großen Anlagen der wirtschaftliche Wirkungsgrad nicht über 18 % steigern; Lokomotiven erreichen sogar nur 8 ... 13 %. Deshalb werden heute keine neuen Anlagen von Kolbendampfmaschinen mehr gebaut.

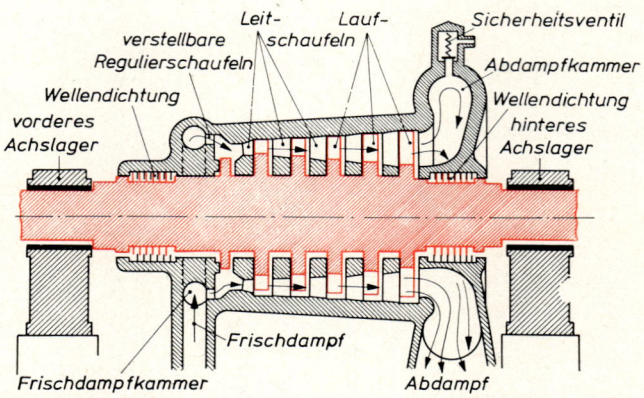

Abb. 1. Schnitt durch eine Axialturbine

b) Die Dampfturbine. Es erwies sich als günstiger, die hohe kinetische Energie der Dampfmoleküle zum Antrieb eines Turbinenrades auszunützen. Bei der häufigsten Bauart, der **Axialturbine,** strömt der Dampf aus einem Leitapparat mit verstellbaren Regulierschaufeln (Abb. 1) auf die Schaufeln eines Turbinenrades. Danach wird er von einem feststehenden Leitrad umgelenkt und einem zweiten Schaufelrad zugeführt. Die Anordnung wiederholt sich längs der Turbinenachse so oft, bis die abgesunkene Spannung des Dampfes keine merkliche Erhöhung der Nutzleistung mehr zuläßt. Wegen der hohen Geschwindigkeit der Dampfmoleküle benötigt man hohe Drehfrequenzen bis zu 8000 U / min. Dadurch, daß man die Einströmungstemperatur des Dampfes z. T. über 600 °C erhöhte, konnte der Wirkungsgrad der Dampfturbinen bis über 30 % gesteigert werden. Abb. 2 zeigt eine geöffnete 12stufige Axialturbine mit einer Leistung von 3000 kW.

Abb. 2. Geöffnete Axialturbine

c) Verbrennungskraftmaschinen. Alle mit Wasserdampf arbeitenden Wärmekraftmaschinen haben den Nachteil, daß schon beim Übergang von den heißen Verbrennungsgasen zum Wasserdampf ein großer Teil (bis zu einem Drittel) der Verbrennungswärme des Kraftstoffes mit den abziehenden Verbrennungsgasen verlorengeht. Um diesen Nachteil zu vermeiden, muß man das Verbrennungsgas selbst zum Arbeitsgas im Zylinder machen. Hierbei scheiden aber feste Brennstoffe aus, weil ihre Einführung in den Zylinder schwierig ist, und vor allem, weil Aschenrückstände bald den Lauf des Kolbens blockieren würden. Es lassen sich daher nur flüssige oder gasförmige Kraftstoffe verwenden. Nach diesem Prinzip arbeiten die Gasmotoren (Otto 1832 bis 1891 und Daimler 1834 bis 1900) und der Dieselmotor (Diesel 1858 bis 1913).

d) Der Viertakt-Ottomotor. Beim Viertakt-Ottomotor erfolgt eine Arbeitsperiode während zweier Umläufe der Kurbelwelle in vier Takten (Abb. 3).

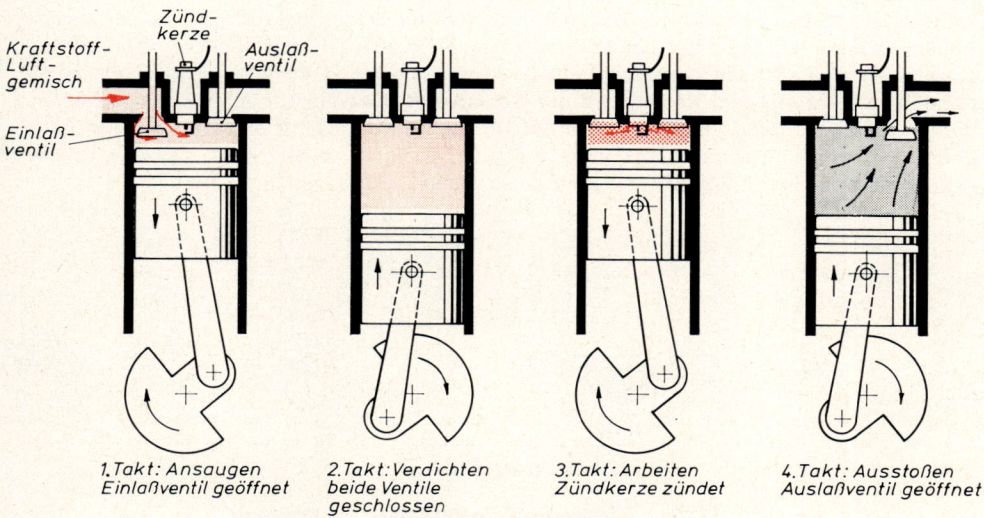

1.Takt: Ansaugen
Einlaßventil geöffnet

2.Takt: Verdichten
beide Ventile
geschlossen

3.Takt: Arbeiten
Zündkerze zündet

4.Takt: Ausstoßen
Auslaßventil geöffnet

Abb. 3. Viertakt-Ottomotor

Der Kolben saugt durch das geöffnete Einlaßventil zündfähiges Gasluftgemisch an.	Das Gemisch wird auf $1/6 \ldots 1/8$ seines Anfangsvolumens zusammengedrückt.	Der Zündkerzenfunke entzündet das Gemisch. Der Verbrennungsdruck bewegt den Kolben abwärts.	Das Auslaßventil öffnet, die Gase puffen aus. Der Kolben schiebt die Restgase aus.

Da nur in einem der vier Takte Arbeit an den Kolben gegeben wird, ist der Antrieb ungleichmäßig und erfordert eine träge Masse (Schwungrad oder bewegtes Fahrzeug) als Ausgleich. Auch dadurch, daß man mehrere Zylinder auf einer Kurbelwelle wirken läßt, kann man gleichmäßigeres Arbeiten des Motors erzielen (Mehrzylindermotoren).

e) Der Dieselmotor. Um den thermischen Wirkungsgrad einer Verbrennungskraftmaschine noch weiter zu steigern und damit auch die Möglichkeit für eine Verbesserung des wirtschaftlichen Wirkungsgrades zu geben, muß die bei der Verbrennung im Zylinder erzielte Temperatur erhöht werden. Rudolf Diesel (1851 bis 1913) erreichte dies bei der Konstruktion des nach ihm benannten Motors.

Beim Dieselmotor wird reine Luft angesaugt und sehr stark verdichtet (auf $1/12$ bis $1/20$ des Anfangsvolumens). Bei der nahezu adiabatischen Kompression werden Drücke bis zu 60 bar und Temperaturen bis zu 700 °C erzielt. Diese Temperatur liegt über der Zündtemperatur des Brennstoffes. Er wird zu Beginn des Arbeitstaktes eingespritzt und verbrennt sofort, ohne daß dabei eine Zündung notwendig ist. Nach der Verbrennung werden Drücke bis zu 80 bar und Temperaturen bis zu 2000 °C erzielt. Die hohen Drücke und Temperaturen ermöglichen es, den Wirkungsgrad bis zu 32 ... 40 % zu steigern.

Bei der Konstruktion des Dieselmotors müssen die hohen Drücke berücksichtigt werden. Dadurch wird der Motor schwerer und sein Preis teurer als ein Ottomotor gleicher Leistung. Dieser Nachteil wird aber durch den höheren Wirkungsgrad und durch den Umstand, daß sich billigere, schwer vergasbare Schweröle verwenden lassen, ausgeglichen. Wie die Tabelle zeigt, ist der Dieselmotor die wirtschaftlichste aller Wärmekraftmaschinen.

f) Der Wankelmotor. Eine neue Form des Verbrennungsmotors ist der **Wankelmotor.** Er vermeidet einen hin- und herlaufenden Kolben mit seiner zu beschleunigenden und wieder abzubremsenden Masse und verwendet statt dessen einen gleichmäßig rotierenden Kreiskolben. Sein Querschnitt ist ein Bogendreieck, dessen Ecken stets die Wand des ovalen Gehäuses berühren. Während der Kolben, gesteuert durch ein feststehendes Zahnrad und einen darin eingreifenden Zahnkranz, rotiert, vergrößern und verkleinern sich periodisch die Hohlräume zwischen dem Kolben und der Gehäusewand. In ihnen erfolgen das Ansaugen, Verdichten, Zünden und Ausstoßen nach Abb. 4, ähnlich wie beim Ottomotor. Da gleichzeitig, je um $1/_3$ Umdrehung versetzt, ein Vorgang abläuft, erfolgt auch nach je $1/_3$ Umdrehung eine Zündung mit einem Antrieb, der dem Motor eine große Laufruhe erteilt.

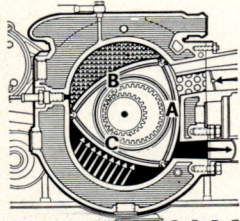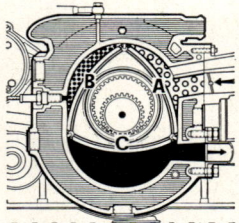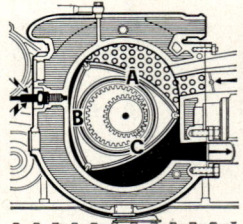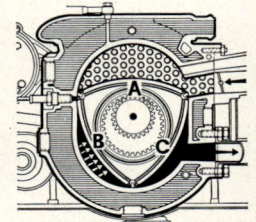

Abb. 4. Wankelmotor

 ANSAUGEN VERDICHTEN ARBEITSHUB 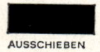 AUSSCHIEBEN

Übersicht über die bei Wärmekraftmaschinen erzielten wirtschaftlichen Wirkungsgrade

Feststehende Kolbendampfmaschine	12 % ... 20 %	Ottomotor	20 % ... 35 %
Lokomotive	8 % ... 13 %	Dieselmotor	32 % ... 40 %
Dampfturbine	18 % ... 30 %	Wankelmotor	25 % ... 30 %

Aufgaben:

1. Der Ottomotor eines Autos braucht auf 100 km 8 l $\triangleq$ 5,7 kg Benzin vom Brennwert 42 500 kJ/kg. Im Mittel darf der Kraftaufwand zur Beschleunigung, zum Überwinden der Bodenreibung, des Luftwiderstandes und von Steigungen mit 550 N angesetzt werden. Welcher Wirkungsgrad ergibt sich aus diesen Angaben? (22,7 %)

2. Ein Dieselmotor saugt Luft von 1 bar und 30 °C an und besitzt ein Verdichtungsverhältnis 15 : 1. Welcher Druck und welche Temperatur entstehen nach der Kompression, wenn diese nach einer Polytropen (3.3.5 e) mit dem Exponenten 1,37 verläuft? Bei der Verbrennung wird eine Temperatur von 1750 °C erreicht. Die Auspuffgase haben eine Temperatur von 400 °C. Für eine kW h Nutzleistung braucht der Motor 230 g Dieselkraftstoff vom Brennwert 43 500 kJ/kg. Berechnen Sie den thermischen und den wirtschaftlichen Wirkungsgrad.

(40,9 bar, 825 K = 552 °C, η_{th} = 66,7 %, η_w = 36 %)

4. | SCHWINGUNGS- UND WELLENLEHRE

4.1. Schwingungen

4.1.1. Harmonische Längsschwingungen

a) Entstehung einer Schwingung. Die Voraussetzungen, die erfüllt sein müssen, damit ein Körper Schwingungen ausführen kann, erkennt man aus dem Beispiel eines an einer Schraubenfeder aufgehängten Körpers (Abb. 1). In der Ruhelage befinden sich Gewichtskraft und Federkraft im Gleichgewicht. Wird der Körper gehoben, so nimmt die Federkraft ab, und es ergibt sich eine resultierende Kraft nach unten. Zieht man den Körper nach unten, so wächst die Federkraft und erzeugt eine Resultierende nach oben. Der Körper steht also in beiden Fällen unter dem Einfluß einer zur Ruhelage gerichteten Kraft, der **rücktreibenden Kraft,** und sucht daher stets in die Ruhelage zurückzukehren. Dabei nimmt seine Geschwindigkeit zu, und er gewinnt kinetische Energie. Infolge seiner Trägheit kann er in der Ruhelage nicht gleich zum Stillstand kommen; er bewegt sich daher noch über sie hinaus. Weil er sich dann entgegen der rücktreibenden Kraft bewegt, nehmen seine Geschwindigkeit und seine kinetische Energie ab. Dagegen gewinnt er beim Überwinden der rücktreibenden Kraft potentielle Energie. Sobald sich die ganze kinetische Energie in potentielle verwandelt hat, kommt der Körper zum Stillstand, und er beginnt danach infolge der rücktreibenden Kraft die Bewegung in umgekehrter Richtung von neuem.

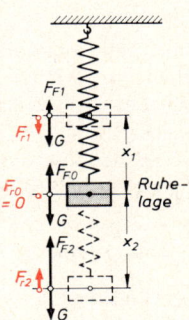

Abb. 1. Elastische Längsschwingung

> **Jeder träge Körper, der unter dem Einfluß einer rücktreibenden Kraft steht, kann zu Schwingungen angeregt werden.**

b) Harmonische Schwingungen. Der Bewegungsablauf ist davon abhängig, nach welcher Gesetzmäßigkeit sich die rücktreibende Kraft mit der Entfernung von der Ruhelage, der Elongation x, ändert. Befolgt sie, wie z. B. bei einer Feder oder bei elastischen Körpern, das Hookesche Gesetz (1.3.4. und 1.8.3.), so ist die Kraft F_r proportional zur Elongation x. Unterscheidet man die entgegengesetzten Richtungen von F_r und x durch ein Minuszeichen, so gilt die Beziehung:

$$F_r = -Dx$$

Dabei entspricht D genau der in 1.3.4. eingeführten Federkonstanten. Weil aber Schwingungen nicht nur bei Federn auftreten, wird D hier allgemeiner als **Direktions-** oder **Richtgröße** bezeichnet. Eine bei diesem Kraftgesetz entstehende Schwingung nennt man eine **harmonische Schwingung.**

161113

241

Zur Ableitung der bei einer harmonischen Schwingung geltenden Beziehungen benutzt man eine Verwandtschaft zur gleichförmigen Kreisbewegung. Diese ist eine Folge der gleichbleibenden, zum Mittelpunkt gerichteten Zentripetalkraft F_p (Abb. 2).

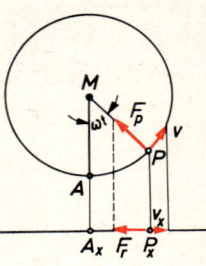

Projiziert man die Bewegung eines Kreispunktes P auf eine Gerade, so wird die Bewegung des projizierten Punktes P_x von der Projektion F_r der Zentripetalkraft $F_p = m\,r\,\omega^2$ verursacht. Aus der Abb. erhält man die Verhältnisgleichung (Minuszeichen, weil F_r und x immer entgegengesetzt gerichtet sind):

$$F_r : F_p = -x : r \qquad F_r = -F_p \frac{x}{r} = -m\,\omega^2\,x$$

Abb. 2. Die harmonische Schwingung als Projektion einer Kreisbewegung

Weil $m\,\omega^2$ ein konstanter Wert ist, entspricht dieses Kraftgesetz genau dem einer harmonischen Schwingung. Es muß dann $m\,\omega^2$ der Richtgröße D entsprechen:

$$m\,\omega^2 = D \qquad \omega^2 = \frac{D}{m} \qquad \omega = \sqrt{\frac{D}{m}}$$

Eine harmonische Schwingung kann man auffassen als die Projektion einer gleichförmigen Kreisbewegung auf eine Gerade.

Die größte Elongation entspricht dem Radius der Kreisbewegung; man bezeichnet sie als Schwingungsweite, Amplitude oder Scheitelwert $\hat{x}$ (lies: x-Dach) der Schwingung: $\hat{x} = r$. Den bei der Kreisbewegung mit der Winkelgeschwindigkeit ω zurückgelegten Winkel zwischen MA und MP bezeichnet man als Phasenwinkel $\varphi = \omega\,t$. Mit ihm und der Bahngeschwindigkeit $v = r\,\omega$ des Kreispunktes P erhält man die Elongation x und die Geschwindigkeit v_x des Projektionspunktes P_x von P:

$$x = r \sin\varphi = \hat{x} \sin\omega\,t$$
$$v_x = r\,\omega \cos\varphi = \hat{x}\,\omega \cos\omega\,t$$

Die Gleichung für v_x hätte man auch durch Differentiation der ersten Gleichung erhalten können. Stellt man x und v_x graphisch in Abhängigkeit von der Zeit dar, so erhält man eine Sinus- bzw. eine Cosinuslinie (Abb. 3). Deshalb bezeichnet man eine harmonische Schwingung auch als Sinusschwingung. Man erkennt, daß die Geschwindigkeit am größten ist, wenn der Körper durch die Ruhelage geht, und daß sie den Wert Null hat, wenn der Körper in der größten Entfernung von der Ruhelage umkehrt.

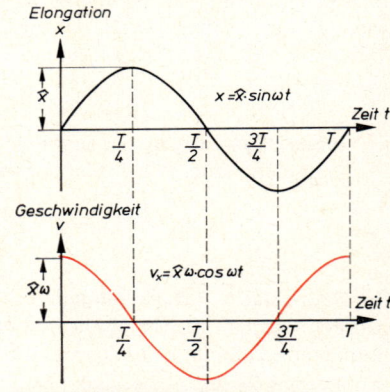

Abb. 3. Verlauf einer harmonischen Schwingung

c) **Periodendauer und Frequenz.** Die Dauer einer vollen Hin- und Herschwingung nennt man die **Periodendauer** T. Sie entspricht der Zeit für einen vollen Umlauf bei der Kreisbewegung. Man berechnet sie, indem man den Kreisumfang durch die Umlaufgeschwindigkeit dividiert:

$$T = \frac{2\,r\,\pi}{r\,\omega} = \frac{2\,\pi}{\omega} \qquad \omega = \frac{2\,\pi}{T}$$

Ersetzt man hier ω durch den oben gefundenen Wert $\omega = \sqrt{\dfrac{D}{m}}$, so erhält man:

Periodendauer einer harmonischen Längsschwingung: $\quad T = 2\pi\sqrt{\dfrac{m}{D}}$

Daraus ersieht man, daß die Periodendauer mit zunehmender Masse wächst, aber bei größerer Richtgröße, bzw. bei größerer rücktreibender Kraft, abnimmt. Da r in der Gleichung nicht vorkommt, ist die Periodendauer beim gleichen Körper von der Schwingungsweite unabhängig.

Die Anzahl der Schwingungen in 1 s nennt man ihre Frequenz f. Sie entspricht der Zahl der Umläufe in 1 s bei der Kreisbewegung. Man findet sie als den reziproken Wert der Periodendauer T:

Frequenz: $\quad f = \dfrac{1}{T}$

Aus dieser Gleichung ergibt sich als Einheit der Frequenz $[f] = s^{-1}$, wofür die Bezeichnung Hertz (Hz) eingeführt wurde. Aus $\omega = 2\pi/T$ folgt nun $\omega = 2\pi f$. ω ist also das 2πfache der Frequenz und wird deshalb in der Schwingungslehre als **Kreisfrequenz** bezeichnet.

Die abgeleiteten Formeln gelten für alle harmonischen Schwingungen. Dazu gehören alle elastischen Schwingungen, z. B. die eines eingespannten Stabes, eines Trägers, einer Brücke, eines gefederten Fahrzeuges oder einer gespannten Saite, und andere Schwingungen, wie z. B. die einer Flüssigkeit in einem U-Rohr oder die Vertikalschwingung eines schwimmenden Körpers.

d) Energieumwandlungen bei einer Schwingung. Während des Schwingungsvorganges wandelt sich mit dem periodischen Wechsel des Ortes und der Geschwindigkeit auch kinetische Energie in potentielle um und umgekehrt. In der Ruhelage hat die potentielle Energie ihren geringsten und die kinetische ihren größten Wert. Bei der Zunahme der Elongation x nimmt die potentielle Energie infolge der Überwindung der rücktreibenden Kraft zu und erhält nach 1.5.1. b den Wert:

$$E_{pot} = \frac{1}{2}D\,x^2 = \frac{1}{2}D\,\hat{x}^2\sin^2\omega\,t$$

der im Umkehrpunkt sein Maximum $E_{pot\,max} = \dfrac{1}{2}D\,\hat{x}^2$ annimmt. Gleichzeitig vermindert sich die kinetische Energie wegen der abnehmenden Geschwindigkeit; sie hat bei der Elongation x den Wert:

$$E_{kin} = \frac{1}{2}m\,v^2 = \frac{1}{2}m\,\hat{x}\,\omega^2\cos^2\omega\,t$$

und hat ihr Maximum in der Ruhelage $E_{kin\,max} = \dfrac{1}{2}m\,\hat{x}^2\,\omega^2$. Für die Summe beider Energiearten erhält man unter Berücksichtigung, daß $m\,\omega^2 = D$ ist:

$$E_{pot} + E_{kin} = \frac{1}{2}D\,\hat{x}^2\sin^2\omega\,t + \frac{1}{2}m\,\hat{x}^2\,\omega^2\cos^2\omega\,t = \frac{1}{2}D\,\hat{x}^2(\sin^2\omega\,t + \cos^2\omega\,t) = \frac{1}{2}D\,\hat{x}^2$$

Die Summe beider Energien ist also während des Schwingungsvorganges konstant. Es tritt nur eine gegenseitige Umwandlung ein. Dieses Ergebnis bestätigt auch hier die Gültigkeit des Energiesatzes.

> **Eine mechanische Schwingung stellt einen periodischen Wechsel zwischen potentieller und kinetischer Energie dar.**

Beispiele und Aufgaben:

1. An einer Schraubenfeder, deren Eigenmasse vernachlässigt werden darf, wird ein Gewichtsstück von 300 g aufgehängt. Der Endpunkt der Feder wird dadurch um 36 mm gesenkt. Berechnen Sie die Periodendauer der vertikalen Schwingungen, die das Gewichtsstück an der Feder ausführen kann.

Richtgröße: $D = -\dfrac{F_r}{x} = \dfrac{0{,}3 \text{ kg} \cdot 9\,81 \text{ m/s}^2}{0{,}036 \text{ m}} = 81{,}8 \dfrac{\text{kg}}{\text{s}^2}$

Periodendauer: $T = 2\pi \sqrt{\dfrac{m}{D}} = 2\pi \sqrt{\dfrac{0{,}3 \text{ kg}}{81{,}8 \text{ kg/s}^2}} = 0{,}381 \text{ s}$

2. Eine Schwingung hat die Amplitude 4 cm und die Periodendauer 1,2 s. Stellen Sie die Gleichungen für die Elongation x und die Geschwindigkeit v_x in Abhängigkeit von der Zeit t auf. Wie viele Sekunden nach dem Durchgang durch die Ruhelage und mit welcher Geschwindigkeit geht der Körper durch einen Punkt mit der Elongation 2 cm?

$(x = 4 \text{ cm} \sin 5{,}24 \text{ s}^{-1} t, \; v_x = 20{,}96 \text{ cm/s} \cos 5{,}24 \text{ s}^{-1} t, \; t_1 = 0{,}1 \text{ s}, \; v_1 = 18{,}1 \text{ cm/s})$

3. In einer U-förmig gebogenen Röhre befindet sich eine 40 cm lange Flüssigkeitssäule. Berechnen Sie die Periodendauer ihrer Schwingungen im Rohr.   (0,897 s)

4. Eine Masse von 0,5 kg ist an einer elastischen Befestigung aufgehängt und kann dadurch eine Längsschwingung mit der Periodendauer $T = 0{,}3$ s ausführen. Berechnen Sie die Richtgröße der elastischen Aufhängung.   (2,19 N/cm)

5. Eine Masse von 0,04 kg wird über zwei Rollen von zwei Gewichten mit je 1 kg getragen (Abb. 5). Berechnen Sie die Periodendauer für kleine vertikale Schwingungen, bei denen die Schnurlänge zwischen den beiden Rollen als konstant (2 m) angesehen und das Mitschwingen der beiden Gewichte vernachlässigt werden darf.   (0,284 s)

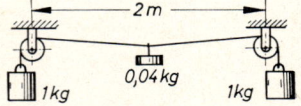

Abb. 4. Zu Aufg. 6

4.1.2. Pendel- und Drehschwingungen

a) Ein **mathematisches Pendel** besteht aus einem gewichtslosen Faden und einem schweren, punktförmigen Pendelkörper. Ein solches Pendel gibt es streng genommen nicht. Es läßt sich aber mit guter Näherung verwirklichen, indem man eine kleine, schwere Kugel an einem dünnen Faden aufhängt (Abb. 1). Experimentell findet man dann, daß die Frequenz f und die Periodendauer T von der Größe und der Masse der Pendelkugel unabhängig und von der Schwingungsweite x_s fast unabhängig sind. Die Periodendauer ergibt sich proportional zur Wurzel aus der Pendellänge l.

Diese Ergebnisse erhält man auch aus der Theorie. Beschränkt man sich auf kleine Ausschläge des Winkels φ^* und faßt man die Bewegung des Fadenpendels als lineare Schwingung auf der Bahn der Pendelkugel auf, so erhält man:

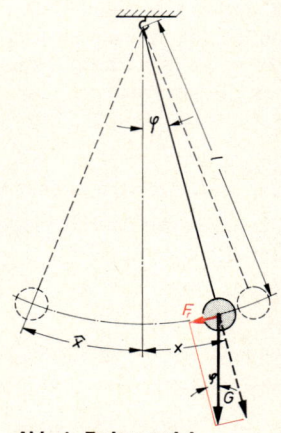

Abb. 1. Fadenpendel

Rücktreibende Kraft $F_r = -G \sin \varphi^* \approx -m\,g\,\dfrac{x}{l}$, Richtgröße $D = -\dfrac{F_r}{x} = \dfrac{m\,g}{l}$

Setzt man dieses Ergebnis in die Gleichung $T = 2\,\pi\,\sqrt{\dfrac{m}{D}}$ ein, so erhält man das

$$\text{Pendelgesetz:}\quad T = 2\,\pi\,\sqrt{\dfrac{l}{g}}$$

Die Geschwindigkeit in einem Bahnpunkt kann man beim Pendel auch aus dem Energiesatz berechnen. Hat das Pendel gegenüber dem Umkehrpunkt den Höhenunterschied h verloren, so ist die gewonnene kinetische Energie (abgesehen von Reibungsverlusten):

$$\frac{1}{2}\,m\,v^2 = G\,h \qquad \text{oder:} \qquad v = \sqrt{2\,g\,h}$$

b) Allgemeine Drehschwingungen. Die Bewegung eines Pendels ist eigentlich keine Längsschwingung, sondern eine Drehschwingung unter dem Einfluß eines rücktreibenden Momentes, das von der im Schwerpunkt angreifenden Masse erzeugt wird. Rücktreibende Momente können aber auch auf andere Weise entstehen. Die durch solche Momente bei drehbaren Körpern hervorgerufenen Schwingungen sind dann allgemeine Drehschwingungen, z. B. die Schwingung einer Unruh in einer Taschenuhr, die Torsionsschwingung eines an einem Stab oder Draht aufgehängten Körpers, die Schaukelbewegung eines Schiffes. Bei diesen genannten Beispielen wächst das rücktreibende Moment genau proportional oder fast proportional zum Drehwinkel φ^*; dann ist $M_r = -D^*\,\varphi^*$. Dabei heißt das konstante Verhältnis zwischen dem Moment und dem Drehwinkel die **Winkelrichtgröße** $D^* = -\dfrac{M_r}{\varphi^*}$. Man erhält die Formeln für eine Drehschwingung, indem man bei den Formeln der Längsschwingung die einzelnen Größen der Längsbewegung nach der Tabelle in 1.6.5. c durch die entsprechenden Größen der Drehbewegung ersetzt:

$$\text{Schwingungsdauer einer harmonischen Drehschwingung:}\quad T = 2\,\pi\,\sqrt{\dfrac{J}{D^*}}$$

$$\omega = \frac{2\,\pi}{T} \qquad \varphi^* = \hat{\varphi}^* \sin \omega t \qquad \omega^* = \hat{\varphi}^* \omega \cos \omega t$$

c) Das physische Pendel. Ein Sonderfall der allgemeinen Drehschwingungen sind die Pendelschwingungen, die beliebige, drehbar aufgehängte Körper unter dem Einfluß der Schwerkraft ausführen können. Zum Unterschied vom mathematischen Pendel bezeichnet man solche Körper als **physische Pendel.** Ihr rücktreibendes Moment ist nach dem Hebelgesetz $M_r = -G\,l\sin\varphi^*$ (l = Entfernung des Schwerpunktes vom Drehpunkt). Die sich daraus ergebende Winkelrichtgröße wird besonders einfach, wenn man sich auf kleine Ausschläge beschränkt:

$$D^* = -\frac{M_r}{\varphi^*} = \frac{G\,l\sin\varphi^*}{\varphi^*} \approx G\,l$$

Damit erhält man als Periodendauer eines physischen Pendels: $T = 2\,\pi\,\sqrt{\dfrac{J}{G\,l}}$

Jeder Massenpunkt eines physischen Pendels könnte einzeln wie ein mathematisches Pendel schwingen. Durch den Zusammenschluß werden aber alle diese mathematischen Pendel zu einer gemeinsamen Schwingung gezwungen. Die Punkte mit kurzem Abstand vom Drehpunkt müssen langsamer, die mit großem Abstand schneller schwingen, als es ihnen infolge ihres Abstandes vom Drehpunkt zukäme. Es gibt jedoch eine Stelle, den **Schwingungsmittelpunkt** der auch als freies mathematisches Pendel die gleiche Periodendauer wie das physische Pendel hat. Seinen Abstand vom Drehpunkt bezeichnet man als **reduzierte Pendellänge** des physischen Pendels.

Berechnet man das Trägheitsmoment J nach dem Satz von Steiner (2.2.8. b) aus dem Trägheitsmoment J_S um eine Schwerpunktsachse, so erhält man:

$$T = 2\pi \sqrt{\frac{J_S + m\,l^2}{m\,g\,l}} = 2\pi \sqrt{\frac{J_S}{m\,g\,l} + \frac{l}{g}}$$

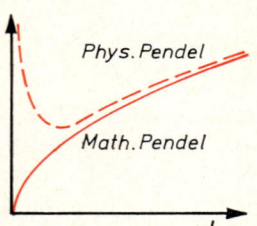

Hieraus erkennt man, daß die Periodendauer wegen des zweiten Gliedes mit dem Anwachsen der Pendellänge ähnlich wie bei einem mathematischen Pendel ansteigt. Im Gegensatz dazu wächst sie aber wegen des ersten Gliedes auch an, wenn man l verkleinert. Abb. 2 zeigt die Periodendauer eines mathematischen und eines physischen Pendels in Abhängigkeit von l.

Abb. 2. Periodendauer eines mathematischen und eines physischen Pendels

d) Anwendungen. Ein Uhrpendel ist ein physisches Pendel. Es muß verkürzt, d. h. es muß J verkleinert werden, wenn die Uhr zu langsam geht und umgekehrt. Das als Taktgeber verwendete Metronom enthält ein physisches Pendel, dessen Periodendauer durch Verschieben eines Laufgewichtes geändert werden kann.

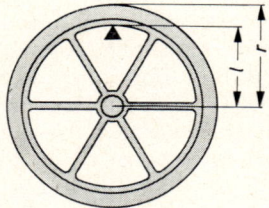

Auch der bewegliche Teil einer Balkenwaage ist ein physisches Pendel. Von einer guten Waage erwartet man, daß sie empfindlich ist, d. h. daß sie bei einem kleinen Übergewicht genügend weit ausschlägt und daß sie nicht zu langsam schwingt. Man darf deshalb die Entfernung des Schwerpunktes vom Drehpunkt nicht zu klein machen. Dadurch würde zwar die Empfindlichkeit gesteigert, aber die Periodendauer würde zu stark ansteigen.

Abb. 3. Bestimmung des Trägheitsmomentes eines Rades

Nach der Formel für die Periodendauer eines physischen Pendels kann man Trägheitsmomente experimentell bestimmen. Man hängt den Körper, dessen Trägheitsmoment bestimmt werden soll, z. B. das Rad in Abb. 3, außerhalb seines Schwerpunktes drehbar auf und mißt die Periodendauer seiner Pendelschwingungen. Aus der Formel für die Periodendauer erhält man das Trägheitsmoment $J = T^2\,G\,l/4\,\pi^2$. Dieses Trägheitsmoment muß nach dem Satz von Steiner noch auf die Achse umgerechnet werden, um die der Körper an seinem Verwendungsort drehbar ist.

Aufgaben:

1. Welche Periodendauer hat ein Fadenpendel von 50 cm Länge? Bei welcher Länge ist seine Periodendauer genau 1 s? (1,418 s, 24,86 cm)

2. Berechnen Sie die Periodendauer eines gleichmäßigen 0,6 m langen Stabes. (1,269 s)

3. Das Sekundenpendel einer Uhr besteht aus einem Holzstab ($l = 30$ cm, $m_1 = 24$ g), an dem eine Messingscheibe ($d = 6$ cm, $m_2 = 100$ g) verschiebbar angeordnet ist. Wie weit muß der Mittelpunkt der Scheibe vom Drehpunkt am oberen Ende des Stabes entfernt sein, damit die Periodendauer 1 s beträgt? (25,37 cm)

4. Eine rechteckige Platte ($l = 30$ cm, $b = 20$ cm, $m = 400$ g) hängt mit ihren Ecken an vier gleichen Federn ($D = 1$ N/cm (Abb. 4). Berechnen Sie bei kleiner Auslenkung die Dauer a) einer Vertikalschwingung, b) einer Drehschwingung um die kurze und c) um die lange horizontale Mittelachse. ($T_a = 0,1985$ s, $T_b = T_c = 0,1146$ s)

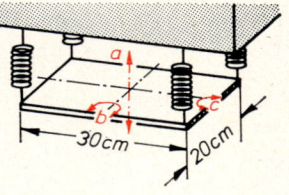

5. Von einem Rad ($d = 30$ cm) soll das Trägheitsmoment um seine Achse bestimmt werden. Zu diesem Zweck wird an seinem Umfang eine Masse von 10 g befestigt. Das ganze System kann dann um die horizontale Radachse mit einer Periodendauer von 12 s schwingen. Wie groß ist sein Trägheitsmoment? ($J = 0,0534$ kg m²)

Abb. 4. Zu Aufg. 4

4.1.3. Gedämpfte Schwingungen

Beobachtet man eine Schwingung längere Zeit, so stellt man fest, daß die Amplituden abnehmen. Der Grund dazu liegt in der Reibung zwischen dem schwingenden Körper und seiner Umgebung. Dabei hat eine konstante Reibung an einem festen Körper, z. B. die Lagerreibung, einen anderen Einfluß als die zur Geschwindigkeit proportionale innere Reibung in Luft oder in Flüssigkeiten.

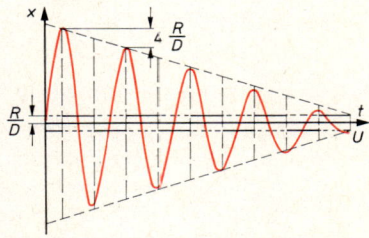

a) Reibungsgedämpfte Schwingung. Eine Festkörperreibung R bewirkt, daß die Amplituden während jeder Periodendauer um den gleichen Betrag $4\,R/D$ abnehmen, so daß sie eine fallende arithmetische Reihe bilden (Abb. 1). Eine mathematische Untersuchung zeigt, daß jede Halbschwingung zwischen zwei aufeinanderfolgenden Umkehrpunkten ein Stück einer Sinusschwingung darstellt, deren Mittelpunkt abwechselnd nach der einen und der anderen Seite um den Betrag R/D verschoben ist. Innerhalb des Bereiches $-R/D \leqq$

Abb. 1. Reibungsgedämpfte Schwingung

$x \leqq R/D$ ist die rücktreibende Kraft kleiner als die Reibungskraft. Fällt ein Umkehrpunkt (z. B. U in Abb. 1.) in diesen Bereich, so kommt die Schwingung zum Stillstand, obwohl der Körper sich nicht in der Mittelstellung befindet.

b) Geschwindigkeitsproportional gedämpfte Schwingung. Wenn aber die Dämpfung durch geschwindigkeitsproportionale Reibung, z. B. durch Luftreibung, innere Reibung in Flüssigkeiten oder Wirbelstromdämpfung, hervorgerufen wird, so entsteht bei nicht zu starker Dämpfung eine Schwingung, bei der das Verhältnis zweier aufeinanderfolgender Schwingungsweiten immer gleich ist. Die Amplituden bilden eine fallende geometrische Reihe (Abb. 2. a). Die Ruhelage wird durch diese Art der Dämpfung nicht verändert. Die Dämpfung

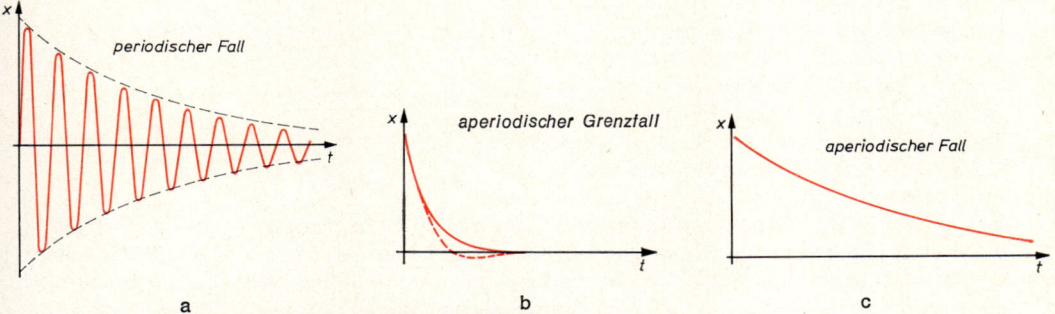

Abb. 2. Geschwindigkeitsproportional gedämpfte Schwingung

kann so groß werden, daß der Körper keine Schwingungen mehr ausführen kann, sondern nach einer Auslenkung langsam in die Ruhelage zurückkehrt (Abb. 2. b). Man spricht dann von aperiodischer Dämpfung. Die Grenze zwischen der periodischen und der aperiodischen Dämpfung bildet der **aperiodische Grenzfall** (Abb. 2. b). Bei ihm ist die Dämpfung gerade so stark, daß keine Schwingungen mehr auftreten. Der Körper kehrt dann rascher als beim periodischen oder aperiodischen Fall gegen die Ruhelage zurück, wobei er die Ruhelage nicht oder höchstens einmal überschreitet. Eine solche Dämpfung braucht man für den Zeiger von Meßinstrumenten, damit möglichst rasch die richtige Endeinstellung abgelesen werden kann.

c) Erzeugung ungedämpfter Schwingungen. Soll eine Schwingung mit unveränderten Schwingungsweiten entstehen, so ist eine dauernde Energiezufuhr erforderlich, damit nach jeder Schwingung der durch die Reibung verursachte Energieverlust ersetzt wird. Nur bei ganz langsamen Schwingungen kann das durch ungesteuerte Einzelimpulse erfolgen. Bei schnelleren Schwingungen sind dazu automatisch wirkende Vorrichtungen erforderlich. Bei Uhren wird z. B. die Energiezufuhr aus dem Energievorrat des Uhrgewichtes oder der Uhrfeder durch Anker und Steigrad gesteuert.

4.1.4. Erzwungene Schwingung und Resonanz

a) Erzwungene Schwingung. Wird ein schwingungsfähiger Körper durch eine einmalig wirkende Kraft in Schwingung versetzt, so führt er mit der ihm eigenen Frequenz eine f r e i e S c h w i n g u n g aus. Geschieht aber der Antrieb durch eine periodisch wirkende Kraft, etwa durch einen Körper, der selbst schwingt, so bekommt er von ihm eine fremde Schwingung aufgenötigt; er führt eine e r z w u n g e n e S c h w i n g u n g aus. Die anfänglich vielleicht noch vorhandene Eigenschwingung hört bald infolge der stets vorhandenen Dämpfung auf. Die erzwungene Schwingung erfolgt also immer in der Anregungsfrequenz.

b) Resonanz. Die Schwingungsweite der erzwungenen Schwingung ist stark vom Verhältnis zwischen der Anregungsfrequenz f und der Eigenfrequenz f_0 abhängig. Erfolgt die Anregung mit sehr langsamer Frequenz, so schwingt das System ohne Phasenverschiebung mit den von der Anregung vorgegebenen Ausschlägen. Bei zunehmender Anregungsfrequenz werden die Ausschläge größer als die der Anregung und laufen in der Phase etwas nach. Nähert sich die Anregungsfrequenz f der Eigenfrequenz f_0, so nehmen die Amplituden bei kleiner Dämpfung stark zu und erreichen sehr hohe Werte, wenn die Anregungsfrequenz und Eigenfrequenz übereinstimmen. Man spricht in diesem Falle von **Resonanz.** Bei stärkerer Dämpfung ist die Amplitudenzunahme weniger ausgeprägt. Die Amplitude erreicht

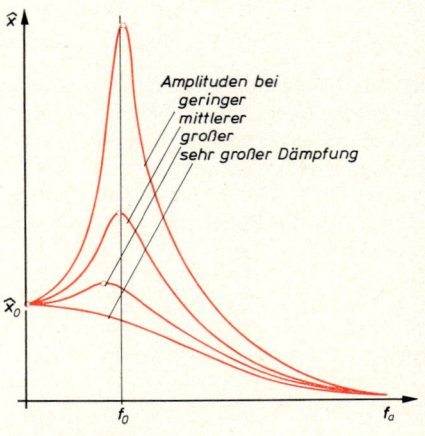

Amplituden bei
geringer
mittlerer
großer
sehr großer Dämpfung

Abb. 1. Resonanz

ihr Maximum nicht mehr an der Stelle $f = f_0$, sondern bei einer kleineren Frequenz. Deshalb unterscheidet man dann zwischen der Frequenzresonanz an der Stelle $f = f_0$ und der Amplitudenresonanz an der Stelle, an der die Amplitude ihren größten Wert erreicht. Bei sehr starker Dämpfung verschwindet die Amplitudenzunahme ganz.

Im Resonanzfall erhält der schwingende Körper von der Anregung in jeder Schwingungsperiode einen Antriebsimpuls. Dadurch wachsen die Amplitude und die Energie der Schwingung immer weiter, bis der Energieverlust durch die Dämpfung ebenso groß ist wie der Energiegewinn durch die Anregung. Im Resonanzfall haben die anregende und die erzwungene Schwingung eine zeitliche Verschiebung um ein Viertel einer Periodendauer, also eine Phasenverschiebung um 90°. Wird die Anregungsfrequenz größer als die Eigenfrequenz, so kommt das schwingende System infolge seiner Trägheit nicht mehr nach; es schwingt beinahe in der entgegengesetzten Richtung, also mit einer Phasenverschiebung um eine halbe Periodendauer oder um 180°. Die Amplituden bleiben klein, und zwar um so kleiner, je größer der Unterschied zwischen Anregungs- und Eigenfrequenz ist.

c) Anwendungen. Da alle Gegenstände eine gewisse Elastizität besitzen, führen sie nach einem Stoß Schwingungen mit einer durch Masse und Elastizität bedingten Eigenfrequenz aus. Die Amplituden sind meist so klein, daß kein Schaden entsteht. Eine Gefahr entsteht erst, wenn bei einer periodischen Anregung mit der Eigenfrequenz, also bei Resonanz, sehr große Schwingungsweiten entstehen. Eine nicht völlig ausgewuchtete Maschine z. B. ruckt mit der durch ihre Drehfrequenz bestimmten Frequenz an ihrem Fundament. Wenn dessen Eigenfrequenz mit der Drehfrequenz übereinstimmt, können die Ausschläge so groß werden, daß das Fundament zerstört wird. Auf ähnliche Weise kann eine umlaufende Welle in gefährliche Schwingungen geraten, wenn ihre Drehfrequenz mit der Frequenz ihrer elastischen Eigenschwingungen übereinstimmt. Deshalb darf die Betriebsdrehfrequenz einer Maschine nicht mit der Eigenfrequenz ihres Fundaments übereinstimmen. Liegt die Betriebsdrehfrequenz höher als eine solche kritische Eigenfrequenz, so muß diese kritische Drehfrequenz beim An- und Auslauf rasch durchfahren werden. Zu große Resonanzamplituden kann man auch dadurch vermeiden, daß man das System stark dämpft.

Beim Zungenfrequenzmesser (6.8.7. e) schwingt diejenige Zunge am stärksten mit, deren Frequenz mit der des zu messenden Wechselstromes in Resonanz steht, so daß man an ihr dessen Frequenz ablesen kann.

4.1.5. Überlagerung von Schwingungen

a) Überlagerung. Wird ein Körper gleichzeitig von zwei periodischen Kräften zu Schwingungen angeregt, so führt er nach dem Prinzip der ungestörten Überlagerung zweier Bewegungen 2.1.6. a) eine zusammengesetzte Schwingung aus, bei der die jeweilige Elongation die Summe beider Anregungen ist. Je nach dem gegenseitigen Verhältnis der Frequenzen und Amplituden und nach der Phasenverschiebung entstehen dabei komplizierte Schwingungen. Abb. 1. und 2. geben dazu zwei Beispiele, bei denen sich die Frequenzen wie 1 : 2 verhalten und am Anfang gleiche bzw. um 90° verschiedene Phasen haben.

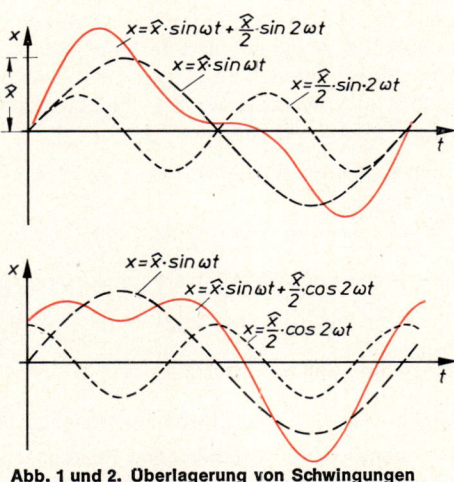

Abb. 1 und 2. Überlagerung von Schwingungen

Bei drei oder mehr überlagerten Schwingungen kann der Schwingungsverlauf noch mehr von dem einer harmonischen Schwingung abweichen. Abb 3. zeigt die Überlagerung von vier Schwingungen nach der Gleichung:

$$x = \hat{x}_S\left(\sin\omega t + \frac{\sin 3\omega t}{9} + \frac{\sin 5\omega t}{25} + \frac{\sin 7\omega t}{49}\right)$$

bei der fast die Form eines gleichseitigen Dreiecks entsteht.

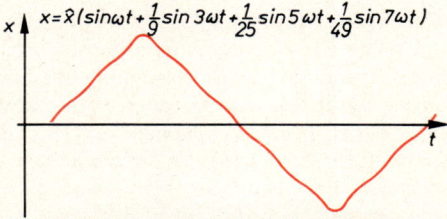

Abb. 3. Entstehung einer Dreiecksschwingung

b) Kippschwingungen. Schwingungsformen, bei denen die Elongation nach einem langsamen Ansteigen plötzlich auf einen anderen Wert umschlägt, bezeichnet man als **Kippschwingungen.** Unter ihnen hat die Sägezahnschwingung (Abb. 4) in der Fernsehtechnik eine große Bedeutung erlangt. Auch Kippschwingungen lassen sich aus einzelnen harmonischen Schwingungen zusammensetzen, z. B. die Sägezahnschwingung als:

$$x = \hat{x} \left(\sin \omega t + \frac{\sin 2\,\omega t}{2} + \frac{\sin 3\,\omega t}{3} + \ldots \right)$$

Die Zerlegung einer vorgegebenen Schwingung in harmonische Teilschwingungen nennt man **h a r m o n i s c h e A n a l y s e.**

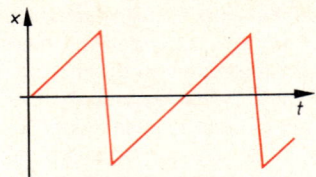

Abb. 4. Sägezahnschwingung

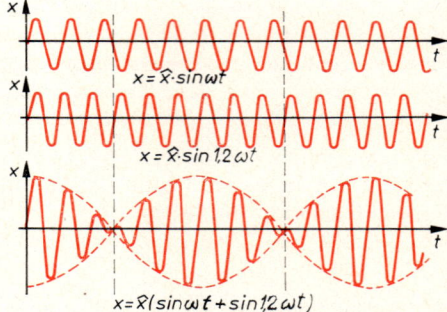

Abb. 5. Schwebung zweier Schwingungen mit gleicher Amplitude

c) Schwebungen. Bei der Überlagerung zweier Schwingungen mit nur wenig voneinander verschiedenen Frequenzen ändert sich der Phasenunterschied beider Schwingungen langsam und durchläuft während mehrerer Schwingungen alle Werte zwischen Null und $2\,\pi$. In den Zeitpunkten, in denen beide Schwingungen gleiche Phase besitzen, addieren sich ihre Ausschläge. Wenn der Phasenunterschied den Betrag π annimmt, verlaufen beide Schwingungen einander entgegen, und der entstehende Ausschlag ist die Differenz der Teilausschläge. Wenn dann beide Schwingungen gleiche Amplituden haben, können sie sich vollständig aufheben. Diesen Wechsel der Amplituden zwischen einem höchsten und kleinsten Wert bezeichnet man als **Schwebung.**

Im Falle gleicher Amplituden $\hat{x}_1 = \hat{x}_2 = \hat{x}$ erhält man leicht eine mathematische Darstellung der Schwebung:

$$x = x_1 + x_2 = \hat{x} (\sin \omega_1 t + \sin \omega_2 t) = 2\,x \cos \frac{\omega_1 - \omega_2}{2}\, t \sin \frac{\omega_1 + \omega_2}{2}\, t$$

Dieser Ausdruck läßt sich als eine Schwingung mit der Kreisfrequenz $(\omega_1 + \omega_2)/2$ auffassen, welche die mit der Zeit langsam veränderliche Amplitude $2\,\hat{x} \cos \frac{\omega_1 - \omega_2}{2}\, t$ besitzt. Diese wechselt mit der Frequenz $f_{\text{schw}} = \frac{\omega_1 - \omega_2}{2\,\pi} = f_1 - f_2$ zwischen dem Höchstwert $2\,\hat{x}$ und Null, deshalb heißt f_{schw} die Schwebungsfrequenz. Die Frequenz $\frac{\omega_1 + \omega_2}{4\,\pi} = \frac{1}{2}\,(f_1 + f_2)$ ist das Mittel der ohnehin wenig verschiedenen Frequenzen f_1 und f_2. Abb. 5. zeigt die Schwebung für die beiden Frequenzen $\omega_1 = 2\,\pi\, f_1$ und $\omega_2 = 1{,}2\,\omega_1 = 2\,\pi \cdot 1{,}2\, f_1$.

d) Gekoppelte Schwingungen. Wenn zwei schwingungsfähige Systeme durch eine Vorrichtung so gekoppelt sind, daß jede Schwingung des einen Systems auch das andere anregt, bezeichnet man die bei beiden Systemen entstehenden Schwingungen als **gekoppelte Schwingungen.** Im einfachsten Fall verbindet man zwei gleiche Pendel mit einer Feder (Abb. 6. a) und setzt

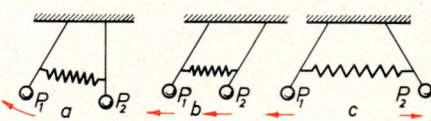

Abb. 6. Gekoppelte Pendel

z. B. das Pendel P_1 in Schwingungen. Da beide Pendel gleiche Frequenz haben, wird das Pendel P_2 über die koppelnde Feder periodisch mit seiner Eigenfrequenz angeregt. Das in der Phase vorangehende Pendel P_1 dehnt die Feder; es überträgt daher stets Energie auf das Pendel P_2, so daß die Amplitude von P_1 abnimmt. Wenn P_1 zum Stillstand kommt, besitzt P_2 die ganze Energie; es schwingt weiter, kommt in der Phase voraus und setzt nun das Pendel P_1 in Bewegung. Nach einiger Zeit ist die Energie wieder ganz bei P_1, und das Spiel wechselt erneut (Abb. 7.).

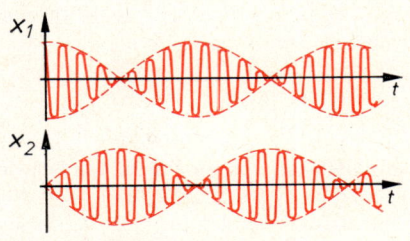

Abb. 7. Gekoppelte Schwingungen

Die Energieübertragung erfolgt immer von dem in der Phase voreilenden an das in der Phase nachlaufende System, aber nie in umgekehrter Richtung.

Bei ungleichen Pendeln gibt das zuerst angestoßene nur so lange Energie an das zweite ab, als es in der Phase vorauseilt. Wenn das nicht mehr der Fall ist, wechseln die Pendel ihre Rollen, auch wenn das erste Pendel noch nicht zum Stillstand gekommen ist; es wird also nur ein Teil der Energie ausgetauscht.

Nur in zwei Sonderfällen können Schwingungen mit konstanter Amplitude entstehen, nämlich, wenn beide Pendel genau gleichsinnig oder genau gegensinnig angestoßen werden (Abb. 6. b und 6. c). Im ersten Falle schwingen beide Pendel so, als ob keine Kopplung bestünde, weil die Schraubenfeder ihre Länge nie ändert. Im zweiten Falle entsteht eine Schwingung mit höherer Frequenz, weil zu der Richtgröße der Schwerkraft die der Feder hinzukommt. Eine mathematische Betrachtung zeigt, daß jede gekoppelte Schwingung als Überlagerung dieser beiden genannten Grundschwingungen aufgefaßt werden kann. Da sich die beiden Frequenzen bei schwacher Kopplung nur wenig unterscheiden, sind also die Voraussetzungen für die Entstehung von Schwebungen auch hier erfüllt.

d) Überlagerung von zwei Schwingungen mit verschiedenen Richtungen. Wenn sich zwei Schwingungen in zueinander senkrechten Richtungen überlagern, stellt die eine Schwingung die x-Koordinate, die ander die y-Koordinate der Bahnkurve dar. Durch Elimination der Zeit erhält man die Gleichung der Kurve, welche die Zeit nicht mehr enthält.

Bei der Überlagerung von zwei Schwingungen mit gleicher Frequenz und dem Phasenunterschied Null entsteht eine Gerade:

$$x = \hat{x} \sin \omega t \qquad y = \hat{y} \sin \omega t$$

Durch Division beider Gleichungen folgt $\dfrac{y}{x} = \dfrac{\hat{y}}{\hat{x}}$ oder

$$y = \frac{\hat{x}}{\hat{y}} x \quad \text{(Abb. 8. a)}.$$

Besteht bei gleicher Frequenz der Phasenunterschied $\dfrac{\pi}{2}$, so ergibt sich eine Ellipse:

$$x = \hat{x} \sin \left(\omega t - \frac{\pi}{2} \right) = \hat{x} \cos \omega t$$
$$y = \hat{y} \sin \omega t$$

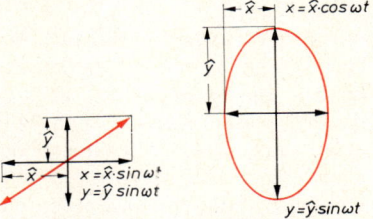

Abb. 8. Überlagerung bei gleicher Frequenz und verschiedener Richtung

251

Dividiert man durch $\hat{x}$ bzw. $\hat{y}$, quadriert und addiert, so ergibt sich die Gleichung einer Ellipse (Abb. 8. b) oder bei gleicher Amplitude die eines Kreises.

$$\frac{x^2}{\hat{x}^2} + \frac{y^2}{\hat{y}^2} = 1$$

bzw. bei $\hat{x} = \hat{y}$: $x^2 + y^2 = \hat{x}^2$

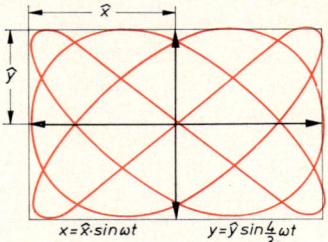

$x = \hat{x} \cdot \sin \omega t \qquad y = \hat{y} \sin \frac{4}{3} \omega t$

Abb. 9. Lissajoussche Figur

Eine **elliptische** und eine **zirkulare Schwingung** kann man also stets als Überlagerung von zwei quer zueinander ablaufenden, in der Phase um 90° verschobenen Schwingungen auffassen.

Bei verschiedenen Frequenzen entstehen die sog. **Lissajousschen Figuren,** von denen die Abb. 9 ein Beispiel zeigt, das die Gleichungen besitzt:

$$x = \hat{x} \sin \omega t$$
$$y = \hat{y} \sin 1{,}25 \, \omega t$$

4.2. Wellen

4.2.1. Entstehung und Eigenschaften einer Welle

a) Die Voraussetzungen für die Entstehung einer Welle erkennt man aus folgendem Versuch (Abb. 1):

Auf einem Tisch liegt eine lange Schraubenfeder mit kleiner Federkonstante. Wir bewegen ihren Anfang ruckartig ein Stück zur Seite. Nacheinander folgen dann auch die anderen Windungen dieser Bewegung. Die Feder wird auf einer immer größer werdenden Länge seitlich verschoben.

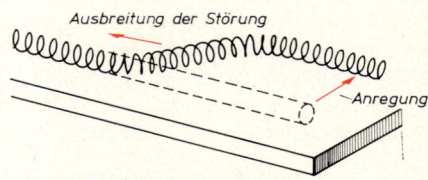

Abb. 1. Anordnung einer Querstörung

Dann führen wir mit dem Anfang der Feder einen seitlichen Ausschlag aus, der wieder in der Ausgangslage endet. Auch diese Bewegung überträgt sich auf die folgenden Windungen, so daß der Ausschlag als Ausbuchtung an der Feder entlang läuft. Danach kehren alle Windungen wieder in die Ausgangslage zurück.

Schließlich führen wir mit dem Anfang der Feder eine aus mehreren Schwingungen bestehende Bewegung aus. Auch sie überträgt sich auf die weiteren Federwindungen, so daß von ihr nacheinander immer weitere Teile erfaßt werden. Jede folgende Windung führt ihre Schwingung etwas später aus als die vorhergehende, so daß sich die Bewegung mit einer gewissen Geschwindigkeit längs der Feder ausbreitet und das Bild einer Welle entsteht.

Aus den Versuchen ergibt sich, daß die einzelnen Teilchen, die die Welle ausführen, nicht starr verbunden sein dürfen, sondern sich bis zu einem gewissen Grad selbständig bewegen können. Die ersten beiden Versuche zeigen aber auch, daß sie nicht vollständig frei sein dürfen, sondern daß zwischen ihnen eine Kopplung bestehen muß, die zur Folge hat, daß jede Bewegung einer Federwindung sich auf die Nachbarwindung überträgt, so daß diese mit einer kleinen zeitlichen Verzögerung die gleiche Bewegung ausführt. Eine Welle entsteht aber erst beim dritten Versuch, wenn die erste Windung zu einer Schwingung angeregt wird und die folgenden Windungen diese Schwingungsbewegung übernehmen. Die einzelnen Teilchen müssen also Schwingungen ausführen können. Weil dann jede folgende Windung ihre Bewegung etwas später anfängt, sind alle Phasen des Schwingungsablaufes, die bei einer einzelnen Schwingung zeitlich aufeinanderfolgen, hier gleichzeitig räumlich nebeneinander zu erkennen (Abb. 2). Man erhält eine **Welle,** die sich längs der Schraubenfeder ausbreitet.

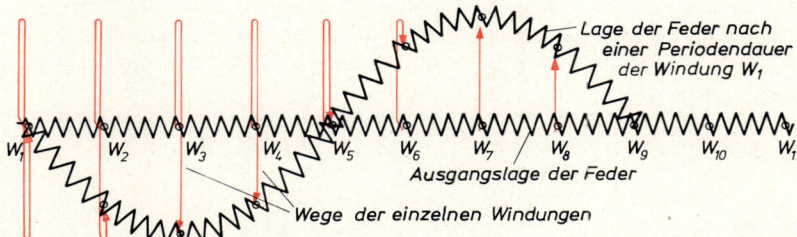

Abb. 2. Entstehung einer Querwelle

Lage der Feder nach einer Periodendauer der Windung W₁

Ausgangslage der Feder

Wege der einzelnen Windungen

Wenn eine Menge von gleichartigen schwingungsfähigen Teilchen durch eine Kopplung verbunden ist, breitet sich eine bei einem Teilchen angeregte Schwingung als Welle über die ganze Menge aus.

b) Eigenschaften einer Welle. Neben den auch bei einer Schwingung auftretenden Begriffen: Periodendauer, Frequenz, Amplitude treten bei einer Wellenausbreitung noch weitere Größen auf (Abb. 3):

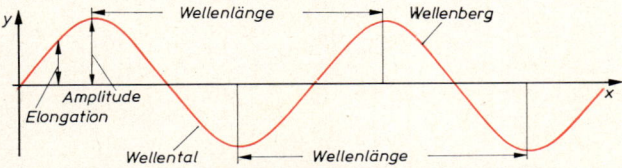

Abb. 3. Die bei einer Welle auftretenden physikalischen Größen

Den äußersten Punkt eines Wellenausschlages in der einen Richtung nennt man einen **Wellenberg,** beim Ausschlag in die entgegengesetzte Richtung ein **Wellental.** Die Entfernung zweier aufeinander folgenden Wellenberge oder Wellentäler ist die **Wellenlänge,** und die Geschwindigkeit, mit der sich ein Punkt der Welle, z. B. ein Wellenberg, ausbreitet, ist die **Fortpflanzungsgeschwindigkeit.**

Sie steht in einer einfachen Beziehung zur Wellenlänge und zur Frequenz der Welle. Um nämlich den Weg einer Wellenlänge λ zurückzulegen, braucht die Welle genau eine Periodendauer $T = 1/f$. Aus der Beziehung $v = s/t$ erhält man nun für die Fortpflanzungsgeschwindigkeit der Welle, bei der man, zum Unterschied gegenüber der Geschwindigkeit v der schwingenden Teilchen, den Buchstaben c verwendet:

$$c = \frac{\lambda}{T} = \lambda f$$

Bei gleicher Fortpflanzungsgeschwindigkeit haben daher Wellen eine um so kürzere Wellenlänge, je höher ihre Frequenz ist.

Breitet sich eine Welle aus, so werden immer neue Teilchen zum Mitschwingen angeregt, wobei die entstehende Schwingung die gleiche Frequenz besitzt wie die anregende. Diese ändert sich also bei der Anregung nicht, und zwar auch dann nicht, wenn sich eine Welle durch verschiedene Stoffe hindurch ausbreitet. Im Zusammenhang mit einer Wellenausbreitung nennt man die Stoffe auch **Medien.**

> **Bei der Ausbreitung einer Welle durch verschiedene Medien bleibt die Frequenz unverändert.**

Während sich die Welle ausbreitet, schwingen die einzelnen Teilchen, z. B. die Windungen der Feder, um ihre Ruhelage. Sie nehmen aber an der Wellenausbreitung nicht teil. Dagegen wird die Energie der Schwingung von Teilchen zu Teilchen weiter übertragen.

> **Die Ausbreitung einer Welle ist mit einem Energietransport, aber nicht mit einem Materialtransport verbunden.**

c) Die Wellengleichung. Für die Elongation y eines jeden Teilchens, das von einer Welle zu Schwingungen angeregt wird, gilt die Gleichung $y = \hat{y} \sin \omega\,(t - t_0) = y \sin 2\pi f\,(t - t_0)$, wobei t_0 die Zeit ist, bei der das Teilchen die Schwingung beginnt. Wenn eine lineare Welle sich mit der Fortpflanzungsgeschwindigkeit c im Zeitpunkt $t = 0$ von der Stelle $x = 0$ aus in Richtung der x-Achse bewegt, so ist für das erste Teilchen an der Stelle $x = 0$ auch $t_0 = 0$. Jedes andere Teilchen an einer beliebigen Stelle x beginnt seine Schwingung um die Zeit $t_0 = x/c$ später, welche die Welle braucht, um die Strecke x zurückzulegen. Berücksichtigt man noch die Beziehung $c = f\lambda$ und $f = 1/T$, so erhält man die Wellengleichung, nach der sich die Elongation einer Welle an jeder Stelle x für jede Zeit t berechnen läßt:

$$y = \hat{y} \sin 2\pi f \left(t - \frac{x}{c} \right) = \hat{y} \sin 2\pi f \left(t - \frac{x}{f\lambda} \right) = \hat{y} \sin 2\pi \left(\frac{t}{T} - \frac{x}{\lambda} \right)$$

$$y = \hat{y} \sin 2\pi \left(\frac{t}{T} - \frac{\lambda}{x} \right)$$

Für ein bestimmtes Teilchen ist x in der Wellengleichung konstant, so daß sie in eine Schwingungsgleichung übergeht. In einem festen Zeitpunkt ist die Zeit t konstant, und man erhält bei veränderlichem x die Gleichung einer mit x sich verändernden Sinuslinie.

Die Phase $2\pi\,(t/T - x/\lambda)$ hat an allen Punkten den gleichen Wert, für die $t/T - x/\lambda$ den gleichen Betrag, z. B. den Wert a, annimmt Für solche Punkte gilt also die Gleichung:

$$\frac{t}{T} - \frac{x}{\lambda} = a \qquad \text{oder} \qquad x = \frac{\lambda}{T} t - a\lambda$$

Dies ist die Gleichung eines Ortes, der sich mit der Geschwindigkeit $\frac{\lambda}{T} = \lambda f = c$ bewegt.
Die Fortpflanzungsgeschwindigkeit der Welle ist also zugleich die Phasengeschwindigkeit, mit der sich Punkte gleicher Phase bewegen. Dieses Ergebnis ist keine Selbstverständlichkeit; die Physik kennt auch Wellen, bei denen sich Punkte gleicher Phase, z. B. ein Wellenberg, mit anderer Geschwindigkeit bewegen als die Wellenfront.

Die Schnelle eines Teilchens ist die Geschwindigkeit, mit der es seine Schwingung ausführt. Sie wechselt periodisch und erreicht beim Durchgang durch die Ruhelage ihren größten Wert $v_{\text{max}} = \hat{y}\,\omega$.

d) Energietransport einer Welle durch eine Fläche. Wenn sich eine ebene Welle durch einen Querschnitt A hindurch ausbreitet, erfaßt sie während einer Zeit t alle Teilchen, die sich in einem Volumen $A\,c\,t$ befinden. Es werden also Teilchen mit einer Gesamtmasse $m = A\,c\,t\,\varrho$ zu Schwingungen angeregt und dabei die dazu nötige Energie übertragen. Die für ein Teilchen von der Masse m_0 benötigte Energie berechnet man am einfachsten beim Durchgang durch die Ruhelage, wenn die potentielle Energie Null ist und die Schnelle ihren größten Wert $v_{max} = \hat{y}\,\omega$ annimmt: $W_0 = \frac{1}{2}\,m_0\,\hat{y}^2\,\omega^2$. Daraus erhält man die gesamte in der Zeit t durch die Fläche A hindurchgetragene Energie W, indem man die Masse m_0 eines einzelnen Teilchen durch die Gesamtmasse m ersetzt:

$$W = \frac{1}{2}\,m\,\hat{y}^2\,\omega^2 = \frac{1}{2}\,A\,c\,t\,\varrho\,\hat{y}^2\,\omega^2 \qquad P = \frac{W}{t} = \frac{1}{2}\,A\,c\,\varrho\,\hat{y}^2\,\omega^2$$

Da bei der Ausbreitung einer Welle in einem homogenen Medium ϱ, c und ω^2 unverändert bleiben, ist die Energie proportional zu dem Produkt $A\,\hat{y}^2$. Bei einer ebenen Welle bleibt die Energie stets auf den gleichen Querschnitt A der Welle vereinigt. Daher muß ohne Reibung $\hat{y}$ konstant bleiben. Bei einer Kreiswelle wächst dagegen der Querschnitt proportional zu r; deshalb muß hier $\hat{y}^2 \sim \frac{1}{r}$ sein und die Amplitude nach der Gleichung $\hat{y} = \hat{y}_0 \sqrt{\frac{r_0}{r}}$ abnehmen. Bei einer räumlichen Welle wächst der Querschnitt A als Kugeloberfläche proportional zu r^2. Deshalb gilt in diesem Fall für die Amplitude $\hat{y} = \hat{y}_0\,\frac{r_0}{r}$. Beim Auftreten von Energieverlusten durch Reibung erfolgt die Amplitudenabnahme rascher als nach den angegebenen Formeln.

4.2.2. Transversal- und Longitudinalwellen

a) Transversalwellen. Bei der bisher in den Versuchen erzeugten Welle bewegten sich die Teilchen, nämlich die einzelnen Federwindungen quer zur Längsrichtung der Schraubenfeder. Da sich die Welle entlang der Feder ausbreitet, steht die Bewegungsrichtung der Windungen quer auf der Ausbreitungsrichtung der Welle. Solche Wellen bezeicet man als **Quer-** oder **Transversalwellen.**

> **Bei einer Quer- oder Transversalwelle steht die Bewegungsrichtung der Teilchen senkrecht auf der Ausbreitungsrichtung der Welle.**

Außer der Welle des behandelten Beispiels und der ähnlich ablaufenden Seilwellen sind auch die Wellen, die sich über eine Wasseroberfläche hin bewegen, wenn sie an einer Stelle angeregt wird, im wesentlichen Querwellen, denn die Schwingungsrichtung der Wasserteilchen ist meistens vertikal, während sich die Welle längs der Oberfläche horizontal ausbreitet. Das erkennt man auch daran, daß ein schwimmendes Holzstückchen zu kleinen vertikalen Schwingungen angeregt wird, wenn sich eine Welle an ihm vorbei ausbreitet.

Eine genauere Untersuchung zeigt, daß die Wasserteilchen kreisende Bewegungen ausführen, wodurch die charakteristische Form der Wasserwellen entsteht, deren Schnittlinie keine Sinuskurve darstellt (Abb. 1).

Ausbreitung der Wasserwelle

Abb. 1. Entstehung einer Wasserwelle

Im Gegensatz zu den **linearen Wellen** an einer Feder oder einem Seil sind die Wasserwellen **Oberflächenwellen.**

b) Longitudinalwellen. Es gibt aber auch andere Wellen, deren Entstehung ebenfalls durch Versuche mit einer Schraubenfeder demonstriert werden kann (Abb. 2).

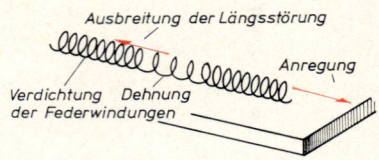

Wir bewegen den Anfang einer Schraubenfeder ruckartig in ihrer Längsrichtung nach außen. Dadurch wird die erste Federwindung gedehnt. Die Dehnung überträgt sich auf die nächste Windung und von ihr auf die übernächste usf., so daß der Ort der Dehnung sich von Windung zu Windung entlang der Feder ausbreitet.

Abb. 2. Ausbreitung einer Längsstörung

Bewegen wir nun den Anfang der Feder periodisch in ihrer Längsrichtung hin und her, so entstehen Dehnungen und Verdichtungen, die sich genau wie die einzelne Dehnung beim ersten Versuch entlang der Feder ausbreiten. Dabei führt jede einzelne Windung in der Längsrichtung der Feder eine Schwingung aus, die wegen der zur Anregung erforderlichen Zeit etwas später abläuft als bei der vorangehenden Windung. Abb. 3 zeigt, wie sich dadurch eine Ausbreitung der Stellen der Dehnungen bzw. der Verdichtungen entwickelt.

Solche Wellen bezeichnet man als **Längs-** oder **Longitudinalwellen.**

> **Bei einer Längs- oder Longitudinalwelle verläuft die Bewegungsrichtung der Teilchen parallel zur Ausbreitungsrichtung der Welle.**

Da eine Longitudinalwelle immer mit der Ausbreitung von Verdichtungen und Verdünnungen verbunden ist, können sich Längswellen nur durch solche Stoffe ausbreiten, in denen Dichteänderungen möglich sind. Insbesondere breiten sich die Dichteänderungen, die bei elastischen Formänderungen hervorgerufen werden, durch den Stoff aus, in dem sie entstehen.

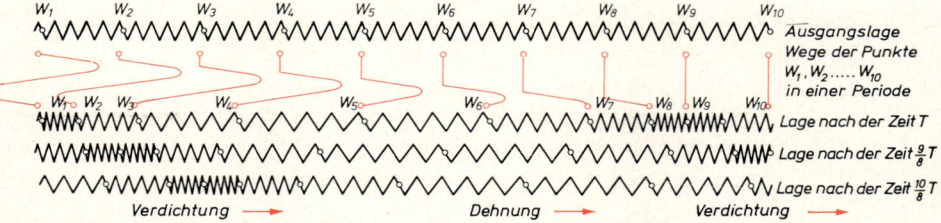

Abb. 3. Entstehung einer linearen Längswelle

Am häufigsten treten solche elastischen Longitudinalwellen in Luft auf. Ihre Eigenschaften werden in der Lehre vom Schall ausführlich untersucht. Die elastischen Wellen breiten sich in einem ausgedehnten Medium nach allen Richtungen aus; sie sind **räumliche Wellen.**

4.2.3. Ausbreitung linearer Wellen

a) Reflexion. Eine vollständige Übertragung der Schwingungsenergie von einem Teilchen auf das folgende ist nur möglich, wenn die Teilchen völlig gleich sind. Diese Bedingung ist nur im Innern eines gleichartigen Stoffes, in einem homogenen Medium, erfüllt. Wenn aber eine Welle bei ihrer Ausbreitung an das Ende des Mediums kommt, wird die gleichmäßige Ausbreitung gestört, weil entweder in der Ausbreitungsrichtung keine neuen Teilchen mehr vorhanden sind oder weil die Teilchen eines zweiten Mediums nur einen Teil der Energie übernehmen.

Wir benutzen die in Abb. 1 gezeigte Torsionswellenmaschine, bei der hantel-förmige Stäbe mit kleinen verschiebbaren Massen durch ein Torsionsband ge-koppelt sind. Wir regen den untersten Stab zu einer kurzen Schwingung von etwa zwei Ausschlägen nach beiden Seiten an, die sich als kurzer Wellenzug nach oben ausbreiten. Wenn die Welle den obersten Stab erreicht hat, kehrt sie ihre Richtung um und läuft wieder nach unten zurück.

Weil in der ursprünglichen Ausbreitungsrichtung kein Stab mehr folgt, der die Energie vom letzten Stab übernehmen könnte, kann sie nur auf den vorangehenden Stab übertragen werden, der inzwischen zur Ruhe ge-kommen ist. Von ihm läuft dann die Welle weiter nach unten.

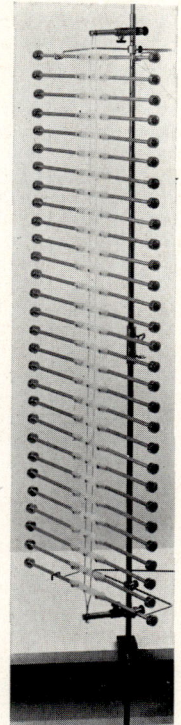

Die Richtung des Ausschlages ist nach der Reflexion die gleiche wie die der ankommenden Welle, wenn das Ende des Torsionsbandes sich frei bewegen kann (Reflexion am losen Ende), der Ausschlag ändert aber seine Richtung, wenn das Ende des Torsionsbandes fest eingeklemmt wird (Reflexion am festen Ende). Da eine Änderung des Vorzeichens beim Ausschlag eine Phasenänderung um 180°, entsprechend einer halben Wellenlänge bedeutet, gilt der Satz:

Bei der Reflexion am festen Ende erfährt eine Welle einen Phasen-sprung um 180°.

Nun schieben wir die Massenstücke bei der oberen Hälfte der Stäbe nach innen und regen wieder den untersten Stab zu einer kurzen Schwingung an. Wenn die dadurch entstehende Welle an die Trennstelle zu den veränderten Stäben kommt, setzt sich zwar die Welle zu den oberen Stäben fort. Gleichzeitig läuft aber auch mit etwas verminderter Schwingungsweite eine zweite Welle von der Trennstelle nach unten zurück.

Abb. 1. Torsions-
wellenmaschine

In diesem Falle sind zwar in der Fortpflanzungsrichtung weitere Stäbe vorhanden; da sie aber wegen der verschobenen Massenstücke andere Eigenschaften haben, wird nur ein Teil der Energie auf sie übertragen, während der andere Teil der Energie unter Umkehr der Aus-breitungsrichtung wie beim ersten Versuch mit einer zweiten Welle zurückläuft. Ein ähnlicher Vorgang findet immer statt, wenn die Teilchen, welche die Wellenausbreitung vermitteln, ihre Eigenschaften ändern. Dies ist der Fall, wenn die Welle von einem Ausbreitungsmedium in ein anderes übergeht.

Man bezeichnet die Umkehr der Ausbreitungsrichtung als **Reflexion** und die zurücklaufende Welle als **reflektierte Welle**.

Wenn eine Welle an das Ende eines Mediums oder an die Übergangsstelle zwischen zwei verschiedenen Medien kommt, wird sie ganz oder teilweise reflektiert.

Daß dieser Satz auch für Longitudinalwellen gilt, kann man erkennen, wenn man die bisher auf einem Tisch liegende Schraubenfeder zur Verminderung der Energieverluste durch Rei-bung mit einem Ende aufhängt und am unteren Ende durch eine vertikale Anregung eine Dehnung mit anschließender Verdichtung erzeugt. Die Störungen breiten sich nach oben aus, wenn sie am oberen Ende der Feder ankommen, kehren sie um und laufen nach unten zurück.

b) Stehende Wellen. Eine besondere Erscheinung zeigt sich, wenn eine Welle und ihre reflektierte Welle sich über das gleiche Medium ausbreiten und dabei zur Überlagerung kommen.

Wir hängen einen langen Gummischlauch an der Zimmerdecke auf und regen das untere Ende längere Zeit zu gleichmäßigen Querschwingungen an. Diese breiten sich als Transversalwelle nach oben aus und werden am Befestigungspunkt reflektiert. Danach überlagern sich längs des ganzen Schlauches die hinlaufende und die rücklaufende Welle. Bei beliebiger Anregungsfrequenz gerät dabei die ganze Bewegung des Gummischlauches durcheinander. Nur wenn man die Anregungsfrequenz dem Rhythmus der im Schlauch entstehenden Schwingungen anpaßt, erhält man eine Welle. Sie breitet sich aber nicht längs des Schlauches aus, denn ihr Wellenberg bleibt unverändert in der Mitte des Schlauches stehen, während die Enden ganz oder fast ganz in Ruhe bleiben. Auch wenn man die Anregungsfrequenz verdoppelt oder verdreifacht, erhält man eine Welle mit zwei oder drei Wellenbergen, die sich aber ebenfalls nicht ausbreitet. An den Enden oder in der Mitte zwischen zwei Wellenbergen ergeben sich Punkte, die dauernd in Ruhe bleiben.

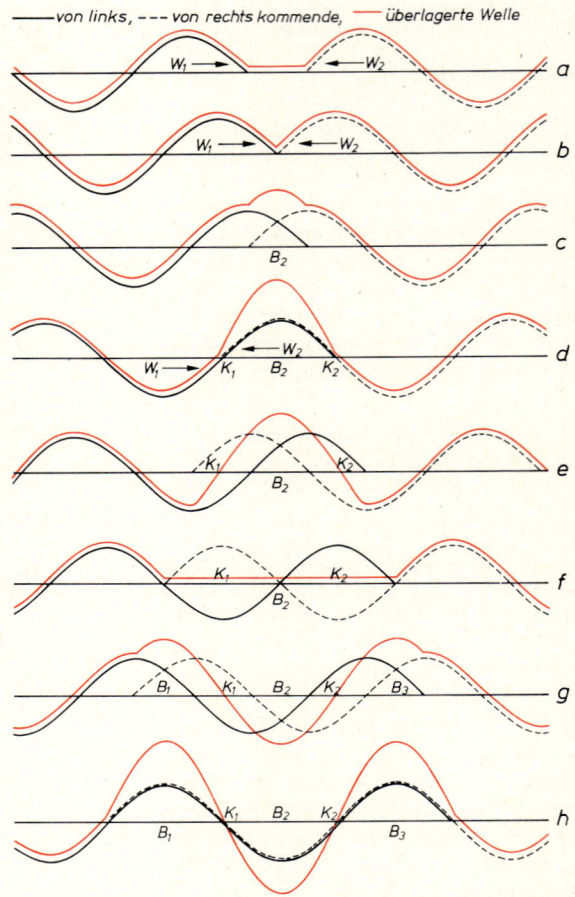

Abb. 2. Entstehung einer stehenden Welle

Eine solche Welle heißt eine **stehende Welle.** Die Stellen der Wellenberge nennt man **Bäuche,** die der ruhenden Punkte **Knoten** der stehenden Welle. Die einzelnen Phasen der Ausbildung einer stehenden Welle aus einer von links kommenden und einer gleichen von rechts entgegenlaufenden Welle zeigt die Abb. 2. In der Teilabb. 2a haben sich die beiden Wellen W_1 und W_2 noch nicht erreicht. In 2b treffen sie eben aufeinander, und in 2c sowie den folgenden Teilabbildungen entwickelt sich durch Addition der beiden Teilelongationen die rot eingetragene überlagerte Welle. Im Punkt B_2 des ersten Zusammentreffens haben beide Teilwellen in jedem Augenblick gleiche Elongation. Daher entsteht dort eine Schwingung mit doppeltem Ausschlag; also ein Schwingungsbauch der überlagerten Welle. Im Punkt K_1 dagegen sind die beiden Teilelongationen stets dem Betrag nach gleich, aber entgegengesetzt gerichtet. Sie heben sich daher auf, so daß dieser Punkt K_1 in Ruhe bleibt und dort ein Knoten entsteht. Ähnlich sind die Vorgänge in den anderen Schwingungsbäuchen B_1 und B_3 sowie im Knoten K_2. Der Abstand zweier aufeinanderfolgenden Bäuche ist ebenso wie der zweier aufeinanderfolgenden Knoten stets eine halbe Wellenlänge.

Aus diesen Ergebnissen folgt auch der Grund, weshalb sich bei dem Gummischlauch nur mit bestimmten Frequenzen stehende Wellen anregen lassen. Da der Schlauch an beiden Enden fest oder nahezu fest ist, müssen sich dort Knoten bilden. Dies ist aber nur möglich, wenn die Länge l des Schlauches ein Vielfaches einer halben Wellenlänge ist. Die stehenden Wellen müssen daher die Wellenlängen $\lambda = \dfrac{2\,l}{1}, \dfrac{2\,l}{2}, \dfrac{2\,l}{3} \ldots$ haben. Aus diesen festgelegten Wellenlängen erhält man nach der Gleichung $f = c/\lambda$ auch genau bestimmte Frequenzen: $f_0 = \dfrac{c}{2\,l}$, $f_1 = \dfrac{2\,c}{2\,l}$, $f_3 = \dfrac{3\,c}{2\,l} \ldots$ Die höheren Frequenzen sind also Vielfache der Grundfrequenz f_0. Die Schwingung mit der Grundfrequenz f_0 ist die **Grundschwingung**, die mit den höheren Frequenzen sind die **Oberschwingungen.**

Auch bei zwei sich entgegenlaufenden Longitudinalwellen kann sich eine stehende Welle bilden. In den Schwingungsbäuchen B (Abb. 3) schwingen die Teilchen mit großer Amplitude parallel zur Ausbreitungs-

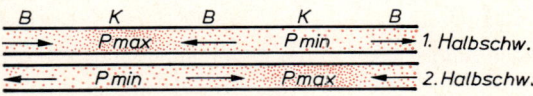

Abb. 3. Stehende Longitudinalwelle

richtung; in den Knoten K bleiben sie in Ruhe. Wenn sich von beiden Seiten die Teilchen zur Knotenstelle hin bewegen, entsteht dort ein Dichte- bzw. Druckmaximum. Eine halbe Periodendauer danach bewegen sich die Teilchen von der Stelle weg, und es entsteht dort ein Dichte- bzw. Druckminimum.

Da Bäuche und Knoten einer stehenden Welle immer an derselben Stelle bleiben, eignen sie sich zur Messung der Wellenlänge. Man kann z. B. leicht den Abstand mehrerer Knoten bestimmen und daraus die Wellenlänge berechnen, was bei einer fortschreitenden Welle nur unter Schwierigkeiten möglich wäre.

4.2.4. Ausbreitung von Wellenfronten

a) Das Huygenssche Prinzip. Wenn ein Tropfen auf eine Wasseroberfläche fällt, breiten sich von der Auftreffstelle kreisförmige Wellen aus, deren äußerster Umfang die Wellenfront darstellt. In ähnlicher Weise besitzt eine räumliche Welle in einem homogenen Medium eine Wellenfront, die eine Kugeloberfläche erfüllt. Die Ausbreitungsrichtung einer Welle und die Wellenfront stehen stets aufeinander senkrecht. In großer Entfernung vom Wellenzentrum ist ein kleiner Ausschnitt aus einer Wellenfront nahezu gerade oder eben; man spricht dann von einer ebenen Welle.

Bei einer Seilwelle überträgt jedes schwingende Teilchen seine Energie auf das in der Ausbreitungsrichtung nächstfolgende Teilchen. Ebenso überträgt in einer Wellenfront jedes Teilchen seine Energie auf die Nachbarteilchen. Man kann also annehmen, daß jeder Punkt in einer Wellenfront, der Ausgangspunkt einer neuen sog. **Elementarwelle** ist. Da die Ausgangspunkte aller Elementar-

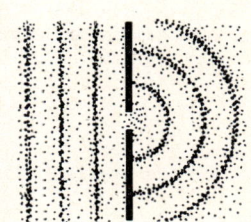

Abb. 1. Elementarwelle

wellen die ankommende Wellenfront dicht erfüllen, kann man sie nicht einzeln beobachten. Man erkennt sie erst, wenn man die ankommende Wellenfront durch eine Wand abfängt und die Fortpflanzung der Welle nur durch eine kleine Öffnung in der Wand zuläßt (Abb. 1). Das Zentrum der sich hinter der Wand ausbreitenden Welle befindet sich nicht im Ausgangszentrum der ankommenden Welle, sondern liegt in der Mitte der Öffnung. Verwendet man eine Wand mit mehreren, in regelmäßigen Abständen angebrachten Öffnungen, so entstehen hinter allen kleine, kreisförmige Elementarwellen, die sich nach kurzer Strecke wieder zu einer neuen Wellenfront zusammenschließen. In gleicher Weise entsteht durch Überlagerung aller Elementarwellen einer ankommenden Wellenfront die neue Wellenfront.

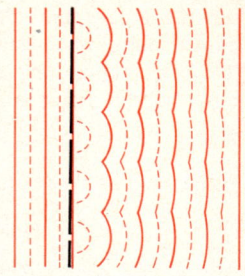

Abb. 2. Entstehung einer neuen Wellenfront aus Elementarwellen

Diese Auffassung von der Ausbreitung einer Welle hat Christian Huygens[1] in dem nach ihm benannten Huygensschen Prinzip formuliert.

> **Jeder Punkt einer Wellenfront kann als Ausgangspunkt einer Elementarwelle angesehen werden. Die Einhüllende aller von einer Wellenfront ausgehenden Elementarwellen stellt die neue Wellenfront dar.**

b) Reflexion einer schräg auftreffenden Welle. Mit dem Huygensschen Prinzip lassen sich die Gesetzmäßigkeiten der Ausbreitung einer ebenen Welle finden. Zuerst betrachten wir das schräge Auftreffen einer ebenen Welle auf eine reflektierende Ebene.

In dem Augenblick, in dem eine Wellenfront $A_1 B_1 C_1$ (Abb. 3) die Wand in A_1 trifft, geht von diesem Punkt eine Elementarwelle aus. Nach einer gewissen Zeit t hat sich die Front weiter ausgebreitet, so daß sie in C_2 auf die Wand trifft. Die Strecke $C_1 C_2$ ist dann $c\,t$. Inzwischen hat sich die von A_1 ausgegangene Welle nach allen Seiten bis zu einem Kreis mit dem Radius $c\,t$ ausgebreitet. Die neue Wellenfront durch C_2 muß diesen Kreis berühren. Deshalb ist die Tangente $A_2 C_2$ ein Stück der Wellenfront nach der Reflexion. Weil die Dreiecke $A_1 C_1 C_2$ und $A_1 A_2 C_2$ kongruent sind, haben die ankommende und die reflektierte Wellenfront gleiche Neigungen gegen die reflektierende Wand. Bezeichnet man die beiden Winkel zwischen Wand und Wellenfront oder, was das gleiche ist, die Winkel zwischen den Wellenstrahlen $B_1 B_0$ bzw. $B_0 B_2$ und dem Lot zur Wand mit α_e und α_r, so erhält man das **Reflexionsgesetz:**

$$\alpha_r = \alpha_e$$

Einfalls- und Reflexionswinkel sind gleich.

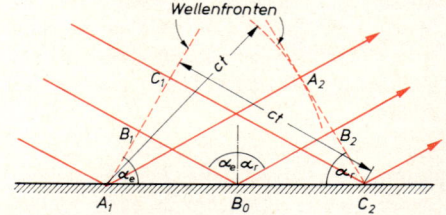

Abb. 3. Entstehung der Reflexion

---

[1] Christian H u y g e n s , 1629 bis 1695, holländischer Mathematiker und Physiker. Er begründete die Wellentheorie des Lichtes und fand Gesetze über die Wellenausbreitung.

c) Brechung. Auf ähnliche Weise lassen sich auch die Eigenschaften des Überganges einer Welle von einem Medium auf ein anderes erklären. Der wesentliche Unterschied zweier Medien für die Ausbreitung einer Welle besteht darin, daß sie in ihnen im allgemeinen verschiedene Ausbreitungsgeschwindigkeiten hat. Wird die Grenzfläche zwischen den beiden Medien von der ankommenden Wellenfront $A_1 C_1$ in A_1 getroffen (Abb. 4), so gehen in diesem Augenblick von allen Punkten Elementarwellen aus. In einer gewissen Zeit t breitet sich die von C_1 ausgehende Welle im ersten Medium um die Strecke $c_1 t$ aus, bis sie in C_2 die Grenzfläche trifft. In der gleichen Zeit breitet sich die von A_1 ausgehende Welle im zweiten Medium um die

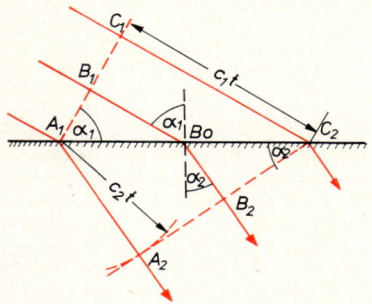

Abb. 4. Entstehung der Brechung

Strecke $c_2 t$ aus. Die neue Wellenfront wird als die Einhüllende der Elementarwellen durch die Tangente dargestellt, die man von C_2 aus an den Kreis der Elementarwelle um A_1 ziehen kann. Die Wellenfronten und damit auch die darauf senkrecht stehenden Ausbreitungsrichtungen sind daher in beiden Medien nicht parallel. Die Winkel α_1 und α_2 zwischen den Ausbreitungsrichtungen und dem Lot zur Trennfläche treten auch zwischen den Wellenfronten und der Trennfläche auf. Bestimmt man im Dreieck $A_1 C_1 C_2$ den $\sin \alpha_1$, und im Dreieck $A_1 A_2 C_2$ den $\sin \alpha_2$, so erhält man:

$$\sin \alpha_1 = \frac{c_1 t}{A_1 C_2} \qquad\qquad \sin \alpha_2 = \frac{c_2 t}{A_1 C_2}$$

Die Änderung der Richtung der Wellenfronten bzw. der Ausbreitungsrichtungen bezeichnet man als **Brechung.** Der Winkel α_1 ist der Einfallswinkel, der Winkel α_2 der Brechungswinkel. Bildet man den Quotienten aus dem Sinus des Einfalls- und dem des Brechungswinkels, so kürzen sich die Strecke $A_1 C_2$ und die Zeit, und man erhält das **Brechungsgesetz:**

$$\frac{\sin \alpha_1}{\sin \alpha_2} = \frac{c_1}{c_2}$$

Der Sinus des Einfallswinkels und der des Brechungswinkels verhalten sich wie die Ausbreitungsgeschwindigkeiten in den beiden Medien.

d) Beugung. Noch eine weitere Erscheinung der Wellenausbreitung findet ihre Erklärung mit dem Huygensschen Prinzip. Wir erkennen sie aus folgendem Versuch (Abb. 5):

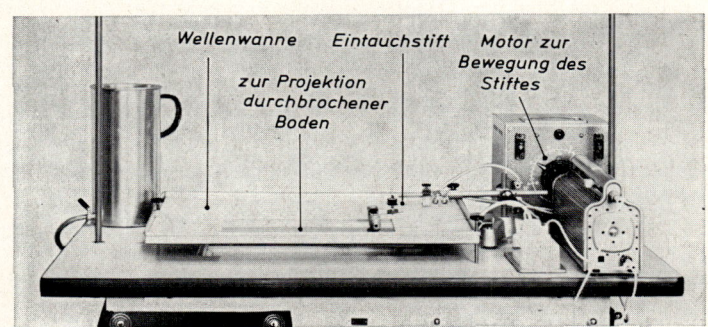

Wellenwanne   Eintauchstift   Motor zur Bewegung des Stiftes

zur Projektion durchbrochener Boden

Abb. 5. Wellenwanne

In eine flache mit Wasser gefüllte Wanne wird periodisch ein Stift oder ein Bügel mit horizontaler Kante eingetaucht. Mit der Kante erzeugen wir eine ebene Welle und lassen sie in der einen Hälfte der Wanne auf eine Wand, dargestellt durch ein langes gerades Metallstück, auftreffen (Abb. 6), während sie sich in der anderen Hälfte ungestört ausbreiten kann. Die Welle hört aber nicht scharf abgegrenzt an der Linie auf, die den „Schattenbereich" geometrisch abgrenzt, sondern ist mit abnehmender Amplitude auch noch im Randgebiet des abgeschirmten Bereiches festzustellen.

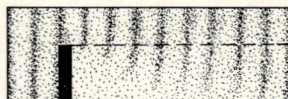

Abb. 6. Beugung an einer Wand

Nun schirmen wir die Welle mit zwei Metallstücken ab, die zwischen sich eine enge Öffnung lassen (Abb. 7). Auch hier erstreckt sich das Gebiet, in dem man die Welle feststellen kann, auf beiden Seiten über den geometrischen Rand des Schattengebietes hinaus, und zwar um so mehr, je enger die Öffnung ist.

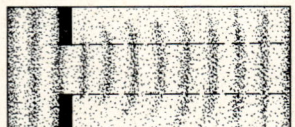

Abb. 7. Beugung an einem Spalt

Schließlich stellen wir in den Ausbreitungsbereich der Welle ein kleines Metallstück als Hindernis (Abb. 8). Hier dringen die Wellenfronten von beiden Seiten in den Schattenraum und schließen sich in einer geringen Entfernung hinter dem Metallstück wieder zu einer durchgehenden Wellenfront zusammen. Dies geschieht in um so kürzerer Entfernung hinter dem Hindernis, je kleiner dieses ist.

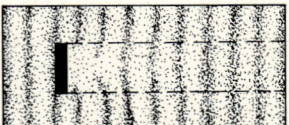

Abb. 8. Beugung an einem Hindernis

Aus allen drei Versuchen geht hervor, daß sich eine Welle hinter einer Abschirmung noch ein Stück in den Schattenraum hinein ausbreitet. Diese Erscheinung der **Beugung** findet ebenfalls ihre Erklärung aus der Vorstellung der Elementarwellen. Wir betrachten die Wellenfront $A_1 A_2 A_3 \ldots$ (Abb. 9), welche die Verlängerung der Wand bildet. Nach einer Zeit t haben sich um alle Punkte Elementarwellen mit dem Radius ct gebildet. Da in der neuen Wellenfront z. B. der Punkt B_2 von $A_1, A_2 A_3$ praktisch gleiche Entfernung hat, haben die von A_1, A_2, A_3 ausgegangenen Elementarwellen dort gleiche Phase, so daß sich ihre Anregungen addieren und die Wellenfront eine große Amplitude aufweist. Der Punkt P dagegen besitzt von A_1, A_2, A_3 unterschiedliche Entfernungen; daher

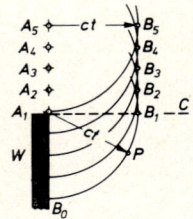

Abb. 9. Entstehung der Beugung

haben dort die Elementarwellen verschiedene Phase, und ihre Anregungen können sich gegenseitig teilweise oder sogar ganz aufheben. Die Wellenfront $B_3 B_2 B_1$ setzt sich daher über B_1 hinaus kreisförmig fort, wird aber mit wachsender Entfernung von B_1 immer schwächer.

Durch die Beugung dringt eine Welle in das Gebiet hinter einer Wand ein und kann Punkte erreichen, an die sie bei geradliniger Ausbreitung nicht gelangen könnte.

Ist das Hindernis so klein, daß seine Abmessungen nur wenige Wellenlängen betragen, so vereinigen sich die von beiden Seiten in den Schattenraum eindringenden Wellen in geringer Entfernung vom Hindernis, so daß die weitere Ausbreitung der Welle von ihm überhaupt nicht gestört wird.

Ein kleines Hindernis von der Größe weniger Wellenlängen wird von einer Welle ohne Störung umgangen.

4.2.5. Interferenz

a) Entstehung der Interferenz. Wenn zwei Wellen sich von verschiedenen Zentren aus über einen gemeinsamen Bereich ausbreiten, entsteht dort eine Überlagerung beider Wellen. Man erhält die gesamte Anregung in einem Punkt des Überlagerungsbereiches, indem man die beiden Teilanregungen unter Berücksichtigung ihrer Richtungen und Phasen als Vektoren zusammenfaßt. Da sich aber die Teilanregungen durch die sich ausbreitenden Wellen in raschem Wechsel ändern, gilt das Gleiche für die Resultierende der Überlagerung. Treffen z. B. zwei Anregungen mit gleicher Schwingungsrichtung und gleicher Phase zusammen, so ist die Resultierende die Summe beider Anregungen. Kurze Zeit danach kann aber an derselben Stelle der Phasenunterschied 180° betragen, so daß dann die Resultierende die Differenz beider Anregungen ist. Die Stellen der gegenseitigen Verstärkung bzw. Schwächung ändern daher im allgemeinen dauernd ihre Lage.

Von besonderem Interesse sind jedoch solche Überlagerungen, bei denen an bestimmten Stellen stets eine gegenseitige Verstärkung und an anderen Stellen stets eine gegenseitige Schwächung auftreten. In diesem Fall spricht man von der **Interferenz** zweier Wellen.

Damit sich z. B. zwei Anregungen gegenseitig schwächen, müssen sie in entgegengesetzter Richtung erfolgen. Damit dies längere Zeit der Fall ist, müssen beide Schwingungen gleiche Frequenz besitzen. Wenn dann an einer Stelle wegen des Phasenunterschiedes 180° eine Schwächung eintritt, bleibt dieser Phasenunterschied an der betreffenden Stelle bestehen, solange dort beide Anregungen durch einen ununterbrochenen Wellenzug erfolgen. Für eine Verstärkung müssen entsprechend beide Anregungen an einer Stelle längere Zeit in der gleichen Richtung und mit der gleichen Phase, also mit dem Phasenunterschied Null, zusammentreffen.

> **Zwei Wellen können nur dann zur Interferenz kommen, wenn sie gleiche Schwingungsrichtung haben und ihr Phasenunterschied an einer Stelle längere Zeit konstant bleibt. Zu diesem Zweck müssen beide Wellen gleiche Frequenz besitzen.**

b) Interferenz von Wasserwellen. Besonders deutlich erkennt man die Entstehung der Interferenz bei Wasserwellen in der Wellenwanne (Abb. 1).

Wir erregen in einer Wellenwanne mit zwei Tauchstiften, die vom gleichen Motor angetrieben werden, zwei Wasserwellen gleicher Frequenz und gleicher Ausgangsphase. Von beiden Entstehungszentren geht je eine Kreiswelle aus. Bei der Überlagerung erkennt man Streifen, in denen die Wasserfläche ruhig bleibt, weil in ihnen sich die Anregungen der beiden Wellen gegenseitig durch Interferenz aufheben. Dazwischen liegen Streifen mit verstärkter Anregung.

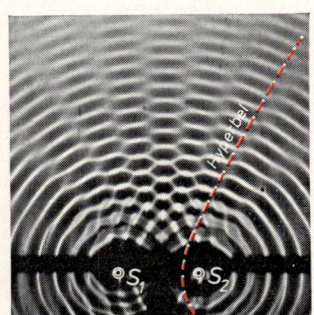

Abb. 1. Interferenz zweier Wellen in der Wellenwanne

Beide Stifte erzeugen in den Wellenzentren im selben Augenblick gleich hohe Wellenberge bzw. Wellentäler, und die Schwingungsrichtung der Wasserteilchen ist in beiden Fällen vertikal. An Punkten, die von beiden Zentren gleiche Entfernung haben, kommen daher auch beide Wellen mit gleicher Phase an. Durch die Überlagerung entsteht dort eine verstärkte Schwingung mit doppelten Amplituden. Auch in Punkten, bei denen der Wegunterschied von beiden Zentren eine oder mehrere ganze Wellenlängen beträgt, ist die Phase beider Wellen gleich, und es entsteht eine Verstärkung. Wenn dagegen der Wegunterschied eine halbe Wellenlänge oder ein ungerades Vielfaches einer halben Wellenlänge beträgt, treffen dort die Wellen mit entgegengesetzter Phase ein. Wenn z. B. die eine Welle dort einen Wellenberg anregt, erzeugt die andere gleichzeitig ein Wellental. Wenn die Entfernung der Stelle von den beiden Zentren nicht zu sehr verschieden ist, unterscheiden sich auch die Amplituden kaum, so daß sich beide Anregungen nahezu auslöschen.

Nach diesen Überlegungen liegen die Stellen der Auslöschung dort, wo der Unterschied der Wege s_1 und s_2 zu den beiden Wellenzentren S_1 und S_2 den konstanten Wert $\frac{\lambda}{2}$, $3\frac{\lambda}{2}$, $5\frac{\lambda}{2}$ ... hat. Nach den Regeln über Kegelschnitte liegen diese Stellen auf Hyperbeln, deren Brennpunkte in den Zentren S_1 und S_2 liegen (Abb. 2).

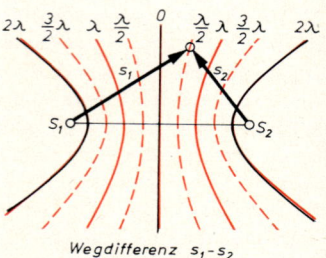

Wenn man die Entfernung der Zentren, also die der Tauchstifte, verkleinert oder wenn man die Wellenlänge durch Verändern der Drehfrequenz des Motors vergrößert, treten weniger Hyperbeln auf. Bei großen Wegdifferenzen werden sie unscharf, weil die Amplituden beider Anregungen nicht gleich sind.

Abb. 2. Stellen gleicher Wegdifferenzen

Die schon in 4.2.3. b behandelten stehenden Wellen sind ein Beispiel für die Interferenz längs eines Seiles. Die Bäuche sind die Stellen gegenseitiger Verstärkung, die Knoten die Stellen gegenseitiger Auslöschung.

Weitere Erscheinungen der Wellenausbreitung werden an der Stelle des Buches behandelt, wo sie die größte Bedeutung haben, z. B. der Dopplereffekt bei den Schallwellen (4.3.1. e) und die Polarisation bei den Lichtwellen (5.4.4.).

4.3. Die Lehre vom Schall (Akustik)

4.3.1. Der Schall als elastische Longitudinalwelle

a) Das Wesen des Schalles. Bei vielen Vorgängen im täglichen Leben und in der Physik entsteht eine Erscheinung, die man mit dem Gehörsinn wahrnehmen kann: der **Schall**. Damit er von der Entstehungsstelle ans Ohr dringen kann, muß er sich durch die Luft oder auch durch ein anderes Medium ausbreiten. Ist kein Medium vorhanden, so verschwindet auch die Schallübertragung, was man deutlich merkt, wenn man eine Glasglocke luftleer pumpt, unter der sich eine elektrische Klingel befindet. Nach dem Auspumpen hört man ihren Ton kaum mehr.

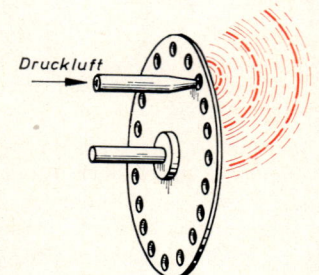

Druckluft

Die Schallerzeugung mit einer Lochsirene (Abb. 1) gibt einen Einblick in das Wesen des Schalles. Gegen eine rotierende Kreisscheibe, die am Rande eine regelmäßige Lochreihe trägt, wird aus einer Düse ein Luftstrom geblasen, der von der Scheibe in gleichbleibenden Zeitintervallen durchgelassen und abgesperrt wird. Man stellt dadurch hinter der Scheibe eine regelmäßige Folge von Verdichtungen her. Sie breiten sich als Longitudinalwelle nach allen Seiten aus und lassen sich als Schall wahrnehmen. Diese Feststellung gilt für jede Schallausbreitung.

Abb. 1. Lochsirene

> **Jeder Schall breitet sich von der Schallquelle als eine elastische räumliche Longitudinalwelle aus.**

b) Frequenz und Tonhöhe. Beginnt man die Drehung der Lochsirene ganz langsam, so kann man zunächst noch keinen gleichmäßigen Ton, sondern nur jeden einzelnen Vorübergang eines Loches vor der Düse wahrnehmen. Erst, wenn die Drehung so rasch wird, daß mindestens 16 Löcher in der Sekunde an der Düse vorbeilaufen, schließen sich die Einzelgeräusche zu einem tiefen Ton zusammen. Je rascher man die Scheibe dreht, desto mehr steigt die Tonhöhe der erzeugten Schallwelle an. Da sich dabei auch die Frequenz der Schallwelle erhöht, stehen Tonhöhe und Frequenz in unmittelbarer gegenseitiger Beziehung:

Ein Ton ist um so höher, je größer die Frequenz der Schallwelle ist.

Die Frequenzen der Schallwellen sind sehr verschieden. In der Sekunde können ganz wenige, aber auch mehrere Millionen Schwingungen auftreten. Im Bereich von etwa 16 Hz bis 20 kHz empfinden wir die Schwingungen als Schall (Hörschall). Der Frequenzbereich der Sprache liegt (abgesehen von den hohen Frequenzen einiger Zischlaute) fast vollständig zwischen 250 Hz und 1500 Hz. Die Musik verwendet noch außerhalb dieses Bereiches liegende Frequenzen zwischen 40 Hz und 400 Hz, in den Obertönen sogar bis zu 16 000 Hz. Frequenzen unter 16 Hz oder über 20 kHz kann das Ohr nicht wahrnehmen; man bezeichnet sie als Infraschall und Ultraschall. Im Alter verengt sich bei vielen Menschen der Hörbereich, vor allem bei hohen Frequenzen.

c) Schallgeschwindigkeit. Aus der Zeit, die eine Schallwelle braucht, um eine bekannte Strecke zurückzulegen, kann man die Schallgeschwindigkeit bestimmen. Wenn z. B. jemand das Anschlagen einer Schallquelle aus größerer Entfernung mit dem Auge beobachtet und die Zeit mißt, bis er den Schall mit dem Ohr wahrnimmt, so findet er aus der Entfernung s der Schallquelle und der gemessenen Laufzeit t des Schalles die Fortpflanzungsgeschwindigkeit aus der Gleichung $c = s/t$. Dabei wird die Erfahrungstatsache als bekannt vorausgesetzt, daß das Licht das Auge des Beobachters in so kurzer Zeit erreicht, daß diese neben der Schallzeit vernachlässigt werden darf.

Schallgeschwindigkeit in Luft: $c \approx 340$ m/s

Schallwellen breiten sich auch durch andere Medien aus. Man kann das gut feststellen, wenn man das Ohr an ein Wasserleitungsrohr hält, während jemand in einem entfernten Raum an das Rohr schlägt. Während der Luftschall durch Wände und Türen so gedämpft wird, daß er das Ohr kaum noch erreicht, vernimmt es den von dem Rohr fortgeleiteten Schall ganz deutlich.

Die Schallgeschwindigkeit in den einzelnen Stoffen ist um so größer, je stärker die Druckänderungen sind, die bei einer elastischen Volumenänderung entstehen, und um so kleiner, je größer die Trägheit der einzelnen Teilchen, gekennzeichnet durch ihre Dichte ϱ, ist. Die erste Eigenschaft wird durch den Kompressionsmodul $K = -V \dfrac{dp}{dV}$ (1.8.2. c) gemessen. Die Theorie liefert mit diesen Größen die folgende Formel für die Schallgeschwindigkeit:

$$c = \sqrt{-\frac{V\,dp}{\varrho\,dV}} = \sqrt{\frac{K}{\varrho}}$$

Bei festen Stoffen kann man den Kompressionsmodul K durch den Elastizitätsmodul E (1.8.3. a) ersetzen. Denn wenn auf einen festen Körper mit dem Volumen $V = A\,l$ eine Druckkraft F einwirkt, entsteht eine Druckerhöhung $dp = F/A$, die eine Volumenminderung $dV = -A\,dl$ hervorruft. Setzt man diese Ausdrücke in die Formel des Kompressionsmoduls ein, so ergibt sich:

$$K = -V\frac{dp}{dV} = A\,l\,\frac{F/A}{A\,dl} = \frac{l\,F}{A\,dl} = E$$

265

Bei Gasen erfolgen die Volumenänderungen beim Durchgang einer Schallwelle so rasch, daß sich dabei kein Wärmeaustausch vollziehen kann, so daß sie adiabatisch (3.3.5. e) verläuft. Dann erhält man aus der Gleichung $p\,V^{\varkappa} = C$ oder aus $\ln p + \varkappa \ln V = \ln C$ durch Differentiation $\dfrac{dp}{p} + \varkappa\,\dfrac{dV}{V} = 0$

oder $K = -V\,\dfrac{dp}{dV} = \varkappa\,p$. Damit erhält man für die Schallgeschwindigkeit in festen, flüssigen und gasförmigen Stoffen folgende Gleichungen:

$$\text{Feste Stoffe } c = \sqrt{\dfrac{E}{\varrho}} \qquad\qquad \text{Flüssigkeiten: } c = \sqrt{\dfrac{K}{\varrho}} \qquad\qquad \text{Gase: } c = \sqrt{\dfrac{\varkappa\,p}{\varrho}}$$

Weil die Dichteänderungen von festen und flüssigen Stoffen bei verschiedenen Temperaturen nur sehr klein sind, ändert sich auch die Schallgeschwindigkeit dieser Stoffe mit der Temperatur sehr wenig. Bei Gasen gilt jedoch nach der allgemeinen Gasgleichung $p = \varrho\,R_s\,T$ und $p_0 = \varrho_0\,R_s\,T_0$ und daher $\dfrac{p}{\varrho} = \dfrac{p_0}{\varrho_0}\dfrac{T}{T_0} = \dfrac{p_0}{\varrho_0} \cdot \dfrac{273\,\text{K} + \vartheta}{273\,\text{K}} = \dfrac{p_0}{\varrho_0}\,(1 + \beta\,\vartheta)$. Die Änderung dieses Bruches ist so groß, daß sie bei der Berechnung der Schallgeschwindigkeit in Gasen berücksichtigt werden muß. Man erhält daher:

$$c = \sqrt{\dfrac{\varkappa\,p}{\varrho}} = \sqrt{\dfrac{\varkappa\,p_0}{\varrho_0}\,(1 + \beta\,\vartheta)} \approx 331{,}6\,\frac{\text{m}}{\text{s}} + 0{,}6\,\frac{\text{m}}{\text{s}\,\text{K}}\,\vartheta$$

Schallgeschwindigkeit in m/s					
Luft bei 0 °C	331,6	Blei	1300	Holz	3500 ... 5000
Luft bei 15 °C	340,6	Wasser	1480	Stahl	4800 ... 5000
Gummi	50	Mauerwerk	3500 ... 4000	Glas	5100 ... 5500

d) Eigenschaften der Schallausbreitung. Die Schallwellen können wie alle Wellen reflektiert, gebrochen, gebeugt und überlagert werden. Von einer Fläche (Wand, Waldrand, Felsen) zurückgeworfene Wellen bilden das **Echo.** Aus der genau gemessenen Zeit, die bis zur Rückkehr des Echos vergeht, kann man die Entfernung der reflektierenden Fläche bestimmen. Zum Messen der Meerestiefe benutzt man heute statt des umständlichen Senklotes fast ausschließlich das **Echolot.** Daß man einen Schall auch dann hören kann, wenn die Schallquelle selbst durch ein Hindernis verdeckt ist, beruht (abgesehen von der Reflexion) vor allem auf der Beugung der Schallwellen.

e) Der Dopplereffekt. Eine Erscheinung, die bei jeder Wellenausbreitung auftritt, wenn sich die Entfernung zwischen Wellenzentrum und Beobachter verändert, läßt sich beim Schall besonders gut beobachten. Verringert sich die Entfernung einer Schallquelle, z. B. eines Autos, während es ein Hupsignal aussendet, so sinkt für den Beobachter die Tonhöhe plötzlich ab, wenn die Schallquelle sich am Beobachter vorbeibewegt. Die Tonfrequenz scheint also bei wachsender Entfernung von der Schallquelle niedriger zu sein als bei abnehmender Entfernung. Die Erklärung dieses **Dopplereffekts** ist verschieden, je nachdem sich der Beobachter oder die Schallquelle bewegt.

Bewegung des Beobachters. Nähert sich der Beobachter B der Schallquelle S, so treffen ihn in 1 s nicht nur die Wellen, die an seinen Anfangsstandpunkt B_1 gelangen (Abb. 5), sondern auch noch die, welche er in 1 s bei seiner Bewegung von B_1 nach B_2 schneidet. Ist die Geschwindigkeit des Beobachters v_B, so ist $B_1 B_2 = v_B \cdot 1\,\text{s}$. Auf diese Strecke treffen so viele Wellen, wie λ in ihr enthalten ist, also $\Delta f = v_B/\lambda$. Ersetzt man die Wellen-

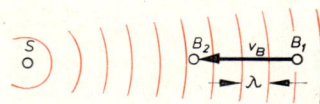

Abb. 2. Dopplereffekt bei bewegtem Beobachter

länge durch $\lambda = c/f_S$, so erhält man die beobachtete Frequenz: $f_B = f_S + \Delta f = f_S (1 + \frac{v_B}{c})$. Vergrößert sich die Entfernung zwischen S und B, so ändert v_B sein Vorzeichen: $f'_B = f_S (1 - \frac{v_B}{c})$.

Bewegung der Schallquelle. Nähert sich S mit der Geschwindigkeit v_S dem Beobachter B (Abb. 6), so erfüllen nach 1 s die Wellen, die bei ruhendem Zentrum die Strecke $c \cdot 1$ s einnehmen, die um $v_S \cdot 1$ s verkürzte Strecke; daher hat sich die Wellenlänge im Verhältnis $(c - v_S) : c$ verkürzt und die Frequenz im Verhältnis $c : (c - v_S)$ erhöht. Deshalb ist die beobachtbare Frequenz: $f_B = f_S \frac{c}{c - v_S} = f_S \frac{1}{1 - v_S/c}$. Entsprechend gilt bei zunehmender Entfernung $f'_B = f_S \frac{1}{1 + v_S/c}$.

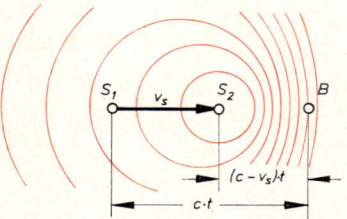

Abb. 3. Dopplereffekt bei bewegtem Wellenzentrum

Auf diese Weise erklärt der Dopplereffekt die scheinbare Frequenzänderung bei bewegter Schallquelle oder bewegtem Beobachter. Er läßt sich auch auf andere Wellenbewegungen, z. B. auf die Lichtausbreitung (5.3.4.) anwenden.

4.3.2. Stehende Schallwellen und Tonerreger

a) Stehende Schallwellen. Einen Schall, der aus einer Schallwelle mit einer einzigen Frequenz besteht, nennt man einen **Ton.** Zur Erzeugung benutzt man am einfachsten einen elektrischen Tongenerator mit einem Schallkopf. Die Frequenz des Tones läßt sich mit elektrischen Schaltelementen in weiten Grenzen verändern. Mit einem solchen Schallkopf kann man auch stehende Schallwellen erzeugen (Abb. 1):

Eine horizontale Glasröhre ist auf der einen Seite mit einem verschiebbaren Kolben abgeschlossen. Vor dem anderen offenen Ende befindet sich ein Schallkopf, der mit einem Tongenerator angeregt wird. Im Innern der Röhre ist feines Korkmehl verteilt. Erzeugt man mit dem Schallkopf einen Ton und bringt man die Schwingungen der Luftsäule durch Verschieben des Kolbens oder durch Verändern der Anregungsfrequenz zur Resonanz, so sammelt sich das Korkmehl in einzelnen kleinen Häufchen, die gegenseitig gleichen Abstand haben.

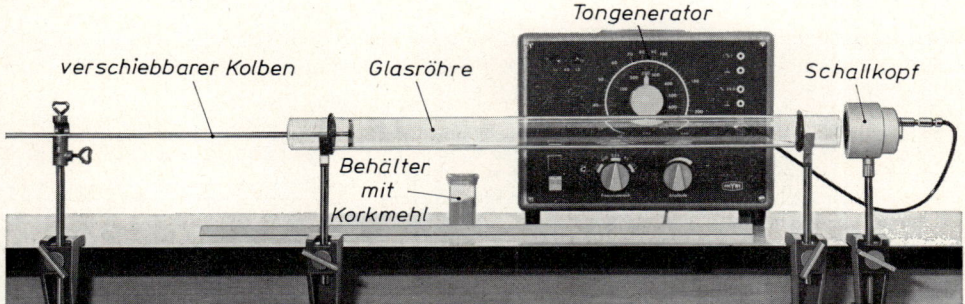

Abb. 1. Stehende Schallwellen in einer Luftsäule

Die vom Schallkopf ausgehende Welle wird an dem festen Kolben reflektiert. Durch Überlagerung der ankommenden und der reflektierten Welle entsteht eine stehende Welle. An den Stellen, an denen sich die Luft hin- und herbewegt, an den Bäuchen der Geschwindigkeit, wird das Korkmehl weggefegt, und es sammelt sich an den Stellen, an denen die Luft ruhig bleibt, an den Knoten der Geschwindigkeit. An ihnen ändert sich dagegen der Druck; es liegt hier ein Bauch des Druckes vor, während sich am Geschwindigkeitsbauch ein Druckknoten bildet. Der Abstand zweier aufeinanderfolgenden Korkhäufchen entspricht daher dem Abstand zweier Geschwindigkeitsknoten und ist deshalb eine halbe Wellenlänge.

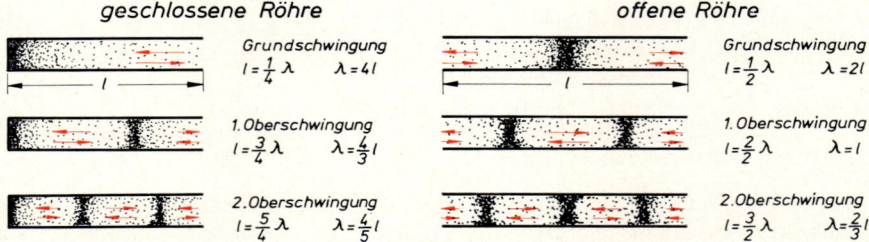

Abb. 2. Grund- und Oberschwingungen einer einseitig geschlossenen und beiderseitig offenen Röhre

Am offenen Ende erzeugt der Schallkopf immer einen Geschwindigkeitsbauch. Bei der niedrigsten Frequenz, bei der Resonanz entsteht, ergibt sich nur noch ein Geschwindigkeitsknoten am geschlossenen Ende. Die dazugehörige Frequenz ist die Grundfrequenz. Bei höheren Frequenzen entstehen Oberschwingungen mit weiteren Knoten und Bäuchen (Abb. 2). Die Länge der Röhre ist in den einzelnen Fällen:

$$l = \frac{1}{4}\lambda, \frac{3}{4}\lambda, \frac{5}{4}\lambda \ldots \qquad \lambda = \frac{4\,l}{1}, \frac{4\,l}{3}, \frac{4\,l}{5} \ldots$$

Auch in Röhren, die auf beiden Seiten offen sind, können stehende Schallwellen angeregt werden. Dann entstehen an beiden Enden Geschwindigkeitsbäuche, und man erhält die folgenden Beziehungen zwischen der Länge der Röhre und der Wellenlänge bei der Grund- und den Oberschwingungen:

$$l = \frac{1}{2}\lambda, \frac{2}{2}\lambda, \frac{3}{2}\lambda \ldots \qquad \lambda = \frac{2\,l}{1}, \frac{2\,l}{2}, \frac{2\,l}{3} \ldots$$

Durch das Mitschwingen der Luftsäule wird der vom Schallkopf ausgehende Ton merklich lauter. Auf diesem Prinzip beruhen alle Pfeifen, bei denen an einem Ende ein Ton durch die Schwingung eines Blättchens oder einer Zunge angeregt wird und die Luftsäule im Innern der Pfeife mitschwingt.

Auch bei gespannten Saiten kann man ähnlich wie bei einem Seil stehende Wellen erzeugen. Man braucht keinen Tonerreger; es genügt die Saite an geeigneter Stelle durch Zupfen oder Streichen aus der Ruhelage zu entfernen (Abb. 3).

Eine gespannte Saite wird in der Mitte durch Zupfen angeregt. Es bildet sich eine stehende Welle mit den Knoten an den Enden und einem Schwingungsbauch in der Mitte. Erhöht man die Spannkraft in der Saite durch Anziehen einer Spannschraube, so steigt die Tonhöhe. Zupft man die Saite an anderer Stelle, so erhält man die gleiche Tonhöhe; an einigen Stellen entsteht jedoch ein anders klingender Ton.

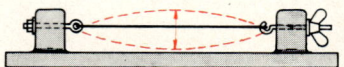

Abb. 3. Stehende Welle bei einer gespannten Saite

Wenn die Saite in der Mitte gezupft wird, schwingt sie im wesentlichen in der Grundfrequenz. Zupft man dagegen außerhalb der Mitte an, so entstehen auch Oberschwingungen, die in der

Mitte einen Knoten haben. Das Ohr hört diesen Unterschied in der Zusammensetzung des entstehenden Klanges aus seiner Grund- und seinen Oberschwingungen als Veränderung der **Klangfarbe.**

> **Durch die Spannkraft und Länge ist die Grundfrequenz einer Saite festgelegt. Sie bestimmt ihre Tonhöhe, die Oberschwingungen, die Klangfarbe.**

Die letzte Aussage gilt nicht nur für Saiten, sondern für alle Tonerreger. Die verschiedenen Musikinstrumente klingen beim gleichen Ton nur deshalb so verschieden, weil sich der Grundfrequenz verschiedene Oberschwingungen überlagern. Schwingende Saiten sind die Tonerreger in vielen Musikinstrumenten wie z. B. der Violine, der Laute, der Harfe oder im Klavier.

Auch Stäbe und Platten können zu stehenden Wellen angeregt werden:

Wenn eine Stimmgabel angeschlagen wird, ertönt ein Ton. Er verstummt, wenn die Gabel am oberen Ende B (Abb. 4) berührt wird; er klingt aber weiter bei einer Berührung an der Stelle K. B sind Bäuche, K Knoten der schwingenden Gabel. Bringt man unter eine in der Mitte eingespannte runde oder rechteckige Platte einen Schallkopf (Abb. 5), so wird sie bei bestimmten Frequenzen zum Mitschwingen angeregt. Streut man Korkmehl auf die Platte, so erkennt man deutlich die Stellen der Knotenlinien, weil sich dort das Korkmehl sammelt, während es an den Schwingungsbäuchen weggeschüttelt wird. Ihre Lage und Form verändern sich, wenn man den Schallkopf verschiebt.

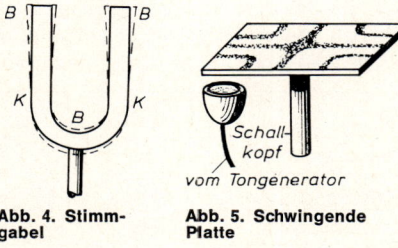

Abb. 4. Stimm-gabel

Abb. 5. Schwingende Platte

Stäbe und Platten, die zu stehenden Schwingungen angeregt sind, übertragen ihre Schwingungen mit großer Fläche auf die Luft. Daher benutzt man sie bei Glocken als kräftige Schallerreger, bei der Violine und im Klavier als verstärkende Resonanzböden. Auch bei den Blasinstrumenten spielen neben schwingenden Luftsäulen mitschwingende trichterförmige Flächen eine Rolle.

b) Stimmorgan und Ohr. Beim menschlichen **Stimmorgan** kommt eine Luftsäule im Kehlkopf, dem oberen knorpeligen Teil der Luftröhre, während des Ausströmens zwischen den mehr oder minder gespannten Stimmbändern zum Schwingen. Je nach der Stellung des Gaumens, der Zunge, der Zähne und der Lippen schwingen noch weitere Lufträume mit und gestatten, die einzelnen Laute der menschlichen Stimme zu formen.

Als Schallempfänger dient dem Menschen das **Ohr** (Abb. 5). Die Schallwellen werden von der Ohrmuschel aufgefangen und dringen durch den Gehörgang zum Trommelfell. Von ihm werden sie über die Gehörknöchelchen zum Innenohr übertragen, wo sie von dem eigentlichen Gehörorgan, der Schnecke, aufgenommen werden. Sie enthält zahlreiche Fasern, von denen bei jedem Ton eine in Resonanz mitschwingt. Klänge und zusammengesetzte Geräusche werden in ihre einzelnen Frequenzen aufgelöst. Ein in den mitschwingenden Fasern ausgelöster Reiz wird von Nerven dem Gehirn zugeleitet und dort zum Bewußtsein gebracht.

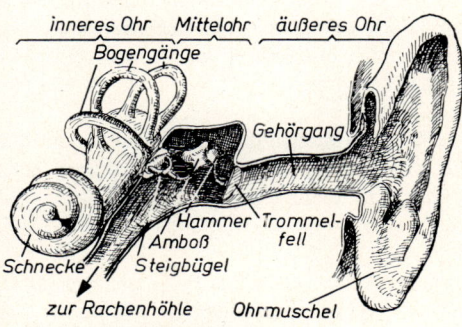

Abb. 6. Das menschliche Ohr

c) Zusammenklingen mehrerer Töne. Besteht ein Schall nur aus Schwingungen e i n e r Frequenz, so nennt man ihn einen **Ton.** Mehrere Einzeltöne zusammen nennt man einen **Klang.** Solange die Frequenz eines Tones im mittleren Hörbereich liegt, wird er vom Ohr angenehm empfunden. Mehrere Töne klingen aber nicht immer in angenehmer Weise zusammen; es kann ein harmonischer oder ein disharmonischer Klang entstehen (Konsonanz, Dissonanz). Für ein Zusammenklingen mehrerer Töne gilt folgende einfache Bedingung:

> **Zwei Töne klingen harmonisch zusammen, wenn ihre Frequenzen sich wie einfache ganze Zahlen verhalten.**

Am besten klingen demnach Töne zusammen, deren Schwingungszahlen sich wie 1 : 2 verhalten; man nennt sie Grundton und Oktave. Allgemein bezeichnet man das Verhältnis zweier Schwingungszahlen als ein akustisches Intervall, z. B. das Verhältnis 5 : 4 als Terz, 4 : 3 als Quarte, 3 : 2 als Quinte, 5 : 3 als Sexte und andere. Der Grundton, von dem beim Stimmen der Musikinstrumente ausgegangen wird, ist der Kammerton $\bar{a}$ mit der Schwingungszahl 440 Hz. Von diesem Ton ausgehend, erhält man mit den oben genannten Intervallen und einigen weiteren Tönen die Tonleiter der Musik.

Durtonleiter								
Tonbezeichnung	c	d	e	f	g	$\bar{a}$	$\bar{h}$	$\bar{c}$
Frequenz	264	297	330	352	396	440	495	528
Verhältniszahl	24	27	30	32	36	40	45	48
Intervall gegen den Grundton	1 : 1 Grund-ton	9 : 8 Sekunde	5 : 4 Terz	4 : 3 Quarte	3 : 2 Quinte	5 : 3 Sexte	15 : 8 Septime	2 : 1 Oktave
Intervall zweier aufeinander-folgender Töne	9 : 8 = 1,125 Ganzton	10 : 9 = 1,111 Ganzton	16 : 15 = 1,067 Halbton	9 : 8 = 1,125 Ganzton	10 : 9 = 1,111 Ganzton	9 : 8 = 1,125 Ganzton	16 : 15 = 1,067 Halbton

4.3.3. Die Größen der Schallmessung

a) Der Schalldruck. Ein Maß für die Stärke eines Schalles sind die Druckänderungen, die beim Schall ebenso wie bei jeder Longitudinalwelle auftreten und sich mit der Welle ausbreiten. Da es sich dabei um rasch wechselnde Werte handelt, benutzt man den Mittelwert der Druckänderungen als **Schalldruck** p_s. Wegen der kleinen Werte, die er annimmt, verwendet man als Einheit das Pascal: 1 Pa = 1 N/m² = 10^{-5} bar. Der vom Ohr wahrnehmbare Schalldruck erstreckt sich von etwa 10^{-5} Pa bis über 10 Pa.

b) Die Schallintensität. Häufiger verwendet man die **Schallintensität** I, nämlich den Quotienten aus der Energie dW, die sich in einem Zeitintervall dt durch eine Fläche A hindurch ausbreitet, und dem Produkt A dt.

$$I = \frac{dW}{A\,dt} = \frac{P}{A} \qquad [I] = \frac{W}{m^2}$$

Das Ohr ist in der Lage, bei einer Schallfrequenz von 1000 Hz noch Schallintensitäten von nur 10^{-12} W/m² wahrzunehmen. Die obere Grenze liegt bei einer Intensität von etwa 1 W/m², die bei kurzer Einwirkung das Ohr noch nicht schädigt, so daß der Umfang der wahrnehmbaren Schallintensitäten sich über 12 Zehnerpotenzen erstreckt.

Die Beziehung zwischen der Schallintensität I und dem Schalldruck p_s findet man aus der Gleichung für die Energie, die erforderlich ist, um durch einen äußeren Überdruck, nämlich den Schalldruck p_s, ein Volumen V um den Betrag $-dV$ zusammenzudrücken: $dW = -p_s\, dV$ (3.3.5. b). Zwischen der Volumenänderung dV und der für sie erforderlichen Druckänderung $dp = p_s$ besteht nach der Gleichung für die Schallgeschwindigkeit (4.3.1. c) die Beziehung: $c^2 = -\dfrac{V\,dp}{\varrho\,dV}$, so daß man erhält:

$dV = -\dfrac{V\,dp}{\varrho\,c^2} = -\dfrac{V\,p_s}{\varrho\,c^2}$. Das Volumen, das in der Zeit dt bei der Ausbreitung der Welle durch den Querschnitt A erfaßt wird, ist $V = A\,c\,dt$. Setzt man diese Ausdrücke in die Gleichung für die Schallintensität ein, so erhält man:

$$I = \frac{dW}{A\,dt} = -\frac{p_s\,dV}{A\,dt} = \frac{V\,p_s^2}{A\,dt\,\varrho\,c^2} = \frac{A\,c\,dt\,p_s^2}{A\,dt\,\varrho\,c^2} = \frac{p_s^2}{\varrho\,c}$$

Man bezeichnet das Produkt $\varrho\,c$ als **Schallimpedanz** oder **Schallwellenwiderstand** $Z = \varrho\,c$; dann lautet die gesuchte Beziehung zwischen Schalldruck und Schallintensität:

$$I = \frac{p_s^2}{Z} \qquad Z = \varrho\,c \qquad\qquad \text{Bei 20 °C:} \quad Z_{20} = 1,205\,\frac{kg}{m^3} \cdot 343,6\,\frac{m}{s} = 414\,\frac{kg}{m^2\,s}$$

Da es meist nicht auf größte Genauigkeit ankommt, kann man deshalb die Näherungsformel $I \approx 0,0025\ m^2\,s/kg \cdot p_s^2$ verwenden.

c) Schallpegel. In dem großen Bereich von 10^{-12} bis $1\ W/m^2$ kann das Ohr die Intensität zweier Schallwellen nur unterscheiden, wenn ihr Verhältnis einen bestimmten Mindestwert überschreitet. Weil es dadurch insgesamt nur etwa 120 Intensitätsstufen feststellen kann, hat man für sie eine Skala mit 120 Werten eingeführt und bezeichnet diese als **Schallpegel** und eine Stufe als 1 Dezi-Bel (dB). Da jeder Schallpegeldifferenz ein bestimmter Quotient der Schallintensitäten entspricht, muß zwischen beiden Größen eine logarithmische Beziehung bestehen: $L - L_0 = a\,\lg I/I_0$. Wählt man als unteren Pegel $L_0 = 0\ dB$ die Intensität $I_0 = 10^{-12}\ W/m^2$ und als obere Grenze für $L = 120\ dB$ die Intensität $I = 1\ W/m^2$, so findet man a aus der Beziehung:

$$120\ dB - 0 = a\,\lg 10^{12} = a \cdot 12 \qquad \text{oder:} \qquad a = 10\ dB$$

Daher lautet die Beziehung: $L = 10\ dB\,\lg I/I_0$ mit $I_0 = 10^{-12}\ W/m^2$.

Weil $I/I_0 = p_s^2/p_{s0}^2$ oder $\lg I/I_0 = 2\,\lg p_s/p_{s0}$, findet man daraus auch die Beziehung zwischen Schallpegel und Schalldruck: $L = 20\,\lg p_s/p_{s0}$, wobei $p_{s0} = 2 \cdot 10^{-5}\ N/m^2$ festgesetzt wurde.

Den Zusammenhang zwischen dem Schalldruck, der Schallintensität und dem Schallpegel kann man übersichtlich in einem Diagramm darstellen (Abb. 1).

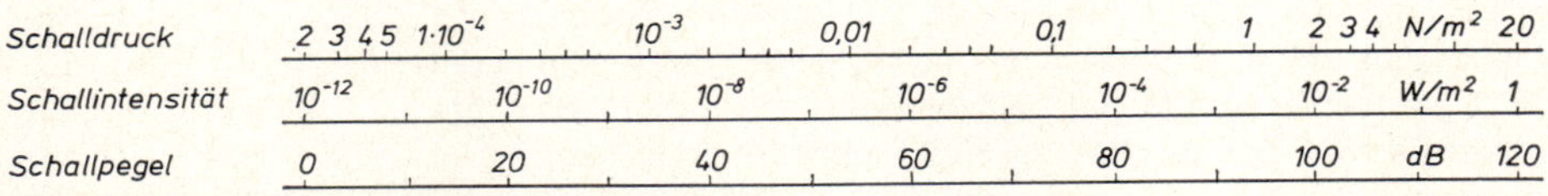

Schalldruck	$2\ 3\ 4\ 5\ 1\cdot10^{-4}$	10^{-3}	0,01	0,1	1	$2\ 3\ 4$ N/m^2 20
Schallintensität	10^{-12}	10^{-10}	10^{-8}	10^{-6}	10^{-4}	10^{-2} W/m^2 1
Schallpegel	0	20	40	60	80	100 dB 120

Abb. 1. Schalldruck, Schallintensität und Schallpegel

d) Lautstärke. Mit einem Schallpegelmeßgerät kann man die Schallempfindlichkeit des Ohres untersuchen. Vermindert man den Schallpegel, bis das Ohr keinen Schall mehr wahrnimmt, so kommt man an die **Hörschwelle.** Bei der Frequenz 1000 Hz liegt sie bei 0 dB, bei 100 Hz verschwindet die Schallwahrnehmung aber schon bei 25 dB. Ein Ton mit gleichem Schallpegel wird bei verschiedenen Frequenzen nicht gleich laut empfunden. Die Schallempfindung

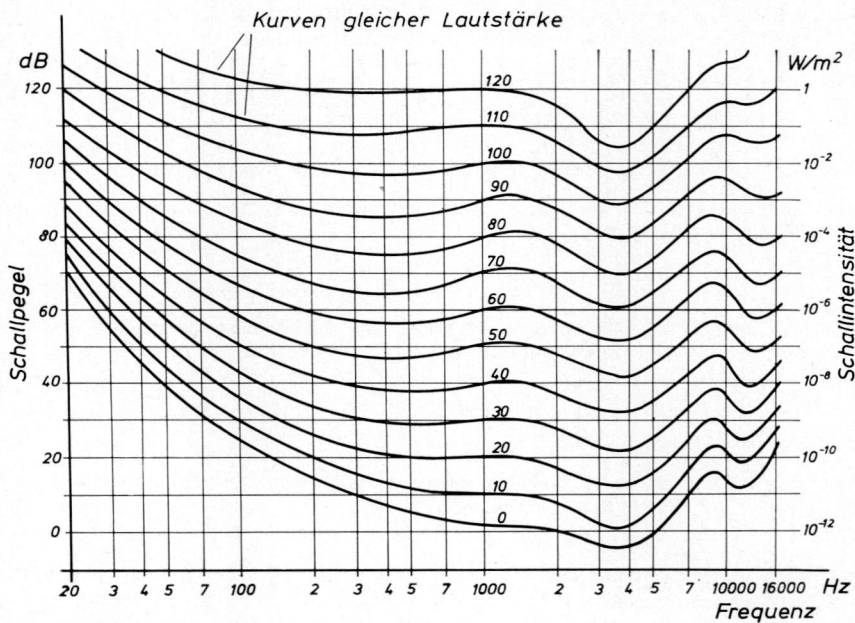

Abb. 2. Zusammenhang zwischen Lautstärke, Frequenz und Schallpegel

hängt also nicht nur vom Schallpegel, sondern auch von der Frequenz ab. Für die physiologische Schallempfindung, die **Lautstärke,** benötigt man noch ein weiteres Maß: Die frühere Einheit, das Phon, wird nur noch für rein physiologische Zwecke verwendet, weil ein Schall schwer objektiv in Phon gemessen werden kann und die Bestimmung aus dem Schallpegel und der Frequenz nur mit Hilfe eines Diagramms (Abb. 2) möglich war, bei dem in einem nach Frequenzen und Schallpegel eingeteilten Feld Punkte gleicher Schallempfindung durch Kurven miteinander verbunden sind. Mit der Verfeinerung elektronischer Meßverfahren ließ sich ein Lautstärkemesser entwickeln, der die auftreffenden Schallwellen durch ein Filter A bei kleinen und großen Frequenzen so dämpft, daß seine Anzeige dem menschlichen Schallempfinden sehr nahe kommt. Als Maßeinheit dient das mit dem Filter A bewertete Dezibel, das deshalb kurz dBA genannt wird. Man erhält eine Lautstärke in dBA, indem man dem Schallpegel wegen der Dämpfung durch das Filter eine Korrektur ΔL anfügt (Tab.). Ein Schall z. B. von 250 Hz und einem Schallpegel $L = 40$ dB wird vom Ohr mit der Lautstärke $L_A = L + \Delta L = (40 - 8,6)$ dBA = 31,4 dBA wahrgenommen. Wo die Schallempfindung aufhört, liegt die Hörschwelle mit 0 dBA; bei 130 dBA beginnt für das Ohr eine Schmerzempfindung. Zur Abschätzung von Lautstärken in dBA kann man folgende Tabelle verwenden:

Schallpegel-korrektur ΔL	
f/Hz	$\Delta L/\mathrm{dBA}$
10	− 70,4
16	− 56,7
25	− 44,7
40	− 34,6
63	− 26,2
100	− 19,1
160	− 13,4
250	− 8,6
400	− 4,8
630	− 1,9
1 000	0
1 600	+ 1,0
2 500	+ 1,3
4 000	+ 1,0
6 300	− 0,1
10 000	− 2,5
16 000	− 6,6

Lautstärke in dBA (in Klammern: Entfernung vom Ohr zur Schallquelle)		
Hörschwelle 0	Straßenlärm	Motorrad ohne
Blätterrauschen 20	einer Verkehrsstraße 60	Schalldämpfer (3 m) 100
Leise Unterhaltung 40	Werkzeugmaschine (2 m) 80	Flugzeugmotor (10 m) 120

4.3.4. Lärm und Lärmabwehr

a) Unter **Lärm** versteht man jeden unerwünschten Schall, sei es, daß er zu laut ist und deshalb unangenehm empfunden wird oder daß er andere erwünschte Schallwahrnehmungen stört. Jeder Lärm schädigt das Nervensystem und setzt unser Arbeitsvermögen oder unser Wohlbefinden herab. Deshalb ist es eine wichtige Aufgabe der Technik, durch **Lärmabwehr** den Lärm in seiner Entstehung und Ausbreitung zu mindern. Dazu braucht man die **Schalldämmung** und die **Schallschluckung.** Die Schalldämmung ist die Fähigkeit einer Wand, die Intensität einer sich durch sie ausbreitenden Schallwelle zu vermindern. Die Schallschluckung setzt die Stärke der an der Oberfläche einer Wand reflektierten Welle herab.

b) Schalldämmung. Trifft eine Schallwelle auf die Trennfläche zweier Stoffe, z. B. beim Übergang von Luft auf eine feste Wand, so wird ein Teil ihrer Energie an der Fläche reflektiert. Der restliche, eindringende Teil durchläuft die Wand und erfährt dabei je nach der Art des Stoffes eine mehr oder minder starke Dämpfung, so daß die Energie der Welle beim Austritt kleiner ist als beim Eintritt. Diesen Vorgang bezeichnet man als Schalldämmung.

Zur Beurteilung der Schalldämmung D dient die Differenz $L_1 - L_2$ der Schallpegel vor und hinter der dämmenden Wand. Sie hängt vom Schalldämmaß R der Wandkonstruktion, von der Fläche A_W der Wand und der Schallschluckung A_S (4.3.4. c) des zweiten Raumes ab. So ist z. B. die Schalldämmung der gleichen Wandkonstruktion gegen ein Zimmer mit großer Schallschluckung besser als gegen einen Raum mit kleiner Schallschluckung. Das Schalldämmaß R ist nur durch die Bauausführung der Wand bestimmt und kann Tabellen entnommen werden. Die Schalldämmung erhält man dann aus der Gleichung:

$$\text{Schalldämmung } D = L_1 - L_2 = R + 10 \text{ dB lg } (A_S/A_W)$$

Nach theoretischen und praktischen Untersuchungen ist das Schalldämmaß einer einschichtigen Wand um so stärker, je größer die in einem Ausschnitt von 1 m² Fläche enthaltene Masse, die Flächenmasse der Wand, ist.

Bergersches Gesetz: Das Schalldämmaß einer einschichtigen festen Wand wächst mit zunehmender Flächenmasse.

Das Dämmaß wird erhöht, wenn man die Schallwellen mehrfachen Reflexionen unterwirft, indem man eine Wand aus mehreren Schichten verschiedener Schalldurchlässigkeit zusammensetzt. Dabei werden hohe Frequenzen besser gedämmt als niedrige. Die Wand ganz durchdringende Poren, Löcher oder Ritzen wirken sich sehr nachteilig aus, weil der Schall ohne Übergang von Luft auf einen festen Körper hindurchdringen kann. Sie mindern die Dämmwirkung viel mehr, als es der Größe ihres Querschnittes entspricht.

Das Dämmaß ist frequenzabhängig. Bei Überschlagsrechnungen kann man sich mit den in der Tabelle angegebenen Mittelwerten begnügen, bei genauen Untersuchungen muß es für verschiedene Frequenzen getrennt gemessen werden. Auch die erforderlichen Dämmaße sind je nach der Frequenz verschieden. Sie sind in Normen durch Dämmaß-Sollkurven festgelegt, die an keiner Stelle wesentlich unterschritten werden dürfen. Mittelwerte des erforderlichen Dämmaßes sind ebenfalls in der Tabelle angegeben.

Mittleres Dämmaß R einiger Baustoffe in dB		Erforderliche Schalldämmung in dB	
Ziegelmauerwerk, verputzt, 25 cm	50	Krankenzimmerwände	50
Ziegelmauerwerk, verputzt, 12 cm	45	Wohnungstrennwand	48
Betonwand, 20 cm	48	Außenmauern	48
Betonwand, 10 cm	42	Zwischenwände in Schulen	42
Holzwollematte, 8 cm	50	Zwischenwände in Wohnungen	40
Strohmatte, 5 cm	38	Zimmerdecken	52
Doppeltür mit 12 cm Luft	bis 40	Türen	30
Einfache Holztür	20	Fenster	25
Doppelfenster mit 12 cm Luft	bis 30		
Einfachfenster	15	Dämmzahlerhöhung durch eine Luftschicht zw. zwei Schichten	6 ... 12

c) Schallschluckung. Unter Dämmung versteht man die Schwächung einer durch eine Wand hindurchgehenden Schallwelle. Die **Schallschluckung** vermindert dagegen die Energie einer an einer Oberfläche reflektierten Welle. Schallschluckende Schichten haben auf der der Schallquelle zugewandten Seite kleine Poren und Öffnungen, sind aber auf der abgewandten Seite geschlossen. Die ankommenden Schallwellen können in die Öffnungen eindringen, werden mehrfach reflektiert und verlieren dabei durch Absorption einen großen Teil ihrer Energie. Bei anderen Schichten, z. B. hohl verlegten Sperrholzplatten, beruht die Fähigkeit zur Schallschluckung darauf, daß durch die Platten hindurch im folgenden Hohlraum eine stark gedämpfte Schwingung angeregt wird. Wie die Schalldämmung ist auch die Schallschluckung stark frequenzabhängig. Poröse Schichten schlucken mehr die kurzen, hohl verlegte Platten mehr die langen Wellen.

Als Maß für die Schallschluckung dient die **Schluckzahl,** nämlich das Verhältnis der von der Schicht absorbierten Energie zur auffallenden Gesamtenergie; sie wird meist in % angegeben. Glatter Putz oder Beton weisen nur eine kleine Schallschluckung auf. Dagegen hat frisch gefallener Schnee in weitem Frequenzbereich eine hohe Schluckzahl von 60 ... 70 %.

Schallschluckzahlen in %							
Böden	Frequenz in Hz	128	256	512	1024	2048	4096
Holzböden		3	4	6	12	14	17
Linoleum		2	2	3	3	4	4
Teppich		4	4	15	29	52	59
Wände und Decken							
Putz, Mauerwerk		2	3	4	5	7	9
Filzmatte, 15 mm, aufliegend		8	18	38	72	75	78
Schallschluckplatte, 25 mm, aufliegend		13	19	27	60	72	76
Schallschluckplatte, 20 mm, auf Glaswolleunterlage		40	66	71	58	62	72
Sperrholzplatte, 3 mm, hohl verlegt		25	34	18	10	10	6
Sperrholzplatte, 3 mm, mit Glaswollehinterfüllung		61	65	24	12	10	6

d) Lärmabwehr. Das beste Mittel zur Lärmbeseitigung besteht darin, den Lärm gar nicht entstehen zu lassen, indem man die Art einer Bewegung und das Material von aufeinanderstoßenden oder reibenden Gegenständen so wählt, daß wenig oder gar kein Schall entsteht. So versieht man Fahrzeugräder mit Luftbereifung, man fertigt Zahnräder aus Kunststoff, man verhindert das geräuschvolle Austreten von Verbrennungsgasen durch Auspufftöpfe, man ersetzt bei der Werkstoffbearbeitung das Hämmern nach Möglichkeit durch Pressen, Ziehen oder Walzen. Eine solche vollkommene Lärmbeseitigung läßt sich aber nicht in allen Fällen durchführen.

Wenn eine Lärmentstehung unvermeidbar ist, so kann man seine störenden Wirkungen weitgehend vermindern, wenn man die Ausbreitung des Lärmes so weit wie möglich unterbindet. Den Schall, der sich von der Lärmquelle in festen Körpern ausbreitet, bezeichnet man als **Körperschall.** Seine Ausbreitung verhindert man durch schallisolierende Zwischenlagen an den Auflagestellen der Lärmquelle. Dazu verwendet man schallweiche Stoffe wie Gummi, Asphalt, Filz, Kork oder Glaswolle. Die Intensität der Körperschallwelle wird dann an der Übergangsstelle durch Reflexion und in dem Isolierstoff durch Absorption stark vermindert.

Ein besonderer Fall des Körperschalles ist der **Trittschall.** Er entsteht beim Auftreten auf den Fußboden, pflanzt sich in ihm fort und breitet sich leicht auf die Luft der darunter liegenden Räume aus. Durch Teppiche läßt sich sein Entstehen ganz verhindern. In Räumen, in denen das Auslegen eines Teppichs unmöglich ist, muß die Oberschicht des Bodens (Zement, Gips, Asphalt) als schwimmender Estrich auf eine körperschalldämmende Zwischenschicht (Stein- oder Glaswolle, Kokosfasermatte, Korkmatte) gelegt werden.

Der größte Teil der Lärmenergie bleibt jedoch nicht in den festen Stoffen, sondern breitet sich als **Luftschall** auf die umgebende Luft aus. Schon der im Raum der Schallquelle herrschende Lärm läßt sich vermindern. Ein nicht unbeträchtlicher Teil der ans Ohr gelangenden Schallenergie beruht auf den an den Wänden reflektierten Schallwellen. Wenn dieser Anteil durch Auskleiden des Raumes mit schallschluckenden Schichten wesentlich vermindert wird, erzielt man eine beträchtliche Lärmminderung. Aber auch die Ausbreitung des Lärmes auf Nachbarräume läßt sich einschränken, wenn man den betreffenden Raum mit schalldämmenden Wänden umgibt. Bei ausreichender Dämmung kann der durch die Wände hindurchgehende Teil der Schallenergie so geschwächt werden, daß der Lärm außerhalb des Raumes nicht mehr als störend empfunden wird.

4.3.5. Raumakustik

a) Anhall und Nachhall. In Kirchen, Versammlungsräumen, Theatern oder Kinos wünscht man eine gute **Akustik,** d. h. man wünscht eine Schallausbreitung, daß man gesprochene Worte leicht verstehen und dargebotene Musik mit gutem Klang unverfälscht wahrnehmen kann.

Der erste Schallreiz beim Ohr wird durch die auf dem direkten Weg zum Ohr gelangten Schallwellen hervorgerufen (Abb. 1). Danach kommen noch weitere an den Wänden und Decken einfach oder mehrfach zurückgeworfene Wellen und verstärken den Schalleindruck, bis er zur vollen Stärke angewachsen ist. Diesen Vorgang bezeichnet man als **Anhall.** Nach dem

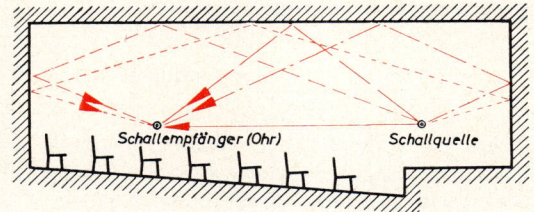

Abb. 1. Direkter und indirekter Schallweg in einem Vortragsraum

Verstummen der Schallquelle hören in derselben Reihenfolge die auf verschiedenen Wegen übermittelten Schallempfindungen auf, so daß der Schall im **Nachhall** allmählich verlöscht. Die Schallstärkekurve hat etwa den in Abb. 2 a dargestellten Verlauf. Wegen der nicht linearen Empfindlichkeit des Ohres entspricht dagegen die Lautstärkekurve der Abb. 2 b. Sie zeigt, daß das Ohr den Anhall kaum vom Vollschall unterscheiden kann, so daß man einen Ton sofort beim Eintreffen des direkten Schalles in beinahe voller Lautstärke wahrnimmt. Auch der Nachhall wird vom Ohr lauter empfangen, als es seiner Intensität

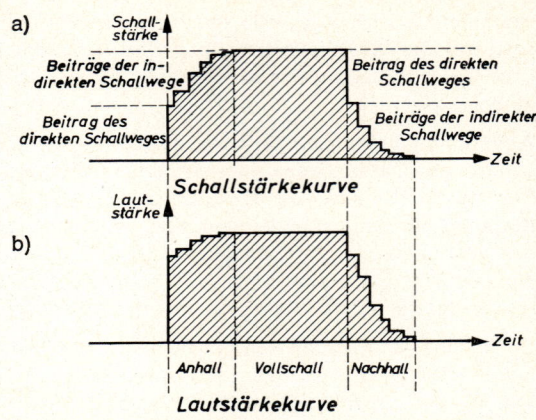

Abb. 2. Schall- und Lautstärkekurve mit An- und Nachhall

entspricht. Deshalb wird die Schallwahrnehmung nach dem Verklingen des direkten Schalles durch den Nachhall verlängert. Er wirkt für die Verständlichkeit der Sprache und den Wohlklang der Musik entscheidend mit. Ohne Nachhall würde ein Ton wie im Freien mit zunehmender Entfernung von der Schallquelle rasch abnehmen und verklingen. Dagegen macht ein zu starker und anhaltender Nachhall die Sprache unverständlich. Die günstigste Nachhalldauer ist in großen Räumen und für Musik länger als in kleinen Räumen und für Sprache. Messungen in Räumen mit guter Akustik ergaben etwa folgende Werte:

Günstige Nachhalldauer in s			
Raumgröße	Schulen, Vortragsräume	Konzert-, Musiksäle	Kirchen
100 m³	0,5	0,9	1,2
1 000 m³	0,9	1,3	1,6
10 000 m³	1,4	1,8	2,3

b) Einfluß der Schallschluckung auf den Nachhall. Wie die Entstehung des Nachhalles zeigt, wächst seine Dauer mit zunehmender Länge der Schallwege, also mit der Größe des Raumes. Dagegen nimmt seine Dauer mit wachsender Schluckung der Wände ab; denn sie vermindert die Energie der reflektierten Schallwellen, bis sie schließlich unter die Hörschwelle gesunken ist. Um den Nachhall zahlenmäßig festzulegen, benutzt man die Zeit, in der die Schallenergie auf den 10^6-ten Teil ihrer ursprünglichen Stärke abnimmt. Nach der Gleichung in 4.3.3. c sinkt dabei der Schallpegel um 60 dB. Die so festgesetzte Nachhallzeit T hängt nach der **Formel von Sabine** in folgender Weise vom Inhalt V eines Raumes und der gesamten Schallschluckung A_S seiner Wände ab:

$$\text{Nachhalldauer: } T = 0,163 \, \frac{\text{s}}{\text{m}} \frac{V}{A_S}$$

Die in dieser Formel auftretende Schallschluckung A_S berechnet man, indem man jedes Flächenstück A_1, A_2, ... der Wände, Decken und Böden mit der Schluckzahl α_1, α_2, ... multipliziert und die Summe dieser Produkte bildet:

$$\text{Schallschluckung: } A_S = A_1 \, \alpha_1 + A_2 \, \alpha_2 + \dots$$

Dieser Wert der Schallschluckung erhöht sich noch durch die Wirkung der Raumausstattung (Möbel, Gardinen, Teppiche) und durch die im Raum anwesenden Personen. Im Mittel darf man für einen Holzstuhl 0,05 m², für einen Schrank 0,2 m², für einen Sessel 0,3 m², für einen Tisch 0,15 m², für eine Person 0,35 m² zur Schluckung der Wände hinzufügen.

Man hat es so in der Hand, durch Anbringen von Schallschluckstoffen an zweckmäßigen Stellen die Nachhallzeit eines Raumes zu beeinflussen. In Räumen mit unverkleideten Betonwänden ist die Schallschluckung sehr klein und daher der Nachhall so lang, daß man ein gesprochenes Wort kaum verstehen kann. Umgekehrt läßt sich für schallmeßtechnische Zwecke durch Auskleiden mit stark schallschluckenden Stoffen der Nachhall fast ganz beseitigen. Bei richtiger Wahl der Schallschluckstoffe kann man dafür sorgen, daß für alle Frequenzen der Nachhall auf die günstigste Länge gebracht wird.

4.3.6. Ultraschall

a) Nachweis von stehenden Ultraschallwellen. Mit der Anordnung des folgenden Versuches lassen sich stehende Wellen besonders hoher Frequenz erzeugen und sichtbar machen.

Dazu dient eine Galtonpfeife, die aus einer Düse besteht, welche mit Druckluft von etwa 1 bar Überdruck angeblasen wird. Vor der Düse befinden sich ein Luftspalt und ein einseitig geschlossenes Röhrchen, in dem durch den aus der Düse ausströmenden Luftstrom Schwingungen entstehen. Verändert man die Breite des Spaltes durch mikrometrische Verstellung des Röhrchens, so verändert sich auch die Frequenz der entstehenden Schwingung. Bringt man in die Nähe des Spaltes einer Galtonpfeife nach Abb. 1 das offene Ende einer einseitig geschlossenen Röhre, so bilden sich in ihr, angeregt durch die Schwingungen der Pfeife stehende Wellen aus. Ihre Knoten und Bäuche werden sichtbar, wenn man einen in der Röhre ausgespannten Glühdraht elektrisch zu schwacher Rotglut aufheizt. An den Stellen, an denen sich die Luft in Bewegung befindet, also an den Bäuchen der Geschwindigkeit, wird der Draht gekühlt und erscheint daher dunkler als an den Stellen der Geschwindigkeitsknoten.

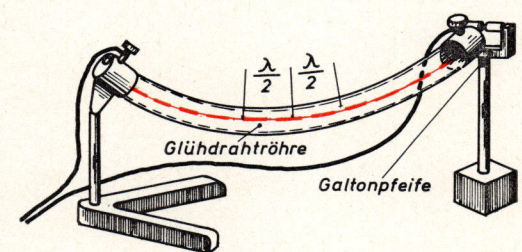

Abb. 3. Stehende Ultraschallwellen

Steigert man die Frequenz der Galtonpfeife, so wird ihr Ton immer höher, und die Intervalle zwischen den hellen und dunklen Stellen des Drahtes werden immer kürzer. Schließlich überschreitet die Frequenz der Welle den Hörbereich, und das Ohr vernimmt keinen Ton mehr. Die Glühdrahtröhre zeigt aber auch dann noch deutlich die Knoten und Bäuche der angeregten stehenden Welle.

Wie schon in 4.3.1. a vermerkt wurde, liegt die obere Grenze des Hörbereiches des menschlichen Ohres je nach dem Alter bei einer Frequenz zwischen 10 kHz und 20 kHz. Beträgt die Frequenz eines Schalles mehr als 20 kHz, so vernimmt das Ohr keinen Ton mehr. Der Versuch zeigt aber, daß sich auch dann noch elastische Wellen in Luft ausbreiten und in einer Röhre stehende Wellen hervorrufen. Solche nicht mehr hörbare Wellen mit Frequenzen von mehr als 20 kHz bezeichnet man als **Ultraschall.**

b) Erzeugung von Ultraschallwellen. Für technische Zwecke erzeugt man Ultraschallwellen nicht mit einer Galtonpfeife, sondern verwendet elektrische Erzeugungsmethoden: Man regt in Schwingkreisen elektrische Schwingungen entsprechender Frequenzen an (6.10.1. d) und überträgt sie mit Membranen auf Luft oder andere Medien. Eine bessere Übertragung erhält man mit Elektromagneten (6.7.1. c), die einen Nickelkern besitzen und deren Spulen von Wechselströmen mit Ultraschallfrequenzen bis zu 10^5 Hz durchflossen werden. Ihre Kerne ändern ihre Längen mit dem Wechsel der magnetischen Feldstärke um kleine Beträge (Magnetostriktion). Bei höheren Frequenzen bis zu 10^7 Hz eignen sich besser Kristalle, die ihre Form in einem elektrischen Wechselfeld mit solchen Frequenzen ändern (Piezoeffekt 6.2.2. c).

c) Bedeutung und Anwendungen des Ultraschalls. Manche Tiere besitzen einen größeren Hörbereich als der Mensch. Hunde können z. B. dem Pfiff einer Ultraschallpfeife folgen, die ein Mensch nicht hören kann. Auch Fledermäuse können Ultraschall wahrnehmen; außerdem besitzen sie ein Organ, mit dem sie Ultraschallwellen aussenden können. Werden diese an Gegenständen reflektiert, so können die Tiere das „Ultraschalleche" hören. Dadurch sind sie in der Lage, bei ihren nächtlichen Flügen Hindernisse zu erkennen und ihnen auszuweichen.

Auch der Mensch verwendet die nicht hörbaren Ultraschallwellen zur lautlosen Übertragung von Signalen oder Befehlen, z. B. bei Geräten zur Fernsteuerung oder bei der Fernbedienung von Fernsehgeräten. Wegen der kurzen Wellenlängen spielen Beugungserscheinungen beim Ultraschall eine geringere Rolle als beim Hörschall. Deshalb läßt sich Ultraschall besser gebündelt in eine Richtung aussenden. Diese Eigenschaft findet Anwendung beim Echolot mit Ultraschall, das zum Messen von Meerestiefen oder zum Orten von Gegenständen unter Wasser verwendet wird. Den Laufzeitunterschied der an der Vorderseite und an der Rückseite einer Wand reflektierten Ultraschallwelle ist elektronisch meßbar und läßt sich zur Dickenmessung von Schichten und Wänden verwenden.

Wegen ihrer hohen Frequenz sind Ultraschallwellen nach 4.1.1. d energiereicher als Hörschallwellen. Sie erschüttern und erwärmen jeden Stoff, auf den sie auftreffen oder von dem sie absorbiert werden. Man verwendet die Schüttelwirkung in der Gießereitechnik zum Entgasen von Schmelzen, in der Chemie zum Mischen von unlöslichen Stoffen, zum Herstellen von kolloiden Emulsionen, z. B. von feinkörnigen photographischen Schichten, und zum Zerreißen von großen Molekülen, in der Medizin zur Tiefenmassage innerer Organe und zum Auflösen von Gallen- oder Nierensteinen, in der Prüftechnik zur Materialuntersuchung. Die starke Wärmewirkung dient zum Entkeimen von Flüssigkeiten.

5. OPTIK

5.1. Das Licht als Energiestrom

5.1.1. Die Grundeigenschaften des Lichtes

a) Das Wesen des Lichtes. Das Licht ist eine weitere Energieart, denn es läßt sich aus anderen Energien gewinnen, z. B. aus Wärme bei glühenden Stoffen oder aus elektrischer Energie bei Leuchtröhren, und in solche überführen, z. B. in Wärme überall, wo Lichtstrahlen auffallen und absorbiert werden. In 5.4. wird gezeigt, daß das Licht wie die mit ihm verwandte Wärmestrahlung zu den elektromagnetischen Wellen gehört. Es breitet sich nach den Gesetzen der Wellenfortpflanzung aus und zeigt alle wesentlichen Eigenschaften einer Transversalwelle.

Gegenstände können wir nur sehen, wenn von ihnen Lichtstrahlen ausgehen und wenn diese dann in unser Auge gelangen. Bei selbstleuchtenden Gegenständen (Lichtquellen) ist die erste Voraussetzung immer erfüllt; bei nichtleuchtenden Gegenständen läßt sich die Bedingung nur erfüllen, wenn fremdes Licht auf sie fällt und von ihnen reflektiert wird.

b) Geradlinige Ausbreitung der Lichtstrahlen. Das Licht breitet sich im leeren Raum oder durch ein homogenes Medium in geraden Linien, den **Lichtstrahlen,** aus. Das folgt aus der Entstehung des Schattens hinter einem von Licht getroffenen Gegenstand. Die Lichtstrahlen Wellenstrahlen. Abweichungen von der geradlinigen Ausbreitung durch Beugung sind so entsprechen den bei einer Wellenausbreitung senkrecht zu den Wellenfronten verlaufenden klein, daß sie bei vielen optischen Vorgängen vernachlässigt werden dürfen. Dann werden die Lichtstrahlen als geometrische Geraden aufgefaßt; deshalb nennt man den sich damit befassenden Teil der Optik die geometrische Optik.

c) Die Fortpflanzungsgeschwindigkeit des Lichtes ist so groß, daß man noch im 16. Jahrhundert glaubte, daß das Licht überhaupt keine Zeit bräuchte, um sich bis in die größten Fernen auszubreiten. Erst am Ende des 16. Jahrhunderts gelang es, die endliche Ausbreitungsgeschwindigkeit des Lichtes zu messen.

Der dänische Astronom Olaf Römer (1644 bis 1710) stellte bei der Beobachtung der Jupitermonde fest, daß sie in ihrem Umlauf gegenüber den Vorausberechnungen um etwa 1000 s zurückblieben, wenn der Planet Jupiter in der Stellung E_2J_2 um etwa 300 Mill. km weiter von der Erde entfernt war als in der Stellung E_1J_1. Den Grund dafür erkannte er in der längeren Zeit, die das Licht für den größeren Weg braucht, und er berechnete daraus die Lichtgeschwindigkeit.

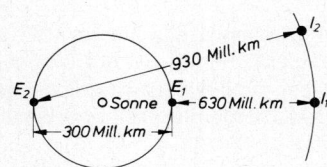

Heute benutzt man zur Messung der Lichtgeschwindigkeit Meßstrecken auf der Erde. Durch Verfeinerung der Zeitmessung kann man dabei eine größere Genauigkeit erzielen als bei der ersten astronomischen Methode.

Abb. 1. Messung der Lichtgeschwindigkeit

279

Nach den genauesten Bestimmungen beträgt die Lichtgeschwindigkeit im Vakuum:

$$c_0 = (299\,792{,}5 \pm 0{,}9)\ \text{km/s} \approx 300\,000\ \text{km/s}$$

Die Lichtgeschwindigkeit in Luft unterscheidet sich kaum von c_0, so daß man fast stets mit $c = 300\,000$ km/s rechnet. In anderen Stoffen ist sie kleiner, z. B. in Wasser 225 000 km/s, in verschiedenen Glassorten 170 000 km/s . . . 200 000 km/s.

d) Reflexion, Absorption und Durchlässigkeit. Fällt auf einen Körper Licht, so wird wie bei der Wärmestrahlung ein Teil der Lichtenergie reflektiert; der andere Teil dringt in den Körper ein, wird dort entweder absorbiert und in Wärme umgewandelt, oder er durchdringt den Körper und tritt wieder aus. Auch beim Licht werden die Begriffe Reflexionsgrad ϱ, Absorptionsgrad α und Transmissionsgrad (Durchlässigkeit) τ verwendet. Es gilt die gleiche Beziehung wie bei der Wärmestrahlung $\varrho + \alpha + \tau = 1$.

Der Reflexionsgrad ist durch das Material und die Oberflächenbeschaffenheit bedingt. Der Absorptionsgrad und der Transmissionsgrad ändern sich mit der Dicke der Stoffschicht, und zwar wird α größer, τ kleiner. In vielen Fällen ist der Transmissionsgrad schon nach geringen Schichtdicken auf Null gesunken. Alle Größen ϱ, α und τ können für Lichtstrahlen andere Werte annehmen als für Wärmestrahlen.

Reflexionsgrad ϱ, Absorptionsgrad α und Transmissionsgrad τ für sichtbares Licht

Stoff	ϱ in %	α in %	τ in %	Stoff		ϱ in %	α in %
Klarglas, 3 mm	6 . . . 8	2 . . . 4	90 . . . 92	Nickel, blank		55 . . . 60	40 . . . 45
Mattglas, 3 mm	8 . . . 20	5 . . . 20	70 . . . 85	Weißblech, poliert		65 . . . 70	30 . . . 35
Trübglas, 3 mm	30 . . . 75	5 . . . 25	15 . . . 60	Silber, poliert		85 . . . 92	8 . . . 15
Cellon, 3 mm	35 . . . 55	15 . . . 25	20 . . . 40	Silber, hinter Glas		75 . . . 90	10 . . . 25
Transparentpapier	40 . . . 50	5 . . . 15	35 . . . 55	Silberspiegel auf Glas		90 . . . 94	6 . . . 10
Papier, weiß	70 . . . 75	25 . . . 30	0 . . . 1		weiß	~ 85	~ 15
Seide, weiß	28 . . . 38	1 . . . 2	61 . . . 71	Wand-	gelb, hell	~ 70	~ 30
Stoff, rot	12 · · · 18	82 . . . 88	—	putz	gelb, mittel	~ 50	~ 50
Samt, schwarz	2 . . . 4	96 . . . 98	—	oder	gelb, dunkel	~ 35	~ 65
Magnesia	93 · · · 97	3 . . . 7	—	Tapete	rot, mittel	~ 25	~ 75
Aluminium, matt	55 . . . 60	40 . . . 45	—		grün, mittel	~ 15	~ 85
Aluminium, poliert	65 . . . 70	30 . . . 35	—		blau, mittel	~ 10	~ 90
Aluminium, versp.	89 . . . 90	10 . . . 15	—	Ölfarbe, weiß		65 . . . 75	25 . . . 35
Chrom, poliert	60 . . . 70	30 . . . 40	—	Email, weiß		65 . . . 75	25 . . . 35
Messing, blank	50 . . . 60	40 . . . 50	—	Kacheln, weiß		60 . . . 76	24 . . . 40

In keiner Spalte der Tabelle tritt der Wert 100 % auf. Selbst weißes Magnesia reflektiert nur 97 % und Oberflächenspiegel nur 94 %. Schwarzer Samt und lockerer Ruß absorbieren 98 %. Der Transmissionsgrad von Klarglas, der bei 3 mm noch 92 % beträgt, sinkt bei 1 m Dicke auf weniger als 50 %. In großen Meerestiefen ist es dunkel. Sogar die Atmosphäre absorbiert einen großen Teil der Sonnenstrahlung.

e) Wirkungen des Lichtes. Die Energie des absorbierten Lichtes kann nicht verlorengehen, sondern tritt an der Absorptionsstelle als irgendeine andere Energie in Erscheinung. Die dabei auftretenden Erscheinungen gaben den Anstoß zur Quantentheorie (7.1.4.), nach der die Lichtenergie nicht gleichmäßig, sondern in winzigen Beträgen, den Quanten, absorbiert wird.

Die häufigste Wirkung ist die **Erwärmung.** Die absorbierenden Atome erfahren vom auftreffenden Lichtquant einen Stoß, der ihre kinetische Energie erhöht, was nach der kinetischen Wärmelehre einen Temperaturanstieg bedeutet. Die Quanten können auch **chemische** Wirkungen hervorrufen. Darauf beruht die Photographie. Es gibt chemische Reaktionen, z. B. die Vereinigung von Chlor und Wasserstoff zu Salzsäure, die nur bei Lichteinfall ablaufen. Beim Auftreffen von Licht auf die Alkalimetalle entsteht durch den Photoeffekt eine **elektrische** Aufladung.

Einige Stoffe zeigen im reflektierten Licht eine andere Farbe als im durchgehenden. Die Erscheinung heißt **Fluoreszenz,** weil sie zuerst beim Flußspat (Fluorit) beobachtet wurde. Auch Fluoreszeïn, rote Tinte, Mineralöle, viele Farbstoffe oder Uranglas zeigen Fluoreszenzfarben. Dabei ist immer das auftreffende Licht von kürzerer Wellenlänge als das aufleuchtende. Eine besondere Bedeutung hat die Fluoreszenz mit unsichtbarem ultraviolettem Licht erlangt.

Verschiedene kristalline Stoffe werden dadurch zum Aufleuchten in sichtbarem Licht angeregt. In den Leuchtstofflampen kann dadurch auch die Ultraviolettstrahlung zur Lichterzeugung herangezogen werden, so daß ihr Wirkungsgrad viel höher ist als der der Glühlampen.

Eine Anwendung ist die **Analysenlampe.** Eine Quecksilberdampflampe ist in einem Gehäuse eingeschlossen, durch dessen Glasfenster nur ultraviolette Strahlen austreten können. In dem ausgestrahlten ultravioletten Licht zeigen die Stoffe Fluoreszenzfarben. Fingernägel leuchten bläulich, Zähne grünlich weiß, Hautnarben treten deutlich hervor, echte Edelsteine unterscheiden sich von unechten. Mit dieser Lampe lassen sich manche Stoffe zerstörungsfrei erkennen und untersuchen, was auf anderem Wege unmöglich wäre.

Vom Mitleuchten, der Fluoreszenz, unterscheidet man das Nachleuchten, die **Phosphoreszenz.** Einige Metallschwefelverbindungen zeigen diese Erscheinung und finden als Leuchtfarben Anwendung. Sie sammeln am Tage oder bei Bestrahlung Energie in sich auf und geben sie später wieder ab. Das Leuchten des Phosphors, des faulen Holzes oder der Leuchtkäfer sind langsame Verbrennungen und gehören nicht zur Phosphoreszenz.

5.1.2. Die photometrischen Größen und ihre Einheiten

a) Strahlungsleistung und Lichtstrom. Die von einer Lichtquelle ausgehende Strahlung stellt einen Energiestrom dar. Ihre Strahlungsenergie wird daher in Ws und ihre Strahlungsleistung in W gemessen.

Unser Auge kann aber nur einen Teil der ausgesandten Strahlung als Licht wahrnehmen. Die Wärmestrahlung eines Strahlungsheizgerätes oder die Ultraviolettstrahlung einer Quecksilberdampflampe sind nicht sichtbar. Auch im Bereich des sichtbaren Lichtes bestehen je nach der Farbe der Strahlen große Empfindlichkeitsunterschiede für das Auge. Strahlt eine Lichtquelle rotes und eine andere mit gleicher Strahlungsleistung gelbgrünes Licht aus, so erscheint die zweite dem Auge heller als die erste, weil seine Empfindlichkeit für gelbgrünes Licht höher ist als für rotes Licht. Abb. 1 zeigt die Empfindlichkeitskurve des Auges für Licht verschiedener Farbe.

Um dieser mit der Farbe wechselnden Empfindlichkeit Rechnung zu tragen, unterscheidet man von der Strahlungsleistung die Lichtleistung oder den **Lichtstrom** mit der Einheit Lumen (lm). Je nach der Farbe des Lichtes braucht man für einen Lichtstrom von 1 lm verschiedene Strahlungsleistungen. Umgekehrt kann man mit 1 W Strahlungsleistung ganz verschiedene Lichtströme erzeugen.

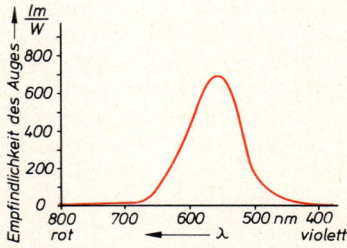

Abb. 1. Empfindlichkeitskurve des Auges

Zusammenhang zwischen Strahlungsleistung und Lichtstrom

Farbe (Wellenlänge in nm)	rot (650)	gelb (590)	gelbgrün (555)	grün (530)	blau (470)	violett (430)
Strahlungsleistung für 1 lm	0,013 W	0,0020 W	0,00147 W	0,0017 W	0,016 W	0,12 W
Aus 1 W entstehender Lichtstrom	80 lm	500 lm	680 lm	590 lm	60 lm	8 lm

b) Die Lichtstärke. Eine Lichtquelle sendet ihren Lichtstrom meist nicht gleichmäßig nach allen Richtungen aus. Die Form des Leuchtkörpers, seine Halterung und Fassung, die Umkleidung mit Schirmen und Reflektoren bewirken, daß die Ausstrahlung nach einigen Richtungen stärker, nach anderen schwächer erfolgt. Man hat deshalb für die nach den verschiedenen Richtungen wechselnde „Lichtstromdichte" eine weitere photometrische Größe, die **Lichtstärke,** eingeführt.

Die Lichtstärke ist um so höher, je größer der Anteil des Gesamtlichtstromes ist, der in einen Raumwinkel bestimmter Größe ausgestrahlt wird. Dabei versteht man unter einem Raumwinkel einen kegelförmigen Bereich rings um die ins Auge gefaßte Richtung, dessen Spitze in der Lichtquelle liegt (Abb. 2). Ein Raumwinkel ist um so größer, je größer die Fläche A_k ist, die von ihm auf einer Kugel um die Lichtquelle ausgeschnitten wird. Da diese Fläche mit dem Quadrat des Kugelradius r_k wächst, erhält man erst ein von der Kugelgröße unabhängiges Maß für den Raumwinkel, wenn man den Quotienten aus A_k und r_k^2 bildet.

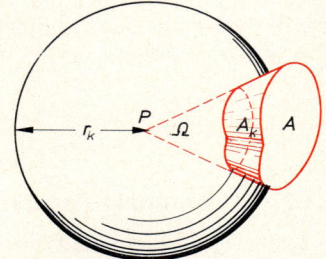

Abb. 2. Raumwinkel (Definition)

$$\boxed{\text{Raumwinkel: } \Omega = \frac{A_k}{r_k^2}}$$

Nach dieser Gleichung ist der Raumwinkel als Quotient zweier Flächen unbenannt. Falls eine Bezeichnung für den Raumwinkel 1 benötigt wird, dient dafür der Steradiant (sr). Ein voller Raumwinkel, der die ganze Kugeloberfläche $4\, r_k^2\, \pi$ einschließt, hat die Größe $4\,\pi$.

Wird eine kleine rechteckige Fläche $dA = a\, b$ von dem Licht einer fernen Lichtquelle P getroffen, deren Strahlen schräg auf die Fläche treffen (Abb. 3), so legt man die Kugelfläche durch ihre Mitte M, so daß $r_k = r = PM$ ist. Der Raumwinkel, unter dem diese Fläche von

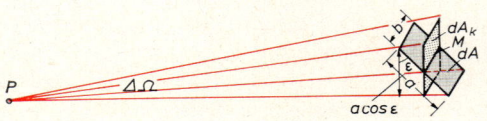

Abb. 3. Raumwinkel (Berechnung)

P aus erscheint, schneidet aus der Kugeloberfläche ein Stück dA_k aus, das wegen der großen Entfernung von P als eben betrachtet werden darf. Schließt dA mit dA_k den Winkel ε ein, so gilt $dA_k = a \cos \varepsilon \cdot b = dA \cos \varepsilon$. Daher erhält man für den Raumwinkel $d\Omega$, unter dem die Fläche dA erscheint:

$$d\Omega = \frac{dA_k}{r_k^2} = \frac{dA \cos \varepsilon}{r^2}$$

Man erhält nun die Lichtstärke I auf dem Flächenstück dA als Quotienten aus dem auftreffenden Lichtstrom dΦ und dem Raumwinkel dΩ:

$$\text{Lichtstärke} = \frac{\text{Raumwinkel}}{\text{auftreffender Lichtstrom}} \qquad I = \frac{\mathrm{d}\Phi}{\mathrm{d}\Omega} \qquad [I] = 1\ \text{cd} = \frac{1\ \text{lm}}{1\ \text{sr}}$$

Als Einheit der Lichtstärke dient die Candela (cd). Sie ist der 60. Teil der Lichtstärke, die von 1 cm² eines leuchtenden schwarzen Körpers bei der Schmelztemperatur 1768 °C des Platins senkrecht zur Oberfläche ausgestrahlt wird. Da sr meist nicht geschrieben wird, bedarf es oft einer Prüfung, ob sich aus einer Gleichung die Einheit lm oder cd ergibt. Steht eine nach cd geeichte Lichtquelle zur Verfügung, so kann man mit den in 5.1.3. behandelten Photometern durch Vergleich unbekannte Lichtstärken messen. Umgekehrt erhält man die Lichtstärke aus dem Raumwinkel und dem Lichtstrom:

$$\mathrm{d}\Phi = I\,\mathrm{d}\Omega = I\,\frac{\mathrm{d}A\cos\varepsilon}{r^2} \qquad \Phi = \int\frac{I\cos\varepsilon}{r^2}\,\mathrm{d}A$$

c) Die Beleuchtungsstärke. Das Erkennen von Einzelheiten an einem Körper hängt davon ab, wie groß der Lichtstrom ist, der z. B. auf 1 cm² der betreffenden Stelle fällt. Als Maß hierfür dient die **Beleuchtungsstärke** E. Sie ist der Quotient aus dem auf eine Fläche auffallenden Lichtstrom dΦ und dem Inhalt dA der Fläche.

$$\text{Beleuchtungsstärke}\quad E = \frac{\mathrm{d}\Phi}{\mathrm{d}A}$$

Führt man in diese Gleichung die oben gefundene Beziehung zwischen Lichtstrom und Lichtstärke ein, so erhält man eine zweite Gleichung für E:

$$\text{Beleuchtungsstärke}\quad E = \frac{I\cos\varepsilon}{r^2}$$

Die Einheit der Beleuchtungsstärke, das Lux (lx) ist nach ihrer Festlegung: $1\ \text{lx} = 1\,\dfrac{\text{lm}}{\text{m}^2}$.

d) Die Leuchtdichte. Die in eine Richtung ausgesandte Lichtstärke einer Lichtquelle setzt sich aus allen Beiträgen zusammen, die von den leuchtenden Flächenstücken ausgehen, die aus der betreffenden Richtung gesehen werden können. Die einzelnen Flächenstücke erscheinen dem Auge im allgemeinen nicht gleich hell, sondern in verschiedener **Leuchtdichte.** Als Maß dafür benutzt man den Quotienten aus dem Lichtstärkebeitrag dI und der Fläche dA_p (Abb. 4), unter der das Auge das lichtaussendende Flächenstück dA sieht.

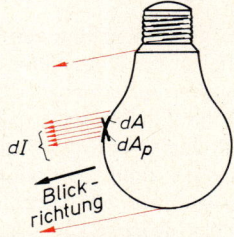

Abb. 4. Definition der Leuchtdichte

$$\text{Leuchtdichte eines Flächenstückes:}\quad L = \mathrm{d}I/\mathrm{d}A_\mathrm{p}$$

Bei Leuchten benutzt man gern den Mittelwert der Leuchtdichte, den man als Quotienten aus der ganzen Lichtstärke I und der Projektionsfläche A_p erhält: $L = I/A_\mathrm{p}$.

Aus diesen Gleichungen erhält man als Einheit der Leuchtdichte:

$$[L] = 1\,\frac{\text{cd}}{\text{m}^2}\ \text{oder}\ 1\,\frac{\text{cd}}{\text{cm}^2}$$

(Die letztere Einheit wurde früher als 1 Stilb (sb) bezeichnet.)

Auch bei nicht selbstleuchtenden Flächen kann man die Leuchtdichte des reflektierten Lichtes bestimmen, die meist sehr klein ist. Fällt auf eine Fläche dA die Beleuchtungsstärke E, so trifft auf sie der Lichtstrom $d\Phi = E\,dA$. Bei einem Reflexionsgrad ϱ ist dann der diffus nach allen Richtungen zurückgeworfene Lichtstrom $d\Phi_r = \varrho\,E\,dA$. Nach einem von Lambert aufgestellten Gesetz berechnet sich daraus die Lichtstärke: $L = \dfrac{1}{\pi}\dfrac{d\Phi_r}{dA} = \dfrac{\varrho}{\pi}E$.

> Leuchtdichte einer nichtselbstleuchtenden Fläche: $L = \dfrac{\varrho}{\pi}E$

Aufgaben:

1. Welche Beleuchtungsstärke erzeugt eine 60-W-Lampe (Abb. 5) auf der Mitte und am Rand eines darunter befindlichen Tisches? (94 lx, 52 lx)

2. Eine Lampe hat einen Schirm, der in Richtung auf einen horizontalen Arbeitsplatz in einem breiten Winkel die Lichtstärke 100 cd erzeugt. Die Lampe hat vom Arbeitsplatz die Horizontalentfernung 1 m. Berechnen Sie die Beleuchtungsstärke für die Vertikalentfernungen $h_1 = 0,5$ m, $h_2 = 0,7$ m und $h_3 = 1$ m. Weshalb steigt die Beleuchtungsstärke zuerst an und fällt dann wieder ab? ($E_1 = 35,7$ lx, $E_2 = 38,5$ lx, $E_3 = 35,4$ lx)

3. Vergleichen Sie die Leuchtdichte einer Glühlampe von 100 W und einer Leuchtstofflampe von 25 W jeweils in Richtung senkrecht nach unten. Glühlampe $I_1 = 105$ cd, Kolbendurchmesser 6 cm, Leuchtstofflampe $I_2 = 130$ cd, Röhrendurchmesser 36 mm, Länge 97 cm.
$$\left(L_1 = 3,71\ \frac{cd}{cm^2},\ L_2 = 0,372\ \frac{cd}{cm^2}\right)$$

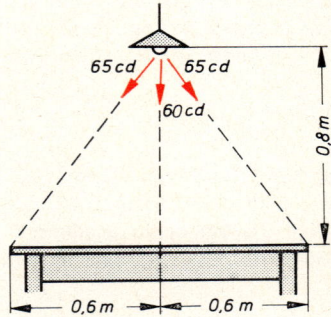

Abb. 5. Zu Aufg. 1

5.1.3. Photometrische Meßgeräte

a) Visuelle Photometer. Zur Messung und zum Vergleich von Licht- und Beleuchtungsstärken dienen die **Photometer.** Da sie eine Angabe über die Lichtstärkeempfindung des menschlichen Auges machen sollen, benützte man früher ausschließlich visuelle Photometer, bei denen das Auge zur Beurteilung des Lichteindruckes verwendet wird. Da es jedoch nicht in der Lage ist, verschiedene Lichteindrücke zu vergleichen, sondern nur ihre Gleichheit sehr genau feststellen kann, muß man bei diesen Geräten das Licht der helleren Lichtquelle meßbar schwächen, bis beide Lichtquellen an der Meßstelle gleiche Beleuchtungsstärken erzeugen. Meist geschieht dies durch Verändern der Entfernungen r_1 und r_2 der Lichtquellen von der Meßstelle. Wenn das Gerät so gebaut ist, daß die Auftreffwinkel ε_1 und ε_2 gleich sind, so erhält man aus der Bedingung gleicher Beleuchtungsstärke:

$$\frac{I_1 \cos \varepsilon_1}{r_1{}^2} = \frac{I_2 \cos \varepsilon_2}{r_2{}^2} \quad \text{oder:} \quad I_2 = I_1 \left(\frac{r_2}{r_1}\right)^2$$

Mit solchen Geräten kann man nur zwei Lichtstärken miteinander vergleichen. Eine absolute Lichtstärkeangabe erhält man nur dann, wenn man eine Normlichtquelle verwendet, so daß die Lichtstärke I_1 der ersten Lichtquelle bekannt ist. Wegen dieses Umstandes werden visuelle Photometer immer seltener verwendet, so daß es genügt, ein Beispiel anzuführen.

Beim **Photometerwürfel von Lummer-Brodhun** (Abb. 1) beleuchten die beiden Lichtquellen ein Gipsplättchen von zwei Seiten unter $\varepsilon_1 = \varepsilon_2 = 90°$. Das diffus zurückgeworfene Licht wird durch zwei Spiegel S_1 und S_2 zum Photometerwürfel gelenkt. Das ist ein in einer Diagonalebene zerschnittener Glaswürfel, der, nachdem die eine Schnittfläche am Rande abgeschliffen wurde, wieder zusammengefügt wurde. Man erreicht dadurch, daß man im Einblick in der Mitte das von S_1, am Rande das von S_2 kommende Licht sieht. Beide Seiten des Gipsplättchens haben gleiche Beleuchtungsstärke, wenn im Einblick Mitte und Rand des Sehfeldes gleich hell erscheinen.

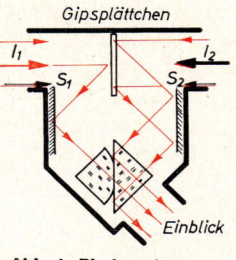

Abb. 1. Photometer-würfel

b) Physikalische Photometer enthalten einen elektrischen Lichtwandler, bei dem das auftreffende Licht in einen von der Beleuchtungsstärke abhängigen elektrischen Strom oder eine Spannung umgesetzt wird, die dann mit einem elektrischen Meßgerät gemessen werden. Man verwendet die folgenden an späteren Stellen des Buches behandelten elektrischen Geräte:

Läßt man Licht auf eine geschwärzte Fläche fallen, die mit den Lötstellen einer **Thermosäule** (6.2.4. f) verbunden ist, so werden diese erwärmt, und es entsteht eine mit der Beleuchtungsstärke wachsende Spannung.

Bei einer **Photozelle** (6.5.2. c) löst das auffallende Licht aus der Photoschicht Elektronen, so daß ein von der Beleuchtungsstärke abhängiger Strom entsteht.

Ein **Photowiderstand** (6.6.2. d) ist eine Übergangsstelle zwischen zwei Halbleitern, deren Übergangswiderstand sich beim Auftreffen von Licht ändert. Schließt man ihn an eine kleine galvanische Spannungsquelle, so fließt ein Strom, der sich beim Auftreffen von Licht ändert.

Um größere Empfindlichkeit zu erzielen, wie dies besonders in der Astronomie erforderlich ist, benützt man an der Auftreffstelle eine **photographische Schicht,** in der die Lichteinwirkung über längere Zeit gesammelt werden kann und wertet danach die entstehende Schwärzung photometrisch aus. Ohne Wartezeit erhält man eine Photometrie höchster Empfindlichkeit, wenn man eine Photozelle mit einem **Sekundärelektronenvervielfacher** (7.4.3 d) verbindet, der die Zahl der aus der Photoschicht herausgelösten Elektronen bis zu 10^6 mal vervielfacht.

Da die erzeugte Spannung oder der entstehende Strom außer von der Beleuchtungsstärke auch von der Farbe des auffallenden Lichtes abhängt, benötigen die Geräte eine Anpassung an die Farbempfindlichkeit des Auges. Bei weißem Licht läßt sich dies durch eine entsprechende Eichung der Skala berücksichtigen. Bei Lichtarten mit verschiedenen Farben benötigt man mehrere Eichkurven oder Farbfilter. Bei Beachtung dieses Umstandes zeigt ein solches Instrument unmittelbar die Beleuchtungsstärke an der Meßstelle an. So arbeiten z. B. die bekannten **photographischen Belichtungsmesser** mit Hilfe einer Photozelle oder eines Photowiderstandes. Ihre Anzeige muß aber bei künstlichem Licht anders bewertet werden als bei weißem Tageslicht.

Aus der gemessenen Beleuchtungsstärke kann man nach der Gleichung $I = \dfrac{E\,r^2}{\cos \varepsilon}$ die Lichtstärke der Lichtquelle berechnen, welche die Beleuchtungsstärke erzeugt.

c) Das Kugelphotometer dient zur Messung des gesamten von einer Lichtquelle ausgehenden Lichtstromes nach der Gleichung $\Phi = E\,A$.

Die Lichtquelle wird ins Innere einer Hohlkugel ($d = 0,5$ m ... 3 m, Abb. 2) gebracht, deren Innenseite mit einer gut reflektierenden, weißen Farbe gestrichen ist. Infolge der vielfachen Reflexionen gleicht sich die Beleuchtungsstärke auf der ganzen Innenfläche aus. Der an einer Stelle gemessene Wert für E gilt überall, so daß man den Lichtstrom nach der Gleichung $\Phi = E\,4\,r^2\,\pi$ berechnen kann.

Abb. 2. Kugelphotometer

Aufgaben:

1. Die Normallampe eines Photometers weist in Richtung auf die Meßstelle die Lichtstärke 64 cd auf. Welche Lichtstärke hat die zu untersuchende Lichtquelle in Richtung auf die Meßstelle, wenn dort bei den Entfernungen $r_1 = 73,5$ cm und $r_2 = 95,5$ cm) gleiche Beleuchtungsstärke entsteht?

    (108 cd)

2. Zwei Lichtquellen befinden sich auf der Schiene eines Photometers in einer gegenseitigen Entfernung von 1,6 m. Sie haben in der Richtung ihrer Verbindungslinie die Lichtstärken $I_1 = 25$ cd und $I_2 = 45$ cd. An welcher Stelle der Verbindungslinie zeigt das Photometer gleiche Beleuchtungsstärke?

    ($r_1 = 68,3$ cm, $r_2 = 91,7$ cm)

5.1.4. Grundlagen der Beleuchtungstechnik

a) Lichtstrom und Lichtstärke von Lichtquellen. Die Beleuchtungstechnik hat die Aufgabe, bei fehlendem Tageslicht überall, wo es erforderlich ist, eine zweckmäßige und wirtschaftliche Beleuchtung zu schaffen. Die dazu dienenden Lichtquellen sind — abgesehen von Leuchten für Sonderaufgaben — meist Glühlampen oder Leuchtstofflampen. Die Tabelle gibt den bei verschiedenen Leistungen erzeugten Lichtstrom und die für ihre Wirtschaftlichkeit maßgebende Lichtausbeute an.

Um die nach den einzelnen Richtungen ausgesandten Lichtstärken einer Leuchte übersichtlich ablesen zu können, trägt man sie von der Lichtquelle aus nach allen Richtungen als Strecke ein. Ihre Endpunkte liegen auf der **Lichtverteilungskurve.** Die in Abb. 1 dargestellte Kurve gilt für eine Glühlampe mit dem Lichtstrom 1000 lm. Bei einem anderen Lichtstrom ist die aus der

Kurve abgelesene Lichtstärke proportional zur Gesamtlichtstärke umzurechnen. Abb. 2 zeigt, wie die Lichtverteilungskurve sich ändert, wenn eine nackte Lampe mit einem lichtundurchlässigen Schirm ausgestattet wird.

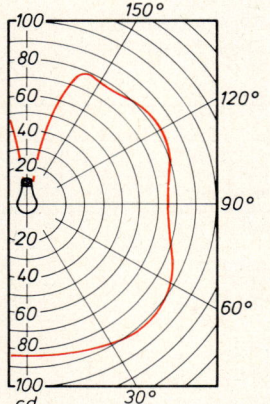

Abb. 1. Lichtverteilungskurve einer Lampe mit 1000 lm

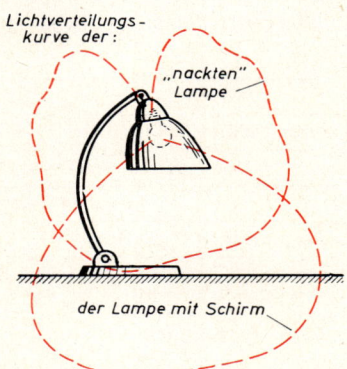

Abb. 2. Lichtverteilungskurve einer Lampe ohne und mit Schirm

Lichtstrom und Lichtausbeute der wichtigsten Lichtquellen											
Glühlampen für 220 V (Lichtausbeute zwischen 8 lm/W und 20 lm/W)											
Leistung in W	15	25	40	60	75	100	150	200	300	500	1 000	2 000
Lichtstrom in lm	120	230	430	730	960	1 380	2 220	3 150	5 000	8 400	18 800	40 000

Bei geringeren Spannungen ist der Glühdraht dicker und kann auf höhere Temperaturen gebracht werden. Dadurch erhöht sich der Lichtstrom bei 110 V um etwa 10 %, bei 6...24 V um etwa 20 %.

Leuchtstofflampen (Lichtausbeute, bezogen auf die Gesamtleistung 32...55 lm/W)											
Type →	Tageslicht oder rötlich				Weiße Normallampe				bei höchster Lichtausbeute			
Leistung ohne Drossel in W	20	25	40	65	20	25	40	65	20	25	40	65
Gesamtleistung mit Drossel in W	25	32	51	78	25	32	51	78	25	32	51	78
Lichtstrom in lm	800	1150	1700	3100	900	1300	2000	3500	1150	1650	2500	4250

Lichtquelle	P (gesamt)	Φ in lm	Φ/P in lm/W	Lichtquelle	P (gesamt)	Φ in lm	Φ/P in lm/W
Gasglühlicht	140 W	200	1,4	Natrium-dampflampe	106 W	6 800	64
Glimmlampe	2 W	1	0,5	Xenonlampe	150 W	3 200	21
Bogenlampe (110 V =)	4000 W	40 000	10	Hg-Hoch-drucklampe	425 W	19 000	45
Bogenlampe (220 V ~)	5000 W	40 000	8	Hg-Höchst-drucklampe	200 W	9 500	48

287

b) Erforderliche Beleuchtungsstärke. Um Einzelheiten gut erkennen zu können, braucht man eine ausreichende Beleuchtungsstärke. Bei Tageslicht ist sie so hoch und so gleichmäßig, daß das Auge dabei seine Aufgabe sehr gut erfüllen kann. Bei künstlicher Beleuchtung verwendet man aus wirtschaftlichen Gründen meistens kleinere Beleuchtungsstärken. Dabei werden oft aus falscher Sparsamkeit zu geringe Beleuchtungsstärken gewählt, die Ermüdungserscheinungen, Schädigungen der Augen oder Unfälle zur Folge haben können.

Natürliche Beleuchtungsstärken in lx				
Sonnenlicht im Juni um 12 h	bis 100 000	Tageslicht bei be-	im Juni	4 000 . . . 20 000
im Dezember um 12 h	bis 9 000	decktem Himmel	im Dezember	900 · · · 2 000

Erforderliche Beleuchtungsstärken bei künstlicher Beleuchtung in lx			
Hauptstraßen in Großstädten	16	Neben- und Siedlungsstraßen	4
Sonstige Hauptstraßen, Lagerplätze	1	Treppenhäuser, Bahnsteige	30 . . . 60

Innenbeleuchtung bei	nur Allgemeinbeleuchtung	Allgemeinbeleuchtung mit	zusätzlicher Platzbeleuchtung
grober Arbeit (Nebenräume, Lager, Kesselräume, Gießereien)	120	–	–
mittelfeiner Arbeit (Wohn- und Büroräume, Maschinensäle, Grobmontage)	250	100	500
feiner Arbeit (Unterrichts- und Verkaufsräume, Feinmontage, Werkstätten)	500	200	1000
sehr feiner Arbeit (Zeichensäle, Feinmechanik, Graphik, Farbprüfung)	1000	400	2000

c) Leuchtdichte und Blendung. Auch bei guter Beleuchtungsstärke kann man keine Einzelheiten unterscheiden, wenn sie sich nicht durch Farbe oder die Helligkeit des reflektierten Lichtes unterscheiden. Daher sind Leuchtdichtekontraste entscheidend für ein gutes Erkennungs- und Unterscheidungsvermögen. Nach der Gleichung $B = \varrho E$ ist eine gute Beleuchtungsstärke Voraussetzung für eine gute Leuchtdichte. Die Kontraste entstehen durch verschiedene Werte des Reflexionsvermögens ϱ. So ergibt sich z. B. bei schwarzer Druckschrift ($\varrho = 0{,}04$) auf weißem Papier ($\varrho = 0{,}72$) ein kräftiger Kontrast mit dem Leuchtdichteverhältnis 1 : 18. Das Auge kann wesentlich geringere Kontraste unterscheiden; seine Kontrastempfindlichkeit wächst bis zu einer Leuchtdichte von etwa 0,05 cd/m².

Die Leuchtdichte darf aber auch nicht zu groß sein, weil sonst eine **Blendung** eintreten kann, die das Sehvermögen des Auges stark beeinträchtigt. Diese Gefahr besteht besonders, wenn Teile der Lichtquelle unmittelbar Strahlen ins Auge senden können. Eine Grenze, bei der eine Blendung einsetzt, läßt sich nicht zahlenmäßig angeben, da sie von sehr verschiedenen Umständen abhängt. Große leuchtende Flächen blenden mehr als kleine. Besonders leicht entsteht eine Blendung bei großen Leuchtdichtegegensätzen. Ein an Dunkelheit angepaßtes Auge empfindet eine Lichtquelle als blendend, die nach einer Gewöhnung an die Helligkeit nicht mehr blendet. Um eine Blendung zu vermeiden, muß man die Leuchtdichte der Lampenoberfläche möglichst verkleinern. Diesem Zweck dient z. B. das Einschließen des Glühfadens einer Glühlampe in einen mattierten Glaskolben, weil dadurch die Leuchtdichte auf etwa den 100. Teil vermindert wird.

Leuchtdichte in cd/cm²

Nachthimmel	10^{-7}	Glimmlampe	0,02 ... 0,1
graue Wolken	0,1	Leuchtstofflampe	0,3 ... 0,7
blauer Himmel	0,3	Glühfaden in Klarglaskolben	300 ... 3000
weiße Wolken	1	Glühlampe mit mattiertem Kolben	3 ... 30
Vollmond	0,25	Bogenlampenkrater	18 000
Sonne	150 000	Hg-Höchstdrucklampe	60 000

Die Tabelle zeigt, daß die Blendungsgefahr bei Leuchtstofflampen wesentlich geringer ist als bei Glühlampen. Die Blendung wird vermieden, wenn man verhindert, daß Licht unmittelbar von der Lichtquelle ins Auge gelangt. Dazu kann man Schirme verwenden. Eine andere Möglichkeit ist die indirekte Beleuchtung. Man strahlt mit der Lampe eine helle Fläche an und benutzt ausschließlich das von ihr zurückgestrahlte Licht. Dieses Verfahren vermeidet zwar die Blendung vollständig; um jedoch eine ausreichende Beleuchtungsstärke zu erzielen, sind wesentlich stärkere Leuchten erforderlich als bei der erstgenannten Möglichkeit zur Behebung der Blendung.

d) Lichtfarbe und Behaglichkeit. Verwendet man bei niedrigen Beleuchtungsstärken unter 50 lx eine Tageslichtlampe, so erscheint deren Licht kalt und blau und erzeugt ein Unbehagen, während dieselbe Lampe bei mehr als 500 lx angenehm wirkt. Dagegen empfindet man bei hohen Beleuchtungsstärken eine Leuchte mit gelbem Licht als unnatürlich farbig. Deshalb wählt man bei Beleuchtungsstärken bis zu 50 lx die Farbe des Lichtes rötlichgelb, zwischen 50 und 500 lx gelblich und über 500 lx weiß.

e) Berechnung des erforderlichen Lichtstromes. Wenn ein wenig ausgedehnter Arbeitsplatz mit direktem Licht ausreichend beleuchtet werden soll, berechnet man zunächst aus der verlangten Beleuchtungsstärke die erforderliche Lichtstärke aus der Gleichung $E = I \cos \alpha / r^2$ oder $I = E r^2 / \cos \alpha$. Dann entnimmt man der Lichtverteilungskurve den dazu gehörigen Lichtstrom und findet mit ihm nach der Tabelle in 5.1.4. a die Leistung der Leuchte.

Diese Berechnung berücksichtigt nur den direkt von der Lampe auf die Arbeitsfläche A fallenden Lichtstrom. Wenn aber bei der Beleuchtung eines ganzen Raumes auch das diffus von der Decke und den Wänden zurückgestrahlte Licht wesentlich zur Beleuchtungsstärke beiträgt, so verwendet man die Gleichung $E = \Phi/A$. Würden in einem Raum die Decke und die Wände alles auffallende Licht vollständig reflektieren, dann käme der ganze Lichtstrom entweder direkt oder indirekt auf die Arbeitsfläche, eine Ebene parallel zum Boden in etwa 0,8 m Höhe. Dann ergäbe die obige Formel die mittlere auf der Arbeitsfläche A entstehende Beleuchtungsstärke. Weil aber ein Teil des Lichtstromes vom Schirm der Leuchte, von den nur teilweise reflektierenden Decken und Wänden verschluckt wird, ist die Beleuchtungsstärke kleiner. Dieser Minderung trägt man Rechnung, indem man den beleuchtungstechnischen Wirkungsgrad η einführt; dann lautet die Gleichung für E:

$$E = \eta \frac{\Phi}{A}$$

Der beleuchtungstechnische Wirkungsgrad hängt ab:

1. von den Eigenschaften der Leuchte. Ein Teil des Lichtstromes geht schon durch Absorption in den lichtdurchlässigen Abdeckungen und an den Schirmen verloren;

2. von der Anordnung der Leuchte, je nachdem sie ihr Licht ausschließlich, überwiegend oder gar nicht auf direktem, sondern weniger oder mehr auf indirektem Weg in den Raum sendet;

3. von der Form des Raumes. An dem auf die Arbeitsfläche auftreffenden Lichtstrom ist bei breiten Räumen hauptsächlich das direkte Licht beteiligt, das durch keine Reflexion geschwächt wird und auf kurzem Weg zur Arbeitsfläche gelangt. Bei hohen Räumen tritt das direkte Licht gegenüber dem indirekten zurück, das aus einem großen Raumwinkel, wenn auch bei einer Reflexion an Decken oder Wänden geschwächt, ohne allzuweite Wege auf die Arbeitsfläche gelangt (Abb. 3);

4. vom Reflexionsvermögen der Decken und Wände. Der Verlust ist um so größer, je dunkler die Flächen getüncht oder tapeziert sind.

Dazu kommt noch eine mit fortschreitender Verschmutzung zunehmende Abnahme des Wirkungsgrades, weil dabei die Durchlässigkeit von Abdeckungen und das Reflexionsvermögen von Schirmen, Wänden und Decken abnehmen, während sich ihre Absorption erhöht.

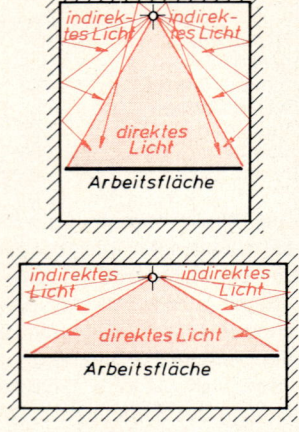

Abb. 3. Beleuchtungstechnischer Wirkungsgrad in hohen und breiten Räumen

Den beleuchtungstechnischen Wirkungsgrad kann man aus Tabellen entnehmen, die aufgrund zahlreicher Messungen zusammengestellt wurden und die alle genannten Einflüsse berücksichtigen. In ungünstigen Fällen (dichte Lampenschirme, bei weitgehend indirekter Beleuchtung, in einem hohen Raum mit dunklen Oberflächen und starker Verschmutzung) sinkt η auf wenige %, in günstigen Fällen kann er auf Werte bis zu 75 % ansteigen.

Beispiele und Aufgaben:

1. Ein Unterrichtsraum von $6 \cdot 8$ m² Grundfläche soll mit 12 Glühlampen vorschriftsgemäß beleuchtet werden. Aus der Lampenanordnung, den Raumabmessungen und seinen Oberflächen findet man einen beleuchtungstechnischen Wirkungsgrad $\eta = 0,35$. Welche Leistung der Lampen ist zu wählen?

   Nach der Tabelle der erforderlichen Beleuchtungsstärken benötigt man 500 lx.

   Aus: $E = \eta \dfrac{\Phi}{A}$ folgt: $\Phi = \dfrac{E\,A}{\eta} = \dfrac{500\ \text{lx}\ 48\ \text{m}^2}{0,35} = 68\,600$ lm

   Für jede Lampe ergibt sich daraus ein Lichtstrom von 68 600 lm : 12 = 5700 lm. Aus der Tabelle der Lichtströme der Glühlampe findet man, daß 500-Watt-Glühlampen erforderlich sind.

2. Eine Turnhalle von $15 \cdot 12$ m² Grundfläche und 4,5 m Höhe wird von vier 500-Watt-Glühlampen beleuchtet. Die Lampen sind unter der Decke in der Anordnung der Abb. 4 angebracht. Auf dem Boden wird in der Mitte M der Halle die Beleuchtungsstärke 72 lx, sonst aber als Mittel vieler Messungen 65 lx gemessen. Berechnen Sie den Wirkungsgrad der Anlage. Welcher Anteil der Beleuchtungsstärke im Punkte M entfällt auf direktes Licht, wenn die Lichtstärke der Lampen in Richtung auf M 850 cd beträgt?
   (34,8 %, 79,5 %)

   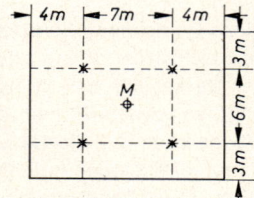

   Abb. 4. Zu Aufg. 2

3. Eine Werkhalle von $8 \cdot 12$ m² Bodenfläche soll eine Raumbeleuchtung mit $E = 250$ lx erhalten. Der Beleuchtungswirkungsgrad ist 43,5 %. Wie viele Lampen sind erforderlich, a) bei einer Ausstattung mit 100-W-Glühlampen, b) bei einer Ausstattung mit 40-W-Leuchtstofflampen (Normalweiß, Leistung mit Drossel 51 W)? In welchem Verhältnis stehen die Betriebskosten?
   (40 100-W-Glühlampen oder 28 40-W-Leuchtstofflampen, 2,8 : 1)

5.2. Geometrische Optik

5.2.1. Reflexion

a) Das Reflexionsgesetz. Fällt Licht auf die Oberfläche eines Körpers, so wird je nach dem Reflexionsvermögen ein Teil der auftreffenden Lichtstrahlen reflektiert. Bei rauhen Flächen erfolgt die Reflexion diffus nach allen Seiten (Abb. 1), bei glatten Flächen gehört zu jeder Einfallsrichtung eine bestimmte Reflexionsrichtung. Aus Messungen des Einfallswinkels ε_e (Abb. 2) zwischen dem einfallenden Strahl und dem Lot und des Reflexionswinkels ε_r zwischen dem Lot und dem reflektierten Strahl findet man das **Reflexionsgesetz:**

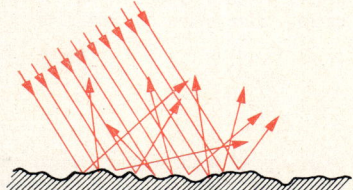

Abb. 1. Diffuse Reflexion

> **Der einfallende und der reflektierende Strahl liegen mit dem Lot in einer Ebene. Der Reflexionswinkel ε_r ist ebenso groß wie der Einfallswinkel ε_e.**

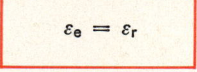

$$\varepsilon_e = \varepsilon_r$$

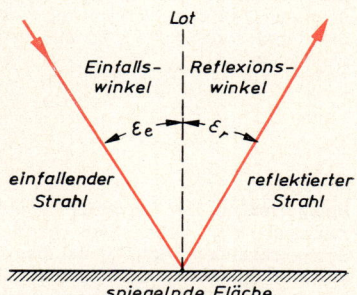

Abb. 2. Gesetzmäßige Reflexion

b) Anwendungen ebener Spiegel.

Spiegelablesung (Abb. 3). Dreht sich ein Spiegel S_1 um den Winkel δ in die Lage S_2, so dreht sich das Einfallslot von p_1 um δ nach p_2. Der zurückgeworfene Strahl dreht sich um den doppelten Winkel 2δ, weil die Vergrößerung des Einfallswinkels um δ auch eine Vergrößerung des Reflexionswinkels um δ bewirkt. Der Endpunkt des reflektierten Strahles verschiebt sich dadurch auf der Teilung T von M_1 nach M_2. Bei großem Abstand des Spiegels von der Teilung wird die Verschiebung $M_1 M_2$ auch bei kleinem Drehwinkel δ groß und deshalb genau ablesbar. Der reflektierte Strahl dient als gewichtsloser Zeiger, z. B. bei Spiegelgalvanometern, Biegungs- und Torsionsmessern).

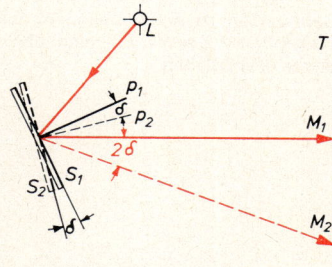

Abb. 3. Spiegelablesung

Winkelspiegel. Von der Tatsache, daß bei einer Spiegeldrehung um den Winkel δ eine Ablenkung des Strahles um 2δ erfolgt, macht man auch bei zwei Spiegeln Gebrauch (Abb. 4). Stehen die beiden Spiegel Sp_1 und Sp_2 parallel, so sind auch der einfallende Strahl S_1 und der austretende Strahl S_2 parallel. Eine Drehung von Sp_2 um den Winkel δ ändert nur die Richtung von S_2 um den Ablenkwinkel 2δ in die Richtung S_2'.

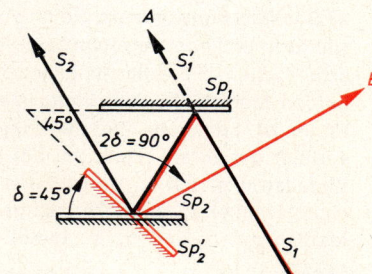

Abb. 4. Ablenkung bei nicht parallelen Spiegeln

Beim **Winkelspiegel** (Abb. 5) ist $\delta = 45°$ und daher $2\delta = 90°$. Visiert ein Beobachter einen Punkt A unmittelbar an und bringt ihn mit dem Spiegelbild eines zweiten Punktes B zur Deckung, so bilden die beiden Sehstrahlen genau einen rechten Winkel. Man benutzt den Winkelspiegel zum Abstecken von rechten Winkeln im Gelände.

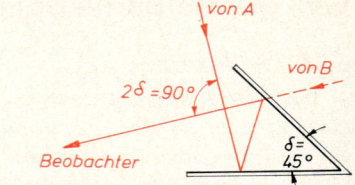

Abb. 5. Winkelspiegel

Statt des Winkelspiegels benutzt man heute häufiger ein Pentagonprisma (Abb. 6). Bei ihm sind die beiden Spiegel des Winkelspiegels durch zwei versilberte Glasflächen eines 5seitigen Prismas ersetzt, deren Verlängerungen miteinander einen Winkel von 45° einschließen. Da jedoch im innersten Teil des Winkels keine Strahlen verlaufen, ist die Kante abgeschliffen, so daß das Prisma kleiner und handlicher wird.

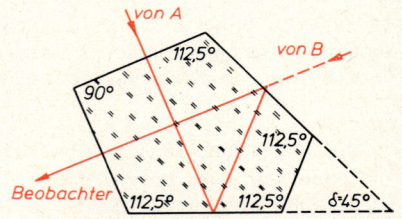

Abb. 6. Pentagonprisma

Spiegelsextant. Der Seefahrer benutzt zur Winkelmessung zwischen den Sehstrahlen nach zwei Punkten den Spiegelsextanten (Abb. 7), bei dem der Spiegel S_1 fest und der Spiegel S_2 an einem drehbaren Arm beweglich ist. An einer Teilung, meist einem Sechstelkreis (daher der Name Sextant), liest er den Winkel δ ab, nachdem er den direkt anvisierten Punkt P_1 und das Spiegelbild des Punktes P_2 zur Deckung gebracht hat. Der Winkel der Sehstrahlen zu den Punkten P_1 und P_2 ist dann doppelt so groß wie der Winkel, den die beiden Spiegel miteinander einschließen.

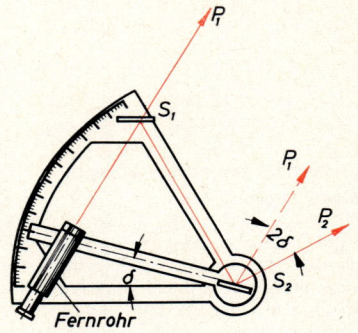

Abb. 7. Spiegelsextant

5.2.2. Brechung und Dispersion

a) Das Brechungsgesetz. Beim Übergang von einem Stoff in einen anderen erfährt das Licht wie jede Wellenausbreitung eine Brechung. Nach 4.2.4. c beruht die Brechung auf der unterschiedlichen Fortpflanzungsgeschwindigkeit des Lichtes in beiden Medien. In dem Stoff, in dem die Geschwindigkeit geringer ist, oder, wie man sagt, im „optisch dichteren Medium", verläuft der Strahl näher am Lot (Abb. 1). Bezeichnet man den Einfallswinkel mit ε_1, den Winkel nach der Brechung als Brechungswinkel ε_2 und die Lichtgeschwindigkeit in den beiden Medien mit c_1 und c_2, so lautet nach 4.2.4. c das Brechungsgesetz:

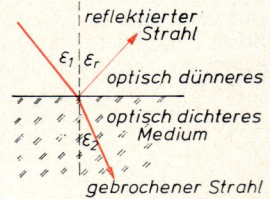

Abb.. 1. Brechung

$$\frac{\sin \varepsilon_1}{\sin \varepsilon_2} = \frac{c_1}{c_2}$$

Das Verhältnis der Lichtgeschwindigkeit ersetzt man in der Optik durch das einer Materialkonstante, des **Brechungsquotienten** oder der **Brechzahl** *n*. Sie ist das Verhältnis der Lichtgeschwindigkeit *c* im Vakuum zur Lichtgeschwindigkeit c_1 in dem betreffenden Stoff:
$n = c/c_1$.

Da sich die Lichtgeschwindigkeit in Luft kaum von der im Vakuum unterscheidet, hat die
Luft mit ausreichender Genauigkeit die Brechzahl $n = 1$. Nun kann man das obige
Brechungsgesetz umformen:

$$\frac{\sin \varepsilon_1}{\sin \varepsilon_2} = \frac{c_1}{c_2} = \frac{c/c_2}{c/c_1} = \frac{n_2}{n_1}$$

Beim Übergang von Luft ($n_1 = 1$) in ein Medium mit $n_2 = n$ gilt dann:

$$\frac{\sin \varepsilon_1}{\sin \varepsilon_2} = n$$

Brechzahlen für gelbes Licht					
Kronglas, leicht	1,51	Plexiglas	1,49	Wasser	1,33
Kronglas, schwer	1,61	Quarz	1,55	Alkohol	1,36
Flintglas, leicht	1,61	Flußspat	1,43	Benzol	1,50
Flintglas, schwer	1,75	Diamant	2,42	Schwefelkohlenstoff	1,63

Die Brechzahlen ändern sich mit der Temperatur. So hat z. B. warme Luft eine kleinere
Brechzahl als kalte. Deswegen kann man an Stellen, an denen heiße Luft oder heiße Gase
aufsteigen, als Folge der veränderten Brechung Schlieren sehen. Auch die beim Mischen
von Lösungen verschiedener Konzentrationen beobachtbaren Schlieren beruhen auf einer
Änderung der Brechzahl.

Der gebrochene Strahl läßt sich geometrisch konstruieren. Man schlägt um O

(Abb. 2) zwei Kreisbogen mit den Radien r_1 und $r_2 = r_1 \dfrac{n_1}{n_2}$. Den einfallenden

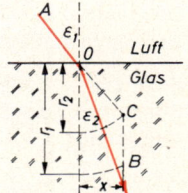

Strahl AO verlängert man bis zum Schnitt mit dem Kreis mit dem Radius r_2.
Dann zieht man durch C eine Parallele zum Einfallslot bis zum Schnitt B mit
dem anderen Kreis. OB ist dann der gebrochene Strahl. Bezeichnet man nämlich

den Abstand der Punkte B bzw. C vom Lot mit *x*, so erhält man: $\sin \varepsilon_1 = \dfrac{x}{r_2} =$

$\dfrac{x \, n_2}{r_1 \, n_1}$ und $\sin \varepsilon_2 = \dfrac{x}{r_1}$. Die beiden Winkel erfüllen also das Brechungsgesetz:

Abb. 2. Konstruktion des gebrochenen Strahles

$$\frac{\sin \varepsilon_1}{\sin \varepsilon_2} = \frac{x \, n_2}{r_1 \, n_1} \cdot \frac{r_1}{x} = \frac{n_2}{n_1}$$

b) Die planparallele Platte (Abb. 3) ist eine durchsichtige
Platte, die von zwei parallelen Ebenen begrenzt ist. Wird sie
von einem Strahl durchsetzt, so sind ε_2 und ε_2' gleich. Dann
sind aber auch nach dem Brechungsgesetz ε_1 und ε_1' gleich.
Der Strahl vor und der Strahl hinter der planparallelen
Platte sind also parallel. Der Strahl erfährt nur eine seitliche
Verschiebung, die um so größer ist, je größer der Einfallswinkel, je dicker die Platte und je größer die Brechzahl
ist.

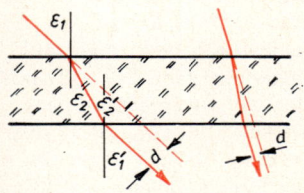

Abb. 3. Planparallele Platte

c) Bei einem **Prisma** mit dreieckigem Querschnitt (Abb. 4) nennt man den von der Eintritts- und Austrittsfläche eingeschlossenen Winkel den Prismenwinkel α. Ein hindurchgehender einfarbiger Strahl erfährt eine Ablenkung, ein weißer Strahl zeigt nach dem Durchgang eine Aufspaltung in Farben. Für die Berechnung des Strahlendurchganges gilt zunächst an beiden Flächen das Brechungsgesetz:

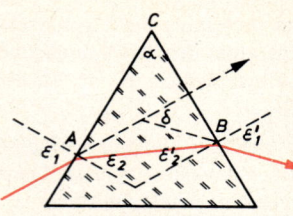

Abb. 4. Strahlengang bei einem Prisma

$$\frac{\sin \varepsilon_1}{\sin \varepsilon_2} = n \qquad \frac{\sin \varepsilon'_1}{\sin \varepsilon'_2} = n$$

Aus der Winkelsumme im Dreieck ABC findet man:

$$90° - \varepsilon_2 + 90° - \varepsilon'_2 + \alpha = 180° \qquad \text{oder:} \qquad \varepsilon_2 + \varepsilon'_2 = \alpha$$

Die Gesamtablenkung δ ist die Summe aus den Teilablenkungen in den Punkten A und B:

$$\delta = \varepsilon_1 - \varepsilon_2 + \varepsilon' - \varepsilon'_2 = \varepsilon_1 + \varepsilon' - \alpha$$

Der Ablenkungswinkel ist ein Minimum, wenn der Strahl symmetrisch durch das Prisma hindurchgeht. Man kann das feststellen, wenn man das Prisma bei festem Einfallsstrahl dreht. Deshalb bezeichnet man den in diesem Fall eintretenden Strahlenverlauf als Minimalablenkung. Dann gilt:

$$\varepsilon_1 = \varepsilon'_1 \qquad \text{und} \qquad \varepsilon_2 = \varepsilon'_2 = \frac{\alpha}{2}$$

$$\text{Hieraus findet man: } \delta = 2\,\varepsilon_1 - \alpha \qquad \text{oder:} \qquad \varepsilon_1 = \frac{\delta + \alpha}{2}$$

Für den Fall der Minimalablenkung lautet daher das Brechungsgesetz:

$$n = \frac{\sin \frac{1}{2}(\delta + \alpha)}{\sin \frac{\alpha}{2}}$$

Da α und δ leichter meßbar sind als ε_1 und ε_2, dient diese Gleichung zur Bestimmung des Brechungsquotienten eines Mediums.

Sind alle auftretenden Winkel klein, so daß man den Sinus eines Winkels durch den im Bogenmaß gemessenen Winkel selbst ersetzen kann, so folgt aus der letzten Gleichung die Beziehung:

$$n = \frac{1}{2}(\delta + \alpha) : \frac{1}{2}\alpha \qquad \text{oder:} \qquad \delta = (n-1)\,\alpha$$

d) Totalreflexion. Tritt Licht aus einem optisch dichteren Stoff in einen optisch dünneren, wenn also $n_1 > n_2$ ist, so wird der Strahl vom Einfallslot weg gebrochen (Abb. 5). Wenn der Einfallswinkel eine gewisse Größe ε_{gr} erreicht, bildet der austretende Strahl mit dem Lot einen Winkel $\varepsilon_2 = 90°$. Nach dem Brechungsgesetz ist dann $\sin \varepsilon_{gr} = n_2/n_1$. Zu einem noch größeren Einfallswinkel $\varepsilon_1 > \varepsilon_{gr}$ gibt es keinen Austrittswinkel, da dessen Sinus > 1 sein müßte.

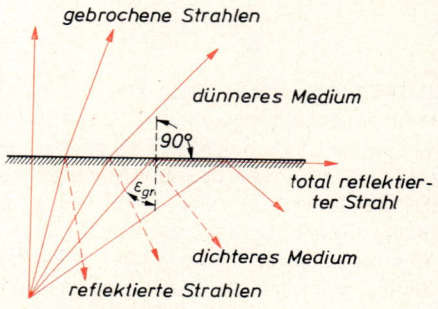

gebrochene Strahlen

dünneres Medium

total reflektierter Strahl

dichteres Medium

reflektierte Strahlen

Abb. 5. Totalreflexion

Dann verbleiben die Strahlen ganz im dichteren Medium und werden ohne Verlust in dieses zurückgeworfen. Daher nennt man die Erscheinung **Totalreflexion** und ε_{gr} den Grenzwinkel der Totalreflexion.

Dieser Grenzwinkel ist beim Übergang von Wasser nach Luft etwa 48,5° und von Glas nach Luft etwa 41,5°. Strahlen, deren Einfallswinkel 45° betragen, werden beim Übergang von allen Glassorten nach Luft total reflektiert. Dieser Fall tritt z. B. bei einem gleichschenklig rechtwinkligen Prisma ein, das deshalb vielfach verwendet wird.

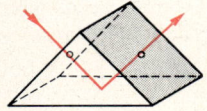
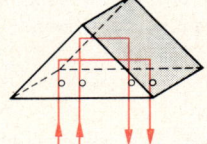
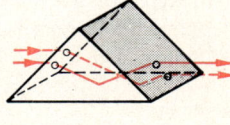

Abb. 6. Reflexionsprisma

Abb. 7, 8. Umkehrprisma

Als Reflexionsprisma (Abb. 6) lenkt es Strahlen um 90° ab, die auf eine Kathetenfläche senkrecht auftreffen. Fallen die Strahlen wie in Abb. 7 und 8 unter 45° auf eine Kathetenfläche oder senkrecht auf die Hypotenusenfläche, so wird ein von ihnen erzeugtes Bild einseitig umgekehrt, d. h. es vertauscht oben mit unten o d e r rechts mit links. Um Bilder vollständig umzukehren, d. h. oben mit unten und rechts mit links zu vertauschen, braucht man einen Satz aus zwei solchen Prismen in gekreuzter Anordnung (Porroprismensatz, Abb. 9).

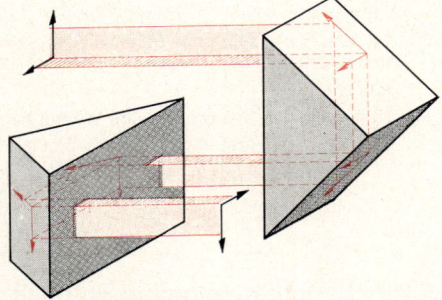

Abb. 9. Porroprismensatz

e) Dispersion. Bei weißem Licht unterscheidet sich der von einem Prisma gebrochene Strahl vom einfallenden auch dadurch, daß er aus verschiedenen Farben besteht. Vereinigt man die farbigen Teilstrahlen mit einer Sammellinse, so entsteht wieder ein weißer Lichtfleck auf dem Auffangschirm. Weißes Licht setzt sich also aus Strahlen aller Farben zusammen, die durch die Brechung getrennt werden. Die Brechungszahl ist für die einzelnen Farben verschieden, und zwar ist sie meist für Blau größer als für Rot. Daher muß man zwischen den Brechungszahlen für Rot, Gelb, Grün usw. unterscheiden, z. B. n_C (Rot), n_D (Gelb), n_E (Grün), n_F (Blau), n_H (Violett). (C, D, E, F, H sind die Buchstaben von Fraunhoferschen Linien, 5.3.3. c und Farbtafel 10.) Den Unterschied der Brechungszahlen für Rot und Blau bezeichnet man als **Dispersion.**

$$\Delta = n_F - n_C$$

Brechzahlen n und Dispersion Δ					
Stoff	n_C (Rot)	n_D (Gelb)	n_F (Blau)	n_H (Violett)	$\Delta = n_F - n_C$
Wasser	1,331	1,333	1,337	1,344	0,006
Kronglas (leicht)	1,513	1,515	1,521	1,531	0,008
Flintglas (schwer)	1,743	1,752	1,772	1,811	0,029
Schwefelkohlenstoff	1,618	1,628	1,652	1,700	0,034

Ein Flintglasprisma mit einem brechenden Winkel von 35° hat ungefähr die gleiche Farbenzerstreuung wie ein Kronglasprisma 60°. Die Gesamtablenkung ist aber beim Kronglasprisma größer als beim Flintglasprisma. Setzt man beide Prismen mit entgegengesetzt liegenden Kanten zusammen, so heben sich die Farbenzerstreuung, aber nicht die Ablenkung auf. Man hat ein **achromatisches Prisma** (griech.: chroma = Farbe), das einen Strahl ohne Farbenzerstreuung aus seiner Richtung ablenkt.

Verkleinert man den brechenden Winkel des Kronglasprismas so weit, daß seine Ablenkung der des Flintglasprismas entspricht, so hat dieses aber noch eine größere Farbenzerstreuung. Stellt man zwei solche Prismen mit entgegengesetzt liegenden brechenden Kanten zusammen, so entsteht ein **geradsichtiges Prisma,** das einen Strahl ohne Richtungsänderung in seine Farben auflöst.

Aufgaben:

1. Auf ein Prisma ($n = 1{,}52$, $\alpha = 30°$) trifft ein einfarbiger Strahl unter dem Winkel 80° von der Basisseite her auf. Berechnen Sie den Austritts- und den Ablenkungswinkel.
$$(\varepsilon'_1 = -15{,}9°,\ \delta = 34{,}1°)$$

2. Auf eine planparallele Glasplatte ($n = 1{,}66$) von 10 cm Dicke trifft ein Lichtstrahl unter 60° auf. Wie groß ist die entstehende seitliche Verschiebung? (5,60 cm)

3. Auf ein Flintglasprisma ($\alpha = 40°$, $n_{rot} = 1{,}74$, $n_{violett} = 1{,}81$) trifft ein weißer Strahl unter 70° auf. Berechnen Sie den Unterschied der Ablenkungen für den roten und violetten Rand des austretenden Strahles. (3,14°)

4. Berechnen Sie die brechenden Winkel für die beiden Teile eines dünnen achromatischen Prismas für eine Gesamtablenkung von 2°. Das erste Prisma besteht aus Kronglas ($n_{rot} = 1{,}513$, $\varDelta = 0{,}008$), das zweite Flintglas ($n_{not} = 1{,}743$, $\varDelta = 0{,}029$). ($\alpha_1 = 6{,}49°$, $\alpha_2 = 1{,}79°$)

5.2.3. Bildentstehung bei Spiegeln

a) Entstehung optischer Bilder. Reflexions- und Brechungsgesetz machen nur Aussagen über den Verlauf eines einzelnen Lichtstrahles. Die Hauptaufgabe der geometrischen Optik ist aber die Untersuchung der Bildentstehung.

Unsere Augen sind in der Lage, Strahlen, die von einem Punkt ausgegangen sind, wieder in einem Punkt der Netzhaut zu vereinigen, von dem der Lichtreiz unserem Bewußtsein übermittelt wird. Wir erkennen einen lichtaussendenden Punkt dort, wo die ins Auge gelangenden Strahlen herkommen (Abb. 1). Man findet ihn, wenn man die ins Auge fallenden Strahlen nach rückwärts bis zu ihrem Schnittpunkt verfolgt. So verfährt man auch, wenn die Strahlen nicht unmittelbar, sondern wie z. B. bei einem ebenen Spiegel erst nach einer Reflexion ins Auge gelangen. Hier findet man den Punkt des Spiegelbildes erst, wenn man die ins Auge kommenden Strahlen nach rückwärts hinter den Spiegel verlängert (Abb. 2). Bei einem Hohl-

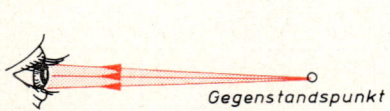

Abb. 1. Sehen eines Gegenstandes

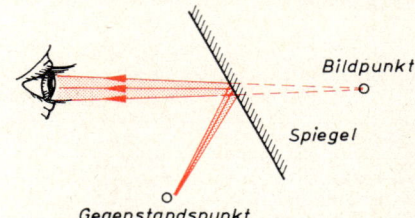

Abb. 2. Sehen eines virtuellen Bildes

spiegel kann der Bildpunkt B auch vor dem Spiegel liegen (Abb. 3). Im Punkt B schneiden sich alle vom Gegenstand ausgegangenen und am Spiegel reflektierten Strahlen. Allgemein gilt:

Ein optisches Bild entsteht dort, wo sich alle von einem Gegenstand ausgegangenen Strahlen nach der Reflexion oder Brechung an einer optisch wirksamen Fläche wieder schneiden.

Abb. 3. Sehen eines reellen Bildes

Ein Bild nennt man **reell,** wenn sich die Strahlen wirklich schneiden, und **virtuell,** wenn sich nur die Verlängerungen schneiden. Reelle Bilder kann man auf einem Schirm auffangen.

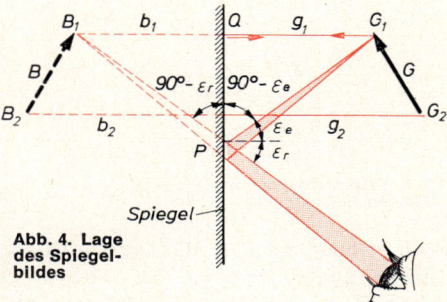

b) Lage des Spiegelbildes (Abb. 4). Wählt man aus den Strahlen, die von einem Gegenstandspunkt G_1 auf einen Spiegel fallen, den senkrecht auftreffenden Strahl G_1Q und einen beliebigen Strahl G_1P aus und verlängert man die reflektierten Strahlen nach rückwärts, bis sie

Abb. 4. Lage des Spiegelbildes

sich in B_1 schneiden, so folgt aus dem Reflexionsgesetz die Kongruenz der Dreiecke G_1QP und B_1QP. Das Bild B_1 liegt also auf dem Lot ebenso weit hinter dem Spiegel, wie der Gegenstand davor liegt. Die Gegenstandsweite g und die Bildweite b sind also gleich groß. Das Auge des Beobachters, das den wirklichen Strahlenverlauf nicht wahrnehmen kann, erkennt das Bild von G_1 im Punkt B_1 hinter dem Spiegel. Ebenso folgt für einen ausgedehnten Gegenstand G_1G_2, daß Gegenstand und Bild gleich groß sind.

Ein ebener Spiegel erzeugt ein virtuelles Bild. Es liegt auf dem Lot vom Gegenstand zum Spiegel ebenso weit hinter dem Spiegel, wie der Gegenstand davor liegt. Bild und Gegenstand sind gleich groß.

c) Das Bild bei einem Kugelspiegel. Die Optik verwendet auch gekrümmte Spiegel, die meist Ausschnitte aus Kugelflächen sind. Man unterscheidet **Hohl-** oder **Konkavspiegel** (Abb. 5), wenn die Strahlen auf die hohle, und **Konvexspiegel,** wenn sie auf die erhabene Seite des Spiegels auftreffen (Abb. 6).

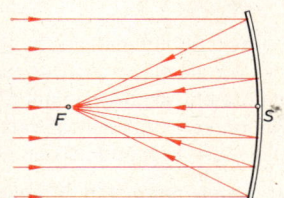

Abb. 5. Konkavspiegel

Fallen von einer Lichtquelle Strahlen auf eine hohle spiegelnde Fläche (z. B. Sonnenstrahlen auf das Innere einer Tasse), so sieht man an den hellen Spuren der reflektierten Strahlen, daß sie sich nicht in einem Punkt schneiden. Es entsteht kein optisches Bild der Lichtquelle, sondern eine helle Kurve, die bei parallel einfallenden Strahlen den Namen **Brennlinie oder Katakaustik** trägt (Abb. 7). Bildet aber die spiegelnde Fläche nur einen kleinen Ausschnitt

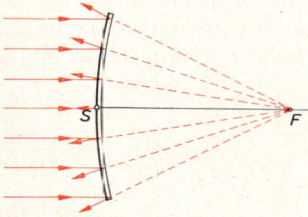

Abb. 6. Konvexspiegel

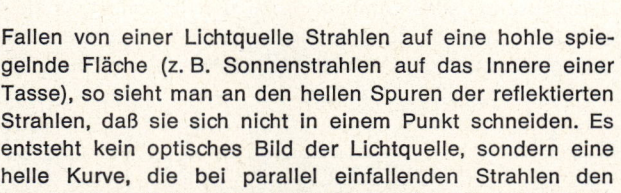

297

aus einer Kugelfläche und bilden die auffallenden Strahlen mit dem Einfallslot nur kleine Winkel, z. B. bei einem Rasierspiegel, so vereinigten sich die Strahlen gut in einem Punkt (Abb. 8).

Ein Kugelspiegel erzeugt nur optische Bilder, wenn das Verhältnis zwischen Durchmesser und Krümmungsradius klein ist und die Strahlen unter kleinen Winkeln auftreffen.

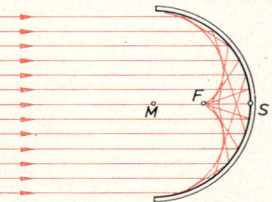

Abb. 7. Brennlinie eines weit geöffneten Hohlspiegels

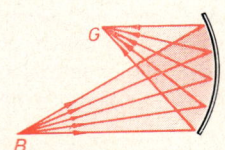

Abb. 8. Bildentstehung beim Hohlspiegel

Die Beziehung zwischen der Lage des Gegenstandes und des Bildes findet man aus Abb. 9. M ist der Kugelmittelpunkt, O wird der optische Mittelpunkt des Spiegels genannt. Der Strahl GMO trifft den Spiegel senkrecht und wird in sich selbst reflektiert. Nach dem Reflexionsgesetz ist $\beta - \mu = \mu - \gamma$. Setzt man OP = h, die Gegenstandsweite OG = g, die Bildweite OB = b, den Krümmungsradius OM = r und $r/2 = f$, so gilt für das Bogenmaß aller nach der gemachten Voraussetzung kleinen Winkel:

$$\gamma = \frac{h}{g} \qquad \beta = \frac{h}{b} \qquad \mu = \frac{h}{r}$$

Setzt man in die obige Gleichung ein und dividiert man durch h, so erhält man die von h unabhängige Beziehung:

Abbildungsgleichung $\dfrac{1}{g} + \dfrac{1}{b} = \dfrac{1}{f}$

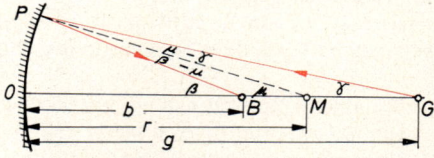

Abb. 9. Ableitung der Abbildungsgleichung

Aus der Abbildungsgleichung geht hervor, daß ein weit entfernter Punkt der Achse OM ($g = \infty$) in einem Achsenpunkt F mit der Bildweite $b = f = r/2$ abgebildet wird. Richtet man die optische Achse auf die Sonne, so werden dort die auf den Spiegel fallenden Sonnenstrahlen vereinigt, so daß man leicht entzündbare Stoffe zum Brennen bringen kann. Deshalb heißt F der **Brennpunkt** und f die **Brennweite** des Spiegels.

Alle achsenparallelen Strahlen gehen nach der Reflexion durch den Brennpunkt. Weil man einen optischen Strahlengang umkehren kann, verlaufen auch alle vom Brennpunkt ausgehenden Strahlen nach der Reflexion achsenparallel. Strahlen durch den Krümmungsmittelpunkt treffen senkrecht auf den Spiegel und werden daher in sich reflektiert. Mit diesen drei Strahlen kann man das Bild eines Gegenstandes geometrisch finden (Abb. 10 und 11).

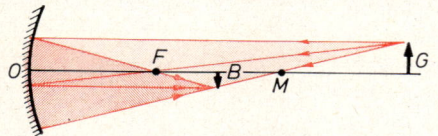

Abb. 10. Bildkonstruktion beim Hohlspiegel

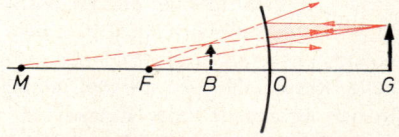

Abb. 11. Bildkonstruktion beim Konvexspiegel

Der vom oberen Ende eines Gegenstandes G ausgehende, am optischen Mittelpunkt O des Spiegels reflektierte Strahl bildet mit der Achse vor und nach der Reflexion gleiche Winkel: $\varepsilon = \varepsilon'$. Die Dreiecke zwischen O und G bzw. zwischen O und dem Bild B sind daher ähnlich, und man findet (Abb. 12):

$$B : G = b : g$$

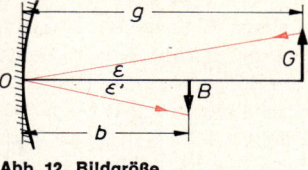

Abb. 12. Bildgröße

Bild- und Gegenstandsgröße verhalten sich wie die Bild- und Gegenstandsweite.

Aufgaben:

1. Ein Spiegel soll gerade so groß sein, daß eine Person von 172 cm Größe und 160 cm Augenhöhe sich ganz in ihm sehen kann. Berechnen Sie die Höhe des Spiegels und die Höhe seines oberen und unteren Randes vom Boden. (86 cm, 80 cm, 166 cm)

2. Jemand betrachtet sein Gesicht in einem ebenen Spiegel und dann in einem Rasierspiegel von 20 cm Brennweite. Der Abstand zum Spiegel ist in beiden Fällen 15 cm. Bestimmen Sie Lage und Größe für das Bild eines 1 cm großen Teiles des Gesichtes. Welche Vergrößerung des Sehwinkels bringt die Verwendung des Rasierspiegels? ($b = -60$ cm, $B = 4$ cm, 1,6 fach)

3. Ein Autorückspiegel hat eine Breite von 10 cm. Er befindet sich in 40 cm Entfernung vom Auge des Fahrers. Vergleichen Sie die von der Spiegelfassung begrenzte Breite, die der Fahrer in 100 m überblicken kann, a) wenn der Spiegel eben ist, b) wenn ein Konvexspiegel von −20 cm Brennweite verwendet wird. (a) 25 m, b) 75 m)

5.2.4. Bildentstehung bei Brechung

a) Bildentstehung bei der Brechung an einer Ebene.
Gehen Strahlen von einem Punkt G aus (Abb. 1) durch die ebene Grenzfläche zweier Medien, so zeigt die Konstruktion der gebrochenen Strahlen, daß eine exakte optische Abbildung wie beim ebenen Spiegel überhaupt nicht entsteht. Je zwei beliebig ausgewählte Strahlen schneiden sich in einem anderen Punkt. Man kann aber doch noch ein Bild erkennen, da sich Strahlen eines so engen Kegels, wie er in die Augenpupille gelangt, noch nahezu in einem Punkt schneiden und das Auge die kleine Unschärfe infolge seiner begrenzten Sehschärfe nicht erkennen kann. Die Lage des Bildes (B_1, B_2, B_3) ändert sich jedoch, wenn die Lage des Auges wechselt. So kann man zwar wegen der engen Öffnung des Auges ein Bild erkennen; es ist aber kein Bild mit den Eigenschaften, welche die Optik hinsichtlich Schärfe und Unabhängigkeit von der Lage des Auges verlangt.

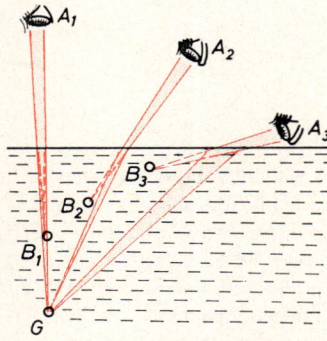

Abb. 1. Abhängigkeit des von einer brechenden Fläche erzeugten Bildes von der Lage des Auges

Bessere Eigenschaften hat dagegen ein Bild, das von Strahlen mit kleinem Einfalls- und Brechungswinkel erzeugt wird. Ein Gegenstand G (Abb. 2) befinde sich in einem Medium mit der Brechzahl n_1 und habe von der ebenen Grenzfläche den Abstand g. Ein von ihm ausgehender Strahl, der mit dem Lot auf die brechende Fläche den Winkel ε_1 bildet, trifft die Fläche in einem Punkt, so daß $x = g \tan \varepsilon_1$ ist. Die Verlängerung des in das zweite Medium (Brechzahl n_2) austretenden Strahles schneidet das Lot in B, so daß gilt:

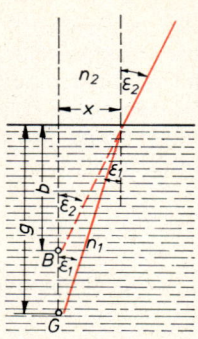

Abb. 2. Bildentstehung durch Brechung bei kleinen Winkeln

$$b = \frac{x}{\tan \varepsilon_2} = g \frac{\tan \varepsilon_1}{\tan \varepsilon_2}$$

Im allgemeinen ändert sich die Strecke b mit dem Einfallswinkel. Bei kleinen Winkeln jedoch, bei denen $\frac{\tan \varepsilon_1}{\tan \varepsilon_2} \approx \frac{\sin \varepsilon_1}{\sin \varepsilon_2} = \frac{n_2}{n_1}$ gesetzt werden darf, erhält man $b = g\, n_2/n_1$. Unter dieser Voraussetzung ist also die Lage des Punktes B von der Richtung des Strahles unabhängig, und B ist ein scharfer Bildpunkt von G.

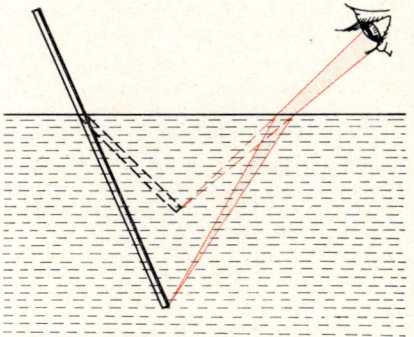

> **Bei der Brechung an einer ebenen Fläche erzeugen nur Strahlen, die die Ebene unter kleinen Winkeln treffen, ein virtuelles Bild des Gegenstandes. Bild- und Gegenstandsweite verhalten sich wie die Brechungszahlen:**
>
> $$b : g = n_2 : n_1.$$

Abb. 3. Scheinbare Knickung eines eingetauchten Stabes

Dieser Satz erklärt die Tatsache, warum ein ins Wasser getauchter Stab von außen gegen die Wasseroberfläche geknickt erscheint (Abb. 3).

Die Einschränkung auf kleine Winkel gilt — vom ebenen Spiegel abgesehen — für jede Bilderzeugung mit ebenen oder gekrümmten Flächen.

b) Bildentstehung bei Linsen. Linsen sind Körper aus durchsichtigen Stoffen, die von zwei Kugelflächen begrenzt sind. Die Gerade durch die beiden Kugelmittelpunkte nennt man die optische Achse der Linse. Man kann sie sich aus vielen Prismen zusammengesetzt denken (Abb. 4 und 5). Sammellinsen sind in der Mitte am dicksten, Zerstreuungslinsen am dünnsten (Abb. 6). Ein Bild entsteht auch hier nur, wenn alle Strahlen eine so geringe Neigung zur Achse haben, daß die auftretenden Winkel klein sind.

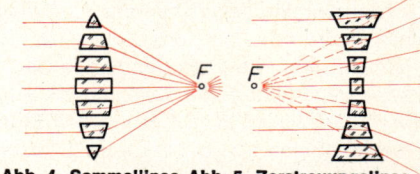

Abb. 4. Sammellinse Abb. 5. Zerstreuungslinse

Konkav- oder Zerstreuungslinsen

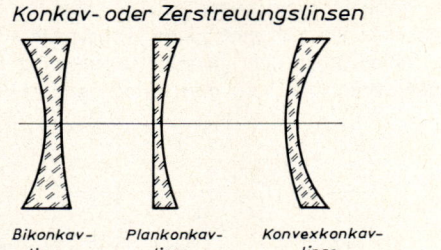

Bikonkav-
linse

Plankonkav-
linse

Konvexkonkav-
linse

Konvex- oder Sammellinsen

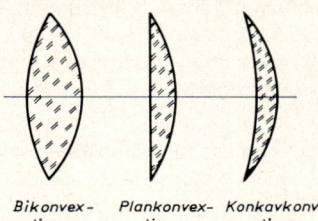

Bikonvex-
linse

Plankonvex-
linse

Konkavkonvex-
linse

Abb. 6. Linsenarten

In Abb. 7 sind M_1 und M_2 die Krümmungsmittelpunkte der beiden die Linse begrenzenden Kugelflächen. Die Linsendicke sei im Vergleich zu den Krümmungsradien r_1 und r_2 und zur Gegenstandsweite g so klein, daß man sie vernachlässigen darf. Ein beliebiger vom Gegenstandspunkt G ausgehender Strahl trifft nach dem Durchgang durch die Linse die Achse in B. Damit B der Bildpunkt ist, müssen alle Strahlen, die von G ausgehen und die Linse in irgendeiner Höhe h durchsetzen, sich wieder in B vereinigen. Man kann den vom Strahl durchsetzten Teil der Linse als Prisma mit der brechenden Kante C auffassen. Aus der Winkelsumme im Dreieck M_1M_2D und im Viereck P_1DP_2C erhält man $\mu_1 + \mu_2 = \alpha$ und aus dem Satz über die Außenwinkel eines Dreiecks $\delta = \gamma + \beta$. Setzt man diese Werte in die Prismengleichung für kleine Winkel $\delta = (n-1)\,\alpha$ ein (6.62. c), so gilt:

$$\gamma + \beta = (n-1)\,(\mu_1 + \mu_2)$$

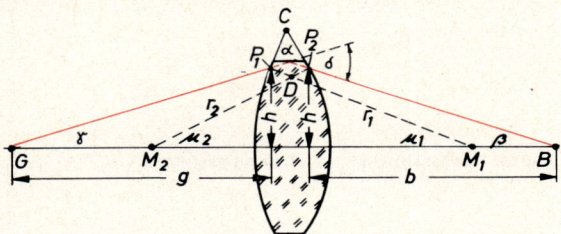

Abb. 7. Ableitung der Abbildungsgleichung bei einer Linse

Da sich die Durchgangshöhe h in den Punkten P_1 und P_2 bei kleinen Linsendicken kaum ändert, erhält man im Bogenmaß: $\gamma = h/g$, $\beta = h/b$, $\mu_1 = h/r_1$, $\mu_2 = h/r_2$. Setzt man diese Werte ein und dividiert man die Gleichung durch h, so erhält man die von der Durchgangshöhe unabhängige Gleichung:

$$\frac{1}{g} + \frac{1}{b} = (n-1)\left(\frac{1}{r_1} + \frac{1}{r_2}\right)$$

Da der Ausdruck rechts für die Linsen die gleiche Bedeutung hat wie $1/f$ für die Kugelspiegel, setzt man für ihn auch hier $1/f$ und erhält dadurch dieselbe Abbildungsgleichung wie bei den Kugelspiegeln:

$$\boxed{\frac{1}{g} + \frac{1}{b} = \frac{1}{f}}$$

$$\boxed{\frac{1}{f} = (n-1)\left(\frac{1}{r_1} + \frac{1}{r_2}\right)}$$

Für zerstreuende Flächen und Linsen haben r_1, r_2 und f negatives Vorzeichen.

301

Wie bei den Spiegeln gilt: Achsenparallel einfallende Strahlen gehen in Brennstrahlen und Brennstrahlen gehen in achsenparallele Strahlen über. Da sich eine Linse in ihrer Mitte fast wie eine planparallele Platte verhält, erfahren Strahlen durch den Linsenmittelpunkt nur eine Parallelverschiebung, die man bei dünnen Linsen vernachlässigen darf. Dann gehen Mittelpunktstrahlen geradlinig durch eine Linse.

Der Verlauf eines Mittelpunktstrahles läßt erkennen, daß die beim Spiegel schon abgeleitete Gleichung über Bild- und Gegenstandsgröße

$$\frac{B}{G} = \frac{b}{g}$$

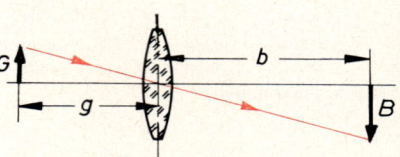

auch für eine Linse gültig ist (Abb. 8). Den Wert des Bruches bezeichnet man als Abbildungsmaßstab.

Abb. 8. Bildgröße bei einer Linse

Mit den genannten drei Strahlen kann man zu jedem Gegenstand die Lage und Größe des Bildes zeichnerisch ermitteln (Abb. 9 und 10).

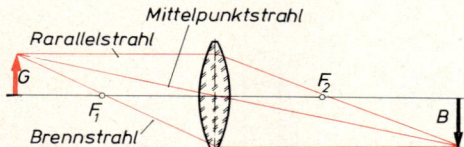

Abb. 9. Bildkonstruktion bei einer Sammellinse

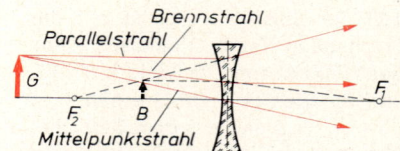

Abb. 10. Bildkonstruktion bei einer Zerstreuungslinse

Aus den Gleichungen erkennt man einige wichtige Eigenschaften der Bilder, die in der folgenden für Linsen und Spiegel geltenden Tabelle zusammengestellt sind.

Gegenstandsweite g	Bildweite b	Eigenschaften des Bildes	Anwendungen
Hohlspiegel und Sammellinsen			
∞	f	verkleinert, umgekehrt, reell	Objektive von Fernrohren und Photoapparaten
$\infty > g > 2f$	$f < b < 2f$	verkleinert, umgekehrt, reell	
$2f$	$2f$	gleich groß, umgekehrt, reell	Umkehrlinse beim Erdfernrohr
$2f > g > f$	$2f < b < \infty$	vergrößert, umgekehrt, reell	Mikroskop- und Projektionsobjektiv
f	∞	sehr groß, umgekehrt, reell	Scheinwerfer
$f > g > 0$	$-\infty < b < 0$	vergrößert, aufrecht, virtuell	Lupe, Augenlinse der Okulare
$g \to 0$	$b \to 0$	gleich groß, aufrecht, virtuell	Feldlinsen
Konvexspiegel und Zerstreuungslinsen			
$\infty > g > 0$	$-f < b < 0$	verkleinert, aufrecht, virtuell	Autopanoramaspiegel

c) Die Helmholtzsche Tangensbedingung.

Aus Abb. 11 erhält man eine Bedingung, die von den Achsenneigungen σ und σ' der Strahlen erfüllt sein muß, die einen Gegenstandspunkt A der Achse ohne Abweichung (aberrationsfrei) in den entsprechenden

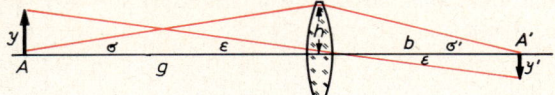

Abb. 11. Zur Ableitung der Tangensbedingung

Punkt A' abbilden. Für die Höhe h, in der ein Strahl die Linse durchsetzt, erhält man:

$$h = g \tan \sigma = b \tan \sigma'$$

Aus dieser Gleichung folgt die von Helmholtz gefundene Tangensbedingung, wenn man sie mit dem Tangens der Achsenneigung ε des ungebrochen verlaufenden Mittelpunktstrahles multipliziert und für $g \tan \varepsilon$ die Gegenstandsgröße y bzw. für $b \tan \varepsilon$ die Bildgröße y' setzt:

> Helmholtzsche Tangensbedingung: $y \tan \sigma = y' \tan \sigma'$

Wie alle hier in diesem Abschnitt abgeleiteten Formeln gilt auch die Tangensbedingung nur für kleine Winkel σ und σ' und kleine Werte von y und y'. Bei größeren Achsenneigungen muß diese Gleichung durch die in 5.4.3. b behandelte Sinusbedingung ersetzt werden.

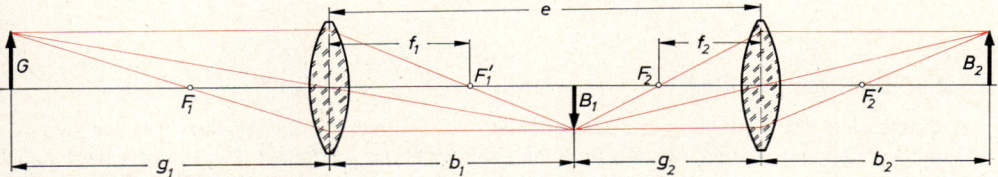

Abb. 12. Abbildung durch zwei Linsen

d) Abbildung durch mehrere Linsen.

Gehen Lichtstrahlen nacheinander durch mehrere dünne Linsen im Abstand e (Abb. 12), so ist das von der ersten Linse erzeugte Bild der Gegenstand für die zweite Linse, und es gelten die drei Gleichungen:

$$\frac{1}{g_1} + \frac{1}{b_1} = \frac{1}{f_1} \qquad g_2 = e - b_1 \qquad \frac{1}{g_2} + \frac{1}{b_2} = \frac{1}{f_2}$$

Mit ihnen kann man aus der Gegenstandsweite g_1 und der Anordnung und den Brennweiten der Linsen die Bildweite b_2 des letzten Bildes berechnen. Ist dabei e kleiner als b_1, dann werden die aus der ersten Linse austretenden Strahlen von der zweiten Linse abgefangen, bevor das erste Bild entsteht. g_2 ist dann negativ und wird als virtuelle Gegenstandsweite bezeichnet.

Für $e = 0$ befinden sich beide Linsen unmittelbar nebeneinander, und es wird $g_2 = -b_1$. Man kann die beiden Linsen als ein Linsensystem auffassen, das einen Gegenstand in der Entfernung g_1 in der Bildweite b_2 abbildet. Die Gesamtbrennweite f_g des Systems findet man dann aus:

$$\frac{1}{f_g} = \frac{1}{g_1} + \frac{1}{b_2} = \frac{1}{f_1} - \frac{1}{b_1} + \frac{1}{f_2} - \frac{1}{g_2}$$

und weil $g_2 = -b_1$:

$$\frac{1}{f_g} = \frac{1}{f_1} + \frac{1}{f_2}$$

e) Der Brechwert der Linsen. Bei allen optischen Rechnungen wird häufig der reziproke Wert der Brennweite benötigt. Man bezeichnet ihn als Brechwert D mit der Einheit 1 Dioptrie (dpt) $= 1\ \mathrm{m}^{-1}$:

$$D = \frac{1}{f}$$

Aufgaben:

1. In welcher Bildweite und -größe wird eine 1,75 m große Person abgebildet, die 6,5 m von einer Linse mit der Brennweite 25 cm entfernt ist? ($b = 26$ cm, $B = 7$ cm)

2. Berechnen Sie Entfernung und Größe eines Gegenstandes, der von einer Linse mit 18 cm Brennweite in einer Bildweite 24 cm und einer Größe 10 cm abgebildet wird. ($g = 72$ cm, $G = 30$ cm)

3. Welche Brennweite muß eine Linse haben, damit sie von einem 3,12 m entfernten, 1,2 m großen Gegenstand ein 10 cm großes Bild erzeugt? ($f = 24$ cm)

4. Ein Gegenstand soll von einer Linse mit 7,5 cm Brennweite dreifach vergrößert werden. Berechnen Sie seine Gegenstands- und Bildweite. ($g = 10$ cm, $b = 30$ cm)

5. In günstiger Stellung erscheint der Planet Mars von der Erde aus gesehen unter einem Winkel von 25″. Welche Brennweite muß ein Fernrohrobjektiv haben, damit das Brennpunktbild des Planeten einen Durchmesser von 1 mm erhält? Ein ebenso großes Bild kann man auch mit einem Objektiv kürzerer Brennweite erhalten, wenn man zwischen Objektiv und dessen Brennebene eine Zerstreuungslinse einfügt. Berechnen Sie für ein Objektiv mit $f = 3$ m und eine Zerstreuungslinse mit $f = -11$ cm die dazu nötige Anordnung und die Lage des Bildes.
($f = 8,25$ m, $s = 2,93$ m, $b_2 = 19,25$ cm)

5.2.5. Die Linsenfehler

a) Entstehung und Einteilung der Linsenfehler. Nicht immer vereinigen sich alle von einem Gegenstandspunkt ausgegangenen Strahlen exakt in einem Bildpunkt. Die Ursache liegt zum Teil in den für die verschiedenen Farben wechselnden Brechungsquotienten, zum Teil darin, daß sich die Bedingung kleiner Neigungswinkel nicht einhalten läßt. Eine größere Neigung der Strahlen kann hervorgerufen werden, weil sie die Linse oder den Spiegel in einer Randzone treffen oder weil ein achsenferner Gegenstand abgebildet werden soll. Die entstehenden Abweichungen von der punktförmigen Abbildung nennt man **Linsenfehler,** obwohl sie, abgesehen von der Farbabweichung, bei gekrümmten Spiegeln ebenso auftreten wie bei Linsen.

Man unterscheidet folgende Linsenfehler:

1. Farbabweichung. Da wegen der Dispersion der Brechungsquotient für Licht von verschiedenen Farben nicht gleich ist, haben Linsen für jede Farbe eine andere Brennweite. So ist z. B. die Brennweite für Rot bei Kronglas um 1,5 %, bei Flintglas um 4 % größer als für Blau (Abb. 1). Die entstehenden Bilder haben sehr störende Farbränder, deren Behebung bei allen optischen Instrumenten notwendig ist.

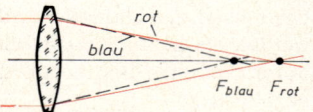

Abb. 1. Farbabweichung

2. Sphärische Aberration. Sie ist bedingt durch die Größe des Spiegels oder der Linse (Abb. 2). Vom gleichen Gegenstandspunkt der Achse ausgehende Randstrahlen gehen nicht durch den Bildpunkt der Strahlen, die vom mittleren Teil des Spiegels reflektiert bzw. vom mittleren Teil der Linse gebrochen wurden. Es entsteht eine Unschärfe, die den Bildpunkt symmetrisch umgibt. Dieser Bildfehler ist vor allem bei großen Linsen (Fernrohrobjektiven) schädlich.

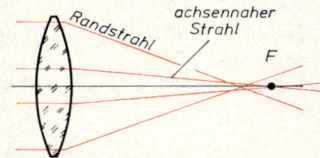

Abb. 2. Sphärische Aberration

3. Koma. Auch wenn ein Gegenstand nicht auf der Achse liegt, vereinigen sich die Randstrahlen in einem anderen Punkt als die durch den mittleren Teil der Linse gehenden Strahlen. Die dadurch hervorgerufene Unschärfe liegt unsymmetrisch um den Bildpunkt.

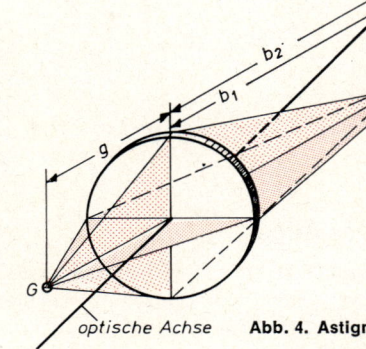

Abb. 3. Bildfeldwölbung

4. Bildfeldwölbung. Die Bildpunkte einer achsensenkrechten Ebene liegen nicht in einer Bildebene, sondern auf einer gewölbten Fläche (Abb. 3). Vor allem bei photographischen Objektiven und Projektionslinsen muß dieser Fehler behoben werden.

5. Unter **Astigmatismus** versteht man die Erscheinung, daß Strahlen, die von einem Gegenstandspunkt G (Abb. 4) ausgehen und schräg zur optischen Achse auf die Linse fallen, sich nirgends punktförmig vereinigen. In der Abb. ist die Bildweite b_1 für Strahlen eines Vertikalschnittes kürzer als die Bildweite b_2 für die Strahlen eines Horizontalschnittes. Daher entsteht nirgends ein Bildpunkt, sondern in B, eine horizontale, in B_2 eine vertikale Bildlinie. Da dieser Linsenfehler um so stärker auftritt, je weiter der Gegenstandspunkt G von der optischen Achse entfernt ist, stört er vor allem bei großem Gesichtsfeld (z. B. bei photographischen Objektiven und Mikroskopobjektiven).

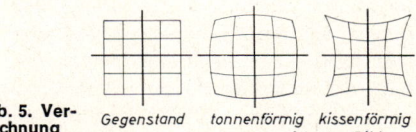

optische Achse   Abb. 4. Astigmatismus

6. Verzeichnung. Ein Netz aus parallelen Geraden in einer zur optischen Achse senkrechten Ebene wird kissen- oder tonnenförmig abgebildet (Abb. 5). Die Größe des Fehlers kann man durch Blenden, die an geeigneter Stelle den Strahlengang einschränken, vermindern.

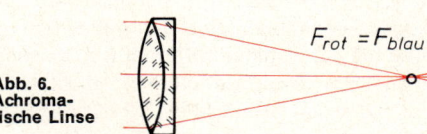

Abb. 5. Verzeichnung

Gegenstand   tonnenförmig   kissenförmig
verzeichnetes Bild

b) Behebung der Linsenfehler. Alle Linsenfehler lassen sich durch das Zusammenwirken von mehreren Linsen und Blenden so weit vermindern, daß sie für den geforderten Zweck nicht mehr stören. Schon mit zwei Linsen läßt sich die Farbabweichung beheben, indem man ähnlich wie bei einem achromatischen Prisma eine sammelnde und eine zerstreuende Linse aus zwei verschiedenen Glassorten zu einer achromatische Linse vereinigt (Abb. 6).

$$F_{rot} = F_{blau}$$

Abb. 6. Achromatische Linse

Um mehrere Bildfehler zu beheben, braucht man oft viele Linsen. Es gibt Photo- und Mikroskopobjektive mit bis zu zehn Linsen (Abb. 7 und 8). Ihr Aufbau läßt sich nur durch umfangreiche Rechnungen finden.

Abb. 7. Schnitt durch ein photographisches Objektiv (Zeiß-Sonnar) 1 : 1,5 f = 50 mm)

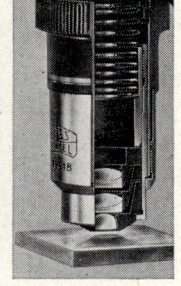

Abb. 8. Schnitt durch ein Mikroskopobjektiv

Bei Spiegeln ist die Behebung aller Bildfehler unmöglich, weil nur e i n e Fläche zur Verfügung steht und mehrere Spiegel nicht zusammengesetzt werden können. Die Farbabweichung tritt allerdings überhaupt nicht auf, weil die Dispersion eine Folge der Brechung ist. Für weit entfernte Gegenstände kann man auch die sphärische Aberration vollständig beheben, indem man statt des sphärischen einen parabolisch gekrümmten Hohlspiegel verwendet (Abb. 9).

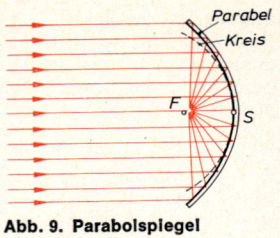

Abb. 9. Parabolspiegel

5.2.6. Das Auge

a) Das Auge erzeugt von den Gegenständen der Umwelt mit den optisch wirksamen Flächen der Hornhaut und der Augenlinse (Abb. 1) scharfe Bilder auf der Netzhaut. In ihr enden zahllose Verästelungen des Sehnerves an den Sehzäpfchen und den Sehstäbchen. Von diesen Organen wird der Lichtreiz über den Sehnerv dem Gehirn zugeleitet und uns zum Bewußtsein gebracht.

Das Auge kann sich sehr verschiedenen Beleuchtungsstärken anpassen (adaptieren), indem sich die Lichteintrittsöffnung, die Pupille in der Regenbogenhaut, bei greller Beleuch-

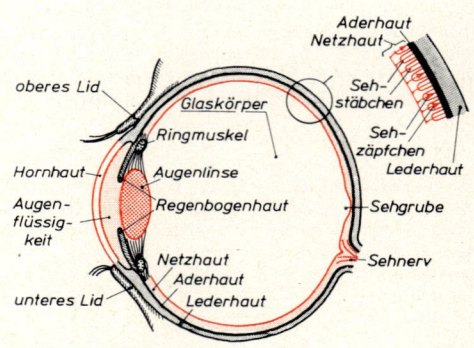

Abb. 1. Das Auge

tung bis auf weniger als 2 mm Durchmesser verengt, bei schwacher Beleuchtung aber bis auf etwa 8 mm öffnet. Bei guter Beleuchtung sehen wir mit den farbempfindlichen Sehzäpfchen, bei schlechter Beleuchtung treten dagegen die weit empfindlicheren, aber nur einen Helligkeitseindruck vermittelnden Sehstäbchen in Tätigkeit.

Da die Entfernung zwischen Augenlinse und Netzhaut unveränderlich ist, müssen Gegenstände der verschiedensten Entfernungen immer in der gleichen Bildweite von im Mittel 22,8 mm scharf abgebildet werden. Das ermöglicht die in ihrer Brennweite veränderliche Augenlinse. Sie ist elastisch, so daß ihre Krümmung mit dem sie umgebenden Ringmuskel verändert werden kann. Auf diese Weise können von einem jugendlichen Auge bei flacher Linse ferne und bei starker Krümmung noch 10 cm entfernte Gegenstände scharf auf der Netzhaut abgebildet werden. Im Alter wird die Anpassungsfähigkeit für die Nähe geringer; deshalb hat man als Bezugssehweite eine Entfernung $s_0 = 25$ cm festgelegt. Die Entfernungsanpassung des Auges nennt man **Akkommodation.**

Das Sehfeld des Auges beträgt nahezu 180°; außen vermittelt es aber nur eine undeutliche Wahrnehmung. Feine Einzelheiten erkennen wir nur im mittleren Ausschnitt von kaum 2°. Um einen Gegenstand genau zu sehen, bringen wir sein Bild durch eine Bewegung des Kopfes oder des Augapfels in den genannten kleinen Bereich.

Da die Bildweite beim Auge stets gleich ist und im Mittel 22,8 mm beträgt, findet man für die Größe des Netzhautbildes (Abb. 2):

$$B = 22{,}8 \text{ mm } G/g = 22{,}8 \text{ mm } \tan \sigma_G$$

Hierbei ist σ_G der Sehwinkel, unter dem der Gegenstand vom Auge aus erscheint. Bei feinen Einzelheiten ist er so klein, daß man statt des tan den im Bogenmaß gemessenen Winkel setzen darf:

$$B = 22{,}8 \text{ mm } \sigma_G$$

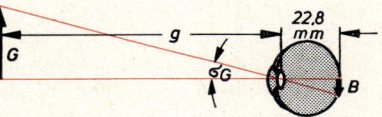

Abb. 2. Größe des Netzhautbildes

Die Größe des Netzhautbildes ist durch den Sehwinkel bedingt.

Deshalb muß jedes für Augenbeobachtung gebaute optische Instrument, das einen Gegenstand deutlicher zeigen soll, den Sehwinkel vergrößern. Im Gegensatz zum Abbildungsmaßstab (Lateralvergrößerung) $\beta = B/G$ bezeichnet man den Quotienten aus den Tangensfunktionen des Sehwinkels σ_B mit und des Sehwinkels σ_G ohne Instrument als Vergrößerung Γ:

$$\text{Abbildungsmaßstab: } \beta = \frac{B}{G} \qquad \text{Vergrößerung: } \Gamma = \frac{\tan \sigma_B}{\tan \sigma_G}$$

b) Korrektur von Sehfehlern mit einer Brille. Beim **kurzsichtigen Auge** ist die Achse zu lang. Deshalb liegen die Bilder von fernen Gegenständen nicht auf der Netzhaut, sondern im Innern des Auges. Nur bei nahen Gegenständen ist die Bildweite so groß, daß sie scharf auf der Netzhaut abgebildet werden. Bei Kurzsichtigkeit benötigt man eine Brille mit einer Zerstreuungslinse (Abb. 3).

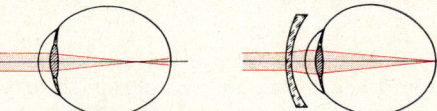

Abb. 3. Korrektur des kurzsichtigen Auges

Beim **weitsichtigen Auge** ist die Achse zu kurz; die Bilder von nahen Gegenständen entstehen trotz stärkster Krümmung der Augenlinse erst hinter der Netzhaut. Hier braucht man eine Brille mit einer Sammellinse (Abb. 4).

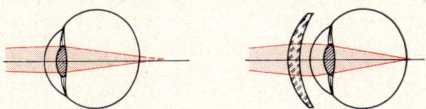

Abb. 4. Korrektur des weitsichtigen Auges

Mit zunehmendem Alter nimmt die Elastizität der Augenlinse ab, so daß sie sich nicht mehr genügend wölben kann. Beim Auftreten dieser sog. **Alterssichtigkeit** sieht man in der Ferne noch scharf, zum Sehen in der Nähe braucht man jedoch eine Brille mit einer Sammellinse.

Besitzt ein Auge in zwei verschiedenen Achsenschnitten unterschiedliche Krümmungen der Hornhaut oder der Linse, so ist das Auge astigmatisch. Durch eine Brille mit entgegengesetzt astigmatischer Linse läßt sich auch dieser Fehler korrigieren.

Aufgaben:

1. Ein Auge kann zwei Punkte eben noch getrennt sehen, wenn ihr Abstand unter einem Sehwinkel von 2′ erscheint. Wie weit müssen zwei Punkte a) in der Bezugssehweite, b) auf der Mondoberfläche (Entfernung 384 000 km) voneinander entfernt sein, damit das Auge sie getrennt sehen kann? (0,145 mm, 223 km)
2. Eine kurzsichtige Person trägt eine Brille mit dem Brechwert −5 dpt. Auge und Brillenlinse haben einen Abstand von 2 cm. Welche Verkleinerung des Sehwinkels gegenüber dem Sehen ohne Brille tritt ein a) beim Betrachten eines fernen Gegenstandes, b) beim Lesen einer Schrift in 24 cm Entfernung von der Brille? ($\Gamma_1 = 10/11$, $\Gamma_2 = 11/12$)

5.2.7. Die photographische Kamera

a) Aufbau und Entfernungseinstellung. Ein zur Behebung der Bildfehler meistens aus mehreren Linsen zusammengesetztes Objektiv entwirft von dem aufzunehmenden Gegenstand auf der lichtempfindlichen Schicht der Platte oder des Filmes ein reelles umgekehrtes Bild (Abb. 1). Ferne Gegenstände brauchen als Abstand zwischen Objektiv und Film fast die Brennweite. Bei Nahaufnahmen muß der Abstand vergrößert werden. Das Objektiv wird mittels einer Schlittenführung oder eines Schneckengewindes von der Filmebene wegbewegt. Eine Skala ist unmittelbar mit der einzustellenden Gegenstandsentfernung beschriftet.

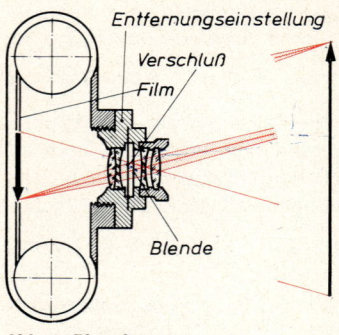

Abb. 1. Photokamera

b) Belichtungszeit und Blende richten sich nach der Empfindlichkeit des Filmes und der Helligkeit des auf ihm entstehenden Bildes. Diese nimmt mit dem Quadrat der Entfernung des Filmes vom Objektiv ab, wächst aber mit der freien Fläche $d^2 \pi/4$ des Objektives. Da die Entfernung Objektiv — Film meist nur wenig von f abweicht, ist $(d/f)^2$ ein Maß für die Bildhelligkeit. Deshalb bezeichnet man das Öffnungsverhältnis d/f auch als Lichtstärke. Sie läßt sich durch Abblenden (Verkleinerung von d) regeln. Man bezeichnet $f/d = K$ als Blendenzahl. Die Einstellwerte der Blende sind so abgestuft, daß jede folgende Blendenzahl etwa $\sqrt{2}$ mal größer ist als die vorhergehende. Dann erfordert jede folgende Blende die doppelte Belichtungszeit.

c) Schärfentiefe. Von einem aberrationsfreien Objektiv werden nur die Gegenstände exakt scharf abgebildet, die sich in der Einstellentfernung g_0 befinden. Bei näheren und ferneren Gegenständen entsteht in der Bildebene eine Unschärfe u. Sie kann vom Auge nicht wahrgenommen werden, wenn sie beim Betrachten des Bildes in der Sehweite s_0 etwa 0,08 mm nicht übersteigt. Da die meisten Fotos nachträglich vergrößert werden, ist man übereingekommen, ein Foto nur als „scharf" zu bezeichnen, wenn die Unschärfe den Wert $u_{max} = \dfrac{d_B}{1000}$ nicht übersteigt ($d_B = $ Diagonale des Bildformats). Der Schärfentiefebereich enthält alle Gegenstände vor und hinter dem eingestellten Objekt, bei denen die Unschärfe noch unter der Grenze u_{max} liegt. Die Grenzen des Schärfentiefebereiches kann man berechnen (Abb. 2).

Es sei b_0 die Bildweite des eingestellten Objekts, b die des zu untersuchenden Objekts. Der wirksame Durchmesser des Objektivs ist $d = f/K$, die zulässige Unschärfe sei u_{max}. Dann folgt aus der Ähnlichkeit zweier Dreiecke in Abb. 2:

$$\frac{b - b_0}{b} = \frac{u_{max}}{d} = \frac{u_{max} K}{f}$$

Nach der Abbildungsgleichung gilt:

$$\frac{1}{g} + \frac{1}{b} = \frac{1}{f} \quad \text{und} \quad \frac{1}{g_0} + \frac{1}{b_0} = \frac{1}{f}$$

Daraus folgt durch Subtraktion:

$$\frac{1}{g} - \frac{1}{g_0} = \frac{1}{b_0} - \frac{1}{b} = \frac{b - b_0}{b\,b_0}$$

Durch Einsetzen aus der ersten Gleichung erhält man:

$$\frac{1}{g} - \frac{1}{g_0} = \frac{u_{max} K}{b_0\,f}$$

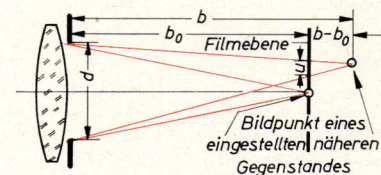

Abb. 2. Berechnung der Schärfentiefe

308

Dies gilt für Gegenstände, deren Entfernung geringer ist als die Einstellentfernung g_0; für fernere Objekte ändert sich nur das Vorzeichen. Setzt man als Näherung $b_0 \approx f$, so findet man die Gleichung für die Grenzen des Schärfentiefebereiches:

$$\frac{1}{g} = \frac{1}{g_0} \pm \frac{u_{max} \, K}{f^2}$$

Die Gleichung zeigt, wie die Schärfentiefe durch starkes Abblenden wächst. Noch stärker wirkt sich die Wahl einer kurzen Brennweite aus, da diese als Quadrat im Nenner steht. Deshalb und wegen ihrer größeren Handlichkeit baut man heute die meisten Kameras mit kurzen Brennweiten (meist $f = 50$ mm) und kleinem Bildformat ($24 \cdot 36$ mm²).

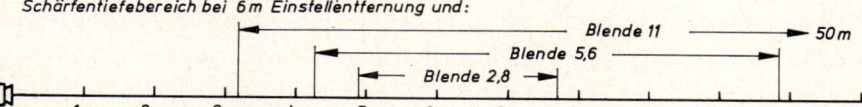

Abb. 3. Abhängigkeit der Schärfentiefe von der Blende

Aufgaben:

1. Mit einem Photoapparat ($f = 50$ mm, $24 \cdot 36$ mm²) soll eine Zeichnung vom Format $28 \cdot 40$ cm² so aufgenommen werden, daß die kurze Seite auf 21 mm verkleinert wird. Wie groß wird die andere Seite, und welche Aufnahmeentfernung ist notwendig? (30 mm, 71,7 cm)

2. Mit einem Photoapparat ($f = 50$ mm, $24 \cdot 36$ mm²) soll ein Gegenstand in $g_0 = 6$ m Entfernung bei einer Blende $K = 5{,}6$ aufgenommen werden. Berechnen Sie Bildweite, Größe der aufgenommenen Fläche und Schärfentiefe bei einer zulässigen Unschärfe von $d_B/1000 = 0{,}0433$ mm.
($b_0 = 50{,}4$ mm, Aufnahmefeld $2{,}86 \cdot 4{,}28$ m², Schärfentiefe von 3,79 m bis 14,35 m)

3. Mit einem Photoapparat ($f = 50$ mm) sollen gleichzeitig Gegenstände in 6 m und 20 m Entfernung bei einer zulässigen Unschärfe $u_{max} = 0{,}033$ mm abgebildet werden. Berechnen Sie die Einstellentfernung und die erforderliche Blende. ($g_0 = 9{,}23$ m, $K = 4{,}38 \approx 4{,}5$)

4. Ein Objektiv mit 50 mm Brennweite ist bei Blende 5,6 auf eine Entfernung 10 m eingestellt. Berechnen Sie für ein Format von $24 \cdot 36$ mm² die Höhe und die Breite des Aufnahmefeldes und den Schärfentiefebereich bei einer zulässigen Unschärfe von 0,02 mm. Wie ändern sich Höhe, Breite und Schärfentiefe, wenn ein Weitwinkelobjektiv mit 35 mm Brennweite, ebenfalls mit Blende 5,6 verwendet wird? (bei $f = 50$ mm: Höhe 4,78 m, Breite 7,16 m, Schärfentiefe 6,91 m bis 18,11 m, bei $f = 35$ mm: Höhe 6,83 m, Breite 10,25 m, Schärfentiefe 5,22 m bis 116,5 m)

5. Welche Brennweite muß ein Photoobjektiv haben, damit bei Blende 2,8 alle Gegenstände mit einer Entfernung über 1 m bei starrer Entfernungseinstellung scharf abgebildet werden, daß also eine Entfernungseinstellung überflüssig wird ($u_{max} = f/1000$)? ($f = 5{,}6$ mm)

5.2.8. Lupe und Mikroskop

a) Die Lupe. Um einen kleinen Gegenstand genau betrachten zu können, bringt man ihn nahe ans Auge, weil dadurch der Sehwinkel größer wird. Wegen der begrenzten Akkommodationsfähigkeit der Augenlinse und zur Schonung des Auges sollte man nicht unter die Bezugssehweite $s_0 = 25$ cm herangehen.

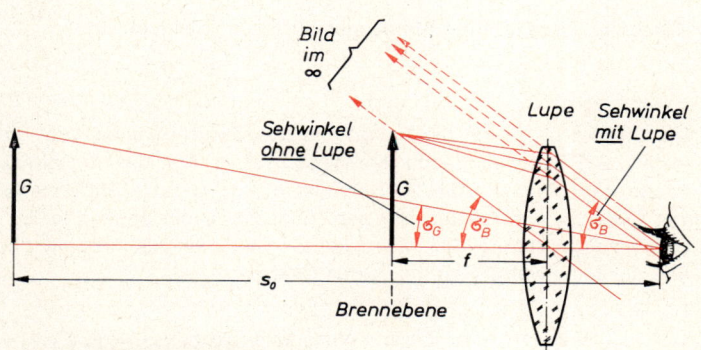

Abb. 1. Vergrößerung einer Lupe

Will man aber mehr Einzelheiten erkennen, als man mit dem Auge in 25 cm Entfernung wahrnehmen kann, so muß man die Brechkraft der Augenlinse mit einer Sammellinse erhöhen, um näher an den Gegenstand herangehen zu können. Eine solche Linse, meist mit einer Brennweite zwischen 2,5 cm und 15 cm, bezeichnet man als **Lupe**. Bei kurzbrennweitigen Lupen ($f = 2,5 \ldots 8$ cm) soll das Auge möglichst nahe an die Lupe gebracht werden, weil sonst das Gesichtsfeld zu klein ist. Lupen mit größerer Brennweite ($f = 8 \ldots 15$ cm) nennt man auch Lesegläser; sie sind auch zum Beobachten mit großem Augenabstand geeignet.

Am besten bringt man den Gegenstand in die Brennebene der Lupe und beobachtet das im Unendlichen liegende virtuelle Bild mit völlig entspanntem Auge. Die Vergrößerung erhält man aus Abb. 1. Für den Tangens des Sehwinkels ohne Lupe erhält man $\tan \sigma_G = \dfrac{G}{s_0}$. Die Strahlen zum Endpunkt des im Unendlichen liegenden Bildes sind alle parallel und haben die Richtung des ungebrochenen durch die Lupenmitte laufenden Strahles. Für den Tangens des Sehwinkels mit der Lupe erhält man daher: $\tan \sigma_B = \tan \sigma_B' = \dfrac{G}{f}$. Nun erhält man die Vergrößerung nach ihrer Definition:

$$\text{Standardvergrößerung einer Lupe: } \Gamma = \frac{\tan \sigma_B}{\tan \sigma_G} = \frac{G/f}{G/s_0} = \frac{s_0}{f} = \frac{25 \text{ cm}}{f}$$

Diese Formel der Standardvergrößerung einer Lupe gilt nur für ein auf ∞ akkommodiertes Auge. In anderen Fällen liefert sie einen Näherungswert.

Ähnlich wie eine Lupe kann man auch einen Hohlspiegel ($f \approx 15$ cm) als Rasierspiegel zur Vergrößerung eines Spiegelbildes verwenden.

b) Das Mikroskop. Für eine stärkere als etwa 10fache Vergrößerung reicht eine Lupe nicht aus; man verwendet dann ein Mikroskop. Hier wird durch das Objektiv, ein sammelndes Linsensystem kurzer Brennweite, zuerst vom Objekt ein vergrößertes reelles Zwischenbild entworfen und dieses mit dem als Lupe wirkenden Okular betrachtet.

Nach der Abbildungsgleichung erhält man für die Abbildung mit dem Objektiv durch Multiplikation mit b_1:

$$\frac{1}{g_1} + \frac{1}{b_1} = \frac{1}{f_1} \qquad \frac{b_1}{g_1} = \frac{b_1}{f_1} - 1$$

Daraus findet man den Abbildungsmaßstab des Objektivs:

$$\beta = \frac{B_1}{G_1} = \frac{b_1}{g_1} = \frac{b_1 - f_1}{f_1}$$

Die Strecke $b_1 - f_1$ ist die Entfernung des Zwischenbildes vom oberen Brennpunkt des Objektivs. Bei Akkommodation des Auges auf ∞ liegt das Zwischenbild in der unteren Brennebene des Okulars (Abb. 2). Dann ist $b_1 - f_1 = t$ die Entfernung der inneren Brennpunkte von Objektiv und Okular, die sog. optische Tubuslänge. Sie ist auf 160 mm genormt. Die Gesamtvergrößerung des Mikroskops erhält man als Produkt der Objektivvergrößerung β_1 und der Lupenvergrößerung Γ_2 des Okulars:

$$\text{Standardvergrößerung eines Mikroskops: } \Gamma = \beta_1 \Gamma_2 = \frac{t\, s_0}{f_1\, f_2} = \frac{40\,000 \text{ mm}^2}{f_1\, f_2}$$

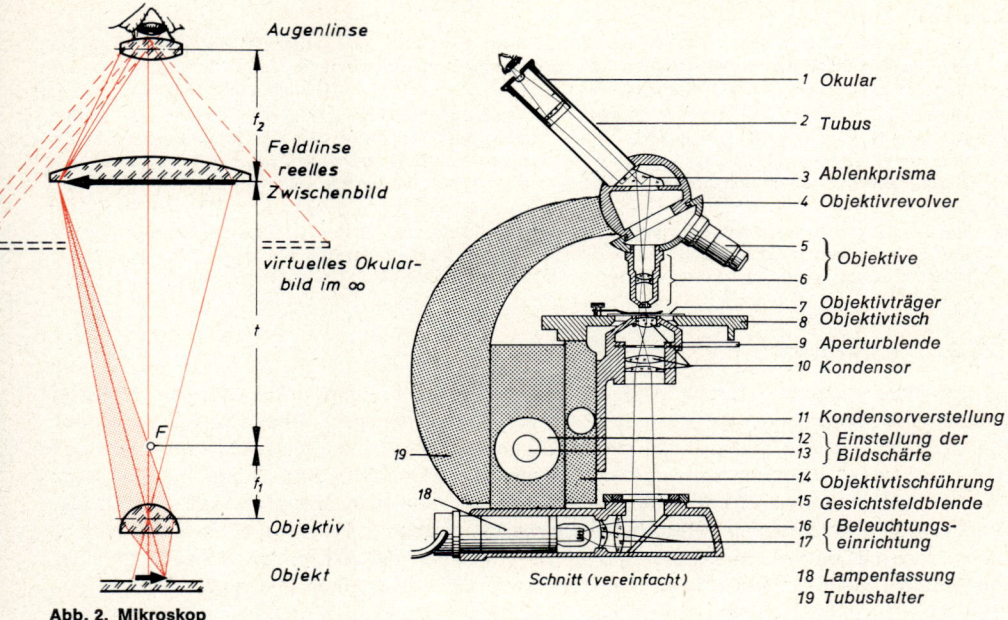

Augenlinse

f_2

Feldlinse
reelles
Zwischenbild

virtuelles Okular-
bild im ∞

t

F

f_1

Objektiv

Objekt

Abb. 2. Mikroskop

Schnitt (vereinfacht)

1 Okular
2 Tubus
3 Ablenkprisma
4 Objektivrevolver
5 } Objektive
6
7 Objektivträger
8 Objektivtisch
9 Aperturblende
10 Kondensor
11 Kondensorverstellung
12 } Einstellung der
13 } Bildschärfe
14 Objektivtischführung
15 Gesichtsfeldblende
16 { Beleuchtungs-
17 { einrichtung
18 Lampenfassung
19 Tubushalter

Meist sind die Objektivvergrößerung und die Okularvergrößerung auf den Objektiven und Okularen eingraviert, so daß man zur Berechnung der Gesamtvergrößerung nur beide Zahlen miteinander multiplizieren muß.

Wegen der Wellennatur des Lichtes hat es keinen Sinn, die Vergrößerung höher zu steigern, als bis man Einzelheiten von etwa 0,0003 mm bequem erkennen kann, was mit einer etwa 1000fachen Vergrößerung erreicht wird. Stärkere Vergrößerungen können keine neuen Einzelheiten zeigen (5.4.3. d).

Zur Beseitigung der Bildfehler setzen sich Mikroskopobjektive immer aus mehreren Einzellinsen zusammen. Auch das Okular besteht aus zwei Linsen, der Augenlinse und der Feld- oder Kollektivlinse, die das Gesichtsfeld vergrößert (5.2.9. a). Man kann auch zwischen Objektiv und Okular mit einem schwach versilberten Prisma den Strahlengang in zwei intensitätsgleiche Hälften teilen und durch zwei Okulare mit beiden Augen beobachten.

Wegen der starken Vergrößerung muß das Objektiv ausreichend beleuchtet sein, da sonst zu geringe Helligkeit des Bildes die Beobachtung der feinsten Einzelheiten erschwert. Zu diesem Zweck befindet sich unter dem Durchbruch des Objekttisches ein Linsensystem, der Kondensor, der das Licht einer Leuchte auf das Objekt lenkt. Zur Regelung der Beleuchtungsstärke dient die Aperturblende, die sich in der Nähe der Leuchte oder des von ihr im Kondensor entstehenden Bildes befindet.

Um bequem beobachten zu können, werden die Beleuchtungseinrichtungen, der Objektivtisch und der eigentliche Mikroskoptubus von einem stabilen Stativ gehalten. Alle notwendigen Einstellungen des Kondensors, des Objekts, der Blenden und der Bildschärfe lassen sich mit leicht zugänglichen Schrauben und Hebeln betätigen.

Aufgaben:

1. Ein Leseglas ($f = 10$ cm, $d = 45$ mm) befindet sich 8 cm über einem Schriftstück. Berechnen Sie den Durchmesser des Gesichtsfeldes auf dem Papier und die wirkliche Vergrößerung, wenn das Auge 12 cm von der Lupe entfernt ist.   (Gesichtsfeld 39 mm, $\Gamma' = 2,4$)

2. Durch ein Mikroskop mit einem Objektiv von 4 mm Brennweite und einem Okular von 20 mm Brennweite wird ein 0,01 mm großes Objekt beobachtet. Berechnen Sie die Objektiv-, die Okular- und die Gesamtvergrößerung. Wie groß ist das vom Objektiv erzeugte Zwischenbild? Unter welchem Sehwinkel erscheint das Objekt einem auf ∞ akkommodierten Auge am Okular?
($\beta_1 = 40$, $\Gamma_2 = 12,5$, $\Gamma = 500$, 0,4 mm, 1,15°)

3. Ein Mikroskop hat ein Objektiv mit 8 mm und ein Okular mit 25 mm Brennweite. Berechnen Sie die Standardvergrößerung und die wirkliche Winkelvergrößerung für ein Auge, das auf 25 cm akkommodiert ist und sich 10 mm hinter der Okularlinse befindet.   ($\Gamma = 200$, $\Gamma_{\text{wirkl}} = 215$)

5.2.9. Die Fernrohre

a) Das astronomische Fernrohr wurde 1611 von J. Kepler (s. Fußn. S. 95) erfunden. Es liefert umgekehrte Bilder und wird deshalb fast nur für astronomische Beobachtung verwendet. Sein Objektiv ist eine Sammellinse langer Brennweite. Es erzeugt von fernen Gegenständen nahezu in der Brennebene ein umgekehrtes, reelles, verkleinertes Bild. Bringt man das Auge in die Visierlinie, etwa 30 cm hinter dieses Bild, so kann man erkennen, daß es trotz der Verkleinerung unter einem vergrößerten Sehwinkel erscheint. Dieser wird um so größer, je näher man mit dem Auge an das Bild herangeht. Wenn die Akkommodationsfähigkeit des Auges nicht mehr ausreicht, kann man eine Lupe zu Hilfe nehmen, um noch näher an das Bild heranzukommen. Beide Linsen, das Objektiv und die Lupe als Okular, stellen die einfachste Bauart eines astronomischen Fernrohres dar (Abb. 1).

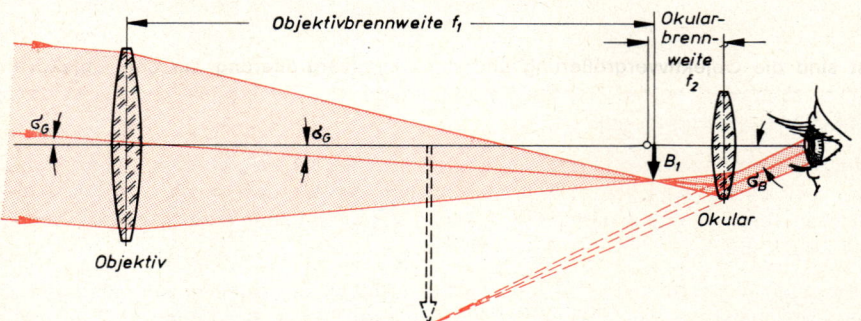

Abb. 1. Strahlengang eines astronomischen Fernrohres ohne Feldlinse

Ist der Sehwinkel eines Gegenstandes für ein unbewaffnetes Auge σ_G, so ist die Größe des Bildes in der Brennebene $B = f_1 \tan \sigma_G$. Betrachtet ein Auge dieses Bild aus der Bezugssehweite, so erhält man den Sehwinkel σ_B und die Objektivvergrößerung Γ_1 aus:

$$\tan \sigma_B = \frac{f_1 \tan \sigma_G}{s_0} \qquad \Gamma_1 = \frac{\tan \sigma_B}{\tan \sigma_G} = \frac{f_1}{s_0}$$

Mit der Lupenvergrößerung $\Gamma_2 = s_0/f_2$ des Okulars findet man die Gesamtvergrößerung:

$$\Gamma = \Gamma_1 \Gamma_2 = \frac{f_1 \, s_0}{s_0 \, f_2} = \frac{f_1}{f_2} \qquad \boxed{\Gamma = \frac{f_1}{f_2}}$$

Bei Beobachtung mit einem auf ∞ akkommodierten Auge muß der Brennpunkt der Okularlinse mit dem des Objektivs zusammenfallen. Die Gesamtlänge des Fernrohres ist dann $f_1 + f_2$.

Die Helligkeit des Fernrohrbildes wächst mit der Fläche des Objektivs und nimmt mit der Größe der Bildfläche ab. Sie ist deshalb proportional dem Quadrat des Quotienten d_1/Γ. Man bezeichnet daher den Zahlenwert des Ausdruckes $(d_1/\Gamma)^2$ als Lichtstärke eines Fernrohres, wobei d_1 in mm eingesetzt wird. Je größer die Lichtstärke eines Fernrohres ist, desto besser ist es auch noch bei ungünstigen Lichtverhältnissen verwendbar. Übersteigt die Lichtstärke den Betrag 25, so nennt man das Fernrohr ein Nachtglas.

Alle Strahlen, die durch das Objektiv gehen, laufen nach dem Passieren der Okularlinse durch das vom Okular erzeugte Bild des Objektivs. Dieses Bild liegt eine kurze Strecke hinter dem Okular und kann als heller Kreis gesehen werden, wenn man aus einer Entfernung von etwa 30 cm auf das Okular blickt. Weil alle vom Objektiv kommenden Strahlen dort wieder austreten, heißt dieser Kreis **Austrittspupille.** Bringt man das Auge an diese Stelle, so treten alle zur Bilderzeugung beitragenden Strahlen gleichzeitig ins Auge, und man kann ohne Bewegung des Kopfes das ganze Gesichtsfeld des Fernrohres übersehen. Daher ist die Austrittspupille die richtige Stelle, an die man die Eintrittspupille des Auges bringen muß. Wenn das Fernrohr für eine Beobachtung mit einem auf ∞ akkommodierten Auge eingestellt ist, ergibt sich der Durchmesser der Austrittspupille zu $AP = d_1/\Gamma$. Das Quadrat des in mm gemessenen Durchmessers der Austrittspupille ergibt also die Lichtstärke. Da das menschliche Auge seine Eintrittspupille selbst bei Anpassung an völlige Dunkelheit kaum über 8 mm vergrößern kann, sind Lichtstärken über 64 wertlos.

Nur diejenigen Gegenstände sind im Fernrohr sichtbar, deren Strahlen nach dem Durchgang durch das Objektiv auch durch das Okular gehen. So wird z. B. in Abb. 2 der Punkt B_2 vom Objektiv noch abgebildet; er läßt sich aber nicht mehr beobachten, da kein abbildender Strahl mehr die

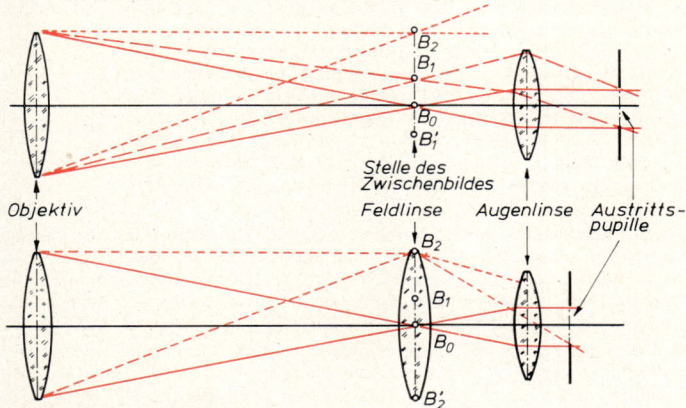

Abb. 2. Wirkung der Feldlinse

Okularlinse trifft. Da diese sich aber wegen ihrer kurzen Brennweite nicht mit großem Durchmesser herstellen läßt, ergibt sich ein sehr kleines Bildfeld. Es läßt sich stark erweitern, wenn man an die Stelle des Zwischenbildes in der zusammenfallenden Brennebene des Objektivs und des Okulars eine Sammellinse mit großem Durchmesser einbaut. Diese hat auf die Lage, Vergrößerung und Schärfe des Bildes keinen Einfluß, weil $g = b = 0$ ist. Dagegen werden die Strahlen vom Rand des Bildfeldes wieder zur Okularlinse hin gesammelt. Der ohne diese Linse nicht beobachtbare Punkt B_2 wird mit ihr am Rand des Bildfeldes noch sichtbar. Die Fassung der Linse begrenzt das Bildfeld $B_2 B_2'$ durch einen scharfen Kreis. Weil ihre Hauptaufgabe eine Erweiterung des Sehfeldes ist, führt sie den Namen **Feldlinse** oder auch **Kollektivlinse,** weil sie die Strahlen vom Rand des Bildfeldes wieder zum Okular hin sammelt (lat.: colligere = sammeln). Sie befindet sich in allen Okularen, z. B. auch in den Mikroskopokularen. Augenlinse und Feldlinse werden im richtigen Abstand zum Gesamtokular starr zusammengebaut.

Der **Bildfeldwinkel** $2\,\sigma_{B\,max}$ ist der Winkel, unter dem das Sehfeld des Okulars, oder was meist dasselbe ist, der Durchmesser d' der Feldlinse dem Auge erscheint. Bei Akkommodation auf

∞ erhält man: $\tan \sigma_{B\,max} = \dfrac{d'/2}{f_2}$. Der Bildfeldwinkel $2\,\sigma_{B\,max}$ liegt meist zwischen 35° und 50°, geht aber bei Weitwinkelokularen bis zu 70°. Der **Objektfeldwinkel** $2\,\sigma_{Gmax}$, nämlich der Sehwinkel, unter dem das vom Fernrohr überblickte Objektfeld dem bloßen Auge erscheint, ist wegen der großen Objektentfernung praktisch zugleich der Winkel, unter dem das Objektfeld vom Objektiv aus gesehen wird, und dieser Winkel ist gleich dem, unter dem der Feldlinsendurchmesser d' vom Objektiv aus erscheint, so daß man erhält: $\tan \sigma_{G\,max} = \dfrac{d'/2}{f_1}$. Aus den

Formeln für $\sigma_{B\,max}$ und $\sigma_{G\,max}$ folgt nun: $\dfrac{\tan \sigma_{Bmax}}{\tan \sigma_{Gmax}} = \dfrac{f_1}{f_2} = \varGamma$, und weil die halben Feldwinkel nicht allzu groß sind, die oft verwendete Näherungsformel:

$$\frac{\sigma_{Bmax}}{\sigma_{Gmax}} \approx \varGamma$$

Ändert man die Lage der Feldlinse ein wenig, so kann man an der Stelle des Zwischenbildes ein Fadenkreuz oder eine Strichplatte anbringen. Die Fäden erscheinen gleichzeitig mit dem Gegenstand scharf. Man kann so die Fernrohrachse genau auf einen Punkt richten und das Fernrohr zum genauen Messen von Sehwinkeln verwenden.

b) Spiegelfernrohre. Um die lichtsammelnde Kraft eines Fernrohres für astronomische Zwecke zu erhöhen, müßte man die Objektivdurchmesser steigern. Dem Bau großer Objektive sind aber technische Grenzen gesetzt, die beim Bau großer Hohlspiegel nicht im gleichen Maße auftreten. Daher wurde bei den größten astronomischen Fernrohren die Objektivlinse durch einen Parabolspiegel ersetzt (Abb. 3). Damit der Beobachter den Strahlengang nicht durch seinen Kopf stört, werden die Strahlen durch einen unter 45° geneigten Hilfsspiegel um 90° abgelenkt und dadurch das Bild in der Brennebene zugänglich gemacht. Das größte Spiegelteleskop auf dem Mt. Palomar in Kalifornien hat einen Durchmesser von 5 m und eine Brennweite von 12,5 m.

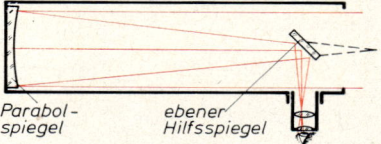

Parabol-   ebener
spiegel   Hilfsspiegel

Abb. 3. Spiegelfernrohr (Newtonsche Bauart)

Da bei solchen Spiegelfernrohren großen Durchmessers die Strahlen vom Rand des Spiegels starke Neigungen aufweisen, treten große Bildfehler auf. Nur die sphärische Aberration läßt sich durch die parabolische Form des Spiegels beseitigen. Das in der Umgebung des Brennpunktes sehr scharfe Bild wird infolge der anderen Bildfehler nach außen rasch unbrauchbar. Deshalb weisen gewöhnliche Spiegelteleskope nur ein kleines Bildfeld von kaum mehr als 0,5° auf.

B. Schmidt (Optiker in Hamburg) gelang es 1930, durch eine Korrektionsplatte, die beim Krümmungsmittelpunkt eines sphärischen Hohlspiegels anzubringen ist, sämtliche Bildfehler so weit zu vermindern, daß ein brauchbares Gesichtsfeld von mehr als 15° entsteht. Seither rüsten sich alle Sternwarten für Aufgaben, die ein großes Gesichtsfeld erfordern, mit solchen **Schmidtspiegeln** aus.

c) Das terrestrische Fernrohr (Abb. 4). Die astronomischen Fernrohre liefern umgekehrte Bilder. Um diesen bei Erdbeobachtungen störenden Nachteil zu beheben, wird das erste Zwischenbild mit einer Umkehrlinse ohne Vergrößerung ($g = b = 2\,f$) in ein zweites, aufrechtes Zwischenbild abgebildet. Dieses erst wird mit dem Okular betrachtet. Damit keine Strahlen verloren gehen, befindet sich an den Stellen beider Zwischenbilder eine Feldlinse.

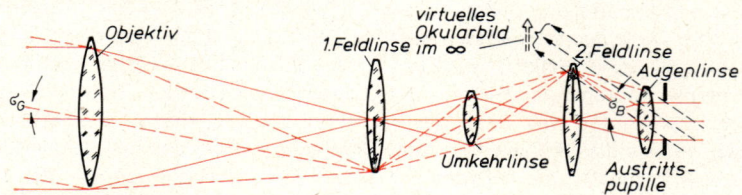

Objektiv   1.Feldlinse   virtuelles Okularbild im ∞   2.Feldlinse   Augenlinse

σ_G

σ_B

Umkehrlinse   Austrittspupille

Abb. 4. Erdfernrohr

Die Brennweite der ersten Feldlinse muß so gewählt werden, daß sie an der Stelle der Umkehrlinse ein Bild des Objektivs erzeugt. Die zweite Feldlinse entspricht genau der in a) behandelten Linse. Die Länge des Fernrohres wird durch die Umkehrlinse um ihre vierfache Brennweite vergrößert, wodurch oft eine handliche Anwendung beeinträchtigt wird.

d) Dieser Nachteil wird beim **Prismenfernrohr** vermieden. Bei ihm übernimmt ein Umkehrprismensatz (5.2.2. d) das Aufrichten des Bildes (Abb. 5) und verkürzt zugleich die Gesamtlänge des Rohres auf etwa den dritten Teil. Da die Reflexion an ebenen Flächen keine Bildfehler erzeugt und da bei der Totalreflexion kein Licht verloren geht, erhält das Prismenfernrohr alle guten Eigenschaften des astronomischen Fernrohres, erzeugt dabei aufrechte Bilder und hat eine handliche Länge. Als Doppelfernrohr vermittelt es einen plastischen Eindruck der beobachteten Objekte, weil der Abstand der Objektive größer ist als der Augenabstand.

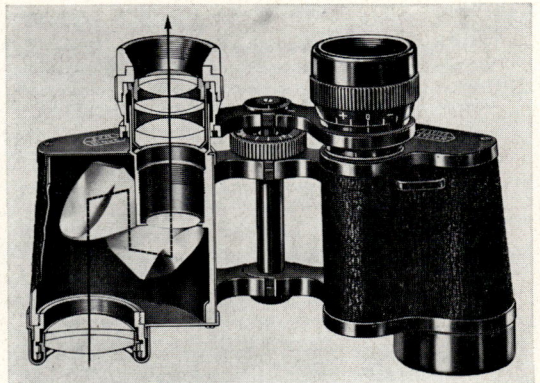

Abb. 5. Prismenfernrohr

e) Das holländische Fernrohr (in Holland erfunden; verbessert von G. Galilei, Fußn. S. 32) dient fast nur noch als Theaterglas (Abb. 6). Das Objektiv ist eine langbrennweitige Sammellinse, das Okular eine kurzbrennweitige Zerstreuungslinse. Die Länge des auf ∞ eingestellten Fernrohres ist gleich der Differenz der Brennweiten. Es liefert aufrechte Bilder. Die Vergrößerung ist wie beim astronomischen Fernrohr $\Gamma = f_1/f_2$. Da kein Zwischenbild zustande kommt, läßt sich kein Fadenkreuz einbauen, so daß dieses Fernrohr zum Messen unbrauchbar ist. Aus dem gleichen Grunde läßt sich auch keine Feldlinse einbauen. Daher ist das Bildfeld klein, höchstens 25° gegen 35° ... 70° bei anderen Fernrohren. Es läßt sich nur erweitern durch großen Objektivdurchmes

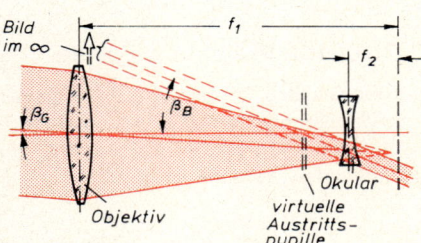

Abb. 6. Holländisches Fernrohr

ser oder geringe Vergrößerung. Daher haben die noch hergestellten holländischen Fernrohre nur kleine Vergrößerung und oft so große Objektive, daß die entstehende Lichtstärke vom menschlichen Auge gar nicht ausgenutzt werden kann.

f) Die Entfernungsmesser bestehen aus zwei getrennten Fernrohren, deren Objektivachsen einen großen Abstand haben. Man bezeichnet ihn als Basis; sie beträgt bei kleinen Geräten 1 m und wird für die Entfernungsmessung von Schiffen auf dem Meer bis über 10 m vergrößert. Für die Entfernungsmesser, die in Photoapparate eingebaut sind, genügt eine Basis von 5 ... 8 cm, weil Entfernungen über 20 m nicht mehr genau gemessen werden müssen.

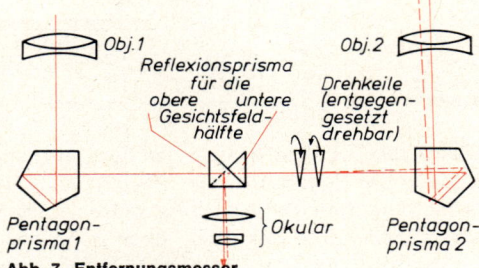

Abb. 7. Entfernungsmesser

Die Visierlinien von beiden Objektiven nach einem Gegenstand sind um so mehr gegeneinander geneigt, je näher sich der Gegenstand befindet. In der Ausgangsstellung sind beide Fernrohrhälften symmetrisch, so daß die Visierlinien parallel verlaufen und sich erst im Unendlichen treffen. Befindet sich der Gegenstand in geringerer Entfernung, so muß man die Visierlinie um einen kleinen Winkel neigen, um die Bilder beider Fernrohrhälften zur Deckung zu bringen (Abb. 7). Dies geschieht in meßbarer Weise, indem man in die eine Fernrohrhälfte zwei in entgegengesetztem Sinn drehbare Glaskeile einfügt. Die Drehung ist an einer Trommel meßbar, die unmittelbar nach der Entfernung des Gegenstandes geeicht ist, dessen beide Bilder zur Deckung gebracht wurden.

Aufgaben:

1. Ein Fernrohr besteht aus einem Objektiv (f_1 = 320 mm, d_1 = 30 mm) und einem Okular, das sich aus einer Feldlinse (f' = 60 mm, d' = 30 mm) und einer Augenlinse (f_2 = 40 mm) zusammensetzt. Die Entfernung zwischen Feld- und Augenlinse beträgt 40 mm. Berechnen Sie die Standardvergrößerung, den Durchmesser der Austrittspupille, den Objekt- und den Bildfeldwinkel für ein auf ∞ akkommodiertes Auge und die Lage der Austrittspupille.

    (Γ = 8, AP = 3,75 mm, $2\,\sigma_{Gmax}$ = 5,37°, $2\,\sigma_{Bmax}$ = 41,1°, AP 18,3 mm hinter dem Okular)

2. Ein Spiegelteleskop hat einen Parabolspiegel (f_1 = 180 cm, d_1 = 30 cm). Es besitzt Okulare zwischen 50 mm und 4 mm Brennweite. Welches ist die schwächste und welches die stärkste Vergrößerung? Wie groß sind in beiden Fällen die Lichtstärke und der Objektfeldwinkel, wenn die Okulare einen Bildfeldwinkel von 45° haben? Wie groß ist das Bild des Mondes, das vom Spiegel in der Brennebene erzeugt wird, wenn der Mond unter einem Sehwinkel von 32′ erscheint?

    (36- bis 450fach, Lichtstärken 69,4 und 0,45, $2\,\sigma_{Gmax}$ = 1° 19′ ... 6,3′, 16,75 mm)

3. Ein Erdfernrohr mit 6facher Vergrößerung hat ein Objektiv mit 24 cm und eine Umkehrlinse mit 4 cm Brennweite. Welche Brennweite f' muß die erste Feldlinse haben, damit das Objektiv auf die Umkehrlinse abgebildet wird? Berechnen Sie die Brennweiten f_3 der Augenlinse und f'' der zweiten Feldlinse, damit die Austrittspupille 8 mm hinter der Augenlinse liegt.

    (f' = 6 cm, f_3 = 4 cm, f'' = 3,08 cm)

5.2.10. Die Projektionsgeräte

a) Das Diaskop. Um ein Bild einer großen Zahl von Zuschauern vorzuführen, entwirft man von ihm eine starke Vergrößerung an einer für alle sichtbaren Wand. Wegen der geringen Leuchtdichte des vergrößerten Bildes muß durch Verdunklung alles andere Licht vom Bildschirm ferngehalten werden.

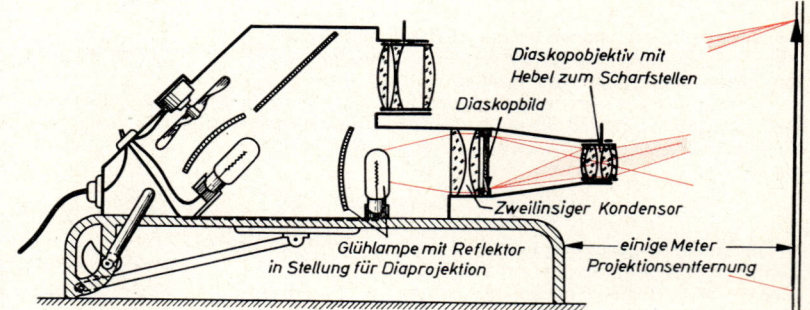

**Abb. 1.
Diaskop-
projektion**

Das Diaskopobjektiv erzeugt von dem durchsichtigen Glasdiapositiv ein reelles, vergrößertes Bild auf der Projektionswand. Es wird von einer starken Lichtquelle durchleuchtet. Um möglichst viele ihrer Strahlen auszunutzen, befindet sich hinter der Lampe ein Reflektor, der einen großen Teil der nach hinten gehenden Strahlen wieder nach vorne lenkt. Zwischen Lampe und Diapositiv fügt man einen ein- oder mehrlinsigen Kondensor ein, dessen Gesamtbrennweite so gewählt werden muß, daß im Objektiv ein Bild der Lichtquelle entsteht. Dann gehen alle Strahlen, die von der Lichtquelle durch den Kondensor gegangen sind, auch durch das Objektiv. Das Diapositiv befindet sich in einem konvergenten Lichtkegel; damit es in seiner ganzen Fläche gleichmäßig ausgeleuchtet wird, darf seine Diagonale nicht größer sein als der Durchmesser des Lichtkegels, der dort etwas kleiner ist als der Durchmesser der Kondensorlinse. Der Durchmesser des Objektivs braucht nicht größer zu sein, als das Bild der Lichtquelle, das in ihm entworfen wird.

Zur Berechnung des Abbildungsmaßstabes β multipliziert man die Abbildungsgleichung mit b und berechnet daraus $\beta = B/G = b/g$:

> **Abbildungsmaßstab beim Projektionsapparat:** $\beta = \dfrac{b}{f} - 1$

b) Das Episkop (Abb. 2) verwendet man zur Projektion von undurchsichtigen Bildern. Da man keinen Kondensor verwenden kann und an der Bildoberfläche viel Licht absorbiert wird, braucht man noch stärkere Lampen als beim Diaskop. Das von der Bildfläche zurückgestrahlte Licht wird an einem unter 45° geneigten Hilfsspiegel in die horizontale Richtung abgelenkt und von einem lichtstarken Objektiv

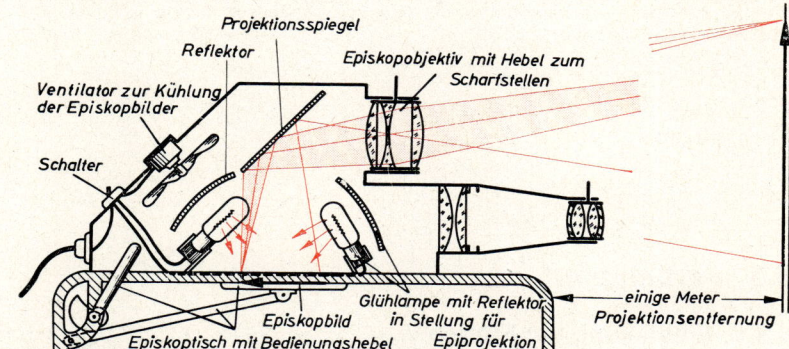

Abb. 2. Episkopprojektion

auf den Bildschirm geworfen. Der Hilfsspiegel erfüllt dabei eine doppelte Aufgabe: Er lenkt den Strahlengang um 90° ab, so daß man waagerecht liegende Bilder aus Büchern, Schriftstücken oder Photographien auf eine senkrechte Wand projizieren kann. Da Gegenstand und Bild einander zugewandt sind, betrachtet das Auge beide aus entgegengesetzten Richtungen und sähe ein Spiegelbild, wenn nicht die zusätzliche Reflexion am Spiegel diesen Mangel beheben würde.

c) Mikroprojektion. Um besonders stark vergrößerte Bilder von mikroskopischen Präparaten zu projizieren, kann man unmittelbar das Mikroskop selbst als Projektionsapparat benutzen. Der ganze Tubus muß dazu mit der Feinbewegung um eine winzige Strecke vom Objekt entfernt werden. Dadurch wird der Abstand des Zwischenbildes von der Augenlinse größer als ihre Brennweite, so daß sie auf dem Schirm ein reelles Bild erzeugen kann.

d) Auch das **photographische Vergrößerungsgerät** stellt eine Diaprojektion dar. Das zu vergrößernde Negativ wird von einer photographisch wirksamen Opallampe mit einem Kondensor beleuchtet. Ein Objektiv erzeugt ein vergrößertes Bild des Negativs auf der Tischplatte. Zum Vergrößerungswechsel muß gleichzeitig die Gegenstandsweite (Negativ-Objektiv) und die Bildweite (Objektiv-Tischplatte) geändert werden. Um das Arbeiten bei wechselnden Vergrößerungen zu vereinfachen, sind beide Verschiebungen mechanisch gekoppelt, daß eine einmal scharf eingestellte Abbildung auch beim Verändern der Vergrößerung scharf bleibt.

e) Projektion bewegter Bilder (Kino). Die Projektionseinrichtung für bewegte Bilder im Kino entspricht genau der eines Diaskops. Dazu kommt aber noch die ganze Vorrichtung für den automatischen Bildwechsel.

Die Möglichkeit, rasch aufeinanderfolgende Einzelbilder als ein bewegtes Bild zu sehen, beruht darauf, daß ein Bild auf der Netzhaut des Auges eine kurze Nachwirkung hinterläßt. Folgen mehrere Bildeindrücke rasch aufeinander, so kann das Auge sie nicht mehr getrennt wahrnehmen. Stellen die Bilder aufeinanderfolgende Momente eines Bewegungsvorganges dar, so verknüpft das Auge die Bilder und setzt daraus die ursprüngliche Bewegung zusammen.

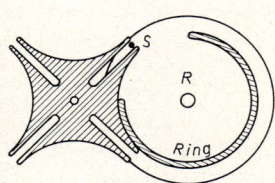

Abb. 3. Malteserkreuz

Dabei muß das Bild während der Projektion etwa 0,03 s ruhig stehen, um dem Auge die Aufnahme eines Bildeindruckes zu ermöglichen. Dann muß der Filmstreifen in ca. 0,01 s um eine Bildlänge weiterbewegt werden, während das Projektionslicht abgeblendet ist, so daß das neue Bild genau an die Stelle des vorhergegangenen kommt. Diese Aufgabe erfüllt man mit dem Malteserkreuz (Abb. 3). Es sitzt auf der gleichen Achse wie das Zahnrad, das den Bildwechsel tätigt, und wird von dem Stift S des gleichmäßig umlaufenden Rades nur mitgenommen, solange er in eine Nut des Malteserkreuzes eingreift, wobei es sich um 90° dreht. Während der Stift nicht eingreift, wird das Malteserkreuz bzw. das Bild durch einen Ring festgehalten.

Aufgabe:

Das Objektiv eines Projektionsgerätes hat 85 mm Brennweite. Wie groß müssen die Entfernungen eines Dias (24 · 36 mm²) vom Objektiv und des Objektivs vom Bildschirm sein, damit das Bild 1,8 · 2,7 m² groß wird? Welche Gesamtbrennweite muß der Kondensor haben, wenn er von der Lampe 80 mm und vom Dia 8 mm entfernt ist?   ($g = 86,1$ mm, $b = 6,46$ m, $f_{Kond} = 43,2$ mm)

5.3. Farbenlehre

5.3.1. Entstehung der Farben

a) Entstehung der Spektralfarben. Weißes Licht wird beim Durchgang durch ein Prisma in Farben zerlegt. Man erhält diese schon in 5.2.2. e behandelte Erscheinung deutlicher mit einer Versuchsanordnung nach Abb. 1.

Eine Lichtquelle beleuchtet einen Spalt, der sich in der Brennebene einer Linse L_1 befindet. Nach dem Durchgang durch diese Linse treffen die Strahlen parallel auf das Prisma. Strahlen gleicher Farbe erfahren gleiche Ablenkung und sind nach dem Durchgang durch das Prisma unter sich parallel. Dort fallen sie auf eine Linse L_2, die jede Farbe in ihrer Brennebene zu einem scharfen Bild des Spaltes vereinigt.

Die Gesamtheit der farbigen Spaltbilder mit ihrem stetigen Übergang von Rot über Orange, Gelb, Grün, Blau nach Violett nennt man ein **Spektrum** und die darin auftretenden Farben die **Spektralfarben** (Farbtafel 1).

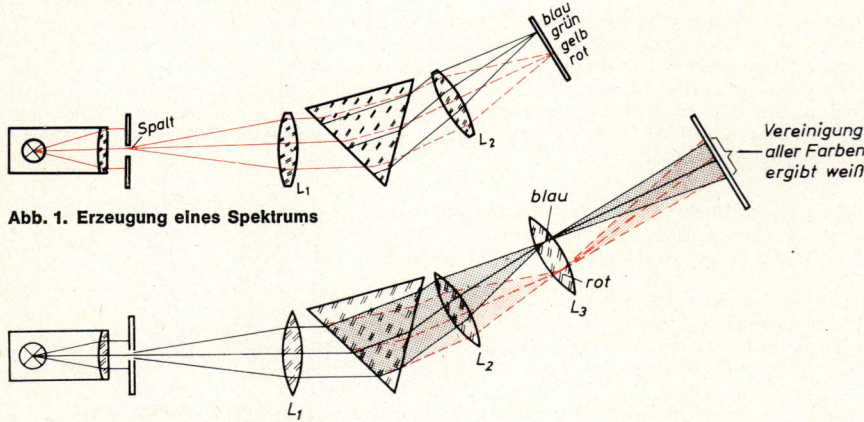

Abb. 1. Erzeugung eines Spektrums

Abb. 2. Vereinigung der Spektralfarben

b) Komplementärfarben. Um die Spektralfarben zu vereinigen, ändert man die Versuchs-anordnung mit einer weiteren Linse L$_3$ nach Abb. 2 ab. Bei richtiger Stellung des nach hinten verschobenen Schirmes entsteht aus dem farbigen Band des Spektrums wieder ein weißer Fleck.

Weißes Licht ist eine Mischung aus dem Licht aller Spektralfarben.

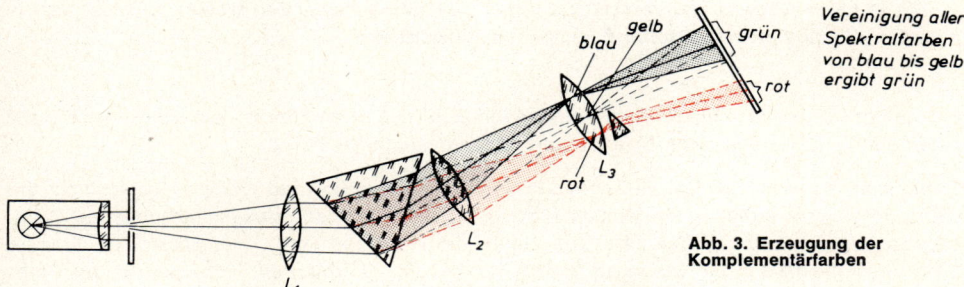

Vereinigung aller Spektralfarben von blau bis gelb ergibt grün

Abb. 3. Erzeugung der Komplementärfarben

Statt das ganze Spektrum an einer Stelle zu vereinigen, kann man mit der noch einmal abge-änderten Versuchsanordnung nach Abb. 3 beliebige Farbausschnitte des Spektrums an einer oder mehreren Stellen des Auffangschirmes vereinigen. Mit einem kleinen Prisma kann man an einer beliebigen Stelle aus dem Spektrum einen Farbenbereich herauslenken. Auf dem Schirm erscheint dann nicht mehr Weiß, sondern nebeneinander die herausgelenkte Farbe und die Vereinigung aller übrigen Farben des Spektrums. Man erhält so die folgenden Farbenpaare:

Komplementärfarben								
Abgelenkte Farbe	Rot	Orange	Gelb	Gelbgrün	Grün	Blaugrün	Blau	Violett
Vereinigtes Restspektrum	Grün	Blaugrün	Blau	Violett	Rot	Orange	Gelb	Gelbgrün

Zwei gleichzeitig erscheinende Farben enthalten zusammen das ganze Spektrum. Aus ihrer Vereinigung könnte man wieder Weiß erhalten. Zwei solche sich zu Weiß ergänzenden Farben bezeichnet man als **Komplementärfarben.** Eine Spektralfarbe und die durch Vereinigung des Restspektrums entstehende Farbe sind also Komplementärfarben.

c) Additive Farbmischung. Es können sich aber schon zwei Einzelfarben des Spektrums zu Weiß ergänzen. Blendet man z. B. im Versuch der Abb. 2 hinter der Linse nur die Farben Gelb und Blau aus, so ergibt sich auf dem Schirm doch Weiß, obwohl große Teile des Spektrums abgeblendet sind. Die in der Tabelle angegebenen Farbpaare sind also auch dann komplementär, wenn sie als Einzelfarben auftreten. Auf gleiche Weise kann man durch die Ausblendung anderer Farben auch Mischfarben untersuchen, die entstehen, wenn auf eine weiße Fläche gleichzeitig zwei beliebige Farben aufgestrahlt werden. Diese Art der Farb-mischung nennt man **additiv** (Farbtafel 2). Man kann sie auch mit einem Farbkreisel erzeugen.

Komplementärfarben ergeben bei additiver Farbmischung Weiß.

d) Körperfarben und subtraktive Farbmischung. Die Erfahrung des täglichen Lebens scheint diesem Satz zu widersprechen; denn beim Mischen einer gelben und blauen Malerfarbe entsteht nicht Weiß, sondern Grün. Der Widerspruch löst sich, wenn man das Entstehen der **Körperfarben** untersucht. Ein gelber Gegenstand z. B. sendet in unser Auge Strahlen, deren Gesamteindruck Gelb ergibt. Daher muß er vor allem die Komplementärfarbe Blau absorbieren. Für die Entstehung einer Körperfarbe gilt daher:

Ein farbiger Gegenstand verschluckt einen Teil des auffallenden weißen Lichtes, vor allem die Komplementärfarbe zur eigenen Körperfarbe.

Ein weißer Körper verschluckt vom auffallenden Licht nur einen kleinen, ein schwarzer Körper einen sehr großen Teil ohne Bevorzugung einer bestimmten Farbe.

Bringt man auf eine Fläche zwei gemischte Farben, z. B. Blau und Gelb, so verschluckt die gelbe Farbe vom auffallenden weißen Licht vor allem die roten, blauen und violetten Töne, dagegen werden Orange, Gelb und Grün reflektiert. Die blaue Farbe verschluckt Rot, Orange, Gelb und reflektiert Grün, Blau und Violett. Da fast alle Strahlen auf Körnchen beider Farbstoffe treffen, werden alle Farben außer Grün entweder vom einen oder anderen Farbstoff absorbiert; daher erscheint die Fläche grün. Diese Art der Farbmischung, bei der von weißem Licht durch Absorption mehrere Teile des Spektrums weggenommen werden, nennt man **subtraktive Farbmischung** (Farbtafel 3). Auch beim Durchgang von Licht durch farbige Gläser wird ein Teil absorbiert. Deshalb entstehen beim Durchgang durch mehrere verschiedenfarbige Gläser ebenfalls subtraktive Mischungen. Fällt auf eine farbige Fläche nicht weißes, sondern farbiges Licht, so erscheint sie in der Farbe, die dem reflektierten Licht entspricht. Bestrahlt man z. B. eine rote Fläche, die vorwiegend blaugrünes Licht absorbiert, mit blaugrünem Licht, so wird fast alles Licht verschluckt, und die Fläche erscheint beinahe schwarz.

e) Farbverhüllungen. Von den zahllosen in der Natur vorkommenden Farben zeigt das Spektrum nur verhältnismäßig wenige. Die hellen Farben, wie Rosa, Blaßgrün, Wasserblau, treten im Spektrum ebensowenig auf wie die wenig leuchtenden Farben Braun, Ocker, Oliv, Schieferblau. Bei den Farben der zuerst genannten Gruppen kommt von der betreffenden Fläche Licht aller Farben ins Auge, von denen einige besonders hervortreten. Die letzteren werden dann von den übrigen Strahlen, die zusammen Weiß ergeben, überdeckt. Je stärker das überstrahlende Weiß ist, desto blasser und weniger gesättigt erscheint die Farbe. Man nennt solche Farben **weißverhüllt** (Farbtafel 4).

Die in der zweiten Gruppe genannten Farben entstehen aus den Spektralfarben, wenn ihre Leuchtdichte wesentlich geringer ist als die der Umgebung. Hat man z. B. eine Fläche, die bei guter Beleuchtung in schönem Rot erscheint, und bestrahlt man die Umgebung, daß dort eine hohe Leuchtdichte entsteht, aber die rote Fläche kein Licht erhält, so verwandelt sich das Rot in Rotbraun und bei noch stärkerem Leuchtdichteunterschied in Schwarzbraun. Ähnlich ist es, wenn eine Fläche nur ein kleines Reflexionsvermögen hat. Dann erscheint fast immer die Umgebung mit größerer Leuchtdichte, die Fläche selbst aber in einer der genannten wenig leuchtenden Farben, z. B. in Rotbraun. Dieselbe Fläche erscheint aber leuchtend rot, wenn man sie rings mit schwarzem Samt umgibt und dann hell beleuchtet. Für diese Farberscheinungen hat man die Bezeichnung **Schwarzverhüllung** eingeführt (Farbtafel 4).

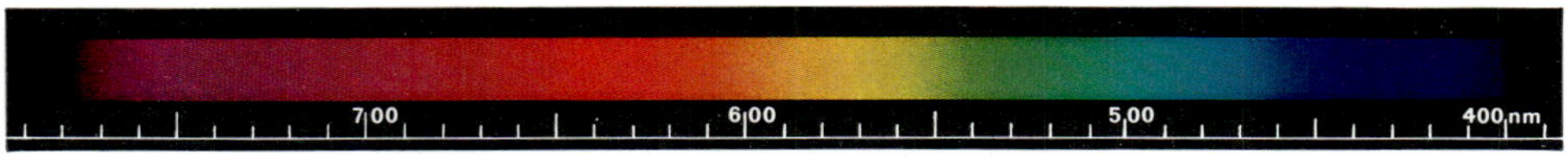

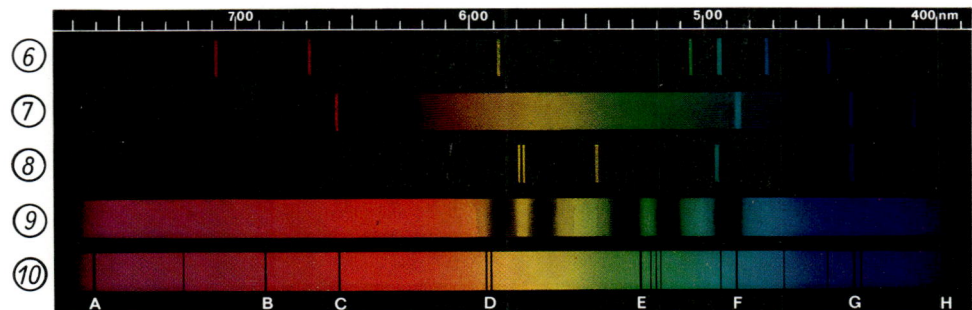

① Kontinuierliches Spektrum eines glühenden festen Körpers

② Additive Farbmischung  ③ Subtraktive Farbmischung

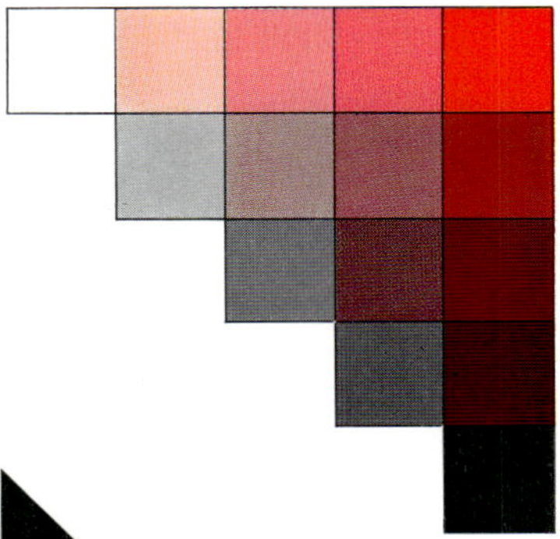

④ Verhüllungsdreieck

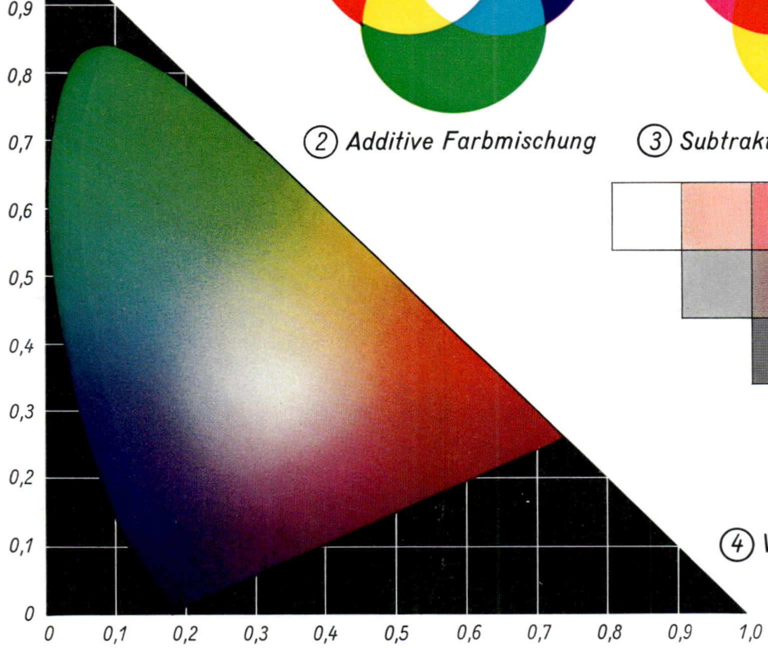

⑤ Farbdreieck

⑥ Spektrum von Helium
⑦ Spektrum von Wasserstoff
⑧ Spektrum von Quecksilber

⑨ Absorptionsspektrum von Kaliumpermanganat
⑩ Sonnenspektrum mit Fraunhoferschen Linien

5.3.2. Die Farbkoordinaten und das Farbdreieck

a) Farbkoordinaten. Alle behandelten Farberscheinungen lassen sich mit der Dreifarbentheorie von Helmholtz (s. Fußn. S. 178) erklären. Nach ihr besteht die Reizwirkung des Lichtes aus drei nach ihrer Farbe verschiedenen Komponenten: einer ersten Reizwirkung X, die vor allem von rotem und in geringerem Maße von violettem Licht hervorgerufen wird, einer zweiten Y, die von gelbgrünem und einer dritten Z, die von blauem Licht ausgelöst wird. Die drei Komponenten können beliebige Werte annehmen. Jede Zusammenstellung von drei Werten X, Y, Z stellt einen Farbreiz dar, und umgekehrt gehören zu jedem Farbreiz drei bestimmte Werte X, Y, Z. Zwei Farbreize, die durch drei gleiche Zahlenwerte von X, Y, Z gekennzeichnet sind, werden auch vom Auge als gleich empfunden. Den drei beliebig wählbaren Zahlenwerten entsprechend stellen alle Farbreize, die unser Auge aufnehmen kann, eine dreifache Mannigfaltigkeit dar.

Vom weißen Licht werden alle drei Komponenten gleich stark angeregt; jede ungleiche Anregung erzeugt in unserem Bewußtsein eine bunte Farbe. Wächst (z. B. bei stärkerer Beleuchtung) die Leuchtdichte einer Farbe, so nehmen alle drei Werte X, Y, Z im gleichen Verhältnis zu. Dabei bleibt die **Farbart** unverändert, sie ist also bestimmt durch das Verhältnis der drei Zahlen $X : Y : Z$. Um gleiche Farbarten durch gleiche Zahlen zu kennzeichnen, wählt man unter allen Verhältnissen dasjenige, bei dem die Summe der drei Zahlen 1 ergibt. Diese **Farbkoordinaten** x, y, z erhält man rechnerisch aus X, Y, Z nach den Formeln:

$$x = \frac{X}{X+Y+Z} \qquad y = \frac{Y}{X+Y+Z} \qquad z = \frac{Z}{X+Y+Z}$$

Weiß besitzt die Farbkoordinaten $x = y = z = 0,333$. Die folgende Tabelle und die Abb. 1 geben die Farbkoordinaten der Spektralfarben.

Farbkoordinaten der Spektralfarben				
Farbe	λ in nm	x	y	z
Rot	670	0,74	0,26	0,00
Orange	620	0,69	0,31	0,00
Gelb	585	0,54	0,46	0,00
Grün	525	0,08	0,84	0,08
Blau	470	0,12	0,07	0,81
Violett	400	0,18	0,00	0,82

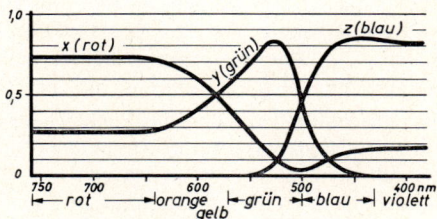

Abb. 1. Farbkoordinaten der Spektralfarben

b) Das Farbdreieck. Da die Summe der drei Farbkoordinaten stets 1 ist, genügen zur Festlegung einer Farbart schon die beiden Koordinaten x und y. Trägt man diese für alle Spektralfarben in ein Koordinatensystem ein, so erhält man die in Abb. 2 dargestellte Kurve. Da die Summe von x und y stets kleiner als 1 ist, verläuft sie ganz im Innern des Dreiecks mit den Ecken (0; 0) (1; 0) (0; 1).

Fallen gleichzeitig zwei Farbarten mit den Koordinaten x_1, y_1, z_1 und x_2, y_2, z_2 ins Auge, so kann man die Koordinaten der entstehenden Gesamtfarbart berechnen. Für die Lage des sich ergebenden Punktes gilt der Satz:

> Die aus der additiven Mischung zweier Farbarten (x_1, y_1) und (x_2, y_2) sich ergebende Farbart wird durch einen Punkt gekennzeichnet, der die Verbindungslinien von (x_1, y_1) und (x_2, y_2) im umgekehrten Verhältnis der Leuchtdichten teilt.

Nach diesem Satz kann man zu je zwei beliebigen Farben die durch additive Mischung entstehende Farbe berechnen. Alle aus den Spektralfarben durch additive Mischung erzeugbaren Farben liegen im Innern der in Abb. 2 eingetragenen Kurve der Spektralfarben, wenn man sie unten durch eine gerade Linie abschließt. Trägt man in diese Fläche alle zu den einzelnen Punkten gehörenden Farbarten ein, so erhält man das **Farbdreieck** (Abb. 2 und Farbtafel 5).

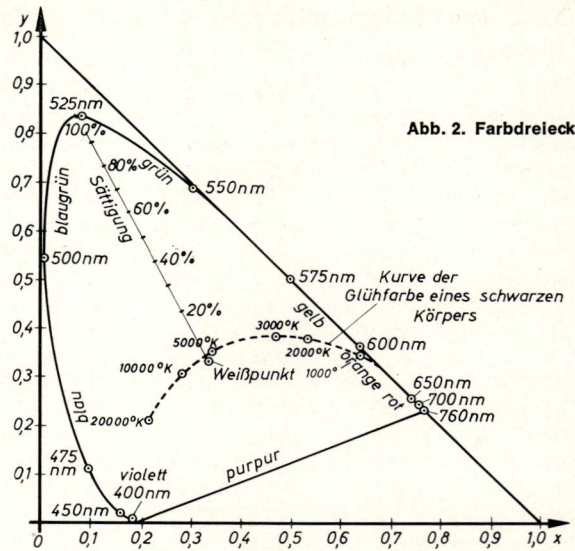

Abb. 2. Farbdreieck

Das Farbdreieck ist eine flächenhafte Darstellung aller möglichen Farbarten im Achsensystem der Farbkoordinaten.

Zwei Komplementärfarben ergeben bei additiver Mischung Weiß; deshalb geht die Verbindungslinie ihrer Punkte im Farbdreieck durch den Weißpunkt (0,333, 0,333). Längs einer solchen Geraden wird eine Spektralfarbe um so blasser, je mehr man sich dem Weißpunkt nähert. Der **Farbton** bleibt dabei ungeändert. Jede vom Weißpunkt ausgehende Gerade kennzeichnet also Farbarten mit gleichem Farbton, aber verschiedener Sättigung.

Bei **Mischfarben** erfüllen die Punkte aller Anteile im Farbdreieck ein oder mehrere Kurven- oder Flächenstücke. Auf das Auge wirkt eine solche Mischfarbe wie eine Einzelfarbe mit den Koordinaten, die der Schwerpunkt der Kurven- bzw. Flächenstücke besitzt, wenn sie entsprechend der Leuchtdichte in ihren Punkten mit Masse belegt wären. Da ganz verschiedene Bereiche den gleichen Schwerpunkt haben können, gibt es auch zahllose Möglichkeiten, eine bestimmte Farbart durch Mischung herzustellen.

Bei **Körperfarben** werden vom ankommenden Licht bestimmte Teile mehr oder minder stark absorbiert. Im Farbdreieck ist das ankommende Licht durch Kurvenstücke oder Bereiche mit bestimmten Leuchtdichten gekennzeichnet. Bildet man den Schwerpunkt der Bereiche mit der durch Absorption verminderten Leuchtdichte, so erhält man die Farbart des reflektierten Lichtes.

Bei **subtraktiver Mischung** müßte die Leuchtdichte des auffallenden Lichtes entsprechend der Absorption durch mehrere Farbstoffe auch mehrfach vermindert und dann der Schwerpunkt des Restlichtes gesucht werden. Eine rechnerische Behandlung dieser Aufgabe stößt vorläufig noch auf zu große Schwierigkeiten.

Die Farbkoordinaten von farbigen Flächen lassen sich durch Bestrahlung mit genau festgelegten Normlichtarten nach genormten Farbmeßverfahren bestimmen. Man ist daher in der Lage, die früher sehr unbestimmten Angaben, z. B. dunkelgrün, blaßrot, hellindigoblau u. a., durch präzise Zahlenangaben zu ersetzen. Deshalb sind heute in der ganzen mit Farben arbeitenden Industrie die Farbkoordinaten unentbehrlich.

5.3.3. Die verschiedenen Spektren und die Spektralanalyse

a) Kontinuierliches Spektrum. Das bei der Zerlegung von Licht durch ein Prisma entstehende Farbband hängt in seinem Aussehen von den Eigenschaften der Lichtquelle ab. Ein zusammenhängendes oder **kontinuierliches Spektrum** mit stetigem Übergang aller Spektralfarben wird von festen, von flüssigen Stoffen und von Gasen unter extremen Drucken (z. B. in den Sternatmosphären) ausgesandt. Mit steigender Temperatur nimmt seine Helligkeit zu, und zwar nach dem Wienschen Verschiebungsgesetz im Blau und Violett stärker als im Rot und Orange. Deshalb glüht ein Körper bei niedriger Temperatur zuerst rot und mit steigender Temperatur gelb, weiß und schließlich sogar bläulich. Die Kurve der Glühfarben von schwarzen Körpern bei verschiedenen Temperaturen ist in Abb. 5.3.2. (2) eingetragen.

b) Linienspektrum: Zum Leuchten angeregte G a s e geben dagegen ein aus einzelnen Linien oder Linienhäufungen (Banden) bestehendes Spektrum. Die **Linienspektren** werden von leuchtenden Atomen, die Bandenspektren von leuchtenden Molekülen ausgesandt. Auf der Farbtafel sind die Linienspektren des Heliums (6) und des Quecksilberdampfes (8) dargestellt. Beim Wasserstoff (7) treten neben den vier Linien des Wasserstoffatoms noch von den Molekülen ausgesandte Banden auf, die jedoch in der Darstellung nicht in ihre zahlreichen feinen Linien aufgelöst werden können. Jedes Element zeigt unter gleichen Bedingungen (Druck, Temperatur, Art der Anregung) die gleichen kennzeichnenden Linien und Banden. Auf dieser Tatsache beruht die von Kirchhoff (Fußnote S. 218) und Bunsen[1] entdeckte

Spektralanalyse, mit der man chemische Stoffe aus ihren Spektren erkennen kann. Zur Anregung benutzt man bei Gasen Geißlerröhren (6.5.6. c); feste Stoffe verdampft man in der nichtleuchtenden Flamme eines Bunsenbrenners, oder man läßt einen elektrischen Lichtbogen (6.5.1. d) zwischen zwei aus den Stoffen gefertigten Elektroden übergehen, bei dessen hoher Temperatur ein Teil des Stoffes ver-

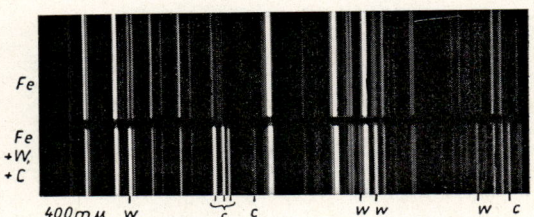

Abb. 1. Funkenspektrum von reinem Eisen und Wolframstahl

dampft (Bogenspektrum). Bei Metallen erzeugt man mit hohen Spannungen einen Funken (6.5.1. b) zwischen zwei aus ihnen hergestellten Elektroden (**Funkenspektrum**). **Abb. 1 zeigt** einen Ausschnitt aus einem Funkenspektrum von reinem Eisen (oben) und von Wolframstahl (unten). Man erkennt deutlich, daß im Stahlspektrum noch Kohlenstoff- (C) und Wolframlinien (W) auftreten. Mit solchen Spektren bestimmt die metallverarbeitende Industrie in kürzester Zeit die Zusammensetzung der zu verarbeitenden Metallegierungen.

c) Absorptionsspektrum. Fällt Licht eines glühenden festen oder flüssigen Stoffes, das ein kontinuierliches Spektrum ergeben würde, durch ein Gas, so absorbiert dieses aus dem Spektrum einige Linien und Bereiche, die dann im Spektrum dunkel erscheinen. Die absorbierten Strahlen sind genau diejenigen, die das Gas im glühenden Zustand selbst aussenden würde. Ein solches Spektrum heißt Absorptionsspektrum (Farbtafel 9).

---

[1] Robert Wilhelm B u n s e n , 1811 bis 1899, Prof. für Chemie in Heidelberg. Außer der Spektralanalyse fand er viele chemische und elektrochemische Arbeits- und Meßmethoden.

Läßt man Sonnenlicht durch ein Spektroskop fallen, so erhält man ein solches Absorptionsspektrum. Neben vielen schwachen dunklen Linien treten einige Absorptionslinien besonders stark hervor (Farbtafel 10). Sie wurden von Fraunhofer (1787 bis 1826, Professor in München) entdeckt und nach ihm **Fraunhofersche[1] Linien** genannt. Die glühende Sonnenoberfläche sendet ein kontinuierliches Spektrum aus, aus dem die Gase der Sonnenatmosphäre die beobachteten, dunklen Linien absorbieren. Aus ihnen konnte die Anwesenheit zahlreicher auf der Erde bekannter Elemente in der Sonnenatmosphäre nachgewiesen werden. Das Element Helium wurde 1868 im Sonnenspektrum entdeckt, bevor man es 1895 auch auf der Erde fand. Die Kenntnis vom physikalischen Zustand der Fixsterne beruht in vielen Punkten auf der Untersuchung ihrer Spektren.

e) Spektralapparate. Die zur Untersuchung der Spektren dienenden Geräte benutzen im Prinzip die Anordnung der Abb. 5.3.1. (1). Wenn sie für Augenbeobachtung eingerichtet sind, nennt man sie **Spektroskope.** Der Spalt und die erste Linse, das Kollimatorobjektiv, werden im Kollimatorrohr untergebracht. Die parallel vom Prisma kommenden Strahlen werden durch ein Fernrohr beobachtet. Ist noch eine Teilung zum Ablesen des Ablenkungswinkels angebracht, so nennt man den Apparat ein **Spektrometer** (Abb. 2).

Abb. 2. Spektrometer

An Stelle des Okulars kann man auch eine Kasette anbringen, um das Spektrum photographisch festzuhalten. Bei solchen **Spektrographen** wird manchmal auch das einfache Prisma durch ein mehrteiliges ersetzt, so daß ein breiteres Spektrum entsteht. Die Photographie gestattet es auch, bei Verwendung von ultraviolettdurchlässiger Quarzoptik Linien zu vermessen, die das Auge nicht mehr beobachten könnte. Das in Abb. 3 und 4 dargestellte Modell ist ein Metallspektrograph zur Untersuchung von Legierungen. Um den Apparat zu verkürzen, ist der Strahlengang durch einen Spiegel abgewinkelt.

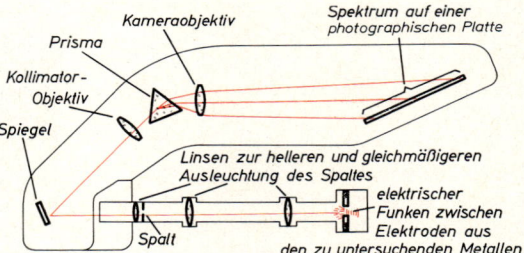

Abb. 3. Strahlengang zum Spektrograph in Abb. 4

Abb. 4. Metallspektrograph

---

[1] Joseph F r a u n h o f e r , 1787 bis 1826, arbeitete sich vom Glasschleiferlehrling zum Universitätsprofessor in München empor. Er verbesserte die Herstellung von Linsen, konstruierte hervorragende astronomische Instrumente und entdeckte die nach ihm benannten Linien im Sonnenspektrum.

5.4. Wellenoptik

5.4.1. Die Interferenz des Lichtes

a) Der Doppelspaltversuch. Einen Hinweis auf die Welleneigenschaften des Lichtes geben schon die Erscheinungen der Reflexion und Brechung, die sich nach 4.2.4. b und c leicht als Folge der Wellenausbreitung erklären lassen. Der zwingende Nachweis, mit dem auch die Länge der Lichtwellen bestimmt werden konnte, gelang erst Fresnel[1], als er mit seinem Spiegelversuch zum ersten Male beim Licht Interferenzerscheinungen feststellte. In Anordnung und Ausführung einfacher, im Ergebnis aber gleichwertig, ist folgender Doppelspaltversuch (Abb. 1):

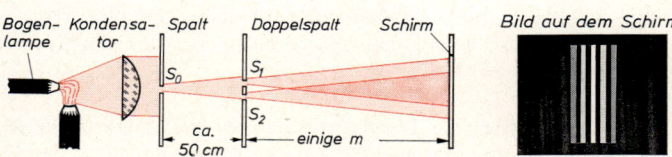

Abb. 1. Doppelspaltversuch

Als Lichtquelle dient ein 0,5 bis 1 mm breiter Spalt S_0, der von einer Bogenlampe mit Hilfe eines Kondensors gleichmäßig ausgeleuchtet wird. Auf einem Schirm, der sich in einigen m Entfernung von diesem Spalt befindet, entsteht zwar kein optisches Bild, da zwischen Spalt und Schirm keine Linse eingefügt ist, sondern nur ein heller Fleck. Bringt man nun einige dm vor den einfachen Spalt einen Doppelspalt mit den Öffnungen S_1 und S_2, die einen Abstand von etwa 0,5 mm haben, so entstehen auf dem Schirm nicht, wie man erwarten könnte, zwei helle Stellen, sondern es bleibt ein Fleck, der nur etwas breiter wird. Er ist nun aber von mehreren hellen und dunklen Streifen durchzogen, von denen der mittlere weiß ist, während die nach beiden Seiten folgenden von immer breiteren farbigen Säumen berandet sind. Nach außen nehmen Helligkeit und Schärfe der Streifen immer mehr ab.

Bringt man in den Strahlengang ein rotes oder ein blaues Farbglas, so bleiben die Streifen bestehen; der gegenseitige Abstand ist aber beim Rotfilter breiter als beim Blaufilter.

Vergrößert man die Breite des Spaltes S_0 oder vermindert man die Entfernung zwischen dem einfachen und doppelten Spalt, so werden die Streifen immer blässer; sie werden schließlich ganz unsichtbar.

Die beiden ersten dunklen Streifen entstehen dort, wo die beiden von den Spalten S_1 und S_2 kommenden Wellen einen Wegunterschied von einer halben, die beiden folgenden hellen Streifen P_1 bzw. P_2 (Abb. 2), wo sie den Wegunterschied von einer ganzen Wellenlänge haben. Bezeichnen wir den Abstand der Spalte S_1 und S_2 als g, den Abstand des ersten hellen Streifens P_1 vom Mittelstreifen mit s und die Entfernung des Schirmes vom Doppelspalt mit e, so muß $S_2P_1 - S_1P_1 = \lambda$ sein. Verlängert man daher S_1P_1 und $\lambda/2$ bis A und verkürzt man S_2P_1 um $\lambda/2$ bis B, so ist das entstehende Dreieck ABP_1 gleichschenklig. Da s nur wenige

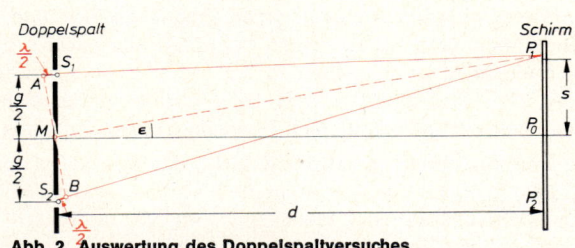

Abb. 2. Auswertung des Doppelspaltversuches

---

[1] Augustin Jean F r e s n e l , 1788 bis 1827, wies beim Licht Beugungs-, Interferenz- und Polarisationserscheinungen nach und verhalf so der Wellentheorie des Lichtes zur Anerkennung.

mm, *e* aber einige m beträgt, deckt sich die Mitte von S_1S_2 praktisch mit der von AB. Die Mittellinie P_1M steht senkrecht auf der Basis AB. Die beiden Winkel P_1MP_0 und S_1MA sind gleich. Ihre Größe ε ist so klein, so daß man arc $\varepsilon \approx \sin \varepsilon \approx \tan \varepsilon$ setzen darf.

Aus den Dreiecken MPP_1 und MS_1A (das nahezu rechtwinklig ist) erhält man:

$$\frac{s}{e} = \tan \varepsilon \approx \varepsilon \qquad\qquad \frac{\lambda/2}{g/2} = \frac{\lambda}{g} \approx \varepsilon$$

oder durch Gleichsetzen der Werte für ε:

$$\frac{\lambda}{g} = \frac{s}{e} \qquad \text{oder:} \qquad \lambda = \frac{s\,g}{e}$$

Da dieses Ergebnis für λ von der Streifenbreite *s* abhängt, erhält man wegen der verschiedenen Streifenbreite bei rotem und blauem Licht für diese beiden Farben verschiedene Wellenlängen. Man erhält $\lambda_{rot} \approx 650$ nm, $\lambda_{blau} \approx 420$ nm; die Enden des sichtbaren Spektrums liegen bei 780 nm und 380 nm.

Das Licht besitzt die Eigenschaften einer Welle mit Wellenlängen, die je nach der Farbe des Lichtes zwischen 380 nm und 780 nm liegen.

b) Kohärenz. Nachdem wir erkannt haben, daß die Lichtstrahlen Welleneigenschaften besitzen, und nachdem an allen Stellen unserer Umwelt sich zahlreiche Lichtstrahlen überlagern, erhebt sich die Frage, warum nicht allenthalben Interferenzerscheinungen auftreten bzw. warum sie nur schwer beobachtbar sind.

Zur Beantwortung dieser Frage erinnern wir uns an die in 4.2.5. a gefundene Voraussetzung dafür, daß zwei mechanische Wellen interferieren können. Diese Voraussetzung ist die Kohärenz beider Wellen, d. h. daß in den Punkten des Überlagerungsgebietes zwischen beiden Wellen für eine längere Zeit eine unveränderliche Phasendifferenz bestehen muß. Bei den Wellen, die durch gleichzeitiges Eintauchen zweier Stifte in die Wellenwanne erzeugt werden, besteht die Kohärenz im ganzen Überlagerungsgebiet, so daß man im ganzen Bereich der Wellenwanne Interferenzen beobachten kann.

Bei einer optischen Lichtquelle, z. B. der Sonne oder der beim Versuch benützten Bogenlampe, werden in jedem Augenblick zahlreiche Atome angeregt, so daß von jedem für eine kurze Zeit ein begrenzter Wellenzug bestimmter Frequenz ausgeht. Die gesamte von der Lichtquelle ausgehende Strahlung besteht aus zahlreichen solchen Wellenzügen, die mit ganz verschiedenen Wellenlängen und Phasen angeregt sind. Das Licht solcher Lichtquellen erfüllt also die Kohärenzbedingung in keiner Weise. Daher treten bei der Überlagerung zweier verschiedener Lichtquellen keine Interferenzen auf.

Teilt man dagegen den Lichtstrom e i n e r Lichtquelle mit Linsen, Spiegeln oder Spalten in zwei Teile und führt sie nach verschiedenen Wegen wieder zusammen, dann können die von den gleichen Atomen kommenden Teilwellenzüge paarweise miteinander interferieren. Der Längenunterschied beider Wege darf aber nicht größer sein als die mittlere Länge eines **von** einem Atom ausgehenden Wellenzuges. Sonst ist an der Vereinigungsstelle der Wellenzug, der den kürzeren Weg hatte, schon vorbeigelaufen, wenn der Wellenzug auf dem weiteren Weg ankommt. Man bezeichnet diese Länge als **Kohärenzlänge.**

Bei streng monochromatischem Licht, das man allerdings nur als Laserstrahl herstellen kann (7.3.5.), konnte man experimentell schon Kohärenzlängen von mehreren km nachweisen. Dagegen besitzen die Wellenzüge, die von thermisch oder elektrisch angeregten Atomen ausgesandt werden, nur eine Kohärenzlänge von einigen Metern. Bei Mischlicht von verschiedenen Farben entstehen durch Überlagerung Schwebungen, welche die Kohärenzlänge bis auf 10^{-4} m vermindern.

Aber auch die Verwendung verschiedener Teillichtströme der gleichen Lichtquelle reicht noch nicht aus, um die Entstehung von Interferenzen zu gewährleisten. Das zeigt die letzte Abänderung des Doppelspaltversuches, aus der hervorgeht, daß sich Interferenzstreifen nur beobachten lassen, wenn von der Lichtquelle ein hinreichend schmaler Teil ausgeblendet wird und die Entfernung zwischen dem Einfachspalt und dem Doppelspalt genügend groß ist. Damit Interferenzen entstehen, muß eine weitere Bedingung erfüllt sein, die wir aus Abb. 3 ableiten.

Die Interferenzerscheinungen erreichen nur dann eine zur Beobachtung ausreichende Helligkeit, wenn ein genügend großer Ausschnitt der Lichtquelle, z. B. die Blendenöffnung L_1L_2 mit dem Durchmesser s verwendet wird. Von allen in dieser Öffnung liegenden Punkten L_i kommt Licht sowohl auf dem ersten Weg durch den Spalt S_1 als auch auf dem zweiten Weg durch den Spalt S_2 zum Auffangschirm, z. B. an den Punkt P. Die infolge des Wegunterschiedes zwischen S_1P und S_2P entstehende Phasendifferenz ist für alle Teile des in P an-

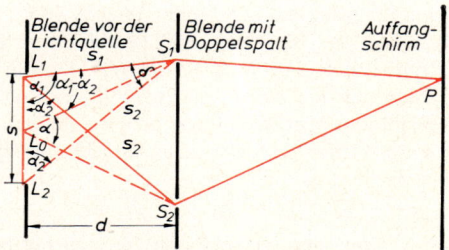

Abb. 3. Die Kohärenzbedingung

kommenden Lichtstromes die gleiche. Dagegen wechselt von einem Lichtpunkt L_i zum anderen die Phasendifferenz, die infolge des Wegunterschiedes zwischen L_iS_1 und L_iS_2 entsteht. Zudem wechselt mit jedem Ausgangspunkt wegen der Regellosigkeit, mit der die einzelnen Atome ihre Wellenzüge aussenden, die Phasenlage des von dort ausgehenden Lichtanteils. Damit dadurch der oben genannten Phasenunterschied nicht überdeckt wird, dürfen sich die Wege L_iS_1 und L_iS_2 bei den verschiedenen Punkten der Blendenöffnung höchstens um Beträge unterscheiden, die gegenüber einer halben Wellenlänge verschwindend klein sind. Vor allem muß diese Forderung noch am Rande der Öffnung für den Punkt L_1 erfüllt sein:

$$L_1S_2 - L_1S_1 = s_2 - s_1 \ll \frac{\lambda}{2}$$

Diese Bedingung läßt sich noch umformen, daß die Blendenöffnung s und die Divergenz α zwischen zwei Strahlen L_iS_1 und L_iS_2 auftritt:

$$s_2 - s_1 = \frac{s}{\sin \delta}(\sin \alpha_1 - \sin \alpha_2) = \frac{2s}{\sin \delta}\sin \frac{\alpha_1 - \alpha_2}{2}\cos \frac{\alpha_1 + \alpha_2}{2}$$

Weil $\alpha_1 + \alpha_2 + \delta = 180°$ ist, kann man $\cos \frac{\alpha_1 + \alpha_2}{2}$ durch $\sin \frac{\delta}{2}$ ersetzen und erhält:

$$s_2 - s_1 = \frac{2s\sin \frac{\alpha_1 - \alpha_2}{2}\sin \frac{\delta}{2}}{2\sin \frac{\delta}{2}\cos \frac{\delta}{2}} = s\frac{\sin \frac{\alpha_1 - \alpha_2}{2}}{\cos \frac{\delta}{2}}$$

Da zur Erfüllung der Bedingung die Blendenöffnung s im Vergleich zum Abstand d zwischen der Lichtquellen- und Spaltblende klein sein muß, ist der Winkel δ sehr klein und daher $\cos \frac{\delta}{2} \approx 1$. Aus dem gleichen Grund sind die Winkel $\alpha_1 - \alpha_2$ und α für alle Punkte L_i praktisch gleich, so daß die **Kohärenzbedingung** die Form annimmt:

$$s_2 - s_1 = s\sin \frac{\alpha}{2} \ll \frac{\lambda}{2}$$

Um Interferenzen zu erhalten, muß das Produkt aus der Breite s des ausgenützten Teiles der Lichtquelle und dem Sinus des halben Öffnungswinkels der verwendeten Strahlen wesentlich kleiner sein als eine halbe Wellenlänge des benutzten Lichtes.

c) Interferenzen an dünnen Blättchen. Dünne Schichten aus durchsichtigen Stoffen, z. B. eine Ölschicht auf Wasser, Seifenblasen, ein Oxidüberzug einer Metalloberfläche oder dünne Lackschichten, erscheinen bei auffallendem Sonnenlicht in bunten Farbstreifen, die man als **Farben dünner Blättchen** bezeichnet. Sie entstehen durch Interferenz des an der Ober- und Unterseite des Blättchens reflektierten Lichtes. Da beide Strahlenanteile bei einer fernen Lichtquelle (z. B. der Sonne) praktisch parallel auftreffen, ist der Winkel α in der Kohärenzbedingung praktisch Null, so daß diese auch ohne Blende vor der Lichtquelle erfüllt ist.

Den Gangunterschied beider Wellen findet man aus Abb. 4. Von der gemeinsamen Wellenfront AA′ der Strahlen Str. 1 und Str. 2 aus legen der Strahl 1 den Weg ABC und der Strahl Str. 2 den Weg A′C zurück. Da die Wellenlängen in einem Medium mit der Brechzahl n auf den n-ten Teil verkürzt sind, entspricht ein Weg in einem solchen Medium dem n-fachen Luftweg. Der optische Wegunterschied ist daher:

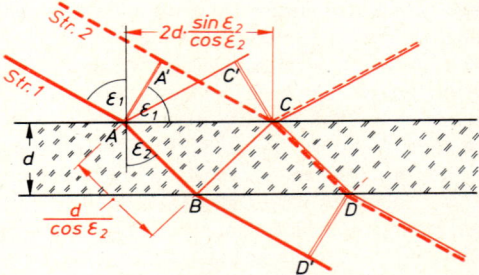

$$\Delta s_{\text{opt}} = n\,(AB + BC) - A'C$$

weil eine der Reflexionen am dichteren Medium erfolgt, kommt dazu noch der Gangunterschied $\lambda/2$ (hervorgerufen durch den Phasensprung von 180° bei der Reflexion am festen Ende 4.2.3. a). Der gesamte Gangunterschied δ ist daher:

$$\delta = n\,(AB + BC) - A'C \pm \frac{\lambda}{2}$$

$$= \frac{2\,n\,d}{\cos \varepsilon_2} - 2\,d \tan \varepsilon_2 \sin \varepsilon_1 \pm \frac{\lambda}{2}$$

Abb. 4. Berechnung des Gangunterschiedes

und weil nach dem Brechungsgesetz $\sin \varepsilon_1 = n \sin \varepsilon_2$ und $n \cos \varepsilon_2 = n \sqrt{1 - \sin^2 \varepsilon_2} = \sqrt{n^2 - \sin^2 \varepsilon_1}$ ist:

$$\Delta s = \frac{2\,n\,d}{\cos \varepsilon_2}\,(1 - \sin^2 \varepsilon_2) + \frac{\lambda}{2} = 2\,n\,d \cos \varepsilon_2 + \frac{\lambda}{2} = 2\,d \sqrt{n^2 - \sin^2 \varepsilon_1} + \frac{\lambda}{2}$$

Der Gangunterschied hängt also von der Dicke d und vom Einfallswinkel ε_1 ab. Das Glied $\lambda/2$ tritt bei der Reflexion, aber nicht beim Durchgang von Lichtstrahlen durch ein Blättchen auf. Fällt Sonnenlicht auf eine solche dünne Schicht, so ist α_1 konstant, und der Gangunterschied ist an all den Stellen gleich, wo die Dicke den gleichen Wert hat. Es entsteht dann eine Verstärkung oder eine Auslöschung, je nachdem der Gangunterschied Δs ein gerades oder ein ungerades Vielfaches einer halben Wellenlänge ist. Das Entstehen von hellen und dunklen Interferenzstreifen hängt daher von der Wellenlänge des Lichtes ab; an einer Stelle, an der sich das rote Licht gerade auslöscht, kann es sein, daß sich blaues Licht verstärkt, so daß diese Stelle blau erscheint. Beim Aufstrahlen von weißem Licht entstehen dann an Schichten mit ungleicher Dicke die oben genannten farbigen Streifen. Bei durchfallendem Licht ist der geometrische Wegunterschied $2\,d\sqrt{n^2 - \sin^2 \varepsilon_1}$ der gleiche, aber es fehlt beim Gangunterschied das Glied $\frac{\lambda}{2}$. Deshalb erscheinen im durchfallenden Licht in jeder Farbe die Stellen hell, die bei der Reflexion dunkel sind und umgekehrt.

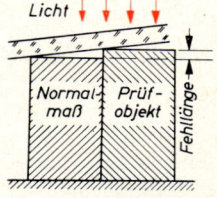

In der Feinmechanik werden mit den Streifen gleicher Dicke geringe Längenunterschiede gemessen (Abb. 5). Auf jeder Streifenbreite nehmen der Gangunterschied um eine ganze und die Spaltdicke um eine halbe Wellenlänge zu. Mit einfarbigem Natriumlicht kann man eine Genauigkeit von $50\ \mu m$ erzielen.

Beim Linsenschleifen prüft man die Krümmung der zu schleifenden Linsenoberfläche, indem man sie in eine Linse mit entgegengesetzter Krümmung einlegt. Je weiter die farbigen Ringe auseinanderrücken, desto besser stimmen beide Krümmungen überein.

Abb. 5. Feinmessung mit Interferenzstreifen

Auf der Interferenz an dünnen Schichten beruht das „Vergüten" der Linsen, nämlich das Belegen mit einer reflexmindernden Schicht. Die an der Vorder- und Rückseite des Belages reflektierten Wellen löschen sich aus, wenn ihre Intensität gleich ist und ihr Gangunterschied eine halbe Wellenlänge beträgt. Beide Wellen haben gleiche Intensität, wenn $n_B = \sqrt{n_G}$ (n_B = Brechzahl des Belages, $n_G \approx$ Brechzahl des Glases). Für Kronglas muß also $n_B \approx 1{,}23$, für Flintglas $n_B \approx 1{,}30$ sein. Der richtige Gangunterschied entsteht bei einer Dicke des Belages $d_B = \lambda_0/4\,n_B$ ($\lambda_0 \approx 0{,}00056$ mm) also für $d_B \approx 0{,}00011$ mm. Der Reflexionsverlust, der bei einem aus mehreren Linsen zusammengesetzten Photoobjektiv bis zu 30 % des einfallendes Lichtes betragen kann, wird dadurch auf weniger als 5 % vermindert.

d) Newtonsche Ringe (Abb. 6). Zu den Streifen gleicher Dicke gehören auch die „Newtonschen Ringe. Legt man nach Abb. 6 eine plankonvexe Linse mit einem Krümmungsradius von mindestens $r_L = 2$ m auf eine ebene Glasplatte und bestrahlt sie senkrecht zur Ebene der Platte mit parallel gerichtetem Licht einer Na-Lampe ($\lambda = 590$ nm), so erkennt man im reflektierten Licht helle und dunkle kreisförmige Ringe, die den Berührpunkt umgeben. Zwischen Linse und Platte entsteht ein Luftspalt, dessen Dicke wegen der geringen Krümmung der Linse nach außen allmählich zunimmt. Die Neigung der Linsenoberfläche ist so klein, daß sie nicht berücksichtigt werden muß. Dann ist der Wegunterschied für beide Strahlen $2\,h$ und der Gangunterschied wegen des Phasensprunges von 180° bei der Reflexion am dichteren Medium $\delta = 2h - \dfrac{\lambda}{2}$.

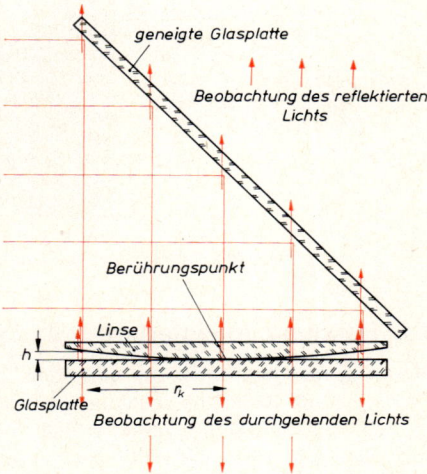

Abb. 6. Entstehung der Newtonschen Ringe

Dieser muß beim ersten dunklen Ring $\dfrac{\lambda}{2}$, beim k. dunklen Ring $(2\,k - 1)\,\dfrac{\lambda}{2}$ betragen.

Deshalb erhält man: $(2\,k - 1)\,\dfrac{\lambda}{2} = 2\,h - \dfrac{\lambda}{2}$ $k\,\lambda = 2\,h$

Zwischen dem Radius r_k des $k \cdot$ dunklen Ringes und h besteht nach dem Sehnensatz der Geometrie (Abb. 7) die Beziehung $r_k{}^2 = (2\,r_L - h)\,h \approx 2\,r_L\,h$. Daher erhält man für den Radius dieses Ringes:

$$r_k = \sqrt{2\,r_L\,h} = \sqrt{k\,r_L\,\lambda}$$

Mit den oben angegebenen Größen $r_L = 2$ m und $\lambda = 590$ nm erhält man für den ersten dunklen Kreis ($k = 1$) den Radius $r_k = \sqrt{1 \cdot 2000\ \text{mm} \cdot 590 \cdot 10^{-6}\ \text{mm}} = 1{,}09$ mm.

Auch im durchfallenden Licht entstehen Newtonsche Ringe. Sie treten z. B. auf, wenn bei der Projektion eines Diapositivs sich das Filmbild zwischen den Glasabdeckplatten infolge der Erwärmung

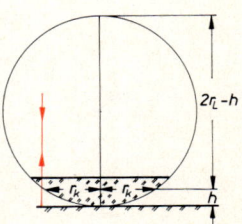

Abb. 7. Newtonsche Ringe

etwas wölbt. Je nach der Verformung sind sie nicht kreisförmig, sondern verbinden die Stellen gleicher Dicke des entstehenden Luftspaltes (Kurven gleicher Dicke).

e) Kurven gleicher Neigung. Da das in der Formel des Gangunterschiedes auftretende Glied $2\,d\,\sqrt{n^2 - \sin^2 \varepsilon_1}$ den Einfallswinkel ε_1 enthält, entstehen bei einer Schicht konstanter Dicke auch Interferenzstreifen, wenn das Licht unter wechselndem Winkel auftrifft. Die entstehenden hellen und dunklen Streifen verbinden die Stellen, an denen das Licht unter gleichem Winkel auftrifft; deshalb nennt man sie „Kurven gleicher Neigung". Ein schönes Beispiel liefert der Pohlsche Interferenzversuch (Abb. 8):

Vor eine Quecksilber- oder Natriumdampflampe, deren Strahlung auf der Rückseite abgeschirmt ist, bringt man eine dünne Glimmerplatte. Das Licht trifft divergent, also unter verschiedenen Winkeln auf die Platte.

Die Interferenz des an der Vorder- und Rückseite reflektierten Lichtes überzieht die ganze Umgebung mit kreisförmigen hellen und dunklen Streifen, deren Zentrum auf dem Lot von der Lichtquelle zur Glimmerplatte liegt.

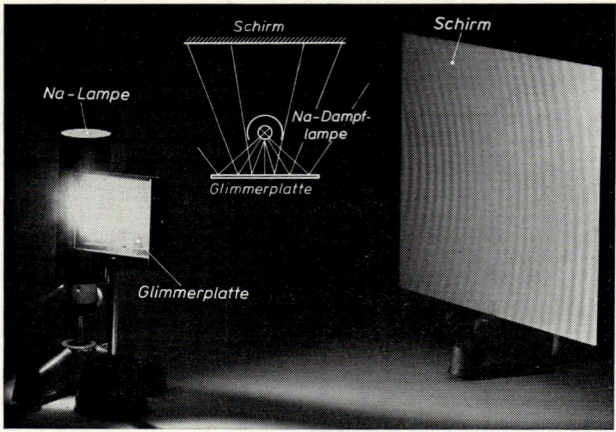

Abb. 8. Pohlscher Interferenzversuch

5.4.2. Beugung und Interferenz an Spalt und Gitter

a) Beugung und Interferenz am einfachen Spalt. Während bei den dünnen Blättchen die an der Vorder- und Rückseite reflektierten Strahlen, die danach zur Interferenz kommen, stets ganz oder nahezu parallel verlaufen, so daß die Kohärenzbedingung auch für ausgedehnte Lichtquellen erfüllt ist, betrachten wir jetzt Interferenzerscheinungen, bei denen die beteiligten Strahlen Winkel einschließen, so daß man die Ausdehnung der Lichtquelle verkleinern muß, um die Kohärenzbedingung zu erfüllen. Die dazu notwendigen Spalte oder Blenden begrenzen die verwendeten Lichtbündel, sind aber zugleich die Ursache von Beugungserscheinungen. Wir benützen eine Natriumdampflampe und blenden mit dem Spalt Sp_1 (Abb. 1) aus ihrem Licht einen Teil aus, der mit der Linse L_1 parallel gerichtet wird. Damit

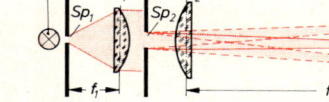

Abb. 1. Interferenz und Beugung beim einfachen Spalt

beleuchten wir den zweiten Spalt Sp_2 und vereinigen die parallel austretenden Strahlen mit der Linse L_2 in ihrer Brennebene auf einem Schirm. Neben dem hellen Bild des Spaltes treten rechts und links mit abnehmender Helligkeit noch weitere helle Streifen auf.

Zur Erklärung bedienen wir uns des Huygensschen Prinzips. Wir denken uns die ganze Breite b des Spaltes in viele Teile — als Beispiel wählen wir 60 — eingeteilt und benützen die dadurch entstehenden engen Intervalle als Zentren der Elementarwellen (Abb. 2). Diese breiten sich hinter dem Spalt aus und erfüllen dort durch Beugung den ganzen Raum. In der Verlängerung der Einfallsrichtung treten zwischen den Elementarwellen keine Gangunterschiede auf. Sie ergeben nach ihrer Vereinigung durch die Linse L_2 das mittlere, helle Spaltbild.

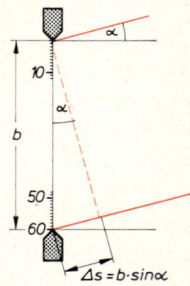

Abb. 2. Entstehung des Gangunterschiedes

Wir untersuchen nun die Überlagerung der Elementarwellen in einer Richtung, die mit der Einfallsrichtung den Winkel α bildet und lassen diesen Winkel allmählich von Null an wachsen. Zunächst ist der Gangunterschied klein und beträgt zwischen den beiden Elementarwellen am Rand $\Delta s = b \sin \alpha$. Wenn dieser Gesamtunterschied auf eine halbe Wellenlänge gewachsen ist, löschen sich die 1. und die 60. Elementarwelle vollständig und weitere Elementarwellen wegen kleinerer Gangunterschiede teilweise aus, so daß in dieser Richtung das Bild etwas dunkler ist. Die Helligkeitsabnahme setzt sich mit wachsendem Winkel α fort, bis bei einem Gesamtgangunterschied von einer ganzen Wellenlänge sich schon die 1. mit der 31., die 2. mit der 32. usf. bis die 30. mit der 60. Elementarwelle auslöschen; in diesem Fall erhält man daher Dunkelheit. Bei weiterer Vergrößerung von α löschen sich nicht mehr alle Elementarwellen aus. Bei einem Gesamtgangunterschied $\Delta s = \frac{3}{2} \lambda$ löschen sich die 1. bis zur 20. Elementarwelle mit der 21. bis 40. Elementarwelle aus, von der 41. bis 60. Elementarwelle kommt jedoch noch ein Teil des Lichtes auf den Schirm. Beim Gangunterschied $\Delta s = 2 \lambda$ löschen sich wieder 1 bis 15 mit 16 bis 30, 31 bis 45 mit 46 bis 60 aus, so daß wieder Dunkelheit entsteht, bei $\Delta s = \frac{5}{2} \lambda$ entsteht wieder ein schwaches Maximum aus nur 12 Elementarwellen. Allgemein erhält man Dunkelheit, wenn der gesamte Gangunterschied ein Vielfaches einer ganzen Wellenlänge ist, und nach außen immer schwächer werdende Helligkeitsmaxima, wenn der Gangunterschied ein ungerades Vielfaches einer halben Wellenlänge ist.

$$\text{Dunkelheit:}\ \Delta s = \lambda, 2\,\lambda, 3\,\lambda \ldots \qquad \sin \alpha = \frac{n\,\lambda}{b} \qquad n = 1, 2, 3 \ldots$$

$$\text{Helligkeit:}\ \Delta s = 0, \frac{3}{2}\lambda, \frac{5}{2}\lambda \ldots \qquad \sin \alpha = \frac{(2\,n + 1)\,\lambda}{2\,b} \qquad n = 1, 2, 3 \ldots$$

b) Interferenz am Doppelspalt. Zur Erhöhung der Lichtstärke kann man einen einfachen Spalt durch einen Doppelspalt ersetzen (Abb. 3). Wenn beide Spalte die gleiche Breite b haben wie der einfache Spalt, so darf man das gleiche, jedoch doppelt so helle Bild erwarten wie beim Einfachspalt. Es müssen daher an den Stellen, die durch die Bedingung $\sin \alpha = n\,\lambda/b$ ($n = 1, 2, \ldots$) festgelegt sind, dunkle Stellen liegen, die das Hauptmaximum des Einfachspaltes von seinen Nebenmaxima trennen. Beim Doppelspalt kann aber noch eine zusätzliche Interferenz zwischen dem Licht des ersten und des zweiten Spaltes entstehen. Bezeichnet man den Abstand der beiden Spaltmitten mit g, so ergibt sich für die gegenseitige Auslöschung der vom ersten und zweiten Spalt kommenden Wellen die Bedingung:

$$\sin \alpha = (2\,n + 1)\frac{\lambda}{2\,g} \qquad (n = 0, 1, 2 \ldots)$$

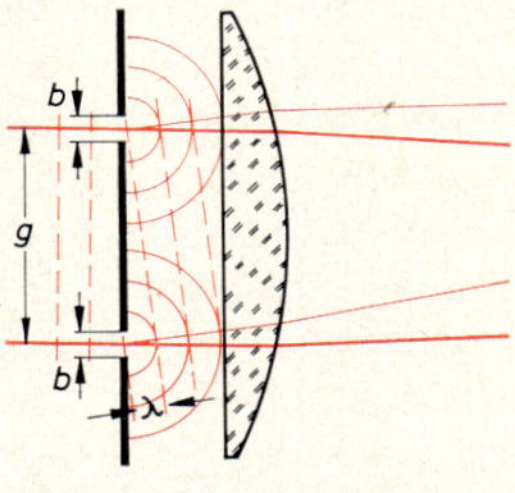

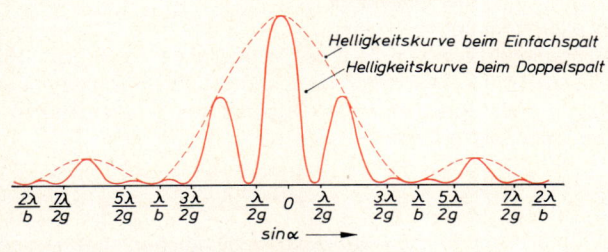

Abb. 3. Interferenz am Doppelspalt

Da g größer ist als b, liegen die ersten durch diese Bedingung festgelegten dunklen Streifen näher an der Mitte als die dunklen Streifen beim Einzelspalt. Daher ist das Hauptmaximum des Einzelspaltes von dunklen Streifen durchzogen. Daneben spielen die viel lichtschwächeren Streifen in den

Helligkeitskurve beim Einfachspalt
Helligkeitskurve beim Doppelspalt

$$\frac{2\lambda}{b} \quad \frac{7\lambda}{2g} \quad \frac{5\lambda}{2g} \quad \frac{\lambda}{b} \quad \frac{3\lambda}{2g} \quad \frac{\lambda}{2g} \quad 0 \quad \frac{\lambda}{2g} \quad \frac{3\lambda}{2g} \quad \frac{\lambda}{b} \quad \frac{5\lambda}{2g} \quad \frac{7\lambda}{2g} \quad \frac{2\lambda}{b}$$

$\sin \alpha \longrightarrow$

Abb. 4. Helligkeitsverteilung beim Doppelspalt

Nebenmaxima keine Rolle. Abb. 4 gibt die Helligkeitsverteilung, wie sie auch der Versuch in 5.4.1. a zeigt.

Verwendet man statt der Na-Lampe eine Bogenlampe, so ist nur das Hauptmaximum in der Mitte weiß. Da die Lage der Nebenmaxima von λ abhängt, liegen sie für verschiedene Farben nicht an der gleichen Stelle. Die Nebenmaxima haben daher farbige Ränder, die mit zunehmender Ordnung des Maximums immer breiter werden, bis sich schließlich ein ganzes Spektrum bildet. Es wird um so breiter, je größer die Ablenkung $\sin \alpha = \dfrac{n \lambda}{g}$ ist. Deshalb sucht man g möglichst klein zu machen.

Eine Verkleinerung des Spaltabstandes g zwingt aber auch dazu, die Spalte enger zu machen. Um dann trotzdem eine ausreichende Lichtstärke zu erhalten, benötigt man ein Gitter aus zahlreichen Spaltöffnungen.

c) Gitterinterferenzen. Ersetzt man im Versuch nach Abb. 1 den Einzelspalt durch ein Gitter aus zahlreichen in Glas eingeritzten Linien und beleuchtet es mit dem Licht einer Bogenlampe, so erhält man in der Mitte auf dem Schirm ein weißes Bild des Spaltes Sp_1. Rechts und links davon folgen in jeweils größerem Abstand immer breitere Spektren, die innen mit violett beginnen und außen mit rot enden.

Zur Erklärung dient die Abb. 5, in der einige aufeinander folgende Elementarwellen aus drei Gitteröffnungen eingezeichnet sind. Ohne Gangunterschied schließen sie sich zu der ungebeugten Welle zusammen, die sich in der Richtung der ankommenden Welle weiter ausbreitet. Die gebeugten Wellenfronten entstehen als Einhüllende der von den Spaltöffnungen kommenden Elementarwellen, und zwar für das Spektrum erster Ordnung bei einem Gangunterschied von je einer Wellenlänge, für das Spektrum zweiter Ordnung bei einem

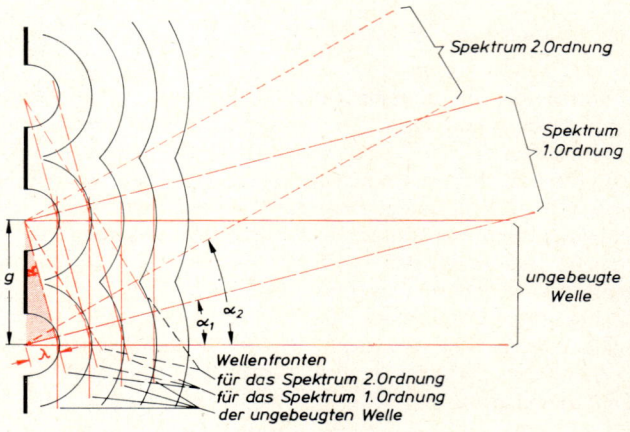

Abb. 5. Entstehung der Gitterspektren 1. und 2. Ordnung

Gangunterschied von je zwei Wellenlängen usw. Die Richtungen der gebeugten Wellen stehen auf den Wellenfronten senkrecht. Ihren Winkel mit der ursprünglichen Richtung erhält man für das Spektrum erster Ordnung aus dem markierten Dreieck und analog für die Spektren höherer Ordnung:

1. Ordnung: $\sin \alpha = \dfrac{\lambda}{g}$ 　　 2. Ordnung: $\sin \alpha = \dfrac{2 \lambda}{g}$ 　　 3. Ordnung: $\sin \alpha = \dfrac{3 \lambda}{g}$ 　　 usw.

Da alle erforderlichen Strecken leicht meßbar sind, lassen sich aus Gitterablenkungen die Wellenlängen des Lichtes sehr genau bestimmen.

Beispiel:

Berechnen Sie die Wellenlänge des Natriumlichtes, wenn bei einem Gitter mit der Gitterkonstante $g = 0,0072$ mm auf einem Schirm, der 320 cm vom Gitter entfernt ist, der Abstand der Na-Linie im Spektrum zweiter Ordnung vom mittleren Spaltbild 53,2 cm beträgt.

Den Ablenkungswinkel α erhält man aus: $\tan \alpha = \dfrac{53,2 \text{ cm}}{320 \text{ cm}}$ $\alpha = 9,43°$

Die Wellenlänge findet man dann aus: $\sin \alpha = \dfrac{2\,\lambda}{g}$

$\lambda = \dfrac{g}{2} \sin \alpha = 0,0036 \text{ mm} \cdot \sin 9,43° = 0,000\,59 \text{ mm} = 590 \text{ nm}$

Rotes Licht, dessen Wellenlänge etwa doppelt so groß ist wie die des blauen Lichtes, wird auch doppelt so weit abgelenkt. Die Spektren werden nach außen immer breiter; daher treten bei den höheren Spektren Überdeckungen auf (Abb. 6).

Mit einem Gitter kann man daher ebenso Spektroskope und Spektrographen bauen wie mit Prismen. Während bei Prismen Blau am stärksten abgelenkt wird, ist bei einem Gitter der Ablenkungswinkel für Rot am größten.

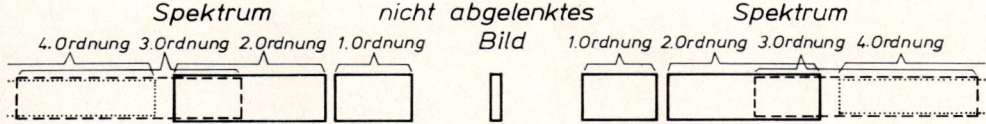

Abb. 6. Lage und Ausdehnung der Gitterspektren 1. bis 4. Ordnung

5.4.3. Holographie

a) Entstehung eines Hologramms. Die Interferenzen von kohärenten Wellen geben die Möglichkeit, das räumliche Bild eines Gegenstandes auf einer ebenen Platte zu speichern und jederzeit daraus das Bild wieder dreidimensional zu reproduzieren. Die Methode bezeichnet man als **Holographie** (holos [griech.] = vollständig, graphein [griech.] = schreiben) und das gespeicherte Interferenzbild als **Hologramm.**

Wenn zwei kohärente Wellen sich in einem Gebiet überlagern, entstehen dort Interferenzen. Man kann sie auf einem Bildschirm, den man in das Überlagerungsgebiet bringt, sichtbar machen. Handelt es sich um zwei ebene Wellen, deren Ausbreitungsrichtungen miteinander einen Winkel bilden, so entstehen parallele helle und dunkle Streifen. Überlagern sich eine ebene und eine Kugelwelle, so erhält man konzentrische, kreisförmige Streifen, ähnlich den Newtonschen Ringen. Bei Wellen mit anderen Wellenfronten ergeben sich kompliziertere Streifenanordnungen. Man kann sie festhalten, wenn man den Bildschirm durch eine Photoplatte oder einen Film ersetzt.

Um von einem Gegenstand ein solches Hologramm herzustellen, benötigt man eine Lichtquelle, die eine intensive, ausgedehnte, kohärente Lichtwelle aussendet. In der Praxis lassen sich diese Bedingungen nur mit einem Laser (7.3.5.) erfüllen, dessen enggebündelten Strahl man mit Hilfe von Linsen verbreitert (Abb. 1). Die eine Hälfte des Lichtstromes beleuchtet das Objekt, so daß eine von der Form der Oberfläche bedingte unregelmäßige Welle zurückgeworfen wird, die danach auf eine Photoplatte auftrifft. Die andere Hälfte trifft auf einen Spiegel und wird von ihm als „Referenzwelle" reflektiert. Beide zurückgeworfenen Wellen kommen zur Interferenz und treffen auf die Photoplatte, so daß die dort entstehenden Interferenzstreifen photographisch festgehalten werden. Die entwickelte Platte ist das Hologramm, das aus einem komplizierten System von durchsichtigen und undurchsichtigen Streifen besteht.

b) Reproduktion des Objekts. Entfernt man bei sonst unveränderter Versuchsanordnung (Abb. 2) das Objekt, so daß nur die Referenzwelle auf das Hologramm trifft, so entsteht beim Durchgang dieser Welle an den Interferenzstreifen die andere in Abb. 1 am Objekt reflektierte Welle von selbst, was sich mit mathematischen Hilfsmitteln begründen läßt. Dadurch kann ein Beobachter hinter dem Hologramm ein virtuelles Bild des Objekts an seiner ursprünglichen Stelle erblicken, obwohl es sich dort nicht mehr befindet. Bei einer seitlichen Verschiebung des Auges erblickt der Beobachter das Objekt unter verschiedenen Blickwinkeln, geradeso als ob es sich in Wirklichkeit wieder an seinem Platz befände.

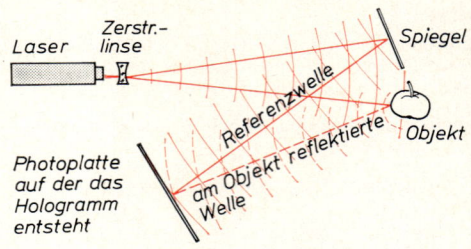

Abb. 1. Herstellung eines Hologramms

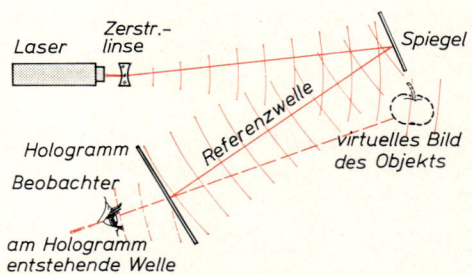

Abb. 2. Reproduktion des Objekts mit Hilfe des Hologramms

Man kann auch farbige Objekte wirklichkeitsgetreu reproduzieren, wenn man drei verschiedenfarbige Laserquellen benützt, deren Farbpunkte im Farbdreieck ähnlich wie beim Dreifarbendruck oder beim Farbfernsehen einen möglichst großen Bereich einschließen.

Die Speicherung des dreidimensionalen Bildes in der zweidimensionalen Ebene des Hologramms ist nur möglich, weil durch die Interferenzstreifen nicht nur die Intensitäten und Richtungen, sondern auch die Phasen der vom Objekt ausgehenden Wellen gespeichert werden. Diese Speicherung ist in allen Teilen des Hologramms enthalten. Deckt man einen Teil ab, so bleibt das Bild bestehen; es verliert nur etwas von seiner Schärfe und Detailzeichnung. Gerade diese Unempfindlichkeit gegen Beschädigungen macht die Holographie zur Speicherung der Bilder von unersetzlichen Objekten besonders wertvoll.

5.4.4. Bedeutung der Wellenoptik für optische Geräte

a) Durchgang von Wellen durch Linsen. Bei der Ausbreitung einer Welle durch eine Linse verändert sich in ihrem Innern wegen des Wechsels der Lichtgeschwindigkeit die Wellenlänge des Lichtes. Dadurch verändert sich auch die Form der Wellenfronten. Bei einer Sammellinse z. B. (Abb. 1) sind im Innern die Wellenlängen auf den n-ten Teil ihrer Länge in Luft verkürzt $\lambda = \lambda_0/n$. Die von A ausgehenden Wellenfronten, die zuerst konzentrische Kreise um A darstellen, werden beim Eintritt in die Linse abgeflacht und stellen nach dem Durchgang durch die Linse konzentrische Kreise um den Bildpunkt A′ dar. Die zu Wellenfronten senkrecht verlaufenden Strahlen gehen von A aus und treffen in A′ wieder zusammen. Trotz ihrer unterschiedlichen g e o m e - t r i s c h e n Länge enthalten alle Strahlen gleichviele Wellenlängen und kommen ohne Gangunterschied im Punkt A′ an: Der o p t i s c h e Weg von A nach A′ ist längs aller Strahlen gleich.

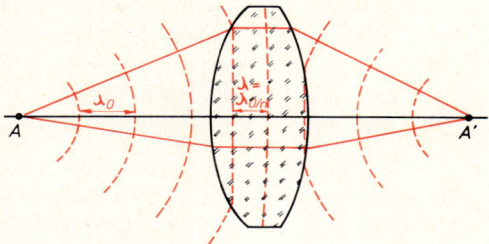

Abb. 1. Ausbreitung von Wellenfronten durch eine Linse

Eine Linse erzeugt bei den von einem Objektpunkt zu dessen Bildpunkt verlaufenden Strahlen keinen Gangunterschied.

Der optische Weg von einem Objektpunkt zu seinem Bildpunkt ist bei allen Strahlen gleich lang.

b) Die Abbesche Sinusbedingung. Mit Hilfe des letzten Satzes kann man eine Bedingung ableiten, die bei der Konstruktion von lichtstarken optischen Geräten entscheidende Bedeutung erhalten hat. Um möglichst viel Licht eines Objektpunktes wieder im Bildpunkt zu vereinigen, benötigt man auch Strahlen, die den Objektpunkt mit großen Achsenneigungen verlassen, bzw. sich im Bildpunkt mit großen Achsenneigungen wieder vereinigen. Dann gilt die in 5.2.4. c für kleine Achsenneigungen abgeleitete Helmholtzsche Tangensbedingung nicht mehr.

Wir betrachten die Abbildung eines kleinen auf der Achse senkrecht stehenden Gegenstandes AB = y in das Bild A′B′ = y' (Abb. 2). Dabei verfolgen wir sowohl beim Punkt A wie beim Punkt B je einen achsenparallelen Strahl und einen Strahl, der auf der Objektseite die Achsenneigung σ besitzt, die beliebig große Werte annehmen darf. Die optischen Lichtwege von einem Objektpunkt bis zum zugehörigen Bildpunkt müssen immer gleich lang sein. Dies gilt auch für die Abbildung eines unendlich fernen Punktes in einem Punkt der Brennebene. Da jedoch der von einem unendlich fernen Punkt kommende Strahl nicht in seiner Länge verfolgt werden kann, benützen wir den optischen Weg zwischen zwei auf den Strahlen senkrecht stehenden Wellenfronten. Auch diese Wege bestehen aus einer gleichen Zahl von Wellenlängen und sind daher optisch gleich.

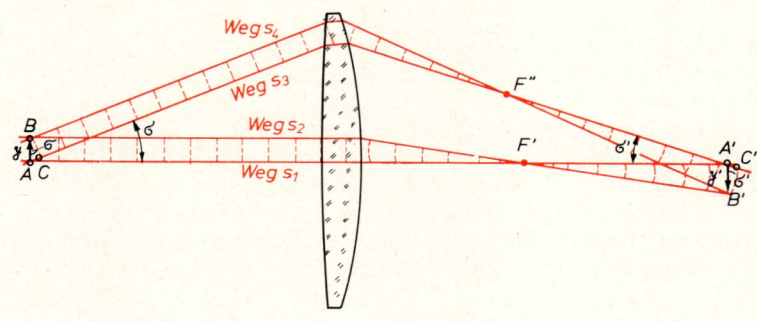

Abb. 2. Zur Ableitung der Sinusbedingung

Aus Abb. 2 folgt nun für die optischen Lichtwege s_1, s_2, s_3, s_4:

A (s_3) A' = A (s_1) A'   Abbildung des Punktes A in den Punkt A'
A (s_1) A' = B (s_2) B'   Wellenfronten bei der Abbildung von $P_{1\infty}$ in F'
B (s_2) B' = B (s_4) B'   Abbildung des Punktes B in den Punkt B'
B (s_4) B' = C (s_3) C'   Wellenfronten bei der Abbildung von $P_{2\infty}$ in F''

Betrachtet man das erste und das letzte Glied dieser Gleichungskette: A (s_3) A' = C (s_3) C', so kann man rechts und links den gleichen Weg CA' wegheben, so daß nur übrig bleibt: AC = A'C'. Da y und y' nicht sehr groß sein sollen, kann man A'B'C' als geradlinig begrenztes Dreieck auffassen; aus den Dreiecken ABC bzw. A'B'C' findet man AC = $y \sin \sigma$ und A'C' = $y' \sin \sigma'$, so daß aus AC = A'C' folgt:

$$\text{Abbesche Sinusbedingung:}\quad y \sin \sigma = y' \sin \sigma'$$

Diese Bedingung muß erfüllt sein, wenn eine beiderseits an Luft grenzende Linse (oder ein Linsensystem) ein Objektstück von der Größe y in ein Bildstück von der Größe y' mit Strahlen beliebiger Achsenneigung aberrationsfrei abbilden soll.

c) **Bedeutung der Blenden bzw. Linsenfassungen.** Nach den vorausgegangenen Betrachtungen entstehen beim Durchgang von Lichtstrahlen durch Linsen ohne Beugung keine Gangunterschiede. Diese können erst bei der Beugung an den Rändern von Blenden oder an den Linsenfassungen entstehen und zu ähnlichen Interferenzerscheinungen Anlaß geben wie bei einer Spaltblende. Durch die Linsen lassen sich die Erscheinungen statt im Unendlichen schon in der Brennebene beobachten.

Das Bild eines leuchtenden Punktes ist ein helles Beugungsscheibchen, das von immer schwächer werdenden dunklen und hellen Beugungsringen umgeben ist. Für den Winkelabstand des ersten Beugungsringes ändert sich die Formel für das erste Beugungsminimum des Spaltes nur durch einen die Kreisform der Linse oder der Blende berücksichtigenden Faktor 1,22; ersetzt man die Spaltbreite b durch den Öffnungsdurchmesser d, so erhält man: $\sin \alpha = 1{,}22\, \lambda/d$. Zwei Gegenstandspunkte lassen sich im Bild nur dann als solche erkennen, wenn die Überlagerung beider Beugungsscheibchen eine kleine Einschnürung aufweist (Abb. 3 a), was mindestens einen Winkelabstand $\varepsilon = \alpha$ verlangt. Daher erhält man für das Auflösungsvermögen ε bei einer kreisförmigen Öffnung:

a)

$$\varepsilon \approx \sin \varepsilon = 2 \sin \alpha = 1{,}22\, \frac{\lambda}{d}$$

b)

Eine Linse in der Öffnung ändert an diesem Ergebnis nichts, sie verlegt bloß die Beobachtungsebene aus dem Unendlichen in die Brennebene, ohne den Winkel des Auflösungsvermögens zu ändern. Völlig getrennt erscheinen zwei Bildpunkte erst bei einem Winkelabstand $2\,\varepsilon$, wenn die ersten dunklen Beugungskreise zwischen den hellen Beugungsscheibchen einen dunklen Zwischenraum hervorrufen (Abb. 3 b).

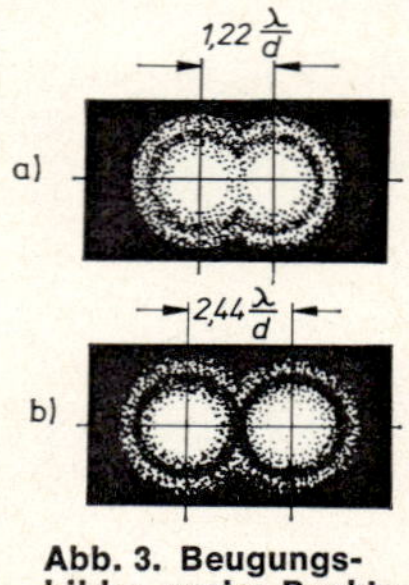

Abb. 3. Beugungsbilder zweier Punkte mit dem Winkelabstand $1{,}22\, \frac{\lambda}{d}$ bzw. $2{,}44\, \frac{\lambda}{d}$ bei kreisförmiger Blende

5.4.5. Das Auflösungsvermögen optischer Instrumente

a) Das Auflösungsvermögen des menschlichen Auges ist der kleinste vom Auge auflösbare Winkelabstand. Man erhält ihn aus der Formel des letzten Abschnittes, wenn man für λ die mittlere Wellenlänge 550 nm des sichtbaren Lichtes und für d z. B. den Wert 3 mm, den der Durchmesser der Augenpupille bei mittlerer Beleuchtung annimmt, einsetzt.

$$\text{Auflösungsvermögen des Auges:} \quad \varepsilon = \frac{1{,}22 \cdot 550 \cdot 10^{-6}\ \text{mm}}{3\ \text{mm}} = 0{,}000\,224$$

Das ist weniger als eine Winkelminute ($1' = 0{,}000\,291$). Das Auge kann also nur dann zwei Gegenstandspunkte getrennt sehen, wenn der Sehwinkel, unter dem ihr Abstand erscheint, mehr als $1'$ beträgt. Dieses Auflösungsvermögen ist etwa das gleiche, wie es auch durch den Abstand der Sehstäbchen in der Netzhaut bedingt ist.

b) Das Auflösungsvermögen des Fernrohres. Auch beim Fernrohr läßt sich die obige Formel unmittelbar anwenden; da die Astronomie ihre Winkel in $''$ angibt, formt man die Gleichung um:

$$\varepsilon = \frac{1{,}22 \cdot 550 \cdot 10^{-6}\ \text{mm}}{d \text{ arc } 1''} \cdot 1'' = \frac{138\ \text{mm}}{d} \cdot 1''$$

$$\boxed{\text{Auflösungsvermögen eines Fernrohres:} \quad \varepsilon = \frac{138\ \text{mm}}{d} \cdot 1''}$$

Beispiel:

Welchen Objektivdurchmesser und welche Vergrößerung muß ein Fernrohr mindestens besitzen, um die beiden Komponenten des Doppelsterns ε in der Leier mit ihrem Abstand von $2{,}4''$ zu trennen?

$$2{,}4'' = \frac{138\ \text{mm}}{d} \cdot 1'' \qquad d = 57{,}4\ \text{mm}$$

Die Vergrößerung muß so gewählt werden, daß der Abstand $2{,}4''$ mindestens auf den Schwellenwert $1'$ des Auflösungsvermögens des Auges vergrößert wird:

$$\Gamma = \frac{60''}{2{,}4''} = 25$$

In der Praxis wird man einen etwas größeren Durchmesser und eine höhere Vergrößerung wählen, um von Fertigungsungenauigkeiten unabhängig zu sein und die Trennung ohne Anstrengung des Auges durchführen zu können.

c) Das Auflösungsvermögen des Mikroskops. Auch beim Mikroskop erhält man mit derselben Gleichung den kleinsten Winkel zweier Strahlen, die vom Objektiv zu zwei in dessen Bildebene getrennt erscheinenden Bildpunkten verlaufen:

$$\sin\varepsilon = 1{,}22\,\lambda/d$$

Für den Abstand s' dieser Bildpunkte erhält man bei einer Bildweite b, weil ε ein kleiner Winkel ist (Abb. 4):

$$s' = b\tan\varepsilon \approx b\sin\varepsilon = 1{,}22\,b\,\frac{\lambda}{d}$$

Das Auflösungsvermögen des Mikroskops soll aber nicht durch die Entfernung s' der Bildpunkte, sondern den wirklichen Abstand s der Objektpunkte ausgedrückt werden. Wegen des großen Öffnungswinkels der in das Objektiv tretenden Strahlen kann man aber s nicht aus der nur für kleine Achsenneigungen gültigen Gleichung $s' : s = b : g$ berechnen, sondern man benötigt dazu die unter b) abgeleitete Sinusbedingung. Weil der Durchmesser des Objektivs viel kleiner ist als die Bildweite b, ist σ' ein kleiner Winkel, für den man setzen kann

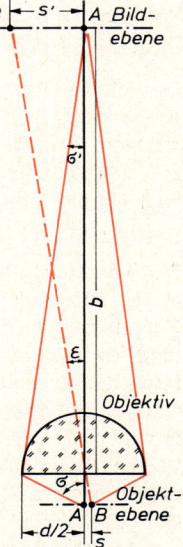

Abb. 4. Auflösungsvermögen eines Mikroskops

$\sin \sigma' \approx \sigma' = \dfrac{d/2}{b}$; σ ist dagegen wegen des kurzen freien Objektabstandes ein großer Winkel. Dann folgt aus der Sinusbedingung: $s = s' \dfrac{\sin \sigma'}{\sin \sigma} = 1{,}22\, b \cdot \dfrac{\lambda}{d} \cdot \dfrac{d}{2\,b \sin \sigma} = \dfrac{0{,}61\,\lambda}{\sin \sigma}$.

Wenn der Zwischenraum zwischen dem Präparat und der Frontlinse des Objektivs mit einer Flüssigkeit von der Brechzahl n, z. B. mit Immersionsöl ($n = 1{,}46$) ausgefüllt ist, wird in ihm die Wellenlänge des Lichtes auf den Wert $\lambda = \dfrac{\lambda_0}{n}$ verkleinert ($\lambda_0 =$ Wellenlänge in Luft), so daß sich das Ergebnis noch ändert, und man erhält:

Auflösungsvermögen eines Mikroskops: $s = 0{,}61\, \dfrac{\lambda_0}{n \sin \sigma} = 0{,}61\, \dfrac{\lambda_0}{A}$

---

wobei $A = n \sin \sigma$ als **numerische Apertur** des Mikroskopobjektivs bezeichnet wird.

Um ein gutes Auflösungsvermögen zu erhalten, muß man daher den Öffnungswinkel σ möglichst groß machen. Man erreicht dies durch Verkleinern des freien Objektabstandes, der bei stark vergrößernden Objektiven nur wenige Zehntelmillimeter beträgt. Die Apertur wird auch vergrößert, wenn man den Raum zwischen Präparat und Linse mit Immersionsöl ausfüllt, dessen Brechzahl nur wenig unter dem der Objektivlinse liegt. Solche Immersionsobjektive erreichen eine Apertur bis zu 1,40.

d) Das Auflösungsvermögen eines Spektralapparates ist um so besser, je kleiner die relative Wellenlängenänderung $\dfrac{\mathrm{d}\lambda}{\lambda}$ für zwei Wellen mit den Wellenlängen λ und $\lambda + \mathrm{d}\lambda$ ist, deren Spektrallinien mit dem Apparat eben noch getrennt beobachtet werden können. Der reziproke Wert $\dfrac{\lambda}{\mathrm{d}\lambda}$ dieses Bruches ist daher um so größer, je höher das Auflösungsvermögen des Gerätes ist, deshalb benützt man ihn meist als Maß für diese Eigenschaft der Spektralapparate.

Bei einem **Prismenspektroskop** oder **-spektrograph** erfahren zwei parallel ankommende Lichtstrahlen mit den Wellenlängen $\lambda_1 = \lambda$ und $\lambda_2 = \lambda + \mathrm{d}\lambda$ eine unterschiedliche Ablenkung (Abb. 5), weil für sie infolge der Dispersion verschiedene Brechzahlen $n_1 = n$ und $n_2 = n + \dfrac{\mathrm{d}n}{\mathrm{d}\lambda}\,\mathrm{d}\lambda$ gelten.

Sie können getrennt werden, wenn der Unterschied der Ablenkungen so groß ist, daß das Hauptmaximum des zweiten Strahles in die Richtung des Minimums des ersten Strahles fällt.

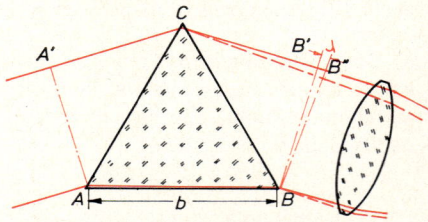

Abb. 5. Zum Auflösungsvermögen eines Prismenspektroskops

Nach der Auslöschbedingung für einen Spalt (5.4.2. a) müssen dazu die Randstrahlen den Gangunterschied $\Delta s = \lambda$ besitzen. Der Unterschied der Lichtwege zwischen den Wellenfronten AA' vor, und BB' bzw. BB'' nach dem Durchgang durch das Prisma muß also für beide Wellen eine Wellenlänge betragen, also z. B. für den bei der brechenden Kante C durchgehenden Strahl: A'CB'' − A'CB' = λ. Da alle Punkte zweier Wellenfronten den gleichen Gangunterschied besitzen, muß dies auch für den an der Prismenbasis AB = b durchgehenden Strahl gelten. Es muß also sein:

$$\lambda = s_{\mathrm{opt}_2} - s_{\mathrm{opt}_1} = b\,n_2 - b\,n_1 = \mathrm{b}\left(n + \frac{\mathrm{d}n}{\mathrm{d}\lambda}\,\mathrm{d}\lambda - n\right) = \mathrm{b}\,\frac{\mathrm{d}n}{\mathrm{d}\lambda}\,\mathrm{d}\lambda$$

Daraus folgt für das Auflösungsvermögen eines Prismas:

$$\boxed{\dfrac{\lambda}{\mathrm{d}\lambda} = b\,\dfrac{\mathrm{d}n}{\mathrm{d}\lambda}}$$

Wenn von einem Prisma infolge der Öffnung der Linse nicht die ganze Fläche ausgenützt wird, tritt in den Nenner der Faktor 1,22, und b muß wegen der Abblendung durch eine kürzere Strecke ersetzt werden; an der Größenordnung des Ergebnisses ändert sich dadurch jedoch nichts.

Beispiel:

Kann man mit einem gleichseitigen Prisma von 4 cm Kantenlänge aus Kronglas, das für $\lambda_D = 589$ nm die Brechzahl $n_1 = 1{,}5153$ und für $\lambda_{Hg} = 577$ nm die Brechzahl $n_2 = 1{,}5148$ besitzt, die D-Linie des Natriums ($\lambda_{D1} = 589{,}0$ nm, $\lambda_{D2} = 589{,}6$ nm) in ihre Komponenten zerlegen?

Erforderliches Auflösungsvermögen: $\quad \dfrac{\lambda}{\mathrm{d}\lambda} = \dfrac{589 \text{ nm}}{0{,}6 \text{ nm}} \approx 1000$

Auflösungsvermögen des Prismas: $\quad \dfrac{\mathrm{d}n}{\mathrm{d}\lambda} = b\,\dfrac{n_1 - n_2}{\lambda_D - \lambda_{Hg}} = 40 \text{ mm} \cdot \dfrac{0{,}0005}{12 \cdot 10^{-6} \text{ mm}} = 1667$

Da das Auflösungsvermögen des Prismas das erforderliche weit übertrifft, ist eine Auflösung möglich.

Bei einem **Gitterspektralapparat** erhält man für den Richtungsunterschied, den zwei Strahlen im Spektrum k-ter Ordnung bei einem Wellenlängenunterschied $\mathrm{d}\lambda$ bilden, durch Differentiation aus der Gleichung $\sin\alpha = \dfrac{k\,\lambda}{g}$:

$$\mathrm{d}\alpha = \frac{k\,\mathrm{d}\lambda}{g\cos\alpha}$$

Um bei Linien mit einem Objektiv vom Durchmesser d getrennt beobachten zu können, muß mindestens $\mathrm{d}\alpha = 1{,}22\,\dfrac{\lambda}{d}$ sein. Setzt man diesen Ausdruck in die obige Gleichung für $\mathrm{d}\alpha$ ein, so erhält man:

$$1{,}22\,\frac{\lambda}{d} = \frac{k\,\mathrm{d}\lambda}{g\cos\alpha} \qquad \text{oder:} \qquad \frac{\lambda}{\mathrm{d}\lambda} = \frac{k\,d}{1{,}22\cos\alpha\,g}$$

Da der Ablenkungswinkel α meist nicht sehr groß ist, unterscheidet sich $\cos\alpha$ kaum von 1; d/g ist die Gesamtzahl N der Gitterlinien, die vom Objektiv mit dem Durchmesser d erfaßt werden. Man erhält also für das Auflösungsvermögen eines Gitterspektroskops oder -spektrographen:

$$\boxed{\dfrac{\lambda}{\mathrm{d}\lambda} = \dfrac{k\,N}{1{,}22}}$$

Beispiel:

Welchen Durchmesser muß das Objektiv eines Gitterspektrographen mit einem Gitter von 150 Linien je mm mindestens haben, damit man mit ihm im Spektrum 2. Ordnung die enge Doppellinie des Wismuts ($\lambda = 412$ mm, $\mathrm{d}\lambda = 0{,}033$ nm) trennen kann?

Erforderliches Auflösungsvermögen: $\dfrac{\lambda}{\mathrm{d}\lambda} = \dfrac{412 \text{ nm}}{0{,}033 \text{ nm}} = 12\,500$

Nun erhält man N aus: $N = \dfrac{1{,}22}{k} \cdot \dfrac{\lambda}{\mathrm{d}\lambda} = \dfrac{1{,}22 \cdot 12\,500}{2} = 7600$ und: $d = \dfrac{7600}{150/\text{mm}} = 51 \text{ mm}$

5.4.6. Das Phasenkontrastmikroskop

a) Die wellenoptische Theorie des Mikroskops. Ernst Abbe[1] hat nach wellenoptischen Überlegungen eine Theorie der Bildentstehung im Mikroskop aufgestellt, die zu wesentlichen
Verbesserungen der Mikroskope führte und den Weltruf der von Abbe in den Zeißwerken
hergestellten Mikroskope begründete.

Mikroskoppräparate sind meist nicht selbstleuchtend, sondern werden von einer Lichtquelle
mit Hilfe eines Kondensors durchstrahlt. Sie lassen an ihren Einzelheiten je nach deren
Absorption einen größeren oder geringeren Anteil des ankommenden Lichtes hindurchgehen.
Ein Mikroskoppräparat kann man daher als ein unregelmäßiges Gitter von Einzelheiten
auffassen, bei dem die Stellen mit geringer Absorption die Öffnungen darstellen, durch die
das vom Kondensor kommende Licht hindurchgehen kann. Die Einzelheiten des Präparats
sind so klein, daß die durch eine solche Öffnung hindurchgehenden Strahlen zur Vereinfachung als parallel betrachtet werden dürfen.

An jeder Öffnung treten Beugungen
auf, wobei sich nach 5.4.2. a der Beugungswinkel des ersten Nebenmaxi-
mums aus der Gleichung $\sin \alpha = \dfrac{3\,\lambda}{2\,b}$
berechnet, wenn b der Durchmesser
der Öffnung ist. Bei sehr kleinen
Öffnungen kann dieser Winkel so
groß werden, daß die Strahlen des
Nebenmaximums nicht mehr auf das
Objektiv treffen (Abb. 1a). Dann gehen nur noch die Strahlen des Hauptmaximums durch das Objektiv und
werden als Parallelstrahlen in einem
Punkt der oberen Brennebene vereinigt. Da man nach dem Huygensschen Prinzip (4.2.4. a) diesen Punkt
als Zentrum der sich weiter ausbreitenden Welle auffassen muß, erhält
die Bildebene nur Licht von diesem
einen Punkt. Da hierbei keine Pha-
sendifferenzen und daher auch keine
Auslöschungen entstehen können,
trifft das Licht diffus auf die ganze
Bildebene, die deshalb keine Struktur zeigt. Es entsteht kein Bild des
Objekts.

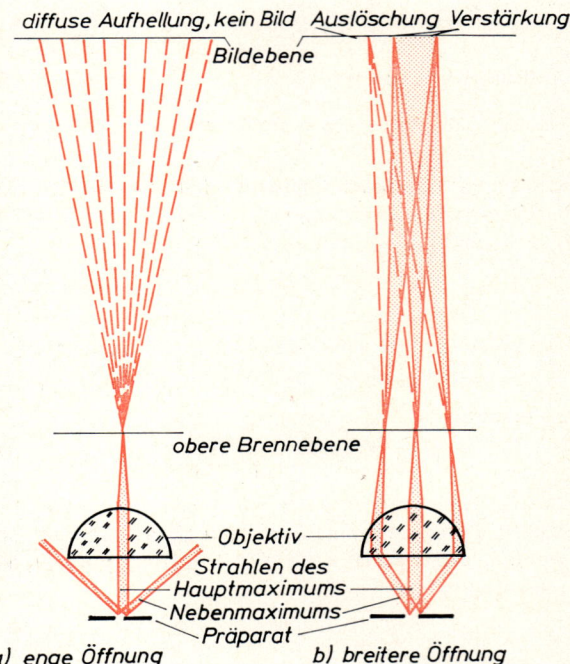

Abb. 1. Wellenoptische Bildentstehung beim Mikroskop

Wenn die Einzelheit aber einen größeren Durchmesser hat, ist der Beu-
gungswinkel α kleiner, so daß auch die Strahlen des Nebenmaximums das Objektiv treffen
(Abb. 1 b). In der Brennebene ist der leuchtende Punkt des Hauptmaximums von einem
hellen Ring der gebeugten Strahlen umgeben. Die sich weiter ausbreitenden Wellen vereinigen sich nur in einem kleinen Scheibchen der Bildebene ohne Phasendifferenz, welches
das Bild der Präparatöffnung darstellt. Außerhalb des Scheibchens entsteht durch Inter-

---

[1] Ernst A b b e , 1849 bis 1905, Professor in Jena, Begründer der Zeißwerke.

ferenz zwischen den von verschiedenen Punkten der Brennebene kommenden Strahlen eine Auslöschung, so daß das Bild durch eine umgebende dunkle Zone abgegrenzt wird.

Zur Entstehung eines Bildes müssen außer den Strahlen des Hauptmaximums mindestens auch noch die des ersten Nebenmaximums ins Objektiv gelangen.

b) Das Auflösungsvermögen des Mikroskops. Aus dieser Bedingung ergibt sich eine zweite Ableitung des schon in 5.4.4. c gefundenen Auflösungsvermögens eines Mikroskops. Die kleinste noch erkennbare Einzelheit muß einen solchen Durchmesser b besitzen, daß der zugehörige Beugungswinkel α des ersten Nebenmaximums nicht größer ist als der Winkel σ zwischen der Achse und dem äußersten Strahl, der noch das Objektiv trifft. Für diesen Winkel gilt nach 5.4.2. a: $\sin \alpha = \frac{2+1}{2b}\lambda = \frac{1,5}{b}\lambda$. In diesem Falle ist b die kleinste beobachtbare Einzelheit des Präparats, also das Auflösungsvermögen ε des Mikroskops:

$$\sin \alpha = \frac{1,5\,\lambda}{b} = \sin \sigma \qquad\qquad b = \varepsilon = \frac{1,5\,\lambda}{\sin \sigma} = \frac{1,5\,\lambda_0}{n \sin \sigma} = 1,5\frac{\lambda_0}{A}$$

Dieses Ergebnis unterscheidet sich nur durch den Faktor 1,5 von dem Ergebnis in 5.4.4. c. Da aber dort nur eine Einschnürung zwischen den Beugungsscheibchen verlangt war, ist der größere Faktor für eine vollständige Trennung verständlich, so daß beide Ergebnisse einander entsprechen.

c) Das Phasenkontrastverfahren. Die meisten Objekte, die unter einem Mikroskop betrachtet werden, absorbieren in ihren Einzelheiten einen Teil des vom Kondensor kommenden Lichtes, so daß ein Bild mit verschiedenen Helligkeiten und Farben entsteht. Es gibt aber auch Objekte, die überall durchsichtig sind und deren Einzelheiten sich nur durch verschiedene Brechzahlen unterscheiden. Weil sich dadurch beim Durchgang die Wellenlänge des Lichtes ändert, haben die Strahlen nach dem Austritt aus dem Präparat verschiedene Phasen. Da aber das menschliche Auge nur Intensitäts- und Farbunterschiede wahrnehmen kann, vermag es die Einzelheiten eines solchen Präparats nicht zu erkennen. Früher half man sich mit Färbemethoden, die aber schwierig anzuwenden sind und einen Eingriff in das Präparat darstellen.

Es bedeutete daher einen großen Erfolg, als es 1932 F. Zernicke gelang, mit Hilfe des **Phasenkontrastverfahrens** ohne irgend eine Vorbehandlung die Strukturen solcher durchsichtigen Präparate sichtbar zu machen.

Zur Erklärung des Verfahrens vergleichen wir die Abbildung zweier mikroskopischer Präparate, nämlich eines gewöhnlichen, sog. Amplitudenobjekts, das durch Absorption die Amplitude, und eines durchsichtigen sog. Phasenobjekts, das infolge wechselnder Brechzahl die Phase des hindurchgehenden Lichtes verändert.

Beim Amplitudenobjekt unterscheiden sich die an verschiedenen Stellen hindurchgegangenen Strahlen durch ihre Amplitude, sie besitzen aber gleiche Phase. Die zur Bilderzeugung notwendigen Beugungen entstehen an den Rändern der Absorptionsstellen, die wie die Ränder einer Öffnung wirken. Beim Phasenobjekt haben nach dem Durchgang mangels einer Absorption alle Strahlen gleiche Amplitude, aber verschiedene Phase. Dadurch werden zwar ebenfalls die Wellenfronten gestört, im Bild ergeben sich aber keine Helligkeits- oder Farbunterschiede, so daß keine Einzelheiten beobachtet werden können.

Wie sich aus der folgenden trigonometrischen Umformung ergibt, kann man jede phasenverschobene Welle mit der Amplitude $\hat{y}$ und der Phasenverschiebung φ in zwei Komponenten mit den Amplituden $\hat{y}_1 = \hat{y} \cos \varphi$ bzw. $\hat{y}_2 = \hat{y} \sin \varphi$ und den Phasenverschiebungen $\varphi_1 = 0$ bzw. $\varphi_2 = 90°$ zerlegen. Bei den dünnschichtigen Präparaten für mikroskopische Beobachtung ist die Phasenverschiebung φ meist sehr klein. Deshalb ist die Amplitude

$\hat{y} = \hat{y} \cos \varphi \approx \hat{y}$ der Welle ohne Phasenverschiebung praktisch ebensogroß wie die der ankommenden Welle. Bei der um 90° phasenverschobenen Welle ist dagegen die Amplitude $\hat{y}_2 = \hat{y} \sin \varphi$ im allgemeinen klein. Da die Amplituden der nicht phasenverschobenen Wellen an allen Stellen gleich sind, bleibt bei dieser Komponente die Wellenfront ungestört erhalten. **Weil dabei auch keine Beugungen entstehen, führt diese Welle auch nicht zur Abbildung des Objekts.**

Die um 90° phasenverschobenen Wellen besitzen dagegen Amplituden, die mit der Größe der Phasenverschiebung von Punkt zu Punkt wechseln. Dabei entstehen Beugungen, die aber die erste Welle nach Abb. 2 a wegen der Phasenverschiebung um 90° und ihrer kleinen Amplitude nicht merklich beeinflussen, so daß in der Bildebene kaum eine Struktur entsteht. Die Einzelheiten des Phasen-objekts würden in der Bildebene wesentlich bessere Kontraste erzeugen, wenn beide Komponenten gleiche Phase hätten, weil sich dann nach Abb. 2 b

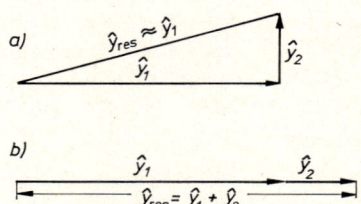

Abb. 2. Zusammensetzung der Amplituden zweier um 90° phasenverschobenen Wellen

die Amplituden mit ihrem vollen Betrag addierten. Zu diesem Zweck müßte man auch bei der ersten Welle die Phase um 90° ändern. Da die erste Welle wegen des Fehlens einer Beugung nur die Strahlen des Hauptmaximums enthält, die alle durch den oberen Brennpunkt des Objektivs gehen, gelingt dies, indem man dort eine „Phasenplatte" anbringt. Sie besteht aus einem Glasplättchen, auf das an der betreffenden Stelle eine Schicht von der Dicke $\lambda/4(n-1)$ aufgedampft ist, die einen Gangunterschied von $\lambda/4$ entsprechend einem Phasenunterschied von 90° erzeugt. Auf diese Weise erhalten beide Wellen gleiche Phase, und ihre Amplituden können sich im vollen Betrag addieren, so daß ein kontrastreiches Bild entsteht.

d) Bau eines Phasenkontrastmikroskops. In der Praxis arbeitet man nach Abb. 3 mit einem Kondensor, der das Objekt nur durch eine Ringzone beleuchtet. Dann muß auch die Phasen-platte eine ringförmige Auflage bekommen. Die Vorzüge dieser in Abb. 3 dargestellten Anord-nung ergeben sich aus dem Bau der zusammen-gesetzten Mikroskopobjektive, bei denen die Vereinigungsebene der vom Kondensor kom-menden Strahlen im Innern des Objektivs liegt, so daß auch die Phasenplatte im Innern des Objektivs angebracht werden muß. Sie erhält auch eine kleine Absorption, damit $\hat{y}_1$ etwas ver-mindert wird; denn man erhält die besten Kon-traste, wenn $\hat{y}_1$ und $\hat{y}_2$ annähernd von gleicher Größe sind. Durch eine kleine Verschiebung des Kondensors kann man erreichen, daß das Licht der ersten Welle am Phasenring vorbeiläuft, so daß man das Mikroskop als gewöhnliches, zur Amplitudenbeobachtung eingerichtetes Gerät ver-wenden kann. Durch eine Verschiebung des Kondensors in der anderen Richtung erhält man eine **Dunkelfeldbeleuchtung,** denn dann geht das Licht außerhalb des Phasenringes vorbei und wird schließlich an der Tubuswand absorbiert. Dann gelangen nur noch die Strahlen in die Bildebene, die von Unregelmäßigkeiten des Prä-

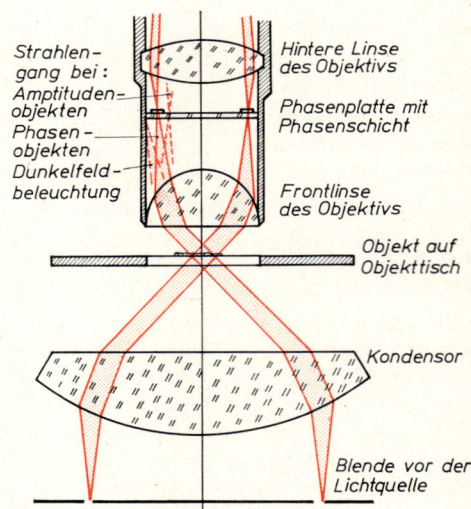

Abb. 3. Strahlengang bei einem Phasenkontrast-mikroskop

parats gebeugt werden. Man kann diese dann noch feststellen, wenn sie so klein sind, daß sie für sich allein unter der Sichtbarkeitsgrenze des Mikroskops liegen.

5.4.7. Die Polarisation des Lichtes

a) Das Wesen des polarisierten Lichtes. Der wichtigste Schluß, den man aus dem Auftreten von Beugungs- und Interferenzerscheinungen beim Licht ziehen kann, ist der, daß das Licht ein Wellenvorgang ist. Es läßt sich aber daraus nicht entscheiden, ob es sich als Longitudinal- oder Transversalwelle ausbreitet. Eine Klärung dieser Frage erhält man aus dem Auftreten der **Polarisation.**

In ein parallel gerichtetes Strahlenbündel bringt man ein Polarisationsfilter. Es besteht aus einer dünnen Schicht parallel ausgerichteter Kristalle, die zwischen zwei schützende Glasplatten eingebaut sind. Beim Einführen in den Strahl entsteht eine Schwächung des Lichtfleckes auf dem Schirm (Abb. 1); sonst ändert sich nichts, auch wenn man das Filter um die Achse des Lichtstrahles dreht.

Führt man nun aber ein zweites Polarisationsfilter in den Strahl ein, so hängt die Helligkeit des Fleckes auf dem Schirm von der gegenseitigen Ausrichtung der beiden Kristalle in den Polarisationsfiltern ab. Stehen diese Richtungen in den beiden Filtern parallel, so bleibt der Fleck hell. Er wird aber immer dunkler, je größer der Winkel zwischen den Kristallrichtungen in beiden Filtern wird, und verschwindet ganz, wenn die Richtungen aufeinander senkrecht stehen.

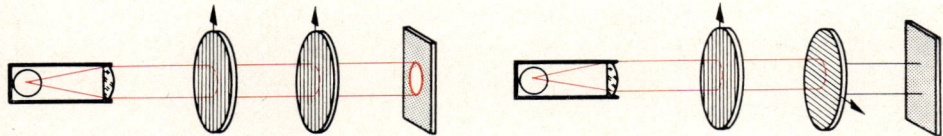

Abb. 1. Erzeugung und Nachweis von polarisiertem Licht

Aus dem Versuch geht hervor, daß das ankommende Licht quer zu seiner Ausbreitungsrichtung noch keine ausgezeichnete Richtung besitzt. Das wäre auch kaum zu erwarten, weil das Licht sich aus den Einzelwellen von zahlreichen glühenden Atomen zusammensetzt, die in keiner Weise ausgerichtet sind. Es gibt aber eine Vorzugsrichtung, sobald der Lichtstrahl das erste Filter durchsetzt hat. Bei einer Longitudinalwelle, die stets zur Ausbreitungsrichtung achsensymmetrisch ist, wäre eine solche Vorzugsrichtung nicht möglich. Deshalb muß das Licht aus Transversalwellen bestehen, bei denen Ausbreitungs- und Schwingungsrichtung die Schwingungsebene kennzeichnen.

Ein Polarisationsfilter wirkt auf Lichtwellen wie ein Stabgitter auf eine Seilwelle (Abb. 2). Entlang eines durch ein Stabgitter hindurchgeführten Seiles kann eine Welle nur dann durchkommen, wenn die Schwingungsebene des Seiles parallel zu den Stäben verläuft. Eine quer zu den Stäben schwingende Welle wird aufgehalten. Bei zwei gekreuzten Stabgittern wird auch eine Welle, die das erste Gitter passieren konnte, vom zweiten abgefangen.

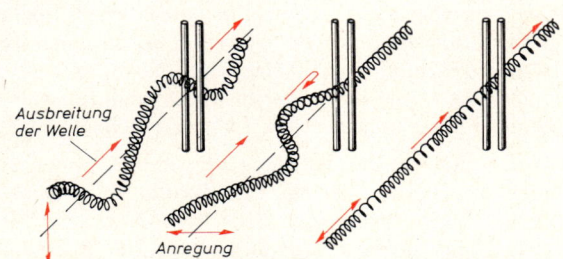

Abb. 2. Polarisation einer Seilwelle an einem Stabgitter

Genauso gehen durch das erste Polarisationsfilter, den **Polarisator,** von dem auftreffenden natürlichen Licht nur Wellen einer einzigen Schwingungsrichtung hindurch. Zwei Polarisatoren kann eine Welle nur dann ungehindert durchlaufen, wenn beide parallel zu ihrer Schwingungsrichtung stehen. Bei gekreuzten Polarisatoren wird alles ankommende Licht ausgelöscht. Eine vollständige Polarisationseinrichtung besteht daher immer aus zwei Polarisatoren, von denen der zweite auch Analysator genannt wird. Man hat also die beiden Ergebnisse:

Das Licht besteht aus sich ausbreitenden Transversalwellen.

Wenn Polarisator und Analysator parallel stehen, lassen sie das Licht hindurchgehen; wenn sie gekreuzt sind, wird das Licht gesperrt.

b) Polarisationsmethoden. Eine Polarisation besteht darin, aus natürlichem Licht den Anteil herauszuwählen, der parallel zu einer bestimmten Richtung schwingt. Schon bei jeder Spiegelung und Brechung entsteht eine teilweise Polarisation. Im reflektierten Licht überwiegt das senkrecht, im gebrochenen das parallel zur Einfallsebene schwingende Licht. Das reflektierte Licht ist sogar vollständig polarisiert, wenn der reflektierte und der gebrochene Strahl aufeinander senkrecht stehen (Abb. 3). Man erhält daher diesen sog. Polarisationswinkel α_p aus:

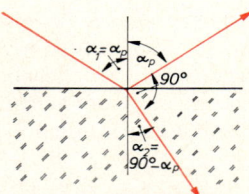

Abb. 3. Polarisationswinkel

$$\frac{\sin \alpha_p}{\sin (90 - \alpha_p)} = \tan \alpha_p \doteq n$$

Bei Kronglas mit $n = 1,51$ erhält man daraus $\alpha_p = 56,5°$. Eine unter diesem Winkel angestrahlte Glasplatte reflektiert etwa 16 % der senkrecht zur Einfallsebene schwingenden, aber 0 % der parallel schwingenden Komponente. Das in die Platte eindringende Licht ist dann nur teilweise polarisiert, es enthält von beiden Komponenten Anteile im Verhältnis 84 : 100 und ist daher nur zu 16 % polarisiert. Um die Intensität des vollständig polarisierten reflektierten Anteils und den Polarisationsgrad des gebrochenen Lichtes zu verbessern, verwendet man Glasplattensätze (Abb. 4) aus

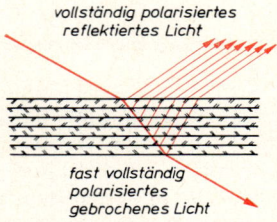

Abb. 4. Polarisation an einem Glasplattensatz

mehreren (bis zu 20) dünnen Glasplatten. Man erhält dann fast 50 % vollständig senkrecht zur Einfallsebene polarisiertes reflektiertes Licht und ebenfalls fast 50 % jedoch nur zu 90 % parallel zur Einfallsebene polarisiertes gebrochenes Licht.

Einfacher erhält man eine Aufspaltung von natürlichem Licht in zwei getrennte, zueinander senkrecht vollständig polarisierte Anteile durch den Vorgang der **Doppelbrechung.** Sie tritt in allen durchsichtigen Stoffen auf, in denen durch ihren Aufbau oder ihren Zustand ausgezeichnete Richtungen festgelegt sind. Dazu gehören vor allem Kristalle, in denen wegen der regelmäßigen Anordnung der Atome Symmetrieachsen auftreten, außerdem aber auch Körper, die unter einer mechanischen Spannung stehen.

Das bekannteste Beispiel eines doppelt brechenden Stoffes ist ein Kalkspatkristall. Legt man ein Exemplar von ihm auf eine Schrift, so erkennt man sie durch den Kristall hindurch doppelt. Beim Drehen des Kristalls drehen sich die beiden Bilder ebenfalls umeinander. Daraus geht hervor, daß ein in einen solchen Kristall eintretender Strahl in zwei Teile zerlegt wird; die als ordentlicher und außerordentlicher Strahl bezeichnet werden. Der ordentliche

Strahl hat nach allen Richtungen gleiche Geschwindigkeit und daher auch gleiche Brechzahl. Beim außerordentlichen Strahl hängt die Geschwindigkeit von der Richtung ab. Er kann selbst bei senkrechtem Einfall abgelenkt werden. Nur in e i n e r Richtung, der optischen Achse, haben beide Strahlen gleiche Geschwindigkeit. Bringt man einen Kalkspatkristall zwischen zwei parallele Polarisationsfilter und läßt man durch die Anordnung einen Lichtstrahl hindurchgehen, so erkennt man, daß stets nur einer der beiden Strahlen volle Helligkeit besitzt. Daraus geht hervor, daß der ordentliche und der außerordentliche Strahl zueinander senkrecht polarisiert sind. Um einen solchen Kalkspatkristall zu einem Polarisator zu machen, muß man dafür sorgen, daß einer der beiden Strahlen beseitigt wird.

Dies geschieht beim **Nicolschen Prisma** (Abb. 5), indem ein Kalkspatkristall an beiden Enden abgeschliffen, schräg unter einem bestimmten Winkel durchschnitten und wieder mit einer dünnen Schicht aus Kanadabalsam zusammengeklebt wird. Dadurch erleidet der ordentliche Strahl an der Schnittfläche eine Totalreflexion, während der außerordentliche Strahl nur eine kleine Parallelverschiebung erfährt. Nicolsche Prismen sind sehr gute Polarisatoren. Da aber große Kalkspatkristalle in der Natur sehr selten sind und sich nicht künstlich herstellen lassen, mußte man nach anderen Polarisatoren suchen.

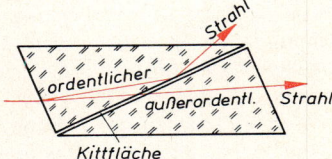

Abb. 5. Nicolsches Prisma

Bei einigen Kristallen, die wie der Kalkspat einen Lichtstrahl in zwei senkrecht zueinander polarisierte Teilstrahlen zerlegen, wird der eine Strahl schon in einer dünnen Schicht absorbiert, so daß das austretende Licht vollständig polarisiert ist. Diese Eigenschaft zeigt z. B. ein Plättchen aus einem Turmalinkristall; diese sind jedoch meist sehr klein und grünlich oder violett gefärbt, so daß sie nicht als Polarisatoren verwendet werden können. Die klaren Kristalle des Herapathit (schwefelsaures Jodchinin) haben die gleichen Eigenschaften wie das Turmalin und lassen sich überdies künstlich zu großflächigen Kristallen züchten. Wenn man sie zum Schutz zwischen zwei Glasplatten einschließt, erhält man die schon bei dem einführenden Versuch verwendeten **Polarisationsfilter,** die an nutzbarer Fläche die Kalkspatkristalle und die Turmalinplättchen weit übertreffen.

c) Spannungsdoppelbrechung. Eine Doppelbrechung entsteht auch in durchsichtigen Stoffen, die unter dem Einfluß von äußeren Kräften stehen, so daß in ihrem Innern Spannungen auftreten. Dabei gibt es in jedem Punkt zwei aufeinander senkrecht stehende Hauptspannungsrichtungen, in denen die Spannung ihren größten und ihren kleinsten Wert annimmt. Die Doppelbrechung zerlegt jeden durch einen solchen Stoff hindurchgehenden Strahl in zwei Teile, von denen der eine in Richtung der Maximalspannung, der andere in Richtung der Minimalspannung polarisiert ist. Beide Strahlen haben verschiedene Brechungszahlen und daher auch verschiedene Wellenlängen, deren Unterschied proportional zur Differenz der Maximal- und Minimalspannung ist. Dadurch bildet sich zwischen beiden Strahlen ein Gangunterschied, bis sie sich beim Austritt aus dem Körper wieder vereinigen. Dabei entsteht aber nur dann wieder die ursprüngliche Polarisationsebene, wenn der entstandene Gangunterschied eine oder mehrere ganze Wellenlängen beträgt. Ein nach dem Austritt in den Strahl gebrachter Analysator, der z. B. zum ersten gekreuzt steht, zeigt solche Stellen dunkel. An anderen Stellen treten je nach dem Gangunterschied mehr oder minder starke Aufhellungen auf. Dadurch ergeben sich bei einfarbigem Licht helle und dunkle, bei weißem Licht farbige Streifen, die um so geringerer Breite wechseln, je rascher sich die Spannung an der betreffenden Stelle ändert. Verkleinerte Modelle von Trägern oder Maschinenteilen aus durchsichtigen Kunststoffen lassen daher beim Durchstrahlen mit polarisiertem Licht die Stellen der größten Beanspruchung erkennen (Abb. 6).

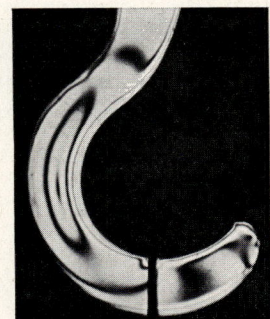

Abb. 6. Spannungsdoppelbrechung

d) Drehung der Polarisationsebene. Verschiedene feste Stoffe, z. B. Quarz, und Flüssigkeiten, z. B. Zuckerlösung, haben die Eigenschaft, daß sie die Polarisationsebene von durchfallendem polarisiertem Licht drehen. Der Drehwinkel ist proportional zur Dicke der Stoffschicht und bei Lösungen zu ihrer Konzentration. Je nach dem chemischen Aufbau der Moleküle gibt es rechts- und linksdrehende Stoffe. Der Drehwinkel läßt sich messen, wenn man einen solchen Stoff zwischen einen Polarisator und einen gekreuzt stehenden Analysator bringt. Dabei entsteht eine Aufhellung; um wieder Dunkelheit zu erzeugen, muß der Analysator um den Drehwinkel nachgestellt werden. Man benutzt diese Eigenschaft, um die betreffenden Stoffe zu erkennen oder die Konzentration von Lösungen zu messen.

5.4.8. Der Dopplereffekt beim Licht

Weil das Licht eine Wellenerscheinung ist, muß der schon beim Schall (4.3.1. e) behandelte Dopplereffekt auch beim Licht auftreten, wenn sich Lichtquelle und Beobachter gegenseitig bewegen. Um ihn beobachten zu können, muß der Quotient v/c einen meßbaren Betrag erreichen. Wegen der Größe der Lichtgeschwindigkeit ist dies nur bei außerordentlich schnell bewegten Teilchen der Atomphysik oder bei den Bewegungen der Himmelskörper möglich. Deshalb hat auch der Dopplereffekt des Lichtes vor allem in der Astronomie Bedeutung erlangt.

Wenn sich ein Stern von der Erde entfernt, muß sich die Frequenz eines von ihm ausgehenden Lichtstrahles für einen Beobachter auf der Erde vermindern und daher seine Wellenlänge größer werden. Eine bestimmte Spektrallinie muß sich in Richtung nach Rot hin verschieben. Bei einer Annäherung muß sich entsprechend eine Blauverschiebung ergeben. Aus dem Betrag der Verschiebung läßt sich die Radialgeschwindigkeit, mit der sich die Entfernung des Sterns zur Erde verändert, berechnen. Für eine exakte Rechnung müssen zwar wegen der hohen auftretenden Geschwindigkeiten die Ergebnisse der Relativitätstheorie berücksichtigt werden, als Näherung kann man jedoch die Formeln aus 4.3.1. e verwenden.

Beispiel:

Die H_{α}-Linie des Wasserstoffs hat eine Wellenlänge von 486 nm. Im Spektrum eines Spiralnebels wird für sie jedoch eine Wellenlänge von 530 nm gemessen. Mit welcher Geschwindigkeit entfernt sich der Spiralnebel von der Erde, wenn die Rotverschiebung als Dopplereffekt gedeutet wird?

$$\text{Aus } f_B = \frac{f_S}{1 + v/c} \text{ erhält man: } v = c\,\frac{f_S - f_B}{f_B} = c\,\frac{\lambda_B - \lambda_S}{\lambda_S} = 300\,000\,\frac{\text{km}}{\text{s}} \cdot \frac{530 - 486}{486}$$

$$v = 27\,150 \text{ km/s}$$

Ähnlich wurden Umlaufgeschwindigkeiten von Doppelsternen, die Radialkomponenten der Eigengeschwindigkeiten von Fixsternen, Sternhaufen und Spiralnebeln bestimmt. Besonders bemerkenswert sind die starken Rotverschiebungen, die in den Spektren ferner Spiralnebel auftreten und bei den fernsten Objekten 10 % der Lichtgeschwindigkeit überschreiten. Aus diesen Messungen folgerte der amerikanische Astronom Hubble eine Expansion des Weltalls.

ELEKTRIZITÄTSLEHRE I

6.1. Grunderscheinungen des Magnetismus und der Elektrizität

6.1.1. Der Magnetismus

a) Natürliche und künstliche Magnete. Schon im Altertum entdeckte man, daß in der Natur Erze vorkommen, welche die Fähigkeit haben, Eisen anzuziehen. Nach einem Ort in Klein-asien, Magnesia, in dessen Nähe solche Erze gefunden wurden, nannte man sie **Magnete** und ihre Anziehungskraft **Magnetismus.**

Man kann auch künstliche Magnete herstellen, wenn man ein Stück Stahl mehrmals in der gleichen Richtung mit dem gleichen Ende eines anderen Magneten streicht. Heute sind ein-fachere Magnetisierungsverfahren mit dem elektrischen Strom bekannt.

b) Kraftwirkungen eines Magneten.
Legt man einen stabförmigen Magneten in Eisenfeilspäne, so haften sie beim Heraus-nehmen vor allem an den beiden Enden, während sich dazwischen ein Gebiet ohne Anziehungskraft befindet (Abb. 1).

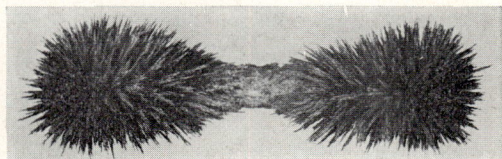

Abb. 1. Magnetpole

Jeder Magnet hat also zwei Stellen mit besonders starker Anziehungskraft, die man als seine **Pole** bezeichnet. Um die Kraft beider Pole auf dasselbe Stück Eisen anwenden zu können, benützt man Hufeisenmagnete, bei denen die Pole U-förmig zu-sammengebogen sind oder bei denen die Pole eines Stabmagneten (unter Ausnutzung der magnetischen Influenz 6.1.2. a) durch angesetzte Weicheisenstücke nebeneinander gelegt sind (Abb. 2).

Die beiden Pole eines Magneten sind nicht gleich.

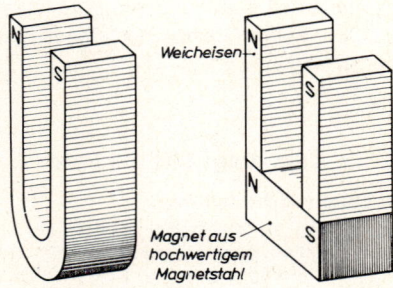

Abb. 2 Hufeisenmagnete

Unterstützt man eine Magnetnadel leicht drehbar beim Schwerpunkt, so wendet sich ein Pol immer nach Norden, der andere nach Süden. Man unterscheidet deshalb die beiden Pole als **Nordpol** und **Südpol.** Nähert man dem Nordpol einer drehbaren Magnetnadel den Nordpol eines anderen Magneten, so wird der bewegliche Pol abgestoßen. Bei Annäherung des Nordpols an den Südpol findet Anziehung statt.

Gleichnamige Pole stoßen sich ab, ungleichnamige ziehen sich an.

Ein Magnet verliert den Magnetismus, wenn man ihn oft und heftig erschüttert. Einfacher und wirksamer verschwindet der Magnetismus, wenn man den Magneten bis zum Glühen erwärmt.

Außer Eisen zeigen auch Nickel und Kobalt magnetische Eigenschaften.

c) Innerer Bau eines Magneten.

Bricht man eine magnetisierte Stricknadel in zwei Teile, so erhält man zwei vollständige Magnete mit je einem Nord- und einem Südpol. Auch bei weiterer Teilung beobachtet man das gleiche Ergebnis. Es entstehen sog. **Dipole.**

Es gibt keine magnetischen Einzelpole, sondern nur vollständige Dipole.

Daraus kann man den Schluß ziehen, daß schon sehr kleine Teile eines Magneten für sich selbständige **Elementarmagnete** darstellen. Diese Vermutung findet ihre Bestätigung in der Molekularphysik. Nach ihr bilden kleine Bereiche von $10^6 \dots 10^{12}$ Atomen, die sog. **Weißschen** Bezirke, im Eisen immer winzige Elementarmagnete. Nach außen haben sie bei gewöhnlichem Eisen jedoch keine Wirkung, weil die Magnetrichtungen der einzelnen Bezirke keine Ordnung aufweisen. Erst wenn sie durch das Magnetisieren parallel gerichtet sind, geben sie dem ganzen Eisenstück die Eigenschaften eines Magneten (Abb. 3). Während sich die Wirkung der zusammenstoßenden Nord- und Südpole im Innern aufhebt, ergibt die Gesamtwirkung der freien Pole an den Enden die Gesamtpole. Beim Teilen werden neue Enden frei, welche die neu entstandenen Pole hervorrufen.

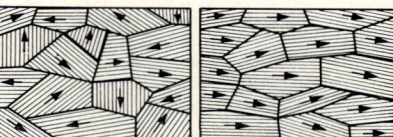

Abb. 3. Ungeordnete und geordnete Elementarmagnete

Magnetisieren bedeutet ein Parallelrichten der Elementarmagnete.

Die Wärmebewegung der Atome sucht die Ordnung der Elementarmagnete zu stören. Daher verliert ein Magnet im Lauf der Zeit einen Teil seines Magnetismus. Bei Weicheisen ist schon bei Zimmertemperatur, bei Stahl erst bei höherer Temperatur die Wärmebewegung so stark, daß die Ordnung fast vollständig aufgehoben wird. Kleine Reste der Parallelrichtung bleiben jedoch immer noch bestehen und werden als Restmagnetismus oder Remanenz bezeichnet.

6.1.2. Das magnetische Feld

a) Magnetische Influenz.

Bringt man ein Weicheisenstück in die Umgebung eines kräftigen Magneten, so nimmt es dort alle Eigenschaften eines Magneten an: Es kann Eisenfeilspäne anziehen und hat einen Nord- und einen Südpol, die ungleichnamige Pole anziehen und gleichnamige abstoßen. Entfernt man das Eisenstück aus der Umgebung des Magneten, so verliert es seine magnetischen Eigenschaften wieder.

Ein Magnet hat also die Fähigkeit, in seiner Umgebung bei einem Weicheisenstück die Elementarmagnete zu ordnen. Man nennt diese Einwirkung eines Magneten auf seine Umgebung **magnetische Influenz.**

b) Das Magnetfeld.
In der Umgebung eines Magneten erfährt ein anderer Magnet anziehende bzw. abstoßende Kräfte auf seine Pole, Eisenstücke werden magnetisiert und unterliegen dann auch magnetischen Kräften. Ursprünglich erklärte man all dies als Fernwirkungen des Magneten. Sie bedeuten aber in ihrer Entstehung und Ausbreitung, ähnlich wie bei der Gravitation, eine Schwierigkeit für das Verständnis. Daher führte man alle genannten Erscheinungen auf Nahwirkungen eines **Magnetfeldes** zurück. Danach wird rings um einen Magneten auch ohne Anwesenheit von Eisen, der Raum so verändert, daß er die bei einem hereingebrachten Eisenstück oder Magneten beobachteten Wirkungen ausübt.

Man kann ein Magnetfeld sichtbar machen, wenn man einen Magneten unter eine Glasplatte legt und dann auf diese Eisenfeilspäne streut. Wenn man durch schwaches Klopfen die Haftreibung zwischen den Feilspänen und der Glasplatte überwindet, drehen sie sich überall in eine bestimmte Richtung. Oft hängt sich der Nordpol eines Eisenteilchens an den Südpol des nächsten, so daß ganze Ketten wie in Abb. 1 entstehen.

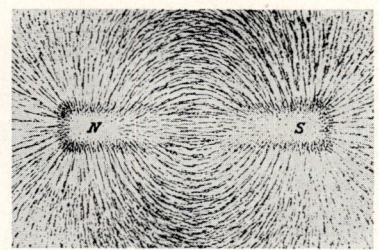

Abb. 1. Feld eines Stabmagneten

Verbindet man die entstandene Anordnung der Feilspäne, so erhält man Linien, die von einem Pol des Magneten zum anderen verlaufen. Man bezeichnet sie als **Feldlinien,** weil sie den Verlauf des Feldes kennzeichnen, oder als **Kraftlinien,** weil ihre Richtung in jedem Punkt des Feldes mit der der Resultierenden aus der anziehenden und abstoßenden Kraft übereinstimmt (Abb. 2).

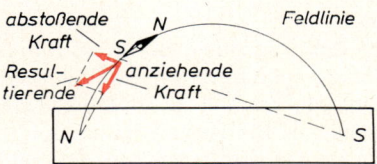

Abb. 2. Entstehung einer Feldlinie

Denkt man sich im Innern eines Magneten ein Loch, so folgt aus der Annahme der Elementarmagnete, daß darin auch ein magnetisches Feld herrscht (Abb. 3). Legt man als Richtungssinn einer Feldlinie fest, daß sie außen vom Nord- zum Südpol verläuft, so ergibt sich im Innern die Richtung vom Süd- zum Nordpol. Die Stärke des Feldes ist dort am größten, wo die Feldlinien am engsten zusammenlaufen.

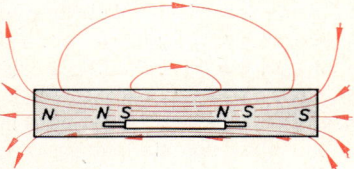

Abb. 3. Geschlossene Feldlinien

Ein Magnetfeld läßt sich durch seine Feldlinien veranschaulichen. Ihre Richtung gibt in jedem Punkt die Richtung der magnetischen Kraft an, ihre Dichte ist ein Maß für die Stärke der magnetischen Kraft. Magnetische Feldlinien sind stets in sich geschlossen.

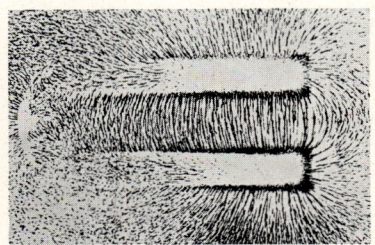

Abb. 4. Feld eines Hufeisenmagneten

Zwischen den Polen eines Hufeisenmagneten befindet sich ein besonders starkes Feld mit nahezu parallelen Feldlinien (Abb. 4). In einem solchen Feld ist die magnetische Kraft an allen Punkten gleich groß; man bezeichnet es als **homogen.**

Bringt man ein Eisenstück in ein Magnetfeld, so werden die Feldlinien aus der Umgebung in das Eisen hineingezogen und verdichten sich dort stark. Bei einem ringförmigen Eisenstück wird dadurch das Innere des Ringes nahezu feldfrei (Abb. 5).

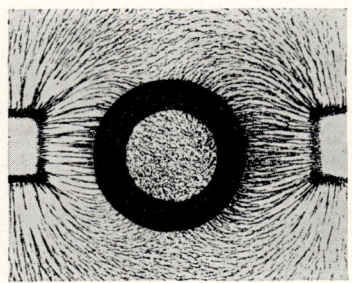

Abb. 5. Eisenring in einem Magnetfeld

349

c) Kräfte zwischen magnetisierbaren Körpern im Magnetfeld.
Bringt man zwei magnetisierbare Körper in ein Magnetfeld, so
entstehen in ihnen durch Influenz parallel gerichtete Magnete. Die
längs der Feldlinien wirkenden Kräfte üben auf die Pole der Magneten einen Zug aus. Zwischen den magnetisierten Körpern
entsteht durch die Abstoßung der gleichnamigen Pole eine abstoßende Kraft quer zu den Feldlinien (Abb. 6).

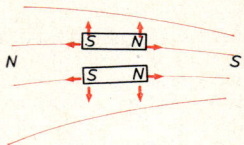

Abb. 6. Kräfte auf zwei
parallele benachbarte
Magnete im Magnetfeld

> **Auf magnetisch beeinflußbare Körper wirken im Magnetfeld
> Zugkräfte in Richtung der Feldlinien und abstoßende Kräfte
> quer zu den Feldlinien.**

d) Das Magnetfeld der Erde. Die Tatsache, daß sich eine
freibewegliche Magnetnadel stets in die Nord-Südrichtung
einstellt, zeigt, daß die Erde von einem Magnetfeld umgeben ist. Die ganze Erde ist also ein Magnet, dessen Pole
im Norden und Süden der Erdkugel liegen. Sie decken sich
aber nicht mit den geographischen Polen. Der eine Pol liegt
im Norden von Kanada, der andere südlich von Australien.
Die Feldlinien verlaufen nicht parallel zur Erdoberfläche,
sondern meist gegen sie geneigt. Den Neigungswinkel
nennt man die Inklination; in Deutschland beträgt sie etwa
60°. Weil die geographischen und magnetischen Pole sich
nicht decken, ist der Verlauf der Feldlinien auch nicht über-

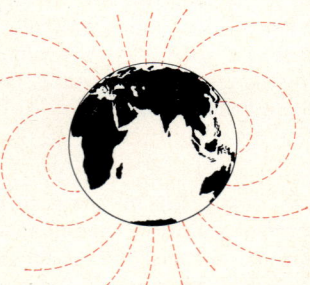

Abb. 7. Das Magnetfeld der Erde

all parallel zu den Meridianen. Die Abweichung zwischen geographischer und magnetischer
Nordrichtung heißt magnetische Deklination oder Mißweisung. In Deutschland liegt die magnetische Nordrichtung um einige Grad westlich von der geographischen. Die Mißweisung
nimmt von etwa 8° im Westen auf etwa 2° im Osten ab. Im Lauf der Jahre ist sie kleinen
Änderungen unterworfen.

6.1.3. Die Grunderscheinungen des elektrischen Stromes

Obwohl schon seit dem Altertum einige elektrische Erscheinungen bekannt sind, hat erst
das letzte Jahrhundert unsere Kenntnis und die Anwendungsmöglichkeiten dieser Natur-
erscheinung so vermehrt, daß wir uns ein Leben ohne Elektrizität kaum mehr vorstellen
können. Aus Elektrizität erzeugen wir Wärme in den elektrischen Heizgeräten, Licht in den
elektrischen Beleuchtungsanlagen, mechanische Energie in den Elektromotoren. Die Elektrizität läßt sich also in andere Energiearten umwandeln und ist daher selbst eine Energieart.

a) Voraussetzungen für das Entstehen eines elektrischen Stromes. Der besondere Vorzug der
elektrischen Energie liegt darin, daß sie mit dem **elektrischen Strom** leicht überallhin, wo
man sie braucht, geleitet werden kann. Die Voraussetzungen für das Fließen eines elektrischen Stromes erkennt man aus dem folgenden Versuch (Abb. 1):

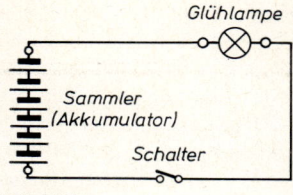

Glühlampe

Sammler
(Akkumulator)

Schalter

Schaltbild

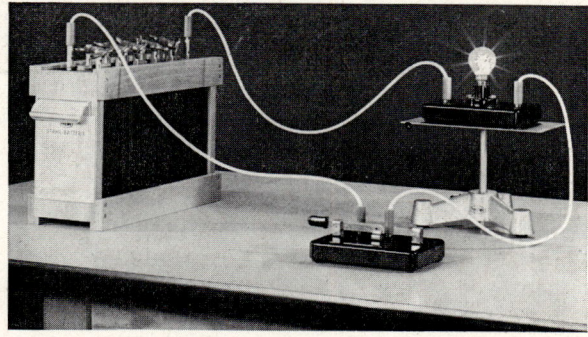

Die beiden Klemmen eines Akkumulators sind durch Drähte mit
einer Glühlampe verbunden. Sie
leuchtet auf, sobald ein in der Leitung angeordneter Schalter geschlossen wird.

Abb. 1. Voraussetzungen für das Fließen eines elektrischen Stromes

Neben der Abb. sind die einzelnen Teile der Schaltung in einer schematischen Zeichnung durch
einfache, leicht einzuprägende **Schaltzeichen** dargestellt. Es entsteht so ein **Schaltbild**. Überall, wo
man rasch einen Überblick über eine elektrische Anlage bekommen will, benutzt man solche Schalt-
bilder.

b) Die Hauptteile eines Stromkreises. Die ganze Schaltung ist durch eine ununterbrochene
Drahtverbindung in sich geschlossen und wird deswegen als **Stromkreis** bezeichnet. Im
Stromkreis muß sich als Antrieb für den Strom eine **Spannungsquelle** befinden (Akkumulator,
Anschluß an ein Elektrizitätswerk). Zwei Anschlußstellen der Spannungsquelle, ihre Pole,
sind durch die aus Drähten bestehenden **Leitungen** mit den übrigen Teilen des Stromkreises
verbunden. Das Gerät, in dem die Energie des elektrischen Stromes die gewünschte Nutz-
wirkung hervorruft, ist der **Verbraucher** (Glühlampe). Zum willkürlichen Schließen oder Unterbrechen des Stromes dient ein in den Stromkreis eingebauter **Schalter**.

**c) Leiter, Isolatoren und Halb-
leiter.** Nicht alle Stoffe sind
wie die Drähte zur Herstellung
von Leitungen geeignet. Man
prüft sie mit der Anordnung
nach Abb. 2.

Verbindet man zwei in einem
Stromkreis angeordnete Klemmen durch Drähte aus verschiedenen Metallen, so leuchtet das
den Stromfluß anzeigende Glühlämpchen, ebenso bei einem
Kohlestab. Bei Stäben aus Holz,
Glas, Hartgummi, Porzellan, auch
bei einem Lederstreifen, einem
Stoffband oder einer Schnur
bleibt das Lämpchen dunkel.

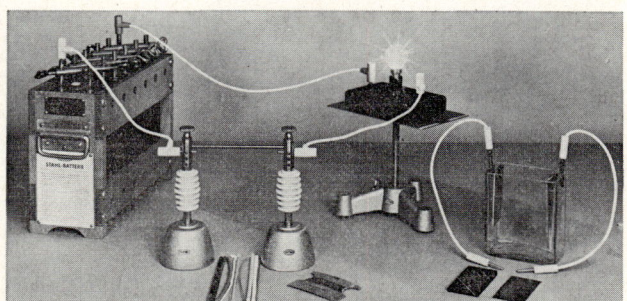

Abb. 2. Untersuchung der Leitfähigkeit einiger Stoffe

Zur Untersuchung von Flüssigkeiten verbindet man die Klemmen mit zwei Blechen in einem Becher-
glas. Füllt man destilliertes Wasser ein, so leuchtet das Lämpchen nicht; es strahlt aber sofort auf,
wenn man in das Wasser einige Tropfen einer Säure, einer Base oder einige Körnchen eines Salzes
hineinbringt. Ohne Verbindung, wenn sich also Luft zwischen den Klemmen befindet, bleibt das
Lämpchen dunkel.

351

Man teilt deshalb alle Stoffe ein in **Leiter:** alle Metalle, Kohlenstoff und die Elektrolyte (Lösungen von Säuren, Basen und Salzen) und in **Nichtleiter** oder Isolatoren: Quarz, Bernstein, die meisten Kunststoffe, Glas, Porzellan, Gummi, die meisten organischen Flüssigkeiten, alle Gase. Es gibt auch Stoffe, bei denen im obigen Versuch das Lämpchen dunkel bleibt, bei denen aber mit empfindlicheren Nachweisgeräten noch ein Strom festgestellt werden kann, so daß man sie nicht ohne weiteres zu den Isolatoren zählen darf: destilliertes Wasser, Faserstoffe, Holz, Gewebe. Schließlich kennt die moderne Physik noch einige meist kristalline Stoffe, die **Halbleiter,** die erst durch spurenhafte Beimengungen von Fremdstoffen oder bei höherer Temperatur leitend werden (6.6.1.).

c) Nachweis des Stromes. Das Fließen eines elektrischen Stromes kann man nicht unmittelbar, sondern nur aus seinen Wirkungen erkennen. In den bisherigen Versuchen zeigt das Aufleuchten einer Glühlampe das Fließen des Stromes an. Der Strom kann also einen Leiter erwärmen und, wenn dieser sehr dünn oder der Strom sehr stark ist, sogar zur Lichtaussendung anregen. Wärme- und Lichterzeugung sind aber wenig empfindlich und werden zur Stromanzeige nur selten verwendet. Eine andere Wirkung zeigt ein Versuch (Abb. 3), bei dem eine drehbar gelagerte Spule sich zwischen den Polen eines Hufeisenmagneten befindet. Wenn Strom hindurchfließt, dreht sich die Spule, bis die Ebene ihrer Windungen quer zur Verbindung der beiden Magnetpole steht.

Diese Wirkung bildet die Grundlage für die am meisten benutzten **Drehspulmeßwerke.** Eine Spule aus mehreren Windungen ist zwischen den Polen eines Hufeisenmagneten drehbar gelagert (Abb. 4). Sie wird von zwei Spiralfedern in ihrer Ruhelage gehalten und dreht sich um so mehr aus ihr heraus, je stärker der Strom ist, der durch sie fließt. Die Drehung der Spule kann mit Hilfe eines Zeigers an einer geeichten Skala abgelesen werden.

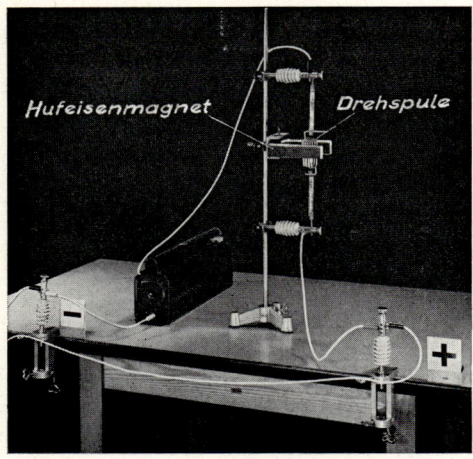

Abb. 3. Ablenkung einer Spule im Magnetfeld

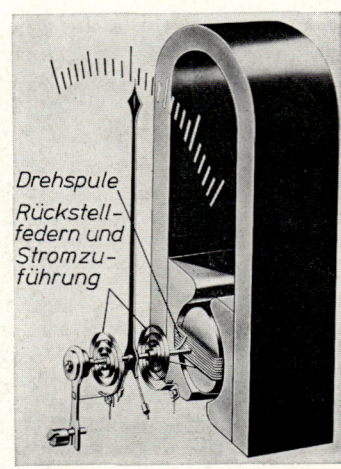

Abb. 4. Drehspulmeßwerk

6.1.4. Die elektrische Ladung

a) Herstellung eines geladenen Körpers. Verbindet man einen auf einem isolierenden Fuß aufgesetzten Metallkörper mit einem Pol einer Spannungsquelle, so wird er in einen Zustand versetzt, den man als elektrisch geladen bezeichnet. Wirkungen eines geladenen Körpers erkennt man aus einem Versuch nach Abb. 1.

Neben einem Metallstab, der zur Isolation mit einer Glasröhre umgeben ist, hängt ein langer, dünner Aluminiumstreifen. Von den beiden Polen einer Hochspannungsquelle (für Gleichstrom) ist der eine geerdet, der andere mit dem Aluminiumstreifen verbunden. Verbindet man den Stab mit dem geerdeten Pol und nähert man ihn dann dem Aluminiumstreifen, so wird dieser angezogen. Verbindet man dagegen den Stab mit dem gleichen Pol wie den Aluminiumstreifen und nähert dann den Stab, so wird der Streifen abgestoßen.

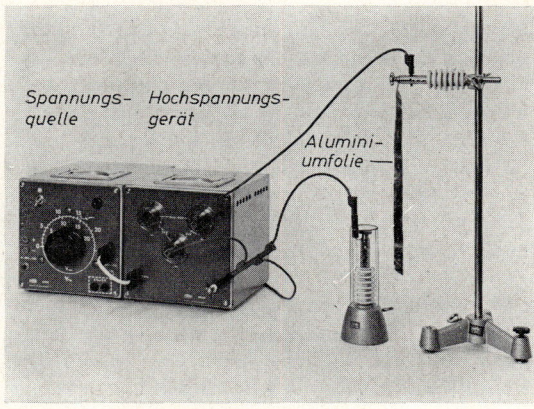

Abb. 1. Wirkung elektrischer Ladungen

Die beiden Pole einer Spannungsquelle führen also verschiedene Elektrizität. Man bezeichnet sie als positiv und negativ. Aus den entstehenden Kraftwirkungen folgt:

Gleichnamige Ladungen stoßen sich ab, ungleichnamige ziehen sich an.

Weitere Wirkungen ruhender Ladungen werden in 6.2.1. betrachtet.

b) Nachweis einer Ladung. Auf dieser Wirkung der elektrischen Ladung beruht die Möglichkeit, den Ladungszustand eines Körpers mit einem **Elektroskop** (Abb. 2) zu untersuchen. Es besteht aus einer leichten Metallfolie, die als Pendel an einem Metallstab befestigt ist. Wenn man mit einem geladenen Körper den Kopf des Elektroskops berührt, tritt ein Teil der Ladung auf den Metallstab und die Folie über. Wegen der Abstoßung zwischen den gleichnamigen Ladungen spreizt sich die Folie um so weiter vom Stab ab, je größer ihre Ladung ist.

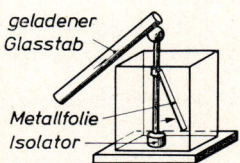

Abb. 2. Nachweis der Reibungselektrizität mit einem Elektroskop

6.1.5. Das Wesen der Elektrizität

Zum richtigen Verständnis der Elektrizitätslehre müssen einige Ergebnisse aus der Atomphysik vorweggenommen werden.

a) Atomkern und Elektronen. Jedes Atom besteht aus einem **Atomkern,** der von einem oder mehreren Teilchen, den **Elektronen,** umgeben ist. Der Durchmesser des ganzen Atoms von etwa 10^{-8} cm ist zwar schon unvorstellbar klein. Er ist aber noch groß gegenüber der Abmessung des Kerns oder der Elektronen von etwa 10^{-13} cm, die nur den 100 000. Teil des Atomdurchmessers ausmacht. Der Kern enthält fast die ganze Masse des Atoms, während die Masse eines Elektrons nur den 1838. Teil der Masse des Wasserstoffatoms beträgt.

Alle Elektronen haben eine gleiche negative Ladung. Es wurden noch keine kleineren Ladungen festgestellt; deshalb bezeichnet man sie als **Elementarladung.**

Die Elektronen sind die kleinsten Bestandteile der negativen elektrischen Ladung.

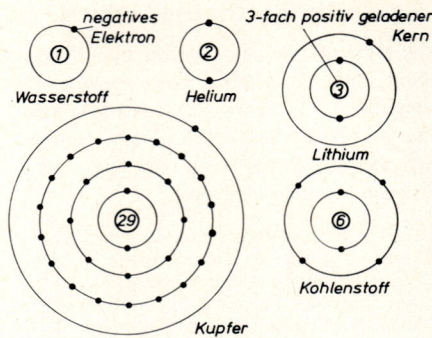

Abb. 1. Bau einiger Atome (schematisch)

Obwohl die Hülle aller Atome Elektronen enthält, sind die Atome doch elektrisch neutral. Deshalb muß der Atomkern ebensoviele positive Elementarladungen enthalten wie Elektronen in der Hülle. Die Zahl der positiven Elementarladungen im Kern oder die Zahl der Elektronen in der Hülle kennzeichnet die verschiedenen Elemente. Sie beträgt z. B. beim Wasserstoff 1, bei Helium 2, bei Lithium 3, bei Kohlenstoff 6, bei Kupfer 29 (Abb. 1). Die Elektronen gruppieren sich in verschiedenen Entfernungen vom Kern. Während die inneren Elektronen infolge der starken Anziehungskraft zwischen ihrer negativen Ladung und dem positiven Kern sehr fest gebunden sind, lassen sich einzelne äußere Elektronen, z. B. bei den Metallen, leicht abtrennen. Die positive Ladung bleibt dagegen immer mit dem Kern verbunden.

b) Entstehung eines geladenen Körpers. In einem elektrisch neutralen Gegenstand ist die positive Gesamtladung aller Atomkerne ebenso groß wie die Ladung aller Elektronen, so daß sich die Wirkung der Ladungen nach außen aufhebt. Werden aber einem Körper Elektronen entzogen, so kommen die positiven Ladungen ins Übergewicht, und der Körper wird positiv geladen. Befinden sich dagegen auf einem Körper mehr Elektronen als zum Ausgleich der Kernladungen erforderlich sind, so ist dieser negativ aufgeladen. Die überschüssigen Ladungen befinden sich stets an der Oberfläche des Leiters; denn bei positiv geladenen Körpern werden die Elektronen von den positiven Ladungen ins Innere gezogen, so daß nur die äußersten Ladungen nicht neutralisiert werden können; bei negativ geladenen Körpern stoßen sich die überzähligen Elektronen gegenseitig nach außen zur Oberfläche ab.

Elektronenmangel ergibt eine positive, Elektronenüberschuß eine negative Ladung.

c) Entstehung eines Stromes. Hat man einen positiv und einen negativ geladenen Gegenstand, so suchen die Abstoßung der gleichartigen und die Anziehung der ungleichartigen Ladungen den Unterschied in der Ladungsverteilung aufzuheben. Das geht aber nur, wenn beide Gegenstände durch einen Leiter verbunden sind, in dem die Elektronen dem Zug der elektrischen Kraft folgen können. In einem Kupferdraht z. B. wandern freie Elektronen an dem einen Ende vom negativ geladenen Körper in den Draht und am anderen Ende heraus auf den positiv geladenen Körper. Im Innern des Drahtes bewegen sich die freien Elektronen zwischen

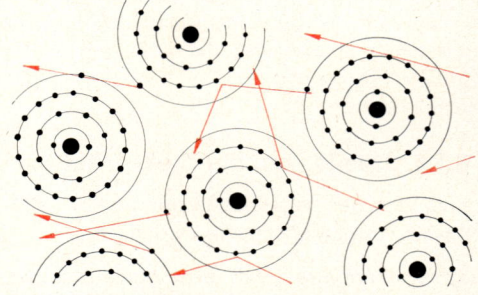

Abb 2. Entstehung eines Stromes (Bewegung von Elektronen in einem Kupferdraht)

den Kupferatomen, werden von ihnen eingefangen, reißen sich wieder los oder werden bei einem Zusammenstoß reflektiert (Abb. 2). Die bewegten Elektronen bilden einen elektrischen Strom, der bis zum Ausgleich der Ladungen fließt. In leitenden Flüssigkeiten oder Gasen können sich auch elektrisch geladene Atome oder Atomverbände bewegen. Man nennt sie **Ionen** (griech.: ion = wandernd), und zwar positive Ionen, wenn das Atom ein oder mehrere Elektronen abgegeben hat, negative Ionen, wenn es zuviele Elektronen besitzt.

> **Bewegte elektrische Ladungen stellen einen Strom dar. Leiter sind Stoffe, in denen sich Ladungen (Elektronen oder Ionen) bewegen können.**

d) Die Stromrichtung. In der Leitung fließen die Elektronen vom negativen zum positiven Pol der Spannungsquelle. Im Innern der Spannungsquelle werden die zum positiven Pol kommenden Elektronen durch chemische oder magnetische Vorgänge wieder zum negativen Pol zurückgebracht.

Bevor man die Elektronen kannte, war man der Meinung, daß sich im Strom positive Elektrizitätsteilchen vom positiven zum negativen Pol bewegen. Entsprechend setzte man die Stromrichtung fest. Um nicht umlernen zu müssen, verwendet man auch heute noch diese Festsetzung als **technische Stromrichtung.** Man darf aber diese nur historisch begründete und bloß der Verständigung dienende Stromrichtung nicht mit der Bewegungsrichtung der Elektronen verwechseln (Abb. 3).

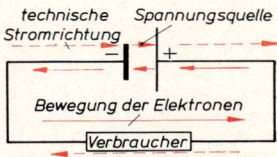

Abb. 3. Bewegungsrichtung der Elektronen und technische Stromrichtung

e) Die Einheit der Ladung und des Stromes. Die natürliche Maßeinheit für die elektrische Ladung wäre die Elementarladung e. Da sie jedoch für praktische Zwecke viel zu klein ist, hat man auf anderer Grundlage eine größere Einheit festgelegt und bezeichnet $6{,}24 \cdot 10^{18}$ Elementarladungen als **1 Coulomb** (C).

$$1 \text{ C} = 6{,}241 \cdot 10^{18} \, e \qquad 1 \, e = 1{,}602 \cdot 10^{-19} \text{ C}$$

Die **Stromstärke** I oder einfach „der Strom" ist der Quotient aus der Ladung Q, die durch einen Leiter fließt, und der Zeit t, die sie dazu benötigt:

$$I = \frac{Q}{t} \qquad Q = I\,t$$

Nach dieser Gleichung ist die Stromeinheit 1 **Ampere**[1] (A) mit Hilfe der Ladungseinheit 1 C und der Zeiteinheit 1 s festgelegt[2]: In einem Leiter fließt ein Strom von 1 A, wenn in 1 s jeder Leiterquerschnitt von der Ladung 1 C durchflossen wird:

$$1 \text{ A} = \frac{1 \text{ C}}{1 \text{ s}} \qquad 1 \text{ C} = 1 \text{ A} \cdot 1 \text{ s} = 1 \text{ As}$$

Um eine Vorstellung von der Größe des Ampere zu gewinnen, sind in der folgenden Tabelle die Größen einiger Ströme angegeben, die in unserer Umwelt häufig vorkommen (zu den angegebenen Spannungen vgl. 6.2.4.).

Beispiele von Strömen			
Glühlampen (220 V)	0,1 … 1 A	Elektromotor 10 kW (220 V)	45 A
Radioapparate (220 V)	0,3 … 1 A	Straßenbahn (500 V)	etwa 100 A
Elektr. Heizgeräte (220 V)	1 … 10 A	Elektr. Vollbahn (1500 V)	etwa 1000 A

[1] André Marie A m p è r e , 1775 bis 1836, Prof. der Physik in Marseille. Er untersuchte besondere Eigenschaften des elektrischen Stromes und des Magnetismus.
[2] Die genaue Definition des Ampere stützt sich nicht auf die schwer meßbare Elementarladung, sondern auf die Kraftwirkung zwischen parallelen Strömen (6.7.5. c). Zwei gleiche Ströme besitzen die Stromstärke 1 A, wenn sie zwei lange, parallele, gerade im Abstand von 1 m angeordnete Leiter durchfließen und dabei je laufenden Meter eine Anziehungskraft von $2 \cdot 10^{-7}$ N entsteht.

6.2. Ruhende Ladungen und elektrisches Feld

6.2.1. Wirkungen ruhender Ladungen

a) Das Coulombsche Gesetz. Schon aus dem Versuch in 6.1.4. a wurden die Anziehung ungleichnamiger und die Abstoßung gleichnamiger Ladungen erkannt. Um die Gesetzmäßigkeiten dieser Kraft zu finden, machte der französische Physiker Coulomb[1] folgenden Versuch mit einer elektrischen Drehwaage (Abb. 1).

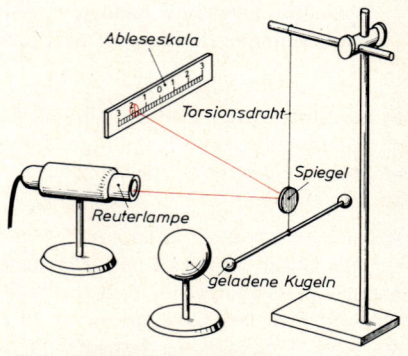

Versuch: *An einem dünnen Torsionsdraht hängt ein horizontaler Stab, der an seinen Enden zwei Kugeln trägt, von denen die eine aufgeladen wird. In die Nähe dieser Kugel wird eine größere gleichnamig geladene Kugel gebracht. Die abstoßende Kraft ruft eine Drehung des Stabes hervor, die mit einer Spiegelablesung gemessen werden kann. Mißt man die Kraft bei verschiedenen Entfernungen r zwischen den Kugelmittelpunkten, so erhält man eine Abnahme proportional zu 1/r².*

Abb. 1. Elektrische Drehwaage

Da die Kraft auch mit der Größe beider Ladungen wächst, erhält man:

> **Die abstoßende oder anziehende Kraft zwischen zwei geladenen Körpern ist proportional zu beiden Ladungen und umgekehrt proportional zum Quadrat ihrer Entfernung.**

Mit Hilfe einer Proportionalitätskonstante K, deren Wert erst in 6.2.3. f bestimmt werden kann, läßt sich dieses Ergebnis durch eine Gleichung formulieren:

$$\text{Coulombsches Gesetz:} \quad F = K \frac{Q_1 \, Q_2}{r^2}$$

Die Entfernung r muß hierbei zwischen den Mittelpunkten der Kugeln gemessen werden, da man zeigen kann, daß eine gleichmäßig über eine Kugeloberfläche verteilte Ladung nach außen die gleiche Wirkung hat, als ob sie im Kugelmittelpunkt vereint wäre.

b) Ladungsverteilung auf einem Leiter. Lädt man eine Hohlkugel auf und prüft man mit einem Elektroskop den Ladungszustand auf der Innen- und Außenseite, so erkennt man, daß nur die Außenseite einen Ausschlag hervorruft. Die radial nach außen gerichtete abstoßende Kraft bewirkt, daß alle Ladungen aus dem Innern eines geladenen Körpers an die Oberfläche

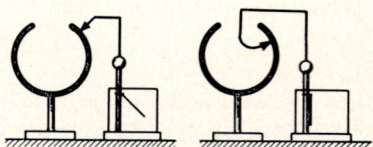

Abb. 2. Sitz der Ladung

geführt werden, so daß sich die gesamte Ladung auf der Oberfläche befindet. Im Innern ist keine anziehende oder abstoßende Kraft mehr feststellbar. Insbesondere gilt das für das Innere von Hohlkörpern oder für das Innere eines Metallnetzes (Faradayscher Käfig).

Bei einem Leiter mit verschiedener Oberflächenkrümmung erweist sich die Ladungsdichte um so größer, je stärker die Krümmung an der betreffenden Stelle ist (Abb. 3). An scharfen Kanten und Spitzen können die Ladungsdichte und die abstoßende Kraft zwischen den

---

[1] Charles A. C o u l o m b , 1736 bis 1806, Paris, fand aus Messungen mit der von ihm konstruierten Drehwaage die Gesetze der magnetischen und elektrischen Anziehung bzw. Abstoßung.

Ladungen so groß werden, daß dort eine Entladung auf die umgebenden Luftmoleküle auftritt. Diese Erscheinung heißt **Spitzenwirkung.** Im Dunkeln kann sie sichtbar werden, z. B. an hohen Schiffsmasten als sog. Elmsfeuer. Die Spitzenwirkung findet Anwendung, um Ladungen von einem beweglichen Leiter auf einen anderen zu übertragen, z. B. beim Bandgenerator (6.2.4. g).

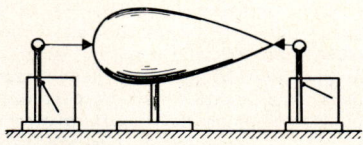

Abb. 3. Spitzenwirkung

6.2.2. Influenz und Polarisation

a) Influenz. Eine Ladung wirkt auf jede andere Ladung in ihrer Umgebung mit einer anziehenden bzw. abstoßenden Kraft. Im Innern eines Leiters werden dadurch die beiden Ladungsarten in entgegengesetzten Richtungen bewegt.

Zwischen zwei großen entgegengesetzt geladenen Platten werden zwei ungeladene kleine Aluminiumplatten eingeführt, so daß sie sich gegenseitig berühren (Abb. 1). Trennt man sie, während sie sich im Raum zwischen den großen Platten befinden, und führt man sie dann heraus, so erweisen sie sich als entgegengesetzt geladen.

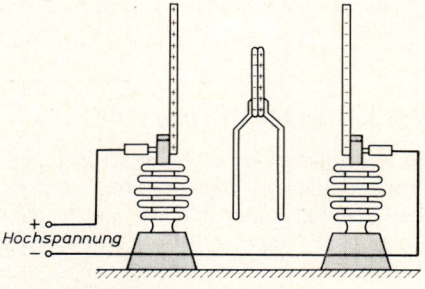

Abb. 1. Nachweis der Influenz

Die von den Ladungen der beiden großen Platten ausgehende Coulombsche Kraft drängt die in den sich berührenden kleinen Platten leicht beweglichen Elektronen in die Aluminiumplatte, die der positiv geladenen großen Platte benachbart ist. Dadurch werden die beiden Aluminiumplatten entgegengesetzt geladen. Wegen der Trennung kann sich die Ladung nach dem Herausnehmen nicht mehr ausgleichen, so daß sich die entgegengesetzte Aufladung nachweisen läßt. Die Trennung von entgegengesetzten Ladungen im Innern eines Leiters, während er sich in der Nähe einer anderen Ladung befindet, nennt man **Influenz.**

b) Polarisation. Bei einem Isolator können die Ladungen nicht wie bei einem Leiter durch Influenz getrennt und verschoben werden. Trotzdem gibt es auch bei ihnen eine ähnliche Erscheinung, durch die sich an den Enden eines Isolators eine freie Ladung bildet, wenn er in die Nähe eines geladenen Leiters gebracht wird. Man unterscheidet zwei Arten, die dielektrische und die parelektrische Polarisation.

Bei vielen Isolatoren lassen sich die Ladungen zwar nicht im ganzen Körper, wohl aber im Innern der Moleküle verschieben. Unter dem Einfluß einer elektrischen Kraft verwandeln sich die Moleküle in Dipole mit einem positiv und einem negativ geladenen Ende (dielektrische Polarisation, Abb. 2).

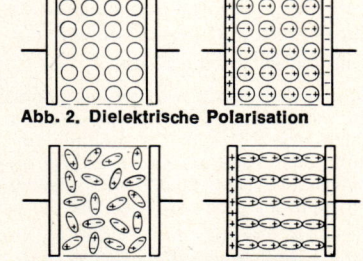

Abb. 2. Dielektrische Polarisation

Es gibt auch Moleküle, die schon von Natur aus Dipole darstellen. Wegen der regellosen thermischen Bewegung haben sie keine bevorzugte Richtung. Infolge der Coulombschen Kraft einer äußeren Ladung können sie sich aber parallel richten (Abb. 3). In diesem Fall spricht man von parelektrischer Polarisation.

Abb. 3. Parelektrische Polarisation

Das Ergebnis ist in beiden Fällen gleich: Im Innern des Isolators heben sich die Wirkungen der zusammenstoßenden entgegengesetzten Ladungen auf. Dagegen bildet sich an der Oberfläche eine Ladungsschicht aus.

Das „Verschieben" von Ladungen, sowohl durch Influenz bei einem Leiter als auch durch Polarisation bei einem Isolator, bezeichnet man als **elektrische Verschiebung.**

c) Piezoelektrizität. Mit den Aufladungen im elektrischen Feld verwandt sind die Aufladungen einiger Kristalle, z. B. von Quarz, die entstehen, wenn auf ihre Oberfläche ein Druck ausgeübt wird. Solche **piezoelektrische** Kristalle besitzen einen Aufbau aus Elementarzellen mit entgegengesetzt geladenen Ionen nach Abb. 4. Ohne äußere Einwirkung haben die positiven und die negativen Ladungen den gleichen Schwerpunkt. Von einem äußeren Druck werden die Elementarzellen deformiert, wobei die Schwerpunkte der positiven und negativen Ladungen auseinanderrücken, so daß durch Druck eine Polarisation entsteht.

Bringt man solche Kristalle in ein elektrisches Feld, so wird die Aufladung an zwei gegenüberliegenden Seiten durch die Kräfte des Feldes auf die Ladungen der Ionen hervorgerufen, wodurch eine Dehnung oder Verkürzung der Kristalle verursacht wird **(Piezoeffekt).**

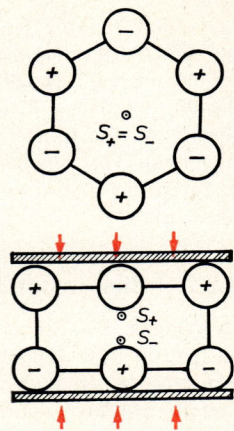

$S_+ = $ Schwerpunkt der positiven Ladungen
$S_- = $ Schwerpunkt der negativen Ladungen

Abb. 4. Entstehung der Aufladung eines Piezokristalls

Abb. 1. Beispiele elektrischer Felder

6.2.3. Das elektrische Feld

a) Kennzeichen eines elektrischen Feldes. In der Nähe einer elektrischen Ladung wirkt auf eine andere Ladung eine Kraft; ein Leiter erhält durch Influenz, ein Isolator durch Polarisation freie Ladungen. Ursprünglich erklärte man diese Erscheinungen als Fernwirkungen der Ladung, ohne sich Gedanken darüber zu machen, wie eine solche Fernwirkung zustande kommt. Während alle Bewegungen von Körpern und alle Ausbreitungen von Energien nur mit endlicher Geschwindigkeit ablaufen, sollten durch die Fernübertragung Wirkungen einer Ladung sofort in beliebiger Entfernung feststellbar sein. Faraday erkannte diese Schwierigkeit und schuf zu ihrer Überwindung die Vorstellung des elektrischen Feldes, das den Raum rings um eine Ladung erfüllt. Wie ein Punkt eines Magnetfeldes für magnetisch beeinflußbare Körper andere Eigenschaften besitzt als sonst ein Punkt im Raum, so hat auch ein Punkt eines elektrischen Feldes für einen elektrisch beeinflußbaren Körper die besonderen oben genannten Eigenschaften, die ein Punkt außerhalb des elektrischen Feldes nicht aufweist.

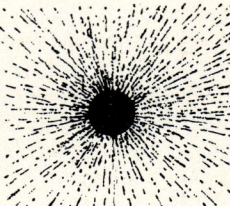

a) eines geladenen Leiters

b) Elektrische Feldlinien. Ähnlich, wie man ein Magnetfeld mit Eisenfeilspänen sichtbar machen kann, läßt sich auch ein elektrisches Feld mit einem Pulver aus leicht polarisierbaren Rutilkristallen veranschaulichen.

Auf einer Glasplatte werden aus Stanniol geschnittene Leiter aufgeklebt und aufgeladen. Dazwischengestreutes Rutilpulver wird polarisiert. Es ordnet sich bei leichtem Klopfen der Glasplatte in der Richtung der elektrischen Kraft zu Ketten an. So ergeben sich Linien, die analog zu den magnetischen Feldlinien als elektrische Feldlinien bezeichnet werden. Abb. 1 a-d zeigen ihren Verlauf bei einigen Leiteranordnungen.

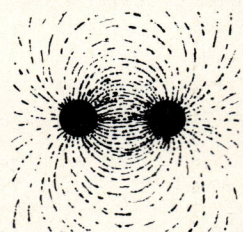

b) zweier entgegengesetzt geladener Leiter

Aus dem Verlauf der Feldlinien ergeben sich folgende Gesetzmäßigkeiten:

1. Die elektrischen Feldlinien kennzeichnen die Richtung der an einem Punkt wirksamen elektrischen Kraft.

2. Die Linien treffen stets senkrecht auf die Oberfläche eines Leiters. Bei einer Einzelladung erstrecken sie sich strahlenförmig in die Umgebung.

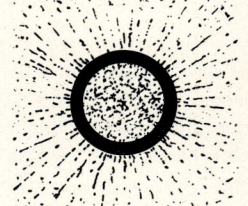

c) eines Hohlleiters

3. Anfang und Ende der Feldlinien liegen bei entgegengesetzten Ladungen. Als Feldrichtung ist die von einer positiven zu einer negativen Ladung festgelegt. Bei ruhenden Ladungen gibt es keine geschlossenen Feldlinien.

4. Im Innern eines Leiters herrscht kein Feld.

5. Die Dichte der aus einem Oberflächenstück austretenden Feldlinien ist ein Maß für die dort herrschende Ladungsdichte.

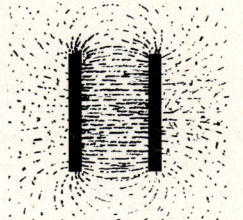

Während die Eigenschaften der elektrischen Feldlinien sich mit denen der magnetischen weitgehend decken, nennt Satz 3 einen wichtigen Unterschied, da die magnetischen Feldlinien sich über die Pole hinaus fortsetzen und immer geschlossen sind.

d) zwischen zwei entgegengesetzt geladenen parallelen Platten

Besonders wichtig ist das Feld zwischen zwei parallelen, entgegengesetzt geladenen Platten (Abb. 1 d) mit nicht zu großem Abstand. Abgesehen von den Randgebieten ist der Feldlinienverlauf parallel. Man nennt ein solches Feld **homogen.**

Die Feldlinien veranschaulichen die beiden wichtigsten Eigenschaften eines Feldes: Die Kraft auf eine in das Feld gebrachte positive Ladung hat die Richtung der Feldlinien. Werden sie durch einen Leiter unterbrochen, so entsteht auf ihnen durch Influenz eine Ladung, deren Dichte proportional zur Dichte der unterbrochenen Feldlinien ist. Mit beiden Eigenschaften kann man ein Maß für die Stärke des Feldes festlegen.

c) Die elektrische Feldstärke. Da die Kraft, die eine Ladung erfährt, nicht nur vom Feld abhängt, sondern auch proportional zur Größe der Ladung ist, benutzt man als **elektrische Feldstärke** den Quotienten aus der wirkenden Kraft und der Ladung. Die Feldstärke besitzt die Richtung der Kraft; sie ist also wie die Kraft ein Vektor.

$$\text{Elektrische Feldstärke } \vec{E} = \frac{\vec{F}}{Q} \qquad [E] = \frac{N}{C} = \frac{N}{As}$$

Die Richtung der Feldstärke ist die der Kraft; sie fällt also in die Richtung der Feldlinien. Aus der Definitionsgleichung erhält man als Einheit der Feldstärke: $[E] = N/C$; meist formt man jedoch diese Einheit mit Hilfe der im folgenden Abschnitt einzuführenden Spannungseinheit um (6.2.4. b).

d) Die elektrische Flußdichte. Auch die zweite Wirkung eines elektrischen Feldes, nämlich die Erzeugung freier Ladungen durch Verschiebung kann man zur Beschreibung des Feldes verwenden. Ein Feld ist um so stärker, je größer die Ladung ist, die durch Verschiebung auf einem Flächenstück entsteht, das von elektrischen Feldlinien durchsetzt wird. Da ein Feld im allgemeinen seine Stärke von Punkt zu Punkt ändert, wählt man ein sehr kleines, auf den Feldlinien senkrecht stehendes Flächenstückchen dA und benutzt den Quotienten aus der auf ihm entstehenden Ladung dQ und dem Inhalt des Flächenstückchens als **elektrische Flußdichte** D zur Beschreibung des Feldes.

$$\text{Elektrische Flußdichte: } \quad D = \frac{dQ}{dA} \qquad [D] = \frac{C}{m^2} = \frac{As}{m^2}$$

Um das Feld nicht nur nach seiner Feldliniendichte zu beurteilen, sondern auch seine Richtung zu beschreiben, ist die elektrische Flußdichte als ein Vektor $\vec{D}$ definiert, dessen Richtung wie die der elektrischen Feldstärke $\vec{E}$ in die Richtung der elektrischen Feldlinien fällt.

In einem homogenen Feld, in dem sich die Feldliniendichte in einem Querschnitt A nicht ändert, kann man den Differentialquotienten durch den einfachen Quotienten ersetzen.

> Elektrische Flußdichte im homogenen Feld: $D = Q/A$

Da sich an beiden Enden einer Feldlinie gleiche Ladungen befinden, kann man unter Q sowohl die auf dem Querschnitt A entstehende Ladung wie auch die Ladung verstehen, die das Feld erzeugt. Daraus erkennt man einen Unterschied zwischen den beiden Feldgrößen E und D:

> **Während die elektrische Feldstärke E von den Kraftwirkungen ausgeht, die vom Feld hervorgerufen werden, geht die elektrische Flußdichte D von den Ladungen aus, die das Feld verursachen.**

Da die Vektoren $\vec{E}$ und $\vec{D}$ das gleiche Feld beschreiben, müssen ihre Richtungen übereinstimmen und ihre Beträge zueinander proportional sein, so daß man schreiben kann: $\vec{D} = \varepsilon\,\vec{E}$. Hierbei ist ε eine Proportionalitätskonstante, von der im folgenden gezeigt wird, daß sie von dem Stoff abhängt, der das Feld erfüllt. Ihren im Vakuum und praktisch auch in Luft gültigen Wert bezeichnet man als **elektrische Feldkonstante ε_0**.

> Elektrische Flußdichte im Vakuum $\vec{D} = \varepsilon_0\,\vec{E}$

Der Wert von ε_0 kann erst in 6.2.4. c nach Einführung der Spannung angegeben werden.

e) Einfluß eines Dielektrikums. Die Formel $D = \varepsilon_0\,E$ gilt nur im Vakuum. Wird ein Isolator ins Feld gebracht, so entstehen an seinen Oberflächen durch Polarisation zusätzliche Ladungen, an denen ein Teil der Feldlinien endet (Abb. 4). Die übrigen Feldlinien gehen durch den Isolator hindurch; deshalb nennt man ihn auch ein **Dielektrikum.** Die ursprüngliche Ladung wird durch die entgegengesetzten Polarisationsladungen an der Oberfläche des Dielektrikums stark vermindert. Ist z. B. die bei der Polarisation entstehende Ladung die Hälfte der ursprünglichen, so wird auch die wirksame Ladung auf die Hälfte vermindert, und die Feldstärke ist im Innern des Isolators nur noch die Hälfte der ursprünglichen. In einem Dielektrikum vermindert sich also die elektrische Feldstärke mit einem Faktor ε_r, den man als **Dielektrizitätszahl** des betreffenden Stoffes bezeichnet.

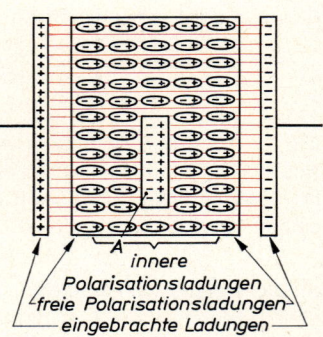

Abb. 4. Elektrische Feldstärke und Flußdichte im Dielektrikum

Die Flußdichte bleibt dagegen unverändert; denn nach Abb. 4 entstehen auf der Fläche A im Dielektrikum genauso viele Ladungen, wie im Vakuum entstanden wären. Es gilt also:

> im Vakuum: $E = \dfrac{D}{\varepsilon_0}$ im Dielektrikum: $E = \dfrac{D}{\varepsilon_0\,\varepsilon_r}$

> **Durch Einführung eines Dielektrikums mit der Dielektrizitätszahl ε_r wird die Feldstärke auf den ε_r-ten Teil vermindert; die elektrische Flußdichte mißt die ursprüngliche Ladungsdichte und bleibt unverändert.**

Alle im Vakuum gültigen Formeln gelten auch für ein Dielektrikum, wenn man ε_0 durch das Produkt $\varepsilon_0 \, \varepsilon_r$ ersetzt, das man auch als Dielektrizitätskonstante $\varepsilon = \varepsilon_0 \, \varepsilon_r$ bezeichnet.

Dielektrizitätszahlen ε_r bei 20 °C

Allgemeine feste Stoffe		Technische Isolierstoffe		Flüssigkeiten	
Eis	1,6	Bariumtitanat	etwa 3000	Wasser bei 0 °C	88
Marmor	8,3	Rutil (Titandioxid)	89 … 173	Wasser bei 20 °C	80
Glas	5,5 … 9,0	Condensa C	80 … 90	Wasser bei 50 °C	70,5
Cellulose	5,5 … 5,6	Kerafar	40 … 80	Glycerin	56,2
Holz	2,4 … 6,8	Glimmer	7,1 … 7,7	Alkohol	25,8
Gummi	2,2	Hartgummi	2,5 … 3,5	Öl	2,1 … 3,0
Papier	2,0 … 2,7	Paraffinpapier	2,5 … 5,0	Petroleum	2,1

f) Die Konstante des Coulombschen Gesetzes. Mit Hilfe der Gleichung $D = \varepsilon_0 \, \varepsilon_r E$ kann man die in 6.2.1. a eingeführte Proportionalitätskonstante K des Coulombschen Gesetzes bestimmen. Wir betrachten zu diesem Zweck eine Kugel mit der Ladung Q_1. Sie umgibt sich mit einem Feld, in dem auf eine zweite Ladung Q_2 in der Entfernung r nach dem Coulombschen Gesetz die Kraft $F = K \dfrac{Q_1 \, Q_2}{r^2}$ ausgeübt wird. Aus dieser Kraft erhält man die elektrische Feldstärke an dieser Stelle aus der Gleichung $E = \dfrac{F}{Q_2} = K \dfrac{Q_1}{r^2}$. Denkt man sich nun die Ladung Q_1 in der Entfernung r von einer leitenden Kugel umgeben, so enden auf ihr alle von Q_1 ausgehenden Feldlinien und erzeugen auf ihrer Oberfläche eine Ladung, die ebenso groß ist wie Q_1. Da sich diese Ladung gleichmäßig über die Oberfläche $A = 4 \, r^2 \, \pi$ verteilt, kann man bei der Berechnung der elektrischen Flußdichte dQ/dA durch Q/A ersetzen und erhält:

$D = \dfrac{Q}{A} = \dfrac{Q_1}{4 \, r^2 \, \pi}$. Setzt man die gefundenen Ausdrücke für E und D in die Gleichung $D = \varepsilon_0 \, \varepsilon_r E$ ein, so erhält man:

$$\frac{Q_1}{4 \, r^2 \, \pi} = \varepsilon_0 \, \varepsilon_r \, K \frac{Q_1}{r^2} \quad \text{oder} \quad K = \frac{1}{4 \, \pi \, \varepsilon_0 \, \varepsilon_r}$$

Damit erhält das Coulombsche Gesetz die Form:

$$F = \frac{1}{4 \, \pi \, \varepsilon_0 \, \varepsilon_r} \frac{Q_1 \, Q_2}{r^2}$$

6.2.4. Die elektrische Spannung

a) Die Arbeit im elektrischen Feld. Um die Arbeit zu berechnen, die von einer Ladung verrichtet wird, wenn sie sich unter dem Einfluß der Feldstärke in einem elektrischen Feld bewegt, muß man längs ihres Weges überall das skalare Produkt aus der Kraft und dem Weg bilden. Da sich die Kraft $\vec{F} = Q \, \vec{E}$ von Punkt zu Punkt ändert, berechnen wir zunächst den kleinen Arbeitsbetrag dW längs eines kurzen Wegstückes ds: $dW = \vec{F} \, d\vec{s} = Q \, \vec{E} \, d\vec{s}$. Hieraus erhält man die Arbeit W, die von einer Ladung bei der Bewegung von P_1 nach P_2 verrichtet wird (Abb. 1).

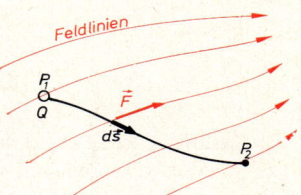

Abb. 1. Zur Berechnung der Arbeit im elektrischen Feld

$$W = \int_{P_1}^{P_2} \vec{F} \, d\vec{s} = Q \int_{P_1}^{P_2} \vec{E} \, d\vec{s}$$

b) Die elektrische Spannung. Bei unveränderlichem Feld und gegebener Ladung hängt diese Arbeit nur von der Lage der Punkte P_1 und P_2 ab und ist, wie die folgende Betrachtung zeigt, vom Weg zwischen den Punkten unabhängig. Wählt man nämlich zwei verschiedene Wege, die P_1 und P_2 verbinden, so muß die auf ihnen verrichtete Arbeit gleich sein. Denn wenn z. B. die Arbeit auf dem ersten Weg größer wäre als auf dem zweiten, so könnte man auf dem ersten mehr Arbeit gewinnen, als erforderlich wäre, um die Ladung auf dem zweiten Weg wieder zum Ausgangspunkt zurückzubringen. Dann wäre der Anfangszustand wieder hergestellt, und die Ladung hätte auf dem geschlossenen Weg einen Arbeitsgewinn erzielt. Da dies nach dem Satz von der Erhaltung der Energie unmöglich ist, muß die Arbeit zwischen P_1 und P_2 gleich, also vom Weg unabhängig sein. Nach diesem Ergebnis und wegen der Proportionalität der Arbeit W zur Ladung Q ist der Quotient W/Q eine Größe, die nur vom Feld und der Lage der Punkte P_1 und P_2 abhängt. Von diesem Quotient hängen alle Energien, Kräfte und Wirkungen ab, die bei der Bewegung einer Ladung im Feld auftreten. Deshalb wurde er als besondere Größe eingeführt und als **elektrische Spannung** U zwischen den Punkten P_1 und P_2 bezeichnet.

$$U = \frac{W}{Q} = \int_{P_1}^{P_2} \vec{E}\, \vec{ds} \qquad W = Q\,U$$

Aus dieser Definitionsgleichung erhält man für die Einheit Volt (V) der elektrischen Spannung:

$$[U] = \frac{[W]}{[Q]} = 1\,\frac{J}{C} = 1\,V$$

Weil $1\,J = 1\,Ws$ und $1\,C = 1\,As$ sind, kann man umformen:

$$1\,V = 1\,\frac{J}{C} = 1\,\frac{Ws}{As} = 1\,\frac{W}{A}$$

Übersicht über einige Spannungen des täglichen Lebens

Spannung bei Fernleitungen	bis 500 000 V	Taschenlampenbatterie	1,5 V . . . 4,5 V
Ungefährliche Spannungen	unter 20 V	Netzspannung	220 V
Stets gefährliche Hochspannung	über 220 V		

Da im Feld von ruhenden Ladungen alle Feldlinien auf der Oberfläche eines Leiters senkrecht stehen, ist dort das skalare Produkt überall Null, und auch das Integral zur Berechnung der Spannung zwischen zwei Punkten des gleichen Leiters erhält den Wert Null.

Bei ruhenden Ladungen ist die Spannung zwischen zwei Punkten des gleichen Leiters stets Null.

c) Spannung und Feldstärke im homogenen elektrischen Feld. Nach Abb. 6.2.3. (1 d) entsteht zwischen zwei parallelen, geladenen Platten, deren Durchmesser groß im Vergleich zu ihrem Abstand s ist, ein nahezu homogenes Feld, in dem sowohl die elektrische Flußdichte als auch die Feldstärke konstant sind. Die Beziehung zwischen der Spannung U, die zwischen den Platten besteht, und der Feldstärke E findet man aus dem oben angegebenen Integral, wenn man es längs einer Feldlinie berechnet, die sich von der einen zur anderen Platte erstreckt. Da hier E und ds stets die gleiche Richtung haben, kann man das skalare Produkt durch ein gewöhnliches Produkt ersetzen und erhält:

$$U = \int_{P_1}^{P_2} \vec{E}\, \vec{ds} = \int_{P_1}^{P_2} E\, ds = E\, s \qquad E = \frac{U}{s}$$

Aus dieser Gleichung erhält man eine viel häufiger benutzte Einheit der elektrischen Feldstärke als die, die in 6.2.3. c angegeben wurde:

$$[E] = \frac{[U]}{[s]} = \frac{V}{m}$$

Zusammen mit der Einheit A s/m² der Flußdichte erhält man nun auch als Einheit der elektrischen Feldkonstante ε_0:

$$[\varepsilon_0] = \frac{[D]}{[E]} = \frac{A\,s/m^2}{V/m} = \frac{A\,s}{V\,m}$$

Bei Verwendung dieser Einheit hat ε_0 den Wert:

Elektrische Feldkonstante $\varepsilon_0 = 8{,}854 \cdot 10^{-12} \dfrac{A\,s}{V\,m}$

d) Spannungserzeugung. Zwischen zwei Punkten besteht eine elektrische Spannung, wenn eine Ladung bei der Bewegung von einem Punkt zum anderen eine Arbeit verrichtet. Um eine Spannung zu erzeugen, muß man deshalb eine Ladung unter Arbeitsaufwand gegen die Richtung der auf sie wirkenden Kraft bewegen. Weil die Kraft immer so gerichtet ist, daß sie positive und negative Ladungen einander zu nähern sucht, entsteht bei der Bewegung, die eine Spannung hervorruft, eine Trennung von zuvor vereinigten positiven und negativen Ladungen.

Eine Spannung entsteht durch Trennung von ungleichnamigen Ladungen.

Bei den Methoden zur Spannungserzeugung wird die Trennung der Ladungen durch ganz verschiedene Vorgänge verursacht. Deshalb werden die Verfahren und Vorrichtungen zur Spannungserzeugung an verschiedenen Stellen des Buches behandelt, z. B. die Spannungserzeugung in galvanischen Elementen und Batterien in 6.4.2., durch Induktion in 6.9.1. Einige andere einfache Methoden werden im folgenden angeführt.

e) Reibungselektrizität

Versuch: *Berührt man mit einem Glasstab, der zuvor mit einem Wollappen gerieben wurde, den Kopf eines Elektroskops, so entsteht bei der Aluminiumfolie ein Ausschlag, der zeigt, daß der Glasstab geladen ist.*

Bei der engen Berührung, die zwischen dem Glasstab und dem Wolltuch beim Reiben entsteht, können Elektronen vom Glas zur Wolle übergehen, so daß sich das Glas positiv, der Lappen negativ auflädt und Ladungen getrennt werden. Bei anderen Stoffpaaren gibt immer der Stoff Elektronen ab, bei dem die elektrischen Kräfte durch eine hohe Dielektrizitätszahl am meisten geschwächt sind (6.2.3. e). Das Wesentliche an dem Vorgang ist daher nicht der Arbeitsaufwand beim Reiben, sondern der enge Kontakt, der den Übergang der Ladungen ermöglicht (Kontaktelektrizität); die Spannung entsteht nach dem Übergang der Ladungen beim gegenseitigen Entfernen der Ladungen; sie kann mehrere 100 000 V betragen. Die übertragenen Ladungen sind dagegen so klein, daß von dieser am frühesten bekannten Methode der Spannungserzeugung kaum mehr Gebrauch gemacht wird.

f) Thermoelektrizität

Versuch *(Abb. 2): Ein Stromkreis enthält zwei Drahtstücke aus ver-schiedenen Metallen, deren eines Ende miteinander verlötet, deren andere Enden aber mit einem Strommesser verbunden sind. Wenn die eine Lötstelle erhitzt wird, zeigt das Meßinstrument einen Ausschlag. Zwischen den Enden entsteht also eine Spannung, die um so größer ist, je höher der Temperaturunterschied der erwärmten Lötstelle gegen-über dem anderen Teil des Stromkreises ist.*

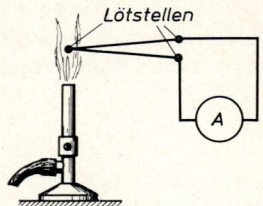

Abb. 2. Erzeugung einer Thermospannung

Da die Elektronen in verschiedenen Metallen nicht gleich fest gebunden sind, treten an einer Lötstelle stets Elektronen des Metalls, bei dem sie schwächer gebunden sind, in das andere Metall über. Das erste Metall wird wegen des Elektronenverlustes positiv, das zweite wegen der Elektronenaufnahme negativ geladen. Zwischen beiden Metallen entsteht eine Kontakt-spannung. Besteht ein Stromkreis aus verschiedenen Metallen, so heben sich bei gleicher Temperatur die entgegengesetzten Spannungen an beiden Lötstellen auf. Dies gilt aber nicht mehr, wenn zwischen den Lötstellen eine Temperaturdifferenz herrscht, weil der Elek-tronenaustausch temperaturabhängig ist. Dann entsteht in dem Stromkreis eine **thermo-elektrische Spannung,** die proportional zum Temperaturunterschied ΔT der beiden Lötstellen ist. Man kann deshalb die entstehende Spannung U_{th} nach der Gleichung berechnen:

$$U_{th} = \alpha_{th}\, \Delta T$$

Die Größe α_{th} heißt thermoelektrischer Spannungskoeffizient (frühere schlechte Bezeichnung „Thermokraft"). Im Bereich der Proportionalität zwischen Spannung und Temperaturunter-schied ist er konstant und hängt nur von den beiden Metallen der Lötstelle ab.

Einen Stromkreis aus zwei Metallen, bei dem eine Lötstelle erwärmt werden kann, nennt man ein **Thermoelement.** Es liefert nur kleine Spannungen. Um höhere Spannungen zu erhalten, schaltet man meh-rere Thermoelemente zu einer Thermosäule hintereinander (Abb. 3).

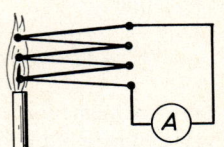

Abb. 3. Thermosäule

Thermoelektrische Spannungskoeffizienten in m/VK			
Wismut-Antimon	0,113	Konstantan-Kupfer	0,042
Konstantan-Eisen	0,053	Platin-Platinrhodium	0,010

Anwendungen. Weil die Thermospannungen sehr gut proportional zur Temperaturdifferenz der Löt-stellen sind, kann man sie zur Temperaturmessung verwenden. Die dazu dienenden thermoelek-trischen Thermometer sind in 3.1.3. b behandelt.

Eine andere Anwendung findet die Thermospannung beim **Thermoumformer** (Abb. 4), der die Messung von Wechselstrom auf eine Gleichspannungsmessung zurückführt. In den Wechselstromkreis wird an einer Stelle ein Heizleiter eingeschaltet, der die Lötstelle eines Thermo-elements erwärmt. Ihre Temperaturerhöhung ist dem Quadrat der Strom-stärke direkt proportional. Wenn man das Meßinstrument am Thermoelement nach dem Effektivwert (6.8.1. b) des Wechselstroms eicht, erhält man eine quadratische Skala (6.8.7.). Die Anzeige ist von der Kurvenform und bis etwa 10 MHz auch von der Frequenz des Wechselstromes unabhängig. Zum Eichen kann man im Hauptstromkreis auch Gleichstrom verwenden.

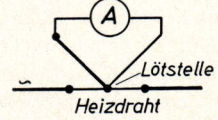

Abb. 4. Thermokreuz

Die Umkehrung dieser Erscheinung wird als **Peltiereffekt** beobachtet. Schickt man einen Strom durch eine Lötstelle zweier Metalle, so entsteht je nach der Stromrichtung eine Erwärmung oder Ab-kühlung. Die Temperaturänderung ist so gerichtet, daß die von ihr hervorgerufene Thermospannung den Strom zu mindern sucht. (Vgl. Lenzsche Regel 6.7.7. c.)

g) Anwendung der Influenz zur Spannungserzeugung. Durch Influenz lassen sich zuvor vereinigte Ladungen trennen, so daß zwischen dem positiven und dem negativen Ladungsteil eine Spannung entsteht. Geschichtlich waren die auf dieser Grundlage beruhenden Apparate die ersten Spannungsquellen. Sie lieferten wohl sehr hohe Spannungen, aber verschwindend kleine Strommengen. Da dies selten benötigt wird, finden sie, abgesehen vom **Bandgenerator,** keine Anwendung mehr. Von diesem gibt es zwei Ausführungen:

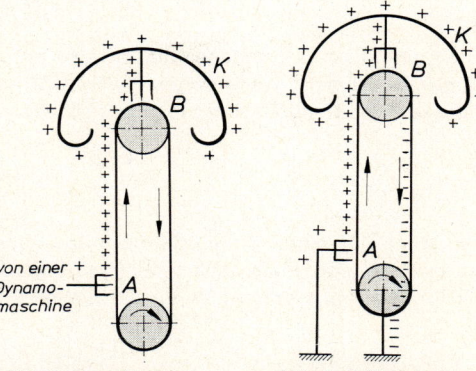

Beim **fremderregten Bandgenerator** (Abb. 5) ist ein Pol eines Gleichspannungsgenerators, z. B. der +Pol, mit einem Kamm verbunden, der durch Spitzenwirkung an der Stelle A positive Ladung auf das nach oben laufende Gummiband liefert. Dort gibt es seine Ladung wieder durch Spitzenwirkung von innen auf den **oberen Konduktor ab.**

Beim **selbsterregten Bandgenerator** (Abb. 6) besteht die obere Erregerwalze aus einem Stoff, der die Innenseite des Transportbandes an der Stelle B durch Kontaktelektrizität auflädt.

Abb. 5. Fremderregter Bandgenerator

Abb. 6. Selbsterregter Bandgenerator

Bestehen die Rolle aus Plexiglas und das Band aus Gummi, so führt dieses negative Ladung nach unten. Sie ruft beim Vorüberlaufen an dem leitend mit der Erde verbundenen Kamm durch Influenz eine positive Ladung hervor, die wie beim fremderregten Bandgenerator durch Spitzenwirkung das aufwärtslaufende Band positiv auflädt und von dort auf den Konduktor kommt. Die negative Ladung des abwärtslaufenden Bandes wird über die metallische untere Rolle und ihre Achse zur Erde geleitet.

Mit selbsterregten Bandgeneratoren lassen sich bis zu 300 000 V bei Strömen bis zu 10^{-5} A erreichen. Bei fremderregten Bandgeneratoren ist die Spannung durch die Größe des Konduktors und seine Isolation begrenzt, während der Strom durch das Material, die Breite und die Geschwindigkeit des Transportbandes bedingt ist. Für atomphysikalische Versuche werden mit großen Bandgeneratoren Spannungen von mehr als 1 Million Volt erzeugt.

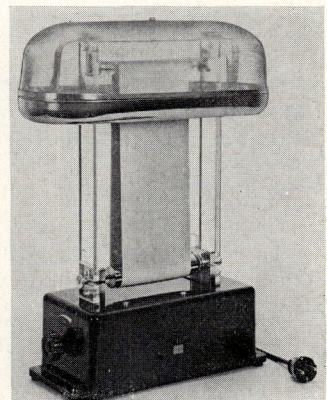

Abb. 7. Bandgenerator

6.2.5. Kondensatoren

a) Bau eines Kondensators. Lädt man zwei eng benachbarte Leiter, z. B. zwei Platten, entgegengesetzt auf, so bewirkt die gegenseitige Anziehung beider Ladungen, daß auf die Platten bei gleicher Spannung eine größere Ladungsmenge gebracht werden kann, als wenn die Platten weit voneinander entfernt wären. Man kann daher eine solche Anordnung verwenden, um verhältnismäßig große Ladungen zu speichern, besonders wenn man den Zwischenraum der Platten mit einem Dielektrikum hoher Dielektrizitätszahl ausfüllt. Solche Bauelemente bezeichnet man als **Kondensatoren** (lat.: condensare = verdichten). Verbindet man die Platten nach einer Aufladung mit einem guten Leiter, so gleichen sich die Ladungen in kürzester Zeit aus.

365

b) Die Kapazität. Im Innern eines Kondensators, dessen Platten einen hinreichend kleinen Abstand d besitzen, entsteht ein homogenes elektrisches Feld mit der Feldstärke $E = U/d$. Die Ladung Q erhält man aus der Flußdichte D nach der Gleichung $Q = A\,D$. Ersetzt man hier D durch $D = \varepsilon_0\,\varepsilon_r\,E$, so erhält man:

$$Q = A\,\varepsilon_0\,\varepsilon_r\,E = \varepsilon_0\,\varepsilon_r\frac{A}{d}\,U$$

Die Ladung eines Kondensators ist also proportional zur angelegten Spannung. Der Quotient Q/U ist bei unveränderter Plattenanordnung konstant und kennzeichnet die Speicherfähigkeit des Kondensators; man bezeichnet ihn als **Kapazität** C des Kondensators.

$$C = \frac{Q}{U} = \varepsilon_0\,\varepsilon_r\frac{A}{d} \qquad Q = C\,U$$

Die Kapazität eines Kondensators wächst also bei Vergrößerung der Plattenfläche, beim Verkleinern des Plattenabstandes und mit der Dielektrizitätszahl des Isolators. Aus der letzten Gleichung erhält man für die Einheit Farad (F) der Kapazität:

$$[C] = \frac{[Q]}{[U]} = 1\frac{As}{V} = 1\,F$$

Da 1 F eine sehr große Einheit ist, werden häufig die kleineren Einheiten 1 Mikrofarad und Pikofarad verwendet:

$$1\,\mu F = 10^{-6}\,F \qquad\qquad 1\,pF = 10^{-12}\,F$$

c) Schaltung von Kondensatoren. Bei Parallelschaltung (Abb. 1) zweier Kondensatoren wirken die verbundenen Platten wie e i n e Platte mit größerer Fläche; deshalb addieren sich die Kapazitäten.

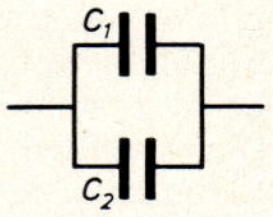

Parallelschaltung von Kondensatoren
$$C_g = C_1 + C_2$$

Abb. 1. Parallelschaltung von Kondensatoren

Bei einer Reihenschaltung (Abb. 2) ist die Gesamtspannung die Summe der Teilspannungen $U_g = U_1 + U_2$ oder $Q_g/C_g = Q_1/C_1 + Q_2/C_2$. Da aber die Ladungen auf den inneren verbundenen Platten durch Ladungstrennung entstehen, müssen sie gleich sein: $Q_1 = Q_2 = Q_g$. Die Gleichung vereinfacht sich daher:

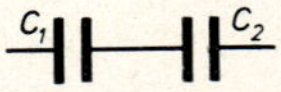

Reihenschaltung von Kondensatoren $\dfrac{1}{C_g} = \dfrac{1}{C_1} + \dfrac{1}{C_2}$

Abb. 2. Reihenschaltung von Kondensatoren

Die Kapazität erhöht sich also bei Parallelschaltung, sie vermindert sich aber bei Reihenschaltung.

d) Der Energieinhalt eines Kondensators. Um einen Kondensator auf eine Spannung U aufzuladen, muß die dazu erforderliche Ladung $Q = C\,U$ auf seine Belegungen gebracht werden. Dazu ist eine Arbeit nötig, die man aus der Gleichung $W = U\,Q$ berechnen kann. Hierbei ist jedoch zu berücksichtigen, daß die Spannung während der Aufladung nicht konstant ist, sondern mit zunehmender Aufladung ansteigt. Wir betrachten deshalb die Aufladung eines Kondensators mit der kleinen Ladungsmenge dQ, welche die gerade bestehende Kondensatorspannung u nicht merklich ändert. Die dazu erforderliche Arbeit ist dann

$dW = u\,dQ$. Nach der Gleichung $Q = C\,U$ kann man dQ durch die Kapazität und den Spannungsanstieg ausdrücken: $dQ = C\,du$; dann erhält man $dW = u\,C\,du$. Die gesamte Aufladungsarbeit findet man nun durch Integration:

$$W = \int_0^U C\,u\,du = \frac{C}{2}\,U^2$$

Da diese Arbeit nicht verloren gehen kann, muß sie nach dem Aufladen als Energieinhalt E_{el} im elektrischen Feld des Kondensators gespeichert sein. Man kann diese Energie auch mit Hilfe der Feldgrößen ausdrücken, denn es ist $U = E\,d$, $C\,U = Q = A\,D$ und $A\,d$ ist das Kondensatorvolumen V. Durch Einsetzen erhält man: $W = E_{el} = \frac{1}{2}A\,D \cdot E\,d = V\frac{1}{2}D\,E$. Dividiert man durch V, so erhält man die Energiedichte η_{el} im elektrischen Feld des Kondensators:

$$\eta_{el} = \frac{1}{2}E\,D$$

Da dieser Ausdruck nur noch die Feldgrößen enthält, gilt er nicht nur im homogenen Feld des Kondensators, sondern allgemein in jedem Punkt eines beliebigen elektrischen Feldes, an dem die Feldstärke E und die Flußdichte D bestehen.

e) Kraft auf die Kondensatorplatten. Da die Kondensatorplatten ungleichnamige Ladungen tragen, ziehen sie sich gegenseitig an. Die Kraft läßt sich jedoch nicht mit dem Coulombschen Gesetz berechnen, weil die Ladungen flächenhaft verteilt sind. Man kann sie jedoch leicht aus dem Energiesatz ermitteln. Wenn nämlich die Platten um die Strecke Δd voneinander entfernt werden, muß die Anziehungskraft F überwunden und dabei die Arbeit $\Delta W = F\,\Delta d$ verrichtet werden. Diese Arbeit kann nicht verloren gehen, sondern wird als Energie im elektrischen Feld gespeichert. Sie entspricht daher der Zunahme ΔE_{el} der Feldenergie. Da bei der Arbeitsverrichtung die Ladung (aber nicht die Spannung) unverändert bleibt, formt man mit Hilfe der Gleichung $Q = C\,U$ um:

$$E_{el\,1} = \frac{C}{2}\,U^2 = \frac{Q^2}{2\,C} = \frac{Q^2\,d}{2\,\varepsilon_0\,\varepsilon_r\,A} \qquad E_{el\,2} = \frac{Q^2\,(d + \Delta d)}{2\,\varepsilon_0\,\varepsilon_r\,A}$$

$$\Delta E_{el} = E_{el\,2} - E_{el\,1} = \frac{Q^2\,\Delta d}{2\,\varepsilon_0\,\varepsilon_r\,A}$$

Durch Gleichsetzen mit der verrichteten Arbeit folgt nun:

$$\Delta W = \Delta E_{el} \qquad F = \frac{Q^2}{2\,\varepsilon_0\,\varepsilon_r\,A} = \frac{Q^2}{2\,d\,C} = \frac{C\,U^2}{2\,d}$$

Beispiel: Berechnen Sie den Energieinhalt eines Kondensators, der aus zwei Platten von der Fläche $A = 1\,dm^2$ mit dem Abstand $d = 1\,mm$ besteht und mit einem Dielektrikum von der Dielektrizitätszahl $\varepsilon_r = 6$ gefüllt und auf 500 V aufgeladen ist. Mit welcher Kraft ziehen sich die Platten an?

Kapazität $C = \dfrac{\varepsilon_0\,\varepsilon_r\,A}{d} = \dfrac{8{,}854 \cdot 10^{-12} \cdot 6 \cdot 10^{-2}}{10^{-3}}\,F = 531{,}2\,pF$

Energieinhalt $E_{el} = \dfrac{C}{2}\,U^2 = 266 \cdot 500^2 \cdot 10^{-12}\,Ws = 6{,}64 \cdot 10^{-5}\,Ws$

Anziehungskraft $F = \dfrac{C\,U^2}{2\,d} = \dfrac{E}{d} = 6{,}64 \cdot 10^{-2}\,N$

d) Kondensatorarten. Um den vielseitigen Forderungen nach Kapazitätsgröße, Durchschlagsfestigkeit und Konstanz ihrer Betriebsgrößen zu entsprechen, werden sehr verschiedenartige Kondensatoren gebaut.

Die kleinsten Kapazitätswerte (etwa 1 bis 10 000 pF) stellt man meist aus Keramik ($\varepsilon_r = 4 \ldots 3000$) als **Scheiben-** oder **Röhrenkondensatoren** her. **Glimmerkondensatoren** mit zu Paketen geschichteten Glimmer- und Metallfolien von 100 pF bis zu 0,1 μF zeichnen sich durch hohe Konstanz aus. Am verbreitetsten sind **Papier-** und **Polyesterkondensatoren** (Abb. 3) von 1000 pF bis 100 μF. Sie werden aus Metallfolien gewickelt, die durch Streifen aus dünnem Papier oder Polyesterfolie getrennt sind. Die fertigen Wickel werden mit Öl oder Vaseline getränkt und in quaderförmige Gehäuse eingepaßt. Mit **Polystyrolfolien** als Isolierschicht gewickelte Kondensatoren erreichen die Konstanz der Glimmerkondensatoren. **Metallpapierkondensatoren** sind wesentlich kleiner als Papierkondensatoren gleicher Kapazität. Bei ihnen tritt an Stelle der Metallfolie ein sehr dünner, im Vakuum aufgedampfter Metallbelag auf dem Isolierpapier. Im Falle eines Durchschlages verdampft das Metall an der Durchschlagstelle, so daß der Kondensator gebrauchsfähig bleibt.

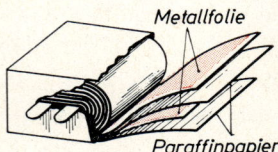

Abb. 3. Papierkondensator

Noch dünnere Dielektrikumsschichten sind in den **Elektrolytkondensatoren** wirksam. Auf Aluminium oder Tantal werden isolierende Oxidschichten erzeugt, die im Kontakt mit einem Elektrolyten oder Halbleiter als Dielektrikum dienen. Bei sehr kleinen Abmessungen sind Kapazitäten bis zu 0,1 F möglich. Elektrolytkondensatoren können jedoch nur bei Gleichspannungen verwendet werden.

Unter den Kondensatoren mit veränderlicher Kapazität ist der **Drehkondensator** (Abb. 4) am bekanntesten. Zwei voneinander isolierte Plattensätze, von denen der eine feststeht, der andere drehbar angeordnet ist, greifen mehr oder weniger ineinander. Durch Drehen kann man die Kapazität auf jeden Zwischenwert zwischen der Anfangskapazität (10 . . . 50 pF) und dem Endwert (50 . . . 500 pF) einstellen.

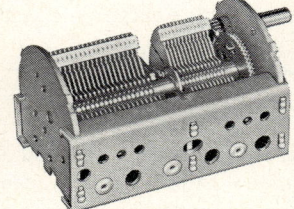

Abb. 4. Drehkondensator

Aufgaben:

1. Welche Kapazität hat ein Kondensator aus zwei kreisförmigen Platten mit 30 cm Durchmesser bei einem Luftabstand von 2,5 mm? Auf welchen Wert erhöht sie sich durch Einführen einer Glasplatte ($\varepsilon_r = 6,4$)?   ($C_1 = 250$ pF, $C_2 = 1600$ pF)

2. Welche Ladung trägt jede der beiden Platten eines Kondensators ($C = 6$ pF, $d = 2$ mm), der auf 220 V aufgeladen ist. Welche Beschleunigung erfährt in ihm ein Tröpfchen ($m = 4 \cdot 10^{-9}$ g), das eine Elementarladung ($1,6 \cdot 10^{-19}$ A s) trägt?   ($1,32 \cdot 10^{-9}$ A s, 0,44 cm/s²)

3. Ein Wickelkondensator besteht aus zwei Streifen aus Aluminiumfolie von je 5 cm Breite und 50 m Länge. Zur Isolation dient imprägniertes Papier ($\varepsilon_r = 4,8$, $d = 0,05$ mm). Berechnen Sie seine Kapazität. Berücksichtigen Sie, daß jedes Band beim Wickeln nach zwei Seiten als Kondensatorbelag wirkt.   ($4,24 \mu$F)

4. Bei der Schaltung der Abb. 5 haben die Kapazitäten C_1 und C_3 die Werte $C_1 = 6 \mu$F, $C_3 = 2,5 \mu$F. Wie groß muß die Kapazität C_2 gemacht werden, damit die Gesamtkapazität der Schaltung 4 μF beträgt?   (2 μF)

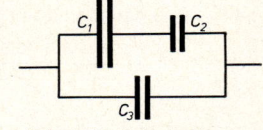

Abb. 5. Zu Aufgabe 3

5. Welche Energie speichert ein Elektrolytkondensator von der Kapazität 12 μF, wenn er auf eine Spitzenspannung von 310 V aufgeladen wird?   (0,577 W s)

6.3. Elektrizitätsleitung in Metallen

6.3.1. Das Ohmsche Gesetz und der Widerstand

a) Das Ohmsche Gesetz. Wenn zwischen zwei Punkten eine elektrische Spannung besteht, folgt aus der Gleichung $U = \int \vec{E}\,\vec{ds}$, daß zwischen ihnen ein Feld existiert, in dem eine Feldstärke Ladungen in Bewegung setzt. Wenn bewegliche Ladungen vorhanden sind, entsteht ein Strom, der die Spannung auszugleichen sucht. Die Spannung ist also die Ursache für das Fließen eines Stromes. Deshalb kann man vermuten, daß mit zunehmender Spannung auch der Strom wächst. Zur exakten Prüfung dieser Vermutung müssen bei einem Leiter Strom und Spannung gemessen werden (zur Schaltung der Meßgeräte s. 6.3.5.).

Bei einem mehrzelligen Akkumulator (Abb. 1) wird der eine Pol direkt, der andere über einen Strommesser mit den Enden eines dünnen Konstantandrahtes verbunden. Die Stärke des durch den Draht fließenden Stromes kann man am Strommesser ablesen. Die an den Enden des Drahtes liegende Spannung läßt sich durch die Zahl der eingeschalteten Akkuzellen verändern. Man liest sie an einem an die Enden des Drahtes angeschalteten Spannungsmesser ab. Schaltet man immer mehr Akkuzellen ein, so wächst mit der Spannung auch der Strom. Der Quotient aus Spannung und Stromstärke hat stets den gleichen Wert.

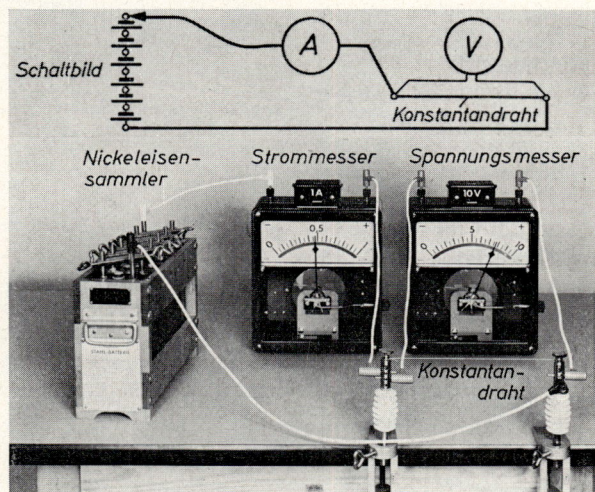

Abb. 1. Versuch zur Ableitung des Ohmschen Gesetzes

> **Beim gleichen Leiter sind die angelegte Spannung und die Stärke des fließenden Stromes zueinander proportional.**

Bezeichnet man die Spannung mit U und die Stromstärke mit I, so hat der Quotient U/I einen konstanten Wert. Man bezeichnet diesen Quotienten als **Widerstand** R des verwendeten Drahtes. Meist löst man die dadurch entstehende Gleichung nach I auf und erhält aus dem Versuch das folgende Ergebnis:

$$I = \frac{U}{R}$$

> **Die Stromstärke ist der Spannung direkt und dem Widerstand umgekehrt proportional.**

Dieses Gesetz wird nach Simon Ohm[1], der es aus zahlreichen Versuchen fand, das **Ohmsche Gesetz** genannt. Es bildet die Grundlage für alle Berechnungen über den elektrischen Strom. Auch die Einheit des Widerstandes wurde Ohm zu Ehren als 1 Ohm (Ω) benannt: $[R] = [U/I] = 1\,\mathrm{V}/1\,\mathrm{A} = 1\,\Omega$.

---

[1] Georg Simon O h m , 1787 bis 1854, Prof. in Erlangen, Nürnberg und München, Entdecker des Ohmschen Gesetzes und Begründer einiger akustischer Theorien.

Bei der Anwendung des Ohmschen Gesetzes auf ein Leiterstück ist immer darauf zu achten, daß die an dessen Enden angelegte Spannung, sein Widerstand und der hindurchfließende Strom in die Formel eingesetzt werden.

b) Der Widerstand. Um zu überprüfen, wie die als Widerstand $R = U/I$ eingeführte Größe von den Abmessungen des Leiters abhängt, ändert man den Versuch aus 6.3.1. ab. Man hält die Spannung fest und benutzt Leiter mit verschiedenen Längen und Querschnitten (Abb. 2). Berechnet man aus der Spannung und dem Strom den Widerstand, so ergibt sich:

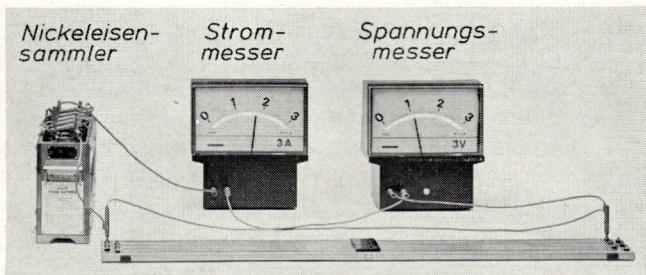

Abb. 2. Versuch zur Ableitung der Widerstandsformel

Der Widerstand ist der Länge des Leiters direkt und dem Querschnitt umgekehrt proportional.

Auch der Strömungswiderstand einer Flüssigkeit hat die Eigenschaft, mit der Rohrlänge zu wachsen und mit zunehmendem Rohrquerschnitt abzunehmen. Der Quotient $R = U/I$ hat also für den elektrischen Strom eine entsprechende Bedeutung wie der Widerstand einer strömenden Flüssigkeit; deshalb erhielt er die Bezeichnung elektrischer Widerstand.

Ändert man das Material der verwendeten Drähte bei gleicher Länge und gleichem Querschnitt, so zeigen sich starke Unterschiede in der Größe des Widerstandes. Während Kupfer einen sehr kleinen Widerstand aufweist, ist er bei Aluminium und noch mehr bei den übrigen Metallen größer. Zur Berechnung des Widerstandes eines Leiters aus bekanntem Material bei gegebener Länge und gegebenem Querschnitt benutzt man eine Materialkonstante, den **spezifischen Widerstand** ϱ, und erhält:

$$\text{Widerstandsformel:} \quad R = \frac{\varrho\, l}{A}$$

Aus dieser Formel ergibt sich als Einheit des spezifischen Widerstandes:

$$[\varrho] = \frac{[R]\,[A]}{[l]} = \frac{\Omega\,\text{mm}^2}{\text{m}} = 10^{-6}\,\Omega\,\text{m} = 10^{-4}\,\Omega\,\text{cm}$$

Der Quotient aus Spannung und Strom wird bei allen Leitern als Widerstand definiert. Aber nur bei metallischen Leitern und Elektrolyten hat dieser Quotient in einem großen Bereich einen von der Spannung unabhängigen Wert. Bei Gasen und Halbleitern oder beim Anlegen einer Wechselspannung hat er andere Eigenschaften.

Den reziproken Wert des Widerstandes verwendet man als **Leitwert** G und den reziproken Wert des spezifischen Widerstandes als **Leitfähigkeit** $\varkappa$.

$$\text{Leitwert:} \quad G = \frac{1}{R} \qquad \text{Leitfähigkeit:} \quad \varkappa = \frac{1}{\varrho}$$

Die Maßeinheit des Leitwertes, das Siemens (S), ist der reziproke Wert von 1 Ω.

Die folgende Tabelle gibt einen Überblick über wichtige spezifische Widerstände und ihre (anschließend behandelte) Temperaturabhängigkeit.

Spezifischer Widerstand ϱ und Temperaturbeiwert k einiger Leiter

Reine Metalle	ϱ in $\frac{\Omega\,mm^2}{m}$	k in K^{-1}	Legierungen (Gehalt in %)	ϱ in $\frac{\Omega\,mm^2}{m}$	k in K^{-1}
Silber (Ag)	0,016	0,0038	Bronze (Cu, Sn wechselnd)	$\approx 0,028$	0,0030
Kupfer (Cu)	0,018	0,0039	Aldrey (Al 99, Si, Mn, Fe)	0,033	0,0036
Aluminium (Al)	0,029	0,0038	Messing (Cu, Zn wechselnd)	$\approx 0,08$	0,0015
Magnesium (Mg)	0,045	0,0039	Stahl (Fe, C wechselnd)	$\approx 0,16$	0,005
Wolfram (W)	0,055	0,0041	Neusilber (Cu 60, Ni 17, Zn 23)	0,30	0,00035
Zink (Zn)	0,063	0,0037	Nickelin (Cu 54, Ni 26, Zn 20)	0,43	0,00011
Nickel (Ni)	0,08	0,0037	Manganin (Cu 84, Mn 12, Ni 4)	0,43	0,0004
Eisen (Fe)	0,10	0,0045	Konstantan (Cu 54, Ni 45, Mn 1) ..	0,50	0,00000
Platin (Pt)	0,12	0,0025	Chromnickel (Ni 79, Cr 20, Mn 1) ..	1,1	0,0002
Quecksilber (Hg)	0,96	0,0009			
			Flüssigkeiten		
Andere leitende Stoffe			Salzsäure (HCl) 20 %	$\approx 13\,000$	$-\,0,0015$
Bogenlampenkohle (C) ..	≈ 60	$-\,0,0005$	Schwefelsäure (H_2SO_4) 5 %	$\approx 48\,000$	$-\,0,0015$
Graphit (C)	≈ 12	$-\,0,0005$	Schwefelsäure (H_2SO_4) 20 %	$\approx 15\,000$	$-\,0,0015$

Spezifischer Widerstand schlechter Leiter und Isolatoren bei Zimmertemperatur in $\Omega\,\frac{mm^2}{m}$

Kupferoxid	10^{10}	Porzellan, Steatit	$10^{18} \ldots 10^{19}$
Kupferoxid bei 500 °C	10^{5}	Porzellan bei 500 °C	$10^{11} \ldots 10^{12}$
Alkohol	10^{10}	Gummi	10^{20}
Reinstes Wasser	10^{11}	Paraffin	10^{22}
Gesteine ....$10^{12} \ldots 10^{15}$		Benzol, Öl	10^{22}
Papier, Gewebe ....$10^{13} \ldots 10^{14}$		Bernstein	10^{22}
Holz (trocken) ....$10^{14} \ldots 10^{22}$		Quarz	10^{23}
Glas ....$10^{15} \ldots 10^{21}$			

c) Temperaturabhängigkeit des Widerstandes.

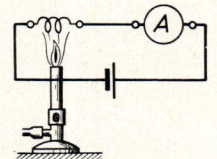

Eine Spirale aus Eisendraht wird mit einer Bunsenflamme erwärmt (Abb. 3). Der an einem Strommesser ablesbare Strom nimmt während der Erwärmung ab und danach beim Abkühlen wieder zu. Da der Strom beim Erwärmen des Drahtes abnimmt, wächst dabei sein Widerstand.

Der Widerstand ändert sich also mit der Temperatur. Ähnlich wie im Versuch nimmt er bei allen reinen Metallen mit steigender Temperatur zu. Bei Legierungen ist die Zunahme geringer; einige besitzen sogar fast konstanten Widerstand. Bei Kohlenstoff und flüssigen Leitern

Abb. 3. Temperaturabhängigkeit des Widerstandes

nimmt der Widerstand beim Erwärmen ab. Glas ist in kaltem Zustand ein Isolator, in geschmolzenem Zustand bekommt es eine merkliche Leitfähigkeit. Die Werte der Tabelle gelten für 20 °C. Den Widerstand bei einer anderen Temperatur findet man aus der Gleichung:

$$R_\vartheta = R_{20}\,(1 + k\,(\vartheta - 20\,°C)) \qquad \varrho_\vartheta = \varrho_{20}\,(1 + k\,(\vartheta - 20\,°C))$$

In diesen Gleichungen ist k der Temperaturbeiwert des Widerstandes, der in der Tabelle angegeben ist. Bei reinen Metallen liegt sein Wert bei 0,0037 K^{-1}.

Die Abnahme des Widerstandes mit abnehmender Temperatur erfolgt zunächst noch stetig, beim Unterschreiten einer für jedes Metall charakteristischen sehr tiefen „Sprungtemperatur" jedoch verschwindet der Widerstand so sehr, daß man ihn nicht mehr messen kann. Abb. 4 zeigt die Kurve des spezifischen Widerstandes von Blei und seine Sprungtemperatur bei 7,2 K. Die unterhalb der Sprungtemperatur entstehende hohe Leitfähigkeit heißt **Supraleitung.** In ihrem Temperaturbereich fließt in einem Stromkreis ein einmal erzeugter Strom ohne Spannungs-

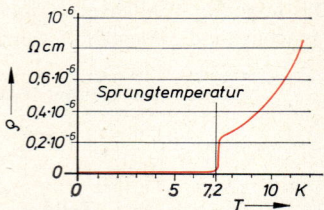

Abb. 4. Spezifischer Widerstand des Bleis bei tiefen Temperaturen

quelle immer weiter, ohne daß auch in lange laufenden Dauerversuchen eine Abnahme feststellbar wäre. Die Supraleitung tritt nicht nur bei den meisten Metallen, sondern auch bei einigen Metallverbindungen auf und besteht z. B. bei Nb_3Sn sogar bis zu einer Sprungtemperatur von 18,2 K.

Auch andere Einflüsse, z. B. Bestrahlung mit Licht (bei Selen) oder magnetische Felder (bei Wismut) können einen Widerstand verändern.

d) Entstehung des Widerstandes bei Metallen. Alle Metalle besitzen Atome, aus deren Elektronenhülle durch Stöße oder durch die Feldstärke eines angelegten elektrischen Feldes leicht ein oder mehrere Elektronen abgetrennt werden können. Durch die Stöße der Wärmebewegung besteht daher ein Metallstück schon, ohne daß an seine Enden eine Spannung angelegt wird, aus einem Gitter von Atomrümpfen, die Elektronen abgegeben haben und deshalb positiv geladen sind. Zwischen ihnen bewegen sich fast ungehindert die abgetrennten Elektronen wie die Moleküle eines Gases. Ihre unregelmäßige Bewegung besitzt keine bevorzugte Richtung.

Legt man an die Enden des Metallstückes eine Spannung, so entsteht zwischen den Anschlußstellen ein elektrisches Feld, dessen Feldstärke die umherfliegenden Elektronen beschleunigt, so daß ihre Geschwindigkeit im Mittel eine Komponente in Richtung der Feldlinien erhält. Bewegte Elektronen stellen aber einen Strom dar, dessen Stärke proportional zur Zahl der Ladungsträger und zu deren Geschwindigkeit ist. Da bei Metallen durch die Wärmebewegung schon alle leicht abtrennbaren Elektronen herausgelöst sind, kann die elektrische Feldstärke die Zahl der Ladungsträger nicht mehr vermehren. Dagegen beschleunigt sie die Elektronen in der Richtung des angelegten Feldes. Man könnte deshalb meinen, daß ein stetig wachsender Mittelwert der Geschwindigkeit und damit eine wachsende Stromstärke entstehen müßte. Daß dies nicht der Fall ist, hat seine Uusache in dem Widerstand, den die Elektronen bei ihren Zusammenstößen mit den Atomrümpfen erfahren. Die freie Weglänge zwischen zwei Zusammenstößen beträgt im Mittel nur $10^{-7} \ldots 10^{-8}$ cm (wenige Atomdurchmesser). Infolge ihrer positiven Ladung halten die Atomrümpfe die Elektronen bei den Zusammenstößen kurze Zeit fest, so daß sie ihre Geschwindigkeit wieder vollständig verlieren. Bei unveränderter Feldstärke bildet sich dadurch ein Mittelwert der Geschwindigkeit, der aber bei einer Erhöhung der Spannung bzw. der Feldstärke $E = \dfrac{U}{s}$ proportional zu ihr ansteigt. Deshalb ist auch der entstehende Strom proportional zur angelegten Spannung. Dies ist aber gerade die Aussage des Ohmschen Gesetzes.

Bei einer Temperaturerhöhung wächst die Amplitude der Schwingungen, die die Atomrümpfe infolge ihrer Wärmebewegung um ihren Gitterplatz ausführen. Dadurch treten häufiger Zusammenstöße mit Elektronen auf, und der Widerstand wird größer, wie dies auch experimentell gezeigt wurde.

Der Mittelwert der Geschwindigkeit der Elektronen in der Feldrichtung ist dabei sehr klein, wie aus folgender Rechnung hervorgeht. Wir betrachten einen Kupferdraht (Dichte $\varrho =$ $= 8{,}9$ g/cm³, $M_r = 63{,}5$) vom Querschnitt $A = 1$ mm² $= 10^{-2}$ cm², durch den ein Strom von 1 A fließt. Da im Mittel jedes Atom ein Leitungselektron abgibt, ist die Zahl der Elektronen in einem Drahtstück etwa so groß wie die Zahl der Atome: $N = \dfrac{m}{m_{\mathrm{At}}} = \dfrac{A\,l\,\varrho}{M_r\,u}$. Wenn alle Elektronen sich in der Feldrichtung mit der mittleren Geschwindigkeit v bewegen, fließen durch jeden Drahtquerschnitt in 1 s so viele Elektronen wie in einem Drahtstück von der Länge $l = v \cdot 1$ s enthalten sind, also $N = \dfrac{A\,v\,\varrho \cdot 1\,\mathrm{s}}{M_r\,u}$. Da dabei die Ladung 1 As befördert wird, findet man aus $N\,e = 1$ As:

$$\frac{A\,v\,\varrho \cdot 1\,\mathrm{s}}{M_r\,u}\,e = 1\,\mathrm{As} \quad \text{oder:}$$

$$v = \frac{1\,\mathrm{As} \cdot M_r\,u}{A\,\varrho\,e \cdot 1\,\mathrm{s}} = \frac{1\,\mathrm{As} \cdot 63{,}5 \cdot 1{,}66 \cdot 10^{-27}\,\mathrm{kg}}{10^{-2}\,\mathrm{cm^2} \cdot 8{,}9 \cdot 10^{-3}\,\mathrm{kg\ cm^{-3}} \cdot 1{,}6 \cdot 10^{-19}\,\mathrm{As} \cdot 1\,\mathrm{s}} = 0{,}07\,\frac{\mathrm{mm}}{\mathrm{s}}$$

e) Widerstandsgeräte. In der Technik verwendet man besondere Widerstandsgeräte (Rheostaten). Sie enthalten Drähte hohen spezifischen Widerstandes mit möglichst kleinem Temperaturbeiwert (Nickelin, Manganin, Konstantan), die so angeordnet sind, daß der Widerstand leicht geändert werden kann.

Beim S c h i e b e w i d e r s t a n d ist der Widerstandsdraht wendelförmig auf eine Porzellanwalze aufgewickelt (Abb. 3). Durch Verschieben des Gleitkontaktes kann man den Widerstand ändern, wenn die Kontakte A und C benutzt werden. Zwischen den Klemmen A und B liegt der Gesamtwiderstand.

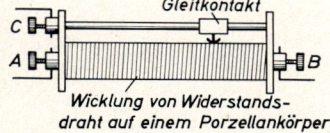

Abb. 3. Schiebewiderstand

Zum Anlassen von Motoren wird meist ein K u r b e l w i d e r - s t a n d (Abb. 4) verwendet. Der Strom tritt durch die Kurbelachse A oder eine besondere Schiene für die Stromzuführung ein und beim Kontakt B wieder aus. Steht die Kurbel auf dem Kontakt C, so ist der Strom unterbrochen. Dreht man die Kurbel langsam nach B, so wird der eingeschaltete Widerstand stufenweise immer kleiner.

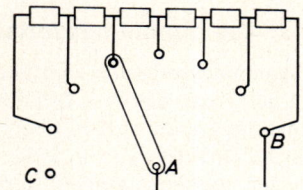

Abb. 4. Kurbelwiderstand

Der S t ö p s e l w i d e r s t a n d (Abb. 5) wird zu genaueren Messungen verwendet. Er enthält einen Satz geeichter Widerstände, die kleine, isoliert nebeneinander befestigte Metallklötze dauernd miteinander verbinden. Durch Metallstöpsel können die Widerstände beliebig überbrückt werden. An den beiden äußersten Metallklötzen befestigt man die Zuleitungsdrähte. Im Stromkreis liegen nur diejenigen Widerstände, die nicht durch einen Stöpsel überbrückt sind.

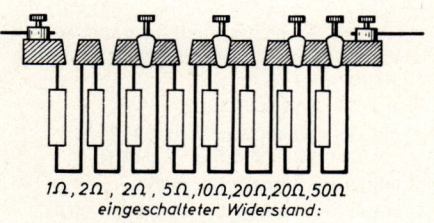

$1\,\Omega, 2\,\Omega, \ 2\,\Omega, \ 5\,\Omega, 10\,\Omega, 20\,\Omega, 20\,\Omega, 50\,\Omega$
eingeschalteter Widerstand:
$(1+2+5+20)\,\Omega = 28\,\Omega$

Abb. 5. Stöpselwiderstand

Widerstandsgeräte werden meist einfach als „Widerstände" bezeichnet, so daß dieses Wort sowohl für die Eigenschaft aller Leiter wie auch für die genannten Geräte verwendet wird.

Aufgaben:

1. Welchen Widerstand hat ein Tauchsieder, durch den beim Anschluß an 220 V ein Strom von 2,7 A fließt? (81,5 Ω)

2. Welche Spannung ist erforderlich, damit durch ein Gerät mit dem Widerstand 14 Ω ein Strom von 1,8 A fließt? (25,2 V)

3. Wie groß ist der Strom in einer Glühlampe für 220 V bei einem Widerstand von 810 Ω, und wie groß ist er unmittelbar nach dem Einschalten bei einem Kaltwiderstand von 90 Ω? (0,27 A, 2,44 A)

4. Wie groß ist der Widerstand eines Manganindrahtes von 8 m Länge und einem Durchmesser von 1,5 mm bei 20 °C (ϱ = 0,43 Ω mm²/m)? (1,95 Ω)

5. Welche Länge muß ein Eisendraht (ϱ = 0,12 Ω mm²/m) von 2 mm² Querschnitt haben, wenn sein Widerstand 30 Ω betragen soll? (500 m)

6. Ein Eisendraht hat bei Zimmertemperatur (18 °C) einen Widerstand von 2,4 Ω. Auf welchen Wert steigt der Widerstand bei einer Betriebstemperatur von 80 °C (k = 0,0045 K⁻¹)? (3,07 Ω)

7. Die Glühwandel einer Lampe hat eine Länge von 58 cm (doppelt gewendelt) und einen Querschnitt von 0,004 mm². Welchen Widerstand hat sie bei Zimmertemperatur (20 °C) und bei einer Betriebstemperatur von 2500 °C (ϱ = 0,055 Ω mm²/m, k = 0,0041 K⁻¹)? (79,7 Ω, 891 Ω)

8. Bei einem Wismut-Eisen-Thermoelement befinden sich die Lötstellen auf den Temperaturen 20 °C und 80 °C. Beide Metalle bilden einen Stromkreis aus je einem Bügel von 5 cm Länge und 2 cm² Querschnitt (thermoelektrischer Spannungskoeffizient 0,083 mV/K, ϱ_{Fe} = 0,14 Ω mm²/m, ϱ_{Bi} = 1,2 Ω mm²/m). Wie groß ist der Thermostrom? (14,86 A)

9. Eine Thermosäule besteht aus 80 Paaren Wismut-Antimon (U = 0,113 mV/K) mit einem Gesamtwiderstand von 0,5 Ω. Bei welcher Temperaturdifferenz der Lötstellen kann diese Säule ein Glühlämpchen zum Leuchten bringen, das 0,6 A benötigt (R = 1,5 Ω)? (133 K)

6.3.2. Die Spannungsverteilung im Stromkreis

a) Spannungsverbrauch und Spannungsabfall. Die Ursache für den elektrischen Widerstand liegt darin, daß die beim Stromfluß durch den Leiter sich bewegenden Elektronen oft auf die Atome des Leiters stoßen, gebremst werden und von der Spannung neu beschleunigt werden müssen. Dadurch wird in jedem Leiterstück eines Stromkreises Spannung verbraucht, und zwar um so mehr, je höher dort der Widerstand ist. Man kann diesen Spannungsverbrauch bei einem Versuch nachmessen.

Ein Stromkreis (Abb. 1) besteht aus zwei Widerständen R_{BC} = 1 Ω und R_{CD} = 0,5 Ω, die durch Schaltdrähte über einen Strommesser mit einer Spannungsquelle verbunden sind. Mit einem Spannungsmesser kann man die Spannung zwischen zwei beliebigen Punkten abgreifen.

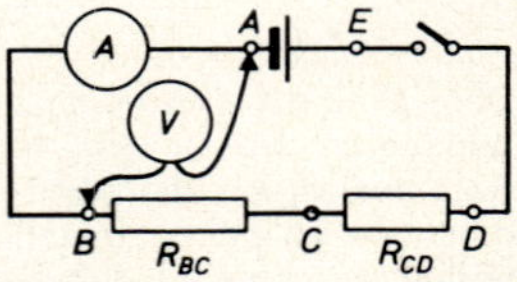

Abb. 1. Messung der Spannungsverteilung in einem Stromkreis

Man erhält zwischen:

A und B an 60 cm Schaltdraht und dem
Strommesser bei R_{AB} = **0,03 Ω** U_{AB} = 0,04 V

B und C am Verbraucher mit R_{BC} = 1 Ω U_{BC} = 1,30 V

C und D am Verbraucher mit R_{CD} = 0,5 Ω U_{CD} = 0,65 V

D und E am Schaltdraht und Schalter
bei R_{DE} = 0,02 Ω U_{DE} = 0,03 V

Der Strommesser zeigt einen Strom I = 1,3 A. Greift man größere Intervalle ab, so erhält man: U_{AE} = 2,02 V, U_{AD} = 1,99 V, U_{AC} = 1,34 V. Öffnet man den Schalter, so steigt die Spannung U_{AE} auf: U_{AE} = 2,06 V.

Aus den Messungen findet man folgende Gesetzmäßigkeiten für den Spannungsverbrauch oder den Spannungsabfall in den einzelnen Leiterstücken:

1. Der Spannungsabfall in mehreren Leiterstücken ist die Summe aus dem Spannungsverbrauch der einzelnen Leiterstücke.

2. Der Spannungsabfall in den Leitungsdrähten und im Strommesser ist so klein, daß man ihn meist vernachlässigen darf.

3. Der Spannungsabfall im Widerstand 1 Ω ist doppelt so groß wie im Widerstand 0,5 Ω.

In einem einfachen Stromkreis verhalten sich die Spannungsabfälle in mehreren Leiterstücken wie deren Widerstände.

Setzt man die nach dem Ohmschen Gesetz berechneten Teilspannungen $U_{AC} = I\,R_{AC}$, $U_{AB} = I\,R_{AB}$, $U_{BC} = I\,R_{BC}$ in die aus dem ersten Ergebnis des Versuches folgende Gleichung $U_{AC} = U_{AB} + U_{BC}$ ein, so kann man mit dem überall gleichen Strom I kürzen und erhält $R_{AC} = R_{AB} + R_{BC}$.

Der Gesamtwiderstand mehrerer vom gleichen Strom nacheinander durchflossenen Widerstände ist die Summe der Teilwiderstände.

b) Innerer und äußerer Widerstand. Der Gesamtwiderstand eines Stromkreises ist also die Summe aller Teilwiderstände. Beim obigen Versuch erhält man für den Widerstand der Leitung von A über B, C, D bis E 1,55 Ω. Zum Gesamtwiderstand fehlt noch der Widerstand der Spannungsquelle zwischen E und A. Auch er verbraucht einen Teil der Spannung. Das erkennt man beim Öffnen des Schalters. Weil dann kein Strom mehr fließt, entsteht in der Spannungsquelle kein Spannungsabfall mehr, und der Spannungsmesser steigt auf 2,06 V. Der Unterschied von 0,04 V gegenüber der Spannung $U_{EA} = 2,02$ V ist der Spannungsabfall in der Spannungsquelle beim Strom 1,3 A. Daraus ergibt der **innere Widerstand** R_i der Spannungsquelle: $R_i = 0,04$ V$/1,3$ A $= 0,03$ Ω. Zum Unterschied nennt man die Summe der übrigen Widerstände den **äußeren Widerstand** R_a.

c) Die Quellenspannung und Klemmenspannung. Die Gesamtspannung einer Spannungsquelle bezeichnet man als Quellenspannung U_q (früher: elektromotorische Kraft). Dann lautet das Ohmsche Gesetz für den ganzen Stromkreis:

$$I = \frac{U_q}{R_i + R_a} \qquad \text{oder:} \qquad U_q = I\,R_i + I\,R_a$$

In der letzten Form der Gleichung steht rechts der Spannungsabfall $I\,R_i$ im inneren Widerstand und die an den Klemmen der Spannungsquelle abgreifbare Spannung für den äußeren Teil des Stromkreises, die Klemmenspannung $U_k = U_q - I\,R_i = I\,R_a$. Während die Quellenspannung nur durch den Bau der Spannungsquelle bedingt ist und konstant bleibt, wenn an dieser nichts verändert wird, ist die Klemmenspannung vom fließenden Strom abhängig. Ihr Unterschied gegenüber der Quellenspannung ist besonders groß bei Spannungsquellen mit hohem innerem Widerstand und bei großer Stromentnahme.

Aufgabe:

Eine Autobatterie hat bei einer Stromabgabe von 15 A an die Scheinwerfer eine Klemmenspannung von 6,0 V, bei einer Stromabgabe von 135 A zum Anlassen nur noch 5,5 V. Wie groß sind ihre Quellenspannung und ihr innerer Widerstand? ($U_q = 6,062$ V, $R_i = 0,0042$ Ω)

6.3.3. Die Schaltung von Spannungsquellen

a) Zweck der Schaltungen. Sowohl die Spannung als auch der Strom sind bei allen Spannungsquellen beschränkt. Die Klemmenspannung liegt stets unter der Quellenspannung. Der Strom darf nicht über eine bestimmte Belastungsgrenze gesteigert werden, da die Spannungsquelle sonst geschädigt würde. Um sich von diesen Einschränkungen frei zu machen, verwendet man besondere Schaltungen von Spannungsquellen. Die beiden wichtigsten sind die Reihen- und die Parallelschaltung.

b) Die Reihenschaltung. Bei der Reihenschaltung fließt der Strom nacheinander durch die einzelnen Teile der Schaltung. Alle Teile eines einfachen, unverzweigten Stromkreises sind demnach in Reihe geschaltet. Nach 6.3.2. a ist dann die Gesamtspannung die Summe der Teilspannungen. Bei Spannungsquellen erhält man eine Reihenschaltung, wenn man jeweils den +Pol der einen mit dem −Pol der folgenden Spannungsquelle verbindet (Abb. 1). Schaltet man n gleiche Spannungsquellen, von denen jede die Quellenspannung U_q und den inneren Widerstand R_i besitzt, in Reihe mit einem Außenwiderstand R_a, so erhält man die Gesamtspannung $n\,U_q$ und den Gesamtwiderstand $R_a + n\,R_i$. Dann lautet das Ohmsche Gesetz für diesen Stromkreis:

$$I = \frac{n\,U_q}{R_a + n\,R_i}$$

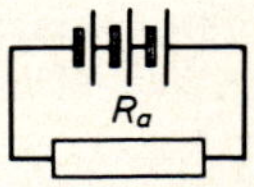

Abb. 1. Reihenschaltung

Man wendet die Reihenschaltung an, wenn die Spannung einer Einzelspannungsquelle zu gering ist, um den erforderlichen Strom hervorzurufen. Da im Nenner das Glied in R_i meist klein gegenüber R_a ist, wächst bei dieser Schaltung gleichzeitig mit der erhöhten Spannung auch der Strom. Die Belastbarkeit richtet sich nach der Einzelspannungsquelle, welche die geringste Belastbarkeit aufweist.

c) Die Parallelschaltung. Bei der Parallelschaltung verzweigt sich der Strom, und durch jeden Zweig der Schaltung fließt nur ein Teil des Stromes (Abb. 2). Man erhält eine Parallelschaltung mehrerer Spannungsquellen, wenn man alle +Pole und alle −Pole untereinander verbindet, so daß sich die Teilströme aus allen Spannungsquellen vereinigen können. Man kann die Zusammenschaltung auffassen als e i n e Spannungsquelle, bei der beide Pole mehrfach unterteilt sind. Alle bei der Parallelschaltung verwendeten Spannungsquellen müssen gleiche Quellenspannung haben, da sonst unerwünschte Ausgleichsströme zwischen ihnen fließen. Die gesamte Quellenspannung der Schaltung entspricht der einer einzelnen Spannungsquelle. Da sich dem Strom infolge der Aufteilung ein größerer Querschnitt bietet, vermindert sich der innere Widerstand bei m parallel geschalteten Spannungsquellen auf den m-ten Teil. Bei einem Außenwiderstand R_a lautet dann das Ohmsche Gesetz:

$$I = \frac{U_q}{R_a + R_i/m}$$

Da sich die Spannung nicht erhöht und der Gesamtwiderstand sich nur unwesentlich vermindert, bleibt auch der Strom gegenüber dem bei einer Einzelspannungsquelle fast unverändert. Dagegen erhöht sich die Belastbarkeit auf die Summe der Belastbarkeiten aller Einzelspannungsquellen, also bei gleichen Spannungsquellen auf das m-fache.

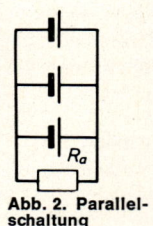

Abb. 2. Parallel-schaltung

d) Die Gruppenschaltung stellt eine Kombination einer Reihen- und einer Parallelschaltung dar. Man verbindet *m* Ketten von je *n* in Reihe geschalteten Spannungsquellen (Abb. 3). Die Gesamtspannung ist dann $n\,U_q$, der Gesamtwiderstand $R_a + n\,R_i/m$, so daß das Ohmsche Gesetz lautet:

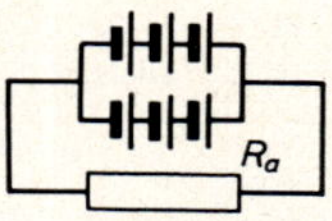

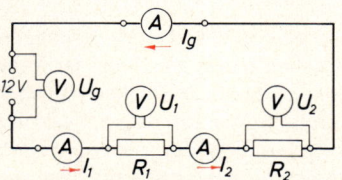

Abb. 3. Gruppenschaltung

$$I = \frac{n\,U_q}{R_a + n\,R_i/m}$$

Bei dieser Schaltung erhöhen sich Spannung, Strom und Belastbarkeit.

Aufgaben:

1. Aus vier gleichen Akkuzellen ($U_q = 2\,V$, $R_i = 0,03\,\Omega$, $I_{max} = 8\,A$) soll nacheinander je eine möglichst hoch belastbare Spannungsquelle mit einer Quellenspannung von $2\,V$, $4\,V$ und $8\,V$ zusammengestellt werden. Wie sind die Zellen zu schalten, und welche Klemmenspannung haben die Schaltungen bei einer Stromentnahme von $8\,A$?   (1,94 V, 3,76 V, 5,04 V)

2. Wie viele Akkuzellen ($U_q = 1,25\,V$, $R_i = 0,04\,\Omega$, $I_{max} = 5\,A$) müssen mindestens parallel geschaltet werden, damit sie als Spannungsquelle in einem Stromkreis dienen können, dessen Außenwiderstand nur aus einem Messingbügel ($\varrho = 0,08\,\Omega\,mm^2/m$) von $0,5\,m$ Länge und einem Querschnitt von $1\,mm^2$ besteht? Welcher Strom fließt dann durch den Bügel?   (6 Zellen, 26,8 A)

6.3.4. Die Schaltung von Verbrauchern

Die meisten Schaltungen von Verbrauchern lassen sich auf die beiden Grundschaltungen der Reihenschaltung und der Parallelschaltung zurückführen.

a) Bei der **Reihenschaltung** (Abb. 1) tritt keine Stromverzweigung ein. Der Strom fließt mit gleicher Stärke durch alle Verbraucher. Nach 6.3.2. a setzt sich der gesamte Spannungsabfall aus dem Spannungsabfall in den Teilwiderständen zusammen, und der Gesamtwiderstand ist die Summe der Teilwiderstände.

$$\begin{aligned} I_g &= I_1 = I_2 = \ldots \\ U_g &= U_1 + U_2 + \ldots \\ R_g &= R_1 + R_2 + \ldots \end{aligned}$$

Abb. 1. Reihenschaltung von Verbrauchern

Bildet man das Verhältnis aller Teilspannungen $U_1 = I\,R_1$, $U_2 = I\,R_2\ldots$, so kürzt sich der überall gleiche Strom, und man erhält:

$$U_1 : U_2 : \ldots = R_1 : R_2 : \ldots$$

Bei einer Reihenschaltung verhalten sich also die Teilspannungen wie die Widerstände.

b) Bei einer **Parallelschaltung** (Abb. 2) verzweigt sich die Leitung. Dabei gilt das erste Kirchhoffsche Gesetz:

Bei einer Stromverzweigung ist der Gesamtstrom gleich der Summe der Teilströme.

$$I_g = I_1 + I_2 + \cdots$$

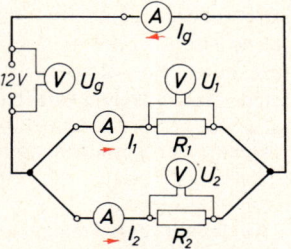

Abb. 2. Parallelschaltung von Verbrauchern

377

Der zwischen den Verzweigungspunkten herrschenden Spannungsabfall gilt für jeden Zweig der Schaltung.

$$U_g = U_1 = U_2 = \cdots$$

Berechnet man nach dem Ohmschen Gesetz die Ströme in allen Zweigen und bildet ihr Verhältnis, so kann man mit der überall gleichen Spannung $U_g = U_1 \ldots$ kürzen:

$$I_1 : I_2 : \cdots = \frac{1}{R_1} : \frac{1}{R_2} : \cdots$$

Bei einer Stromverzweigung verhalten sich also die Ströme umgekehrt wie die Widerstände.

Ersetzt man in der Gleichung $I_g = I_1 + I_2 + \ldots$ die Ströme nach dem Ohmschen Gesetz, so findet man: $\frac{U}{R_g} = \frac{U_1}{R_1} + \frac{U_2}{R_2} + \ldots$ Hier kann man mit der überall gleichen Spannung $U = U_1 = U_2 = \ldots$ kürzen und erhält:

$$\frac{1}{R_g} = \frac{1}{R_1} + \frac{1}{R_2} + \cdots$$

Der reziproke Wert des Gesamtwiderstandes einer Parallelschaltung ist die Summe aus den reziproken Werten der Teilwiderstände.

Der Gesamtwiderstand ist stets kleiner als der kleinste Teilwiderstand.

Alle elektrischen Geräte benötigen zum Betrieb einen bestimmten Strom. Ist er zu klein, so versehen sie ihren Dienst schlecht oder gar nicht. Ist er zu groß, so werden ihre Leitungen heiß, und das Gerät kann Schaden nehmen. Deshalb sind die Geräte so gebaut, daß bei der überall zur Verfügung stehenden Netzspannung der richtige Strom fließt. Damit nun an jedem Gerät die Netzspannung liegt, müssen alle parallel geschaltet werden; denn bei dieser Schaltung ist die Spannung an jedem Leiterzweig gleich und so groß wie die Netzspannung (Abb. 3).

Abb. 3. Parallelschaltung im Stromnetz

c) Stromnetze. Zur Durchrechnung von mehrfach verzweigten Netzen mit Spannungsquellen und Verbrauchern benötigt man neben dem ersten auch das zweite Kirchhoffsche Gesetz.

In einem Verzweigungspunkt, bei dem einige Leitungen Ströme heranführen, andere den Strom abführen, muß die Summe der zufließenden Ströme ebenso groß sein wie die der abfließenden. Kennzeichnet man diese durch ein –Zeichen, so erhält man daraus eine neue Form des **ersten Kirchhoffschen Gesetzes:**

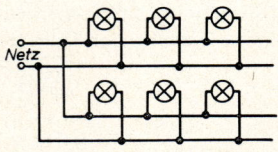

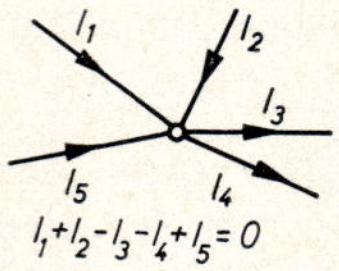

$$I_1 + I_2 - I_3 - I_4 + I_5 = 0$$

Abb. 4. Verzweigungspunkt

Gesetz der Stromsumme an einem Verzweigungspunkt: $\Sigma I = 0$

An jedem Verzweigungspunkt einer Schaltung ist die Summe aller Ströme Null.

378

Längs eines geschlossenen Stromkreises wird die Quellenspannung vom Spannungsabfall in den Widerständen verbraucht. Nach dem **zweiten Kirchhoffschen Gesetz** gilt diese
Regel auch in jeder Masche eines Stromnetzes. Bei mehreren
Spannungsquellen ist die Summe der Quellenspannungen
gleich dem gesamten Spannungsabfall.

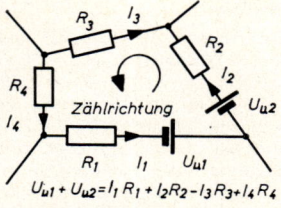

$U_{u1} + U_{u2} = I_1 R_1 + I_2 R_2 - I_3 R_3 + I_4 R_4$

Abb. 5. Netzmasche

> **Gesetz der Spannungssumme:** $\Sigma U_1 - \Sigma I R = 0$

**In einem geschlossenen Stromkreis ist die Summe aus allen erzeugten und verbrauch-
ten Spannungen Null.**

Um Vorzeichenfehler zu vermeiden, legt man in jeder Netzmasche eine Zählrichtung fest.
Quellenspannungen und Ströme in dieser Richtung sind positiv, entgegengesetzte negativ in
die Gleichung einzusetzen.

Aufgaben:

1. Ein Gerät für 60 V mit einem Strombedarf von 3,2 A soll an die Netzspannung 220 V angeschlossen werden. Wie groß muß ein in Reihe zu schaltender Vorwiderstand sein?   (50 Ω)
2. Ein Gerät mit dem Widerstand 30 Ω ist mit einem Schiebewiderstand (0 ... 80 Ω) in Reihe an
   die Netzspannung 220 V angeschlossen. Zwischen welchen Grenzen lassen sich mit dem Schiebewiderstand der durch das Gerät fließende Strom und die an ihm liegende Spannung regeln?
   (7,3 ... 2 A, 220 ... 60 V)
3. Die Schaltung der Abb. 6 aus den Widerständen
   $R_1 = 3\,\Omega$, $R_2 = 6\,\Omega$, $R_3 = 4\,\Omega$, $R_4 = 0,6\,\Omega$, $R_5 = 4,5\,\Omega$ wird an eine Spannung 12 V gelegt. Berechnen
   Sie den Gesamtwiderstand und den Strom, der durch
   jeden Widerstand fließt? $(R_g = 6\,\Omega$,
   $I_1 = 1\,A$, $I_2 = 0,4\,A$, $I_3 = 0,6\,A$, $I_4 = 1\,A$, $I_5 = 2\,A)$

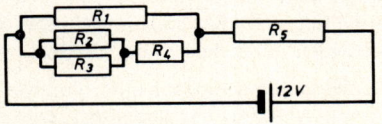

Abb. 6. Zu Aufg. 3

6.3.5. Messung von Strom, Spannung und Widerstand

a) Strommessung. Bei allen Strommessern wird eine Wirkung des Stromes sichtbar gemacht,
z. B. bei den weitaus häufigsten Instrumenten die magnetische Ablenkung einer Drehspule.
Der Zeigerausschlag ist proportional zu dem Strom, der durch das Meßwerk geleitet wird.
Meist ist es so geeicht, daß man den zu messenden Strom ohne Umrechnung ablesen kann.
Ein Strommesser muß daher **in** den Stromkreis hineingeschaltet werden (Abb. 1).

**Ein Strommesser wird in Reihe zu dem Verbraucher geschaltet, durch den der zu
messende Strom fließt.**

Dadurch kommt aber in den Stromkreis ein neuer Widerstand, der den ursprünglichen Strom
verkleinert. Diese Minderung kann nur vernachlässigt werden, wenn der Widerstand des
Strommessers im Vergleich zu den übrigen Widerständen des Stromkreises
klein ist. Da die Meßspule mit ihren feinen Drähten diese Bedingung nicht
erfüllen kann, schaltet man parallel zu ihr einen Nebenschluß (einen sog.
Shunt) mit kleinem Widerstand, so daß der Gesamtwiderstand auf den
erforderlichen kleinen Wert vermindert wird (Abb. 2). Wie das folgende
Beispiel zeigt, kann man mit verschiedenen Nebenschlüssen den Meßbereich des Gerätes erweitern.

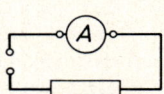

**Abb. 1. Schaltung
eines Strommes-
sers**

Beispiel 1:

Bei einem Strommesser mit einer Drehspule vom Widerstand $R_0 = 50\ \Omega$ ruft ein Strom 0,002 A am Zeiger einen vollen Ausschlag hervor. In einem Stromkreis, in dem nur Ströme von weniger als $I_0 = 0,002$ A fließen, kann man die Meßpule unmittelbar einschalten. Will man dagegen den Meßbereich auf 0,1 A erweitern, so braucht man einen Nebenschluß, der den übrigen Strom $I_1 = 0,098$ A aufnimmt. Sein Widerstand folgt aus der Gleichung:

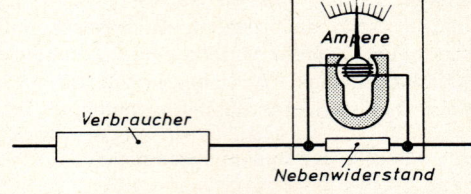

Abb. 2. Erweiterung des Meßbereiches eines Strommessers

$$R_1 : R_0 = I_0 : I_1$$

$$R_1 = R_0 \frac{I_0}{I_1} = 50\ \Omega\ \frac{0,002\ A}{0,098\ A} = 1,02\ \Omega$$

Will man einen Meßbereich von 2 A erhalten, so folgt auf ähnliche Weise für den Nebenschluß:
$R_2 = 50\ \Omega \cdot 0,002\ A/1,998\ A = 0,05\ \Omega$

b) Spannungsmessung. Da nach dem Ohmschen Gesetz Strom und Spannung einander proportional sind, ist der Zeigerausschlag nicht nur ein Maß für den durch das Meßwerk fließenden Strom, sondern auch für die an seine Klemmen angelegte Spannung. Deshalb kann man jeden Strommesser auch als Spannungsmesser verwenden. Um die Spannung zu erhalten, muß man nur den abgelesenen Strom mit dem Widerstand des Instrumentes multiplizieren. Einfacher ist es, die Skala gleich mit den entsprechenden Voltzahlen zu beschriften.

Ein Spannungsmesser mißt die zwischen seinen Klemmen liegende Spannung. Will man die Spannung zwischen zwei Punkten eines Stromkreises messen, so muß der Spannungsmesser in einem Nebenschluß **an** diese beiden Punkte gelegt werden (Abb. 3).

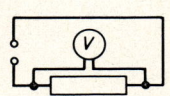

Abb. 3. Schaltung eines Spannungsmessers

> **Ein Spannungsmesser wird in einem Nebenschluß an die Punkte des Stromkreises geschaltet, zwischen denen die Spannung gemessen werden soll.**

Der Nebenschluß vermindert den Gesamtwiderstand der entstandenen Parallelschaltung. Deshalb ist der Spannungsabfall zwischen den beiden Anschlußpunkten kleiner, als er ursprünglich war. Der Unterschied ist aber zu vernachlässigen, wenn durch den Nebenschluß nur ein sehr kleiner Strom fließt. Damit dies der Fall ist, muß der Nebenschluß einen Widerstand haben, der im Vergleich zu den Widerständen der Hauptleitung groß ist. Man gibt deshalb dem Meßwerk einen Vorwiderstand (Abb. 4), so daß der Gesamtwiderstand des Nebenschlusses die erforderliche Größe erreicht. Das folgende Beispiel zeigt, daß man mit verschiedenen Vorwiderständen den Meßbereich des Spannungsmessers erweitern kann.

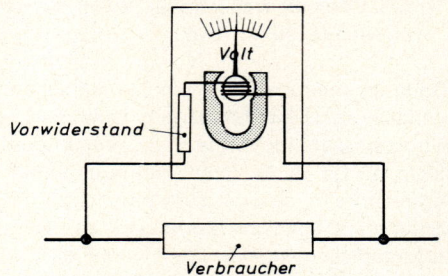

Abb. 4. Erweiterung des Meßbereiches eines Spannungsmessers

Beispiel 2:

Das im Beispiel 1 verwendete Meßwerk soll als Spannungsmesser mit dem Meßbereich 10 V verwendet werden. Da die Spule einen Widerstand $R_0 = 50\ \Omega$ hat und nur den Strom $I_0 = 0,002$ A aufnehmen darf, erhält man den Vollausschlag, wenn man an sie eine Spannung $U_0 = 0,002$ A · 50 Ω = 0,1 V legt. Um eine Spannung von 10 V zu messen, müssen daher im Vorwiderstand $U_1 = 9,9$ V verbraucht werden. Seine Größe findet man aus $R_1 = 9,9$ V/0,002 A = 4950 Ω. Will man den Meßbereich auf 250 V vergrößern, so muß der Vorwiderstand R_2 die Spannung 249,9 V aufnehmen. Sein Widerstand ist dann $R_2 = 249,9$ V/0,002 A = 125 000 Ω.

c) Widerstandsmessung. Man kann einen Widerstand nach dem Ohmschen Gesetz bestimmen, wenn man die Spannung an seinen Enden mit einem Spannungsmesser und den durch ihn fließenden Strom mit einem Strommesser mißt.

Ohne Rechnung findet man die Größe eines Widerstandes nach der **Ersatzmethode.** Man schaltet nach Abb. 5 einen geeichten Normalwiderstand (z. B. einen Stöpselwiderstand) parallel zu dem zu messenden Widerstand. Nun reguliert man den Normalwiderstand so, bis sich beim Umlegen des Schalters der Ausschlag des Strommessers nicht mehr ändert. Dann ist der unbekannte Widerstand ebenso groß wie der eingeschaltete Teil des Normalwiderstandes.

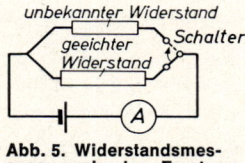

Abb. 5. Widerstandsmessung nach der Ersatzmethode

Eine häufig verwendete Schaltung zur Widerstandsmessung ist die **Brückenschaltung** (Abb. 6). AB ist ein Meßdraht von hohem spezifischem Widerstand und überall gleichem Querschnitt. Daher gilt für das Verhältnis der Widerstände $R_a : R_b = a : b$. Der Schleifkontakt D wird so so lange verschoben, bis das empfindliche Stromanzeigegerät in der Verbindung CD, der Brücke, keinen Ausschlag mehr zeigt. Dann herrscht in C und D gleiches Potential, so daß $U_{AC} = U_{AD}$ und $U_{CB} = U_{DB}$ ist. R_a und R_b werden vom gleichen Strom I_1, R und R_x vom gleichen Strom I_2 durchflossen. Dann erhält man:

$U_{AD} = I_1\,R_a$, $U_{AC} = I_2\,R$, $U_{DB} = I_1\,R_b$, $U_{CB} = I_2\,R_x$

Daraus folgt wegen der Gleichheit von U_{AC} und U_{AD}, bzw. von U_{CB} und U_{DB}:

$$I_2\,R = I_1\,R_a \qquad\qquad I_2\,R_x = I_1\,R_b$$

Dividiert man beide Gleichungen und setzt für das Verhältnis $R_a : R_b$ den Wert $a : b$, so folgt:

$$R_x = R\,\frac{R_b}{R_a} = R\,\frac{b}{a}$$

Wenn R ein bekannter, geeichter Widerstand ist, kann man daraus R_x berechnen.

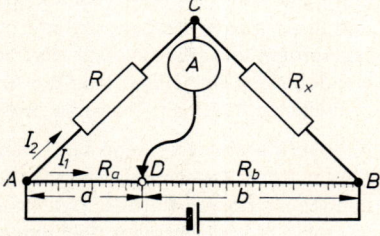

Abb. 6. Brückenschaltung

Aufgabe:

Die Drehspule eines Meßinstrumentes hat einen Widerstand von 40 Ω und erzeugt bei 0,005 A einen vollen Zeigerausschlag. Berechnen Sie die Nebenschluß- bzw. Vorwiderstände für die Meßbereiche 0,02 A, 0,1 A, 0,5 A, 3 A, 10 A und 1 V, 10 V, 100 V, 250 V

(13,33 Ω, 2,11 Ω, 0,404 Ω, **0,067 Ω**, 0,020 Ω, 160 Ω, 1960 Ω, 19 960 Ω, 49 960 Ω)

6.3.6. Arbeit und Leistung des elektrischen Stromes

a) Berechnung der Arbeit und der Leistung des Stromes. Mit dem elektrischen Strom kann man in elektrischen Geräten Energie erzeugen, z. B. mechanische Arbeit in Elektromotoren, Licht in Glühlampen, Wärme in elektrischen Heizgeräten. Nach der Definition der Spannung berechnet sich die Arbeit W, die bei der Bewegung der Ladung $Q = I\,t$ von einem Strom abgegeben wird, nach der Gleichung:

$$W_{el} = U\,Q = U\,I\,t$$

Durch Division mit der Zeit t erhält man daraus die Leistung:

$$P_{el} = \frac{W_{el}}{t} = U\,I$$

Als Einheiten verwendet man die allgemeingültige Arbeitseinheit Joule (J = Ws) oder bei größeren Beträgen, vor allem bei längeren Zeiten, die Kilowattstunde (kWh): 1 kWh = 3 600 000 Ws. Als Leistungseinheit dient das Watt (W): 1 W = 1 V · 1 A oder bei größeren Leistungen das Kilowatt (kW).

Die obigen Gleichungen lassen sich unmittelbar prüfen, wenn man ein elektrisches Heizgerät verwendet, weil in ihm die gesamte elektrische Energie in Wärme umgewandelt wird, die in einem Kalorimeter gemessen werden kann.

Versuch: *(Abb. 1): Ein Tauchsieder wird in ein Kalorimeter (Wärmekapazität C) gebracht. Mit einem Spannungsmesser und einem Strommesser bestimmen wir die angelegte Spannung U und den fließenden Strom I. An einem Thermometer lesen wir den Temperaturanstieg $\Delta\vartheta$ der Wasserfüllung (Masse m) während einer Zeit t ab. Die im Kalorimeter entwickelte Wärme ist dann $Q = (m\,c + C)\,\Delta\vartheta$, die vom Strom abgegebene elektrische Energie $W_{el} = U\,I\,t$. Bis auf kleine Unterschiede, die sich durch die Wärmeabgabe an die Umgebung oder durch Versuchsungenauigkeiten erklären lassen, sind die Beträge Q und W_{el} gleich.*

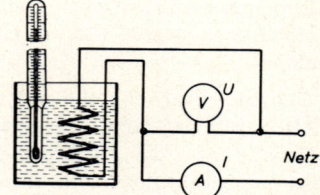

Abb. 1. Messung der elektrischen Arbeit

b) Anwendungen der Stromwärme. Die Stromwärme wird trotz der im Vergleich zur Erzeugung aus Kohle, Öl oder Gas hohen Kosten wegen ihrer einfachen und sauberen Anwendung und ihrer leichten Regulierbarkeit in vielen Geräten des Haushalts (elektrische Herde, Heißwasserbereiter, Tauchsieder, Heizstrahler, Heißluftapparate, Bügeleisen und andere) verwendet. Noch vielseitiger sind die Anwendungen der Elektrowärme in der Technik, ob sie nun zum Heizen, Wärmen, Trocknen, Schmelzen, Verdampfen oder anderen Zwecken dienen.

Alle Geräte enthalten eine oder mehrere Heizwicklungen. Als Material verwendet man nicht Kupfer oder Aluminium, weil die Leitungen für den erforderlichen Widerstand zu große Längen annehmen würden. Zweckmäßige Leiter sind Konstantan, Nickelin, für höhere Temperaturen Chromnickel oder Siliciumcarbid. Als Träger der Wicklungen müssen hitzebeständige Isolatoren, z. B. keramische Stoffe, verwendet werden. Auch die Einbettung der Heizwicklung in mit feinem Sand gefüllte Röhren hat sich bewährt.

Die Regelung der Leistung mit Vorschaltwiderständen ist unwirtschaftlich, weil dadurch Wärme an einer unerwünschten Stelle erzeugt wird. Das bedeutet einen Verlust an Nutzenergie und damit eine Verminderung des Wirkungsgrades. Man regelt durch Änderung der Schaltung oder, indem man eine oder mehrere Wicklungen für kürzere Zeit ein- und ausschaltet. Für solche automatischen Schaltungen und auch als Schutz gegen Übertemperaturen verwendet man Bimetallstreifen.

c) Die Glühlampe. Bei hoher Stromdichte wird die erzeugte Wärme so groß, daß der Leiter auf Glühtemperatur erhitzt wird und einen großen Teil der elektrischen Energie als Lichtstrahlung aussendet. Diesen Vorgang verwendet man beim Bau von Glühlampen.

Ein dünner Wolframdraht wird vom Strom zum Weißglühen gebracht. Damit der Draht nicht verbrennt, befindet er sich in einem Glaskolben, aus dem die Luft mit ihrem Sauerstoff entfernt und der dafür mit Stickstoff, Argon oder Krypton gefüllt ist. Da die Lichtausbeute nach den Strahlungsgesetzen mit zunehmender Temperatur ganz außerordentlich ansteigt, wird der Glühdraht zur Verminderung des Wärmeverlustes gewendelt (Abb. 2). Auch die Füllung mit den teuren Edelgasen dient demselben Zweck, da sie, besonders Krypton, im Vergleich zu Stickstoff eine kleinere Wärmeleitfähigkeit aufweisen und so der Glühdraht weniger Wärme verliert.

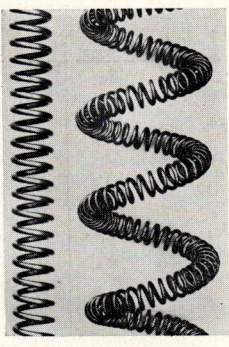

Abb. 2. Einfach- und Doppelwendel eines Glühdrahtes

Die Zuleitung des Stromes zur Glühwendel erfolgt über einen Schraubsockel (Edisongewinde, Abb. 3). Damit der hell strahlende Glühdraht nicht blendet, ist die Innenseite des Kolbens mattiert.

Glühlampen werden für die Netzspannung von meist 220 V und als Niedervoltlampen für Spannungen bis zu 12 V mit Leistungsaufnahmen von 15 W bis 2000 W hergestellt. Bei gleicher Leistungsaufnahme haben Lampen für Niederspannung dickere Glühwendel als die für Normalspannung. Die dickeren Drähte lassen sich auf höhere Temperatur erhitzen, ohne ihre Festigkeit zu verlieren. Daher ist der Wirkungsgrad der Niedervoltlampen höher als der der Lampen für 220 V.

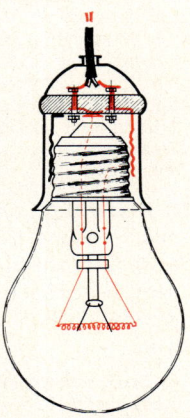

d) Belastbarkeit der Leitungen. Die Stromwärme entsteht nicht nur in Heizwicklungen, sondern in jeder Leitung. Dort stellt sie aber einen unerwünschten Energieverlust, ja sogar eine Gefahrenquelle dar, wenn durch zu hohe Temperaturen Isolationen beschädigt oder Brände verursacht werden. Man sucht deshalb die Stromwärme in Leitungen durch Verkleinerung ihres Widerstandes zu vermindern. Je nach der Art, Isolierung und Belastung sind für alle Leitungen Mindestquerschnitte vorgeschrieben, die aus der folgenden Tabelle ersichtlich sind. Für Aluminium sind die Querschnitte größer als für Kupfer und dürfen aus Festigkeitsgründen nicht kleiner als 2,5 mm²

Abb. 3. Glühlampe mit Edisongewinde

sein.

Mindestquerschnitte für Leitungen bei Dauerbetrieb in mm²

Höchste Strombelastung in A	Sicherungsstromstärke	Rohrleitungen		Kabelleitungen, mehradrige Luftleitungen		einadrige Luftleitungen	
		Cu	Al	Cu	Al	Cu	Al
12	6	1,0	2,5	0,75	2,5	0,75	2,5
16	10	1,5	2,5	1,0	2,5	0,75	2,5
20	16	2,5	4	1,5	2,5	1	2,5
25	20	4	6	2,5	4	1,5	2,5
35	25	6	10	4	6	2,5	4
50	35	10	16	6	10	4	6
70	50	16	25	10	16	6	10
90	60	25	35	16	25	10	16
110	80	35	50	25	35	16	25
140	100	50	—	35	50	25	35

383

e) Sicherungen. Damit in den Leitungen der zulässige Strom nicht überschritten wird, sind Sicherungen eingebaut, die den Strom unterbrechen, wenn er eine bestimmte Grenze überschreitet. In der Tabelle sind die Nennströme der Sicherungen angegeben, die bei den verschiedenen Leitungen benötigt werden. Für kurze Zeit lassen alle Sicherungen noch einen Strom hindurch, der den Nennstrom bis zu 60 % übersteigt.

Die **Schmelzsicherungen** (Abb. 4) enthalten einen dünnen Draht, der durchschmilzt, sobald der Strom die Stärke, für die die Sicherung gebaut ist, übersteigt. Damit der durchbrennende Draht nichts entzünden kann, ist er im Innern einer Porzellanfassung in Sand gebettet.

Eine Schmelzsicherung erfüllt ihren Zweck nur, wenn sie sich in einwandfreiem Zustand befindet. Geflickte Sicherungen sind unwirksam und bedeuten eine Gefahr.

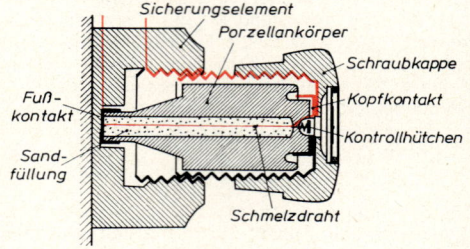

Ein **Sicherungsautomat** ist ein Schalter, der vom Strom selbst betätigt wird. Fließt ein starker Überstrom, so erregt er einen Elektromagneten so kräftig, daß dieser den Kontakt unterbricht. Bei schwachem Überstrom, der zum Betätigen des Magneten nicht ausreicht, aber bei langem Fließen doch Schaden verursachen könnte, wird ein Bimetallstreifen erwärmt, der nach einigen Sekunden den Kontakt ebenfalls unterbricht. Zur

Abb. 4. Schnitt durch eine Schmelzsicherung

willkürlichen Abschaltung kann man den Sicherungskontakt mit einem Druckknopf unterbrechen. Wenn die Störung beseitigt ist, kann man den Stromfluß durch einen zweiten Druckknopf wieder herstellen.

f) Kurzschluß. Wenn beide Zuleitungen eines Verbrauchers durch unmittelbare Berührung oder sonstwie leitend verbunden werden, so daß zwischen den Anschlußpunkten fast kein Außenwiderstand mehr besteht, so steigt der Strom auf sehr hohe Beträge an. Diesen Vorgang bezeichnet man als **Kurzschluß**. In einer richtig abgesicherten Leitung kann der hohe Kurzschlußstrom keinen Schaden anrichten, weil er durch die Sicherung sofort unterbrochen wird.

g) Elektroschweißen. Bei Kurzschluß entsteht an der Berührstelle beim Übergangswiderstand zwischen beiden Leitern eine starke Wärmeentwicklung, die ausreicht, um Metalle zu schmelzen. Sie kann zum Elektroschweißen ausgenutzt werden.

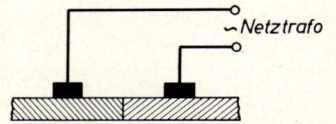

Abb. 5. Widerstandsschweißen

Bei der **Widerstandsschweißung** (Abb. 5) wird eine Spannung von 2 ... 5 V an die beiden Werkstücke gelegt. Sie werden dann zusammengepreßt und bilden einen Teil des Stromkreises. Beim Stromdurchgang erhitzt sich die Stelle größten Widerstandes, die Berührungsstelle, am meisten und wird glühend. Bei verstärktem Zusammenpressen vollzieht sich die Schweißung.

Die **Punktschweißung** ist ein Sonderfall der Widerstandsschweißung, der als Ersatz für Nietungen dient (Abb. 6). Die zu verbindenden Bleche preßt man zwischen den Schweißelektroden zusammen, schickt einen starken Strom hindurch und erhält eine punktförmige Schweißstelle.

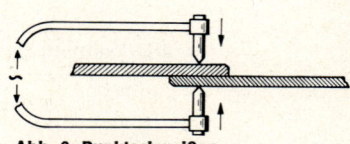

Abb. 6. Punktschweißen

Beim **Lichtbogenschweißen** (Abb. 7) wird der eine Pol der Spannungsquelle an den Schweißdraht, der andere an das Werkstück angeschlossen. Nach kurzer Berührung bildet sich ein Lichtbogen, der den Schweißdraht zum Schmelzen bringt und die Schweißstelle erhitzt. Der sich verbrauchende Schweißdraht wird mit Vorschubrollen von einer Vorratstrommel her nachgeführt. Durch ein den Schweißdraht umgebendes Mantelrohr wird oft ein Schutzgas (Argon) an die Schweißstelle gebracht, das verhindert, daß sich dort durch den Luftsauerstoff Oxidationen bilden.

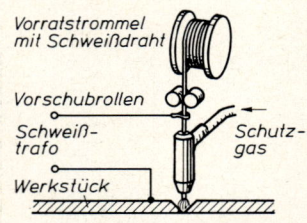

Abb. 7. Lichtbogenschweißen

Beispiele und Aufgaben:

1. Ein Heizwiderstand aus 6,4 m Nickeldraht ($\varrho = 1{,}0\ \Omega\ mm^2/m$) vom Querschnitt 0,05 mm² wird an 220 V angeschlossen. Wie groß sind die in ihm entstehende elektrische Leistung und die während 6 Stunden in Wärme umgesetzte elektrische Arbeit?

$$R = \frac{\varrho\, l}{A} = \frac{1\ \Omega\ mm^2 \cdot 6{,}4\ m}{m \cdot 0{,}05\ mm^2} = 128\ \Omega \qquad P_{el} = \frac{U^2}{R} = 378{,}1\ W$$

$$W_{el} = 378{,}1\ W \cdot 6\ h = 2{,}269\ kWh$$

2. Ein Gerät hat beim unmittelbaren Anschluß an 220 V die Leistung 600 W. Welchen veränderlichen Vorwiderstand braucht man, um die Leistung stufenlos auf 400 W vermindern zu können, wenn der Widerstand des Gerätes als konstant angesehen wird? (18,1 Ω)

3. Ein Gerät hat bei einer Spannung von 220 V die Leistung 600 W. Auf welchen Betrag sinkt bei unverändertem Widerstand die Leistung, wenn die Spannung auf 210 V vermindert wird?   (547 W)

4. Welche Mehrkosten entstehen bei der Benutzung einer 100-W-Glühlampe statt einer 60-W-Glühlampe während eines Monats (30 Tage bei durchschnittlicher Brenndauer von 5 Stunden) bei einem Strompreis von 0,12 DM/kW h?   (0,72 DM)

5. Ein elektrisches Heizgerät für 220 V hat zwei Wicklungen mit $R_1 = 50\ \Omega$ und $R_2 = 30\ \Omega$. Es kann mit vier Heizstufen verwendet werden: Bei Stufe 1 sind R_1 und R_2 in Reihe geschaltet, bei Stufe 2 fließt der Strom nur durch R_1, bei Stufe 3 nur durch R_2, bei Stufe 4 sind beide Widerstände parallelgeschaltet. Wie groß sind die Leistungen der vier Stufen?

(605 W, 968 W, 1613 W, 2581 W)

6. Eine Heizspirale für die Leistung 400 W bei 220 V soll aus Chromnickeldraht ($\varrho = 1{,}1\ \Omega\ mm^2/m$) vom Querschnitt 0,08 mm² hergestellt werden. Welche Drahtlänge ist nötig? Wie lang müßte bei gleichem Querschnitt ein Kupferdraht ($\varrho = 0{,}018\ \Omega\ mm^2/m$) sein? Was ergibt sich aus dem Resultat? ($l_1 = 8{,}8\ m$, $l_2 = 537\ m$)

6.4. Elektrizitätsleitung in Elektrolyten

6.4.1. Chemische Wirkungen beim Stromdurchgang durch Elektrolyte

a) Vorgänge beim Stromdurchgang durch Elektrolyte. Wie aus dem Versuch 6.1.3. c hervorgeht, fließt ein Strom, wenn man zwischen zwei Platten, die in die Lösung einer Säure, einer Base oder eines Salzes eintauchen, eine Spannung anlegt. Gleichzeitig entstehen dabei chemische Vorgänge. Verwendet man z. B. zwei Kohleplatten in einer Lösung von Kupfersulfat, so überzieht sich die mit dem Minuspol verbundene Platte mit einer Kupferschicht. Die eingetauchten Platten, über die der Strom in die Lösung geführt wird, bezeichnet man als **Elektroden,** und zwar die mit dem Pluspol verbundene als **Anode,** die mit dem Minuspol verbundene als **Katode** (auch Kathode). Die Ladungsträger, die zur Entstehung eines Stromes erforderlich sind, können hier nicht, wie in metallischen Leitern, Elektronen sein, weil diese keine chemischen Reaktionen hervorrufen. Es müssen **Ionen,** nämlich geladene Atome oder Atomgruppen, sein. Im angeführten Beispiel können die an der Katode abgeschiedenen Kupferatome nur aus dem Kupfersulfat stammen. Damit sie zur Katode gelangen, müssen sie als positive Ionen in der Lösung auftreten. Das vor dem Einbringen in die Lösung elektrisch neutrale Molekül des Kupfersulfats $CuSO_4$ hat sich also in der Lösung in ein positives und ein negatives Ion aufgespalten. Das Kupfer bildet das positive **Kation,** das von der Spannung zur Katode geführt wird, dort seine Ladung abgibt und sich als Metallüberzug auf der Platte festsetzt. Die Sulfatgruppe SO_4 bildet das negative **Anion,** das an die Anode wandert und dort seine Ladung abgibt. Da die SO_4-Gruppe für sich allein nicht stabil ist, spaltet sie ein benachbartes Wassermolekül und bildet mit den beiden Wasserstoffatomen ein Molekül Schwefelsäure H_2SO_4, während sich der freiwerdende Sauerstoff abscheidet.

In ähnlicher Weise sind alle Säuren, Basen und Salze in einer Lösung in zwei Ionen aufgespalten, die sich beim Anlegen einer Spannung in Bewegung setzen und dem Strom als Ladungsträger dienen. Deshalb bezeichnet man die Lösungen dieser Stoffe als **Elektrolyte** und die chemischen Vorgänge, die sich beim Stromfluß abspielen, als **Elektrolyse** (griech.: lyein = auflösen).

Der Widerstand der Elektrolyte entsteht durch die innere Reibung (2.3.4.), die die Flüssigkeit der Bewegung der Ionen entgegensetzt. Da die Zähigkeit mit steigender Temperatur abnimmt, wird auch der elektrische Widerstand bei Erwärmung kleiner.

b) Beispiele von Elektrolysen. Läßt man in einem Zersetzungsapparat (Abb. 1) zwischen zwei Platinelektroden einen Strom durch verdünnte Schwefelsäure (H_2SO_4) fließen, so gehen die Wasserstoffionen ($2\,H^+$) an die Katode und die SO_4-Ionen (SO_4^{2-}) an die Anode. Nach Abgabe seiner Ladung steigt der Wasserstoff hoch und sammelt sich im darüber angebrachten Rohr. An der Anode dagegen findet der oben schon genannte Vorgang statt. Das SO_4-Ion verbindet sich mit Wasser aus der Lösung $SO_4 + H_2O \rightarrow H_2SO_4 + O$. Der Sauerstoff sammelt sich über der Anode. Da sich wieder ein Molekül Schwefelsäure gebildet hat, bleibt deren Menge unverändert. Es wird nur das Lösungswasser in zwei Raumteile Wasserstoff und einen Raumteil Sauerstoff zersetzt.

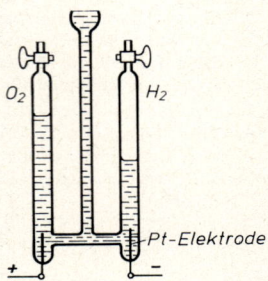

Bei der Elektrolyse einer Kupfersulfatlösung zwischen Kupferelektroden gehen die positiven Ionen des Kupfers zur Katode und scheiden sich dort ab. An der Anode verbinden sich die SO_4-Ionen nach Abgabe ihrer Ladung mit dem Kupfer der Elektrode: $SO_4 + Cu \rightarrow CuSO_4$. Das Kupfer nimmt also an der Anode ab, an der Katode zu.

Abb. 1. Wasserzersetzungsapparat

c) Die Faradayschen Gesetze. Da jedes Ion die gleiche Ladung, nämlich bei einwertigen Ionen ein, bei zweiwertigen Ionen zwei usw. Elementarladungen trägt, ist die vom Strom übertragene Ladung proportional zur abgeschiedenen Stoffmenge. Nach M. Faraday[1], der diese Abhängigkeit fand, heißt sie das **Faradaysche Gesetz.**

$$m = \ddot{A}\,Q = \ddot{A}\,I\,t$$

Die Proportionalitätskonstante $\ddot{A}$ heißt elektrochemisches Äquivalent und wird meist in der Einheit mg/As angegeben. Das elektrochemische Äquivalent kann beim gleichen Stoff verschiedene Werte haben, wenn bei ihm Ionen mit verschiedenen Wertigkeiten abgeschieden werden.

Elektrochemische Äquivalente $\ddot{A}$ in mg/As

Abgeschiedene Ionen	$\ddot{A}$	Abgeschiedene Ionen	$\ddot{A}$	Abgeschiedene Ionen	$\ddot{A}$
Aluminium Al^{3+}	0,0932	Nickel Ni^{2+}	0,3041	Wasserstoff H^+	0,0104
Magnesium Mg^{2+}	0,1260	Silber Ag^+	1,1180	Sauerstoff O^{2-}	0,0829
Kupfer Cu^+	0.6588	Eisen Fe^{2+}	0,2894	Knallgas $2\,H^+ + O^{2-}$	0,0933
Kupfer Cu^{2+}	0,3294	Eisen Fe^{3+}	0,1929	Chlor Cl^-	0,3674

---

[1] Michael F a r a d a y , 1791 bis 1861, zuerst Buchhändlerlehrling, wurde später einer der bedeutendsten Physiker Englands, Entdecker der Induktion und Schöpfer des Feldbegriffes.

Die vom elektrischen Strom abgeschiedenen Stoffmengen sind nur abhängig von der durch den Elektrolyten hindurchgeflossenen Ladungsmenge.

Es spielen also die verwendete Spannung, die Form des Gefäßes, die Größe und der Abstand der Elektroden oder die Temperatur keine Rolle. Wenn bei verschiedenen Versuchen das die Elektrizitätsmenge darstellende Produkt $Q = I\,t$ gleich ist, so wird auch die gleiche Menge desselben Stoffes abgeschieden.

Diese Gesetzmäßigkeiten finden ihre Erklärung aus den oben dargestellten Vorgängen in einem Elektrolyten. Da die Zahl der in einem Mol enthaltenen Atome oder Moleküle durch die Avogadrokonstante $N_A = 6{,}023 \cdot 10^{23}\,\mathrm{mol^{-1}}$ gegeben ist, wird von jedem Mol, das aus einwertigen (einfach geladenen) Ionen besteht, die gleiche Ladung $N_A\,e$ abgeschieden. Da Faraday auch dieses Ergebnis schon erkannt hatte, wird die von einem Mol eines jeden einwertigen Stoffes übertragene Ladung als Faradaysche Konstante F bezeichnet.

$$F = N_A\,e = 6{,}023 \cdot 10^{23}\,\frac{1}{\mathrm{mol}} \cdot 1{,}602 \cdot 10^{-19}\,\mathrm{A\,s} = 96\,488\,\frac{\mathrm{A\,s}}{\mathrm{mol}}$$

Die von einer Stoffmenge n bei der Wertigkeit z ihrer Ionen übertragene Ladung ergibt sich jetzt zu: $Q = n\,z\,F$. Die Masse dieser Stoffmenge läßt sich mit Hilfe der relativen Atommasse A_r ausdrücken: $m = n\,A_r\,\mathrm{g/mol}$. Setzt man hier für n den aus der obigen Gleichung folgenden Wert $n = Q/(z\,F)$ ein, so erhält man die folgende Gleichung zur Berechnung der vom Strom abgeschiedenen Masse:

$$m = \frac{Q}{z\,F}\,A_r\,\frac{\mathrm{g}}{\mathrm{mol}} = \frac{A_r}{z\,F}\,\frac{\mathrm{g}}{\mathrm{mol}}\,I\,t$$

Diese Gleichung ist aber genau das Faradaysche Gesetz, wobei der Bruch das elektrochemische Äquivalent $\ddot{A}$ darstellt:

$$\ddot{A} = \frac{A_r}{z\,F}\,\frac{\mathrm{g}}{\mathrm{mol}}$$

Für Silber ($A_r = 107{,}8$, $z = 1$) findet man z. B.:

$$\ddot{A}_{Ag} = \frac{107{,}8\,\mathrm{g}}{1\,\mathrm{mol} \cdot 1 \cdot 96\,488\,\mathrm{A\,s/mol}} = 1{,}118\,\frac{\mathrm{mg}}{\mathrm{A\,s}}$$

d) Die Gewinnung und Reinigung von Metallen ist wohl die wichtigste unter den Anwendungen der Elektrolyse. Da technisch verwertbare Mengen von Metallen aus ihren elektrolytischen Lösungen abgeschieden werden sollen, verwendet man sehr große Ströme bis über 100 000 A. Solche Ströme kann man nicht ohne hohe Verluste fortleiten. Deshalb befinden sich die Anlagen von elektrolytischen Metallwerken meist in der Nähe von elektrischen Kraftwerken.

Vor allem die Metalle Aluminium und Magnesium werden elektrolytisch gewonnen. Da ihre Oxide nicht wasserlöslich sind, verwendet man Schmelzen von Aluminium- oder Magnesiumverbindungen.

In den Aluminiumöfen (Abb. 2) tauchen Kohleelektroden mit großem Querschnitt in Schmelzen von Bauxit (fast reine Tonerde Al_2O_3), dem zur Erniedrigung des Schmelzpunktes Kryolith ($Na_3Al\,F_6$) beigefügt wird. Der Widerstand der Schmelze ist so klein, daß etwa 5 V genügen, um Ströme von etwa 100 000 A hervorzurufen. Es zersetzt sich vor allem die Tonerde, die vorgewärmt und von oben immer wieder nachgefüllt wird. Dabei verbindet sich der freiwerdende Sauerstoff mit der Kohle der Anode und entweicht als CO_2. Damit die Schmelze nicht erstarrt, bleibt der Ofen lange ununterbrochen in Betrieb, wobei die abbrennenden Kohleelektroden von oben durch neue Blöcke ergänzt werden. Das abgeschiedene Aluminium sammelt sich am Boden der als Katode dienenden Kohlenwanne und kann von Zeit zu Zeit daraus entnommen werden.

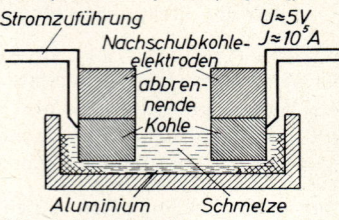

Abb. 2. Aluminiumofen

Zur Reinigung von Metallen verwendet man Anoden aus ungereinigtem, hüttenmäßig gewonnenem Metall. An der Katode scheidet sich das Metall in hoher Reinheit ab. Die Verunreinigungen bleiben in der Lösung oder im Anodenschlamm zurück. Sie können, falls sie wertvoll sind, ebenfalls gewonnen werden. So erzeugt man das außerordentlich reine Elektrolytkupfer und das fast kohlenstofffreie Elektrolyteisen, das für manche Zwecke günstige magnetische Eigenschaften besitzt.

e) Galvanoplastik, Galvanostegie und galvanische Oberflächenbehandlung. Die elektrolytische Abscheidung von Metallen verwendet man in der **Galvanoplastik,** um mit vorhandenen Negativformen positive Modelle herzustellen. Das Negativ wird zu diesem Zweck mit Graphit bestäubt oder bestrichen, damit es leitend wird, und als Katode verwendet. Dann läßt man in der Lösung Metall abscheiden, bis sich eine feste abnehmbare Schicht gebildet hat. So werden z. B. bei der Schallplattenherstellung die aufzunehmenden Schallschwingungen in eine Wachsplatte eingeschnitten. Diese macht man mit einer hauchdünnen Graphitschicht leitend und hängt sie an der Katode auf. Dann scheidet sich auf ihr eine Kupferschicht ab, die alle Feinheiten der Wachsplatte wiedergibt. Die Kupferplatte dient als Negativ für die Schallplattenpositive.

Unter **Galvanostegie** versteht man die elektrolytische Abscheidung von edlen Metallen (Nickel, Chrom, Silber, Gold) auf der Oberfläche von Gegenständen aus unedlen Metallen, die von der Luft angegriffen werden. Die zu behandelnden Gegenstände bilden dabei die Katode. Die Anode besteht aus dem Überzugsmetall, und der Elektrolyt enthält ein entsprechendes Metallsalz. Beim Stromdurchgang scheidet sich eine fest haftende Schicht des edlen Metalls ab.

Werden Teile aus Aluminium als Anode in einem Bad aufgehängt, in dem beim Stromdurchgang Sauerstoff entsteht, so erzeugt er auf dem Aluminium eine harte, unempfindliche Oxidschicht (**Eloxieren** des Aluminiums).

Beispiele und Aufgaben:

1. Der Mantel eines Zylinders ($d = 80$ mm, $h = 100$ mm) soll mit einer 0,05 mm starken Chromschicht elektrolytisch überzogen werden. Dazu wird er als Katode in ein Chromchloridbad gebracht. Wie lange muß der Strom fließen, wenn zur Verchromung eine gleichmäßige Stromdichte von 1,2 A/dm² erforderlich ist ($\ddot{A}_{Cr} = 0,18$ mg/A s, $\varrho_{Cr} = 6,7$ g/cm³)?
   Zu verchromende Fläche: $A = d\,\pi\,h = 2,513$ dm²
   Erforderlicher Strom: $I = 1,2$ A/dm² $\cdot$ 2,513 dm² $= 3,02$ A
   Abzuscheidende Chrommenge: $m = 25\,130$ mm² $\cdot$ 0,05 mm $\cdot$ 6,7 mg/mm³ $= 8420$ mg
   Erforderliche Zeit $t = \dfrac{m}{\ddot{A}\,I} = \dfrac{8420 \text{ mg}}{0,18 \text{ mg/A s} \cdot 3,02 \text{ A}} = 15\,500$ s $= 4,3$ h

2. An zwei Kupferplatten von 0,5 dm² Fläche, die in 4 cm Abstand in verdünnte Schwefelsäure eingetaucht werden, wird eine Spannung von 1,2 V angelegt. Nach 20 min beträgt die Massenzunahme der Katode 1,2 g. Berechnen Sie daraus den spezifischen Widerstand der verdünnten Schwefelsäure ($\ddot{A}_{Cu} = 0,33$ mg/A s).   (50 000 Ω mm²/m)

3. Wieviel Aluminium kann ein Aluminiumofen in 24 h produzieren, wenn durch ihn ein Strom von 80 000 A geleitet wird ($\ddot{A}_{Al} = 0,0936$ mg/A s)?   (647 kg)

4. Wie lange muß ein Strom von 2 A durch eine Silbersalzlösung fließen, um eine Platte mit einer Oberfläche von 3 dm² mit einer 0,02 mm dicken Silberschicht zu überziehen ($\ddot{A}_{Ag} = 1,118$ mg/A s, $\varrho_{Ag} = 10,5$ g/cm³)?   (47 min)

5. Welcher Strom fließt durch einen Wasserzersetzungsapparat (Abb. 2), wenn sich über der Katode in 12 min ein Volumen von 42 cm³ H_2 entwickelt? Der äußere Luftdruck beträgt 973 mbar, die Höhe der Wassersäule über dem unteren Rand des Volumens 20,4 cm, die Temperatur des Wassers 27 °C ($\ddot{A} = 0,1162$ cm³/A s)   (0,448 A)

6.4.2. Galvanische Spannungsquellen

a) Entstehung einer galvanischen Spannungsquelle. Bringt man eine Kupfer- und eine Zinkplatte in ein Gefäß mit verdünnter Schwefelsäure, so kann man ein Glühlämpchen, das durch Drähte mit den Platten verbunden ist, zum Aufleuchten bringen (Abb. 1). Zwischen den Platten entsteht also eine Spannung.

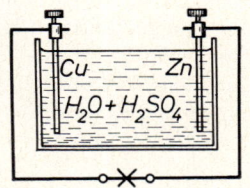

Abb. 1. Galvanische Spannungsquelle

Dieses Ergebnis gilt allgemein, wenn man zwei verschiedene Metallplatten in einen Elektrolyten bringt. Die Spannungsentstehung beruht auf der Tatsache, daß von der Oberfläche eines Metalls, das in einen Elektrolyten eintaucht, positive Metallionen in die Lösung übertreten, so daß das zurückbleibende Metall sich gegenüber der Lösung negativ auflädt. Je nachdem, ob das Metall mehr oder weniger leicht Ionen abgibt, ist die Aufladung sehr verschieden: Edle Metalle werden weniger aufgelöst als unedlere. Bringt man zwei verschiedene Metallplatten in den gleichen Elektrolyten, so laden sie sich unterschiedlich auf, so daß zwischen beiden Platten eine Spannung entsteht. Weil dabei das edlere Metall sich weniger stark negativ auflädt als das unedlere, bildet das edlere den Plus- und das unedlere den Minuspol der Spannungsquelle. Die auf solche Weise gebauten Spannungsquellen nennt man **galvanische**[1] **Elemente.**

Ordnet man die Metalle so in einer Folge an, daß jedes folgende gegenüber dem vorhergehenden positiv wird, so erhält man die **Spannungsreihe der Metalle.** Die entstehende Spannung ist um so größer, je weiter die Metalle der beiden Elektroden in dieser Reihe auseinanderstehen. Die Tabelle gibt die Spannungsreihe und zu jedem Metall das Normalpotential, das ist seine Spannung gegen Wasserstoff, an. Aus der Tabelle findet man die Spannung irgend eines Elementes als Differenz der Normalpotentiale.

Normalpotentiale der Metalle in der Anordnung der Spannungsreihe in V							
Kalium	−2,92	Zink	−0,76	Nickel	−0,22	Kohle	+0,74
Calcium	−2,87	Chrom	−0,56	Zinn	−0,14	Silber	+0,80
Natrium	−2,71	Eisen	−0,54	Blei	−0,12	Quecksilber	+0,85
Magnesium	−2,40	Cadmium	−0,40	Wasserstoff	0,00	Platin	+1,36
Aluminium	−1,70	Kobalt	−0,29	Kupfer	+0,35	Gold	+1,50

Praktisch brauchbar sind nur solche Elemente, die eine Spannung von mindestens etwa 1 V längere Zeit auch bei der Entnahme größerer Ströme liefern. Zwischen Metallen, die in der Spannungsreihe nicht weit voneinander entfernt sind, entstehen nur Spannungen von kleinen Bruchteilen eines Volt. Außerdem verlieren viele Metallpaare, die zunächst eine brauchbare Spannung liefern, diese nach kurzer Zeit wieder, z. B. auch das in Abb. 1 dargestellte Element aus Kupfer und Zink in Schwefelsäure.

---

[1] Luigi G a l v a n i , 1738 bis 1798, Professor der Anatomie in Bologna, entdeckte bei Versuchen mit Froschschenkeln die nach ihm benannten Spannungen.

b) Polarisation. Diese Spannungsabnahme ist eine Folge der **Polarisation.** Beim Stromdurchgang durch ein Element treten chemische Veränderungen oder Stoffabscheidungen an einer der beiden Elektroden auf. In vielen Fällen ruft nun der abgeschiedene Stoff eine der Spannung des Elementes entgegengesetzte Polarisationsspannung hervor. Dadurch wird die ursprüngliche Spannung immer mehr verkleinert und verschwindet schließlich ganz. Bei einem brauchbaren Element muß die Polarisation auf irgend eine Weise beseitigt werden.

c) Kapazität. Die gesamte in einem galvanischen Element gespeicherte Elektrizitätsmenge bezeichnet man als Kapazität und mißt sie in Amperestunden (A h). So bedeutet z. B. die Angabe einer Kapazität von 80 A h, daß man aus der betreffenden Spannungsquelle 80 h lang einen Strom von 1 A oder 40 h lang 2 A entnehmen kann. Die Speicherfähigkeit ist jedoch vom Entladestrom abhängig. Geht die Entladung bei zu großem Strom vor sich, so kann die chemische Umsetzung nicht restlos ablaufen. Es wird daher immer zur Kapazität der zugehörige Entladestrom angegeben. Bei sehr langsamer Entladung ist die Kapazität höher, bei zu rascher Entladung kleiner als ihr Nennwert.

d) Beispiele von galvanischen Elementen.

Das **Zink-Kohle-Element** findet verbreitete Anwendung bei Taschenlampen und sonstigen beweglichen elektrischen Apparaten. Es gibt zwei Ausführungen als Braunstein- und als Luftsauerstoffelement. Seine Quellenspannung beträgt anfangs etwa 1,5 V und nimmt beim Gebrauch zuerst langsam und zum Schluß rasch ab.

Das **Braunsteinelement** enthält als Elektrolyten eine Salmiaklösung (NH_4Cl). Der negative Pol wird von einem Zinkbecher, der positive von einem aus Kohle und Braunstein (MnO_2) zusammengepreßten Stab oder von einem mit einem Braunsteinbeutel umgebenen Kohlestab gebildet (Abb. 2). Das Salmiak zerfällt in NH_4^+- und Cl^--Ionen. Die Cl^--Ionen verbinden sich mit dem Zink zu $ZnCl_2$. Dadurch lädt sich der Becher negativ auf. NH_4^+ löst sich in Wasser nach der Gleichung $NH_4 + H_2O \rightarrow NH_4OH + H^+$. Der Wasserstoff sammelt sich bei der Kohle und bildet dort durch Abgabe seiner Ladung den +Pol des Elementes. Gleichzeitig würde er aber eine Polarisationsspannung hervorrufen, wenn er nicht vom Sauerstoff des Braunsteins zu Wasser oxydiert würde.

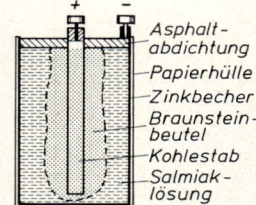

Asphalt-
abdichtung
Papierhülle
Zinkbecher
Braunstein-
beutel
Kohlestab
Salmiak-
lösung

Abb. 2. Braunsteinelement

Bei den **Luftsauerstoffelementen** verwendet man zur Oxydation des Wasserstoffs Sauerstoff aus der Luft, der durch ein eingebautes Glasröhrchen eintreten kann, von pulverisierter Holzkohle absorbiert wird und sich dann mit dem Wasserstoff verbindet.

Die **Trockenelemente** (Taschenlampenbatterien, Anodenbatterien) bestehen aus mehreren Braunsteinelementen, bei denen der Elektrolyt von geeigneten Stoffen (Sägespänen, Stärkekleister) aufgesaugt ist und die nach außen gut (z.B. mit Asphalt) abgedichtet sind.

Für tragbare Elemente braucht man oft Spannungsquellen, die auf engem Raum eine höhere Spannung entwickeln, als sie e i n e Zelle liefert. In diesem Falle eignet sich eine Reihenschaltung von **Flachzellen.** Alle Einzelteile, die Elektroden, der Elektrolyt, der Braunstein und die Isolation haben die Form von flachen Platten (Abb. 3). Flachzellen lassen sich stapeln und ohne Löten leitend verbinden.

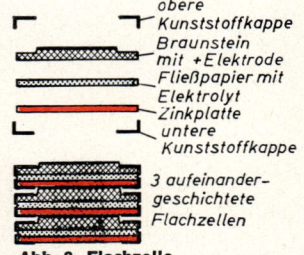

obere
Kunststoffkappe
Braunstein
mit +Elektrode
Fließpapier mit
Elektrolyt
Zinkplatte
untere
Kunststoffkappe

3 aufeinander-
geschichtete
Flachzellen

Abb. 3. Flachzelle

e) Akkumulatoren. Verbrauchte Elemente sind wertlos, da man die beim Entladen vor sich gehende chemische Veränderung nicht wieder rückgängig machen kann. Es gibt aber Stoffe, bei denen dies durch Anlegen einer äußeren Spannung möglich ist. Eine aus solchen Stoffen bestehende Spannungsquelle kann man wieder laden und mehrfach verwenden. Man nennt solche wieder aufladbaren Elemente **Sammler** oder **Akkumulatoren.** Die zum Laden nötige Spannung muß etwas größer als die Quellenspannung des Sammlers sein. Lade- und Entladestrom haben im Innern eines Akkumulators entgegengesetzte Richtung (Abb. 4). Weil man die Polbezeichnung + und − beim Laden für den Strom im Innern der Akkuzelle, beim Entladen für den entgegengesetzten Außenstrom verwendet, behalten sie für beide Vorgänge ihre Gültigkeit. Da einfache Metallplatten nur eine geringe Speicherfähigkeit besitzen, hat man durch besondere Behandlung der Platten (Großflächenplatten, Gitterplatten, Kastenplatten) zum Teil ihre Oberfläche vergrößert, zum Teil die Tiefenwirkung der chemischen Reaktion **verbessert.**

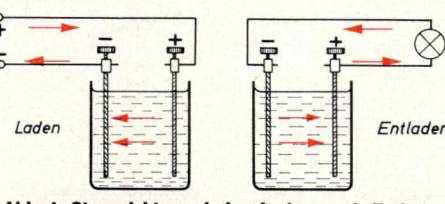

Laden — Entladen

Abb .4. Stromrichtung beim Laden und Entladen eines Akkumulators

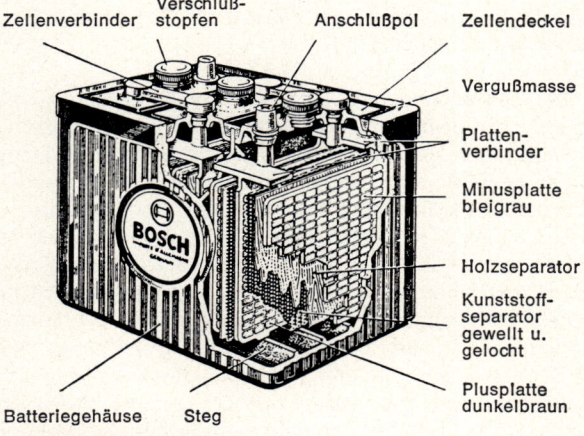

Zellenverbinder — Verschlußstopfen — Anschlußpol — Zellendeckel — Vergußmasse — Plattenverbinder — Minusplatte bleigrau — Holzseparator — Kunststoffseparator gewellt u. gelocht — Plusplatte dunkelbraun — Batteriegehäuse — Steg

Abb. 5. Bleiakkumulator

f) Beim **Bleiakkumulator** befinden sich dunkelbraune positive Platten aus Blei(IV)-oxid (PbO_2) und graue negative Platten aus Blei in einem Bad aus verdünnter Schwefelsäure (Abb. 5). In der Lösung ist die Schwefelsäure in zwei H^+- und SO_4^{2-}-Ion aufgespalten. Beim Entladen reagieren an der Anode ein Molekül PbO_2 und H_2SO_4 mit zwei H^+-Ionen, an der Katode ein Bleiatom mit einem SO_4^{2-}-Ion:

$$PbO_2 + H_2SO_4 + 2\,H^+ \rightarrow PbSO_4 + 2\,H_2O - 2\,e$$
$$Pb + SO_4^{2-} \rightarrow PbSO_4 + 2\,e$$

Bei der Entladung entsteht daher an beiden Elektroden Bleisulfat ($PbSO_4$); es wird Schwefelsäure verbraucht, und es entsteht Wasser. Daher sinkt die Dichte der Säure beim Entladen von etwa 1,26 g/cm³ auf 1,18 g/cm³. Deshalb kann man den Ladungszustand aus der Dichte der Säure erkennen. Beim Laden werden alle Vorgänge wieder rückgängig gemacht. Laden und Entladen sollen nicht mit höheren Stromdichten als etwa 1 A/dm² erfolgen. Dafür sind für jede Zelle anfänglich etwa 2,5 V, zum Schluß etwa 2,75 V erforderlich. Beim Ende der Entladung tritt Gasentwicklung auf. Während der Entladung nimmt die Spannung von 2,1 V auf 1,8 V ab.

g) Der **Stahl-** oder **Nickeleisenakkumulator** enthält eine Anode aus Nickeloxidhydrat und eine Katode aus Stahl in einer Lösung von Kalilauge. Im **Edisonsammler** ist das Eisen durch Cadmium ersetzt, sonst stimmt er mit dem Stahlakkumulator überein. Die Spannung ist kleiner als die eines Bleiakkumulators und beträgt bei voller Ladung 1,2 . . . 1,25 V. Daher müssen fast immer mehrere Zellen in Reihe geschaltet werden. Auch der Wirkungsgrad ist mit 57 % geringer als der des Bleiakkus mit 78 %. Sein Hauptvorzug liegt aber darin, daß er keiner so sorgfältigen Wartung bedarf wie der Bleiakkumulator und daß ihn mechanische Erschütterungen oder kurzdauernde, übermäßige Stromentnahme kaum schädigen.

6.5. Stromdurchgang durch Gase

6.5.1. Selbständiger Stromdurchgang durch Gase, Gasentladungen

a) Dunkle Entladung. Gase sind im allgemeinen keine elektrischen Leiter, da in ihnen fast keine Ladungsträger vorhanden sind. Dies gilt aber nur mit einer gewissen Einschränkung, wie der folgende Versuch zeigt:

Eine auf ein Elektrometer aufgesetzte Kugel wird mit einem Hochspannungsgerät geladen, so daß das Elektrometer einen großen Ausschlag anzeigt. Läßt man es dann einige Zeit unberührt stehen, so entlädt es sich völlig.

Die Luft enthält nämlich doch immer eine gewisse Zahl von Ladungsträgern, vor allem Ionen, aber auch freie Elektronen, die im Verlauf längerer Zeit die Ladung eines isolierten Leiters durch **dunkle Entladung** zum Verschwinden bringen.

Um eine raschere Entladung herbeizuführen, muß die Zahl der Ladungsträger erhöht werden. Das kann dadurch geschehen, daß sie von der Entladung selbst erzeugt werden (selbständiger Stromdurchgang) oder daß sie durch einen äußeren Vorgang geliefert werden (unselbständiger Stromdurchgang).

b) Die Funkenentladung. Wird die Spannung, auf die ein isolierter Leiter aufgeladen ist, immer mehr gesteigert, so wächst auch die Feldstärke in seiner Umgebung, und die Abstoßung gleich geladener oder die Anziehung entgegengesetzt geladener Ionen erfolgt mit immer größerer Kraft, so daß sie immer höhere Geschwindigkeiten erreichen. Schließlich wird die kinetische Energie der bewegten Ionen so groß, daß sie bei einem Zusammenstoß andere Moleküle ionisieren können. Auch die neuen Teilchen können weitere Ionen erzeugen, und so steigt die Zahl der Ladungsträger lawinenartig an. Die Luft zwischen dem Leiter und einem benachbarten geerdeten oder auf entgegengesetzte Spannung aufgeladenen Gegenstand wird leitend, daß eine Entladung erfolgt. Sie kann so stark werden, daß sich in dem entstehenden Funken die gesamte Ladung mit einem Strom von vielen Ampere in weniger als 0,001 s ausgleicht. Die große Energieentwicklung bewirkt eine starke Erwärmung der Funkenbahn. Die Luft kommt zum Glühen; der starke Druckanstieg erzeugt eine als Knall hörbare Schallwelle. In der Nähe von Spitzen ist infolge der Spitzenwirkung die Feldstärke größer als an anderen Stellen. Deshalb kann dort die Ionenbildung schon bei kleinerer Spannung einsetzen.

c) Gewitterelektrizität. Beim Zerstäuben und auch beim raschen Verdampfen von Wasser werden häufig feine Wasserteilchen mit positiven Ionen weggerissen, deren Elektronen zurückbleiben. Der Wasserstaub oder Wasserdampf erhält dadurch eine positive, das zurückbleibende Wasser eine negative Ladung. Im Großen tritt diese Erscheinung beim Verdunsten des Wassers an der Oberfläche von Seen und Meeren auf. Dadurch entsteht das **luftelektrische Feld** zwischen der negativ geladenen Erdoberfläche und der positiven Raumladung der Atmosphäre. Die Feldstärke kann bis zu 10 000 V/m ansteigen.

In diesem Feld kann zwischen den Ladungen eine besonders hohe Spannung entstehen, wenn bei rascher Erwärmung feuchte Luft in einem Warmluftkanal aufsteigt. Wenn die positive Ladung große Höhen erreicht, treten durch

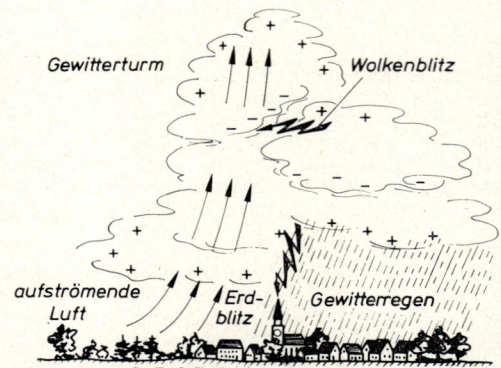

Abb. 1. Ladungsverteilung in einer Gewitterwolke

Influenz in den benachbarten Wolken Ladungstrennungen auf, so daß sich zwischen der obersten positiven Raumladung und der negativen Erdoberfläche meist noch eine negative und positive Zwischenschicht bildet (Abb. 1). Dadurch entstehen nicht nur zwischen Wolke und Erde, sondern auch zwischen Nachbarwolken Spannungen, die sich zu entladen suchen. Die Entladung kann aber erst erfolgen, wenn der Wasserdampf in dem aufsteigenden Luftstrom infolge der adiabatischen Abkühlung kondensiert, daß sich ein hochragender Wolkenturm bildet. In den entstehenden Tröpfchen sammelt sich die Ladung des darin vereinigten Wasserdampfes. Wenn sie so groß geworden ist, daß die Feldstärke ausreicht, um in der Umgebung neue Ionen zu erzeugen, so nimmt die Entladung ihren Anfang. Die Ionen vermehren sich lawinenartig, und es entsteht zwischen Wolke und Erde oder zwischen zwei entgegengesetzt geladenen Wolkenteilen ein Spannungsausgleich in Form eines **Blitzes.**

Bei Spannungen von mehreren Millionen Volt erfolgt die Entladung in weniger als 1 ms mit Strömen bis zu 20 000 A, so daß eine Energie von mehr als 10^9 Ws $\approx$ 300 kWh frei wird. Längs der Bahn des Blitzes kommt die Luft zum Glühen, und die entstehende Druckwelle wird als Donner vernehmbar.

Wegen der Spitzenwirkung schlägt ein Blitz leicht in hohe Masten, Türme, Gebäude oder Bäume. Häuser kann man durch **Blitzableiter** schützen. Man bringt an der höchsten Stelle und an Kanten (First, Dachtraufe) gut leitende, mit der Erde verbundene Spitzen und Leitungen an. Sie umgeben das Haus mit einem weitmaschigen Schutznetz und leiten bei ihrem großen Querschnitt einen aufgefangenen Blitz ohne gefährliche Erhitzung zur Erde.

d) Die Bogenentladung unterscheidet sich wesentlich von der Funkenentladung. Bringt man zwei mit einer Spannungsquelle verbundene Kohlestäbe zur Berührung, so entsteht ein starker Strom, der die Berührstelle bis zum Glühen er-

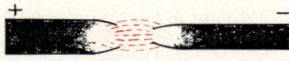

Abb. 2. Kohlelichtbogen

hitzt. Entfernt man nun die Kohlestäbe auf einige mm, so reißt der Strom nicht ab, sondern es bildet sich ein Lichtbogen. Infolge der hohen Temperatur verdampfen an der Katode glühende Kohleatome mit ihren Elektronen. Diese werden im Zwischenraum von der hohen Feldstärke beschleunigt und erzeugen beim Aufprall auf die Anode eine noch höhere Temperatur bis zu 4000 °C. Deshalb sendet die Anode auch stärkeres Licht aus und verdampft rascher als die Katode. Man gibt ihr deshalb oft einen größeren Querschnitt als der Katode. In der Mitte höhlt sich die Anode kraterförmig aus (Abb. 2).

> **Eine Funkenentladung ist eine kurzdauernde „Ionenlawine", eine Bogenentladung ein stetiger Strom von verdampften Atomen und Elektronen.**

e) Die Glimmentladung. Um bei normalem Druck in Gasen eine selbständige Funkenentladung zu erzeugen, braucht man sehr hohe Spannungen. Bei niedriger Spannung erreichen die wenigen vorhandenen Ionen oder die von der Katode ausgehenden Elektronen auf ihrer kurzen, mittleren freien Wegstrecke zwischen zwei Stößen nicht die genügende Energie, um andere Moleküle zu ionisieren. Die zwischen zwei Stößen erlangte Energie wird aber größer, wenn man den Druck des Gases vermindert und dadurch die mittlere freie Wegstrecke vergrößert.

Eine etwa 50 cm lange und 5 cm weite Glasröhre wird an eine Luftpumpe angeschlossen. An den Enden befinden sich zwei Elektroden, an die eine Spannung von mindestens 10 000 V angelegt wird. Bei normalem Druck entsteht keine Entladung. Senkt man aber den Druck auf 50 mbar (Abb. 3), so beginnt sie mit einem dünnen gewundenen Lichtfaden. Bei weiterem Auspumpen auf etwa 10 mbar wird das Band breiter und schön rosa. Es füllt bald an der Anode den ganzen Querschnitt des Rohres und heißt deshalb die positive Säule (a). Von der Katode ist sie durch den Faradayschen Dunkelraum (b) getrennt. Bei etwa 1 mbar zeigt die positive Säule eine deutliche Schichtung. Zwischen der Katode und dem Dunkelraum ist nun auch ein helles Leuchten, das negative Glimmlicht (c), entstanden. Es schließt sich aber nicht ganz an die Katode an, sondern ist von ihr durch einen zweiten Dunkelraum (d) und eine auf der Katode aufliegende schwache Glimmhaut (e)

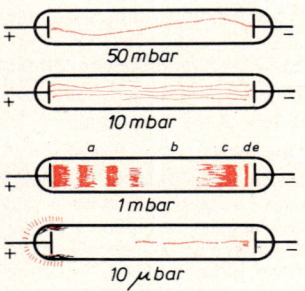

Abb. 3. Glimmentladung

getrennt. Bei noch stärkerem Auspumpen werden alle Leuchterscheinungen blasser, bei etwa 10 μbar ist die Röhre dunkel, und nur in der Nähe der Anode auf der Glaswand ist ein schwaches grünliches Leuchten zu sehen.

Wie dieser Versuch zeigt, ändern sich bei einer Glimmentladung die Erscheinungen sowohl mit dem Druck als auch mit der Stelle zwischen den Elektroden. Die Ursache liegt in der verschiedenen Beweglichkeit der Elektronen und der positiven Ionen. Die auf die Katode treffenden Ionen erzeugen beim Aufprall ein schwaches Leuchten, die negative Glimmhaut. Gleichzeitig lösen sie Elektronen aus der Katodenoberfläche. Solange sie noch nicht die zu einer Ionisierung nötige Energie haben, entsteht im zweiten Dunkelraum kein Leuchten. Dann beginnt die Stoßionisation und erzeugt das negative Glimmlicht. Die dabei entstehenden positiven Ionen werden viel langsamer zur Katode beschleunigt als die Elektronen zur Anode. So entsteht eine positive Raumladung (Abb. 4), an der die meisten von der Katode ausgehenden Feldlinien enden. Daher ist die Feldstärke zwischen Katode und Raumladung größer als im Raum vor der Anode. Die im starken Feld beschleunigten Elektronen erreichen nahezu Lichtgeschwindigkeit und haben nur wenig Wechselwirkung mit den Luftmolekülen. Vor der Anode sind die schon durch Stöße gebremsten Elektronen wieder langsamer. Hier treten zahlreiche Stöße auf und erzeugen das Leuchten der positiven Säule.

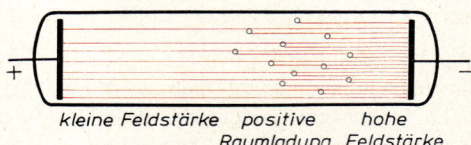

kleine Feldstärke   positive   hohe
                    Raumladung Feldstärke

Abb. 4. Feldstärkeverteilung beim Auftreten einer Raumladung

6.5.2. Unselbständiger Stromdurchgang durch Gase

a) Künstliche Ionisierung. Bei allen bisher behandelten Arten des Stromdurchganges durch Gase von normalem oder vermindertem Druck erzeugt die Entladung selbst die nötigen Ladungsträger, so daß die Entladung von selbst einsetzen kann. Den Stromdurchgang kann man aber auch durch von außen erzeugte Ionen ermöglichen. Bei einer solchen unselbständigen Entladung läßt sich der Strom mit viel kleineren Spannungen oder Feldstärken aufrecht erhalten als bei der unselbständigen Entladung.

In die Nähe eines mit einem Elektrometer verbundenen, geladenen Leiters bringt man die Flamme eines Bunsenbrenners (Abb. 1). Die Blättchen des Elektrometers fallen mit deutlich wahrnehmbarer Geschwindigkeit zusammen.

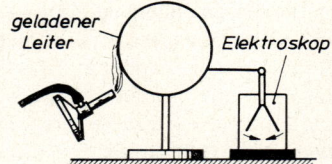

geladener
Leiter
                              Elektroskop

Abb. 1. Ionisation mit einer Flamme

Die heißen Flammengase bringen also Ionen in die Luft, die den Leiter langsam entladen. Ähnlich wirkt eine in die Nähe gebrachte Röntgenstrahlenquelle oder ein radioaktives Präparat. Auch ihre Strahlen ionisieren zahlreiche Luftmoleküle und rufen unselbständige Entladung hervor.

b) Der glühelektrische Effekt. Häufiger als mit künstlich erzeugten Ionen wird ein unselbständiger Stromdurchgang durch Gase mit künstlich frei gemachten Elektronen hervorgerufen.

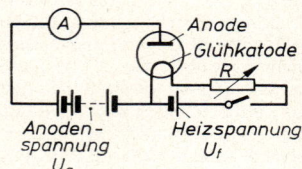

Anode
Glühkatode
R

Anoden-   Heizspannung
spannung U_f
U_a

Abb. 2. Glühelektrischer Effekt

In einem evakuierten Glaskolben befinden sich eine als Glühfaden ausgebildete Katode und eine Anode (Abb. 2). Legt man bei offenem Schalter die Anodenspannung U_a an, so zeigt der Strommesser keinen Strom. Schließt man mit dem Schalter einen Hilfsstromkreis, in dem die Katode von der Heizspannung U_f zum Glühen gebracht wird, so schlägt der Strommesser aus. Der Strom wächst, wenn durch Verringern des Widerstandes R der Heizstrom vergrößert und dadurch die Temperatur des Heizfadens erhöht wird.

Die in einem metallischen Leiter vorhandenen Elektronen sind im Innern des Metalls leicht beweglich. An der Oberfläche werden sie aber durch elektrische Kräfte zurückgehalten, daß sie den Leiter nicht verlassen können. Um Elektronen aus der Metalloberfläche herauszulösen, muß ihnen eine Energie zugeführt werden. Man gibt diese mit Hilfe der sog. Austrittsspannung U_A an, von der die Elektronen beschleunigt werden müßten, um die Oberfläche verlassen zu können; die erforderliche Austrittsenergie beträgt dann $W_A = e\,U_A$. Die Austrittsspannung hängt vom Metall ab und beträgt z. B. bei Wolfram 4,5 V, bei Kupfer 4,4 V, bei Silber 4,0 V, bei einer Cäsiumschicht auf Wolfram 1,4 V, bei Bariumoxid nur 1,0 V. Zwar besitzen die Elektronen im Innern eines Leiters infolge der thermischen Bewegung eine kinetische Energie; sie entspricht aber nur einer Beschleunigung mit Spannungen von 0,02 ... 0,05 V. Erst wenn der Leiter auf hohe Temperatur gebracht wird, erhalten zuerst die schnellsten und dann immer mehr Elektronen die Energie zum Verlassen der Oberfläche. Deshalb heißt der Vorgang **glühelektrischer Effekt** oder, weil er von T. A. Edison entdeckt und zuerst verwendet wurde, **Edisoneffekt.**[1] Für den aus einer Fläche A bei der Temperatur T und der Austrittsspannung U_A austretenden Emissionsstrom I_e gilt die **Richardsonsche Formel:**

$$I_e = C\,A\,T^2\,e^{-e U_A / k T} = C\,A\,T^2\,e^{-T_0/T}\ (e = 2{,}718,\ e = 1{,}6\cdot10^{-19}\,\mathrm{As},\ k = 1{,}38\cdot10^{-23}\,\mathrm{Ws/K})$$

Materialkonstanten der Richardsonschen Formel

	Platin	Wolfram	Kupfer	Silber	BaO auf Pt	Cs auf WO$_3$
C in A/cm^2 K^2	17 000	60	60	60	ca. 0,01	0,001
T_0 in K	73 000	52 500	51 000	47 000	11 500	8 200

Die ausgetretenen Elektronen bilden um die Glühkatode eine negativ geladene Wolke. Schon ganz geringe Spannungen, die bei einer kalten Katode keine Entladung hervorrufen, saugen Elektronen aus der Raumladungswolke zur Anode ab. Die Glühkatode hat, besonders bei den Elektronenröhren (6.5.3.) verbreitete Anwendung gefunden.

c) Beim **Photoeffekt** werden Elektronen von auftreffendem Licht frei gemacht.

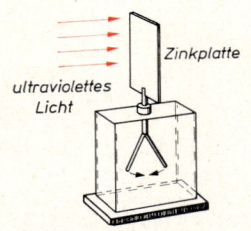

Abb. 3. Photoeffekt

Auf ein Elektrometer ist eine blanke Zinkplatte aufgesetzt (Abb. 3). Wird sie mit einer Hochspannungsquelle negativ aufgeladen und dann mit dem an ultravioletten Strahlen reichen Licht einer Quecksilberdampflampe bestrahlt, so verliert die Platte sofort ihre Ladung. Bei positiver Aufladung entsteht die Wirkung nicht.

Die Herauslösung von Elektronen aus einer Metalloberfläche durch auffallendes Licht heißt **Photoeffekt.** Stärker als bei Zink ist er bei den Alkalimetallen, besonders bei Kalium und Cäsium, wo er schon von gewöhnlichem Licht hervorgerufen wird. Deshalb verwendet man meist Alkaliphotozellen, die in einem evakuierten Glaskolben eine Kalium- oder Cäsiumschicht und eine ringförmige Absaugelektrode enthalten. Über die Gesetzmäßigkeiten des Photoeffekts siehe 7.1.4. a.

[1] Thomas Alva E d i s o n , 1847 bis 1913, bedeutender Erfinder in New York. Er erfand unter anderem die Glühlampe, das Grammophon und den Kinematographen. Seine Erfindungen waren bahnbrechend für die Anwendungen der Elektrizität.

6.5.3. Die Elektronenröhre

a) Die Zweipolröhre oder Diode. Sie besteht aus einem evakuierten Glaskolben, in dem sich ein Glühfaden als Katode und eine Anode befinden (Abb. 1). Legt man zwischen Katode und Anode eine Spannung, so erhält man nur dann auf-

grund des Edisoneffektes einen Strom, wenn die Katode durch einen Heizstrom zum Glühen gebracht wird. Nur bei direkter Heizung benutzt man die mit Bariumoxid überzogene Oberfläche des Heizdrahtes zur Elektronenemission. Bei indirekter Heizung befindet sich der Heizdraht mit einer Isolierschicht in einem Nickelröhrchen, das außen mit einer Barium- oxidschicht überzogen ist (Abb. 1).

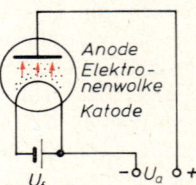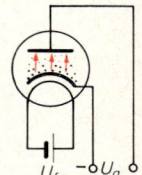

Abb. 1. Schaltbild einer direkt und einer indirekt geheizten Diode

Bei kalter Katode und bei umgekehrter Polung der angelegten Spannung kann kein Strom fließen, weil nur von der glühenden Elektrode Elektronen austreten können. Eine solche Röhre kann man daher verwenden, um einen Strom, der in wechselnder Richtung fließt, einen Wechselstrom, gleichzurichten. In der äußeren Leitung fließt nur ein Strom, wenn der Glühfaden mit dem negativen Pol der Spannungsquelle verbunden ist. Eine Diode läßt sich also als **Gleichrichter** verwenden (6.9.7. b).

b) Die Dreielektrodenröhre (Triode). Ihre Be- deutung für die Elektrotechnik erhielt die Elektronenröhre erst mit der Einführung des **Steuergitters** als dritte Elektrode. Abb. 2 zeigt den Aufbau der so entstehenden **Triode.**

Ein Nickelröhrchen, das im Innern den Glüh- draht (f) enthält, dient als Katode (k). Sie wird vom Gitter (g) in Form einer Drahtspirale um- geben. Außen wird das Gitter von der zylin- derförmigen Anode (a) umschlossen.

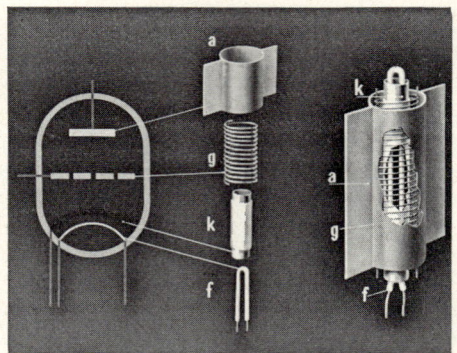

Abb. 2. Innenaufbau einer Triode

Den Einfluß der an die drei Elektroden gelegten Spannungen erkennt man aus folgendem Versuch (Abb. 3):

An den Glühdraht einer Röhre wird die Heizspannung U_f ange- schlossen. Der Heizstrom kann mit einem Widerstand R verändert werden. Zwischen Anode und Katode legt man eine auf verschie- dene Werte einstellbare Anodenspannung U_a, die man an einem Spannungsmesser ablesen kann.

Den Anodenstrom I_a zeigt ein Strommesser an. Schließlich kann man zwischen Gitter und Katode eine kleine einstellbare Spannung U_g anlegen, die man einer Trockenbatterie entnimmt.

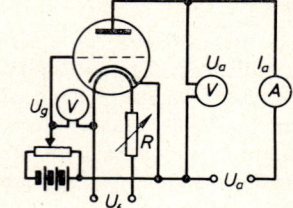

Abb. 3. Messung der Eigen- schaften einer Dreielektroden- röhre

Zuerst mißt man bei der Gitterspannung $U_g = 0$ und einem konstanten Heizstrom den entstehenden Anodenstrom. Trägt man ihn in Abhängigkeit von der Anodenspannung auf, so erhält man die Kurve in Abb. 4. Bei Vergrößerung oder Verkleinerung des Heizstromes erhält man die beiden anderen eingetragenen Kurven. Ändert man die Gitterspannung auf $+2\,V$ oder $-2\,V$, so ergeben sich die in Abb. 5 angezeigten Kurven.

In einer weiteren Meßreihe wird bei verschiedenen konstant gehaltenen Anodenspannungen der Anodenstrom in Abhängigkeit von der Gitterspannung gemessen. Die Ergebnisse lassen sich durch die in Abb. 6 dargestellten **Kennlinien** der Röhre veranschaulichen.

Die ersten Messungen zeigen, daß bei einer negativen Spannung an der Anode kein Strom fließt, da die kalte Anode keine Elektronen aussendet. Noch bevor die Anodenspannung positiv wird, setzt ein kleiner Anodenstrom ein, weil Elektronen aus der Raumladungswolke infolge ihrer Eigenbewegung bis zur Anode gelangen. Die I_a-U_a-Kennlinie der Röhre beginnt hier mit dem unteren Knick. Mit zunehmender positiver Anodenspannung verstärkt sich der Übergang aus der Wolke zur Anode gleichmäßig, so daß sich die Kennlinie in einen fast geradlinigen Teil fortsetzt. Schließlich ist die Anodenspannung so stark, daß alle aus der Glühkatode austretenden Elektronen sofort zur Anode weggezogen werden. Dann ist der Anodenstrom nur durch den glühelektrischen Effekt bedingt. Eine weitere Erhöhung der Anodenspannung verstärkt den Strom nicht mehr. Die Kennlinie biegt in einen Teil mit fast konstantem Anodenstrom um. Er läßt sich nur durch Erhöhung der Glühfadentemperatur, also durch Verstärken des Heizstromes vermehren.

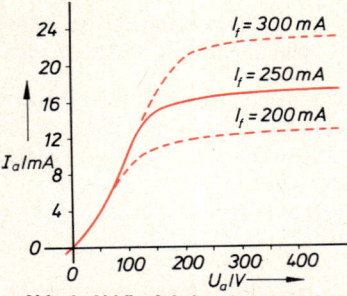

Abb. 4. Abhängigkeit des Anodenstromes von der Anodenspannung

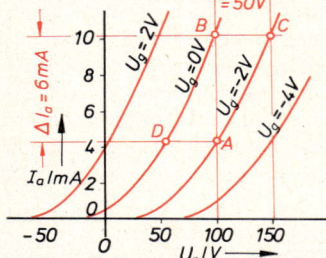

Abb. 5. Anodenstrom bei verschiedenen Gitterspannungen

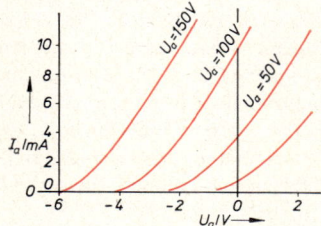

Abb. 6. Kennlinien einer Triode

Aus Abb. 5 ist die Wirkung der Gitterspannung ersichtlich. Auf die Elektronenwolke rings um die Katode wirkt nun nicht nur die Anodenspannung, sondern auch die Gitterspannung. Ist sie positiv, so unterstützt sie die Wirkung der Anode. Es werden mehr Elektronen aus der Wolke beschleunigt. Weil sie zumeist durch die Öffnungen des Gitters hindurchfliegen, steigt der Anodenstrom. Eine negative Gitterspannung stößt die Elektronen zurück, so daß der Anodenstrom abnimmt und bei starker negativer Gitterspannung trotz der positiven Anodenspannung unterbrochen wird. In Abb. 5 ruft beim Übergang AB die Gitterspannungsänderung $\Delta U_g = 2\,V$ bei der konstanten Anodenspannung $U_a = 100\,V$ die gleiche Anodenstromerhöhung $\Delta I_a = 10{,}2\,mA - 4{,}2\,mA = 6\,mA$ hervor wie beim Übergang AC eine Anodenspannungsänderung $\Delta U_a = 150\,V - 100\,V = 50\,V$ bei der konstanten Gitterspannung $U_g = -2\,V$. Man kann also den Anodenstrom mit kleinen Gitterspannungsänderungen ebenso steuern wie mit wesentlich größeren Anodenspannungsänderungen.

Die letzten Messungen ergeben das in Abb. 6 dargestellte I_a-U_g-Kennlinienfeld einer Röhre. Aus ihm kann man die Anodenstromänderung ablesen, die bei konstanter Anodenspannung durch Änderungen der Gitterspannung erzeugt werden.

Das Gitter einer Elektronenröhre dient zum Steuern des Anodenstromes. Eine positive Gitterspannung verstärkt, eine negative schwächt den Anodenstrom.

Wenn man durch eine negative Gitterspannung verhindert, daß Elektronen von der Katode zum Gitter gelangen, fließt im Gitterstromkreis kein Strom, und die Leistung zur Änderung der Gitterspannung $P = I_g \Delta U_g$ ist praktisch Null. Man kann also mit schwachen Änderungen der Gitterspannung praktisch leistungslos den Anodenstrom regeln. Die Steuerung erfolgt fast völlig trägheitslos, weil in der Röhre keine mechanischen Schaltelemente zu bewegen sind.

c) Durchgriff, Steilheit und innerer Widerstand. Weil das Gitter näher an der Katode ist als die Anode, kann die an das Gitter angelegte Spannung in voller Stärke auf die Elektronen der Raumladungswolke einwirken, während die elektrischen Feldlinien der Anode aus größerer Entfernung durch die Maschen des Gitters „hindurchgreifen" müssen. Wenn daher gleichzeitig die Gitter- und die Anodenspannung geändert werden, so setzt sich die Änderung der gesamten auf die Elektronenwolke wirkenden Steuerspannung U_{st} zusammen aus der ganzen Gitterspannungsänderung dU_g und dem durch das Gitter hindurchgreifenden Teil der Anodenspannungsänderung dU_a. Bezeichnet man diesen Bruchteil, der meist in Prozenten ausgedrückt wird, als **Durchgriff** D, so gilt:

$$dU_{st} = dU_g + D\, dU_a$$

D ist, besonders bei Röhren mit engem Gitter, ein kleiner Bruch. Aus der Gleichung geht hervor, daß eine Gitterspannungsänderung dU_g und eine Anodenspannungsänderung dU_a die gleiche Änderung der Steuerspannung bewirken, wenn zwischen ihnen die Beziehung $dU_g = D\, dU_a$ besteht. Da D sehr klein ist, kann eine kleine Gitterspannungsänderung die gleiche Steuerspannungsänderung hervorrufen, wie eine wesentlich größere Anodenspannungsänderung. Die Steuerspannung und damit auch der Anodenstrom bleiben ungeändert, wenn man die Anodenspannung um den Betrag dU_a erhöht und gleichzeitig die Gitterspannung um den Betrag $dU_g = D\, dU_a$ vermindert. Daher kann man D durch folgenden Differentialquotienten festlegen, wobei die konstant bleibende Größe als Index neben den Differentialquotienten gesetzt ist:

$$D = -\left(\frac{dU_g}{dU_a}\right)_{I_a}$$

Im Abschnitt e) wird gezeigt, daß der reziproke Wert $1/D$ des Durchgriffs die maximale Spannungsverstärkung einer Röhre angibt. Deshalb braucht man zur Erzielung hoher Verstärkungen Röhren mit möglichst kleinem Durchgriff.

Aus dem Verlauf der Röhrenkennlinien in Abb. 6 ersieht man, welche Anodenstromänderung durch eine angelegte Gitterspannungsänderung bei konstanter Anodenspannung hervorgerufen wird. Die Steigung der Kennlinien bezeichnet man als ihre **Steilheit** S. Sie ist daher der Differentialquotient des Anodenstromes nach der Gitterspannung bei konstanter Anodenspannung:

$$S = \left(\frac{dI_a}{dU_g}\right)_{U_a}$$

Bei konstanter Anodenspannung gilt daher: $dI_a = S\, dU_g$. Da aber eine Anodenspannungsänderung dU_a dieselbe Wirkung hervorruft wie eine Gitterspannungsänderung dU_g, wenn $dU_g = D\, dU_a$ ist, so gilt bei konstanter Gitterspannung $dI_a = S\, D\, dU_a$ oder $\left(\frac{dI_a}{dU_a}\right)_{U_g} = S\, D$

Damit erhält man für die gesamte Anodenstromänderung:

$$dI_a = \left(\frac{dI_a}{dU_g}\right)_{U_a} dU_g + \left(\frac{dI_a}{dU_a}\right)_{U_g} dU_a = S\,(dU_g + D\,dU_a) = S\,dU_{st}$$

Daraus erkennt man, daß eine Änderung der Steuerspannung eine um so größere Anodenstromänderung hervorruft, je größer die Steilheit der Kennlinie ist.

Wegen der Krümmung der Kennlinien erhält man aus dem Quotienten U_a/I_a keinen konstanten Wert des Widerstandes. Da es bei den Anwendungen der Röhre vor allem auf die Änderungen der Spannungen und Ströme ankommt, führt man bei einer Röhre den Quotienten aus einer Anodenspannungsänderung dU_a und einer Anodenstromänderung dI_a bei unveränderter Gitterspannung als inneren Widerstand R_i ein:

$$R_i = \left(\frac{dU_a}{dI_a}\right)_{U_g}$$

d) Die Barkhausensche Röhrenformel. Aus der bei allen Betriebsdaten gültigen Formel $dI_a = S\,(dU_g + D\,dU_a)$ erhält man bei konstanter Gitterspannung, also für $dU_g = 0$ die Anodenstromänderung $dI_a = S\,D\,dU_a$. Für diesen Fall erhält man aber aus der Definition des inneren Widerstandes $dU_a = R_i\,dI_a$. Aus beiden Gleichungen folgt nun $dI_a = S\,D\,R_i\,dI_a$. Kürzt man mit dI_a, so erhält man die von **Barkhausen** gefundene **Röhrenformel:**

$$S\,D\,R_i = 1$$

Beispiel:

Aus Abb. 5 erhält man für den Arbeitspunkt A den Durchgriff aus dem Übergang zum Punkt D bei konstantem Anodenstrom. Die Gitterspannung steigt von −2 V auf 0 V um 2 V, die Anodenspannung ändert sich von 100 V auf 50 V um −50 V. Daraus findet man $D = -(-2\,V/50\,V) = 0{,}04$. Die Steilheit erhält man aus dem Übergang von A nach B bei konstanter Anodenspannung. Der Anodenstrom wächst von 4,2 mA auf 10,2 mA um 6 mA und die Gitterspannung um 2 V. Daraus erhält man die Steilheit $S = 3\,mA/V$. Schließlich erhält man den inneren Widerstand aus dem Übergang von A nach C bei konstanter Gitterspannung. Dabei ändern sich die Anodenspannung um 50 V und der Anodenstrom um 6 mA, so daß man den inneren Widerstand $R_i = 50\,V/6\,mA = 8330\,\Omega$ erhält. Bildet man das Produkt der drei gefundenen Größen, so erhält man:

$$D\,S\,R_i = 0{,}04 \cdot 3\,\frac{mA}{V} \cdot 8330\,\frac{V}{A} = 1$$

e) Verstärkung einer Wechselspannung. Aus der I_a-U_g-Kennlinie einer Röhre kann man die Steuerwirkung des Gitters auf den Anodenstrom leicht ablesen. Zur Verwendung der Röhre als Verstärker wählt man einen Arbeitspunkt in der Mitte des geradlinigen Teils der Kennlinie. Dazu ist z. B. in Abb. 7 eine negative Gittervorspannung von 6 V notwendig, und man erhält einen Anodenstrom von 15 mA. Legt man jetzt an das Gitter noch eine Wechselspannung 4 V, so schwankt die gesamte Gitterspannung zwischen −10 V und −2 V. Aus der Kennlinie kann man ablesen, daß der Anodenstrom zwischen 5 und 25 mA schwankt. Um eine Verstärkerwirkung zu erhalten, muß sich in der Anodenzuleitung der Röhre ein Außenwiderstand R_a befinden (Abb. 8), an dem die Anodenstromänderungen einen sich entsprechend ändernden Spannungsabfall erzeugen, den man abgreifen und weiter verwenden kann.

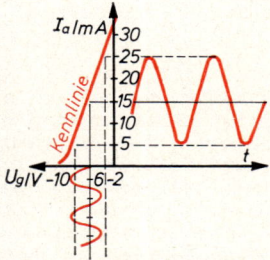

Abb. 7. Verstärkerwirkung

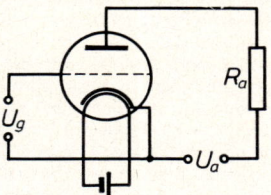

Abb. 8. Verstärkerschaltung

Die Verstärkung einer Röhre ist bedingt durch den Außenwiderstand des Anodenstromkreises.

Die Verstärkung läßt sich aus den Betriebsgrößen der Röhre berechnen. Nach der Gleichung im Abschnitt c) gilt für eine Anodenstromänderung $dI_a = S (dU_g + D\, dU_a)$. Die wirksame Anodenspannung U_a ist wegen des Spannungsabfalls am Widerstand R_a kleiner als die Quellenspannung U_q der Anodenspannungsquelle. Nach dem Ohmschen Gesetz gilt $U_a = U_q - I_a R_a$ und durch Differentiation, weil U_q konstant ist: $dU_a = -R_a\, dI_a$. Nach Einsetzen des obigen Ausdrucks für dI_a folgt nun:

$$dU_a = -R_a S (dU_g + D\, dU_a)$$
$$dU_a (1 + R_a S D) = -R_a S\, dU_g$$
$$\frac{dU_a}{dU_g} = -\frac{S R_a}{1 + R_a S D}$$

Erweitert man den Bruch mit $D R_i$ und berücksichtigt, daß $S D R_i = 1$ ist, so folgt:

$$\boxed{\text{Spannungsverstärkung einer Röhre: } \frac{dU_a}{dU_g} = -\frac{1}{D} \cdot \frac{R_a}{R_i + R_a}}$$

Das negative Vorzeichen gibt an, daß Gitter- und Anodenspannungsänderung entgegengesetzt gerichtet sind. Die Bedeutung des Außenwiderstandes erkennt man daran, daß sich für $R_a = 0$ die Verstärkung Null ergibt. Für große Werte von R_a steigt die Verstärkung bis fast auf den Wert $1/D$ an. Eine Röhre verstärkt um so besser, je größer der Außenwiderstand ist.

Die größte Spannungsverstärkung einer Röhre ist gleich dem reziproken Wert des Durchgriffs.

f) Die Pentode. Durch den Widerstand R_a der Anodenzuleitung wird ein Teil $I_a R_a$ der an die Anode hinzuführenden Spannung verbraucht, der am größten ist, wenn der Anodenstrom am stärksten ist. Dadurch wird die Verstärkung wesentlich herabgesetzt. Führt man aber eine vierte gitterförmige Elektrode zwischen Steuergitter und Anode ein und legt daran die Anodenspannung, so wird die unerwünschte Anodenrückwirkung vermieden, da dieses **Schirmgitter** die Elektronen durch seine Maschen hindurchfliegen läßt und keinen Anodenstrom aufnimmt. Damit aber die Elektronen weiter zur eigentlichen Anode fliegen, muß die Spannung der Anode noch höher positiv sein als die des Schirmgitters. Die Schirmgitterspannung beträgt meist 60 % ... 80 % der Anodenspannung. Sinkt nun bei starker Anodenrückwirkung die Anodenspannung unter die Schirmgitterspannung, so laufen leicht einige Elektronen zum Schirmgitter zurück. Um dies zu verhindern, baut man zwischen Schirmgitter und Anode noch als fünfte Elektrode das **Bremsgitter** ein, das mit der Katode verbunden wird und durch seine negative Spannung die von der Anode gegen das Schirmgitter laufenden Elektronen wieder zur Anode zurückstößt. Bei einer solchen 5-Elektrodenröhre oder Pentode (Abb. 9) ist der Durchgriff der Anodenspannung durch die drei Gitter zur Katode so klein, daß mit einer einzigen Röhre eine mehrhundertfache Verstärkung erzielt werden kann.

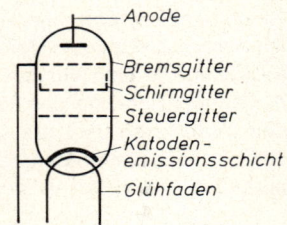

Anode
Bremsgitter
Schirmgitter
Steuergitter
Katodenemissionsschicht
Glühfaden

Abb. 9. Pentode

Wegen des kleinen Durchgriffs hat die Anodenspannung schon von verhältnismäßig kleinen Werten an fast keinen Einfluß mehr auf den Anodenstrom. Deshalb verlaufen die I_a-U_a-Kennlinien einer Pentode fast parallel zur U_a-Achse mit nahezu konstantem Anodenstrom (Abb. 10).

Für Sonderzwecke wurden noch andere Mehrelektrodenröhren konstruiert oder zur Raumersparnis die Elektroden zweier Röhren in einem einzigen Glaskolben untergebracht.

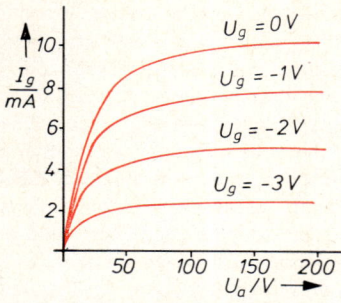

Abb. 10. Kennlinien einer Pentode

6.5.4. Elektronenstrahlen

a) Entstehung der Elektronenstrahlen. Bei dem Versuch in 6.5.1. c zeigt sich beim Auspumpen der Röhren auf etwa 10^{-6} bar an den Stellen der Glaswand, die gegenüber der Katode liegen, ein schwaches, grünliches Leuchten. Man kann dabei deutlich den Schatten feststellen, den die Anode auf die Glaswand wirft. Das Leuchten wird also hervorgerufen von Strahlen, die geradlinig von der Katode ausgehen. Ein in die Nähe gebrachter Magnet oder ein starkes elektrisches Querfeld lenken die Strahlen ab. Bringt man z. B. die Röhre in das Feld eines Plattenkondensators, so werden die Strahlen von der negativen zur positiven Elektrode abgelenkt. Aus der Stärke der Ablenkung läßt sich der Quotient aus der Ladung und der Masse bestimmen. Er entspricht genau dem Wert e/m_e bei Elektronen. Daraus kann man schließen, daß die Strahlen aus schnell bewegten Elektronen bestehen. Deshalb bezeichnet man sie als **Elektronenstrahlen** (früher: Katodenstrahlen).

> **Elektronenstrahlen bestehen aus einem Strom von Elektronen, die von der Katode mit hoher Geschwindigkeit geradlinig in Richtung zur Anode fliegen.**

Mit dem Rest der Luftmoleküle haben sie fast keine Wechselwirkungen, weil bei dem niedrigen Druck und der hohen Geschwindigkeit dazu fast keine Gelegenheit mehr gegeben ist. Die meisten Elektronen prallen nach einem geradlinigen Flug auf die Anode oder auf die Glaswand auf und erzeugen dort das genannte Leuchten. Sie können sehr dünne Materieschichten, z. B. eine Aluminiumfolie durchdringen und rufen auf einer photographischen Platte eine Schwärzung hervor.

Seit man den Edisoneffekt kennt, verwendet man wie bei den Elektronenröhren auch in den Elektronenstrahlröhren nicht mehr kalte, sondern indirekt geheizte Katoden, deren Elektronenemission schon bei kleinerer Spannung einsetzt und wesentlich stärker ist als bei kalter Katode. Durch Regelung des Heizstromes kann man die Elektronenemission und damit die Intensität der Elektronenstrahlen variieren. Da die Anodenspannung die Elektronen beschleunigt, ist sie für die kinetische Energie der Elektronen maßgebend.

b) Die Braunsche Röhre. Wenn ein Elektronenstrahl durch das elektrische Feld eines Plattenkondensators läuft, werden die Elektronen wegen ihrer negativen Ladung in Richtung auf die positiv geladene Platte abgelenkt. Um die Ablenkungen sichtbar und meßbar zu machen, benutzt man eine **Braunsche Röhre** (Abb. 1). Im Innern eines evakuierten Entladungsrohres befinden sich die Glühkatode und eine ringförmige Anode. Dazwischen ist eine weitere Elektrode, der Wehneltzylinder. Wird er mit einer kleinen

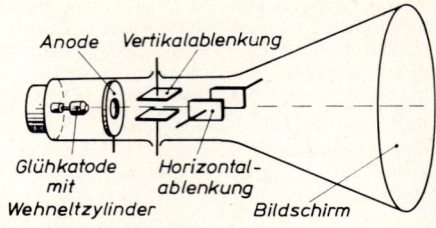

Abb. 1. Braunsche Röhre

negativen Spannung aufgeladen, so erfahren die in der Achse fliegenden Elektronen keine Richtungsänderung, während die am Rand des Zylinders vorbeifliegenden von der abstoßenden Wirkung der negativen Ladung zur Mitte abgelenkt werden. Bei richtiger Wahl der angelegten Spannung treffen die zunächst auseinanderlaufenden Katodenstrahlen in einem scharfen Punkt des Bildschirmes zusammen.

Hinter der Anode befinden sich zwei Paare von Ablenkplatten. Legt man eine Spannung zwischen das eine Paar, so erhält man eine Ablenkung in der vertikalen, beim anderen Plattenpaar in der horizontalen Richtung. Eine Wechselspannung an den Ablenkplatten führt den Strahl abwechselnd nach rechts und links bzw. nach oben und unten, so daß der Leuchtpunkt auf dem Schirm hin- und herwandert. Wegen der kleinen Masse der Elektronen folgt der Strahl praktisch trägheitslos jeder Spannungsänderung an den Platten. Die Auftreffstelle leuchtet eine gewisse Zeit nach und ermöglicht es dem Auge, auch einen rasch bewegten Bildpunkt als leuchtende Spur zu verfolgen.

b) Das Elektronenstrahloszilloskop. Zur Untersuchung rasch ablaufender Vorgänge benutzt man eine Braunsche Röhre, die mit der erforderlichen Spannungsversorgung, Schaltung und Verstärkereinrichtung zu einem Elektronenstrahloszilloskop zusammengefaßt ist. Die zu untersuchende Spannung (oder eine von dem zu untersuchenden Vorgang erzeugte Spannung) wird an die Platten für die Vertikalablenkung gelegt, während die Horizontalablenkung von einer mit der Zeit gleichmäßig ansteigenden sog. Sägezahnspannung (Abb. 3) hervorgerufen wird. Bei periodischen Vorgängen muß man dabei für eine Synchronisierung Sorge tragen, d. h. man muß die Frequenz der Sägezahnspannung so wählen, daß sie mit der des Vorganges genau übereinstimmt. Dann durchläuft der Endpunkt des Elektronenstrahles auf dem Bildschirm in jeder Periode genau die gleiche Kurve, so daß man sie gut untersuchen kann.

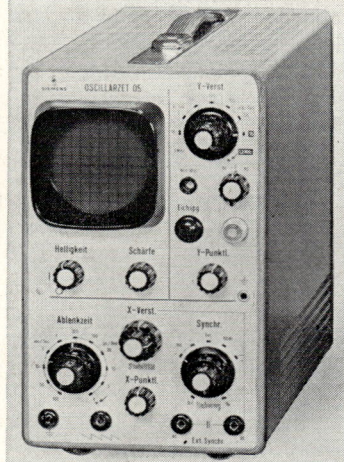

Abb. 2. Elektronenstrahloszilloskop

c) Elektronenoptik. Daß sich Elektronenstrahlen, die von einem kleinen Fleck einer Glühkatode ausgehen, mit einer ein- oder mehrteiligen negativ geladenen Kreisblende wieder scharf in einem Punkt des Bildschirmes vereinigen lassen, entspricht genau der Wirkung einer Sammellinse auf Lichtstrahlen. Man kann aus der Größe und Anordnung der Blende, aus ihrer

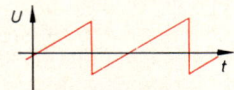

Abb. 3. Sägezahnspannung

Aufladespannung und der Beschleunigungsspannung der Elektronen einen Ausdruck für die Brennweite einer solchen „Elektronenlinse" ableiten. Ähnlich kann man mit positiv geladenen Blenden elektrische Zerstreuungslinsen herstellen. Mit Hilfe von solchen Elektronenlinsen kann man mit Elektronenstrahlen ähnliche Aufgaben erfüllen wie mit Lichtstrahlen und Glaslinsen. Die Gegenstands- und Bildweite und die Brennweite erfüllen dieselbe Abbildungsgleichung wie in der Optik.

Elektronenstrahlen werden auch durch Magnetfelder abgelenkt (7.1.2. c). Auch dieser Vorgang gibt eine Möglichkeit zur Erzeugung von elektronenoptischen Abbildungen, bei denen statt der elektrisch geladenen Blenden stromdurchflossene Spulen mit ihrem Magnetfeld als „magnetische Linsen" verwendet werden. Die magnetischen Linsen können ebenso gut zur Bündelung des Elektronenstrahles in einer Braunschen Röhre verwendet werden wie die elektrischen Linsen.

d) Das Elektronenmikroskop (Abb 4). Die Elektronenoptik hat neben den Aufgaben in den Braunschen und Fernsehröhren ihre wichtigste Anwendung beim Elektronenmikroskop erhalten. Bei ihm läßt man Katodenstrahlen auf ein dünnes Objekt treffen. Je nach ihrer Durchlässigkeit absorbieren die verschiedenen Stellen des Objekts einen kleineren oder größeren Teil der Elektronenstrahlen, während der Rest hindurchgeht. Die hindurchgegangenen Strahlen gehen durch eine elektronische Objektivlinse, die von dem Objekt ein vergrößertes Zwischenbild erzeugt. Dieses wird durch die elektronische Projektionslinse nochmals vergrößert und auf dem Bildschirm bzw. der photographischen Platte der Aufnahmekamera abgebildet. Die ganze Anordnung entspricht genau der eines Lichtmikroskops. Während aber dessen Auflösungsvermögen durch die Wellenlänge des Lichtes von 10^{-4} bis 10^{-5} cm begrenzt ist, läßt sich das Auflösungsvermögen eines Elektronenmikroskops auf ca. 10^{-7} cm steigern. Das Arbeiten ist allerdings dadurch erschwert, daß alle zu untersuchenden Objekte als dünnste Folien in das Hochvakuum des Katodenstrahlrohres eingeschleust werden müssen. Daher erfordert der Betrieb eines Elektronenmikroskops neben einer Anlage zur Erzeugung der notwendigen Hochspannungen noch eine vollständige Hochvakuumapparatur. Die Überlegenheit des Elektronenmikroskops über das Lichtmikroskop beim Auflösen feinster Einzelheiten hat es aber trotz des hohen Preises zu einem unentbehrlichen Forschungshilfsmittel gemacht.

Es werden auch Elektronenmikroskope verwendet, die statt mit elektrostatischen mit magnetischen Linsen ausgerüstet sind.

Eine besondere Ausführungsform ist das **Rasterelektronenmikroskop.** Bei ihm wird das Objekt

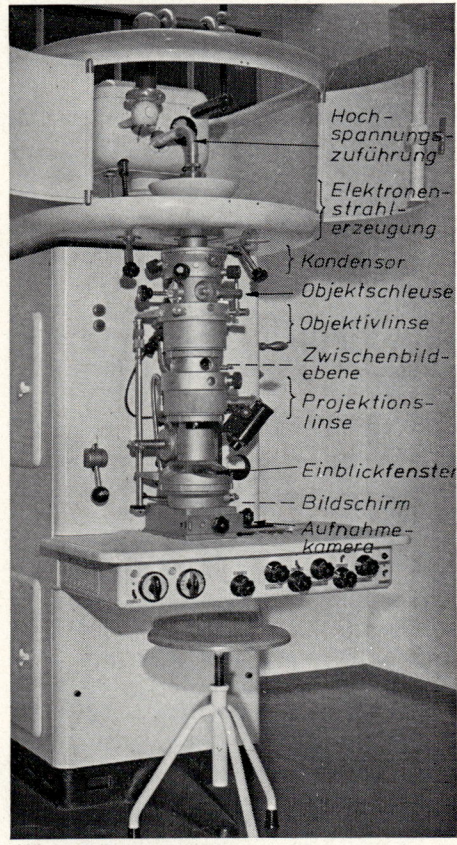

Hoch-
spannungs-
zuführung

Elektronen-
strahl-
erzeugung

Kondensor

Objektschleuse

Objektivlinse

Zwischenbild-
ebene

Projektions-
linse

Einblickfenster

Bildschirm

Aufnahme-
kamera

Abb. 4 Elektronenmikroskop

während der Beobachtung nicht dauernd durchstrahlt, sondern von einem scharf gebündelten Elektronenstrahl, der mit Hilfe von Ablenkplatten ähnlich wie bei der Braunschen Röhre in raschem Wechsel abgelenkt wird, abgetastet. Die entstehenden Absorptionen werden danach auf einem Bildschirm in starker Vergrößerung wieder sichtbar gemacht. Die kürzere Durchstrahlungszeit ermöglicht eine Anwendung des Rastermikroskops auch bei temperaturempfindlichen Präparaten, und die scharfe Bündelung des Strahls erzeugt eine größere Schärfentiefe der Abbildung als beim gewöhnlichen Elektronenmikroskop.

e) Kanalstrahlen. Pumpt man eine Elektronenstrahlröhre nur bis zu einem Druck von etwa 10^{-5} bar aus, so befindet sich im Raum zwischen Katode und Anode noch immer ein Rest von Gasmolekülen. Zwischen ihnen und den rasch von der Katode herkommenden Elektronen entstehen häufig Zusammenstöße, bei denen aus den Gasmolekülen positive Ionen entstehen

26*

(Abb. 5). Diese werden von der angelegten Spannung zur Katode hin beschleunigt und prallen schließlich mit hoher Geschwindigkeit auf sie auf. Wenn man die Katode durchbohrt, gelangt ein Teil der Ionen in diesen Kanal, fliegt durch ihn hindurch und durchquert als **Kanalstrahl** den Raum hinter der Katode, in dem kein Feld mehr herrscht. Damit dort die Ionen ihre Energie nicht rasch durch Zusammenstöße verlieren, erzeugt man in diesem Raum ein Hochvakuum von 10^{-7} bis 10^{-8} bar. Hier kann man auch die Ionen des Kanalstrahles durch elektrische und magnetische Querfelder ebenso ablenken wie die Elektronen eines Elektronenstrahles. Aus den entstehenden Ablenkungen kann man Masse und Geschwindigkeit der Ionen berechnen.

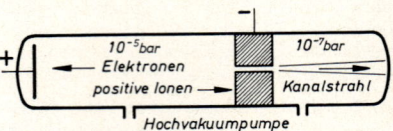

Abb. 5. Kanalstrahlröhre

Kanalstrahlen sind schnell bewegte positive Ionen.

6.5.5. Röntgenstrahlen

a) Entstehung der Röntgenstrahlen. Treffen in einer Elektronenstrahlröhre die schnell bewegten Elektronen eines mit mehreren kV beschleunigten Elektronenstrahles auf ein Hindernis auf, so entsteht an der Stelle des Aufpralles eine nach ihrem Entdecker[1] als **Röntgenstrahlung** bezeichnete Strahlenart.

Moderne Röntgenröhren (Abb. 1) besitzen eine Glühkatode. Durch Verändern des Heizstromes kann man die Intensität der Katodenstrahlen und damit auch die der Röntgenstrahlen regulieren. Eine negative Hilfselektrode verbessert die Bündelung der Katodenstrahlen, daß sie auf einem engen Fleck der Anode auftreffen. Beim Aufprall der Elektronen wird diese stark erhitzt. Sie ist deshalb meist aus Wolfram hergestellt und mit einer Kühlvorrichtung ausgestattet.

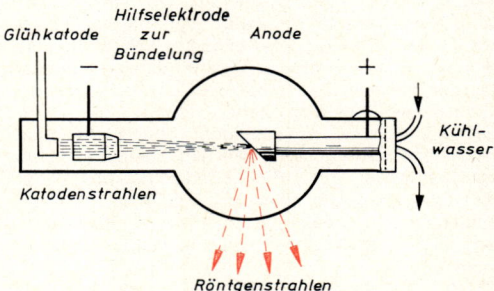

Abb. 1. Röntgenröhre

b) Eigenschaften. Röntgenstrahlen sind für das Auge unsichtbar, sie können aber verschiedene Substanzen, z. B. Zinksulfid zum Aufleuchten bringen und schwärzen die photographische Platte. Ihre wichtigste Eigenschaft ist das hohe Durchdringungsvermögen, ihre „Härte". Sie durchdringen alle Stoffe, und zwar solche mit kleiner relativer Atommasse leichter als solche mit hoher. Deshalb verwendet man Bleischirme zu ihrer Absorption. Das Durchdringungsvermögen wird bestimmt durch die Anodenspannung der Röntgenröhre. Mit ihr kann man die Härte ändern. In elektrischen und magnetischen Feldern erfahren die Röntgenstrahlen keine Ablenkung. Daher können sie nicht wie die Elektronen- und Kanalstrahlen aus geladenen Teilchen bestehen.

---

[1] Wilhelm Conrad R ö n t g e n , 1845 bis 1928, Prof. in Würzburg und München, entdeckte die nach ihm benannten Strahlen und erforschte ihre Eigenschaften.

Erst 16 Jahre nach ihrer Entdeckung gelang es Laue[1], die Natur der Röntgenstrahlen zu erkennen. Sie sind dem Licht verwandte elektromagnetische Wellen, deren Wellenlänge aber nur den 100. bis 100 000. Teil der Lichtwellen beträgt. Beim Durchgang durch Kristalle wirken die regelmäßig angeordneten Atome wie ein räumliches Gitter mit so kleiner Gitterkonstante, daß bei den Röntgenstrahlen Interferenzen entstehen, aus denen man ihre Wellenlängen berechnen kann.

Während ein mit einem Strichgitter erzeugtes optisches Spektrum aus einem Band von Linien besteht, erhält man bei einem Röntgenspektrum wegen der Interferenz an einem räumlichen Gitter nach dem Verfahren von Laue nur einzelne Punkte, die beim Drehen des Kristalls ihre Lage ändern oder sogar ganz verschwinden (Abb. 2). Deshalb ist das Laueverfahren sehr mühsam. Um auf dem gleichen Bild alle hellen Stellen zu erhalten, wird beim **Drehkristallverfahren** der Kristall während der Bestrahlung gedreht. Beim **Debye-Scherrer-Verfahren** verwendet man dagegen aus feinem Kristallpulver geformte Stäbchen, in denen Kristalle in allen möglichen Lagen vorkommen. Durchstrahlt man ein solches Stäbchen mit Röntgenstrahlen (Abb. 3), so ergeben sich an Stelle der einzelnen Punkte im Lauediagramm konzentrische Kreise, von denen der Film einen kleinen Bogen ausschneidet (Abb. 4). Aus der Lage der Linien und dem Gitterabstand der Atome im Kristall erhält man die Wellenlänge nach ähnlichen Gleichungen wie bei optischen Interferenzen.

Abb. 2. Lauediagramm

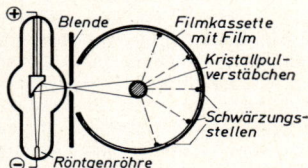

Abb. 3. Debye-Scherrer-Verfahren

Röntgenstrahlen sind wie das Licht eine Wellenstrahlung mit Wellenlängen von ca. 5 nm bis 5 pm.

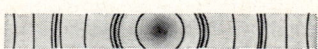

Abb. 4. Debye-Scherrer-Diagramm

c) **Anwendungen.** Wegen ihres Durchdringungsvermögens können die Röntgenstrahlen zu zerstörungsfreien Werkstoffuntersuchungen verwendet werden. Schweißdrähte und Gußstücke können auf Fehler und Lunker untersucht werden. Ein weiteres Anwendungsgebiet der Röntgenstrahlen liegt in der Medizin. Hier dienen sie zur „Durchleuchtung" des menschlichen Körpers, dessen einzelne Teile für die Strahlen nicht in gleicher Weise durchlässig sind. Auf diese Weise können Erkrankungen **innerer Organe**, die genaue Lage von Knochenbrüchen oder eingedrungener Fremdkörper festgestellt **werden (Röntgendiagnose).** Die Sichtbarmachung erfolgt auf einem Leuchtschirm oder mit einer photographischen Platte. In der Röntgentherapie verwendet man die Röntgenstrahlen zum Heilen von bösartigen Geschwulsten. Längere Einwirkung auf den menschlichen Körper führt zu schweren Schädigungen. Deshalb sind immer entsprechende Schutzmaßnahmen zu beachten.

Mit Hilfe der Röntgenstrahlen konnte die Atomphysik viele Fragen über den inneren Bau der Atome klären (7.2.5.).

6.5.6. Anwendungen des Stromdurchganges durch Gase zur Lichterzeugung

a) **Die Bogenlampe** verwendet das intensive Licht des Lichtbogens zwischen zwei Kohlestäbchen. Das Nachstellen der abbrennenden Kohlen kann mit der Hand, mit einem Uhrwerk oder automatisch mit einer Steuerung durch den Strom erfolgen. Für besondere Zwecke sind den Kohlen noch Zusätze beigefügt (Effektkohlen), die das Licht intensiver machen oder ihm eine bestimmte Farbe verleihen.

Bei zunehmendem Strom wird der Übergang der verdampften Moleküle und Elektronen stärker. Dadurch nimmt der Widerstand ab, und der Strom würde noch weiter ansteigen, wenn nicht ein Vorwiderstand verwendet würde. In ihm wird ein großer Teil der Spannung verbraucht, so daß am Lichtbogen nur noch 40 ... 60 V liegen. Bei steigendem Strom wächst auch der Spannungsverbrauch

---

[1] Max von L a u e , 1879 bis 1963, Prof. in Berlin, entdeckte die Röntgeninterferenzen.

im Vorwiderstand. Dadurch vermindert sich die Spannung am Lichtbogen, so daß ein weiterer Stromanstieg verhindert wird. Die Lichtausbeute beträgt ohne Berücksichtigung des Vorwiderstandes 30 . . . 60 lm/W, mit ihm nur 8 . . . 20 lm/W.

b) Glimmlampen verwenden das negative Glimmlicht in Entladungsröhren, bei denen die Elektroden kleinen Abstand haben. Dadurch wird die positive Säule fast unterdrückt und das negative Glimmlicht um so intensiver. Bei Füllung mit Neon ergibt sich ein schönes orangefarbenes Licht. Gleichzeitig wird dadurch die zum Betrieb erforderliche Spannung auf etwa 100 V vermindert, so daß Glimmlampen mit Netzspannung betrieben werden können. Sie werden für einen Lichtstrom bis zu weniger als 1 lm gebaut und eignen sich deshalb zu Notbeleuchtungen und Signallampen.

c) Spektrallampen benutzen das Leuchten der positiven Säule in einer mit Gas von geringem Druck gefüllten Glasröhre. Um für Spektraluntersuchungen an einer Stelle eine hohe Leuchtdichte zu erzielen, wird die Entladung in der Mitte durch eine Kapillare geleitet (Geißlerröhre, Abb. 1). Die wichtigsten Spektrallampen dienen jedoch zu Beleuchtungszwecken. Die **Natriumdampflampe** liefert ein intensives, monochromatisches, gelbes Licht mit einem besonders hohen Wirkungsgrad bis zu 90 lm/W. Mit **Xenon** gefüllte Lampen haben eine dem Sonnenspektrum sehr ähnliche Lichtverteilung; deshalb eignen sie sich besonders für Farbuntersuchungen. Große Ausführungen bis 2500 W dienen beim Film statt der sonst üblichen Bogenlampen als Projektionslichtquellen. Kleine Ausführungen werden bei Elektronenblitzgeräten verwendet. Um für die Zeit des Blitzes von etwa 1 ms einen großen Lichtstrom zu erhalten, benutzt man die Entladung eines zuvor aufgeladenen Kondensators durch die Röhre. Große **Leuchtröhren** mit besonders leuchtenden Gasfüllungen (Neonlampen) verwendet man für Reklamezwecke. Um ihren großen Elektrodenabstand zu überbrücken, benötigt man hohe Betriebsspannungen. Die **Quecksilberdampflampe** sendet ein an ultravioletten Strahlen reiches Licht aus. Ihr Wirkungsgrad steigt mit dem Druck im Innern der Röhre. Deshalb verwendet man in den Quecksilberhochdrucklampen einen Druck bis zu 10 bar. In den Quecksilberhöchstdrucklampen mit Drücken bis zu 150 bar ist der Brennfleck fast punktförmig und erreicht eine Leuchtdichte bis zu 100 000 cd/cm².

Abb. 1.
Geißler-
röhre

d) Leuchtstofflampen haben auf der Innenseite einer Röhre einen kristallinen Leuchtstoffbelag, während die Röhre mit Quecksilberdampf gefüllt ist, dem zur Herabsetzung der Zündspannung noch Argon beigemischt ist. Zur Zündung müssen die Elektroden durch eine besondere Schaltung aufgeheizt werden, die danach wieder unterbrochen wird. Der Leuchtstoff absorbiert das bei der Gasentladung entstehende ultraviolette Licht und strahlt die Energie wieder als sichtbares Licht aus. Durch die Wahl des Leuchtstoffes kann man dem Licht einen warmen rötlichen oder gelben, aber auch einen dem Tageslicht ähnlichen weißen Ton geben. Wegen des hohen Wirkungsgrades von bis zu 50 lm/W hat die Leuchtstofflampe eine weite Verbreitung gefunden.

Alle Spektral- und Leuchtstofflampen besitzen einen mit steigendem Strom fallenden Widerstand. Deshalb brauchen sie zur Strombegrenzung eine Drossel und sind deshalb nur mit Wechselstrom zu betreiben.

6.6. Elektrizitätsleitung in Halbleitern

6.6.1. Die Leitfähigkeit der Halbleiter

a) Allgemeine Eigenschaften eines Halbleiterkristalls. Während die meisten kristallinen Stoffe gar keine oder nur eine sehr geringe Leitfähigkeit besitzen, gibt es eine Gruppe von kristallinen Stoffen, die eine Leitfähigkeit aufweisen, die zwar wesentlich geringer als die der Metalle ist, die aber noch weit über der verschwindend geringen Leitfähigkeit der Isolatoren liegt. Sie wächst im allgemeinen mit der Temperatur und läßt sich durch minimale Zugabe bestimmter Fremdstoffe wesentlich steigern. Man nennt diese Stoffe **Halbleiter.** Da sie in ihrem kristallinen Aufbau verwandt sind, können wir ihre Eigenschaften am Beispiel ihrer wichtigsten Vertreter des Siliciums oder des Germaniums behandeln.

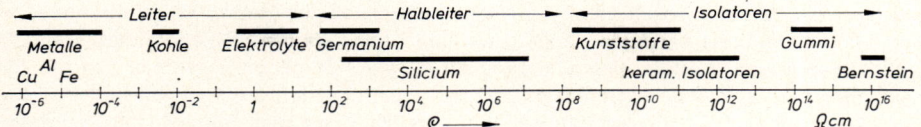

Abb. 1. Überblick über die Leitfähigkeit verschiedener Stoffe

b) Die Eigenleitfähigkeit der Halbleiter. Sowohl Silicium als auch Germanium sind Elemente, deren Atome vier Außenelektronen besitzen. Im Kristall gruppieren sie sich mit den Elektronen der Nachbaratome so, daß sich je ein Paar von ihnen im Zwischenraum zwischen zwei Germaniumatomrümpfen befindet (Abb. 2). Weil sich die positiv geladenen Atomrümpfe und die Elektronen in dieser Lage gegenseitig festhalten, zeigen solche Kristalle bei tieferen Temperaturen praktisch keine Leitfähigkeit. Bei zunehmender Temperatur wird die thermische Bewegung der Elektronen und Atom-

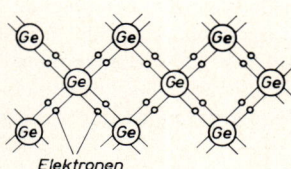

Abb. 2. Schematische Darstellung eines Germaniumkristalls

rümpfe stärker, und es kann vorkommen, daß sich Elektronen bei sehr starken Schwingungen aus ihrer Bindung lösen. Dann können sie sich so lange frei bewegen, bis sie wieder von anderen Atomrümpfen, bei denen ein Platz frei geworden ist, eingefangen werden. Solche Elektronen verursachen die Leitfähigkeit dieser Kristalle, die ihrer Entstehung nach mit zunehmender Temperatur ansteigt.

Der Leitungsvorgang geht bei ihnen auf zweierlei Weise vor sich:

1. Die freigemachten Elektronen bewegen sich beim Anlegen einer Spannung in Richtung zum +Pol.

2. Bei den Atomen, bei denen ein Elektron herausgelöst wird, entsteht ein „Loch", das bald von einem anderen Elektron ausgefüllt wird. Dadurch entsteht aber bei dem Atom, wo sich dieses Elektron befand, ein neues Loch. Auch dieses wird wieder gefüllt, und das Loch entsteht an einer dritten Stelle usw. Während sich die Elektronen in der Abb. 3 nach links bewegen, befindet sich jedes neu entstehende Loch weiter rechts als das eben gefüllte. Die Löcher bewegen sich also gleichsam in Richtung zum negativen Pol der Spannung; sie verhalten sich wie positive Ladungen.

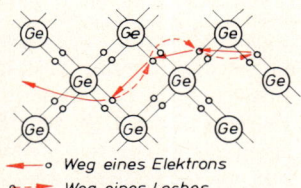

→—o Weg eines Elektrons
o--→ Weg eines Loches
Abb. 3. Entstehung der Leitfähigkeit bei einem Halbleiter

Da die Ladungsträger von den Atomen des Halbleiters herrühren, nennt man die dadurch entstehende Leitfähigkeit die **Eigenleitfähigkeit.**

c) Die Störleitfähigkeit. Die Leitfähigkeit der Halbleiter wird wesentlich erhöht, wenn in dem Kristall Atome bestimmter fremder Elemente eingefügt sind. Man kann z. B. Atome eines Elementes verwenden, das ein Außenelektron mehr hat als die Atome des Kristallgitters. Beim Einfügen des Fremdatoms in den Kristall wird das Elektron überzählig; es löst sich von seinem Atomrumpf und wird ein bewegliches Leitungselektron. Die zusätzlichen Elektronen erhöhen die Leitfähigkeit; weil sie von den Störstellen im Kristallgitter stammen, bezeichnet man die so entstehende Leitfähigkeit als **Störstellenleitfähigkeit** oder kurz **Störleitfähigkeit.** Ein Halbleiterkristall dieser Art, bei dem die Leitfähigkeit auf beweglichen Elektronen, also auf **n**egativen Ladungsträgern beruht, nennt man einen n-Halbleiter.

Eine ähnliche Wirkung erzielt man, wenn man dem Gitter des Halbleiterkristalls Atome von Elementen einfügt, die ein Außenelektron weniger haben als die Halbleiteratome. Beim Einbau solcher Atome entsteht eine Elektronenlücke, die sich genau so verhält wie die oben genannten Löcher, die beim Herauslösen eines Elektrons durch Wärme entstehen. Da ein Loch gleichsam einen **p**ositiven Ladungsträger darstellt, nennt man einen Kristall, bei dem an den Störstellen je ein Elektron fehlt, einen p-Halbleiter.

Da die Elektronen bzw. die Löcher hier nicht erst durch die thermische Bewegung freibeweglich werden, ist die Störleitfähigkeit viel weniger temperaturabhängig als die Eigenleitfähigkeit. Weil die Leitfähigkeit proportional zur Konzentration der Ladungsträger und damit proportional zur Zahl der Störstellen ist, muß deren Konzentration (je ein Fremdatom auf 10^5 bis 10^6 Halbleiteratome) sehr genau eingehalten werden, damit man Halbleiter mit bestimmter, stets gleichbleibender Leitfähigkeit herstellen kann. Dazu bedarf es besonderer Arbeitsmethoden und einer sonst nie verlangten Reinheit des Ausgangsmaterials.

6.6.2. Halbleitergleichrichter und Transistoren

a) Der pn-Übergang. Fügt man zwei Schichten eines Halbleiters zusammen, von denen die eine p-leitend, die andere n-leitend ist, so erhält man einen pn-Übergang. Zur Untersuchung seiner Eigenschaften machen wir folgende Versuche:

Zuerst schalten wir einen pn-Übergang nach Abb. 1, so daß der Pluspol an der p-Schicht und der Minuspol an der n-Schicht liegt. Der Widerstand R dient als Spannungsteiler, der Vorwiderstand R_v zur Begrenzung des Stromes. Da am Strommesser noch ein merklicher Spannungsabfall entsteht, muß der Spannungsmesser so geschaltet werden, daß er nur die Spannung am pn-Übergang mißt. Der Unterschied der Stromstärken im pn-Übergang und im Strommesser ist so klein, daß er vernachlässigt werden kann. Wir messen einige zusammengehörige Stromstärken und Spannungen.

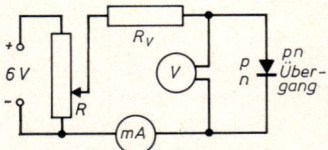

Abb. 1. pn-Übergang in Flußrichtung

Dann ändern wir die Schaltung nach Abb. 2, so daß der Pluspol an der n-Schicht, der Minuspol an der p-Schicht liegt. Hier ist der Strom durch den pn-Übergang so klein, daß wir einen Strommesser für μA verwenden und so schalten, daß der Strom des Spannungsmessers nicht mitgemessen wird. Auch der Vorwiderstand ist hier nicht mehr nötig. Wir messen wieder zusammengehörige Werte der Stromstärke und der Spannung.

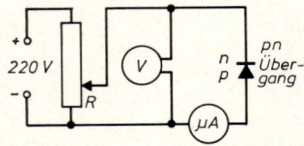

Abb. 2. pn-Übergang in Sperrrichtung

408

Beim ersten Versuch fließt ein Strom, der schon bei einer Spannung von wenigen V auf 100 mA ansteigt, während er im zweiten Versuch selbst bei einer Spannung von 100 V kaum 1 μA beträgt. Deshalb spricht man bei der Polung im Versuch 1 von der Flußrichtung, im Versuch 2 von der Sperrichtung.

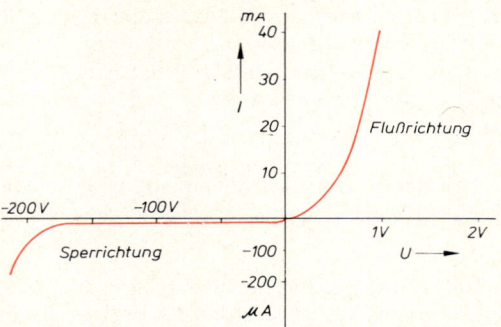

Abb. 3. Kennlinie eines pn-Überganges

Ein pn-Übergang läßt in Richtung von p nach n einen Strom fließen, er sperrt ihn aber in Richtung von n nach p fast vollständig. Ein pn-Übergang ist also ein Gleichrichter.

Sehr deutlich zeigt Abb. 3 diesen Zusammenhang zwischen Strom und Spannung. Dabei sind in Fluß- und Sperrichtung verschiedene Maßstäbe auf den Achsen angetragen, um die Kennlinie deutlich sichtbar zu machen.

Der Grund für diese unterschiedliche Leitfähigkeit eines pn-Überganges für die beiden Stromrichtungen liegt in der Veränderung der Zahl der Ladungsträger durch die angelegte Spannung.

Schon ohne äußere Spannung diffundieren Überschußelektronen aus der Grenzschicht des n-Halbleiters in die des p-Halbleiters und füllen dort Löcher aus (Abb. 4). Dadurch vermindert sich in beiden Grenzschichten die Zahl der beweglichen Ladungsträger. Der Vorgang findet sein Ende, wenn sich die n-Grenzschicht durch die abgegebenen Elektronen so stark positiv und die p-Grenzschicht durch die aufgenommenen Elektronen so stark negativ aufgeladen haben, daß der Spannungsunterschied einen weiteren Ladungsaustausch verhindert.

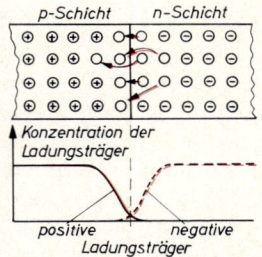

Abb. 4. Konzentration der Ladungsträger in einer pn-Schicht

Schließt man eine Spannung in Sperrichtung an, so schickt der Minuspol Elektronen in den p-Halbleiter, die von Loch zu Loch bis in die Grenzschicht dringen und dort fast alle noch verbliebenen Löcher ausfüllen. Der Pluspol entzieht dem n-Halbleiter Elektronen. Sie werden überall von nachfolgenden ersetzt außer in der Grenzschicht, die fast ganz von Überschußelektronen entblößt wird (Abb. 5). Auf diese Weise werden den Grenzschichten die Ladungsträger entzogen, so daß sich dort nur noch diejenigen befinden, die laufend durch thermische Stöße entstehen.

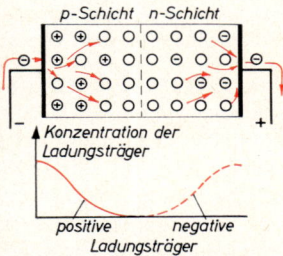

Abb. 5. Wirkung einer in Sperrichtung an eine pn-Schicht angelegten Spannung

Von diesen vermitteln die in der n-Schicht entstehenden Löcher und die in der p-Schicht entstehenden freien Elektronen den winzigen Sperrstrom, wenn sie, dem Zug der angelegten Spannung folgend, in die andere Schicht übertreten. Wenn die äußere Spannung sehr groß wird, kann die hohe Feldstärke in den Grenzschichten neue Ladungsträger erzeugen, so daß der Sperrstrom von einer bestimmten Spannung an stark ansteigt (Zenereffekt).

Schließt man dagegen eine äußere Spannung in Flußrichtung an, so treten aus dem Anschluß des Minuspols Elektronen in die n-Schicht, und vom Pluspol werden der p-Schicht Elektronen entzogen, so daß neue Löcher entstehen. Diese Elektronen bzw. Löcher bewegen sich bis zur Grenzzone und beseitigen dort den Mangel an Ladungsträgern, so daß ein Strom fließen **kann.**

> **Der Sperrstrom besteht nur aus den wenigen Ladungsträgern der Eigenleitung. In Flußrichtung kommen dazu noch zahlreiche Ladungsträger der Störstellen.**

b) Der Transistor. Fügt man drei Schichten eines Halbleiters zusammen, wobei die äußeren Schichten p-leitend, die innere n-leitend sind, so entsteht ein pnp-Transistor; entsprechend bildet eine p-Schicht zwischen zwei n-Schichten einen npn-Transistor (Abb. 6).

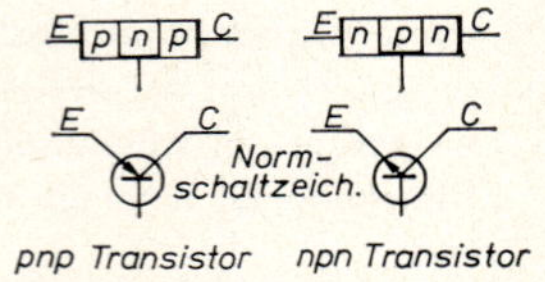

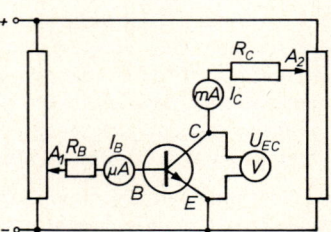

pnp Transistor   npn Transistor

Abb. 6. Aufbau und Schaltzeichen eines pnp- und npn-Transistors

Wenn man zwischen die äußeren Schichten eines Transistors eine Spannung legt, kann man ihn als zwei aufeinanderfolgende pn-Übergänge auffassen, von denen der eine in Fluß-richtung, der andere in Sperrichtung gepolt ist. Die in Flußrichtung angeschlossene Schicht nennt man den **Emitter E** (lat.: emittere = aussenden), die in der Sperrichtung angeschlossene den **Kollektor C** (lat.: colligere = sammeln). Der Anschluß der Zwischenschicht ist die **Basis B.** Wegen der größeren Bedeutung verwenden wir im folgenden einen npn-Transistor; alle Überlegungen und Anwendungen bleiben auch für einen pnp-Transistor gültig, wenn alle Polungen und bei den Bewegungen der Ladungsträger Elektronen und Löcher vertauscht werden.

Zwischen dem Emitter E und dem Kollektor C ist eine regelbare Spannung U_{EC} gelegt (Abb. 7). Auch die kleinere Spannung U_{EB} zwischen dem Emitter und der Basis B ist auf verschiedene Werte einstellbar. Man wählt ihre Größe so, daß der Basisstrom I_B mit dem Vorwiderstand R_v nacheinander auf 10, 20, ... μA eingestellt werden kann. Für jeden dieser Basisströme mißt man zusammengehörige Werte der Spannung U_{EC} und des Kollektorstromes I_C. Trägt man die Meßergebnisse graphisch auf, so erhält man die in Abb. 8 dargestellten Kurven, die den Kennlinien einer Pentode (6.5.3., Abb. 10) verwandt sind.

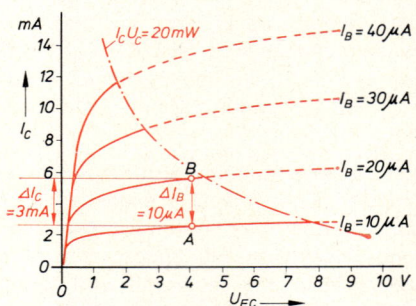

Abb. 7. Der Transistor als Verstärker

Man erkennt, daß der Kollektorstrom schon bei kleinen Werten von U_{EC} rasch ansteigt, danach sich aber nicht mehr viel ändert. Besonders augenfällig ist die starke Zunahme des Kollektorstromes mit dem Basisstrom. Zwischen den in der Abb. eingetragenen Punkten A und B beträgt die Zunahme des Basisstromes $\Delta I_B = 10\ \mu$A, die des Kollektorstromes aber $\Delta I_C = 3$ mA. Man erhält daher eine Verstärkung der Stromstärkeänderung im Basisstrom von $\dfrac{\Delta I_C}{\Delta I_B} = \dfrac{3\text{ mA}}{10\ \mu\text{A}} = 300$. Entsprechend vergrößert sind Spannungsänderungen an den Widerständen R_v und R.

Abb. 8. Kennlinien eines Transistors

Wenn der Kollektorstrom zu sehr ansteigt, entsteht eine Erwärmung des Transistors auf Temperaturen, bei denen die Eigenleitung einsetzt und den Strom weiter vergrößert, bis der Transistor zerstört wird. Um dies zu vermeiden, muß die Wärmeleistung unter einer bestimmten Grenze gehalten werden. In Abb. 6 ist die Grenzkurve (die Leistungshyperbel) für eine maximale Wärmeleistung von 20 mW eingetragen.

Ihre Erklärung finden diese Eigenschaften eines Transistors durch folgende Betrachtungen. Die am Emitter liegende negative Spannung führt ihm so viele Elektronen zu, daß sie nicht nur entstandene Löcher ausfüllen, sondern sich zum größten Teil bis zur Grenzfläche des ersten pn-Überganges bewegen. Da die Basisschicht nur sehr dünn ist, können aber nur wenige der eingedrungenen Elektronen dem Zug der an B angelegten Spannung folgen, so daß nur ein sehr kleiner Basisstrom entsteht (Abb. 9). Weitaus die meisten Elektronen bewegen sich nach dem Überschreiten des ersten pn-Überganges sofort auch über den nah

benachbarten zweiten pn-Übergang und kommen in die Kollektorschicht. Für diese Übergänge spielt aber der Basisstrom trotz seiner Kleinheit eine entscheidende Rolle. Denn nur durch ihn entstehen in der Basisschicht die Löcher, die den Elektronen den Übertritt über den in Sperrichtung gepolten zweiten pn-Übergang ermöglichen. Daher wächst die Zahl der Ladungsträger, die in die Kollektorschicht gelangen und den Kollektorstrom I_C bilden mit der Zahl der Elektronen, die über die Basis

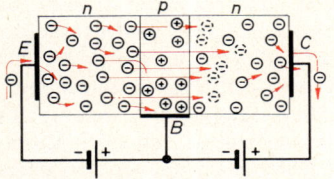

Abb. 9 .Wirkungsweise eines Transistors

abfließen und den Basisstrom I_B darstellen. Ohne den Basisstrom könnte kein Kollektorstrom fließen. Da die Ladungen, die in den Emitter eintreten, sich entweder zur Basis oder zum Kollektor bewegen, ist der Emitterstrom I_E die Summe aus dem Basis- und Kollektorstrom: $I_E = I_B + I_C$. Weil aber der Basisstrom gegenüber dem Kollektorstrom sehr klein ist, müssen Emitter- und Kollektorstrom nahezu gleich sein, so daß der Transistor von E nach C von einem nahezu unveränderten Strom durchflossen wird. Der Spannungsabfall U_{EB} dieses Stromes an dem in Flußrichtung gepolten pn-Übergang ist naturgemäß wesentlich kleiner als der Spannungsabfall U_{BC} an dem in Sperrichtung gepolten pn-Übergang zwischen B und C.

Bei einem Transistor verursachen kleine Änderungen des Basisstromes verstärkte Änderungen des Kollektorstromes. Deshalb kann man den Transistor ähnlich wie eine Dreielektrodenröhre als Verstärker benutzen.

Wegen dieser Verstärkereigenschaft hat der Transistor verbreitete Anwendungen gefunden und die Elektronenröhre weitgehend verdrängt. Gegenüber der Röhre besitzt er manche Vorteile: Der Transistor braucht keinen Heizstrom und ist jederzeit sofort betriebsbereit. Weil der evakuierte Glaskolben überflüssig ist, sind seine Abmessungen wesentlich kleiner als die einer Röhre. Da kein Vakuum und kein Heizdraht erforderlich sind, ist die Stoßempfindlichkeit geringer und die Betriebsstundenzahl fast unbegrenzt. Dagegen ist die Verstärkung eines Transistors temperaturabhängig. Zur Verstärkung sehr hoher Frequenzen und zur Abgabe großer Leistungen ist er weniger geeignet als die Röhre.

c) Der Thyristor. In der elektrischen Schalttechnik findet auch eine Zusammenstellung von vier abwechselnd p- und n-dotierten Halbleiterschichten als **Thyristor** wichtige Anwendungen. Abb. 10 zeigt schematisch den Aufbau mit der Anode A an der äußeren p-Schicht, der Katode K an der äußeren n-Schicht und der Steuerelektrode an einer der mittleren Schichten. Zwischen den einzelnen Schichten entstehen drei pn-Übergänge a, b, c. Legt

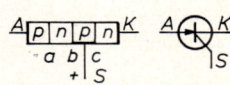

Abb. 10. Aufbau eines Thyristors

man an A den Minus- und an K den Pluspol einer äußeren Spannung, so befinden sich die beiden äußeren Übergänge a und c in Sperrichtung, so daß nur, ähnlich wie bei einem einfachen in Sperrichtung gepolten pn-Übergang, ein kleiner Sperrstrom fließen kann.

Die Vorgänge bei umgekehrter Polung untersuchen wir anhand der Kennlinie eines Thyristors (Abb. 11). Da in diesem Fall der mittlere Übergang (b) in Sperrichtung angeschlossen ist, kann auch hier zunächst nur der Sperrstrom dieses Überganges fließen. Mit zunehmender Spannung wächst er nur wenig (Kurve 1), bis bei der Spannung U_{kipp} in den Grenzschichten des pn-Überganges b die Entstehung von Ladungsträgern einsetzt. Dadurch wächst die Leitfähigkeit des Überganges, und zugleich

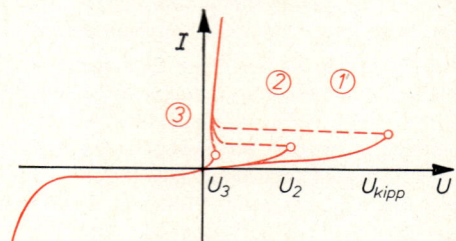

Abb. 11. Kennlinie eines Thyristors

sinkt die an ihm liegende Spannung auf die Betriebsspannung U_B von weniger als 2 V. Dieses plötzliche Einsetzen des Stromes kann man aber auch schon bei kleineren Spannungen als U_{kipp} hervorrufen, wenn man dem Übergang b über die Steuerelektrode einen Stromimpuls zuführt (Kurve 2). Dieser wirkt ähnlich wie der Basisstrom eines Transistors und behebt durch die von ihm eingebrachten Ladungsträger die Sperrung schon bei der Spannung U_2. Bei einen noch stärkerem Stromimpuls kann man es erreichen, daß die Zündspannung U_3 (Kurve 3) nur wenig über der Betriebsspannung U_B liegt. Die Stärke des Stromes, der nach der Zündung fließt, ist dann nur noch durch die angelegte Spannung und die übrigen Widerstände bedingt. Da sich beim Stromfluß über die in Flußrichtung gepolten Übergänge a und c von beiden Seiten Ladungsträger in die Grenzzone des Überganges b bewegen, wird dieser von ihnen überflutet, so daß der Strom auch nach dem Ende des Stromimpulses an der Steuerelektrode weiterfließt. Er reißt erst ab, wenn die äußere Spannung unter einen bestimmten, noch unter U_3 liegenden Wert abgesunken ist. Dann fließen die Ladungsträger aus den Grenzschichten des Überganges b ab, und es entsteht wieder die ursprüngliche Sperrung. Der Abfluß der Ladungsträger erfolgt so rasch, daß ein Öffnen und Schließen des Stromkreises mit hoher Frequenz möglich ist.

d) Photowiderstand und Sperrschichtphotozelle. Die Leitfähigkeit eines Halbleiters ist durch die Zahl der in ihm vorhandenen beweglichen Ladungsträger bedingt. Solange sie klein ist, stellt ein aus dem Halbleiter gefertigter Stab einen hohen Widerstand dar. Er kann sich stark vermindern, wenn in ihm auftreffendes Licht Paare von Elektronen und Löchern erzeugt und dadurch die Zahl der Ladungsträger erhöht. Solche mit der Stärke des auffallenden Lichtes veränderlichen Widerstände bezeichnet man als **Photowiderstände.**

Eine ähnliche Wirkung kann Licht an der Grenze zwischen einem n-Halbleiter und einer Metallschicht hervorrufen. Da Überschußelektronen der Grenzschicht durch das Metall abgeleitet werden, entsteht dort ein Mangel an Ladungsträgern, die einen Stromdurchgang sperrt. Wenn aber auffallendes Licht in der Schicht Elektronen und Löcher erzeugt, kann trotzdem ein der Zahl der auffallenden Lichtquanten proportionaler Strom fließen.

Auf diesem Vorgang beruht die **Sperrschichtphotozelle** (Abb. 12). Sie besteht aus einer Selen- oder Siliciumschicht, die auf einer Eisenplatte liegt und von einer lichtdurchlässigen, dünnen Gold- oder Platinschicht überzogen ist. Bei auffallendem Licht arbeitet die Zelle als selbständige Spannungsquelle und ruft bei einem zwischen das Platinhäutchen und die Eisenplatte geschalteten empfindlichen Strommesser einen Ausschlag hervor.

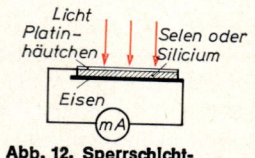

Abb. 12. Sperrschichtphotozelle

6.7. Elektromagnetismus

6.7.1. Das Magnetfeld eines Stromes

a) Das Feld eines geraden Leiters. Wie schon aus dem Versuch in 6.2.3. c hervorgeht, entsteht in der Umgebung eines stromdurchflossenen Leiters ein Magnetfeld. Man kann es genau wie das Feld eines Dauermagneten sichtbar machen.

Wir führen einen rechteckigen Drahtbügel durch eine Bohrung in einer zweiteiligen Glasplatte und bestreuen sie mit Eisenfeilspänen (Abb. 1). Schließt man den Draht an die Pole eines parallelgeschalteten mehrzelligen Sammlers, so fließt ein starker Strom, dessen Magnetfeld die Eisenfeilspäne zu konzentrischen Kreisen anordnet (Abb. 2).

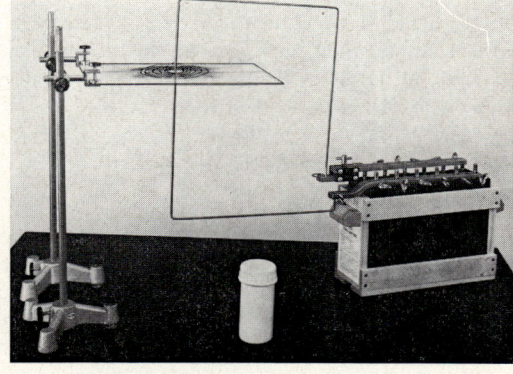

Abb. 1. Demonstration des Magnetfeldes eines geradlinigen Leiters

Das Magnetfeld eines geraden stromführenden Leiters läßt sich also durch seine Feldlinien sichtbar machen, die den Leiter in konzentrischen Kreisen umgeben. Aus der Richtung, in die eine kleine Probemagnetnadel abgelenkt wird, ergibt sich der Umlaufsinn der Feldlinien (Abb. 3). Das Ergebnis läßt sich nach der Korkzieherregel formulieren.

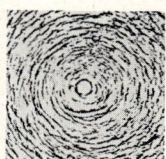

Abb. 2. Feldlinienbild

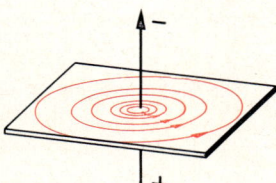

Abb. 3. Umlaufsinn der Feldlinien

> **Schraubt man eine Rechtsschraube (z. B. einen Korkzieher) in Richtung des Stromes (techn. Stromrichtung), so ergibt der Drehsinn die Umlaufrichtung der Feldlinien.**

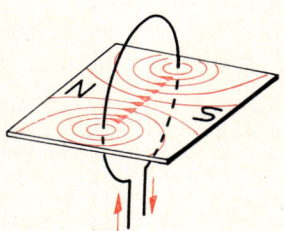

Abb. 4. Feld eines kreisförmigen Leiters

b) Das Feld einer Spule. Bei einem kreisförmigen Leiter erhält man einen Feldlinienverlauf nach Abb. 4. Reiht man mehrere Drahtwindungen zu einer Spule aneinander, so wird das Feld stärker und gleicht vollkommen dem eines Stabmagneten (Abb. 5). Im Spuleninnern sind die Feldlinien nahezu parallel; dort herrscht also ein homogenes Magnetfeld. Eine stromdurchflossene Spule gleicht aber nicht nur im Feldlinienverlauf, sondern auch in ihren Kraftwirkungen einem Stabmagneten. Der Nordpol einer Magnetnadel wird von dem einen Ende angezogen, vom anderen Ende abgestoßen. Bringt man eine Spule über Eisenfeilspäne, so werden sie angezogen.

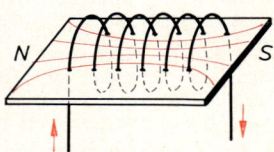

Abb. 5. Magnetfeld einer Spule

Eine stromdurchflossene Spule verhält sich wie ein Stabmagnet.

Die Lage der Pole ergibt sich aus folgender Regel (Abb. 6):

Das Spulenende, das vom Strom im Uhrzeigersinn umflossen wird, ist der Südpol, das im Gegensinn umflossene der Nordpol. (Pfeile an den Enden der Buchstaben N und S erleichtern das Einprägen dieser Regel.)

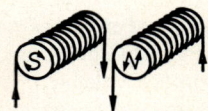

Abb. 6. Lage der Magnetpole bei einer Spule

c) Verstärkung des Magnetfeldes durch Eisen. Bringt man einen Weicheisenkern in eine Spule, so ist ihre Magnetwirkung bei gleichem Strom bedeutend verstärkt. Die Kraft kann die eines Stahlmagneten übertreffen. Daher gibt man allen Spulen, die einen starken Magnetismus erhalten sollen, einen Kern aus Weicheisen. Je nach der Form unterscheidet man sie als Stab-, Hufeisen- und Topfmagnete (Abb. 7).

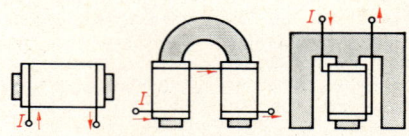

Stabmagnet   Hufeisenmagnet   Topfmagnet

Abb. 7. Formen von Elektromagneten

Ein Elektromagnet ist eine stromdurchflossene Spule mit einem Weicheisenkern.

d) Anwendungen. In der Technik werden Elektromagnete häufig verwendet: als Lasthebemagnete zum Verladen von Eisenschrott, als Aufspannvorrichtungen an Werkzeugmaschinen, bei elektrischen Bremsen; bei einer großen Zahl von Apparaten der Fernmeldetechnik oder bei vielen Meßinstrumenten.

Der Wagnersche Hammer (Abb. 8) enthält einen Elektromagneten. Beim Schließen des Stromes wird von ihm ein Anker angezogen, dessen Feder einen Kontaktstift berührt. Die Berührung löst sich, der Strom wird sofort wieder unterbrochen, und der Magnet verliert wieder seinen Magnetismus, so daß der Anker zurückschnellt. Der Vorgang wiederholt sich, so daß der Strom in rascher Folge geschlossen und unterbrochen wird. Die Schaltung bezeichnet man als **Wagnerschen Hammer.** Ergänzt man sie durch eine Glocke und einen am Anker angebrachten Klöppel, so entsteht eine e l e k t r i s c h e K l i n g e l.

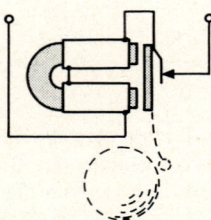

Abb. 8. Wagnerscher Hammer

Ein **Relais** ist eine Vorrichtung, um mit einem schwachen Strom — wenn nötig, aus größerer Entfernung — einen zweiten Stromkreis zu schließen oder zu öffnen.

Abb. 9 zeigt eine A r b e i t s s t r o m s c h a l t u n g. Betätigt man den Schalter, so zieht der Elektromagnet den Anker an. Dadurch wird der zweite Stromkreis über den Kontakt K_1 geschlossen, und der Verbraucher wird eingeschaltet. Der Vorgang im zweiten Kreis wird durch den Stromschluß im ersten Kreis ausgelöst.

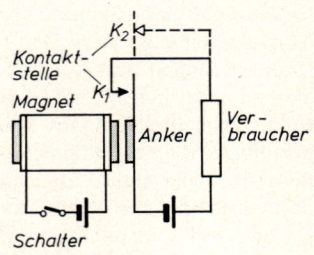

Kontaktstelle

Magnet

K_2

K_1

Anker

Verbraucher

Schalter

Abb. 9. Relais

Ersetzt man den Kontakt K_1 durch K_2, so erhält man eine Ruhestromschaltung. Solange der erste Stromkreis geschlossen ist, bleibt der Kontakt K_2 unterbrochen. Beim Öffnen des Schalters geht der Anker zurück; der zweite Stromkreis wird bei K_2 geschlossen, so daß erst dann der Verbraucher in Betrieb ist. Der Vorgang im zweiten Stromkreis wird also durch Unterbrechung des Stromes im ersten Kreis ausgelöst.

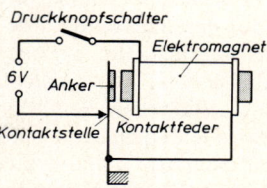

Ein **Sicherungsautomat** (Abb. 10) enthält einen Elektromagneten, der erst bei einem Strom anspricht, der für den Stromkreis zu groß ist. Bei einem solchen Strom wird der Anker angezogen und dadurch der zu starke Strom sofort an der Kontaktstelle unterbrochen.

Abb. 10. Sicherungsautomat

6.7.2. Die magnetische Feldstärke und das Durchflutungsgesetz

a) Die magnetische Feldstärke. Der letzte Abschnitt zeigt, daß ein Magnetfeld von einem elektrischen Strom erzeugt werden kann. Es muß daher einen Zusammenhang zwischen dem das Feld erregenden Strom und der Stärke des Feldes geben. Wie man ein elektrisches Feld durch seine auf eine Ladung ausgeübte Kraft beschreiben kann, so könnte man bei einem Magnetfeld die Kraft auf einen Magnetpol verwenden. Da es aber keine magnetischen Einzelpole gibt, eignet sich besser das Drehmoment auf einen magnetischen Dipol. Aus der Ablenkung einer an einem dünnen Torsionsfaden aufgehängten Magnetnadel im homogenen Magnetfeld einer langen Spule (Abb. 1) findet man, daß das Drehmoment proportional zu dem durch die Spule fließenden Strom und zur Dichte der Windungen ist. Daher wurde das Produkt dieser beiden Größen als **magnetische Feldstärke** H eingeführt.

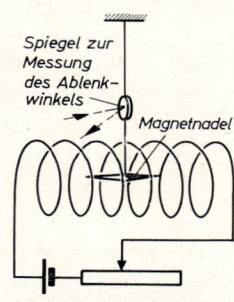

Abb. 1. Drehmoment auf eine Magnetnadel in einer Spule

$$H = I \frac{N}{l}$$ (N = Zahl der Spulenwindungen, l = Länge der Spule)

Aus dieser Gleichung folgt als Einheit der magnetischen Feldstärke $[H] = [I\,N/l] = $ A/m. Damit die magnetische Feldstärke nicht nur die Größe der magnetischen Kraft, sondern auch ihre Richtung angibt, definiert man sie als einen Vektor $\vec{H}$, dessen Größe den angegebenen Wert $H = I\,N/l$ hat und dessen Richtung in die der magnetischen Kraft fällt.

Die magnetische Feldstärke kann nur zum Vergleich von eisenfreien Magnetfeldern verwendet werden. Weil sie sich nur aus den Daten der felderregenden Spule berechnet, ändert sie sich nicht, wenn in eine Spule ein Eisenkern eingeführt wird. Wie aber aus 6.7.1. c hervorgeht, wird dadurch die Wirkung des Feldes ganz wesentlich verstärkt. Um das Feld auch bei Anwesenheit eines magnetisch beeinflußbaren Stoffes, z. B. von Eisen, zu beschreiben, benötigt man eine zweite Feldgröße, die nicht von der Erregung, sondern unmittelbar von einer Wirkung des Feldes selbst **ausgeht.**

415

b) Das Durchflutungsgesetz. Weil die magnetischen Feldlinien gegen das Ende der Spule etwas auseinanderlaufen, ist dort die Feldstärke etwas kleiner; die Formel gilt daher exakt nur für das Innere von sehr langen Spulen. Am besten ist die Formel bei einer Ringspule (Abb. 2) erfüllt, weil sie fast keine Streuung besitzt. Bei ihr ist die Spulenlänge $l = 2\,r\,\pi$ zugleich die Länge der im Innern verlaufenden magnetischen Feldlinien. Durch jede dieser kreisförmig geschlossenen Feldlinien fließt in jeder der N Windungen der Strom I. Das Produkt $N\,I$ stellt also den gesamten Stromfluß durch eine geschlossene Feldlinie dar; er wird als **elektrische Durchflutung** bezeichnet. Sie ist nach der obigen Gleichung für die magnetische Feldstärke gleich dem Produkt aus der Feldstärke und der Länge der Feldlinien $I\,N = H\,l = H \cdot 2\,r\,\pi$. Ähnlich wie im homogenen elektrischen Feld das Produkt $E\,s = U$ die elektrische Spannung darstellt, bezeichnet man das Produkt $H\,l$ als **magnetische Spannung.**

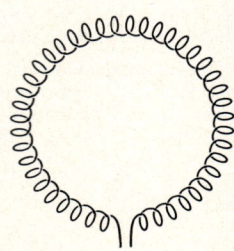

Abb. 2. Ringspule

Bei inhomogenen Feldern zerlegt man die Feldlinie in kleine Stücke mit den Längen Δl_1, $\Delta l_2 \ldots$, auf denen die Feldstärke die Werte H_1, $H_2 \ldots$ hat. Die magnetische Spannung ist dann $\lim\limits_{\Delta l \to 0} \Sigma H \Delta l = \int H \, \mathrm{d}l$. Man kann zeigen, daß dieses Integral auch längs einer beliebigen geschlossenen Kurve die magnetische Spannung darstellt, wenn man das Produkt $H \, \mathrm{d}l$ durch das skalare Produkt $\vec{H} \, \vec{\mathrm{d}l}$ ersetzt. Wendet man diesen Ausdruck auf das bei der Ringspule gefundene Ergebnis an, so erhält man das **Durchflutungsgesetz.**

> **Die magnetische Spannung längs einer geschlossenen Kurve ist gleich der durch die umschlossene Fläche hindurchgehenden elektrischen Durchflutung.**

$$\int \vec{H} \, \vec{\mathrm{d}l} = N\,I$$

c) Feldstärke eines geraden Leiters. Aus dem Durchflutungsgesetz kann man die Feldstärke in der Umgebung eines geraden Leiters berechnen (Abb. 3). Die Durchflutung ist der Strom I; längs einer kreisförmigen Feldlinie ist H konstant. Daher gilt:

$$H\,2\,r\,\pi = I \qquad H = \frac{I}{2\,r\,\pi}$$

Die Feldstärke nimmt also mit zunehmender Entfernung r ab.

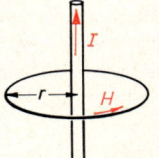

Abb. 3. Feldstärke bei einem geraden Leiter

6.7.3. Kraft auf einen stromdurchflossenen Leiter im Magnetfeld

a) Entstehung und Richtung der Kraft. Jeder stromdurchflossene Leiter ist von einem Magnetfeld umgeben. Befindet er sich in einem äußeren Magnetfeld, so ist daher als Wechselwirkung zwischen beiden Feldern eine Kraft auf den Leiter zu erwarten.

Ein Leiterstück ist so als Pendel aufgehängt (Abb. 1), daß es sich im homogenen Feld eines oder zweier Hufeisenmagneten bewegen kann. Durch das Leiterstück schicken wir einen kräftigen Gleichstrom, dessen Stärke wir durch die angelegte Spannung und einen Schiebewiderstand verändern und an einem Strommesser ablesen können. Zunächst verwenden wir nur einen Magneten. Beim Schließen des Stromkreises bewegt sich das Leiterstück aus seiner Ruhelage. Wechselt man die Stromrichtung durch Vertauschen der Anschlüsse, so ändert auch der Ausschlag seine Richtung.

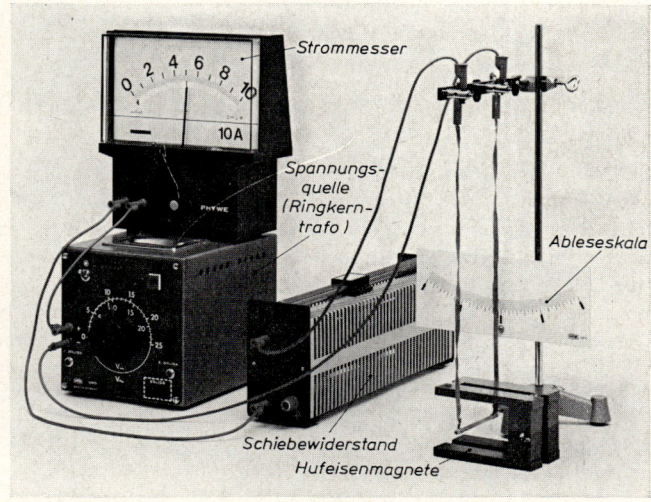

Abb. 1. Kraft auf einen stromdurchflossenen Leiter im Magnetfeld

Liest man an der Skala die Größe des Ausschlages ab, der bei verschiedenen Stromstärken entsteht, so stellt man mit guter Näherung eine Proportionalität zwischen Stromstärke und Ausschlag fest.

Nun setzen wir neben den ersten einen gleichen zweiten Hufeisenmagneten. Da der homogene Teil ihres Magnetfeldes sich kaum über den Raum zwischen den Magnetpolen hinaus erstreckt, wird dadurch das Magnetfeld nicht verstärkt, sondern es nimmt nur einen größeren Raum ein, in dem ein doppelt so langes Stück des Leiters beeinflußt wird. Bei gleicher Stromstärke sind die Ausschläge genähert doppelt so groß.

> **In einem Magnetfeld erfährt ein senkrecht zu den Feldlinien verlaufender stromdurchflossener Leiter eine Kraft, die auf dem Leiter und auf der Feldrichtung senkrecht steht.**

Zwischen den Richtungen des Stromes, des Feldes und der entstehenden Bewegung besteht ein gesetzmäßiger Zusammenhang. Man kann ihn durch die sog. UVW-Regel formulieren.

> **Spreizt man den Daumen, den Zeige- und den Mittelfinger der rechten Hand so, daß sie nach drei aufeinander senkrechten Richtungen zeigen, und bringt man den Daumen in die Richtung des Stromes (Ursache), den Zeigefinger in die des Feldes (Vermittlung), so zeigt der Mittelfinger in die Richtung der Bewegung (Wirkung) (Abb. 2).**

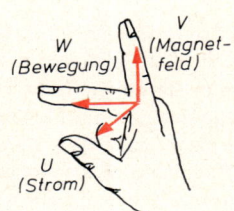

Abb. 2. UVW-Regel

Der Vorgang läßt sich auch aus dem Feldverlauf in der Umgebung des Leiters erklären. In Abb. 3 ist dargestellt, wie aus dem ursprünglich homogenen Magnetfeld und aus dem des Leiters ein resultierendes Feld entsteht. Nach 6.1.2. c greifen an dem Leiter in Richtung der resultierenden Feldlinien die Zugkräfte F_1 und F_2 an. Sie lassen sich zu der Gesamtkraft F zusammenfassen, die auf der Richtung der ursprünglichen Feldlinien und der des Stromes senkrecht steht.

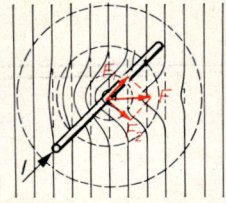

Abb. 3. Enstehung der Kraft auf einen Leiter im Magnetfeld

b) Die magnetische Flußdichte. Wie der Versuch zeigt, ist die Kraft F um so größer, je stärker der fließende Strom und je länger das quer zum Feld verlaufende Stück des Leiters ist. Auf ein parallel zum Feld verlaufendes Leiterstück wirkt keine Kraft. Um die Stärke des Feldes unabhängig vom Strom I und der Länge l des Leiters zu kennzeichnen, bildet man den Quotienten $F/I\,l$. Sein Wert ist ein Maß für die Kraft, die ein Leiter von z. B. 1 cm Länge an der betreffenden Stelle des Magnetfeldes erfährt, wenn durch ihn ein Strom von 1 A fließt. Diese Größe kann ebenso wie die Feldstärke zur Kennzeichnung eines Magnetfeldes dienen. Die frühere Bezeichnung magnetische Induktion wurde wegen der Verwechslung mit dem Induktionsvorgang durch die bessere Bezeichnung **magnetische Flußdichte** B ersetzt. Auch sie ist ein Vektor in Richtung der Feldlinien. Ihren Betrag und die Einheit erhält man aus der Gleichung:

$$B = \frac{F}{I\,l} \qquad [B] = \left[\frac{F}{I\,l}\right] = \frac{\text{N}}{\text{A m}} = \frac{\text{N m}}{\text{A m}^2} = \frac{\text{V A s}}{\text{A m}^2} = \frac{\text{V s}}{\text{m}^2} = \text{T}$$

Für die sich ergebende Einheit $[B] = \text{V s/m}^2$ wird manchmal die kürzere Bezeichnung Tesla (T) verwendet

Durch Umstellen der Gleichung für B erhält man die Formel für die Kraft auf ein zu den Feldlinien senkrechtes Leiterstück: $F = B\,I\,l$. Bildet es mit den Feldlinien den Winkel α, so ist nur die auf dem Feld senkrecht stehende Länge $l \sin \alpha$ (Abb. 4) einzusetzen.

Abb. 4. Kraft auf einen schräg verlaufenden Leiter

$$F = B\,I\,l \sin \alpha$$

c) Der magnetische Fluß. Die magnetische Flußdichte kennzeichnet die Stärke eines Magnetfeldes an einem einzelnen Punkt. In der Veranschaulichung des Feldes durch das Feldlinienbild erkennt man ihre Größe aus der Dichte der Feldlinien. Die magnetische Flußdichte ist also ein Maß für die Feldliniendichte.

Für die Gesamtwirkung eines Magnetfeldes in einem ausgedehnten Bereich ist die Gesamtheit aller Feldlinien maßgebend, die einen Querschnitt A des Bereiches durchsetzen und die man als **magnetischen Fluß** Φ bezeichnet. Wenn das Feld nicht homogen ist, ändert sich im allgemeinen die Flußdichte B von Punkt zu Punkt. Um den magnetischen Fluß zu berechnen, zerlegt man dann den Querschnitt A in so kleine Flächenstückchen $\mathrm{d}A$, daß in ihnen die Flußdichte B als konstant angesehen werden darf. Wenn dann β der Winkel ist, den die Normale des Flächenstückchens mit der Feldrichtung einschließt, so hat das Flächenstückchen $\mathrm{d}A'$, das auf $\vec{B}$ senkrecht steht und den gleichen Beitrag zum magnetischen Fluß liefert wie $\mathrm{d}A$, den Inhalt $\mathrm{d}A' = \mathrm{d}A \cos \beta$ (Abb. 5). Das Produkt dieses Flächenstückchens $\mathrm{d}A'$ mit der Flußdichte B ist dann der Beitrag zum Gesamtfluß: $d\Phi = B\,dA' = B\,dA\cos\beta$. Faßt man nun nach den Regeln der Vektorrechnung das Flächenstückchen als einen Vektor $d\vec{A}$ mit dem Betrag dA und der Richtung der Flächennormale auf, so kann man den Ausdruck in vektorieller Schreibweise kürzer als skalares Produkt schreiben:

$$d\Phi = B\,dA\cos\beta = \vec{B}\,d\vec{A}$$

Den gesamten magnetischen Fluß durch die Fläche A erhält man hieraus durch Integration:

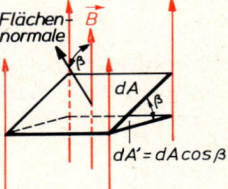

$$\boxed{\text{Magnetischer Fluß: } \Phi = \int_A B\cos\beta\,dA = \int_A \vec{B}\,d\vec{A}}$$

Abb. 5. Zur Definition des magnetischen Flusses

Wenn das Feld homogen und daher B konstant ist, vereinfacht sich das Integral zu einem Produkt:

$$\Phi = B\,A\cos\beta$$

Steht die Fläche außerdem noch auf den Feldlinien senkrecht, so daß $\beta = 0$ bzw. $\cos\beta = 1$ ist, so wird das Ergebnis noch einfacher:

$$\Phi = B\,A$$

Aus dieser Gleichung folgt für die nach W. Weber[1] benannte Einheit des magnetischen Flusses:

$$[\Phi] = [B\,A] = \frac{V\,s}{m^2}\cdot m^2 = V\,s = Wb$$

d) Beziehung zwischen magnetischer Feldstärke und Flußdichte. Die Kraft, die ein quer zum Magnetfeld verlaufendes Leiterstück erfährt, ist $F = B\,I\,l$. Im Magnetfeld einer Spule ist die gleiche Kraft proportional zur magnetischen Feldstärke H. Daraus folgt, daß auch die Flußdichte B zur Feldstärke H proportional sein muß. Den Proportionalitätsfaktor bezeichnet man als **Permeabilität** μ, so daß man erhält:

$$\boxed{B = \mu\,H}$$

Den im Vakuum (und praktisch auch in Luft oder anderen magnetisch nicht beeinflußbaren Stoffen) gültigen Wert von μ bezeichnet man als **magnetische Feldkonstante.**

$$\boxed{\mu_0 = 4\pi\cdot 10^{-7}\,V\,s/A\,m = 1{,}257\cdot 10^{-6}\,V\,s/A\,m}$$

Da beim Einführen eines Eisenkernes in eine Magnetspule bei gleichbleibendem Spulenstrom, also auch bei gleicher Feldstärke $H = I\,N/l$, die Kraft und daher auch die zu ihr proportionale Flußdichte stark ansteigen, muß μ im materieerfüllten Raum einen anderen Wert haben als im Vakuum. Man schreibt dann $\mu = \mu_0\,\mu_r$ und bezeichnet den unbenannten Faktor μ_r als **Permeabilitätszahl** des betreffenden Stoffes. Dann gilt:

$$\boxed{B = \mu_0\,\mu_r\,H}$$

---

[1] Wilhelm W e b e r , 1804 bis 1891, Prof. in Göttingen, entwickelte eine Theorie des Magnetismus und baute mit Gauß die erste Telegraphenanlage.

Die Feldstärke ist nur ein Maß für die Erregung des Magnetfeldes durch den äußeren Strom. Die magnetische Flußdichte mißt dagegen auch die Veränderungen, die das Feld durch die in ihm enthaltene Materie erfährt und ist dadurch das eigentliche Maß für alle Wirkungen des Magnetfeldes.

> **Die magnetische Feldstärke berücksichtigt nur den das Feld erregenden Strom, die magnetische Flußdichte auch die Wirkungen der das Feld füllenden Materie.**

Aufgabe:

Wie groß sind die magnetische Feldstärke, die Flußdichte und der gesamte magnetische Fluß im Innern einer eisenfreien Ringspule (Abb. 6.7.2. (2)) mit 600 Windungen bei einem mittleren Ringdurchmesser von 104 mm und einem Durchmesser von 16 mm einer Einzelwindung, wenn sie von einem Strom von 3 A durchflossen wird?   (5509 A/m, 0,00692 V s/m², 1,39 · 10⁻⁶ Wb)

6.7.4. Das Magnetfeld im stofferfüllten Raum

a) Dia- und Paramagnetismus. Wenn μ_r bei einem Stoff kleiner als 1 ist, nennt man ihn **diamagnetisch.** Seine Anwesenheit schwächt das Magnetfeld. Bei den in der Natur vorkommenden Stoffen weicht μ_r nur sehr wenig von 1 ab, z. B. bei Wismut mit $\mu_r = 0,99982$. Deshalb sind die Unterschiede gegenüber dem Magnetfeld im Vakuum kaum merkbar und nur durch genaue Meßverfahren nachzuweisen.

Bei anderen Stoffen ist μ_r größer als 1; aber auch bei ihnen sind die Unterschiede gegenüber 1 sehr klein, z. B. bei Luft $\mu_r = 1,000\,000\,4$, bei Aluminium $\mu_r = 1,000\,02$. Diese Stoffe bezeichnet man als **paramagnetisch.** Sie rufen eine geringfügige Verstärkung des Magnetfeldes hervor.

b) Ferromagnetismus. Eine besondere Bedeutung haben die Stoffe, deren Permeabilität sich wesentlich von 1 unterscheidet. Nur wenige Stoffe, am stärksten Eisen, etwas weniger Nickel, Kobalt und einige Legierungen und Verbindungen besitzen diese Eigenschaft. Nach dem bekanntesten Vertreter Eisen (lat.: ferrum) nennt man sie **ferromagnetisch.** Wegen der die Zahl 1 weit übersteigenden Permeabilitäten verstärken sie das Magnetfeld beträchtlich. Während μ_r aber bei dia- und paramagnetischen Stoffen vom äußeren Feld unabhängig ist, ändert es sich bei ferromagnetischen Stoffen in weiten Grenzen mit der Feldstärke des äußeren Magnetfeldes. In einem *H-B*-Diagramm stellt die Gleichung $B = \mu_0\,\mu_r\,H$ keine Gerade mehr dar, sondern eine gekrümmte Linie, die Magnetisierungskurve (Abb. 1). Sie kennzeichnet das Verhalten der ferromagnetischen Stoffe im Magnetfeld. Bei niedrigen Feldstärken steigt sie zuerst steil an und wird dann allmählich immer flacher.

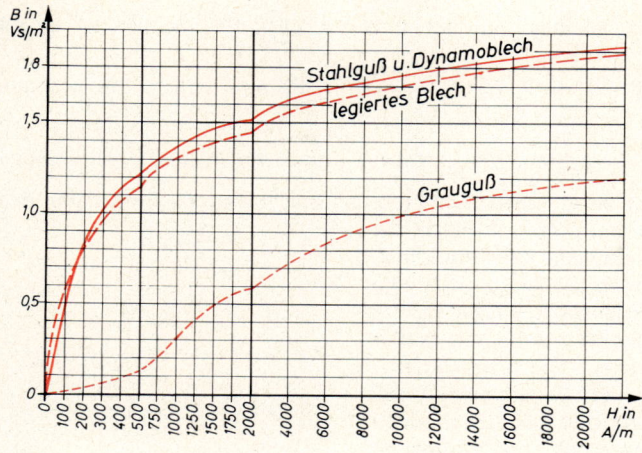

Zur Erhöhung der Genauigkeit ist der Maßstab auf der H-Achse für 0 . . . 500 A/m 7,5 mal für 500 . . . 2000 A/m 2,5 mal größer als für 2000 . . . 20 000 A/m. Bei gleichem Maßstab haben die Kurven keine Knickstellen.

Abb. 1. Magnetisierungskurven

Der Verlauf der Magnetisierungskurve erklärt sich aus der Parallelrichtung der Weißschen Bezirke (6.1.1. c). Solange noch gar keine Ordnung besteht, können schon kleine Feldstärken zahlreiche Bezirke parallel richten. Danach tritt immer mehr eine Sättigung ein, und es sind sehr hohe Feldstärken erforderlich, um noch weitere Elementarmagnete parallel zu richten.

c) Hysterese, Remanenz, Koerzitivfeldstärke. Während bei Weicheisen die Ordnung sofort wieder verloren geht, wenn die äußere Feldstärke verschwindet, bleibt sie bei Stahl noch zu einem großen Teil bestehen. Auch diese Eigenschaft kann man aus der Magnetisierungskurve ablesen, wenn man sie nicht nur für wachsende, sondern auch für abnehmende Feldstärke zeichnet (Abb. 2). Sie nimmt in beiden Fällen nicht den gleichen Verlauf. Bei abnehmender Feldstärke geht die Flußdichte langsamer zurück, als sie zuvor angestiegen ist. Wenn die Feldstärke auf Null gesunken ist, bleibt bei der Flußdichte noch ein Rest, die **Remanenz,** übrig.

Sie ist bei Weicheisen sehr klein, bei Stahlsorten, vor allem bei einigen Magnetlegierungen, groß. Um diesen Restmagnetismus zu beseitigen, muß man das äußere Feld umpolen, d. h. man muß zu negativen Werten der Feldstärke übergehen. Erst bei einem bestimmten negativen Betrag ist die äußere Feldstärke in der Lage, die **Koerzitivfeldstärke** des Magneten zu überwinden und ihn ganz zu entmagnetisieren. Bei periodischem Wechsel nimmt die Magnetisierungskurve einen in sich geschlossenen Verlauf an, der ein Flächenstück umschließt, das als **Hystereseschleife** bezeichnet wird. Der bei der ersten Magnetisierung durchlaufende Teil der Kurve, die sog. Neukurve, liegt im Innern der Schleife.

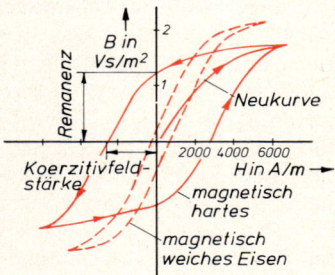

Abb. 2. Hysteresekurven

Zum Umpolen der Elementarmagnete ist eine Arbeit erforderlich, die man aus der Hysteresekurve ablesen kann, wie die folgende Ableitung zeigt. Ähnlich wie das elektrische Feld enthält auch das Magnetfeld in sich eine Energie gespeichert. In 6.7.8. f wird für die Energie, um in einem Volumen V ein homogenes Magnetfeld mit der Flußdichte B aufzubauen, die Formel $W = V \int_{0}^{B} H \, dB$ abgeleitet. Um einen Magneten von der Flußdichte $-B$ zur Flußdichte $+B$ umzumagnetisieren, ist daher die Arbeit $W_1 = V \int_{-B}^{+B} H_1\, dB$, und um ihn erneut

umzumagnetisieren, die Arbeit $W_2 = V \int_{B}^{-B} H_2\, dB = -V \int_{-B}^{+B} H_2\, dB$ erforderlich. Die gesamte

Arbeit ist dann $W = W_1 + W_2 = V \int_{-B}^{B} (H_1 - H_2)\, dB$. Da die Kurven für H_1 und H_2 sich wegen

der Hysterese nicht decken, ist diese Arbeit nicht Null und macht sich als Erwärmung des
Magneten bemerkbar. Sie ist nach Abb. 3 durch die
Fläche zwischen der Hystereseschleife gekennzeichnet.
Die Hysteresearbeit ist also um so größer, je größer die
von der Hystereseschleife umschlossene Fläche ist. Für
Dauermagneten wählt man eine Stahlsorte mit großer
Hystereseschleife, großer Remanenz und großer Koerzi-
tivkraft. In elektrischen Maschinen (Generatoren, Motoren, Transformatoren), bei denen eine möglichst verlust-
lose Umpolung angestrebt wird, wählt man magnetisch
weiche Eisensorten mit enger Hystereseschleife.

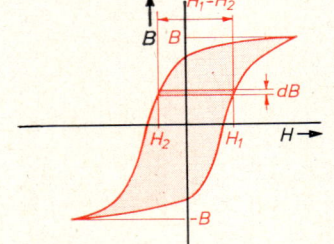

Abb. 3. Hysteresearbeit

Magnetische Eigenschaften einiger Werkstoffe

Werkstoff	Anfangs-permeabilität	Größte Permeabilität	Koerzitivkraft in A/m	Remanenz in V s/m²
Dynamostahl	70	4200	1200	1,06
Transformatorblech	100	7000	500	0,52
Permalloy (79 % Ni, 21 % Fe)	15000	100000	40	0,90
Kobaltstahl	—	10	2750	0,90
Magnetstahl (Oerstit 900)	—	—	6500	0,55

6.7.5. Berechnung von Wirkungen eines Magnetfeldes

a) Drehmoment einer Leiterschleife im Magnetfeld. Befindet sich nach Abb. 1 eine rechteckige, vom Strom I
durchflossene Leiterschleife in einem homogenen
Magnetfeld, so wirken auf ihre äußeren Drähte die
beiden Kräfte $F_1 = F_2 = IBl$. Sie sind entgegengesetzt gleich und bilden ein Kräftepaar mit dem Drehmoment $M = IBll_1 \cos\alpha$. Dabei ist α der Winkel, den
die Ebene des Rechtecks mit der Feldrichtung einschließt. Das Drehmoment ändert sich also mit
der Stellung der Schleife und verschwindet
ganz, wenn sie bei $\alpha = 90°$ quer zum Felde
steht. Setzt man für $l l_1$ die Fläche A der
Schleife in die obige Gleichung ein, so erhält
sie eine Form, die auch gültig bleibt, wenn die
Schleife nicht rechteckig ist. Bilden N gleiche
Windungen eine flache Spule, so wächst auch
das Drehmoment auf den N-fachen Betrag.
Man erhält also:

$$M = N I B A \cos\alpha$$

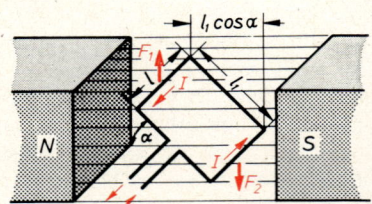

Abb. 1. Drehmoment einer Leiterschleife

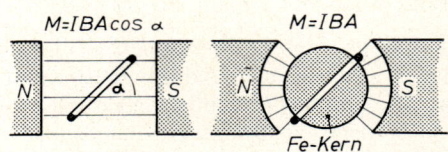

Abb. 2. Drehmoment im homogenen und radialen Magnetfeld

Dieses Drehmoment bildet die Grundlage für den Bau der Drehspulinstrumente. Bei ihnen verwendet man jedoch ein radiales Feld, weil in ihm das Drehmoment längs eines großen Winkelbereiches konstant ist (Abb. 2).

b) Kraft zwischen zwei Magnetpolen. Die anziehende Kraft zwischen zwei ungleichnamigen Magnetpolen oder auch zwischen einem Magnetpol und einem Eisenstück bleibt nur dann längs einer Strecke konstant, wenn das Feld homogen ist. Unter dieser Voraussetzung kann man sie aus dem Energieinhalt eines Magnetfeldes berechnen, für den in 6.7.9. e der Betrag $E_{mg} = \frac{1}{2} B H V$ abgeleitet wird.

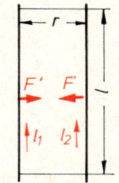

Entfernt man in Abb. 3 die beiden Pole um die Strecke Δs, so muß dabei die Anziehungskraft F überwunden und die Arbeit $F \Delta s$ aufgewandt werden. Dabei nimmt der vom Magnetfeld erfüllte Raum um $\Delta V = A \Delta s$ zu.

Der Energieinhalt des Magnetfeldes vermehrt sich um den Betrag $\frac{1}{2} B H A \Delta s$.

Setzt man nun nach dem Energiesatz die aufgewandte Arbeit und die Energiezunahme des Feldes gleich, so folgt:

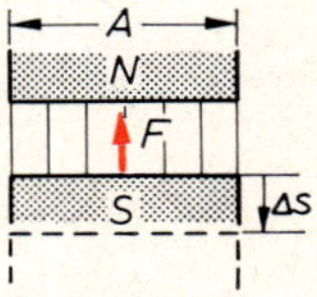

Abb. 3. Kraft zwischen zwei Magnetpolen

$$F \Delta s = \frac{1}{2} B H A \Delta s \qquad \text{oder:} \qquad F = \frac{1}{2} B H A = \frac{B^2 A}{2 \mu_0}$$

(wobei in Luft $\mu_r = 1$ gesetzt ist)

c) Kraft zwischen zwei parallelen Leitern. Schickt man durch zwei parallele Leiter gleichgerichtete Ströme, so entsteht zwischen ihnen eine anziehende, schickt man entgegengesetztgerichtete Ströme hindurch, so entsteht eine abstoßende Kraft. In beiden Fällen ist die Kraft eine Folge davon, daß der eine Leiter sich im Magnetfeld des anderen befindet.

Zur Berechnung der Kraft bestimmt man zuerst das Magnetfeld des einen Leiters an der Stelle des zweiten: $H_1 = I_1/2 r \pi$ oder $B_1 = \mu_0 I_1/2 r \pi$. Die auf den zweiten Leiter ausgeübte Kraft F bzw. die Reaktionskraft F' (Abb. 4) folgt jetzt aus der Gleichung $F = I_2 l B_1$:

$$F = \frac{\mu_0}{2 \pi} I_1 I_2 \frac{l}{r} = 2 \cdot 10^{-7} \frac{Vs}{Am} I_1 I_2 \frac{l}{r} = F'$$

Eine Untersuchung der Kraftrichtung zeigt, daß sie bei parallelen Strömen anziehend, bei antiparallelen Strömen abstoßend ist.

Abb. 4. Zur Berechnung der Kraft zwischen parallelen Strömen

Parallele, von gleichgerichteten Strömen durchflossene Leiter ziehen sich an, von entgegengesetzten Strömen durchflossene stoßen sich ab.

Weil in dieser Gleichung alle Größen einer zuverlässigen Messung zugänglich sind, wird sie benutzt, um die Stromeinheit unabhängig von anderen Stoffen oder schwer meßbaren Vorgängen festzulegen.

Durch zwei parallele Leiter mit dem Abstand 1 m fließt ein Strom von 1 A, wenn je m Leiterlänge eine Kraft von $2 \cdot 10^{-7}$ N entsteht.

d) Kraft auf einen bewegten Ladungsträger. Auf einen Leiter wirkt im Magnetfeld nur eine Kraft, wenn durch ihn quer zur Feldrichtung ein Strom fließt. Man muß annehmen, daß primär eine Kraft auf die einzelnen Ladungsträger wirkt und die Gesamtkraft $F = I B l$ die Resultierende dieser Einzelkräfte ist. Folgende Überlegung führt zur Berechnung der Einzelkraft:

Wenn sich in dem Leiter N Ladungsträger befinden, herrscht in ihm die Ladungsträgerdichte $n = N/(A\,l)$. Wenn alle Träger die Ladung q tragen und im Mittel die Geschwindigkeit v in der Stromrichtung besitzen, passieren in einer Zeit t so viele Träger einen Querschnitt A, wie in einem Volumen $A \cdot v\,t$ enthalten sind, so daß die Ladung $Q = n\,q\,A\,v\,t$ befördert wird. Da die Stromstärke durch den Quotienten Q/t festgelegt ist, erhält man den Strom $I = n\,q\,A\,v$. Setzt man dieses Ergebnis in die Gleichung $F = I\,l\,B$ ein, so erhält man $F = n\,q\,A\,v\,l\,B = N\,q\,v\,B$. Die Kraft auf einen einzelnen Ladungsträger ist demnach $F/N = q\,v\,B$. Sind die Ladungsträger insbesondere Elektronen mit der Ladung e, so erhält man die **Lorentzkraft** F_L, die ein Elektron bei einer Bewegung im Magnetfeld erfährt: $F_L = e\,v\,B$. Dabei muß die Geschwindigkeit quer zu den Feldlinien gerichtet sein, und die Kraft $\vec{F}$ steht dann auf $\vec{v}$ und $\vec{B}$ senkrecht. Mit Hilfe des Vektorprodukts kann man dem Ergebnis eine Form geben, die gleichzeitig die Größe und die Richtung der Lorentzkraft angibt:

$$\text{Lorentzkraft:}\quad \vec{F_L} = e\,(\vec{v} \times \vec{B})$$

e) Der Halleffekt. Die Lorentzkraft erklärt das Auftreten einer Querspannung bei einem ausgedehnten stromdurchflossenen Leiter im Magnetfeld (Abb. 5). Während die Elektronen sich ohne Magnetfeld parallel zur Mittellinie des Leiters bewegen, bewirkt in einem Magnetfeld mit der Flußdichte B die Lorentzkraft F_L eine Querablenkung. Dadurch entsteht auf der einen Seite eine erhöhte, auf der anderen Seite eine verminderte Dichte der Ladungsträger. Verbindet man die Stellen A und C über einen Spannungsmesser, so sucht sich der Unterschied in der Ladungsträgerdichte auszugleichen, was sich durch das Entstehen der **Hallspannung** U_H bemerkbar macht. Ihre Größe ergibt sich aus dem Gleichgewicht der Lorentzkraft F_L mit der Kraft F_e, die in dem elektrischen Querfeld entsteht: $F_e = e\,E_H = e\,U_H/b$.

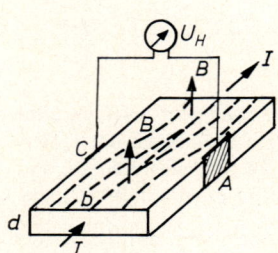

Abb. 5. Der Halleffekt

$$\frac{e\,U_H}{b} = e\,v\,B \qquad \text{oder} \qquad U_H = b\,B\,v$$

Die mittlere Geschwindigkeit der Ladungsträger erhält man aus der Stromstärke $I = n\,e\,A\,v$ (6.7.5. d):

$$v = \frac{I}{n\,e\,A} = \frac{I}{n\,e\,d\,b}$$

Nun erhält man für die Hallspannung U_H die Gleichung:

$$U_H = \frac{b\,B\,I}{n\,e\,d\,b} = \frac{B\,I}{n\,e\,d} = R_H\,\frac{B\,I}{d} \qquad \text{wobei} \quad R_H = \frac{1}{n\,e}$$

Die Materialkonstante R_H heißt Hallkonstante; sie hängt von der Dichte n der Ladungsträger ab. Während sie bei den meisten Metallen bei etwa 10^{-11} m³/As liegt, steigt sie bei Wismut auf $5 \cdot 10^{-7}$ m³/As und bei Stoffen, die Indium enthalten, sogar auf 10^{-4} m³/As. Bei bekannter Hallkonstante läßt sich mit Hilfe der Hallspannung die magnetische Flußdichte aus der obigen Gleichung bestimmen.

Aufgabe:
Welchen Winkelausschlag ruft ein Strom von 0,05 A bei einem Drehspulinstrument hervor, wenn die Spule aus 80 Windungen mit einer Fläche von 2,4 cm² besteht und im Luftspalt ein radiales Feld mit $B = 0{,}1$ Vs/m² herrscht? Die Spiralfeder entwickelt bei 10° Ausschlag ein Rückstellmoment von 0,002 N cm.   (48°)

6.7.6. Der magnetische Kreis

a) Das Ohmsche Gesetz des Magnetismus. Die Berechnung der für einen vorgegebenen magnetischen Fluß erforderlichen Durchflutung ist besonders im Hinblick auf die in den folgenden Abschnitten zu behandelnde elektromagnetische Spannungserzeugung und den Bau der Elektromotoren eine wichtige Aufgabe der Elektrotechnik.

In einem streuungsfreien, von einheitlichem Material erfüllten Magnetfeld (z. B. bei einer Ringspule) findet man den Zusammenhang zwischen der Durchflutung $I N$ und dem entstehenden Fluß Φ aus dem Durchflutungsgesetz:

$$I N = H l = \frac{B}{\mu} l = \Phi \frac{l}{A \mu}$$

Die links stehende Durchflutung ist zugleich die magnetische Spannung (6.7.2. b). Der rechts stehende Ausdruck $l/A \mu$ entspricht genau dem Ohmschen Widerstand, wenn man die Permeabilität μ durch die elektrische Leitfähigkeit $\varkappa = 1/\varrho$ ersetzt; deshalb bezeichnet man den Ausdruck $l/A \mu$ als magnetischen Widerstand. Mit diesen Bezeichnungen nimmt die obige Gleichung eine Form an, die dem Ohmschen Gesetz $U = I R$ entspricht und die man deshalb als das **Ohmsche Gesetz des Magnetismus** bezeichnet:

$$\text{Magn. Spannung} = \text{magn. Fluß} \cdot \text{magn. Widerstand} \qquad \text{Magn. Fluß} = \frac{\text{magn. Spannung}}{\text{magn. Widerstand}}$$

Man erkennt aus diesem Gesetz, daß zur Erzielung eines hohen magnetischen Flusses nicht nur durch eine starke Durchflutung $I N$ eine hohe magnetische Spannung erzeugt werden muß, sondern daß ein kleiner magnetischer Widerstand erforderlich ist, den man erzeugen kann, indem man Stoffe mit hoher Permeabilität und großem Querschnitt verwendet.

b) Der magnetische Kreis. Meist durchlaufen die magnetischen Feldlinien verschiedene Stoffe mit verschiedenem Querschnitt. Die Gesamtheit der von ihnen durchsetzten Stoffe bezeichnet man als einen **magnetischen Kreis.** Werden mehrere Stoffe nacheinander durchlaufen, so erhält man aus der allgemeinen Form des Durchflutungsgesetzes:

$$N I = \Sigma H l = \Phi \left(\frac{l_1}{A_1 \mu_1} + \frac{l_2}{A_2 \mu_2} + \ldots \right)$$

Diese Gleichung zeigt, wie die gesamte Durchflutung zur Erregung des Flusses in den einzelnen Teilen des magnetischen Kreises verwendet wird. Um den magnetischen Fluß in einem ferromagnetischen Stoff zu erzeugen, genügt wegen der hohen Permeabilität schon ein kleiner Teil der Durchflutung, während bei anderen Stoffen mit kleiner Permeabilität, z. B. einem engen Luftspalt, der größte Teil der Durchflutung verbraucht wird.

c) Berechnung der erforderlichen Durchflutung. Um die für einen gegebenen magnetischen Fluß in einem magnetischen Kreis mit gegebenen Abmessungen erforderliche Durchflutung zu finden, berechnet man aus dem in allen Teilen des magnetischen Kreises unveränderten Fluß Φ und den Querschnitten die Flußdichten in den einzelnen Teilen. Aus ihnen erhält man bei ferromagnetischen Stoffen mit dem H-B-Diagramm, bei anderen Stoffen mit der Gleichung $H = B/\mu$ die magnetischen Feldstärken. Mit den mittleren Weglängen l folgen nun die Teilbeträge $H l$ und daraus durch Addition der Gesamtbetrag der Durchflutung. Die Feldstreuung kann man durch kleine Änderungen des Flusses in Rechnung setzen.

Beispiel:

Ein Hufeisenmagnet aus Stahlguß (Abb. 1) wird durch einen Anker aus Grauguß geschlossen, der mit den beiden Schenkeln des Magneten einen Luftspalt von 1 mm bildet. Im Luftspalt und Anker sei eine Streuung von 10 % berücksichtigt. Berechnen Sie die erforderliche Durchflutung, damit im Luftspalt eine Flußdichte von 1,2 V s/m² erzielt wird.

Der magnetische Fluß ergibt sich aus B und A zu:

$\Phi_1 = B\,A = 1,2\ \text{V s/m}^2\ 36\ \text{cm}^2 = 43,2 \cdot 10^{-4}\ \text{V s}$

Wegen der Streuung ist der Fluß im U-Kern des Magneten größer:

$\Phi_2 = \Phi_1/0,9 = 48 \cdot 10^{-4}\ \text{V s}$

Nun folgen nacheinander die Zeilen der folgenden Tabelle:

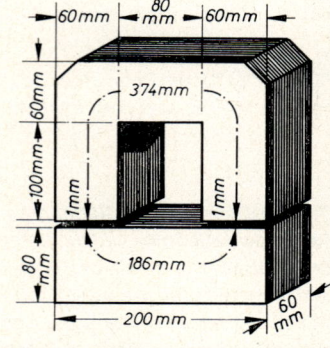

	Magnet	Luftspalt	Anker
Fluß Φ in Vs	$48 \cdot 10^{-4}$	$43,2 \cdot 10^{-4}$	$43,2 \cdot 10^{-4}$
Querschnitt A in m²	$36 \cdot 10^{-4}$	$36 \cdot 10^{-4}$	$48 \cdot 10^{-4}$
$B = \Phi/A$ in V s/m²	1,33	1,2	0,9
$H = B/\mu_0$ (bzw. aus H-B-Diagramm) in A/m	850	955 000	7400
Länge l in m	0,374	0,002	0,186
$H\,l$ in A	318	1910	1376

Abb. 1. Berechnung der Durchflutung

Gesamtdurchflutung $(318 + 1910 + 1376)\ \text{A} = 3604\ \text{A}$

Bemerkenswert ist, daß mehr als die Hälfte der Durchflutung für die beiden je nur 1 mm breiten Luftspalte benötigt wird.

6.7.7. Das Induktionsgesetz

a) Spannungserzeugung bei der Bewegung eines Leiters im Magnetfeld.

Ein bewegter Leiter befindet sich so im Feld eines Hufeisenmagneten, daß er quer zur Feldrichtung steht (Abb. 1). Seine Enden sind mit einem empfindlichen Stromanzeigegerät verbunden. Bei jeder Bewegung des Leiters zeigt dieses einen Ausschlag, der sofort wieder auf Null zurückgeht, wenn die Bewegung aufhört. Bei einer Umkehrung der Bewegungsrichtung oder auch bei einem Vertauschen der Magnetpole ändert sich die Richtung des Ausschlages. Man kann auch den Magneten bewegen und den Leiter ruhig lassen; in allen Fällen entsteht im Stromkreis eine Spannung.

Dieser Versuch stellt die Umkehrung zu dem in 6.7.3. a beschriebenen Versuch dar. Dort wurde ein Strom durch einen Leiter im Magnetfeld geschickt, und es entstand eine Kraft, die den Leiter in Bewegung setzte. Hier wird der Leiter im Magnetfeld bewegt, und es entsteht eine Spannung, die in einem geschlossenen Leiterkreis einen Strom hervorruft. Die Spannung ist um so größer, je rascher der Leiter bewegt wird.

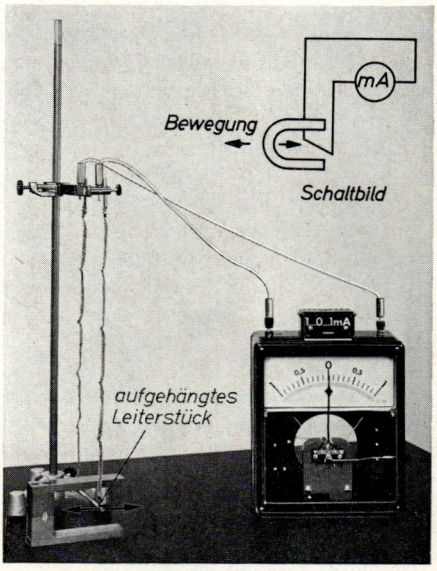

Abb. 1. Entstehung einer Induktionsspannung

Führt man aber den Leiter so, daß er keine Feldlinien schneidet, so entsteht keine Spannung. Dagegen ist es beim Schneiden der Feldlinien gleichgültig, ob dies die Folge einer Bewegung des Leiters im ruhenden Magnetfeld oder einer Bewegung des Magnetfeldes relativ zum Leiter ist.

Schneidet ein Leiter magnetische Feldlinien, so entsteht in ihm eine Spannung.

Zwischen der Bewegungsrichtung des Leiters relativ zum Magnetfeld, der Richtung des Feldes und der Richtung der entstehenden Spannung besteht eine gesetzmäßige Beziehung, die sich wie in 6.7.3. a mit der UVW-Regel formulieren läßt:

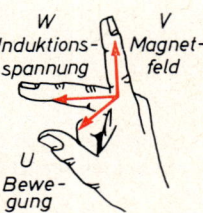

Abb. 2. UVW-Regel

Bringt man den Daumen der rechten Hand in die Richtung der Bewegung des Leiters relativ zum Magnetfeld (Ursache) und den Zeigefinger in die Richtung des Feldes (Vermittlung), so weist der Mittelfinger in die Richtung der entstehenden Spannung (Wirkung) (Abb. 2).

Den gesamten Vorgang bezeichnet man als **Induktion** (lat.: inducere = hineinführen). Die entstehende Spannung heißt Induktionsspannung und der von ihr in einem geschlossenen Stromkreis hervorgerufene Strom Induktionsstrom.

b) Das Induktionsgesetz. Um die Größe der Induktionsspannung zu berechnen, verwenden wir den Energiesatz. Ein Leiter werde in einem Magnetfeld senkrecht zu seiner eigenen Richtung und senkrecht zur Richtung der Feldlinien bewegt. Dann entsteht in ihm eine Induktionsspannung, die einen Induktionsstrom hervorruft. Nach 6.7.3. b erfährt er dann eine Kraft $F = I B l$, die — wie aus einer Untersuchung der Richtung hervorgeht — die Bewegung des Leiters zu hemmen sucht. Wird der Leiter in der Zeit dt um die Strecke ds bewegt, so ist dazu die Arbeit d$W_1 = F$ d$s = I B l$ ds erforderlich. Nach dem Energiesatz ist diese Arbeit nicht verloren, sondern stellt die Energie d$W_2 = I U_{ind}$ dt des erzeugten Induktionsstromes dar. Aus dW_1 = dW_2 erhält man nun $I U_{ind}$ d$t = I B l$ ds. Das Produkt l ds stellt die vom Leiter überstrichene Fläche dA dar, so daß man schreiben kann:

$$U_{ind} = \frac{B\, dA}{dt} = \frac{d\Phi}{dt}$$

In der letzten Form gilt das Gesetz allgemein, auch wenn der Leiter eine beliebige Richtung hat und in beliebiger Richtung bewegt wird. dΦ ist dann die Änderung des von dem Leiterkreis umschlossenen magnetischen Flusses in der Zeit dt. Besteht der Leiter aus einer Spule mit N Windungen, so ist auch die Spannung Nmal so groß, und man erhält das **Induktionsgesetz:**

$$U_{ind} = N \frac{d\Phi}{dt}$$

c) Die Lenzsche Regel. Die obige Ableitung führt auf ein wichtiges Naturprinzip. Der ersten Kraft, die zur Bewegung des Leiters erforderlich ist, wirkt die Kraft entgegen, die als Folge des Induktionsstromes im Magnetfeld auf den Leiter wirkt. Die erste Kraft ist die Ursache, die zweite eine Wirkung des Induktionsvorganges. Die Wirkung ist also von der Art, daß sie die Ursache aufzuheben sucht. Ähnliche Erscheinungen kann man auch sonst feststellen: Wenn ein Körper von einer Kraft verformt wird, entsteht eine der ursächlichen Kraft entgegenwirkende Gegenkraft. — Die Temperaturstrahlung wird von einer hohen Temperatur verursacht. Infolge der Strahlung wird Energie abgegeben, und die Temperatur sinkt. — Die von einer Temperaturdifferenz hervorgerufene Wärmeausbreitung vermindert den Temperaturunterschied. Die Zahl der Beispiele ließe sich noch weit vermehren. Das Ergebnis bezeichnet man als

> **Lenzsche Regel: Ein Naturvorgang verläuft so, daß seine Wirkung die Ursache zu vermindern sucht.**

6.7.8. Fremd- und Selbstinduktion

a) Fremdinduktion. Bei einem Elektromagneten lassen sich Änderungen des von einem Leiter umschlossenen magnetischen Flusses nicht bloß durch gegenseitige Bewegungen zwischen Leiter und Magnet, sondern auch durch Verändern des Stromes in der Magnetspule hervorrufen. Befindet sich in der Nähe oder im Innern einer Spule eine zweite, so bewirkt jede Änderung des Erregerstromes in der ersten Spule eine Änderung des magnetischen Flusses. Dadurch entsteht in der zweiten Spule eine Induktionsspannung. Der von ihr hervorgerufene Strom muß nach der Lenzschen Regel so gerichtet sein, daß er die Ursache des Induktionsvorganges, nämlich die Änderung des Erregerstromes zu hemmen sucht.

> **Beim Einschalten und Verstärken des Erregerstromes in der ersten Spule hat der Induktionsstrom in der zweiten Spule entgegengesetzte, beim Schwächen oder Abschalten gleiche Richtung wie der Erregerstrom.**

Wenn sich eine Induktionsspule im Innern einer langen Erregerspule befindet (Abb. 1), kann die Beziehung zwischen der Änderung des Erregerstromes und der entstehenden Induktionsspannung durch eine Formel erfaßt werden.
Im Innern der Erregerspule (Index 1) gilt:

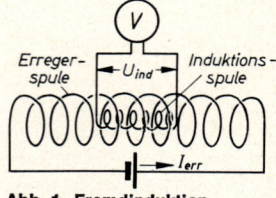

Abb. 1. Fremdinduktion

$$H = \frac{N_1\, I_{err}}{l_1} \qquad B = \mu\, \frac{N_1\, I_{err}}{l_1}$$

Daraus folgt für den Fluß durch die Induktionsspule (Index 2) und die entstehende Induktionsspannung:

$$\Phi = A_2\, \mu\, \frac{N_1\, I_{err}}{l_1} \qquad U_{ind} = N_2\, A_2\, \mu\, \frac{N_1}{l_1}\, \frac{dI_{err}}{dt}$$

Man bezeichnet den Ausdruck $A_2\,\mu\,\dfrac{N_1\,N_2}{l_1}$ als **Fremd-** oder **Gegeninduktivität** M. Sie berücksichtigt die durch den Aufbau und die gegenseitige Anordnung bedingten Faktoren. Mit ihr vereinfacht sich die Gleichung für die Induktionsspannung:

$$U_{ind} = M\,\frac{dI_{err}}{dt} \qquad \text{wobei} \quad M = A_2\,\mu_0\,\mu_r\,\frac{N_1\,N_2}{l_1}$$

b) Selbstinduktion. Jede Stromänderung in einer Spule ändert auch ihren magnetischen Fluß nicht nur für eine in die Nähe oder ins Innere gebrachte Fremdspule, sondern auch für die Erregerspule selbst. Daher entsteht auch in ihr selbst eine Induktionsspannung, die sich der von außen angelegten Spannung überlagert. Alle Induktionsvorgänge treten jetzt in der Erregerspule selbst auf; deshalb bezeichnet man den Vorgang als **Selbstinduktion.** Die Regel über die Richtung der Selbstinduktionsspannung ist dieselbe wie bei der Fremdinduktion:

> **Beim Einschalten und Verstärken des Stromes hat die von der Selbstinduktion hervorgerufene Spannung entgegengesetzte, beim Schwächen und Ausschalten die gleiche Richtung wie die ursprüngliche Spannung.**

In der Formel darf man einfach die Indizes 1 und 2 weglassen, da es sich um die gleiche Spule handelt. Außerdem braucht man jetzt ein Minuszeichen, da durch die angelegte Spannung schon eine positive Richtung festgelegt ist:

$$U_{ind} = -L\,\frac{dI}{dt} \qquad \text{wobei} \quad L = A\,\mu_0\,\mu_r\,\frac{N^2}{l}$$

Die Größe L bezeichnet man als Selbstinduktivität oder kürzer **Induktivität:** (Unterscheiden Sie: Induktion ist ein Vorgang, Induktivität ist eine Eigenschaft eines Leiters.) Die Einheit der Induktivität ist das Henry (H):

$$[L] = \left[\frac{U_{ind}}{dI/dt}\right] = \frac{V}{A/s} = \frac{V\,s}{A} = H$$

c) Die Induktivität einer Spule. Die Gleichung $L = N^2\,\dfrac{\mu_0\,\mu_r}{l}\,A$ gilt nur bei Vernachlässigung der Streuung. Diese macht sich um so mehr bemerkbar, je kürzer die Spule ist. Deshalb fügt man in die Formel noch einen Formfaktor f ein, der bei kurzen Spulen einen kleinen Wert annimmt, der sich aber bei langen Spulen dem Wert 1 nähert. Dann lautet die Formel für die Induktivität einer Spule:

$$L = f\,N^2\,\frac{\mu_0\,\mu_r}{l}\,A$$

Formfaktor f einer Spule (l = Spulenlänge, d = Spulendurchmesser)													
l/d	0,1	0,2	0,3	0,4	0,6	0,8	1,0	1,5	2	2,5	3	3,5	4	5
f	0,20	0,31	0,40	0,46	0,56	0,63	0,68	0,77	0,82	0,86	0,88	0,90	0,91	0,93

Setzt man für $A = d^2\,\pi/4$ und nach 6.7.3.d $\mu_0 = 4\,\pi \cdot 10^{-7}\,V\,s/A\,m$, so tritt im Zähler das Quadrat der gesamten auf der Spule aufgewickelten Drahtlänge $a = N\,d\,\pi$ auf:

$$L = f\,\frac{\mu_r}{l}\,N^2\,\frac{d^2\,\pi}{4}\,4\,\pi \cdot 10^{-7}\,\frac{V\,s}{A\,m} = f\,\frac{a^2}{l}\,\mu_r \cdot 10^{-7}\,\frac{V\,s}{A\,m}$$

Diese Gleichung läßt sich leicht auf Spulen ohne Eisenkern anwenden, weil dann die Permeabilität den festen Wert $\mu_r = 1$ hat. Bei einem Eisenkern hängt jedoch μ_r von der entstehenden Feldstärke ab. Daher ist L dann nicht konstant, so daß man sich mit der Angabe eines Mittelwertes begnügen muß.

Beispiel:

Berechnen Sie die Induktivität einer Luftspule, die bei einem Durchmesser von 4 cm auf einer Länge von 10 cm 600 Windungen enthält.

$$\mu_r = 1 \text{ (Luft)} \qquad a = 600 \cdot 0{,}04 \text{ m} \cdot \pi = 75{,}4 \text{ m}$$

$$l/d = 2{,}5 \text{, daher } f = 0{,}86 \text{ aus Tab.}$$

$$L = 0{,}86 \cdot \frac{(75{,}4 \text{ m})^2}{0{,}1 \text{ m}} \cdot 1 \cdot 10^{-7} \frac{\text{V s}}{\text{A m}} = 4{,}9 \cdot 10^{-3} \frac{\text{V s}}{\text{A}} = 4{,}9 \text{ mH}$$

Wie dieses Beispiel zeigt, haben Spulen ohne Eisenkern eine Induktivität von kleinen Bruchteilen eines H, mit Eisenkern kann sie dagegen mehrere H erreichen. Auch ein gerades Leiterstück besitzt eine, wenn auch sehr kleine Induktivität.

d) Einschaltvorgänge bei einem Stromkreis mit einer Induktivität.

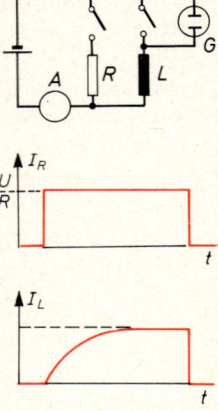

Die Spannung U eines Akkus kann mittels zweier Schalter entweder an einen induktionsfreien Widerstand R oder an eine Induktionsspule L mit Eisenkern angelegt werden (Abb. 2). Den durch den Widerstand bzw. die Spule fließenden Strom kann man an einem Strommesser ablesen. Beim Einschalten des Widerstandes steigt der Strom rasch auf seinen Endwert $I = U/R$ und sinkt beim Ausschalten sofort auf Null. Bei der Spule dauert es eine ganze Zeit, bis der Endwert des Stromes erreicht ist. Beim Öffnen leuchtet die Glimmlampe G auf, obwohl zum Zünden eine Spannung von ewa 100 V erforderlich ist.

Die Erscheinungen erklären sich aus dem Auftreten der Induktion. Beim Einschalten entsteht bei der hohen Induktivität der Spule eine starke Gegenspannung, die das Ansteigen des Stromes hemmt. Beim Abschalten unterbricht der Schalter in kürzester Zeit den Strom ganz. Die zeitliche Stromänderung dI/dt hat daher einen hohen negativen Wert und erzeugt eine starke Spannung $-L\, dI/dt$ in der ursprünglichen Stromrichtung.

Abb. 2. Ein- und Ausschaltvorgänge

Bei Schaltern können die hohen Öffnungsspannungen kleine Lichtbogen, die Öffnungsfunken, erzeugen, die an den Kontaktstellen Schaden anrichten. Deshalb sucht die Technik die Schalter so zu konstruieren, daß die Öffnungsfunken möglichst rasch gelöscht werden.

e) Induktionsfreie Widerstände.

Oft benötigt man in einem Stromkreis einen Widerstand, der keine Induktionswirkungen erzeugt. Solche Widerstände kann man herstellen, indem man sie bifilar wickelt (Abb. 3). Der Strom fließt dann überall in zwei benachbarten Windungen entgegengesetzt, so daß sich die beiden Magnetfelder nahezu aufheben.

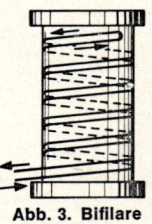

f) Energieinhalt eines Magnetfeldes.

Um in einer anfangs stromlosen Spule ein Magnetfeld mit der Feldstärke $H = I\,N/l$ zu erzeugen, muß der Strom vom Wert $I = 0$ auf den Endwert $I = H \cdot l/N$ gebracht werden. Wenn dabei

Abb. 3. Bifilare Wicklung

der Strom vom Betrag i auf $i + \mathrm{d}i$ ansteigt, muß er die Induktionsspannung $U_{ind} = -\mathrm{L}\frac{\mathrm{d}i}{\mathrm{d}t}$ überwinden, wozu die Arbeit $-i\,U_{ind}\,\mathrm{d}t = i\,L\,\mathrm{d}i$ erforderlich ist. Die gesamte benötigte Energie ist daher:

$$W = L \int_0^I i\,\mathrm{d}i = \frac{1}{2}L\,I^2$$

Diese Energie kann nicht verloren sein, sondern sie ist in dem entstandenen Magnetfeld gespeichert. Man kann das Integral auch mit Hilfe der Feldgrößen auswerten; denn nach dem Induktionsgesetz ist $U_{ind}\,\mathrm{d}t = N\,\mathrm{d}\Phi = N\,A\,\mathrm{d}B$ und nach dem Durchflutungsgesetz $i = H\,l/N$. Setzt man diese Ausdrücke in das Integral ein und berücksichtigt man, daß $A\,l = V$ das Volumen der Spule ist, so folgt:

$$W = \int i\,U_{ind}\,\mathrm{d}t = \int_0^B \frac{H\,l}{N}\cdot N\,A\,\mathrm{d}B = V\int_0^B H\,\mathrm{d}B = \frac{V}{\mu}\int_0^B B\,\mathrm{d}B = \frac{V}{2\,\mu}B^2 = \frac{V}{2}B\,H$$

Dividiert man durch das Volumen V, so erhält man die Energiedichte η_{mg} des Magnetfeldes in der Spule: $\eta_{mg} = \frac{1}{2}B\,H$. Da in dieser Gleichung nur die Feldgrößen auftreten, gilt sie nicht nur im homogenen Feld einer Spule, sondern in jedem Punkt eines beliebigen Magnetfeldes.

6.8. Der Wechselstrom

6.8.1. Eigenschaften des Einphasenwechselstromes

a) Wesen und mathematische Darstellung des Wechselstromes. Dreht man eine Leiterschleife, die eine Fläche $A = 2\,r\,l$ (Abb. 1) umschließt, mit der Winkelgeschwindigkeit ω in einem homogenen Magnetfeld, so entsteht in ihr eine Induktionsspannung. Die Projektion der Schleifenfläche in eine zur Feldrichtung senkrechte Ebene ist $A_0 = A\cos\omega t$. Daher ist der von der Schleife umschlossene magnetische Fluß $\Phi = B\,A_0 = B\,A\cos\omega t$. Daraus erhält man nach dem Induktionsgesetz die in ihr entstehende Induktionsspannung $U_{ind} = \frac{\mathrm{d}\Phi}{\mathrm{d}t} = -B\,A\,\omega\sin\omega t$. Da es hier nur auf den Betrag der Spannung ankommt, kann man das Minuszeichen weglassen. Setzt man für $A = 2\,r\,l$ und für $r\,\omega = v$, so erhält man die Gleichung:

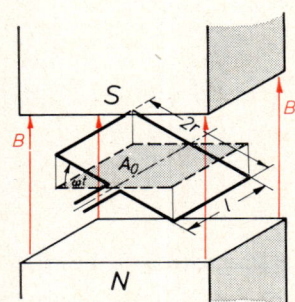

Abb. 1. Entstehung einer Wechselspannung bei der Drehung einer Drahtschleife in einem Magnetfeld

$$u_{ind} = \hat{u}\sin\omega t \quad \text{wobei} \quad \hat{u} = 2\,B\,l\,v$$

In dieser Gleichung werden, wie es in der Wechselstromtechnik üblich ist, zeitlich veränderliche Spannungen (und Ströme) durch kleine Formelzeichen u (bzw. i) und der Scheitelwert wie bei Schwingungen mit $\hat{u}$ (bzw. $\hat{i}$) bezeichnet. Die an den Enden der Schleife abnehmbare Spannung hat daher nicht immer gleiche Richtung, sondern wechselt sie jeweils nach einer Drehung um 180°. Eine solche Spannung ist eine **Wechselspannung,** und der entstehende Strom ist ein **Wechselstrom.**

Diese Bezeichnung gilt für jeden Strom, der seine Richtung und Stärke ändert. Die größte Bedeutung haben jedoch Wechselströme, die sich wie oben durch eine Sinuskurve darstellen lassen:

$$u = \hat{u} \sin \omega t \qquad i = \hat{i} \sin \omega t$$

Hier ist ωt die Phase des Wechselstromes, auch andere Größen, die bei mechanischen Schwingungen eingeführt wurden, treten beim Wechselstrom auf, z. B. die Periodendauer T und die Frequenz $f = \dfrac{1}{T} = \dfrac{2\pi}{\omega}$.

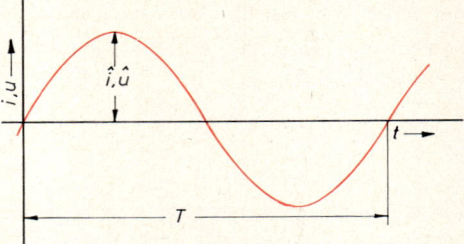

Abb. 2. Zeitabhängigkeit eines sinusförmigen Wechselstromes

b) Anwendungsbereich des Wechselstromes. Bei technischem Wechselstrom beträgt die Frequenz 50 Hz. Die Wechsel erfolgen dabei so rasch, daß alle auf der Stromwärme beruhenden Anwendungen ebenso gut mit Wechselstrom getätigt werden können wie mit Gleichstrom, weil in der kurzen Zwischenzeit zwischen zwei hohen Stromwerten keine merkliche Abkühlung eintreten kann. Nur bei elektrochemischen Vorgängen, die von der Stromrichtung abhängig sind, läßt sich Wechselstrom nur verwenden, wenn ein Gleichrichter (6.9.7.) vorgeschaltet wird.

Wegen des raschen Wechsels kommt den Momentanwerten des Stromes und der Spannung keine Bedeutung zu. Dagegen spielen die Mittelwerte von Strom und Spannung eine Rolle, die den Werten eines Gleichstromes entsprechen, der dieselbe mittlere Leistung erbringen könnte. Man bezeichnet sie als Effektivwerte I_{eff} und U_{eff} oder einfach als I und U. Nach der Gleichung $P = I^2/R = U^2/R$ für Berechnung der Stromleistung muß dann gelten, wenn man die Dauer eine Periode betrachtet:

$$I^2 R T = \int_0^T i^2 R \, dt \qquad I^2 T = \hat{i}^2 \int_0^T \sin^2 \omega t \, dt = \frac{\hat{i}^2 \omega T}{2\omega} = \frac{\hat{i}^2}{2} T \qquad I = \frac{\hat{i}}{2}\sqrt{2} = 0{,}707 \, \hat{i}$$

$$\frac{U^2 T}{R} = \int_0^T \frac{u^2}{R} \, dt \qquad U^2 T = \hat{u}^2 \int_0^T \sin^2 \omega t \, dt = \frac{\hat{u}^2 \omega T}{2\omega} = \frac{\hat{u}^2}{2} \qquad U = \frac{\hat{u}}{2}\sqrt{2} = 0{,}707 \, \hat{u}$$

6.8.2. Induktivität und Kapazität im Wechselstromkreis

a) Einfluß einer Induktivität. Eine Induktivität verhält sich beim Anlegen einer Wechselspannung anders als bei einer Gleichspannung. Das zeigt der folgende Versuch (Abb. 1):

Von zwei parallel geschalteten Leiterzweigen enthält der eine einen induktionsfreien Schiebewiderstand R und eine Glühlampe L_1, der andere eine Spule L und eine Glühlampe L_2. Ein Stromwender gestattet die angelegte Gleichspannung bei jeder Drehung umzupolen, so daß bei fortgesetzter Drehung eine (nicht sinusförmige) Wechselspannung angelegt wird.

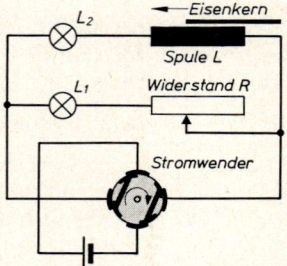

Abb. 1. Induktivität im Wechselstromkreis

Zuerst werden die beiden Lampen durch Einstellen des Schiebewiderstandes R auf gleiche Helligkeit eingestellt. Dreht man dann den Stromwender, so leuchtet die Lampe L_2 schwächer als die
Lampe L_1. Der Helligkeitsunterschied wird um so größer, je rascher die Drehung erfolgt. Führt man
in die Spule einen Eisenkern, so kann man die Lampe L_2 ganz zum Verlöschen bringen. Auch wenn
man den Stromwender entfernt und an die beiden Leitungen eine technische Wechselspannung legt,
bleibt L_2 dunkel, während L_1 hell leuchtet.

Durch die Spule fließt also bei einer Wechselspannung ein kleinerer Strom als bei einer
Gleichspannung. Sie hat daher für Wechselstrom einen höheren Widerstand als für Gleichstrom. Ihr Wechselstromwiderstand wächst mit der Frequenz und der Induktivität.

Der Grund dazu bildet die Induktionsspannung,
die bei jedem Stromrichtungswechsel zunächst
das Anwachsen der Stromstärke zu hemmen
sucht und verhindert, daß er zur selben Stärke
anwächst wie bei einer Gleichspannung. Beim
Abschalten sucht die Induktionsspannung den
Strom noch länger aufrecht zu erhalten. Dadurch
erreicht der Strom seinen Scheitelwert erst später als die angelegte Spannung (Abb. 2).

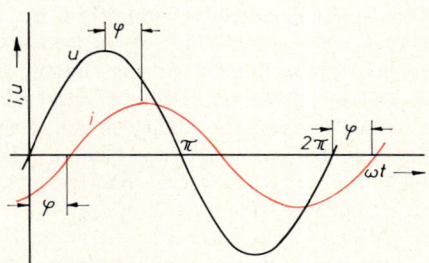

**Abb. 2. Phasenverzögerung bei einer
Induktivität**

> **Eine Induktivität vermindert in einem
> Wechselstromkreis den Strom und erzeugt
> eine Phasenverzögerung des Stromes ge-
> genüber der Spannung.**

b) Der induktive Widerstand. Der als Widerstand definierte Quotient U/I ist hier wegen der
gegenseitigen Phasenverschiebung nicht konstant. Deshalb wird bei Wechselstrom der
Quotient der Effektivwerte von U und I als **Scheinwiderstand** Z festgelegt.

$$Z = \frac{U_{\text{eff}}}{I_{\text{eff}}} = \frac{U}{I} = \frac{\hat{u}}{\hat{\imath}}$$

Der Versuch zeigt, daß durch eine Spule bei Gleichspannung ein größerer Strom fließt als
bei Wechselspannung. Deshalb ist der bei Wechselstrom gültige Scheinwiderstand Z einer
Spule größer als der bei Gleichstrom gültige Ohmsche Widerstand R. Der Scheinwiderstand
einer Spule setzt sich zusammen aus dem Gleichstromwiderstand R und dem von der Induktivität der Spule verursachten induktiven Widerstand X_L. Eine mathematische Untersuchung
liefert bei sinusförmiger Wechselspannung für X_L, Z und die Phasenverzögerung φ folgende
Formeln:

$$X_L = \omega\, L \qquad \text{Einheit:} \quad [X_L] = [\omega\, L] = \text{s}^{-1}\,\text{H} = \text{s}^{-1}\,\text{Vs/A} = \text{V/A} = \Omega$$

$$Z = \sqrt{R^2 + X_L^2} = \sqrt{R^2 + \omega^2\, L^2} \qquad \tan \varphi = \frac{X_L}{R} = \frac{\omega\, L}{R}$$

Bei großen Induktivitäten und hohen Frequenzen kann der induktive Widerstand den Ohmschen weit übertreffen. Dann wird $\tan \varphi$ so groß, daß der Strom der Spannung um nahezu 90°
nachläuft. Spulen mit Eisenkern und hohen Windungszahlen haben eine so große Induktivität,
daß ihr induktiver Widerstand schon für die Frequenz 50 Hz des technischen Wechselstromes
sehr groß wird. Weil sie in einem Wechselstromkreis den Strom fast auf den Wert Null mindern, nennt man sie **Drosselspulen.**

c) Einfluß einer Kapazität. Auch den Einfluß eines Kondensators auf den Stromfluß in einem
Wechselstromkreis untersuchen wir mit einem Versuch (Abb. 3).

Von drei parallel geschalteten Leiterzweigen enthält einer nur eine Glühlampe L₁, der zweite eine Lampe L₂ und einen Kondensator mit der Kapazität $C_2 = 4 \mu F$ und der dritte eine Lampe L₃ und

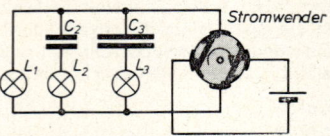

einen Kondensator mit $C_3 = 16 \mu F$. Bei ruhendem Stromwender liegt eine Gleichspannung an den drei Leitungen. Die Glühlampe L₁ leuchtet, L₂ und L₃ bleiben dunkel. Sobald man den Stromwender dreht, blitzen bei jeder Drehung die Lampe L₂ kurz, die Lampe L₃ länger auf. Bei rascher Drehung bringt man L₃ fast zu stetigem Leuchten. Legt man Netzspannung an die Leiterverzweigung, so leuchten alle drei Lampen ohne Unterbrechung hell auf.

Abb. 3. Kapazität im Wechselstromkreis

Durch einen Kondensator kann kein Gleichstrom fließen; seine Insolierschicht bildet für ihn einen unüberwindbaren Widerstand. Bei einer Wechselspannung fließt jedoch in den Zuleitungen bei jedem Wechsel ein Stromstoß, der den Kondensator zuerst auflädt und dann wieder entlädt. Er fließt um so stärker, je größer die Kapazität des Kondensators ist, und um so häufiger, je rascher die Wechsel aufeinander folgen. Die Zuleitungen führen also einen

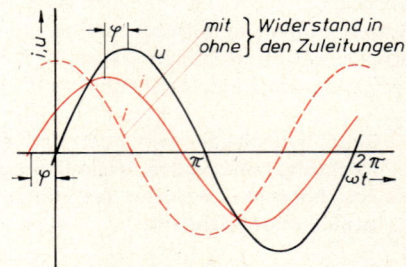

Wechselstrom, dessen Mittelwert mit der Kapazität und der Frequenz wächst. Solange die äußere Spannung ansteigt, wächst die Ladung auf dem Kondensator. Es fließt ein Strom. Er hört auf, wenn die Spannung ihren Scheitelwert erreicht, und wird negativ, wenn sich der Kondensator bei abnehmender Spannung entlädt. Ein Widerstand in der Kondensatorzuleitung vermindert den Scheitelwert und verzögert die Phase des Stromes (Abb. 4). Obwohl also durch das Dielektrikum eines Kondensators kein Strom hindurchgehen kann, fließt in seinen Zuleitungen ein Wechselstrom, der der angelegten Spannung in der Phase vorläuft.

Abb. 4. Phasenvoreilung bei einem Kondensator

In den Zuleitungen eines Kondensators fließt beim Anlegen einer Wechselspannung ein Strom, der gegenüber der Spannung in der Phase vorläuft.

d) Der kapazitive Widerstand. Der Scheinwiderstand $Z = U_{eff}/I_{eff}$ hat also in einem Wechselstromkreis mit einem Kondensator einen endlichen Wert, der sich aus dem Ohmschen Widerstand R der Zuleitungen und dem kapazitiven Widerstand X_C des Kondensators zusammensetzt. Die mathematische Ableitung liefert bei einer sinusförmigen Wechselspannung für X_C, Z und die Phasenverschiebung φ folgende Formeln:

$$X_C = \frac{1}{\omega C} \quad \text{Einheit:} \quad [X_C] = \left[\frac{1}{\omega C}\right] = \frac{V}{s^{-1} As} = \frac{V}{A} = \Omega$$

$$Z = \sqrt{R^2 + X_C^2} = \sqrt{R^2 + \left(\frac{1}{\omega C}\right)^2} \quad \tan \varphi = \frac{X_C}{R} = \frac{1}{R \omega C}$$

Meist ist der Ohmsche Widerstand der Zuleitungen viel kleiner als der kapazitive Widerstand. Dann wird $\tan \varphi$ sehr groß, und der Strom eilt der Spannung in der Phase um fast 90° vor.

Aufgaben:

1. Welchen induktiven Widerstand hat eine Spule mit der Induktivität 2,4 mH bei einer Frequenz von 50 Hz und 500 Hz? Wie groß sind in beiden Fällen die Phasenverschiebung und der Scheinwiderstand, wenn der Ohmsche Widerstand 10 Ω beträgt?
(0,753 Ω, 7,53 Ω, 4,3°, 36,9°, 10,03 Ω, 12,51 Ω)

2. Ein Widerstand von 30 Ω und ein Kondensator von 0,4 μF sind in Reihe geschaltet. Bei welcher Frequenz ist der kapazitive Widerstand gleich dem Ohmschen? Wie groß sind dann die Phasenverschiebung und der Scheinwiderstand?
(13,3 s⁻¹, 45°, 42,4 Ω)

6.8.3. Zeigerdarstellung der Wechselstromgrößen

a) Darstellung einer Wechselspannung. Eine Wechselspannung $U = \hat{u} \sin \omega t$ läßt sich graphisch durch eine Sinuslinie darstellen. Man kann aber auch ohne Sinuslinie aus einer Zeigerdarstellung jeden Momentanwert der Spannung ablesen (Abb. 1).

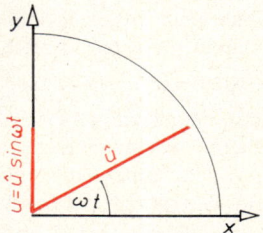

Abb. 1. Zeigerdarstellung einer Wechselspannung

Trägt man vom Koordinatenanfangspunkt aus einen Pfeil von der Länge $\hat{u}$ ab und läßt ihn von der x-Achse beginnend mit der Winkelgeschwindigkeit ω umlaufen, so beschreibt seine Spitze einen Kreis. Projiziert man den Pfeil auf die y-Achse, so hat die Projektion die Länge $\hat{u} \sin \omega t$ und ist daher eine Darstellung der Wechselspannung.

b) Addition zweier phasenverschobener Spannungen. Hat man zwei phasenverschobene Spannungen mit gleicher Frequenz $u_1 = \hat{u}_1 \sin \omega t$, $u_2 = \hat{u}_2 \sin (\omega t + \varphi_2)$, so kann man sie als zwei Zeiger darstellen, die mit gleichbleibendem Zwischenwinkel φ_2 umlaufen (Abb. 2). Statt nun die beiden Zeiger einzeln auf die y-Achse zu projizieren und dann zu addieren, kann man auch beide Zeiger (ähnlich wie Vektoren) geometrisch unter Beibehaltung ihrer Richtung addieren und die Summe beider Zeiger projizieren. Bei wachsendem ωt dreht sich das ganze Parallelogramm OP_1PP_2 um den Nullpunkt. Man kann also die Summe der Spannungen auch finden, indem man den Umlauf des Summenzeigers OP untersucht. Das Ergebnis ist wieder eine Wechselspannung $u = \hat{u} \sin (\omega t + \varphi)$ mit der gleichen Frequenz, deren Scheitelwert $\hat{u} = OP$ und deren Phasendifferenz φ gegen u_1 aus der Zeigerdarstellung abgelesen werden können.

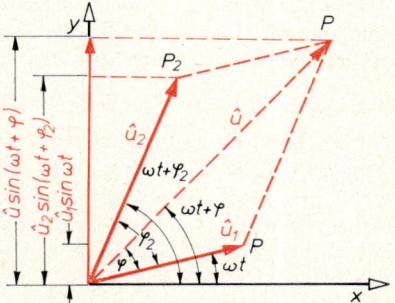

Abb. 2. Addition zweier phasenverschobener Wechselspannungen

Da Momentanwerte selten benötigt werden, zeichnet man das Zeigerdiagramm am einfachsten für $\omega t = 0$. Dann liegt die Spannung u_1 in der x-Achse, und die Phasenverschiebungen φ_2 bzw. φ sind die Winkel der Zeiger u_2 und u gegen die x-Achse. Meist wählt man als Länge der Zeiger nicht die Scheitelwerte, sondern die Effektivwerte und erhält dann auch unmittelbar den Effektivwert der Gesamtspannung.

c) Das Widerstandsdiagramm bei Reihenschaltung. Bei einer Reihenschaltung eines Widerstandes, einer Induktivität und einer Kapazität (Abb. 3) ist der Strom nach Größe und Phase in allen Teilwiderständen gleich. Deshalb bezieht man hier alle Phasenverschiebungen auf den Strom $i = \hat{i} \sin \omega t$. Die Gesamtspannung läßt sich dann darstellen als $u = \hat{i} Z \sin (\omega t + \varphi)$. Für

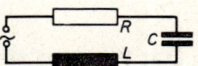

Abb. 3. Reihenschaltung von Widerstand, Spule und Kondensator

eine Reihenschaltung gilt bei Gleichstrom $U_g = U_1 + U_2 + \ldots$; entsprechend erhält man bei Wechselstrom den Zeiger der Gesamtspannung als geometrische Summe der Zeiger der Teilspannungen, die im vorliegenden Fall durch $u_R = \hat{i} R \sin \omega t$, $u_L = \hat{i} \omega L \sin (\omega t + 90°)$,

$u_C = \dfrac{\hat{i}}{\omega C} \sin (\omega t - 90°)$ gegeben sind. Läßt man den bei allen Zeigern auftretenden

gleichen Faktor $\hat{i}$ weg, so stellen alle Zeiger Widerstände dar, für die ebenfalls die Zeigeraddition ausgeführt werden kann. Man erhält dann den Zeiger des gesamten Scheinwiderstandes nach Größe und Phase aus einem **Widerstands-diagramm** (Abb. 4), indem man die Zeiger der Teilwiderstände für $\omega t = 0$ zeichnet und geometrisch addiert. Dann liegt R auf der x-Achse, ωL auf der positiven und $\dfrac{1}{\omega C}$ auf der negativen y-Achse. Z erhält man, indem man die drei Zeiger aneinandersetzt und den Koordinatenanfangspunkt mit dem Endpunkt verbindet. Die Phasenverschiebung φ ist der Winkel zwischen dem Zeiger Z und der x-Achse.

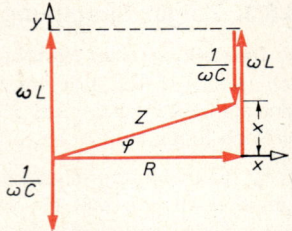

Abb. 4. Widerstandsdiagramm für Reihenschaltung

d) Das Leitwertdiagramm bei Parallelschaltung (Abb. 5). Bei der Parallelschaltung eines Widerstandes, einer Induktivität und einer Kapazität liegt an allen Zweigen eine nach Größe und Phase gleiche Spannung. Deshalb bezieht man hier alle Phasenverschiebungen auf die Spannung $u = \hat{u} \sin \omega t$. Der entstehende Strom ist dann $i = \dfrac{\hat{u}}{Z} \sin (\omega t + \varphi)$. Für eine Parallelschaltung gilt bei Gleichstrom $I_g = I_1 + I_2 + \ldots$;

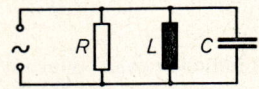

Abb. 5. Parallelschaltung von Widerstand, Spule und Kondensator

entsprechend erhält man hier den Zeiger des Gesamtstromes als geometrische Summe aus den Zeigern der Teilströme:

$$i_R = \frac{\hat{u}}{R} \sin \omega t, \quad i_L = \frac{\hat{u}}{\omega L} \sin (\omega t - 90°), \quad i_C = \hat{u} \omega C \sin (\omega t + 90°).$$

Läßt man den bei allen Zeigern gleichen Faktor $\hat{u}$ weg, so stellen alle Zeiger Leitwerte dar, und für $\omega t = 0$ erhält man das Leitwertdiagramm (Abb. 6). Dann liegt $1/R$ auf der x-Achse, $1/\omega L$ auf der negativen und ωC auf der positiven y-Achse. Man erhält den gesamten Leitwert $1/Z$, indem man die Zeiger für $1/R$, $1/\omega L$ und ωC aneinanderfügt und den Koordinatenanfangspunkt mit dem Endpunkt verbindet. Die Phasenverschiebung φ ist der Winkel zwischen dem Zeiger $1/Z$ und der x-Achse.

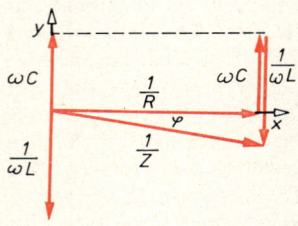

Abb. 6. Leitwertdiagramm für Parallelschaltung

6.8.4. Der Wechselstromkreis

a) Das Ohmsche Gesetz für Wechselstrom. In einem Stromkreis mit Induktivitäten und Kapazitäten entstehen beim Anlegen einer Wechselspannung Induktions- und Entladespannungen, zu deren Überwindung ein Teil der äußeren Spannung verbraucht wird. Zugleich entsteht eine Phasenverschiebung zwischen Strom und Spannung. Aus beiden Gründen kann das Ohmsche Gesetz nicht in der für Gleichstrom gültigen Form angewandt werden.

Hat die angelegte Spannung die Gleichung $u = \hat{u} \sin \omega t$, so gilt wegen der Phasenverschiebung für den Strom $i = \hat{i} \sin (\omega t - \varphi)$, oder, wenn man $\hat{i}$ durch $\hat{u}/Z$ ersetzt:

$$i = \frac{\hat{u}}{Z} \sin (\omega t - \varphi)$$

Die Ausdrücke für Z und $\tan \varphi$ kann man je nach der Schaltung aus den Zeigerdiagrammen 8.1.3.(4) oder 8.1.4.(6) entnehmen. Man findet:

bei Reihenschaltung: $Z = \sqrt{R^2 + (\omega L - \dfrac{1}{\omega C})^2}$ $\qquad \tan \varphi = \dfrac{\omega L - 1/\omega C}{R}$

bei Parallelschaltung: $\dfrac{1}{Z} = \sqrt{\dfrac{1}{R^2} + \left(\dfrac{1}{\omega L} - \omega C\right)^2}$ $\qquad \tan \varphi = \dfrac{1/\omega L - \omega C}{1/R}$

Setzt man diese Ergebnisse in die Gleichung für i ein, so erhält man das **Ohmsche Gesetz für Wechselstrom.**

Reihenschaltung: $i = \dfrac{\hat{u} \sin (\omega t - \varphi)}{\sqrt{R^2 + (\omega L - 1/\omega C)^2}}$ $\qquad \tan \varphi = \dfrac{\omega L - 1/\omega C}{R}$

Parallelschaltung: $i = \hat{u} \sqrt{\dfrac{1}{R^2} + (\dfrac{1}{\omega L} - \omega C)^2} \sin (\omega t - \varphi)$ $\qquad \tan \varphi = \dfrac{1/\omega L - \omega C}{1/R}$

Diese Form des Ohmschen Gesetzes gibt die Beziehung zwischen den Momentanwerten von Strom und Spannung. Aus dem Gesetz erhält man aber auch die Scheitelwerte, wenn man $\sin (\omega t - \varphi) = 1$ setzt, und die Effektivwerte, wenn man dann die Gleichung mit 0,707 multipliziert.

Reihen-schaltung: $I = \dfrac{U}{\sqrt{R^2 + (\omega L - 1/\omega C)^2}}$ $\qquad$ **Parallel-schaltung:** $I = U \sqrt{\dfrac{1}{R^2} + (\dfrac{1}{\omega L} - \omega C)^2}$

b) Abhängigkeit des Stromes von der Frequenz bei Reihenschaltung. In der Formel $Z = \sqrt{R^2 + (\omega L - 1/\omega C)^2}$ für den Scheinwiderstand einer Reihenschaltung tritt die Kreisfrequenz ω auf. Widerstand und Strom sind daher von der Frequenz abhängig. Bei einer Gleichspannung ($\omega = 0$) kann wegen des Kondensators überhaupt kein Strm fließen. Auch bei niedrigen Frequenzen läßt der große kapazitive Widerstand keinen starken Strom zu. Bei hohen Frequenzen verhindert dagegen der große induktive Widerstand einen starken Strom. Dazwischen gibt es aber eine bestimmte Frequenz $f_{res} = \omega_{res}/2\pi$, die Resonanzfrequenz, für die $\omega L - 1/\omega C = 0$ wird, so daß der Scheinwiderstand nur noch aus dem Ohmschen Widerstand besteht. Für ω_{res} erhält man aus der angegebenen Bedingung:

$$\omega_{res} = \frac{1}{\sqrt{L\,C}} \qquad f_{res} = \frac{1}{2\,\pi \sqrt{L\,C}}$$

Für die Resonanzfrequenz ist der Scheinwiderstand kleiner und daher der Strom größer als für die Nachbarfrequenz (Abb. 1). Der Grund liegt darin, daß für ω_{res} die Induktionsspannung der Spule und die Entladespannung des Kondensators gleich, aber in der Phase um 180° verschoben sind und sich daher aufheben. Die unverminderte äußere Spannung kann daher einen starken Strom hervorrufen. Weil die Resonanz durch die entgegengesetzt gleiche Spannung an Spule und Kondensator entsteht, bezeichnet man die Resonanz bei Reihenschaltung als Spannungsresonanz. Weil $\omega L - 1/\omega C$ für ω_{res} verschwindet, gibt es bei der Resonanz keine Phasenverschiebung zwischen Spannung und Strom.

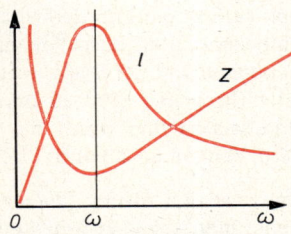

Abb. 1. Spannungsresonanz

c) Abhängigkeit des Stromes von der Frequenz bei Parallelschaltung. Abb. 2 zeigt die Parallelschaltung einer Spule und eines Kondensators. Bei kleinem Ohmschen Widerstand ist der Leitwert $1/Z = 1/\omega L - \omega C$. Dieser Leitwert ist ähnlich wie der Scheinwiderstand einer Reihenschaltung von ω abhängig. Bei niedrigen Frequenzen fließt der Strom hauptsächlich durch die Spule, bei hohen in den Zuleitungen des Kondensators. Legt man eine Wechselspannung mit der oben berechneten Resonanzfrequenz ω_{res} an, so wird der Scheinleitwert Null:

$$\frac{1}{Z} = \frac{1}{\omega_{res} L} - \omega_{res} C = \frac{\sqrt{LC}}{L} - \frac{C}{\sqrt{LC}} = 0$$

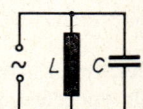

Da beim Gesamtleitwert Null kein Strom in der Hauptleitung fließen kann, könnte man meinen, daß auch in den Zweigen kein Strom fließt. Daß dies nicht zutrifft, zeigt der folgende Versuch (Abb. 3):

Abb. 2. Parallelschaltung von Spule und Kondensator

Als Spannungsquelle mit einer in weiten Grenzen beliebig verstellbaren Frequenz verwenden wir einen Tonfrequenzgenerator, der eine Wechselspannung mit einer Frequenz zwischen 0 und 20 kHz abgeben kann. Seinen Ausgang verbinden wir nach Abb. 1 mit der Parallelschaltung einer Spule und eines Kondensators. In der gemeinsamen Zuleitung befinden sich zur Stromanzeige ein Glühlämpchen L_1, in den Zweigen die Lämpchen L_2 und L_3.

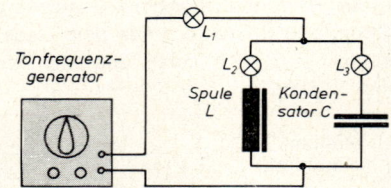

Wenn wir mit einer Wechselspannung kleiner Frequenz beginnen, leuchten zuerst die Lämpchen L_1 und L_2 hell, während L_3 dunkel bleibt. Beim Steigern der Frequenz fängt auch L_3 an zu leuchten, L_1 dagegen dunkler. Bei einer bestimmten Frequenz sind die Lämpchen L_2 und L_3 gleich hell, während L_1 ganz dunkel wird. Erhöhen wir die Frequenz noch mehr, so fängt L_1 wieder zu leuchten an, L_2 wird jedoch immer dunkler.

Abb. 3. Parallelschaltung von Spule und Kondensator

Bei diesem Versuch ist bemerkenswert, daß bei Resonanz die Lämpchen L_2 und L_3 leuchten, obwohl L_1 dunkel ist. Das widerspricht ganz den Verhältnissen bei Gleichstrom, bei dem der Gesamtstrom die Summe der Teilströme ist. Die Erscheinung erklärt sich aus der gegenseitigen Phasenverschiebung der Ströme:

$$i_L = \frac{\hat{u}}{\omega L} \sin(\omega t - 90°) \qquad i_C = \hat{u}\,\omega\,C \sin(\omega t + 90°)$$

Abb. 4. Stromresonanz

Setzt man hier die Resonanzfrequenz $\omega_{res} = 1/\sqrt{LC}$ ein, so erhält man:

$$i_L = \hat{u}\sqrt{\frac{C}{L}}\sin(\omega t - 90°) \qquad i_L = \hat{u}\sqrt{\frac{C}{L}}\sin(\omega t + 90°) = -i_L$$

Beide Ströme sind also entgegengesetzt gleich. Ihre Summe ist Null, so daß in den Zuleitungen kein Strom erforderlich ist. Der vom Kondensator kommende Strom fließt zur Spule und umgekehrt. Berücksichtigt man jedoch die unvermeidbaren Ohmschen Widerstände in den Leitungen und der Spule, so sind i_L und i_C nicht mehr ganz gleich, und der Phasenunterschied ist nicht genau 180°. In den Zuleitungen fließt ein kleiner Strom. Weil die Resonanz bei Parallelschaltung durch die Gleichheit von Spulen- und Kondensatorstrom hervorgerufen wird, nennt man sie auch Stromresonanz (Abb. 4).

Den aus den beiden Zweigen mit Spule und Kondensator gebildeten Stromkreis (Abb. 5) nennt man einen **Schwingkreis,** weil der Strom zwischen den Belegungen des Kondensators über die Spule hin- und herschwingen kann. Für die Zuleitungen stellt er bei der Resonanzfrequenz einen sehr großen Widerstand dar, weil ja der Gesamtleitwert nahezu Null ist. Hat die Spule einen im Vergleich zu X_L kleinen Ohmschen Widerstand R, so ergibt sich für diesen Resonanzwiderstand der große Wert $R_{res} = X_L X_C/R = L/C R$. Für alle anderen Frequenzen ist der Widerstand viel kleiner, so daß ein Schwingkreis in seinen Zuleitungen gerade nur die Resonanzfrequenz sperrt. Wegen dieser Eigenschaft bezeichnet man ihn auch als **Sperrkreis.** Weitere Eigenschaften und Anwendungen des Schwing- oder Sperrkreises werden in 6.10.1. und 6.10.2. behandelt.

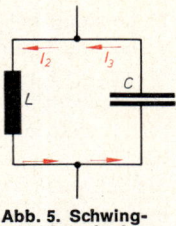

Abb. 5. Schwing- oder Sperrkreis

Aufgaben:

1. Ein Widerstand ($R = 10\,\Omega$), eine Drosselspule ($L = 3\,H$) und ein Kondensator ($C = 3,5\,\mu F$) sind in Reihe geschaltet. Es wird eine Wechselspannung von 40 V und 50 Hz angelegt. Berechnen Sie den Strom und den Phasenwinkel zwischen Strom und Spannung. Bei welcher Frequenz tritt Resonanz ein? Wie groß ist dann der Strom? Zeigen Sie, daß dann die Spannungen U_L und U_C gleich sind.   ($I = 1,19\,A$, $\varphi = 72,7°$, $f_{res} = 49,1\,Hz$, $I_{res} = 4\,A$, $U_L = U_C = 3700\,V$)

2. Ein Kondensator von $0,02\,\mu F$ ist mit einer Spule von 5 mH und $40\,\Omega$ parallel geschaltet. Berechnen Sie die Resonanzfrequenz und den Resonanzwiderstand. Wie groß sind die Ströme im Kondensator, in der Spule und den Zuleitungen bei einer äußeren Spannung von 100 V im Resonanzfall?   ($f_{res} = 15\,900\,Hz$, $R_{res} = 6250\,\Omega$, $I_L = I_C = 0,2\,A$, $I = 0,016\,A$)

3. Eine Spule ($0,5\,H$) ist mit einem Kondensator in Reihe geschaltet. Bei 3,18 kHz tritt Resonanz ein. Mit einem zweiten Kondensator soll die Schaltung so abgeändert werden, daß sich die Resonanzfrequenz auf 3,5 kHz erhöht. Wie ist der Kondensator zu schalten, und welche Kapazität muß er haben?   (Ein Kondensator mit $0,0238\,\mu F$ ist in Reihe zu schalten.)

6.8.5. Die Leistung des Wechselstromes

a) Momentanleistung, Scheinleistung, Wirkleistung. Wie beim Gleichstrom stellt auch beim Wechselstrom das Produkt $u\,i$ in jedem Zeitpunkt die Leistung des Stromes dar. Da aber i und u ihren Wert rasch ändern, ist auch die Leistung nicht konstant. Das Produkt $u\,i$ stellt die Momentanleistung dar. Wegen des raschen Wechsels ist aber für alle Anwendungen der Leistungsmittelwert während einer Periode maßgebend. Das Produkt $I\,U$ gibt einen solchen Mittelwert. Bei einer Phasenverschiebung zwischen Strom und Spannung stimmt dieser aber, wie gezeigt werden wird, nicht mit der wirklichen Leistung überein. Man bezeichnet das Produkt $I\,U$ deshalb als **Scheinleistung.** Sie ist nur eine Rechengröße und muß nicht mit der in Wärmeleistung, in mechanische oder andere Leistung umgewandelten Leistung übereinstimmen, die man zur Unterscheidung als **Wirkleistung** P_w bezeichnet.

$$\text{Scheinleistung: } P_s = I\,U = \frac{1}{2}\hat{i}\,\hat{u}$$

439

b) Leistung bei Phasengleichheit zwischen Strom und Spannung. Wenn Spannung und Strom in einem Wechselstromkreis keine Phasenverschiebung besitzen, so haben beide stets das gleiche Vorzeichen, und die Momentanleistung ist immer positiv. Sie schwankt zwischen dem Höchstwert $\hat{i}\,\hat{u}$ und dem Kleinstwert Null um den Mittelwert $P_w = \frac{1}{2}\hat{i}\,\hat{u} = I\,U$ (Abb. 1).

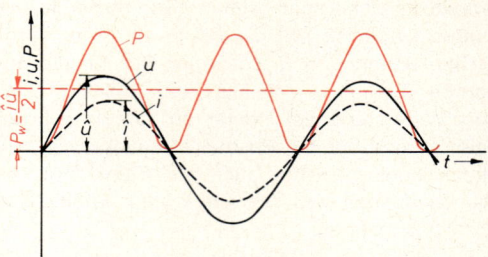

Abb. 1. Leistung bei Phasengleichheit zwischen Strom und Spannung

> **Bei Phasengleichheit zwischen Strom und Spannung ist die Scheinleistung zugleich auch die Wirkleistung.**

c) Leistung bei einer Phasenverschiebung von 90° zwischen Strom und Spannung. Wenn in einem Kreis, der einen Kondensator oder eine Spule mit kleinem, Ohmschen Widerstand enthält, eine Phasenverschiebung von 90° besteht, haben u und i je eine Viertelperiode gleiches und dann eine Viertelperiode verschiedenes Vorzeichen (Abb. 2). Das Produkt $i\,u$ ist also ebenso lange positiv wie negativ, und der Mittelwert P_w ist Null.

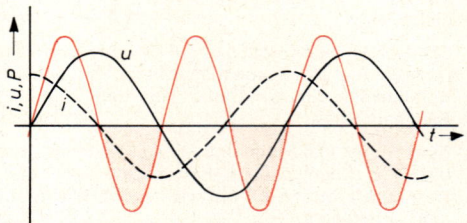

Abb. 2. Leistung bei 90° Phasenverschiebung

Die in Abb. 2 unter der t-Achse liegenden Flächenstücke stellen negative Energiebeträge dar. Es erhebt sich die Frage nach der Bedeutung dieser negativen Energien. Bei positivem Produkt $i\,u$ wird Energie von der Spannungsquelle abgegeben. Entsprechend bedeutet ein negatives Produkt $i\,u$, daß von der Spannungsquelle Energie aufgenommen wird. In einem Kondensator entsteht und verschwindet bei wechselnder Aufladung ein elektrisches, in der Spule bei der wechselnden Stromstärke ein magnetisches Feld. Beim Entstehen verbrauchen die Felder Leistung, die beim Verschwinden wieder frei wird. Dieser Energiebetrag ist es, der periodisch zwischen Spannungsquelle und dem elektrischen bzw. magnetischen Feld hin- und herpendelt. Da er in Feldern gespeichert wird, läßt er sich nicht in Wärme oder mechanische Energie überführen. Sein Differentialquotient nach der Zeit stellt eine nicht ausnutzbare Leistung dar, die man als **Blindleistung** P_q bezeichnet.

> **Bei 90° Phasenverschiebung zwischen Strom und Spannung besteht die gesamte Scheinleistung nur aus Blindleistung. Die Wirkleistung ist Null.**

d) Leistung bei einer beliebigen Phasenverschiebung. Besteht eine Phasenverschiebung um den Winkel φ, so haben U und I während jeder Halbperiode eine gewisse Zeit verschiedenes Vorzeichen (Abb. 3). Für den Mittelwert P_w erhält man dann:

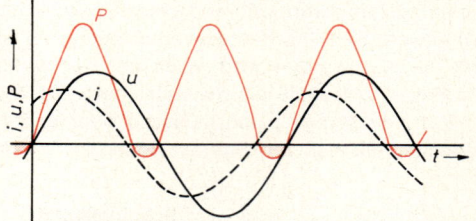

Abb. 3. Leistung bei einer Phasenverschiebung φ

$$P_w = \frac{1}{T} \int_0^T i\, u\, dt = \frac{\hat{i}\,\hat{u}}{T} \int_0^T \sin \omega t \sin (\omega t + \varphi)\, dt = \frac{1}{2} \hat{i}\,\hat{u} \cos \varphi = I\,U \cos \varphi = P_s \cos \varphi$$

Die Wirkleistung ist also immer kleiner als die Scheinleistung, und $\cos \varphi$ ist der Faktor, mit dem man die Scheinleistung verkleinern muß, um die Wirkleistung zu erhalten. Wegen dieser Bedeutung für die Berechnung der Wirkleistung heißt $\cos \varphi$ der **Leistungsfaktor.**

Auch hier ist ein Teil der Leistung blind, weil Energie zwischen dem elektrischen bzw. magnetischen Feld und der Spannungsquelle hin- und herpendelt.

e) Wirkstrom und Blindstrom. Die verschiedenen Leistungen lassen sich auch in übersichtlicher Weise erhalten, wenn man sich den Strom zusammengesetzt denkt aus zwei Strömen, von denen der eine, der Wirkstrom I_w mit der Spannung in Phase läuft, während der andere, der Blindstrom I_b, gegen die Spannung um 90° verschoben ist. Im Zeigerdiagramm (Abb. 4) muß sich der Gesamtstrom I aus der Addition der Zeiger I_w und I_q ergeben. Da er gegenüber der Spannung die Phasenverschiebung φ aufweist, findet man aus dem Diagramm:

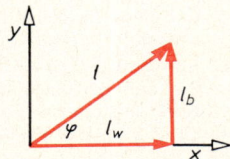

Abb. 4. Zerlegung des Stromes in Wirk- und Blindstrom

$$I_w = I \cos \varphi \qquad I_q = I \sin \varphi$$

Da der Wirkstrom keine Phasenverschiebung zur Spannung besitzt, stellt das Produkt $I_w\,U$ die Wirkleistung, und da der Blindstrom die Phasenverschiebung 90° besitzt, das Produkt $I_q\,U$ die Blindleistung dar. Zur Berechnung der Leistungen hat man also die Gleichungen:

$$\boxed{P_s = I\,U \qquad P_w = I_w\,U = P_s \cos \varphi \qquad P_q = I_q\,U = P_s \sin \varphi}$$

Obwohl nur der Wirkstrom zur Nutzleistung des Wechselstromes beiträgt, müssen die Leiterquerschnitte für den Gesamtstrom bemessen werden, weil ja auch die Energie zum Auf- und Abbau des elektrischen und magnetischen Feldes befördert werden muß.

f) Berechnung der Leistung aus den Widerständen. Um die Leistung auch ohne Kenntnis der Spannung berechnen zu können, kann man in den obigen Gleichungen U durch $I\,Z$ ersetzen. Dann erhält man:

$$P_s = I^2 Z \qquad P_w = I^2 Z \cos \varphi \qquad P_q = I^2 Z \sin \varphi$$

Für die Ausdrücke $Z \cos \varphi$ und $Z \sin \varphi$ folgt aber aus Abb. 6.8.3.(4):

$$Z \cos \varphi = R \qquad Z \sin \varphi = \omega L - \frac{1}{\omega C} = X$$

Die Ausdrücke $X_L = \omega L$, $X_C = \dfrac{1}{\omega C}$ und $X = X_L - X_C$ bezeichnet man als Blindwiderstände. Nun ergibt sich:

$$\boxed{P_s = I^2 Z \qquad P_w = I^2 R \qquad P_q = I^2 X}$$

441

Beispiele und Aufgaben:

1. Eine Leuchtstofflampe von 45 W Leistung und einer Brennspannung von 70 V soll über eine Vorschaltdrossel an 220 V angeschlossen werden. Der Leistungsfaktor der Drossel allein ist 0,1. Berechnen Sie den Wirk- und Blindwiderstand der Drossel und den Leistungsfaktor der Schaltung.

   Lampe und Drossel befinden sich in Reihenschaltung; daher ist der Lampenstrom $I = P_L/U_L = 0,643$ A zugleich auch der Gesamtstrom.
   Widerstand der Lampe $R_L = U_L/I = 108,9\ \Omega$. Gesamter Scheinwiderstand $Z = U/I = 342\ \Omega$.
   Ist Z_S der Scheinwiderstand der Spule, so sind ihr Wirkwiderstand $R_S = Z_S \cos\varphi$
   und ihr Blindwiderstand $X_S = Z_S \sin\varphi$, wobei $\cos\varphi = 0,1$ und $\sin\varphi = 0,995$.
   Jetzt folgt aus $Z^2 = (R_L + R_S)^2 + X_S^2$: $Z_S = 313,5\ \Omega$, $R_S = 31,4\ \Omega$, $X_S = 312\ \Omega$
   Leistungsfaktor der Schaltung: $\cos\varphi_1 = (R_L + R_S)/Z = 140,3\ \Omega/342\ \Omega = 0,41$

2. Ein Motor für 220 V hat eine Wirkleistung von 5 kW und einen Leistungsfaktor 0,8. Berechnen Sie die Schein- und Blindleistung, die Effektivwerte des Gesamt-, des Wirk- und des Blindstromes. Welche mechanische Leistung hat der Motor bei einem mechanischen Wirkungsgrad 0,85?
   $$(P_s = 6,25\ \text{kW}, P_q = 3,75\ \text{kW}, I = 28,4\ \text{A}, I_w = 22,72\ \text{A}, I_q = 17,04\ \text{A}, P_{mech} = 4,25\ \text{kW})$$

3. Durch eine Spule fließen bei 12 V Gleichspannung 0,2 A, bei 110 V Wechselspannung von 50 Hz nur 0,9 A. Berechnen Sie den Schein- und den Wirkwiderstand, die Induktivität und den Phasenwinkel. $\qquad (Z = 122,2\ \Omega, R = 60\ \Omega, L = 0,339\ \text{H}, \varphi = 60,6°)$

4. Ein Gerät hat einen Ohmschen Widerstand von 120 Ω und eine Induktivität von 1,6 H. Berechnen Sie den Leistungsfaktor bei 50 Hz. Auf welchen Wert erhöht er sich durch Vorschalten eines Kondensators mit 5 μF? Bei welcher Kapazität wird der Blindwiderstand Null?
   $$(0,232,\ 0,665,\ 6,33\ \mu\text{F})$$

6.8.6. Mehrphasenwechselstrom (Drehstrom)

a) Wesen des Mehrphasenwechselstromes. Wegen mancher Vorteile, die anschließend untersucht werden, verwendet man zur Stromversorgung statt des bisher behandelten Einphasenwechselstromes fast ausschließlich **Dreiphasenwechselstrom** oder, wie er meist genannt wird, **Drehstrom.** Unter einem Mehrphasenwechselstrom versteht man mehrere in der Phase gegenseitig verschobene Wechselströme, die auf geeignete Weise miteinander verkettet sind. Wegen der überragenden Wichtigkeit werden im folgenden die Verhältnisse beim Dreiphasenwechselstrom untersucht.

Abb. 1 zeigt den zeitlichen Verlauf der drei Einzelspannungen u_1, u_2 und u_3. Sie haben gleiche Frequenz, gleiche Scheitelwerte und je eine Phasenverschiebung um 120°. Ihre Gleichungen sind also:

$$u_1 = \hat{u} \sin\omega t \qquad u_2 = \hat{u} \sin(\omega t - 120°) \qquad u_3 = \hat{u} \sin(\omega t - 240°) = \hat{u} \sin(\omega t + 120°)$$

Jedes Drehstromgerät hat drei gleiche Arbeitswiderstände oder -wicklungen (Eingangsklemmen U, V, W; Ausgangsklemmen X, Y, Z). Die an einer solchen Wicklung liegende Spannung bezeichnet man als **Strangspannung** u_{st}, und den in ihr fließenden Strom als **Strangstrom** i_{st}. Von diesen Stranggrößen sind die auf die Außenleiter R, S, T bezogenen Leitergrößen zu unterscheiden. Die **Spannung** zwischen zwei Außenleitern nennt man **Leiterspannung** u und den Strom in einem Außenleiter **Leiterstrom** i. Durch zweckmäßige Verkettung und Verwendung der Erde als Rückleitung kommt man statt mit sechs mit nur drei Außenleitern aus.

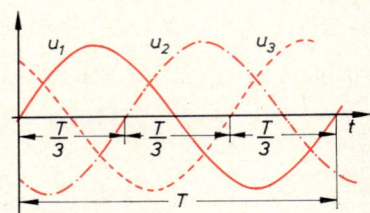

Abb. 1. Dreiphasenwechselstrom

b) Bei der **Sternschaltung** werden die drei Ausgangsklemmen der Wicklungen unter sich zum **Sternpunkt** verbunden (Abb. 2). Da nach Abb. 3 die Summe der drei Einzelspannungen unter Berücksichtigung ihrer Phasenunterschiede Null ist, rufen sie bei gleichen Strangwiderständen Ströme hervor, die ebenfalls stets die Summe Null haben, so daß keine Rückleitung nötig wäre. Weil sich jedoch kleine Verschiedenheiten bei den Spannungen und Belastungen nicht vermeiden lassen, addieren sich die Ströme nicht genau zum Wert Null, sondern zu einem meist kleinen Ausgleichsstrom, der durch den geerdeten Mittelpunktsleiter Mp zur Erde abgeführt wird.

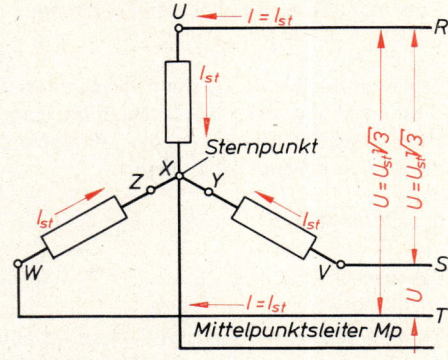

Abb. 2. Sternschaltung

Bei Sternschaltung ist die Strangspannung die eines Außenleiters gegen Erde. Die Leiterspannung ergibt sich dagegen aus der Verkettung zweier Strangspannungen. Bei ihrem Phasenunterschied von 120° ergibt sich nach dem Diagramm der Abb. 4 der Wert $U = 2\,U_{st}\cos 30° = U_{st}\sqrt{3} = 1{,}73\,U_{st}$. Der Leiterstrom setzt sich unverändert in den Strangstrom fort.

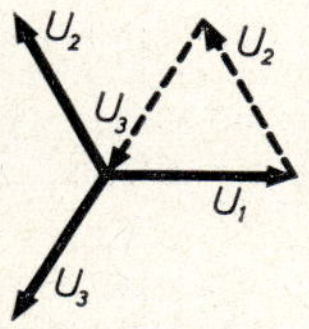

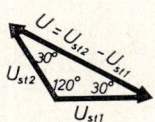

Abb. 3. Summe der drei Teilspannungen eines Drehstromes

Abb. 4. Differenz zweier Strangspannungen

> **Sternschaltung:** $U_{st} = U/\sqrt{3} = 0{,}577\,U$ $I_{st} = I$

c) Bei der **Dreieckschaltung** werden die drei Arbeitswicklungen zwischen je zwei Außenleiter geschaltet (Abb. 5). Ein Mittelpunktsleiter wird nicht benötigt. Hier ist die Strangspannung ebenso groß wie die Leiterspannung. Die Beziehung zwischen dem Leiter- und dem Strangstrom findet man aus der Stromverzweigung an einem Eckpunkt der Dreieckschaltung. Dort verteilt sich der Leiterstrom in zwei Strangströme. Nach einem Zeigerdiagramm ähnlich wie Abb. 4 erhält man:

$$I = 2\,I_{st}\cos 30° = I_{st}\sqrt{3} = 1{,}73\,I_{st}$$

> **Dreieckschaltung:** $U_{st} = U$ $I_{st} = I/\sqrt{3} = 0{,}577\,I$

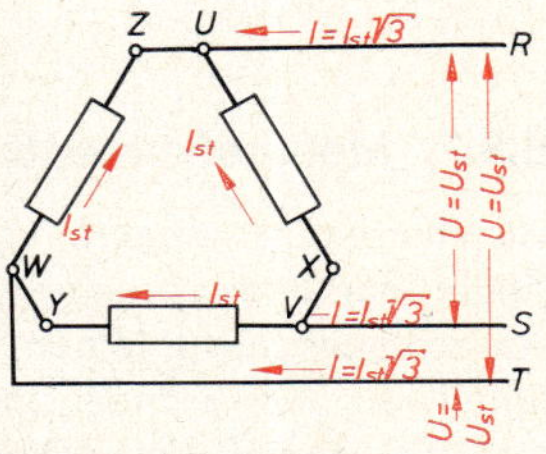

Abb. 5. Dreieckschaltung

d) Die Leistung des Drehstromes ist die Summe aus den Leistungen in den drei Strängen:

$$P_s = 3\,I_{st}\,U_{st} \qquad P_w = P_s\cos\varphi \qquad P_q = P_s\sin\varphi$$

Um das Produkt $I_{st}\,U_{st}$ durch die Leitergrößen auszudrücken, verwendet man die in b) und c) gegebenen Gleichungen und erhält

bei Sternschaltung: $P_s = 3\,I\,\dfrac{U}{\sqrt{3}} = I\,U\sqrt{3}$

bei Dreieckschaltung: $P_s = 3\,\dfrac{I}{\sqrt{3}}\,U = I\,U\sqrt{3}$

Es ergibt sich also bei beiden Schaltungen der gleiche Ausdruck für die Leistungen:

$$P_s = I\,U\sqrt{3} \qquad P_w = I\,U\sqrt{3}\cos\varphi \qquad P_b = I\,U\sqrt{3}\sin\varphi$$

Trotzdem bleibt die Leistung nicht gleich, wenn ein Gerät beim gleichen Drehstromnetz von Sternschaltung auf Dreieckschaltung umgeschaltet wird, weil sich in der Formel I ändert. Beim Umschalten bleiben die Leiterspannung U und der Strangwiderstand R_{St} (bzw. Z_{St}) unverändert. Daher erhält man

bei Sternschaltung: $\qquad U_{st} = \dfrac{U}{\sqrt{3}} \qquad I_{st} = \dfrac{U_{st}}{R_{st}} = \dfrac{U}{\sqrt{3}\,R_{st}} \qquad I = I_{st} = \dfrac{U}{\sqrt{3}\,R_{st}}$

bei Dreieckschaltung: $\quad U_{st} = U \qquad I_{st} = \dfrac{U_{st}}{R_{st}} = \dfrac{U}{R_{st}} \qquad I = I_{st}\sqrt{3} = \dfrac{U\sqrt{3}}{R_{st}}$

Daher sind $\;I_\triangle = 3\,I_{Stern}\;$ und entsprechend $\;P_\triangle = 3\,P_{Stern}$

Beispiel:

Ein Drehstromgerät hat drei Wicklungen mit einem Ohmschen Widerstand von je 50 Ω und der Induktivität 0,12 H. Wie groß sind Leiter- und Strangstrom und die Wirkleistung, wenn das Gerät an ein Drehstromnetz mit 380 V Leiterspannung angeschlossen wird?

$R = 50\,\Omega \qquad X_L = \omega\,L = 37{,}7\,\Omega \qquad Z = R^2 + X^2 = 62{,}6\,\Omega \qquad \cos\varphi = R/Z = 0{,}8$

Sternschaltung: $\qquad U_{st} = 0{,}577 \cdot 380\,V = 219{,}3\,V \qquad I_{st} = U_{st}/Z = 3{,}5\,A = I$
$\qquad\qquad\qquad\quad P_w = 1{,}73 \cdot 380\,V \cdot 3{,}5\,A \cdot 0{,}8 = 1{,}84\,kW$

Dreieckschaltung: $\quad U_{st} = U = 380\,V \qquad I_{st} = U/Z = 6{,}06\,A \qquad I = 1{,}73\,I_{st} = 10{,}5\,A$
$\qquad\qquad\qquad\quad P_w = 1{,}73 \cdot 380\,V \cdot 10{,}5\,A \cdot 0{,}8 = 5{,}53\,kW$

6.8.7. Meßinstrumente für Wechselstrom

Gleichstrominstrumente können den raschen Richtungs-änderungen des von einem Wechselstrom hervorgerufenen Ausschlages nicht folgen. Sie zeigen nur den zeitlichen Mittelwert des Stromes oder der Spannung an. Dieser ist aber bei einem Wechselstrom mit zur Nullinie symmetrischen Halbperioden Null. Um einen Ausschlag zu erhalten, kann man den Wechselstrom vor der Messung gleichrichten oder Instrumente bauen, deren Ausschlag nicht zu I, sondern zu I^2 proportional ist. Dann entsteht auch

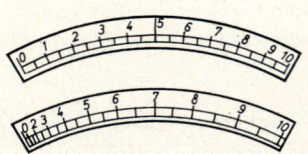

Abb. 1. Lineare und quadratische Skala

in der negativen Halbperiode ein positiver Ausschlag, und das Instrument zeigt an einer Skala, die quadratisch (Abb. 1) unterteilt sein muß, den Effektivwert des Stromes an. Bei einer solchen Skala sind jedoch Ablesungen am unteren Ende sehr ungenau. Für alle Wechselstrommeßgeräte gilt:

Wechselstrommeßgeräte sind stets so geeicht, daß sie die Effektivwerte einer sinusförmigen Wechselspannung bzw. eines Wechselstromes anzeigen.

b) Drehspulinstrumente mit Meß-gleichrichter werden immer mehr verwendet, da sie die günstigen Eigenschaften der Gleichstrom-drehspulinstrumente auch auf Wechselstrom anwendbar machen. Mit Vor- und Nebenwiderständen lassen sich die Geräte für verschiedene Meßbereiche zur Strom- und Spannungsmessung verwenden. Bei **Vielfachmeßinstrumenten** sind Meßwerk, Gleichrichter und Hilfswiderstände in einem Gehäuse vereinigt. Mit einem Schalter kann man rasch alle Meßbereiche zur Messung von Gleich- und Wechselströmen und -spannungen einstellen.

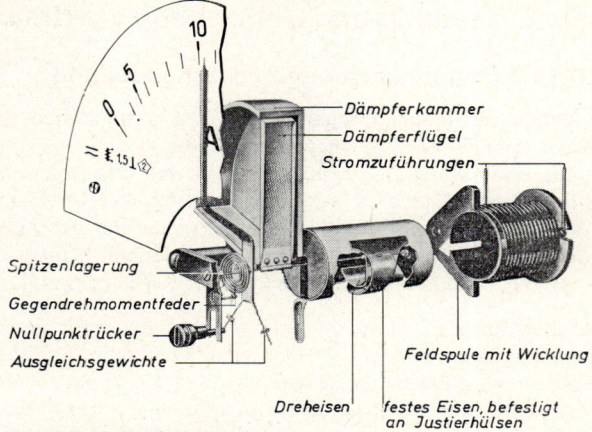

Dämpferkammer
Dämpferflügel
Stromzuführungen

Spitzenlagerung
Gegendrehmomentfeder
Nullpunktrücker
Ausgleichsgewichte

Feldspule mit Wicklung

Dreheisen *festes Eisen, befestigt an Justierhülsen*

Abb. 2. Dreheiseninstrument

c) Dreheiseninstrumente (Abb. 2) verwenden die abstoßende Kraft zweier von der gleichen Spule erregter Magnete. Die Abstoßung ist dem Produkt aus der Stärke beider Magnete und daher dem Quadrat des die Magnete erregenden Spulenstromes proportional. Weil die Magnetisierungskurve nicht linear ist, kann man die Instrumente nicht auf mehrere Meßbereiche umschalten. Bei dem in der Abb. dargestellten Gerät ist eine aperiodische Luftdämpfung eingebaut.

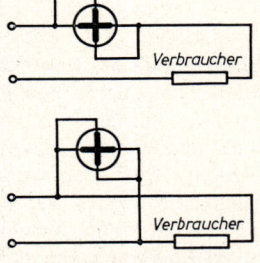

Verbraucher

Verbraucher

Abb. 3. Elektrodynamischer Strom- und Spannungs-messer

d) Elektrodynamische Meßwerke enthalten eine feste Feldspule, in deren Innerem sich eine Drehspule befindet (Abb. 3). Leitet man den zu messenden Strom durch beide Spulen, so erzeugt die äußere Spule eine zu I proportionale Flußdichte B. Das Drehmoment der inneren Spule ist proportional zu ihrem Strom und zu B, also proportional zu I^2. Je nach ihrer Schaltung verwendet man sie als elektrodynamische Strom- oder Spannungsmesser.

e) Leistungsmesser (Abb. 4). Während man bei Gleichstrom die Leistung einfach als Produkt aus Strom und Spannung berechnen kann, erhält man bei Wechselstrom auf diese Weise nur die Scheinleistung. Bei einem elektrodynamischen Leistungsmesser wird der Leistungsfaktor automatisch mitberücksichtigt. Die Feldspule ist als Strommesser, die Drehspule mit einem großen Vorwiderstand als Spannungsmesser geschaltet. Der Ausschlag ist also proportional dem Mittelwert des Produktes $U I$ während einer Periode, das die Wirkleistung des Stromes darstellt.

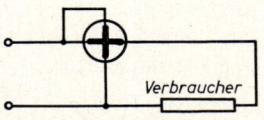

Verbraucher

Abb. 4. Leistungsmesser

f) Der **Zungenfrequenzmesser** (Abb. 5) dient dazu, die Frequenz von Wechselströmen zu messen. Er besteht aus einer Reihe von Blattfedern mit abgestufter Eigenfrequenz. Neben den Stahlzungen befindet sich ein Elektromagnet der von dem zu untersuchenden Wechselstrom angeregt wird. Es schwingt diejenige Feder am stärksten, deren Eigenfrequenz am besten mit der Zahl der Anregungen durch den Wechselstrom übereinstimmt.

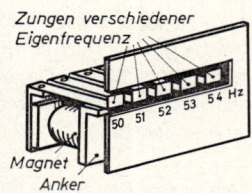

Zungen verschiedener Eigenfrequenz

Magnet
Anker

Abb. 5. Zungenfrequenz-messer

6.9. Erzeugung und Umformung elektrischer Spannungen

6.9.1. Spannungserzeugung durch Induktion

a) Größe der Induktionsspannungen. Die galvanischen Spannungsquellen liefern nur sehr kleine Spannungen. Durch Reihenschaltung kann man sie zwar erhöhen, aber schon für Spannungen von wenigen 100 V, die für die Stromversorgung unerläßlich sind, würden die erforderlichen Elemente wegen des Raum- und Materialbedarfs sehr unwirtschaftlich. Sie sind bald erschöpft, so daß zu ihrer Erneuerung der Aufwand stets von neuem notwendig würde. Eine Elektrizitätsversorgung ausgedehnter Stromnetze konnte daher erst erfolgen, als es gelang, technisch brauchbare Spannungen durch Induktion zu erzeugen.

Die Induktionsspannung, die bei der Bewegung einer einzelnen Drahtwindung im Feld eines Dauermagneten entsteht, ist für eine technische Anwendung zu klein, wie das folgende Beispiel zeigt: Es sei die Windungsfläche $A = 1\ dm^2 = 0,01\ m^2$, die magnetische Flußdichte $B = 0,01\ V\,s/m^2$ und die Drehfrequenz $n = 3\ U/s$. Dann folgt aus der Formel $u_{ind} = B\,A\,\omega \sin \omega\,t$ (6.8.1. a) für den Scheitelwert der entstehenden Spannung: $\hat{u}_{ind} = B\,A \cdot 2\,\pi\,n = 0,01\ \dfrac{V\,s}{m^2} \cdot 0,01\ m^2 \cdot 6\,\pi\,s^{-1} \approx 2\ mV$. Zur Erzeugung von technisch verwendbaren Spannungen muß daher die Induktion noch wesentlich verstärkt werden.

b) Methoden zur Erhöhung der Induktionsspannung. Die erste Möglichkeit hierzu besteht darin, statt einer einfachen Drahtwindung eine Spule zu verwenden. Bei N Windungen wird auch die Induktionsspannung ver-N-facht. Ebenso erhöht sich die erzeugte Spannung proportional zur Erhöhung der Drehfrequenz. Besonders wertvoll ist es, den magnetischen Fluß zu verstärken, indem man den Raum zwischen den Magnetpolen durch Polschuhe und Anker so weit mit Eisen ausfüllt, als es die Drehspule nicht behindert (Abb. 1).

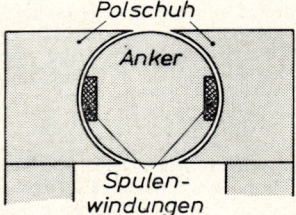

Abb. 1. Erhöhung der Flußdichte durch Polschuhe und Anker

Alle diese Maßnahmen erhöhen die Induktionsspannung schon beträchtlich. Von entscheidender Bedeutung war jedoch die Entdeckung des **dynamoelektrischen Prinzips** durch Werner von Siemens[1]. Es gestattet, die Dauermagneten durch die wesentlich stärkeren Elektromagnete zu ersetzen.

Infolge der Remanenz behält jeder Weicheisenkern eines Elektromagneten, auch wenn kein Strom mehr fließt, einen geringen Restmagnetismus. Er induziert in der Spule zunächst einen geringen Strom, der durch die Erregerspule des Elektromagneten geleitet wird und ihn verstärkt. Nun ruft dieser einen stärkeren Induktionsstrom hervor, der die magnetische Feldstärke erneut erhöht. So verstärken sich Magnet und Strom gegenseitig, bis die Sättigung des Magneten eine weitere Verstärkung des magnetischen Flusses unterbindet. Erst diese Erfindung ermöglichte die Erzeugung hoher Spannungen mit im Verhältnis zur Leistung kleinen Maschinen. Da sie Spannungen erzeugen, nennt man sie **Generatoren** (lat.: generare = erzeugen) oder auch, weil sie zumeist das dynamoelektrische Prinzip verwenden, **Dynamomaschinen.**

---

[1] Werner von S i e m e n s , 1816 bis 1892, Begründer der Firma Siemens und Halske in Berlin. Er erfand neben dem dynamoelektrischen Prinzip den Zeigertelegraphen. In seiner Firma wurde Pionierarbeit für die Anwendung der Elektrizität geleistet.

c) Wirbelströme. Wenn eine Spule sich mit ihrem Eisenkern im Magnetfeld dreht, entstehen nicht nur in den Spulenwindungen, sondern auch im Eisen des Kernes Induktionsspannungen. Obwohl diese sehr klein sind, können sie verhältnismäßig starke Ströme hervorrufen, weil der Widerstand bei den großen Kernquerschnitten nur gering ist (Abb. 2). Die Wirbelströme erzeugen nach der Lenzschen Regel ein Moment, das die Drehung des Ankers hemmt. Deutlich demonstriert diesen Widerstand ein Waltenhofensches Pendel (Abb. 3):

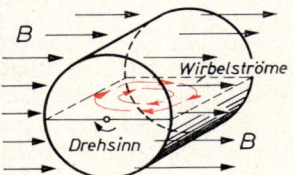

Abb. 2. Wirbelströme in einem Eisenkern

Eine Kupferplatte ist zwischen den Polen eines Elektromagneten als Pendel aufgehängt. Solange kein Strom durch die Magnetspulen fließt, kann die Platte Pendelschwingungen ausführen. Beim Einschalten des Stromes kommen sie fast sofort zum Stillstand. Versucht man dann das Pendel mit der Hand zu bewegen, so verspürt man einen Widerstand wie in einer zähen Flüssigkeit. Ersetzt man aber die volle Kupferscheibe durch eine geschlitzte, so ist die Bremswirkung zum größten Teil beseitigt. Der Weg der Wirbelströme ist unterbrochen.

Auf ähnliche Weise vermindert man die Wirbelstromverluste in den Eisenkernen der Generatoren. Man baut die Kerne und den Anker nicht aus massivem Eisen, sondern formt sie als Pakete, die aus vielen gegenseitig isolierten Blechen bestehen (Abb. 4).

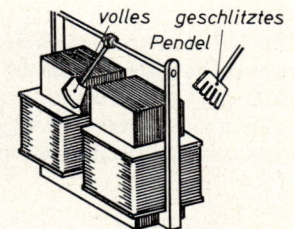

Abb. 3. Waltenhofensches Pendel

In Meßinstrumenten finden die Wirbelströme eine Nutzanwendung. Man verbindet mit dem Zeiger eine Kupfer- oder Aluminiumscheibe, die sich zwischen den Polen eines Magneten bewegt. Die Wirbelströme dämpfen die unerwünschten Schwingungen des Zeigers rasch. Die Induktion ist proportional zur Geschwindigkeit der Schwingung. Daher ist auch die Wirbelstromdämpfung geschwindigkeitsproportional und verändert den Endausschlag des Zeigers nicht.

Abb. 4. Anker aus Eisenblechen

6.9.2. Der Wechselstromgenerator

a) Grundsätzlicher Aufbau eines Wechselstromgenerators. Nach der Ableitung in 6.8.1. a entsteht bei der Drehung einer Leiterschleife mit dem Querschnitt A in einem homogenen Magnetfeld von der Flußdichte B die Spannung $u = B A \omega \sin \omega t$ und bei einer Spule mit N Windungen die Spannung $u = N B A \omega \sin \omega t$. Wegen des Faktors $\sin \omega t$ ist das eine Wechselspannung. Führt man die Spulenenden an zwei getrennte Schleifringe (Abb. 1), so kann man mit zwei daran gleitenden Kohlebürsten die Wechselspannung abnehmen und zu den Verbrauchsstellen leiten. In Abb. 1 befindet sich die Induktionsspule innen, während die Magnetpole außen angeordnet sind. Solche Generatoren nennt man Außenpolmaschinen. Größere Generatoren werden jedoch fast immer als Innenpolmaschinen ausgeführt (Abb. 2). Bei ihnen liegen die Induktionswick-

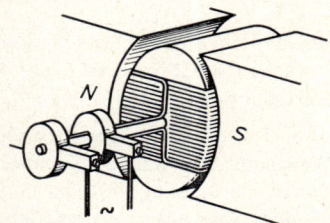

Abb. 1. Schema eines Wechselstromgenerators

lungen außen im festen Teil, dem Ständer, während sich die Magnetpole am inneren drehbaren Teil, dem Rotor, befinden.

Diese Bauart hat den Vorzug, daß nur der verhältnismäßig kleine Erregerstrom der Elektromagnete über Schleifringe geführt werden muß, während der im Ständer erzeugte Induktionsstrom unmittelbar an festen Klemmen abgenommen werden kann.

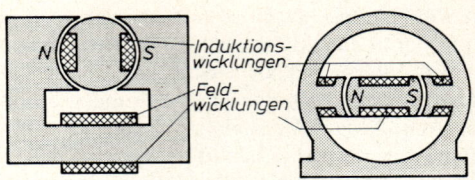

Abb. 2. Außen- und Innenpolmaschine

b) Der Wechselstromgenerator. Wenn nur zwei Magnetpole umlaufen, braucht man für die Frequenz des technischen Wechselstromes von 50 Hz auch die Drehfrequenz $n = 50$ U/s = 3000 U/min. Diese Drehfrequenz kann man nur mit schnellaufenden Dieselmotoren oder Dampfturbinen erreichen. Beim Antrieb mit Wasserturbinen braucht man geringere Drehfrequenzen. Um auch dann die Frequenz 50 Hz zu erreichen, ordnet man mehrere Polpaare

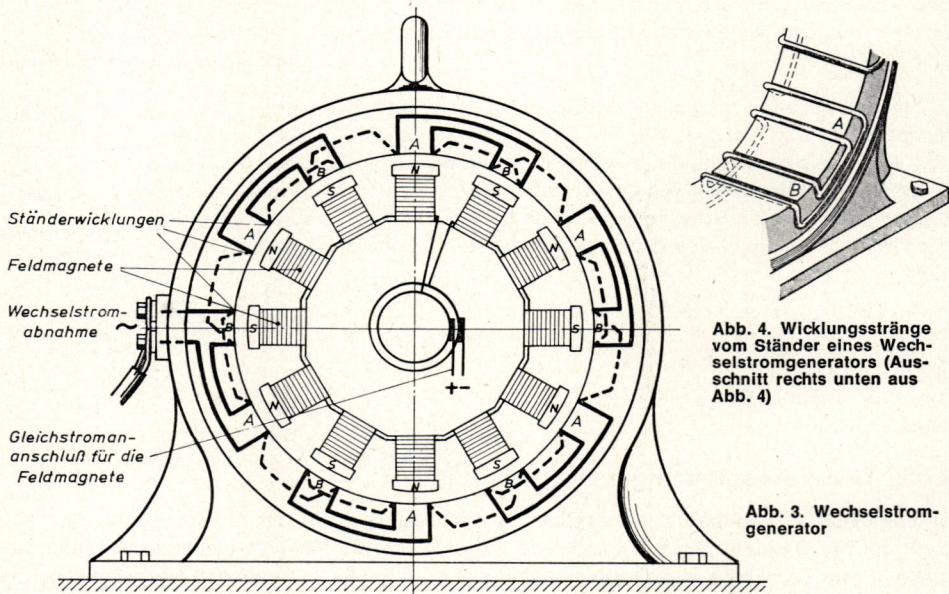

Ständerwicklungen

Feldmagnete

Wechselstrom-
abnahme

Gleichstroman-
anschluß für die
Feldmagnete

Abb. 4. Wicklungsstränge vom Ständer eines Wechselstromgenerators (Ausschnitt rechts unten aus Abb. 4)

Abb. 3. Wechselstromgenerator

am Umfang eines Polrades an, so daß jeder Umlauf mehrere Perioden der Spannung ergibt. Zwischen der Frequenz f, der Zahl p der Polpaare und der Drehfrequenz n gilt dann die Beziehung $n = f/p$.

Abb. 3 zeigt einen Generator mit sechs Polpaaren. Die Magnetspulen besitzen einen solchen Wicklungssinn, daß sich immer Nord- und Südpol abwechseln. Die Wicklungsstränge, in denen die Induktion erfolgt, liegen in Nuten des Ständers (Abb. 4). Sie sind so in Reihe geschaltet, daß alle von den vorbeilaufenden Nord- bzw. Südpolen in einem bestimmten Moment induzierten Teilspannungen sich aufsummieren. Zur Erregung der Magneten braucht man Gleichstrom, der den Feldwicklungen über Schleifringe zugeführt werden muß. Man kann dazu einen Teil des erzeugten Wechselstromes abzweigen und gleichrichten. Meistens aber wird er von einem kleinen Gleichstromgenerator geliefert, der mit dem Wechselstromgenerator auf derselben Achse sitzt.

c) Drehstromgenerator. Generatoren für einphasigen Wechselstrom werden kaum verwendet, da die gesamte Stromversorgung Drehstrom benötigt. Der Bau eines Drehstromgenerators stimmt im wesentlichen mit dem eines Wechselstromgenerators überein. Zur Erzeugung der drei Spannungen sind in den Nuten des Ständers drei Wicklungen untergebracht (Abb. 5).

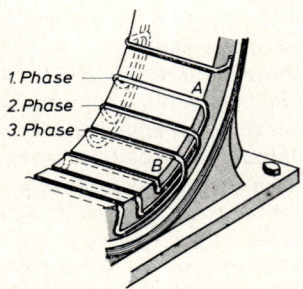

Abb. 5. Wicklungsstränge vom Ständer eines Drehstromgenerators

Abb. 6. Läufer eines Turbogenerators

Wenn sich das Polrad dreht, werden nacheinander, je um $^1/_3$ Periode verschoben, in den drei Wicklungen drei gleiche Wechselspannungen induziert. Das eine Ende der drei Wicklungen verbindet man mit dem Sternpunkt, das andere mit den drei Außenleitern R, S, T der Stromversorgung.

Bei den hohen Drehfrequenzen der von Dampfturbinen angetriebenen Turbogeneratoren darf der Durchmesser des Polrades wegen der starken Fliehkräfte nicht zu groß gemacht werden. Deshalb haben Turboläufer die Form einer langgestreckten Walze (Abb. 6). Die Pole ragen nicht aus dem Polrad hinaus, sondern sind bei der Vollpolbauweise ganz ins Innere des Läufers versenkt. Die Stränge für den Erregerstrom sind in tief eingeschnittenen Nuten untergebracht (Abb. 7). Sie müssen gegen die Fliehkraft gut gesichert sein. Da die Luftkühlung oft nicht ausreicht, läßt man Wasserstoffgas (wegen seiner hohen Wärmeleitzahl) durch Kühlkanäle im Innern des Läufers strömen.

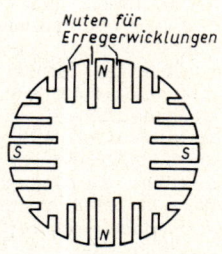

Abb. 7. Schnitt durch den Läufer eines Turbogenerators

6.9.3. Der Gleichstromgenerator

a) Grundsätzlicher Aufbau eines Gleichstromgenerators.
Gleichstromgeneratoren werden nur noch selten, z. B. für
den Erregerstrom bei Drehstromgeneratoren, benötigt. In
der einfachsten Ausführung besitzt er eine Induktionsspule
im Magnetfeld zweier Außenpole. Die beim Drehen entstehende Richtungsänderung der Spannung läßt sich für den
äußeren Stromkreis beseitigen, wenn je nach einer halben
Umdrehung in dem Augenblick, in dem die Spannung ihr
Vorzeichen ändert, die Verbindung zum Außenstromkreis
umgepolt wird. Zu diesem Zweck verwendet man zur Stromabnahme statt der zwei geschlossenen einen in zwei voneinander isolierte Hälften unterteilten Schleifring (Abb. 1).
Die beiden Kohlebürsten wechseln in dem Moment von der
einen Schleifringhälfte zur anderen, wenn die Spannung das
Vorzeichen ändert. Daher hat die eine Kohlebürste stets mit
dem positiven, die andere stets mit dem negativen Ende
der Spule Kontakt. Die Spannung im Außenstromkreis ist
dadurch gleichgerichtet; sie ist aber nicht konstant, sondern
eine **pulsierende Gleichspannung** (Abb. 2). Man könnte die
Welligkeit der Spannung wesentlich mindern, indem man
zwei pulsierende Gleichspannungen summiert, die gegenseitig um 90° versetzt sind (Abb. 3).

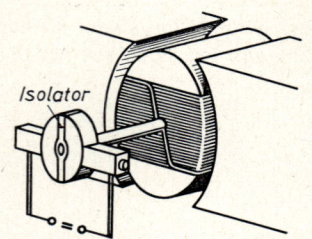

Abb. 1. Schema eines Gleichstromgenerators

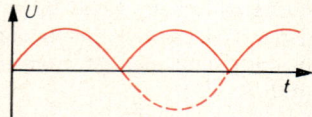

Abb. 2. Pulsierende Gleichspannung

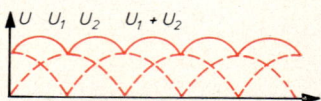

Abb. 3. Summe zweier um 90° ver-
setzter pulsierender Gleichspannungen

b) Eine bessere Glättung erzielt man mit dem heute bei
Gleichstromgeneratoren fast ausschließlich verwendeten
Trommelanker. Eine in sich geschlossene Wicklung
1—2—3 . . . 16—1 ist rings in Nuten eines zylindrischen
Ankers eingelegt (Abb. 4). Die Zahl der an der Achse
angebrachten Lamellen zur Stromabnahme ist ebenso
groß wie die der Nuten. Die Verbindungen zweier aufeinanderfolgender Stränge sind je mit einer Lamelle
verbunden. Alle Stränge sind in Reihe geschaltet, und
die Stromabnahme erfolgt stets dort, wo sich die positiven bzw. die negativen Teilspannungen aufsummieren.
Wenn ein Strang bei der Drehung vom einen Magnetpol
zum anderen hinüberläuft, so daß die in ihm entstehende Spannung die Richtung ändert, wechseln gleichzeitig auch die beiden Stromabnehmer zur nächsten
Lamelle über. Auf diese Weise tragen stets alle Windungen zur Spannungserzeugung bei, und es entsteht
eine fast konstante Gleichspannung.

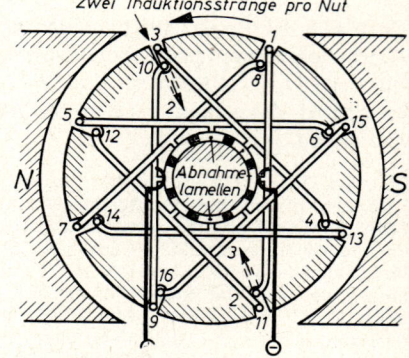

Abb. 4. Trommelanker

c) Die Ankerrückwirkung. In den Ankerwicklungen fließt ein Strom, z. B. in Abb. 4 in der linken Hälfte nach vorne, in der rechten Hälfte nach hinten. Er macht den ganzen Anker zu einem Elektromagneten, dessen Nordpol oben und dessen Südpol unten liegen (Abb. 5 a). Das Ankerfeld überlagert sich dem ursprünglichen Feld des äußeren Magneten und verformt es stark (Abb. 5 b, c). Die neutrale Zone, in der bei der Drehung keine Feldlinien geschnitten werden, liegt schräg. Diese Veränderung des Magnetfeldes bezeichnet man als Ankerrückwirkung. Dadurch erfolgt die Spannungsabnahme nicht an der günstigsten Stelle. Schlimmer aber ist ein zweiter Vorgang. Beim Hinübergleiten der Kohlebürsten von einer Kollektorlamelle zur nächsten wird für einen Augenblick ein Strang der Induktionswicklung kurz geschlossen. In der neutralen Zone entsteht in ihm keine Spannung, und der Kurzschlußstrom ist Null. Wenn aber der Strang infolge der Ankerrückwirkung nicht in der neutralen Zone liegt, gibt der entstehende Kurzschlußstrom beim Abreißen Anlaß zu einer Funkenbildung, dem „Feuern" der Kohlebürsten. Eine automatische Abhilfe dagegen sind die **Wendepole** (Abb. 5 d). Dies sind zwei Hilfsmagnete, die vom Ankerstrom erregt werden. Sie sind außen am Ständer angebracht und so bemessen, daß sie ein dem Ankerfeld genau entgegengesetztes Feld erzeugen. Dieses wird dadurch bei jedem beliebigen Ankerstrom automatisch aufgehoben, und das ursprüngliche Magnetfeld bleibt unverändert.

d) Haupt- und Nebenschlußgeneratoren. Bei einem Gleichstromgenerator erfolgt die Erregung der Feldmagnete aus dem erzeugten Gleichstrom. Je nachdem, ob die Erregerwicklung im Haupt- oder in einem Nebenstromkreis liegt, nennt man einen Generator einen Hauptschluß- oder einen Nebenschlußgenerator. Beim Hauptschluß-generator (Abb. 6) ändern sich bei wechselnder Belastung mit dem Strom auch das Magnetfeld und daher auch die Spannung; daher findet er kaum Anwendung. Beim Nebenschlußgenerator (Abbildung 7) sind das Magnetfeld und auch die Spannung von der Belastung nahezu unabhängig.

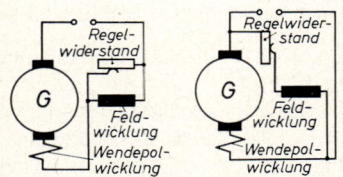

Abb. 6. Hauptschluß-schlußgenerator   **Abb. 7. Neben-schlußgenerator**

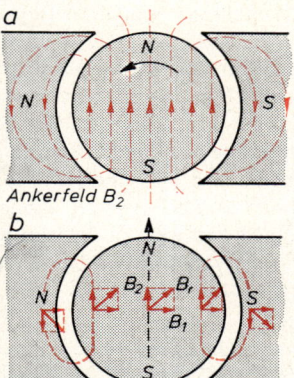

Ankerfeld B_2

Zusammensetzung des äußeren Feldes B_1 mit dem Ankerfeld B_2 zu B_r

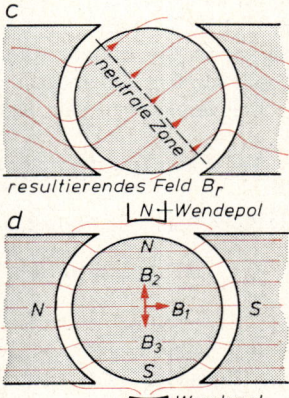

resultierendes Feld B_r

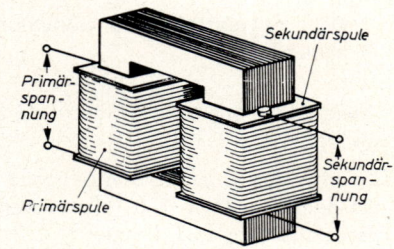

Feldkorrektur durch Wendepole

Abb. 5. Wendepole

6.9.4. Der Transformator

a) Zweck und Aufbau. Der Hauptgrund dafür, daß die Stromversorgung fast nur auf Wechselstrom (bzw. Drehstrom) beruht, liegt darin, daß eine Wechselstromleistung einer gegebenen Spannung sich mit einem **Transformator** fast verlustlos in eine Wechselstromleistung einer anderen Spannung umformen läßt, während dies bei Gleichstrom unmöglich ist.

Ein Transformator besteht aus zwei Wicklungen, die so angeordnet sind, daß sie vom gleichen magnetischen Fluß durchsetzt werden. Die umzuformende Primärspannung wird an die eine Wicklung, die Primärspule, gelegt, die gewünschte Sekundärspannung an der anderen Wicklung, der Sekundärspule abgenommen. Um den magnetischen Fluß möglichst ohne Streuung von der einen Wicklung zur anderen zu führen, verwendet man bei niederen Frequenzen Eisenkerne. Man unterscheidet Kerntransformatoren (Abb. 1) und

Abb. 1. Kerntransformator

Manteltransformatoren (Abb. 2). Zur Verminderung der Wirbelstromverluste sind die Kerne aus isolierten Blechen zusammengesetzt. Um die Energieverluste beim Umpolen zu vermindern, verwendet man Stahlsorten mit schmaler Hystereseschleife. Große Transformatoren befinden sich in einem Ölbad, das wärmeabführend und zugleich isolierend wirkt. Da es sich beim Betrieb erwärmt, braucht man ein Ausdehnungsgefäß und eine zusätzliche Kühlvorrichtung, in der das Öl die von den Wicklungen aufgenommene Wärme abgibt (Abb. 4).

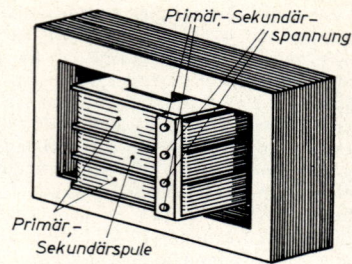

Abb. 2. Manteltransformator

Bei Hochfrequenz würde der Eisenkern einen zu großen induktiven Widerstand verursachen. Man verwendet deshalb Luftspulen ohne Eisenkerne, die jedoch größere Streuung aufweisen, oder Spulen mit Ferritkernen. Ferrite sind kristalline Oxide von Eisen und Zink, Mangan oder Nickel, die gute magnetische Eigenschaften, aber nur eine kleine elektrische Leitfähigkeit besitzen. Ferritspulen sind kleiner als anders gebaute Spulen mit gleichen Eigenschaften.

b) Wirkungsweise. Für einen Transformator, bei dem der Sekundärkreis offen ist, läßt sich eine einfache Beziehung zwischen beiden Spannungen ableiten. Weil dann in der Sekundärspule kein Strom fließt, wird der gesamte Magnetfluß vom Strom in der Primärspule erzeugt. Damit von ihm in den Spulen nach dem Induktionsgesetz Spannungen hervorgerufen werden, muß Φ veränderlich sein. Der Fluß muß also durch einen Wechselstrom erzeugt werden.

Mit einem Transformator lassen sich nur Wechselspannungen umformen.

Ist diese Bedingung erfüllt, so entstehen in den beiden Spulen die Spannungen:

$$\text{Primärspannung } U_{\text{ind 1}} = N_1 \frac{\mathrm{d}\Phi}{\mathrm{d}t} \qquad \text{Sekundärspannung } U_{\text{ind 2}} = N_2 \frac{\mathrm{d}\Phi}{\mathrm{d}t}$$

Hierbei wurde angenommen, daß keine wesentliche Streuung auftritt, so daß der magnetische Fluß Φ in beiden Spulen gleich ist. Bei Vernachlässigung des kleinen Spannungsverlustes am Ohmschen Widerstand folgt aus dem Gesetz der Spannungssumme im Primärkreis $U_1 + U_{\text{ind 1}} = 0$ oder $U_1 = -N_1 \, \mathrm{d}\Phi/\mathrm{d}t$. $U_{\text{ind 2}}$ ist unmittelbar die im Sekundärkreis entstehende Spannung U_2. Durch Elimination von $\mathrm{d}\Phi/\mathrm{d}t$ erhält man:

$$U_2 = -U_1 \frac{N_2}{N_1}$$

Beide Spannungen sind also entgegengesetzt bzw. in der Phase um 180° verschoben. Für die Beträge der Spannungen gilt die umgeformte Beziehung:

$$U_1 : U_2 = N_1 : N_2$$

Beim unbelasteten Transformator verhalten sich die Spannungen wie die Windungszahlen.

Diese Beziehung wird oft auch als Näherungsformel für den belasteten Transformator verwendet.

Da man den Ohmschen Widerstand des Primärkreises möglichst klein macht, wird nahezu die ganze Leistung $I_1 U_1$ in das Magnetfeld und danach in den Sekundärkreis übertragen. Es ist also $I_1 U_1 = I_2 U_2$ oder:

$$I_1 : I_2 = U_2 : U_1$$

Die Ströme im Primär- und Sekundärkreis verhalten sich umgekehrt wie die Spannungen.

Die Quotienten N_1/N_2, U_1/U_2 und I_2/I_1 sind also gleich. Ihren Wert bezeichnet man als das Übersetzungsverhältnis $ü$ des Transformators:

$$ü = \frac{N_1}{N_2} = \frac{U_1}{U_2} = \frac{I_2}{I_1}$$

Im Primärkreis ist der induktive Widerstand weit größer als der Ohmsche. Daher läuft der Primärstrom der Spannung U_1 um fast 90° nach. Im Sekundärkreis ist die Phasenverschiebung je nach der Größe des angeschlossenen Außenwiderstandes verschieden. Bei kleinem Ohmschen Widerstand läuft auch der Sekundärstrom der Spannung U_2 um fast 90° nach. Da aber die Spannungen U_1 und U_2 zueinander entgegengesetzt sind, gilt bei kleinen Ohmschen Widerständen das Gleiche von den Strömen. Dies zeigt auch der folgende Versuch mit dem Thomsonschen Ring (Abb. 3):

Auf dem Eisenkern einer Spule sitzt als Sekundärwicklung mit nur einer Windung ein Aluminiumring. Beim Einschalten des Stromes wird der Ring wegen der abstoßenden Wirkung des Primär- und des entgegengesetzten Sekundärstromes in die Höhe geschleudert.

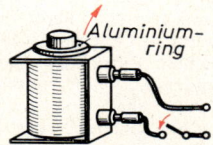

Abb. 3. Thomsonscher Ring

Bei sinusförmigem Wechselstrom sind wegen $\frac{d}{dt}(\sin \omega t) = \omega \cos \omega t$ die Mittelwerte der Wechselstromgrößen gleich dem ω-fachen Wert der Größe selbst, z. B. $\frac{d\Phi}{dt} = \omega \Phi$. Nach der Gleichung $U_1 = N_1 \frac{d\Phi}{dt} = N_1 \omega \Phi$ muß bei unveränderter Primärspannung auch der Fluß Φ im Transformator konstant sein. Weil die Ströme I_1 und I_2 einen Phasenunterschied von nahezu 180° haben, entsteht der gesamte Magnetfluß als Differenz der aufbauenden Wirkung von I_1 und der Gegenwirkung von I_2. Wird der Widerstand im Sekundärkreis vergrößert, so nimmt der Sekundärstrom I_2 ab, und seine Gegenwirkung auf den magnetischen Fluß wird kleiner. Damit Φ konstant bleibt, muß auch die Wirkung von I_1 und daher I_1 selbst abnehmen.

Ein Widerstand im Sekundärkreis vermindert nicht nur den Sekundärstrom, sondern auch den Primärstrom.

Deshalb fließt bei geöffnetem Sekundärkreis ($R_2 = \infty$) auch im Primärkreis nahezu kein Strom.

c) Bedeutung des Transformators. Soll elektrische Energie über eine weite Strecke fortgeleitet werden, so wächst der Leistungsverlust mit dem infolge der Länge zunehmenden Ohmschen Widerstand und mit dem Quadrat des Stromes: $P_v = I^2 R$. Bei einer Spannung von 220 V und einer Leistung von wenigen kW wird der Verlust schon bei einigen km Leitung unwirtschaftlich groß. Erhöht sich aber die Spannung um einen bestimmten Faktor, so ist zur Beförderung der gleichen Lei-

Abb. 4. Freiluftumspannanlage

stung ein im gleichen Verhältnis kleinerer Strom erforderlich. Daher vermindert sich der Verlust sogar mit dem Quadrat dieses Faktors. Beträgt z. B. der Verlust bei 220 V noch 10 %, so sinkt er bei 2200 V auf 0,1 %.

Auf große Entfernungen läßt sich also Energie nur bei hohen Spannungen wirtschaftlich fortleiten. Deshalb wird die von den Generatoren erzeugte Energie für die Fernleiternetze bis auf 380 kV hinauftransformiert.

Abb. 4 zeigt eine Freiluftumspannanlage von 110 kV auf 220 kV.

d) Der Funkeninduktor (Abb. 5) dient dazu, auch im Laboratorium mit einer einfachen galvanischen Spannungsquelle Hochspannung von mehr als 100 000 V herzustellen. Er besteht aus einer Primärwicklung mit wenigen Windungen und einer Sekundärwicklung mit sehr vielen Windungen aus feinem Draht. Die angeschlossene Gleichspannung wird zuerst in einem Wagnerschen Hammer zerhackt, damit ein Wechselfeld entsteht. Die Spitzenspannung ist höher, als es nach der Ausgangsspannung und dem Verhältnis der Windungszahlen zu erwarten wäre. Da nämlich der zerhackte Gleichstrom nicht sinusförmig ist, entsteht bei der raschen Unterbrechung für sehr kurze Zeit eine höhere Öffnungsspannung als bei der Umformung sinusförmiger Spannungen. Damit die rasche Unterbrechung nicht durch einen Öffnungsfunken verlangsamt wird, ist parallel zur Unterbrechungsstelle ein Kondensator geschaltet, der den Stromstoß aufnimmt.

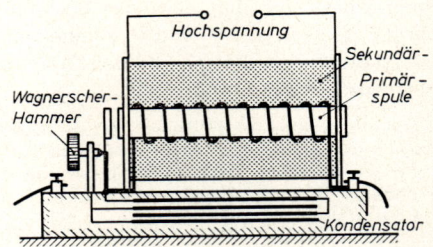

Abb. 5. Funkeninduktor

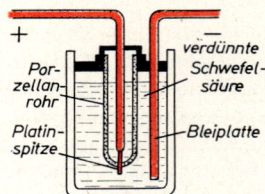

Abb. 6. Wehneltunterbrecher

Raschere Unterbrechungen als mit einem Wagnerschen Hammer erhält man mit einem **Wehneltunterbrecher** (Abb. 6). Eine aus einem Porzellanrohr hervorragende Platinspitze taucht als Anode in verdünnte Schwefelsäure ein. Beim Stromdurchgang erhitzt sich die Platinspitze so stark, daß sie sich mit einer Dampfhaut umgibt, die den Strom unterbricht. Nach der Unterbrechung kühlt sich der Dampf ab und kondensiert, so daß sich der Stromkreis wieder schließt. Man erreicht bis zu 1800 Unterbrechungen je s.

Aufgaben:

1. In einem Rundfunkgerät soll mit einem Transformator aus der Netzspannung 220 V die Heizspannung der Röhren von 6,3 V und eine Anodenspannung von 330 V hergestellt werden. Die Primärspule hat 350 Windungen. Welche Windungszahlen sind in den beiden Sekundärspulen erforderlich? Wie groß ist der Primärstrom, wenn ein Heizstrom $I_f = 1,8$ A und ein Anodenstrom $I_a = 0,1$ A entnommen werden?   ($N_2 = 10$, $N_3 = 525$, $I_1 = 0,2015$ A)

2. Die Leistung 3 kW soll mit einem Kupferdoppelkabel ($\varrho = 0,018$ Ω mm²/m, $A = 40$ mm²) 2 km weit geleitet werden. Berechnen Sie die Verlustleistung bei **220 V** und bei **1500 V.**

   (0,334 kW, 0,0072 kW)

6.9.5. Gleichstrommotoren

a) Wirkungsweise. Die Bewegung eines Leiters im Magnetfeld und die Induktion entstehen aus einander durch Vertauschen von Ursache und Wirkung. In einem Fall wird eine Schleife im Magnetfeld gedreht, und man erhält eine Induktionsspannung, im anderen Fall wird an die Schleife eine Spannung gelegt, und man erhält eine Drehung. Dies gilt nicht bloß für eine Schleife, sondern für jeden Generator. Wird an die Stromabnahmeklemmen eines Generators die Spannung angelegt, die er beim Betrieb liefern würde, so beginnt der Läufer sich zu drehen, und man hat einen Elektromotor.

Dies geht ohne Schwierigkeit beim Gleichstromgenerator, wenn man ihn mit Gleichstrom betreibt. Ein Wechselstromgenerator würde jedoch Gleichstrom für die Erregerspulen und Wechselstrom für die Induktionswicklungen erfordern. Meist stehen aber nicht gleichzeitig beide Stromarten zur Verfügung. Man kann jedoch mit Wechselstrom auch einen Gleichstromgenerator betreiben, weil sich dann gleichzeitig Feld- und Stromrichtung ändern und so wieder die gleiche Bewegungsrichtung erzeugen. Je nach der Stromführung unterscheidet man Reihenschluß-, Nebenschluß- und Verbundmotoren (Abb. 1).

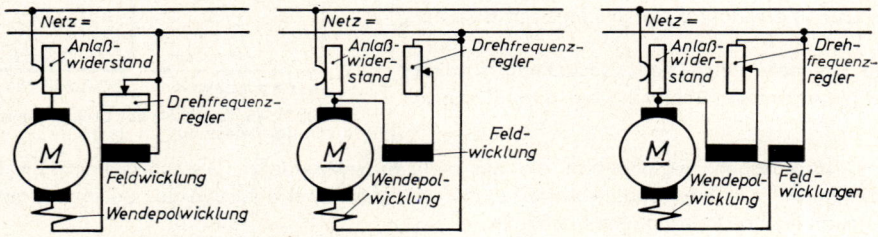

Abb. 1. Reihenschluß-, Nebenschluß- und Verbundmotor

b) Anlasser und Drehfrequenzregler. Sobald ein Elektromotor läuft, wirkt er wie ein Generator und erzeugt selbst eine der angelegten Spannung entgegengesetzte Spannung. Bei Leerlauf ist die Gegenspannung fast ebenso groß wie die angelegte Spannung; es fließt daher fast kein Strom durch die Wicklungen. Solange jedoch der Motor noch nicht seine volle Drehfrequenz hat, ist die Gegenspannung klein, und der Strom würde infolge der unverminderten angelegten Spannung auf sehr hohe Werte, z. B. unmittelbar nach dem Einschalten auf etwa das 6- bis 8-fache der Betriebsstromstärke anwachsen. Um dies zu verhindern, baut man bei jedem größeren Motor in die Stromzuführung einen **Anlaßwiderstand** ein, der beim Einschalten ein übermäßiges Ansteigen des Stromes verhindert und der mit dem Anwachsen der Gegenspannung kurze Zeit nach dem Anlaufen abgeschaltet werden darf.

Jeder Motor läuft mit einer solchen Drehfrequenz, daß die erzeugte Gegenspannung gerade den von der äußeren Arbeit nicht verbrauchten Rest der Antriebsspannung ausgleicht. Bei starkem Feld genügt dazu schon eine geringere Drehfrequenz als bei schwachem Feld. Ändert man daher mit einem Widerstand, der beim Reihenschlußmotor parallel zur Erregerspule, beim Nebenschlußmotor in Reihe zur Erregerspule geschaltet werden muß (Abb. 1), den Erregerstrom des Magnetfeldes, so wird dadurch die Drehfrequenz geändert. Durch Verkleinern des Feldstromes wird die Drehfrequenz erhöht, durch Vergrößern erniedrigt.

c) Beim **Haupt- oder Reihenschlußmotor** sind Feld- und Ankerwicklung in Reihe geschaltet. Trotz des Anlassers ist unmittelbar nach dem Einschalten der Strom am stärksten. Am Anfang sind daher Strom und Magnetfeld besonders stark und erzeugen ein kräftiges Drehmoment.

Daher verwendet man Hauptschlußmotoren dort, wo ein großes Antriebsmoment erforderlich ist, z. B. bei Kranen, elektrischen Lokomotiven und Straßenbahnen. Wird die äußere Belastung weggenommen (Leerlauf), so steigt zunächst die Drehfrequenz und infolgedessen auch die Gegenspannung. Dadurch werden der Strom und zugleich das Feld geschwächt. Deshalb erhöht sich die Drehfrequenz noch mehr usf. Man sagt, der Motor geht beim Entlasten durch. Daher ist er für Riemenantrieb nicht geeignet und muß gegen zu starken Drehfrequenzanstieg gesichert sein. Umgekehrt sinkt die Drehfrequenz bei zunehmender Belastung (Abb. 2).

d) Beim **Nebenschlußmotor** sind Feldspule und Ankerspule parallel geschaltet. Bei zunehmender Belastung sinken zunächst die Drehfrequenz und damit auch die Gegenspannung um einen geringen Betrag. Der Ankerstrom wird größer; das im Nebenschluß liegende Feld wird davon aber nicht betroffen. Deshalb hält sich die Drehfrequenzminderung in engen Grenzen (Abb. 2). Auch die Gegenspannung nimmt etwas ab; dadurch steigt die Stromaufnahme, und das Drehmoment wächst zur Überwindung der gesteigerten Belastung.

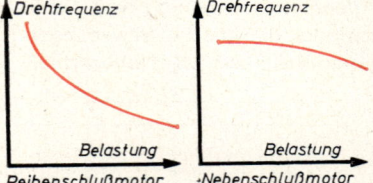

> **Die Drehzahl eines Nebenschlußmotors nimmt bei zunehmender Belastung nur geringfügig ab.**

Abb. 2. Abhängigkeit der Drehfrequenz von der Belastung

Deshalb sind Nebenschlußmotoren die am meisten verwendeten Gleichstrommotoren für Werkzeugmaschinen oder andere Antriebe, die eine regelbare, aber von der Belastung möglichst unabhängige Drehfrequenz benötigen.

e) Bei den **Verbundmotoren** wird das Magnetfeld zum Teil von einer im Hauptstromkreis, zum Teil von einer im Nebenstromkreis liegenden Wicklung erzeugt. Bei gleichsinniger Wicklung hat ein solcher Motor Eigenschaften, die zwischen denen des Reihenschluß- und Nebenschlußmotors liegen. Er hat ein gutes Anzugsmoment, ähnlich wie der Hauptschlußmotor, aber eine bei Belastung nicht so stark absinkende Drehfrequenz. Bei entgegengesetztem Wicklungssinn kann man erreichen, daß die Drehfrequenz praktisch vollkommen unabhängig von der Belastung wird. Trotz der weiten Verbreitung des Dreiphasenwechselstromes werden Elektromotoren für Gleichstrom bzw. Einphasenwechselstrom oft verwendet, weil die Drehfrequenzregelung bei keinem anderen Motor so günstig durchzuführen ist, wie z. B. beim Gleichstromnebenschlußmotor.

6.9.6. Drehstrommotoren

a) Entstehung eines Drehfeldes (Abb. 1). Leitet man die drei Phasen eines Drehstromes durch die Spulen dreier Elektromagnete RR', SS', TT', die auf dem Umfang eines Kreises angeordnet sind, so erhält man ein Magnetfeld, dessen Richtung sich dreht. Die Felder der drei Magnetpaare kann man zu einem resultierenden Feld zusammenfassen. Schaltung und Wicklungssinn sind so gewählt, daß z. B. im Zeitpunkt a, wenn die Phase R am stärksten ist, deren Feld von R nach R' gerichtet ist. Dieses Feld wird noch etwas verstärkt durch den Beitrag der Phasen S und T. Ihre Pole sind im Zeitpunkt a schwach, was in der Abb. durch kleinere Buchstaben N und S angedeutet ist. Im Zeitpunkt b, eine Sechstelperiode später, ist die Phase T in negativer Richtung am stärksten; deshalb hat sich die Feldrichtung nach TT' und nach einer weiteren Sechstelperiode im Zeitpunkt c nach SS' gedreht. Dieser Wechsel setzt sich fort, so daß sich die Richtung des resultierenden Magnetfeldes im Verlauf einer ganzen Periode um 360° dreht. Das Feld heißt ein **magnetisches Drehfeld.** Von ihm erhielt der Drehstrom seinen Namen.

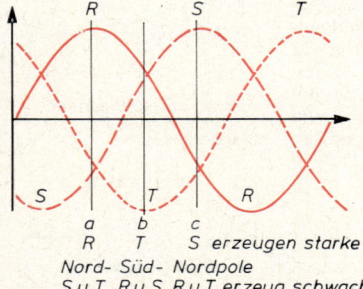

R T S erzeugen starke
Nord- Süd- Nordpole
S u.T R u.S R u.T erzeug. schwache
Süd- Nord- Südpole

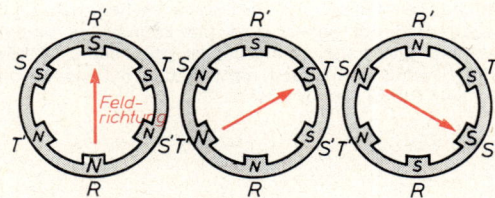

Abb. 1. Entstehung eines Drehfeldes

b) Synchronmotoren (Abb. 2).

Drei gleiche Spulen werden mit dem einen Ende an die Außenleiter eines Drehstromes angeschlossen, die anderen Enden werden in Sternschaltung verbunden. Eine Magnetnadel, die in den Zwischenraum zwischen die in einem Dreieck aufgestellten Spulen gebracht wird, bleibt in rascher Drehung, wenn sie einmal angestoßen wurde.

Bei diesem Versuch wird die Magnetnadel von der Drehung des Magnetfeldes mitgenommen, wenn sie einmal auf die richtige Drehfrequenz gebracht ist. Ersetzt man die einfache Magnetnadel durch einen

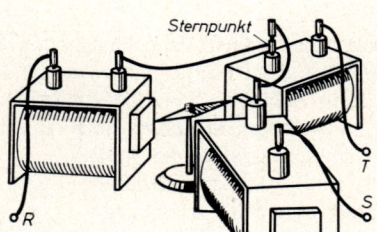

Abb. 2. Modell eines Synchronmotors

Dauermagneten, so hat man einen **Synchronmotor.** Der Name bedeutet „mit gleicher Umlaufszeit" (griech.: syn = mit, chronos = Zeit), weil das Drehfeld und der Magnet gleiche Umlaufszeit aufweisen. Bei technischen Ausführungen wird auf die Achse des Motors ein kleiner Gleichstromgenerator gesetzt, damit man statt des Dauermagneten einen mit Gleichstrom angeregten Elektromagneten verwenden kann.

Ein Synchronmotor muß durch eine besondere Vorrichtung angeworfen werden; bei zu hoher Belastung bleibt er stehen. Er wird deshalb nur verwendet, wenn er kein großes Drehmoment erzeugen muß, aber eine genaue Einhaltung der Drehfrequenz erforderlich ist. Deshalb eignet er sich z. B. gut für den Antrieb elektrischer Uhren.

c) Asynchronmotoren. Ihre Wirkungsweise erklärt ein Versuch (Abb. 3):

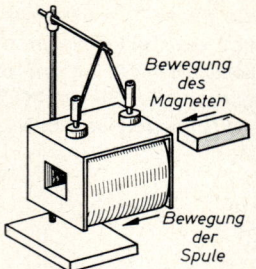

Bewegung des Magneten

Bewegung der Spule

Abb. 3. Bewegung einer Kurzschlußspule im Magnetfeld

Eine Spule ist beweglich aufgehängt. Anfang und Ende sind verbunden, so daß ein geschlossener Stromkreis ohne Spannungsquelle vorliegt. Führt man den einen Pol eines kräftigen Stabmagneten ins Innere der Spule, so wird sie von dem bewegten Magnetfeld gleichsam ein Stück mitgenommen. Die Bewegungsrichtungen des Magneten und der Spule sind immer gleich und unabhängig davon, ob ein Nord- oder ein Südpol in die Spule geführt wird. Zunächst erzeugen die schneidenden Feldlinien des Magneten einen Induktionsstrom, und die nun stromführend gewordenen Windungen der Spule suchen sich im Magnetfeld zu bewegen. Daß der entstehende Induktionsstrom eine entscheidende Bedeutung hat, ersieht man daraus, daß keine Mitbewegung der Spule erfolgt, wenn ihre Enden nicht leitend miteinander verbunden sind, so daß kein Strom fließen kann.

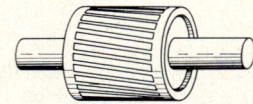

Abb. 4. Kurzschlußläufer

Auf dieser Mitnahme eines kurz geschlossenen Stromkreises in einem bewegten Magnetfeld beruht der **Asynchronmotor.** Bei ihm besteht der Läufer aus einem Anker, um den käfigartig geschlossene Kupferstäbe gelegt sind (Abb. 4). Dreht sich das Magnetfeld bei ruhendem Läufer, so schneiden die Feldlinien die Kupferleiter. In ihnen entstehen Induktionsströme, die den Anker in Bewegung setzen. Ist die Drehfrequenz von Feld und Läufer genau gleich, so schneiden die Feldlinien die Kupferstäbe nicht; es entstehen kein Induktionsstrom und kein Drehmoment. Daher bleibt die Drehfrequenz des Ankers stets um einen Betrag hinter der des Feldes zurück, der um so größer wird, je höher die Belastung des Motors ist. Der meist in % ausgedrückte Unterschied der Drehfrequenzen nennt man den Schlupf. Er beträgt je nach der Belastung etwa 0...20 % der Felddrehfrequenz. Den Anker nennt man wegen seiner Form Käfiganker, wegen der in sich geschlossenen Kupferstäbe auch Kurzschlußanker (Abb. 5).

Unmittelbar nach dem Einschalten schneiden bei dem großen Drehfrequenzunterschied zwischen dem schnell umlaufenden Drehfeld und dem erst anlaufenden Anker die magnetischen Feldlinien die Kupferstäbe am häufigsten. Daher ist in ihnen der Induktionsstrom **beim Anlaufen besonders hoch. Um ihn zu vermindern,** läßt man größere Motoren in Stern-

schaltung anlaufen und schaltet erst, wenn der Drehfrequenzunterschied kleiner geworden ist, für Dauerbetrieb auf die 1,73 mal größere Spannung bei Dreieckschaltung um. Ein Asynchronmotor läuft also von selbst an. Da dem Läufer kein Strom zugeführt werden muß, benötigt er keine Schleifringe. Wegen dieser Vorteile und seiner einfachen **Bauart** hat er weite Verbreitung gefunden.

Käfig-anker *Strom-wicklungen* *Gehäuse mit Kühllamellen* *Kühlflügel* *Abdeck-haube*

Vordere Gehäusehaube *Hintere Gehäusehaube*

Abb. 5. Einzelteile eines Käfigläufermotors

d) Asynchronmotoren für Einphasenwechselstrom. Da oft nur Einphasenwechselstrom zur Verfügung steht, sind auch Asynchronmotoren konstruiert worden, die zum Betrieb nur eine Phase benötigen. Zum Anlaufen braucht man ein Drehfeld, das erst mit
mindestens zwei Phasen erzeugt werden kann. Als erste nimmt
man die Netzspannung. Von ihr zweigt man eine zweite Phase ab
und ruft in ihr, am häufigsten mit einem Kondensator, eine Phasenverschiebung hervor. Bei entsprechender Bemessung des Kondensators beträgt sie praktisch 90°. Beide Phasen ergeben in einer
Haupt- und Hilfswicklung ein Drehfeld, in dem der Anker von

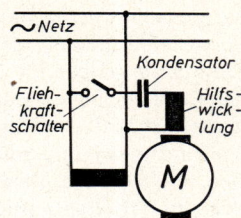

**Abb. 6. Einphasen-
asynchronmotor**

selbst anläuft. Wenn er läuft, dreht er sich infolge seiner Trägheit auch weiter, wenn die
Hilfswicklung abgeschaltet wird. Weil dadurch der Leistungsfaktor verbessert wird, schaltet
ein Fliehkraftschalter beim Erreichen einer bestimmten Drehfrequenz den Kondensator und
die Hilfswicklung ab. Einphasenasynchronmotoren haben einen schlechteren Wirkungsgrad
als Drehstromasynchronmotoren. Sie werden nur für kleinere Leistungen gebaut; bei größeren Leistungen sind Drehstrommotoren vorzuziehen.

e) Auch der **Zähler** ist ein kleiner Asynchronmotor, bei dem sich eine Aluminiumscheibe als Kurzschlußanker im Drehfeld zweier phasenverschobener Wechselströme dreht. Weil die eine Erregerspule im Stromkreis, die andere parallel zum Stromkreis liegt, ist das Drehmoment zur Leistung $I U$
und die Zahl der Umdrehungen dem Produkt $I U t$ proportional. Zur Bremsung dienen die Wirbelströme im Feld eines Dauermagneten.

6.9.7. Umformer und Gleichrichter

a) Umformer. Mit Transformatoren kann man nur Wechselspannungen umformen. Soll aber
eine Gleichspannung in eine Wechselspannung oder eine andere Gleichspannung umgeformt
werden, so verwendet man **Umformer.** Zum Umwandeln von Wechselspannungen in Gleichspannungen dienen **Gleichrichter.**

Ein Umformer besteht aus einem Motor, der durch eine gemeinsame Achse mit einem Generator verbunden ist. Der Motor wird mit der zur Verfügung stehenden Spannung betrieben,
der Generator erzeugt die gewünschte Spannung.

Beim **Einankerumformer** erfolgt die Umwandlung im Anker der gleichen Maschine. Sein Aufbau ist ähnlich dem einer Gleichstrommaschine. Über Schleifringe kann man dem Anker
Wechselstrom, über unterteilte Kollektoren Gleichstrom zuführen oder entnehmen. Der hin-
eingeführte Strom treibt den Anker wie ein Motor. Die in der anderen Wicklung wie in einem
Generator entstehende Spannung kann man an anderer Stelle entnehmen.

b) Wirkungsweise und Schaltung der Gleichrichter. Zur Umwandlung der überall zur Verfügung stehenden Wechselspannung in eine Gleichspannung gibt es mechanische Vorrichtungen, z. B. den Kollektor eines Gleichstromgenerators. Überwiegend werden jedoch
Gleichrichter ohne bewegliche Teile verwendet. Sie erfüllen ihre Aufgabe lautlos ohne
Wartung mit hohem Wirkungsgrad. Ihre Wirkungsweise beruht darauf, daß bei einigen Stoffen
oder Schaltungen der Widerstand für eine Stromrichtung weit größer ist als für die andere,
so daß der Strom in dieser Richtung fast vollständig gesperrt wird.

Der Zusammenhang zwischen Strom und Spannung läßt sich in einem *u-i*-Diagramm als Kennlinie darstellen (Abb. 1). Ihre Neigung d*i*/d*u*, welche die Leitfähigkeit kennzeichnet, erfährt in der Nähe des Nullpunktes eine Änderung. Für negative Spannungen ist sie fast Null. Bei einer bestimmten Spannung hört jedoch die Gleichrichterwirkung auf; dann kann auch in der negativen Richtung Strom fließen. Diese Sperrspannung darf bei Gleichrichtern nicht überschritten werden.

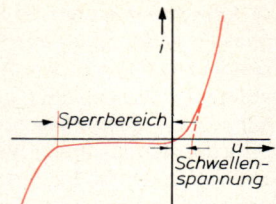

Abb. 1. Gleichrichterkennlinie

Schaltet man einen Gleichrichter nach Abb. 2, so wird je eine Halbperiode abgeschnitten, und man erhält einen unterbrochenen, pulsierenden Gleichstrom (Einweggleichrichtung).

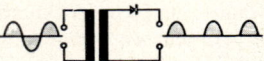

Abb. 2. Einweggleichrichtung

Bei einer Doppelweggleichrichtung werden beide Halbperioden gleichgerichtet. Dazu kann man die Schaltung der Abb. 3 mit zwei Gleichrichtern nehmen, die aber in jeder Halbperiode nur eine Hälfte der Transformatorwicklung ausnutzt. Besser ist die mit vier Gleichrichtern arbeitende Grätzschaltung (Abb. 4), die immer den ganzen Transformator verwendet.

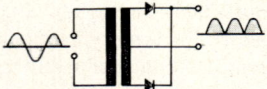

Abb. 3. Doppelweggleichrichtung

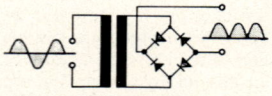

Abb. 4. Grätzschaltung

Die dargelegten Schaltungen liefern einen Strom, der zwar nicht mehr seine Richtung, aber immer noch seine Stärke ändert. Um ihn zu glätten, verwendet man eine Siebkette. Sie besteht aus einem oder zwei Kondensatoren und einer Spule mit hoher Induktivität (Abb. 5). Der hohe nur für Wechselstrom wirksame induktive Widerstand der Drosselspule hemmt den Wechselstromanteil. Wenn ein starker Strom ankommt, lädt ein Teil davon den Kondensator auf, der sich bei kleinem Strom wieder entlädt.

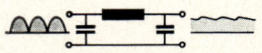

Abb. 5. Glättung mit einer Siebkette

c) Halbleitergleichrichter. Die Nachteile der mechanischen Kontaktgleichrichter, wie Notwendigkeit eines Antriebes, Funkenbildung, Abnützung durch Abbrand oder Reibung, treten bei der Gleichrichtung durch Stoffe mit geknickter *U-I*-Kennlinie (Abb. 1) nicht auf. Da bei diesen Gleichrichtern Stoffe wie Selen, Germanium, Silicium oder Kupferoxid verwendet werden, die zu den Halbleitern gehören, bezeichnet man sie als **Halbleitergleichrichter.** Ihre Wirkungsweise wurde schon in 6.6.2. a behandelt. Der Kupferoxidgleichrichter (Abb. 6) wird wegen seiner konstanten Betriebseigenschaften und der kleinen Schwellenspannung (Abb. 1) viel für Meßzwecke verwendet. Für größere Leistungen verwendet man Selen-, Germanium- oder Siliciumgleichrichter.

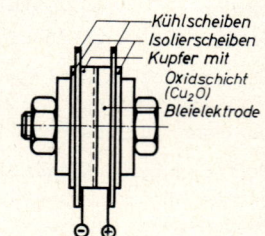

Abb. 6. Kupferoxidgleichrichter

Während die Sperrspannung bei Kupferoxid nur 8 V beträgt, liegt sie für Se bei 25 V, für Ge bei 110 V und für Si bei 400 V. Bei höheren Spannungen müssen mehrere Gleichrichterzellen in Reihe geschaltet werden; dabei vervielfacht sich auch der Verlust durch die Schwellenspannung. Die Stromdichte in der Sperrschicht darf bei allen Stoffen einen gewissen Grenzbetrag nicht überschreiten; daher ist fast immer eine Sicherung erforderlich. Die zulässige Stromdichte liegt bei Ge und Si wesentlich höher als bei Kupferoxid oder Se, so daß z. B. Siliciumgleichrichter bei gleicher Leistung kleinere Querschnitte erhalten können als Selengleichrichter.

6.10. Elektromagnetische Schwingungen und Wellen

6.10.1. Elektromagnetische Schwingungen in einem geschlossenen Schwingkreis

a) Vorgänge im Schwingkreis. Nach 6.8.4. c besteht ein Schwingkreis aus einem Kondensator, dessen Platten über eine Spule verbunden sind. In der Schaltung nach Abb. 1 wird bei Schalterstellung a der Kondensator aufgeladen, bei Stellung b kann er sich über die Spule entladen.

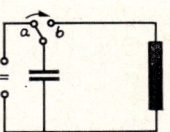

Während des Aufladens bildet sich im Innern des Kondensators ein elektrisches Feld, in dem eine Energie gespeichert wird (Abb. 2). Wenn dann die Ladespannung abgeschaltet wird, sucht sich der Kondensator zu entladen. Da aber der Entladestrom durch die Spule fließen muß, entsteht in ihr eine Induktionsspannung, die das Anwachsen des Stromes verlangsamt. Während er zunimmt, überwindet er die Induktionsspannung der Spule und baut in ihrem Innern ein Magnetfeld auf. Während also die Energie des elektrischen Feldes im Kondensator abnimmt, wird die frei werdende Energie in das Magnetfeld der Spule übertragen. Wenn sich die Spannung zwischen den Kondensatorplatten ausgeglichen hat, ist das elektrische Feld verschwunden, und die gesamte Energie befindet sich im Magnetfeld der Spule (Abb. 2 b).

Abb. 1. Entladung eines Kondensators über einer Spule

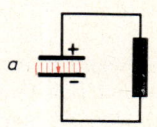

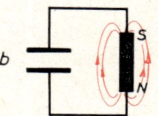

Da dann keine Spannung mehr herrscht, könnte der Entladestrom, der inzwischen auf seine volle Stärke angewachsen ist, aufhören zu fließen. Das verhindert aber die bei der Abnahme des Stromes entstehende Induktionsspannung, die mit dem Strom gleiche Richtung hat und ihn zwingt, weiterzufließen und den Kondensator wieder mit entgegengesetztem Vorzeichen aufzuladen. Dabei schwächt sich das Magnetfeld der Spule und gibt seine Energie in das neu entstehende elektrische Feld des Kondensators. Wenn der Strom aufhört, ist der Kondensator mit umgekehrtem Vorzeichen aufgeladen (Abb. 2 c), und es kann wieder eine Entladung mit entgegengesetzter Stromrichtung beginnen. Dabei wird der Kondensator entladen, und die Energie überträgt sich im Magnetfeld der Spule (Abb. 2 d). Schließlich lädt sich der Kondensator wieder auf, so daß der Anfangszustand entsteht.

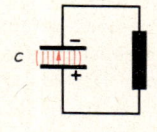

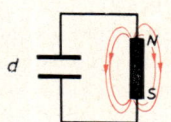

Abb. 2. Einzelne Stadien des Schwingungsvorganges

Die Ladung schwingt also zwischen den Platten des Kondensators hin und her, und gleichzeitig wird die Energie zwischen dem elektrischen Feld des Kondensators und dem Magnetfeld der Spule hin und her übertragen. Der Schwingungsvorgang könnte sich noch beliebig oft wiederholen, wenn die Energie nicht allmählich durch die unvermeidlichen Widerstände der Leitungen aufgezehrt und in Stromwärme verwandelt würde.

b) Die Frequenz der Schwingung. Im Schwingkreis sind Spule und Kondensator in Reihe geschaltet; beide werden daher während des Schwingungsvorganges stets vom gleichen Strom $i = \hat{\imath} \sin \omega t$ durchflossen. Nach dem Ohmschen Gesetz für Wechselstrom erhält man bei vernachlässigbarem Ohmschen Widerstand die Teilspannungen:

$$u_L = \hat{\imath}\,\omega\,L \sin(\omega t + 90°) \qquad u_C = \hat{\imath}\,\frac{1}{\omega C}\sin(\omega t - 90°) = -\frac{\hat{\imath}}{\omega C}\sin(\omega t + 90°)$$

461

Nach dem Gesetz der Spannungssumme muß im Schwingkreis stets $u_L + u_C = 0$ sein. Setzt man die gefundenen Spannungen ein, so erhält man:

$$\hat{i} \sin(\omega t + 90°)\ (\omega L - \frac{1}{\omega C}) = 0 \qquad \text{oder: } \omega L - \frac{1}{\omega C} = 0$$

Löst man nach ω auf, so erhält man die **Thomsonsche Schwingungsformel**

$$\omega = \frac{1}{\sqrt{L C}} \qquad \text{oder } f = \frac{\omega}{2\pi} = \frac{1}{2\pi\sqrt{L C}}$$

Diese Frequenz ist genau die gleiche, die sich in 6.8.4.b als Resonanzfrequenz eines Schwing- oder Sperrkreises ergab. Um Schwingkreise für beliebig veränderliche Frequenzen herzustellen, baut man Kondensatoren mit veränderlicher Kapazität ein.

c) Dämpfung der Schwingungen. Während jeder Schwingung wandelt sich im Ohmschen Widerstand des Schwingkreises ein Teil der Schwingungsenergie in Wärme um. Die Schwingungsenergie nimmt daher ab, und die Schwingung ist gedämpft. Man kann die Dämpfung und ihre Abhängigkeit mit einem Oszilloskop sichtbar machen.

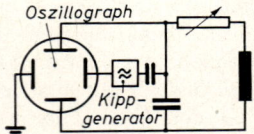

Abb. 3. Demonstration der Dämpfung mit einem Oszilloskop

Bei einem Schwingkreis mit veränderlichem Ohmschen Widerstand (Abb. 3) führt man die Kondensatorspannung an die Vertikalablenkung eines Oszilloskops und benützt die Spannung der Horizontalablenkung über einen Hilfskondensator zur periodischen Aufladung des Schwingkreiskondensators. Je nach der Größe des Widerstandes erhält man auf dem Bildschirm Schwingungen mit abnehmender Amplitude oder ein aperiodisches Abklingen der Kondensatorspannung (Abb. 4).

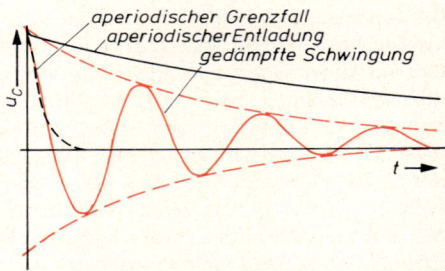

Abb. 4. Abnahme der Kondensatorspannung bei verschiedenen Dämpfungen

Bei kleinem Ohmschen Widerstand nehmen die Amplituden nur langsam ab. Beim Vergrößern des Widerstandes wird die Dämpfung immer stärker, bis bei einem bestimmten Wert des Widerstandes keine periodischen Schwingungen mehr auftreten und der Kondensator sich rasch entlädt. Bei weiterer Vergrößerung des Widerstandes erfolgt die Kondensatorentladung immer langsamer. Diese drei Möglichkeiten entsprechen genau den drei Fällen bei geschwindigkeitsproportional gedämpften mechanischen Schwingungen (4.1.3. b).

d) Erzeugung ungedämpfter elektrischer Schwingungen. Um ungedämpfte Schwingungen zu erhalten, müssen in jeder Periode die Energieverluste durch einen entsprechenden Antriebsimpuls ausgeglichen werden. Wenn man mit einem Generator eine Wechselspannung von der Frequenz des Schwingkreises erzeugen kann, läßt sich die Schwingung entdämpfen, indem man diese Spannung an die Verzweigungspunkte des Schwingkreises anlegt. Bei höheren Frequenzen, die sich nicht mehr mit Generatoren erzeugen lassen, benötigt man besondere Schaltungen, um die Impulse zu steuern, damit sie die Schwingung wirklich entdämpfen. Sie müssen genau mit der Frequenz des Schwingkreises und bei einer richtigen Schwingungs-phase zugeführt werden, weil sonst die Schwingung nicht entdämpft, sondern gehemmt werden kann, was man leicht am mechanischen Beispiel eines Pendels erkennen kann. Es kann zu ungedämpften Schwingungen angeregt werden, wenn es nach je einer vollen Schwingung bei jedem zweiten Durchgang durch die Ruhelage einen Impuls in seiner Bewegungsrichtung erhält. Würden die gleichen Impulse eine halbe Periodendauer später erfolgen, so wären sie gegen die Bewegung gerichtet, und die Schwingung würde gehemmt werden. Die erste Schaltung, mit der man ungedämpfte elektrische Schwingungen erzeugen konnte, ist die von A. Meißner 1912 angegebene **Rückkopplungsschaltung** (Abb. 5).

Die Schaltung enthält einen Schwingkreis, in dem un-mittelbar durch den Einschaltvorgang Schwingungen an-geregt werden. Sie rufen durch Induktion in der Spule L_2 eine Wechselspannung hervor, die an das Gitter einer Dreipolröhre geführt wird. Die Wechselspannung am Gitter steuert den Anodenstrom, der zum Schwingkreis geleitet wird. Da die Frequenz aller in der Schaltung auftretenden Wechselströme und -spannungen zugleich die Eigenfre-quenz des Schwingkreises ist, erfolgen die mit dem Anodenstrom in den Schwingkreis übertragenen Impulse mit der richtigen Frequenz. Auch die Phasenbedingung ist erfüllt; denn wenn z. B. gerade der Eingangspunkt A des Schwingkreises gegenüber dem Ausgangspunkt B eine negative Spannung aufweist, muß diese durch einen be-sonders starken Elektronenzustrom aus dem Anoden-strom verstärkt werden. Dies tritt ein, wenn im gleichen Zeitpunkt das Gitter positiv geladen ist. Die Spannungen an den beiden Spulen L_1 und L_2 müssen also entgegen-gesetztes Vorzeichen haben. Nach der Lenzschen Regel ist diese Bedingung bei den beiden Spulen erfüllt.

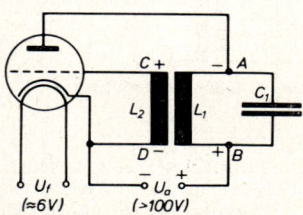

Abb. 5. Meißnersche Rückkopp-lungsschaltung

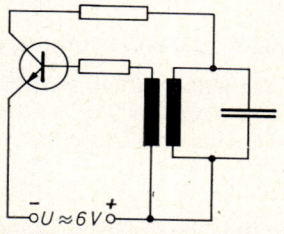

Abb. 6. Rückkopplungsschaltung mit Transistor

Die zur Aufladung des Gitters erforderliche Energie ist sehr klein; sie wird durch Induktion dem Schwingkreis entnommen. Die Energie, die dann über den Anodenstrom dem Schwing-kreis wieder zugeführt wird, ist wegen der Verstärkung durch die Röhre wesentlich größer, so daß nicht nur die abgegebene Energie ersetzt wird, sondern auch alle Energieverluste an den Ohmschen Widerständen des Schwingkreises ausgeglichen werden. Der Vorgang, daß zuerst Energie entnommen und dann verstärkt zurückgeführt wird, hat der Schaltung den Namen „Rückkopplungsschaltung" gegeben.

Zur Erzeugung ungedämpfter elektrischer Schwingungen benötigt man einen Schwing-kreis mit einer Rückkopplungsschaltung.

Immer häufiger wird in Schwingungserzeugungs-Schaltungen die Dreipolröhre durch einen Transistor ersetzt. Abb. 4 zeigt die Schaltung, die abgesehen von den Widerständen R_1 und R_2 genau der Röhrenschaltung entspricht. Die Widerstände verhindern, daß der Transistor überlastet wird. Außer den schon in 6.6.2. b angegebenen Vorteilen ist hier noch bemerkens-wert, daß für die Anodenspannung einer Röhre mehr als 100 V, für den Betrieb eines Tran-sistors nur wenige Volt erforderlich sind, so daß Transistorgeräte leicht mit einer vom Netz unabhängigen Batterie verwendet werden können.

e) Energieübertragung zwischen geschlossenen Schwingkreisen. Von einem Schwingkreis läßt sich Energie auf einen anderen übertragen, wenn beide Kreise miteinander gekoppelt sind. Je nach der Schaltung unterscheidet man verschiedene Arten. Bei der **induktiven Kopplung** werden die Spulen beider Kreise so angeordnet, daß der magnetische Fluß der einen Spule auch die andere durchsetzt (Abb. 7). Bei der **kapazitiven Kopplung** (Abb. 8) besitzen beide Kreise einen gemeinsamen Kondensator und bei der **Widerstandskopplung** (Abb. 9) einen gemeinsamen Widerstand. Je nach der Größe der koppelnden Glieder spricht man von enger oder loser Kopplung.

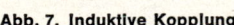
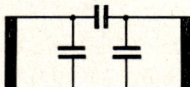
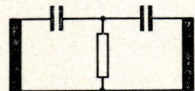

Abb. 7. Induktive Kopplung   **Abb. 8. Kapazitive Kopplung**   **Abb. 9. Widerstandskopplung**

Aufgabe:

Ein Schwingkreis enthält eine Drosselspule mit $L = 8\,H$. Welche Kapazität muß der Kondensator haben, damit die im Kreis entstehende Schwingung die Frequenz 50 Hz besitzt? Wie ändert sich die Frequenz, wenn sich die Induktivität der Spule durch einen kleinen Luftspalt auf 1,5 H vermindert und zugleich die Kapazität auf 2,5 μF erhöht wird?   (1,267 μF, 82,2 Hz)

6.10.2. Die Ausbreitung elektromagnetischer Wellen

a) Die Maxwellschen Beziehungen. Wenn in den Zuleitungen eines Kondensators während eines Zeitintervalls dt ein Strom I fließt, ändern sich seine Ladung Q und in seinem Innern die elektrische Flußdichte D. Nach 6.2.3. c erhält man:

$$I\,\mathrm{d}t = \mathrm{d}Q = A\,\mathrm{d}D \qquad \text{oder} \qquad I = A\frac{\mathrm{d}D}{\mathrm{d}t}$$

Die gesamte elektrische Ladung des Kondensators ist AD und seine zeitliche Änderung bei konstantem Querschnitt $A\dfrac{\mathrm{d}D}{\mathrm{d}t}$. Nach der gefundenen Beziehung läßt sich diese auffassen als die ins Dielektrikum ausgebildete Fortsetzung des Stromes in den Zuleitungen. Das gilt nicht nur für die Änderung der Flußdichte, sondern auch für das Magnetfeld, das sich um die stromdurchflossene Zuleitung ausbildet. Nach 6.7.2. b gilt längs einer Kurve, die einen Leiter mit dem Strom I umschließt: $\int H\,\mathrm{d}l = I$. Maxwell[1] konnte nachweisen, daß diese Gleichung auch in der Form $\int H\,\mathrm{d}l = A\dfrac{\mathrm{d}D}{\mathrm{d}t}$ gilt, wenn man die Integration längs einer Kurve erstreckt, die das Feld im Innern des Kondensators umschließt (Abb. 1). Wie sich ein stromdurchflossener Leiter mit geschlossenen magnetischen Feldlinien umgibt, so entstehen auch rings um ein Gebiet, in dem sich die elektrische Flußdichte ändert, geschlossene magnetische Feldlinien. Da die Änderung der elektrischen Flußdichte mit einer Bewegung der elektrischen Feldlinien verbunden ist, folgt der Satz:

> **Jede bewegte elektrische Feldlinie umgibt sich mit geschlossenen magnetischen Feldlinien.**

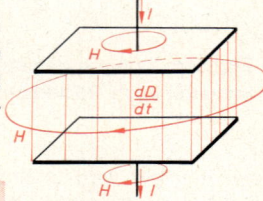

Abb. 1. Fortsetzung des Stromes im elektrischen Feld

---

[1] James Clark M a x w e l l , 1831 bis 1879, Prof. in London und Cambridge, legte die theoretische Grundlage für das Verständnis der Beziehungen zwischen Elektrizität und Magnetismus und die Ausbreitung elektrischer Felder. Er ist auch ein Mitbegründer der kinetischen Gastheorie.

Wenn sich in einer Fläche, die von einer Drahtwindung umschlossen ist, der magnetische Fluß ändert, so entsteht in der Drahtwindung eine Induktionsspannung. Auch hier konnte Maxwell zeigen, daß die Spannung entsteht, auch wenn kein Leiter vorhanden ist. Dann ersetzt man die Induktionsspannung nach 6.2.4. c durch das Linienintegral $\int E\,ds$ längs einer geschlossenen Kurve, die das Magnetfeld mit einem Querschnitt A umschließt. Dann gilt: $\frac{d\Phi}{dt} = A\frac{dB}{dt} = \int E\,ds$. Eine Änderung des magnetischen Flusses in einem festen Flächenstück ruft also in der Umrandung eine elektrische Feldstärke hervor. Da die Änderung des magnetischen Flusses mit einer Bewegung der magnetischen Feldlinien verbunden ist und geschlossene elektrische Feldlinien entstehen, erhält man den zweiten Satz:

> **Jede bewegte magnetische Feldlinie umgibt sich mit geschlossenen elektrischen Feldlinien.**

Beide Sätze kennzeichnen eine enge gegenseitige Beziehung zwischen veränderlichen elektrischen und magnetischen Feldern. Hinzu kommt noch die schon in 6.2.3. a angeführte Erkenntnis, daß in der Natur kein Ereignis in dem Zeitpunkt, in dem es abläuft, auch schon in einer beliebigen Entfernung eine Wirkung hervorrufen kann. Alle Vorgänge können sich nur mit endlicher Geschwindigkeit ausbreiten. Diese Erkenntnis gilt auch für elektrische und magnetische Felder.

> **Sowohl elektrische als auch magnetische Felder können sich nur mit endlicher Geschwindigkeit ausbreiten.**

b) Übergang vom geschlossenen zum offenen Schwingkreis. Wenn in einem Schwingkreis der Kondensator periodisch geladen und entladen wird, entsteht in ihm ein periodisch veränderliches elektrisches Feld, das sich nach den Maxwellschen Beziehungen mit einem Magnetfeld umgibt. Gleichzeitig fließt durch die Spule ein Wechselstrom, der ein veränderliches Magnetfeld erzeugt, das sich mit elektrischen Feldlinien umgeben muß. Bei einem geschlossenen Schwingkreis sind aber die Felder auf eine kleine Umgebung des Kondensators bzw. der Spule beschränkt. Die räumliche Ausdehnung des Feldes läßt sich wesentlich vergrößern, wenn man z. B. den Plattenabstand des Kondensators vergrößert. Öffnet man den Schwingkreis so weit, daß sich die Platten an den Enden der Spule befinden (Abb. 1), so verlaufen die elektrischen Feldlinien durch den ganzen Außenraum.

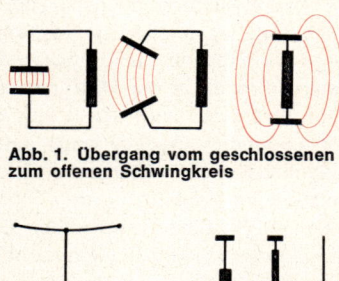

Abb. 1. Übergang vom geschlossenen zum offenen Schwingkreis

Bei einem solchen offenen Schwingkreis kann man statt der unteren Kondensatorplatte die Erde nehmen und die obere Platte durch einen ausgespannten Draht, eine **Antenne,** ersetzen (Abb. 2).

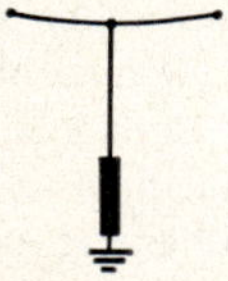

Abb. 2. Antennenschwingkreis

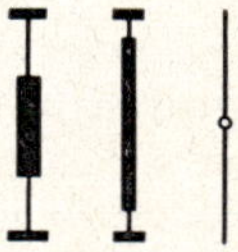

Abb. 3. Entstehung eines Dipols

Für besonders hohe Frequenzen muß man die Kapazität und die Induktivität vermindern. Geht man dabei immer weiter, so erhält man einen **Dipol,** einen gestreckten Leiter, der in der Mitte eine Möglichkeit zur Anregung bzw. zum Nachweis der Schwingungen besitzt (Abb. 3). Bei ihm ist der Ort der Kapazität und der Induktivität nicht mehr getrennt, sondern über den ganzen Dipol verteilt. Wenn in ihm eine elektrische Schwingung angeregt wird, entstehen also rings um ihn ein sich weit in die Umgebung erstreckendes elektrisches und gleichzeitig ein magnetisches Feld ohne räumliche Trennung.

c) Ausbreitung der Feldlinien. Nach diesen Überlegungen können wir die Ausbreitung des elektrischen und magnetischen Feldes betrachten, das sich in der Umgebung eines angeregten Dipols bildet. Wir beginnen in dem Augenblick, in dem sich Elektronen, also negative Ladungen, von der Mitte eines Dipols nach unten bewegen (Abb. 4 a); oben entstehen dann positive Ladungen, so daß wir zur Vereinfachung annehmen dürfen, daß sich positive Ladungen nach oben bewegen. Die bewegten Ladungen bilden einen Strom; daher umgibt sich der Dipol mit magnetischen Feldlinien. Während sich die Ladungen zu den Spitzen des Dipols bewegen, breiten sich elektrische Feldlinien zwischen den Ladungen in den Raum aus (wovon in den Abb. 4 a, b, c zur besseren Übersicht nur eine eingezeichnet ist). Die Feldlinien spannen sich immer weiter in die Umgebung, während sich die Ladungen bis zur Spitze des Dipols bewegen. Gleichzeitig breiten sich auch die magnetischen Feldlinien um den mittleren Teil des Dipols aus, von denen ebenfalls nur eine eingezeichnet ist. Diese Ausbreitung setzt sich aber auch noch fort, wenn sich die Ladungen wieder

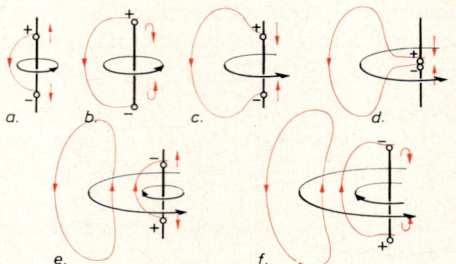

Abb. 4. Ausbreitung der Feldlinien

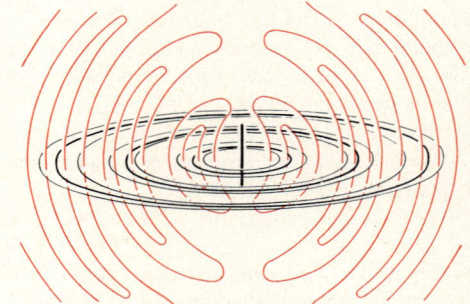

Abb. 5. Dipolfeld (Nahbereich einer elektromagnetischen Welle

gegen die Dipolmitte zurückbewegen (Abb. 4 c, d). Wenn die Ladungen sich beim Zusammentreffen in der Mitte neutralisieren, verbinden sich auch Anfang und Ende der Feldlinie, und diese wird als in sich geschlossene Feldlinie vom Dipol abgeschnürt. Wenn sich die Ladungen (negativ nach oben, positiv nach unten) weiter bewegen, entstehen neue magnetische und elektrische Feldlinien, die sich in gleicher Weise ausbreiten. Schließlich entsteht im Nahfeld um den Dipol eine Überlagerung von elektrischem und magnetischem Feld mit Feldlinien nach Abb. 5, wobei die elektrischen Feldlinien nur für eine vertikale, die magnetischen nur für eine horizontale Ebene eingezeichnet sind. Nach oben und unten verlaufen in weiteren Horizontalebenen schwächere magnetische Feldlinien, weitere elektrische Feldlinien erhält man, wenn man die Vertikalebene um die Dipolachse dreht. Wie eine mathematische Ableitung zeigt, verschwindet im Fernfeld (Entfernung vom Dipol groß gegen Abmessung des Dipols) die Phasenverschiebung zwischen dem Maximum der elektrischen und magnetischen Feldstärke. Die Abb. 5 zeigt deutlich, wie alle magnetischen Feldlinien von elektrischen und alle elektrischen von magnetischen Feldlinien umschlossen werden. Die Ausbreitung erfolgt mit solcher Geschwindigkeit, daß sie bei dem Dipolfeld kaum gemessen werden kann. Beobachtet man die Ausbreitung des Feldes in einem festen Punkt der Umgebung, so stellt man eine sich ausbreitende, periodisch wechselnde elektrische bzw. magnetische Feldstärke fest. Das elektromagnetische Feld breitet sich also mit allen Eigenschaften einer Welle aus, deshalb bezeichnet man auch den ganzen Vorgang als **elektromagnetische Welle.**

6.10.3. Erzeugung und Empfang elektromagnetischer Wellen

a) Die erste experimentelle Erzeugung elektromagnetischer Wellen. Der Nachweis von der Richtigkeit der Maxwellschen Theorie konnte nur durch das Experiment gebracht werden. Es war daher ein großer Fortschritt, als es im Jahre 1886 Heinrich Hertz zum ersten Male gelang, elektromagnetische Wellen in den Raum auszusenden und in einer Entfernung von einigen Metern nachzuweisen. Zur Aussendung der Wellen benützte er einen Dipol mit einer Funkenstrecke, den er mit einem Funkeninduktor zu Schwingungen anregte (Abb. 1). Da die Kapazität und die Induktivität des Dipols sehr klein waren, hatten die erzeugten Wellen eine kurze Wellenlänge. Wegen der starken Dämpfung durch den hohen Widerstand der Funkenstrecke, wurde bei jedem Funken nur ein kurzer Wellenzug ausgesandt. Trotzdem gelang es Hertz, in einer Entfernung von einigen Metern die Ausbreitung der Wellen durch den Raum mit einem zweiten Dipol nachzuweisen, der auch eine kleine Funkenstrecke enthielt, über die bei der Anregung durch die ankommende Welle ein Funke übersprang.

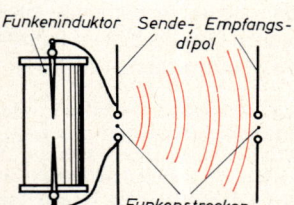

Abb. 1. Der Hertzsche Versuch

b) Vorläufige Bemerkungen zu modernen Sendern und Empfängern. Den heutigen Ansprüchen der drahtlosen Nachrichtenübermittlung, des Rundfunks und des Fernsehens genügen die von Hertz verwendeten Methoden nicht. Um eine Reichweite über große Strecken zu erzielen, muß sowohl beim Sender wie beim Empfänger die Energie der auszustrahlenden bzw. aufgenommenen Schwingungen verstärkt werden. Zur Übertragung von hör- und sichtbaren Signalen (Sprache, Musik, Bild) benötigt man ungedämpfte Schwingungen, denen diese Signale in irgend einer Weise aufgeprägt werden müssen. Die Behandlung eines für diese technischen Aufgaben brauchbaren Senders und Empfängers kann nur zusammen mit den Anlagen erfolgen, die zur Lösung dieser Aufgaben gebaut werden (6.10.6.—6.10.10.).

c) Einfache Nachweismethoden elektromagnetischer Wellen. Für die im folgenden Abschnitt beschriebenen Versuche, welche die Eigenschaften der elektromagnetischen Wellen zeigen, genügen wegen der kurzen Entfernung zwischen Sender und Empfänger meist einfache Geräte ohne Verstärkung. Sie sind verschieden, je nachdem sie zum Nachweis der elektrischen oder der magnetischen Feldstärke dienen sollen.

Als Anzeige für die elektrische Feldstärke benützen wir einen kleinen Dipol, in dessen Mitte sich eine Neonglimmlampe (Abb. 1) befindet. Bringt man den Dipol so in das Feld, daß er parallel zur Richtung der elektrischen Feldstärke ausgerichtet ist, so wird die zwischen zwei Punkten einer elektrischen Feldlinie bestehende Spannung längs des Dipols kurz geschlossen, und es entsteht in ihm eine Spannung, die die Glimmlampe zum Aufleuchten bringt, wenn zum leichteren Ansprechen eine Vorspannung eingebaut ist. Zum Nachweis der magnetischen Feldstärke verwendet man einen Schwingkreis, dessen Induktivität nur aus e i n e m Bogen besteht und der einen abstimmbaren Kondensator enthält (Abb. 2 b). Bringt man den Kreis in eine solche Lage, daß er von magnetischen Feldlinien durchsetzt wird, so entsteht in ihm durch Induktion eine Spannung, die ein eingebautes Glühlämpchen zum Leuchten bringt. Da diese Hilfsmittel keine Verstärkung verwenden, reichen sie nur bei großen Feldstärken zum Nachweis der Wellen aus.

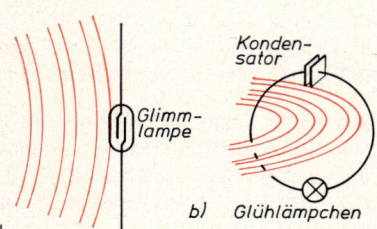

Abb. 2. Nachweis elektromagnetischer Wellen

6.10.4. Eigenschaften der elektromagnetischen Wellen

a) Die Fortpflanzungsgeschwindigkeit elektromagnetischer Wellen. Zur Messung der Wellenlänge und der Forpflanzungsgeschwindigkeit verwenden wir — ähnlich wie in der Mechanik
(4.2.3. b) — stehende Wellen, bei denen sich der Abstand zweier feststehender Schwingungs-
bäuche leicht messen läßt. Die dazu dienende Versuchsanordnung ist eine **Lecherleitung,**
nämlich zwei mehrere Meter lange, im Abstand von 5—6 cm voneinander parallel ausge-
spannte Drähte, in denen elektrische Schwingungen angeregt werden (Abb. 1). Da sich im
Zwischenraum stehende elektromagnetische Wellen bilden, bleibt die Energie auf einem
relativ kleinen Raum konzentriert, so daß zum Nachweis die oben beschriebenen Hilfsmittel ausreichen.

Zur Anregung benutzen wir eine
Schwingungserzeugerschaltung nach
6.10.1. Abb. 5. Damit sich auf der zur
Verfügung stehenden Länge mehrere
Bäuche nachweisen lassen, soll die
Wellenlänge etwa zwischen 0,5 m und
1 m liegen. Dazu ist eine sehr hohe
Frequenz erforderlich, die man er-
zielt, indem man als Induktivität einen
einfachen Drahtbügel verwendet, von

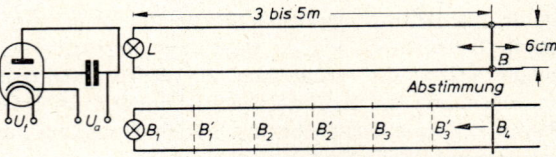

Abb. 1. Bestimmung der Wellenlänge mit einer Lecherleitung

dem die Schwingung durch Induktion auf ein parallel laufendes Verbindungsstück zwischen den
beiden Drähten der Lecherleitung übertragen wird, das in der Mitte ein Glühlämpchen L enthält. Um
Resonanz zwischen Schwingkreis und der Lecherleitung herzustellen, verschiebt man eine Draht-
brücke B zwischen den weiter entfernten Teilen der Lecherleitung so lange, bis das Glühlämpchen L
am hellsten leuchtet. Dann tasten wir den Raum zwischen den beiden Drähten mit einem kleinen
Probeschwingkreis und mit einer Glimmlampe ab, ohne die Leitungen zu berühren. Das Glühlämpchen des Probeschwingkreises leuchtet an den Stellen B_2 und B_3; dort müssen sich also Bäuche der
magnetischen Flußdichte befinden. Die Glimmlampe leuchtet an den Stellen B_1', B_2', B_3' auf; dort sind
Bäuche der elektrischen Feldstärke; sie liegen in der Mitte zwischen den Bäuchen der magnetischen
Feldstärke.

Aus dem Versuch geht hervor, daß sich in
der Lecherleitung elektrische Schwingungen
und im Raum zwischen den Leitungen eine
stehende elektromagnetische Welle bilden. An
der Anregungsstelle entstehen ein Schwingungsbauch des Stromes und im Nachbar-
gebiet ein Bauch des Magnetfeldes. Wegen
der kurzen Schwingungszeit schwingen die
Ladungen in der Leitung nach beiden Seiten
nur bis zu zwei Umkehrstellen, zwischen

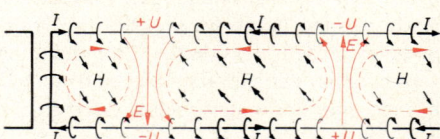

Abb. 2. Die Bäuche des elektrischen Feldes einer Lecherleitung

denen eine periodisch wechselnde Spannung entsteht. Im Zwischenraum zwischen den
Leitungen bildet sich dort ein Bauch des elektrischen Feldes. In den anschließenden Teilen
der Leitung fließt wieder ein Strom, der dort einen Bauch des Magnetfeldes hervorruft,
und so setzt sich ein Wechsel zwischen Bäuchen des elektrischen und des magnetischen
Feldes bis ans Ende der Lecherleitung fort (Abb. 2).

Die Wellenlänge der elektromagnetischen Welle erhält man durch Verdoppelung des Abstandes zweier aufeinanderfolgender, gleichartiger Bäuche. Kennt man auch die Frequenz
des anregenden Schwingkreises, z. B. durch Berechnung nach der Thomsonschen Formel
$f = 1/(2\pi \sqrt{LC})$, so erhält man als Ausbreitungsgeschwindigkeit einer elektromagnetischen
Welle den Wert:

$$c = f\lambda = 300\,000 \text{ km/s}$$

Dies ist genau der gleiche Betrag, den man in der Optik für die Ausbreitung des Lichtes bestimmt. Dieses Ergebnis war der erste Hinweis, daß zwischen dem Licht und den elektromagnetischen Wellen eine Verwandtschaft besteht.

b) Eigenschaften der elektromagnetischen Wellen. Um weitere Eigenschaften der elektromagnetischen Wellen ohne allzuweit ausgedehnte Apparaturen untersuchen zu können, brauchen wir noch kürzere Wellen, als wir sie bei der Lecherleitung verwenden. Wir erhalten sie von einem Mikrowellensender, der mit Hilfe von besonderen Schaltungen und Röhren Wellen mit einer Wellenlänge von wenigen cm erzeugen kann. Zum Senden und Empfangen dienen zwei gleiche Dipole, von denen der eine mit dem Sender, der andere über einen Verstärker mit einem Meßgerät verbunden ist. Die Dipole befinden sich je im Innern eines Metalltrichters, wodurch beim Sender die Ausstrahlung in eine bestimmte Richtung, beim Empfänger die Aufnahme aus einer bestimmten Richtung verbessert wird. Ein Empfang ist nur möglich, wenn der Empfangsdipol parallel zum Sendedipol ausgerichtet ist.

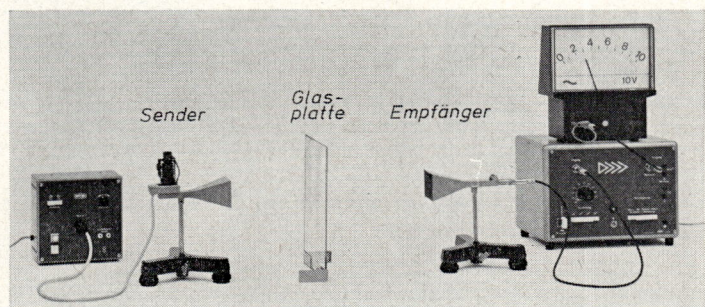

Abb. 3. Durchgang einer elektromagnetischen Welle durch eine Glasplatte

Zuerst bringen wir zwischen Sende- und Empfangsdipol eine Platte aus einem Dielektrikum, z. B. aus Glas, Plexiglas oder einem anderen Kunststoff (Abb. 3). Der Ausschlag des Empfängers wird dadurch praktisch nicht verändert. Verwenden wir dagegen eine Platte aus einem Leiter, z. B. eine Aluminiumplatte, so geht der Ausschlag des Empfängers auf Null zurück.

Elektromagnetische Wellen gehen durch ein Dielektrikum hindurch; eine Metallplatte dagegen verhindert ihre Ausbreitung.

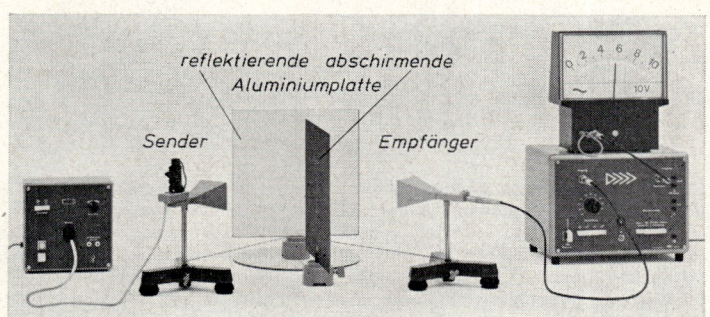

Abb. 4. Reflexion einer elektromagnetischen Welle an einer Metallplatte

Während eine Aluminiumplatte die direkte Ausbreitung vom Sender zum Empfänger abschirmt, bringen wir hinten eine zweite Aluminiumplatte an und richten den Sender und den Empfänger gegen diese Platte (Abb. 4). Wir erhalten einen Ausschlag, der am größten ist, wenn der Winkel, den die auftreffenden Wellen mit dem Lot bilden, ebenso groß ist wie der Winkel zwischen dem Lot und der Verbindungslinie zum Empfangsdipol. Diese Bedingung ist genau die des Reflexionsgesetzes in der Lehre der mechanischen oder optischen Wellen.

Elektromagnetische Wellen werden von Metallplatten reflektiert.

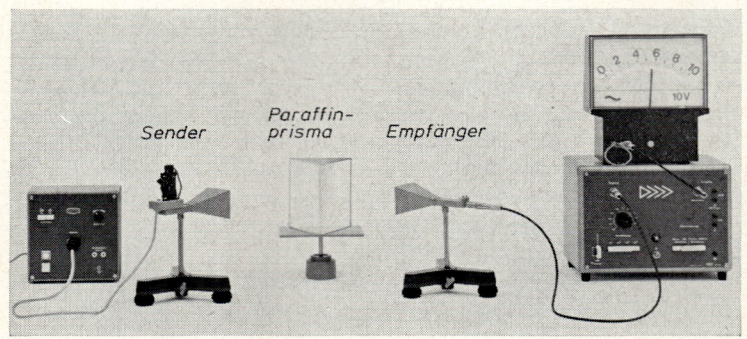

Abb. 5. Brechung einer elektromagnetischen Welle

In die Ausbreitungsrichtung der Welle des Sendedipols bringen wir ein Paraffinprisma (Abb. 5). Hinter ihm untersuchen wir die hindurchgegangene Welle. Wir finden sie aber nicht in der Verlängerung der Richtung der ankommenden Welle, sondern in einer abgelenkten Richtung.

Elektromagnetische Wellen erfahren bei schrägem Übertritt in ein Dielektrikum eine Brechung.

Mit dieser Eigenschaft der elektromagnetischen Wellen ergibt sich die Möglichkeit, wie in der Optik eine sich divergent ausbreitende Welle wieder in einem Punkt zu vereinigen, indem man die Welle durch eine Sammellinse aus einem Dielektrikum, z. B. aus Kunststoff, laufen läßt.

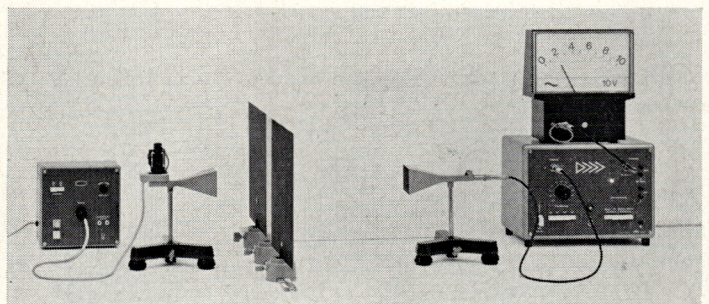

Abb. 6. Beugung und Interferenz einer elektromagnetischen Welle am Spalt

Nun lassen wir die Welle des Senders durch einen Spalt zwischen zwei Aluminiumplatten hindurchlaufen (Abb. 6). Bringen wir den Empfänger in die Verlängerung der Linie vom Sender zum Spalt, so erhalten wir einen kräftigen Ausschlag, der bei einer Verschiebung des Empfängers nach beiden Seiten zurückgeht. Gehen wir aber mit der Verschiebung weiter, so erhalten wir noch einmal eine schwache Zunahme des Ausschlages. Ein Teil der Wellenenergie wird also wie beim optischen Spaltversuch gebeugt, wobei durch Interferenz das schwache Nebenmaximum entsteht.

Beim Durchgang elektromagnetischer Wellen durch einen Spalt entstehen Beugungs- und Interferenzerscheinungen.

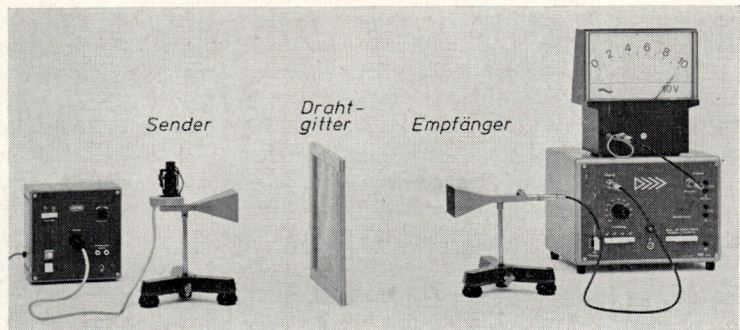

Abb. 7. Polarisation einer elektromagnetischen Welle an einem Drahtgitter

Bringt man in den Weg der Wellen einen Schirm mit Drähten, die quer zur Richtung der Dipole verlaufen, so bleibt ein zuvor aufgetretener Ausschlag fast unverändert bestehen (Abb. 7). Er verschwindet dagegen, wenn die Drähte parallel zur Richtung der Dipole verlaufen. Im letzten Falle werden die elektrischen Feldlinien von den Drähten kurzgeschlossen und erzeugen in ihnen Ströme, die die Energie der Welle in Stromwärme umwandeln. Daher ist hinter dem Schirm keine Feldenergie mehr vorhanden.

> **Elektromagnetische Wellen sind polarisiert, und zwar hat die elektrische Feldstärke die Richtung des Sendedipols.**

Alle diese Versuche zeigen die Verwandtschaft zwischen den elektromagnetischen Wellen und den Lichtwellen.

6.10.5. Das Licht als elektromagnetische Welle

a) Die Maxwellsche Theorie. Noch bevor man jemals elektromagnetische Wellen experimentell erzeugt oder nachgewiesen und noch weniger ihre Eigenschaften untersucht hatte, folgerte Maxwell aus seinen in 6.10.2. a angegebenen Beziehungen, daß es elektromagnetische Wellen geben müsse. Die mathematische Formulierung seiner Grundsätze führt auf Gleichungen zwischen den Feldgrößen $\vec{E}, \vec{D}\ \vec{H}$ und $\vec{B}$ eines veränderlichen elektrischen und magnetischen Feldes, aus denen sich ohne Schwierigkeit die Gleichung einer elektromagnetischen Welle ableiten läßt. Dabei ergibt sich für die Fortpflanzungsgeschwindigkeit in einem Medium mit der Dielektrizitätszahl ε_r und der Permeabilitätszahl μ_r die Gleichung:

$c = \dfrac{1}{\sqrt{\varepsilon_0\,\varepsilon_r\,\mu_0\,\mu_r}}$. Setzt man hier die für das Vakuum gültigen Werte $\varepsilon_0 = 8,854 \cdot 10^{-12}\,\dfrac{A s}{V m}$,

$\varepsilon_r = 1$, $\mu_0 = 1,257 \cdot 10^{-6}\,\dfrac{V s}{A m}$, $\mu_0 = 1$ ein, so erhält man $c = 300\,000$ km/s, also genau die gleiche Ausbreitungsgeschwindigkeit wie bei den Lichtwellen.

b) Die elektromagnetische Lichttheorie. Huygens und Fresnel erkannten aus dem Auftreten von Interferenz, Beugung und Polarisation, daß sich das Licht als eine Querwelle ausbreitet. Um diese Erscheinungen auf einfache Weise erklären zu können, machte man sich von der Natur des Lichtes eine Modellvorstellung. Eine solche Modellvorstellung wird in mehreren Teilen der Physik verwendet, um mit ihr Vorgänge und Erscheinungen, die sich der unmittelbaren sinnlichen Wahrnehmung entziehen, leichter verstehen oder sich besser vorstellen und Voraussagen über noch zu erwartende Erscheinungen machen zu können. Da ein Modell aber nie alle Eigenschaften der Wirklichkeit erfassen kann, müssen alle aus ihm gefolgerten Voraussagen erst experimentell geprüft werden. Falls sich zum Experiment Widersprüche ergeben, geht daraus hervor, daß die gewählte Modellvorstellung zu grob war und einer Verfeinerung bedarf.

Da man zur Zeit von Huygens und Fresnel nach den glänzenden Erfolgen der Newtonschen Mechanik versuchte, alle physikalischen Erscheinungen durch mechanische Vorgänge zu beschreiben, suchte man die bekannten Eigenschaften mechanischer Schwingungen und Wellen auf das Licht zu übertragen und seine Entstehung und Ausbreitung durch ein mechanisches Modell zu erklären; es entstand damals eine mechanische Wellentheorie des Lichtes. Da sich eine mechanische Welle nur durch ein Medium ausbreiten kann, suchte man auch nach dem Medium, durch das sich das Licht ausbreitet. Man nannte es den „Lichtäther" und versuchte ihm die Eigenschaften zuzuschreiben, die sich aus der Ausbreitung des Lichtes ergeben. Dies führte jedoch zu so widersprüchlichen Ergebnissen, daß sich die Existenz des Äthers nie beweisen ließ.

Die Schwierigkeiten konnten durch die **elektromagnetische Lichttheorie** überwunden werden. Schon die Tatsache, daß das Licht und die elektromagnetischen Wellen gleiche Ausbreitungsgeschwindigkeit besitzen, ließ vermuten, daß zwischen beiden Wellenarten eine Verwandtschaft besteht. Diese Vermutung wurde gestützt, als es gelang, bei elektromagnetischen Wellen, besonders, wenn sie sehr hohe Frequenzen und daher relativ kurze Wellenlängen besitzen, eine große Zahl von Erscheinungen nachzuweisen, die genau den optischen Erscheinungen entsprechen, wie dies in 6.10.4. gezeigt wurde. Danach lag der Schluß nahe, anzunehmen, daß beide Wellenarten ihrem Wesen nach gleich sind und daß ihre Unterschiede nur auf die verschiedene Wellenlänge zurückzuführen sind.

> **Das Licht besteht aus elektromagnetischen Wellen mit Wellenlängen zwischen etwa 400 und 800 mm.**

Nach dieser Annahme gelten für die Ausbreitung des Lichtes die gleichen Gesetze wie für die elektromagnetischen Wellen. Die Ausbreitung erfolgt also wie bei den elektromagnetischen Wellen durch die Wechselwirkungen zwischen veränderlichen elektrischen und magnetischen Feldern und benötigt kein besonderes Medium, durch das sich das Licht ausbreitet. Die Maxwellschen Gesetze können auch auf das Licht angewandt werden. Dabei fand die Theorie eine gute Bestätigung, als es gelang, aus den Maxwellschen Gleichungen optische Gegebenheiten, z. B. die Intensitätsverhältnisse und den Polarisationsgrad bei Reflexion und Brechung zu berechnen, die sich nicht aus den optischen Gesetzen ableiten lassen.

b) Das elektromagnetische Spektrum. Seit der Aufstellung dieser Theorie wurden noch weitere elektromagnetische Wellen erzeugt oder gefunden, so daß die Skala der Wellenlängen sich von vielen km bei den Wellen in der Umgebung von Leitungen mit technischen Wechselströmen bis zu weniger als 1 pm bei den Höhenstrahlen erstreckt und in diesem weiten Bereich keine Lücken mehr aufweist. Ihre Gesamtheit bezeichnet man als **elektromagnetisches Spektrum.** Zwischen den elektrischen Wellen und dem sichtbaren Licht liegen die Wärmestrahlen und die Infrarotstrahlung. Kürzere Wellenlängen als das Licht haben die ultravioletten Strahlen; noch kürzere die Röntgenstrahlen (6.5.5. b) und die bei der Radioaktivität auftretenden γ-Strahlen. Die kürzeste Wellenlänge besitzen Strahlen, die beim Eindringen der **kosmischen** oder **Höhenstrahlung** (7.4.8. c) in die Erdatmosphäre entstehen. Sie besteht aus energiereichen Elementarteilchen, die bei Wechselwirkungen mit Molekülen der Atmosphäre die genannten kurzwelligen Strahlen erzeugen.

An einigen Stellen des Spektrums lassen sich die Wellen auf verschiedene Weise anregen. Bei gleicher Wellenlänge zeigen sie trotz der verschiedenen Entstehung keine unterschiedlichen Eigenschaften.

Tab. 1 Übersicht über die elektromagnetischen Wellen

Frequenz (Hz)	Frequenz	Wellenlänge			Bezeichnung	Anwendung
Hz	unter 50 Hz	über 6000 km	Elektrisch erzeugte Wellen	Niederfrequenz	Felder rings um technische Wechselstromleitungen	
100	50 Hz—	6000 km—				
1000						
10^4					Felder rings um Leitungen von Mikrophonströmen	
10^5	—20 kHz	—15 km				
10^6	20 kHz—300 kHz	15 km—1 km		Hochfrequenz	Langwellen	
10^7	300 kHz—3 MHz	1000 m—100 m			Mittelwellen	Radio
10^8	3 MHz—30 MHz	100 m—10 m			Kurzwellen	
10^9	30 MHz—300 MHz	10 m—1 m				Fernsehen
10^{10}	$3 \cdot 10^8$ Hz—$3 \cdot 10^9$ Hz	1 m—1 dm			Ultrakurzwellen	
10^{11}	$3 \cdot 10^9$ Hz—$3 \cdot 10^{10}$ Hz	1 dm—1 cm				Radar
10^{12}	$3 \cdot 10^{10}$ Hz—$3 \cdot 10^{12}$ Hz	1 cm—0,1 mm			Kürzeste auf elektrischem Weg erzeugte Wellen	Technisch noch nicht ausgenutzt
10^{13}		0,1 mm—	Optisch erzeugte Wellen		Infrarotstrahlen	Wärmestrahlen
10^{14}		—0,8 μm				
10^{15}		0,8 μm—0,4 μm			Sichtbares Licht	Beleuchtung Photographie
10^{16}		400 nm—10 nm			Ultraviolettstrahlen	Quecksilberdampflampe
10^{17}		10 nm—				Röntgendiagnose und -therapie Werkstoffprüfung
10^{18}					Röntgenstrahlen	
10^{19}		—10 pm				
10^{20}		10 pm—			γ-Strahlen	
10^{21}		—0,1 pm				Atomphysik
10^{22} Hz		unter 0,1 pm			Wellenkomponente der Höhenstrahlen	

Abb. 1. Übersicht über die elektromagnetischen Wellen

6.10.6. Umwandlung von Schallschwingungen in niederfrequente Wechselströme und umgekehrt

Zur Übertragung von Schall mit Hilfe von elektromagnetischen Wellen müssen die Schallschwingungen in genau entsprechende elektrische Schwingungen umgewandelt und nach der Übertragung die elektrischen Schwingungen wieder in die ursprünglichen Schallschwingungen zurückverwandelt werden. Die dabei entstehenden Wechselströme besitzen wie die Schallwellen Frequenzen bis zu 20 kHz. Da diese Frequenzen im Vergleich zu den in den meisten Schwingkreisen erzeugten Frequenzen, die bis zu mehreren MHz ansteigen, klein sind, bezeichnet man Schwingungen mit Frequenzen bis zu 20 kHz als Niederfrequenz (NF), mit höheren Frequenzen als Hochfrequenz (HF). Im folgenden werden Geräte, die dieser Umwandlung dienen, angeführt, auch wenn sie wie z. B. das Telefon der Schallübertragung mit Leitungen dienen.

a) Das Mikrophon. Das älteste, auch heute noch verwendete Gerät ist das **Kohlekörnermikrophon** (Abb. 1). Eine Spannungsquelle ist über die Primärspule mit einem Kohleblock und direkt mit einer Kohlemembran verbunden, die sich in einem Gehäuse befinden. Der Zwischenraum zwischen den beiden Kohleelektroden ist mit Kohlekörnern ausgefüllt. Wenn Schallwellen auf die Membran treffen, schwingt sie mit und drückt die Kohlekörner abwechselnd mehr oder weniger zusammen. Dabei ändert sich ihr Übergangswiderstand, so daß der im Stromkreis fließende Strom im Rhythmus der Schallschwingungen verstärkt und geschwächt wird. Diese Stromschwankungen werden vom Trafo auf die Leitung übertragen, die sie zur weiteren Verstärkung oder zur Empfangsstelle führt. Weil der von einem Kohlekörnermikrophon übertragene Frequenzbereich sehr klein ist, genügt es nur noch für geringe Ansprüche.

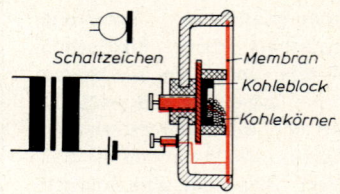

Abb. 1. Kohlekörnermikrophon

Einen weit größeren Frequenzbereich überträgt das **Kondensatormikrophon** (Abb. 2). Es besteht aus einem Kondensator, dessen eine Platte am Boden eines Gehäuses liegt, während die andere als elastische Membran darüber gespannt ist. Wird sie von Schallwellen zum Mitschwingen gebracht, so ändert sich mit dem wechselnden Plattenabstand die Kapazität. In den Zuleitungen zwischen der Spannungsquelle und den Kondensatorbelegen fließt ein genau den Schallwellen entsprechender Wechselstrom, der in einem Verstärker verstärkt und dann weiter übertragen wird.

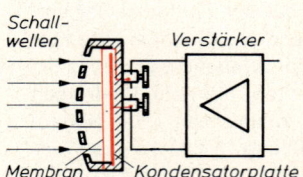

Abb. 2. Kondensatormikrophon

b) Kopfhörer und Lautsprecher. Ein Kopfhörer (Abb. 3) enthält einen ringförmigen Magneten. In dem kreisförmigen Luftspalt zwischen seinen Polen befindet sich eine Schwingspule, die an einer Kunststoffmembran befestigt ist. Wenn der im Rhythmus der Schallschwingungen wechselnde Sprechstrom durch die Spule fließt, erzeugt er Schwingungen der Spule im Luftspalt, die im gleichen Rhythmus ablaufen. Die mit der Spule verbundene Membran schwingt mit und überträgt die Schwingungen auf die Luft, so daß sie wieder als Schall gehört werden können.

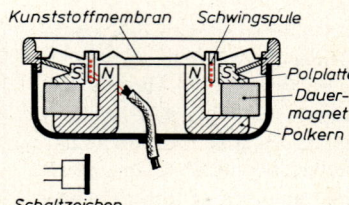

Abb. 3. Kopfhörer

Um den Schall gleichzeitig mehreren Hörern zugänglich zu machen, verwendet man **Lautsprecher.** Am meisten benutzt man wegen seiner guten Schallwiedergabe und seines geringen Energiebedarfs den dynamischen Lautsprecher (Abb. 4). Eine Kegelmembran trägt an einem zylinderförmigen Ansatz eine Spule. Diese befindet sich im Ringspalt eines permanenten Topfmagneten. Wenn Sprechströme durch die Spule geleitet werden, bewegt sie sich mit der Membran je nach der Stromrichtung im Spalt nach innen oder außen (Tauchspule). Die Schwingungen der Membran übertragen sich als Schall auf die Luft. Die zum Betrieb erforderliche elektrische Leistung beträgt bei Zimmerlautsprechern 2...30 W, bei Freiluft- und Kinolautsprechern bis zu 100 W. Für höhere Leistungen benutzt man einen mit einer Spule fremderregten Elektromagneten. Nur ein kleiner Bruchteil der Leistung wird in Schall umgewandelt.

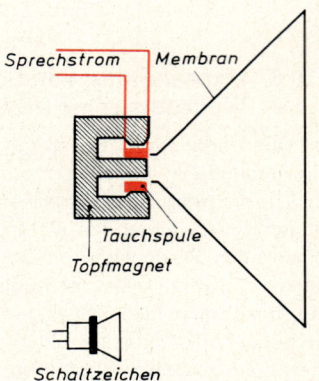

Abb. 4. Lautsprecher

474

Beim **Telephon** wird an jeder Anschlußstelle die Verbindung eines Mikrophons und eines Hörers verwendet. Die Spannungsversorgung erfolgt von einer Zentrale aus nach der Schaltung in Abb. 5. Die Zentrale enthält auch die Wähleinrichtung, die mit Hilfe der in der Abb. weggelassenen Nummernwählscheibe bedient wird, so daß alle Sprechstellen über die Zentrale beliebig miteinander verbunden werden können.

Mikrofon   Wecker   Fernhörer
          Auflagekontakt
Zur Zentrale mit Spannungsversorgung und Wahlvermittlung

Abb. 5. Telephon (vereinfacht)

6.10.7. Modulation und Demodulation

a) Modulation. Bei der drahtlosen Übertragung von Schall durch elektromagnetische Wellen tritt im Sender die Aufgabe auf, eine von einer Schwingungserzeugungsschaltung herkommende hochfrequente Schwingung in ihren Amplituden, in ihrer Frequenz oder in ihrer Phase nach dem Rhythmus von niederfrequenten Sprach- oder Musikschwingungen zu verändern. Diesen Vorgang bezeichnet man als Modulation. Hier wird nur als Beispiel der einfachste Fall einer Amplitudenmodulation besprochen. Häufiger verwendet die Technik, besonders im UKW-Bereich, die Frequenzmodulation. Ihre Behandlung würde aber zu weit führen.

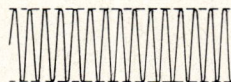

Abb. 1 a. Ungedämpfte modulierte Hochfrequenz (Trägerwelle)

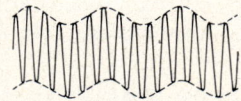

Abb. 1 b. Niederfrequenz eines Tones (Sprachschwingung)

> **Modulation ist die Veränderung einer Größe (Amplitude, Frequenz, Phase) der Trägerschwingung im Rhythmus der Modulationsschwingung.**

Abb. 1 a und 1 b zeigen die nicht überlagerte Hochfrequenz (HF) und Niederfrequenz (NF) in schematischer Darstellung. Eine Überlagerung führt zu Schwingungen, wie sie in Abb. 1 c dargestellt sind. Die Amplitudenmodulation benötigt dagegen Schwingungen nach Abb. 1 d, deren Amplituden im Takt der NF wechseln. Man erzeugt eine modulierte HF, indem man nach Abb. 2 in den Gitterkreis einer Röhre die Sekundärspulen eines HF- und eines NF-Transformators einschaltet. Der HF-Transformator überträgt die HF-Trägerwelle einer Schwingungserzeugerstufe, der NF-Transformator die von einem Mikrophon in niederfrequente Schwingungen umgewandelten Schallschwingungen. Damit die HF nicht durch den hohen induktiven Widerstand des NF-Transformators (mit Eisenkern) abgedrosselt wird, ist ein Kondensator C_1 parallel geschaltet.

Abb. 1 c. Überlagerung von Hoch- und Niederfrequenz

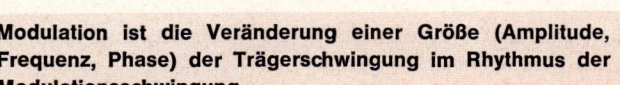

Abb. 1 d. Amplitudenmodulierte Hochfrequenz

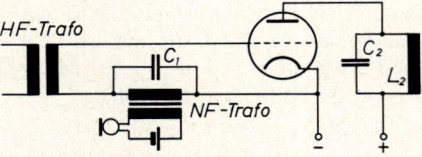

HF-Trafo

C_1

NF-Trafo

C_2

L_2

Abb. 2. Modulationsschaltung

Wird das Mikrophon besprochen, so schwingt die Gitterspannung der Senderöhre mit der Überlagerung aus HF und NF wie in Abb. 1 c. Bei geradem Verlauf der Kennlinie der Senderöhre würde der Anodenstrom eine Schwin-

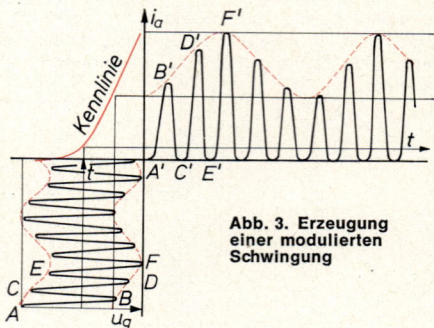

gung der gleichen Art aufweisen. Der auf die HF eingestellte Schwingkreis L_2C_2 würde die NF unverstärkt ableiten, und nur die reine HF würde übertragen. Damit die NF nicht verloren geht, muß zuerst die Überlagerung in eine Modulation verwandelt werden. Dazu benötigt man eine gekrümmte Kennlinie. Abb. 3 zeigt, daß dann die Verstärkung der Röhre im Takt der NF schwankt. Die HF, die allein von der Röhre verstärkt und auf die Antenne übertragen wird, besitzt jetzt Amplituden, die im Takt der NF schwanken.

Abb. 3. Erzeugung einer modulierten Schwingung

b) Demodulation. Im Empfänger entsteht nun die umgekehrte Aufgabe der **Demodulation** (oder Gleichrichtung), aus der modulierten HF wieder die NF herauszuholen und hörbar zu machen.

> **Unter Demodulation versteht man die Trennung einer modulierten Schwingung in die ursprüngliche Träger- und die Modulationsschwingung.**

Da die Membran eines Lautsprechers infolge ihrer Trägheit nicht imstande ist, den HF-Schwingungen zu folgen, spricht sie nur auf deren Mittelwert an. Sie bleibt also in Ruhe, wenn die Mittellinie der HF eine Gerade ist; sie gerät aber in niederfrequente Schwingungen, wenn die Mittellinie der HF nach einer NF schwankt (Abb. 4). Das Wesen der Demodulation besteht also darin, aus der geraden Mittellinie der ankommenden modulierten HF eine im Rhythmus der NF gekrümmte Mittellinie zu machen. Man erreicht dieses Ziel am einfachsten, indem man nur die eine, z. B. die positive Halbperiode verstärkt, die andere aber weitgehend unterdrückt, was genau dem Vorgang einer Gleichrichtung entspricht.

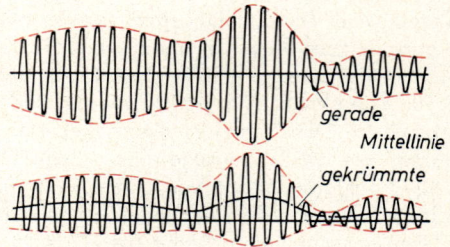

Abb. 4. HF mit gerader und gekrümmter Mittellinie

Das einfachste Hilfsmittel zur Demodulation sind also Gleichrichter, vor allem Germanium- und Siliciumgleichrichter.

6.10.8. Drahtlose Übertragung von Schall

a) Gründe für die Verwendung von Hochfrequenz. Das einfachste Verfahren zur drahtlosen Übermittlung von Schall mit elektromagnetischen Wellen besteht darin, daß man Schallschwingungen mit einem Mikrophon in niederfrequente elektrische Schwingungen überträgt und diese dann über eine Sendeantenne ausstrahlt. Von einer Empfangsstation werden diese Schwingungen wieder aufgenommen und über einen Niederfrequenztransformator einem Kopfhörer zugeführt, der sie wieder in Schall verwandelt (Abb. 1).

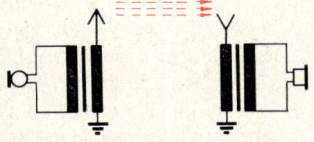

Abb. 1. Drahtlose Übertragung mit Niederfrequenz

Dieses Verfahren ist praktisch undurchführbar, denn es enthält zwei Nachteile: 1. Niederfrequente Wellen werden nur mit geringer Energie ausgestrahlt und haben deshalb nur eine geringe Reichweite. 2. Bei dem genannten Verfahren könnte man die Sendungen verschiedener Sender nicht voneinander trennen. Soweit ihre Ausstrahlenergie überhaupt zu einem Empfang ausreicht, wären alle Sender gleichzeitig zu hören. Man dürfte innerhalb der Reichweite eines Senders keinen zweiten in Betrieb nehmen.

Benutzt man jedoch die NF zur Modulation einer HF und verwendet dann diese zur Ausstrahlung, so ist der erste Nachteil sofort behoben, da die Reichweite von hochfrequenten elektrischen Wellen wesentlich größer ist als die von niederfrequenten Wellen. Aber auch der zweite Nachteil läßt sich damit beseitigen, indem man jedem Sender eine andere Frequenz vorschreibt. Beim Empfang verwendet man in den Verstärkerstufen einen auf die gewünschte Frequenz abgestimmten Schwingkreis als Außenwiderstand (Abb. 2). Der Schwingkreis hat dann für diese Frequenz den großen Resonanzwiderstand $R_{res} = L/(C\,R)$ (6.8.4. c), und man erzielt für sie eine besonders hohe Verstärkung, da diese mit dem Außenwiderstand wächst (6.5.3. e).

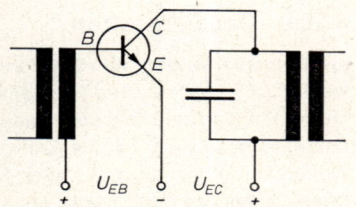

Abb. 2. Abstimmbare Verstärkung

b) Aufgaben des Senders. Jeder Sender hat demnach folgende Aufgaben:

1. Erzeugung einer HF-Schwingung mit unveränderlicher Frequenz mittels einer Schwingungserzeugerschaltung (6.10.1 Abb. 5 oder 6).
2. Verstärkung der HF mit einer oder mehreren abstimmbaren Verstärkerstufen nach Abb. 2, bis eine genügende HF-Energie zur Ausstrahlung bereitsteht.
3. Verwandlung des Schalles in NF-Schwingungen mit einem Mikrophon und ausreichende Verstärkung dieser NF.
4. Modulation der verstärkten HF mit der NF (Schaltung nach 6.10.7 Abb. 2).
5. Ausstrahlung der modulierten HF über eine Sendeantenne.

Abb. 3 zeigt in schematischer Darstellung die zur Durchführung dieser Aufgaben erforderlichen Teile eines Senders.

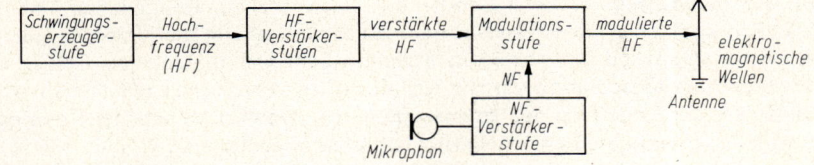

Abb. 3. Schematische Darstellung eines Senders

c) Aufgaben des Empfängers. Jeder Empfänger muß folgende Aufgaben erfüllen:

1. Aufnahme der ankommenden modulierten HF in einem Antennenteil.
2. Auswahl und Verstärkung der gewünschten HF in einer oder mehreren abstimmbaren HF-Verstärkerstufen (Abb. 2).
3. Trennung der NF von der modulierten HF in einer Demodulationsstufe.
4. Verstärkung der NF in einer NF-Verstärkerstufe.
5. Übertragung der verstärkten NF in Schall mit einem Lautsprecher.

Die einzelnen Teile eines Empfängers und ihre Funktionen sind schematisch in Abb. 4 dargestellt.

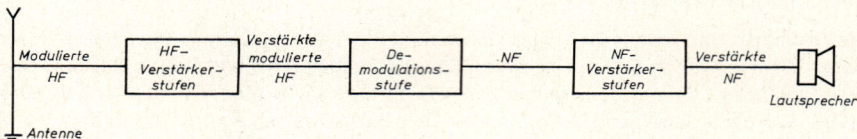

Abb. 4. Schematische Darstellung eines Empfängers

6.10.9. Das Fernsehen

a) Voraussetzungen für das Fernsehen. Die drahtlose Übermittlung eines Bildes ist ein wesentlich schwierigeres Problem als die eines Tones. Während dieser nur aus der Aufeinanderfolge von zeitlich wechselnden Schallschwingungen besteht, sind bei einem bewegten Bild ununterbrochen eine große Zahl von einzelnen Bildpunkten zu übertragen. Eine elektrische Welle kann aber nur (z. B. durch Modulation ihrer Amplitude) ein einziges Signal übertragen. Daher ist es unmöglich, mit einem einzelnen modulierten Wellenzug ein ganzes Bild gleichzeitig zu übertragen. Es bleibt nur der Weg, das Bild in eine Anzahl Bildpunkte zu zerlegen und diese nacheinander in Amplitudenschwankungen einer Trägerwelle umzusetzen, die man mit einem Sender ausstrahlen kann. Damit das Auge den Eindruck eines bewegten Bildes wahrnehmen kann, sind wie beim Film in jeder Sekunde mindestens 25 vollständige Bilder notwendig. Nimmt man als Durchmesser eines Bildpunktes 0,5 mm an, so sind für ein Bild von 30 cm · 40 cm Größe 600 · 800 Bildpunkte und in der Sekunde 25 · 600 · 800 Stromstöße wechselnder Stärke notwendig. Daher muß schon der Modulationsstrom seine Stärke in einer Sekunde zwölfmillionenmal ändern, was etwa der gleichen Frequenz entspricht. Da aber die Trägerfrequenz eine mindestens zehnmal so hohe Frequenz benötigt, erhält man für sie eine Frequenz von mehr als 100 Millionen Hz = 100 MHz oder eine Wellenlänge von etwa 3 m. Solche Wellen gehören in das Gebiet der Ultrakurzwellen (UKW). In ihrer Ausbreitung unterscheiden sie sich von den längeren Radiowellen dadurch, daß ihre Reichweite die optische Sichtbarkeit des Senders nur wenig übertrifft. Deshalb errichtet man UKW-Sender und insbesondere Fernsehsender auf hohen Bergen mit hohen Sendemasten.

b) Der Fernsehsender. Beim Sender muß man das zu übertragende Bild in Bildpunkte zerlegen und diese dann nacheinander abtasten. Anfängliche Versuche mit mechanischen Abtastverfahren konnten keine ausreichende Zahl von Bildpunkten liefern. Die dazu notwendige Abtastgeschwindigkeit läßt sich nur mit elektronischen Hilfsmitteln erreichen. Daher bedeutete die Einführung des **Ikonoskops** durch Zworykin im Jahr 1928 den entscheidenden Schritt, um brauchbare Fernsehübertragungen zu ermöglichen.

Das Ikonoskop (Abb. 1) ist eine Braunsche Röhre (6.5.4. b), deren Bildschirm keinen Leuchtstoffbelag besitzt, sondern aus einer metallischen Rückwand, einer Isolierschicht und einer Bildschicht besteht, die aus vielen 0,1 bis 0,01 mm großen Teilchen aus Cäsiumoxid hergestellt ist. Mit einem photographischen Objektiv wird auf diesem Schirm ein optisches Bild entworfen. Dabei laden sich alle kleinen Cäsiumteilchen infolge des Photoeffekts (6.5.2. c) auf eine positive Spannung auf, die der Helligkeit des auffallenden Bildpunktes entspricht. Zum Absaugen der Photoelektronen befindet sich im erweiterten Teil der Röhre eine positiv geladene Elektrode, die Absaugelektrode, die so angeordnet sein muß, daß die optische Bilderzeugung nicht gestört wird und daß zwischen ihr hindurch ein Elektronenstrahl auf jeden Punkt des Bildes gelenkt werden kann. Mit der Metallrückwand bilden die Cäsiumteilchen

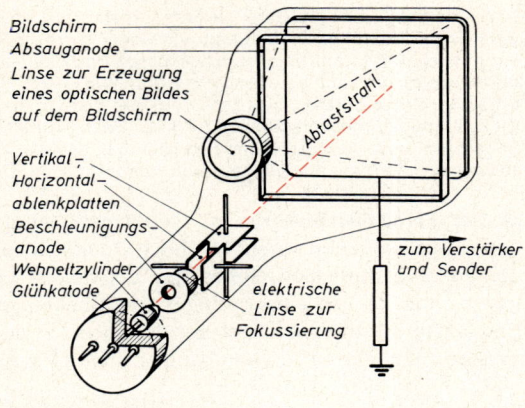

Abb. 1. Ikonoskop

eine große Zahl winziger Kondensatoren. Die positiven Ladungen der Cäsiumteilchen auf der Vorderseite halten an den entsprechenden Punkten der rückseitigen Platte negative Ladungen fest, die genau der Ladung der Cäsiumteilchen und damit der Helligkeit der betreffenden Bildpunkte entsprechen. Ein Elektronenstrahl, der sich scharf auf dem Bildschirm vereinigt, wird durch Wechselspannungen an den Ablenkkondensatoren zeilenweise über das Bild geführt.

Damit die Abtastgeschwindigkeit für alle Punkte gleich bleibt, verwendet man zur Ablenkung keine sinusförmige Wechselspannung, sondern eine in einer besonderen Schaltung erzeugte Sägezahnspannung (Abb. 2). Ein Kondensator C wird über einen Widerstand R aufgeladen. Dabei wächst die Kondensatorspannung nach der dargestellten Kurve. Wenn die Spannung den für die Ablenkung am Ikonoskop nötigen Wert hat, wird der Kondensator über eine parallel geschaltete Entladestrecke entladen. Dazu kann man eine Schaltung nach Abb. 3 mit einem Thyristor (6.6.2. c) verwenden. Während des Aufladens des Kondensators ist der Thyristor gesperrt. Sobald aber die am Widerstand R abgegriffene und der Steuerelektrode zugeleitete Spannung die Zündspannung des Thyristors erreicht, wird dieser leitend, und der Kondensator kann sich rasch über ihn entladen. Die Zeitdauer zwischen zwei Entladungen ist durch Änderung von R und C, die Amplitude der Sägezahnspannung durch die Einstellung des Abgriffes für die Steuerspannung regelbar. Die Sägezahnspannung führt den Elektronenstrahl mit konstanter Geschwindigkeit über das Bild und springt danach vom Zeilen- bzw. Bildende rasch an den Anfang zurück.

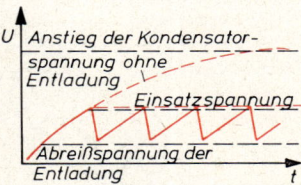

Abb. 2. Sägezahnspannung

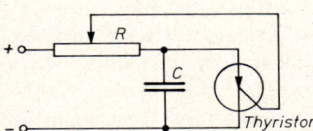

Abb. 3. Schaltung zur Erzeugung einer Sägezahnspannung

Statt mit elektrischen Feldern kann man den Elektronenstrahl auch mit magnetischen Feldern ablenken. Mit einer Sägezahnspannung erzeugt man in den Ablenkspulen einen linear anwachsenden Strom, der in der Umgebung der Spulen ein Magnetfeld mit ansteigender Flußdichte hervorruft. In diesem Feld wird der Elektronenstrahl abgelenkt und ebenso über das Bildfeld geführt wie von den elektrischen Ablenkplatten. Auch die Fokussierung läßt sich mit dem axialen Magnetfeld einer um die Röhre gelegten Spule, einer „magnetischen Linse", auf ähnliche Weise bewirken wie mit einer elektrischen Linse (6.5.4. c).

Wenn im Ikonoskop der Elektronenstrahl über einen Bildpunkt hinwegläuft, so entlädt er das dort befindliche Cäsiumteilchen. Die noch darüber hinaus aufgestrahlten Elektronen werden von der Absauganode abgefangen. Die auf der Rückseite des Bildschirmes angebrachte Signalplatte kann die bisher an dem betreffenden Bildpunkt festgehaltenen Elektronen freigeben, so daß sie in der Ableitung der Platte einen Strom bilden, der genau der Helligkeit des eben überstrichenen Bildpunktes entspricht. Der Strom erzeugt an einem in dieser Ableitung eingeschalteten Widerstand eine Spannung, die man verstärkt und dann zur Modulationsstufe eines Fernsehsenders leitet.

Die moderne Fernsehtechnik verwendet als Bildsenderöhre Weiterentwicklungen des Ikonoskops. Beim **Superikonoskop** wird zuerst mit einem kurzbrennweitigen Objektiv (hohe Schärfentiefe (5.2.7. c) ein optisches Bild auf einer durchsichtigen Photokatode erzeugt. Die ausgelösten Elektronen werden beschleunigt und mit einer magnetischen Linse auf das Bildschirmmosaik abgebildet. Wegen ihrer erhöhten Energie rufen sie eine stärkere Ladung der Cäsiumteilchen hervor als beim Ikonoskop (Sekundärelektronenverstärkung 7.4.3. d). Beim **Orthikon** trifft der Elektronenstrahl senkrecht auf den Bildschirm und vermeidet dadurch die bei schiefer Aufstrahlung entstehende trapezförmige Verzeichnung. Moderne Bildsenderöhren haben höhere Empfindlichkeit als eine photographische Platte.

c) Der Fernsehempfänger. Im Empfänger werden die ankommenden, ultrakurzen, modulierten Wellen zuerst verstärkt. Durch Demodulation wird dann die Bildspannung, die genau der am Bildschirm des Ikonoskops abgenommenen Spannung entspricht, von der HF getrennt. Aus der Aufeinanderfolge der Spannungsstöße sind die nebeneinanderliegenden Bildpunkte mit ihrer wechselnden Helligkeit in der richtigen Anordnung wieder zusammenzusetzen. Zu diesem Zweck benutzt man eine Braunsche Röhre (Abb. 3), die unmittelbar

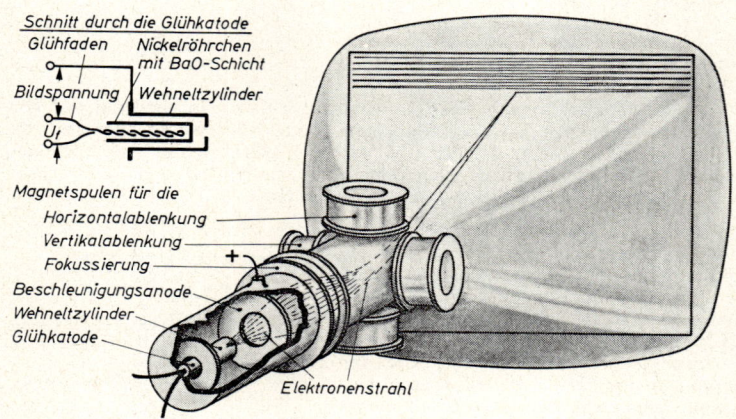

Schnitt durch die Glühkatode
Glühfaden   *Nickelröhrchen mit BaO-Schicht*
Bildspannung   *Wehneltzylinder*
U_f

Magnetspulen für die
Horizontalablenkung
Vertikalablenkung
Fokussierung
Beschleunigungsanode
Wehneltzylinder
Glühkatode

Elektronenstrahl

Abb. 4. Bildröhre eines Fernsehempfängers

vor der Glühkatode eine zylinderförmige Elektrode, den **Wehneltzylinder,** enthält. Dieser wirkt genau wie das Steuergitter einer Dreipolröhre. Wird auf ihn eine negative Spannung geführt, so vermindert er die Elektronenemission, während eine positive Spannung sie erhöht. Wird an den Wehneltzylinder die demodulierte Bildspannung gelegt, so wird die Intensität des Elektronenstrahles genau in der Weise gestärkt oder geschwächt, wie es der Helligkeit des im Sender überstrichenen Bildpunktes entspricht. Zur Ablenkung des Elektronenstrahles verwendet man Sägezahnspannungen, die durch mitausgestrahlte Impulse in Gleichlauf mit den Ablenkspannungen beim Ikonoskop gebracht werden (Synchronisation). Die Bündelung und Ablenkung kann auch hier mit elektrischen oder — wie in Abb. 3 — magnetischen Linsen (6.5.4. c) und Feldern erfolgen. Der Elektronenstrahl bestreicht dann den Bildschirm der Braunschen Röhre im selben Takt wie der Abtaststrahl in der Bildsenderöhre. Der Bildschirm ist mit einer Schicht belegt, die von dem auftreffenden Elektronenstrahl in der jedem Bildpunkt zukommenden Intensität zum Leuchten angeregt wird. Auf diese Weise entsteht an jeder Stelle ein in der Helligkeit dem ursprünglichen Gegenstand entsprechender Bildpunkt. Aus diesen Punkten setzt sich das Bild zusammen, das von den Zuschauern betrachtet werden kann.

Beim Farbfernsehen muß der ganze Aufnahme-, Sende- und Empfangsvorgang in drei Farben durchgeführt werden, deren Farbpunkte im Farbdreieck ein möglichst großes Dreieck umschließen.

6.10.10. Funkpeilung und Radar

a) Funkpeilung. Durchsetzt eine elektromagnetische Welle eine rahmenförmige Antenne (Abb. 1), die eine kreisförmige Spule enthält, so ist die entstehende Induktion proportional zu dem die Fläche durchsetzenden magnetischen Fluß. Eine drehbare Rahmenantenne empfängt daher in der rechts oben gezeichneten Stellung fast keine, in der darunter gezeichneten Stellung eine große Energie. Aus dem Wechsel der Empfangslautstärke beim Drehen läßt sich daher die Richtung eines Funkstrahles bestimmen. Man nennt das auf dieser Grundlage entwickelte Verfahren **Funkpeilung.** Die dazu verwendeten Peilempfänger müssen mit einer drehbaren Peilantenne versehen sein. Funkpeilverfahren dienen zur Ortsbestimmung bei der See- und Luftfahrt. Genauer ist jedoch das im folgenden beschriebene Radarverfahren.

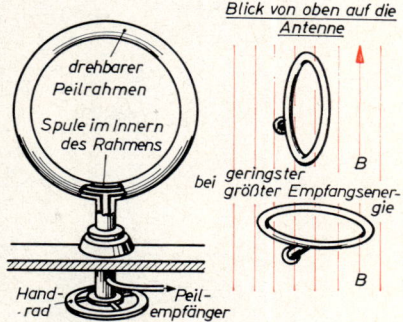

Abb. 1. Peilantenne

b) Radar (**Ra**dio **D**etecting **a**nd **R**anging). Während die Funkpeilung nur eine Richtungsbestimmung mit elektromagnetischen Wellen zuläßt, wurde während des zweiten Weltkrieges durch Anwendung von noch kürzeren Wellen, als man sie bis dahin technisch ausnützen konnte, das Funkmeßverfahren oder Radar entwickelt, das gleichzeitig die Richtung und die Entfernung von Gegenständen zu messen gestattet, die von solchen Wellen getroffen werden. Die verwendeten Wellen mit Wellenlängen von 10 cm bis 100 cm haben schon eine weitgehende Ähnlichkeit mit den Lichtwellen. Sie pflanzen sich geradlinig fort, werden von verschiedenen Gegenständen in wechselndem Maße absorbiert oder reflektiert. Sie lassen sich mit ebenen Metallspiegeln ablenken und mit Hohlspiegeln zu Parallelbündeln zusammenfassen. Da sie die Atmosphäre unabhängig von der Wetterlage auch bei Nacht oder Nebel durchdringen, lassen sie sich auch noch anwenden, wenn eine Orientierung durch optische Sicht unmöglich ist.

Statt einer Antenne benützt man einen kleinen Dipol, den man im Brennpunkt eines Hohlspiegels befestigt. Die Leistung des Parallelstrahlenbündels bleibt dann auf große Entfernungen in einem engen Winkelraum vereinigt, daß selbst in 100 km Entfernung von den getroffenen Gegenständen noch genügend Strahlungsenergie reflektiert wird, so daß sie am Ausgangspunkt mit einem empfindlichen Empfänger nachgewiesen werden kann. Die Richtung zum reflektierenden Gegenstand ist durch die mit dem Hohlspiegel eingestellte Ausstrahlrichtung gegeben. Um auch die Entfernung bestimmen zu können, sendet der Dipol in regelmäßigen Abständen nur kurze Wellenimpulse aus (Impulsdauer $0,1 \ldots 1\,\mu s$, Impulsabstand etwa 1 ms). Die Laufzeit bis zur Rückkehr des reflektierten Impulses ergibt durch Multiplikation mit der Lichtgeschwindigkeit die doppelte Entfernung. Da diese Zeiten sehr kurz sind, bedarf es einer besonderen Schaltung, um sie zu messen. Das Hilfsmittel ist wieder eine Braunsche Röhre. Zwischen je zwei Ausstrahlimpulsen führen Ablenkspannungen die nach ihrer Reflexion zurückgekehrten Impulse je nach ihrer Laufzeit zu einer anderen Stelle des Bildschirmes, so daß man aus der Lage auf dem Schirm die Entfernung ablesen kann.

Läßt man den Spiegel mit dem Ausstrahlungsdipol rotieren, so kann man den Funkstrahl nach allen Seiten aussenden und nacheinander einen weiten Oberflächenbereich der Erde mit ihm abtasten. Mit einer besonderen Schaltung wird nun erreicht, daß die Bildpunkte der zurückgekehrten Impulse auf dem Bildschirm um so weiter von der Mitte nach außen ausgelenkt werden, je größer die Laufzeit ist, und daß die Ausstrahlrichtungen den vom Mittelpunkt des Bildschirmes ausgehenden Richtungen entsprechen. Auf diese Weise zeichnen die empfangenen reflektierten Impulse auf dem Bildschirm ein landkartenähnliches Abbild der abgetasteten Erdoberfläche (Abb. 2). Dabei erscheinen Stellen, die viel Energie zum Empfänger reflektieren, hell, solche, die wenig reflektieren, dunkel. Von Wasserflächen und Straßen wird die Energie bei schrägem Einfall vom Sender weg reflektiert, daher erscheinen sie dunkel. Dagegen heben sich Berge, Ortschaften, Bäume, Schiffe, Flugzeuge als helle Punkte auf dem Schirm ab.

Außer für militärische Zwecke verwendet man Radareinrichtungen auch für die zivile Luft- und Seefahrt. Blindflug bei Nacht wird mit Radar ausgeführt. In der Nähe von Küsten und Häfen werden Schiffe mit Radar sicher ins Ziel gelenkt, auch wenn bei Nacht oder Nebel jede Sicht unmöglich ist.

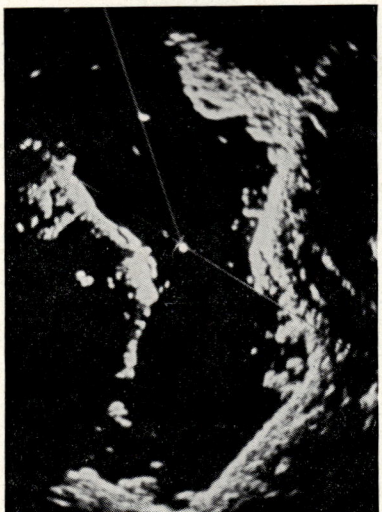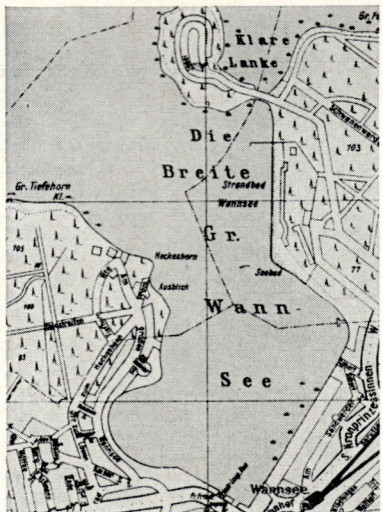

Abb. 2. Radarkarte und Landkarte des Wannsees bei Berlin

6.10.11. Weitere Anwendungen von elektrischen Schwingungen

a) Hochfrequenzheizung. Bei Stoffen, die elektromagnetische Wellen absorbieren, kann man die Energie dieser Wellen unmittelbar zur Erwärmung verwenden. Eine Hochfrequenz-spannung wird an zwei Platten gelegt, während der zu erwärmende Körper zwischen diesen Platten ruht oder bewegt wird. Der ganze Raum zwischen den Platten füllt sich mit einem elektromagnetischen Wechselfeld, dessen Energie teilweise von dem Körper absorbiert wird und ihn erwärmt. Da die Absorption an allen Stellen des Körpers stattfindet, erstreckt sich die Wirkung sofort über die ganze Tiefe des Körpers und nicht bloß auf die äußere Schicht. Die Hochfrequenzheizung findet Anwendung beim Verleimen von Furnieren, zum Erwärmen vorgeformter Teile aus Kunststoffen, beim Sterilisieren von Lebensmitteln und Verbandstoffen in ihren Verpackungen, beim Auftauen von Gefrierkonserven (15 Minuten statt mehrere Stunden).

b) Tonbandgerät. Um Schallvorgänge aufzubewahren und später in ihrem ursprünglichen Klang wiederholen zu können, verwendet man neben den Schallplatten in zunehmendem Maße das **Tonbandverfahren.** Es beruht auf der Aufmagnetisierung eines Bandes mit per-manent-magnetischen Eigenschaften, z. B. eines Kunststoffbandes, das mit einer magnetisier-baren Einlage versehen ist, im Rhythmus des aufzuzeichnenden Wechselstromes.

Das Band wird vor den Polen eines Elektromagneten (Aufsprechmagnet oder Sprechkopf) entlang-gezogen und dabei magnetisiert. Zum Abspielen führt man es an einem Abspielkopf vorbei, in dem durch die wechselnde Magnetisierung kleine Induktionsspannungen entstehen, die genau dem auf-genommenen Schwingungsvorgang entsprechen. Diese Spannungen werden verstärkt und einem Lautsprecher zugeführt. Die Vorteile des Verfahrens liegen darin, daß das Band unmittelbar nach der Aufnahme abspielbereit ist, beliebig oft abgespielt und auch wieder neu verwendet werden kann, weil der enthaltene Magnetismus gelöscht werden kann.

482

c) Tonfilm. Um Schallwellen aufzuzeichnen und später wiederzugeben, wird neben der Schallplatte und dem Tonband als dritte Möglichkeit das Lichttonverfahren verwendet. Es hat vor allem den Tonfilm in seiner heutigen Form ermöglicht.

Bei der Filmaufnahme verwandelt man Schallschwingungen mit dem Mikrophon in Schwankungen eines elektrischen Stromes. Diese werden durch ein Lichtsteuerorgan in entsprechende Lichtschwankungen umgesetzt und auf ein Filmband photographiert. Bei der Vorführung ist die Reihenfolge der Prozesse umgekehrt. Meist benutzt man folgendes Aufnahmeverfahren: Die Tonbildkamera nimmt das Bild auf und hat Einrichtungen, um gleichzeitig Sprache oder Musik mit einem Mikrophon aufzunehmen. Der Mikrophonstrom wird verstärkt dem Lichtsteuerorgan, der Tonlampe, zugeführt. Das ist eine an eine Gleichspannung gelegte Glimmlampe mit einer geheizten Katode. Je nach der Frequenz und der Stärke des Tones wird der Heizstrom verstärkt oder geschwächt und damit die Helligkeit der Lampe in entsprechender Frequenz und Stärke verändert. Das Licht fällt durch einen engen Spalt (15 μm) auf den Film, der mit konstanter Geschwindigkeit vorbeiläuft. Nach dem Entwickeln erhält man auf dem Film einen Tonstreifen aus parallelen Linien verschiedener Schwärzung (Sprossenschrift, Abb. 1). Ein anderes Verfahren verwendet eine Lampe konstanter Helligkeit, deren Licht durch eine feste, schmale Schlitzblende auf den Film fällt. Vor dem Schlitz befindet sich eine bewegliche zackenförmige Blende (Abb. 2), die vom Mikrophonstrom in Schwingungen versetzt wird. Je nach der Amplitude ihrer Schwingungen hat der von ihr freigegebene Teil des Schlitzes verschiedene Länge. Auf dem Film entsteht ein Tonstreifen mit Zacken (Zackenschrift, Abb. 3), deren Zahl je mm die Frequenz und deren Länge die Intensität des Schalles kennzeichnet.

Im Vorführraum durchleuchtet man zugleich mit dem Filmbild auch den Tonstreifen mit einer starken Lampe an einem Spalt. Der durch die verschiedene Schwärzung des Streifens veränderte Lichtstrahl wird auf eine empfindliche Photozelle geworfen, die die Schwankungen des auftreffenden Lichtes in elektrische Stromschwankungen umformt. Diese werden verstärkt und einem Lautsprecher zugeführt, in dem sie den ursprünglichen Ton wieder hervorrufen.

Abb. 1. Film mit Tonstreifen in Sprossenschrift

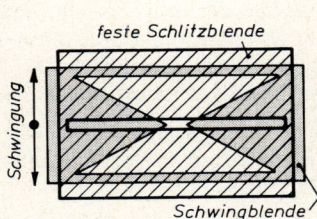

Abb. 2. Schwingblende für Zackenschrift

Abb. 3. Film mit Tonstreifen in Zackenschrift

7. ATOMPHYSIK

7.1. Grundlagen der Atomphysik

7.1.1. Existenz, Größe und Masse der Atome und Moleküle

a) Atome und Moleküle. Schon in 1.8.1. wurde aus Gesetzmäßigkeiten der Chemie, der Wärme- und Elektrizitätslehre gefolgert, daß sich alle Elemente aus Atomen zusammensetzen. In der Natur treten 87 chemisch verschiedene Atome auf, die durch ihre chemischen Zeichen, z. B. H = Wasserstoff, O = Sauerstoff, gekennzeichnet werden.

Das Massenverhältnis der einzelnen Atome kann man aus dem Gesetz von Avogadro[1] und dem chemischen Verbindungsgewicht der Elemente ableiten. Setzt man dabei für Kohlenstoff (genauer für das Kohlenstoffisotop C 12) die Zahl 12,000, so ergeben sich für alle Atome Verhältniszahlen, die als **relative Atommassen** A_r bezeichnet werden, z. B. $A_{rH} = 1,008$, $A_{rO} = 15,999$.

Aus mehreren Atomen bauen sich die Moleküle der chemischen Verbindungen auf, z. B. aus zwei Wasserstoffatomen und einem Sauerstoffatom ein Molekül Wasser H_2O. Die **relative Molekülmasse** M_r ist die Summe ihrer relativen Atommassen, z. B. $M_{rH_2O} = 2 \cdot 1,008 + 15,999 = 18,015$.

b) Die Masse und Größe der Atome und Moleküle. Eine Masse von sovielen Gramm, wie die relative Atom- bzw. Molekülmasse angibt, enthält stets die gleiche Anzahl Atome bzw. Moleküle. Sie stellt daher bei jedem Stoff die gleiche Stoffmenge (1.8.1. c) dar, die als deren Einheit 1 Mol definiert ist. Die Anzahl der in einem Mol enthaltenen Atome bzw. Moleküle ist durch die Avogadrokonstante N_A gegeben. Wenn diese Anzahl bekannt ist, kann man mit ihr aus der bekannten Masse eines Mols $m_m = A_r \cdot 1\,g$ bzw. $m_m = M_r \cdot 1\,g$ durch Division durch diese Zahl die Masse eines einzelnen Atoms bzw. Moleküls berechnen.

Unter den zahlreichen Methoden zu ihrer Bestimmung sei hier die mit Hilfe des aus Röntgeninterferenzen (6.5.5. b) bekannten Abstandes der Ionen in einem Kristall ausgeführt.

Beispiel: Der Abstand eines Na-Ions ($A_r = 22,99$) und eines Cl-Ions ($A_r = 35,45$) in einem Kochsalzkristall ($\varrho = 2,163\,g/cm^3$) beträgt $2,815 \cdot 10^{-8}\,cm$. Ein Kochsalzwürfel, der von beiden Stoffen je ein Mol enthält, hat also die Masse $22,99\,g + 35,45\,g = 58,44\,g$ und das Volumen:

$$V = \frac{58,44\,g}{2,163\,g/cm^3} = 27,0\,cm^3$$

Seine Kantenlänge ist daher:

$$a = \sqrt{27,0\,cm^3} = 3,00\,cm$$

Nun erhält man die Zahl der längs einer Kante befindlichen Atome:

$$N = \frac{3,00\,cm}{2,815 \cdot 10^{-8}\,cm} = 1,064 \cdot 10^8$$

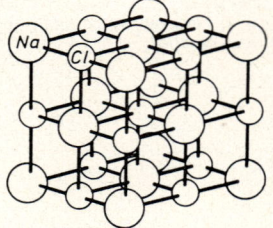

Abb. 1. Zur Berechnung der Avogadrokonstante

Im Würfel sind es dann insgesamt $N^3 = 1,205 \cdot 10^{24}$ Atome, und zwar je $N^3/2 = 6,025 \cdot 10^{23}$ Na- bzw. Cl-Ionen. Da von beiden Atomarten je genau ein Grammatom enthalten ist, stellt die zuletzt gefundene Zahl die Avogadrokonstante N_A dar: $N_A = 6,025 \cdot 10^{23}/mol$.

---

[1] Amadeo A v o g a d r o (1776—1856), italienischer Physiker.

Da sich auch aus anderen Methoden überall der gleiche Betrag ergibt, ist dies ein indirekter Beweis für die Existenz der Atome und Moleküle. Der genaue Wert der Avogadrokonstante ist:

$$N_A = 6{,}023 \cdot 10^{23}/\text{mol}$$

Dividiert man die Masse m_m eines Mols durch die Avogadrokonstante, so erhält man die Masse m_A eines Atoms bzw. m_M eines Moleküls, je nachdem der Stoff aus Atomen oder Molekülen aufgebaut ist:

$$m_A = \frac{m_m}{N_A} \text{ (bei Edelgasen und Metallen)} \qquad m_M = \frac{m_m}{N_A} \text{ (bei chemischen Verbindungen)}$$

Insbesondere erhält man die atomare Masseneinheit u (engl.: unit = Einheit), nämlich den 12. Teil der Masse eines Kohlenstoffatoms C 12 mit $A_r = 12$ bzw. $m_m = 12$ g/mol:

$$u = \frac{1}{12} \cdot \frac{12 \text{ g/mol}}{6{,}023 \cdot 10^{23}/\text{mol}} = 1{,}66043 \cdot 10^{-24} \text{ g} \approx 1{,}66 \cdot 10^{-27} \text{ kg}$$

Mit dieser atomaren Masseneinheit erhält man eine günstigere Formel zur Berechnung der Masse eines Atoms bzw. eines Moleküls:

$$m_A = A_r\, u \qquad m_M = M_r\, u$$

Es ergibt sich z. B. bei Wasserstoff mit $A_r = 1{,}008$ und $M_r = 2{,}016$:

$$m_H = 1{,}008 \cdot 1{,}66 \cdot 10^{-24} \text{ g} = 1{,}673 \cdot 10^{-24} \text{ g} \qquad m_{H_2} = 2{,}016 \cdot 1{,}66 \cdot 10^{-24} \text{ g} = 3{,}346 \cdot 10^{-24} \text{ g}$$

Die Anzahl N der in einer Masse m enthaltenen Atome bzw. Moleküle erhält man, indem man m durch die Masse eines Atoms bzw. Moleküls dividiert:

$$N = \frac{m}{A_r\, u} \qquad \text{bzw.} \qquad N = \frac{m}{M_r\, u}$$

Mit Hilfe der Avogadrokonstante kann man auch die Größe eines Atoms abschätzen, wenn man bei einem atomar unterteilten Stoff, z. B. einem Metall, das Volumen V_m eines Mols durch N_A dividiert.

Beispiel: Ein Mol Eisen ($A_r = 57$, $\varrho = 7{,}8$ g/cm³) erfüllt das Volumen:

$$V_m = \frac{m_m}{\varrho} = \frac{57 \text{ g/mol}}{7{,}8 \text{ g/cm}^3} = 7{,}3 \frac{\text{cm}^3}{\text{mol}}$$

Den jedem Fe-Atom zustehenden Raum erhält man durch Division mit N_A:

$$V_{Fe} = \frac{V_m}{N_A} = \frac{7{,}3 \text{ cm}^3/\text{mol}}{6{,}02 \cdot 10^{23}/\text{mol}} = 1{,}2 \cdot 10^{-23} \text{ cm}^3$$

Der Durchmesser eines Eisenatoms muß daher kleiner sein als die Kantenlänge eines Würfels mit diesem Inhalt: $d \leq \sqrt[3]{1{,}2 \cdot 10^{-23} \text{ cm}^3} = 2{,}3 \cdot 10^{-8}$ cm

Aufgaben:

1. Wie viele Moleküle befinden sich in 1 mm³ eines Hochvakuums von 10^{-6} mbar bei 0 °C, wenn ein Mol bei 1013 mbar und 0 °C das Volumen 22,41 dm³ einnimmt? ($2{,}65 \cdot 10^7$)

2. Eine Wassermenge verdunstet an ihrer Oberfläche $A = 1$ dm². Dadurch nimmt ihre Masse in 1 h um 1 g ab. Wie viele Moleküle treten im Mittel in 1 s durch 1 mm² der Oberfläche? ($9{,}3 \cdot 10^{14}$)

3. Die Moleküle eines Eßlöffels Wasser (3 g) denke man sich gleichmäßig auf alle Weltmeere ($V \approx 10^9$ km³) verteilt. Wie viele dieser Moleküle sind dann im Mittel in einem Becher Meerwasser (50 cm³) enthalten? (5)

7.1.2. Die elektrische Elementarladung

a) Experimentelle Hinweise. Daß auch die elektrische Ladung aus kleinen unter sich gleichen Elementarladungen besteht, ergibt sich aus mehreren experimentellen Hinweisen: Wenn sich Ionen bilden und danach wieder vereinigen, entstehen immer wieder neutrale Atome oder Moleküle. Das ist nur möglich, wenn alle Teilchen gleiche positive oder negative Ladung tragen. Auch die Faradayschen Gesetze (6.4.1. c) über den Stromdurchgang durch Elektrolyte legen die Vermutung nahe, daß dabei alle Ionen die gleiche Ladung tragen. In den Elektronenstrahlen bewegen sich negative Ladungen durch ein Vakuum. Da alle Teilchen gleiche Eigenschaften haben, darf man annehmen, daß es sich um frei bewegte negative Elementarladungen, also um Elektronen handelt.

b) Messung der Elementarladung. Der Beweis für die Existenz der Elementarladung bzw. des Elektrons wurde von Millikan[1] geführt, als es ihm gelang, ihre Größe unmittelbar zu messen.

In das Innere eines Kondensators (Abb. 1) können Öltröpfchen gebracht werden. Wenn man sie von einer Seite beleuchtet, können sie senkrecht zur Ebene der Abb. im Gesichtsfeld eines Mikroskops beobachtet werden. Ungeladene Tröpfchen sinken wegen ihrer Masse langsam nach unten. Wenn sie aber schon bei ihrer Entstehung oder durch Auffangen eines Elektrons eine Ladung erhalten, unterliegen sie auch noch der elektrischen Kraft im Feld des Kondensators.

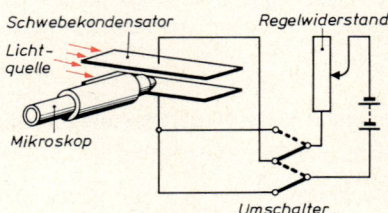

Abb. 1. Millikanscher Versuch zur Bestimmung der Elementarladung

Ist r der Tröpfchenradius, ϱ die Dichte des Öls, η die Zähigkeit der Luft, Q die Ladung des Tröpfchens, U die am Kondensator liegende Spannung und s sein Plattenabstand, so sind die wirkenden Kräfte:

$$G = \frac{4}{3} r^3 \pi \varrho g \qquad F_{el} = \frac{Q U}{s}$$

Die innere Reibung folgt aus dem Stokesschen Widerstandsgesetz: $R_i = 6 \pi r \eta v$. Je nach der Richtung der elektrischen Kraft können die Tröpfchen sinken oder steigen. Wenn sie sich gleichförmig bewegen, stehen alle Kräfte im Gleichgewicht. Dann gilt bei der Richtung von

$$F_{el} \text{ nach oben:} \quad \frac{Q U}{s} - \frac{4}{3} r^3 \pi \varrho g = 6 \pi r \eta v_1$$

$$F_{el} \text{ nach unten:} \quad \frac{Q U}{s} + \frac{4}{3} r^3 \pi \varrho g = 6 \pi r \eta v_2$$

Dabei sind v_1 und v_2 die im Mikroskop vor und nach dem Umpolen gemessenen Geschwindigkeiten nach oben bzw. nach unten. Aus beiden Gleichungen findet man den unbekannten Radius r der Tröpfchen und die Ladung Q.

Es ergaben sich aus zahlreichen Versuchen nicht beliebige Ladungen, sondern stets kleine Vielfache der **Elementarladung** e.

$$e = 1{,}602 \cdot 10^{-19} \text{ As}$$

Noch nie wurde eine kleinere Ladung gemessen. Alle größeren Ladungen sind Vielfache der elektrischen Elementarladung. Ihren Wert kann man auch nach 6.4.1. c aus der Ladung $Q = n z F$ finden, die zum elektrolytischen Abscheiden einer Stoffmenge erforderlich ist, da

---

[1] Robert M i l l i k a n . 1868—1923, amerikanischer Physiker.

sie aus $n\,N_A$ Ladungsträgern mit je z Elementarladungen besteht, wobei $F = 96\,490\ \mathrm{A\,s/mol}$ die Faradaykonstante und z die Wertigkeit des Stoffes ist.

$$e = \frac{Q}{n\,N_A\,z} = \frac{F}{N_A} = \frac{96\,490\ \mathrm{A\,s/mol}}{6{,}023 \cdot 20^{23}/\mathrm{mol}} = 1{,}602 \cdot 10^{-19}\ \mathrm{A\,s}$$

Da F sehr genau gemessen werden kann, ergibt diese Formel aus jeder Verbesserung der Avogadrokonstante auch eine Verbesserung des Wertes der elektrischen Elementarladung.

c) Bewegung eines Elektrons im elektrischen und magnetischen Feld. Die in den Elektronen strahlen bewegten Elektronen erfahren sowohl im elektrischen wie auch im magnetischen Querfeld eine Ablenkung. Durchläuft ein Elektron das homogene elektrische Feld eines evakuierten Plattenkondensators (Abb. 2), so wirkt in der y-Richtung die Kraft $F_{el} = e\,U/s$ und ruft die Beschleunigung $a_y = F_{el}/m_e = e\,U/m_e\,s$ hervor. Da in der x-Richtung keine Kraft vorhanden ist, lauten die Bewegungsgleichungen:

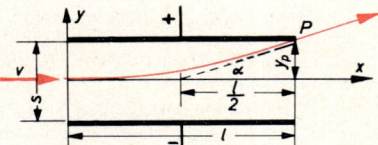

$$v_x = v \qquad v_y = a_y\,t = \frac{e\,U}{m_e\,s}\,t$$

$$x = v\,t \qquad y = \frac{e\,U}{2\,m_e\,s}\,t^2 = \frac{e\,U}{2\,m_e\,s}\,\frac{x^2}{v^2}$$

Abb. 2. Weg eines Elektronenstrahles in einem Plattenkondensator

Diese Kurve ist eine Parabel. Wenn der Kondensator die Länge l hat, gilt für den Austrittspunkt P: $y_P = \dfrac{e\,U}{2\,m_e\,s}\,\dfrac{l^2}{v^2}$. Danach verläuft das Elektron wieder geradlinig in Richtung der Parabeltangente in P. Ihre Neigung ergibt sich aus den Gesetzen der Parabel: $\tan\alpha = \dfrac{2\,y_P}{l} = \dfrac{e\,U\,l}{m_e\,s\,v^2}$. Aus diesem Winkel läßt sich der Quotient e/m_e berechnen, wenn die Geschwindigkeit der Elektronen bekannt ist.

In einem homogenen Magnetfeld mit der Flußdichte B erfährt ein Elektron stets die gleichbleibende, senkrecht zur Bahn gerichtete, ablenkende Lorentzkraft F_L (6.7.5. d):

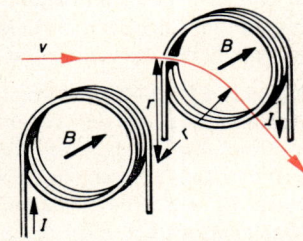

$$F_{mg} = F_L = I\,B\,l = \frac{Q}{t}\,B\,l = e\,B\,v.$$ Es durchläuft daher eine Kreisbahn mit dem Radius r, bei dem F_{mg} die Zentripetalkraft ist (Abb. 3):

$$\frac{m_e\,v^2}{r} = e\,B\,v \qquad r = \frac{m_e\,v}{e\,B}$$

Man kann also auch aus einem gemessenen Bahnradius den Quotienten e/m_e berechnen, wenn die Geschwindigkeit des Elektrons bekannt ist.

Abb. 3. Weg eines Elektronenstrahles in einem homogenen Magnetfeld

Durch zweckmäßige Kombination einer elektrischen und einer magnetischen Ablenkung lassen sich die unbekannte Geschwindigkeit eliminieren und der Quotient e/m_e bestimmen. Mit dem Wert der Elementarladung folgt hieraus die Elektronenmasse:

$$\boxed{m_e = 9{,}1 \cdot 10^{-28}\ \mathrm{g} = 9{,}1 \cdot 10^{-31}\ \mathrm{kg}}$$

Diese Masse ist nur der 1836. Teil der Masse eines Wasserstoffatoms. Daher unterscheiden sich die Massen der Ionen praktisch nicht von der Masse der entsprechenden neutralen Atome und Moleküle.

d) Das Elektronenvolt. In der Atomphysik werden fast alle Energien durch Beschleunigung von elektrischen Elementarladungen gewonnen. Man kann sie aus der durchlaufenen Spannung U berechnen: $E = e\,U = 1,6 \cdot 10^{-19}\,\text{As} \cdot U$. Setzt man hier U in V ein, so erhält man die Energie in Ws. Die Rechnung bleibt erspart, wenn man 1 eV, nämlich die Energie, die eine Elementarladung beim Durchlaufen der Spannung 1 V erhält, als Energieeinheit verwendet. Dann beträgt die Energie ebensoviele Elektronenvolt, wie die in Volt gemessene durchlaufene Spannung angibt:

$$1\ \text{eV} = 1,602 \cdot 10^{-19}\ \text{Ws}$$

Aufgaben:

1. In einem Millikanschen Schwebekondensator, der bei einem Plattenabstand von 15 mm auf 12 000 V aufgeladen ist, sinkt ein Öltröpfchen ($\varrho = 0,9\ \text{g/cm}^3$) in Luft ($\eta = 0,015\ \text{N s/m}^2$) bei nach unten wirkender Feldstärke mit 1,23 mm/s. Nach dem Umpolen des Feldes steigt es mit 0,16 mm/s. Wie groß ist die Ladung des Tröpfchens? $\hfill (4,8 \cdot 10^{-19}\ \text{As} = 3\ e)$

2. Ein Elektronenstrahl durchläuft eine Spannung von 5000 V und tritt dann in einen Kondensator von 6 cm Länge und 8 mm Plattenabstand ein, der auf 160 V aufgeladen ist. Wie groß ist die Bahnabweichung am Ende des Kondensators? Welchen Winkel bildet der austretende Strahl mit der Ausgangsrichtung? $\hfill (v = 41\,900\ \text{km/s},\ y = 3,6\ \text{mm},\ \alpha = 6,8°)$

3. Welchen Krümmungsradius hat die Bahn eines Elektronenstrahles, der nach dem Durchlaufen einer Spannung von 4000 V in ein homogenes Magnetfeld von 0,005 Vs/m² eintritt? $\hfill (v = 37\,500\ \text{km/s},\ r = 4,26\ \text{cm})$

4. Welche Energie gewinnt ein mit zwei Elementarladungen geladenes Teilchen, das eine Spannung von 1200 V durchläuft in eV und Ws? $\hfill (2400\ \text{eV},\ 3,84 \cdot 10^{-16}\ \text{Ws})$

5. Leiten Sie folgende Formel für die Geschwindigkeit eines Elektrons ab, das eine Spannung U durchlaufen hat ($m_e = 9,1 \cdot 10^{-31}$ kg, $e = 1,6 \cdot 10^{-19}$ As): $v = 593\ \text{km/s}\ \sqrt{U/V}$.

7.1.3. Die Relativitätstheorie und die Masse-Energierelation

a) Die Galileitransformation. Die Atomphysik benötigt einige Ergebnisse der Relativitätstheorie. Im folgenden soll sie nur so weit entwickelt werden, wie dies für das Verständnis der benötigten Anwendungen erforderlich ist.

Auf der Erdoberfläche wählt man zur Beschreibung von Vorgängen meist ein auf der Erde ruhendes Koordinatensystem. Bei Vorgängen, die sich in einem auf der Erde bewegten Fahrzeug abspielen, eignet sich oft besser ein mitbewegtes Koordinatensystem, das sich gegenüber dem ruhenden System verschiebt. Schon Galilei stellte Gleichungen auf, um von einem System S aus Vorgänge zu beschreiben, die in einem System S′ ablaufen, das sich

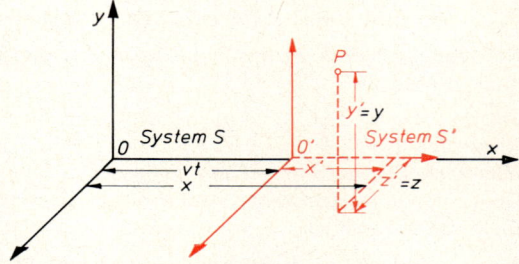

Abb. 1. Zur Galileitransformation

relativ zu S verschiebt (Abb. 1). Zur Vereinfachung nehmen wir an, daß die Verschiebung mit der konstanten Geschwindigkeit v in Richtung der positiven x-Achse erfolgt, so daß der Punkt 0′ im System S die Koordinate $x = v\,t$ besitzt. Aus Abb. 1 kann man leicht die Gleichungen der **Galileitransformation** zwischen den Koordinaten in den beiden Systemen ablesen.

$$x = v\,t + x′ \qquad y = y′ \qquad z = z′$$

Die Geschwindigkeiten eines Körpers relativ zu den Systemen S bzw. S' seien im folgenden zum Unterschied von der Relativgeschwindigkeit v des Systems S' mit u und u' bezeichnet. Ihre Beziehungen erhält man durch Differentiation der Gleichungen nach der Zeit:

$$u_x = v + u'_x \qquad u_y = u'_y \qquad u_z = u'_z$$

Durch nochmalige Differentiation erhält man die Beschleunigungen:

$$a_x = a'_x \qquad a_y = a'_y \qquad a_z = a'_z$$

Für die Beschleunigung erhält man also den gleichen Wert, ob man sie auf das System S oder auf S' bezieht. Da auch die Masse eines Körpers von den Bezugssystemen unabhängig ist, ergibt sich für die Kraft, die eine Beschleunigung hervorruft, in beiden Systemen der gleiche Wert. Durch mechanische Versuche, bei denen Kräfte gemessen werden, kann man daher nicht entscheiden, welches von beiden Systemen ruht und welches sich bewegt. Aus Koordinaten- und Zeitmessungen erhält man aber nur die Relativbewegung.

Wenn zwei Systeme sich mit konstanter Geschwindigkeit gegenseitig verschieben, kann man durch mechanische Versuche oder Messungen nicht entscheiden, welches System ruht, sondern nur die Relativbewegung feststellen.

b) Lichtausbreitung und Galileitransformation. Nach der Galileitransformation müßte sich eine von 0 im System S ausgehende Lichtwelle in bezug auf das mit der Relativgeschwindigkeit v bewegte System S' in Richtung der positiven x'-Achse mit der Geschwindigkeit $u' = c - v$, in Richtung der negativen x'-Achse mit der Geschwindigkeit $u' = c + v$ ausbreiten. Diesen Überlegungen widersprechen die Ergebnisse einiger Beobachtungen und Experimente.

Das Licht von Doppelsternen, die sich bei ihrem Umlauf um den gemeinsamen Schwerpunkt einmal auf die Erde zu und nach einem halben Umlauf von der Erde weg bewegen, müßte sich einmal mit der Geschwindigkeit $c + v$, das andere Mal mit der Geschwindigkeit $c - v$ zur Erde ausbreiten. Nach dem Dopplereffekt entstehen dabei abwechselnd eine Blau- bzw. eine Rotverschiebung des Spektrums. Im Wechsel der Spektralverschiebung müßte daher die nach Blau verfrüht, die nach Rot verspätet eintreten. Die astronomische Beobachtung zeigt aber einen strengen Gleichlauf des Wechsels. Die Lichtgeschwindigkeit hat also trotz der Bewegung der Lichtquelle den gleichen Wert. Auch irdische Experimente, unter ihnen der berühmte Michelsonsche Versuch, lassen keine Unterschiede der Ausbreitungsgeschwindigkeit des Lichtes nachweisen.

Jede Messung der Lichtgeschwindigkeit führt unabhängig von der relativen Bewegung zwischen Lichtquelle und Beobachter zum gleichen Wert $c = 300\,000$ km/s.

Während also die Gleichungen der Galileitransformation bei den im Vergleich zur Lichtgeschwindigkeit kleinen Geschwindigkeiten unserer Umwelt stets zu richtigen Ergebnissen führen, gilt sie nicht mehr für die Lichtausbreitung.

c) Die Lorentztransformation. Schon vor dem Ausbau der Relativitätstheorie durch A. Einstein war es dem Holländer Lorentz gelungen, Transformationsgleichungen aufzustellen, die in beiden Fällen richtige Ergebnisse liefern. Dazu mußte er zwei Annahmen machen:

1. Ein Beobachter mißt Strecken, die sich relativ zu ihm bewegen, um einen von der Relativgeschwindigkeit abhängigen Faktor k verkürzt.

2. Ein Beobachter mißt den Zeitablauf eines Vorganges, der sich in einem relativ zu ihm bewegten System S' abspielt, mit der Zeit t', die sich von der Messung t eines mitbewegten Beobachters unterscheidet.

Die Gleichung der x-Koordinate in der Galileitransformation muß daher durch folgende Gleichung ersetzt werden:

$$x = v\,t + k\,x' \quad \text{oder} \quad x' = \frac{1}{k}(x - v\,t)$$

Betrachtet man das System S vom System S' aus, so erhält man eine analoge Gleichung, in der v durch $-v$ ersetzt werden muß:

$$x' = -v\,t' + k\,x \quad \text{oder} \quad x = \frac{1}{k}(x' + v\,t')$$

Da diese Gleichungen auch für die Ausbreitung eines Lichtblitzes gelten müssen, der nach dem Ergebnis des Abschnittes b in beiden Systemen die Geschwindigkeit c besitzt, kann man $x = c\,t$ und $x' = c\,t'$ setzen. Dann erhält man durch Multiplikation beider Gleichungen eine Beziehung, aus der sich k berechnen läßt:

$$c^2\,t'\,t = \frac{1}{k^2}(c^2 - v^2)\,t\,t' \qquad k = \sqrt{1 - \left(\frac{v}{c}\right)^2}$$

Durch Einsetzen gehen die Gleichungen für die x-Koordinaten über in:

$$x = \frac{x' + v\,t'}{\sqrt{1 - (v/c)^2}} \qquad x' = \frac{x - v\,t}{\sqrt{1 - (v/c)^2}}$$

Auch diese Gleichungen müssen für den Lichtblitz gelten, bei dem $x = c\,t$ und $x' = c\,t'$ sich entsprechen; daraus finden wir eine Gleichung zwischen t und t':

$$c\,t = \frac{(c + v)\,t'}{\sqrt{1 - (v/c)^2}} \quad \text{oder} \quad t = \frac{t' + \dfrac{v}{c^2}x'}{\sqrt{1 - (v/c)^2}} \quad \text{bzw.} \quad t' = \frac{t - \dfrac{v}{c^2}x}{\sqrt{1 - (v/c)^2}}$$

Faßt man alle gefundenen Beziehungen zusammen, so erhält man die Gleichungen der Lorentztransformation:

$$x = \frac{x' + v\,t'}{\sqrt{1 - (v/c)^2}} \qquad\qquad x' = \frac{x - v\,t}{\sqrt{1 - (v/c)^2}}$$

$$y = y' \qquad\qquad y' = y$$
$$z = z' \qquad\qquad z' = z$$

$$t = \frac{t' + \dfrac{v}{c^2}x'}{\sqrt{1 - (v/c)^2}} \qquad\qquad t' = \frac{t - \dfrac{v}{c^2}x}{\sqrt{1 - (v/c)^2}}$$

Zeit- und Längenmessung sind vom relativen Bewegungszustand abhängig.

d) Das Additionstheorem der Geschwindigkeiten. Wenn sich im Zeitpunkt $t = t' = 0$ ein Zug, mit dem das System S' verbunden ist, vom Punkt 0 aus mit der konstanten Geschwindigkeit $v_x = v$ bewegt und im Zug eine Person in Fahrtrichtung mit der Geschwindigkeit $u_x' = u'$ läuft, so ergibt sich nach der Lorentztransformation für die Geschwindigkeit u der Person relativ zur Umgebung des Zuges nicht der gleiche Wert $u = u' + v$ wie bei der Galileitransformation. Denn durch Einsetzen des von der Person im System S' zurückgelegten Weges $x' = u' t'$ in die Gleichung für die x-Koordinate der Lorentztransformation erhält man für x und für die Geschwindigkeit $u = \dfrac{x}{t}$:

$$x = \frac{u' t' + v t'}{\sqrt{1 - (v/c)^2}} \qquad u = \frac{x}{t} = \frac{(u' + v) t'}{\sqrt{1 - (v/c)^2}} \cdot \frac{\sqrt{1 - (v/c)^2}}{t' + \dfrac{v}{c^2} x'} = \frac{u' + v}{1 + \dfrac{v}{c^2} \dfrac{x'}{t'}} = \frac{u' + v}{1 + \dfrac{v u'}{c^2}}$$

Wegen des im Nenner stehenden Ausdrucks $1 + \dfrac{v u'}{c^2}$ ist dieses Ergebnis kleiner als $u' + v$.

Nur bei kleinen Geschwindigkeiten darf man $v u'/c^2$ gegen 1 vernachlässigen, und man erhält dann das Ergebnis der Galileitransformation. Bei größeren Geschwindigkeiten liegt aber die resultierende Geschwindigkeit immer mehr unter der Summe $u' + v$, je näher eine Geschwindigkeit an den Wert der Lichtgeschwindigkeit herankommt. Für einen Lichtblitz mit $u' = c$ ergibt sich:

$$u = \frac{c + v}{1 + \dfrac{v c}{c^2}} = c$$

Durch Addition zweier Geschwindigkeiten kann man also nie eine resultierende Geschwindigkeit erlangen, die über der Lichtgeschwindigkeit liegt.

Kein Körper und kein Signal können eine größere Geschwindigkeit annehmen als die Lichtgeschwindigkeit.

e) Die relativistische Massenzunahme. Wenn auf einen Körper eine konstante Kraft wirkt, so erhält man aus dem Grundgesetz der Dynamik eine konstante Beschleunigung. Bei uneingeschränkter Gültigkeit dieses Ergebnisses könnte jeder Körper bei ausreichender Beschleunigungszeit eine Geschwindigkeit erhalten, welche die Lichtgeschwindigkeit übertrifft. Da dies nach dem oben gefundenen Satz nicht möglich sein darf, muß am Grundgesetz der Dynamik eine Korrektur angebracht werden. Schon Newton schrieb das Gesetz in der Form $F = \dfrac{d}{dt} (m v)$, woraus sich bei konstanter Masse die gebräuchliche Schreibweise $F = m \dfrac{dv}{dt} = m a$ ergibt. Da aber der Geschwindigkeitszuwachs in gleichen Zeitintervallen bei gleicher Kraft um so kleiner wird, je größer die schon erreichte Geschwindigkeit ist, muß dabei die träge Masse zunehmen.

Die Masse eines Körpers wächst mit zunehmender Geschwindigkeit.

Um für die Abhängigkeit der Masse von der Geschwindigkeit eine mathematische Gleichung zu finden, verwenden wir den Impulssatz, weil er eine Beziehung zwischen den Massen und den Geschwindigkeiten der an einem Stoß beteiligten Körper darstellt. Wir betrachten den unelastischen Stoß zweier gleicher Massen, die im System S' mit den Geschwindigkeiten $+ u'$ und $- u'$ aufeinanderprallen und nach dem Impulssatz die Endgeschwindigkeit $u'_e = 0$ erhalten. Den gleichen Stoß wollen wir nun vom System S aus beschreiben. Für die Geschwindigkeiten erhalten wir nach der Lorentztransformation:

$$u_1 = \frac{u' + v}{1 + u' v/c^2} \qquad u_2 = \frac{- u' + v}{1 - u' v/c^2} \qquad u_e = \frac{0 + v}{1 - 0} = v$$

Da die beiden Körper in diesem System verschiedene Geschwindigkeiten haben, sind ihre Massen verschieden, so daß wir sie mit m_1 und m_2 bezeichnen müssen. Weil die Gesamtmasse erhalten bleibt, ist diese nach dem Stoß $m_1 + m_2$: Dann lautet der Impulssatz:

$$m_1 \frac{u' + v}{1 + u'\,v/c^2} + m_2 \frac{-u' + v}{1 - u'\,v/c^2} = (m_1 + m_2)\,v$$

oder durch Zusammenfassen:

$$m_1 \frac{u' - u'\,v^2/c^2}{1 + u'\,v/c^2} + m_2 \frac{-u' + u'\,v^2/c^2}{1 - u'\,v/c^2} = 0 \qquad \frac{m_1}{m_2} = \frac{1 + u'\,v/c^2}{1 - u'\,v/c^2}$$

Wir wählen nun $u' = v$, so daß die zweite Masse vor dem Stoß gegenüber dem System S ruht und in ihm die Ruhemasse m_{20} besitzt. Da beide Körper vor dem Stoß bei der — abgesehen vom Vorzeichen — gleichen Geschwindigkeit gleiche Massen besitzen und die Abhängigkeit von der Geschwindigkeit durch eine gleiche allgemeingültige Beziehung gegeben sein muß, besitzen beide Körper auch die gleiche Ruhemasse $m_{10} = m_{20}$. Mit diesen Festsetzungen geht die letzte Gleichung über in:

$$\frac{m_1}{m_{20}} = \frac{1 + v^2/c^2}{1 - v^2/c^2} \qquad \text{oder, weil } m_{20} = m_{10}\text{:} \quad m_1 = m_{10} \frac{1 + v^2/c^2}{1 - v^2/c^2}$$

Diese Gleichung enthält nur noch die im System S gemessene Masse des ersten Körpers; deshalb erscheint es zweckmäßig, auch die in S gemessene Geschwindigkeit $u_1 = \dfrac{v + v}{1 + v^2/c^2}$ $= \dfrac{2\,v}{1 + v^2/c^2}$ einzuführen. Zu diesem Zweck quadriert man die Gleichung:

$$m_1^2 = m_{10}^2 \frac{(1 + v^2/c^2)^2}{(1 - v^2/c^2)^2} = m_{10}^2 \frac{(1 + v^2/c^2)^2}{(1 + v^2/c^2)^2 - 4\,v^2/c^2} = \frac{m_{10}^2}{1 - \left(\dfrac{2\,v}{1 + v^2/c^2}\right)^2 \dfrac{1}{c^2}} = \frac{m_{10}^2}{1 - u_1^2/c^2}$$

Diese Gleichung ist eine Beziehung zwischen der Masse m_1, die bei der Relativgeschwindigkeit u_1, und der Masse m_{10}, die bei der Relativgeschwindigkeit 0 gemessen wird. Zur allgemeingültigen Formulierung des Ergebnisses lassen wir den Index 1 weg und bezeichnen die Relativgeschwindigkeit wie in c) mit v:

$$\boxed{m = \frac{m_0}{\sqrt{1 - v^2/c^2}}}$$

Wenn für einen Körper in einem relativ zu ihm ruhenden System die Ruhemasse m_0 gemessen wird, mißt man für ihn die Masse $m = \dfrac{m_0}{\sqrt{1 - v^2/c^2}}$, wenn er sich gegenüber dem System mit der Geschwindigkeit v bewegt.

Bei den Geschwindigkeiten des täglichen Lebens ist die Massenzunahme so verschwindend klein, daß sie unmöglich durch Messungen nachgewiesen werden kann. Bei schnell bewegten Elektronen eines Elektronenstrahles kann sie in Übereinstimmung mit der Formel gemessen werden (Abb. 2).

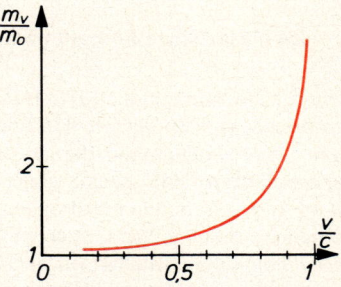

Abb. 2. Relativistische Massenzunahme

f) Die Masse-Energierelation. Aus der Formel für die Abhängigkeit der Masse von der Geschwindigkeit ergibt sich nun die relativistische Form des Grundgesetzes der Dynamik:

$$F = \frac{d}{dt}(m\,v) = \frac{d}{dv}\frac{m_0\,v}{\sqrt{1 - v^2/c^2}}\frac{dv}{dt} = \left(\frac{m_0}{\sqrt{1 - v^2/c^2}} + \frac{m_0\,v^2/c^2}{\sqrt{1 - v^2/c^2}^{\,3}}\right)\frac{dv}{dt} = \frac{m_0}{\sqrt{1 - v^2/c^2}^{\,3}}\frac{dv}{dt}$$

$$F = \frac{m_0}{\sqrt{1 - v^2/c^2}^{\,3}}\frac{dv}{dt} = \frac{m}{1 - v^2/c^2}\,a$$

Um in einem System einen Körper, der relativ zu ihm ruht, auf eine Geschwindigkeit v zu beschleunigen, ist eine Beschleunigungsarbeit erforderlich, die danach als kinetische Energie im Körper gespeichert ist. Mit dem obigen Ausdruck für die Beschleunigungskraft können wir diese Arbeit berechnen:

$$W = \int_0^v F\,ds = \int_0^v F\,v\,dt = \int_0^v \frac{m_0\,v}{\sqrt{1 - v^2/c^2}^{\,3}}\,dv = m_0\,c^2\left[\frac{1}{\sqrt{1 - v^2/c^2}}\right]_0^v = m_0\,c^2\left(\frac{1}{\sqrt{1 - v^2/c^2}} - 1\right)$$

$$W = (m - m_0)\,c^2 = \Delta m\,c^2 = E_{kin}$$

Diese Formel gilt zunächst nur für den Massenzuwachs bei einer Energieaufnahme. Albert Einstein erkannte ihre Bedeutung für jede Masse und jeden Energiebetrag. Deshalb bezeichnet man sie auch als **Masse-Energierelation** (Einsteinsche[1] Gleichung):

$$E = m\,c^2$$

Daraus geht hervor, daß die gesamte materielle Welt als eine Energieanhäufung betrachtet werden kann. Zum Glück ist die Speicherung der Energie in Form von Masse sehr stabil, so daß sich bei den meisten physikalischen und chemischen Vorgängen nur winzige Bruchteile der Masse in freie Energie umwandeln.

Die bei kleinen Geschwindigkeiten gültige, aus der Mechanik bekannte Formel $E_{kin} = \frac{1}{2}m\,v^2$ läßt sich aus der allgemeingültigen Formel $E_{kin} = (m - m_0)\,c^2$ ableiten. Bei kleinem v/c gilt $1/\sqrt{1 - (v/c)^2} \approx 1 + \frac{v^2}{2\,c^2}$. Damit erhält man:

$$E_{kin} = \left(\frac{m_0}{\sqrt{1 - (v/c)^2}} - m_0\right)c^2 \approx m_0\,c^2\left(1 + \frac{v^2}{2\,c^2} - 1\right) = \frac{1}{2}m_0\,v^2$$

Jede Energie E hat also die Masse $m = E/c^2$. Da im Nenner das Quadrat der Lichtgeschwindigkeit steht, ist die Masse der im täglichen Leben auftretenden Energiebeträge so klein, daß man sie nicht messen kann. Die Energie 25 000 kWh z. B. hat nur eine Masse von 0,001 g. Umgekehrt stellt jede Masse m eine Energieanhäufung $E = m\,c^2$ dar. Diese ist selbst bei sehr kleinen Massen schon ungeheuer groß, weil jetzt c^2 als Faktor auftritt. **Das Energieäquivalent von 1 g ist $2,5 \cdot 10^7$ kWh, womit sich der Energiebedarf einer kleinen Ortschaft für ein ganzes Jahr decken läßt.**

Aufgaben:

1. Bei welcher Energie erreichen die Elektronen eines Elektronenstrahles einen Massenzuwachs von 1 %. Bis zu welcher Beschleunigungsspannung darf man also näherungsweise ohne Berücksichtigung der Massenänderung rechnen?   ($v = 42\,350$ km/s, $U = 5110$ V)

2. Welche Masse wird bei der Verbrennung von 1 kg Kohle mit dem Heizwert 33 000 kJ/kg in Wärme umgewandelt?   ($3,67 \cdot 10^{-7}$ g)

3. Welche Energie stellt die Ruhemasse eines Elektrons $m_e = 9,1 \cdot 10^{-28}$ g dar? Welche Spannung müßte eine Elementarladung durchlaufen, um diese Energie zu erlangen?   ($E = 81,9 \cdot 10^{-15}$ Ws, $U = 511\,000$ V $\approx 0,5$ MeV)

---

[1] Albert E i n s t e i n , 1878–1955, Prof. in Zürich, Prag und Berlin, seit 1937 in USA.

7.1.4. Die Quantentheorie

a) Der Photoeffekt. Trifft Licht auf eine Photozelle, so kann es nach 6.5.2. c aus der in der Photozelle enthaltenen Metallschicht Elektronen auslösen. Daß diese Wirkung bei anderen Metallen und verschiedenem Licht nicht immer die gleiche ist, erkennt man, wenn man den in 6.5.2. Abb. 3 dargestellten Versuch abändert.

Bestrahlt man die auf eine hohe negative Spannung aufgeladene Zinkplatte mit dem Licht einer Glüh- oder Bogenlampe, so wird sie nicht entladen. Verwendet man aber das an ultravioletten Strahlen reiche Licht einer Quecksilberdampflampe, so fällt das Blättchen des Elektrometers herunter, auch wenn die Lampe nur geringe Intensität besitzt. Bei einer Kalium- oder Cäsiumphotozelle entsteht der Photoeffekt auch schon bei sichtbarem Licht.

Der Unterschied im Verhalten des Kaliums und des Zinks zeigt, daß der Photoeffekt vom Material der bestrahlten Schicht abhängt. Beim gleichen Metall ist aber kurzwelliges Licht selbst bei geringer Intensität viel wirksamer als langwelliges. Nach der klassischen Lichttheorie müßte der Photoeffekt unabhängig von der Wellenlänge des Lichtes und nur proportional zu seiner Intensität sein.

b) Das Wirkungsquantum. Zur Erklärung benutzte Albert Einstein die von Max Planck (Fußn. S. 220) bei seinen Arbeiten über die Temperaturstrahlung gemachte Annahme, daß jede Strahlung sich aus einzelnen Energiebeträgen, den **Energie-** oder **Strahlungsquanten,** zusammensetzt, deren Größe proportional zur Frequenz ν der Strahlung ist. Die Energie eines Quants erhält man nun aus der Beziehung:

$$E = h\,\nu$$

Die hier eingeführte Naturkonstante h hat die Dimension einer Wirkung (Energie · Zeit) und erhielt deshalb die Bezeichnung **Plancksches Wirkungsquantum.** Da die Wellenlänge einer Lichtart umgekehrt proportional zu ihrer Frequenz ist, sind die Energiequanten bei kurzen Wellenlängen größer als bei langen.

Dadurch wird die stärkere Wirksamkeit der kurzen Wellen beim Photoeffekt sofort verständlich. Beim Auftreten von Licht kann ein Atom auf einmal nur e i n Lichtquant absorbieren. Ist dessen Energie zur Ablösung eines Elektrons ausreichend, so entsteht ein Photoeffekt. Reicht seine Energie dazu nicht aus, so kann eine größere Zahl von Quanten bei einer Erhöhung der Lichtintensität daran nichts ändern. Dagegen können die größeren Quanten von kurzwelligem Licht selbst bei geringer Intensität den Photoeffekt hervorrufen. Die Energie der Quanten dient zunächst zur Herauslösung der Elektronen. Dazu ist eine Ablösearbeit W_a erforderlich. Der Rest der Energie überträgt sich auf die Elektronen als kinetische Energie: $h\,\nu = W_a + \frac{1}{2}\,m\,v^2$. Diese Gleichung kann man benutzen, um h experimentell zu bestimmen (Abb. 1).

Eine Photozelle wird so geschaltet, daß die Gegenelektrode gegenüber der Photoschicht eine regelbare negative Spannung erhält. Wählt man diese Spannung U so groß, daß gerade keine Elektronen mehr auf die Elektrode gelangen, so wird die kinetische Energie der Photoelektronen zur Überwindung der Gegenspannung gebraucht. Dann ist in der obigen Gleichung $m\,v^2/2$ durch $e\,U$ zu ersetzen. Bestimmt man nun für zwei verschiedene Lichtarten mit den Frequenzen ν_1 und ν_2 die erforderlichen Gegenspannungen U_1 und U_2 so, daß der Strommesser keinen Ausschlag mehr zeigt, so kann man aus: $h\,\nu_1 = W_a + e\,U_1$ und $h\,\nu_2 = W_a + e\,U_2$ die Ablösearbeit W_a eliminieren. Für h erhält man dann:

$$h = \frac{e\,(U_1 - U_2)}{\nu_1 - \nu_2}$$

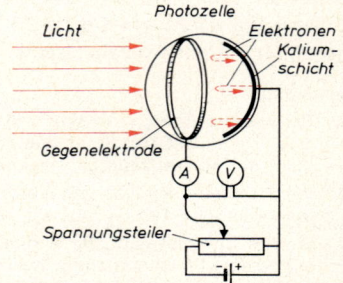

Abb. 1. Gegenfeldmethode zur Bestimmung von h

Die Messungen liefern als Wert des Planckschen Wirkungsquantums:

$$h = 6,625 \cdot 10^{-34}\,\text{W}\,\text{s}^2 = 4,13 \cdot 10^{-15}\,\text{eV}\,\text{s}$$

Jede Strahlung von der Frequenz ν setzt sich aus Energiequanten von der Größe $h\,\nu$ zusammen.

c) Anwendungen der Quantentheorie. Da h sehr klein ist, kann man die quantenhafte Struktur der Strahlung bei den großen Energiebeträgen der Technik nicht feststellen. Dagegen muß sie bei den Wechselwirkungen zwischen Strahlung und einzelnen Atomen stets berücksichtigt werden. Wenn man die Bedingung $E = h\,\nu$ nicht nur auf die Strahlungsenergie, sondern auch auf die Energie aller periodischen Vorgänge anwendet, so liefert sie die Erklärung mancher Erscheinungen, die anders nicht erklärt werden können. Zwei besondere Erfolge der Quantentheorie waren die Begründung des Absinkens der spezifischen Wärmekapazitäten gegen den absoluten Nullpunkt und die Aufstellung des Planckschen Strahlungsgesetzes. Die größte Bedeutung hat aber die Quantentheorie für das Verständnis aller Vorgänge im Innern der Atome und Moleküle.

Die Energie aller periodischen Vorgänge kann nur in ganzen Energiequanten $h\,\nu$ abgegeben oder aufgenommen werden.

d) Masse und Impuls der Lichtquanten. Da ein Lichtquant den Energiebetrag $E = h\,\nu$ darstellt, hat es nach der Masse-Energierelation die Masse $m = E/c^2 = h\,\nu/c^2$. Weil es sich mit der Geschwindigkeit c ausbreitet, würde man dagegen für die Ruhemasse den Wert: $m_0 = m\sqrt{1 - (v/c)^2} = m\sqrt{1 - (c/c)^2} = 0$ erhalten, d. h. ein Lichtquant, das beim Auftreffen auf eine absorbierende Fläche seine Geschwindigkeit verliert, gibt seine ganze Masse in Form der Energie $E = m\,c^2$ an den absorbierenden Stoff ab, wobei es aufhört zu bestehen.

Aus seiner Masse $m = E/c^2 = h\,\nu/c^2$ und seiner Geschwindigkeit c ergibt sich für ein Lichtquant auch ein Impuls $p = m\,c = E/c = h\,\nu/c$, den man wegen $\lambda = c/\nu$ kürzer schreiben kann:

$$p = \frac{h}{\lambda}$$

Diesen Impuls gibt ein Lichtquant an einen Körper ab, wenn es von ihm absorbiert wird. Fällt eine Strahlung mit vielen Lichtquanten auf eine Fläche, so macht sich der übertragene Impuls in ähnlicher Weise als Druck bemerkbar, wie der Impuls von auftreffenden Gasmolekülen.

Zur Berechnung dieses Strahlungsdruckes p_s erhält man:

$$p_s = \frac{F}{A} = \frac{F\,t}{A\,t} = \frac{p}{A\,t} = \frac{E}{c\,A\,t} = \frac{P}{c\,A}$$

Meistens ist dieser Strahlungs- und Lichtdruck so klein, daß er kaum nachgewiesen werden kann. Beim Fehlen von anderen Kräften und sehr kleinen zu beschleunigenden Massen kann er aber doch eine beobachtbare Bewegung hervorrufen. So ist es z. B. dem Druck der Sonnenstrahlung zuzuschreiben, daß die fein verteilte Materie von Kometenschweifen stets nach der von der Sonne abgewandten Seite des Kometen gerichtet ist.

e) Der Comptoneffekt. Eine Erscheinung, die nur erklärt werden kann, wenn man den Lichtquanten Masse und Impuls zuordnet, ist der 1923 entdeckte **Comptoneffekt.** Beim Auftreffen von energiereichen Quanten auf Materie werden Elektronen herausgelöst, und außerdem tritt eine Streuung auf. Die nach verschiedenen Richtungen gestreuten Quanten erfahren eine gesetzmäßig vom Streuwinkel abhängige Vergrößerung der Wellenlänge. Während die Streuung auch nach der Wellentheorie erklärbar ist, dürfte nach ihr keine Wellenlängenänderung eintreten. Sie ergibt sich aber, wenn man auf die Wechselwirkung zwischen den Lichtquanten und den Elektronen der getroffenen Atome die Gesetze von der Erhaltung der Energie und des Impulses anwendet, wobei das Lichtquant die Energie $h\nu$ und den Impuls $h\nu/c$ hat.

Hat das Lichtquant vor und nach dem Stoß die Frequenzen ν und ν' und das getroffene Elektron die Ruhmasse m_0 und nach dem Stoß die Masse m_v, so folgen bei Vernachlässigung der Ablösearbeit des Elektrons aus Energie- und Impulssatz die drei Gleichungen:

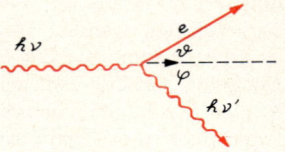

Abb. 2. Der Comptoneffekt

Energiesatz: $h\nu = h\nu' + (m_\mathrm{v} - m_0)\,c^2$

Impulssatz: $\dfrac{h\nu}{c} = \dfrac{h\nu'}{c}\cos\varphi + m_\mathrm{v}\,v\cos\vartheta$

$$0 = \frac{h\nu'}{c}\sin\varphi - m_\mathrm{v}\,v\sin\vartheta$$

Eliminiert man den Winkel ϑ, unter dem das Elektron ausgestoßen wird, und ersetzt man m_v durch $m_0/\sqrt{1 - (v/c)^2}$, so erhält man nach einigen Umformungen:

$$\nu' = \frac{m_0\,c^2\,\nu}{h\nu\,(1 - \cos\varphi) + m_0\,c^2} \qquad \Delta\lambda = \lambda' - \lambda = \frac{h}{m_0\,c}\,(1 - \cos\varphi)$$

Die Wellenlängenänderung ist daher unabhängig von der Wellenlänge der ankommenden Strahlung und beträgt im Maximum bei einer Streuung um 180° (nach rückwärts) 4,8 pm. Dieses Ergebnis deckt sich vollkommen mit experimentellen Beobachtungen.

f) Die Doppelnatur des Lichtes. Newton suchte alle optischen Erscheinungen durch die Annahme zu erklären, daß das Licht aus Teilchen bestehe, die von der Lichtquelle ausgeschleudert werden. Da sich die Erscheinungen der Beugung, Interferenz und Polarisation nicht nach dieser Annahme erklären ließen, sahen sich Huygens und Fresnel gezwungen, sie aufzugeben und an ihre Stelle die Wellentheorie des Lichtes zu setzen. Lange Zeit hielt man diese Theorie für völlig unanfechtbar, bis der Photoeffekt, der Comptoneffekt und andere Erscheinungen der Atomphysik die Physiker zur Erkenntnis brachten, daß das Licht eine quantenhafte Struktur besitzt. Für uns erhebt sich nun die Frage nach der wirklichen Natur des Lichtes, nachdem keine der angegebenen Theorien in der Lage ist, alle beobachteten Erscheinungen der Optik und der Wechselwirkungen des Lichtes mit der Materie gleichzeitig zu erklären.

Die Antwort ergibt sich daraus, daß unsere Vorstellungen von den Wechselwirkungen zwischen aufeinandertreffenden Teilchen und von der Ausbreitung einer Welle von der Beobachtung makroskopischer mechanischer Vorgänge herrühren. Die Modellvorstellung, die wir uns nach diesen Vorbildern vom Wesen des Lichtes machen, muß nicht unbedingt in allen Punkten der Wirklichkeit entsprechen. Da jede Modellvorstellung Grenzen hat, kann man nicht erwarten, daß sie auf alle Fragen eine richtige Antwort gibt.

Aufgrund der experimentellen Tatsachen sind wir gezwungen, dem Licht sowohl die Eigenschaften einer Welle als auch die von ausgesandten Teilchen zuzuschreiben. Ein anschauliches Denkmodell, das gleichzeitig diese beiden Eigenschaften aufweist, kennen wir nicht.

Deshalb benötigen wir zur Beschreibung des Lichtes gleichzeitig zwei Modelle, und es ist Aufgabe des Physikers, aus Experimenten und Erfahrung zu erschließen, wann er für seine Überlegungen das eine oder das andere Modell anwenden muß. Die Tatsache, daß wir zwei Modelle benötigen, nämlich das Teilchenmodell bei den Vorgängen der Entstehung und Absorption, und das Wellenmodell bei der Ausbreitung des Lichtes, bezeichnet man als den **Dualismus** (lat.: duo = zwei) von Teilchen und Welle.

> **Zur Erklärung der Eigenschaften des Lichtes benötigt man zwei Modelle. Während die Wechselwirkungen des Lichtes mit der Materie nach dem Teilchenmodell der Quanten erklärt werden, benötigt man zum Verständnis der Erscheinungen bei der Ausbreitung des Lichtes das Wellenmodell.**

Aufgaben:

1. Berechnen Sie das Wirkungsquantum aus der Gegenfeldmethode, wenn die beiden Quecksilberlinien mit den Wellenlängen $\lambda_1 = 578$ nm (gelb) und $\lambda_2 = 436$ nm (blau) verwendet werden und die erforderlichen Gegenspannungen 0,6 V und 1,3 V betragen. $(6,63 \ldots 10^{-34}$ W s$^2)$

2. Ein Lichtquant hat die Energie $3 \cdot 10^{-19}$ Ws. Wie groß ist seine Wellenlänge?   (662 nm)

3. Zwischen welchen Grenzen liegen die Energiequanten des sichtbaren Lichtes mit dem Wellenbereich von 380 nm bis 760 nm (in W s und eV)? $(2,61 \ldots 5,23 \cdot 10^{-19}$ W s; $1,63 \ldots 3,26$ eV$)$

4. Eine Photokatode aus Kalium $(W_a = 2,24$ eV$)$ wird mit Licht bis zu einer kürzesten Wellenlänge $\lambda = 238$ nm bestrahlt. Welche größte Geschwindigkeit besitzen die ausgelösten Photoelektronen? Bei welcher Gegenspannung werden alle Elektronen abgebremst?   (1022 km/s, 2,97 V)

7.2. Physik der Elektronenhülle

7.2.1. Atomkern und Elektronenhülle

a) Anwesenheit von negativen und positiven Ladungen in den Atomen. Die Tatsache, daß fast alle Atome ohne Zufuhr einer äußeren Ladung positive oder negative Ionen bilden können, zeigt, daß in den Atomen elektrische Ladungen enthalten sind. Der Photoeffekt beweist die Existenz von Elektronen in den Atomen, die von Lichtquanten herausgelöst werden können. Da die Atome elektrisch neutral sind, müssen außer den Elektronen auch positive Ladungen im Atom vorhanden sein.

b) Die Versuche von Lenard und Rutherford. Bei Versuchen über die Absorption von Elektronenstrahlen an dünnen Folien stellte Lenard[1] fest, daß der absorbierende Querschnitt der Atome für schnelle Elektronen viel kleiner ist als der bisher angenommene Querschnitt der Atome $(d \approx 10^{-8}$ cm$)$, daß also die Absorption nur an „Kernen" im Innern der Atome erfolgt, deren Durchmesser wesentlich kleiner ist als der des ganzen Atoms.

Zur Prüfung dieser Ergebnisse bestrahlte Rutherford[2] sehr dünne Metallfolien mit α-Teilchen (7.4.1. b). Er stellte fest, daß viele α-Teilchen die Folie ohne Ablenkung durchdringen, wodurch sich das Ergebnis Lenards bestätigte, daß aber manche α-Teilchen z. T. starke Streuungen von mehr als 90° erfahren. Da die Masse der α-Teilchen etwa 8000mal größer

---

[1] Philipp L e n a r d , 1862–1947, Prof. in Breslau und Heidelberg, Nobelpreisträger für seine Arbeiten über Elektronenstrahlen.
[2] Ernest R u t h e r f o r d , 1871–1937, Prof. in Cambridge, bedeutender engl. Atomforscher und Nobelpreisträger.

ist als die der Elektronen, erleiden sie bei einem Zusammenstoß mit einem Elektron keine merkliche Bahn-
änderung. Die starken Ablenkungen der positiven α-Teilchen können also nur von anderen positiven Ladungen
hervorgerufen werden, die mit einer großen Masse verbunden sind.

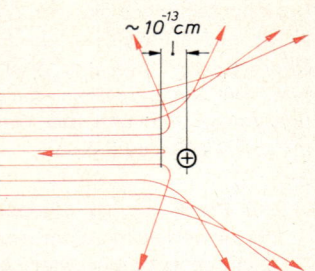

Kommen parallel fliegende α-Teilchen in die Nähe einer
positiven Ladung, so werden sie in Hyperbelbahnen abgelenkt (Abb. 1). Um die positive Ladung bleibt ein ge-
wisser Raum frei von den abgelenkten Teilchen. Aus der
Verteilung der gestreuten α-Teilchen kann man die Größe
der abstoßenden Ladung und des rings um sie frei
bleibenden Raumes berechnen.

Abb. 1. Streuung von α-Teilchen an einem positiven Kern

Es ergab sich, daß die Zahl der positiven Elementarladungen, die **Kernladungszahl,** bei den
untersuchten Metallen etwa halb so groß ist wie ihre relative Atommasse. Bei ihrer hohen
Energie kommen die α-Teilchen bis auf eine Entfernung von 10^{-13} cm an das Zentrum der
ablenkenden Ladung heran, ohne in deren Bereich selbst einzudringen. Daher kann der
Durchmesser der positiven Ladung und der damit verbundenen Masse des Atoms höchstens
von dieser Größe sein. Die positive Ladung und die mit ihr verbundene Masse konzentrieren sich also auf einen Raum, der im Vergleich zum ganzen Atom mit einem Durchmesser von etwa 10^{-8} cm verschwindend klein ist.

c) Atomkern und Elektronenhülle. Um das Ergebnis dieses Streuversuches und die Tatsache,
daß positive Ladungen nur als Ionen in Verbindung mit der Masse eines Atoms auftreten,
zu erklären, muß man annehmen, daß — abgesehen von den leichten Elektronen — die
ganze Masse eines Atoms mit der positiven Ladung ihren Sitz in einem **Atomkern** von der
Größenordnung 10^{-13} cm hat. Die Elektronen bilden um den Kern die **Elektronenhülle,** deren
Durchmesser sich bis zur Dimension des ganzen Atoms von etwa 10^{-8} cm erstreckt. Der
Kerndurchmesser ist also nur der 10^5. Teil des ganzen Atomdurchmessers. Bei einer 10^{12}
fachen Vergrößerung hat das Atom einen Durchmesser von etwa 100 m (großes Gebäude),
in dessen Mitte sich ein erbsengroßer Kern befindet. Ein Stück Materie besteht dann aus
erbsengroßen Kernen im gegenseitigen Abstand von etwa 100 m. Im Zwischenraum befinden
sich nur einige stecknadelkopfgroße Elektronen und das elektrische Feld der entgegengesetzten Ladungen.

d) Stabilität der Elektronenhülle. Die Elektronen können im Zwischenraum zwischen den
Atomkernen nicht ruhen, sonst würden sie sofort von der positiven Ladung des Kernes in
diesen hineingezogen. Analog zum Planetensystem könnte man annehmen, daß sie den
Kern auf Kreis- oder Ellipsenbahnen umlaufen, so daß Gleichgewicht zwischen elektrischer
Anziehung und Fliehkraft besteht. In der Umgebung einer periodisch umlaufenden Ladung
entsteht jedoch ein elektromagnetisches Wechselfeld, in dem sich eine elektromagnetische
Welle ausbreitet. Wegen des dadurch bedingten Energieverlustes müßten sich aber dann die
Elektronen in Spiralbahnen dem Kern nähern und nach kurzer Zeit mit ihm verschmelzen.
Die Vorstellung vom Aufbau der Atome aus einem getrennten Atomkern und freien Elek-
tronen stieß also nach dem Stand der physikalischen Erkenntnis um das Jahr 1910 auf
unüberwindliche Schwierigkeiten.

7.2.2. Das Bohrsche Atommodell

a) Die erste Quantenbedingung und der Bahnradius. Die genannten Schwierigkeiten konnte **Bohr**[1] im Jahre 1911 überwinden, indem er die Quantentheorie auf den Bau der Atome, insbesondere des Wasserstoffatoms, anwandte. Er entwickelte eine Modellvorstellung der Atome, bei der sich die Elektronen auf Kreisbahnen um den Atomkern bewegen. Dabei machte er die zunächst willkürlich erscheinende Annahme, daß es einige besondere Kreisbahnen um den Atomkern gibt, auf denen ein Elektron ohne Energieausstrahlung stabil umlaufen kann, wenn es folgende Bedingung erfüllt (Erste Quantenbedingung):

> **Ein Elektron kann nur auf solchen Bahnen stabil um einen Kern kreisen, bei denen das Produkt aus seinem Drehimpuls und dem Drehwinkel eines Umlaufs ein ganzes Vielfaches des Planckschen Wirkungsquantums beträgt.**

Mit dem Drehimpuls $L = J \omega = m_e r v$, dem Drehwinkel 2π und der beliebigen ganzen Zahl n folgt aus dieser Bedingung die Gleichung:

$$m_e r v \cdot 2\pi = n h$$

Wenn der Kern Z positive Elementarladungen trägt, folgt aus der Gleichheit der Fliehkraft und der elektrischen Anziehungskraft als zweite Gleichung zwischen r und v:

$$m_e \frac{v^2}{r} = \frac{1}{4\pi\varepsilon_0} \frac{e \cdot Z e}{r^2}$$

Aus beiden Gleichungen erhält man die unbekannte Geschwindigkeit v:

$$v = \frac{1}{4\pi\varepsilon_0} \frac{Z e^2 2\pi}{h n}$$

Durch Einsetzen in die erste Gleichung erhält man nun r:

$$r = \frac{h n}{2\pi v m_e} = \frac{h^2 n^2 \varepsilon_0}{\pi m_e Z e^2}$$

Mit den Werten $h = 6{,}625 \cdot 10^{-34}\,\text{W s}^2$, $\varepsilon_0 = 8{,}86 \cdot 10^{-12}\,\text{A s/V m}$, $m_e = 9{,}1 \cdot 10^{-31}\,\text{kg}$, $n = 1$ folgt hieraus für Wasserstoff ($Z = 1$) der kleinste Bahnradius:

$$r = \frac{h^2 \varepsilon_0}{\pi m_e e^2} = \frac{(6{,}625 \cdot 10^{-34}\,\text{W s}^2)^2 \cdot 8{,}86 \cdot 10^{-12}\,\text{A s/V m}}{\pi \cdot 9{,}1 \cdot 10^{-31}\,\text{kg} \,(1{,}6 \cdot 10^{-19}\,\text{A s})^2} = 0{,}53 \cdot 10^{-10}\,\text{m} = 0{,}53 \cdot 10^{-8}\,\text{cm}$$

Dieses Ergebnis stimmt mit den bisherigen Angaben eines Atomdurchmessers überein.

Die Radien der strahlungsfreien Bahnen hängen von der Zahl n ab, die als **Hauptquantenzahl** bezeichnet wird. Für $n = 2, 3 \ldots$ wachsen die Radien auf das 4, 9 ... fache des berechneten Wertes an. Dadurch werden die Bahnen bald so groß, daß sie, besonders bei festen und flüssigen Stoffen, in den Bereich der Nachbaratome kommen und deshalb nicht mehr durchlaufen werden können.

b) Die zweite Quantenbedingung und das Wasserstoffspektrum. Mit dem Bahnradius ändert sich die Energie eines umlaufenden Elektrons, die sich aus der potentiellen Energie im Feld

---

[1] Niels B o h r , 1885–1962, Prof. in Kopenhagen, erhielt für seine Arbeiten über das Wasserstoffatom den Nobelpreis.

der Kernladung und der kinetischen Energie zusammensetzt. Der Zuwachs an potentieller Energie beim Übergang aus der Entfernung r_0 in die Entfernung r ist:

$$\Delta E_{pot} = \int_{r_0}^{r} \frac{Z\,e^2}{4\,\pi\,\varepsilon_0\,r^2}\,dr = \frac{Z\,e^2}{4\,\pi\,\varepsilon_0}\left(-\frac{1}{r} + \frac{1}{r_0}\right)$$

Geht man von einem vollständig abgetrennten Elektron ($r_0 = \infty$) aus, so erhält man als potentielle Energie:

$$E_{pot} = E_\infty + \Delta E_{pot} = E_\infty - \frac{Z\,e^2}{4\,\pi\,\varepsilon_0\,r}$$

Die kinetische Energie erhält man, indem man die zweite Gleichung im Abschnitt a) mit $\frac{r}{2}$ multipliziert:

$$E_{kin} = \frac{1}{2}\,m_e\,v^2 = \frac{1}{8\,\pi\,\varepsilon_0} \cdot \frac{Z\,e^2}{r}$$

Daher ist die Gesamtenergie:

$$E = E_\infty - \frac{Z\,e^2}{4\,\pi\,\varepsilon_0\,r} + \frac{Z\,e^2}{8\,\pi\,\varepsilon_0\,r} = E_\infty - \frac{Z\,e^2}{8\,\pi\,\varepsilon_0\,r}$$

Setzt man hier den oben gefundenen Ausdruck für r ein, so ergibt sich:

$$E = E_\infty - \frac{Z^2\,e^4\,m_e}{8\,\varepsilon_0^2\,h^2} \cdot \frac{1}{h^2}$$

Im Normalzustand kreist ein Elektron auf einer möglichst engen Bahn mit kleinem n. Wird es aber durch eine äußere Energiezufuhr (Stoß, Aufnahme eines Energiequants) auf eine höhere Bahn gehoben, so sucht es danach sofort wieder auf die niedere Bahn zurückzukehren. Die dabei frei werdende Energie wird als Lichtstrahlung abgegeben. Auch darauf wandte Bohr die Quantentheorie an (Zweite Quantenbedingung):

Wechselt ein Elektron von einer Bahn mit höherer Gesamtenergie E_2 auf eine mit der Gesamtenergie E_1, so wird die Energiedifferenz als Lichtquant nach der Gleichung $h\,\nu = E_2 - E_1$ ausgestrahlt.

Hat die äußere Bahn die Quantenzahl n_2, die innere die Quantenzahl n_1, so folgt:

$$E_2 = E_\infty - \frac{Z^2\,e^4\,m_e}{8\,\varepsilon_0^2\,h^2}\frac{1}{n_2^2} \qquad E_1 = E_\infty - \frac{Z^2\,e^4\,m_e}{8\,\varepsilon_0^2\,h^2}\frac{1}{n_1^2}$$

$$h\,\nu = \frac{Z^2\,e^4\,m_e}{8\,\varepsilon_0^2\,h^2}\left(\frac{1}{n_1^2} - \frac{1}{n_2^2}\right)$$

Meist berechnet man den reziproken Wert $1/\lambda = \nu/c$ der Wellenlänge. Benutzt man cm als Einheit von λ, so gibt er die Anzahl der Wellen in 1 cm und wird daher als Wellenzahl bezeichnet:

$$\frac{1}{\lambda} = R\,Z^2\left(\frac{1}{n_1^2} - \frac{1}{n_2^2}\right)$$

Hierin ist R die Rydbergkonstante $R = \dfrac{e^4\,m_e}{8\,\varepsilon_0^2\,h^3\,c} = 109\,737\ \mathrm{cm^{-1}}$. Berücksichtigt man, daß der Umlauf des Elektrons nicht um den ruhenden Kern, sondern um den gemeinsamen Schwerpunkt des Kerns und des Elektrons erfolgt, so ändert R seinen Wert geringfügig auf $109\,678\ \mathrm{cm^{-1}}$.

Mit $Z = 1$ erhält man die Wellenzahlen für die Linien des Wasserstoffspektrums. Während für $n_1 = 1$ alle Linien im Ultraviolett und für $n_1 = 3, 4, \ldots$ im Infrarot liegen, erhält man für

$n_1 = 2$ die bekannten Linien des Wasserstoffspektrums (Abb. 1 und Farbtafel 7). Die Formel läßt die Wellenlänge mit höchster Genauigkeit berechnen. Auch die Linien in den unsichtbaren Teilen des Spektrums werden gemessen und ergeben eine ebenso hervorragende Übereinstimmung zwischen Beobachtung und Rechnung.

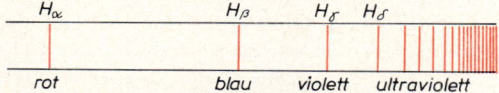

Abb. 1. Das Wasserstoffspektrum für $n_1 = 2$

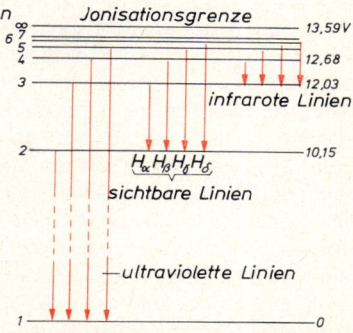

Abb. 2. Termschema des Wasserstoffs

Wellenlängen des sichtbaren Wasserstoffspektrums

	n_1	n_2	λ (berechnet) in nm	λ (beobachtet)
H_α	2	3	656,208 (rot)	656,210
H_β	2	4	486,080 (blau)	486,074
H_γ	2	5	434,000 (violett)	434,010
H_δ	2	6	410,130 (violett)	410,120

Um eine Übersicht über die Energiestufen und Spektrallinien zu bekommen, formt man die Gleichung für die Wellenzahlen um und erhält für Wasserstoff mit $Z = 1$: $\dfrac{1}{\lambda} = \dfrac{R}{n_1{}^2} - \dfrac{R}{n_2{}^2}$. Die Größen $\dfrac{R}{n^2}$, die zu den Energien der einzelnen Bahnen proportional sind, bezeichnet man als Terme. Jede Wellenzahl ergibt sich als Differenz zweier Terme. Eine graphische Darstellung der Terme liefert also gleichzeitig einen Überblick über die Energiestufen und die ausgesandten Wellenlängen. Abb. 2 stellt das Termschema des Wasserstoffs dar. Am Rand ist der Energieunterschied der betreffenden Stufe gegen die Grundstufe in eV angegeben.

c) Der Franck-Hertzsche Elektronenstoßversuch. Die Erklärung des Wasserstoffspektrums nach der Bohrschen Theorie zeigt, daß das Elektron in der Hülle nur mit ganz bestimmten Energiebeträgen auftreten kann. Bei der Aussendung von Licht wird der Energieunterschied zwischen zwei solchen Energiestufen als Lichtquant abgegeben. Daß auch die Energieaufnahme nur nach den gleichen bestimmten Beträgen erfolgt, zeigt der von Franck und Hertz ausgeführte Elektronenstoßversuch (Abb. 3).

Eine evakuierte Röhre enthält eine kleine Quecksilbermenge, die durch Vorheizen in einem Ofen verdampft werden kann. Zwischen die Katode und die gitterförmige Anode wird eine regelbare Anodenspannung $U_1 = 0 \ldots 30$ V angelegt. Die Gegenelektrode erhält gegen die Anode eine kleine negative Spannung U_2. Von den Elektronen, die durch die Anode fliegen, können nur die zur Gegenelektrode gelangen und von einem Strommesser angezeigt werden, die ausreichende Energie besitzen, um gegen U_2 anzulaufen.

Erhöht man nun von Null anfangend die Spannung U_1, so nimmt zunächst der Strom zu.

Beim Überschreiten der Spannung 4,9 V sinkt jedoch der Strom plötzlich stark ab. Danach steigt er wieder an, fällt aber bei 9,8 V, 14,7 V . . . erneut ab.

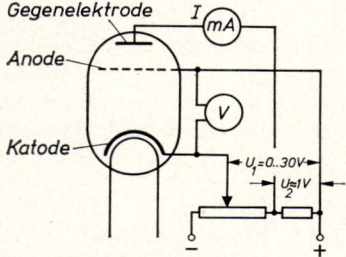

Abb. 3: Franck-Hertz-Versuch

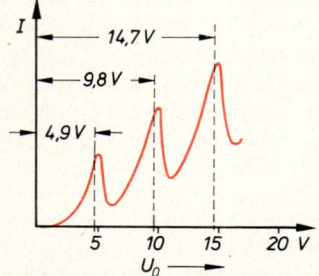

Abb. 4: Stromkurve beim Franck-Hertz-Versuch

Die von der Katode kommenden Elektronen stoßen oft mit Quecksilberatomen zusammen. Anfangs verlieren die Elektronen dabei nahezu keine Energie. Mit dem Anwachsen der angelegten Spannung erhalten immer mehr Elektronen die Energie, um zur Gegenelektrode zu gelangen. Erst wenn ihre Energie den Betrag 4,9 eV übersteigt, der erforderlich ist, um das Außenelektron des Quecksilbers auf eine höhere Bahn zu heben, erfolgen unelastische Stöße. Zunächst geschieht eine solche Energieübertragung nur in der Nähe der Anode, weil die Elektronen erst dort die erforderliche Energie erreichen. Bei steigender Spannung entstehen solche Stöße aber allmählich im ganzen Raum zwischen Katode und Anode. Die Elektronen, die ihre Energie abgegeben haben, können dann nicht mehr zur Gegenelektrode gelangen, so daß eine Stromminderung entsteht. Bei weiterer Spannungssteigerung kommen wieder mehr Elektronen auf die Gegenelektrode, bis bei 9,8 V die Möglichkeit für zwei aufeinanderfolgende unelastische Stöße gegeben ist. Ähnlich ist der Stromverlauf nach drei und mehr Stößen. Die Elektronen des Quecksilbers werden durch den Stoß in einen höheren Energiezustand versetzt, aus dem sie aber sofort wieder in den Ausgangszustand zurückkehren. Dabei wird die aufgenommene Energie wieder als ein Lichtquant von 4,9 eV abgestrahlt. Diese Strahlung setzt genau dann ein, wenn beim Überschreiten der Spannung 4,9 V die Stromkurve zum ersten Male absinkt. Sie läßt sich allerdings nur mit UV-empfindlichen Meßgeräten nachweisen, weil sie mit einer Wellenlänge $\lambda = 253$ nm nicht mehr im sichtbaren Teil des Spektrums liegt.

So zeigt also der Elektronenstoßversuch unmittelbar, daß Hüllenelektronen Energie nur in bestimmten Beträgen aufnehmen und abgeben können, und bestätigt dadurch die Richtigkeit der Bohrschen Annahme, daß die Elektronen in der Hülle eines Atoms nur in einigen ganz genau bestimmten Energiezuständen existieren können.

Elektronen in der Hülle eines Atoms können nur in bestimmten Energiezuständen bestehen. Energie kann nur in den Beträgen aufgenommen oder abgegeben werden, die den Differenzen dieser Energiezustände entsprechen.

Im folgenden wird gezeigt, daß dem Bohrschen Modell noch manche Mängel anhaften. Trotzdem wird es immer verwendet, wenn man sich ein anschauliches Bild von einem Atom machen will. Das ist auch gestattet, wenn man sich bewußt bleibt, daß es sich um ein Modell handelt, das wohl viele, aber nicht alle Eigenschaften des wirklichen Atoms darstellen kann.

7.2.3. Materiewellen

a) Grenzen für die Anwendbarkeit des Bohrschen Atommodells. Das Bohrsche Atommodell kann die Entstehung des Wasserstoffspektrums vollständig erklären; es läßt sich auch zur Berechnung anderer Spektren verwenden, wenn die Hülle des betreffenden Atoms (bzw. Ions) nur e i n Elektron enthält, z. B. bei einfach ionisiertem Helium, indem man in den Formeln für die Kernladungszahl Z den Wert 2 einsetzt. Das Modell versagt aber bei Atomen oder Ionen mit zwei oder mehr Elektronen in der Hülle. Das Modell besitzt zwar eine große Anschaulichkeit; aber die Vorstellung, die es uns vom Wasserstoffatom vermittelt, entspricht nicht vollständig den experimentellen Ergebnissen. Während wir uns nämlich aus dem Kern und dem mit hoher Frequenz in einer Ebene umlaufenden Elektron im Zeitmittel ein scheibenförmiges Bild des Atoms machen, führen experimentelle Untersuchungen auf ein kugelsymmetrisches Bild des Wasserstoffatoms. Die Grenzen für die Anwendbarkeit des Bohrschen Ansatzes liegen darin begründet, daß die angestellten Überlegungen zu einem Modell führen, dessen Eigenschaften nur zum Teil denen des wirklichen Atoms entsprechen. Bei der Aufstellung seines Modells benutzte Bohr im wesentlichen die klassischen Gesetze der Physik und fügte ihnen nur die beiden Quantenbedingungen hinzu. Davon war die zweite aus dem Photoeffekt bekannt; die erste Bedingung wurde nur eingeführt, damit es stabile Bahnen für die Elektronen gibt, ohne daß die Bedingung sich auf ein bekanntes physikalisches Gesetz stützen konnte. Daher ist es auch nicht zu verwundern, daß der Anwendbarkeit des Bohrschen Atommodells enge Grenzen gezogen sind. Nach Bohr versuchten deshalb mehrere Physiker das Bohrsche Modell zu ergänzen und zu verfeinern, damit es außer auf das Wasserstoffatom auch auf andere Atome angewandt werden konnte, wobei neue Quantenbedingungen eingeführt werden mußten. Auch das erweiterte Modell ist anschaulich und unterstützt unsere Vorstellung, so daß man es heute noch verwendet. Einen besseren Erfolg hatte aber erst die Aufstellung des wellenmechanischen Atommodells.

b) Materiewellen. Der Weg dazu wurde von dem französischen Physiker **de Broglie**[1] gezeigt, als er erkannte, daß auch bewegte materielle Teilchen Welleneigenschaften besitzen, daß also der Dualismus Welle — Teilchen nicht nur beim Licht auftritt, sondern eine viel allgemeinere Bedeutung hat.

Das Licht ist ein Energiestrom, dessen Natur man bei ungehinderter Ausbreitung nicht erkennen kann. Erst wenn diese durch Hindernisse beeinflußt wird, tritt die Doppelnatur in Erscheinung: Bei der Ausbreitung zeigen sich in den Grenzgebieten, in denen der Abstand vom Hindernis (Kante, Spalt, Gitter) die gleiche Größenordnung hat wie die Wellenlänge, die Welleneigenschaften. Bei den Wechselwirkungen (Aussendung, Absorption) mit anderen Teilchen (Atomen, Elektronen, Quanten) erkennt man die quantenhafte Teilchenstruktur.

Auch eine Teilchenstrahlung, z. B. von schnellen Elektronen, stellt nach der Einsteinschen Gleichung einen Energiestrom dar. Bei der Wechselwirkung mit anderen Teilchen hat die Physik schon seit je die Teilchenstruktur als selbstverständlich angenommen. De Broglie machte nun die Annahme, daß die Teilchen bei der Ausbreitung in der Nähe anderer Teilchen, wenn die gegenseitige Entfernung von der Größenordnung der Wellenlänge ist, Welleneigenschaften zeigen, so daß man z. B. bei schnellen Elektronen Interferenzerscheinungen beobachten müßte.

Um die Wellenlängen der bewegten Teilchen berechnen zu können, benutzte de Broglie die Gleichung für den Impuls der Lichtquanten (7.1.4. d) $p = h/\lambda$, in der er p nach der aus der Mechanik bekannten Formel durch $p = m\,v$ ersetzte:

$$\text{de Broglie-Wellenlänge eines Teilchens:}\quad \lambda = \frac{h}{p} = \frac{h}{m\,v}$$

Die Wellenlänge eines Teilchens hängt also vom Bewegungszustand ab und ist um so kleiner, je größer sein Impuls ist. Für ein Elektron z. B., das mit der Spannung $U = 225$ V beschleunigt wird, erhält man die Geschwindigkeit nach der Gleichung in 7.1.2. Aufg. 5:

$$v = 593 \, \frac{km}{s} \sqrt{\frac{U}{V}} = 8,9 \cdot 10^6 \, \frac{m}{s} \text{ und daraus den Impuls und die de Broglie-Wellenlänge:}$$

$$p = m_e v = 9,1 \cdot 10^{-31} \, kg \cdot 8,9 \cdot 10^6 \, \frac{m}{s} = 8,1 \cdot 10^{-24} \, \frac{kg\,m}{s}$$

$$\lambda = \frac{h}{p} = \frac{6,62 \cdot 10^{-34} \, W\,s^2}{8,1 \cdot 10^{-24} \, kg\,m/s} = 0,817 \cdot 10^{-8} \, cm$$

---

[1] Louis de B r o g l i e , *1892, Physiker in Paris, erhielt für die Theorie der Materiewellen den Nobelpreis.

Diese Wellenlänge ist etwas kleiner als der Durchmesser der Atome und entspricht der Wellenlänge einer sehr weichen Röntgenstrahlung. Bei einer etwas höheren Spannung erhält man Elektronenstrahlen, die dünne Metallfolien durchdringen können und die eine Wellenlänge wie mittelharte Röntgenstrahlen besitzen. Nach de Broglies Überlegungen müßte man mit solchen Elektronenstrahlen nach dem Durchgang durch dünne, kristalline Metallfolien ähnliche Interferenzbilder erhalten wie mit Röntgenstrahlen entsprechender Wellenlänge. Solche Versuche wurden von Davisson und Germer ausgeführt, wobei sie Interferenzaufnahmen mit deutlichen Übereinstimmungen erzielten.

> **Der Dualismus Welle — Teilchen gilt auch für alle bewegten Teilchen; wenn sie einen Impuls p besitzen, ist ihre de Broglie-Wellenlänge $\lambda = h/p$.**

c) Anwendung auf das Wasserstoffatom. Nach diesen Erkenntnissen muß man sich ein Elektron, das den Kern eines Wasserstoffatoms umkreist, als einen längs der Bahn verteilten Wellenzug vorstellen. Damit diese Welle sich bei ihrer hohen Umlauffrequenz nicht nach einem oder mehreren Umläufen selbst durch Interferenz auslöscht, müssen sich nach jedem Umlauf Wellenberge und -täler wieder decken, d. h. die Wellenlänge muß ganzzahlig im Umfang enthalten sein. Nur unter dieser Voraussetzung bildet sich eine stehende Welle aus, die keine Energie in die Umgebung abführt. Wenn n eine beliebige ganze Zahl ist, lautet die Bedingung dafür:

$$2\,r\,\pi = n\,\lambda = n\,\frac{h}{m_e\,v} \quad \text{oder:} \quad 2\,\pi\,m_e\,r\,v = n\,h$$

Diese Gleichung stimmt genau mit der ersten Bohrschen Quantenbedingung überein. Hier ist sie aber keine willkürliche Annahme, sondern sie folgt aus der theoretisch begründeten und experimentell als richtig erkannten de Broglie-Beziehung.

d) Die Unbestimmtheitsrelation. Die Welleneigenschaft aller bewegten materiellen Teilchen hat eine für die gesamte physikalische Erkenntnis bedeutsame Folge. Will man von einem bewegten Teilchen möglichst genau seinen Ort bestimmen, so läßt man es durch eine enge Blende laufen (Abb. 1) und kennt für den Zeitpunkt des Durchtritts die Koordinate x quer zur Blende bis auf eine Unsicherheit von der Spaltbreite Δx der Blende. Wegen der Welleneigenschaft des Teilchens tritt dabei eine Beugung auf, wobei durch Interferenz noch Nebenmaxima in Richtungen mit Ablenkungswinkeln α entstehen, für die nach 5.4.2. a gilt:

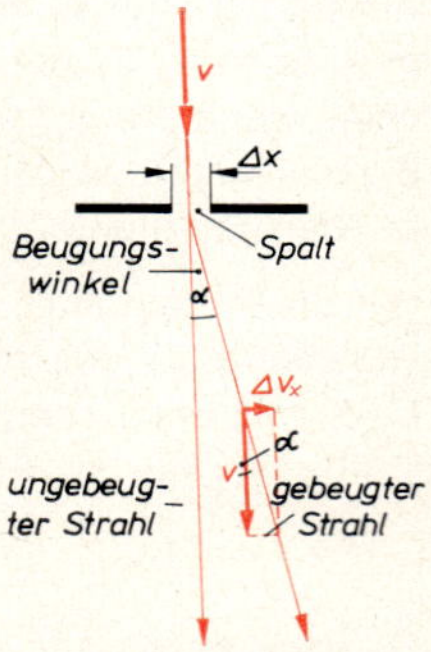

Abb. 1. Die Heisenbergsche Unbestimmtheitsrelation

$$\sin \alpha = \frac{(2\,n + 1)\,\lambda}{2\,\Delta x} \quad \text{mit } n = 1, 2, 3 \ldots, \text{ so daß immer } \sin \alpha > \frac{\lambda}{\Delta x} \text{ ist.}$$

Wegen dieser Beugung ist die Geschwindigkeitskomponente Δv_x quer zum Spalt nach dem Durchgang nicht mehr in allen Fällen Null, sondern sie kann den Wert $\Delta v_x = v \sin \alpha > v\,\dfrac{\lambda}{\Delta x}$ annehmen. Setzt man hier die de Broglie-Wellenlänge $\lambda = h/m\,v$ ein, so erhält man: $m\,\Delta v_x \geq \dfrac{h}{\Delta x}$ oder wenn man mit Δp_x die Unsicherheit der Impulskomponente quer zum Spalt bezeichnet: $\Delta x \cdot \Delta p_x \geq h$. Dieses Ergebnis ist die **Heisenbergsche Unbestimmtheitsrelation:**

$$\Delta p_x \cdot \Delta x \geq h$$

Das Produkt aus der Unsicherheit einer Koordinate und der Impulskomponente in Richtung dieser Koordinate ist nie kleiner als das Plancksche Wirkungsquantum.

Aus diesem Satz folgt, daß die Geschwindigkeits- bzw. Impulsbestimmung um so ungenauer wird, je genauer die Ortsbestimmung ist und umgekehrt. Beide Messungen mit beliebiger Genauigkeit auszuführen, ist unmöglich. Wenn dagegen bei dem obigen Versuch eine große Zahl von Teilchen den Spalt passieren, so kann man aus dem Verhältnis der Intensitäten des Hauptmaximums (beim unabgelenkten Strahl) und der Nebenmaxima (bei den abgelenkten Strahlen) die Wahrscheinlichkeit bestimmen, mit der ein Teilchen sich nach dem Durchgang im unabgelenkten Strahl bewegen wird. Statt exakter Angaben lassen sich nur noch Wahrscheinlichkeitsaussagen machen.

Nach diesen Überlegungen könnte man meinen, daß die Unbestimmtheitsrelation eine Folge der Unvollkommenheit unserer Meßmethoden sei. Die folgende Untersuchung wird aber zeigen, daß die Ursache in der Wellennatur der Teilchen liegt und daß daher die Unschärfe prinzipiell nicht beseitigt werden kann.

Wenn ein Teilchen durch eine fortlaufende Welle dargestellt ist, so erstreckt sich sein Ort über die ganze Länge des Wellenzuges. Die Ortsangabe ist dann völlig unbestimmt, sie wird aber um so genauer, je kürzer der Wellenzug ist, und am genauesten, wenn die Welle nur aus e i n e m Wellenberg besteht. Während aber ein unendlich langer Wellenzug genau die durch den Abstand der Wellenberge und -täler festgesetzte Wellenlänge besitzt, muß ein einzelner Wellenberg als die Überlagerung von unendlich vielen Wellen mit verschiedenen Wellenlängen betrachtet werden, die sich im Bereich des Wellenberges zu seiner Höhe aufsummieren, außerhalb dagegen durch Interferenz auslöschen. Die Wellenlänge eines solchen Wellenberges ist also völlig unbestimmt, und ebenso unbestimmt ist sein Impuls $p = h/\gamma$, da er sich mit Hilfe von λ berechnet. Ist dagegen der Impuls eines Teilchens genau angebbar, so ist auch seine Wellenlänge $\lambda = h/p$ genau bestimmt. Die zu dieser Wellenlänge gehörige Welle stellt aber einen unendlichen Wellenzug dar. Welcher Ort des Wellenzuges als der Ort des Teilchens anzusehen ist, bleibt völlig unbestimmt.

Aus einer Umformung der Unschärferelation folgt, daß auch eine ähnliche Beziehung für eine Zeit- und Energiebestimmung eines Teilchens besteht:

$$\Delta x \, \Delta p = \frac{\Delta x}{v} v \, \Delta(m v) = \Delta t \, \Delta \left(\frac{1}{2} m v^2\right) = \Delta t \, \Delta E \gtreqless h$$

Man kann also nie die Energie eines Teilchens und gleichzeitig den Zeitpunkt, an dem es die Energie besitzt, mit voller Schärfe messen. Auch bei diesen Größen ist das Produkt ihrer Unsicherheiten mindestens ein Wirkungsquantum.

e) Folgerungen. Wenn ein Elektron einen Atomkern in einer Bahn mit dem Radius r umkreist, ist sein Ort mit einer Unsicherheit $\Delta x = 2\,r$ gleich dem Durchmesser des Atoms angebbar. Für die Unsicherheit des Impulses bzw. der Geschwindigkeit erhält man dann aus der Unschärferelation $\Delta p = \frac{h}{2\,r}$, $\Delta v = \frac{h}{2\,r\,m_e}$. Da sich aus der Bohrschen Quantenbedingung für die Geschwindigkeit $v = \frac{n}{\pi} \frac{h}{2\,r\,m_e}$, ergibt, ist die Unschärfe Δv von derselben Größenordnung wie v selbst, d. h. für die Geschwindigkeit läßt sich keine genaue Angabe machen, wie dies nach den Gleichungen Bohrs (7.2.2. a) folgen würde. Auch in dieser Hinsicht bedarf das Bohrsche Modell einer Verbesserung.

Noch weniger kann es im Atomkern freie Elektronen geben; denn dort wäre $\Delta x \approx 10^{-15}$ m, also noch 10^5 mal kleiner als bei einer Umlaufsbahn, und daher ist die Unsicherheit der Geschwindigkeit 10^5 mal größer als oben. Die Geschwindigkeit selbst und die kinetische Energie mußten dann die Größenordnung von mindestens $v \approx \Delta v = \dfrac{h}{m_e \, \Delta x} \approx \dfrac{10^{-34} \text{ kg m}^2 \text{ s}^{-1}}{10^{-30} \text{ kg} \cdot 10^{-15} \text{ m}} =$

$= 10^9 \dfrac{\text{m}}{\text{s}}, \; E = \dfrac{1}{2} m \, v^2 \approx \dfrac{10^{-30} \text{ kg} \cdot 10^{18} \text{ m}^2/\text{s}^2}{10^{-19} \text{ kg m}^2 \text{ s}^{-2}} \text{ eV} = 10^7 \text{ eV}$ haben. Bei dieser Energie könnten die Elektronen nicht im Kern festgehalten werden.

Im Atomkern kann es keine freien Elektronen geben.

Nach der Gleichung (3.6.2.d) $E = \dfrac{1}{2} k \, T$ besitzen alle Atome beim absoluten Nullpunkt weder kinetische noch potentielle Energie, sondern befinden sich mit $v = 0$ in ihrer Ruhelage. Da aber nie gleichzeitig Ort und Geschwindigkeit eines Atoms ohne jede Unschärfe angegeben werden können, kann die Gesamtenergie nicht Null sein, sondern die Atome müssen am absoluten Nullpunkt noch eine kleine Nullpunktsenergie besitzen.

7.2.4. Das wellenmechanische Atommodell

a) Grundlagen. Da die Elektronen der Atomhülle den Raum rings um den Atomkern einnehmen, müssen sie als räumliche Wellen betrachtet werden. Deshalb hat auch die in 7.2.3. c aus der Vorstellung einer umlaufenden linearen Welle abgeleitete Gleichung nur beschränkte Anwendbarkeit. Für die Zustände der Elektronen müssen räumliche Materiewellen gefunden werden, die sich nicht überall durch Interferenz auslöschen, sondern in bestimmten Räumen als stehende Wellen ohne Energieverlust bestehen können.

Zur Berechnung dieser Zustände fanden 1926 Schrödinger[1] und Heisenberg[2] Methoden, die trotz verschiedenen mathematischen Ansatzes zu gleichen Ergebnissen führen. Beide Rechenverfahren benötigen höhere Mathematik, die den Rahmen dieses Buches übersteigen würde. Deshalb sollen nur einige Andeutungen über den von Schrödinger beschrittenen Weg gemacht werden.

Aus der für alle Wellen gültigen Wellengleichung leitete er die nach ihm benannte **Schrödingersche Gleichung** für eine Funktion ab, deren Quadrat die Aufenthaltswahrscheinlichkeit eines Elektrons an einer Seite in der Umgebung des Kernes darstellt. Damit die Gleichung physikalisch sinnvolle Lösungen hat, darf die Energie, die als Koeffizient in der Gleichung vorkommt, nur bestimmte Beträge annehmen, die genau den Quantenbedingungen des Bohrschen Atommodells und seiner nachträglichen Erweiterungen entsprechen. Hier treten sie nicht als willkürliche Forderungen, sondern als wohlbegründete Folgerungen aus dem mathematischen Ansatz auf.

Erwin S c h r ö d i n g e r , geb. 1887, Prof. in Berlin und Oxford.
Werner H e i s e n b e r g , geb. 1901, Prof. in Leipzig und Göttingen.

b) Die vier Quantenzahlen. Die möglichen Zustände der Elektronen sind von vier Quantenzahlen bedingt.

Die **Hauptquantenzahl** n ist maßgebend für die Gesamtenergie des Elektrons. Für sie ergibt sich aus der Wellenmechanik genau derselbe Wert wie bei Bohr:

$$E = E_\infty - \frac{Z^2 \, e^4 \, m_e}{8 \, \varepsilon_0^2 \, h^2 \, n^2}$$

Die Hauptquantenzahl kann jeden ganzen positiven Wert annehmen.

Die **Bahndrehimpulsquantenzahl** l. Obwohl sich die Bahnen der Elektronen jeder Beobachtungsmöglichkeit entziehen und man über ihre Form und die Art, wie sie durchlaufen werden, gar nichts aussagen kann, läßt sich doch ein Bahndrehimpuls experimentell messen. Seine Größe ist durch die Drehimpulsquantenzahl bestimmt und ergibt sich in Übereinstimmung mit dem Experiment zu $\sqrt{l\,(l+1)} \, \frac{h}{2\,\pi}$. Bei einem Elektron, das sich in einem Zustand mit der Hauptquantenzahl n befindet, darf l alle ganzen Zahlen 0, 1, 2, ... $n-1$ annehmen.

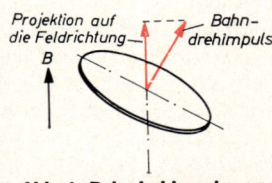

Die **magnetische Quantenzahl** m. Der Bahndrehimpuls muß als ein auf der Bahn des Elektrons senkrecht stehender Vektor aufgefaßt werden. Wenn sich nun die Bahn in einem Magnetfeld befindet, so muß auch die Projektion des Bahnimpulses auf die Richtung des Magnetfeldes eine Quantenbedingung erfüllen (Abb.1). Die Größe dieser Projektion ist durch die magnetische Quantenzahl bedingt. m kann alle ganzzahligen Werte zwischen $-l$ und $+l$ annehmen.

Abb. 1. Bahndrehimpuls und seine Projektion auf die Feldrichtung

Die **Spinquantenzahl** s. Zum Bahndrehimpuls kommt noch der durch die Eigendrehung des Elektrons entstehende Drehimpuls, der sog. **Spin.** Sein Wert ergibt sich mit Hilfe der Spinquantenzahl s zu $\sqrt{s\,(s+1)} \, \frac{h}{2\,\pi}$. Je nachdem er mit dem Bahndrehimpuls gleich oder entgegengesetzt gerichtet ist, hat s den Wert $+ 1/2$ oder $- 1/2$.

Jeder Zustand eines Elektrons ist also durch vier Quantenzahlen festgelegt. Man kennzeichnet ihn, indem man der Angabe der Hauptquantenzahl einen Buchstaben hinzufügt, der die Bahndrehimpulsquantenzahl angibt. Zustände mit $l = 0$ werden als s-Zustände, mit $l = 1$ als p-Zustände, mit $l = 2$ als d-Zustände und mit $l = 3$ als f-Zustände bezeichnet. Es befindet sich also z. B. ein Elektron mit $n = 1$ und $l = 0$ im 1s-Zustand, mit $n = 4$ und $l = 2$ im 4 d-Zustand.

c) Der Schalenaufbau der Elektronenhülle. Für alle s-Zustände ergibt sich eine kugelsymmetrische Verteilung der Aufenthaltswahrscheinlichkeit. Da sich das Wasserstoffelektron ohne Anregung im 1 s-Zustand befindet, ergibt sich in Übereinstimmung mit dem experimentellen Befund ein kugelsymmetrisches Bild des Wasserstoffatoms, während die Bohrsche Theorie eine scheibenförmige Bahn verlangt.

Abb. 2 zeigt die Kurven, die man erhält, wenn man für einige Zustände die Aufenthaltswahrscheinlichkeit als Funktion des Kernabstandes aufträgt. Die wahrscheinlichste Entfernung, in der ein Elektron angetroffen wird, ergibt sich an der Stelle, an der die Kurve ein Maximum hat. Diese Stelle liegt für das 1s-Elektron des Wasserstoffs genau beim ersten Bohrschen Bahnradius $r_0 = 0{,}53 \cdot 10^{-8}$ cm. Für p-, d-, und f-Zustände ist die Aufenthaltswahrscheinlichkeit nicht mehr kugelsymmetrisch verteilt.

Die mittlere Entfernung der Elektronen vom Kern nimmt mit steigender Hauptquantenzahl zu. Aus den Kurven für die 2s- und die 2p-Zustände und für die 3s- und die 3d-Zustände in Abb. 2 erkennt man, daß sich bei gleichem n und verschiedenem l der wahrscheinlichste Kernabstand nur wenig verändert. Daher liegt bei allen Zuständen mit gleichem n der Bereich der größten Aufenthaltswahrscheinlichkeit in einer Kugelschale von geringer Dicke. Die Gesamtheit aller Zustände mit gleicher Hauptquantenzahl

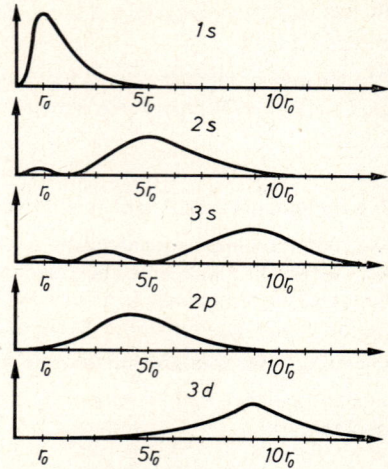

Abb. 2. Die Aufenthaltswahrscheinlichkeit eines Elektrons als Funktion des Kernabstandes

bezeichnet man deshalb als Schale. Zur Kennzeichnung verwendet man die Buchstaben K, L, ... (in alphabetischer Reihenfolge), so daß zu $n = 1$ die K-Schale, zu $n = 2$ die L-Schale usw. gehört.

Beim Wasserstoff befindet sich das Elektron im Grundzustand in der K-Schale, während alle anderen Schalen beim nicht angeregten Atom leer sind. Vom Helium an besteht die Elektronenhülle der Atome aus mehreren Elektronen. Aus den Eigenschaften der Lösungsfunktionen der Schrödingergleichung folgt ein schon von Pauli gefundenes Ausschließungsprinzip:

Beim gleichen Atom befinden sich nie zwei Elektronen in Zuständen, die in allen vier Quantenzahlen übereinstimmen.

Die Zahl der möglichen Zustände in den einzelnen Schalen entspricht also genau der Anzahl der verschiedenen Kombinationsmöglichkeiten der vier Quantenzahlen. Daraus ergibt sich folgende Übersicht für die inneren drei Schalen:

K-Schale
$n = 1$	$l = 0$	$m = 0$	$s = \pm 1/2$	Insgesamt zwei 1s-Zustände

L-Schale

$n = 2$	$l = 0$	$m = 0$	$s = \pm 1/2$	Zwei 2s-Zustände
$n = 2$	$l = 1$	$m = -1$	$s = \pm 1/2$	
$n = 2$	$l = 1$	$m = 0$	$s = \pm 1/2$	Sechs 2p-Zustände
$n = 2$	$l = 1$	$m = +1$	$s = \pm 1/2$	Insgesamt 8 Zustände

M-Schale

$n = 3$	$l = 0$	$m = 0$	$s = \pm 1/2$	Zwei 3s-Zustände
$n = 3$	$l = 1$	$m = -1, 0, +1$	$s = \pm 1/2$	Sechs 3p-Zustände
$n = 3$	$l = 2$	$m = \pm 2, \pm 1, 0$	$s = \pm 1/2$	Zehn 3d-Zustände
				Insgesamt 18 Zustände

Unter all diesen Zuständen, die für ein Elektron in der Umgebung eines Kerns möglich sind, besetzt ein nicht angeregtes Elektron denjenigen, bei dem es im Mittel die geringste potentielle Energie besitzt. Da diese bei kernnahen Zuständen kleiner ist als bei kernfernen, werden zuerst die dem Kern am nächsten liegenden Zustände der K-Schale, danach die der L-Schale und noch später die der weiteren Schalen besetzt. Bei Mehrelektronensystemen sind die Energien nicht nur von der Hauptquantenzahl, sondern auch von den übrigen Quantenzahlen abhängig. In allen Schalen werden daher zuerst die s-Zustände und erst dann die p-Zustände besetzt. Noch später erfolgt die Besetzung der d- und der f-Zustände, in einigen Fällen erst, nachdem schon die s- oder gar die p-Zustände der folgenden Schalen aufgefüllt worden sind.

d) Entstehung der Spektren. Durch Energieaufnahme und -abgabe können die Elektronen ihre Zustände ändern. Die Energieabgabe erfolgt durch Lichtquanten; dabei ergeben sich die Wellenzahlen auf gleiche Weise wie beim Bohrschen Atommodell. Für jeden Übergang zwischen zwei Energiestufen könnte man im Spektrum eine Linie erwarten. Aus der Wellen- mechanik folgt jedoch, daß die Wahrscheinlichkeit einiger Übergänge fast null ist, so daß die zugehörigen Linien im Spektrum nicht auftreten. Noch vor ihrer Begründung durch die Wellenmechanik wurde diese **Auswahlregel** von Pauli aus der Untersuchung der Spektren gefunden.

> **Übergänge treten nur zwischen zwei Zuständen auf, bei denen die Bahnimpulsquanten- zahl sich um 1 unterscheidet.**

Dieser Satz besagt, daß sich bei der Aussendung eines Lichtquants die Drehimpulsquanten- zahl um 1 und daher der Drehimpuls des Elektrons um $\left(\sqrt{l(l+1)} - \sqrt{l(l-1)} \right) \frac{h}{2\pi}$ ändern; diese Änderung ist aber für $l \geq 2$ praktisch gleich $\frac{h}{2\pi}$. Der aus der Mechanik bekannte Satz von der Erhaltung des Drehimpulses behält auch in der Atomphysik seine Gültigkeit. Daher muß die bei der Lichtaussendung entstehende Drehimpulsänderung vom Lichtquant über- nommen werden. Noch mehr als der Drehimpuls, der den Zuständen der Elektronen zuzu- schreiben ist, zeigt der Drehimpuls der Lichtquanten, daß dieser Größe in der Atomphysik eine entscheidende Bedeutung zukommt, daß man sich aber hier den Drehimpuls nicht so anschaulich vorstellen kann wie bei rotierenden Körpern in der Mechanik.

> **Jedes Lichtquant besitzt einen Drehimpuls von der Größe $h/2\pi$.**

e) Metastabile Zustände. Wenn Elektronen durch Energieaufnahme in einen angeregten Zustand versetzt werden, kehren sie unter Aussendung eines Lichtquants im Mittel nach der kurzen Zeit von 10^{-8} s wieder in tiefere Energiestufen, womöglich in den Grundzustand, zurück. Bei vielen Stoffen gibt es jedoch auch Energiestufen, von denen aus ein Elektron nur in den Grundzustand zurückkehren könnte, wenn seine Drehimpulsquantenzahl unverän- dert bliebe. Nach der Auswahlregel treten solche Übergänge nicht auf. Die Rückkehr in den Grundzustand ist nur möglich, wenn das Elektron zuerst durch eine Energieaufnahme in einen höheren Energiezustand übergeht. Eine unmittelbare, spontane Rückkehr in den Grundzustand ist im allgemeinen nicht möglich. In solchen **metastabilen Zuständen** kann ein Elektron bis zu 100 000mal länger verweilen als in anderen angeregten Zuständen. Bei genügender Anregung können sich Elektronen in metastabilen Zuständen anreichern, was bei anderen Zuständen wegen der kurzen Verweilzeit nicht möglich ist.

7.2.5. Die Röntgenspektren

a) Das Bremsspektrum. Abb. 1 zeigt ein Röntgenspektrum, das entsteht, wenn man Röntgenstrahlen auf ein Kristallgitter auftreffen läßt (6.5.5. b). Es beginnt auf der kurzwelligen Seite mit einer scharfen Kante, dann steigt die Schwärzung des Plattengrundes an und wird schließlich wieder schwächer. Aus der allgemeinen Schwärzung heben sich noch einige deutliche Linien heraus.

Die zusammenhängende Schwärzung der Photoplatte wird von Röntgenstrahlen verursacht, die von den Elektronen ausgehen, die bei der Wechselwirkung mit anderen Atomen ab-

gebremst werden, und heißt deshalb **Bremsspektrum.** Solche Elektronen, die sich nicht in der Hülle von Atomen befinden, sind an keine bestimmten Energiestufen gebunden und geben die beim Abbremsen frei werdende Energie als Strahlung beliebiger Frequenzen ab. Dabei entsteht ein von der Anregungsspannung abhängiges Maximum. Die kurzwellige Grenze erhält man, wenn ein Elektron die gesamte Energie, die es beim Durchlaufen der Anodenspannung U in der Röntgenröhre aufgenommen hat, als Röntgenquant abgibt:

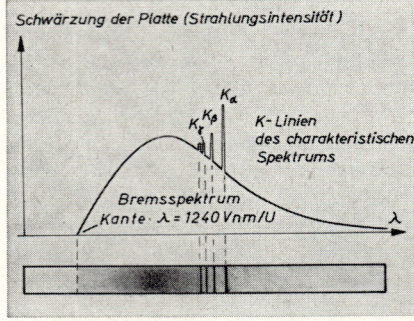

Abb. 1. Röntgenspektrum

$$\lambda = \frac{c}{\nu} = \frac{h\,c}{h\,\nu} = \frac{h\,c}{e\,U} = \frac{1240\ \text{V nm}}{U}$$

b) Das charakteristische Spektrum. Die scharfen, dem Bremsspektrum überlagerten Linien heißen das **charakteristische Spektrum** des Elementes, von dem die Röntgenstrahlen ausgehen. Es ist für jedes Element verschieden. Es entsteht, wenn die energiereichen Elektronen des Elektronenstrahles aus der Hülle des getroffenen Atoms ein Elektron einer inneren Schale herausschlagen und dann von einem äußeren Zustand oder von ganz außen ein Elektron an diese Stelle tritt. Die frei werdenden Energiequanten sind so groß, daß die Linien des Röntgenspektrums entstehen. Je nachdem die freie Stelle in der K-, L-, ... Schale entsteht, werden die Linien als K-, L-, ... Serie der Röntgenspektren bezeichnet

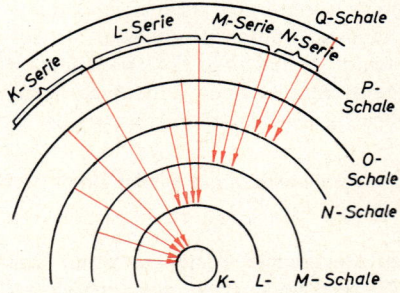

Abb. 2. Entstehung der Serien im charakteristischen Röntgenspektrum

(Abb. 2). In der Formel aus 7.2.2. b zur Berechnung der Wellenzahlen $1/\lambda = R\,Z^2\,(1/n_1{}^2 - 1/n_2{}^2)$ ist z. B. für die erste K-Linie $n_1 = 1$ und $n_2 = 2$ zu setzen. Vom Helium an ist aber außer dem frei werdenden 1 s-Zustand noch der andere mit einem Elektron besetzt, das eine der Kernladungen abschirmt. Daher berechnet sich die Wellenzahl der entstehenden K_α-Linie nach folgender Gleichung:

$$\frac{1}{\lambda} = R\,(Z-1)^2 \left(\frac{1}{1^2} - \frac{1}{2^2}\right) = \frac{3}{4}\,R\,(Z-1)^2 \qquad \text{oder:} \qquad Z = \sqrt{\frac{4}{3\,R\,\lambda}} + 1$$

Die erste Gleichung zeigt, wie mit zunehmender Kernladungszahl die Wellenzahl ansteigt bzw. die Wellenlänge abnimmt. Für $Z = 31$ ist z. B. die Wellenlänge der K_α-Linie schon $30^2 = 900$mal kürzer als beim Wasserstoff. Da die entsprechende Linie dort schon im Ultraviolett liegt, ergeben sich bei diesen Kernladungszahlen Röntgenwellenlängen.

Wenn man die Wellenzahl $\frac{1}{\lambda}$ durch Ausmessen eines Röntgenspektrums bestimmt hat, kann man nach der zweiten Gleichung die Kernladungszahl Z bestimmen. Besonders deutlich tritt der gesetzmäßige Zusammenhang hervor, wenn man in einem Koordinatensystem $\sqrt{\frac{1}{\lambda}}$ als y-Koordinate wählt und als Funktion von Z aufträgt. Dann ergibt sich nach der Gleichung $y = \sqrt{1/\lambda} = \sqrt{0{,}75\, R\, (Z-1)}$ eine Gerade (Abb. 3), mit deren Hilfe man zu jeder Wellenzahl leicht die zugehörige Kernladungszahl ablesen kann. Der oben gefundene Zusammenhang zwischen λ und Z heißt nach seinem Entdecker das **Moseleysche Gesetz** und die im Diagramm entstehende Linie die **Moseleysche Gerade.**

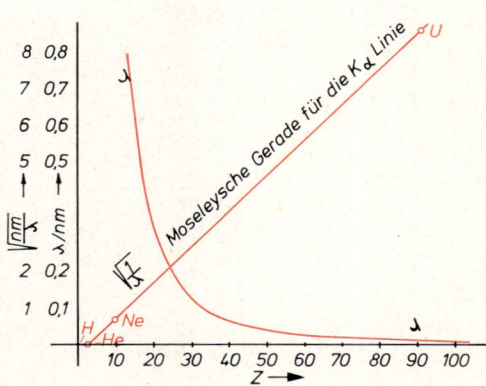

Abb. 3. Moseley-Diagramm für $\sqrt{1/\lambda}$ von vier Röntgenlinien

Nachdem auf diese Weise die Kernladungszahlen experimentell bestimmt werden konnten, zeigte es sich, daß sie im allgemeinen mit zunehmender relativer Atommasse der Elemente ansteigen. An einigen Stellen treten jedoch Ausnahmen von dieser Regel auf. So hat z. B. Argon mit $A_r = 39{,}95$ die Kernladungszahl $Z = 18$ und Kalium mit $A_r = 39{,}10$ die Kernladungszahl $Z = 19$. Wie der folgende Abschnitt zeigen wird, sind die Kernladungszahlen für die Anordnung der Elemente im Periodensystem maßgebend und heißen deshalb auch **Ordnungszahlen.**

Z ist gleichzeitig die Ordnungszahl eines Elements im Periodensystem, die Zahl der positiven Kernladungen und die der Elektronen in der Hülle des neutralen Atoms.

7.2.6. Das Periodensystem der Elemente

a) Das Periodensystem (s. Tafel S. 512). Daß beim Aufbau der Atome der verschiedenen Elemente bestimmte Gesetzmäßigkeiten herrschen, war schon lange bekannt. Ordnet man alle Elemente nach steigender relativer Atommasse, so treten eine Reihe von Eigenschaften periodisch nach je 8 oder 18 Elementen auf. Dies veranlaßte Lothar Meyer[1] und Mendelejeff[2], die Elemente im Periodensystem anzuordnen. Die Reihe der Elemente wurde so in Zeilen angeordnet, daß chemisch ähnliche Elemente untereinander zu stehen kamen. Um die Ordnung nicht zu stören, mußten an drei Stellen (z. B. bei Ar und K) zwei Elemente entgegen ihrer Reihenfolge nach der Atommasse umgestellt werden. An anderen Stellen mußten

---

[1] Lothar M e y e r , 1830–1875, Prof. für Chemie in Tübingen.
[2] M e n d e l e j e f f , 1834–1907, Prof. in Petersburg.

Periodensystem der Elemente

Periode Schale	Hauptgruppen I	II		Nebengruppen IIIa	IVa	Va	VIa	VIIa		VIIIa		Ia	IIa	Hauptgruppen III	IV	V	VI	VII	VIII

Periode 1
- 1 H 1,0080 — K: 1
- 2 He 4,0026 — K: 2

Periode 2 (K, L)
- 3 Li 6,941 — K:2 L:1
- 4 Be 9,0122 — K:2 L:2
- 5 B 10,811 — K:2 L:3
- 6 C 12,011 — K:2 L:4
- 7 N 14,007 — K:2 L:5
- 8 O 15,999 — K:2 L:6
- 9 F 18,998 — K:2 L:7
- 10 Ne 20,179 — K:2 L:8

Periode 3 (K, L, M)
- 11 Na 22,990 — K:2 L:8 M:1
- 12 Mg 24,305 — K:2 L:8 M:2
- 13 Al 26,982 — K:2 L:8 M:3
- 14 Si 28,086 — K:2 L:8 M:4
- 15 P 30,974 — K:2 L:8 M:5
- 16 S 32,06 — K:2 L:8 M:6
- 17 Cl 35,453 — K:2 L:8 M:7
- 18 Ar 39,948 — K:2 L:8 M:8

Periode 4 (K, L, M, N)
- 19 K 39,102
- 20 Ca 40,08
- 21 Sc 44,956
- 22 Ti 4790 (47,90)
- 23 V 50,941
- 24 Cr 51,996
- 25 Mn 54,938
- 26 Fe 55,847
- 27 Co 58,933
- 28 Ni 58,71
- 29 Cu 63,546
- 30 Zn 65,37
- 31 Ga 69,72
- 32 Ge 72,59
- 33 As 74,922
- 34 Se 78,96
- 35 Br 79,904
- 36 Kr 83,80

Periode 5 (K, L, M, N, O)
- 37 Rb 85,467
- 38 Sr 87,62
- 39 Y 88,905
- 40 Zr 91,22
- 41 Nb 92,906
- 42 Mo 95,94
- 43 Tc 98,906
- 44 Ru 101,07
- 45 Rh 102,90
- 46 Pd 106,4
- 47 Ag 107,87
- 48 Cd 112,40
- 49 In 114,82
- 50 Sn 118,69
- 51 Sb 121,75
- 52 Te 127,60
- 53 J 126,90
- 54 Xe 131,30

Periode 6 (K, L, M, N, O, P)
- 55 Cs 132,90
- 56 Ba 137,34
- 57 La 138,91
- 72 Hf 178,49
- 73 Ta 180,95
- 74 W 183,85
- 75 Re 186,2
- 76 Os 190,2
- 77 Ir 192,22
- 78 Pt 195,09
- 79 Au 196,97
- 80 Hg 200,59
- 81 Tl 204,37
- 82 Pb 207,2
- 83 Bi 208,98
- 84 Po (210)
- 85 At (210)
- 86 Rn (222)

Periode 7 (K, L, M, N, O, P, Q)
- 87 Fr (223)
- 88 Ra 226,03
- 89 Ac (227)
- 104 Kf (260)

Lanthanoide (57 – 71)
- 58 Ce 140,12
- 59 Pr 140,91
- 60 Nd 144,24
- 61 Pm (145)
- 62 Sm 150,4
- 63 Eu 151,96
- 64 Gd 157,25
- 65 Tb 158,92
- 66 Dy 162,50
- 67 Ho 164,93
- 68 Er 167,26
- 69 Tm 168,93
- 70 Yb 173,04
- 71 Lu 174,97

Aktinoide (90 – 103)
- 90 Th 232,04
- 91 Pa 231,04
- 92 U 238,03
- 93 Np 237,05
- 94 Pu (242)
- 95 Am (243)
- 96 Cm (245)
- 97 Bk (249)
- 98 Cf (251)
- 99 Es (254)
- 100 Fm (254)
- 101 Md (256)
- 102 No (257)
- 103 Lr (257)

Legende:

92 U
283,03

— Ladungszahl
— Symbol
— relative Atommasse (gerundete Werte) (Massezahlen der stabilsten Isotope)

Elektronen auf den verschiedenen Elektronenschalen
2
8
18
32
21
9
2

— Elektronenschalen aus denen Valenzelektronen hervorgehen können

unter Normalbedingungen
feste Stoffe
flüssige Stoffe
gasförmige Stoffe
radioaktive Elemente x

Lücken gelassen werden. Aus freien Plätzen im Periodensystem gelang es, Existenz und Eigenschaften von erst später entdeckten Elementen vorauszusagen. Das Verständnis für das Periodensystem ergibt sich aus dem Schalenaufbau der Elektronenhülle.

b) Periodensystem und Aufbau der Elektronenhülle. Die ersten beiden Elemente 1 H und 2 He haben nur Elektronen in den beiden 1s-Zuständen. Beim Helium ist die K-Schale abgeschlossen. Alle Eigenschaften des Heliums bestätigen die Theorie, wonach eine abgeschlossene Schale sehr stabil sein muß. Daraus erklären sich seine chemische Trägheit und die hohe zur Ionisation erforderliche Energie von 24,6 eV.

Das nächste Element 3 Li hat zwei Elektronen in der K-Schale; das dritte befindet sich in größerer Entfernung vom Kern in einem 2s-Zustand. Wegen des großen Kernabstandes und weil die beiden 1s-Elektronen die Kernladung zum großen Teil abschirmen, ist das dritte Elektron nur lose gebunden und kann leicht durch äußere Einflüsse abgetrennt werden. Diese Tatsachen werden belegt durch das große Atomvolumen des Lithiums und seine geringe Ionisationsenergie von nur 5,4 eV. Jedes folgende Element hat ein Elektron mehr in der L-Schale als das vorhergehende. Sie erreicht bei 10 Ne ihre Vollendung und verleiht diesem Element den Charakter eines Edelgases.

Bei 11 Na befindet sich ein Elektron weit außerhalb der gefüllten K- und L-Schale in einem 3s-Zustand. Es hat ähnliche Eigenschaften wie das 2s-Elektron des Lithiums und erklärt so die Ähnlichkeit im chemischen Verhalten dieser beiden Elemente. Bis zu 18 Ar werden alle 3s- und 3p-Zustände aufgefüllt. Argon ist ein Edelgas und zeigt, daß auch der Abschluß einer s- + p-Teilschale schon ähnliche stabile Eigenschaften aufweist wie die abgeschlossenen K- oder L-Schalen bei He und Ne. Man könnte nun erwarten, daß bei den folgenden Elementen die hinzukommenden Elektronen in die offenen 3d-Zustände eingeordnet werden. Stattdessen folgt das Element 19 K, dessen chemische Ähnlichkeit zum Natrium zeigt, daß sein äußerstes Elektron sich in einem 4s-Zustand befindet. Hier tritt zum ersten Male die Tatsache auf, daß die s-Zustände einer höheren Schale früher besetzt werden als die d-Zustände einer tieferen Schale.

Erst nach 20 Ca beginnt bei 21 Se die Auffüllung der 3d-Zustände. Bei 36 Kr haben wir mit einer vollen K-, L- und M-Schale und abgeschlossenen 4s- und 4p-Teilschalen wieder ein Edelgas. Ein ähnlicher Vorgriff auf die s-Zustände einer höheren Schale wiederholt sich bei den Elementen 37/38, 55/56 und 87/88. Bei den Elementen 57 bis 71 werden die Elektronen sogar noch in die 4f-Zustände eingeordnet, während schon die 5s-, 5p- und 6s-Zustände der beiden höheren Schalen gefüllt sind. Da das chemische Verhalten der Elemente durch die Anordnung der äußersten Elektronen bedingt ist, kann es durch den Einbau von Elektronen in der tiefliegenden N-Schale nicht mehr beeinflußt werden. Dies wird dadurch bestätigt, daß die als seltene Erden oder Lanthaniden bezeichneten Elemente 57 bis 71 wegen ihrer fast gleichen chemischen Eigenschaften nur schwer zu trennen sind.

c) Eigenschaften der Elemente als Folge des Aufbaus der Elektronenhülle. Die Bemerkungen über das Verhalten der Edelgase, der seltenen Erden, über die Ionisationsspannungen und das Atomvolumen zeigen, daß viele Eigenschaften aus dem Aufbau der Elektronenhülle erklärt werden können. Allgemein beruhen die chemischen Eigenschaften der Wertigkeit und der Bindung mit anderen Elementen auf Wechselwirkungen zwischen den Elektronen der äußersten Schale. Da sie die Wertigkeit oder Valenz der Elemente bestimmen, nennt man sie Valenzelektronen.

Die chemischen Eigenschaften der Elemente sind durch ihre Valenzelektronen bestimmt.

Helium mit seiner abgeschlossenen K-Schale und alle Elemente, bei denen in der äußersten Schale die s- und p-Zustände gefüllt sind (Ne, Ar, Kr, Xe, Rn), zeigen das Verhalten von **Edelgasen.** Ihre stabile Elektronenanordnung begründet ihre chemische Trägheit, die nicht einmal eine chemische Bindung unter sich zu mehratomigen Molekülen zuläßt. Alle elektrischen Ladungen und magnetischen Momente sind abgesättigt. Daher fehlen auch fast alle Kohäsionskräfte, und Edelgase sind bis nahe an den absoluten Nullpunkt gasförmig.

Auf jedes Edelgas folgt ein **Alkalimetall,** das durch e i n äußeres s-Elektron gekennzeichnet ist. Dieses lose gebundene Elektron kann unter dem Einfluß äußerer Felder abgetrennt werden oder mit der Hülle eines anderen Atoms in Wechselwirkung treten. Wegen des einen Elektrons sind die Alkalimetalle einwertig. Entsprechend sind die dann folgenden Erdalkalimetalle mit zwei s-Elektronen zweiwertig.

Vor jedem Edelgas steht im Periodensystem ein **Halogen.** Dies sind Elemente, bei denen nur e i n Elektron zum Aufbau einer Edelgaskonfiguration der Elektronenhülle fehlt. Sie nehmen gern das fehlende Elektron von einem fremden Element und sind deshalb ebenfalls einwertig. Zum Unterschied von der elektropositiven Einwertigkeit der Alkalimetalle bezeichnet man die Halogene als negativ einwertig.

Manche Stoffe haben verschiedene Wertigkeiten. Sie beruhen auf Umgruppierungen der Valenzelektronen z. T. schon in der Hülle des einzelnen Atoms, z. T. in der vereinigten Hülle der in den Verbindungen zusammengeschlossenen Atome. Kupfer ($Z = 29$) hat z. B. im Normalzustand eine abgeschlossene M-Schale und nur ein 4s-Elektron. Daher ist es in diesem Zustand einwertig. Es bedarf jedoch nur einer geringen Anregung, um ein 3d-Elektron in den zweiten 4s-Zustand zu bringen. In diesem Zustand ist Kupfer dann zweiwertig.

Weitere Eigenschaften der chemischen Bindung, der Leitfähigkeit und des magnetischen Verhaltens werden in der Molekular- und Festkörperphysik behandelt.

7.3. Physik der Moleküle und Festkörper

7.3.1. Die chemische Bindung

Die Kenntnis vom Aufbau der Elektronenhülle gibt auch eine Erklärung der chemischen Bindung und des Zusammenschlusses der Atome zu Festkörpern.

a) Die Ionenbindung. Am einfachsten zu verstehen ist die Bindung zwischen zwei Atomen, von denen das eine in einer angefangenen Schale nur ein oder wenige Elektronen besitzt, während dem anderen ein oder wenige Elektronen zum Aufbau einer Edelgasschale fehlen. Abb. 1 zeigt als Beispiel das Molekül des Kochsalzes NaCl. Wenn das Natrium sein leicht abtrennbares Elektron abgibt, so daß es sich in den noch freien 3p-Zustand des Chlors einordnen kann,

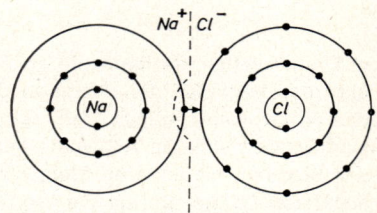

Abb. 1. Ionenbindung des NaCl

erhalten die Elektronenhüllen beider Elemente die stabile Anordnung eines Edelgases. Wegen des Elektronenaustausches ist aber das Na ein positives und das Cl ein negatives Ion geworden. Die beiden entgegengesetzt geladenen Ionen ziehen sich elektrisch an, so daß sie sich im gasförmigen Zustand zu einem Molekül NaCl vereinigen. Beim Abdampfen einer NaCl-Lösung dagegen ordnen sich rings um jedes positive Na-Ion mehrere negative Cl-Ionen und umgekehrt, so daß ein Kristall aus einem Ionengitter entsteht (7.1.1. Abb. 1).

Dieselben Verhältnisse liegen immer vor, wenn sich Atome eines Alkali- oder Erdalkalimetalls mit einem oder zwei Atomen eines Halogens verbinden. Die abtrennbaren Elektronen des Metalls werden in die freien Plätze der Halogenschale eingeordnet, und die entstehenden Ionen gruppieren sich infolge ihrer elektrischen Anziehung zu Molekülen und Kristallen. Diese Art der Bindung heißt **heteropolare** oder **Ionenbindung.**

> **Bei einer Ionenbindung befinden sich die die Bindung vermittelnden Elektronen des einen Atoms ganz in der Hülle des anderen.**

Wenn sich ein Stoff mit heteropolarer Bindung in Wasser löst, werden die elektrischen Anziehungskräfte wegen der hohen Dielektrizitätskonstante des Wassers ($\varepsilon_r = 80$) so stark vermindert, daß schon die Stöße infolge der Wärmebewegung der Moleküle ausreichen, um die Verbindung wieder in Ionen zu zerlegen.

b) Die Atombindung. Es gibt auch andere chemische Verbindungen, die nicht nach Art der Ionenbindung entstehen können, weil allen beteiligten Atomen Elektronen zum Aufbau einer Edelgasschale fehlen. Vereinigen sich z. B. zwei Sauerstoffatome zu einem Sauerstoffmolekül, so können beide Atome nur dadurch eine Edelgasschale erhalten, wenn vier der insgesamt 12 Außenelektronen bei beiden Atomen zum Aufbau einer gemeinsamen Achterschale verwendet werden (Abb. 2). Die den beiden Atomen angehörenden Elektronen bilden Paare, die durch die Überlagerung der Kernfelder hauptsächlich im Raum zwischen den beiden Kernen festgehalten werden. Dadurch, daß beide Atome die Elektronen benötigen, um eine stabile Edelgasschale aufzubauen, entsteht zwischen ihnen eine Kraft, die sie gegenseitig zusammenhält. Weil sich hier keine Ionen, sondern neutrale Atome verbinden, heißt diese Art der Bindung **Atombindung** oder homöopolare Bindung.

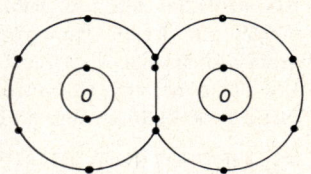

Abb. 2. Atombindung des Sauerstoff-moleküls

> **In einer Atombindung gehören die die Bindung vermittelnden Elektronen gleichzeitig den äußeren Schalen beider Atomkerne an.**

Diese Art der chemischen Bindung tritt vor allem bei Molekülen von Nichtmetallen und den meisten organischen Verbindungen auf. Da die Bindung nicht auf einer elektrischen Anziehungskraft, sondern auf der oben genannten Bindungskraft beruht, dissoziieren Verbindungen mit Atombindungen in Lösungsmitteln mit hoher Dielektrizitätskonstante nicht.

Da die Aufenthaltswahrscheinlichkeit der s-Elektronen kugelsymmetrisch um den Kern verteilt ist, haben Bindungen mit solchen Elektronen keine Vorzugsrichtung. Dagegen verteilen sich die sechs p-Elektronen infolge ihrer gegenseitigen Abstoßung zu je einem Paar in drei aufeinander senkrecht stehende Richtungen, die man z. B. als die Achsen eines räumlichen Koordinatensystems auffassen kann (Abb. 3). Diese Hauptaufenthaltsräume der Elektronen werden in der Chemie als **Orbitale** bezeichnet.

Wenn eine Atombindung durch ein Paar von p-Elektronen vermittelt wird, tritt in ein Orbital zu dem schon vorhandenen Elektron ein zweites des gebundenen Atoms. Die Orbitale ordnen sich so an, daß das gefüllte zwischen den gebundenen Kernen liegt. Werden mehr als zwei Atome durch je ein Elektronenpaar gebunden, so werden zwei oder mehr Orbitale gefüllt, und die Verbindungslinien zwischen den Kernen müßten in die Achsen der Abb. 3 fallen. Da sich aber auch die positiven Ladungen der gebundenen Kerne gegenseitig abstoßen, werden die Winkel vergrößert.

So bilden beim Wassermolekül die Verbindungslinien des Sauerstoffkerns mit den beiden Wasserstoffkernen einen Winkel von 105° (Abb. 4). Dadurch fällt der Schwerpunkt der positiven Ladungen der drei Kerne nicht mit dem der acht Elektronen zusammen. Ein Wassermolekül stellt daher einen Dipol dar. Daraus erklären sich viele Eigenschaften des Wassers, vor allem die hohe Dielektrizitätszahl $\varepsilon_r = 80$.

Wenn ein Kohlenstoffatom mit den eigenen und mit **vier** Elektronen von Nachbaratomen eine Achterschale aufbaut, so gleichen sich wegen der allseitigen Symmetrie die Zustände der beiden s-Elektronen denen der sechs p-Elektronen an und bilden vier Paare, die sich in den Richtungen nach den vier Ecken eines regulären Tetraeders anordnen. Sie schließen wie z. B. beim Methan je einen Winkel von 109,5° ein. Beim Diamantkristall wird jedes Kohlenstoffatom durch alle vier Elektronenpaare mit benachbarten Kohlenstoffatomen verbunden, so daß er durch die vielfache Verknüpfung seine große Härte erlangt (Abb. 5).

Bei zusammengesetzten Verbindungen treten oft in einem Molekül gleichzeitig Ionen- und Atombindungen auf (koordinative Bindung). Umgruppierungen der Elektronen erklären das Auftreten verschiedener Wertigkeiten. Abb. 6 zeigt die Elektronenanordnung in K_2SO_3 und K_2SO_4, wo der Schwefel nach der früheren Theorie einmal 4- und einmal 6-wertig auftritt. Bei der Atombindung der SO_3- bzw. SO_4-Gruppe benötigt der Schwefel für eine volle Achterschale noch zwei Elektronen, die er von den Kaliumatomen erhält. Die so entstehenden negativ geladenen SO_3- bzw. SO_4-Ionen und die positiven Kaliumionen verknüpfen sich durch eine Ionenbindung.

c) Die metallische Bindung. Metalle haben einige leicht abtrennbare Außenelektronen. Sie können daher nur positive Ionen bilden, die sich wegen ihrer gleichnamigen Ladung nicht durch Ionenbindung zu Festkörpern vereinigen können. Wegen der geringen Zahl von Außenelektronen ist es auch unmöglich, aus ihnen vollständige Achterschalen zu bilden und sich durch Atombindung zusammenzuschließen.

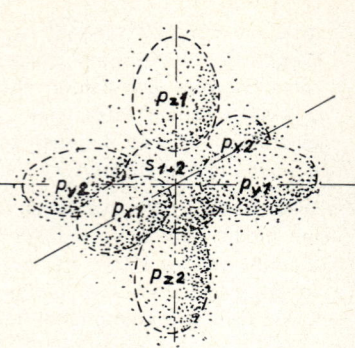

Abb. 3. Aufenthaltsräume der Elektronen in einer Edelgasschale

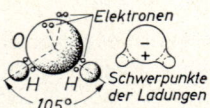

Abb. 4. Dipolcharakter des Wassermoleküls

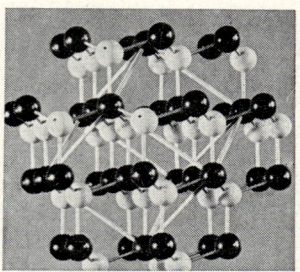

Abb. 5. Atomgitter des Diamants

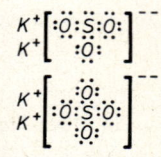

Abb. 6. Koordinative Bindung von K_2SO_3 und K_2SO_4

Deshalb können Metallatome nur dadurch eine Edelgaskonfiguration erhalten, wenn sie alle Außenelektronen abgeben. Diese bilden dann eine negative Ladungswolke zwischen den positiven Metallionen. Die Wolke hält die Metallionen zusammen, und zwar um so fester, je mehr Elektronen von den einzelnen Metallatomen an die Wolke abgegeben werden, denn dann ist die Ladungsdichte der negativen Wolke größer, und die Ionen tragen mehrfache positive Ladungen. Da die Bindung durch nicht gerichtete elektrische Kräfte bewerkstelligt wird, sind Metallkörper nicht starr wie Atomkristalle, sondern bieg- und verformbar. Die Elektronen sind keinen bestimmten Ionen zugeordnet, sondern können sich fast so frei zwischen dem Gitter der Metallionen bewegen wie die Moleküle eines Gases. Die leichte Beweglichkeit der Elektronen ist die Ursache der großen elektrischen und Wärmeleitfähigkeit.

7.3.2. Die Energiestufen der Moleküle und Festkörper

a) Molekülspektren. Bei Einzelatomen ist der Energiezustand der Elektronen durch die vier Quantenzahlen genau bestimmt. Bei einem Molekül dagegen können durch äußere Stöße Rotationen des ganzen Moleküls, Schwingungen der im Molekül enthaltenen Atome oder Änderungen im Energiezustand der Elektronen entstehen. Alles sind periodische Zustände, bei deren Änderung die frei werdende Energie als Lichtquanten bestimmter Wellenlängen ausgestrahlt wird. Die kleinsten Energieänderungen entstehen beim Wechsel im Rotationszustand; deshalb liegen die Wellenlängen der Rotationsspektren weit im Infrarot. Zum Anregen von Schwingungen der im Molekül enthaltenen Atome sind schon höhere Energiebeträge nötig; aber auch die bei der Änderung des Schwingungszustandes ausgesandten Spektrallinien liegen noch im Infrarot. Da sich bei einer Änderung der Schwingungsenergie auch meist zugleich die Rotationsenergie ändert, bestehen die Rotationsschwingungsspektren aus zahlreichen benachbarten Linien.

Neben diesen Änderungen im Energiezustand des ganzen Moleküls oder ganzer Atome können aber auch Änderungen im Energiezustand der Elektronen auftreten, bei denen die frei werdende Energie als Lichtquant abgestrahlt wird. Die Wellenlängen liegen je nach dem Energieunterschied im sichtbaren oder in den benachbarten Teilen des infraroten oder ultravioletten Spektrums. Da gleichzeitig auch Rotations- und Schwingungsänderungen auftreten können, bestehen diese Teile der Molekülspektren aus zahlreichen Linien, die meist so eng benachbart liegen, daß sie in einem Spektralapparat mit geringem Auflösevermögen nicht getrennt werden können. Man bezeichnet sie als Banden. Abb. 1 zeigt neben den Linien des Wasserstoffatoms (656 nm, 486 nm, 434 nm, 410 nm) solche Banden aus zahlreichen Linien des Molekülspektrums.

Abb. 1. Das sichtbare Spektrum des Wasserstoffmoleküls

Die bei Zustandsänderungen der inneren Elektronen auftretenden Röntgenspektren sind bei den Molekülen genau die gleichen wie bei den Atomen, weil die Elektronen der inneren Schalen bei der Vereinigung der Atome zu Molekülen überhaupt nicht betroffen werden.

b) Das Bändermodell der Festkörper. Wenn sich zwei Atome zu einem Molekül vereinigen, so bewirkt die Überlagerung der beiden Kernfelder, daß sich alle Energiestufen des Atoms in zwei benachbarte aufspalten. Die Zahl der möglichen Energiezustände wächst mit der Zahl der im Molekül enthaltenen Atome. Die Festkörper stellen Atomanordnungen dar, bei denen sich an jedem Punkt die Felder zahlreicher Nachbaratome überlagern. Dadurch entsteht eine Aufspaltung der Energiestufen in so viele Einzelstufen, daß man ihre Gesamtheit als ein **Energieband** bezeichnet, in dem zwischen zwei Grenzen jeder Energiezustand möglich ist (Abb. 2). Die Bandbreite ist bei höheren Energiestufen größer als bei tieferen. Sie wächst auch, je enger die Atome angeordnet sind (Abb. 3). Dabei können sich sogar Energiestufen überdecken. Energieänderungen in einem solchen sich aus der Überdeckung mehrerer Banden zusammensetzenden Bereich ergeben bei der Lichtaussendung kein Linienspektrum, sondern ein kontinuierliches Spektrum.

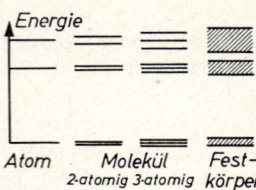

Abb. 2. Aufspaltung der Energiestufen zu Bändern

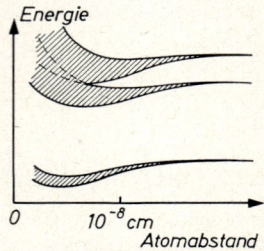

Abb. 3. Abhängigkeit der Bandbreite vom Atomabstand

7.3.3. Die elektrische Leitfähigkeit

Ein Stoff kann den elektrischen Strom nur leiten, wenn sich in ihm nach dem Anlegen einer Spannung Ladungen von der einen Elektrode zur anderen bewegen können. Dies kann unmittelbar durch Elektronen, aber auch durch Ionen als Ladungsträger erfolgen.

> **Die elektrische Leitfähigkeit eines Stoffes beruht auf dem Vorhandensein von beweglichen Ladungsträgern in seinem Innern.**

a) Die Leitfähigkeit der Elektrolyte. In Elektrolyten zerfallen die Moleküle der gelösten Stoffe in zwei entgegengesetzt geladene Ionen, weil die bindende elektrische Kraft wegen der hohen Dielektrizitätskonstante ($\varepsilon_r = 80$) stark vermindert ist. Die Ionen können sich zwischen den Flüssigkeitsmolekülen frei bewegen, soweit sie nicht durch Zusammenstöße mit anderen Molekülen oder durch die elektrischen Felder der entgegengesetzt geladenen Ionen behindert werden. Beim Anlegen einer Spannung wandern die positiven Ionen zur Katode, die negativen zur Anode. Bei steigender Temperatur vermindert sich die Zähigkeit des Wassers; dadurch nimmt die Ionenbeweglichkeit zu, und die Leitfähigkeit steigt. Beim Erhöhen der Konzentration wächst zunächst die Leitfähigkeit wegen der vermehrten Zahl der Ladungsträger. Dann aber sinkt sie wieder, weil sich die entgegengesetzt geladenen Ionen immer mehr behindern. Nach Abgabe ihrer Ladung können die Ionen an den Elektroden chemische Reaktionen hervorrufen.

b) Die Leitfähigkeit bei Festkörpern. Bei Festkörpern (Metallen, Kristallen und anderen festen Stoffen) treten bei der Stromleitung keine chemischen Vorgänge auf; deshalb kann sie nicht durch Ionen, sondern nur durch bewegte Elektronen bewerkstelligt werden (elektronische Leitfähigkeit). Zum Unterscheiden der beweglichen und der ortsgebundenen Elektronen muß man die Energiestufen untersuchen, die in einem Festkörper von den Elektronen eingenommen werden können. Im äußeren Energieband eines Festkörpers entspricht die Zahl der Energiestufen der Zahl der den Körper aufbauenden Atome. Da in jeder

Energiestufe zwei Elektronen mit entgegengesetztem Spin Platz finden, ist das Energieband gefüllt, wenn es mit ebenso vielen Elektronenpaaren besetzt ist, wie die Zahl der Atome in dem Festkörper aufweist. In einem voll besetzten Band muß jedes Elektron bei dem Atom bleiben, bei dem es Platz gefunden hat. Es gibt keine Möglichkeit zum Wechsel und daher keine Elektronenbeweglichkeit. Bei einem teilweise besetzten Band sind noch Plätze frei, so daß viele Elektronen ihre Plätze wechseln und sich dabei bewegen können. Man bezeichnet das äußerste Band, das z. Teil oder ganz mit Elektronen besetzt ist, als Valenzband, und das innerste Band, das leer oder nicht vollständig besetzt ist, als Leitfähigkeitsband.

> **Eine elektrische Leitfähigkeit bei Festkörpern ist nur möglich, wenn ein sog. Leitfähigkeitsband, nämlich ein nur teilweise besetztes Energieband, vorhanden ist.**

c) Die Leitfähigkeit der Metalle. Alkalimetalle haben je ein Elektron in der äußeren Schale. Das äußerste Energieband ist deshalb nur zur Hälfte gefüllt. Sie sind also gute Leiter (Abb. 1). Bei Erdalkalimetallen mit je zwei äußeren Elektronen ist das zugehörige Band zwar voll besetzt, aber das nächsthöhere Band ist so eng benachbart, daß es sich mit dem genannten Band überdeckt und mit ihm zusammen ein nicht voll besetztes Leitfähigkeitsband bildet (Abb. 2). Beim Anlegen einer Spannung ordnet sich die zuvor unregelmäßige Bewegung der Elektronen in Richtung vom negativen zum positiven Pol. Da bei hoher Temperatur die Wärmebewegung der Atome die Bewegung der Elektronen stört, sinkt die Leitfähigkeit mit zunehmender Temperatur.

Abb. 1. Energiebänder eines Alkalimetalls

Abb. 2. Energiebänder eines Erdalkalimetalls

Abb. 3. Energiebänder eines Isolators

d) Isolatoren. Es gibt Stoffe, bei denen das äußerste Energieband, das Elektronen enthält, vollkommen besetzt ist, während das nächsthöhere leer ist. Beträgt der Abstand zwischen beiden Bändern mehr als etwa 1 eV, so genügen die Energien der thermischen Bewegung auch bei hohen Temperaturen nicht, um die Energie der Elektronen bis zum nächsten Energieband zu vermehren. Es gibt dann keine beweglichen Elektronen, und der Stoff ist ein Isolator. Die Durchschlagfestigkeit ist um so größer, je höher der Abstand zum nächsten Energieband ist.

e) Die Leitfähigkeit der Halbleiter. Nach den Ausführungen in 6.6.1. sind Halbleiter Stoffe, deren Atome vier Außenelektronen besitzen, die also zur vierten Gruppe des Periodensystems gehören. Sie ordnen sich zu einem Gitter an, in dem jedes Atom von vier Nachbaratomen umgeben ist, wie es schematisch in Abb. 4 gezeigt ist. Zwischen den Atomen besteht eine Atombindung, die durch ein Elektronenpaar vermittelt wird, das sich zwischen je zwei benachbarten

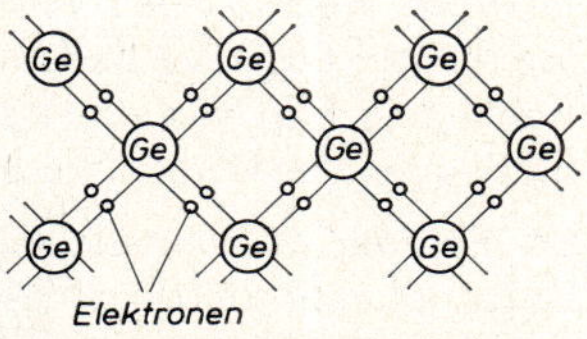

Abb. 4. Schematische Darstellung eines Halbleitergitters

Atomen befindet und wovon je ein Elektron von einem der beiden Atome stammt. Die vier Elektronenpaare, die jedes Halbleiteratom umgeben, füllen das Valenzband, während das Leitfähigkeitsband mit der nächsthöheren Energiestufe leer ist. Der Energieunterschied zwischen beiden Bändern, der Bandabstand, ist bei den einzelnen Elementen der vierten Gruppe des Periodensystems sehr verschieden (Abb. 5). Wegen seines besonders hohen Bandabstandes ist Kohlenstoff als Diamant ein guter Isolator. Beim Zinn dagegen können Elektronen des Valenzbandes den Bandabstand überschreiten, wenn sie bei Zimmertemperatur starke, thermische Stöße erhalten. Deshalb ist Zinn ein guter, metallischer Leiter.

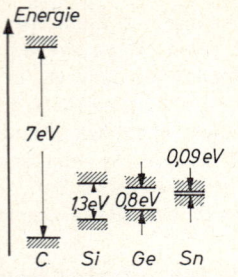

Abb. 5. Energieabstand zwischen Valenzband und Leitfähigkeitsband C, Si, Ge, Sn

Beim Silicium und Germanium reichen bei Zimmertemperatur die Stöße nur sehr selten aus, um einem Elektron so viel Energie zu übertragen, daß er ins Leitfähigkeitsband kommt. Daher besitzen diese Stoffe nur sehr geringe Leitfähigkeit. Bei höherer Temperatur steigt jedoch die Energie der Stöße, so daß ein Übergang ins Leitfähigkeitsband immer häufiger vorkommt. Aber auch die Löcher, die an den Stellen entstehen, wo sich die Elektronen zuvor befanden, können sich nach den Überlegungen in 6.6.1. b wie positive Ladungen bewegen. Die Energiestufen für den Übertritt der Elektronen in das Leitfähigkeitsband und das Entstehen der Löcher zeigt Abb. 6. Beide Arten von Ladungsträger erzeugen die **Eigenleitfähigkeit** der Halbleiter, die ihrer Entstehung nach stark temperaturabhängig ist.

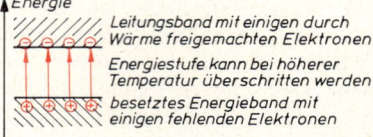

Abb. 6. Energiebänder eines Eigenhalbleiters

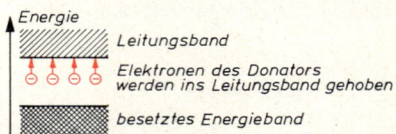

Abb. 7. Energiebänder eines Überschußhalbleiters

Die **Störleitfähigkeit** entsteht, wenn dem Gitter des Halbleiters Fremdatome von einem Element der fünften Gruppe des Periodensystems, z. B. von Arsen oder Antimon, eingefügt werden. Das fünfte Elektron, das nach dem Einbau eines solchen **Donatoratoms** übrig bleibt, wird abgetrennt und befindet sich dann schon in einer solchen Energiestufe (Abb. 7), daß bei Zimmertemperatur thermische Stöße ausreichen, um die Elektronen in das Leitungsband zu bringen. Ihre Energiestufe liegt also unmittelbar unter dem Leitfähigkeitsband.

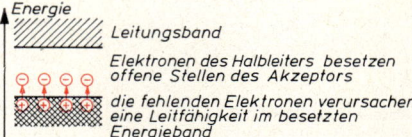

Abb. 8. Energiebänder eines Mangelhalbleiters

Auch wenn man dem Gitter der Halbleiteratome einige Atome von einem Element der dritten Gruppe des Periodensystems, z. B. des Galliums oder Indiums, einfügt, entsteht eine Leitfähigkeit. Beim Einbau von solchen **Akzeptoratomen** mit nur drei Außenelektronen entsteht jeweils ein Loch. Es bedarf nur der Anregung durch thermische Stöße, daß Elektronen des Halbleiters sich von Loch zu Loch bewegen. Abb. 8 zeigt die kleine Energiestufe, die die Elektronen des Halbleiters dabei zu überwinden haben.

Da bei der Störleitfähigkeit schon bei Zimmertemperatur alle negativen bzw. positiven Ladungsträger durch Stöße beweglich gemacht werden können, wächst deren Zahl mit wachsender Temperatur nicht mehr an, so daß praktisch keine Temperaturabhängigkeit der Störleitfähigkeit mehr besteht.

7.3.4. Die magnetischen Eigenschaften der Stoffe

a) Der **Diamagnetismus** kommt dadurch zustande, daß Elektronen, die sich in einem Magnetfeld bewegen, quer zur Richtung der magnetischen Feldlinien eine Ablenkung erfahren. Am anschaulichsten wird die Erklärung, wenn man sich des Modells der Bohrschen Bahnen bedient.

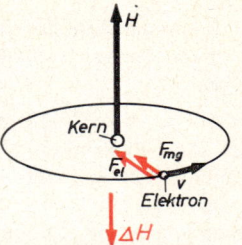

Abb. 1. Diamagnetismus bei einer Bahnebene senkrecht zu H

Es möge zunächst die Bahnebene des Elektrons auf der Richtung des Magnetfeldes H senkrecht stehen. Dann wird die anziehende Kraft des Kerns durch die magnetische Kraft $F_{mg} = evB$ je nach dem Umlaufsinn des Elektrons vermehrt oder vermindert. Bei der gezeichneten Richtung addieren sich die Kräfte. Infolge der erhöhten Zentripetalkraft wird die Umlaufgeschwindigkeit des Elektrons größer, und es entsteht eine Änderung des von ihm hervorgerufenen Magnetfeldes. Diese zusätzliche Feldstärke ΔH ist in der Abb. dem äußeren Feld H entgegengesetzt gerichtet. Das gleiche Ergebnis erhält man bei entgegengesetztem Umlaufsinn des Elektrons.

Läuft das Elektron aber in einer Bahn, deren Ebene parallel zur Feldrichtung H verläuft (Abb. 2), so erfährt es an den Stellen, wo seine Bewegung auf der Feldrichtung senkrecht steht, infolge der magnetischen Kraft eine Ablenkung, die eine Drehung der Bahnebene zur Folge hat. Bei dem eingezeichneten Umlaufsinn läuft es zuerst in der Bahn 1, dann in der Bahn 2 usw. Es ergibt sich eine Drehung der Bahnebene im Sinne des punktierten

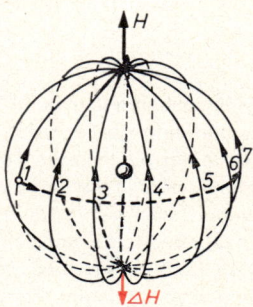

Abb. 2. Diamagnetismus bei einer Bahnebene parallel zu H

Pfeiles um eine zur Feldrichtung parallele Achse. Mit der Bahnebene kreist auch das Elektron innerhalb mehrerer Umläufe um diese Achse und erzeugt durch den Umlauf seiner Ladung eine zusätzliche magnetische Feldstärke ΔH, die auch hier der äußeren Feldstärke H entgegengesetzt ist.

Auch bei allen anderen Lagen der Bahnebene tritt eine Schwächung des äußeren Feldes ein. Diese ist jedoch sehr gering und unabhängig von der Temperatur.

> **Der Diamagnetismus beruht auf einer Drehung der Bahnebenen der Elektronen in der Atomhülle unter dem Einfluß eines äußeren Feldes.**

Nach diesen Überlegungen besitzen **alle** Atome und ihr Zusammenschluß zu Molekülen oder Festkörpern diamagnetische Eigenschaften.

b) Paramagnetismus. Wenn trotzdem viele Stoffe ein äußeres Magnetfeld verstärken, so liegt die Ursache im Paramagnetismus, dessen Wirkung bei diesen Stoffen die des Diamagnetismus übertrifft.

Die Elektronen der Atomhülle besitzen magnetische Momente, deren Größe durch die magnetische Quantenzahl m bestimmt ist. Stoffe sind paramagnetisch, wenn die Summe der magnetischen Momente aller in der Hülle ihrer Atome befindlichen Elektronen nicht Null ist. Ihre Atome stellen kleine Magnete dar, die das äußere Magnetfeld parallel zu drehen sucht. Die Wärmebewegung verhindert eine vollständige Ausrichtung, so daß jeweils nur eine kleine Zahl der Atome für kurze Zeit parallel gerichtet sind. Deshalb ist die Verstärkung eines Magnetfeldes durch paramagnetische Stoffe sehr gering.

Der Paramagnetismus beruht auf einem Parallelrichten von ganzen Atomen, die ein magnetisches Moment haben. Der Paramagnetismus nimmt mit steigender Temperatur ab.

Bei allen Elementen mit abgeschlossenen Schalen oder Teilschalen ist die Summe aller magnetischen Momente Null; solche Stoffe weisen daher keinen Paramagnetismus auf. Beim Zusammenschluß der Atome zu Molekülen entstehen abgeschlossene Teilschalen. Daher verschwindet oft ein bei den Atomen vorhandener Paramagnetismus bei den aus ihnen gebildeten Molekülen.

c) Ferromagnetismus. Auch bei den Elementen Eisen, Nickel und Kobalt entsteht eine Verstärkung des äußeren Magnetfeldes, die bei steigender Temperatur abnimmt und oberhalb einer bestimmten Temperatur ganz verschwindet. Der Ferromagnetismus hat also ähnliche Eigenschaften wie der Paramagnetismus. Zur Erklärung seiner um viele Größenordnungen stärkeren Wirkung müssen aber einige besondere Bedingungen erfüllt sein: 1. Die einzelnen Atome müssen besonders große magnetische Momente haben, 2. diese dürfen beim Zusammenschluß der Atome zu Festkörpern nicht verloren gehen, und 3. muß eine nahezu vollkommene Parallelrichtung aller Atome erfolgen.

Mehrfache magnetische Momente können nur auftreten, wenn in einer Schale die d- oder f-Zustände zum Teil gefüllt sind, weil erst dann die magnetische Quantenzahl größere Werte annehmen kann und die Möglichkeit besteht, daß mehrere Elektronen ungepaart sind. Da d- und f-Schalen nie als äußere Schalen auftreten, wird ihre Elektronenanordnung beim Zusammenschluß zu Festkörpern nicht gestört. Daher ist auch die zweite Bedingung erfüllt. Damit zahlreiche Nachbaratome gleichzeitig parallel gerichtet werden und trotz der Wärmebewegung in dieser Lage bleiben, müssen die Magnetfelder von Nachbarmolekülen eng gekoppelt sein. Die Wellenmechanik kann zeigen, daß diese Bedingung nur bei den 3 d-Zuständen, nicht aber bei den 4 d- oder 4 f-Zuständen erfüllt ist. So führt die Theorie genau auf die Elemente Fe, Co und Ni, die als einzige ferromagnetische Eigenschaften haben können. Bei ihnen gibt es nun wirklich bestimmte Kristallanordnungen, bei denen sich schon ohne ein äußeres Feld die Atome in ganzen Bereichen, den Weißschen Bezirken (6.1.1. c), durch die koppelnde Wirkung der eigenen magnetischen Momente parallel richten. Ein äußeres Feld bewirkt, daß die schon in dessen Richtung orientierten Bereiche sich auf Kosten der nicht parallel gerichteten vergrößern oder daß nicht parallel gerichtete Bezirke plötzlich umkippen und sich in die Feldrichtung ausrichten. Der Ferromagnetismus entsteht also erst durch das Zusammenwirken der zahlreichen parallel gerichteten Atome eines Festkörpers.

Dia- und Paramagnetismus sind Eigenschaften einzelner Atome. Ferromagnetismus kann nur in Festkörpern auftreten.

Bei einer Temperaturerhöhung kann die Wärmebewegung so stark werden, daß sie die ordnende Kraft der gekoppelten magnetischen Momente überwindet. Bei der Curietemperatur verschwindet der Ferromagnetismus; bei höheren Temperaturen zeigen Fe, Ni und Co nur noch einen kleinen Paramagnetismus.

7.3.5. Maser und Laser

a) Induzierte Emission. Wenn ein Elektron sich in einem angeregten Zustand befindet, kehrt es ohne besonderen Anlaß nach etwa 10^{-8} s spontan in den Grundzustand zurück, wobei es ein Lichtquant ausstrahlt, dessen Wellenlänge durch die Energiedifferenz der beiden Zustände bestimmt ist. Die Rückkehr in den Grundzustand kann aber auch von außen angeregt werden; man spricht dann von einer **induzierten Emission.** Sie entsteht, wenn ein angeregtes Elektron von einem Lichtquant getroffen wird, das genau die Frequenz hat, die beim Übergang in den Grundzustand ausgestrahlt wird. Dann regt das ankommende Lichtquant bei dem Elektron gerade die auszusendende Frequenz an und leitet dadurch die Emission ein. Beide Wellen, die des ankommenden

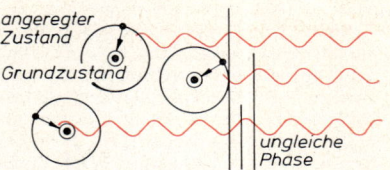

Abb. 1. Spontane Emission

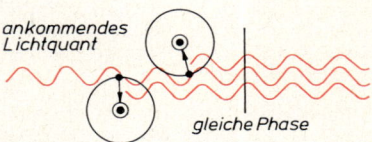

Abb. 2. Induzierte Emission

Quants und die vom angeregten Elektron ausgestrahlte, breiten sich miteinander aus. Während aber bei einer spontanen Emission die einzelnen Wellen der verschiedenen Atome in einer vom Zufall bestimmten Reihenfolge und daher mit ganz verschiedener Phase (Abb. 1) ausgesandt werden, haben alle Lichtquanten, deren Emission vom gleichen ankommenden Quant angeregt wird, genau die gleiche Phase (Abb. 2).

b) Maser und Laser. Wenn nun in einem Stoff eine große Anzahl angeregter Elektronen vorhanden ist, kann ein auftreffendes Lichtquant zahlreiche Emissionen auslösen, die alle die von ihm verkörperte elektromagnetische Welle mit gleicher Phase verstärken. Bei Mikrowellen nennt man diesen Vorgang **Maser,** bei Lichtwellen **Laser** (**M**icrowave bzw. **L**ight **a**mplification by **s**timulated **e**mission of **r**adiation). Für die Erzeugung des Maser oder Laser ist es von entscheidender Bedeutung, daß möglichst viele Elektronen in einem angeregten Zustand angereichert werden, so daß die gleiche elektromagnetische Welle sie zur Rückkehr in den Grundzustand veranlassen kann. Da aber Elektronen aus einem gewöhnlichen angeregten Zustand schon nach etwa 10^{-8} s zurückkehren, läßt sich eine Anreicherung nur bei metastabilen Zuständen (7.2.4.e) verwirklichen, weil die Elektronen dort bis zu 10^{-3} s verweilen können. Von den Methoden zur Erzeugung von Maser- und Laserstrahlen sollen nur die wichtigsten behandelt werden.

c) Der **Rubinlaser** besteht aus einem Rubinstäbchen, in dessen Kristallgitter mit geringer Konzentration Chromionen eingefügt sind. Bei einer Bestrahlung absorbiert der Kristall grünes Licht mit der Wellenlänge 550 nm. Zugleich werden auch zahlreiche Außenelektronen des Chroms in ein Energie-

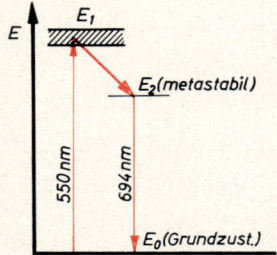

Abb. 3. Energiestufen des Chroms in einem Rubinlaser

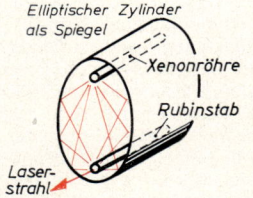

Abb. 4. Elliptischer Rubinlaser

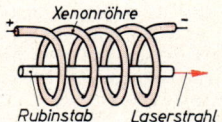

Abb. 5. Rubinlaser mit spiraliger Xenonröhre

band E_1 (Abb. 3) mit etwas höherer Energie als ein metastabiler Zustand E_2 des Chroms gehoben. Sie fallen von E_1 sofort nach E_2 zurück, wo sie angereichert werden, weil sie von dort nicht unmittelbar in den Grundzustand E_0 zurückkehren können. Zur Anregung verwendet man eine Xenonröhre, entweder in Brennpunktsanordnung mit einem elliptischen Spiegel (Abb. 4) oder in Form einer spiralig um den Rubinstab gelegten Entladungsröhre (Abb. 5). Das Xenonlicht enthält auch Quanten von der Wellenlänge 694 nm, die dem Energieunterschied zwischen E_2 und E_0 entsprechen. Diese leiten beim Auftreffen auf die angeregten Elektronen die induzierte Emission ein, so daß sie wieder in den Grundzustand zurückkehren. Der Rubinkristall hat die Form eines Stäbchens mit genau parallel geschliffenen verspiegelten Endflächen. Ein Teil der emittierten Welle geht an den Seitenbegrenzungen des Kristalls nach außen. Entscheidend ist aber der Teil, der von den Endflächen mehrfach hin- und her reflektiert wird. Es bildet sich eine stehende Welle, die den ganzen Kristall ausfüllt und alle metastabilen Elektronen zur Emission anregt. Dadurch wird die Strahlung außerordentlich verstärkt. Damit sie nach außen austreten kann, ist die eine der beiden Endflächen ein wenig lichtdurchlässig. Aus ihr tritt ein eng gebündelter, intensiver roter Laserstrahl mit der Wellenlänge 694 nm und genau gleicher Phase aus.

d) Der **Gaslaser** benutzt eine Gasentladung in einer Röhre mit einem Gemisch von Helium und Neon. Durch die Entladung werden viele Elektronen von Heliumatomen in Zustände E_1 von der Energie 24 ... 25 eV gehoben, von denen sie in einen metastabilen Zustand E_2 von 19,77 eV übergehen (Abb. 6). Die Rückkehr in den Grundzustand wird hier nicht durch eine eingestrahlte Welle veranlaßt, sondern durch Zusammenstöße mit Ne-Atomen. Dabei übertragen die metastabilen Elektronen die beim Übergang in den Grundzustand frei werdende Energie auf Elektronen des Neons, die dadurch in einen angeregten Zustand E_3 gelangen. Da er ebenfalls metastabil ist, reichern sie sich dort an. Sowohl der Übergang von hier nach E_4 als auch weiter nach E_5 kann durch induzierte Emission erfolgen. Während aber der Übergang nach E_4 eine infrarote Wellenlänge liefert, entsteht beim Übergang von E_4 nach E_5 rotes Licht von der Wellenlänge 633 nm. Die Einleitung des Vorganges erfolgt durch einen der seltenen spontanen Übergänge, der andere Übergänge induziert. Die Entladungsröhre befindet sich zwischen zwei genau parallelen Spiegeln (Abb. 7), zwischen denen sich eine stehende Welle bildet. Ist der eine Spiegel etwas durchlässig, so tritt bei ihm ein roter Laserstrahl aus.

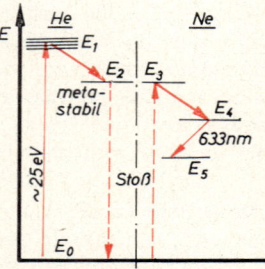

Abb. 6. Energiestufen eines He-Ne-Lasers

e) Der **Halbleiterlaser** entsteht in der Grenzschicht eines pn-Gleichrichters, z. B. an der Trennfläche eines As- und eines Ga-dotierten Germaniumkristalls (Abb. 8). Wird der Gleichrichter in Flußrichtung gepolt, so treten aus der Leitung Elektronen in den n-leitenden Teil ein und diffundieren auf der anderen Seite in den p-leitenden Teil. Diesem Teil werden durch die angelegte Spannung Elektronen entzogen, so daß sich an der Grenze zur n-leitenden Schicht neue Löcher bilden, die dann wieder von den aus der n-leitenden Schicht kommenden Elektronen besetzt werden. In einer dünnen Grenzschicht von wenigen μm gehen also angeregte Elektronen des Leitungsbandes in die Löcher des darunter liegenden Valenzbandes über (Abb. 9). Dabei geben sie ihre Energie als Quanten ab, die bei kleinen Strömen vom umgebenden Material absorbiert werden.

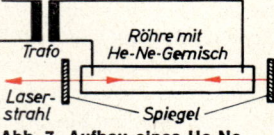

Abb. 7. Aufbau eines He-Ne-Lasers

Erhöht man aber die Stromdichte auf Werte von mehr als 40 A/mm², so tritt durch gegenseitige Kopplung eine induzierte Emission der angeregten Elektronen auf, so daß sie unter Aussendung einer frequenz- und phasengleichen Welle ins Valenzband übergehen. Der Gleichrichterkristall besitzt zwei gegenüberliegende parallel geschliffene Seiten, die schon ohne Verspiegelung etwa ein Drittel der auftreffenden Strahlung reflektieren. Die sich ausbildende stehende Welle genügt, um die induzierte Emission phasengleich ablaufen zu lassen. Es tritt dann seitlich aus der Grenzschicht zwischen dem n- und dem p-leitenden Teil des Kristalls ein Laserstrahl aus, der mit einer Wellenlänge von 840 nm schon im infraroten Teil des Spektrums liegt. Wegen der hohen Stromdichte muß der Vorgang bei tiefer Temperatur ablaufen. Der Wirkungsgrad des Halbleiterlasers kann bis zu 50 % gesteigert werden, während er beim Rubinlaser kaum über 1 % und beim Gaslaser sogar nur etwa 0,5 % beträgt.

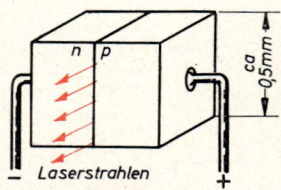

Abb. 8. Halbleiterlaser

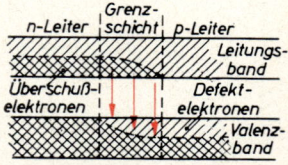

Abb. 9. Bänderschema eines Halbleiterlasers (vereinfacht)

f) Eigenschaften der Laserstrahlen. Die hervorstechendste Eigenschaft des Lasers ist die sonst nie erreichte Gleichheit der Wellenlänge und Phase. Licht, das durch spontane Übergänge der Elektronen ausgesandt wird, läßt sich mit Spiegeln, Linsen und Blenden sammeln oder parallel richten. Dabei bleibt aber stets wegen der Beugung eine durch die Abmessungen der Lichtquellen und die Öffnungen der Blenden, Linsen und Spiegeln bedingte Divergenz, die sich bei gewöhnlichem Licht kaum unter 1° vermindern läßt. Ein Laserstrahl stellt beim Austritt eine genau phasengleiche ebene Welle dar, deren Begrenzung durch die Beugungserscheinungen am Rande gegeben ist. Ihr Divergenzwinkel ist im wesentlichen durch den Quotienten aus der Wellenlänge und dem Durchmesser des gleichphasigen Austritts gegeben. Bei einem Rubinlaser von 4 mm Durchmesser erhält man z. B.:

$$\vartheta = \frac{694\,\text{nm}}{4\,\text{mm}} = 173 \cdot 10^{-6} = 1{,}73 \cdot 10^{-4} \approx 0{,}6'$$

Im allgemeinen wird der günstigste Wert nicht ganz erreicht, weil der Laserstrahl oft nicht über seinen ganzen Querschnitt gleichphasig ist. Vor allem beim Gaslaser läßt sich aber bei großem Röhrendurchmesser der Divergenzwinkel noch unter den berechneten Betrag vermindern.

Die andere Eigenschaft ist die Strahlungsdichte. Ein Rubinlaser setzt von der während etwa 10^{-3} s eingestrahlten Energie des Xenonblitzes etwa 1 W s in die Energie des Laserstrahles von etwa 10 mm² Querschnitt um. Die Strahlungsdichte beträgt somit 1 W s/(10^{-3} s · 10 mm²) = 100 W/mm², was sogar die Strahlungsdichte der Sonnenoberfläche noch übertrifft.

g) Anwendungen. Auf diesen Eigenschaften beruhen die zahlreichen Anwendungen, die die Laserstrahlen in der kurzen Zeit seit ihrer Entdeckung schon gefunden haben.

Laserstrahlen lassen sich mit Linsen eng bündeln und auf einen winzigen Fleck fokussieren. Dort entsteht eine solche Wärme, daß in dünnen Metallschichten im Nu feinste Öffnungen hindurchgeschmolzen werden. Gerade solche dünnen Löcher werden in der Spinnstoffindustrie oft gebraucht. Wegen der hohen Wärmeerzeugung auf engstem Raum eignet sich der Laserstrahl für eine Reihe feinster Werkstoffbearbeitungen. Selbst die schwer schmelzbaren Metalle wie Wolfram oder Tantal können geschmolzen oder geschweißt werden. Ebenso wie Metalle lassen sich auch Kunststoffe mit Laserstrahlen bearbeiten. Sogar zu operativen Zwecken wurde schon die Wärmewirkung der Laserstrahlen angewendet.

Wegen ihrer engen Bündelung sind Laserstrahlen geeignet, bei kleinster Energie Signale auf größte Entfernungen zu übertragen. Man kann die Laserstrahlen sogar modulieren und dadurch nicht nur Signale, sondern auch Nachrichten in genau gezielte Richtungen aussenden. Eine Radarortung mit Laserstrahlen hat wegen der engen Bündelung eine größere Reichweite als bei einer ultrakurzen elektromagnetischen Welle.

Die Frequenz und Phasenkonstanz gibt dem Physiker neue Möglichkeiten, die Genauigkeit bei Zeitmessungen und bei Interferenzversuchen zu steigern. Auf die Verwendung der Laserstrahlen für die Holographie wurde schon in 5.4.3. hingewiesen.

7.4. Die Physik der Atomkerne

7.4.1. Die Radioaktivität

a) Die Entdeckung der Radioaktivität. Im Jahre 1896 bemerkte der französische Physiker Becquerel[1], daß von einem Stück Pechblende, einem uranhaltigen Mineral, eine Strahlung ausgeht, ohne daß Energie zugeführt werden muß und ohne daß sich an ihm eine Veränderung feststellen läßt. Sein Schüler P. Curie[2] und dessen Frau M. Curie[3] wiesen zwei Jahre später nach, daß außer dem Uran in der Pechblende noch ein anderer strahlender Stoff vorhanden ist, dessen intensivere Strahlung nur wegen der außerordentlich geringen Konzentration die des Urans nicht übertrifft. Dieses Element erhielt den Namen Radium (das Strahlende) und die genannte Eigenschaft der beiden und einiger später gefundenen anderen Stoffe bezeichnet man als **Radioaktivität.**

b) Die Strahlenarten. Die von einem Radiumpräparat ausgehende Strahlung ist nicht einheitlich. Zum Teil wird sie schon von ganz dünnen Schichten absorbiert, z. Teil besitzt sie ein Durchdringungsvermögen, das noch größer ist als das der härtesten Röntgenstrahlen. Am deutlichsten lassen sich die verschiedenen Anteile trennen, wenn man die Strahlen durch ein elektrisches oder magnetisches Feld laufen läßt. Ein Teil, die α-Strahlen, werden wenig nach der einen Seite, ein anderer Teil, die β-Strahlen, stark nach der anderen Seite und der dritte Teil, die γ-Strahlen, überhaupt nicht abgelenkt. Bestimmt man aus solchen Ablenkungen die Masse und die Ladung der ausgesandten Partikel, so ergeben sich folgende Eigenschaften:

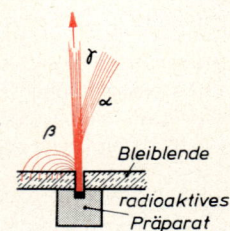

Abb. 1. Ablenkung der α-, β- und γ-Strahlen im Magnetfeld

Die α-**Strahlen** bestehen aus doppelt positiv geladenen Heliumatomen. Ihre Geschwindigkeit beträgt einige Prozent der Lichtgeschwindigkeit. In Luft hat die α-Strahlung eines jeden radioaktiven Stoffes eine charakteristische Reichweite von einigen cm (Abb. 7.4.3.[2]). Von Metallfolien, Papier oder Haut werden die α-Strahlen schon in dünnen Schichten absorbiert.

Die β-**Strahlen** bestehen aus Elektronen mit Geschwindigkeiten bis zu 99 % der Lichtgeschwindigkeit. Sie sind also besonders energiereiche Elektronenstrahlen. Ihre Intensität nimmt in Luft innerhalb einiger dm allmählich ab. Metallschichten mit einer Dicke von mehr als 1 mm absorbieren sie vollständig.

Die γ-**Strahlen** sind eine elektromagnetische Strahlung, deren Durchdringungsvermögen das der Röntgenstrahlen übertrifft. Die Wellenlänge liegt zwischen 0,1 und 10 pm. Erst mehrere cm dicke Metallplatten können die Strahlung merklich schwächen.

c) Die Zerfallsreihe. Die Strahlen kommen aus den Kernen der radioaktiven Stoffe. Einige senden nur α- oder nur β-Strahlen, andere α- und γ- oder β- und γ-Strahlen aus. Die Energie eines ausgesandten Teilchens oder Quants beträgt bis zu 8 MeV. Beim Aussenden verändern sich die Kerne der radioaktiven Stoffe. Da ein α-Teilchen die Ladung $2e$ und die Massenzahl 4 (nämlich die auf eine ganze Zahl auf- oder abgerundete relative Atommasse 7.4.4. d)

---

[1] Henri B e c q u e r e l , 1852—1908, Physiker in Paris, erhielt zusammen mit dem Ehepaar
[2] Pierre und [3] Marie C u r i e , 1867—1934 (geb. in Warschau) den Nobelpreis für die Entdeckung der Radioaktivität.

besitzt, muß sich der Kern eines α-Strahlers bei der Aussendung eines α-Teilchens in den eines Elementes umwandeln, dessen Ordnungszahl um 2 und dessen Massenzahl um 4 erniedrigt ist. Bei der Aussendung eines β-Teilchens bleibt die Massenzahl unverändert; da aber die positive Kernladung sich wegen der ausgestoßenen negativen Elementarladung um eine Ladungseinheit erhöht, wächst die Ordnungszahl um 1. Nur bei der γ-Strahlung bleiben Ordnungs- und Massenzahl unverändert.

Bei den meisten radioaktiven Umwandlungen sind die entstehenden Tochtersubstanzen wieder radioaktiv, so daß sich ganze Zerfallsketten ergeben. So entsteht z. B. Radium nach einigen Zwischenstufen aus dem Uran und zerfällt selbst über weitere Zwischenstufen bis zur stabilen Endstufe Blei. (Die Zahlen links neben den chemischen Zeichen geben oben die Massenzahl und unten die Kernladungszahl an (7.4.4. b), die Angaben unter den Pfeilen sind die Halbwertszeiten (7.4.2. b) des betreffenden Zerfalls):

$$\begin{array}{l}
{}^{238}_{92}\text{U} \xrightarrow[4{,}5 \cdot 10^9 \text{ a}]{\alpha} {}^{234}_{90}\text{UX}_1 \xrightarrow[24{,}1 \text{ d}]{\beta,\,\gamma} {}^{234}_{91}\text{UX}_2 \xrightarrow[1.14 \text{ m}]{\beta,\,\gamma} {}^{234}_{92}\text{UII} \xrightarrow[2{,}67 \cdot 10^5 \text{ a}]{\alpha} {}^{230}_{90}\text{Io} \xrightarrow[8 \cdot 10^4 \text{ a}]{\alpha,\,\gamma}
\end{array}$$

$$\longrightarrow {}^{226}_{88}\text{Ra} \xrightarrow[1620 \text{ a}]{\alpha,\,\gamma} {}^{222}_{86}\text{Rn} \xrightarrow[3{,}8 \text{ d}]{\alpha} {}^{218}_{84}\text{RaA} \xrightarrow[3{,}05 \text{ m}]{\alpha} {}^{214}_{82}\text{RaB} \xrightarrow[26{,}8 \text{ m}]{\beta}$$

$$\longrightarrow {}^{214}_{83}\text{RaC} \xrightarrow[19{,}7 \text{ m}]{\alpha,\,\gamma} {}^{210}_{81}\text{RaC}''$$
$$\quad\quad\quad\; \beta \downarrow 19{,}7 \text{ m} \quad\quad \beta \downarrow 1{,}32 \text{ m}$$

$$\quad {}^{214}_{84}\text{RaC}' \xrightarrow[1{,}5 \cdot 10^{-4} \text{ s}]{\alpha} {}^{210}_{82}\text{RaD} \xrightarrow[22 \text{ a}]{\beta,\,\gamma} {}^{210}_{83}\text{RaE} \xrightarrow[5{,}04 \text{ d}]{\beta} {}^{210}_{84}\text{Po} \xrightarrow[129 \text{ d}]{\alpha} {}^{206}_{82}\text{Pb}$$

d) Folgerungen aus der Radioaktivität. Aus der Erforschung der Radioaktivität ergaben sich zwei für die Entwicklung der Kernphysik entscheidende Folgerungen:

1. Die radioaktiven Atomkerne verändern sich, so daß Elemente sich in andere umwandeln können. **Die Atomkerne sind also nicht unveränderlich.**

2. Beim radioaktiven Zerfall werden die α- und β-Teilchen oder die γ-Quanten mit Energien von einigen MeV ausgeschleudert. **Die Atomkerne enthalten also große Energien.**

7.4.2. Eigenschaften der radioaktiven Strahlung

a) Die Aktivität. Bei jeder Aussendung eines α- oder β-Teilchens wandelt sich ein Atom des radioaktiven Stoffes in das eines anderen Elementes um. Dabei nimmt die Zahl der in einem radioaktiven Präparat enthaltenen Atome dauernd ab. Die Anzahl der ausgesandten Teilchen entspricht also der Abnahme der Anzahl der Atome. Daher ist der Quotient aus der Abnahme $-\,dN$ ($-$Zeichen, weil dN beim Zerfall stets negativ ist und die Aktivität durch eine positive Größe gekennzeichnet werden soll) der Atomzahl und der Zeit dt, in der sie stattfindet, ein Maß für die **Aktivität** A^* eines radioaktiven Präparats.

$$A^* = -\frac{dN}{dt}$$

Nach dieser Definition ist die Einheit der Aktivität $\frac{1}{\text{s}}$. Selbst bei schwachen radioaktiven Präparaten ergeben sich bei dieser Einheit große Zahlenwerte. Früher verwendete man als Einheit das Curie (Ci), das der Aktivität von 1 g Radium entspricht:

$$1 \text{ Ci} = 3{,}7 \cdot 10^{10} \text{ s}^{-1}$$

b) Das Zerfallsgesetz. Experimentell zeigt es sich, daß die Aktivität stets proportional zu der in dem Präparat vorhandenen Zahl N der radioaktiven Atome ist. Die Proportionalitätskonstante ist für jedes radioaktive Element kennzeichnend und wird als **Zerfallskonstante** λ bezeichnet.

$$A^* = -\frac{dN}{dt} = \lambda N$$

Daraus erhält man durch Integration das **Zerfallsgesetz.**

$$N = N_0\, e^{-\lambda t} \quad (N_0 = \text{Zahl der Atome zur Zeit } t = 0)$$

Da nach den Gleichungen $m = N A_r u$ (7.1.1. b) und $A^* = \lambda N$ sowohl die Masse als auch die Aktivität zur Atomzahl proportional sind, gelten auch die beiden anderen Beziehungen:

$$m = m_0\, e^{-\lambda t} \qquad A^* = A_0^*\, e^{-\lambda t}$$

Die Menge des strahlenden Stoffes nimmt also nach einer Exponentialkurve ab (Abb. 1). In gleichen Zeiten zerfällt immer der gleiche Bruchteil des vorhandenen Stoffes. Die Zeit, in der die Menge auf die Hälfte abnimmt, heißt **Halbwertszeit** t_h. Man findet sie aus:

Abb. 1. Zerfallskurve eines radioaktiven Stoffes

$$\frac{N_0}{2} = N_0\, e^{-\lambda t_h} \qquad t_h = \frac{\ln 2}{\lambda} = \frac{0{,}693}{\lambda} \qquad \lambda = \frac{0{,}693}{t_h}$$

Weil sich beim radioaktiven Zerfall meist neue radioaktive Tochtersubstanzen bilden, enthalten radioaktive Präparate meist ein Gemisch verschiedener radioaktiver Elemente. Die Menge der Tochtersubstanz wächst so lange, wie bei ihr mehr Atome entstehen als zerfallen. Da aber mit zunehmender Menge auch der Zerfall der Tochtersubstanz ansteigt, entsteht schließlich ein Zustand, bei dem sich die Zahl der Atome bei der Tochtersubstanz nicht mehr ändert. Da in diesem Zustand des **radioaktiven Gleichgewichtes** die Aktivität der Muttersubstanz ebenso groß ist wie die der Tochtersubstanz, so folgt aus $A_1^* = A_2^*$:

$$\lambda_1 N_1 = \lambda_2 N_2 \qquad N_1 : N_2 = \lambda_2 : \lambda_1 = t_{h_1} : t_{h_2}$$

Beim radioaktiven Gleichgewicht verhalten sich die Atomzahlen der Mutter- und Tochtersubstanz wie die Halbwertszeiten.

Da hierbei wegen des Zerfalls beide Substanzmengen abnehmen, sind nur das Verhältnis der Substanzmengen, aber nicht die Mengen selbst konstant. Man nennt deshalb den Zustand ein „laufendes" Gleichgewicht. Nach der gefundenen Beziehung kann man aus Massenverhältnissen bei bekannten relativen Atommassen die Halbwertszeiten berechnen. Nur so konnten die langen Halbwertszeiten von Radium (1620 a) oder Uran (4,5 · 10⁹ a) bestimmt werden. Mit Hilfe der Halbwertszeit kann man die Formel für die Aktivität der Masse m eines radioaktiven Stoffes umformen:

$$A^* = \lambda N = \frac{0{,}693}{t_h}\frac{m}{A_r u}$$

c) Die Absorption der α-Strahlen. Beim Durchgang durch Materie erfahren unter den radio-aktiven Strahlen die α-Strahlen die stärkste Wechselwirkung. Sie treten mit einer Energie von einigen MeV aus dem radioaktiven Kern aus und ionisieren auf ihrem Weg zahlreiche Atome. In Luft können bis zu 70 000 Ionen je cm entstehen. Die zur Ionisation nötige Energie vermindert längs des ganzen Weges die kinetische Energie der α-Teilchen. Alle aus dem gleichen Strahler austretenden α-Teilchen haben die gleiche Reichweite (7.4.2. Abb. 2). Da sie auf gleichlangen Wegen eine gleichartige Ionisation hervorrufen, müssen sie auch mit gleicher Energie den Kern verlassen.

Bei einer Anfangsenergie E zwischen 0,4 MeV und 3 MeV gilt für die Reichweite R in Luft:

$$R = 0,323 \text{ cm} \left(\frac{E}{\text{MeV}} \right)^{1,5}$$

	Reichweite von α-Strahlen			
Energie	R in Luft	R in Papier	R in Aluminium	R in Blei
1 MeV	0,32 cm	0,004 mm	0,0015 mm	0,00037 mm
3 MeV	1,68 cm	0,022 mm	0,008 mm	0,002 mm
5 MeV	3,6 cm	0,047 mm	0,017 mm	0,004 mm

Wenn infolge der Ionisation die Geschwindigkeit der α-Teilchen abnimmt, steigt die Wechselwirkung mit der Materie an, und die Ionisation nimmt zu. Wenn die ganze Energie verbraucht ist, nehmen Teilchenzahl und Ionisation rasch gegen Null ab (Abb. 2).

Da die Masse der α-Teilchen 7250mal größer ist als die der Elektronen, erfahren sie bei der Ionisation fast keine Richtungsänderungen. Nur bei den seltenen Zusammenstößen mit Atomkernen treten starke Ablenkungen auf.

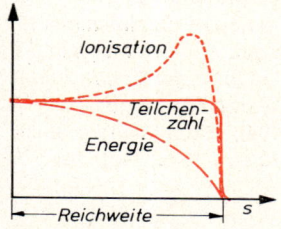

Abb. 2. Absorption der α-Strahlen

d) Absorption von β-Teilchen. Beim Austritt aus dem Kern haben die β-Teilchen nahezu Lichtgeschwindigkeit und können mit ihrer großen Energie in der durchlaufenen Materie Ionen erzeugen. Die Ionisationsfähigkeit ist jedoch wesentlich kleiner als bei den α-Strahlen; es entstehen z. B. in Luft nur bis zu 100 Ionen je cm. Infolge ihrer kleinen Masse erfahren β-Teilchen bei Zusammenstößen oder auch schon beim Durchlaufen des elektrischen Feldes anderer Elektronen starke Richtungsänderungen (7.4.3. Abb. 3), so daß der ursprüngliche β-Strahl stark gestreut wird.

Die β-Teilchen des gleichen Strahlers haben nicht wie die α-Teilchen gleiche Ausgangs-energie, sondern verteilen sich auf verschiedene Energien zwischen Null und einer Maximal-energie (Abb. 3). Deshalb und wegen der Streuung gibt es auch keine genau angebbare Reichweite. Sie beträgt je nach der Anfangsenergie in Luft einige dm oder wenige m, in festen oder flüssigen Stoffen jedoch meist nur den Bruchteil eines mm oder höchstens wenige mm. Infolge der Absorp-tion nehmen Zahl und Energie der β-Teilchen auf ihrem ganzen Weg ab. In erster Näherung ist die Abnahme $-\mathrm{d}N$ der Teilchenzahl beim Durchlaufen einer Schicht proportional zu deren Dicke $\mathrm{d}s$ und zur Zahl N der ankommenden Teilchen:

$$-\mathrm{d}N = \mu\, N\, \mathrm{d}s$$

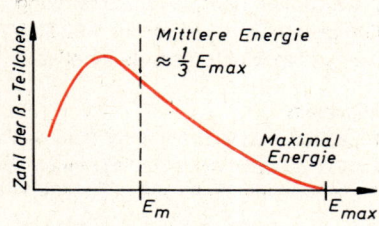

Abb. 3. Energieverteilung der β-Strahlen

Daraus erhält man durch Integration das Absorptionsgesetz der β-Strahlen:

$$N = N_0 \, e^{-\mu s}$$

Der Schwächungskoeffizient μ hängt von der Energie der Strahlung und vom Material der absorbierenden Schicht ab. Bei verschiedenen Stoffen ist er weitgehend proportional zu ϱ, so daß der Massenschwächungskoeffizient μ/ϱ fast nicht mehr vom absorbierenden Material abhängt. Damit er im Exponenten μs der obigen Gleichung auftritt, schreibt man diesen $(\mu/\varrho) \cdot (s \, \varrho)$. Dann ist der zweite Faktor $s \, \varrho = \dfrac{s \, \varrho \, \mathrm{d}A}{\mathrm{d}A} = \dfrac{\mathrm{d}m}{\mathrm{d}A}$ der Quotient aus der Massenbelegung und dem Querschnitt eines Schichtstückes, den man als flächenbezogene Masse oder kurz als Flächenmasse bezeichnet. Bei gleicher Flächenmasse ist auch die Absorption nahezu gleich, weil auch der Massenschwächungskoeffizient sich kaum ändert. Eine 1 mm dicke Bleischicht mit der Flächenmasse $\varrho_1 \, s_1 = 0{,}1 \text{ cm} \cdot 11{,}3 \text{ g/cm}^3 = 1{,}13 \text{ g/cm}^2$ schwächt eine β-Strahlung fast ebenso wie eine 4,2 mm dicke Aluminiumschicht mit der gleichen Flächenmasse $\varrho \, s_2 = 0{,}42 \text{ cm} \cdot 2{,}7 \text{ g/cm}^3 = 1{,}13 \text{ g/cm}^2$.

e) Die Absorption der γ-Strahlen. Die γ-Strahlen erfahren beim Durchgang durch Materie die geringste Schwächung. Die Abnahme der Zahl der γ-Quanten erfolgt sehr genau nach der bei den β-Strahlen aufgestellten Gesetzmäßigkeit, wobei lediglich der Schwächungskoeffizient wesentlich kleinere Werte hat als bei den β-Strahlen (siehe die Tab. für Blei, die genähert auch für andere Stoffe gilt). Das Absorptionsgesetz für γ-Strahlen lautet daher ebenfalls:

$$N = N_0 \, e^{-\mu s}$$

Massenschwächungs-koeffizient μ/ϱ für Blei		
E (MeV)	μ/ϱ (cm²/g)	
0,5	β: 50	γ: 0,17
1	18	0,071
2	7	0,045
3	3	0,042
5	2	0,044

Die Vorgänge, welche die Schwächung der γ-Strahlung herbeiführen, sind im einzelnen je nach der Energie der γ-Quanten verschieden. Bei einer Energie von weniger als 0,5 MeV rufen γ-Quanten, die ein Elektron in der Hülle eines Atoms treffen, vor allem einen **Photoeffekt** (7.1.4. a) hervor. Abgesehen von der Ablösearbeit überträgt sich die ganze Energie des γ-Quants als kinetische Energie auf das herausgelöste Photoelektron. Dieses ist oft in der Lage, bei Zusammenstößen weitere Atome zu ionisieren. Bei zunehmender Energie der γ-Quanten tritt als Wechselwirkung mit den Außenelektronen von getroffenen Atomen immer häufiger der **Comptoneffekt** (7.1.4. e) auf. Das γ-Quant gibt nur einen Teil seiner Energie ab und vergrößert dabei seine Wellenlänge. Comptonquant und -elektron verlassen in verschiedenen Richtungen die Entstehungsstelle. Übersteigt die Energie des γ-Quants den Betrag 1,02 MeV, so kommt zu diesen beiden Effekten zunächst selten, bei höherer Energie immer häufiger, als dritte Wechselwirkung die **Paarbildung.** Es entstehen beim Auftreffen des γ-Quants auf ein Atom neben dem negativen noch ein positives Elektron (Positron, 7.4.8. b). Die Energie zur Erzeugung der Masse der beiden Elektronen errechnet sich aus der Gleichung $E = 2 \, m_e \, c^2$ zu 1,02 MeV. Der Rest der Energie des γ-Quants überträgt sich auf die beiden Elektronen als kinetische Energie.

Aufgaben:

1. Welche Aktivität hat 1 mg Polonium ($A_r = 210$, $t_h = 139$ d, $u = 1{,}66 \cdot 10^{-24}$ g)?   ($16{,}53 \cdot 10^{10}$ s⁻¹)

2. Ein β-Strahl von 3 MeV hat einen Massenschwächungskoeffizient $\mu/\varrho = 3$ cm²/g. Wie groß ist die Strecke in Luft, bis sich seine Intensität auf die Hälfte vermindert hat ($\varrho_{\text{Luft}} = 1{,}293$ g/dm³)?

    (178,6 cm)

3. Radon ($A_r = 222$, $t_h = 3{,}82$ d) ist ein α-Strahler. Wieviel g und wie viele Atome Rn befinden sich in 1 m³ Luft, deren Aktivität 1 s⁻¹ beträgt ($u = 1{,}66 \cdot 10^{-24}$ g)?   ($17{,}6 \cdot 10^{-17}$ g/m³, 477 000 Atome)

7.4.3. Nachweis radioaktiver Strahlen

Zum Nachweis radioaktiver Strahlen verwendet man Geräte, von denen die einen die Spur der ausgestoßenen Teilchen erkennen lassen, während die anderen nur den Durchgang der Teilchen durch ein Meßvolumen registrieren. Da aber bei der zweiten Art elektronische Verstärkung benutzt werden kann, haben sie höhere Empfindlichkeit und gestatten eine automatische Zählung. Man nennt die Geräte **Strahlungsdetektoren.**

a) Die Wilsonkammer. Alle radioaktiven Strahlen erzeugen beim Durchgang durch Materie auf ihrem Weg Ionen. Erfolgt die Ionisation in einer mit Dampf von Wasser und Methylalkohol gesättigten Atmosphäre, so bilden die entstehenden Ionen Kondensationskerne, um die sich kleine Nebeltröpfchen bilden. Sie zeigen die Spur der Teilchen und lassen sich bei seitlicher Beleuchtung gut beobachten oder photographieren. Die Vorrichtung dazu ist die **Wilsonkammer** (Abb. 1). Der Kammerraum enthält die mit Dampf gesättigte Atmosphäre. Wird sie beim raschen Senken des Kolbens adiabatisch entspannt, so sinkt die Temperatur. Die Sättigungsgrenze wird unterschritten, und es entstehen Nebelspuren. Mit einer Spannung kann man die Ionen absaugen und die Vorrichtung wieder neu betriebsbereit machen.

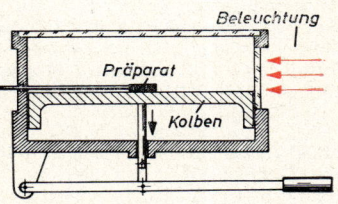

Abb. 1. Wilsonkammer

Die α-Teilchen erzeugen die dichtesten Spuren, während die Spuren von β-Teilchen weniger dicht sind (Abb. 2 u. 3). Einzelne γ-Quanten lassen sich nicht unmittelbar nachweisen, weil sie nur einzelne Ionen erzeugen. Bringt man die Wilsonkammer in ein Magnetfeld, so durchlaufen die geladenen Teilchen Kreisspuren, aus deren Krümmung sich die Geschwindigkeit der Teilchen berechnen läßt (Abb. 4)

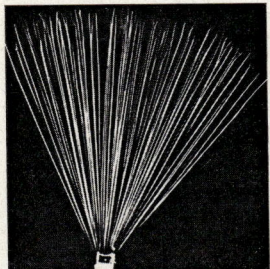

Abb. 2. Wilsonkammeraufnahme der α-Strahlen von Polonium

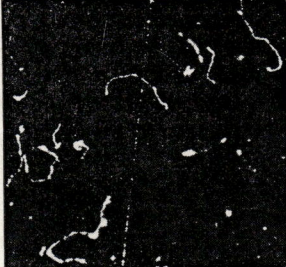

Abb. 3. Spuren langsamer und schneller β-Teilchen

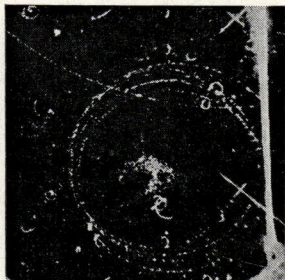

Abb. 4. β-Teilchen verschiedener Energie im Magnetfeld

b) Die Ionisationskammer. Man kann die Ionen auch durch die Leitfähigkeit nachweisen, die sie in einem Luftraum hervorrufen. Bei einer **Ionisationskammer** (Abb. 5) ist dieser Raum das Innere eines geladenen Kondensators, der durch die Leitfähigkeit entladen wird. Man mißt die zur Entladung erforderliche Zeit oder mit Hilfe eines Gleichstromverstärkers den Entladestrom.

α-Strahler bringt man zwischen die Kondensatorplatten, deren Entfernung meßbar verändert werden kann. Solange die Reichweite kleiner als der Plattenabstand ist, erhält man einen nahezu konstanten Entladestrom. Er nimmt aber ab, wenn der Abstand kleiner als die Reichweite wird, weil dann im engen Raum weniger Ionen entstehen.

β-Strahler bringt man in das Innere der Kammer, da sie von der Wand absorbiert würden, oder man verwendet Kammern mit Fenstern, die nur mit dünnen Folien abgeschlossen sind, so daß β-Teilchen eindringen können. Dagegen können γ-Strahlen immer von außen eindringen. Bei genügend großem Kammervolumen oder durch Sekundäreffekte (z. B. Erzeugung von Elektronen durch einen Photoeffekt) erhält man auch bei ihnen meßbare Entladeströme.

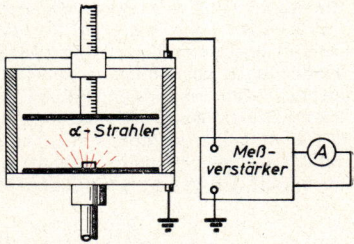

Abb. 5. Ionisationskammer

c) Das Zählrohr ist das zum Nachweis von β- und γ-Strahlen am häufigsten verwendete Gerät (Abb. 6 u. 7). Ein Metallzylinder wird mit dem −Pol und ein in dessen Achse ausgespannter Draht mit dem +Pol einer regelbaren Spannungsquelle verbunden. Erzeugt ein radioaktiver Strahl Ionen im Innern des Zylinders, so bewegen sie sich zu den Elektroden. Rings um den Draht herrscht eine besonders hohe Feldstärke, so daß dort die primären Ionen weitere Sekundärionen erzeugen können, die einen Stromstoß zwischen den Elektroden hervorrufen. Unterhalb einer bestimmten Spannung reißt jeder Stromstoß in dem Füllgas wegen des großen Widerstandes R in der Zuleitung sofort wieder ab. Die Gesamtentladung ist der Zahl der Primärionen proportional. Daher kann man in diesem **Proportionalitätsbereich** Art und Energie der einfallenden Strahlen unterscheiden (Proportionalzählrohr).

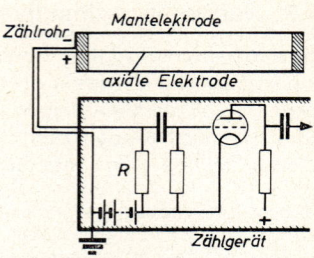

Abb. 6. Schaltung eines Zählrohres

Meist verwendet man jedoch die Zählrohre wegen ihrer größeren Empfindlichkeit mit höheren Spannungen (je nach der Bauart zwischen 400 und 1500 V). Dann entstehen so viele sekundäre Ionen, daß jedes primäre Ion eine Entladungslawine hervorruft, die die Spannung zwischen den Elektroden zusammenbrechen läßt. In diesem **Auslösebereich** ist der Entladungsstoß unabhängig von der Energie der primären Ionen (Geiger-Müller-Zählrohr). Bis die zusammengebrochene Spannung wieder aufgebaut ist, dauert es je nach der Bauart des Zählrohres und der Größe des Widerstandes R eine gewisse Totzeit, die sich bis unter 10^{-3} s vermindern läßt. Die Entladungsimpulse werden verstärkt und einem Zählwerk zugeleitet.

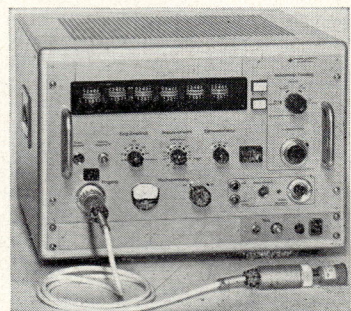

Abb. 7. Zählapparatur mit angeschlossenem Endfensterzählrohr

Zur Messung von β-Strahlen verwendet man Endfensterzählrohre (Abb. 8). Sie sind mit einem dünnen Glimmerfenster verschlossen, das von β-Teilchen durchdrungen werden kann. γ-Strahlen lassen sich nur mit geringem Wirkungsgrad messen, weil viele γ-Quanten das Meßvolumen durchlaufen, ohne in ihm eine Ionisation hervorzurufen, so daß solche Quanten nicht registriert werden.

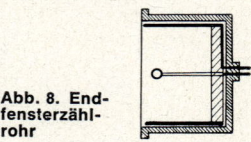

Abb. 8. Endfensterzählrohr

d) Der **Szintillationszähler** (Abb. 9). Im Auslösebereich zählt das Geiger-Müller-Zählrohr die von energiearmen und energiereichen Strahlen ausgelösten Impulse in gleicher Weise ohne einen Unterschied. Diesen Nachteil vermeiden die Szintillationszähler ohne Einbuße an Empfindlichkeit. Bei ihnen fällt die Strahlung auf einen Kristall (NaJ), in dem sie Lichtblitze auslösen. Diese fallen auf eine Photokatode, aus der sie Photoelektronen herauslösen. Sie werden auf eine zweite Elektrode gelenkt, bei der jedes auftreffende Elektron mehrere Sekundärelektronen frei macht. Sie werden beschleunigt und kommen auf eine weitere Elektrode, wo wieder jedes ankommende Elektron eine Anzahl neuer Elektronen auslöst. Nach mehreren Stufen erzielt man in einem solchen **Sekundärelektronenvervielfacher** eine bis zu 10^6fache Verstärkung. Die Endimpulse werden der Zählapparatur zugeleitet. In den Kristallen werden γ-Quanten mit wesentlich besserem Wirkungsgrad absorbiert und gezählt als bei anderen Apparaturen.

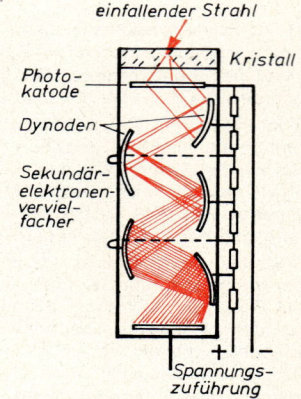

Abb. 9. Szintillationszähler

e) Der Impulshöhenanalysator. Will man nur die Zahl der Impulse feststellen, so genügt eine gewöhnliche Zählapparatur. Um jedoch die Zahl der Impulse in verschiedenen Energiebereichen einzeln zu messen, braucht man einen **Impulshöhenanalysator,** der nur die Impulse zwischen zwei eingestellten Energiestufen einer Messung zuführt. Um die Energieverteilung der Gesamtstrahlung eines Präparates zu untersuchen, muß der ganze Energiebereich nacheinander in kleinen Energieabschnitten durchgemessen werden. Hierbei kann man eine bedeutende Zeitersparnis erzielen, wenn ein Vielkanalimpulshöhenanalysator zur Verfügung steht. Er teilt alle ankommenden Impulse, je nach ihrer Energie, in eine Anzahl von Kanälen auf und zählt gleichzeitig den auf jeden Kanal entfallenden Anteil. So erhält man in kurzer Zeit ein ganzes Energiespektrum der zu untersuchenden Strahlung.

f) Halbleiterdetektoren. Besonders für die Verwendung bei Impulshöhenanalysatoren eignen sich, besser als die schon genannten Detektoren, die **Halbleiterdetektoren.** Sie bestehen aus einem Silicium- oder Germaniumkristall, bei dem auf einer Seite eine dünne Metallschicht (Gold) aufgedampft ist oder bei dem eine Seite mit diffundierendem Phosphor versetzt wurde. In beiden Fällen entsteht eine von beweglichen Ladungsträgern entblößte Sperrschicht. Die Sperrung wird jedoch behoben, wenn eine Strahlung in dem Kristall absorbiert wird und dadurch Ladungsträger entstehen. Im Halbleiterkristall ist zu einer Ionisation eine viel kleinere Energie (etwa 3 eV) erforderlich als für die Bildung eines Photoelektrons in einem Szintillationskristall (etwa 700 eV). Deshalb sind Halbleiterdetektoren sehr empfindlich und gestatten bei einem Vielkanalimpulshöhenanalysator eine bessere Auflösung des Energiespektrums als ein Szintillationszähler.

7.4.4. Isotope und Kernbausteine

a) Der Massenspektrograph (Abb. 1) dient zur Bestimmung der Masse einzelner Atome. Die Ionen verschiedener Stoffe werden bei gleicher Ladung in elektrischen und magnetischen Feldern um so stärker abgelenkt, je kleiner ihre Masse und ihre Geschwindigkeit sind. Als Ionenquelle dient eine Kanalstrahlröhre (6.5.4. a). Durch Zusammenwirken eines elektrischen und eines magnetischen Feldes kann man erreichen, daß Ionen verschiedener Geschwindigkeiten, aber mit gleicher Masse in e i n e m Punkt vereinigt werden, wo sie infolge ihrer elektrischen Ladung auf einer photographischen Platte eine Schwärzung hervorrufen.

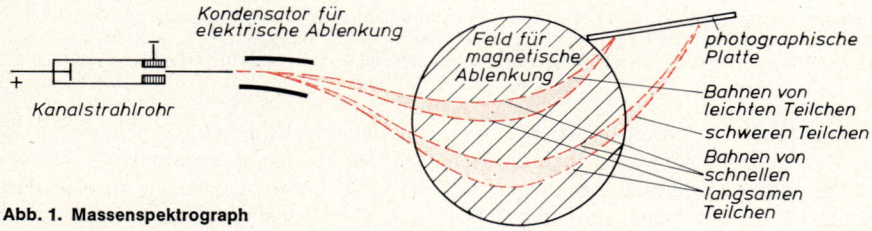

Abb. 1. Massenspektrograph

Kondensator für elektrische Ablenkung
Feld für magnetische Ablenkung
photographische Platte
Bahnen von leichten Teilchen
schweren Teilchen
Bahnen von schnellen langsamen Teilchen
Kanalstrahlrohr

b) Isotope. Untersucht man z. B. Chlorionen in einem Massenspektrographen, so zeigt sich, daß Chlor nicht aus lauter gleichen Atomen besteht, sondern eine Mischung zweier Atomarten darstellt, die beide die Kernladung 17 haben, deren Massenzahlen aber 35 und 37 sind. Die relative Atommasse 35,5 des natürlichen Chlors kommt zustande, weil es eine Mischung von 25 % Cl 37 und 75 % Cl 35 darstellt. Ähnlich zeigt es sich, daß alle nicht nahezu ganzzahligen relativen Atommassen durch Mischung von Atomarten mit fast ganzzahligen relativen Atommassen entstehen. Atome mit verschiedener relativer Atommasse, aber gleicher Kernladungszahl sind chemisch vollkommen gleich, denn ihre Kernladungszahl bestimmt den Aufbau der Elektronenhülle, die die chemischen Eigenschaften bedingt. Im Periodensystem befinden sich solche Atome an der gleichen Stelle und heißen **Isotope** (griech.: isos = gleich, topos = Stelle). Die meisten natürlichen Elemente sind Isotopengemische. Man kennzeichnet sie, indem man zum chemischen Zeichen links unten die Ordnungszahl und links oben die Massenzahl hinzuschreibt, z. B. $^4_2$He, $^{16}_8$O, $^{35}_{17}$Cl, $^{37}_{17}$Cl. Wenn kein Mißverständnis möglich ist, wird auch einfach Cl 35, Cl 37 geschrieben.

Eine besondere Bedeutung erlangte das schwere Isotop des Wasserstoffs mit der Massenzahl 2, das Deuterium $_1^2H$ oder $_1^2D$. Es ist mit 0,015 % jedem gewöhnlichen Wasserstoff beigemischt. Auch in natürlichem Wasser ist neben H_2O auch 0,015 % D_2O enthalten. Es gibt noch ein viel selteneres Wasserstoffisotop mit der Massenzahl 3, das Tritium $_1^3T$.

c) Isotopentrennung. Isotopen lassen sich nicht mit chemischen Hilfsmitteln trennen. Man kann nur physikalische, auf dem Massenunterschied der Atomarten beruhende Methoden anwenden.

Eine vollkommene Trennung gestattet der **Massenspektrograph.** Die Ergiebigkeit ist jedoch sehr gering. Um ein Mol eines Stoffes zu trennen, benötigt man bei einem gewöhnlichen Massenspektrographen etwa 100 Jahre. Erst mit Trennanlagen, die für diesen Zweck besonders starke Magnetfelder enthalten, lassen sich kleine Stoffmengen für wissenschaftliche und technische Zwecke gewinnen.

Die Isotopentrennung nach dem **Diffusionsverfahren** beruht darauf, daß leichtere Atome im Mittel höhere Geschwindigkeiten haben als schwerere. Man pumpt ein gasförmiges Isotopengemisch durch ein Rohr, das durch eine poröse Tonwand von einem Mantelrohr getrennt ist. Die schnelleren Moleküle des leichteren Isotops haben eine größere Diffusionsgeschwindigkeit. So erhält man hinter der Trennwand eine Konzentrationserhöhung des leichten und vor der Wand eine des schweren Isotops. Um die Isotopen weitgehend zu trennen, benötigt man oft viele Pumpstufen, besonders, wenn die Massenzahlen der Isotope nur wenig voneinander verschieden sind.

Günstige Trennerfolge erzielt man mit dem **Trennrohr von Clusius.** Ein langes vertikales Rohr wird außen gekühlt, während in seiner Achse ein elektrisch geheizter Glühdraht verläuft. Dann diffundieren die schnelleren, leichten Moleküle nach innen, die langsameren, schweren nach außen. Dadurch entsteht zwischen Mantel und Achse ein Druckunterschied, so daß das leichte Isotop innen nach oben steigt, während das schwere außen herabsinkt. Bei genügender Rohrlänge kann man oben das leichte, unten das schwere Isotop fast rein entnehmen.

Auch **Zentrifugen** mit sehr hoher Drehfrequenz können zur Isotopentrennung dienen. Außen reichert sich das schwere, innen das leichte Isotop an.

Besonders zur Gewinnung des schweren Wassers benutzt man den Unterschied der **Ionenbeweglichkeit** bei der Elektrolyse des Wassers. Im nichtzersetzten Wasser reichert sich das schwere Isotop an. Nach mehreren Elektrolysen erhält man fast reines schweres Wasser. Ebenso günstig kann man die Tatsache verwenden, daß schweres Wasser einen höheren Siedepunkt als gewöhnliches Wasser hat. Beim Abdampfen bleibt im Rückstand eine Anreicherung von schwerem Wasser.

d) Kernbausteine. Die relativen Atommassen aller Isotope sind nahezu ganzzahlig. Ihren auf eine ganze Zahl auf- oder abgerundeten Wert nennt man **Massenzahl.** Zur Erklärung dieser Tatsache könnte man annehmen, daß sich alle Kerne aus so vielen Kernen des Wasserstoffs, aus **Protonen,** zusammensetzen, wie die Massenzahl angibt. Dann erhielte man aber zu hohe Kernladungszahlen. Die richtige Lösung brachte im Jahre 1932 die Entdeckung des **Neutrons** durch Chadwick[1]. Er erschloß aus photographierten Vorgängen in der Nebelkammer die Existenz eines Teilchens mit der Massenzahl 1 und der Ladung Null. Es entzog sich nur lange der Beobachtung, weil es infolge des Fehlens einer Ladung die Materie ohne größere Wechselwirkung durchdringt. Neben dem Proton erwies sich das Neutron als der zweite Kernbaustein.

> **Jeder Kern enthält so viele Protonen, wie die Zahl der positiven Kernladungen angibt. Dazu kommen noch so viele Neutronen, daß die Summe aus der Protonen- und Neutronenzahl die Massenzahl ergibt.**

Ist also A die Massenzahl und Z die Kernladungszahl, so ist Z die Anzahl der Protonen und $A-Z$ die Anzahl der Neutronen.

---

[1] Chadwick, James, 1891—1974, engl. Physiker, Schüler und Mitarbeiter Rutherfords.

Zwischen allen den Kern bildenden Teilchen müssen starke Bindungskräfte wirksam sein, da der Kern sonst bei der abstoßenden Kraft der positiven Ladungen nicht stabil sein könnte. Für die Kernbausteine Protonen und Neutronen wurde die gemeinsame Bezeichnung **Nukleonen** eingeführt.

Aufgaben:

1. Zur Gewinnung von schwerem Wasser wird gewöhnliches Wasser bei einer Spannung von 5 V elektrolytisch zersetzt. Für 1 mol = 18 g Wasser braucht man dazu $2\,F = 193\,000\,A\,s/mol$. Berechnen Sie den Preis für die elektrische Energie, die zur Gewinnung von 1 kg schwerem Wasser erforderlich ist, wenn man annimmt, daß die in 1 kg gewöhnlichem Wasser enthaltene Menge von 0,15 g schwerem Wasser ganz gewonnen werden kann und 1 kW h 0,05 DM kostet.
(etwa 5000,— DM)

2. Natürliches Uran besteht aus 99,3 % U 238 und 0,7 % U 235. Eine elektromagnetische Isotopentrennanlage arbeitet mit einem Ionenstrom von 20 mA. Wie groß ist die Ausbeute an beiden Isotopen, wenn die Anlage einen Monat ununterbrochen in Betrieb ist (Faradaysche Konstante $F = 96\,490\,A\,s/mol$)?
(127 g U 238, 0,9 g U 235)

7.4.5. Massendefekt, Bindungsenergie und Kernmodelle

a) Der Massendefekt. Die genauen relativen Atommassen sind nur genähert ganze Zahlen. Für einige leichte Kerne und Atome sind die genauen Werte, bezogen auf C 12 = 12, in der folgenden Tabelle zusammengestellt:

Genaue relative Atommassen einiger Teilchen und leichter Atome					
Elektron e	0,000 55	Wasserstoff H	1,007 83	α-Teilchen α	4,001 50
Proton p	1,007 28	Deuteron d	2,013 56	Helium He	4,002 60
Neutron n	1,008 66	Deuterium D	2,014 11	Kohlenstoff C 12	12

Addiert man bei einem Atom die Massen aller Bestandteile, so erhält man einen höheren Betrag als die wirkliche Atommasse $m = A_r\,u$. Beim Helium findet man z. B.:

$$m_{He} = 2\,m_p + 2\,m_n + 2\,m_e = 2\,(1,00728 + 1,00866 + 0,00055)\,u = 4,03298\,u$$

Gegenüber der wirklichen Atommasse $4,00260\,u$ ergibt sich ein Überschuß von $0,03038\,u$. Diesen Unterschied bezeichnet man als **Massendefekt** Δm. Er steigt mit zunehmender Massenzahl an und erreicht beim Uran etwa $2\,u$.

b) Die Bindungsenergie. Beim Zusammenbau der Kerne aus ihren Nukleonen geht also Masse verloren. Nach der Masse-Energierelation folgt daraus, daß dabei Energie frei wird. Umgekehrt benötigt man Energie, um einen Kern in seine Bausteine aufzuspalten. Diese Energie ist die **Bindungsenergie,** die die Kerne zusammenhält und sie zu stabilen Gebilden macht. Ihren Wert erhält man aus:

$$\text{Bindungsenergie:}\quad E_B = \Delta m\,c^2 = (Z\,A_{p+e} + [A - Z]\,A_n - A_r)\,u\,c^2$$

Hierin sind A_{p+e} und A_n die relativen Atommassen des Protons mit einem Elektron bzw. des Neutrons. Das Produkt $u\,c^2$ hat den Wert:

$$u\,c^2 = 1,66 \cdot 10^{-27}\,kg \cdot 9 \cdot 10^{16}\,m^2\,s^{-2} = 14,94 \cdot 10^{-11}\,W\,s = 931\,MeV$$

535

Beim Helium ergibt sich aus dem oben berechneten Massendefekt $\Delta m = 0{,}03038\,u$ eine Bindungsenergie von 28,3 MeV; bis zum Uran steigt sie auf etwa 1800 MeV. Der radioaktive Zerfall dieses Elementes zeigt aber, daß eine große Bindungsenergie noch kein Maß für die Stabilität des Kerns ist. Um die zahlreichen Bausteine der höheren Elemente zusammenzuhalten, sind naturgemäß höhere Bindungsenergien nötig. Ein Maß für die Stabilität erhält man erst, wenn man den Anteil der Bindungsenergie berechnet, der im Mittel auf ein Nukleon trifft, indem man die gesamte Bindungsenergie durch die Massenzahl dividiert. Beim Helium z. B. erhält man $E_B/A = 28{,}3\ \text{MeV}/4 = 7{,}07\ \text{MeV}$.

Trägt man die Bindungsenergie je Nukleon für alle Kerne in Abhängigkeit von der Massenzahl auf, so erhält man die in Abb. 1 dargestellte Kurve.

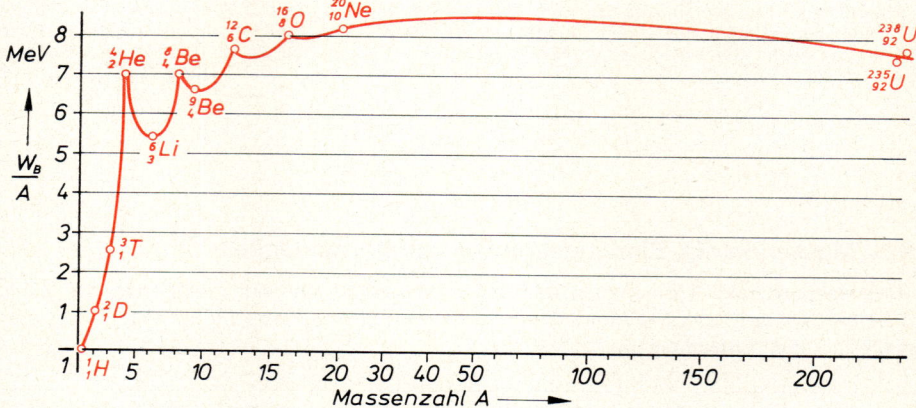

Abb. 1. Bindungsenergie je Nukleon

Die Bindungsenergie je Nukleon ist ein Maß dafür, wie stark ein Nukleon an seinen Kern gebunden ist. Eine hohe Bindungsenergie je Nukleon deutet also auf einen besonders stabilen Kern. Vor allem im ersten Verlauf zeigt die Kurve als besonders stabile Kerne solche mit gerader Protonen- und Neutronenzahl (gg-Kerne). Dazu gehören die aus α-Teilchen aufbaubaren Kerne He 4, C 12, O 16, Ne 20. Das Be 8 dagegen weist nur die gleiche Bindungsenergie je Nukleon wie He 4 auf; darin ist nur die innere Bindungsenergie der beiden α-Teilchen, aber kein Anteil für ihre gegenseitige Bindung enthalten. Daher ist Be 8 instabil und zerfällt sehr rasch in zwei α-Teilchen. Zwischen diesen Kernen liegen andere mit ungerader Protonenzahl (ug-Kerne) oder ungerader Neutronenzahl (gu-Kerne) mit geringerer Bindungsenergie je Nukleon. Die geringste Bindungsenergie je Nukleon im Vergleich zu benachbarten Kernen haben die selten auftretenden Kerne mit ungerader Protonen- und Neutronenzahl (uu-Kerne). Ihre höchsten Werte erreicht die Kurve bei Kernen mit den Massenzahlen 40 . . . 120. Ihr Ende liegt wieder etwa 1 MeV unter dem Maximum. Die Besonderheiten der Kurve finden ihre Erklärung aus der Theorie der im Kern wirkenden Kräfte.

c) Die Coulombkraft. Da der Kern nur positive Ladungen enthält, besteht zwischen den Protonen eine starke Coulombsche Abstoßungskraft. Daß die Kerne trotzdem stabil sind, ist eine Folge der noch stärkeren Kernbindungskräfte. Bei großen Kernladungszahlen wächst die abstoßende Kraft. Es wird immer schwieriger, den Kern zusammenzuhalten. Deshalb nimmt die Bindungsenergie je Nukleon bei den höchsten Ordnungszahlen wieder ab. Schließlich wird die Coulombkraft so groß, daß die Kerne radioaktiv werden.

d) Die Kernbindungskraft. Bei den leichten Kernen ist die Zahl der Neutronen und Protonen fast oder genau gleich. Das deutet darauf hin, daß diese beiden Teilchen ein besonders stabiles Paar bilden können. Ein Neutron ist frei nicht stabil, sondern zerfällt mit einer Halbwertszeit von 18 min in ein Proton, ein Elektron und ein weiteres Teilchen, das **Neutrino,** dessen Eigenschaften in 7.4.8. a untersucht werden. Im Kern dagegen können Neutronen ohne zeitliche Begrenzung stabil bestehen. Dieses unterschiedliche Verhalten der Neutronen im Kern hängt von der Nachbarschaft der Protonen ab. In den leichten Kernen ist die Zahl der Neutronen und Protonen gleich oder fast gleich. Das deutet darauf hin, daß die beiden Teilchen ein stabiles Paar bilden können. Der Japaner Yukawa stellte eine Theorie auf, nach der sich im Kern Paare von einem Neutron und einem Proton zusammengruppieren, bei denen sich die beiden Partner in raschem Wechsel ineinander umwandeln, wobei jedesmal ein geladenes Teilchen mit einer Masse von etwa $0{,}15\,u$ ausgetauscht wird. Dieses Teilchen wurde inzwischen auch in der Höhenstrahlung (7.4.8. c) nachgewiesen und künstlich erzeugt; es erhielt den Namen **Pion.** In ähnlicher Weise, wie bei der Atombindung die beiden Kernen gemeinsamen Elektronen die Kerne verbinden, ruft das Pion eine starke Bindungskraft zwischen den beiden Partnern hervor, zu denen es gehört. Dies ist die **Kernbindungskraft,** die im Innern des Kerns stärker ist als die Coulombkraft und dadurch den Aufbau von zusammengesetzten Kernen erst ermöglicht. Im Gegensatz zur Coulombkraft hat die Kernbindungskraft eine sehr geringe Reichweite. Außerhalb des Kerns, im Bereich der Elektronenhülle, hat sie keine Wirkung mehr, und die Elektronen werden nur von der Coulombschen Anziehung der entgegengesetzten Ladungen an den Kern gebunden. Die Kernbindungskraft läßt sich absättigen: Ein Proton kann höchstens zwei Neutronen und ein Neutron höchstens zwei Protonen binden. Deshalb ist das α-Teilchen so stabil, weil in ihm jedem Proton zwei Neutronen und jedem Neutron zwei Protonen benachbart und so alle Kernbindungskräfte abgesättigt sind. Dem Streben nach Absättigung der Kernbindungskräfte ist es zuzuschreiben, daß die Zahl der Neutronen und Protonen bei den leichten Kernen fast gleich ist und daß gg-Kerne besonders häufig, uu-Kerne aber sehr selten sind.

e) Das Tröpfchenmodell. Die Durchmesser der Atomkerne genügen ziemlich gut der Gleichung $d = 2{,}6 \cdot 10^{-13}$ cm $\sqrt[3]{A}$. Das Kernvolumen ist daher der Nukleonenzahl A proportional und die Dichte der Kernmaterie in allen Kernen gleich. Die Nukleonen scheinen sich also im Kern wie die Moleküle in einem Flüssigkeitstropfen nebeneinander anzuordnen. Den Kohäsionskräften zwischen den Flüssigkeitsmolekülen entsprechen die Kernbindungskräfte. An der Kernoberfläche befindliche Nukleonen unterliegen wie die Oberflächenmoleküle einer Flüssigkeit einer einseitigen Kraft in das Kerninnere. Ein Nukleon kann erst dann aus seinem Kern herausgelöst werden, wenn es genügend Energie erhält, um die „Oberflächenspannung" des Kerns zu überwinden. Zur Einleitung einer Kernreaktion ist daher immer eine Anregungsenergie nötig, selbst, wenn danach bei der Reaktion eine größere Energie frei wird. Diese Vorstellung vom Aufbau des Kerns nennt man das **Tröpfchenmodell.** Es vermag viele, aber nicht alle Kerneigenschaften zu erklären. Andere Besonderheiten deuten auf ein Schalenmodell, ähnlich dem Schalenaufbau der Elektronenhülle.

f) Das Kernpotential. Um ein Proton von außen in einen Kern zu bringen, muß man zuerst die abstoßende Coulombkraft überwinden. Dabei wächst die potentielle Energie des Protons. Wenn es aber in den Bereich der Kernbindungskraft kommt, erfährt es eine Anziehung, und seine potentielle Energie nimmt wieder ab. Nur wenn seine Energie ausreicht, den in Abb. 2 dargestellten „Potentialwall" zu überschreiten, kann es in den Kern gelangen.

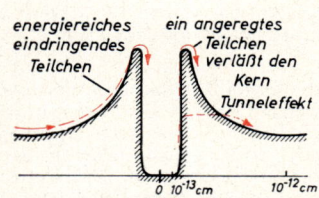

Abb. 2. Das Kernpotential

537

Auch im Kern enthaltene Teilchen können aus ihm nur herauskommen, wenn sie eine Anregungsenergie erhalten, die sie über den Rand des „Potentialtopfes" hinüberhebt.

In seltenen Fällen gibt es jedoch auch Ausnahmen von dieser Regel. Nach der Wellenmechanik ist die Wahrscheinlichkeit, daß ein Teilchen den Potentialwall durchdringt, nicht Null, sondern nur um so kleiner, je höher und je breiter der Wall ist. Deshalb können Teilchen einen Kern mit niedrigem Wall manchmal auch ohne eigentliche Anregung verlassen. Dieser „Tunneleffekt" spielt bei der Aussendung der α-Teilchen eine wichtige Rolle.

g) Das Schalenmodell. Bei der Untersuchung der stabilen Kerne kann man feststellen, daß es verhältnismäßig viele mit den Protonen- oder Neutronenzahlen 2, 8, 20, 28, 40, 50, 82 und 126 gibt. Die entsprechenden Elemente treten in der Natur besonders häufig auf. Diese Zahlen haben für den Bau der Kerne eine besondere Bedeutung und werden als **magische Zahlen** bezeichnet. Wenn die Protonen- oder die Neutronenzahl nur um 1 von einer magischen Zahl abweicht, so hat das betreffende Proton bzw. Neutron nur eine kleine Bindungsenergie. Dagegen sind Kerne mit magischen Protonen- oder Neutronenzahlen besonders stabil. Man vermutet, daß bei diesen Zahlen im Kern, ähnlich wie in der Elektronenhülle bei den Edelgasen, bestimmte Schalen abgeschlossen sind, und die dazu führende Modellvorstellung ist das **Schalenmodell des Kerns.**

Aus den drei Annahmen, 1. daß sich die Nukleonen im Kern bewegen und dabei verschiedene Energiestufen annehmen können, 2. daß die Nukleonen einen Drehimpuls besitzen und sich zu Paaren mit entgegengesetztem Drehimpuls zusammenschließen und 3. daß es im Kern keine zwei Nukleonen mit völlig übereinstimmenden Zuständen gibt, gelang es, im Kern theoretisch Energiestufen zu finden, die nur mit einer bestimmten Zahl von Nukleonen angefüllt werden können. Wenn die Energiestufen von unten her angefangen nacheinander gefüllt werden, so ergeben sich bei jeder voll besetzten Stufe für Protonen und Neutronen genau die magischen Zahlen. Auch einige weitere Eigenschaften der Kerne, die sich aus den anderen Modellen nicht ableiten lassen, finden ihre Erklärung durch das Schalenmodell.

7.4.6. Teilchenbeschleuniger

Um künstliche Kernreaktionen hervorzurufen, braucht man Teilchen, die den Potentialwall der Kerne überschreiten können, dessen Höhe bei einigen MeV liegt. Die dazu dienenden Anlagen sind die **Teilchenbeschleuniger.**

a) Einfachbeschleuniger. Am einfachsten kann man zu dem genannten Zweck Hochspannungsgeneratoren, wie z. B. einen Bandgenerator (6.2.4. c) verwenden. Mit ihnen erreicht man Spannungen von einigen MV und dementsprechend Teilchenenergien von einigen MeV. Isolationsschwierigkeiten begrenzen jedoch die Leistungsfähigkeit von solchen **Einfachbeschleunigern.** Für viele Untersuchungen benötigt die Kernphysik Teilchen von wesentlich höherer Energie, die man erst durch mehrfache Beschleunigung erzeugen kann.

b) Lineare Mehrfachbeschleuniger (Abb. 1). Bei einer solchen Anlage ist eine große Anzahl von zylinderförmigen Elektroden in einer Geraden angeordnet, die abwechselnd an den einen bzw. den anderen Pol einer hochfrequenten Wechselspannung angeschlossen sind. Die Ionenquelle befindet sich vor der ersten Elektrode. Bei positiven Ionen findet die erste Beschleunigung statt, wenn diese Elektrode negativ ist. Während die Ionen durch den Hohlraum hindurchlaufen, wechselt die Spannung ihr Vorzeichen, und beim Übergang zur zweiten Elektrode erfolgt eine Beschleunigung im gleichen Sinne. So erhöhen die Ionen von Elektrode zu Elektrode ihre Geschwindigkeit. Da die Zeit zwischen zwei Polwechseln der Spannung gleich bleibt, müssen die Elektroden immer länger werden. Die ganze Anordnung befindet sich im Hochvakuum, damit die Ionen ohne Zusammenstöße die Beschleunigungsstrecke durchlaufen können. Man hat mit Linearbeschleunigern schon 40 MeV erzeugt. Ihre Leistungsfähigkeit ist im wesentlichen durch die große Länge der Hochvakuumstrecke begrenzt.

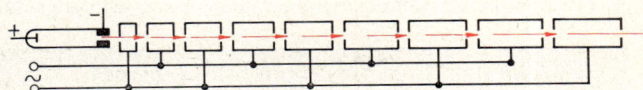

Abb. 1. Linearbeschleuniger

c) Das Zyklotron. Der amerikanische Physiker Lawrence kam auf den Gedanken, den Weg der Ionen mit einem starken Magnetfeld kreisförmig zu krümmen und dadurch die lange gerade Beschleunigungsstrecke zu sparen. Die dazu dienende Anlage trägt den Namen **Zyklotron** (Abb. 2). An zwei halbkreisförmige Kammern, die wegen ihrer Form als D-Elektroden bezeichnet werden, wird eine Wechselspannung bis zu 200 kV von mindestens 10^6 Hz angelegt. In der Mitte befindet sich eine Ionenquelle. Die austretenden Ionen bewegen sich zu der Elektrode, die eben entgegengesetzte Spannung aufweist. Weil sich die Elektroden zwischen den Polen eines starken Magneten befinden, bewegen sich die Ionen in Kreisbahnen mit dem Radius $r = m\,v/e\,B$ (7.1.2. c). Während der zum Durchlaufen einer Elektrode nötigen Zeit wechselt die Spannung ihr Vorzeichen, und das Teilchen wird nach seiner Rückkehr zum Spalt ein zweites Mal beschleunigt. Mit wachsender Geschwindigkeit wächst der Bahnradius. Aber die Zeit bis zur nächsten Rückkehr zum Spalt $t = r\,\pi/v = m\,\pi/e\,B$ bleibt gleich. Daher wechseln die Ionen mit der angelegten Frequenz die Seiten, und dabei werden ihre Geschwindigkeit und der Radius ihrer halbkreisförmigen Bahnen jedes Mal größer. Füllt

der Halbkreis eine Elektrode ganz aus, so wird der energiereiche Ionenstrahl von einer Ablenkelektrode nach außen in den Experimentierraum gelenkt. Wenn die Geschwindigkeit der beschleunigten Teilchen solche Werte annimmt, daß die Masse nach der Relativitätstheorie nicht mehr als konstant betrachtet werden darf, ändert sich ihre Umlaufzeit. Sie fallen aus dem Rhythmus des Polwechsels, so daß dadurch einer weiteren Beschleunigung eine Grenze gesetzt ist. Weil dieser Zustand bei Elektronen schon bei etwa 5 keV eintritt, können sie im Zyklotron nicht beschleunigt werden. Bei Protonen, Deuteronen oder α-Teilchen liegt die Grenze zwischen 20 und 50 MeV.

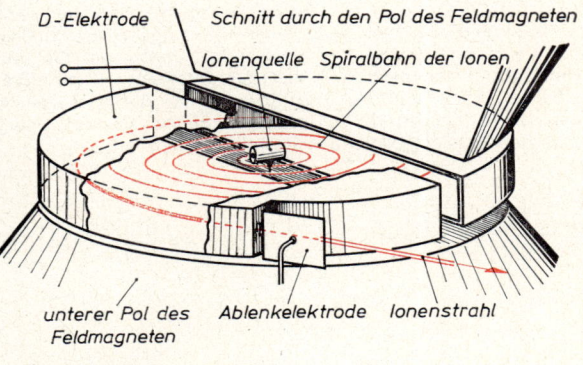

Abb. 2. Zyklotron

d) Das Synchrozyklotron (Synchrotron). Damit die beschleunigten Teilchen, die infolge ihrer Massenzunahme für einen Umlauf länger brauchen, nicht aus dem Tritt fallen, wird die Frequenz des Hochspannungsgenerators nach einer Zahl von Umläufen verlangsamt. Dann liefert das Gerät zwar keinen kontinuierlichen Strom schneller Teilchen, sondern nur stoßweise diejenigen Ionen, die während der Modulationsperiode, ohne aus dem Tritt zu fallen, synchron beschleunigt wurden. Mit einem solchen Synchrozyklotron lassen sich Ionen bis zu mehreren 100 MeV erzeugen (Abb. 3).

Abb. 3. Das Berkeley-Synchrozyklotron. Grenzenergie 680 MeV. Masse des Magneten 400 t. Polschuhdurchmesser 450 cm. Links eine Öldiffusionspumpe.

e) Das Betatron (Abb. 4). Wegen der schon bei einigen kV merklich werdenden Massenzunahme können Elektronen nicht in einem Zyklotron beschleunigt werden, ohne bald aus dem Tritt zu fallen; deshalb braucht man für sie besondere Beschleuniger. Das **Betatron** ist im Prinzip ein Transformator, dessen Sekundärwicklung aus einer einzigen Windung in Form einer evakuierten Ringröhre besteht. Solange der Strom im Primärkreis ansteigt, weden die von einer Glühkatode ausgehenden Elektronen in der Röhre beschleunigt.

Das Magnetfeld muß genau die Stärke haben, daß der Radius der Umlaufbahn dem der Röhre entspricht. Während der Beschleunigung wachsen gleichzeitig die magnetische Flußdichte des Feldes, die Masse und die Geschwindigkeit der Elektronen. Dabei muß man erreichen, daß der Quotient $r = m_e\, v/B\, e$ so konstant bleibt, daß die Elektronen in der Röhre kreisen können. Nach einigen 1000 Umläufen können sie auf Energien zwischen 10 und 100 MeV beschleunigt werden.

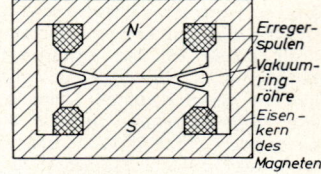

Abb. 4. Betatron

7.4.7. Kernreaktionen

a) Die erste künstliche Kernumwandlung wurde von Rutherford im Jahre 1919 nachgewiesen. Unter zahlreichen, von einem Radiumpräparat ausgehenden α-Teilchen traf eines einen Stickstoffkern und veränderte ihn nach der Gleichung:

$$^{14}_{7}N + ^{4}_{2}\alpha = ^{17}_{8}O + ^{1}_{1}p$$

kürzer: $\qquad ^{14}_{7}N\,(\alpha,\,p)\,^{17}_{8}O$

Abb. 1 zeigt eine Aufnahme dieses Vorganges in der Wilsonkammer. Das von unten kommende α-Teilchen verwandelt den Stickstoffkern in das Sauerstoffisotop O 17, das eine kurze Spur nach links oben beschreibt, während das ausgesandte Proton die lange Spur nach rechts unten erzeugt. Die Natur der Teilchen folgt aus dem Energie- und Impulssatz.

Abb. 1. Kernumwandlung beim Auftreffen eines α-Teilchens auf ein Stickstoffatom

b) Erzeugung einer Kernreaktion. Um eine Kernreaktion herbeizuführen, braucht man Teilchen, die durch die Elektronenhülle bis zum Atomkern eindringen können und dort noch genügend Energie haben, um die Stabilität des getroffenen Kerns zu stören. Der Rutherfordsche Versuch zeigt, daß α-Teilchen solche Wirkungen hervorrufen können. Auch energiereiche Quanten der Höhenstrahlung (7.4.8 c) oder die von ihnen ausgelösten Teilchen sind dazu imstande. Dazu kommen noch die von Teilchenbeschleunigern gelieferten energiereichen Ionen.

Wenn ein Präparat mit solchen Teilchen bestrahlt wird, ist die Treffwahrscheinlichkeit sehr gering. Der Durchmesser der Teilchen und der zu treffenden Kerne liegt bei $10^{-13} \ldots 10^{-12}$ cm, ihr gegenseitiger Abstand 10^{-8} cm. Daher ist die Treffwahrscheinlichkeit vergleichbar mit der, wenn man, ohne zu zielen, mit stecknadelkopfgroßen Geschossen nach kirschkerngroßen Zielen im gegenseitigen Abstand von 100 m schießt. Oft wird bei 10^3 oder sogar erst bei 10^6 Teilchen ein Treffer erzielt. In vielen Fällen ist die beim Eintreten einer Kernreaktion frei werdende Energie zwar größer als die erforderliche Anregungsenergie; für technische Energiegewinnung kommen aber solche Reaktionen nicht in Betracht, weil ja noch Tausende oder Millionen von Teilchen mit hohem Energieaufwand beschleunigt werden müssen, ohne eine Reaktion auszulösen.

Bei einer Bestrahlung mit Neutronen kann die Treffwahrscheinlichkeit viel größer werden. Die positive Ladung der Kerne kann auf die ungeladenen Neutronen keine Kraft ausüben. In der nächsten Umgebung mancher Kerne werden sogar die anziehenden Kernbindungskräfte wirksam.

c) Der Wirkungsquerschnitt. Man mißt die Wahrscheinlichkeit für das Eintreten einer Kernreaktion mit dem Wirkungsquerschnitt σ. Darunter versteht man den Querschnitt des Raumes um einen Kern, in dessen Innerem ein ankommendes Teilchen eine Reaktion auslöst. Er ist vom Aufbau des zu treffenden Kerns, aber auch von der Art und Energie der ankommenden Teilchen abhängig. Für positive Ionen liegt seine Größe bei etwa 10^{-24} cm². Zur Vereinfachung der Schreibweise wurde bisher die Einheit 1 barn $= 10^{-24}$ cm² verwendet.

Besondere Bedeutung haben die Wirkungsquerschnitte für den Einfang langsamer (thermischer) Neutronen mit Geschwindigkeiten, die der thermischen Bewegung entsprechen. Ihre Energie liegt zwischen 0,02 und 0,05 eV. Stoffe mit stabilen Kernen nehmen fast keine Neutronen auf; für sie ist σ fast Null. Dagegen haben Elemente, die durch Aufnahme eines Neutrons in stabile Isotope übergehen, einen hohen Absorptionsquerschnitt. Von ihm unterscheidet man den Reflexions- oder Streuquerschnitt, wenn die auftreffenden Neutronen elastisch reflektiert werden.

Absorptions- und Streuquerschnitte für thermische Neutronen in 10^{-24} cm²					
Element	σ_{abs}	σ_{streu}	Element	σ_{abs}	σ_{streu}
Wasserstoff H	0,32	38	Aluminium Al	0,22	1,35
schwerer Wasserstoff D	0,002	15	Eisen Fe	2,5	11
Bor B	750	3,8	Cadmium Cd	3500	6,5
Kohlenstoff (Graphit)	0,004	4,8	Uran U 235	500	8,2
Sauerstoff O	0,001	4,2	Uran U 238	2,8	8,2

d) Gesetzmäßigkeiten bei Kernreaktionen. Bei allen Kernreaktionen müssen die Massenzahlen und die Ladungen erhalten bleiben. Deshalb muß in der Reaktionsgleichung die Summe der links oben stehenden Massenzahlen und die der unten stehenden Ladungszahlen auf beiden Seiten gleich sein. Bei Kernreaktionen bleibt der Hauptteil des getroffenen Kerns erhalten. Massenzahl und Ladung ändern sich um wenige Einheiten. Da aber auch Energie frei wird, können die genauen Massen auf beiden Seiten der Reaktionsgleichung erst übereinstimmen, wenn das Massenäquivalent der Energie berücksichtigt wird. Nach diesem Satz kann man unbekannte relative Atommassen bestimmen oder verbessern, wenn die Massen aller übrigen an der Reaktion beteiligten Stoffe bekannt sind und die Reaktionsenergie gemessen werden kann. Auch der Satz von der Erhaltung des Drehimpulses muß auf Kernreaktionen angewandt werden. Die Summe aller Drehimpulse muß auf beiden Seiten der Reaktionsgleichung dieselbe sein. So haben in der Gleichung des Rutherfordschen Versuches der Stickstoffkern und das α-Teilchen den Spin Null; deshalb müssen das Sauerstoffisotop und das Proton entgegengesetzt gleiche Spinmomente haben.

7.4.8. Elementarteilchen

a) Das Neutrino. Wendet man den Satz von der Erhaltung des Spins auf den Neutronenzerfall in ein Proton und ein Elektron an, so findet man, daß das Proton den Spin des Neutrons übernimmt, daß aber der zum Spin des Elektrons entgegengesetzte Spin einem anderen Teilchen übertragen werden muß, das keine Ladung und keine Ruhemasse hat. Dieses Teilchen erhielt den Namen **Neutrino**.

Seine Existenz muß auch beim radioaktiven β-Zerfall verlangt werden:

Aus der genau definierten Reichweite der α-Strahlen folgt, daß beim Kern ähnlich wie in der Elektronenhülle genau festgelegte Energiestufen bestehen. Daher müßten auch alle β-Teilchen beim Zerfall eines radioaktiven Stoffes gleiche Energie besitzen. Dies ist aber nicht der Fall. Das kann man nur dadurch erklären, daß gleichzeitig zwei Teilchen ausgesandt werden und die Gesamtenergie sich in wechselnder Weise auf beide Partikel verteilt. Das außer dem Elektron noch ausgesandte Teilchen darf keine Ruhemasse und keine Ladung haben. Da sich aber beim β-Zerfall der Kernspin nicht ändert, muß das Teilchen den zu dem abgegebenen Elektronenspin entgegengesetzten Spin aufnehmen. Das sind gerade die oben für das Neutrino geforderten Eigenschaften.

b) Das Positron. Joliot-Curie[1] fand bei der Bestrahlung von Aluminium mit α-Strahlen, daß von der Auftreffstelle eine neue Strahlung ausging, auch wenn die α-Bestrahlung unterbrochen wurde. Zunächst entstand ein Phosphorisotop:

$$^{27}_{13}\text{Al} + ^{4}_{2}\alpha = ^{30}_{15}\text{P} + ^{1}_{0}\text{n}$$

Dieses ist aber nicht stabil und trägt eine Kernladung mehr als das stabile Silicium $^{30}_{14}\text{Si}$. Das Phosphorisotop strahlt die überschüssige Ladung in Form eines positiv geladenen Elektrons ab, das den Namen Positron erhielt. Es ist das gleiche Teilchen, das zusammen mit einem negativen Elektron entsteht, wenn sich ein γ-Quant durch Paarbildung auflöst (7.4.2. e). Weil es sich meist rasch mit einem der überall vorhandenen Elektronen vereinigt, kommt das Positron selten frei vor. Bei der Vereinigung neutralisieren sich beide Ladungen und Drehimpulse, und die gesamte Masse verwandelt sich in die Energie zweier γ-Quanten:

$$2\,h\,\nu = 2\,m_e\,c^2 \qquad \lambda = h/m_e\,c = 2{,}43 \cdot 10^{-10} \text{ cm}$$

Aus der Wellenlänge dieser „Vernichtungsstrahlung" wurde das Auftreten eines Elektrons und eines Positrons experimentell nachgewiesen.

Die bei der Bestrahlung künstlich hervorgerufene Radioaktivität des Phosphors P 30 nennt man **künstliche Radioaktivität.** Sie läßt sich auch bei zahlreichen anderen Stoffen erzeugen.

c) Die Höhenstrahlen. Bei Zählrohrmessungen erhält man stets eine Impulsrate, auch wenn man kein radioaktives Präparat in die Nähe des Zählrohres bringt. Zum Teil rührt dieser „Nulleffekt" von Spuren radioaktiver Stoffe in der Erdrinde her. Dieser Anteil muß jedoch abnehmen, wenn man ähnliche Messungen in großer Höhe vornimmt. Da aber der Nulleffekt mit zunehmender Höhe anwächst, muß ein Teil von einer anderen Strahlungsquelle herrühren. Messungen der Richtung und Intensität in verschiedenen Höhen ergaben eindeutig, daß die Strahlung von außen aus dem Kosmos auf die Erde kommt; deshalb erhielt sie den Namen **kosmische Strahlung** oder **Höhenstrahlung.**

Einzelreaktionen der Höhenstrahlung kann man photographisch festhalten, wenn man Platten oder Filme mit Flugzeugen, Ballonen oder Raketen in große Höhen tragen läßt, wo die durchdringende Strahlung auf den lichtdicht verpackten Platten ihre Spuren hinterläßt. Nach dem Entwickeln müssen solche Kernspurplatten mit Lupe und Mikroskop ausgewertet werden. Abb. 1 ist eine Mikroaufnahme aus einer Kernspurplatte.

Die bemerkenswerteste Eigenschaft der Höhenstrahlung ist die ungeheure Energie ihrer Quanten und Teilchen. Sie durchdringen nicht nur die ganze Atmosphäre mit ihrer Flächenmasse von 1 kg/dm², sondern lassen sich auch noch in tiefen Bergwerken oder Seen nachweisen. Die auf die feste Erdoberfläche auftreffende Strahlung ist nicht einheitlich, sondern besteht zum Teil aus sehr harten γ-Quanten, zum Teil aus sehr energiereichen Massenteilchen.

Vermutlich sind Teilchen, die fast mit Lichtgeschwindigkeit einfallen, die primäre Ursache der Strahlung. Ihre Energie kann die schnellsten künstlich beschleunigten Teilchen um den Faktor 10^3, ja sogar bis zu 10^6 übertreffen. In der Atmosphäre treten sie in Wechselwirkung mit den Luftmolekülen und erzeugen die sekundäre Strahlung, die als Nulleffekt festgestellt werden kann.

---

[1] Frederic J o l i o t - C u r i e , 1900–1958, Schwiegersohn von M. u. P. Curie, setzte deren Arbeiten fort und entdeckte die künstl. Radioaktivität.

Wenn ein Primärteilchen in der Atmosphäre auf einen Kern trifft, erfolgt der Stoß mit solcher Energie, daß der Kern in zahlreiche Einzelstücke zertrümmert wird (Abb. 1). Aus Aufnahmen solcher **Kernexplosionen** sind schon bis zu 100 Spuren gezählt worden, die vom Zentrum des Vorganges ausgehen.

Bei der großen Energie der auftretenden γ-Quanten tritt häufig eine Paarbildung ein. In Abb. 2 trifft eine primäre γ-Strahlung von unten auf eine Bleifolie. An zwei Stellen tritt eine Paarbildung ein, die an den Spuren erkenntlich ist, die im Magnetfeld entgegengesetzt gleiche Krümmung aufweisen.

d) Weitere Elementarteilchen. Alle genannten Teilchen, aus denen sich die Materie und die Energie des Alls zusammensetzen, bezeichnet man als **Elementarteilchen.** Kannte man zunächst nur das Proton, das Neutron, das Elektron und das Lichtquant, so erweiterte sich die Kenntnis der Elementarteilchen schon bis zur Mitte unseres Jahrhunderts durch die Entdeckung des Neutrinos, des Positrons und des Pions. Bis heute sind seither in den Höhenstrahlen noch zahlreiche andere Elementarteilchen gefunden oder mit Teilchenbeschleunigern künstlich erzeugt worden, die sich in ihren Massen, Ladungen und Drehimpulsen unterscheiden. Da es zu weit führen würde, alle aufzuzählen, seien im folgenden nur noch einige Beispiele genannt.

Das **Myon** ist ein Teilchen mit etwa 200 Elektronenmassen und einer mittleren Lebensdauer von 10^{-6} s. In seinen übrigen Eigenschaften hat es Ähnlichkeit mit dem Elektron.

Die **Mesonen** sind Teilchen, deren Masse zwischen der der Elektronen und der der Nukleonen liegt. Es gibt mehrere Arten, z. B. das **Pion** mit etwa 270 Elektronenmassen und das **Kaon** mit etwa 970 Elektronenmassen. Beide Teilchen haben nur eine Lebensdauer von etwa 10^{-8} s. Das Pion ist das schon in 7.4.5. d genannte Teilchen, das die Kernbindungskraft vermittelt.

Auf den Einfall eines Pions ist wohl die **Schauerbildung** (Abb. 3) zurückzuführen, bei der zahlreiche Elektronen, Positronen und Quanten in kurzer Zeit auf einige m² der Erdoberfläche auftreffen: Beim Zerfall des Pions entstehen zwei energiereiche Quanten; aus diesen gehen bei Wechselwirkung mit anderen Kernen je ein Elektronenzwilling hervor. Aus jeden der so entstandenen Elektronen und Positronen entstehen beim Abbremsen wieder γ-Quanten usw. Der

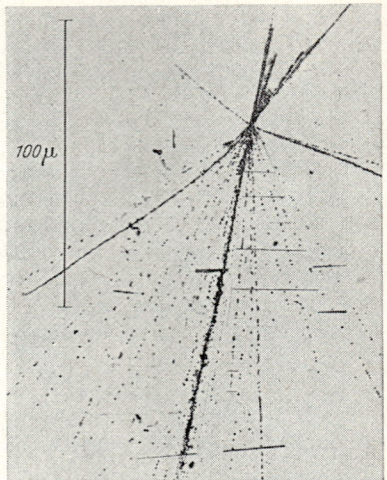

Abb. 1. Kernspurplattenvergrößerung von einer Kernexplosion beim Auftreffen eines Höhenstrahl-α-Teilchens von 10 MeV Energie

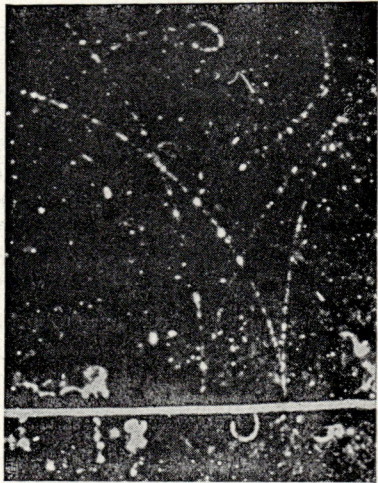

Abb. 2. Entstehung zweier Paare von Elektronenzwillingen in einer Wilsonkammer

Abb. 3. Schauer, künstlich hervorgerufen beim Auftreffen eines Höhenstrahles auf mehrere parallele Bleche

Wechsel zwischen Teilchen und Quanten vollzieht sich so lange, wie die Energie der Quanten noch ausreicht, daß ein Elektronenzwilling entstehen kann. Dabei vermehrt sich die Zahl der Teilchen je nach der Anfangsenergie bis zu vielen Millionen, die wie ein Schauer in einem Bereich niedergehen, dessen Durchmesser sich bis zu 10 m erstreckt.

7.4.9. Die Uranspaltung

a) Die Entdeckung der Uranspaltung. Bei mehreren Kernen, die ein Neutron absorbieren, wandelt sich das eingefangene Neutron in ein Proton um, während gleichzeitig ein Elektron ausgestoßen wird. Der zurückbleibende Kern besitzt dann eine positive Kernladung mehr, und das ursprüngliche Element hat sich in das mit der nächsthöheren Kernladungszahl verwandelt. Als Fermi[1] die beschriebene Neutronenabsorption bei Uran hervorrufen wollte, stellte er wirklich eine Kernreaktion fest, bei der energiereiche Teilchen ausgeschleudert wurden. Die richtige Erklärung der Reaktion erfolgte aber erst 1939 durch die deutsche Forschergruppe Hahn, Straßmann und Meitner[2].

b) Der Ablauf der Spaltung. Natürliches Uran besteht zu 99,3 % aus dem gewöhnlichen U 238 und zu 0,7 % aus dem selteneren Isotop U 235. Infolge der vielen positiven Ladungen haben die Kerne geringe Stabilität und werden nur durch die von den Kernbindungskräften erzeugte Oberflächenspannung zusammengehalten. Bei U 235 genügt eine ganz geringe Anregung, die schon von einem thermischen Neutron ausgelöst werden kann, um das Gleichgewicht zu stören. Dringt ein Neutron in einen Kern U 235 ein, so gerät er zunächst in Schwingungen. Dabei kommen Teile des Kerns aus dem Bereich der Kernbindungskräfte heraus, in der Mitte entsteht eine Einschnürung, und schließlich zerreißt der Kern infolge der abstoßenden Wirkung der Coulombkraft (Abb. 1). Es entstehen zwei meist ungleiche Teile und einige freie Neutronen, z. B.:

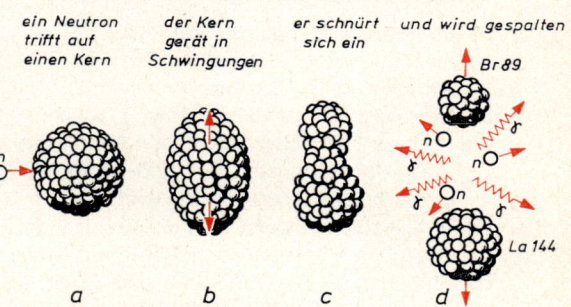

$$^{235}_{92}U + ^{1}_{0}n = ^{141}_{55}Cs + ^{93}_{57}Rb + 2\,^{1}_{0}n$$

$$^{235}_{92}U + ^{1}_{0}n = ^{144}_{54}Xe + ^{90}_{38}Sr + 2\,^{1}_{0}n$$

$$^{235}_{92}U + ^{1}_{0}n = ^{144}_{57}La + ^{89}_{35}Br + 3\,^{1}_{0}n$$

Abb. 1. Der Spaltvorgang bei U 235

Die Bruchstücke und die Neutronen fliegen mit solcher Geschwindigkeit auseinander, daß die frei werdende Energie im Mittel 209 MeV beträgt. Sie ist die größte Energie, die bei einer Kernreaktion gemessen wurde. Von besonderer Wichtigkeit sind die frei werdenden Neutronen, die in der Lage sind, beim Eindringen in weitere Atome U 235 den Spaltvorgang erneut hervorzurufen. Dadurch ist die Möglichkeit gegeben, daß sich die Spaltung ohne Zuführung neuer Energie von selbst in einer **Kettenreaktion** fortsetzt (Abb. 2). Wenn alle Neutronen weitere Kerne U 235

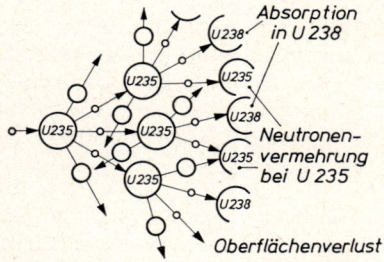

Abb. 2. Die Spaltung als Kettenreaktion

---

[1] Enrico F e r m i , *1901, Prof. in Rom, später in USA, Atomphysiker, Erbauer des ersten Reaktors.
[2] Otto H a h n , 1879 bis 1968, Prof. in Berlin und Göttingen, Fritz S t r a ß m a n n , *1902, Prof. in Berlin, Lise M e i t n e r , 1878 bis 1968, Physikerin in Berlin und Stockholm.

spalten, breitet sich der Vorgang bei der großen Geschwindigkeit der Neutronen in Mikrosekunden auf eine große Menge Uran 235 aus und liefert dabei eine ungeheure Energie.

Beispiel:

Welche Energie wird bei der Spaltung von m_U = 1 kg U 235 frei? Welche Menge m_K Kohle (H = 30 000 kJ/kg müßte verbrannt werden, um diese Energie zu gewinnen? Wie lange braucht ein Großkraftwerk mit der Leistung 100 000 kW, um diese Energie zu liefern?

$$E = \frac{m_U}{A_r\, u} \cdot 209 \text{ MeV} = 23{,}8 \cdot 10^6 \text{ kW h} \qquad m_K = \frac{E}{H} = 2860 \text{ t} \qquad t = \frac{E}{P} = 238 \text{ h} \approx 10 \text{ d}$$

Da Uran einen größeren Neutronenüberschuß hat als die bei der Spaltung unmittelbar entstehenden Elemente, sind diese nicht stabil. Ihre relative Atommasse ist um mehrere Einheiten größer als die der entsprechenden stabilen Elemente. Die meisten Spaltprodukte vermindern ihren Neutronenüberschuß, indem sie Neutronen unter Aussendung eines β-Teilchens in Protonen umwandeln. So entsteht z. B. aus dem in 7.4.9. b als Spaltprodukt angegebenen Cs 141 durch viermalige Aussendung eines β-Teilchens das stabile Pr 141. In einigen Fällen sendet aber ein Spaltprodukt auch noch ein Neutron aus, z. B. $^{139}_{53}$J $\xrightarrow{\text{n}}$ $^{138}_{53}$J. Solche **nachträglich freiwerdenden, „verzögerten"** Neutronen haben für die technische Ausnutzbarkeit der Atomenergie entscheidende Bedeutung (7.5.2.).

7.5. Die Kernenergie

7.5.1. Voraussetzungen für die Ausnutzung der Kernenergie

a) Die kritische Menge. Bei natürlichem Uran kann sich der Spaltvorgang nicht über größere Uranmengen ausbreiten, weil sehr viele von den entstehenden Neutronen nicht zur Auslösung einer neuen Spaltung kommen. Die zahlreichen Atome U 238, die sich zwischen den spaltbaren Atomen U 235 befinden, fangen einen großen Teil der entstehenden Neutronen ab. Ein anderer Teil entweicht an der Oberfläche, ohne eine Spaltung hervorgerufen zu haben. Die Absorptionsverluste bei U 238 lassen sich vermindern, indem man das Konzentrationsverhältnis beider Uranisotope zugunsten von U 235 verändert. Die Oberflächenverluste werden relativ kleiner, wenn man die Uranmenge vermehrt, denn die Zahl der spaltbaren Atome und damit der entstehenden Neutronen wächst mit der dritten Potenz des Durchmessers der Uranmenge, die Oberfläche und damit die Zahl der entweichenden Neutronen nur mit der zweiten Potenz. Die Menge, bei der die Zahl der durch Spaltungen neu entstehenden Neutronen ebenso groß ist wie die Zahl der verlorenen Neutronen, ist die **kritische Menge.** Sie ist die geringste Menge, die zur selbständigen Inganghaltung des Spaltvorganges erforderlich ist. In einer Uranmenge, die kleiner ist als die kritische Menge, klingt jeder eingeleitete Spaltvorgang wieder ab. Bei einer Menge aber, die die kritische nur wenig überschreitet, läßt sich die lawinenartige Vermehrung der Spaltungen nicht mehr aufhalten. Die kritische Menge hängt von der geometrischen Form der Uranmenge ab und ist je nach der Konzentration des spaltbaren Isotops sehr verschieden; sie beträgt schon bei reinem U 235 einige kg.

b) Gewinnung von U 235. Um in natürlichem Uran das spaltbare Isotop anzureichern oder reines U 235 zu gewinnen, muß man die Methoden zur Isotopentrennung (7.4.4. c) anwenden. Für technische Zwecke hat sich das Diffusionsverfahren als brauchbar erwiesen. Man führt Uran in die oberhalb von 50 °C gasförmige Verbindung Uranhexafluorid UF_6 über und pumpt das Gas durch eine Diffusionsanlage. Wegen des ungünstigen Massenverhältnisses erzielt man jedoch nur eine geringe Konzentrationserhöhung für U 235. Deshalb sind etwa 5000 aufeinanderfolgende Pumpstufen erforderlich, um U 235 in der nötigen Reinheit darzustellen.

c) Die Atombombe. Verwendet man eine solche Menge reines U 235, daß die kritische Menge merklich überschritten ist, so erfolgt die Energieentwicklung in Form einer Explosion. Zwei unterkritische Mengen reinen Spaltstoffes, die für sich allein keine Spaltung aufrecht erhalten können, werden rasch miteinander vereinigt. Dann bildet sich eine überkritische Menge, in der sofort von den durch die Höhenstrahlung überall vorhandenen Neutronen die Spaltung eingeleitet wird. In wenigen Mikrosekunden breitet er sich über die ganze Uranmenge aus, und die ungeheure Energie wird als Wärme und Strahlung aller Wellenlängen frei. Statt des nur schwer zu gewinnenden reinen Urans 235 wurde das billiger herzustellende Plutonium (7.5.3. a) verwendet.

d) Der Moderator. Zur technischen Energiegewinnung muß der Spaltvorgang langsam und steuerbar ablaufen. Im einfachsten Falle verwendet man natürliches Uran. Um in ihm die Kettenreaktion aufrecht erhalten zu können, muß der Neutronenverlust bei U 238 möglichst vermindert werden. Dazu benutzt man den Umstand, daß der Absorptionsquerschnitt von U 238 nur für Neutronen einer bestimmten mittleren Energie sehr groß ist, während er bei thermischen Neutronen für U 235 weit über dem von U 238 liegt. Wenn man die Neutronen sofort nach ihrem Entstehen auf thermische Geschwindigkeiten abbremst, können sie von U 238 nur noch in geringem Maße eingefangen werden. Die Abbremsung erfolgt durch elastische Stöße in einem Stoff, den man als **Moderator** bezeichnet. Da die Energieabgabe nach den Gesetzen des elastischen Stoßes am größten ist, wenn die Stoßpartner möglichst gleiche Massen haben, soll ein Moderator eine kleine relative Atommasse haben. Damit auf engem Raum möglichst viele Neutronen mit den Kernen des Moderators zusammenstoßen, eignet sich dafür nur ein fester oder flüssiger Stoff, allenfalls noch ein komprimiertes Gas. Der Moderator darf keine Neutronen absorbieren; er soll einen hohen Streu-, aber einen möglichst kleinen Absorptionsquerschnitt haben. Diesen Bedingungen entsprechen nur wenige Stoffe: Der beste Moderator ist das schwere Wasser D_2O. Die relative Atommasse von D ist klein, sein Absorptionsquerschnitt fast Null und sein Streuquerschnitt groß. Der in D_2O noch auftretende Sauerstoff hat ebenfalls kleine Absorption. — Auch gewöhnliches Wasser läßt sich als Moderator verwenden. Aber der höhere Absorptionsquerschnitt des gewöhnlichen Wasserstoffs verschlechtert seine Moderatoreigenschaft. — Gereinigter Kohlenstoff in der Form von Graphit hat ebenfalls einen sehr kleinen Absorptionsquerschnitt. Die höhere relative Atommasse 12 verlangt jedoch zur Abbremsung der Neutronen eine größere Anzahl von Stößen. Deshalb benötigt man bei Graphit eine viel größere Moderatormenge als z. B. bei schwerem Wasser.

7.5.2. Reaktoren

a) Aufbau eines Reaktors. Die Anlagen, in denen die Uranspaltung friedlichen Zwecken nutzbar gemacht wird, sind die **Reaktoren.** Im Jahre 1942 gelang es Fermi, in Chicago den ersten Reaktor in Betrieb zu nehmen.

Mehrere Tonnen natürliches Uran waren zwischen Blöcken aus Graphit aufgebaut. Dazwischen konnte Kühlwasser durchgeleitet werden. Einschiebbare Cadmiumstäbe dienten wegen ihres hohen Absorptionsquerschnittes dazu, eine zu starke Neutronenentwicklung zu verhindern. Damit benutzte Fermi schon alle wesentlichen Einrichtungen, die auch heute noch einen Reaktor kennzeichnen.

Damit ein Reaktor seine Aufgabe erfüllen kann und allen Sicherheitsanforderungen genügt, muß er aus folgenden Hauptteilen bestehen:

1. Als **Spaltstoff** verwendet man am einfachsten natürliches Uran. Dann ist jedoch die kritische Menge sehr groß, und der Reaktor erhält große Abmessungen. Um sie zu verkleinern, kann man auch Uran als Spaltstoff verwenden, in dem das spaltbare U 235 angereichert wurde. Der Spaltstoff wird in der Form von **Brennelementen** verwendet. Im einfachsten Fall bestehen sie aus metallischem Uran. Um zu verhindern, daß radioaktive Spaltprodukte aus den Brennelementen austreten, umgibt man sie mit einem Mantel aus einer Magnesiumlegierung. Da Uran bei hohen Temperaturen nicht formbeständig ist, können metallische

Brennelemente nur bis zu etwa 400 °C verwendet werden. Für höhere Temperaturen eignet sich das keramische Urandioxid UO_2, das erst bei 2800 °C schmilzt, besser. Es hält die Spaltprodukte gut in sich zurück, besonders, wenn man es mit einer Hülle aus einer Zirkonlegierung umschließt. Bei besonders hohen Temperaturen muß man eine Stahlhülle verwenden, deren Neutronenabsorption sich jedoch dann ungünstig auswirkt. Temperaturen bis mehr als 1000 °C kann man verwenden, wenn man als Brennelemente kleine Kugeln aus Urancarbid verwendet, die von einer Graphithülle umschlossen sind und die ihre Form, ihre Anordnung und ihre Festigkeit auch bei hohen Temperaturen beibehalten.

2. Zur Abbremsung der Neutronen dient ein **Moderator.** Bei natürlichem Uran läßt sich nur schweres Wasser oder Graphit verwenden, weil bei gewöhnlichem Wasser die Neutronenabsorption zu groß ist. Bei angereichertem Spaltstoff ist dagegen gewöhnliches Wasser der billigste Moderator.

3. Zur Steuerung dienen **Regelstäbe** aus Cadmium oder Bor. Infolge ihrer hohen Neutronenabsorption können sie jede unerwünschte Neutronenvermehrung sofort zum Stillstand bringen, wenn sie in den Reaktor eingeschoben werden. Durch teilweises Einführen kann man den Neutronenfluß regulieren. Ein Teil der Regelstäbe wird automatisch vom Neutronenfluß gesteuert. Für ihre Wirksamkeit sind die verzögerten Neutronen (7.4.9. b) entscheidend. Denn die Zeitdauer, die nötig ist, um im Falle einer Gefahr die Stäbe einzufahren, läßt sich unmöglich so vermindern, daß prompte Neutronen absorbiert werden können; nur die verzögerten können noch abgefangen werden. Willkürlich verstellbare Stäbe dienen dazu, den Reaktor außer Betrieb zu setzen oder seine Leistung zu verändern.

4. Als **Kühlmittel,** das die entstehende Wärme aufnimmt und einer Wärmekraftmaschine zuführt, dient meist Wasser. Da es beim Durchfließen der Brennelemente radioaktiv wird, leitet man es in einen Wärmeaustauscher, in dem es die Wärme an einen zweiten Wasserkreislauf abgibt. Auch komprimiertes Kohlendioxid oder Helium wurde schon als Kühlmittel verwendet. In einigen Reaktoren dient das bei der Betriebstemperatur flüssige Metall Natrium als Kühlmittel.

5. Zur Verminderung der Oberflächenverluste an Neutronen kann man den Kern des Reaktors mit einem **Reflektor** aus Graphit oder Beryllium umgeben. Die Neutronen, die entweichen wollen, werden dadurch reflektiert und ins Innere des Reaktors zurückgebracht. Durch einen Reflektor wird die kritische Menge des Reaktors verkleinert.

6. Zum Schutz der Umgebung vor der gefährlichen Strahlung muß der ganze Reaktor einschließlich des Wärmeaustauschers mit einem **Strahlungsschutz** umgeben werden. Dazu verwendet man dicke Betonwände, oder man bringt bei kleinen Reaktoren den Kern in ein mehrere Meter tiefes und breites Wasserbecken. Außerdem umgibt man den ganzen Reaktor mit einer druckfesten Kuppel, damit bei einem Defekt keine radioaktiven Stoffe in die Umgebung entweichen können

b) Gefahren des Reaktorbetriebes. Abgesehen von dem Strahlungsschutzmantel sind beim Reaktorbetrieb noch andere Sicherheitsmaßnahmen zu beachten. Die Abwässer und Abgase enthalten radioaktive Stoffe; sie dürfen daher nicht ungereinigt in die Umgebung abgeführt werden. Eine sehr schwierige Aufgabe ist die Beseitigung des „radioaktiven Mülls", nämlich der radioaktiven Spaltstoffe, die sich beim Reaktorbetrieb aus dem Uran bilden. Bei Radionukliden mit Halbwertszeiten von Minuten, Stunden oder wenigen Tagen kann man abwarten, bis ihre Aktivität unmerklich geworden ist. Die langlebigen Strahler muß man konzentrieren, in Behältern einschließen oder in Glasfluß einschmelzen und so lagern, daß ihre Strahlung keinen Schaden anrichten kann. Eine Versenkung im Meer ist auszuschließen, da dann keine Kontrolle mehr möglich ist und beim Undichtwerden große Teile des Meeres verseucht werden. Vorläufig bringt man in der Bundesrepublik die Behälter in ein verlassenes Salzberg-

Fahrbare Brücke, an der
der Reaktorkern hängt

7 m tiefes
Wasserbecken

Betonschutz-
wall

Reaktor-
kern

Röhren zur Aktivierung
und Materialprüfung

Abb. 1. Schnittmodell des Schwimmbadreaktors in München-Garching

werk. Aber auch diese Lösung kann nicht befriedigen, da einige Spaltstoffe erst in Jahrhunderten ihre Gefährlichkeit verlieren und man nicht garantieren kann, daß die Behälter
so lange unversehrt bleiben.

c) Reaktortypen. Je nach Aufgabe, Größe und Bauart gibt es so viele Reaktortypen, daß
es nur möglich ist, einige wenige Beispiele herauszugreifen.

Die **Forschungsreaktoren** haben nur kleine Leistungen; sie sind aber so gebaut, daß in
ihrem Innern (im sog. Core) ein möglichst großer Neutronenfluß entsteht. Sie dienen zur
Erforschung der Eigenschaften der Neutronen und der Spaltprodukte und zur Herstellung
künstlicher radioaktiver Stoffe (radioaktive Nuklide 7.6.1).

Ein Typ, nach dem viele Forschungsreaktoren gebaut sind, z. B. der Reaktor in München
(Abb. 1), ist der **Schwimmbadreaktor.** Stäbe mit angereichertem Uran befinden sich in einem
mehrere Meter breiten und tiefen Wasserbecken. Das Wasser dient gleichzeitig als Moderator, Kühlmittel und Strahlungsschutz.

Die wichtigsten Reaktoren sind die **Leistungsreaktoren,** mit deren Hilfe die Energie der
Kernspaltung kontrolliert nutzbar gemacht wird und die schon heute einen wesentlichen
Beitrag zur Energieversorgung liefern.

549

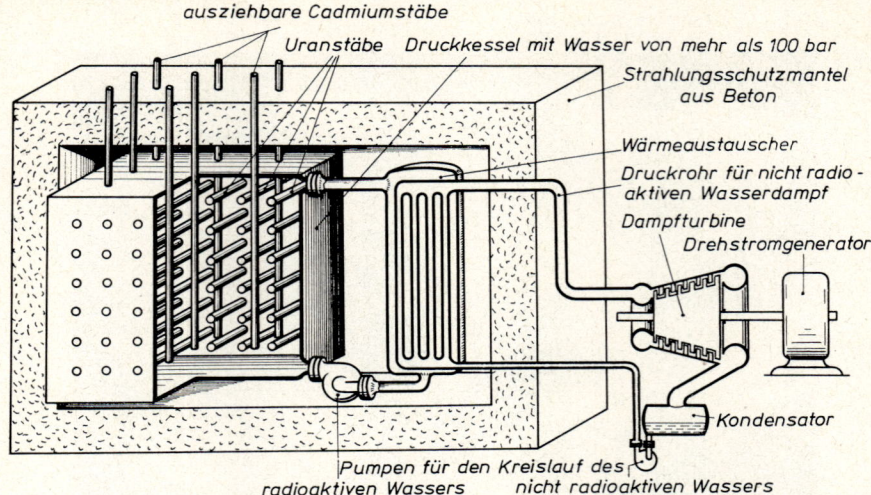

ausziehbare Cadmiumstäbe

Uranstäbe Druckkessel mit Wasser von mehr als 100 bar

Strahlungsschutzmantel aus Beton

Wärmeaustauscher

Druckrohr für nicht radioaktiven Wasserdampf

Dampfturbine

Drehstromgenerator

Kondensator

Pumpen für den Kreislauf des radioaktiven Wassers

nicht radioaktiven Wassers

Abb. 2. Schema eines Druckwasserreaktors

Der am häufigsten gebaute Leistungsreaktor ist der **Druckwasserreaktor** (Abb. 2). Er ist nicht mit Graphit, sondern mit Leichtwasser moderiert und benötigt deshalb angereichertes Uran als Spaltstoff. Die Brennelemente aus Urandioxid befinden sich in einem mit Wasser gefüllten Druckkessel. Das Wasser dient gleichzeitig als Moderator und Kühlmittel. Damit es nicht verdampft und dadurch seine Moderatoreigenschaften verändert, steht es unter einem Druck bis zu 180 bar. Da das Wasser bei diesem Druck oberhalb von etwa 350 °C verdampft, darf es sich an der Oberfläche der Brennelemente nicht über diese Temperatur erhitzen. Weil das Wasser radioaktiv wird, muß die Wärme in einem Wärmeaustauscher auf einen zweiten Wasserkreislauf übertragen werden. In diesem herrscht ein geringerer Druck, so daß das Wasser verdampft und zum Antrieb einer Dampfturbine verwendet werden kann. Wegen der relativ niedrigen Ausgangstemperatur, ist der thermische Wirkungsgrad eines Druckwasserreaktors niedriger als der anderer Wärmekraftmaschinen (3.7.2 d). Ein großer Teil der Spaltenergie muß als Abwärme ans Kühlwasser oder in Kühltürmen an die umgebende Luft abgegeben werden.

Mit wesentlich geringeren Drücken (weniger als 100 bar) arbeitet der **Siedewasserreaktor.** Bei diesen Drücken kommt das als Moderator und Wärmeüberträger verwendete Wasser zum Sieden. Um die Wärmeaustauschverluste zu sparen, betreibt man mit dem entstehenden Wasserdampf unmittelbar eine Dampfturbine, die sich im Innern des Strahlungsschutzmantels befinden muß, weil der Wasserdampf bei seiner Entstehung an der Oberfläche der Brennelemente radioaktiv wird. Dadurch werden Aufbau, Betrieb und Leistungsregelung beim Siedewasserreaktor besonders einfach.

Wesentlich höhere Betriebstemperaturen lassen sich im **Kugelhaufenreaktor** erzielen, weil die in a) genannten kugelförmigen Brennelemente auch bei Temperaturen von 1000 °C verwendbar bleiben. Zur Kühlung benutzt man Helium, das unter einem Druck von 10 bar durch einen Haufen von mehr als 1000 Kugeln gepreßt und dabei auf 850 °C erhitzt wird. In einem Wärmeaustauscher wird die Wärme auf Wasser zum Erzeugen von Wasserdampf für die Dampfturbine übertragen.

7.5.3. Kernenergie aus Plutonium und Thorium

a) Plutonium. Das Uranisotop U 235 ist zwar der einzige in der Natur vorkommende Stoff, dessen Kerne von thermischen Neutronen gespalten werden. Es lassen sich aber noch andere Kerne künstlich erzeugen, die ebenfalls von Neutronen in einer Kettenreaktion gespalten werden können und die deshalb auch für die Gewinnung von Kernenergie in Frage kommen.

In natürlichem Uran werden Neutronen, z. B. die, welche bei der Spaltung von U 235 frei werden, zu einem großen Teil von dem häufigen Uranisotop U 238 eingefangen. Der Absorptionsquerschnitt steigt für Neutronen einiger bestimmter Energien bis über 10^{-20} cm², ist aber für sehr schnelle und für langsame Neutronen klein. Beim Neutroneneinfang entsteht zuerst ein instabiles Uranisotop U 239, das unter Aussendung eines Elektrons in das Element Neptunium Np 239 übergeht. Auch dieses Element ist radioaktiv und sendet ein Elektron aus. Dadurch geht es in das Element **Plutonium** Pu 239 über, das bei einer Halbwertszeit von 24 000 Jahren praktisch stabil ist:

$$^{238}_{92}U + ^{1}_{0}n \rightarrow ^{239}_{92}U \rightarrow ^{239}_{93}Np + e \qquad ^{239}_{93}Np \rightarrow ^{239}_{94}Pu + e$$

Dieses Element hat ganz ähnliche Eigenschaften wie Uran 235. Auch sein Kern wird von eindringenden thermischen Neutronen gespalten, wobei eine Energie von etwa 200 MeV frei wird. Neben den beiden Hauptbruchstücken werden ebenfalls Neutronen frei, die man zur Aufrechterhaltung einer Kettenreaktion verwenden kann.

b) Umwandlungs- und Brutreaktoren. Die zur Plutoniumgewinnung dienenden Reaktoren nennt man **Umwandlungsreaktoren.** Es sind „schnelle" Reaktoren, bei denen kein Moderator zur Abbremsung der Neutronen vorhanden ist. Sie arbeiten mit schnellen Neutronen; denn gerade diese werden von U 238 absorbiert. Damit der Spaltvorgang trotz der dafür verbrauchten Neutronen in Gang bleibt, müssen Neutronenverluste noch mehr als bei gewöhnlichen Reaktoren vermieden werden. Im günstigsten Falle ist die Zahl der erzeugten Plutoniumatome größer als die der verbrauchten U 235-Atome. In diesem Falle nennt man ihn **Brutreaktor.** Ein Kern mit angereichertem Uran ist von einem Mantel aus Natururan umgeben. Aus dem Kern dringen Neutronen in den Mantel ein und werden dort durch die Neutronen vermehrt, die bei den Spaltungen im Mantel entstehen. Von diesem Neutronenstrom werden Uranatome in Plutoniumatome umgewandelt. Wenn sich nach einiger Zeit Plutonium im Mantel angesammelt hat, kann man es auf chemischem Wege vom Uran trennen. Weil in dem dabei zu verarbeitenden Uran stark radioaktive Spaltprodukte enthalten sind, benötigt man dazu Anlagen, in denen die Trennung automatisch ohne Menschenhand abläuft. Da die Gewinnung des Plutoniums auf chemischem Wege möglich ist, benötigt man dazu keine kostspielige Isotopentrennanlage. Deshalb ist Plutonium einfacher und billiger zu gewinnen als reines Uran 235. Die Gefahren eines Brutreaktors sind aber noch größer als die der anderen Reaktortypen, weil Plutonium infolge seiner Halbwertszeit von 24 000 Jahren und wegen des Umstandes, daß es vom menschlichen Körper sehr leicht aufgenommen wird, einen für den Menschen äußerst gefährlichen Stoff darstellt.

c) Thorium und Uran 233. Dringen Neutronen in Kerne des Elementes Thorium ein, so entsteht daraus das in der Natur nicht vorkommende Uranisotop U 233, das ebenfalls von Neutronen gespalten werden kann und die Voraussetzungen für eine Kettenreaktion erfüllt. Daher besteht auch die Möglichkeit, aus Thorium Kernenergie zu gewinnen. Das ist deshalb bedeutungsvoll, weil Thorium in der Erdrinde häufiger vorkommt als Uran. Zur Einleitung der Kettenreaktion benötigt man auch bei Thorium eine Menge U 235. Die Reaktion setzt sich aber dann selbständig in dem aus dem Thorium entstandenen U 233 fort.

Auch das gewöhnliche U 238 ist spaltbar; man benötigt dazu jedoch eine so hohe Aktivierungsenergie, daß die Spaltung von U 238 nicht als selbständige Kettenreaktion abläuft.

7.5.4. Energie aus Kernverschmelzung

a) Voraussetzungen für die Energiegewinnung aus Kernverschmelzung. Aus der Kurve der Bindungsenergien je Nukleon (7.4.5. 1.) geht hervor, daß nicht nur bei einer Spaltung der schweren Atomkerne, sondern auch beim Aufbau größerer Kerne aus Kernen mit der Massenzahl 1, 2 oder 3 Energie gewonnen werden kann. Der aus der Kurve ablesbare Unterschied der Bindungsenergie zeigt, daß bei einem solchen Vorgang der **Kernverschmelzung** oder **Fusion** je Nukleon eine Energie bis zu 8 MeV frei wird, während die Spaltung wenig mehr als 1 MeV liefert. Als Ausgangsmaterial für eine Energiegewinnung können nur die in der Natur vorkommenden Kerne von Wasserstoff, Deuterium und Lithium in Frage kommen. Unter den schon im Laboratorium verwirklichten Reaktionen benötigt die folgende nur schweren Wasserstoff als Ausgangsmaterial und liefert eine besonders hohe Energie:

$$3\,{}_{1}^{2}D = {}_{2}^{4}He + {}_{1}^{1}p + {}_{0}^{1}n + 21{,}6\ MeV$$

Zur Vereinigung müssen die Deuteriumatome mit hoher Geschwindigkeit aufeinandertreffen. Nur dann kommen sie so eng zusammen, daß die Kernbindungskräfte sie zusammenhalten können. Deshalb ist zur Anregung der Reaktion eine Energie von etwa 0,1 MeV erforderlich. Diese Energie kann man leicht mit Teilchenbeschleunigern erzeugen, aber immer nur bei einer für technische Zwecke zu geringen Menge. Die gleiche Energie haben nach der kinetischen Gastheorie fast alle Moleküle eines Gases bei einer Temperatur von etwa 500 Millionen Grad. Nach der statistischen Geschwindigkeitsverteilung gibt es jedoch schon bei tieferen Temperaturen Moleküle, welche die für die Anregung erforderliche Energie besitzen. Ihre Zahl ist aber um so kleiner, je weiter die Temperatur unter der genannten liegt. Man erhält also um so eher die Möglichkeit, die obige Reaktion in größerem Maßstab zu verwirklichen, je höhere Temperatur man erzielt und je länger sie aufrecht erhalten wird. Man benötigt zur Gewinnung von Energie aus Kernverschmelzung mindestens für 10^{-3} s eine Temperatur von etwa 10^8 K in stark ionisiertem Deuterium.

b) Die Fixsternenergie. Die Verschmelzung von Wasserstoff zu Helium ist die auf Milliarden von Jahren unerschöpfliche Energiequelle der Fixsterne. Die Physiker **Bethe** und **v. Weizsäcker** haben einen Reaktionszyklus entdeckt, bei dem ein Kohlenstoffkern nacheinander vier Protonen einfängt, sie schließlich wieder als α-Teilchen ausstößt und dabei selbst unverändert aus dem Zyklus hervorgeht. Die Wahrscheinlichkeit des Vorganges ist jedoch selbst bei den Temperaturen der Fixsterne so gering, daß ein einzelner Zyklus im Mittel Millionen von Jahren benötigt. Trotzdem reagieren in den ungeheuren Wasserstoffatmosphären der Fixsterne in jeder Sekunde Millionen Tonnen von Wasserstoff miteinander. Die dabei frei werdende Energie erzeugt im Fixsterninnern eine Temperatur von einigen Millionen Grad. Der große Wasserstoffvorrat und die Seltenheit der Einzelreaktion sichern die Strahlung der Fixsterne, insbesondere der Sonne, auf Milliarden von Jahren. In irdischen Maßstäben läßt sich dieser Zyklus jedoch nicht zur Energiegewinnung nachahmen.

c) Die Wasserstoffbombe. Die hohen Temperaturen zur Einleitung der Fusion kann man bis jetzt nur mit einer Uran- oder Plutoniumbombe erzeugen. Dann erhält man aber keine nutzbringende Energiegewinnung, sondern die Wasserstoffbombe, deren Wirkung die der Uranbombe noch weit übertrifft.

d) Versuche zur Nutzbarmachung der Fusionsenergie. Um die Fusionsenergie nutzbar zu machen, muß man versuchen, die hohen Temperaturen, die zur Einleitung einer Kernverschmelzung erforderlich sind, auf andere Weise zu erzeugen. Bei allen bisher ausgeführten Versuchen wurde eine in sich geschlossene Röhre verwendet, die mit einem stark ionisierten Gas (einem **Plasma**) aus Deuterium gefüllt ist. Durch Induktion kann ein sehr kurzer, aber starker Stromimpuls (bis zu 100 000 A) im Plasma des Entladungsrohres angeregt werden. In ihrem eigenen Magnetfeld ziehen sich die parallelen Stromfäden auf einen engen Querschnitt mit außerordentlicher Stromdichte zusammen (Pincheffekt). Dabei gelang es für die kurze Zeit des Stromstoßes von etwa 0,001 s, auf engem Raum eine Temperatur von einigen Millionen Grad zu erzeugen. Daß dabei durch den Pincheffekt der Strom der Deuteriumionen von den Wänden der Röhre weg zur Mitte vereinigt wird, ist besonders wertvoll, weil ja kein Material diesen Temperaturen standhalten könnte. So wird im entscheidenden Augenblick das Stahlrohr durch ein „Rohr aus Magnetfeldern" (magnetische Flasche) ersetzt. Die Röhre ist umgeben von Magnetspulen, die den Ionenstrom in der Röhre herumführen und Instabilitäten beseitigen.

Bis heute reichen weder die Temperaturen noch die Zeitdauer aus, um mit einer solchen Vorrichtung Fusionsenergie zu gewinnen. Die Versuche werden fortgesetzt; wenn ihnen Erfolg beschieden ist, wird in der Fusion eine ergiebigere und ungefährlichere Energiequelle erschlossen als in der Uranspaltung.

7.6. Künstliche Radionuklide und ihre Anwendungen

7.6.1. Radioaktive Nuklide

a) Radioaktive Nuklide. Ähnlich, wie Joliot-Curie durch Bestrahlung von Aluminium radioaktiven Phosphor herstellte (7.4.8. b), können bei Bestrahlung mit radioaktiven Strahlen auch andere Elemente in **radioaktive Isotope** oder **Radionuklide** umgewandelt werden. Inzwischen sind zu fast allen stabilen Elementen radioaktive Isotope hergestellt worden. Ihre Zahl ist größer als die der stabilen Kerne. Unter den Radionukliden sind nur wenige schwere Kerne α-Strahler, die meisten senden positive oder negative Elektronen oder γ-Strahlen mit verschiedenen Energien aus. Die Halbwertszeiten liegen zwischen Bruchteilen einer Sekunde und Tausenden von Jahren.

b) Aktivierung. Um ein bestimmtes radioaktives Nuklid zu erhalten, muß man das Element, aus dem es entsteht, aktivieren. Bei den radioaktiven Nukliden, die bei der Absorption von Neutronen aus anderen Kernen entstehen, erfolgt die Aktivierung im Neutronenstrom eines Reaktors; bei den wenigen Radionukliden, die beim Zusammenstoß von Kernen mit positiven Ionen entstehen, im Ionenstrom eines Teilchenbeschleunigers. Die entstehende Aktivität ist um so größer, je stärker der Neutronen- bzw. der Ionenfluß, je größer der Wirkungsquerschnitt der Reaktion, je größer die Masse des zu aktivierenden Präparats und je kürzer die Halbwertszeit des entstehenden Nuklids sind. Daher benötigen Nuklide mit kleiner Halbwertszeit nur kurze, langlebige aber große Aktivierungszeiten, bis die bestrahlten Präparate eine bestimmte Radioaktivität aufweisen. In allen Fällen werden nur verschwindend geringe Stoffmengen aktiviert.

c) Isotopentechnik. Die Strahlung der Radionuklide hat in den wenigen Jahren seit ihrer Entdeckung zahlreiche Anwendungen gefunden, die von Jahr zu Jahr vermehrt werden. Man faßt sie unter der Bezeichnung Isotopentechnik zusammen.

Ein Teil der Anwendungen der Radionuklide beruht auf der Absorption ihrer Strahlung beim Durchgang durch Materie. Die technische Anwendbarkeit der Radionuklide ist hier durch die ausgesandte Strahlenart, durch die Energie der Strahlung und vor allem durch die Halbwertszeit bedingt. Kurzlebige Nuklide lassen sich kaum verwenden, da ihre Aktivität schon stark abnimmt, wenn zwischen Herstellung und Anwendung eine zu große Zwischenzeit liegt; wegen des raschen Zerfalls müßte der Strahler schon nach kurzer Zeit erneuert werden. Für die Anwendbarkeit muß die Halbwertszeit mindestens mehrere Monate, besser aber einige

Jahre betragen. In der Tabelle sind die am häufigsten verwendeten Radionuklide angegeben. Die Bedeutung der in der letzten Spalte angegebenen Gammastrahlenkonstante wird in 7.6.4. c erläutert.

Häufig verwendete Radionuklide

Nuklid	Strahlenart und Energie E (MeV)	Halbwertszeit t_h	Spezifische Gamma-strahlkonstante Γ_D (J m²/kg)
C 14	β (0,158)	5580 a	—
Na 22	β (1,83; 0,54) γ (1,28)	2,6 a	$0,97 \cdot 10^{-16}$
Co 60	β (0,31) γ (1,33; 1,17)	5,24 a	$1 \cdot 10^{-16}$
Sr 90 + Y 90	β (Sr 0,54; Y 2,27)	28 a	—
Cs 137	β (1,18; 0,52)	30 a	—
Tl 204	β (0,76)	3,78 a	—
Po 210	α (5,3)	139 d	—
Ra 226	α (4,78) γ (0,19)	1620 a	$0,63 \cdot 10^{-16}$

Der andere Teil der Anwendungen beruht auf der Nachweisbarkeit der Radionuklide durch ihre Strahlung, die so empfindlich ist, daß man sie noch anwenden kann, wenn chemische Methoden längst versagen, wie das folgende Beispiel zeigt:

Beispiel:

Wie viele Gramm Tl 204 ($t_h = 3,78$ a) lassen sich mit einem Zählrohr nachweisen, wenn es nur $\eta = 1 \%$ der ausgesandten β-Teilchen registriert und die gemessene Impulsrate mindestens $I = 50$ min^{-1} betragen soll?

Erforderliche Aktivität: $A^* = \dfrac{I}{\eta} = \dfrac{50 \text{ min}^{-1}}{0,01} = \dfrac{5000}{60} \text{s}^{-1} = 83 \text{ s}^{-1}$

Die Aktivität erhält man aber auch aus der Gleichung

$$A^* = \lambda N = \frac{0,693}{t_h} \cdot \frac{m}{M_r \, u}$$

Durch Auflösen nach m erhält man:

$$m = \frac{A^* \, t_h \, M_r \, u}{0,693} = \frac{83 \text{ s}^{-1} \cdot 3,78 \cdot 365 \cdot 24 \cdot 3600 \text{ s} \cdot 204 \cdot 1,66 \cdot 10^{-24} \text{ g}}{0,693} = 4,84 \cdot 10^{-12} \text{ g}$$

Bei anderen Radionukliden liegt die Nachweismöglichkeit in ähnlicher Größenordnung, also bei Spuren, die man nie mit chemischen Hilfsmitteln nachweisen könnte.

Beim **Markierungsverfahren** oder bei der radioaktiven **Indikatormethode** werden einem Stoff geringe Mengen von einem Radioisotop des gleichen Elementes zugeführt. Da stabile und radioaktive Atome chemisch völlig gleich sind, nehmen die „markierten" Atome an allen Reaktionen des stabilen Elementes teil. Infolge ihrer Strahlung kann man nun aber Ort und Menge feststellen, was bei dem nicht markierten Stoff unmöglich wäre. Wegen der hohen Nachweisempfindlichkeit kann man selbst winzige Spuren der Nuklide auf ihrem Weg verfolgen.

7.6.2. Anwendungen radioaktiver Nuklide in der Technik

a) Dickenmessungen. Eine radioaktive Strahlung, die eine Materieschicht durchdringt, wird um so mehr geschwächt, je größer die Flächenmasse der Schicht ist. Bei bekannter Dichte kann man daher aus der Absorption einen Schluß auf die Dicke der Schicht ziehen. Darauf beruhen die Dickenmeßmethoden mit Radionukliden, bei der Herstellung von Papier, Kunststofffolien, Textilien, Blechen und Platten. Früher mußte für eine Messung die Produktion einige Zeit angehalten werden, oder man machte Stichproben aus dem Fertigprodukt. Bis ein Fehler festgestellt war und behoben werden konnte, war eine Menge fehlerhaften Gutes hergestellt worden.

Mit einer Anlage nach Abb. 1 kann die Produktion durch laufende berührungslose Messung dauernd unter Kontrolle gehalten werden. Die Ergebnisse sind sofort ablesbar oder werden auf einer Schreibanlage festgehalten. Durch Anschluß einer automatischen Regelanlage können eine Dickenänderung sofort korrigiert und der Ausschuß auf ein Minimum reduziert werden.

Als Strahler dienen je nach der Flächenmasse der zu messenden Schichten β-Strahler (Tl 204, Sr 90) oder γ-Strahler (Co 60, Ra 226) mit Aktivitäten von einigen $10^8 \, s^{-1}$ bis zu einigen $10^{10} \, s^{-1}$. Zum Strahlungsnachweis verwendet man Ionisationskammern, da sie die zuverlässigsten Resultate liefern. Der Strahler befindet sich auf der einen, die Ionisationskammer mit einem Vorverstärker auf der anderen Seite der zu messenden Schicht. Manchmal ist die ganze Meßapparatur in einem kräftigen Bügel angeordnet, zwischen dessen beiden Schenkeln die Folie oder das Blech hindurchläuft. Die Meßgenauigkeit ist besser als 1 %.

Abb. 1. Dickenmeßanlage an einer Kartonmaschine

Verdeckt durch das Kartonband kann ein Behälter mit dem Strahler an der unteren Schiene verschoben werden. Genau darüber befindet sich die Ionisationskammer mit dem Vorverstärker. Der Ionisationsstrom wird über ein Kabel der im Hintergrund sichtbaren Anordnung mit Meßverstärker, Anzeige- und Aufschreibgerät zugeleitet.

b) Füllstandsmessungen. Bei allseitig geschlossenen Kesseln benutzt man zur Messung der Füllhöhe eine Anlage nach Abb. 2 mit einem γ-Strahler (Co 60). Strahler und Zählrohr werden auf beiden Seiten des zu messenden Behälters hochgefahren. Beim Überschreiten der Füllstandshöhe steigt die Impulsrate im Zählrohr plötzlich stark an. Für eine kontinuierliche Füllstandsanzeige bringt man auf der einen Seite einen über die ganze Höhe verteilten Strahler und auf der anderen Seite an der Stelle des höchsten Füllstandes ein festes Zählrohr an. Die Impulsrate nimmt dann nahezu linear mit wachsendem Füllstand ab. Mit ähnlichen Anordnungen kann man prüfen, ob serienmäßig gefüllte Packungen, Tuben oder Ampullen bis zu einer richtigen Marke gefüllt sind. Mit einer automatischen Vorrichtung werden fehlerhaft gefüllte Packungen ausgeschieden.

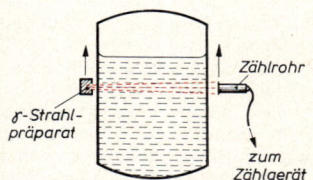

Abb. 2. Füllstandsmessung

c) Feuchtigkeitsmessungen. Den Wassergehalt von Gütern oder des Bodens mißt man mit Neutronen. Man bringt eine Neutronenquelle, z. B. ein Radium-Berylliumpräparat, in oder an die zu untersuchende Stoffmenge. Die eindringenden Neutronen werden von dem enthaltenen Wasser wesentlich besser moderiert als von dem übrigen Material. Die Zählrate in einem nur für langsame Neutronen empfindlichen Bortrifluoridmeßkopf ist daher um so größer, je höher der Feuchtigkeitsgehalt des Materials ist. Zur Messung der Bodenfeuchtigkeit werden Rohre in den Boden getrieben und in ihnen die Neutronenquelle und der Meßkopf hinabgelassen.

d) Zerstörungsfreie Materialprüfungen, die früher nur mit Röntgenstrahlen durchgeführt werden konnten, lassen sich ebensogut mit γ-Strahlen vornehmen. Man bringt einen γ-Strahler (Co 60, Cs 137) hinter das zu prüfende Werkstück und läßt die γ-Strahlen nach ihrem Durchgang durch das Material auf einen Film fallen; je nach der Absorption entstehen stärkere oder schwächere Schwärzungen. Materialfehler oder schlechte Stellen in Schweißnähten erscheinen als dunkle Stellen. Weil die γ-Präparate kleine Abmessungen haben, können sie an Stellen gebracht werden, die für Röntgenapparate unzugänglich sind. Die Strahlungsquellen sind unabhängig von einer Spannungsquelle und deshalb an Orten einsetzbar, an denen wegen mangelnder Spannungsquellen keine Röntgenapparate in Betrieb genommen werden können. Bei Anwendung von Co 60 mit einer Energie von 1,33 MeV ist die Härte der Strahlen größer als bei Röntgenröhren mit maximal 0,3 MeV, so daß mit γ-Strahlen auch dickere Werkstücke geprüft werden können.

e) Abriebmessungen benötigten früher sehr viel Zeit, weil man warten mußte, bis der Abrieb so groß war, daß er aus der Massenabnahme des benutzten Gegenstandes oder durch chemischen Nachweis des abgeriebenen Materials gemessen werden konnte. Markiert man den zu prüfenden Gegenstand mit einem Radionuklid, so lassen sich schon verschwindend kleine Spuren des Abriebs aus seiner Strahlung nachweisen. Den Abrieb im Lager einer Achse erhält man z. B., wenn man das Lagermetall aktiviert und nach einiger Zeit die Strahlung der im Schmieröl enthaltenen radioaktiven Atome mißt.

f) Kontrolle chemischer Reaktionen. Um Geschwindigkeit, Zwischenstufen und umgesetzte Stoffmenge bei chemischen Reaktionen schon während ihres Ablaufs zu verfolgen, markiert man einen an der Reaktion beteiligten Stoff. Dann kann man, ohne die Apparatur zu öffnen und ohne den Reaktionsablauf zu stören, aus der Strahlung den Ort und die Konzentration des markierten Stoffes erkennen.

7.6.3. Anwendungen der Radionuklide in der Medizin, der Biologie und Altersbestimmung

a) Anwendungen in der Medizin. Bei vielen medizinischen Anwendungen kann man die Röntgenstrahlen durch die γ-Strahlung radioaktiver Nuklide ersetzen. Sowohl zur Diagnose als auch zur Therapie wird das Kobaltisotop Co 60 verwendet, das einfacher und billiger als Röntgenstrahlen anzuwenden ist. Viele erfolgreiche Krebsbehandlungen sind schon der Anwendung von Radionukliden zu verdanken. — Durch Markierung kann man den Stoffwechsel erkrankter Organe untersuchen; daraus ergeben sich dann neue Möglichkeiten zur Erkennung und Behandlung der Erkrankung. So kann man die Schilddrüsenfunktion prüfen, indem man ein Jodpräparat verabreicht, das mit J 131 markiert ist und danach prüft, in welcher Zeit und welcher Konzentration dieses von der Schilddrüse aufgenommen wird. Ähnlich läßt sich J 131 oder Kupfer Cu 64 bei Gehirntumoren anwenden. Diese Nuklide werden in dem Tumor so stark gespeichert, daß man beim Abtasten des Körpers mit Zählgeräten die Existenz und den Ort der krankhaften Wucherung erkennen kann.

b) Anwendungen in der Biologie. Durch radioaktive Strahlen können die Erbanlagen von Pflanzen verändert werden. Mit den verhältnismäßig billigen Strahlungsquellen der Radionuklide, besonders von Co 60, bestrahlt man Versuchsfelder und vermehrt dann die Pflanzen, die von der Strahlung günstig beeinflußt wurden. — Auch das Markierungsverfahren findet Anwendung. Mischt man Düngestoffen Spuren radioaktiver Isotope bei, so kann man den Weg des Düngemittels in der Pflanze mit dem Zählrohr verfolgen, kann prüfen, welche Pflanzenteile das Düngemittel besonders speichern, wie rasch es aufgenommen und zu welchem Aufbau es in der Pflanze verwendet wird. Daraus ergeben sich Hinweise auf die beste Zusammensetzung, die benötigte Menge und den günstigsten Zeitpunkt für die Verabreichung des Düngemittels.

c) Altersbestimmungen. Ein besondere Erwähnung verdient die Messung der Strahlung einiger radioaktiver Stoffe zu Altersbestimmungen für Geologen, Biologen und Geschichtsforscher. Je nach dem zu messenden Zeitraum werden verschiedene radioaktive Stoffe verwendet.

Für geologische Altersbestimmungen verwendet man das Uran mit der Halbwertszeit von $4,5 \cdot 10^9$ Jahren. Es wandelt sich über mehrere Zwischennuklide in das stabile Blei Pb 206 um. Vergleicht man das Verhältnis der verschiedenen Bleiisotope in gewöhnlichem Blei mit dem Blei, das in uranhaltigen Erzen gefunden wurde, so erkennt man, daß darin das Blei 206 vermehrt auftritt. Man darf annehmen, daß diese erhöhte Konzentration durch die Endprodukte des zerfallenen Urans entstanden ist. Aus dem Konzentrationsverhältnis läßt sich das Alter der Uranlager berechnen; es ergaben sich in allen Fällen Alter von einigen Milliarden Jahren.

Für geschichtliche Zeitspannen verwendet man die Konzentration des Kohlenstoffisotops C 14. Bei einer Halbwertszeit von 5580 a wäre längst aller C 14 zerfallen, wenn er nicht stets durch Einwirkung der Höhenstrahlen aus dem Stickstoff der Luft neu gebildet würde. Über den CO_2-Stoffwechsel gelangt er in alle lebenden Organismen, so daß dort jedes g Kohlenstoff wegen des in ihm enthaltenen C 14 eine spezifische Aktivität von etwa 16/min g erhält. Vom Zeitpunkt des Absterbens an kann kein neuer Kohlenstoff mehr aufgenommen werden, und die spezifische Aktivität nimmt ab. Mißt man die Aktivität des Kohlenstoffs aus gefundenen Knochen oder Pflanzenresten und vergleicht sie mit der Aktivität von anderen gleichen Mengen Kohlenstoff aus jetzt lebenden Organismen, so kann man daraus das Alter der Knochen oder Pflanzenreste bis auf wenige Jahrzehnte genau bestimmen.

7.6.4. Strahlungsgefahren und Strahlungsschutz

a) Schädigende Wirkung der radioaktiven Strahlen. Alle radioaktiven Strahlen können den Organismus der Lebewesen, insbesondere des Menschen schädigen. Bei ihrer Absorption erzeugen alle Strahlenarten zahlreiche Ionen und verändern dadurch den Aufbau der absorbierenden Stoffe, was für einen lebenden Organismus stets eine Schädigung bedeutet. Diese ist also um so größer, je mehr Ionen erzeugt werden und je mehr Energie der Strahlung dazu verbraucht wird. Je nach der vom Gewebe absorbierten Strahlungsenergie machen sich verschiedene Krankheitserscheinungen bemerkbar: Unwohlsein, Hautrötungen, bei stärkerer Einwirkung Verbrennungen und Geschwüre, bei schweren Fällen Leukämie, Strahlungskrebs und sogar Tod. Eine kurze, starke Strahlungseinwirkung ist schlimmer als eine langandauernde schwache. Geringe Strahlungsintensitäten, wie jeder Mensch sie dauernd als Wirkungen der Höhenstrahlen empfängt, sind für den Organismus ungefährlich. Dies gilt aber nicht für die Mutation der Erbanlagen, die auch bei der geringsten Strahleneinwirkung auftreten kann. Bei höheren Lebewesen haben sie fast immer Schädigung oder Mißgestaltung der Nachkommenschaft zur Folge. Während leichte Strahlungsschäden beim Organismus vom Körper nach einiger Zeit überwunden werden können, sind Schädigungen der Erbanlagen durch keine untere Schwelle begrenzt.

b) Die Strahlungsdosis. Das Maß für die Absorption und die von ihr abhängenden, schädlichen Wirkungen der radioaktiven Strahlen ist die **Dosis.** Je nachdem, ob man die durch die Ionenbildung in 1 kg des absorbierenden Stoffes entstehende Ladung Q oder die in 1 kg des Stoffes absorbierte Energie E zur Messung verwendet, unterscheidet man die **Standard-ionendosis** J_s (oder kurz: die Ionendosis) und die **Energiedosis** D (oder einfach: die Dosis).

$$\textbf{Ionendosis:} \quad J_s = \frac{Q}{m} \qquad [J_s] = \frac{C}{kg} = \frac{A\,s}{kg}$$

$$\textbf{Energiedosis:} \quad D = \frac{E}{m} \qquad [D] = \frac{J}{kg} = \frac{W\,s}{kg}$$

Die früheren Einheiten Röntgen (R) der Ionendosis und Rad (rad) der Energiedosis sollen nicht mehr verwendet werden. Für ihre Umrechnung gilt:

$$1\,R = 2{,}58 \cdot 10^{-4}\,A\,s/kg \qquad 1\,rad = 0{,}01\,J/kg$$

Da in verschiedenen Stoffen wegen der wechselnden Ionisationsarbeit bei den Atomen die Ionisation nicht immer die gleiche Energie erfordert, ist die Umrechnung zwischen Ionen- und Energiedosis von Stoff zu Stoff verschieden. Der Ionendosis 1 As/kg entspricht z. B. in Luft etwa die Energiedosis 0,003 J/kg, in weichem biologischem Gewebe etwa 0,004 J/kg und in Knochen 0,02 J/kg.

Wegen mancher Nebenwirkungen ist die biologische Wirksamkeit einer Strahlung auf den Menschen bei gleicher Dosis nicht für alle Strahlen dieselbe, sondern sie hängt auch von der Art der Strahlung und der Energie der einzelnen Teilchen oder Quanten ab. Deshalb verwendet man zur Beurteilung der schädigenden Wirkungen auf den Menschen die Äquivalentdosis D_q; das ist die Dosis, die eine γ-Strahlung haben müßte, um dieselbe Wirkung wie die zu messende Strahlung hervorzurufen. Man erhält sie, wenn man die Dosis mit dem Bewertungsfaktor q (früher: relativer biologischer Wirkungsfaktor RBW) multipliziert:

$$\textbf{Äquivalentdosis:} \quad D_q = D\,q$$

Nach der Definition hat der Bewertungsfaktor für γ-Strahlen den Wert 1; auch für Röntgen- und β-Strahlen darf $q = 1$ gesetzt werden. Dagegen hat q für thermische Neutronen den Wert 3, für schnelle Neutronen, Protonen und α-Teilchen den Wert 10.

c) Die Dosisleistung ist der Quotient aus der Dosis und der Zeit, in der sie absorbiert wird:

$$\dot{D} = D/t \qquad\qquad \dot{J}_s = J_s/t \qquad\qquad \dot{D}_q = D_q/t$$

$$[\dot{D}] = W/kg \qquad\qquad [\dot{J}_s] = A/kg \qquad\qquad [\dot{D}_q] = W/kg$$

Sie ist ein Maß, aus dem man erkennen kann, wie gefährlich es ist, sich an irgend einer Stelle in der Umgebung eines radioaktiven Stoffes eine gewisse Zeit, z. B. 1 Stunde, aufzuhalten. Die Dosisleistung ist der Aktivität des Strahlers direkt und dem Quadrat der Entfernung vom Strahler umgekehrt proportional. Da α- und β-Strahlen schon von dünnen Oberflächenschichten vollständig absorbiert werden, werden fast nur bei γ-Strahlen Dosisleistungen berechnet. Die Energie der γ-Quanten berücksichtigt man durch die spezifische Gammastrahlkonstante Γ_D. Sie ist die Dosisleistung, die von einem Strahler mit der Aktivität $1\ s^{-1}$ in 1 m Entfernung hervorgerufen wird. Da die Dosisleistung eines Strahlers an einer Stelle vermindert werden kann, wenn man zwischen Strahler und Meßstelle absorbierende Schichten bringt, ist deren Wirkung durch einen Faktor $e^{-\mu s}$ zu berücksichtigen. Aus diesen Faktoren erhält man zur Berechnung der Dosisleistung von γ-Strahlen folgende Formeln:

$$\text{Dosisleistung: } \dot{D} = \Gamma_D \frac{A^*}{r^2} e^{-\mu s} \qquad [\Gamma_D] = \left[\frac{\dot{D}\, r^2}{A^*} e^{-\mu s}\right] = \frac{W\, m^2}{kg\, s^{-1}} = \frac{J\, m^2}{kg}$$

$$\text{Äquivalentdosisleistung: } \dot{D}_q = \Gamma_D \frac{A^*}{r^2} e^{-\mu s}\, q$$

Beispiele und Aufgaben:

1. Wie groß ist die Dosisleistung eines Radiumpräparats ($A^* = 3,7 \cdot 10^8\ s^{-1}$), das von einer 3 cm dicken Bleischicht ($\varrho = 11,3\ g/cm^3$, $\mu/\varrho = 0,06\ cm^2/g$) umgeben ist, in 1,5 m Entfernung ($\varrho_{Luft} = 0,0013\ g/cm^3$)? Wegen der Bleischicht handelt es sich um eine reine γ-Strahlung mit $\Gamma_D = 0,63 \cdot 10^{-16}\ J\, m^2/kg$.

   Flächenmasse: $\varrho_{Pb}\, s_{Pb} + \varrho_{Luft}\, s_{Luft} = (11,3 \cdot 3 + 150 \cdot 0,0013)\ g/cm^2 = 34,1\ g/cm^2$

   $$\dot{D} = 0,63 \cdot 10^{-16} \frac{J\, m^2}{kg} \cdot \frac{3,7 \cdot 10^8\ s^{-1}}{2,25\ m^2}\, e^{-0,06 \cdot 34,1} = 1,34 \cdot 10^{-9} \frac{W}{kg}$$

2. Wie dick muß die Wandstärke einer Stahlkapsel ($\varrho = 7,8\ g/cm^3$, $\mu/\varrho = 0,06\ cm^2/g$) für ein Kobalt-60-Präparat von der Aktivität $A^* = 5 \cdot 10^9\ s^{-1}$ ($\Gamma_D = 10^{-16}\ J\, m^2/kg$) sein, damit die Dosisleistung in 0,5 m Entfernung $10^{-8}\ W/kg$ nicht überschreitet? (Die Absorption in Luft darf vernachlässigt werden.) (11,3 cm)

d) Toleranzdosen. Jeder Mensch empfängt infolge der Höhenstrahlung im Verlauf seines Lebens eine Äquivalentdosis von etwa 0,1 J/kg. Ähnliche Strahlungsdosen sind für den Organismus im allgemeinen harmlos. Dagegen darf auch bei ihnen die Wirkung auf die Erbanlagen nicht vernachlässigt werden. Höhere Äquivalentdosen sind stets gefährlich. Steigt eine kurzfristig aufgenommene Dosis im Bereich des ganzen Körpers über 4 J/kg, so hat sie meist den Tod zur Folge.

Um die Grenze für die Gefährlichkeit der radioaktiven Strahlen zahlenmäßig anzugeben, wurden Toleranzdosen festgelegt, die ein Mensch noch ohne Schädigung seiner Gesundheit ertragen kann. Dabei werden für junge Personen unter 18 Jahren besonders strenge Grenzen angegeben; denn gerade bei ihnen muß darauf geachtet werden, daß die Erbanlagen nicht geschädigt werden. Die in der ersten Strahlenschutzverordnung von 1960 festgelegten Toleranzdosen betragen 0,05 J/kg insgesamt bis zum Ende des 19. Lebensjahres und $(n - 18)$ 0,05 J/kg bis zum Ende des n. Lebensjahres. An strahlungsgefährdeten Arbeitsplätzen darf die in einem Vierteljahr aufgenommene Dosis zwar auf 0,03 J/kg ansteigen; die in einem ganzen Jahr empfangene Dosis darf aber ebenfalls 0,05 J/kg nicht überschreiten. Aus dem

Wert 0,03 J/(kg Vierteljahr) erhält man unter der Annahme einer 40-Stundenwoche die mittlere Dosisleistung von etwa 0,015 μ W/kg, die allerdings in manchen Arbeitsstunden überschritten werden darf, wenn sie in vielen anderen nicht erreicht wird.

Die Geräte zur Messung der Dosis heißen **Dosimeter.** Ein geladener, gegen die Umgebung hervorragend isolierter Kondensator wird durch die eindringende γ-Strahlung entladen. Dadurch nimmt auch die Spannung zwischen den Kondensatorbelegen ab. Die Spannungsabnahme ist also ein Maß für die aufgenommene Dosis. Man mißt den Ladungszustand des Kondensators mit einem statischen Spannungsmesser, den man mit einem in das Gerät eingebauten Mikroskop jederzeit ablesen kann (Abb. 1).

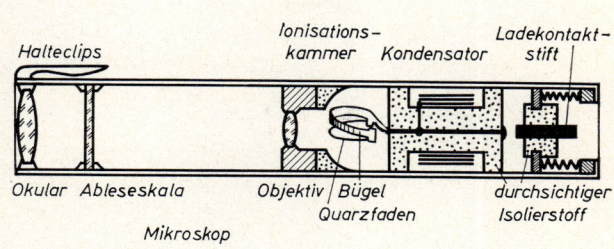

Abb. 1. Dosimeter

Dosisleistungsmesser benutzen den Entladungsstrom eines Zählrohres, der der jeweiligen Dosisleistung proportional ist. Um ihn meßbar zu machen, muß eine Verstärkereinrichtung im Gerät eingebaut sein.

e) Strahlungsschutz. Um die Gefahren der radioaktiven Strahlen zu vermeiden, sind überall, wo mit ihnen gearbeitet wird, Schutzmaßnahmen zu ergreifen und Sicherheitsvorschriften zu beachten.

Auch eine starke Strahlung ist nahezu ungefährlich, wenn sie nur sehr kurze Zeit einwirken kann; deshalb ist es ein oberstes Gesetz, nie länger in einem strahlengefährdeten Bereich zu verweilen, als unbedingt erforderlich. Weil die Strahlungsdosis mit $1/r^2$ abnimmt, halte man von jedem Strahler so großen Abstand wie möglich. Greifer, Zangen, Hebel und Schnurzüge ermöglichen das auch, wenn man mit einem Strahler hantieren muß.

Alle Strahler müssen, wenn sie nicht verwendet werden, in einem verschlossenen, die Strahlung absorbierenden Behälter oder Tresor aufbewahrt werden. Auch beim Arbeiten mit starken Präparaten muß sich zwischen Person und Strahler eine absorbierende Wand befinden, deren Stärke sich nach den Aktivitäten richtet, mit denen gearbeitet wird. Um von außen in der durch die Wand abgeschlossenen Zelle arbeiten zu können, hat die Technik Manipulatoren (Abb. 2) konstruiert, die in der Zelle Bewegungen, Griffe und Tätigkeiten wie mit Händen ausführen, während die lenkende Person sich sicher hinter einer Wand mit einem dick verglasten Fenster befindet.

Bei allen Arbeiten ist zu unterscheiden zwischen **geschlossenen** Strahlern, bei denen aus einer dichten Kapsel nur die β- oder γ-Strahlen austreten und zu Messungen verwendet werden, und **offenen Strahlern,** bei denen man zur Untersuchung der α-Strahlen oder für chemische Reaktionen unmittelbar mit dem strahlenden Material arbeiten muß. Bei offenen Strahlern muß genau darauf geachtet werden, daß keine „heiße Partikel" auf die Haut kommen oder von der experimentierenden Person „inkorporiert" werden, z. B. dadurch, daß zerstäubte Partikel mit der Luft eingeatmet werden.

Eine besondere Aufgabe entsteht aus der Beseitigung von radioaktiven Abfällen. Bei kleineren Aktivitäten kann man sie so weit verdünnen oder verteilen, daß sie keinen Schaden mehr verursachen können. Bei allen stärkeren Aktivitäten besteht jedoch nur die Möglichkeit, die strahlenden Substanzen möglichst zu konzentrieren und in Behälter einzuschließen, die so lange an sicheren Orten untergebracht werden, bis alle Strahler infolge ihres natürlichen Zerfalls verschwunden sind.

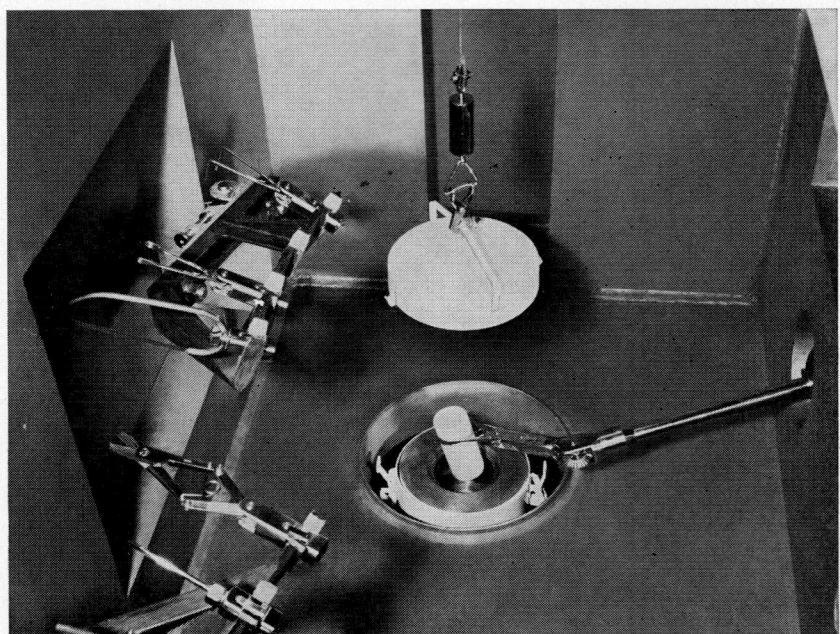

Abb. 2. Blick in eine „heiße" Zelle

Die Zelle ist von strahlungsabsorbierenden Wänden eingeschlossen. Der Einblick erfolgt durch ein dickes Fenster (rechts oben). Alle Arbeiten werden von außen mit dem von rechts durch ein Kugelgelenk einge-führten Manipulator ausgeführt. Eben greift er ein radioaktives Präparat aus einem von unten an eine Luke der Zelle geführten Schutzbehälter, nachdem dessen Deckel abgehoben wurde. Im linken Teil der Abb. sind weitere Zangen, Messer, Sägen, Pinzetten sichtbar, die in beliebigem Wechsel an den Hebel des Mani-pulators angeschlossen werden können, ohne daß eine Menschenhand in die Zelle greifen muß.

Größe	Formel-zeichen	Einheit	Größe	Formel-zeichen	Einheit
Mechanik			Elastizitätsmodul	E	N/mm²
Strecken (allgemein)	s	m	Kompressionsmodul	K	N/mm²
Länge, Breite, Höhe	l, b, h	m	Druck	p	bar
Dicke	d	m	Bodendruckkraft	F_B	N
Radius, Durchmesser	r, d	m	Seitendruckkraft	F_S	N
Koordinaten	x, y, z	m	Aufdruckkraft	F_D	N
Fläche, Querschnitt	A	m²	Auftriebskraft	F_A	N
Volumen	V	m³	Flächenträgheitsmoment	I	m⁴
Masse	m	kg	innere Reibung	R_i	N
Dichte	ϱ	kg/m³	Zähigkeit, dynamische	η	kg/m s
Zeit	t	s	Zähigkeit, kinematische	ν	m²/s
Geschwindigkeit	v	m/s	Strömungswiderstand	F_w	N
Beschleunigung	a	m/s²	Widerstandsbeiwert	c_w	—
Fallbeschleunigung	g	m/s²	Auftriebsbeiwert	c_a	—
Drehwinkel	φ	— (rad)	Stirnfläche	A_0	m²
Winkelgeschwindigkeit	ω	s⁻¹	Volumenstrom	$\dot{V}$	m³/s
Winkelbeschleunigung	α	s⁻²	Massestrom	$\dot{m}$	kg/s
Drehfrequenz	n	s⁻¹	Ausflußziffer	μ	—
Kraft (allgemein)	F	N			
Gewichtskraft	G	N	**Wärme**		
Komponenten einer Kraft	F_x, F_y, F_z	N	Temperatur (Celsius)	ϑ	°C
Normalkraft, Hangabtriebs-kraft	F_n, F_H	N	Temperatur, absolute	T	K
Tangentialkraft, Radialkraft	F_t, F_r	N	Längenausdehnungs-koeffizient	α	1/K
resultierende Kraft	F_r	N	Raumausdehnungs-koeffizient	γ	1/K
Reibungskraft	F_R	N	Spannungskoeffizient	β	1/K
Reibungszahl	μ	—	Gaskonstante, allgemeine	R	J/mol K
Haftreibungszahl	μ_0	—	Gaskonstante, spezifische	R_s	J/kg K
Fahrwiderstandszahl	μ_f	—	Stoffmenge	n	mol
Reibungswinkel	ϱ	— (°)	Avogadrokonstante	N_A	1/mol
Federkonstante	D	N/m	Boltzmannkonstante	k	J/K
Drehmoment	M	N m	Molekülzahldichte	n (n')	1/m³
Reibungsmoment	M_R	N m	Wärmemenge	Q	J
Hebelarm	l	m	Wärmekapazität	C	J/K
Übersetzungsverhältnis	i	—	spezifische Wärmekapazität	c	J/kg K
Arbeit	W	J	„ bei konstantem Volumen	c_v	J/kg K
potentielle Energie	E_{pot}	J	„ bei konstantem Druck	c_p	J/kg K
kinetische Energie	E_{kin}	J	molare Wärmekapazität	C_m	J/mol K
Leistung	P	W	„ bei konstantem Volumen	C_{vm}	J/mol K
Trägheitsmoment	J	kg m²	„ bei konstantem Druck	C_{pm}	J/mol K
Trägheitsradius	i	m	Poissonkonstante (Adiabatenexponent)	$\varkappa$	—
Rotationsenergie	E_{rot}	J	Volumen	V	m³
Trägheitswiderstand	F_{tr}	N	spezifisches Volumen	v	m³/kg
Impuls	p (p')	kg m/s	molares Volumen	V_m	m³/mol
Drehimpuls	L	kg m²/s	Brennwert	H_o	J/kg
Zentripetalkraft	F_p	N	Heizwert	H_u	J/kg
Zentrifugalkraft (Fliehkraft)	F_f	N	innere Energie	U	J
Corioliskraft	F_C	N	spezifische innere Energie	u	J/kg
Gravitationskraft	F_g	N			
Gravitationsfeldstärke	a_g	m/s²			
Gravitationspotential	V	m²/s²			
Dehnung	ε	—			
Spannung	σ	N/mm²			

Größe	Formelzeichen	Einheit	Größe	Formelzeichen	Einheit
molare innere Energie	U_m	J/mol	Schallpegel	L	dB
Enthalpie	H	J	Schalldämmaß	R	dB
spezifische Enthalpie	h	J/kg	Lautstärke	L_A	dBA
molare Enthalpie	H_m	J/mol	Schallschluckung	A_S	m²
Wärmestrom	$\dot{Q}$	J/s	Schallschluckgrad	α	—
Wärmeleitfähigkeit	λ	W/m K	Nachhalldauer	T	s
Äquivalentleitfähigkeit	λ'	W/m K			
Wärmeübergangs-koeffizient	α	W/m² K	**Optik**		
Wärmedurchgangs-koeffizient	k	W/m² K	Lichtstrom	Φ	lm
			Lichtstärke	I	cd
Reflexionsgrad	ϱ	—	Raumwinkel	Ω	— (sr)
Absorptionsgrad	α	—	Beleuchtungsstärke	E	lm/m²
Durchlässigkeit	τ	—	Leuchtdichte	L	cd/m²
Spezifische Ausstrahlung	M	W/m² K	beleuchtungstechnischer Wirkungsgrad	η	—
Strahlungskonstante	σ	W/m² K⁴	Einfallswinkel	$\varepsilon_e, \varepsilon_1$	(°)
Emissionsgrad	ε	—	Reflexionswinkel	ε_r	(°)
Strahlungsübergang-koeffizient	a_s	W/m² K	Brechungswinkel	ε_2	(°)
Temperaturbeiwert	a_s	K³	Brechzahl	n	—
spezifische Schmelzwärme	q	J/kg	Grenzwinkel der Totalreflexion	ε_{gr}	(°)
spezifische Verdampfungswärme	r	J/kg	Prismenwinkel	α	(°)
			Ablenkungswinkel	δ	(°)
Feuchte, absolute	ϱ_D	g/m³	Gegenstandsweite	g	m
Feuchte, relative	f	—	Bildweite	b	m
Sättigungsmenge	ϱ_s	g/m³	Brennweite	f	m
mittlere Stoßzahl	z	1/s	Brechwert	D	dpt = m⁻¹
mittlere freie Weglänge	l	m	Gegenstandsgröße	G	m
Entropie	S	J/K	Bildgröße	B	m
spezifische Entropie	s	J/kg K	Achsenneigung der Strahlen	σ, σ'	(°)
molare Entropie	S_m	J/mol K	Sehwinkel des Gegenstandes	σ_G	(°)
thermischer Wirkungsgrad	η_{th}	—	Sehwinkel des Bildes	σ_B	(°)
Schwingungen, Wellen, Schall			Objektfeldwinkel	$\sigma_{G\,max}$	(°)
Rücktreibende Kraft	F_r	N	Bildfeldwinkel	$\sigma_{B\,max}$	(°)
Richtgröße	D	N/m	Bezugssehweite	s_0	m
Elongation	x, y	m	optische Tubuslänge	t	m
Amplitude	$\hat{x}, \hat{y}$	m	Abbildungsmaßstab	β	—
Frequenz	f	1/s (Hz)	Winkelvergrößerung	Γ	—
Kreisfrequenz	ω	1/s	Unschärfe	u	mm
Periodendauer	T	s	Blendenzahl	K	—
Winkelelongation	φ^*	— (°)	Gitterkonstante	g	mm
Winkelamplitude	$\hat{\varphi}^*$	— (°)	Spaltbreite	b	mm
rücktreibendes Moment	M_r	N m	Auflösungswinkel	ε	(°)
Winkelrichtgröße	D^*	N m	numerische Apertur	A	—
Wellenlänge	λ	m			
Fortpflanzungsgeschwindigkeit	c	m/s	**Elektrizitätslehre**		
Phasenverschiebung	φ	— (°)	Elektr. Ladung	Q	As = C
Schallwechseldruck	p_s	Pa	Stromstärke, Strom	I	A
Schallintensität	I_s	W/m²	elektr. Feldstärke	E	V/m
Schallimpedanz	Z	kg/m² s	elektr. Flußdichte	D	C/m²

Größe	Formel-zeichen	Einheit	Größe	Formel-zeichen	Einheit
elektr. Feldkonstante	ε_0	As/Vm	Scheitelwert des Wechsel-		
Dielektrizitätszahl	ε_r	—	stromes	$\hat{i}$	A
Dielektrizitätskonstante	ε	As/Vm	Scheitelwert der Wechsel-		
elektr. Spannung	U	V	spannung	$\hat{u}$	V
thermoelektr. Spannung	U_{th}	mV	Effektivwert des Wechsel-		
thermoelektr. Spannungs-			stromes	I_{eff}, I	A
koeffizient	α_{th}	mV/K	Effektivwert der Wechsel-		
Quellenspannung	U_q	V	spannung	U_{eff}, U	V
Klemmenspannung	U_k	V	Scheinwiderstand	Z	Ω
elektr. Widerstand	R	V/A = Ω	Blindwiderstand	X	Ω
spezifischer Widerstand	ϱ	Ω cm	induktiver Widerstand	X_L	Ω
Temperaturbeiwert	k	1/K	kapazitiver Widerstand	X_C	Ω
Leitwert	G	A/V = S	Scheinleistung	P_s	W (VA)
elektr. Leitfähigkeit	$\varkappa$	1/Ω	Wirkleistung	P_w	W
Außenwiderstand	R_a	Ω	Blindleistung	P_q	W (kvar)
Innenwiderstand	R_i	Ω	Übersetzungsverhältnis		
elektr. Energie	W_{el}	J	(Trafo)	$\ddot{u}$	—
elektr. Leistung	P_{el}	W			
elektrochemisches			**Atom- und Kernphysik**		
Äquivalent	$\ddot{A}$	mg/As	Avogadrokonstante	N_A	1/mol
Wertigkeit	z	—	relative Atom- u. Molekül-		
Faradaykonstante	F	As/mol	masse	A_r, M_r	—
Elementarladung	e	As	molare Masse	m_m	g/mol
Heizspannung	U_f	V	atomare Masseneinheit	u	kg
Anodenspannung	U_a	V	Elementarladung	e	As
Gitterspannung	U_g	V	Wirkungsquantum	h	Ws²
Heizstrom	I_f	A	Frequenz	ν	1/s
Anodenstrom	I_a	A	Massenzahl	A	—
Gitterstrom	I_g	A	Kernladungszahl	Z	—
Durchgriff	D	—	Hauptquantenzahl	n	—
Steilheit	S	mA/V	Rydbergkonstante	R^*	cm⁻¹
Röhrenwiderstand	R_i	Ω	Aktivität	A^*	s⁻¹
Emitterstrom	I_F	A	Massendefekt	Δm	g
Basisstrom	I_B	A	Bindungsenergie	E_B	J
Kollektorstrom	I_C	A	Ablösearbeit	W_a	J
Basisspannung	U_{EB}	V	Halbwertszeit	t_h	s, h, d, a
Kollektorspannung	U_{EC}	V	Zerfallskonstante	λ	$\begin{cases} s^{-1}, h^{-1}, \\ d^{-1}, a^{-1} \end{cases}$
magnetische Feldstärke	H	A/m			
Windungszahl	N	—	Schwächungskoeffizient	μ	cm⁻¹
magnetischer Fluß	Φ	Vs = Wb	Massenschwächungs-		
magnetische Flußdichte	B	Vs/m²=T	koeffizient	μ/ϱ	cm²/g
magnetische Feldkonstante	μ_0	Vs/Am	Dicke	s	cm
Permeabilitätszahl	μ_r	—	Flächenmasse	$s\varrho$	g/cm²
Permeabilität	μ	Vs/Am	Reichweite	R	cm
Induktionsspannung	U_{ind}	V	Neutronenflußdichte	Φ	1/cm²s
Gegeninduktivität	M	Vs/A = H	Wirkungsquerschnitt	σ	cm²
Induktivität	L	Vs/A	Ionendosis	J_s	C/kg
Hallspannung	U_H	V	Energiedosis	D	J/kg
Hallkonstante	R_H	m³/As	Energiedosisleistung	$\dot{D}$	W/kg
Momentanwert des			Äquivalentdosis	D_q	J/kg
Wechselstromes	i	A	Äquivalentdosisleistung	$\dot{D}_q$	W/kg
Momentanwert der			Dosiskonstante	Γ_D	Jm²/kg
Wechselspannung	u	V	Bewertungsfaktor	q	—

Bildquellenverzeichnis

Den folgenden Firmen und Autoren, die Abbildungen zur Ausstattung des Buches beitrugen, sei herzlich gedankt.
Audi NSU, Neckarsulm 3.7.5.(4)
Robert Bosch GmbH Stuttgart 6.4.2.(5)
Finkelnburg, Einführung in die Atomphysik 7.4.6.(3), 7.4.7.(1), 7.4.8.(1), (2), (3)
R. Fuess, Berlin 5.3.3.(1), (3), (4)
Friesecke und Höpfner, Erlangen-Bruck 7.4.5.(7), 7.6.2.(1)
Gentner-Mayer-Bothe. An Atlas of Typical Expansions Chamber Photographs (Atlas typischer Nebel-kammeraufnahmen) Pergamon Press Ltd. 7.4.3.(2), (3), (4)
Gebr. Haake, Berlin 2.3.4.(6)
Hartmann und Braun, Frankfurt/M. 6.1.3.(4)
A. Krüss, Hamburg 5.3.3.(2)
Ernst Leitz, Wetzlar 5.2.9.(5)
E. Leybolds Nachfolger 2.3.5.(5), (7), 2.3.9.(5), (6), 5.4.4.(6), 7.3.1.(5), 7.6.4.(2)
Maschinenfabrik Augsburg-Nürnberg 3.7.5.(2), 7.5.2.(2)
Ott, Kempten, Allgäu 1.1.1.(5)
Julius Peters, Berlin 3.3.3.(1)
Phywe AG, Göttingen 1.2.5.(1), 1.3.3.(1), 1.4.4.(4), 2.2.1.(1), 2.2.4.(1), 2.3.4.(1), 3.2.1.(2), 3.3.1.(1), 3.5.2.(1), 4.2.3.(1), 4.2.4.(5), 4.2.5.(1), 4.3.2.(1), 5.4.1.(8), 6.1.3.(1), (2), (3), 6.1.4.(1), 6.2.4.(6), 6.3.1.(1), (2), 6.7.1.(1), 6.7.3.(1), 6.7.7.(1), 6.10.4.(3), (4), (5), (6), (7)
Schmidt und Hänsch, Berlin 5.1.3.(2)
Siemens-Schuckert, Erlangen 6.5.4.(4), 6.5.7.(2), 6.9.2.(6), 6.9.4.(4), 6.9.6.(5)
AEG Telefunken Ulm Nürnberg 6.2.5.(4), 6.5.4.(2), 6.10.11.(2)
Voith, Heidenheim 2.3.8.(2), (3), (4), (5), (6), (7), (8)
Valvo, Hamburg 6.5.3.(2)
Winkel-Zeiß, Göttingen 5.2.5.(7)
Zeiß-Ikon, Stuttgart 5.2.5.(8)

Griechisches Alphabet

A	α	alpha	Z	ζ	zeta	Λ	λ	lambda	Π	π	pi	Φ	φ	phi
B	β	beta	H	η	eta	M	μ	mü	P	ϱ	rho	X	χ	chi
Γ	γ	gamma	Θ	ϑ	theta	N	ν	nü	Σ	σ	sigma	Ψ	ψ	psi
Δ	δ	delta	I	ι	iota	Ξ	ξ	xi	T	τ	tau	Ω	ω	omega
E	ε	epsilon	K	$\varkappa$	kappa	O	o	omikron	Y	υ	ypsilon			

Sachwortverzeichnis

Im Buch genannte Physiker, Entdecker und Forscher

Die Zahlen geben die Seiten an, auf denen in Fußnoten einige Notizen über ihr Leben und ihre Bedeutung angegeben sind.

Umrechnung von früheren Einheiten in SI-Einheiten

1 Lichtjahr	$= 9{,}46 \cdot 10^{12}$ km	1 cal	$= 4{,}19$ J
1 Seemeile (sm)	$= 1{,}852$ km	1 kcal/h	$= 1{,}163$ W
1 engl. Meile	$= 1{,}609$ km	1 at	$= 0{,}981$ bar
1 Zoll	$= 2{,}54$ cm	1 atm	$= 1{,}013$ bar
1 Angströmeinheit (Å)	$= 0{,}1$ nm	1 Torr	$= 1{,}333$ mbar
1 X-Einheit	$= 0{,}1$ pm	1 Poise (P)	$= 0{,}1$ kg/m s
1 kp	$= 9{,}81$ N	1 Stilb (sb)	$= 10^4$ cd/m²
1 kp m	$= 9{,}81$ J	1 Apostilb (asb)	$= 0{,}318$ cd/m²
1 kp m/s	$= 9{,}81$ W	1 Curie (Ci)	$= 3{,}7 \cdot 10^{10}$ s^{-1}
1 PS	$= 735{,}5$ W	1 rad	$= 0{,}01$ J/kg